输变电设备
异常运行及事故处理
（下册）

《输变电设备异常运行及事故处理》编写组 编著

·北京·

内 容 提 要

本书共分两篇。第一篇为运维技术与管理篇，主要内容包括电力变压器和电抗器运维与异常处理、电力互感器运维与异常处理、高压开关设备运维与异常处理、绝缘油和六氟化硫绝缘气体运维与异常处理、套管和绝缘子运维与异常处理、继电保护装置运维与异常处理、电气设备操作、电容器及无功补偿装置运维与异常处理、避雷器和接地装置运维与异常处理、换流阀运维与异常处理、变电站运维与异常处理、防止人身伤亡事故、防止火灾事故等；第二篇为运检实践与案例篇，主要内容包括电力变压器异常与事故处理案例、电力互感器异常与事故处理案例、避雷器异常与事故处理案例、电力电容器异常与事故处理案例、高压开关设备异常与事故处理案例、电动机异常与故障快速诊断修理案例、发电机异常与故障快速诊断修理案例、配电设备异常与事故处理案例、电力红外诊断技术应用、电网智能运检技术等。本书在阐述中列举了大量的实践案例，电力设备运行中的异常现象、事故原因及处理方法等内容尽量图表化，内容丰富，通俗易懂，理论联系实际。

本书可供输变电设备的运行、检修、安装、试验等方面的工程技术人员和管理人员使用，也可供电力设备研发、制造企业及广大用电企业的专业技术人员阅读，还可供大、中专院校有关专业师生参考。

图书在版编目（CIP）数据

输变电设备异常运行及事故处理. 下册 /《输变电设备异常运行及事故处理》编写组编著. -- 北京 : 中国水利水电出版社, 2024. 11. -- ISBN 978-7-5226-2870-7

Ⅰ. TM72；TM63

中国国家版本馆CIP数据核字第2024ZR9947号

书　　名	**输变电设备异常运行及事故处理（下册）** SHUBIANDIAN SHEBEI YICHANG YUNXING JI SHIGU CHULI (XIA CE)
作　　者	《输变电设备异常运行及事故处理》编写组　编著
出版发行	中国水利水电出版社 （北京市海淀区玉渊潭南路1号D座　100038） 网址：www.waterpub.com.cn E-mail：sales@mwr.gov.cn 电话：（010）68545888（营销中心）
经　　售	北京科水图书销售有限公司 电话：（010）68545874、63202643 全国各地新华书店和相关出版物销售网点
排　　版	中国水利水电出版社微机排版中心
印　　刷	清淞永业（天津）印刷有限公司
规　　格	210mm×297mm　16开本　34.25印张　1628千字
版　　次	2024年11月第1版　2024年11月第1次印刷
印　　数	0001—2000册
定　　价	**245.00元**

凡购买我社图书，如有缺页、倒页、脱页的，本社营销中心负责调换

版权所有·侵权必究

《输变电设备异常运行及事故处理》(下册)编写人员名单

主　　编	王晋生	姚　晖				
副 主 编	张　锐	金续曾	宋子恒	张　宁	邓元睿	贾卫军
	郭红兵	高艳雨				
参编人员	张　硕	李禹萱	武同迪	倪兆瑞	宫运刚	茹海波
	李诗林	谢天朋	陈涵林	王　迪	张　鑫	沈　通
	李焜烨	崔冰嫱	种倩倩	李俊锋	许雪莹	王　超
	赵　璐	杨　玥	郑　璐	孟建英	宫向东	苏　红
	吴学峰	李　庄	李彦哲	李冰倩	王子锐	司瑞琦
	周佳幸	王　政	董莉娟	张　帆	曲梅红	邹汶洁
	张　敏	王秀美	曲秀青	杭　飞	袁　野	高　健
	郭铭家	李　康	贺小晋	邓文强	王春华	陈锡全
	蔡坤一	杨惠娟	彭利军	王建亭	董红云	卜秀英
	王彩春	吕桂珍	姜兆泽	王淑珍	王京开	乔　斌
	吕　杰	郑雅琴	周小云	王嘉悦	杨皓淳	张瑞旭
	胡厚骅	尹光耀	郑　簧			

前　言

我国电力工业随着国家综合国力的强大取得了举世瞩目的巨大发展成就。发电能力从新中国成立初期的世界落后水平，进入世界先进行列。发电量和发电装机容量增长上千倍，为中国经济建设提供了价格可承受的电力供应。电力供应从停电、断电是家常便饭进入高可靠性水平阶段。电网规模稳步发展，电压等级不断提升，建成世界上覆盖范围最广、能源资源配置能力最为强大、运行水平最高的电网。电源结构从一煤独大到多种能源发电并举，清洁能源装机规模和发电量不断扩大，电源结构持续优化；电力工业技术水平和装备能力大幅提升，特高压输电技术、新能源发电并网技术、核电技术和发电设备生产能力步入世界先进行列。电力技术创新与电力国际合作取得重大进展，电力体制机制日趋完善。中国电力工业发展为中国经济 70 多年快速发展提供了可靠的电力保障。

发电装机规模是衡量一国电力工业产能的重要指标。发电量越多，表明电力工业的规模就越大，提供电力服务的能力也就越强。为满足不断增长的电力需求，新中国成立以来，投入了巨额资金新建了大量发电基础设施。电网覆盖率是反映电力普遍供应能力的重要指标。我国电网从覆盖率低、联通性差、电压低的零星孤网，发展成为世界上覆盖范围最广、能源资源配置能力最强大、并网新能源装机规模最大、高压输电线路最多的电网；从安全运行水平低的电网，发展成为世界安全运行水平最高的电网之一，电力供应进入高可靠性水平阶段。电网发展经历了从孤网、孤立电厂，到区域电网，再到全国电网覆盖到村的发展过程。新中国成立之初，我国电网十分薄弱，多是以城市为供电中心的孤立电厂和相应的低压供电。经过近 30 年发展，到改革开放之初的 1978 年，全国电网覆盖率接近一半，电网主要以相对孤立的省级电网、城市电网为主，省间联系很少。特别是经过改革开放 40 年的发展，到 2018 年全国电网已经形成了华北、东北、华中、华东、西北、南方六个大型区域交流同步电网，除西北电网以 750kV 交流为主网架外，其他电网以 500kV 交流为主网架，华北电网和华东电网建有 1000kV 特高压工程。

输电线路长度是反映电网规模的重要指标。1949 年，电力线路为 6474km，除东北地区 154～200kV 高压电网、京津唐地区 77kV 电网、上海市 33kV 供电电网外，在个别地方间或架设有单独的 22kV 或 33kV 输电线路。到 1978 年，220kV 及以上输电线路长度 2.3 万 km，是 1949 年的 3.5 倍。到 2018 年，电压等级极大提高至 35kV 及以上的输电线路回路长度 189 万 km，相当于绕地球赤道 47 圈，是 1949 年的 291 倍。电网线路长度增长超过 290 倍。

电压等级是反映电网技术水平的重要指标。1949 年，最高电压等级 220kV。到 1978 年，最高电压等级 330kV，全国各电网以 220kV 和 110kV 高压输电线为主要干线，变电容量 2528 万 kVA。特别是经过 40 年改革开放，到 2018 年，电网最高电压等级 1100kV，超过巴西（800kV）、美国（765kV）、印度（765kV）、俄罗斯（750kV）、日本（500kV）；变电设备容量 40.3 亿 kVA；跨区输电能力不断提高，到 2018 年跨区输电达到 1.36 亿 kW，其中交直流联网跨区输电能力超过 1.23 亿 kW，跨区点对网送电能力 1344 万 kW。

我国电网技术在特高压输电、智能电网、大电网安全稳定运行控制、新能源接入等方面，取得了一批具有全球领先水平的科技创新成果。中国主导制定的特高压、新能源并网等国际标准成为全球相关工程建设的重要规范。特高压输电技术和超临界技术进入世界先进行列，拥有世界电压等级最高的 ±1100kV 直流特高压输电和 1000kV 交流特高压输电；输变电设备制造能力处于世界先进水平。特高压输电技术的发展改变了中国输变电行业长期跟随发达国家发展的被动局面，确立了国际领先地位。

众所周知，大量使用的电能几乎都是发输变配用同时发生的，只有发输电设备、变配电设备、用电设备和整个电网处于安全运行中，广大用户才能获得电压、频率合格的电能。输变电设备长年累月的运行中不可能不出现异常或故障甚至事故，正是在电网人的辛勤巡视检查下，采取各种想得到的防止事故发生的措施，才保证了电网的稳定安全运行。

电力设备正常运行是发电厂、变电站和电力系统安全、稳定、优质、经济运行的保证。当前，电力设备在运行中的异常现象时有发生，甚至引发事故，对电网安全运行造成严重威胁。因此，正确分析出现的异常现象和事故并及时处理具有重要意义。本书就是为适应这一需要而编写的，希望能对现场进行异常现象分析和事故处理有所促进和帮助。本书是以近些年来发布的国家标准、电力行业标准和国家电网有限公司、中国南方电网有限公司、各发电集团公司企业标准等为依据，结合作者在工程实践和现场培训中的经验和体会编写的。虽然在编写中查阅了大量的文献、资料，但由于电力设备类型繁多、结构千差万别，引起异常现象及事故的原因也比较复杂，加上编者所掌握资料的局限性，不可能对所有的异常现象和事故都进行很全面的叙述，所以在本书中仅对电力设备在运行中发生的性质严重、影响较大的异常现象和事故原因进行分析，并根据具体情况指出相应的诊断和处理方法或防止对策。在编写过程中，作者力求做到突出物理概念、理论联系实际，并能反映现场的新技术、新经验和新动向，以供运行、安装、检修、试验和制造部门的工程技术人员参考和借鉴。

本书共分两篇。第一篇为运维技术与管理篇，主要内容包括电力变压器和电抗器运维与异常处理、电力互感器运维与异常处理、高压开关设备运维与异常处理、绝缘油及六氟化硫绝缘气体运维与异常处理、套管和绝缘子运维与异常处理、继电保护装置运维与异常处理、电气设备操作、电容器及无功补偿装置运维与异常处理、避雷器和接地装置运维与异常处理、换流阀运维与异常处理、变电站运维与异常处理、防止人身伤亡事故、防止火灾事故等；第二篇为运检实践与案例篇，主要内容包括电力变压器异常与事故处理案例、电力互感器异常与事故处理案例、避雷器异常与事故处理案例、电力电容器异常与事故处理案例、高压开关设备异常与事故处理案例、电动机异常与故障快速诊断修理案例、发电机异常与故障快速诊断修理案例、配电设备异常与事故处理案例、电力红外诊断技术应用、电网智能运检技术等。本书在阐述中列举了大量的实践案例，电力设备运行中异常现象、事故原因及处理方法等内容尽量图表化，内容丰富，通俗易懂，理论联系实际。本书可供输变电设备的运行、检修、安装、试验等方面的工程技术人员和管理人员使用，也可供电力设备研发、制造企业及广大用电企业的专业技术人员阅读，还可供大、中专院校有关专业师生参考。

  本书在编写中，参考和引用了有关单位和个人公布的现场异常现象、事故案例、统计分析数据和试验研究成果，谨在此向本书所引用的参考文献的作者（包括一些在内部刊物上发表论文的作者）表示衷心的感谢。

  鉴于作者的水平有限，书中很可能有不当或错误的地方，希望广大读者不吝赐教！

作者

2024 年 5 月

目　录

前言

上　册

第一篇　运维技术与管理篇

第一章　电力变压器和电抗器运维与异常处理 …… 3
　第一节　电力变压器和电抗器巡检 ………………… 5
　第二节　带电检测 …………………………………… 10
　第三节　变压器异常现象及处理方法 ……………… 13
　第四节　预防性试验 ………………………………… 35
　第五节　状态检修试验 ……………………………… 51
　第六节　国家能源局防止变压器事故措施 ………… 58
　第七节　国家电网公司防止大型变压器（电抗器）
　　　　　损坏事故重点要求 ………………………… 60

第二章　电力互感器运维与异常处理 ……………… 63
　第一节　互感器巡检 ………………………………… 65
　第二节　互感器带电检测 …………………………… 68
　第三节　互感器异常及故障处理 …………………… 70
　第四节　互感器预防性试验 ………………………… 75
　第五节　互感器状态检修试验 ……………………… 89
　第六节　国家能源局防止互感器事故重点要求 …… 95
　第七节　国家电网公司防止互感器损坏事故
　　　　　重点要求 …………………………………… 96

第三章　高压开关设备运维与异常处理 …………… 99
　第一节　开关设备巡检 ……………………………… 101
　第二节　开关设备带电检测 ………………………… 106
　第三节　开关设备异常及处理 ……………………… 109
　第四节　预防性试验 ………………………………… 120
　第五节　状态检修试验 ……………………………… 133
　第六节　气体绝缘金属封闭开关设备的维护保养
　　　　　和检修 ……………………………………… 141
　第七节　国家能源局防止开关设备事故的重点
　　　　　要求 ………………………………………… 151
　第八节　国家电网公司防止 GIS、开关设备事故
　　　　　重点要求 …………………………………… 154

**第四章　绝缘油和六氟化硫绝缘气体运维与异常
　　　　处理** ………………………………………… 159
　第一节　交接试验 …………………………………… 161
　第二节　预防性试验 ………………………………… 163
　第三节　绝缘油、调相机油、SF_6 气体及混合气体
　　　　　状态检修试验 ……………………………… 168
　第四节　电力变压器本体渗漏油维护与检修 ……… 178
　第五节　气体继电器的维护与检修 ………………… 180
　第六节　变压器套管渗漏油缺陷及处理 …………… 181

第五章　套管和绝缘子运维与异常处理 …………… 183
　第一节　套管 ………………………………………… 185
　第二节　绝缘子 ……………………………………… 190
　第三节　异常和故障处理 …………………………… 194
　第四节　国家能源局防止污闪事故的重点要求 …… 195
　第五节　国家电网公司污闪事故重点要求 ………… 195

第六章　继电保护装置运维与异常处理 …………… 197
　第一节　继电保护装置巡检与维护 ………………… 199
　第二节　开关设备用气体密度继电器及开关设备
　　　　　二次回路 …………………………………… 204
　第三节　继电保护异常及故障处理 ………………… 205
　第四节　二次回路故障处理 ………………………… 213
　第五节　国家能源局防止继电保护装置事故
　　　　　重点要求 …………………………………… 215
　第六节　国家电网公司防止继电保护装置事故
　　　　　重点要求 …………………………………… 220

第七节	智能变电站事故或异常处理 ………… 225		第二节	换流阀带电检测 ………………………… 300
			第三节	换流阀异常及处理 ……………………… 300
第七章	电气设备操作 …………………………… 229		第四节	预防性试验 ……………………………… 302
第一节	电气设备操作注意事项 ………………… 231		第五节	状态检修试验 …………………………… 303
第二节	线路保护动作跳闸事故处理 …………… 233		第六节	国家能源局防止直流换流站设备损坏
第三节	小电流接地系统单相接地故障处理 …… 234			和单双极强迫停运事故的重点要求 …… 306
第四节	误操作事故处理 ………………………… 235		第七节	国家电网公司防止直流换流站设备损坏
第五节	国家能源局防止电气误操作事故的			和单双极强迫停运事故重点要求 ……… 309
	重点要求 ………………………………… 236			
第六节	国家电网公司防止电气误操作事故 …… 236		第十一章	变电站运维与异常处理 ……………… 315
			第一节	变电站巡视检查 ………………………… 317
第八章	电容器及无功补偿装置运维与异常处理 … 239		第二节	变电站带电检测 ………………………… 321
第一节	电容器巡检 ……………………………… 241		第三节	变电站状态检修试验 …………………… 324
第二节	带电检测 ………………………………… 243		第四节	变电站直流系统和交流系统异常 ……… 325
第三节	电容器异常及处理 ……………………… 244		第五节	变电所站用电源中断事故处理 ………… 326
第四节	预防性试验 ……………………………… 248		第六节	变电站直流系统运行故障处理 ………… 327
第五节	状态检修试验 …………………………… 258		第七节	变电站母线失压事故处理 ……………… 331
第六节	国家能源局防止串联电容器补偿装置和并联		第八节	变电站全站失压事故处理 ……………… 333
	电容器装置事故的重点要求 …………… 264		第九节	国家能源局防止变电站和发电厂升压站
第七节	国家电网公司防止无功补偿装置损坏事故			全停事故 ………………………………… 334
	重点要求 ………………………………… 265		第十节	国网公司防止变电站全停及失电事故 … 337
			第十一节	防止重要客户停电事故 ………………… 339
第九章	避雷器和接地装置运维与异常处理 …… 269		第十二节	变电站防水、防潮与防腐 ……………… 340
第一节	巡检 ……………………………………… 271			
第二节	带电检测 ………………………………… 273		第十二章	防止人身伤亡事故 …………………… 403
第三节	异常故障处理 …………………………… 275		第一节	国家能源局关于防止人身伤亡事故的
第四节	预防性试验 ……………………………… 278			重点要求 ………………………………… 405
第五节	状态检修试验 …………………………… 286		第二节	国家电网公司关于防止人身伤亡事故的
第六节	国家能源局防止接地网和过电压事故的			重点要求 ………………………………… 411
	重点要求 ………………………………… 287		第三节	变电工程建设安全风险管理 …………… 413
第七节	国家电网公司防止接地网和过电压事故			
	重点要求 ………………………………… 290		第十三章	防止火灾事故 ………………………… 511
			第一节	国家能源局防止火灾事故的重点要求 … 513
第十章	换流阀运维与异常处理 ………………… 293		第二节	国家电网公司防止火灾事故重点要求 … 518
第一节	换流阀巡检 ……………………………… 295			

第二篇　运检实践与案例篇

第一章	电力变压器异常与事故处理案例 ……… 525		第十节	电力变压器过热故障及处理方法 ……… 574
第一节	电力变压器的故障概述 ………………… 527		第十一节	大型变压器油流带电现象及处理方法 … 579
第二节	大型电力变压器围屏爬电故障及		第十二节	变压器固体绝缘老化 …………………… 585
	处理方法 ………………………………… 529		第十三节	电力变压器有载分接开关异常情况
第三节	大型电力变压器绕组变形及处理方法 … 534			及处理方法 ……………………………… 588
第四节	大型电力变压器渗漏油及处理方法 …… 541		第十四节	电力变压器差动保护误动的原因
第五节	电力变压器铁芯多点接地故障及			及处理方法 ……………………………… 598
	处理方法 ………………………………… 546		第十五节	电力变压器套管电晕放电及处理方法 … 607
第六节	气体继电器保护动作原因及处理方法 … 556		第十六节	大型电力变压器突发性故障及防止
第七节	电力变压器进水受潮及处理方法 ……… 562			措施 ……………………………………… 608
第八节	电力变压器绕组直流电阻不平衡率超标的		第十七节	配电变压器雷击损坏的原因及防雷
	原因及防止对策 ………………………… 568			措施 ……………………………………… 609
第九节	电力变压器油介质损耗因数异常及		第十八节	电力变压器着火及处理方法 …………… 621
	处理方法 ………………………………… 571			

下 册

  第十九节　新型变压器故障诊断及处理方法……… 623

第二章　电力互感器异常与事故处理案例……… 699
  第一节　电磁式电压互感器引起的异常现象及其处理方法……… 701
  第二节　串级式电压互感器事故原因及预防措施…… 734
  第三节　电流互感器事故原因及预防措施……… 735
  第四节　电容式电压互感器故障原因及预防措施…… 738
  第五节　互感器油中氢气浓度单项偏高现象及处理方法……… 742

第三章　避雷器异常与事故处理案例……… 745
  第一节　FS 型避雷器爆炸原因及处理方法……… 747
  第二节　FZ 型避雷器爆炸原因……… 749
  第三节　FCZ 型磁吹避雷器爆炸原因及防止措施… 753
  第四节　金属氧化物避雷器爆炸原因……… 755

第四章　电力电容器异常与事故处理案例……… 761
  第一节　并联电容器异常现象和故障原因及防止措施……… 763
  第二节　耦合电容器事故原因及防止措施……… 786

第五章　高压开关设备异常与事故处理案例……… 789
  第一节　油断路器的异常运行和事故原因及处理方法……… 791
  第二节　SF_6 断路器故障原因及处理方法……… 817
  第三节　SF_6 全封闭组合电器（GIS）故障原因及处理方法……… 821
  第四节　真空断路器故障原因及处理方法……… 825
  第五节　隔离开关运行中的异常现象及处理方法…… 830
  第六节　6～10kV 高压开关柜事故原因及改进措施……… 835

第六章　电动机异常与故障快速诊断修理案例… 839
  第一节　定子故障及处理方法……… 841
  第二节　转子故障及处理方法……… 849
  第三节　电动机常见故障及处理方法……… 854
  第四节　电动机的干燥……… 858
  第五节　交流三相电动机故障快速诊断与修理……… 859
  第六节　三相调速异步电动机故障快速诊断与修理……… 883
  第七节　单相电动机故障快速诊断与修理……… 895
  第八节　特殊用途三相异步电动机故障快速诊断与修理……… 942
  第九节　直流电机故障快速诊断与修理……… 966

第七章　发电机异常与故障快速诊断修理案例… 993
  第一节　定子绕组短路故障及防止措施……… 996
  第二节　定子绕组和铁芯常见故障及处理方法…… 1001
  第三节　转子绕组常见绝缘故障及处理方法……… 1004
  第四节　发电机常见故障及处理方法……… 1008
  第五节　发电机干燥……… 1012
  第六节　中小型交流发电机故障快速诊断与修理……… 1013

第八章　配电设备异常与事故处理案例……… 1031
  第一节　常用配电设备典型故障分析与实例……… 1033
  第二节　配电变压器典型故障分析与实例……… 1048
  第三节　低压电器故障排除实例……… 1081
  第四节　电压互感器和电流互感器故障排除实例… 1089

第九章　电力红外诊断技术应用……… 1095
  第一节　电力红外诊断技术概况……… 1097
  第二节　红外基础知识及红外测温……… 1099
  第三节　红外检测仪器及检测基本方法……… 1103
  第四节　电力设备故障的红外诊断技术原理及方法… 1107
  第五节　国内电力红外诊断技术应用百例……… 1111

第十章　电网智能运检技术……… 1121
  第一节　电网智能运检概述……… 1123
  第二节　电网状态感知技术……… 1133
  第三节　移动作业技术和实物 ID 技术……… 1137
  第四节　运检数据处理技术……… 1141
  第五节　电网故障诊断和风险预警技术……… 1145
  第六节　变电设备智能化技术……… 1147

参考文献……… 1153

第十九节 新型变压器故障诊断及处理方法

一、变压器过热故障

(一) 概述

过热故障是变压器常见故障之一。由于空载损耗和负载损耗的存在,其转化为热量后,一方面提高了绕组、铁芯及结构件的温度;另一方面,传导至周围介质,使介质温度升高,再通过油箱壁和冷却系统对外散热。当发热与散热达到平衡状态时,各部件的温度不再变化;若其发热量大于预期值或散热量不及预期值,则产生过热现象。

过热故障按发生部位可分为内部过热故障和外部过热故障。内部过热故障包括绕组、铁芯、夹件、拉板、分接开关、连接螺栓及引线等部件过热故障;外部过热故障包括套管、冷却系统以及其他外部组件过热故障。根据变压器过热故障性质可分为以发热异常为主的发热异常型过热故障和以散热异常为主的散热异常型过热故障,本小节主要介绍变压器过热故障的起因。

(二) 变压器损耗与发热

变压器的主要发热源是绕组、铁芯和金属结构件内的损耗,下面对变压器损耗的构成、影响因素和发热过程进行分析。

1. 变压器损耗分类

变压器的损耗包括与负载无关的空载损耗、随负载变化的负载损耗和辅机损耗。其中,辅机损耗不是变压器直接产生的损耗,而是指风冷式变压器风扇电机和强迫油循环冷却式变压器油泵、风扇电机的损耗。

(1) 空载损耗。空载损耗是指在一个绕组端子上施加额定电压,在其余绕组处于开路状态下,变压器所消耗的有功功率。主要包括主磁通在硅钢片中产生的铁损和空载电流在绕组中产生的铜损。由于铜损的数值非常小,因此通常认为铁损即为空载损耗,又可分为磁滞损耗和涡流损耗两部分。

1) 铁芯磁滞损耗。可由式 (2-1-19-1) 计算:

$$W_h = K_h f B_m^n GV \quad (2-1-19-1)$$

式中 W_h——磁滞损耗,W;
K_h——与铁芯材料有关的系数;
f——电源频率,Hz;
B_m——磁通密度幅值,T;
G——铁芯硅钢片比重,kg/dm³;
V——铁芯体积,dm³;
n——磁滞系数,对于目前采用的冷扎取向硅钢片 $n=1.6 \sim 2.5$。

2) 铁芯涡流损耗。可由式 (2-1-19-2) 计算:

$$W_e = K_e f^2 B_m^2 t^2 GV + P_a \quad (2-1-19-2)$$

式中 W_e——涡流损耗,W;
K_e——与铁芯材料有关的系数;
B_m——磁通密度幅值,T;
t——铁芯硅钢片厚度,m;
P_a——异常涡流损耗,W。

3) 空载损耗实际计算公式。实际计算时,空载损耗可由式 (2-1-19-3) 计算:

$$P_0 = K_0 GV p_0 \quad (2-1-19-3)$$

式中 P_0——空载损耗,W;
p_0——硅钢片单位重量的损耗,W/kg;
K_0——空载损耗附加系数,与铁芯结构和硅钢片加工工艺水平等因素有关。

可见,为减小空载损耗,应选取磁滞回线小、电阻率大、饱和磁通密度高、厚度小的高导磁晶粒取向硅钢片,同时还应考虑铁芯尺寸、工作磁密、铁芯接缝方式等因素的影响。

(2) 负载损耗。负载损耗是指当变压器一对绕组中的某一侧绕组短接,而在另外一侧施加电压,并使绕组中流过额定电流时变压器所消耗的有功功率。其包括直流电阻损耗、绕组内的附加损耗以及铁芯、油箱、夹件等结构件中的杂散损耗,并以 75℃时的损耗值表示。

1) 直流电阻损耗。直流电阻损耗包括绕组的直流电阻损耗和引线电阻损耗。其大小随温度的上升而增加,三相直流电阻损耗可由式 (2-1-19-4) 计算:

$$P_{R75} = mI^2 R_{75} + P_{y75} \quad (2-1-19-4)$$

式中 P_{R75}——75℃时的三相直流电阻损耗,W;
m——相数;
I——绕组相电流,A;
R_{75}——75℃时的绕组每相直流电阻,Ω;
P_{y75}——75℃时的三相引线电阻损耗,W。

由于绕组相电流是固定的额定值,为了降低直流电阻损耗,就要选用较大的导体的总截面和较小的导体总长度;对于引线电阻损耗,若引线连接松动或接触不牢靠使连接处电阻增大,可导致引线局部过热。

2) 绕组附加损耗。变压器绕组附加损耗通常可分为涡流损耗和环流损耗,均是由漏磁场作用而产生的。涡流损耗是在各导体中形成的体积电流损耗,环流损耗是在彼此绝缘的并联导体中形成的回路电流损耗。环流损耗主要取决于并联导线根数、各并联导线的长度和导线在漏磁场中所处的位置,通常可以在绕制过程中采用换位方法得到有效控制;涡流损耗通常通过减少导线辐向厚度、降低端部横向漏磁密度等方式控制。

在忽略绕组导体涡流反作用时,可按式 (2-1-19-5) 计算绕组导体内的涡流损耗:

$$P_{ei75} = \frac{1}{24\rho} \omega^2 d^2 B^2 V \quad (2-1-19-5)$$

式中 P_{ei75}——75℃时的绕组横向涡流损耗或纵向涡流损耗,W;
B——磁通密度幅值的横向分量或纵向分量,T;
ω——角频率,rad/s;
ρ——75℃时的导体电阻率,Ω;
d——对应纵向磁通密度时为导体厚度,对应横向磁通密度时为导体宽度,m;
V——绕组导体体积,m³。

因此绕组总的涡流损耗 P_{e75} 由式 (2-1-19-6) 计算:

$$P_{e75} = P_{ex} + P_{ey} \quad (2-1-19-6)$$

式中 P_{ex}——75℃时的绕组横向涡流损耗,W;
P_{ey}——75℃时的绕组纵向涡流损耗,W。

可见,在工频情况下,绕组涡流损耗的大小主要取决于导体截面尺寸和磁通密度大小。

3) 金属结构件中的杂散损耗。大型变压器漏磁场按其产生源可分为绕组漏磁场和引线漏磁场，其共同构成变压器漏磁场，并在整个场域内的金属导体中产生涡流损耗。通常把在绕组以外的其他金属结构件（如油箱、夹件、铁芯拉板等）中产生的损耗称为杂散损耗，其大小随温度的上升而减小。由于这些金属结构件均处于高漏磁区域中，虽然其所产生的杂散损耗相对变压器总附加损耗而言微不足道，但分布极不均匀，若设计不当，极易产生局部过热。

(3) 辅机损耗。由于大型变压器产生的热量相当大，因此，为了提高冷却效率和降低温升，通常要采用风扇强迫通风和油泵强迫油流动。辅机损耗就是变压器冷却系统的风扇电机和油泵电机所消耗的能量或功率。该类损耗可以通过改进冷却方式的手段进行控制。

2. 变压器发热过程

变压器运行时，在铁芯、绕组和金属结构件中均要产生损耗，这些损耗将转变成热量并组成发热源。当单位时间内发热体产生的热量等于单位时间内发热体向周围介质散发的热量时，变压器达到热稳定状态，各部件的温度不再变化。达到热稳定的时间，因变压器容量的大小和冷却方式不同而有所区别。对于小容量油浸式变压器和干式变压器，一般运行10h左右即可处于热稳定状态；对于大型变压器，往往需要20h左右才能达到热稳定状态。

在热平衡状态下，热量向外传播的路径是很复杂的。以自然风冷油浸变压器为例，其热量的传播过程如下：

(1) 变压器绕组、铁芯等发热体的热量，由他们内部最热点以传导方式传到被油冷却的各自表面。

(2) 热量由绕组、铁芯等发热体的表面通过对流方式向附近的油传递，并使油温逐渐上升。

(3) 热油经对流方式把热量散发到油箱或散热器的内表面。

(4) 油箱或散热器内表面的热量与油箱本身产生的热量经传导方式向其外表面传递。

(5) 所有的热量均以对流和辐射的方式通过油箱和散热器外表面向周围环境空气散热。

3. 变压器温升限值

变压器的温升限值以变压器绝缘材料的使用的寿命为基础。对于油浸式电力变压器，一般采用A级绝缘材料。在额定运行状态下，其长期工作最高温度为105℃；在变压器短路情况下和规定的时间内，变压器绕组的最高允许平均温度为250℃（铜绕组）；在周期性负载或超过铭牌额定值的负载情况下，绕组的最热点温度不超过140℃。变压器绝缘的热老化与绕组的热点温度有关，在《电力变压器 第7部分：油浸式电力变压器负载导则》(GB/T 1094.7)中规定了油浸式变压器绕组的热点温度基准值是98℃，在此温度下绝缘的相对老化率为1。在80~140℃范围内，温度每增加6K，其老化率增加一倍，即6度法则，由此可定义相对热老化率V的计算式如下：

$$V = 2^{(\theta-98)/6} \quad (2-1-19-7)$$

式中 θ——变压器不同负载运行下的热点温度，℃。

根据式(2-1-19-7)可以得出，变压器在140℃下运行1h，其热老化率相当于98℃下运行128h。

电力变压器国家标准《电力变压器 第2部分：液浸式变压器的温升》(GB 1094.2)规定了电力变压器的温升限值根据不同的负载情况而定，在连续额定容量下的温升限值见表2-1-19-1。GB 1094.2同时还规定，铁芯、绕组外部的电气连接线或金属结构件，不规定温升限值，但仍要求温升不能过高，通常不能超过80K，以免使与其相邻的部件过热损坏或使油过度老化。在《电力变压器 第5部分：承受短路的能力》(GB 1094.5)中规定了变压器承受短路时的动、热稳定能力，其中，在规定的短路时间内，油浸式变压器绕组的最高允许平均温度为：对于铜绕组是250℃，对于铝绕组是200℃。在短路情况下的绕组平均温度计算公式如下：

表2-1-19-1 油浸式电力变压器在连续额定容量下的温升限值

部 位	温升限值/K
油不与大气直接接触时的顶层油温升	60
油与大气直接接触时的顶层油温升	55
绕组平均温升	65

(1) 对于铜绕组：

$$\theta = \theta_0 + \frac{2(\theta_0+235)}{\frac{106000}{J^2 t}-1} \quad (2-1-19-8)$$

(2) 对于铝绕组：

$$\theta = \theta_0 + \frac{2(\theta_0+225)}{\frac{45700}{J^2 t}-1} \quad (2-1-19-9)$$

式中 θ_0——绕组短路时的起始温度，℃；
 J——对称短路电流密度的有效值，A/mm²；
 t——短路持续时间，s。

(三) 变压器过热故障及其起因

1. 环流或涡流在导体和金属结构件中引起的过热

变压器中可能引起过热的电流，主要包括工作电流、环流、涡流及其共同作用。即使处于满载运行条件下，其工作电流在设计阶段已经从发热和冷却各方面进行了有效控制。环流和涡流，则直接与漏磁场有关，即与负载电流正相关，其不仅存在于变压器绕组导体中，也存在于变压器油箱、铁芯夹件、拉板及连接螺栓等金属结构件中。常见的过热性故障如下。

(1) 铁芯过热故障。铁芯局部过热是一种常见变压器故障，通常是由设计、制造工艺不良或外部短路等因素引发。

电力变压器铁芯、夹件等金属结构件等均通过油箱可靠接地，因此在接地线中流过的是带电绕组对铁芯的电容电流。对于三相变压器，正常运行工况下，由于三相电压对称，所以三相绕组对铁芯的电容电流之和几乎等于零，因此三相变压器铁芯或夹件的接地电流显著小于单相变压器。

目前，普遍采用铁芯硅钢片间放一铜片的方法接地，铁芯叠片间的绝缘通常为几欧姆到几十欧姆，在高压电场中可视为通路，因而铁芯一点接地即可实现整个铁芯处于零电位的目的。当铁芯两点或两点以上接地时，则在接地点间就会形成闭合回路，并与铁芯内的交变磁通相交链而产生感应电压。该电压在回路中感应的电流可引起局部过热，导致绝缘油色谱异常，严重的甚至引发接地片熔断或铁芯局部烧损。

铁芯多点接地通常由以下原因引起：

1）铁芯夹件绝缘、垫脚绝缘等受潮、损坏或箱底沉积油泥及水分，使绝缘电阻下降，形成多点接地。

2）潜油泵轴承磨损产生的金属粉末或制造过程中的金属焊渣及其他金属异物进入油箱并堆积在油箱底部，在电磁力或其他外力作用下形成桥路，使下铁轭的下表面与垫脚或箱底短接，形成多点接地。

3）铁芯叠片边缘有尖角、毛刺、翘曲或不整齐，相邻的夹件、垫脚安装疏忽，使铁芯与相邻金属结构件之间短接，形成多点接地。

4）变压器运输中，由于冲撞、震动使部分铁芯叠片窜出或位移，导致与邻近结构件相碰，形成多点接地。

其他造成过热的原因如下：

1）铁芯部分硅钢片碰伤、翘曲或加工毛刺大，使铁芯叠片局部短路，由此产生的涡流导致铁芯局部过热。

2）铁芯受绕组短路电动力作用或经过重新拆装，导致铁芯接缝气隙增大，局部磁通畸变、饱和，造成局部损耗增大引起铁芯局部过热。

（2）绕组过热故障。变压器绕组过热故障可分为发热异常型过热故障、散热异常型过热故障和异常运行过热故障，本节给出的由环流或涡流引起的绕组过热属于发热异常型过热故障。

1）变压器绕组漏磁场可分为轴向分量和辐向分量。轴向分量分布较简单，沿绕组高度变化较小；辐向分量沿绕组高度变化较大，由它引起的辐向涡流损耗分布很不均匀。由于辐向漏磁场最大值一般出现在绕组端部附近，因此当绕组单根导体的截面尺寸选择不合适时，对于大容量或高阻抗变压器，易导致绕组端部过热。

2）绕组换位不充分，则漏磁场在绕组各并联导体中感应的电势不同，从而产生环流，引起过热。

3）换位导线股间绝缘损伤后形成环路，漏磁通在其中产生环流，引起局部过热。

（3）引线分流故障。由于引线安装工艺问题使高压套管的出线电缆与套管内的铜管相碰，运行或检修过程中接触部位受力产生摩擦，会导致引线绝缘层损伤或半叠绕白布带脱落，引起裸铜引线直接与铜管内壁及均压球接触，形成由铜管壁和引线组成的交链磁通的闭合回路，由此产生引线分流和环流，使电缆铜线烧断、烧伤，使铜管熔成凹形坑等。

（4）铁芯拉板过热故障。大型变压器铁芯拉板通常采用低磁钢材料制造，由于它处于铁芯与绕组之间的高漏磁场区域中，因此易于产生涡流损耗过分集中，严重时可造成局部过热。

（5）油箱局部过热故障。对于大型变压器或高阻抗变压器，由于其漏磁场较大，若绕组安匝平衡设计不合理或漏磁较大，同时油箱壁或夹件等结构件未采取屏蔽措施，则会引起油箱或夹件等的局部过热。

2. 金属部件之间接触不良引起的过热

金属部件之间接触不良引起的过热属于电阻异常型过热事件。由于导电回路局部电阻增加，引起的损耗局部增加从而导致过热。根据接触电阻公式：

$$R_s = \frac{K}{F^n} \quad (2-1-19-10)$$

式中 n——指数，与触头接触形式有关；

K——常数，与触头材料性质有关；

F——接触压力。

由此可知，接触压力减小，会使金属部件之间的接触电阻增大，从而导致接触部位的发热量增大，高温又加速金属表面的氧化腐蚀和机械变形，形成恶性循环，如不及时处理，往往会使变压器发生过热事故。

常见导电部位接触不良有以下几种：

（1）分接开关动、静触头接触不良。

（2）引线接头连接不良。

（3）处于漏磁场中的金属结构件之间的连接螺栓接触不良。

常见情况为变压器漏磁场在上、下节油箱连接螺栓中引起的过热。由于绕组漏磁场一部分与铁芯形成闭合路径，另一部分经过油箱壁形成闭合回路，当漏磁通通过上、下节油箱交界处时，由于空气的磁阻大，大量的漏磁通通过导电性能与导磁性能较好的连接螺栓，使得与上、下箱沿接触良好的螺杆内部的磁通密度很高，并在螺杆中感应出很大的涡流，从而造成连接螺栓严重过热。

3. 散热效果差引起的过热

散热或冷却效果差易产生散热异常型过热故障，可引起局部过热。长期运行的变压器，由于冷却装置缺少维护和清理，使风冷却器散热管的翅片间散热器风道缝隙积满灰尘、树叶、昆虫等杂物，引起风道堵塞，风扇气流无法吹到散热管上，可导致器身中上部绝缘油温升异常。

4. 异常运行引起的过热

当变压器的运行条件异常，也可导致过热或其他故障。如变压器直流偏磁产生的铁芯过饱和、在夜间负荷低谷或节假日由于电压升高引起变压器过励磁等，均可导致变压器铁芯磁通密度增大和损耗增加，引起铁芯局部过热。

二、变压器绝缘故障

（一）概述

绝缘是电力变压器，特别是超高压、特高压电力变压器的重要组成部分，它不但对变压器的单台极限容量和运行可靠性具有决定性意义，而且对变压器的经济指标也具有重要影响。

在运行中，变压器绝缘系统主要承受电、力、热三方面的作用。主绝缘或纵绝缘的工作场强超过其耐受场强，可造成绝缘的破坏击穿，从而形成短路故障；出口短路、运输冲撞或地震等原因所产生的作用力，引起绝缘或导体变形，可导致严重绝缘缺陷或短路故障；运行温度或热点温度超过限值，引起绝缘（包括油）老化损坏，可造成绝缘材料机械性能严重下降。

据有关资料统计，首先是变压器绝缘事故，其造成的损坏占很大的比例，变压器损坏总量的70%~80%最终归于匝间短路；其次是分接开关、套管等附件所引起放电故障。

为得到良好的绝缘性能，减小绝缘中的最大场强通常是不够的。影响绝缘耐受特性的因素还有施加电压的波形、绝缘的$V-t$特性、电极的形状和表面情况、绝缘的起始局部放电特性、杂质、水分等。尤其是从局部放电的角度来看，除采取措施降低最大电场强度、改善电场分布，以及绝缘结构的合理性之外，在很大程度上还与变压器制造过程中的工艺条件，如油处理和浸渍工艺、绕组连接/纠结/换位导致的局部高场强控制有密切关系。

（二）变压器的绝缘结构与作用电压

油浸式变压器的绝缘通常分为主绝缘和纵绝缘。主绝缘包括绕组间、绕组与铁芯间以及高压引线对地的绝缘。纵绝缘包括绕组的内部绝缘，即匝间和饼间绝缘。对于油-固体混合绝缘系统的变压器，通常会出现两种类型的故障：第一种是两电极间贯穿故障，油被击穿，油-固体交界面沿面爬电击穿或两者同时出现；第二种是局部故障（局部放电），这种情况不会马上导致击穿，但持续的局部放电会导致绝缘材料劣化，最终引起电极间故障。

1. 变压器的绝缘结构分类

油浸变压器的主绝缘、纵绝缘主要是由介电常数较高的油浸纸和介电常数较低的变压器油组合而成的。在这种绝缘方式下，油中的场强较高。通过分割油隙，可提高单位油隙的击穿强度。油浸式变压器主绝缘均是通过采用多层绝缘筒分割油隙的方法提高击穿场强的。

2. 固体绝缘与油配合的作用

为了提高变压器油的耐电强度和减小绝缘结构尺寸，除了设法减少油中杂质和尽可能不使杂质混入油中外，更有效的方法是采用固体绝缘和油相配合组成的复合绝缘。在变压器绝缘结构中，采用的复合绝缘可分为覆盖、绝缘层和隔板三类。

(1) 覆盖对油间隙击穿电压的影响。覆盖是用固体绝缘材料，如电缆纸、皱纹纸及绝缘漆等做成紧贴于电极表面比较薄（约十分之几到几毫米）的绝缘层，如导线所包绕的纸带或皱纹纸等。覆盖基本上不改变油中电场强度。覆盖的作用在于消除任何情况下油中纤维杂质的积累并形成半导体小桥而将两电极短接的现象。因此，它的有效性与电场均匀程度有关。试验表明，电场越均匀，油中杂质含量越多，覆盖的作用越显著。在冲击电压作用下，或在极不均匀电场中，覆盖的效果很小。

覆盖使击穿电压提高的百分数如下：工频电压下，对于均匀电场为70%~100%；比较均匀电场为25%~35%；极不均匀电场为10%~15%。因为在不均匀电场中纤维杂质不易形成半导体小桥，在均匀电场中则易于形成小桥，而覆盖正好可起到阻碍小桥形成的作用，故使均匀电场情况下击穿电压有很大程度的提高。

在冲击电压作用下，覆盖不均匀性可引起电场的某些畸变，从而导致击穿电压降低。

(2) 绝缘层对油间隙击穿电压的影响。绝缘层与覆盖不同的是其厚度较大（有时甚至可达十几毫米），且承担一定比例的电压，可使油中电场强度减小。因此，它在工频和冲击电压下都有显著作用。在极不均匀电场中，对于电场集中的那一个电极加绝缘层，油间隙的耐电强度就会提高很多。绝缘层在变压器中应用于高压线圈首端及末端线饼的加强绝缘、静电环的绝缘以及引线绝缘等。

例如变压器引线与油箱壁之间的绝缘，若油隙为100mm，引线上加0.5mm的绝缘层时，击穿电压较裸电极时提高50%；引线上加3mm的绝缘层时，击穿电压较裸电极时提高100%；引线上加6mm的绝缘层时，击穿电压较裸电极时提高150%；引线上加10mm的绝缘层时，击穿电压较裸电极时提高200%等。

必须指出，如果在均匀电场中油间隙内存在一定厚度的固定绝缘层时，因为油间隙中的电场强度与介电系数成反比，故油中电场强度反而会提高。

(3) 隔板对油间隙击穿电压的影响。下面在变压器油击穿强度的体积效应基础上，说明油间隙中加隔板后对击穿电压的影响。在变压器的线圈间插入隔板，即构成油-隔板结构形式。线圈间插板的目的是分隔油隙，即将大油隙分隔成小油隙，应用变压器油的体积效应，提高油的耐电强度，以及阻止局部放电的发展。

在极不均匀电场中，隔板的作用效果与隔板放置的位置有关。当隔板距针电极的间隙为电极间间距的15%~35%时，工频击穿电压比无隔板时提高200%~250%，电极间隙越大，屏蔽效果越好。

在均匀电场与稍不均匀电场中，隔板的作用主要是阻碍"小桥"的形成，对提高击穿电压的作用较小。隔板放置最有效的距离为距曲率半径较小电极为25%极间间距的地方，可使平均击穿电压提高不超过25%，但对最低击穿电压提高可达35%~50%。

在冲击电压下，隔板对均匀电场的作用不显著；对极不均匀电场，隔板位于曲率半径较小的电极附近时作用较好。

(4) 变压油中沿固体介质表面放电。在油浸式变压器的绝缘结构中，由于采用液体和固体作为绝缘材料，产生了沿固体和液体分界面放电的可能性。尤其是线圈端部到铁轭之间的电场为不均匀电场，其电力线经过两种介质且斜入固体介质表面。因此，端部绝缘结构是滑闪型结构。当电力线与分界面平行时，随电极距离的增大，油中沿面闪络电压不断增高；当电力线与分界面斜交时，有较大的垂直于分界面的（法线）场强分量，闪络电压比电力线与分界面平行时低得多，这种现象与气体中沿面放电相似。电极间距离增大时，油中闪络电压值增加慢。如果减小固体介质厚度、表面比电容增大，电场法线分量就更大，滑闪更明显，闪络电压就更低。因此，对于在实际结构中常遇到的电极位于固体介质两侧时，为了确定边缘发生滑闪放电的电压，可利用经验公式 $u = 18.8\delta^{0.43}$ 计算。公式中的 u 为放电电压，单位为 kV；δ 为固体绝缘厚度，单位为 mm。上式对 $\delta = 3 \sim 4$ 的介质，精度较高，可用于变压器的绝缘设计。

(三) 绝缘事故的起因

变压器在运行过程中，受到各种电压的作用，发生绝缘事故时，说明其绝缘的耐受场强已小于作用场强，可造成变压器击穿、烧毁。造成运行中的变压器出现绝缘事故的主要因素如下：

1. 突发短路

短路事故是导致变压器绝缘事故发生的主要原因之一。根据国家标准 GB 1094.5 的规定，变压器进行短路试验的次数是3次，所以3次通过，变压器短路试验就合格了。但一些运行工况不良的变压器，可能会频繁遭受短路电流引发的电动力冲击，变形的累积效应最终也会导致变压绝缘损害。因此，通过短路试验考核的变压器并不表明其不会发生短路损坏事故。

变压器除承受短路的机械应力作用外，还承受了短路热应力的作用。在外部发生短路时，绕组中的电能损耗近似于按照电流的平方成比例增加。由于电能损耗转化成的热量来不及散失，绕组的温升近似按绝热过程的规律上升，对导线的机械强度与匝绝缘的老化影响较大。为了控制突发短路时的热应力，相关国家标准规定，在短路持续时间2s后，对于A级绝缘的油浸式变压器，绝缘系统允许的最高温度为105℃，铜绕组的平均温度最大值为250℃，铝绕组的平均温度最大值为200℃。若短路时绕组的温度超过上述温度限值，绝缘材料可能会老化，导致绝缘损伤。

2. 油流带电

大容量变压器一般都采用强迫油循环的冷却方式。因此变压器内部油的流速比油自然循环时的流速提高很多，这样带来的油流带电问题也是影响变压器安全运行的原因之一。

油流带电的实质是油和纸板发生相对运动时产生电荷分离。流动的变压器油与纸板摩擦，油纸表面的正电荷随油流动，负电荷留在了纸板表面，如图2-1-19-1所示。

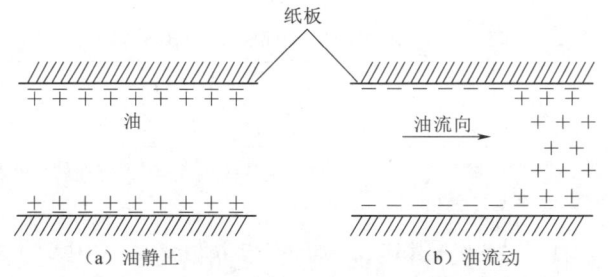

图2-1-19-1 电荷分离示意图

如果电荷在绝缘中的某些部位发生积累现象，使得该部位的局部场强增加，局部放电起始电压降低。当电荷积累到一定程度，将会发生电荷的释放（放电），导致绝缘受损或击穿。

影响油流带电的因素主要有以下几个方面：①油流速度与流态；②油的种类与温度；③绝缘油路表面的几何状况；④高速油流区域的电场分布状况。

为了避免油流带电现象，应采取以下措施：

（1）保证冷却器全投时局部放电量满足要求。国家能源局《防止电力生产事故的二十五项重点要求》规定，对于330kV及以上电压等级强迫油循环变压器应在油泵全部开启时（除备用油泵）进行局部放电试验，并且高中端的局部放电量不大于100pC。

（2）控制器身内部油流速度。国家能源局《防止电力生产事故的二十五项重点要求》规定，大型强迫油循环风冷变压器在设备选型阶段，除考虑满足容量要求外，应增加对冷却器组冷却风扇通流能力的要求，以防止大型变压器在高温大负荷运行条件下，冷却器全投造成变压器内部油流过快，使变压器油与内部绝缘部件摩擦产生静电，引起油中带电，发生变压器绝缘事故。

（四）正常运行工况下的绝缘事故

正常运行工况下的绝缘事故是指变压器在正常运行过程中，由于受到水分、杂质及其他因素的影响，局部场强发生畸变，最终导致的绝缘事故或故障。正常运行工况下的绝缘事故大致可分为悬浮导体放电、金属异物放电、杂质放电以及绝缘受潮放电等。实际运行中也经常碰到此类绝缘事故，尤其是由异物导致的有载分接开关内部放电，更是屡见不鲜。

三、变压器短路故障

（一）概述

短路故障是引起变压器损坏的主要原因之一，严重地影响着电力系统的可靠运行。尤其是随着电力系统的快速发展，各系统的短路视在容量越来越大，在变压器短路阻抗一定的条件下，变压器短路电流也就随之越来越大。另一方面，变压器的单台容量也在不断增大，相对于中小型变压器而言，大型变压器的短路强度问题更加突出。原因如下：

（1）对于相同电压等级、相同运行方式的变压器，其短路阻抗百分数一般也相近，随变压器容量的增大，其短路阻抗有名值将成比例减小，结果将导致变压器的短路电流和相应的短路电磁力大大增加。

（2）随变压器单台容量增大，其单位容量所对应的负载损耗将相应降低，这使得短路阻抗中的电阻分量值相对减小，短路电流中非周期分量冲击值变大。

《电力变压器 第5部分：承受短路的能力》（GB 1094.5）规定了电力变压器在由外部短路引起的过电流作用下应无损伤的要求，明确了表征电力变压器承受这种过电流的耐热能力的计算程序和承受相应的动稳定能力的特殊试验和理论评估方法。

（二）短路电流计算方法

1. 具有两个独立绕组的变压器

对于具有两个独立绕组的变压器，相关标准将三相或三相组变压器的额定容量分为以下三个类别：

1) 第Ⅰ类：25～2500kVA。
2) 第Ⅱ类：2501～100000kVA。
3) 第Ⅲ类：容量大于100000kVA。

（1）静态短路电流计算。对于容量为第Ⅱ类和第Ⅲ类的变压器，其对称短路电流有效值的计算应该考虑变压器的短路阻抗和系统阻抗的影响。对于容量为第Ⅰ类的变压器，如果系统短路阻抗大于变压器短路阻抗的5%，则变压器对称短路电流有效值的计算方法与第Ⅱ类和第Ⅲ类变压器相同；如果系统短路阻抗不大于变压器短路阻抗的5%，则变压器对称短路电流有效值的计算中忽略系统短路阻抗的影响。

三相变压器对称短路电流有效值按式（2-1-19-11）进行计算：

$$I = \frac{u}{\sqrt{3}(Z_t + Z_S)} \quad (2-1-19-11)$$

$$Z_S = U_S^2/S$$

式中 I——对称短路电流有效值，kA；

u——所考虑绕组的额定电压（对于主分接）或所考虑绕组在相应分接的电压（对于其他分接），kV；

Z_S——系统阻抗，Ω/相（等效星形连接）；

U_S——系统标称电压，kV；

Z_t——变压器短路阻抗，Ω；

S——系统短路视在容量，MVA。

当变压器使用部门对系统短路视在容量未提出特殊要求时，不同电压等级的系统短路视在容量见表2-1-19-2。

表2-1-19-2 不同电压等级的系统短路视在容量

系统标称电压/kV	设备最高电压/kV	系统短路视在容量/(MVA)
6、10、20	7.2、12、24	500
35	40.5	1500
66	72.5	5000
110	126	9000
220	252	18000
330	363	32000
500	550	60000
750	800	83500

Z_t 为折算到所考虑绕组的变压器短路阻抗,单位为 Ω/相（等效星形连接），按式（2-1-19-12）进行计算。

$$Z_t = \frac{z_t U_N^2}{100 S_N} \quad (2-1-19-12)$$

式中 S_N——变压器的额定容量，MVA；

z_t——折算到参考温度、额定电流和额定频率下的变压器短路阻抗，%。

主分接额定电流和额定频率下三相变压器最小短路阻抗的规定值见表 2-1-19-3。如果需要更低阻抗值的变压器，则意味着要提高变压器承受短路的能力，需要经过制造厂与使用部门的协商。

表 2-1-19-3　　具有两个独立绕组变压器的最小短路阻抗

额定容量/(kV·A)	最小短路阻抗/%
25~630	4.0
631~1250	5.0
1251~2500	6.0
2501~6300	7.0
6301~25000	8.0
25001~40000	10.0
40001~63000	11.0
63001~100000	12.5
>100000	>12.5

（2）非对称短路电流峰值的计算。在变压器短路以后，流经变压器绕组等载流部件的电流是逐渐衰减的非对称电流。理论计算与试验结果均表明，当在电压波形过零的瞬间发生短路时，瞬变（非对称）短路电流的第一个峰值最大，其峰值可以达到稳态（对称）短路电流有效值的 $\sqrt{2}K$ 倍。一般将 $\sqrt{2}K$ 称为非对称短路电流冲击系数。

瞬变短路电流的峰值按指数函数规律衰减，其衰减时间的长短，取决于时间常数 $T=L/R$（L 为变压器短路电感与系统电感之和，R 为变压器等效电阻与系统电阻之和）。通常变压器容量越大，其瞬变短路电流衰减的时间就越长。这就意味着变压器容量越大，在整个短路电流过渡的时间内，遭受非对称短路电流的作用时间也就越长。

由于变压器所受短路电磁力最大值的大小与非对称短路电流第一个峰值的二次方成正比，因此准确计算非对称短路电流第一个峰值，对计算短路电磁力的最大值具有十分重要的意义。

对于双绕组变压器，通常采式（2-1-19-13）计算非对称短路电流的第一个峰值：

$$\hat{i} = \sqrt{2}KI \quad (2-1-19-13)$$

式中 $\hat{i}$——非对称短路电流峰值，kA；

I——对称短路电流峰值，kA，按式（4-1）计算；

$\sqrt{2}K$——非对称短路电流冲击系数，由 X/R 比值决定。

其中 $X=X_S+X_T$ 为系统电抗与变压器短路电抗之和，$R=R_S+R_T$ 为系统电阻与变压器等效电阻之和。

变压器容量越大、电压等级越高，比值 X/R 就越大。对不同的变压器，X/R 比值的范围可以从 1 到 60，甚至更大。有关标准中一般只给出了与 $X/R=1\sim14$ 相对应的

$\sqrt{2}K$ 的值。

GB 1094.5 规定的相应于不同 X/R 比值的 $\sqrt{2}K$ 的值见表 2-1-19-4。对于第Ⅰ类容量的变压器，当系统阻抗 Z_S 不大于变压器短路阻抗 Z_t 的 5%时，可以忽略系统电抗与系统电阻对 X/R 比值的影响，且可以用变压器阻抗电压的无功分量 U_X 和有功分量 U_R 分别代替变压器短路电抗 X_T 和等效电阻 R_T。

表 2-1-19-4　　短路电流冲击系数 $\sqrt{2}K$ 的值

X/R	1.5	2.0	3.0	4.0	5.0	6.0	8.0	10.0	14.0
$\sqrt{2}K$	1.64	1.76	1.95	2.09	2.19	2.27	2.38	2.46	2.55

注　当 X/R 比值为 1~14 之间的其他数值时，可按线性插值方法确定 $\sqrt{2}K$ 的值。

对于大型变压器而言，考虑到系统的特性，相应的冲击电流系数可以达到 2.7~2.75。

鉴于上述理由，标准 GB 1094.5 中规定，当 $X/R\leqslant 14.0$ 时，根据 X/R 的值，由表 2-1-19-4 确定短路电流冲击系数 $\sqrt{2}K$ 的值。当 $X/R>14.0$ 时，对于第Ⅱ类变压器，仍然取 $\sqrt{2}K=\sqrt{2}\times 1.8=2.55$；对于第Ⅲ类变压器，取 $\sqrt{2}K=\sqrt{2}\times 1.9=2.69$，与 $\sqrt{2}K=2.55$ 的值相比，非对称短路电流的第一个峰值增大约 5%，而短路电磁力增大约 10%。

2. 其他变压器

（1）多绕组变压器和自耦变压器。多绕组变压器和自耦变压器的各绕组（包括自耦变压器第三绕组）中的过电流，应该由各种可能故障形式所对应的工况下变压器短路阻抗和相应系统的阻抗来决定。为了准确计算绕组中的短路电流，用户应该提供相应变压器各电压等级系统的短路视在容量值以及系统的零序阻抗与正序阻抗的比值范围。

（2）三相变压器。对于三相变压器中三角形连接的稳定绕组，由于其在变压器内部连接成三角形而不存在引出端子，故没有三相外部短路的可能性。这种情况下，稳定绕组中的过电流应该由其他绕组三相不对称短路（如单相对地短路）和系统及变压器的接地条件所决定。对于由单相变压器组成的三相组之间三角形连接的稳定绕组，由于在各单相变压器之间存在外部连线，除非使用部门已明确采取特别保护措施来避免相间短路，稳定绕组中的过电流应该由其端子之间的三相短路电流所决定。

（三）变压器承受短路能力热稳定要求

变压器在短路过程中，由于短路电流的增大而使得变压器内部的负载损耗急剧增加，导致内部载流部件的温度在短时间内上升得很高，从而有可能损坏各种部件及其绝缘。变压器承受短路的耐热能力应根据计算进行验证。

1. 承受短路的时间

GB 1094.5 规定，除另有规定，用于计算承受短路耐热能力的变压器对称短路电流的持续时间为 2s。对于自耦变压器和短路电流超过 25 倍额定电流的变压器，经制造厂与使用部门协商后，用于计算承受短路耐热能力的变压器对称短路电流的持续时间可以小于 2s。

2. 绕组最高平均温度的限值及计算

（1）绕组起始温度 θ_0 的规定。GB 1094.5 规定，绕组的起始温度 θ_0 为变压器运行现场的最高环境温度与在额定条件下用电阻法测量得到的绕组平均温升之和。如果测出的

绕组温升不适用时，则绕组起始温度 θ_0 应为最高允许环境温度与绕组绝缘系统所允许温升之和。

（2）绕组最高平均温度 θ_2 的限值。对油浸式变压器，GB 1094.5 规定，以绕组起始温度 θ_0 为基础，按式（2-1-19-11）计算稳态短路电流，在上述规定的短路电流持续时间内，变压器任意分接位置的绕组平均温度 θ_2 不许超过表 2-1-19-5 的规定。

表 2-1-19-5　短路后绕组平均温度的最大允许值 θ_2

变压器类型	绝缘耐热等级	绕组平均温度最大允许值 θ_2/℃	
		铜导体	铝导体
油浸式	A	250	200

（3）短路后绕组"实际"平均温度 θ_1 的计算。变压器在额定运行条件下突发短路时，由于短路时间很短（小于 2s），认为热量来不及散入绕组四周的介质中，在此期间内所产生的损耗都用于提高绕组导体本身的温度。变压器短路 t_s 后的绕组最高平均温度 θ_1 如下。

1）对于铜绕组：

$$\theta_1 = \theta_0 + \frac{2\times(\theta_0+235)}{\frac{106000}{J^2 t}-1} \qquad (2-1-19-14)$$

2）对于铝绕组：

$$\theta_1 = \theta_0 + \frac{2\times(\theta_0+225)}{\frac{45700}{J^2 t}-1} \qquad (2-1-19-15)$$

式中　θ_1——短路 t s 后绕组的最高平均温度，℃；

　　　θ_0——绕组的起始温度，℃；

　　　J——根据式（2-1-19-14）计算的稳态短路电流和绕组导线截面积计算的绕组短路电流密度，A/mm²；

　　　t——本节 1 条规定的稳态短路电流持续时间，s。

（四）类似变压器的确定

如果一台变压器与另一台被当作参考变压器的下列特征相同，则该台变压器被看作与参考变压器相类似：

（1）运行方式相同，如发电机升压变压器、配电变压器、联络变压器等。

（2）设计结构相同，如干式、油浸式、心式、交叠式、壳式等。

（3）主要绕组的排列和几何分区顺序相同。

（4）绕组导线材质相同，如铜线、铝线、扁线、普通换位线、自粘换位线等。

（5）主要绕组类型相同，如螺旋式、连续式、层式、饼式等。

（6）短路时吸取的容量（额定容量/阻抗电压标幺值）为相似变压器容量的 30%～130%。

（7）短路时绕组的轴向力和导线应力（实际应力与临界应力之比）不超过相似变压器相应值的 110%。

（8）制造工艺过程相同。

（9）固定和支撑方式相同。

（五）变压器承受短路能力的动稳定能力试验

1. 短路试验次数

国家标准 GB 1094.5 规定的变压器短路试验次数如下：

对第Ⅰ类和第Ⅱ类容量的单相变压器进行 3 次试验，通常在最高电压比分接、主分接和最小电压比分接各进行 1 次；对第Ⅰ类和第Ⅱ类容量的三相变压器进行 9 次试验（每相 3 次），通常在一个旁侧柱上绕组的最高电压比分接下进行 3 次试验，另一个旁侧柱上绕组的最小电压比分接下进行 3 次试验，中间柱上绕组的主分接下进行 3 次试验。

对于第Ⅲ类容量变压器的短路试验次数，需由制造厂和使用部门协商决定，也可以与第Ⅰ类和第Ⅱ类变压器相同。

2. 短路试验持续时间

GB 1094.5 规定的每次短路试验持续时间如下：第Ⅰ类容量变压器为 0.5s，第Ⅱ类和第Ⅲ类容量变压器为 0.25s。为了避免各次试验造成的温度累积效应，应该由制造厂和使用部门协商确定一个各次试验之间的间隔时间。对第Ⅰ类变压器还要考虑由于试验时的温度上升所造成的 X/R 系数的变化而应该在线路上采取补偿措施。

此外，在试验中应尽可能消除变压器剩磁和励磁涌流对非对称短路电流峰值的影响。

3. 试验合格与否的判断

GB 1094.5 对变压器短路试验合格与否的判断规定了比较严格的标准，不能只凭电压、电流示波图与短路电抗值无明显变化而不做吊芯检查和最后复试就做出试验合格的结论。

（1）对于第Ⅰ类、Ⅱ类变压器。除非协议另有规定，应该将变压器吊芯，检查铁芯和绕组，并与试验前的状态进行比较，以便发现可能的表面缺陷，例如，引线位置的移动等。

需要重复全部例行试验，包括在 100% 规定电压下的绝缘试验。如果规定了做雷电冲击试验（短路试验前的出厂试验中可以不包括雷电冲击试验），也应在此阶段进行。但是，对于第Ⅰ类变压器，除绝缘试验外，其他重复例行试验可以不做。

如果满足以下条件，则认为变压器短路试验合格。

1）根据短路试验结果以及短路试验期间的各种测量和检查没有发现任何故障痕迹。

2）重复的绝缘试验以及其他例行试验全部合格，雷电冲击试验（如果有的话）也合格。

3）吊芯检查没有发现诸如部件位移、铁芯片移动、绕组及其引线和支撑结构变形等缺陷；或虽然发现缺陷，但缺陷程度不明显，不至于危及变压器的安全运行。

4）没有发现内部放电的痕迹。

5）试验结束后，以欧姆表示的每相电抗值与原始值之差规定如下：

a. 对于具有圆形同心式线圈（包括所有绕在圆柱体上的线圈）和交叠式的非圆形线圈变压器，试验前后短路电抗测量值的偏差不大于 2%。但是对于低压绕组是用金属箔绕制且额定容量为 10000kV·A 及以下的变压器，如果其短路阻抗为 3% 及以上，则试验前后短路电抗测量值偏差可以取不大于 4% 的值。如果短路阻抗小于 3%，经过制造厂与使用部门协商，试验前后短路电抗测量值的偏差可以大于 4%。

b. 对于具有非圆形同心式线圈变压器，其短路阻抗为 3% 或以上时，试验前后短路电抗测量值偏差不大于 7.5%；经制造厂与使用部门协商，试验前后短路电抗测量值偏差 7.5% 的值可以降低，但不低于 4%。对于短路阻抗小于 3%

的非圆形同心式线圈变压器，其试验前后短路电抗的变化不能用普通方法加以规定。经验表明，某些结构的变压器试验前后短路电抗的变化达到（22.5～5Z_t）%时仍然是可以接受的，其中Z_t是以百分数表示的变压器短路阻抗值。

（2）对于第Ⅲ类变压器。应将变压器吊芯，检查铁芯和绕组，并与试验前的状态相比较，以便能够发现可能的表面缺陷，如引线位置的变化位移等。尽管这些变化不妨碍通过例行试验，但可能会危及变压器的安全运行。需要重复全部例行试验，包括在100%规定电压下的绝缘试验。如果规定了做雷电冲击试验（短路试验前的出厂试验中可以不包括雷电冲击试验），也应在此阶段进行。判断试验合格的前4条判断标准与第Ⅰ类、Ⅱ类变压器完全相同，第5条更严格，要求以欧姆表示的每相电抗值与原始值之差不大于1%。如果试验前后电抗变化范围为1%～2%，应经用户与制造厂协商一致后方可验收。此时，可能要求做更详细的检查，必要时还要拆卸变压器，以确定其异常的原因，但在变压器拆卸前应该补充一些测量判断方法，例如，绕组电阻测量、低压冲击试验（对试验前后分别录取的示波图进行比较）、频谱响应分析、传递函数分析、空载电流测量以及试验前后溶解气体分析等。

4. 多绕组变压器和自耦变压器的短路试验

对于多绕组变压器和自耦变压器，由于结构和接线复杂，要根据对各种可能故障的分析来决定试验接线。而各种试验的组合、试验电流值、试验方法和试验次数都要由制造厂和使用部门共同协商确定。

（六）短路时机械力的一般特性

1. 短路电动力的方向

计算电动力的基本公式为

$$\dot{F} = \dot{I}\dot{L} \times \dot{B} \qquad (2-1-19-16)$$

式中　$\dot{F}$——电磁力，N；

　　　$\dot{I}$——导线中电流，A；

　　　$\dot{B}$——磁通密度，T；

　　　$\dot{L}$——绕组导线长度，m。

假设垂直纸面为电流方向，则任一点的漏磁密度都可分解为辐向分量B_x和轴向分量B_y。由式（2-1-19-16）可知，轴向漏磁产生辐向力，辐向漏磁产生轴向力，如图2-1-19-2所示。

对于实际绕组，由轴向漏磁产生的辐向力如图2-1-19-3所示。

绕组辐向受力示意图如图2-1-19-4所示。由图2-1-19-4可知，对于一对绕组，内侧绕组受到辐向压缩力，导致绕组向内收缩和线匝收紧；外侧绕组受到向外的张力，导致绕组向外扩张和线匝松散。

对于实际绕组，由辐向漏磁产生的轴向力如图2-1-19-5所示。

由图2-1-19-5可知，轴向绕组端部辐向漏磁产生对内外绕组方向相同的指向绕组中部的轴向力，绕组中部局部油道放大产生的轴向漏磁通对内侧绕组产生指向绕组中部的力，对油道放大的外侧绕组产生由中部指向两侧端部的力。

上述三种受力模式导致的变压器绕组机械变形在实际变压器状态评估过程经常碰到。

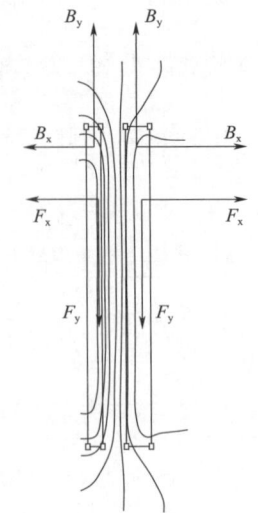

图2-1-19-2　轴向力和辐向力示意图

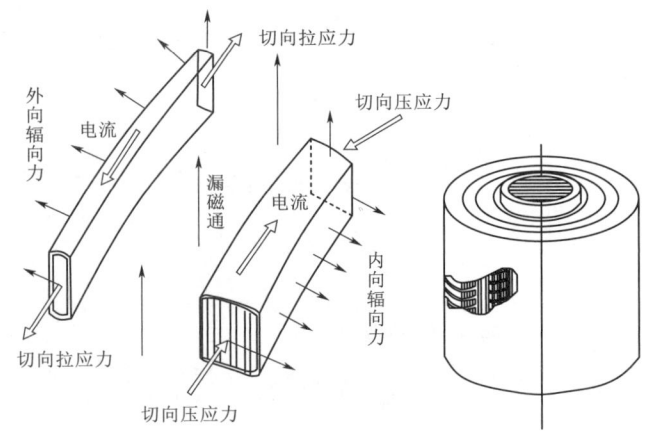

图2-1-19-3　绕组辐向受力示意图

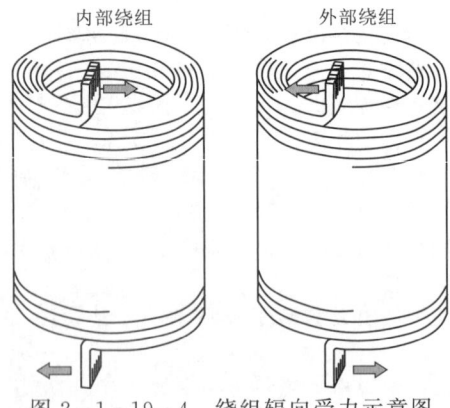

图2-1-19-4　绕组辐向受力示意图

2. 短路电动力的大小

短路绕组中的平均环形（辐向）应力为

$$\sigma_{avg} = 4.74(K\sqrt{2})^2 \frac{P_R}{H_K(Z_K\%)^2} (\text{N/m}^2)$$

$$(2-1-19-17)$$

式中，P_R的单位为W，H_K的单位为m。需要特别注意的是

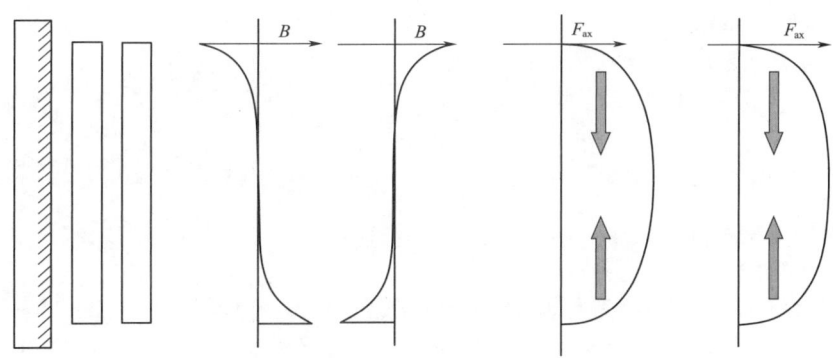

图 2-1-19-5　绕组轴向受力示意图

P_R 不是前几章通常所述等效损耗，而是折算到 75℃ 的直流电阻损耗 I^2R。实际应用中，只需掌握变压器绕组直流电阻、阻抗电压等基本参数，非对称系数 K 按 1.8 选择，即可非常方便地进行计算。式（2-1-19-17）是针对铜导线计算得出的，若绕组材质为铝导线，则应用式（2-1-19-18）计算：

$$\sigma_{\text{avg}} = 2.86(K\sqrt{2})^2 \frac{P_R}{H_K(Z_K\%)^2} (\text{N/m}^2)$$

(2-1-19-18)

短路绕组中作用于内侧绕组与外侧绕组的总的轴向力为（非对称系数 K 取 1.8）：

$$F_a = \frac{50.8S}{Z_K\% \times H_K f}$$

(2-1-19-19)

式中　S——每个铁芯柱的额定容量，kVA。

3. 短路损坏故障特征

在遭受短路冲击时，对于非分裂绕组结构的电力变压器，一方面由于辐向漏磁小于轴向漏磁，因此辐向电动力占主导地位，由于电源侧绕组与短路侧绕组瞬时电流方向近似相反，外侧绕组受张力，内侧绕组受斥力，该电动力总是试图使绕组间的主漏磁空道面积增大；另一方面中、低压绕组额定电流通常是高压绕组的数倍，因此在短路状态下，中、低压绕组承受的电磁力为高压绕组承受电动力的数十倍到数百倍，而高压、中压和低压绕组的屈服强度 $R_{p0.2}$ 的差别一般不大于 100%，使得绕组遭受短路冲击时，多数为中、低压绕组强制变形或自由变形，从而导致包含变形绕组的绕组对短路电抗发生变化。

四、现场常规试验

变压器试验的目的是验证变压器性能是否符合有关标准和技术条件的规定，是否存在影响运行的各种缺陷（如短路、断路、放电、变形、局部过热等）；另外，通过对试验数据的分析，从中找出改进设计、提高工艺的途径。本章主要对与变压器现场状态评估密切相关的试验进行介绍，型式试验、特殊试验不在本章讨论范围之内。

（一）绝缘电阻及吸收比试验

1. 绝缘电阻试验使用范围

绝缘电阻试验是电气设备绝缘试验中一种最简单、最常用的试验方法。当电气设备绝缘受潮、表面脏污、留有表面放电或击穿痕迹时，其绝缘电阻会显著下降。根据绝缘等级的不同、测试要求的区别，常采用的兆欧表输出电压有 100V、250V、500V、1000V、2500V、5000V、10000V 等。由于绝缘电阻试验所施加的电压较低，对于一些集中性缺陷，可能会出现很严重的缺陷，但在测量时仍然显示绝缘电阻很大的现象，因此绝缘电阻试验只适用于检测贯穿性缺陷和普遍性缺陷。

2. 绝缘电阻试验的主要参数及技术指标

电气设备的绝缘不能等值为单纯的电阻，其等值电路往往是电阻电容的混合电路。很多电气设备的绝缘都是多层的，例如电机绝缘中用的云母带，变压器等绝缘中用的油和纸等，因此在绝缘试验中测得的并不是一个纯电阻。图 2-1-19-6 所示为双层电介质的一个简化等值电路。

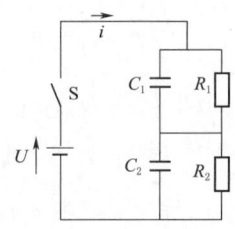

图 2-1-19-6　双层电介质的一个简化等值电路图

3. 吸收曲线及绝缘电阻变化曲线

当合上开关 S 将直流电压 U 加到绝缘上后，等值电路中电流 i 的变化如图 2-1-19-7 中曲线所示。开始电流很大，以后逐渐减小，最后趋近于一个常数 I_g；这个过程的快慢，与绝缘试品的电容量有关，电容量越大，持续的时间越长，甚至达数分钟或更长时间。图 2-1-19-7 中曲线 i 和稳态电流 I_g 之间的面积为绝缘在充电过程中从电源"吸收"的电荷 Q_a。这种逐渐"吸收"电荷的现象就叫作"吸收现象"。

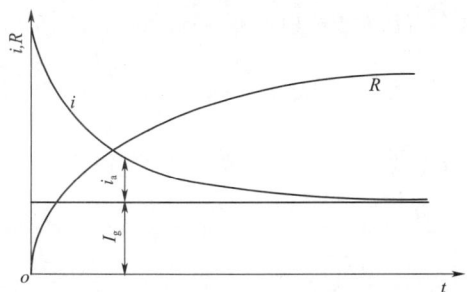

图 2-1-19-7　等值电路中电流 i 的变化

从图 2-1-19-7 曲线可以看出，在绝缘电阻试验中，所测绝缘电阻是随测量时间变化而变化的，只有当 $t=\infty$ 时，其测量值为 $R=R_\infty$。但在绝缘电阻试验中，特别是电容量较大时，很难测量 R_∞ 的值，因此，在实际试验中，规程规定，只需测量 60s 时的绝缘电阻值，即 R_{60s} 的值。当电容量特别大时，吸收现象特别明显。

对于不均匀的绝缘试品，如果绝缘状况良好，则吸收现象明显，如果绝缘受潮严重或内部有集中性的导电通道，这一现象更为明显。工程上用"吸收比"来反映这一特性，吸收比一般用 K 表示，其定义为

$$K = R_{60s}/R_{15s} \quad (2-1-19-20)$$

式中　R_{60s}——$t=60s$ 时测得绝缘电阻值；

R_{15s}——$t=15s$ 时测得的绝缘电阻值。

对于电容量较大的绝缘试品，K 可采用下式表示：

$$K = R_{10min}/R_{1min} \quad (2-1-19-21)$$

式中　R_{10min}——$t=10min$ 时测得的绝缘电阻值；

R_{1min}——$t=1min$ 时测得的绝缘电阻值。

K 在工程上称为极化指数。

当绝缘状况良好时，K 值较大，其值远大于1；当绝缘受潮时，K 值将变小，一般认为如 $K<1.3$ 时，就可判断绝缘可能受潮。由上述分析可知，对电容量较小的绝缘试品，可以只测量其绝缘电阻，对于电容量较大的绝缘试品，不仅要测量其绝缘电阻，还要测量其吸收比。

4. 影响测试绝缘电阻的主要因素

(1) 湿度。随着周围环境的变化，电气设备绝缘的吸湿程度也随之发生变化。当空气相对湿度增大时，由于毛细管作用，绝缘物（特别是极性纤维所构成的材料）将吸收较多的水分，使电导率增加，降低绝缘电阻的数值，尤其是对表面泄漏电流的影响更大。

(2) 温度。电气设备的绝缘电阻随温度变化而变化，其变化的程度随绝缘的种类而异。吸湿性较强的材料，受温度影响较大。一般情况下，绝缘电阻随温度升高而减小。这是因为温度升高时，加速了电介质内部离子的运动，同时绝缘内的水分，在低温时与绝缘物结合得较紧密。当温度升高时，在电场作用下水分即向两极伸长，这样在纤维质中，呈细长线状的水分粒子伸长，使其电导增加。此外，水分中含有溶解的杂质或绝缘物内含有盐类、酸性物质，也使电导增加，从而降低了绝缘电阻。

由于温度对绝缘电阻值有很大影响，而每次测量又不能在完全相同的温度下进行，所以为了比较试验结果，我国有关技术人员曾提出过采用温度换算系数的问题，但由于影响温度换算的因素很多，如设备中所用的绝缘材料特性、设备的新旧、干燥程度、测温方法等，所以很难规定准确的换算系数。目前我国规定了一定温度下的标准数值，希望尽可能在相近温度下进行测试，以减少由于温度换算引起的误差。

(3) 表面脏污和受潮。由于被试物的表面脏污或受潮会使其表面电阻率大大降低，绝缘电阻将明显下降。必须设法消除表面泄漏电流的影响，以获得正确的测量结果。

(4) 被试设备剩余电荷。对有剩余电荷的被试设备进行试验时，会出现虚假现象，由于剩余电荷的存在会使测量数据虚假地增大或减小。

有关标准要求在试验前先充分放电 10min。图 2-1-19-8 示出了不同放电时间后，绝缘电阻与加压时间的关系。剩余电荷的影响还与试品容量有关，若试品容量较小时，这种影响就小得多了。

(5) 绝缘电阻表容量。实测表明，绝缘电阻表的容量对绝缘电阻、吸收比和极化指数的测量结果都有一定的影响。绝缘电阻表容量越大越好。推荐选用最大输出电流 1mA 及

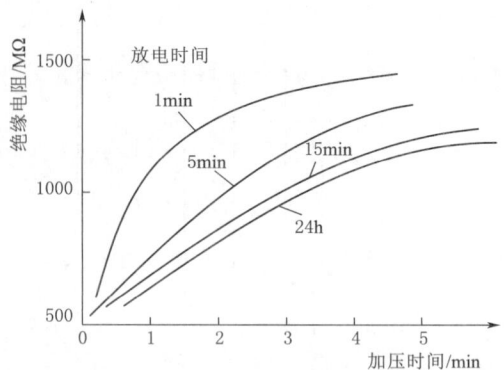

图 2-1-19-8　不同的放电时间后绝缘电阻与加压时间的关系曲线

以上的绝缘电阻表，这样可以得到较准确测量结果。

5. 测量结果分析

变压器的绝缘电阻允许值，参见有关规程规定。将所测得的结果与有关数据比较，这是对试验结果进行分析判断的重要方法。通常用来作为比较的数据包括同一变压器出厂试验数据、耐压前后数据等。如发现异常，应立即查明原因或辅以其他测试结果进行综合分析、判断。变压器的绝缘电阻不仅与其绝缘材料的电阻系数成正比，而且还与其尺寸有关。可用式 (2-1-19-22) 表示：

$$R = \rho \frac{L}{S} \quad (2-1-19-22)$$

同一工厂生产的两台电压等级完全相同的变压器，绕组间的距离 L 应该大致相等，其中的绝缘材料也应该相同，但若它们的容量不同，则会使绕组表面积 S 不同，容量大者 S 大。这样它们的绝缘电阻就不相同，容量大者绝缘电阻小。即使是同一电压等级的设备，简单地规定绝缘电阻允许值是不合理的，而应采用科学的"比较"方法，因此在规程中一般不具体规定绝缘电阻的数，而强调"比较"，或仅规定吸收比与极化指数等指标。

测量极化指数时，加压时间较长，用手摇绝缘电阻表很难控制转速稳定，一般采用电动绝缘电阻表测量。测定的电介质吸收比率与温度无关，变压器的极化指数一般应大于 1.5，绝缘较好时其值可达 3~4。

(二) 介质损耗因数试验

电介质就是绝缘材料。当研究绝缘物质在电场作用下所发生的物理现象时，把绝缘物质称为电介质。而从材料的使用观点出发，希望绝缘材料的绝缘电阻越高越好，即泄漏电流越小越好。任何绝缘材料在电压作用下，总会流过一定的电流，所以都有能量损耗。把在电压作用下电介质中产生的一切损耗称为介质损耗或介质损失。

如果电介质损耗很大，会使电介质温度升高，促使材料发生老化（发脆、分解等），如果介质温度不断上升，甚至会把电介质熔化、烧焦，丧失绝缘能力，导致热击穿。因此介质损耗是衡量绝缘介质电性能的一项重要指标。

当绝缘物上加交流电压时，可以把介质看成为一个电阻和电容并联组成的等值电路，如图 2-1-19-9 (a) 所示。根据等值电路可以画出电流和电压的相量图，如图 2-1-19-9 (b) 所示。

由相量图 2-1-19-9 (b) 可知，介质损耗由 $\dot{I}_R$ 产生，夹角 δ 大时，$\dot{I}_R$ 就越大，故称 δ 为介质损失角，其正

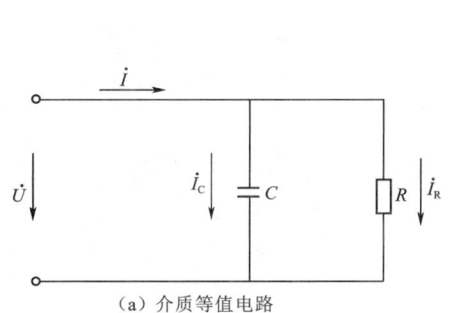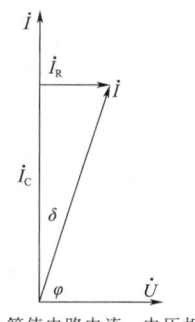

(a) 介质等值电路　　　　(b) 等值电路电流、电压相量

图 2-1-19-9　在绝缘物上加交流电压时的等值电路及相量图

切值为

$$\tan\delta=\frac{I_R}{I_C}=\frac{U/R}{U\omega C}=\frac{1}{\omega CR} \quad (2-1-19-23)$$

介质损耗为

$$P=\frac{U^2}{R}=U^2\omega C\tan\delta \quad (2-1-19-24)$$

由此可见，当 U、f、C 一定时，P 正比于 $\tan\delta$，所以用 $\tan\delta$ 来表征介质损耗。

测量的 $\tan\delta$ 灵敏度较高，可以发现绝缘的整体受潮、劣化、变质及小体积设备的局部缺陷。

1. 介质损失角正切值的测量原理

介质损耗角正切值的测量方法很多，从原理上来分，可分为平衡测量法和角差测量法两类。传统的测量方法为平衡测量法，即高压西林电桥法。由于技术的发展和检测手段的不断完善，角差测量法使用得越来越普遍。

（1）平衡测量法。当绝缘受潮、老化时，有功电流将增大，$\tan\delta$ 也增大。通过测 $\tan\delta$ 可以反映出绝缘的分布性缺陷。如果缺陷是集中性的，有时测 $\tan\delta$ 就不灵敏，这是因为集中性缺陷为局部的，可以把介质分为有缺陷和无缺陷的两部分；无缺陷的部分为 R_1 和 C_1 的并联；有缺陷部分为 R_2 和 C_2 的并联。则有

$$P=P_1+P_2$$
$$\omega CU^2\tan\delta=\omega C_1 U^2\tan\delta_1+\omega C_2 U^2\tan\delta_2$$
$$\tan\delta=\frac{C_1}{C}\tan\delta_1+\frac{C_2}{C}\tan\delta_2$$

当有缺陷部分占的比例很小时，$\frac{C_2}{C}\tan\delta_2$ 就很小，所以测整体 $\tan\delta$ 的时候就不易发现局部缺陷。

《电力设备预防性试验规程》（DL/T 596—2021）规定，对电机、电缆等绝缘，因为缺陷的集中性及体积较大，通常不做此项试验；而对套管、电力变压器、互感器、电容器等则做此项试验。

我国目前使用的测 $\tan\delta$ 试验装置主要是西林电桥。QS1 型西林电桥原理接线如图 2-1-19-10 所示。在图 2-1-19-10 中，调节 R_3、C_4 使电桥达到平衡时，应满足：

$$Y_x Y_4=Y_3 Y_N \quad (2-1-19-25)$$

式中　Y_x、Y_4、Y_3、Y_N——各桥臂的导纳。

即

$$\left(\frac{1}{R_x}+j\omega C_x\right)\left(\frac{1}{R_4}+j\omega C_4\right)=\frac{1}{R_3}\times j\omega C_N$$

解此方程，实部、虚部分别相等，可得

$$\tan\delta=\frac{1}{\omega C_x R_x}=\omega C_4 R_4 \quad (2-1-19-26)$$

$$C_x=\frac{R_4}{R_3}C_N\frac{1}{1+\tan^2\delta} \quad (2-1-19-27)$$

当 $\tan\delta<0.1$，误差允许不大于 1‰ 时，式（2-1-19-28）可改写为

$$C_x=C_N\frac{R_4}{R_3} \quad (2-1-19-28)$$

高压西林电桥是用于工频高压试验，于是 $\omega=2\pi f=100\pi$ 是固定的；同时电桥中的 R_4 取 $\frac{10^4}{\pi}\Omega$，也是固定的。这时，$\tan\delta=\omega R_4 C_4=KC_4\times 10^6$。式中 C_4 的单位是 F，$K=F-1$，若 C_4 以 μF 计则上式可写为

$$\tan\delta=KC_4 \quad (2-1-19-29)$$

于是 C_4 就可以直接分度为 $\tan\delta$，在西林电桥上 $\tan\delta$ 是可直读的。C_x 是按 R_3 的读数，通过式（2-1-19-29）计算得出。C_N 一般都用 100pF，个别也有用 50pF 或 1000pF，但都是固定已知值。

高压西林电桥的高压桥臂的阻抗对应的低压臂阻抗大得多，所以电桥上施加的电压绝大部分都降落在高压桥臂上，只要把试品和标准电容器放在高压保护区，用屏蔽线从其低压端连接到低压桥臂上，则在低压桥臂上调节 R_3 和 C_4 就很安全，而且测量准确度较高。但是，这种方法要求被试品高低压端均对地绝缘。

图 2-1-19-10（a）所示正接线用于两极对地绝缘的设备，用于试验室或绕组间测 $\tan\delta$。图 2-1-19-10（b）所示反接线用于现场被试设备为一极接地的设备，要求电桥有足够的绝缘。由于 R_3 和 C_4 处于高电位，为保证操作的安全，应采取一定的措施。一个办法是将电桥本体放在绝缘台上（操作者也在绝缘台上）或放在一个叫法拉第笼的金属笼里对地绝缘起来，使操作者与 R_3、C_4 处于等电位；另一种办法是人通过绝缘连杆去调节 R_3、C_4。现场试验通常采用反接线试验方法。图 2-1-19-10（c）所示对角线接线用于被试设备为一极接地的设备且电桥没有足够的绝缘。

（2）角差测量法。测量 $\tan\delta$ 时，由于介质损耗角很小，直接测量其角差很困难，因此过去传统的测量方法是平衡测量法。随着技术的进步及元器件的发展，可以通过直接测量电压和电流的角差来测量 $\tan\delta$，即角差法测量 $\tan\delta$。这种方法免去了平衡测量法中需要调节平衡的烦琐，大大减少了试验的工作量。角差测量方法很多，图 2-1-19-11 所示为角差测量法（非平衡法）测量 $\tan\delta$ 原理接线示意图。

如图 2-1-19-11 所示，测量 $\tan\delta$ 实际上就是测量流过试品容性电流与全电流的相角差，在试验时同时测量流过

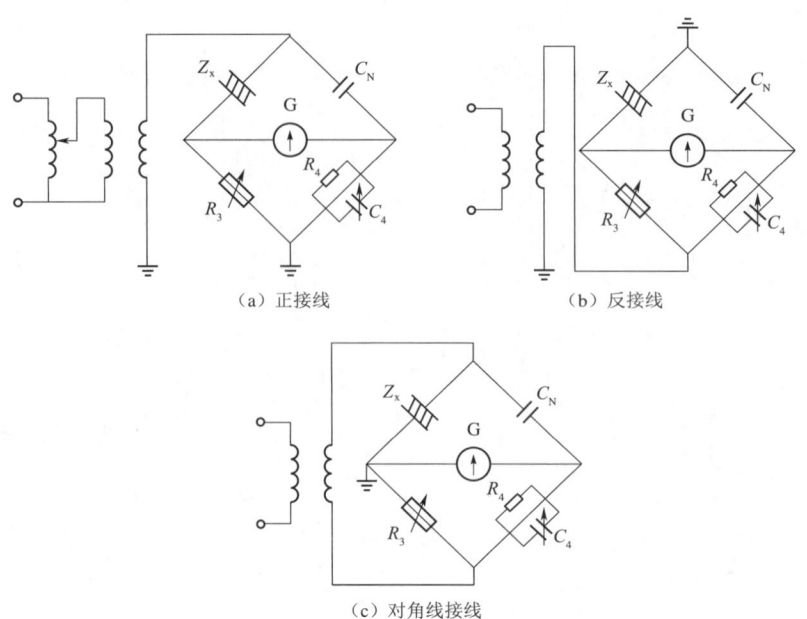

图 2-1-19-10　QS1 型西林电桥原理接线图

Z_x—被测绝缘阻抗；C_N—标准电容；R_3—可变电阻；C_4—可变电容；
R_4—固定电阻；G—检流计

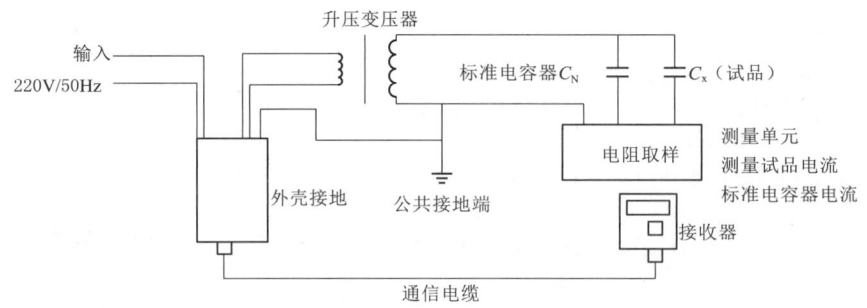

图 2-1-19-11　角差测量法（非平衡法）测量 $\tan\delta$ 原理接线示意图

标准电容器电流（其相角与流过试品的容性电流的相角一致）和流过试品的电流（全电流），这样可测得到二者之间的相角差，从而可以计算出 $\tan\delta$ 的数值。采样电阻是无感精密电阻。测量回路将电流信号变为数字信号，通过傅里叶变换能精确稳定地测量畸变波形的相位差，但测量精度完全由高速高精度器件和计算处理的精度决定。考虑到正、反接线及高低压隔离问题，数据传输需通过光纤传输或将数据转换为红外光并发送到接收器来进行隔离。

2. 介质损耗因数试验干扰措施

（1）平衡测量法。在现场进行测量时，试品和桥体往往处于周围带电部分的电场作用范围之内，虽然电桥本体及连接线采用了屏蔽措施，但试品无法做到全屏蔽。这时干扰就会通过试品高压极的杂散电容产生干扰，影响测量结果。为了消除或减少由电场干扰引起的误差，采用平衡法测量时可以采用如下措施：

1）加设屏蔽。当试品体积不大时，可用金属屏蔽罩或网将试品与干扰源隔开，可以减少测量误差。

2）采用移相电源。由于干扰源的相位一般是无法改变的，因此可以通过改变电源的相位，使得电源的相位和干扰的相位同相或反相，来达到消除或减少同频率干扰的目的。

3）倒相法。测量时将电源正接和倒相各测量一次，测得两组结果 $\tan\delta_1$、C_1 和 $\tan\delta_2$、C_2，然后通过式（2-1-19-30）和式（2-1-19-31）计算求得 $\tan\delta$ 和 C：

$$\tan\delta = \frac{C_1\tan\delta_1 + C_2\tan\delta_2}{C_1 + C_2} \quad (2-1-19-30)$$

$$C = \frac{C_1 + C_2}{2} \quad (2-1-19-31)$$

（2）非平衡测量法。采用非平衡法测量时，可采用如下措施：

1）采用异频电源。由于干扰的频率一般为工频或工频的谐波，因此，可将输入电源整流成直流后通过开关逆变电路逆变为异于工频的正弦波，避开干扰的频率范围，这样可大大提高测量精度。这种方法在非平衡法测量中使用较多，而且抗干扰的效果较好。

2）补偿法。通过计算机数据处理，将测量数据进行补偿，使得测量波形为不畸变的正弦波形后，计算得到 $\tan\delta$ 和 C。

3. 介质损耗试验影响测试的主要因素及分析判断

（1）影响因素。

1）温度的影响。为了比较试验结果，对同一设备在不同温度下的变化必须将结果归算到一个固定的基准温度，一般归算到 20℃。

2) 湿度的影响。在不同的湿度下测得的值也是有差别的，应在空气相对湿度小于80%下进行试验。

3) 绝缘的清洁度和表面泄漏电流的影响。这可以用清洁和干燥表面来将损失减到最小，也可采用涂硅油等办法来消除这种影响。

(2) 分析。

1) 和规程的要求值作比较。

2) 对逐年的试验结果应进行比较，在两个试验间隔之间的试验测量值不应该有显著的增加或降低。

3) 当测量值未超过规定值时，可以补充电容量来分析，电容量不应该有明显的变化。

4) 应充分考虑温度等的影响，并进行修正。

5) 通过测 $\tan\delta = f(u)$ 的曲线，观察 $\tan\delta$ 是否随电压升高而上升，来判断绝缘内部是否有分层、裂纹等缺陷。

(三) 绝缘状态综合判断

每一项预防性试验项目对反映不同绝缘介质的各种缺陷的特点及灵敏度各不相同，因此对各项预防性试验结果不能孤立地、单独地对绝缘介质做出试验结论，而必须将各项试验结果全面地联系起来，进行系统地、全面地分析、比较，并结合各种试验方法的有效性及设备的历史情况，才能对被试设备的绝缘状态和缺陷性质做出科学的结论。例如，当利用绝缘电阻表和电桥分别对变压器绝缘进行测量时，如果 $\tan\delta$ 值不高，其绝缘电阻、吸收比较低，则往往表示绝缘中有集中性缺陷；如果 $\tan\delta$ 值也高，则往往说明绝缘整体受潮。

一般地说，如果电气设备各项预防性试验结果（也包括破坏性试验）能全部符合规定，则认为该设备绝缘状况良好，能投入运行。但是对非破坏性试验而言，有些项目往往不做具体规定。有的虽有规定，然而试验结果却又在合格范围内出现"异常"，即测量结果合格，增长率很快。对这些情况如何作出正确判断，则是每个试验人员非常关心的问题。根据现场试验经验，现将电气设备绝缘预防性试验结果的综合分析判断概括为比较法。比较法包括下列内容：

(1) 与设备历年（次）试验结果相互比较。因为一般的电气设备都应定期地进行预防性试验，如果设备绝缘在运行过程中没有什么变化，则历次的试验结果都应当比较接近。如果有明显的差异，则说明绝缘可能有缺陷。

(2) 与同类型设备试验结果相互比较。因为对同一类型的设备而言，其绝缘结构相同，在相同的运行和气候条件下，其测试结果应大致相同。如果差异很大，则说明绝缘可能有缺陷。

(3) 同一设备相间的试验结果相互比较。因为同一设备，各相的绝缘情况应当基本一样，如果三相试验结果相互比较差异明显，则说明有异常的绝缘可能有缺陷。

(4) 与规程规定的"允许值"相互比较。对有些试验项目，规程规定了"允许值"，若测量值超过"允许值"，应认真分析，查找原因，或再结合其他试验项目来查找缺陷。

总之，应当坚持科学态度，对试验结果必须全面地、历史地综合分析，掌握设备性能变化的规律和趋势，并以此来正确判断设备绝缘状况，为检修提供依据。

非破坏性试验基本方法的比较见表 2-1-19-6，在试验中应充分利用它们的特点去发掘绝缘缺陷。

表 2-1-19-6 **非破坏性试验基本方法比较**

试验方法	能发现的缺陷	不能发现的缺陷	评价
测量绝缘电阻	贯通的集中性缺陷，整体受潮或有贯通性的受潮部分	未贯通的集中性缺陷，绝缘整体老化及游离	基本方法之一
测量吸收比	受潮，贯通的集中性缺陷	未贯通的集中性缺陷，绝缘整体老化	应用于判断受潮
$\tan\delta$	整体受潮、劣化，小体积被试品的贯通及未贯通缺陷	大体积被试品的集中性缺陷	基本方法之一

(四) 低电压短路电抗测试

最早使用的绕组变形测试方法是阻抗法。其原理是通过测量变压器绕组在额定电流下的阻抗或漏抗，由阻抗或漏抗值的变化来判断变压器绕组是否发生了危及运行的变形，如匝间短路、开路、线圈位移等。国家标准和 IEC 标准都规定了额定电流下漏抗变化的限值，IEC 建议超过 3% 为异常，国家标准认为根据线圈结构的不同取 1%~4%。

多年来的现场使用经验表明，该方法由于受条件所限，现场很难达到额定电流（尤其对大型变压器），且对测试仪表的检测精度要求很高，往往难以获得必要的检测灵敏度，因此现场逐渐开始应用低电压测试短路电抗（包括短路阻抗和漏电感等参数）以判断变压器绕组有无变形。低电压短路电抗测试的基本原理如下：

(1) 变压器的每一对绕组的漏电感 L_k 是这两个绕组相对距离（同心圆的两个绕组的半径 R 之差）的增函数，而且 L_k 与这两个绕组高度的算术平均值近似成反比。即漏电感 L_k 是这对绕组相对位置的函数，$L_k = f(RH)$。绕组对中任何一个绕组的变形必定会引起 L_k 的变化。由于绕组对的短路电抗 X_k 和短路阻抗 Z_k 都是 L_k 的函数，因此该绕组对中任一绕组的变形都会引起 Z_k、X_k 发生相应的变化。

(2) 在漏磁通回路中油、纸、铜等非铁磁性材料占磁路主要部分。非铁磁性材料的磁阻是线性的，且磁导率仅为硅钢片的万分之五左右，即磁压的 99.9% 以上降落在线性的非磁性材料上。把漏电感 L_k 看作线性，其在检测中所引起的偏差小于千分之一。L_k 在电流从 0 到短路电流的范围内都可以认为是线性的。因此测量 L_k 可以采用较低的电流、电压，而不会影响其复验性（包括与额定电流下的测试结果相比）不大于千分之二的要求。

上述两点是低电压电抗法判断绕组有无变形的物理基础。

目前对于现场试验，考虑到试验电源取用便捷性，对于三相电力变压器，均采用分相试验的方法。试验时，将低压侧的三相绕组的三个引出端短接，分别在高压侧 UV、VW、WU 或 UN、VN、WN 间加单相电源进行测量，最后由 3 次测量的结果计算出三相数据。根据变压器高压侧三相绕组连接方式的不同，采用不同的试验接线方式。

1. 加压绕组为 Y 连接的三相

(1) 试验接线。试验电压加在高压侧三相绕组为 Y 连接的三相变压器单相短路试验接线如图 2-1-19-12 所示。

(2) 试验步骤。按图 2-1-19-12 进行接线，轮流对

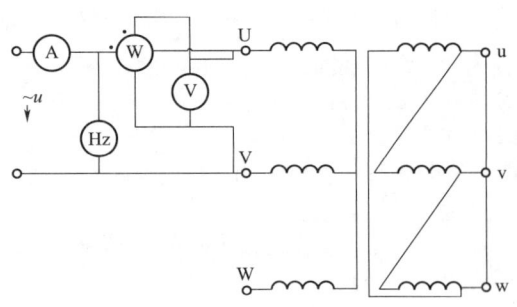

图 2-1-19-12 加压绕组为 Y 连接的三相变压器
单相短路试验接线图

每一对线间 UV、VW、WU 施加试验电压,将另一侧绕组全部短路,升至试验电流时,记录仪表指示值,共进行 3 次,然后用 3 次测得的损耗 P_{UV}、P_{VW}、P_{WU} 和电压 U_{UV}、U_{VW}、U_{WU} 计算出结果。

(3) 试验数据整理及计算。

1) 短路损耗为

$$P_k = \frac{P_{UV} + P_{VW} + P_{WU}}{2} \quad (2-1-19-32)$$

2) 三相平均短路电压百分数为

$$U_k\% = \sqrt{3}\frac{U_{UV} + U_{VW} + U_{WU}}{6U_n} \times 100\% \quad (2-1-19-33)$$

3) 分相短路电压百分数为

$$Z_{AO} = \frac{1}{2}(R_{AB} + R_{AC} - R_{BC}) + j\frac{1}{2}(X_{AB} + X_{AC} - X_{BC})$$

$$Z_{BO} = \frac{1}{2}(R_{AB} + R_{BC} - R_{AC}) + j\frac{1}{2}(X_{AB} + X_{BC} - X_{AC})$$

$$Z_{CO} = \frac{1}{2}(R_{AC} + R_{BC} - R_{AB}) + j\frac{1}{2}(X_{AC} + X_{BC} - X_{AB})$$

$$(2-1-19-34)$$

式中 P_{UV}、P_{VW}、P_{WU}——测得加压相 UV、VW、WU 的损耗;

U_{UV}、U_{VW}、U_{WU}——测得加压相 UV、VW、WU 的电压。

2. 加压绕组为 Yn 连接

(1) 试验接线。试验电压加在高压侧三相绕组为 Yn 连接的三相变压器单相短路试验接线如图 2-1-19-13 所示。

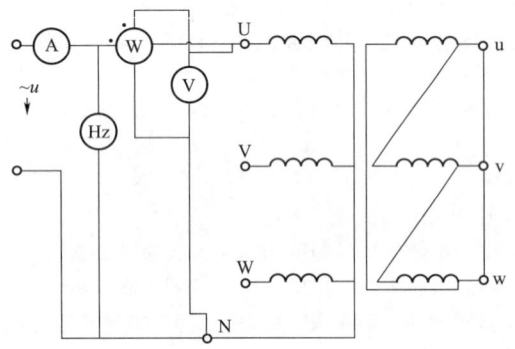

图 2-1-19-13 加压绕组为 Yn 连接的三相变压器
单相短路试验接线图

(2) 试验步骤。按图 2-1-19-13 进行接线,轮流对每一对相间 UN、VN、WN 施加试验电压,升压至试验流时,记录仪表指示值,共进行 3 次,然后用 3 次测得的损耗 P_{UN}、P_{VN}、P_{WN} 和电压 U_{UN}、U_{VN}、U_{WN} 计算出结果。

(3) 试验数据整理及计算。

1) 短路损耗为

$$P_k = P_{UN} + P_{VN} + P_{WN} \quad (2-1-19-35)$$

2) 三相平均短路电压百分数为

$$U_k\% = \frac{U_{UN} + U_{VN} + U_{WN}}{3} \times 100\%$$

$$(2-1-19-36)$$

式中 P_{UN}、P_{VN}、P_{WN}——测得加压相 UN、VN、WN 的损耗;

U_{UN}、U_{VN}、U_{WN}——测得加压相 UN、VN、WN 的电压。

(五) 绕组频率响应分析

绕组频率响应 (FRA) 特性试验检测原理如图 2-1-19-14 所示。在绕组的一端输入扫频电压信号 U_s (依次输入不同频率的正弦波电压信号),通过数字化记录设备同时检测不同扫描频率下绕组两端的对地电压信号 $U_i(j\omega)$ 和 $U_o(j\omega)$,并进行相应的处理,最终得到被测变压器绕组的传递函数 $H(j\omega)$,并将频率响应根据频率描绘成曲线来判断变压器绕组变形。

$$H(j\omega) = 20\lg[U_o(j\omega)/U_i(j\omega)]$$

$$(2-1-19-37)$$

频率响应法诊断变压器绕组变形的思想,最早是由加拿大的 E.P.Dick 在 1978 年提出的,随后在世界各国得到了较为广泛的应用,理论上能够在变压器不吊罩的情况下快速检测出相当于短路阻抗变化 0.2% 和轴向尺寸变化 0.3% 的绕组变形现象。与低压脉冲法 (LVI) 相比,由于 FRA 法采用了先进的扫频测量技术,所测量的均是幅值较高、频率低于 1MHz 的正弦波信号,便于用数字处理技术消除干扰信号的影响,信号传播过程中的折反射问题也容易得到解决,故具有较强的抗干扰能力,测量结果的重复性也易于得到保证。

低压脉冲法和频率响应法实际上是从时域和频域两个方面对同一事物的两个不同侧面的描述。从数学上讲,这两个方法是有联系的、是等价的,但是这两个方法从实际实施方法来说,在技术上是有很大差异,从发生波形的稳定性、可记录性及分辨率和目前技术水平来说,低压脉冲法可实施性要远小于频率响应法。从目前的技术成熟程度看,频响法用于现场要比低压脉冲法易于实施,测得的图谱较稳定,重复性好,不易受试验接线、外界干扰的影响,因此频响法的应用比较普遍。

1. 频率响应法的原理

电力变压器绕组一般都设计为饼式结构,各饼之间都有油道,便于散热。绕组线饼对地及对其他相、其他电压等级线圈都有一个临近电容,线圈自然也有电感。另外套管还有对地电容,引线及接头对地也有电容。所有这些按其所在结构的位置,都有其所代表的结构参数,所以按其结构,可以构成一个变压器的线圈在进行测试时的一个等值电路。当频率超过 1kHz 时,变压器的铁芯基本不起作用。每个绕组均可视为一个由电阻、电容、电感等分布参数构成的无源线性双端口网络,如果忽略绕组的电阻 (通常很小),则绕组的等效网络如图 2-1-19-15 表示。

图 2-1-19-15 中 U_i 为扫频输入信号,U_o 为响应输出信号,它实际上代表流经 R 的电流,则 U_o/U_i 的比值就代

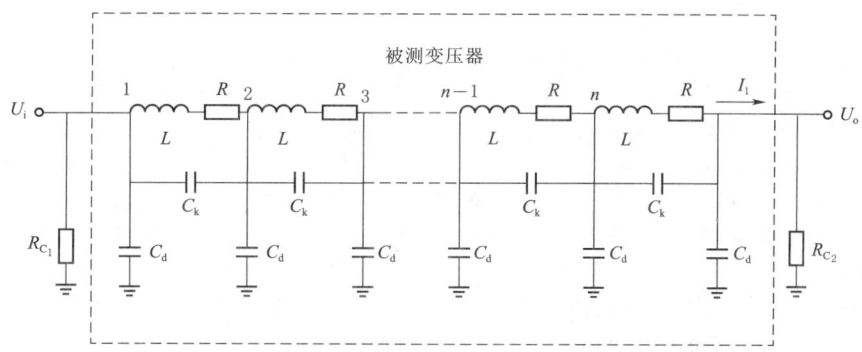

图 2-1-19-14 绕组频率响应（FRA）特性试验检测原理图

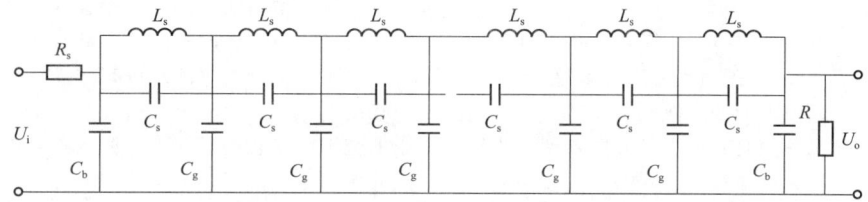

图 2-1-19-15 变压器绕组的等值电路图

C_g—绕组对地电容；C_b—套管对地电容；L_s—线圈电感；R_s—扫频信号输出电阻；

R—匹配电阻（通常为 50Ω）

表了一种电抗的变化。如果绕组发生了轴向、径向尺寸变化等变形现象，势必会改变网络的 L_s、C_s、C_g 等分布参数，导致其传递函数 $H(j\omega)$ 的零点和极点分布发生变化。因此，变压器绕组的变形是可以通过比较变压器绕组的频率响应来诊断的。

变压器设计时，是不会允许在 50Hz 以及附近频率处产生谐振的，所以在低频段，线圈是感性的。

电力变压器绕组的传递函数 $H(j\omega)$ 主要取决于其内部电感、电容分布等参数，大量试验研究结果表明，变压器绕组的频率相应特性通常具有如下特征：

(1) 当频率低于 100kHz 时，其频率响应特性主要由线圈的电感所决定，谐振点通常很少，对分布电容的变化较不敏感。

(2) 当频率超过 1MHz 时，绕组的电感又被分布电路所旁路，谐振点也会相应减少，对电感的变化较不敏感，而且随着频率的提高，测试回路（引线）的杂散电容也会对测试结果造成明显影响。

(3) 当频率为 100kHz～1MHz 时，绕组的分布电感和电容均发挥作用，其频率响应特性具有较多的谐振点，能够灵敏地反映出绕组电感、电容的变化情况。

2. 绕组整体变形频率特征

(1) 整体变形。整体变形最常见是在运输过程中震动冲击力造成的，这种变形一般整体情况良好，只是线圈之间相对移动。整体变形一般不改变线圈的电感量和饼间电容，只改变线圈对地电容，所以其频谱图上各谐振点都存在，只是都向高频方向平移。另外在受电动力时，如有几根撑条受力移动位置或脱落，在受力消失后，则在原来的压紧力的作用下向一边偏心，同时由于电动力造成内线圈收缩或外线圈扩张，高低压线圈之间的距离改变，对地电容减小，使谐振频率均向高频方向移动，谐振频率的改变量在较小的变化时与变形量成正比。整体变形的频谱图上的最大特征是各谐振峰都对应存在，只是平移了。

(2) 整体压缩。线圈在电磁力作用下或因制造工艺的原因，会出现高度尺寸上的压缩。线圈在高度上的减小，将使线圈的总电感增加；同时使线圈饼间的电容增加。在对应的频谱图上，变形相曲线将出现第一个谐振峰向低频方向移动；同时第一谐振峰还将伴随着幅值升高；中高频部分的曲线与正常相的频谱曲线相同。

(3) 整体拉伸。线圈在出现固定压板松动、垫块失落等情况时，会出现高度尺寸上的拉伸。线圈在高度上的增加，将使线圈的总电感减小；同时使线圈饼间的电容下降。在对应的频谱图上，变形相曲线将出现第一个谐振峰向高频方向移动；同时第一谐振峰还将伴随着幅值下降；中高频部分的曲线与正常相的频率曲线相同。

3. 绕组局部变形频谱特征

局部变形是指线圈的总高度未发生改变，或等效直径和线圈厚度尚未出现较大改变；只是部分线圈的尺寸分布均匀度改变，或部分线饼出现较小程度等效直径的改变，线圈的总电感基本不变，所以故障相和非故障相的频谱曲线在低频段的第一个谐振峰点处将重合，随着部分变形面积的大小，对应的后续几个谐振峰将发生位移。

(1) 局部压缩和拉开变形。这种变形一般认为是由于电磁作用力造成的，由于同方向的电流产生的斥力，在线圈两端被压紧时，这种斥力会将个别垫块挤出，造成部分被挤压，而部分被拉开。这种变形在两端压钉未动的条件下，一般不会牵动引线；这种变形一般只改变饼间的距离（轴向），在等值电路中体现在并联电感上的电容（饼间电容）的改变上。引线未被牵动力的条件下，频谱的高频部分将变化很小。线圈整体并未被压缩，只有部分饼间距离拉开，部分饼间距离压缩。从频谱图上可以看到，有部分谐振峰向高频方向移动，并伴随着峰值下降；而有部分谐振峰向低频方向移动，并伴随着峰值升高。变形面积和变形程度可以通过比较谐振峰点明显移动所处的位置（第几个峰）及谐振峰的移动量来估计分析。局部压缩和拉开变形影响到引线时，频谱图的高频部分将发生变化。局部压缩和拉开变形程度较大时，低频与中频段有些谐振峰会重叠，个别峰会消失，有些谐振峰幅值升高。

(2) 匝间短路。如果线圈发生金属性匝间短路，线圈的整体电感将会明显下降，线圈对信号的阻碍大大减小。对应到频谱图，其低频段的谐振峰将会明显地向高频方向移动，同时由于阻碍减小，频响曲线在低频段将会向衰减减小的方向移动，即曲线上移20dB以上。另外，由于Q值下降，频谱曲线上谐振峰谷间的差异将减少。中频和高频段的频谱曲线与正常线圈的图谱重合。

(3) 线圈断股。线圈断股时，线圈的整体电感将会有增大。对应到频谱图，其低频段的谐振峰将会向低频方向略有移动，幅值上的衰减基本不变；中频和高频段的频谱曲线与正常线圈的谱图重合。

(4) 引线位移。引线发生位移时，不影响电感，所以频谱曲线的低频段应完全重合，只在200~500kHz部分的曲线发生改变，主要是衰减幅值方面的变化。引线向外壳方向移动，则频谱曲线的高频部分向衰减增大的方向移动，曲线下移；引线向线圈靠拢，则频谱曲线的高频部分向衰减减小的方向移动，曲线上移。

(5) 轴向扭曲。轴向扭曲是在电动力作用下，线圈向两端顶出，在受到两端压迫时，被迫从中间变形，若原变压器的装配间隙较大或有撑条受力移位，则线圈在轴向扭成S形。这种变形由于两端未变动，所以只改变了部分饼间电容和部分对地电容。屏间电容和对地电容将减小，所以频谱曲线上将发生谐振峰向高频方向移动，低频附近的谐振峰值略有下降，中频附近的谐振峰点频率略有上升，而且300~500kHz的频谱线基本上保持原趋势。

(6) 线圈辐向（径）变形。在电动力作用下，一般内线圈是向内收缩，由于内撑条的限制，线圈可能发生辐向变形，其边沿呈锯齿状，这种变形将使电感略有减小，对地电容也将有改变，所以在整个频率范围内的谐振峰均向高频方向略有移动。外线圈的辐向变形主要是向外膨胀，变形线圈总电感将增加，但内外线圈间的距离增大，线饼对地电容减小。所以频谱曲线上第一个谐振峰和谷将向低频方向移动，后面的各峰谷都将向高频方向略有移动。

(7) 分接开关烧蚀。带有分接开关的线圈，如果触点烧蚀较严重，在高频小电流通过时，由于油膜的影响，会出现小电流下的接触问题，其等值电路可以认为是一个低阻值电阻和一个电容并联，与各分支电感电容谐振，会产生很多的谐振峰。由于电阻的存在，无法形成大的谐振，使谐振曲线上产生很多毛刺，特别是40dB以下的曲线。谐振曲线的总轮廓与正常曲线基本重合。

不同变形种类对应的位移方向见表2-1-19-7。

表2-1-19-7　　不同变形种类对应的位移方向

变形种类		电感 L_s	饼间电容 C_s	对地电容 C_g	谐振点频率	谐振点峰值
整体变形	运输冲撞	—	—	↓	→（ALL）	
	整体压缩	↑	↑	—	←（1）	↑（1）
	整体拉伸	↓	↓	—	→（1）	↓（1）
局部变形	局部压缩和拉伸	—	—	—		↓ ←
	匝间短路	↓	↑	—	→（L）	↑（L）
	线圈断股	↑				
	金属异物	—	↑	—	→（L）	↑（M、H）
	引线位移	—	—	靠外壳↑ 靠线圈↓	←（H） →（H）	↓（H） ↑（H）
	轴向扭曲	—	↓	↓	→	↓（L） ↑（M）
	辐（径）向变形	内↓ 外↑	—	内↑ 外↓	→（ALL） ←（1） →（M、H）	—

注　ALL—全部；1—第1个谐振峰；L、M、H—低频段、中频段和高频段。

五、绝缘油的气相色谱试验与分析

（一）绝缘油性能分析

电力变压器的主要绝缘材料包括变压器油、纸和纸板等A级绝缘材料。当变压器运行年限为20年左右时，最高允许温度为105℃。

变压器油的耐电强度、传热性及比热容都比空气好得多，因此目前国内外的电气设备，特别是大中型电力变压器和电抗器、电流互感器、电压互感器等都采用油浸式结构，并且变压器油起着绝缘和散热的双重作用。运行中的变压器油质量标准见表2-1-19-8。

运行中变压器油的质量与老化程度和所含杂质等条件不同而变化很大，除能判断变压器故障的项目（如油中溶解气体色谱分析等）外，通常不能单凭任何一种试验项目作为评价油质状态的依据，应根据几种主要特性指标进行综合分析，并随变压器电压等级和容量不同而有所区别。运行中变压器油常规检验周期及检验项目见表2-1-19-9。

由于充油电气设备容量和运行条件的不同，油质老化的速度也不一样。当变压器用油的pH值接近4.4或颜色骤然变深，其他某项指标接近允许值或不合格时，应缩短检验周期，增加检验项目，必要时采取有效处理措施。

（二）绝缘油中产气机理

油和纸是充油电气设备的主要绝缘材料，油中气体的产生机理与材料的性能和各种因素有关。

表 2-1-19-8　　运行中变压器油质量标准

序号	项　目	设备电压等级/kV	质量标准 投入运行前的油	质量标准 运行油
1	外状	各电压等级	透明、无杂质或悬浮物	
2	水溶性酸的 pH	各电压等级	>5.4	≥4.2
3	酸值/(mgKOH/g)	各电压等级	≤0.03	≤0.1
4	闪点（闭口）/℃	各电压等级	≥135	≥135
5	水分/(mg/L)	330～500 220 ≤110	≤10 ≤15 ≤20	≤15 ≤25 ≤35
6	界面张力（25℃）/(mN/m)	各电压等级	≥35	≥25
7	介质损耗因数（90℃）	500 ≤330	≤0.005 ≤0.010	≤0.020 ≤0.040
8	击穿电压/kV	500 330 66～220 35 及以下	≥65 ≥55 ≥45 ≥40	≥55 ≥50 ≥40 ≥35
9	体积电阻率（90℃）/(Ω·m)	500 ≤330	≥6×10^{10}	≥1×10^{10} ≥5×10^9
10	油中含气量/%（体积分数）	330～500	≤1	≤3
11	油泥与沉淀物/%（质量分数）	各电压等级	—	≤0.02（以下可忽略不计）

表 2-1-19-9　　运行中变压器油常规检验周期及检验项目

设备名称	设备参数	检验周期	表 6.1 中检验项目
变压器（电抗器）	330～500kV	设备投运前或大修后 每年至少一次 必要时	1～10 1、5、7、8、10 1～11
	66～220kV	设备投运前或大修后 每年至少一次 必要时	1～9 1、5、7、8 1～11
	<35kV	3 年至少一次	5、7、8

1. 变压器油劣化及产气

变压器油是由天然石油经过蒸馏、精炼而获得的一种矿物油，它是由各种碳氢化合物所组成的混合物，其中碳、氢两元素占其全部重量的 95%～99%，其他为硫、氮、氧及极少量金属元素等。石油基碳氢化合物有环烷烃、烷烃、芳香烃以及其他一些成分。

一般新变压器油的分子量在 270～310 之间，每个分子的碳原子数在 19～23 之间，其化学组成包含 50% 以上的烷烃、10%～40% 的环烷烃和 5%～15% 的芳香烃。表 2-1-19-10 列出了部分国产变压器油的成分分析结果。

表 2-1-19-10　　部分国产变压器油的成分分析依据

油类及厂家	芳烃 C_A/%	烷烃 C_P/%	环烷烃 C_N/%
独山子石化公司（45 号）	3.30	49.70	47.00
独山子石化公司（25 号）	4.56	45.83	50.06
兰州石化公司（45 号）	4.46	45.83	49.71
兰州石化公司（25 号）	6.10	57.80	36.10
大连石化公司（25 号）	8.28	60.46	31.26
大港石化公司（25 号）	11.80	24.50	63.70

环烷烃具有较好的化学稳定性和介电稳定性，黏度随温度的变化小。芳香烃化学稳定性和介电稳定性也较好，在电场作用下不析出气体，而且能吸收气体。变压器油中若芳香烃含量高，则油的吸气性强；反之，则吸气性差。但芳香烃在电弧作用下生成碳粒较多，又会降低油的电气性能；芳香烃易燃，且随其含量增加，油的比重和黏度增大，凝固点升高。环烷烃中的石蜡烃具有较好的化学稳定性和易使油凝固，在电场作用下易发生电离而析出气体，并形成树枝状的 X 蜡，影响油的导热性。

变压器油在运行中因受温度、电场、氧气及水分和铜、铁等材料的催化作用，发生氧化、裂解与碳化等反应，生成某些氧化产物及其缩合物（油泥），产生氢及低分子烃类气体和固体 X 蜡等。绝缘油劣化反应过程如下：

$$RH \xrightarrow{e} R^* + H^* \quad (2-1-19-38)$$

式中的 e 为作用于油分子 RH 的能量；R^* 和 H^* 分别为 R 和 H 的游离基。游离基是极其活泼的基团，与油中氧作用生成更活泼的过氧化游离基，即

$$R^* + O_2 \longrightarrow ROO^* \text{（过氧化基）}$$

$$H^* + H^* \longrightarrow H_2$$

$$ROO^* + RH \longrightarrow ROOH + R^*$$

过氧化氢也是极不稳定的，可分解成 ROO^* 和 OH^* 两个游离基，使氧化反应继续下去。变压器油一旦开始劣化，即使外界不供给能量也能把以游离基为活化中心的链式反应自动持续下去，而且反应速度越来越快。这时，只有加入抗氧化剂，依靠抗氧化剂的分子和氧化中的自由基相互作用，使氧化反应链中断才能抑制变压器油的老化。试验证明：如果绝缘油未加抗氧化剂时产气速率若为100%，则有抗氧化剂时的产气速率仅为26.9%。

在变压器油中加抗氧化剂对延缓变压器油老化有明显效果；此外，如加苯并三氮唑（BTA）还可抑制油流带电现象。

上述 ROO^*、R^* 仍会继续反应，过氧化物再经一系列反应，最终生成醇（ROH）、醛（RCHO）、酮（RCOR）、有机酸（RCOOH）等中间氧化物，并生成 H_2O、CO_2 及氢和碳链较短的低分子烃类。此外，在无氧气参加反应时，RH 也会生成低分子烃类，以 C_3H_8 为例，即

$$C_3H_8 \longrightarrow C_2H_4 + CH_4$$
$$2(C_3H_8) \longrightarrow 2C_2H_6 + C_2H_4$$

当变压器油受高电场能量的作用时，即使温度较低，也会分解产气。产气速率还与电场强弱、液相表面气体的压力有关，可用经验关系式描述，即

$$\frac{dp}{dt} = k(u - u_s)^n p^\gamma \qquad (2\text{-}1\text{-}19\text{-}39)$$

式中 $\frac{dp}{dt}$——产气速率；

k——常数，取 0.06；

u——工作电压，kV；

u_s——析气时的起始电压，一般为 (3 ± 0.5) kV；

p——油面气体压力；

n——常数，取 1.82；

γ——常数，取 0.16。

综上所述，变压器油是由许多不同分子量的碳氢化合物分子组成的混合物，分子中含有 CH_3^*、CH_2^* 和 CH^* 化学基团，并由 C—C 键键合在一起。由于电或热故障的原因，可以使某些 C—H 键和 C—C 键断裂，伴随生成少量活泼的氢原子和不稳定的碳氢化合物的自由基，这些氢原子或自由基通过复杂的化学反应迅速重新化合，形成氢气和低分子烃类气体，如甲烷、乙烷、乙烯、乙炔等，也可能生成碳的固体颗粒及碳氢聚合物（X 蜡）。

乙烯虽然在较低的温度时也有少量生成，但主要是在高于甲烷和乙烷的温度即大约为 500℃ 下生成。乙炔一般在 800~1200℃ 的温度下生成，而且当温度降低时，反应迅速被抑制，作为重新化合物的稳定产物而积累。因此，虽然在较低的温度下（低于 800℃）也会有少量乙炔生成，但大量乙炔是在电弧的弧道中产生。此外，油在起氧化反应时，伴随生成少量 CO 和 CO_2，并且 CO 和 CO_2 能长期积累，成为数量显著的特征气体。

2. 固体绝缘材料的分解及气体

油纸绝缘包括绝缘纸、绝缘纸板等，它们的主要成分是纤维素。木纤维是由许多葡萄糖基借 1-4 配键联结起来的大分子，其化学式为 $(C_5H_{10}O_5)_n$。纤维素分子呈链状，每个链节中含有 3 个羟基（即 OH），每根长链间由羟基生成氢键。氢键是由电负性很大的元素如 F、O 相结合的氢原子与另一个分子中电负性很大的原子间的引力而形成。N 代表长链并联的个数，成为聚合度，一般新纸 N 约为 1300，极度老化以致寿命终止的绝缘纸 N 为 150~200。纸、层压板或木板等固体绝缘材料分子内含有大量的无水右旋糖环和弱的 C—O 化合键。聚合物裂解的有效温度高于 105℃，完全裂解和碳化高于 300℃，在生成水的同时，生成大量的 CO 和 CO_2 及少量烃类气体和呋喃化合物，同时油被氧化。CO 和 CO_2 的生成不仅随温度升高而加快，而且随油中氧的含量和纸的湿度增大而增加。

（三）电气设备内部故障与油中特征气体的关系

充油电气设备内部故障主要包括机械、热和电三种类型，而又以后两种为主，并且机械性故障常以热的或电的故障形式表现出来。根据模拟试验和大量的现场试验，电弧放电的电弧电流大，变压器主要分解出乙炔、氢及较少的甲烷；局部放电的电流较小，变压器油主要分解出氢和甲烷；变压器油过热时分解出氢和甲烷、乙烯、丙烯等，而纸和某些绝缘材料过热时还分解出一氧化碳和二氧化碳等气体。我国现行的《变压器油中溶解气体分析和判断导则》（DL/T 722—2014）（以下称简称"《导则》"）将不同故障类型产生的主要特征气体和次要特征气体进行了归纳，见表 2-1-19-11。

表 2-1-19-11 充油电力变压器不同故障类型产生的气体

故障类型	主要气体组分	次要气体组分
油过热	CH_4、C_2H_4	H_2、C_2H_6
油和纸过热	CH_4、C_2H_4、CO、CO_2	H_2、C_2H_6
油纸绝缘中局部放电	H_2、CH_4、CO	C_2H_2、C_2H_6、CO_2
油中火化放电	H_2、C_2H_2	—
油中电弧	H_2、C_2H_2	CH_4、C_2H_4、C_2H_6
油和纸中电弧	H_2、C_2H_2、CO、CO_2	CH_4、C_2H_4、C_2H_6

注 进水受潮或油中气泡可使氢含量升高。

（四）三比值法的基本原理及方法

大量的实践证明，采用特征气体法结合可燃气体含量法，可作出对故障性质的判断，但还必须找出故障产气组分含量的相对比值与故障点温度或电场力的依赖关系及其变化规律。为此，人们在用特征气体法等进行充油电气设备故障诊断的过程中，经不断地总结和改良，国际电工委员会（IEC）在热力动力学原理和实践的基础上，相继推荐了三比值法和改良的三比值法。我国现行的《导则》推荐的也是改良的三比值法。

1. 三比值法的原理

通过大量的研究证明，充油电气设备的故障诊断也不能只依赖于油中溶解气体的组分含量，还应取决于气体的相对含量。通过绝缘油的热力学研究结果表明，随着故障点温度的升高，变压器油裂解产生烃类气体按 $CH_4 \to C_2H_6 \to C_2H_4 \to C_2H_2$ 的顺序推移，并且 H_2 是低温时由局部放电的离子碰撞游离所产生。基于上述观点，产生了 CH_4/H_2、C_2H_6/CH_4、C_2H_4/C_2H_6、C_2H_2/C_2H_4 的四比值法。由于在四比值法中 C_2H_6/CH_4 的比值只能有限地反映热分解的温度范围，于是 IEC 将其删去并推荐采用三比值法。随后，在人们大量应用三比值法的基础上，IEC 对与编码相应的比值范围、编码组合及

故障类别作了改良，得到目前推荐的改良三比值法（以下简称三比值法）。

根据充油电气设备内油、绝缘在故障下裂解产生气体组分含量的相对浓度与温度的相互依赖关系，从5种特征气体中选取两种溶解度和扩散系数相近的气体组成三对比值，以不同的编码表示。根据表2-1-19-12中的编码规则和表2-1-19-13中的故障类型判断方法作为诊断故障性质的依据。这种方法消除了油的体积效应的影响，是判断充油电气设备故障类型的主要方法，并可以得出对故障状态较可靠的诊断。

表2-1-19-12　　编码规则

气体范围	比值范围的编码		
	C_2H_2/C_2H_4	CH_4/H_2	C_2H_4/C_2H_6
<0.1	0	1	0
[0.1, 1)	1	0	0
[1, 3)	1	2	1
≥3	2	2	2

表2-1-19-13　　故障类型判断方法

编码组合			故障类型判断	典型故障（参考）
C_2H_2/C_2H_4	CH_4/H_2	C_2H_4/C_2H_6		
0	0	0	低温过热（低于150℃）	纸包绝缘导线过热，注意CO和CO_2的增量及CO_2/CO值
	2	0	低温过热（150～300℃）	分接开关接触不良；引线连接不良；导线接头焊接不良，股间短路引起过热，铁芯多点接地，矽钢片间局部短路等
	2	1	中温过热（300～700℃）	
	0，1，2	2	高温过热（高于700℃）	
	1	0	局部放电	高湿，气隙、毛刺、漆瘤、杂质等所引起的低能量密度的放电
2	0，1	0，1，2	低能放电	不同电位之间的火花放电，引线与穿缆套管（或引线屏蔽管）之间的环流
	2	0，1，2	低能放电兼过热	
1	0，1	0，1，2	电弧放电	线圈匝间、层间放电，相间闪络；分接引线间油隙闪络，选择开关拉弧；引线对箱壳或其他接地体放电
	2	0，1，2	电弧放电兼过热	

2. 三比值法的应用原则

三比值法的应用原则如下：

（1）只有根据气体各组分含量的注意值或气体增长率的注意值有理由判断设备可能存在故障时，气体比值才是最有效的，并应予以计算。对气体含量正常，且无增长趋势的设备，比值没有意义。

（2）假如气体的比值与以前的不同，可能有新的故障重叠或正常老化。为了得到仅仅相对于新故障的气体比值，要从最后一次分析结果中减去上一次的分析数据，并重新计算比值（尤其在CO和CO_2含量较大的情况下）。在进行比较时，要注意在相同的负荷和温度等情况下在相同的位置取样。

（3）由于溶解气体分析本身存在的试验误差，导致气体比值也存在某些不确定性。利用DL/T 722—2014所述的方法，分析油中溶解气体结果的重复性和再现性。对气体浓度大于10μL/L的气体，两次的测试误差不应大于平均值的10%，而在计算气体比值时，误差可提高到20%。当气体浓度低于10μL/L时，误差会更大，使比值的精确度迅速降低。因此在使用比值法判断设备故障性质时，应注意各种可能降低精确度的因素。尤其是对正常值较低的电压互感器、电流互感器和套管，更要注意这种情况。

3. 三比值法的不足

在长期实践过程中，发现三比值法存在以下不足：

（1）由于充油电气设备内部故障非常复杂，由典型事故统计分析得到的三比值法推荐的编码组合，在实际应用中常常出现不包括表2-1-19-13中的编码组合对应的故障。如表中编码组合202的故障类型为低能放电，但实际在装有有载调压分接开关的变压器中，由于分接开关筒里的电弧分解物渗入变压器油箱内，一般是过热与放电同时存在；对编码组合010，通常是H_2组分含量较高，但引起H_2高的原因甚多，一般难以作出正确无误的判断。

（2）只有油中气体各组分含量足够高或超过注意值，并且经综合分析确定变压器内部存在故障后，才能进一步用三比值法判断故障性质。如果不论变压器是否存在故障，一律使用三比值法，就有可能对正常的变压器造成误判。

（3）在实际应用中，当有多种故障联合作用时，可能在表2-1-19-13中找不到相对应的比值组合；同时，在三比值编码边界模糊的比值区间内的故障，往往易误判。

（4）当故障涉及固体绝缘的正常老化过程与故障情况下的劣化分解时，将引起CO和CO_2含量明显增长，表2-1-19-13中无此编码组合。此时要利用比值CO_2/CO配合诊断。

总之，由于故障分类本身存在模糊性，每一组编码与故障类型之间也具有模糊性，三比值还未能包括和反映变压器内部故障的所有形态，所以它还在不断的发展过程中积累经验，并继续进行改良，其发展方向之一是通过把比值法与故障稳定的关系变为模糊关系矩阵来判断，以便更全面地反映故障信息。

（五）大卫三角形法判断变压器故障类型

大卫三角形法基于三种烃类气体（CH_4、C_2H_4、C_2H_2）进行故障类型判断。与比值法相比，大卫三角形法突出的优点是保留了一些由于落在提供的比值限值之外而被IEC值法漏判的数据。使用大卫三角形法诊断时，比值点落在哪个区域内,则该区域所对应的故障类型就是该比值对应的故障类型,所以它总能得出一种诊断结果并具有较低的错误率。大卫三角形法的特殊性在于具有可视化的溶解气体位置,如图 2-1-19-16 所示。

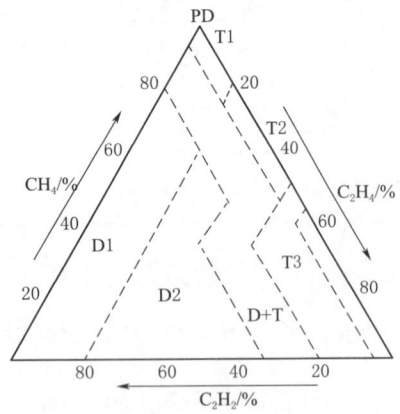

图 2-1-19-16 大卫三角形

D1—低能放电;D2—高能放电;T1—热故障 ($t<300°C$);
T2—热故障 ($300°C<t<700°C$);T3—热
故障 ($t>700°C$);PD—局部放电

在图 2-1-19-16 中:

$$C_2H_2\% = 100X/X+Y+Z$$
$$C_2H_4\% = 100Y/X+Y+Z$$
$$CH_4\% = 100Z/X+Y+Z$$
$$X=[C_2H_2](\mu L/L)$$
$$Y=[C_2H_4](\mu L/L)$$
$$Z=[CH_4](\mu L/L)$$

在大卫三角形中,三角形的三条边分别表示 CH_4、C_2H_4 和 C_2H_2 浓度的相对比例。例如,若一组气体数据为 $CH_4=70\mu L/L$、$C_2H_4=110\mu L/L$、$C_2H_2=20\mu L/L$,$CH_4=35\%$、$C_2H_4=55\%$、$C_2H_2=10\%$,则图 2-1-19-17 中 R 即为这组气体在大卫三角形中的表示位置,所处区域为 T3,即属于热故障 ($t>700°C$)。

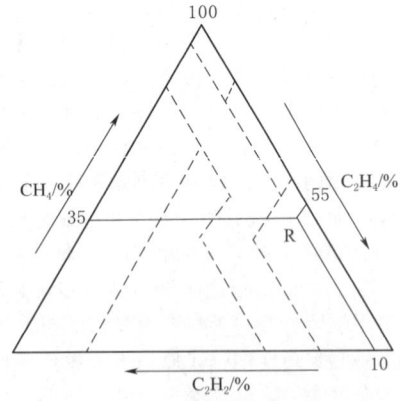

图 2-1-19-17 故障类型判断方法

各故障区域的区域极限见表 2-1-19-14。

表 2-1-19-14 区域极限

故障类型	区 域 极 限			
PD	98%CH_4	—	—	—
D1	23%C_2H_4	13%C_2H_2	—	—

续表

故障类型	区 域 极 限			
D2	23%C_2H_4	13%C_2H_2	38%C_2H_4	29%C_2H_2
T1	4%C_2H_2	20%C_2H_4	—	—
T2	4%C_2H_2	20%C_2H_4	50%C_2H_4	—
T3	15%C_2H_2	50%C_2H_4	—	—

三种放电故障(局部放电、低能放电、高能放电)和三种过热故障(低温过热、中温过热、高温过热)在大卫三角形中所对应的区域分别为(PD、D1、D2、T1、T2、T3),一个中间带 D+T 被划分为放电和过热故障的混合区域。由于没有正常状态对应的区域,若对任何一组气体数据都用大卫三角形进行判断会造成对正常变压器的误判。为了避免这个问题,在使用大卫三角形法之前,应对溶解气体进行是否正常状态的判断。

后期演变出三个类型,可利用 H_2、CH_4、C_2H_2、C_2H_4、C_2H_6 5 种特征气体的比值实现变压器故障可视化判断,如图 2-1-19-18 所示。

(六)利用多种判据对故障进行综合诊断

在对运行中故障变压器进行故障诊断及故障发展趋势预测时,若仅采用一种判据很难得出正确的诊断结论,甚至会造成误判。同时,即使是用前述的油中溶解特征气体组分含量和比值法已诊断出变压器的故障类型及性质,还应对故障源的温度、功率、绝缘材料的损伤程度、故障危害性,以及故障的发展导致油中溶解气体达到饱和并使瓦斯保护动作等因素进行综合分析。下述几种方法在具体故障分析过程中具有较大的实用价值。

1. 故障源温度的估算

变压器油裂解后的产物与温度有关,温度不同产生的特征气体也不同;反之,如已知故障情况下油中产生的有关各种气体的浓度,可以估算出故障源的温度。比如对于变压器油过热,且当热点温度高于 400°C 时,可根据日本的月冈淑郎等人推荐的经验公式来估算,即

$$T=322\lg\frac{C_2H_4}{C_2H_6}+525 \quad (2-1-19-40)$$

国际电工委员会(IEC)标准指出,若 CO_2/CO 的比值低于 3 或高于 11,则认为可能存在纤维分解故障,即固体绝缘的劣化。当涉及估计绝缘裂解时,绝缘热点的温度估算经验公式如下。

(1) 300°C 以下时:

$$T=-241\lg\frac{CO_2}{CO}+373 \quad (2-1-19-41)$$

(2) 300°C 以上时:

$$T=-1196\lg\frac{CO_2}{CO}+660 \quad (2-1-19-42)$$

2. 故障源功率的估算

变压器油裂解需要的平均活化能约为 210kJ/mol,即油热解产生 1mol 体积(标准状态下为 22.4L)的气体需要吸收热能为 210kJ,则每升热裂解所需能量的理论值为

$$Q_i=210/22.4=9.38(kW/L)$$
$$(2-1-19-43)$$

但油裂解时实际消耗的热量要大于理论值。若热解时需要吸收的理论热量为 Q_i,实际需要吸收的热量为 Q_p,则热

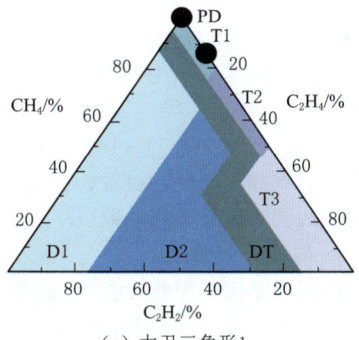 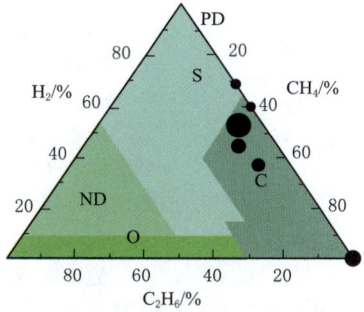 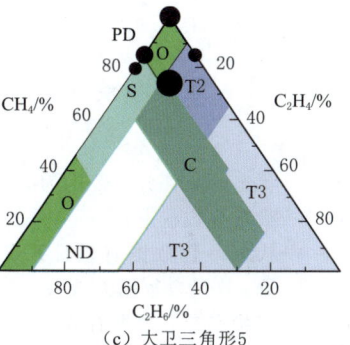

(a) 大卫三角形1

PD—电晕局部放电；
D1—低能量放电；
D2—高能量放电；
T1—热故障（$t<300℃$）；
T2—热故障（$300℃<t<700℃$）；
T3—热故障（$t>700℃$）；
DT—电气故障与热故障并存

(b) 大卫三角形4

PD—电晕局部放电；
S—油中气体挥发（$t<200℃$）；
C—纸老化（$200℃<t<300℃$）；
O—过热（$t<250℃$）；
ND—无意义

(c) 大卫三角形5

PD—电晕局部放电；
C—纸老化（$200℃<t<300℃$）；
O—过热（$t<250℃$）；
T2—热故障（$300℃<t<700℃$）；
T3—热故障（$t>700℃$）；
ND—无意义

图 2-1-19-18 大卫三角形扩展

解效率系数为

$$\varepsilon=\frac{Q_i}{Q_p} \quad (2-1-19-44)$$

如果已知单位故障时间内的产气量，即可导出故障源功率估算公式为

$$P=\frac{Q_i/V}{\varepsilon t} \quad (2-1-19-45)$$

式中　P——故障源的功率，kW；
　　　Q_i——理论热值，9.38kW/L；
　　　V——故障时间内的产气量，L；
　　　t——故障持续时间，s；
　　　ε——热解效率系数。

不同类型的故障，ε 可由以下公式计算。

1) 局部放电时：

$$\varepsilon=1.27\times10^{-3}$$

2) 铁芯局部过热时：

$$\varepsilon=10^{0.00988T-9.7}$$

3) 线圈层间短路时：

$$\varepsilon=10^{0.00686T-5.83}$$

式中　T——热源温度，℃。

3. 油中气体达到饱和状态所需时间的估算

在变压器发生故障时，油被裂解的气体逐渐溶解于油中。当油中全部溶解气体（包括 O_2、N_2）的分压总和与外部气体压力相当时，气体将达到饱和状态。据此可在理论上估计气体进入气体继电器所需的时间，即油中气体达到饱和状态所需时间。

$$S_{at}\%=10^{-4}\sum\frac{C_i}{k_i} \quad (2-1-19-46)$$

式中　$S_{at}\%$——油中溶解气体饱和水平；
　　　C_i——气体成分（包括 O_2、N_2）的浓度，μL/L；
　　　k_i——气体成分的溶解度系数，即奥斯特瓦尔德系数。

油中溶解气体达到饱和时所需的时间为

$$t=\frac{1-\sum\frac{C_{i2}}{k_i}\times10^{-6}}{\sum\frac{C_{i2}-C_{i1}}{k_i\Delta t}\times10^{-6}} \quad (2-1-19-47)$$

式中　C_{i1}——i 成分第一次分析值，μL/L；
　　　C_{i2}——i 成分第二次分析值，μL/L；
　　　Δt——两次分析间隔的时间，月。

由于实际的故障往往是非等速发展，在故障加速发展的情况下估算出的时间可能比油中气体实际达到饱和的时间长，因此在追踪分析期间应随时根据最大产气速率重新进行估算，并修正所得的分析结果。

六、变压器状态评估技术

（一）基于健康指数的电力变压器状态评估

目前，国内电网企业普遍采用扣分制进行电力变压器状态诊断，参与电力变压器状态评估的变量均具备权重系数与劣化程度两个属性，状态量权重系数与劣化程度的乘积即为该状态量扣分值，根据扣分值的大小，确定变压器的状态。这种评估方法简便易行，在规范电网企业开展状态检修工作中发挥了重要作用。然而，其不足也是非常明显：其一，参与评估的状态量越少，其状态为正常的可能性越高，从而陷入设备状态量数据越完整，其评估结果可能越差的怪圈；其二，对评估数据的完整性未进行评估，导致状态量评估结果的可信度差异较大。设备健康指数评估方法较好地解决了上述问题，此方法在内蒙古电力公司的应用取得了显著成效。

变压器的状态通过健康指数 HI 进行量化，健康指数以百分比表示，100% 表示设备处于完好的状态。

健康指数由影响变压器寿命的诸多状态参数 CP 及其作用时间共同确定。一个状态参数可以由几个子状态参数组成。例如，一个"油质"的参数可能是"水分""酸值""界面张力""击穿电压"和"外观"等参数的集合。

健康指数由各状态参数的评分及其权重计算得到。某一个状态参数的评分是关于该参数的数值计算，权重是该参数对设备状态退化贡献的度量。健康指数的计算公式如下：

$$HI=\frac{\sum_{m=1}^{m}\alpha_m(CPS_m\times WCP_m)}{\sum_{m=1}^{m}\alpha_m(CPS_{m.\max}\times WCP_m)}\times DR$$

$$(2-1-19-48)$$

$$CPS_m = \frac{\sum_{n=1}^{n} \beta_n(SCPS_n \times WSCP_n) \times DR_n}{\sum_{n=1}^{n} \beta_n(WSCP_n)} \times DR_m$$

(2-1-19-49)

式中 CPS——状态参数评分,范围为 $0\sim4$;
WCP——状态参数权重;
α_m——状态参数数据有效性系数(1 表示数据有效,0 代表数据无效);
β_n——子状态参数数据有效性系数(1 表示数据有效,0 代表数据无效);
$SCPS$——子状态参数评分,范围为 $0\sim4$;
$WSCP$——子状态参数权重;

DR——降级乘数。

用于对变压器的特定参数进行评分的尺度称为条件标准。条件标准的最低分为 0 分,最高分为 4 分,即 $CPS_{\max} = SCPS_{\max} = 4$。

由式(2-1-19-48)、式(2-1-19-49)可知,每一个条件和子状态参数具有如下属性:权重、有效性系数、评分、由实际情况确定的健康指数下调系数。

1. 健康指数公式的一般格式

健康指数公式的条件是由多个状态参数构成的,每个状态参数由多个子参数构成,每个状态参数和子状态参数都有一个权重和降级乘数。另外,总健康指数也可以用降级乘数进行调整,第一级参数和第二级参数的一般结构见表 2-1-19-15。

表 2-1-19-15　　第一级参数和第二级参数的一般结构

状态参数(第一层)						子状态参数(第二层)					
序号	参数	权重(WCP)	评分(CPS)	有效性系数(α)	降级乘数(DR_CP)	序号	参数	权重(WSCP)	评分(SCPS)	有效性系数(β)	降级乘数(DR_SCP)
1	CP_1	WCP_1	CPS_1	α_1	DR_CP_1	1	SCP_1	$WSCP_1$	$SCPS_1$	β_1	DR_SCP_1
						2	SCP_2	$WSCP_2$	$SCPS_2$	β_2	DR_SCP_2
						3	SCP_3	$WSCP_3$	$SCPS_3$	β_3	DR_SCP_3
						…	…	…	…	…	…
						n	SCP_m	$WSCP_m$	$SCPS_m$	β_m	DR_SCP_m
2	CP_2	WCP_2	CPS_2	α_2	DR_CP_2	1	SCP_1	$WSCP_1$	$SCPS_1$	β_1	DR_SCP_1
						2	SCP_2	$WSCP_2$	$SCPS_2$	β_2	DR_SCP_2
						3	SCP_3	$WSCP_3$	$SCPS_3$	β_3	DR_SCP_3
						…	…	…	…	…	…
						n	SCP_m	$WSCP_m$	$SCPS_m$	β_m	DR_SCP_m
…	…	…	…	…	…	1	SCP_1	$WSCP_1$	$SCPS_1$	β_1	DR_SCP_1
						2	SCP_2	$WSCP_2$	$SCPS_2$	β_2	DR_SCP_2
						3	SCP_3	$WSCP_3$	$SCPS_3$	β_3	DR_SCP_3
						…	…	…	…	…	…
						n	SCP_m	$WSCP_m$	$SCPS_m$	β_m	DR_SCP_m
m	CP_n	WCP_n	CPS_n	α_n	DR_CP_n	1	SCP_1	$WSCP_1$	$SCPS_1$	β_1	DR_SCP_1
						2	SCP_2	$WSCP_2$	$SCPS_2$	β_2	DR_SCP_2
						3	SCP_3	$WSCP_3$	$SCPS_3$	β_3	DR_SCP_3
						…	…	…	…	…	…
						n	SCP_m	$WSCP_m$	$SCPS_m$	β_m	DR_SCP_m

注 1. 通常情况下,状态参数数量不超过 5,子状态参数数量不超过 8,状态参数和子状态参数最大不超过 10。
　　2. 整体健康指数为降级乘数。

2. 数据可用率指标

数据可用率指标(DAI)是变压器除了健康指数外的另一个度量。DAI 是加权的可用状态参数与加权的总状态参数的比值,表征了变压器拥有的状态参数的数量。计算公式见式(2-1-19-50)、式(2-1-19-51)。

$$DAI = \frac{\sum_{m=1}^{m} DAI_{CP_m} \times WCP_m}{\sum_{m=1}^{m} WCP_m}$$

(2-1-19-50)

$$DAI_{CPm} = \frac{\sum_{n=1}^{n} \beta_n \times WSCP_n}{\sum_{n=1}^{n} WSCP_n} \quad (2-1-19-51)$$

式中 DAI_{CPm}——具有 n 个子状态参数的状态参数 m 的数据可用率指标;

β_n——子状态参数数据有效性系数(1表示数据有效,0代表数据无效);

$WSCP_n$——子状态参数 n 的权重;

WCP_m——状态参数 m 的权重;

DAI——资产整体的数据可用率指标。

3. 变压器的健康指数计算方法

(1) 变压器状态参数及子状态参数。电力变压器的条件(子条件)参数及其权重见表 2-1-19-16。

表 2-1-19-16　　　　　电力变压器的状态参数及子状态参数

条件参数(第一层)				子条件参数(第二层)				
m	参数	权重(WCP)	降级乘数	n	参数	权重(WSCP)	降级乘数	
1	绝缘	6	1	1	油质	3	1	
				2	油色谱	6	1	
				3	介质损耗因数	6	1	
				4	绝缘问题	1	1	
2	冷却系统	1	1	1	冷却系统问题	1	1	
3	密封和连接	3	1	1	绝缘封堵	2	1	
				2	油箱条件	2	1	
				3	接地完整性	1	1	
				4	油枕	2	1	
				5	连接件	2	1	
4	运行记录	3	1	1	负荷情况	5	取决于变压器过载情况	
				2	运行年限	3	1	

注　1. 子状态参数规则是基于故障检修工作指令和现场检查发现的缺陷制定的。将在表中列出的各章节作详细说明。
　　2. 只有当故障检修工作指令或者检查记录无法分解成单个部件时,才使用"整体"参对运行记录进行评分,这种情况下,"整体"参数的值如表中所示,"负荷情况""运行年限"的值为0;否则,"整体"参数的值为0,其他参数的值如表中所示。
　　3. 整体健康指数降级乘数由式(2-1-19-55)计算。

(2) 状态参数规则。

1) 油质。

评估数据:油质最近一次测试数据集,包含击穿电压、界面张力、酸值、色度和水分。油质参数规则见表 2-1-19-17,油质检测评分规则见表 2-1-19-18。

表 2-1-19-17　油质参数评分规则

评分(SCPS)	整 体 因 子
4	整体因子≤1.2
3	1.2<整体因子≤1.5
2	1.5<整体因子≤2.0
1	2.0<整体因子≤3.0
0	整体因子>3.0

其中,整体因子各子参数评分的加权平均数。计算公式见式(2-1-19-52)。

$$\text{整体因子} = \frac{\sum \text{分值} \times \text{权重}}{\sum \text{权重}} \quad (2-1-19-52)$$

2) 油色谱。

评估数据:油色谱最近一次测试数据集,包含 CH_4、C_2H_6、C_2H_4、H_2、C_2H_2、CO、CO_2。油色谱的参数规则见表 2-1-19-19。

其中,油色谱整体因子是表 2-1-19-20 中的溶解气体分值的加权平均数。

3) 介质损耗因数(P_F)。

评估数据:介质损耗因数最近一次测试数据。

介质损耗因数的规则见表 2-1-19-21。

表 2-1-19-18　　　　　　　　油 质 检 测 评 分 规 则

油质检测项目	电压等级/kV	评 分				权重
		1	2	3	4	
水分/(mg/kg)	V≤66	X<30	30≤X<35	35≤X<40	X≥40	5
	66<V<220	X<20	20≤X<25	25≤X<30	X≥30	
	V≥220	X<15	15≤X<20	20≤X<25	X≥25	

续表

油质检测项目	电压等级/kV	评分 1	评分 2	评分 3	评分 4	权重
击穿电压 (2.5mm 放电间隙) /kV	$V \leqslant 66$	$X > 40$	$35 < X \leqslant 40$	$30 < X \leqslant 35$	$X \leqslant 30$	4
	$66 < V < 220$	$X > 47$	$42 < X \leqslant 47$	$35 < X \leqslant 42$	$X \leqslant 35$	
	$V \geqslant 220$	$X > 50$	$45 < X \leqslant 50$	$40 < X \leqslant 45$	$X \leqslant 40$	
击穿电压/kV	—	$X > 40$	$30 < X \leqslant 40$	$20 < X \leqslant 30$	$X \leqslant 20$	4
界面张力 /(mN/m)	$V \leqslant 66$	$X > 25$	$20 < X \leqslant 25$	$15 < X \leqslant 20$	$X \leqslant 15$	4
	$66 < V < 220$	$X > 30$	$23 < X \leqslant 30$	$18 < X \leqslant 23$	$X \leqslant 18$	
	$V \geqslant 220$	$X > 32$	$25 < X \leqslant 32$	$20 < X \leqslant 25$	$X \leqslant 20$	
外观	—	$X < 1.5$	$1.5 \leqslant X < 2.0$	$2.0 \leqslant X < 2.5$	$X \geqslant 2.5$	1
酸值 /(mg KOH/g)	$V \leqslant 66$	$X < 0.05$	$0.05 \leqslant X < 0.1$	$0.1 \leqslant X < 0.2$	$X \geqslant 0.2$	4
	$66 < V < 220$	$X < 0.04$	$0.04 \leqslant X < 0.1$	$0.1 < X < 0.15$	$X \geqslant 0.15$	
	$V \geqslant 220$	$X < 0.03$	$0.03 \leqslant X \leqslant 0.07$	$0.07 < X < 0.1$	$X \geqslant 0.1$	
25℃介质损耗因数/%	—	$X < 0.5$	$0.5 \leqslant X < 1$	$1 \leqslant X < 2$	$X \geqslant 2$	5
100℃介质损耗因数/%	—	$X < 5$	$5 \leqslant X < 10$	$10 \leqslant X < 20$	$X \geqslant 20$	

注 X 为各参数的测试结果。

表 2-1-19-19　　　　　　　　　　油色谱参数评分规则

评分（SCPS）	油色谱整体因子	评分（SCPS）	油色谱整体因子
4	油色谱整体因子≤1.2	1	2.0＜油色谱整体因子≤3.0
3	1.2＜油色谱整体因子≤1.5	0	油色谱整体因子＞3.0
2	1.5＜油色谱整体因子≤2.0		

表 2-1-19-20　　　　　　　　　　油中溶解气体评分规则

	油中溶解气体/(μL/L)	分值 1	2	3	4	5	6	权重
2.5～10MV·A	H_2	$X \leqslant 70$	$70 < X \leqslant 100$	$100 < X \leqslant 200$	$200 < X \leqslant 400$	$400 < X \leqslant 1000$	$X > 1000$	4
	CH_4	$X \leqslant 70$	$70 < X \leqslant 120$	$120 < X \leqslant 200$	$200 < X \leqslant 400$	$400 < X \leqslant 600$	$X > 600$	3
	C_2H_6	$X \leqslant 75$	$75 < X \leqslant 100$	$100 < X \leqslant 150$	$150 < X \leqslant 250$	$250 < X \leqslant 500$	$X > 500$	3
	C_2H_4	$X \leqslant 60$	$60 < X \leqslant 100$	$100 < X \leqslant 150$	$150 < X \leqslant 250$	$250 < X \leqslant 500$	$X > 500$	3
	C_2H_2	$X \leqslant 3$	$3 < X \leqslant 7$	$7 < X \leqslant 35$	$35 < X \leqslant 50$	$50 < X \leqslant 100$	$X > 100$	5
	CO	$X < 750$	$750 < X \leqslant 1000$	$1000 < X \leqslant 1300$	$1300 < X \leqslant 1500$	$1500 < X \leqslant 1700$	$X > 1700$	2
	CO_2	$X < 7500$	$7500 < X \leqslant 8500$	$8500 < X \leqslant 9000$	$9000 < X \leqslant 12000$	$12000 < X \leqslant 15000$	$X > 15000$	2
	CO_2/CO	$X > 20$	$15 < X \leqslant 20$	$10 < X \leqslant 15$	$7 < X \leqslant 10$	$3 < X \leqslant 7$	$X \leqslant 3$	4
10MV·A 以上	H_2	$X \leqslant 40$	$40 < X \leqslant 100$	$100 < X \leqslant 300$	$300 < X \leqslant 500$	$500 < X \leqslant 1000$	$X > 1000$	4
	CH_4	$X \leqslant 80$	$80 < X \leqslant 150$	$150 < X \leqslant 200$	$200 < X \leqslant 500$	$500 < X \leqslant 700$	$X > 700$	3
	C_2H_6	$X \leqslant 70$	$70 < X \leqslant 100$	$100 < X \leqslant 150$	$150 < X \leqslant 250$	$250 < X \leqslant 500$	$X > 500$	3
	C_2H_4	$X \leqslant 60$	$60 < X \leqslant 100$	$100 < X \leqslant 150$	$150 < X \leqslant 250$	$250 < X \leqslant 500$	$X > 500$	3
	C_2H_2	$X \leqslant 3$	$3 < X \leqslant 7$	$7 < X \leqslant 35$	$35 < X \leqslant 50$	$50 < X \leqslant 80$	$X > 80$	5
	CO	$X < 350$	$350 < X \leqslant 500$	$500 < X \leqslant 600$	$600 < X \leqslant 1000$	$1000 < X \leqslant 1500$	$X > 1500$	2
	CO_2	$X < 3000$	$3000 < X \leqslant 4500$	$4500 < X \leqslant 5700$	$5700 < X \leqslant 7500$	$7500 < X \leqslant 10000$	$X > 10000$	2
	CO_2/CO	$X > 15$	$13 < X \leqslant 15$	$10 < X \leqslant 13$	$7 < X \leqslant 10$	$3 < X \leqslant 7$	$X \leqslant 3$	4

注 如果 $CO > 500 \mu L/L$ 并且 $CO_2 > 5000 \mu L/L$，权重选择 CO_2/CO，即 CO 和 CO_2 的权重为 0，CO_2/CO 权重为 4；如果 $CO < 500 \mu L/L$ 并且 $CO_2 < 5000 \mu L/L$，选择 CO 和 CO_2 单项权重，即 CO_2 和 CO 权重为 2，CO_2/CO 权重为 0。

表 2-1-19-21　介质损耗因数评分规则

评分（SCPS）	25℃时的介质损耗因数
4	$P_F \leqslant 0.05\%$
3	$0.05\% < P_F \leqslant 0.5\%$
2	$0.5\% < P_F \leqslant 1\%$
1	$1\% < P_F \leqslant 2\%$
0	$P_F > 2\%$

4）负荷情况。

评估数据：变压器的负荷数据集（比如：近5年每月持续时间超过15min峰值，过去一年每日的峰值）。

变压器负荷信息评分规则如下：

$$数据 = \{S_1, S_2, S_3, \cdots, S_i, \cdots S_N\}$$

$$分值 = \frac{4N_A + 3N_B + 2N_C + N_D}{N_A + N_B + N_C + N_D + N_E}$$

式中　S_i——变压器功率（$i=1、2、3、\cdots、N$），MV·A；

N_A——$\frac{S_i}{S_B} \leqslant 60\%$ 的数量（S_B 为变压器额定功率，MV·A）；

N_B——$60\% < \frac{S_i}{S_B} \leqslant 80\%$ 的数量；

N_C——$80\% < \frac{S_i}{S_B} \leqslant 100\%$ 的数量；

N_D——$100\% < \frac{S_i}{S_B} \leqslant 120\%$ 的数量；

N_E——$\frac{S_i}{S_B} > 120\%$ 的数量。

5）运行年限。

输入数据：变压器的运行年限集。

由威布尔生存函数（累积生存函数）确定计算变压器的运行年限评分，并将其标准化到0～4分。评分公式如下：

$$S_{age} = 4S_f = 4e^{-\left(\frac{x}{\beta}\right)^\alpha} \qquad (2-1-19-53)$$

式中　S_f——威布尔累积生存率；

x——运行年限；

α、β——与函数形式相关的常数。

α、β 由两组已知的累积生存率及其对应的运行年限数据来反推导。例如，对于40年累积生存率为80%、55年累积生存率为10%的一组资产，可以计算得到 $\alpha = 7.5$ 和 $\beta = 48.9$。

变压器运行年限评分规则如图2-1-19-19所示。

6）故障检修记录。故障检修（CM）工作指令（WO）的评分规则有两套：第一个规则考虑多年来故障检修工作指令的数量和严重性；第二个规则只考虑了过去一年里故障检修工作指令的数量。

a. 规则1。

输入数据：在过去10年里，某一特定部件故障检修工作指令的集合。本规则假设每个故障检修工作指令都对应一个严重性，并且还考虑了故障检修工作指令发布的年份，时间越近，对总分的贡献就越高。规则可以根据各年度故障检修数量和严重性信息进行调整。规则1的故障检修评分规则见表2-1-19-22，故障检修计数计算规则见表2-1-19-23。

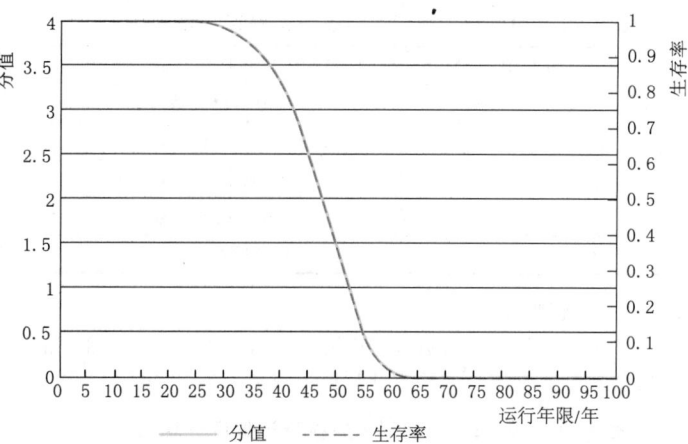

图 2-1-19-19　变压器运行年限评分规则
（分值、生存率与运行年限的关系）

表 2-1-19-22　规则1的故障检修评分规则

分　值	故障检修计数
4	故障检修计数<3
3	3≤故障检修计数<6
2	6≤故障检修计数<9
1	9≤故障检修计数<12
0	故障检修计数≥12

表 2-1-19-23　故障检修计数计算规则

年　份	严重程度评分				权　重
	1	2	3	4	
过去1年	低	中	高中	高	1
过去2年					0.9
过去3年					0.8
过去4年					0.7
过去5年					0.6
过去6年					0.5
过去7年					0.4
过去8年					0.3
过去9年					0.2
过去10年					0.1

故障检修计数可根据下式计算：

$$故障检修计数 = \sum 分值 \times 权重 \qquad (2-1-19-54)$$

例如，2020年发生2次高级别故障，2017年发生1次中级别故障、2次低级别故障，则故障检修计数 $=1\times4+1\times4+0.7\times2+0.7\times1=10.8$。

b. 规则2。

规则2在规则1的基础上做了简化，仅考虑过去一年中某一特定部件的故障检修数量。规则2的故障检修评分规则见表2-1-19-24。

7）运检缺陷记录。可以采用两套检查记录规则进行评估。规则1考虑过去5年中通过检查发现的缺陷数量，规则2只考虑最近一次的检查缺陷及问题的严重性。具体选择哪套规则取决于哪些数据可用。

表 2-1-19-24 规则 2 的故障检修评分规则

分 值	故障检修计数
4	故障检修计数<1
3	1≤故障检修计数<2
2	2≤故障检修计数<3
1	3≤故障检修计数<4
0	故障检修计数≥4

a. 规则 1。

输入数据：在过去 5 年中通过例行检查发现某一部件的缺陷数量。规则 1 的检查计数评分规则见表 2-1-19-25。

表 2-1-19-25 规则 1 的检查计数评分规则

分 值	检查缺陷计数
4	检查缺陷计数<1
3	1≤检查缺陷计数<2
2	2≤检查缺陷计数<3
1	3≤检查缺陷计数<4
0	检查缺陷计数≥4

检查缺陷计数可根据各年份里发现的缺陷数量加权计算。各年份的缺陷权重见表 2-1-19-26。

表 2-1-19-26 各年份缺陷权重表

年 份	权 重
过去 1 年	1
过去 2 年	0.9
过去 3 年	0.8
过去 4 年	0.7
过去 5 年	0.6

检查缺陷计数计算公式如下：

$$\text{检查缺陷计数} = \sum_i N_i \times \text{权重}_i$$

式中 N_i——某一年里例行检查发现的缺陷数量。

b. 规则 2。

输入数据：最近一次的检查缺陷记录及其严重性。规则 2 的检查记录评分规则见表 2-1-19-27。

表 2-1-19-27 规则 2 的检查记录评分规则

评分	条件描述				
4	优	无可见问题	好	合格	好
3	良	轻度			
2	中	中度	中		
1	差	严重			
0	更换	非常严重	差	不合格	差

(3) 降级乘数 (DR)。

1) 状态参数的降级乘数。状态参数的降级乘数由负荷信息确定。

输入数据：变压器负荷信息的集合（例如，过去 5 年内每月持续时间超过 15min 的峰值，或者过去一年内每日的峰值）。

假定负荷数据的集合为 $\{S_1, S_2, S_3, \cdots, S_i, \cdots, S_N\}$，变压器额定容量为 S_B，那么铭牌负荷率 = $\{S_1/S_B, S_2/S_B, \cdots, S_i/S_B, \cdots, S_N/S_B\}$。

如果有两个及以上的数据点的铭牌负荷率大于 150%，那么降级乘数 $DR=0.6$；否则，$DR=1$。

2) 健康指数的降级乘数。健康指数的降级乘数由油色谱数据的变化趋势确定。

输入数据：变压器油色谱多次历史检测数据，可经计算得到的油色谱子状态参数评分 $SCPS_{DGA}$。

首先计算最近 2～3 年 H_2、CH_4、C_2H_6、C_2H_4、C_2H_2、CO、CO_2 七种气体的增长趋势，如果最近 3 次检测样品中，以上任一种气体的增长率超过了 30%，或者在最近 2 次检测样品中，以上任一种气体的增长率超过了 20%，那么根据式（2-1-19-55）计算降级乘数；否则，$DR=1$。

$$DR = \begin{cases} 1 & (SCPS_{DGA} > 3) \\ 0.9 & (2 < SCPS_{DGA} \leq 3) \\ 0.85 & (1 < SCPS_{DGA} \leq 2) \\ 0.5 & (SCPS_{DGA} = \text{其他}) \end{cases}$$

(2-1-19-55)

式中 DR——变压器健康指数的降级乘数；
$SCPS_{DGA}$——油色谱子状态参数评分值。

4. 分接开关的影响

变压器整体的健康指数可以看作变压器本体健康指数与分接开关健康指数的组合，可通过下式计算：

$$HI = X \times HI_{\text{变压器本体}} + Y \times HI_{\text{分接开关}}$$

(2-1-19-56)

式中 X、Y——变压器本体与分接开关对应的权重。

如果 $HI_{\text{变压器本体}} \leq 50\%$，则 $X=1$，$Y=0$；如果 $HI_{\text{变压器本体}} > 50\%$，则 $X=0.5$，$Y=0.5$。

如果变压器有多个分接开关，则分接开关的健康指数为所有分接开关健康指数的最小值。

5. 分接开关健康指数评估方法

根据分接开关灭弧方式的不同，将分接开关分为电弧型和真空型分别进行评估。电弧型分接开关状态参数及其权重见表 2-1-19-28。

真空型分接开关状态参数及其权重见表 2-1-19-29。

（1）油质。油质评估数据主要包含击穿电压、界面张力、酸值、色度和水分等。分接开关油质参数评分标准见表 2-1-19-30，分接开关油质检测分值见表 2-1-19-31。

表 2-1-19-28 电弧型分接开关状态参数及其权重

序号	描述	权重 (WCP)	降级乘数 (DR_CP)	序号	参数	权重 (WSCP)	降级乘数 (DR_SCP)	评分准则
1	绝缘	7		1	油色谱	4	1	表 2-1-19-32、表 2-1-19-33
				2	油质	3	1	表 2-1-19-30、表 2-1-19-31
				3	衬套	2	1	7.1.3 第 2 部分 6、7

续表

序号	描述	权重（WCP）	降级乘数（DR_CP）	序号	参数	权重（WSCP）	降级乘数（DR_SCP）	评分准则
2	密封和连接	3	1	1	油泄漏	2	1	7.1.3第2部分6、7
				2	油位	2	1	7.1.3第2部分6、7
				3	温度记录	10	1	7.1.3第2部分6、7
				4	干燥剂	1	1	7.1.3第2部分6、7
3	运行记录	5	1	1	运行年限	1	1	式（2-1-19-53）
				2	操作次数	5	1	表2-1-19-37
				3	整体	5	1	7.1.3第2部分6、7
4	操作机构	14	1	1	柜式加热器	2	1	7.1.3第2部分6、7
				2	控制开关/保险丝	5	1	7.1.3第2部分6、7
				3	旋转开关	9	1	7.1.3第2部分6、7
				4	分接选择器	3	1	7.1.3第2部分6、7
				5	转换选择器	1	1	7.1.3第2部分6、7
5	灭弧系统	9	1	1	油密封	1	1	7.1.3第2部分6、7
				2	灭弧室	1	1	7.1.3第2部分6、7
				3	接触器	5	1	7.1.3第2部分6、7
				4	电抗器	1	1	7.1.3第2部分6、7
				5	电阻器	1	1	7.1.3第2部分6、7
整体健康指数降级乘数				油色谱变化趋势				式（2-1-19-55）

注 1. 在给出多个标准的地方，具体选择哪个标准取决于哪些数据可用。
 2. 同变压器本体评估一样，只有当工作指令或检查记录不能分解成单个部件时，才使用整体运行记录参数。在这种情况下，运行年限和操作次数权重为零，整体运行记录参数权重如表中所示。否则，整体运行记录参数的权重为0，其他参数的权重如表中所示。

表2-1-19-29　　真空型分接开关状态参数及其权重

序号	描述	权重（WCP）	降级乘数（DR_CP）	序号	参数	权重（WSCP）	降级乘数（DR_SCP）	评分准则
1	绝缘	7	1	1	油色谱	4	1	表2-1-19-32、表2-1-19-33
				2	油质	3	1	表2-1-19-32、表2-1-19-31
				3	衬套	2	1	7.1.3第2部分6、7
2	密封和连接	3	1	1	油泄漏	2	1	7.1.3第2部分6、7
				2	油位	2	1	7.1.3第2部分6、7
				3	温度记录	10	1	7.1.3第2部分6、7
				4	干燥剂	1	1	7.1.3第2部分6、7
3	运行记录	5	1	1	运行年限	1	1	式（2-1-19-53）
				2	操作次数	5	1	表2-1-19-37
				3	整体	5	1	7.1.3第2部分6、7
4	操作机构	7	1	1	柜式取暖器	1	1	7.1.3第2部分6、7
				2	控制开关/保险丝	2	1	7.1.3第2部分6、7
				3	旋转开关	5	1	7.1.3第2部分6、7
				4	分接选择器	3	1	7.1.3第2部分6、7
				5	转换选择器	1	1	7.1.3第2部分6、7

续表

序号	描述	权重 (WCP)	降级乘数 (DR_CP)	序号	参数	权重 (WSCP)	降级乘数 (DR_SCP)	评分准则
5	灭弧系统	2	1	1	油密封	1	1	7.1.3 第 2 部分 6、7
				2	真空泡	2	1	7.1.3 第 2 部分 6、7
				3	接触器	1	1	7.1.3 第 2 部分 6、7
				4	电抗器	1	1	7.1.3 第 2 部分 6、7
				5	电阻器	1	1	7.1.3 第 2 部分 6、7
整体健康指数降级乘数				油色谱变化趋势				式 (2-1-19-55)

注 1. 在给出多个标准的地方,具体选择哪个标准取决于哪些数据可用。
2. 同变压器本体评估一样,只有当工作指令或检查记录不能分解成单个部件时,才使用整体运行记录参数。在这种情况下,运行年限和操作次数权重为零,整体运行记录参数权重如本表所示。否则,整体运行记录参数的权重为 0,其他参数的权重如本表所示。

表 2-1-19-30 分接开关油质参数评分标准

评分 (SCPS)	整体因子	评分 (SCPS)	整体因子
4	整体因子≤1.2	1	2.0<整体因子≤3.0
3	1.2<整体因子≤1.5	0	整体因子>3.0
2	1.5<整体因子≤2.0		

注 整体因子是表中的油质检测分值的加权平均数。

表 2-1-19-31 分接开关油质检测分值

油质检测项目	电压等级/kV	评分				权重
		1	2	3	4	
水分/(mg/kg)	$V≤69$	$X<30$	$30≤X<35$	$35≤X<40$	$X≥40$	5
	$69<V<230$	$X<20$	$20≤X<25$	$25≤X<30$	$X≥35$	
	$V≥230$	$X<15$	$15≤X<20$	$20≤X<25$	$X≥25$	
击穿电压 (2mm 放电间隙)/kV	$V≤69$	$X>35$	$30≤X<35$	$25≤X<30$	$X≤25$	3
	$V>69$	$X>40$	$30≤X<40$	$20≤X<30$	$X≤20$	
击穿电压/kV	—	$X>40$	$30≤X<40$	$20≤X<30$	$X≤20$	3
界面张力/(mN/m)	$V≤69$	$X>25$	$20≤X<25$	$15≤X<20$	$X≤15$	2
	$69<V<230$	$X>30$	$23≤X<30$	$18<X≤23$	$X≤18$	
	$V≥230$	$X>32$	$25≤X<32$	$20≤X<25$	$X≤20$	
色度	—	$X<1.5$	$1.5≤X<2.0$	$2.0≤X<2.5$	$X≥2.5$	2
酸值/(mg KOH/g)	$V≤69$	$X<0.05$	$0.05≤X<0.1$	$0.1≤X<0.2$	$X≥0.2$	1
	$69<V<230$	$X<0.04$	$0.04≤X<0.1$	$0.1≤X<0.15$	$X≥0.15$	
	$V≥230$	$X<0.03$	$0.03≤X<0.07$	$0.07≤X<0.1$	$X≥0.1$	
25℃介质损耗因数/%	—	$X<5$	$5≤X<10$	$10≤X<20$	$X≥20$	5
100℃介质损耗因数/%	—	$X<30$	$30≤X<35$	$35≤X<40$	$X≥40$	

注 X 为测试结果。

(2) 油色谱。油色谱数据包含 CH_4、C_2H_6、C_2H_4、H_2、C_2H_2、CO、CO_2 等气体。

分接开关油色谱评分标准见表 2-1-19-32。

表 2-1-19-32 分接开关油色谱评分标准

评分 (SCPS)	油色谱整体因子
4	油色谱整体因子≤1.2
3	1.2<油色谱整体因子≤1.5
2	1.5<油色谱整体因子≤2.0
1	2.0<油色谱整体因子≤3.0
0	油色谱整体因子>3.0

油色谱整体因子可使用油中溶解气体绝对值或者油中溶解气体比值来确定,具体选用哪套标准取决于哪些数据

可用。

1) 标准1：油中溶解气体绝对值。

根据油中溶解气体绝对值确定的分接开关油色谱分值及权重，见表2-1-19-33。

有载分接开关的油色谱依赖于开关操作次数，表2-1-19-34中有载分接开关油中溶解气体各分值上下限适用于操作次数小于1000次的情况。当操作次数（N）大于1000时，相应的上下限值也会增加。新限值见表2-1-19-34。

2) 标准2：油中溶解气体比值。

油色谱分值计算见表2-1-19-35。

表2-1-19-33　分接开关油色谱分值

油色谱/($\mu L/L$)	分值					权重	
	1	2	3	4	5	电弧型	真空型
自由呼吸型							
CH_4	$X \leqslant 100$	$100 < X \leqslant 200$	$200 < X \leqslant 300$	$300 < X \leqslant 1000$	$X > 1000$	3	3
C_2H_6	$X \leqslant 100$	$100 < X \leqslant 130$	$130 < X \leqslant 200$	$200 < X \leqslant 1000$	$X > 1000$	4	4
C_2H_4	$X \leqslant 450$	$450 < X \leqslant 850$	$850 < X \leqslant 1500$	$1500 < X \leqslant 2000$	$X > 2000$	5	4
C_2H_2	$X \leqslant 2000$	$2000 < X \leqslant 4000$	$4000 < X \leqslant 5500$	$5500 < X \leqslant 7000$	$X > 7000$	3	5
密封型							
CH_4	$X \leqslant 300$	$300 < X \leqslant 600$	$600 < X \leqslant 2000$	$2000 < X \leqslant 5000$	$X > 5000$	3	3
C_2H_6	$X \leqslant 100$	$100 < X \leqslant 250$	$250 < X \leqslant 500$	$500 < X \leqslant 1000$	$X > 1000$	4	4
C_2H_4	$X \leqslant 200$	$200 < X \leqslant 500$	$500 < X \leqslant 1000$	$1000 < X \leqslant 3000$	$X > 3000$	5	4
C_2H_2	$X \leqslant 1000$	$1000 < X \leqslant 3500$	$3500 < X \leqslant 7000$	$7000 < X \leqslant 10000$	$X > 10000$	3	5

注　X为测试结果。

表2-1-19-34　通过操作次数计算的新限值

油色谱气体参数	新标准值（L_{new}）	油色谱气体参数	新标准值（L_{new}）
CH_4	$L_{new} = 0.116 \times N + L_{old}$	C_2H_4	$L_{new} = 0.65 \times N + L_{old}$
C_2H_6	$L_{new} = 0.08 \times N + L_{old}$	C_2H_2	$L_{new} = 0.41 \times N + L_{old}$

注　L_{old}为表7.20中对应的限值。N为分接开关操作次数。

表2-1-19-35　油色谱分值计算

油色谱/($\mu L/L$)	分值					权重
	1	2	3	4	5	
C_2H_4/C_2H_2	$X < 0.33$	$0.33 \leqslant X < 0.67$	$0.67 \leqslant X < 1$	$1 \leqslant X < 1.33$	$X \geqslant 1.33$	3
C_2H_6/CH_4	$X < 0.2$	$0.2 \leqslant X < 0.4$	$0.4 \leqslant X < 0.6$	$0.6 \leqslant X < 0.8$	$X \geqslant 0.8$	2
H_2	$X < 70$	$70 \leqslant X < 500$	$500 \leqslant X < 1000$	$1000 \leqslant X < 1500$	$X \geqslant 1500$	1

注　当油中溶解气体满足$H_2 < 1500 \mu L/L$且$C_2H_4 < 1000 \mu L/L$且$C_2H_2 < 1000 \mu L/L$时，整体因子值为1.2。

3) 操作次数（N）。

输入数据：自投运或上次大修起的操作次数和最大允许操作次数（A）。操作次数占最大允许操作次数的百分比评分见表2-1-19-36。

表2-1-19-36　操作次数占最大允许操作次数的百分比评分

评分（SCPS）	操作次数占最大允许操作次数的百分比
4	$N \leqslant 80\% A$
3	$80\% A < N \leqslant 100\% A$
1	$100\% A < N \leqslant 120\% A$
0	$N > 120\% A$

（二）基于故障风险的电力变压器状态评估

为了对越来越多的运行年限超过20年的电力变压器进行准确评估诊断，ABB公司于2002年研发了中期变压器管理软件MTMP，其基于变压器容量、价值、负荷重要性、有无备用等因素，得出被评估变压器的重要度，形成以设备故障概率为横轴，设备重要度为纵轴的二维设备状态分布图。该评估软件从故障时变压器损坏风险、绕组过热风险、绝缘击穿风险、变压器附件故障风险、变压器随机故障风险和金属过热风险6方面对变压器进行故障概率分析。内蒙古电力科学研究院于2015年在国内首次引入ABB公司的MTMP计算程序，现对其评估方法介绍如下。

1. 变压器重要度评估方法

变压器重要度评估考虑了变压器价值A_1、供电用户等级A_2和设备地位A_3三个因素，每个因素分成多个等级，取值范围为0～10，计算公式如下：

$$I = \sum_{i=1}^{3} W_i A_i \quad (2-1-19-57)$$

式中　I——变压器重要度；

A_1——设备价值因素（取值为1~3、4~7、8~10）；
A_2——用户等级因素（取值为3、6、10）；
A_3——设备地位因素（取值为1或3、4或6、8或10）；
$W_{1\sim3}$——权重系数（取值为0.4、0.3、0.3）。

设备价值根据设备的电压等级划分，可直接反映设备固有成本以及损坏后的维修或更换成本，设备价值分为三级。

用户等级根据设备所在变电站所供负荷对国民经济和社会发展的重要程度划分为三级。一级用户定义标准为：①中断供电时将造成人身伤亡；②中断供电时将在经济上造成重大损失；③中断供电时将影响到有重大政治、经济意义的用电单位的正常工作。二级用户定义标准为：①中断供电时将在经济上造成较大损失；②中断供电将影响重要单位的正常工作。三级用户定义标准为：不属于一级和二级的用户。

设备地位根据设备所在变电站在电网中的重要度划分，可分为枢纽变电站、中间变电站和终端变电站，同时考虑根据变电站网架结构是否满足$N-1$的要求。

资产因素的取值范围见表2-1-19-37。

表2-1-19-37　　　　　　资产因素取值范围

设备价值		用户等级		设备地位		
电压等级/kV	取值范围	用户等级	取值	设备地位		取值
110	10~30（含）	三级用户	30	终端变电站	满足$N-1$	10
					不满足$N-1$	30
220	40~70（含）	二级用户	60	中间变电站	满足$N-1$	40
					不满足$N-1$	60
500	80~100（含）	一级用户	100	枢纽变电站	满足$N-1$	80
					不满足$N-1$	100

2．变压器故障概率评估方法

（1）设计参数评估。变压器的设计评估和状态评估是变压器寿命判断和资产管理的重要步骤。变压器设计参数评估在目前国内通常被忽视，但其往往揭示了许多关于变压器制造工艺的演化过程，如变压器采用哪些特定替代材料或工艺将影响性能改进或负载增加，变压器绕组使用热改性绝缘纸将极大地提高高温下变压器的绝缘强度。

对设计参数的详细评估可确定变压器运行中可能存在的风险。

1）变压器的电气性能和损耗的评估，包括：

a. 直流电阻和涡流损耗、环形电流损耗、总体绕组损耗的分布规律以便确认真实最热点部位。

b. 铁损分布以确认铁芯过热点的位置。

c. 励磁电流，判断是否有过励可能。

d. 是否存在磁屏蔽。

e. 导体的连接方式等。

2）评估机械设计可确定变压器是否能够承受短路电动力而不发生损伤。

3）对于相同类型的其他变压器典型的其他已知原因的故障的设计参数评估。

（2）运行状态评估。变压器设计参数评估被嵌入运行状态的评估单元中，图2-1-19-20所示为风险单元状态评估故障树，其中包含了故障时损坏、绕组过热、绝缘击穿、附件故障、随机故障和金属过热6大风险评估单元。本方法采取打分制，图2-1-19-20中⊠表示该影响因素使用带权重系数的乘法运算，⊞表示该因素仅是叠加关系，使用加法运算。状态评估基于RCM（以可靠性为中心的维修）思想，融合了FAT（故障树）、FMEA（故障模式与影响因素分析）、Bayesian Network（贝叶斯网络）等方法，最终结果是合成分数越高，其故障风险越高。

1）故障时损坏风险评估单元。薄绝缘因子是指具有低于正常基本绝缘水平的变压器由于较短的绝缘路径而具有更高的击穿风险。由于重合闸可能导致故障状态下的不对称故障电流，在绕组温度较高的情况下，重合闸会造成绕组变形或绝缘损伤，同时多次自动重合闸将导致保护动作时间过长，因此重合闸作为增加损坏风险的重要因子被列入评估单元。容量参量实际值取容量的平方根，其目的是将平均故障危险与变压器的尺寸和功率相关联；重大故障发生率因子是指变压器每年经历的重大故障次数，如果没有数据可用，或者每年通过故障次数小于2.5，则设置故障值为2.5。老化因子是指相同类型的变压器的平均击穿概率。设计因子决定了变压器端子短路时绕组中机械运动或变形的相对风险。绕组变形主绝缘数据因子的鉴别主要是基于电容量和短路阻抗或其他可反映变压器相邻绕组间几何距离之间变化的设计参数关系。

2）绕组过热风险评估单元。热设计因子是指基于包括变压器内部温度分布不均匀或不同冷却方式等特定设计造成的绕组特定部位发生异常过热，并且可能遭受纸绝缘发生热恶化的风险。纤维热分解因子的设置区别于国内通用的三比值法，判断理论基础则是由于绕组中的纤维素绝缘体的热分解产生CO和CO_2气体，这些气体的异常高含量是纸张中过度老化和脆性风险的指示。油保护方式因素主要针对热引起的变压器油分解相对风险，恒定的油存储系统有助于限制油中的水分和氧气的含量，并降低与之相关的热分解风险。负载因子将热分解的风险与变压器的负载相关联，具有较高负载的变压器通常具有较高的绕组温度，会加速绝缘老化。容量参量实际值取容量的平方根，容量越大的变压器漏磁越大，越不容易控制热点温升。老化因子在本单元的意义是根据热点模拟设置变压器在最高运行温度下的最大承受负荷，指导变压器延长高负载的运行时间。图2-1-19-21所示为判断老化因子的详细逻辑流程及影响因素。

3）绝缘击穿风险评估单元。绝缘配合因子主要考核设计值和额定值的匹配度。避雷器类型因素是指具有火花隙避雷器的老旧变压器可能比具有较新ZnO避雷器的变压器经历过更高的过电压，具有较高的绝缘破坏风险，此类因子也可用瞬态过电压因子代替。绝缘设计家族缺陷因子是指已知

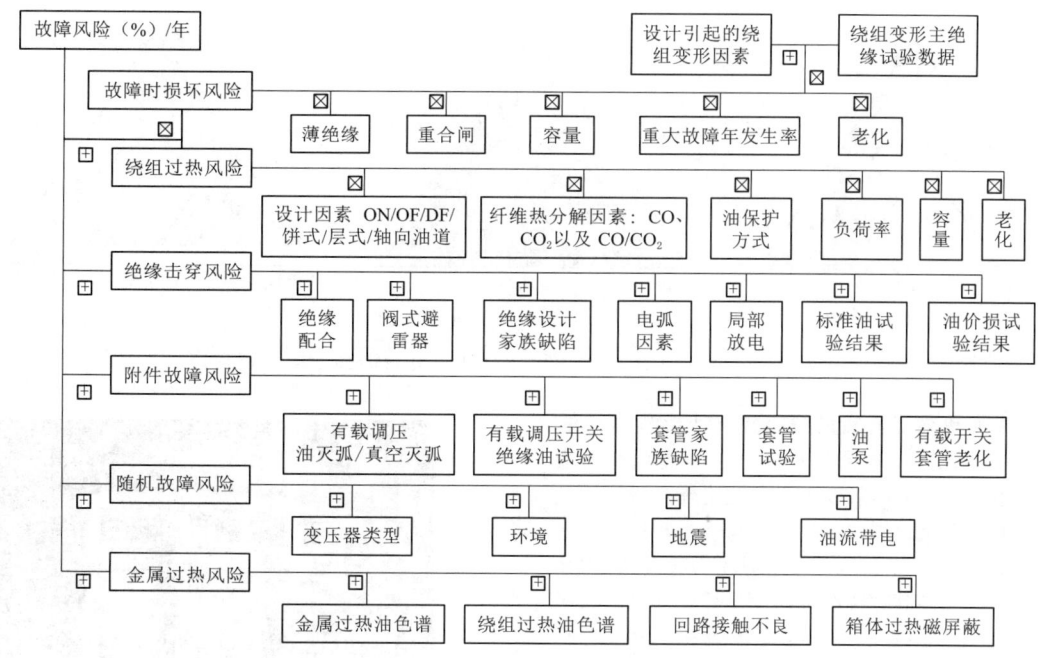

图 2-1-19-20 风险单元状态评估故障树

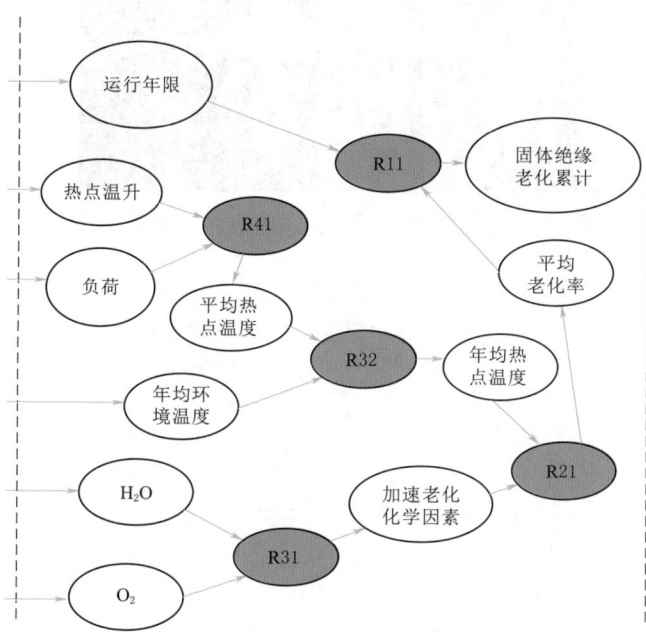

图 2-1-19-21 判断老化因子的详细逻辑流程及影响因素

缺陷的变压器或某部件或材料或设计理念等绝缘设计具有更高的绝缘击穿危险。电弧放电因子的参考来源是 DGA（油色谱）乙炔值的异常含量。局部放电因子参考来源是来自 DGA（油色谱）氢气值的异常含量；标准油试验结果在本单元中的评分比重非常大，本方法更为科学地根据不同的气体组分分别设定三种大卫三角形（图 2-1-19-22）给出变压器可能出现的故障和部位，同时与国内油色谱的关注重点不同，本方法中抗氧化剂含量和界面张力也是重点考核值。油介电系数是指具充油变压器超过油老化推荐极限值的测试结果具有更高的介质击穿风险。

4) 附件故障风险评估单元。有载调压开关类型因子是指不同的灭弧方式会导致不同等级的故障风险，真空灭弧系统在保证其真空度的前提下，运行风险低于传统油灭弧方式。有载调压开关 DGA（油色谱）在特殊情况加入风险评估单元。套管家族缺陷可根据历史数据，从套管类型直接获得。套管试验诊断因子是指具有较高功率因数或功率因数明显增加的套管具有击穿风险。引入油泵装置因子是由于滚珠轴承泵通常具有较高的承载泵的风险，该类泵存在将金属释放到变压器中而使主变压器发生故障的风险。运行年限超过 20 年的有载调压开关或套管击穿风险明显增加。

5) 随机故障风险评估单元。变压器类型因子是指特定的变压器类型，如移相变压器和工业变压器，通常显示比其他类型的变压器击穿风险更高。环境因子是变压器运行的环境对击穿风险的影响，例如地理位置的影响，人口稠密地区高载能工业区的变压器通常具有较高的击穿风险，或经受短路冲击电流频繁或开关动作频繁的变压器击穿的风险也会上升，也包括污秽和盐污等。地震因素是指具有较高地震风险的区域中的变压器在发生地震时由于绕组运动或套管或其他附件的损坏而承受较高的击穿风险。油流起电因子是指在特定时间段内产生的特定类型变压器由于流动通电而具有较高的击穿频率。

6) 金属过热风险评估单元。对金属过热 DGA（油色谱）因子的考核主要根据较高含量的特定可燃气体总量（通常是指 H_2、CO、烃类气体）占所有产生气体的不同百分比进行故障风险性质定性；绕组过热 DGA（油色谱）因子通过可燃气体内碳元素的含量实现绝缘材料劣化分解程度的判别。借助在轻负载情况下产生的可燃气体和 CO_2 气体含量，可判断变压器是否存在松动的压接或螺钉连接或焊接连接等接触不良故障风险，使用色谱法判断该类故障风险比"直流电阻＋红外测温"方法对热故障更为敏感。通常通过红外热像仪确定的存在箱体过热点的变压器存在油劣化的危险或内部箱体壁的屏蔽问题。

(3) 寿命评估。寿命评估是基于设计参数主要依据历史负载、运行数据等参数，在综合考虑变压器绕组热点温度、水分、油中氧含量等参数的条件下，结合变压器年平均负荷，对线圈最热点部位温度进行估算，根据 6 度法则推算变压器热点处绝缘件预期剩余寿命。

第一章 电力变压器异常与事故处理案例

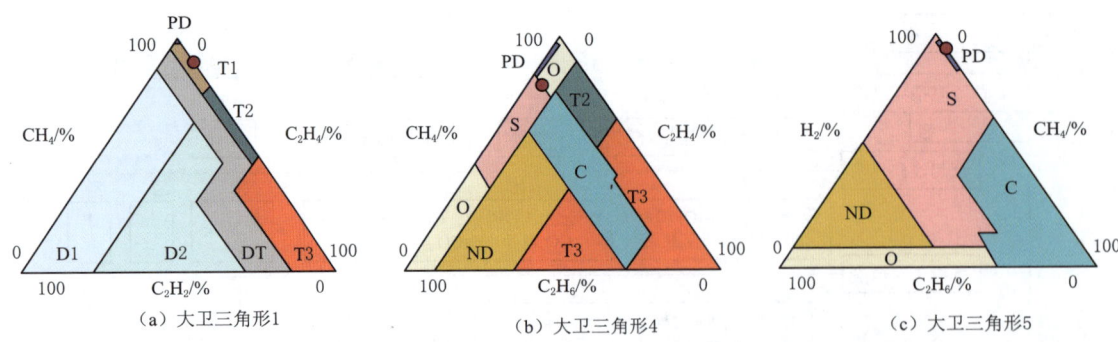

（a）大卫三角形1　　　　　　（b）大卫三角形4　　　　　　（c）大卫三角形5

图 2-1-19-22　大卫三角形不同气体组分对应的不同故障风险

（三）基于最大等效变形量的绕组辐向变形程度评估

针对目前变压器绕组辐向变形程度无法准确判断的现状，作者基于绕组辐向最大等效变形量与绕组辐向变形程度物理量，推导出变压器绕组辐向变形程度与绕组对短路电抗变化率之间的关系，赋予短路电抗变化率以明确的物理意义。现场应用情况表明，其对绕组辐向变形程度的判断灵敏度优于《电力变压器绕组变形的电抗法检测判断导则》（DL/T 1093—2018），尤其是对于大容量、高阻抗变压器，其优势更明显。

1. 概述

目前判断电力变压器绕组辐向变形程度常用的方法有绕组频率响应特性分析法、低电压短路电抗法、电容量法、扫频阻抗法等。然而，这些判断方法给出的判断结论均不能定量地反映绕组实际变形程度。如通常认为判断灵敏度最高的绕组频率响应分析法，其根据不同频段的频率响应曲线相关度，给出绕组正常、轻微变形、显著变形或严重变形的结论，但具体到绕组本身，没能说明究竟变形的尺度相对有多大；再如绕组变形的电抗法检测，仅规定了电抗变化率的注意值，当电抗变化率超注意值时，认为绕组发生变形，但变形程度如何，依然能不确定。孟建英等人提出了基于短路电抗变化率的适用于110kV电力变压器辐向变形判断方法，解决了110kV电力变压器绕组辐向变形程度判断问题。扫频电抗与电容量测试结果判断方法与此类似，均不能定量反映绕组变形程度。

本书基于绕组最大辐向变形量与变形程度的物理量，推导出包含纵向洛氏系数变化的电力变压器绕组辐向变形程度的通用计算式，现场应用结果表明，其弥补了现行判断方法的不足，能够灵敏地反映绕组辐向变形程度，且对同心式绕组均适用。

2. 电力变压器辐向变形模式

变压器绕组流过短路电流时，由于电源侧绕组与负荷侧绕组电流方向近似相反，因此辐向电动力总是试图使绕组间主漏磁空道面积增大，内部绕组的导线，受辐向压缩力的影响，支撑结构间弯曲或翘曲。由于内部绕组轴向撑条的刚度通常高于导线，沿着圆周、撑条间的导线会发生如图2-1-19-23所示的翘曲，绕组变形端部视图如图2-1-19-24所示。可见，发生变形后，其等效平均半径减小。

目前电力变压器均采用如图2-1-19-25所示的油-绝缘纸筒的主绝缘结构。目前典型产品的主绝缘结构已经相对固定，对于110kV及以上电压等级的绕组，同一个铁芯柱上不同电压等级的绕组间的主绝缘，绝缘纸筒厚度占整个绝缘距离的比例为17%～19%；对于35kV及以下电压等级的

图 2-1-19-23　绕组辐向变形实例

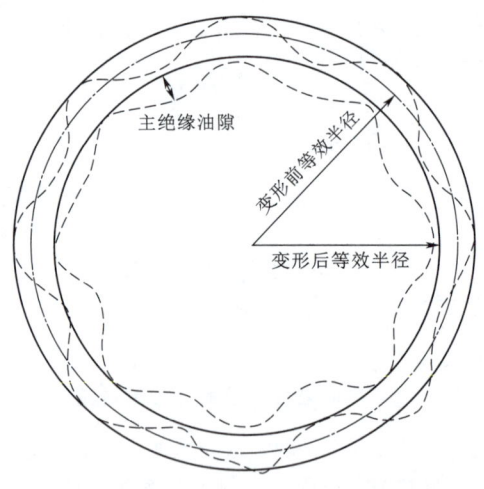

图 2-1-19-24　绕组变形示意图

绕组，约为22%。

3. 绕组变形程度的定义

当变压器绕组发生如图2-1-19-23所示的变形时，由图2-1-19-25所示的变压器主绝缘结构可知，在绝缘撑条支撑的部分，绕组半径保持不变，在相邻的两根撑条之间，外侧绕组变形部分向内侧绕组的最大凹陷量为绕组间主绝缘中油隙宽度之和，即绕组主绝缘尺寸与绝缘纸筒厚度之差。可见，由于受到绕组主绝缘结构的限制，处于内侧的变形绕组存在一个最大变形量。显而易见，与其他形式的辐向变形模式相比，图2-1-19-23所示的所有相邻撑条间贯穿绕组轴向的强制变形，具有最大的等效平均半径减小量，

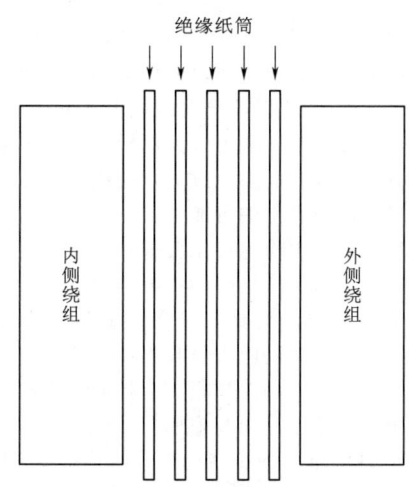

图 2-1-19-25 绕组主绝缘结构

即最大变形量,其值为主绝缘油隙宽度的一半。因此,可定义绕组辐向变形程度 x 为变形绕组等效平均半径的减小量与等效平均半径最大减小量之比,x 为 0 时,表示绕组完全未发生变形;x 为 1 时,意味着绕组完全变形。可见,x 直观地反映了绕组实际变形程度。

4. 绕组变形程度与绕组对短路电抗变化率的关系分析

以三绕组变压器处于中间的绕组发生辐向变形为例进行说明,其分析方法适用于辐向排列于同一铁芯柱的任意一对绕组。如图 2-1-19-26 所示,设 r_1、r_2 分别为绕组 1 和绕组 2 正常情况下的平均半径,a_1、a_2 分别为绕组 1 和绕组 2 的辐向宽度,a_{12} 为绕组间的主绝缘空道尺寸,r_{12} 为绕组间的主绝缘空道平均半径。

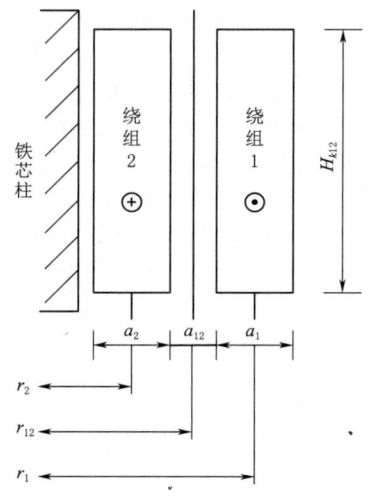

图 2-1-19-26 绕组结构示意图

设主绝缘空道中油隙宽度所占比例为 k,绕组 1 发生辐向变形后等效平均半径减小量与变形前平均半径的比值为 δ,则变形程度 x 为

$$x = \frac{2\delta r_1}{k a_{12}} \quad (2-1-19-58)$$

对于特定的变压器,由于主绝缘结构是确定的,因此式中仅 δ 为变量。

电力变压器绕组对的短路电抗计算公式为

$$X_K = \frac{49.6 f W_1^2 \sum D_{12} \rho_{12}}{H_{k12} \times 10^8} \quad (\Omega) \quad (2-1-19-59)$$

式中 $\sum D_{12}$——绕组对等效漏磁面积,cm^2;
f——频率;
W_1——绕组 1 匝数;
ρ_{12}——洛氏系数;
H_{k12}——绕组平均电抗高度,cm。

当绕组 1 发生辐向变形后,其等效平均半径减小量与变形前平均半径的比值为 δ 时,$\sum D_{12}$ 为

$$\sum D_{12} = \frac{1}{3} a_2 r_2 + \frac{1}{3} a_1 r_1 (1-\delta) + (a_{12} - r_1 \delta)\left(r_{12} - \frac{1}{2} r_1 \delta\right) \quad (2-1-19-60)$$

$$\rho_{12} = 1 - \frac{a_2 + a_{12} - r_1 \delta + a_1}{\pi H_{12}}$$

根据式 (2-1-19-59),将式 (2-1-19-60) 中 δ 用 x 表示,则可得绕组 1 辐向变形程度与绕组 1、绕组 2 绕组对的短路电抗之间的关系如下:

$$X_{K(x)} = C_1 x^3 + C_2 x^2 + C_3 x + C_4 \quad (2-1-19-61)$$

其中,C_1、C_2、C_3 和 C_4 对具体变压器为常数,该公式建立了一对绕组间短路电抗 $X_{K(x)}$ 与绕组 1 辐向变形程度 x 之间的关系。可见,当 $x=0$ 时,$X_K=C_4$,为正常情况下绕组对的短路电抗。

根据式 (2-1-19-61),短路电抗变化率 ΔX_{12} 可表示为

$$\Delta X_{12} = \frac{X_{K(x)} - C_4}{C_4} \quad (2-1-19-62)$$

最终可得

$$x = K \Delta X_{12} \quad (2-1-19-63)$$

式 (2-1-19-63) 建立变压器绕组变形程度与短路电抗变化率之间的关系。对于特定变压器,K 为常量。不同绕组排列方式与容量等变压器,其差异较大,典型 110～500kV 电力变压器计算结果表明其值介于 10～50 之间,对于三绕组电力变压器的高低压绕组对,K 通常大于 25。若高、低压绕组对短路电抗变化率达到 1%,对应于 $K=25$ 的情形,低压绕组等效变形程度则为 0.25;对应于 $K=50$ 的情形,低压绕组等效变形程度则达到 0.5。

可见,对于不同的电力变压器的不同绕组对,K 的大范围变化说明相同的短路电抗变化率对应的实际等效变形程度完全不同。对应于《电力变压器绕组变形的电抗法检测判断导则》(DL/T 1093—2018) 的判断标准,其统一的注意值对于不同变压器,对应的绕组实际变形程度可能完全不同。

本节所论述的方法对所有绕组对具有相同的判断灵敏度。

七、典型变压器故障案例分析

(一)绕组变形故障诊断案例分析

1. 变压器短路故障概述

随着电力系统的发展,各电压等级的短路视在容量越来越大,在变压器阻抗电压不变的条件下,其承受的短路电流也就越来越大。另外,随着制造技术的进步,单台变压器的容量也在不断增大,而对于相同电压等级、相同运行方式的变压器,其阻抗电压通常相差不大,因此,短路阻抗有名值将成比例减小,也导致变压器承受的短路电流增加;同时,

由于大型电力变压器效率较高，其单位容量所对应的负载损耗减小，导致短路电流中非周期分量冲击系数变大。综合以上因素，若大型电力变压器依旧维持原有抗短路能力不变，其遭受短路电流产生的电动力冲击发生损坏的风险日益增大。

实际运行经验表明，变压器在短路电动力作用下发生绕组损坏或引线位移是最常见的故障现象。在由辐向短路电磁力引起的绕组损坏事故中，受辐向压缩力作用的绕组损坏事故远远多于受辐向拉伸力作用的绕组损坏事故。不论是辐向短路电磁力所引起的绕组损坏事故，还是轴向短路电磁力所引起的绕组损坏事故，其损坏部位大多发生在铁芯窗口内部。一方面是由于铁芯窗口内部区域的漏磁场比铁芯窗口外部区域的漏磁场要强，因而此部分绕组相应所受的短路电磁力比较大；另一方面是由于铁芯窗口内部的绕组轴向压紧比较薄弱，因而绕组相应部位在短路电磁力作用下的变形较大。

对于紧靠铁芯柱放置的变压器内绕组或多绕组变压器的中间绕组，在变压器短路状况下，受到辐向短路电磁力所引起的径向压缩作用。中型以上变压器内绕组的辐向失稳是变压器在辐向短路电磁力作用下损坏的主要形式。在绕组圆周方向的某些撑条间隔内整个线饼的所有导线都向里塌陷，而在相近的撑条间隔内整个线饼的所有导线都向外凸出。这种梅花状的局部变形不仅在某一线饼的整个圆周上是不对称的，而且在整个绕组的高度方向上也不一定是所有线饼都产生这种变形损坏。当受辐向短路电磁力作用的绕组因线饼辐向失稳而损坏时，其主、纵绝缘皆会受到影响，但最容易损坏的是导线的匝绝缘，从而会进一步导致绕组的匝间短路而产生严重的绕组局部烧损。

目前提高变压器内绕组的辐向稳定性主要采用以下措施：

（1）最根本的措施是提高绕组导线材料的弹性模量，用半硬导线代替软导线，提升其屈服强度。

（2）采用自粘换位导线绕制的变压器绕组，其线饼辐向失稳的平均临界压力值比非自粘换位导线的情况要高许多。

（3）对于承受辐向压缩短路力作用的变压器内绕组，用硬纸筒做骨架，并在铁芯级间台阶处加圆木支撑，以提高绕组内部撑条支撑的有效性。

（4）线饼辐向导线之间要绕制的尽量紧密，减少各并列导线之间可能的间隙，避免绕组绕制的初始不均匀。

（5）绕组结构上使其内径支撑数量适当增加，在工艺上进行整体套装并采取恒压干燥处理工艺。

（6）加强绕组出头（特别是螺旋式绕组出头）的绑扎，用热收缩涤纶丝带对出头进行紧固。

绕组的轴向失稳是指在变压器短路过程中绕组某些线饼导线倾斜倒塌的现象，它是受短路轴向电动力和短路辐向电动力共同作用的绕组损坏的主要形式。轴向失稳的情况下，绕组主要电气参量改变较小，现场常用的低电压短路阻抗法、绕组电容量法等对其检出有效性较低，故障特征具有隐秘性。

为了提高变压器绕组抗短路轴向电动力作用的能力，一般在变压器器身装配完成后，对绕组施加一定的轴向预压紧力。若绕组的轴向预压紧力小于短路过程中作用在绕组线饼上的轴向电动力，则在周期变化的短路轴向电动力作用下，绕组某些部位的线饼与线饼之间、线饼与垫块之间会由于线饼的轴向振动而出现空隙。这些空隙的出现，除了造成导线匝绝缘摩擦破损形成匝间短路故障以外，在辐向短路力的共同作用下，还必然导致辐向垫块的松动移位和线饼导线的倾斜倒塌。如果绕组的某些导线在绕制过程中就存在微小倾斜，或是绕组的轴向预压紧力过大而导致了线饼某些导线的微小倾斜，或是导线的宽厚比过大，这些因素都会增加短路过程中线饼导线倾斜倒塌的可能性。

目前提高绕组轴向稳定性主要采用以下措施：

（1）准确选取与保持足够的绕组轴向预紧压力。绕组轴向预紧压力值的选取，既要考虑绕组短路轴向电动力的大小，又不能超过线饼的轴向失稳临界压力值。同时还要考虑在变压器装配过程中对轴向预紧压力控制的准确程度和变压器长期运行中绝缘件尺寸的收缩而导致轴向预紧压力降低的影响。目前220kV电力变压器绕组轴向预紧压强通常为3～3.5MPa。

（2）采用高密度、低收缩率纸板制作线饼间辐向垫块或是对其进行预密化处理。这样，可减少垫块在使用过程中的残余（永久）变形，保证绕组在长期的运行过程中能够始终保持适当的压紧状态，从而提高在变压器短路情况下绕组的轴向动稳定能力。

（3）对变压器绕组进行恒压干燥处理。通常恒压干燥的压力应大于装配后的绕组预压紧力，保证绕组的绝缘垫块和导线匝绝缘在干燥过程中受压变形，以使其残余变形固定下来，保持绕组轴向尺寸的稳定，从而提高绕组的轴向动稳定能力。

（4）提高绕组轴向动稳定性的其他技术措施。合理选择绕组导线宽厚比，采用自粘换位导线或半硬铜导线绕制线饼；严格控制垫块的厚度公差，以保证各撑条上的垫块均匀受力；绕组使用外撑条以防止垫块的移位；严格控制装配公差，保证各个绕组装配的上下对称，并使端绝缘垫块与绕组垫块上下对齐；严格控制铁芯柱的垂直度；加强对绕组出头的绑扎等。

根据国家电网公司2013—2018年统计结果，因变压器抗短路能力不足造成的绕组变形或绝缘缺陷最多，共计31次，占比29%。

绕组机械变形故障主要靠变形后绕组相关可测电气量的变化进行判断，如反应绕组对间主绝缘空道距离变化与绕组电抗高度变化的短路电抗测量、反应绕组间主绝缘间等效介电系数变化、等效距变化的电容测量，以及反应绕组线匝/线饼间纵向与横向电容、电感变化的绕组频率响应分析等。

2. 故障案例分析

变压器有多种故障分类方法。如按故障部件分类、按故障性质分类、按故障产生的原因分类、按故障造成的损失分类等。本书按故障的主要特征将变压器故障分为机械变形故障、热故障、绝缘故障、附件故障与综合故障五大类。如常见的绕组变形，若仅表现为绕组机械位置的变化，则对应于机械变形故障；若绕组显著变形同时导致的导线断股放电，则对应综合故障。

电力变压器作为静止的电力传输设备，除分接开关外，器身内部无旋转运动部件，因此不存在类似高压断路器弧触头磨损、主轴弯曲变形、绝缘拉杆断裂等机械类故障。但实际运行中，机械变形引起的故障多年来一直是变压器的主要故障类型。通常表现为绕组受短路电流产生的电动力冲击变形以及有载分接开关由于支架变形或运动部件卡滞造成的放电。机械变形故障主要靠变形后绕组相关可测电气量的变化进行判断，如反应绕组对间主绝缘空道距离变化与绕组电抗高度变化的短路电抗测量、反应绕组间主绝缘间等效介电系数变化、等效距离变化的电容测量，以及反应绕组线匝/线饼间纵向与横向电容、电感变化的绕组频率响应分析等。

【案例 1】

(1) 设备主要参数。

1) 型号：SFPZ9-63000/110。
2) 额定电压 (kV)：110±8×1.25%/38.5/10.5。
3) 额定容量 (kVA)：63000/63000/20000。
4) 联结组别：YNyn0d11。
5) 阻抗电压：高压-中压：17.31%；中压-低压：6.13%；高压-低压：10.26%。

(2) 设备运维状况。最近一次例行试验显示变压器直流电阻、电压比、介质损耗、油中溶解气体色谱分析均无异常。运行中也未发现其他异常现象，但10kV侧曾发生数次短路电流冲击，35kV侧也曾受到短路电流冲击。

绕组电容量与出厂试验值相比有较大变化，试验数据见表2-1-19-38，低电压短路阻抗值与铭牌值相比也有较大变化，试验数据见表2-1-19-39。

表 2-1-19-38 变压器主绝缘电容量试验数据

单位：nF

试验日期/(年-月)	中压绕组-其他及地	低压绕组-其他及地
2006-3	23.40	26.30
2016-3	34.17	27.68

表 2-1-19-39 变压器低电压短路阻抗试验数据

测试部位	高压-中压			高压-低压			中压-低压		
相别	A	B	C	A	B	C	A	B	C
铭牌值/%	17.31	17.31	17.31	10.26	10.26	10.26	6.13	6.13	6.13
诊断测试值/%	17.54	17.84	17.70	11.76	11.55	11.49	5.49	5.63	5.48

(3) 诊断分析。由变压器绕组对间的电抗电压计算公式可知：

$$x_k\% = \frac{49.6 f I W \sum_{k=1}^{n} D\rho}{e_t H_k \times 10^6}\% \quad (2-1-19-64)$$

变压器绕组对间的电抗电压与归算到基准测（通常为高压侧）的绕组额定电流 I、线圈匝数 W、等值漏磁通面积 $\sum D$、匝电压 e_t、电抗高度 H_k 以及洛氏系数 ρ 有关。对于一台特定的三绕组变压器，从控制轴向力的角度考虑，在设计上，一般而言，电抗高度通常是相同的。因此，对于高压-中压和高压-低压两个绕组对而言，因其电抗标幺值均归算到高压绕组，根据有关标准可知，短路电抗主要由等值漏磁通面积决定。对于此变压器，可见，高压-中压绕组对间的短路电抗标幺值为0.1731，高压-低压绕组对间的短路电抗标幺值为0.1026。可见，高压-中压绕组对间的等值漏磁通面积大于高压-低压绕组对，这只有在中压绕组的位置处于低压绕组内部的情况下才能发生，因此判断此变压器绕组排列方式由铁芯到油箱为中压-低压-高压。

由表2-1-19-39可知，与铭牌值相比，高压-中压绕组对间的电抗电压最大变化率为2.97%，高压-低压对间的电抗电压最大变化率为14.6%。经初步分析，高压-中压绕组对与高压-低压绕组对间等值漏磁面积均增大，且高压-低压绕组对间等值漏磁面积增大的更多。对于高压绕组供电的情况，中低压绕组发生辐向变形时，总是使绕组间空道距离增大，从而导致电抗电压增大。因此，初步判断中压、低压绕组均发生了辐向变形，但低压绕组变形更严重。同时，与铭牌值相比，中压-低压绕组对间的电抗电压最大变化率为−13.4%，表明中压绕组与低压绕组间的主空道距离减小，从另一方面佐证了处于高压绕组与中压绕组间的低压绕组发生严重辐向变形。

由表2-1-19-38可知，与出厂试验结果相比，中压绕组-其他及地的电容量变化率为46.0%，低压绕组对其他及地的电容量变化率为5.25%，可判断低压绕组发生严重变形。

综合分析，该变压器低压绕组发生严重辐向变形，且A相与B相较C相更严重；同时，中压绕组也发生显著变形，且B相与C相较A相更为严重。

(4) 检修情况。变压器返厂检修结果表明，10kV低压绕组A相与B相发生严重辐向变形，35kV中压绕组B相、C相发生局部辐向变形，如图2-1-19-27、图2-1-19-28所示。

图 2-1-19-27 低压绕组变形

图 2-1-19-28 中压绕组变形

(5) 状态诊断过程感悟。

1) 变压器油中溶解气体分析正常，不代表变压器绕组状态正常。如前所述，任何一种试验方法均有自己的局限性，对于尚未造成绕组局部过热或绝缘击穿放电的绕组变形故障，油色谱分析无能为力。传统的油色谱无异常就代表变压器运行情况良好存在极大的误区。

2) 此变压器绕组排列顺序不同于通常的三绕组降压变。事实上，由于数年前，此变压器承担着上送10kV小火电的功率任务，为实现功率高效传输，变压器10kV绕组布置于110kV与35kV绕组之间。这种排列方式，给初期的状态诊断工作带来很大的困扰。试想一下，若按常规布置方式考虑，首先怀疑的是电容量出厂试验数据与变压器铭牌阻抗电压的准确性。同时，也是此台变压器长期试验数据异常，但始终未能及时确诊的关键原因。

3) 关于绕组主绝缘间电容量。变压器一对绕组间的辐向几何电容可按同轴圆柱电容公式计算，即

$$C_{ww} = \frac{17.7\pi\varepsilon_{eq}H}{\ln\left(\frac{R_{w2}}{R_{w1}}\right)} \times 10^{-3} (pF)$$

(2-1-19-65)

式中 R_{w2}——外绕组内半径，mm；
      R_{w1}——内绕组外半径，mm；
      H——轴向电抗高度，mm；
      ε_{eq}——主绝缘等效相对介电系数。

可见，绕组主绝缘间的电容量主要由外绕组内半径与内绕组外半径比值确定。若两个绕组等效距离变大，则电容减小，等效距离减小，则电容增大。需要注意的是，对于三相变压器，电容量变化率反映的是三个绕组的整体情况，其灵敏度与反应每相绕组对间的电抗变化率相比较低。

4) 关于电容量变化率。表2-1-19-38中的中压绕组-其他及地的电容量变化率为46.0%，低压绕组-其他及地的电容量变化率为5.25%，说明中压绕组的主绝缘电容量变化率对低压绕组辐向变形更灵敏。通常，现场开展变压器绕组连同套管的介质损耗与电容量测试试验时，均按照试验按照《现场绝缘试验实施导则 介质损耗因数tanδ试验》(DL/T 474.3—2018) 开展，具体见表2-1-19-40。

表2-1-19-40 DL/T 473.3推荐的介质损耗因数tanδ试验接线

顺序	三绕组变压器	
	加压绕组	接地部位
1	低压	高压、中压和外壳
2	中压	高压、低压和外壳
3	高压	中压、低压和外壳
4	高压和中压	低压和外壳
5	高压、中压和低压	外壳

注 试验时高、中、低三绕组两端都应短接。

可见，按照DL/T 473.3推荐的测试方法，其测试值均为两个主绝缘之间电容之和，如中压绕组施压时，测试电容主要由中压绕组与高绕组间主绝缘电容和中压绕组与低压绕组间主绝缘电容两部分组成。绕组发生辐向变形时，绕组辐向厚度基本保持不变，绕组上端部与下端部对油箱及铁轭电容也基本不变，可忽略其影响。

对于此变压器，由于10kV绕组处于110kV绕组与35kV绕组之间，当其发生辐向变形时，10kV与110kV绕组之间的主绝缘电容量减小，与35kV绕组之间的电容量增大，因此测试电容量变化率与变形程度不是线性关系。但是，当10kV绕组辐向变形时，10kV绕组与35kV绕组间的主绝缘电容量增大，测试电容量单调增大。对此变化规律的定性分析如图2-1-19-29所示。

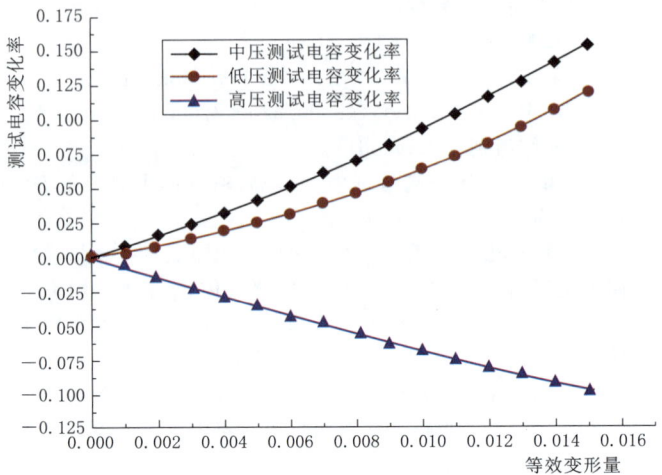

图2-1-19-29 低压绕组等效变形量与测试电容变化率之间的关系

由图2-1-19-29可知，当处于中间位置的低压绕组发生辐向变形时，位于最内侧的中压绕组测试电容量变化率大于低压绕组测试电容量变化率，低压绕组变形越严重，其差别越大。实际判断中，可作为判断变形程度的一个辅助依据。

【案例2】

(1) 设备主要参数。

1) 型号：SFPSZ9-150000/220。
2) 额定电压(kV)：220±8×1.25%/121/38.5/10.5。
3) 额定容量(kV·A)：150000/150000/150000/45000。
4) 联结组别：YNyn0yn0+d11。
5) 阻抗电压：高压-中压：12.65%；中压-低压：7.83%；高压-低压：21.81%。

(2) 设备运维状况。最近一次例行试验显示变压器直流电阻、电压比、介质损耗、油中溶解气体色谱分析烃类气体均无异常。投入运行以来，低压侧累计遭受70%以上允许短路电流 (估算为7kA) 冲击87次，累计持续时间11960ms。

最近一次绕组电容量与出厂试验值相比有较大变化，试验数据见表2-1-19-41；低电压短路阻抗值与铭牌值相比也有较大变化，试验数据见表2-1-19-42；绝缘油中溶解气体分析显示一氧化碳与二氧化碳比值异常，试验数据见表2-1-19-43、表2-1-19-44。

(3) 诊断分析。由变压器绕组对间的电抗电压大小可知，此变绕组排列方式由铁芯到油箱依次为：平衡-低压-中压-高压。220kV高压绕组测试电容量变化率为0.2%，处于正常的测试误差范围之内，可认为其电容量未发生变化；110kV中压绕组测试电容量变化率为-1.8%；35kV低压绕组测试电容量变化率为+13.5%；10kV平衡绕组测试电容量变化率15.06%。从电容量测试结果初步分析，电容量变化规律符合处于中压和平衡绕组之间的低压绕组发生辐向变形时的特征。

表 2-1-19-41　　　　　　　　　变压器主绝缘电容量试验数据　　　　　　　　　　　　　　单位：nF

试验日期/(年-月)	高压-其他及地	中压-其他及地	低压-其他及地	平衡-其他及地
2003-10	13.84	20.78	27.13	31.12
2016-5	13.87	20.39	30.67	35.79

表 2-1-19-42　　　　　　　　　变压器低电压短路电抗试验数据

测试部位	高压-中压			高压-低压			中压-低压		
相别	A	B	C	A	B	C	A	B	C
铭牌值/%	12.65			21.81			7.83		
诊断测试值/%	12.61	12.70	12.83	22.17	21.94	22.01	8.36	7.97	7.98

表 2-1-19-43　变压器油中溶解气体色谱分析数据　　单位：μL/L

试验日期/(年-月)	一氧化碳	二氧化碳
2015-7	390	971
2016-7	363	719
2017-7	544	1243

表 2-1-19-44　一氧化碳与二氧化碳比值

试验日期/(年-月)	一氧化碳/二氧化碳
2015-7	0.42
2016-7	0.50
2017-7	0.43

图 2-1-19-31　低压三相辐向变形（中间为 A 相）

从电抗电压变化规律分析，高压-中压绕组对相间互差为 0.54%，处于正常范围内；高压-低压绕组对相间互差为 1.0%，已超出这种结构的三绕组变压器电抗电压正常变化范围，其中 A 相漏电抗变化最大；中压-低压绕组对间相间互差为 4.9%，尤其是 A 相漏电抗变化最大，与铭牌值相比变化率为 6.77%。据此可判断低压绕组 A 相发生严重辐向变形，低压绕组 B 相、C 相也发生显著变形。

综合电容量变化规律与电抗变化情况，判断变压器 35kV·A 相低压绕组发生严重辐向变形，B 相、C 相发生显著变形。

(4) 检修情况。变压器返厂检修结果表明，10kV 低压绕组 A 相与 B 相发生严重辐向变形，35kV 中压绕组 B 相、C 相发生局部辐向变形，如图 2-1-19-30、图 2-1-19-31 所示。

图 2-1-19-30　低压 A 相辐向变形

(5) 状态诊断过程感悟。
1) 关于变形程度的判据。《电力变压器　第 5 部分：承受短路的能力》(GB 1094.5) 考虑到不同容量的变压器短路电抗变化率反应绕组变形程度的灵敏度差异，规定对于额定容量介于 25～100000kV·A 之间的电力变压器，若短路试验后以欧姆表示的每相短路电抗值与原始值之差不大于 2%，则认为变压器绕组未发生显著变形，短路试验通过；对于额定容量大于 100000kV·A 的电力变压器，若短路试验后以欧姆表示的每相短路电抗值与原始值之差不大于 1%，则认为变压器未发生显著变形，短路试验通过；若短路电抗变化范围在 1%～2% 之间，则需通过补充试验的方法确定绕组有无异常。可见，GB 1094.5 已经考虑到不同容量的电力变压器，其电抗变化率反映绕组变形的灵敏度差异问题。本实例中，高压-低压绕组间电抗变化率仅为 1.65%，刚超出《电力变压器绕组变形的电抗法检测判断导则》(DL/T 1093) 推荐的 1.6% 的判断标准，但实际上低压绕组已发生了严重轴向变形。从达到相同判断灵敏度考虑，作者提出等效变形量与变形程度的概念。即当中压绕组发生辐向变形时，如前所述，由于其受到向内的径向力，导致其与高压绕组之间的主绝缘距离增大，与低压绕组之间的主绝缘距离减小，不论其表现为海星形还是角星形，均可以认为其等效半径发生了减小。变形绕组等效半径最大变化量可以认为是中、低压绕组对间主绝缘距离与不可压缩的硬纸筒厚度之差的一半。若定义绕组等效变形程度 x 为绕组等效半径变化量与绕组正常状态下等效半径的比值，作者通过对典型 220kV 变压器进行变形仿真分析，推导出以下适用于此类变压器高压-低压绕组变形程度的经验公式：

$$x \approx 50\Delta X_{13} \qquad (2\text{-}1\text{-}19\text{-}66)$$

应用式 (2-1-19-66) 计算低压 A 相绕组变形程度为 0.85，属于严重变形。

按式 (2-1-19-66) 反推，当电抗变化率达到 0.5% 时，实际等效程度已达 0.258，属于显著变形范围。因此，实际诊断工作中，对于此类结构的变压器，一旦高压-低压绕组电抗电压发生显著增大，往往预示着低压绕组易发生严重变形。

2）关于变压器低压绕组抗短路能力。1985年至今，判断变压器承受短路能力的依据是《电力变压器 第5部分：承受短路的能力》(GB 1094.5)。此标准先后经历了GB 1094.5—1985、GB 1094.5—2003和GB 1094.5—2008三个版本，主要内容都是"规定了电力变压器在由外部短路引起的过电流作用下应无损伤的要求"。其中GB 1094.5—1985规定的系统短路表观容量最小（要求最松），对于220kV为1500万kV·A，对于110kV为800万kV·A，折算为对应电压等级的系统母线三相对称短路电流，分别为35.79kA和38.17kA。GB 1094.5—2008发布后，国内变压器生产企业才开始普遍重视电力变压器抗短路能力理论核算工作，2009年以后，国产变压器低压绕组开始普遍采用自黏性换位导线，抗短路能力有了显著提升。近年来发生的变压器遭受短路电流电动力冲击导致绕组变形损坏的以S9型变压器居多，S10型以后的变压器，由于半硬导线的普遍应用，中低压绕组发生大面积辐向变形的情况已不多见了。也就是说，由轴向漏磁通引起的辐向电动力不是变压器抗短路能的主要矛盾，反而是由绕组局部安匝分布不均匀导致的辐向漏磁通产生的轴向力成为变压器抗短路能力的主要矛盾。后续还有相关故障案例对此进行阐述。

3）关于变压器低压绕组抗短路能力的初步校核。变压器抗短路能力校核主要采用两种方法，即内线圈辐向力校核法和安德森短路力计算软件法，两种方法互为补充。内线圈辐向力校核法是根据弹性理论，由承受辐向压力的薄壁圆筒辐向稳定公式推导出来的，涵盖绕组具体结构、绕制方法、绕组内撑条有效支撑点数等因素，考虑到材质和工艺分散性带来的误差，该绕组辐向失稳的安全裕度取1.8~2.0。安德森短路力计算软件法采用磁场计算，在高中、高低、中低运行方式下分别计算线圈不同分段短路力，在各段上进行应力计算获得各段的平均应力分布结果，以最大辐向应力、垫块轴向应力与GB/T 1094.5—2008附录A中的相关许用值进行比较，均小于许用值则认为线圈不会失稳。内线圈辐向力校核法和安德森短路力计算软件法均需要大量的变压设计参数，对技术人员要求较高。可按下式进行简易计算：

$$\sigma_{avg} = 4.74 \, (\sqrt{2}K)^2 \frac{P_R}{H_K(Z_K\%)^2} \quad (2-1-19-67)$$

GB 1094.5规定，连续、螺旋及层式绕组平均环形压缩应力，对于常规和组合导线：$\sigma_{ave} \leq 0.35 R_{P0.2}$；对于自粘组合或自黏换位导线：$\sigma_{ave} \leq 0.6 R_{P0.2}$。现以此台变压器举例说明如下。

式（2-1-19-67）中，$\sqrt{2}K=2.55$，75℃时直流电阻为10.33mΩ，电抗高度为1.82m，阻抗电压为0.2184，经计算可得：$\sigma_{avg}=20.06$MPa，对于国内生产的电力变压器，在2009年之前，中低压绕组大量采用屈服强度为80的铜导线。可见，$\sigma_{avg}=20.06$MPa＜28MPa，满足要求，且具有1.39倍的裕度。

再如，变压器型号为SFPZ9-180000/220，电压组合为220±8×1.25%/38.5kV，阻抗电压为0.1429，容量组合为180000/180000/54000kV·A，联结组别为Ynyn0+d。35kV绕组75℃时直流电阻为8.60mΩ，绕组电抗高度为1.82m。经计算可得靠近主漏磁空道的绕组受到的最大应力为54.15MPa，$\sigma_{avg}=54.15$MPa＞28MPa，已不满足抗短路能力要求。

可见，对于220kV直接降压为35kV的双绕组变压器，由于220kV系统短路容量远大于110kV，且双绕组变压器电磁耦合紧密，短路阻抗较小，导致其遭受电动力的环境恶劣。这也是220kV直接降压为35kV的双绕组变压器，出现严重绕组变形的情况相对较多的直接原因。从变压器安全运行的角度，若220kV潮流经220~110kV、110~35kV两级变换，两级阻抗的串联将大大降低35kV绕组损坏的概率。

（二）绕组绝缘故障诊断案例分析

1. 绕组绝缘故障概述

油浸变压器的绝缘通常分为在油箱内部的内绝缘及在空气中的外绝缘，如图2-1-19-32所示。内绝缘又分为套管外绝缘油中部分、线圈绝缘、引线绝缘、分接开关绝缘等。主绝缘指线圈（引线）对地、同相或异相线圈（或引线）之间的绝缘，其绝缘性能由工频耐压与冲击耐压来考核；纵绝缘主要是指同一线圈各点之间或其相应引线之间的绝缘，其绝缘性能由感应耐压与冲击耐压来考核。

油浸变压器的主、纵绝缘主要是由介电常数相对较高的油浸纸和介电常数相对较低的变压器油组合而成的。在这种绝缘方式下，油部分的场强较高，高到一定程度就会产生局部放电，有时会产生击穿，因此基本做法是利用变压器油击穿电压的体积效应，利用薄纸筒将大体积的油分割为小体积的油隙，提高单位油隙的击穿强度。

电力变压器绝缘故障原因大致可归结为耐受电应力能力不足、耐受热应力能力不足与耐受机械应力能力不足三类。即主绝缘或纵绝缘的工作场强超过其耐受场强，造成绝缘的破坏击穿；运行温度或热点温度超过限值，引起绝缘老化损坏；出口短路、运输冲撞或地震等原因所产生的作用力，引起绝缘或导体变形。

实际运行经验表明，绕组绝缘故障通常由局部的机械形变引发，通常电气故障特征明显，保护动作行为特征、绝缘油中溶解气体色谱分析、直流电阻、电压比测试结果都可能检出。

2. 绕组断股故障案例分析

【案例1】

（1）设备主要参数。

1）型号：SFZ11-40000/110。

2）额定电压（kV）：110±8×1.25%/10.5。

3）额定容量（kV·A）：40000。

4）联结组别：YNd11。

5）阻抗电压：10.1%。

（2）设备运维状况。2017年8月14日，变压器10kV电缆线路中间头发生故障，线路跳闸，重合成功，变压器遭受近区短路冲击。

8月15日，变压器油中溶解气体分析显示乙炔严重超注意值，但总烃含量未见明显异常。变压器持续运行10日后，复测发现各组分均有增长趋势，测试数据见表2-1-19-45。遂停电开展诊断性试验。

变压器低压绕组直流电阻换算到相电阻的测试值见表2-1-19-46。

变压器主绝缘电容量测试结果见表2-1-19-47。

2016年5月19日变压器低电压短路阻抗测试结果见表2-1-19-48。

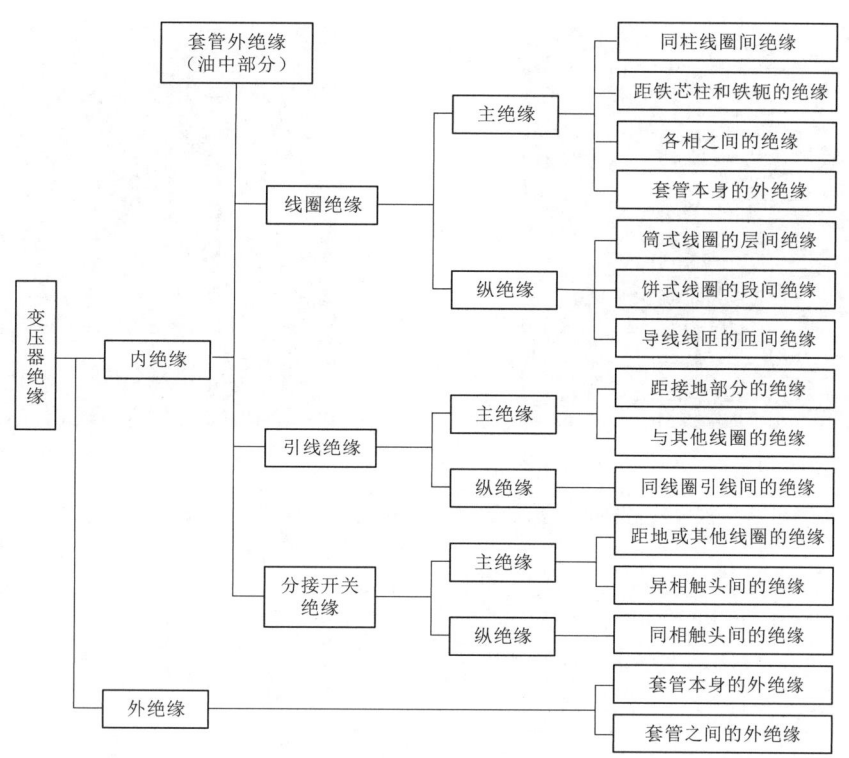

图 2-1-19-32 变压器主要绝缘

表 2-1-19-45 油中溶解气体色谱数据 单位：μL/L

取样日期/(年-月-日)	氢气	一氧化碳	二氧化碳	甲烷	乙烷	乙烯	乙炔	总烃
2017-8-15	101.14	754.22	1823.33	32.52	3.71	14.91	11.31	62.45
2017-8-25	121.15	857.41	2153.37	37.39	4.54	19.1	11.59	72.63

表 2-1-19-46 变压器低压绕组相电阻（折算到20℃） 单位：mΩ

试验日期/(年-月)	a	b	c
2017-4	11.390	11.438	11.483
2017-8	12.537	11.630	11.644

表 2-1-19-47 绕组连同套管电容量试验数据 单位：nF

试验日期/(年-月)	高压-其他及地	低压-其他及地
2012-6	8.13	13.82
2017-8	8.17	13.71

表 2-1-19-48 低电压短路阻抗试验数据

试验部位	高压-中压			高压-低压		
相别	A	B	C	A	B	C
铭牌值	12.65%	12.65%	12.65%	21.81%	21.81%	21.81%
测量值	12.61%	12.70%	12.83%	22.17%	21.94%	22.01%

(3) 诊断分析。利用三比值法对油中特征气体的含量进行判断，编码组合均为1、0、2，故障类型为电弧放电。

由表 2-1-19-46 可见，上次例行试验低压侧直流电阻大小关系为：$R_c > R_b > R_a$，本次诊断性试验直流电阻大小关系为：$R_a > R_c > R_b$，可见 b 相和 c 相直流电阻未发生显著改变，而 a 相直流电阻显著增大，经计算，相间不平衡变化率达到 7.6%。该变压器低压绕组为螺旋式结构，24根导线并绕，直流电阻变化特征与2根断股的8.7%的平衡率比较接近，据此可判断低压绕组存在多根并联导线放电烧损的情况。

由表 2-1-19-47 可知，变压器高压-其他及地、低压-其他及地的主绝缘电容量变化率分别为 0.4% 和 -0.8%，属于正常范围。

由表 2-1-19-48 可知，变压器短路阻抗初值变化率 -0.73%，相间互差 1.73%，对于此类变压器均处于正常范围之内。

综合分析判断，变压器在短路电动力的作用下发生匝间短路，导致多根导线烧损；短路故障消失后，短路烧损处线匝间绝缘恢复，故变压器可以继续运行。变压器差动保护与轻重瓦斯保护均未动作，说明故障部位能量不是很大（乙炔含量也低于通常此类变压器内部绝缘故障的 30~60μL/L，也是一个佐证）。

(4) 检修情况。变压器返厂检修结果表明，低压绕组为标准"4-2-4"换位，10kV 低压绕组 A 相绕组在第一个 1/4 外侧换位处（S弯处）导线发生局部变形，两根导线断股，如图 2-1-19-33~图 2-1-19-35 所示。

(5) 状态诊断过程感悟。

1) 变压器遭受短路冲击后，由于自动重合成功，故主变压器仍正常运行。第一天油中溶解气体分析显示乙炔含量并未达到通常变压器内部绝缘故障的限值水平，当时分析可能为过电压导致的引线或软连接对地放电，判断变压器具备长期运行条件。当10天后，复测油色谱时，由于各组分气

图 2-1-19-33 低压 a 相绕组 1/4 换位处局部变形

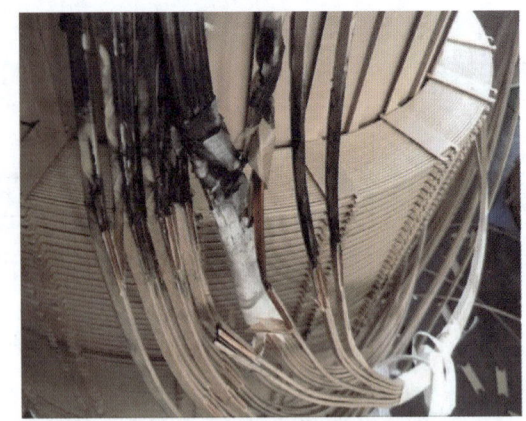

图 2-1-19-34 两根导线断股

体均有显著增长,故怀疑变压器内部存在故障点,因此停电开展诊断试验。

2) 由于变压器阻抗电压与电容量均未发生显著变化,因此首先排除了变压器低压绕组发生显著绕组变形的可能。由于低压 A 相直流电阻显著偏大,故怀疑的重点转为主变压器低压侧导线与软连接在短路电动力的冲击下发生接触不良。但通过分析 10 天之内主变油中溶解气体各组分的变化趋势,在变压器以近 70%的负载率运行的情况下,反应过热性的特征气体甲烷和乙烯的变化率显著小于氢气 19.8%的变化率,因此排除了导电部位接触不良的可能。

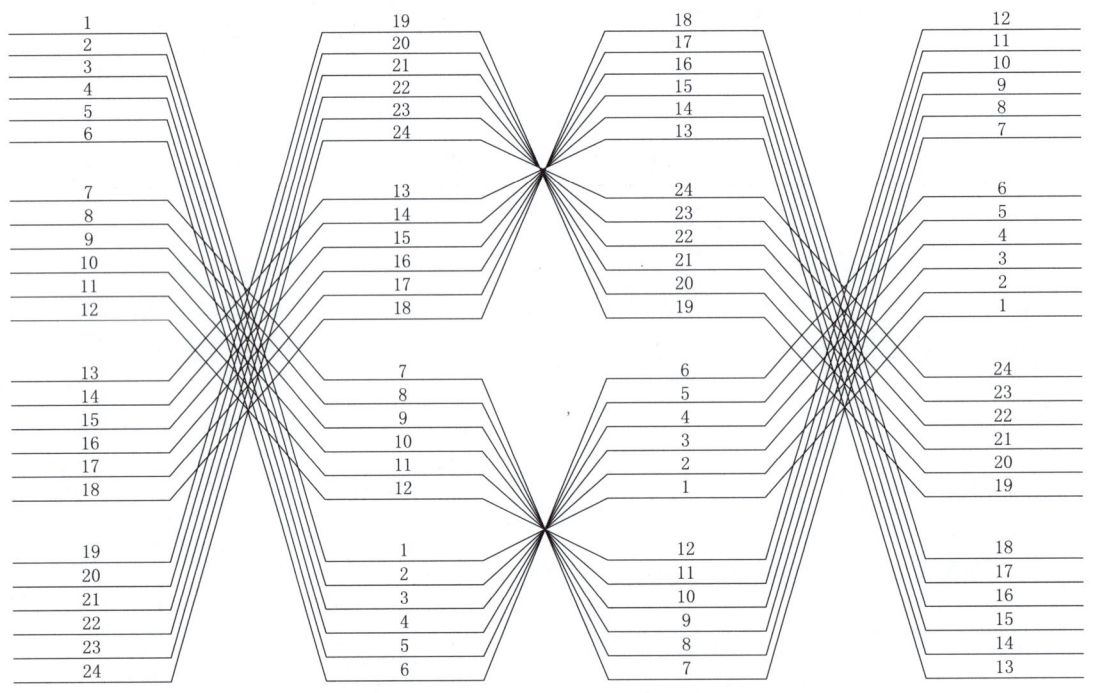

图 2-1-19-35 标准"4-2-4"换位导线分布图

3) 由于变压器故障过程中,本体差动保护未动作、重瓦斯保护未动作、乙炔含量不是很高,因此排除了匝间短路放电的可能,与 24 根导线并绕、2 根断股情况下的直流电阻不平衡率比较接近,因此推测最可能的原因为螺旋式低压绕组并联换位处在电动力作用下发生瞬间短路造成导线断股,从而决定变压器返厂检修。

4) 此变压器为 2011 年生产,变压器低压绕组采用了屈服强度为 120MPa 的半硬铜导线。主要设计参数为:低压 A 相直流电阻 13.85mΩ,绕组电抗高度 0.915m,额定相电流 1269.8A,阻抗电压 10.1%,110kV 系统阻抗标幺值为 0.028。

按式(2-1-19-67)计算可得,低压绕组平均应力强度为 57.57MPa,靠近主漏磁空道导线最大辐向应力为 115.14MPa,已非常接近超出导线 120MPa 耐受能力。但由于平均应力承受能力并未超出其承受能力,因此绕组并未发生大面积辐向变形。但按通常的辐向漏磁分布,1/4 换位处已存在较大侧辐向漏磁,在轴向力与辐向力叠加作用之下,低压绕组最外侧发生机械力引起的并联导线间绝缘损坏,引发导线放电断股。

5) 对于国内 2011 年之后生产的变压器,多数低压绕组选用了屈服强度大于 120MPa 的半硬铜导线,绕组发生大面积辐向变形的情况改善很多,但随之而来的由辐向力与轴向力叠加产生的合力导致绕组局部损伤放电的故障显得比较突出了。

【案例 2】

(1) 设备主要参数。

1) 型号：SSZ11-63000/110。
2) 额定电压（kV）：110±8×1.25%/38.5±2×2.5%/10.5。
3) 额定容量（kV·A）：40000。
4) 联结组别：YNyn0d11。
5) 阻抗电压：高压-中压：10.20%；中压-低压：6.67%；高压-低压：18.51%。

(2) 设备运维状况。2016年11月，10kV线路发生三相短路故障，变压器差动保护、本体重瓦斯保护先后动作，跳三侧断路器。

该变压器主要接带工业负载，从投运以来，中、低压侧共受短路电流冲击达36次，最大一次的短路电流达6kA。

故障前后变压器油中溶解气体分析结果见表2-1-19-49。
故障前后变压器高压侧直流电阻见表2-1-19-50。
故障前后变压器主绝缘电容量测试结果见表2-1-19-51。
2016年11月变压器低电压短路阻抗测试结果见表2-1-19-52。

表2-1-19-49 油中溶解气体色谱数据 单位：μL/L

取样日期/(年-月-日)	氢气	一氧化碳	二氧化碳	甲烷	乙烷	乙烯	乙炔	总烃
2016-10-5	45.2	1499.9	2602.7	9.3	1.1	0.8	0	11.2
2017-11-25	727.6	1121.7	1696	62.8	4.1	46.4	150.4	263.6

表2-1-19-50 故障前后变压器高压绕组直流电阻（均已换算至75℃） 单位：mΩ

分接位置	A	B	C	不平衡率/%	A	B	C	不平衡率/%
	故障前				故障后			
1	434.3	431.0	433.1	0.78	433.8	433.3	435.3	0.46
9	382.0	378.5	379.3	0.92	380.9	379.6	380.3	0.33
17	434.6	431.3	432.9	0.75	434.0	433.0	435.1	0.49

表2-1-19-51 绕组连同套管电容量试验数据 单位：nF

试验日期/(年-月)	高压-其他及地	中压-其他及地	低压-其他及地
2016-5	14.30	23.24	20.98
2016-11	14.74	23.66	20.89

表2-1-19-52 低电压短路阻抗试验数据

试验部位	高压-中压			中压-低压			高压-低压		
相别	A	B	C	A	B	C	A	B	C
铭牌值	10.20%	10.20%	10.20%	6.67%	6.67%	6.67%	18.51%	18.51%	18.51%
测量值	10.11%	10.10%	10.13%	6.73%	6.71%	6.75%	18.79%	18.79%	18.88%

变压器110kV侧故障差电流录波图如图2-1-19-36所示。

(3) 诊断分析。从油中溶解气体组分含量分析，变压器内部发生高能电弧放电。

变压器高压绕组直流电阻、绕组主绝缘电容量以及低电压短路阻抗测试结果均未检测到异常。

从故障录波图分析，高压侧B相和C相差电流幅值相近相位相反，符合10kV绕组B相、C相间短路故障特征。变压器厂技术人员分析认为由于此类变压器曾发生过10kV绕组内部软连线短路故障的案例，结合变压器故障录波图，初步判断变压器内部放电原因为低压侧B相、C相引线相间短路。

(4) 检修情况。对变压器低压引线连接情况进行了内窥镜检测，未发现10kV绕组软连线有放电痕迹。

(5) 再次诊断分析。10kV引线未检查出放电现象，说明B相、C相差电流不是由10kV绕组相间故障产生。根据变压器差动保护基本原理，由于110kV侧与10kV侧绕组接线方式不同，如图2-1-19-37、图2-1-19-38所示，存在30°的相位差，因此需要对电流进行校正。若以角接的一侧为基准，则需对星接的一侧按式（2-1-19-68）～式（2-1-19-70）进行相位校正。

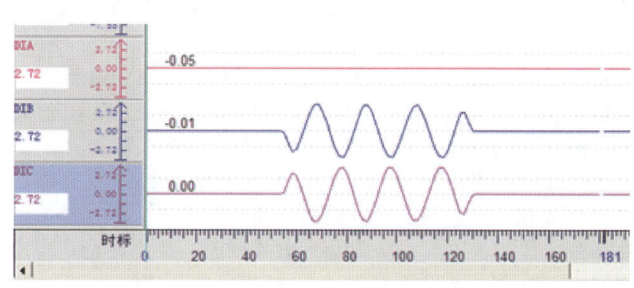

图2-1-19-36 故障差流录波图

$$\dot{I}_{AH} = \dot{i}_{ah} - \dot{i}_{bh} \quad (2-1-19-68)$$
$$\dot{I}_{BH} = \dot{i}_{bh} - \dot{i}_{ch} \quad (2-1-19-69)$$
$$\dot{I}_{CH} = \dot{i}_{ch} - \dot{i}_{ah} \quad (2-1-19-70)$$

校正后电流相量关系如图 2-1-19-39 所示。可见，经校正后，星接侧与角接侧实现了电流相位的统一。

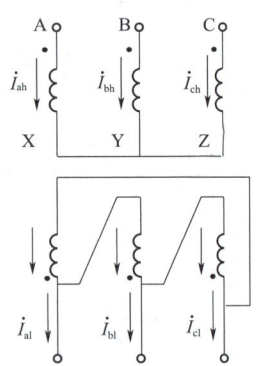

图 2-1-19-37 星角 11 点接线电流示意图

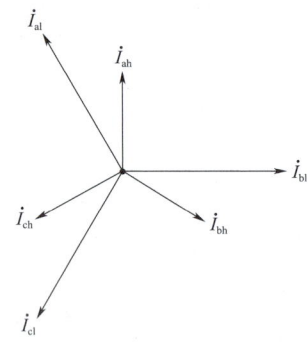

图 2-1-19-38 星角 11 点接线电流相量图

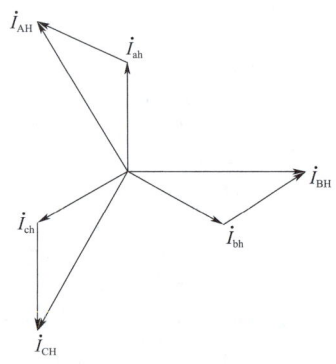

图 2-1-19-39 星接侧进行校正后电流向量图

对本次故障而言，B 相与 C 相出现幅值相近、相位相反的差电流，还有一种可能为 110kV 或 10kV C 绕组出现内部匝间短路故障。

重新对试验数据进行梳理分析，发现 110kV 绕组直流电阻虽然不平衡率并未超出相关规程要求的 2% 的限值要求，但三相电阻的大小关系发生了变化。2016 年 5 月的试验数据显示在三个分接位置均为 $R_A > R_C > R_B$；但故障后的试验数据显示在 1 分接与 17 分接位置为 $R_C > R_A > R_B$；在 9 分接位置为 $R_A > R_C > R_B$，与故障前一致。可见，高压侧 C 相调压绕组直流电阻增大，由于在 1 分接与 19 分接位置同时增大，故排除了分接选择开关和极性选择开关接触不

良的可能性。综合分析判断，变压器 110kV C 相调压绕组发生放电损伤的可能性非常大。

(6) 返厂检修情况。

返厂解体检修发现，C 相调压绕组发生轴向波浪形变形，造成多匝线圈烧损，但相邻线匝间尚有约 2mm 的绝缘距离，如图 2-1-19-40、图 2-1-19-41 所示。B 相、C 相之间的铁芯框内调压绕组波浪状轴线变形尤其明显，如图 2-1-19-42 所示。如前所料，分接开关运行状况良好，未发现烧损或放电痕迹，如图 2-1-19-43 所示。

图 2-1-19-40 调压绕组整体变形情况图

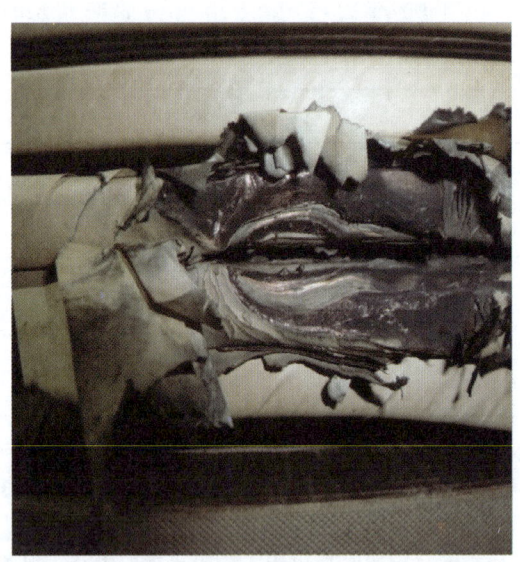

图 2-1-19-41 调压绕组局部变形情况

(7) 状态诊断过程感悟。

1) 变压器故障诊断，不能机械地套用相关规程标准规定的限值。标准规程规定的限值其最大的意义是对制造厂的生产工艺和质量管控水平进行规范，若将其直接应用于设备故障诊断，往往导致故障漏判。

2) 变压器故障的深入分析，需结合各种现场可得到的状态量进行综合分析，关联状态量同时出现异常，可以大致确定存在与之相关的缺陷。本次故障判断，绕组直流电阻与故障录波图同时指向 C 相调压绕组，从而实现了正确故障预判。

3) 故障时的电气量录波记录信息，往往能对故障判断起到关键作用。本次故障判断，通过差流录波信息，得到了故障与C相有关的结论，对后续深入分析诊断起到了关键作用。

4) 故障原因为短路产生的轴向电动力超出调压绕组的耐受能力，绕组段间鸽尾垫块间距过大是变形的主要因素。类似故障较为罕见，后续的修复，一方面重新调整了绕组安匝平衡，降低辐向（横向）漏磁通，从而减小轴向电动力；另一方面将段间鸽尾垫块数量加倍，提升绕组线匝承受轴向力的能力。

3. 绕组并联导线短路故障案例分析

【案例】

(1) 设备主要参数。

1) 型号：SFPZ9-150000/220。

2) 额定电压（kV）：220±8×1.25%/38.5/10.5。

3) 额定容量（kV·A）：150000。

4) 联结组别：YNyn0d11。

5) 阻抗电压：13.88%。

(2) 设备运维状况。变压器2003年9月投运，变压器35kV侧曾遭受数次短路冲击。

2006年11月15日，总烃含量超标（193.83μL/L，乙炔含量为3.13μL/L，其他组分变化不大）。其间主变负荷为50～90MV·A。供电单位缩短了色谱试验周期，进行跟踪监测。

从2007年开始，变压器负荷逐渐增加，7月基本接近满负荷运行，短时出现过负荷。色谱分析总烃含量继续保持增长，但增长速率较慢，8月中旬期间增长趋势趋于平稳，总烃含量最高为968μL/L。

2007年8月14日开始，总烃含量急剧增长，8月29日数据为：总烃4024μL/L，其中乙烯2353.3μL/L，乙烷401.67μL/L，甲烷1264.7μL/L，乙炔含量继续维持在1.9μL/L。

变压器除油中溶解气体外，其他常规例行试验未检测到异常。

变压器油中溶解气体增长趋势如图2-1-19-44～图2-1-19-46所示。

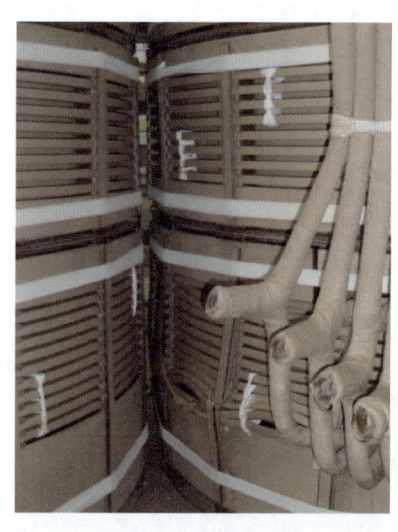

图2-1-19-42 铁芯框内调压绕组变形情况

图2-1-19-43 分接开关外观

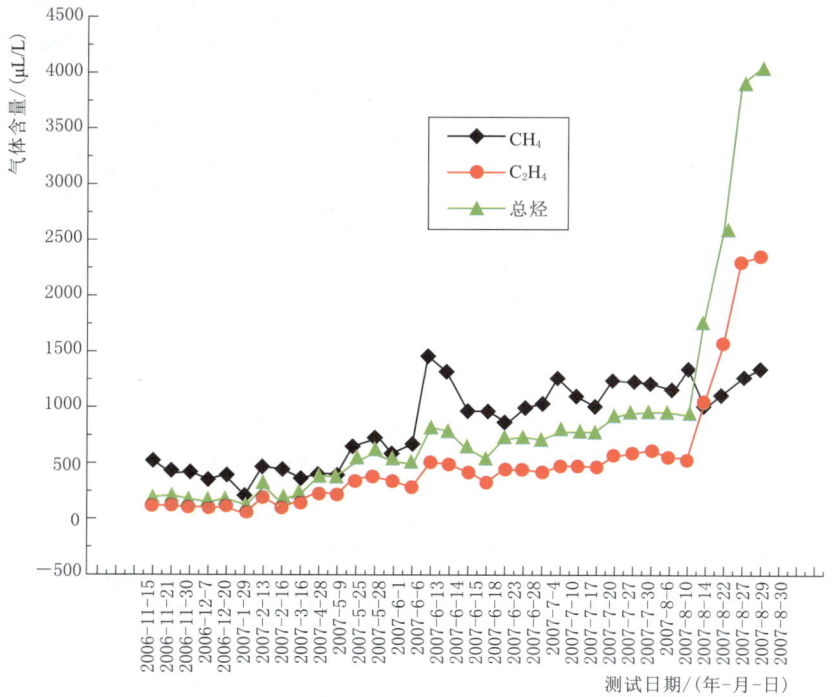

图2-1-19-44 CH_4、C_2H_4、总烃增长趋势图

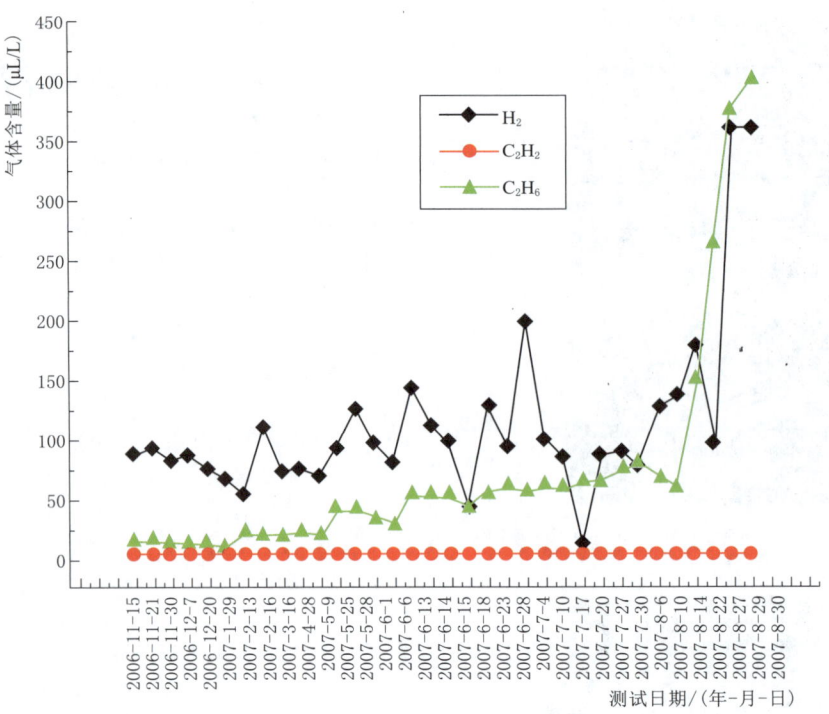

图 2-1-19-45 H_2、C_2H_2、C_2H_6 增长趋势示图

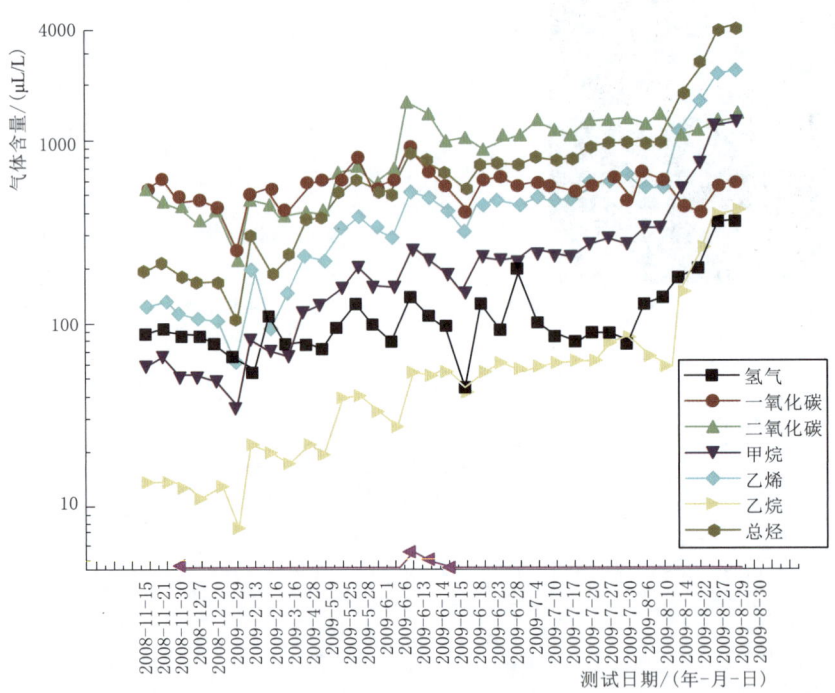

图 2-1-19-46 油中溶解气体色谱分析结果（Y 轴为对数坐标）

(3) 诊断分析。变压器 8 月 29 日总烃达到 4024μL/L，其中乙烯 2353.3μL/L，乙烷 401.67μL/L，甲烷 1264.7μL/L，乙炔含量继续维持在 1.9μL/L，绝对产气率达到 11275mL/d，远远超出相关规程建议的 12mL/d 的绝对产气率注意值。根据热点计算公式：

$$T = 322 \lg \left(\frac{C_2H_4}{C_2H_6} \right) + 525 (℃)$$

可以推测变压器内部存在温度在 770℃ 左右的过热点。

进一步分析，油中溶解气体以乙烯与甲烷为主，而一氧化碳、二氧化碳、乙炔含量稳定。初步判断此过热性故障不涉及固体绝缘材料，怀疑变压器铁芯局部过热，继续运行引起绝缘故障的风险较大，因现场不具备处理条件，故决定将变压器返厂检修。

(4) 检修情况。厂内解体后重点对铁芯进行了检查，拆除上铁轭，拔出绕组后，发现 B 相、C 相间下铁轭有一处明显的过热点（图 2-1-19-47），对上铁轭每片硅钢片进行检查，未发现放电痕迹。从下铁轭过热点上木垫板烧伤情况分析，此故障不足以造成 11275mL/d 的产气量，判断铁芯中还存在局部过热点，为查找故障，对上铁轭进行回装，进行铁芯空载损耗试验，配合红外成像仪进行了测温。空载试验结果显示铁芯在相同磁密下的损耗与变压器生产过程中厂内试验数据基本一致，红外成像仪检测铁芯温升也未发现有明显的过热点，排除了铁芯存在其余过热点的可能，转而对绕组进行全面检查。将220kV、35kV、10kV绕组分离，检查发现A相35kV绕组换位处（S弯）附近外层导线有受轴向力挤压变形现象（图2-1-19-48），进而对35kV三相绕组进行解体检查。发现A相35kV绕组52饼内侧第2和第3根并联导线在换位处有锯齿状烧伤痕迹，部分绝缘纸碳化；C相35kV绕组圈52饼中5根换位处并联导线短路烧伤，其中3根烧伤严重，内壁撑条、饼间垫块被烧黑（图2-1-19-49、图2-1-19-50）。至此，变压器故障点被最终确认。

(5) 状态诊断过程感悟。

1) 压器低压绕组为单螺旋式结构，标准"4-2-4"换位，导线换位处由于存在沿轴向的弯曲，在绕制过程中造成绝缘受伤，虽然加绕白布带以增强绝缘，显然未达到绝缘完好时的水平。同时换位处存在一饼的高度差，支撑层压纸板在轴向压紧力的作用下的形变量未能与燕尾板支撑的绕组保持一致（图2-1-19-51），造成绕组沿轴向松动，在电磁振动的作用下，换位处长期摩擦引起绝缘损坏，造成并联导线之间的短路。由于轴向漏磁通沿着线圈辐向分布不同，每股导线所处的位置差异造成交链的漏磁通大小不等，因此并

图2-1-19-47　下铁轭过热点

图2-1-19-48　导线换位处轴向失稳

图2-1-19-49　35kV C相并联导线烧损

图2-1-19-50　饼间垫块烧伤

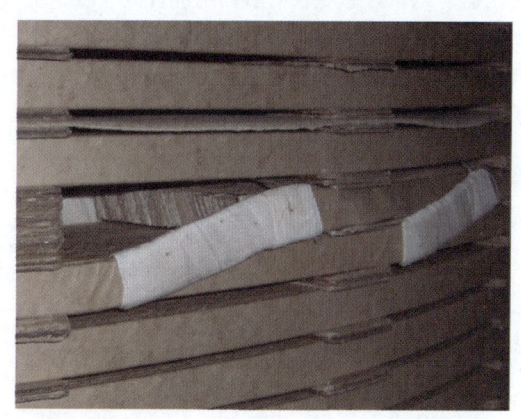

图2-1-19-51　支撑垫块与支撑燕尾板

绕组故障涉及固体绝缘材料较少，且故障能量不大，绝缘材料轻微烧损，未能引起一氧化碳与二氧化碳含量发生显著变化，影响了一开始对故障性质的分析判断。

2) 导线之间的短路表现为过热性故障，且故障特征气体中一氧化碳与二氧化碳含量相对稳定，很难与铁芯过热相区别，现场遇到类似故障，需要分别对铁芯与绕组进行检查。

3) 讨论角度分析。铁芯叠片间的局部短路产生的热量应与负载无关。因为流经铁芯的为变压器励磁主磁通，仅与励磁电压相关。而并联导线间绝缘损坏所产生的环流，仅与漏磁通有关，漏磁通由二次负载确定。因此，若现场能够判断绝缘油故障特征气体产气率与负荷正相关，且可以排除变压器导电回路电压连接不良（通过三相直流电阻大小关系进行判断，可达到较高的灵敏度）的可能，则可作为并联导线

联导线间存在电位差。并联导线间发生短路时，短路接触电阻大，循环电流流经短路点导致过热，造成总烃超标。由于

短路的一个判据。

4．绕组匝间短路故障案例分析

【案例1】

(1) 设备主要参数。

1) 型号：SFPZ9-150000/220。
2) 额定电压 (kV)：220±8×1.25%/121/10.5。
3) 额定容量 (kV·A)：150000/150000/45000。
4) 联结组别：YNyn0d11。
5) 阻抗电压：高压-中压：12.33%；中压-低压：6.52%；高压-低压：20.82%。

(2) 设备运维状况。站内220kV Ⅰ、Ⅱ段母线经母联联络运行，110kV Ⅰ、Ⅱ段母线经母联112断路器联络运行，两台变压器并列运行，负荷率在60%左右。本台变压器220kV、110kV中性点接地运行，另一台变压器220kV、110kV中性点不接地运行。

变压器2004年4月投运，各项电气试验指标均无异常，运行状况良好。

2011年6月，110kV线路发生C相接地故障，125ms零序Ⅱ段保护动作，170ms断路器跳闸，故障切除。204ms变压器双套差动保护动作，三侧断路器跳闸。线路发生接地故障期间，变压器110kV侧C相接地电流约为7kA，持续时间约为170ms。

变压器上次油中溶解气体为氢气38.07μL/L，二氧化碳395.15μL/L，乙炔含量为0μL/L。故障后油中溶解气体为氢气170.98μL/L，二氧化碳2949.28μL/L，乙炔24.98μL/L。

变压器绕组、铁芯绝缘电阻、绕组直流电阻、绕组连同套管的介损和电容量试验未见异常。

变压器电压比试验误差见表2-1-19-53。

表2-1-19-53 变压器电压比试验误差

分接位置	AB/$A_m B_m$	BC/$B_m C_m$	AC/$A_m C_m$
1	0.37	0.67	0.82
9	0.19	0.42	0.62
17	0.04	0.24	0.44

变压器故障前后110kV绕组直流电阻测试结果见表2-1-19-54。

表2-1-19-54 变压器中压侧换算至75℃的直流电阻

试验日期/(年-月)	A	B	C
2014-4	110.9	110.3	110.7
2016-6	110.7	110.1	109.3

(3) 诊断分析。从故障后油中溶解气体分析，很显然，放电特征气体氢气和乙炔突增，表明压器内部发生了电弧放电。

现场高压试验人员先行开展的绝缘电阻、直流电阻、介损与电容量、电压比试验均未发现异常。

由于是110kV C相线路发生接地故障，继而引发变压器差动保护动作，怀疑变压器内部发生瞬时对地放电现象。鉴于常规试验未检测到异常，现场故障调查小组商议进一步开展局部放电试验，若无异常放电，则计划恢复变压器运行。

然而，通过分析现场高压试验项目，发现变压器是否存在匝间短路故障不能排除，建议现场改变电压比测试方法。之前电压比试验是通过相间测试的方式开展的，即使110kV C相绕组存在匝间短路故障，也检测不出来（励磁磁通可以通过另外一相以及旁轭构成回路，电压比不会发生变压），需进行单相电压比试验确认变压器绕组匝间绝缘状况。单相测试结果显示C相变比误差为9.32%，A相、B相电压比正常。显然，可以判定C相绕组铁芯磁路异常，至于是高压绕组还是中压绕组发生匝间短路，通过目前的试验项目，尚不能确定。

中性点有效接地系统发生单相接地故障时，角接的10kV绕组对于零序电流等同于短路，因此10kV绕组同样存在匝间短路的可能。为判断发生匝间短路的绕组是高压绕组、低压绕组还是平衡绕组，继续开展了低电压短路阻抗试验。

第一步，按照标准测试程序将110kV绕组三相短路，由220kV绕组施加励磁电压进行测试，短路阻抗误差均在1.6%以内，见表2-1-19-55。从而可得到两个结论：一是变压器A相、B相220kV与110kV绕组未发生显著变形现象，但C相绕组可能存在局部变形（参照前面相关章节关于阻抗电压计算分析，阻抗电压增大，说明等效漏磁面积增大，等效漏磁面积增大，说明220kV绕组与110kV绕组之间的距离变大或绕组电抗高度降低）；二是发生匝间短路的绕组为110kV（若10kV绕组发生匝间短路，则必然高压与中压绕组对间的C相阻抗电压要减小，等效电路图中，相等于110kV绕组的漏抗与10kV绕组漏抗并联后再与220kV绕组漏抗串联；若220kV绕组匝间短路，则阻抗电压会显著减小）。

表2-1-19-55 高压-中压绕组对短路阻抗

试验部位	高压-中压		
相别	A	B	C
铭牌值/%	12.33	12.33	12.33
诊断测试值/%	12.38	12.31	12.46
变化率/%	0.40	0.16	1.05

第二步，为进一步确认110kV C相绕组匝间短路故障，将220kV绕组三相短路，由110kV绕组励磁，再次进行阻抗电压测试，结果见表2-1-19-56。可见，C相阻抗电压误差达到-16.38%，显而易见，110kV C相绕组发生匝间短路，其背后的物理意义详见后续章节的综合故障分析案例。

表2-1-19-56 中压-高压绕组对短路阻抗

试验部位	中压-高压		
相别	A	B	C
铭牌值/%	12.33	12.33	12.33
诊断测试值/%	12.38	12.31	10.31
变化率/%	0.40	0.16	-16.38

第三步，再回头分析110kV C相绕组直流电阻测试数据，发现绕组三相直流电阻大小关系发生了改变，C相变小了。可见，三个判据同时指向110kV C相绕组匝间短路。

判定了变压器110kV绕组匝间短路，也就排除了变压器重新投运的可能。变压器返厂检修。

(4) 检修情况。

1) 110kV C相线圈从上端盖数第38～48饼间的区域轴向受压缩变形，41饼、42饼径向收缩，45饼、46饼两处匝间短路放电，并有大量游离碳黑，如图2-1-19-52所示。

2) 110kV C相平衡线圈上端盖倾斜，从上端盖数到48饼之间线饼倾斜，导致饼间距离宽窄不一，如图2-1-19-53所示。

图2-1-19-52 C相中压绕组匝间短路

图2-1-19-53 C相低压绕组上压板倾斜

(5) 状态诊断过程感悟。

1) 变压器状态诊断试验时，变压比测试推荐采用单相测试的方法，可以灵敏地反映出测试绕组的磁路是否存在问题，不易发生误判。

2) 变压器诊断工作过程中，若怀疑绕组存在匝间短路故障，灵活利用低电压短路阻抗试验，结合最基本的变压器短路工作原理，可准确判定匝间短路绕组位置。

3) 直流电阻测试灵敏度的问题。按本书前面章节相关结论，对110kV绕组发生两匝匝间短路故障直流电阻变化率进行估算。

变压器额定容量为150000kV·A，估算铁芯柱直径的计算过程如下：

$$P_W = \frac{(P_1+P_2+P_3)P_N}{2P_N} = \frac{P_1+P_2+P_3}{2}$$
$$= 172500(kV \cdot A)$$

$$P' = \frac{P_W}{m_t} = \frac{P_W}{3} = 57500(kV \cdot A)$$

$$D = K\sqrt[4]{P'} = 55 \times \sqrt[4]{57500} = 850(mm)$$

铁芯柱有效截面积：$S = \frac{k}{4}\pi D^2 = 5501(cm^2)$，$k$为叠片系数，取0.97。

铁芯磁密选标准值1.73T，则匝电压$e_t = \frac{BS}{45} = 211.48(V)$。

因此，110kV绕组匝数$W = \frac{U_N}{e_t} = 330$（匝）。

本案例解体分析结论为110kV A相绕组两匝短路，其直流电阻变化率为0.606%，可见，小于相关规程规定的2%的限值。

因此，得出以下结论：直流电阻标准限值对于判断110kV、220kV绕组匝间短路故障基本没有灵敏度[220kV绕组匝数粗略估算为110kV绕组的两倍，则其发生两匝绕组短路，直流电阻变化率为0.303%，远远小于2%的判断标准，见《输变电设备状态检修试验规程》（DL/T 393）]。

【案例2】

(1) 设备主要参数。

1) 型号：SFPZ9-180000/220。

2) 额定电压（kV）：220±8×1.25%/121/10.5。

3) 额定容量（kV·A）：180000/180000/90000。

4) 联结组别：YNyn0d11。

5) 空载电流：0.19%。

6) 阻抗电压：高压-低压为14.44%。

(2) 设备运维状况。变压器2007年5月投运，各项电气试验指标均无异常，运行状况良好。

2010年7月，变压器有载开关进行调压操作时，变压器本体差动保护、重瓦斯保护、压力释放阀动作，变压器三侧开关跳闸。

油中溶解气体为氢气278μL/L，乙炔208μL/L。

直流电阻试验、电压比试验、低电压短路阻抗试验和空载电流试验均显示异常。

1) 直流电阻试验。低压绕组、中压绕组相间不平衡率满足要求，带有载调压开关的直流电阻测试显示高压A相10～17分接位置直流电阻比相应的1～8分接位置直流电阻普遍偏大25mΩ。从变压器220kV三相绕组内部中性点与有载分接开关连接处进行主绕组直流电阻测试，无异常。从调压绕组引线处直接测试调压绕组直流电阻，不平衡率超注意值，测试数据见表2-1-19-57。

表2-1-19-57 直流电阻测试结果（高压绕组未接入调压绕组）（油温40℃） 单位：mΩ

	ac	ba	cb	不平衡率/%
低压绕组	1.824	1.822	1.816	0.44
	Am	Bm	Cm	不平衡率/%
中压绕组	76.85	76.66	77.06	0.52
	A	B	C	不平衡率/%
高压主绕组	308.8	309.2	308.8	0.13
	At	Bt	Ct	不平衡率/%
调压绕组	43.49	40.24	38.86	11.3

2) 电压比试验。先后用三台变比测试仪进行了电压比测试，其中一台当进行到测试阶段时显示"错误"，无法进行测试。另两台变比仪测试结果一致，AB相在各分接存在17%左右的正偏差，BC、CA相变比基本不随分接位置变化。

3) 低电压短路阻抗测试。高压9分接对中压的低电压短路阻抗测试结果显示 A 相阻抗电压为 14.58%，与铭牌三相平均值 14.44%偏差为 1%，满足小于±1.6%的要求，B相、C 相阻抗电压分别为 10.43%与 10.58%，显著减小，与铭牌相比偏差超标。高压绕组 1 分接 B 相、C 相阻抗电压分别为 9.18%与 9.26%，与 9 分接相比减小。测试数据见表 2-1-19-58。

表 2-1-19-58　　　　高压对中压低电压短路阻抗测试数据

项 目	阻抗电压/%				漏电感/mH			
相别	AX	BY	CZ	偏差/%	AX	BY	CZ	偏差/%
主绕组	14.58	10.43	10.58	35.0	127.42	88.50	90.15	38.1
全绕组	15.80	9.18	9.26	58.0	178.43	79.55	108.50	80.9

4) 测试结果表明三相空载电流严重异常，见表 2-1-19-59。相对比较，A 相励磁电流比 B 相、C 相小 20%左右。B 相、C 相激磁电压为 56V 时，电流已达到 3.8A，在额定励磁电压之内，可认为励磁电流与励磁电压呈线性关系，可见空载电流增大约 75 倍，严重异常。

表 2-1-19-59　空载电流测试数据

励磁绕组	ac 相	ab 相	bc 相
电压/V	70.9	56.14	56.21
电流/A	3.445	3.835	3.806
激磁电抗/Ω	20.5	14.49	14.67
备注	空载电流增大数 10 倍		

(3) 诊断分析。从故障后油中溶解气体分析，很显然，放电特征气体氢气和乙炔突增，表明变压器内部发生了电弧放电。

1) 低压绕组、中压绕组相间不平衡率满足要求，带有载调压开关的直流电阻测试显示 A 相 10~17 分接位置直流电阻比相应的 1~8 分接位置直流电阻普遍偏大 25mΩ，判断有载分接开关负极性选择开关接触不良，现场检查发现 K 触头烧伤。由于极性选择开关烧伤，为保证高压绕组试验结果正确性，现场将有载分接开关引线解开，直接从调压绕组引线进行直流电阻测试。测试结果表明高压绕组本体相间不平衡率为 0.13%，是合格的。调压绕组电阻值分别为：A 相 43.49mΩ，B 相 40.24mΩ，C 相 38.86mΩ，不平衡率为 11.3%，严重超标。并且 A 相调压绕组距调压开关最近，引线最短，C 相调压绕组距调压开关最远，引线最长，但是 A 相直阻最大，C 相最小，初步怀疑 B、C 相调压绕组存在匝间短路。

2) 电压比异常，初步判断 B、C 相调压绕组匝间短路。

3) 高压 9 分接对中压的低电压短路阻抗测试结果显示 A 相阻抗电压为 14.58%，与铭牌三相平均值 14.44%偏差为 1%，满足小于±1.6%的要求，B 相、C 相阻抗电压分别为 10.43%与 10.58%，显著减小，与铭牌相比偏差超标。高压绕组 1 分接 B 相、C 相阻抗电压分别为 9.18%与 9.26%，与 9 分接相比减小，主漏磁空道增大，阻抗电压应增大，因此判断 B、C 相调压绕组存在匝间短路现象。

4) 空载电流测试结果表明三相空载电流均异常，相对比较，A 相励磁电流比 B 相、C 相小 20%左右，判断 B、C 相调压绕组匝间短路。

(4) 检修情况。现场吊罩检查，发现 B 相、C 相绕组围屏鼓包，B 相比 C 相严重。现场解开 C 相围屏发现 C 相调压绕组轴向失稳，导线坍塌，下段调压绕组从底部数第 6 饼与第 7 饼之间匝间短路，有铜屑。从 C 相调压绕组变形情况判断，还存在未看到的其他部位严重匝间短路，从 B 相绕组试验数据及围屏变形情况判断，B 相调压绕组损坏要比 C 相严重。检修情况如图 2-1-19-54～图 2-1-19-57 所示。

图 2-1-19-54　B 相调压绕组短路变形

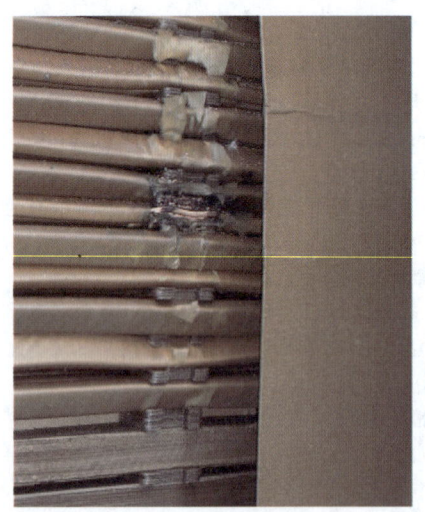

图 2-1-19-55　C 相调压绕组轴向变形匝间短路

(5) 状态诊断过程感悟。

1) B 相选择开关从 8 位置向 7 切换过程中，切换开关动作时间较产品技术手册中的提前了 3.5 圈（572ms）（根据产品技术手册，切换开关应在 28 圈即 4590ms 动作，现场检查切换开关在 24.5 圈即 4008ms 动作），分接选择开关

图 2-1-19-56 有载分接开关触头烧损

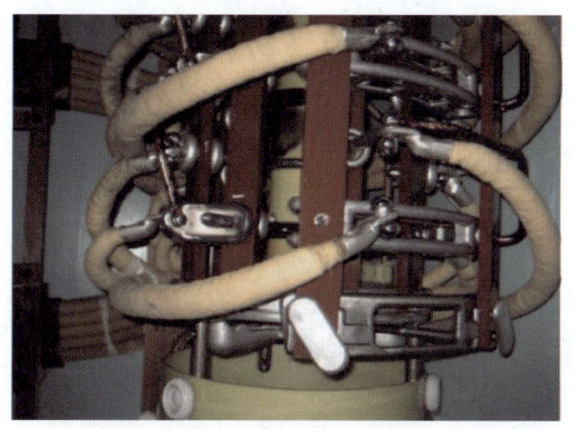

图 2-1-19-57 引线高温变黑

燃弧,造成3相调压绕组短路。

2)电压比试验异常,往往预示着绕组磁路异常,若伴随器身内部发生电弧放电,则往往预示着绕组发生了匝间短路。

(三)绕组过热故障诊断案例分析

1. 绕组过热故障概述

变压器中的有空载损耗和负载损耗转化为热量,一部分热量提高了绕组、铁芯及结构件本身的温度,另一部分热量向周围介质(如绝缘物、变压器油等)散出,使发热体周围介质的温度逐渐升高,再通过油箱和冷却装置对环境空气散热。当各部分的温差达到能使产生的热和散出的热平衡时,即达到了稳定状态,各部件的温度不再变化;反之,若某个部位的发热量大于预期值或散热量小于预期值,则不能达到发热和散热在规定的限值内平衡,这就发生了过热现象。

变压器在运行过程中,涉及电、磁、热、力等多方面的作用,因此,导致变压器过热故障的原因也多种多样,其分类也不同。按发生部位可分为内部过热故障和外部过热故障。内部过热故障主要包括绕组、铁芯、油箱、夹件、拉板、无载分接开关、连接螺栓及引线等部件的故障;外部过热故障包括套管、冷却装置、有载分接开关的驱动控制装置以及其他外部组件的故障。

绕组过热通常有以下几方面的原因:

(1)变压器绕组漏磁场可分为轴向分量和辐向分量。轴向分量分布较简单,沿绕组高度变化较小;辐向分量沿绕组高度变化较大,由它引起的辐向涡流损耗分布很不均匀。由于辐向漏磁场最大值一般出现在绕组端部附近,因此当绕组单根导体的截面尺寸选择不合适时,对于大容量或高阻抗变压器,其严重的漏磁场在绕组端部产生的局部涡流损耗可达直流电阻损耗的1倍以上,由于涡流损耗过分集中可导致绕组端部过热。

(2)由于绕组换位不合适,使漏磁场在绕组各并联导体中感应的电势不同,由于各并联导体存在电位差,因此在它们之间产生环流。环流和工作电流在一部分导体里是相加,而在另一部分导体中是相减,被叠加的导体电流过大,引起过热。

(3)换位导线股间绝缘损伤后形成环路,漏磁通在其中产生环流,引起局部过热。

(4)处于较高温度下的绕组导体,由于焊接质量不良,使焊接处接触电阻逐渐增大而引起该处过热或导体烧断。

(5)绕组匝间有小毛刺、漏铜点等的材料本身质量问题,虽然未完全短路,但也会形成缓慢发热,以致油温升高,最终产生过热现象。

(6)导线回路接头连接不良。主要有低压绕组引出线与大电流套管的连接螺栓压接接头,由于压紧程度不足,造成接触电阻大,引起接线片及套管导流片烧损;高压绕组引出线的接线头没有与高压套管的导电头拧紧,由于接触电阻大,引起接线头和导电头烧焊在一起,或引线头与引出线的焊剂融化,使引线脱落;分接引线与绕组的引线接头焊接质量不良,引起分接引线在焊接处烧断等。

(7)绕组油道堵塞。为降低变压器损耗,通常在绕组设计制造中采用换位导线。当扁线绞编和匝绝缘包扎不紧实或因振动引发绕组导体松动时,会使采用换位导线的油浸变压器在运行一段时间后发生"涨包",段间油道堵塞、油流不畅,匝绝缘得不到充分冷却,使之严重老化,以至发黄、变脆,在长期电磁振动下,绝缘脱落,局部露铜。

绕组过热故障通常电气特征比较明显,绝缘油中溶解气体色谱分析、直流电阻、空载损耗等试验均可能发现异常。

2. 绕组过热故障案例分析

【案例】

(1)设备主要参数。

1)型号:SFSZ9-63000/110。

2)额定电压(kV):110±8×1.25%/38.5/10.5。

3)额定容量(kV·A):63000/63000/31500。

4)联结组别:YNyn0d11。

5)空载电流:0.7%。

(2)设备运维状况。变压器2006年10月投运,各项电气试验指标均无异常,运行状况良好。

2011年6月,变压器例行试验发现高压侧部分分接位置直流电阻不平衡率超注意值。

试验数据见表2-1-19-60。

(3)诊断分析。粗看表2-1-19-60所示的直流电阻,好像没有什么规律,但若将三相直流电阻放在同一个坐标轴作图,可直观地看到直流电阻变化规律。如图2-1-19-58所示,A相与C相在17个分接位置的直流电阻均非常接近,而B相直流电阻在1~6分接与15~17分接比A相与C相平均值约高17mΩ。

对于一个正常的带调压绕组的高压绕组,其直流电阻值基于额定分接位置应该是对称的。

表 2-1-19-60　　　　　　　高压绕组直流电阻测试结果（油温 55℃）　　　　　　　单位：Ω

分接位置	A相	B相	C相	不平衡率/%	分接位置	A相	B相	C相	不平衡率/%
1	0.336	0.3549	0.3389	5.51	10	0.2976	0.2978	0.2991	0.50
2	0.332	0.3501	0.3334	5.35	11	0.3029	0.3034	0.305	0.69
3	0.3251	0.3441	0.3276	5.72	12	0.3087	0.3088	0.3105	0.58
4	0.3195	0.3385	0.322	5.82	13	0.3141	0.3144	0.316	0.60
5	0.3139	0.3328	0.3165	5.89	14	0.3195	0.3199	0.3217	0.69
6	0.3087	0.3271	0.3109	5.83	15	0.3248	0.3439	0.326	5.76
7	0.3031	0.3035	0.3052	0.69	16	0.3306	0.3494	0.3329	5.57
8	0.2974	0.2981	0.2997	0.77	17	0.3358	0.3546	0.338	5.48
9	0.2933	0.2915	0.2931	0.62					

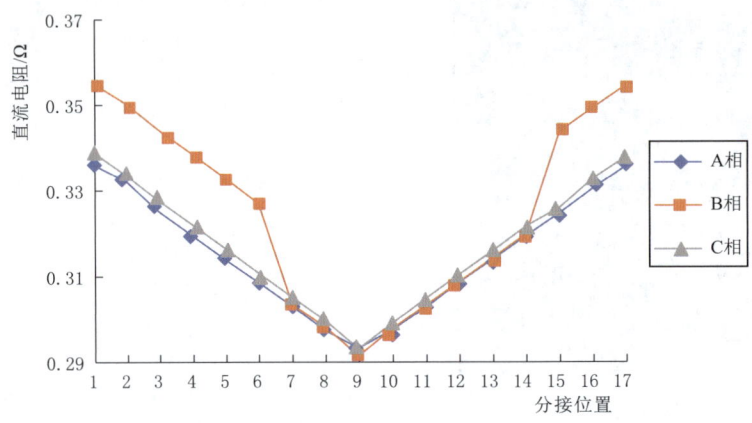

图 2-1-19-58　高压侧直流电阻分布图

图 2-1-19-59～图 2-1-19-62 为一台 MR 公司生产型号为 MⅢ600Y-123/C-10 19 3WR 有载分接开关切换过程示意图。

电力变压器调压方式一般均为正反调，其铭牌参数中额定电压部分"±8×1.25%"即表示有 8 个分接位置，采用正反调压的方式后，连同额定分接位置，共有 17 个分接挡位可选择。

在测试直流电阻时，对于 1-8 分接位置，极性选择开关与图 2-1-19-59 中 9 位置相连，对于 10-17 分接位置，如图 2-1-19-62 所示。极性选择开关与 1 分接位置相连。由于调压绕组是由 8 段相同的导线并绕后，首位相连引出接位置，因此正常情况下，每一个分接的段直流电阻均为 1

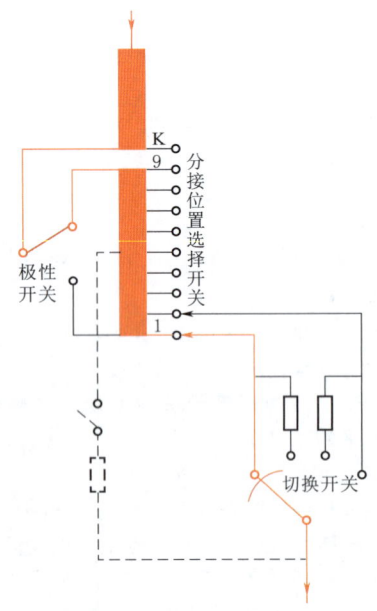

图 2-1-19-59　分接位置 1 示意图

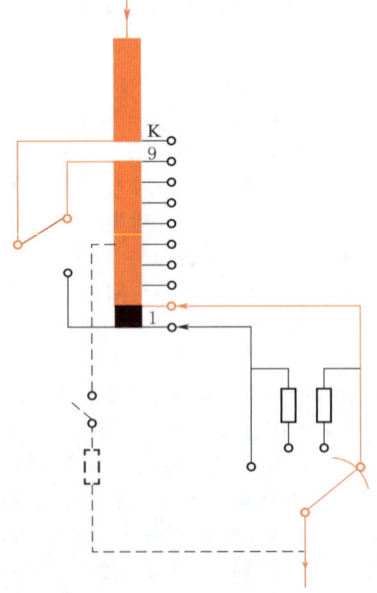

图 2-1-19-60　分接位置 2 示意图

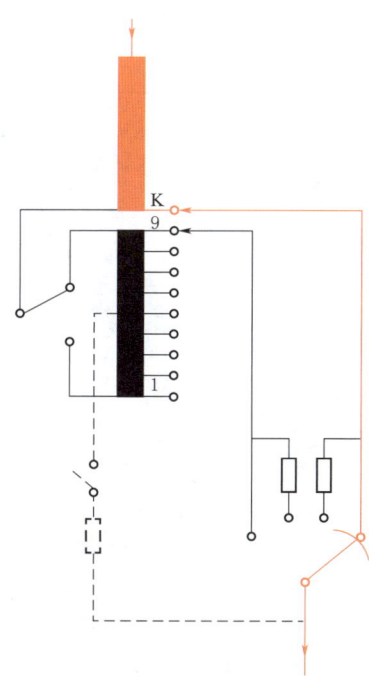

图 2-1-19-61　分接位置 9b 示意图

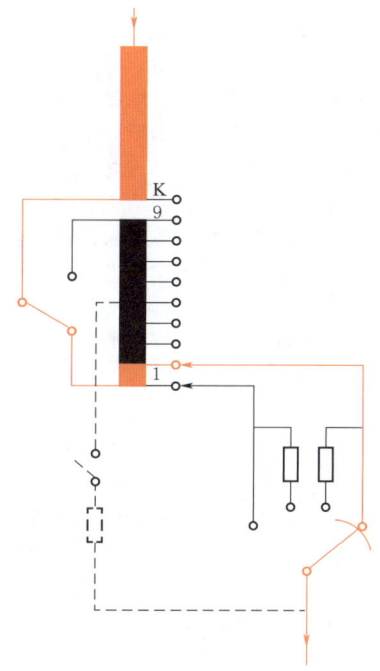

图 2-1-19-62　分接位置 10 示意图

段导线串联值，是相同的（实际的变压器结构设计中，为保证安匝平衡，通常将调压线段在绕组上半部与下半部对称布置，因此实际的一个分接段直流电阻为上半段导线与对称布置的下半段导线并联的值）。

图 2-1-19-63 所示的正调线段的分接位置和反调线段的分接位置与显示的分接位置对应关系图，1-8 分接位置与 10-17 分接位置若其值差 8，则表明其对应于同一个分接头抽头，如显示的分接位置 6 与显示的分接位置 14 对应于同一分接抽头 6，显示的分接位置 7 与显示的分接位置 15 对应于同一分接抽头 7。

如图 2-1-19-63 所示，高压侧直流电阻测试数据表明 1-6 分接直流电阻偏大，7-9 分接正常，说明第 6 个分

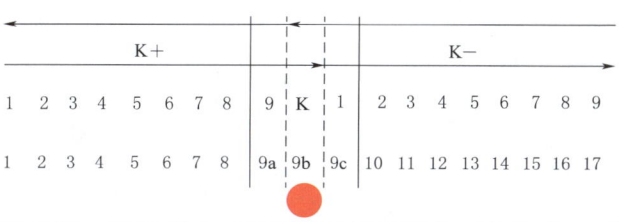

图 2-1-19-63　正反调分接位置对应图

接段与第 7 个分接段引出线接触不良；15-17 分接段直流电阻偏大，也说明第 6 个分接段与 7 个分接段引出线接触不良。

（4）检修情况。现场吊罩重点对分接段引线连接情况进行了检查，果然高压绕组 B 相调压线包至分接开关 6 号、7 号引线压接部位松动，如图 2-1-19-64 所示。现场重新压接后，测试不平衡系数符合规程要求，缺陷消除。

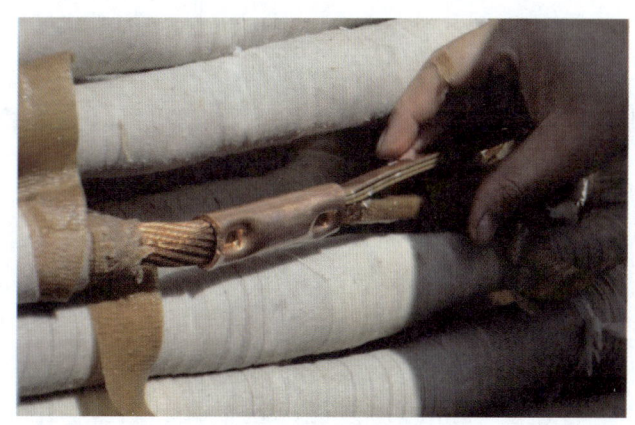

图 2-1-19-64　引线压接不良

（5）状态诊断过程感悟。

1）对于同一段分接绕组，正调和反调对应的分接位置有固定关系。掌握了此关系，就可以准确判断故障部位。

2）如图 2-1-19-63 所示，基于 9 分接位置对称的直流电阻分布的分接位置，如 3 分接与 15 分接（显示的分接位置之和为 18 的对应分接），虽然其直流电阻相同，但其实对应的并不是同一个分接段。3 分接位置参与导流的分接段为 3-8 段（图中由分接位置 1 开展编号，调压线段共有 8 段）；15 分接位置参与导流的为 1-6 段。

3）一台导电回路无异常的变压器 220kV 侧直流电阻分布如图 2-1-19-65 所示。

4）一侧的切换开关发生导电回路接触不良，其典型直流电阻分布如图 2-1-19-66 所示。

5）一侧的极性选择开关导电回路接触不良，其典型直流电阻分布如图 2-1-19-67 所示。

6）5 分接位置选择开关动静触头接触不良典型直流电阻分布如图 2-1-19-68 所示。

7）由于变压器正常工况下运行在 10 分接或 11 分接位置，导电部位接触不良的部分未参与导电，因此变压器油中溶解气体分析未检测到过热性特征气体。由此可见，任何测试手段都有其局限性，油色谱虽然对主变内部过热性与放电性故障非常敏感，但也有其运用条件。变压器油色谱分析未见异常，不代表变压器导电回路接触良好。

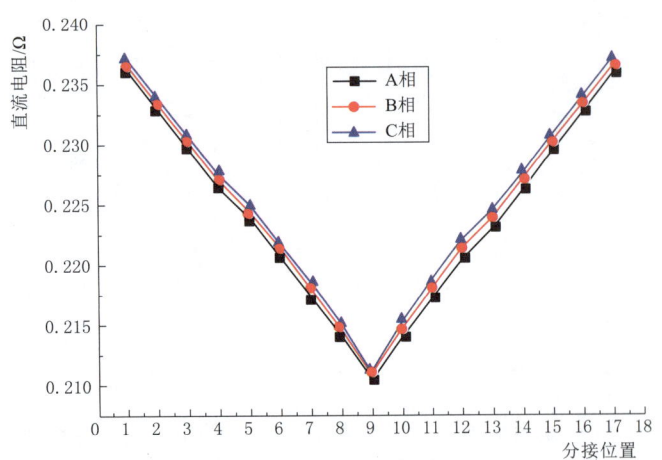

图 2-1-19-65　导电回路正常状态下
直流电阻分布图

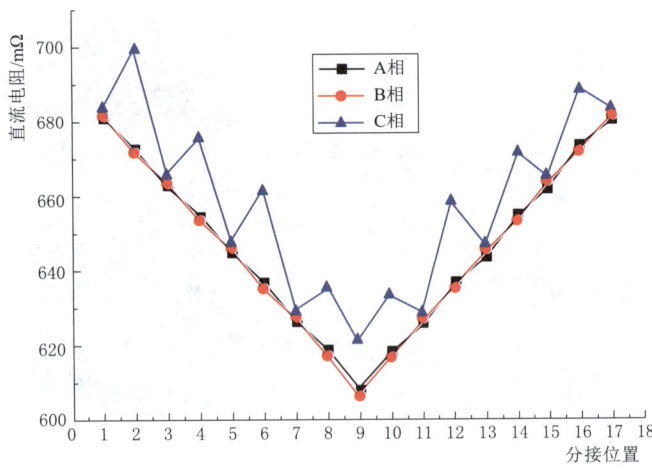

图 2-1-19-66　一侧切换开关导电回路
接触不良直流电阻分布图

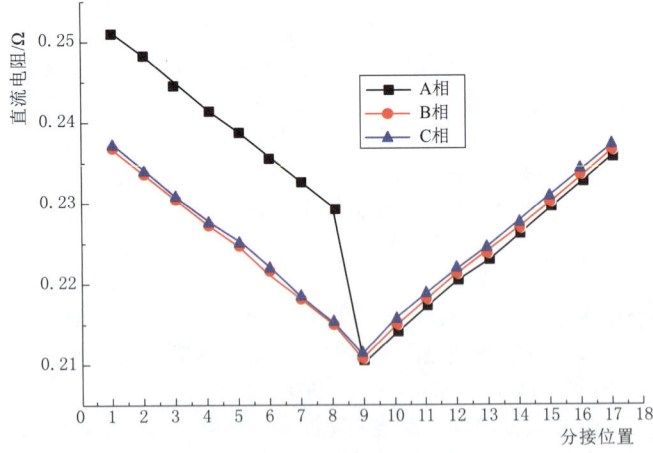

图 2-1-19-67　正调极性选择开关接触
不良直流电阻分布图

(四) 导磁回路过热故障诊断分析

1. 导磁回路过热故障概述

当变压器处于额定或正常运行条件下，工作电流在设计

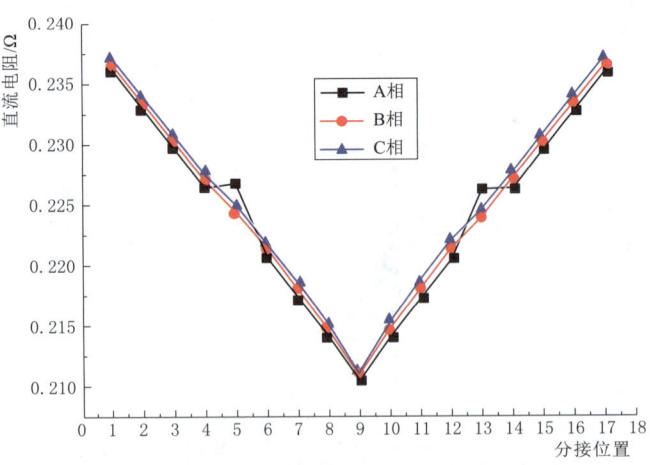

图 2-1-19-68　分接位置选择开关动静触头接触
不良典型直流电阻分布

阶段已经从发热和冷却各方面得到了有效控制，由磁路异常导致局部过热现象经常发生。若按部件划分，大致分为铁芯过热、铁芯拉板过热、油箱壁局部过热、金属构件螺栓过热等。

(1) 铁芯过热故障。变压器铁芯局部过热是一种常见故障，通常是由于设计、制造工艺等质量问题和其他外界因素引起的铁芯多点接地或短路而产生。变压器正常运行时，绕组、引线与油箱间将产生不均匀的电场，铁芯和夹件等金属结构件就处于该电场中，由于它们所处的位置不同，因此所具有的悬浮电位也各不相同。当两点之间的悬浮电位达到能够击穿其间的绝缘时，便产生火花放电。这种放电可使变压器油分解，长此下去，会逐渐损坏变压器固体绝缘，导致事故发生。为了避免这种情况，国家标准规定，电力变压器铁芯、夹件等金属结构件均应靠接地，使铁芯、夹件等金属结构件处于零电位。这样，在接地线中流过的只是带电绕组对铁芯的电容电流。对三相变压器来说，由于三相结构基本对称，三相电压对称，所以三相绕组对铁芯的电容电流之和几乎等于零。对于高电压、大容量的单相自耦变压器，夹件接地电流稍大，正常运行情况下，100mA 左右的情况也比较常见。但当铁芯两点或两点以上接地时，则在接地点间就会形成闭合回路，并与铁芯内的交变磁通相交链而产生感应电压，该电压在铁芯及其他处于零电位的金属结构件形成的回路中产生数十安的电流或环流，由此可引起局部过热，导致油分解并产生可燃性气体，还可能使接地片熔断或烧坏铁芯，导致铁芯电位悬浮，产生放电。

(2) 铁芯拉板过热故障。大型变压器铁芯拉板，是为保证器身整体强度而普遍采用的重要部件，通常采用低磁钢材料，由于其处于铁芯与绕组之间的高漏磁场区域中，因此易于产生涡流损耗过分集中，严重时会造成局部过热。采用的低磁钢拉板错用了导磁钢板材料，漏磁场在铁芯拉板中感应的涡流和涡流损耗过大，导致铁芯拉板局部过热。实际运行经验表明，铁芯拉板不开通槽或者开槽数量不合适，绕组辐向漏磁场在对应绕组上、下端部附近的铁芯拉板边缘或端部感应的涡流过大，引起局部过热以及低压大电流引线漏磁场和绕组漏磁场共同作用，在铁芯拉板端部边缘引起局部过热较为常见。

(3) 涡流集中引起的油箱局部过热故障。对于大型变压器或高阻抗变压器，由于其漏磁场很强，若绕组平衡安匝设计不合理或漏磁较大的油箱壁或夹件等结构件不采取屏蔽措施或非导磁钢板错用成普通钢板，使漏磁场感应的涡流失控，引起油箱或夹件等的局部过热。

(4) 处于漏磁场中的金属结构件之间的连接螺栓过热现象。当变压器铁芯拉板和夹件均为低磁钢板时，由低压引线漏磁场在铁芯拉板与夹件腹板之间的导磁钢连接螺栓中，产生的环流或涡流的集肤效应使接触不紧实的螺栓边缘（如螺纹、螺帽与腹板接触面邻近位置）出现局部烧黑、烧焦现象。另一种现象现场更为常见，就是变压器漏磁场在上、下节油箱连接螺栓中引起的过热。由于绕组漏磁场一部分与铁芯形成闭合路径，另一部分经过油箱壁形成闭合回路，当漏磁通通过上、下节油箱交界处时，由于空气的磁阻大，大量的漏磁通通过导磁较好的连接螺栓，使得螺杆内的磁通密度很高，并在螺杆中感应出很大的涡流。从而，造成连接螺栓严重过热，甚至烧红，造成密封胶垫被烧坏和变压器渗漏油。

导磁回路过热缺陷，一般通过空载试验均可发现问题，但有些故障类型与导电回路过热有时较难区分。如变压器绕组并联导线间的短路，在漏磁通作用下，短路线匝局部回路产生较大的环流，短路处高温引起绝缘纸碳化，但由于电磁线匝绝缘厚度为亚毫米级，导致绝缘油中一氧化碳与二氧化碳含量往往没有较大的变化，而空载试验也往往检测不出来，与高压绕组轻微导电回路接触不良故障很难区分，实际诊断工作中需特别注意。

2. 导磁回路过热故障案例

【案例1】

(1) 设备主要参数。

1) 型号：SFPZ10-180000/220。

2) 额定电压（kV）：220±8×1.25%/121/10.5。

3) 额定容量（kV·A）：180000。

4) 联结组别：YNyn0d11。

(2) 设备运维状况。变压器2009年8月生产，2010年3月投运，主变压器有功负荷维持在10万kW左右。2010年6月13日110kV线路发生单相接地故障，重合成功。

2011年9例行试验发现变压器铁芯与夹件之间绝缘电阻低，2500V绝缘电阻表显示"0"，用万用表测试为5.6Ω。由于供电负荷紧张，主变压器随即投入运行。测得铁芯接地电流为9A，确定铁芯与夹件之间绝缘损坏，形成多点接地。为防止故障点劣化加速，保障变压器安全运行，在变压器铁芯接地引下线中串接1200Ω电阻，铁芯接地电流降至50mA，满足规程规定的不大于100mA的要求。

2012年9月，用电容器放电的方法对铁芯与夹件放电冲击，绝缘不良缺陷依然没有消除，主变压器继续监视运行至2013年3月。

2013年3月制造厂技术人员配合供电局对变压器行了现场钻孔检查，未找到故障部位，主变压器继续监视运行至2014年6月。其间变压器绝缘油中溶解气体跟踪检测情况见表2-1-19-61。

表2-1-19-61　　　　变压器油中溶解气体跟踪监测结果　　　　单位：μL/L

取样日期/（年-月-日）	氢气	一氧化碳	二氧化碳	甲烷	乙烷	乙烯	乙炔	总烃
2011-3-12	21.64	23.50	249.06	2.90	0.56	3.37	0.20	7.03
2011-6-3	46.32	38.74	236.8	9.09	2.82	8.93	0.15	20.99
2011-9-15	36.12	31.44	330.74	13.08	4.72	11.90	0.00	29.71
2011-12-13	60.96	39.96	274.30	13.00	5.25	12.64	0.00	30.89
2012-3-2	62.77	14.31	5.26	14.31	5.26	12.68	0.00	32.25
2012-6-14	40.84	39.31	330.01	13.27	0.00	13.42	5.30	31.99
2012-9-14	93.26	51.39	294.89	15.72	5.41	13.41	0.00	34.54
2012-12-14	95.90	52.81	311.70	16.46	5.13	12.65	0.00	34.23
2013-3-17	1.99	4.50	84.27	0.83	0.65	1.02	0.00	2.50
2013-3-19	2.16	3.82	124.01	0.61	0.00	0.92	0.00	1.53
2013-3-19	2.67	6.56	147.93	0.80	1.03	1.12	0.00	2.95
2013-3-22	3.17	6.31	155.78	0.88	0.00	1.19	0.00	2.07
2013-3-28	4.21	14.22	255.36	2.76	7.07	1.53	0.00	11.38
2013-4-16	4.56	18.80	281.11	1.27	0.00	1.55	0.00	2.82
2013-6-19	10.09	63.58	477.25	2.87	0.82	2.10	0.00	5.79
2013-8-17	20.42	80.61	563.89	3.67	0.00	2.09	0.00	5.76
2013-9-6	14.9	72.90	599.6	3.37	0.98	2.05	0.00	6.40
2013-12-19	23.88	82.18	622.33	3.57	0.84	2.08	0.00	6.49
2014-3-5	27.27	74.21	706.02	3.68	0.00	2.06	0.00	5.74
2014-6-11	45.46	83.97	740.66	4.08	0.00	2.22	0.00	6.30

(3) 诊断分析。从油中溶解气体色谱分析结果判断，2011年9月之后，由于环流已被限制到50mA，因此未检测到气体组分明显异常。

器身内部的铁芯、夹件绝缘不良缺陷经电容放电未能消除，判断此部位接触稳定，漏磁通经大地-铁芯引出线-铁芯-接触部位-夹件-夹件引出线-大地构成闭合回路，产生环流。由于漏磁通与变压器负荷正相关，铁芯接地电流随负荷大小变化，在4～9A之间波动。

在变压器铁芯及地回路串接1200Ω电阻，铁芯接地电流降至50mA，在忽略铁芯与夹件接触电阻的情况下，可以估算闭合回路感应电势为60V，此感应电势由漏磁通产生。未进行限流时，最大接地电流为9A，可以估算接触电阻6.7Ω，此闭合回路产生的最大功率损耗为540W。由表2-1-19-61可见，在2011年3—9月期间，由于存在过热点，1号主变压器总烃增长较为明显，在2011年9月采取限流措施后，主变压器色谱监测值稳定，烃类气体没有明显增长趋势。

变压器漏磁通估算如下：

此变压器设计参数为：中压绕组匝数278匝，中压绕组电抗高度1.850m。根据前面章节公式，变压器漏磁通为

$$B_{\mathrm{m}} = \frac{1.78 I W \rho}{H_{\mathrm{K}}} \times 10^{-4} = 0.21(\mathrm{T})$$

根据变压器运行记录：当变压负荷为12万kW时，环流为9A。

因此，12万kW（取功率因素为0.9）时的漏磁为0.156T。

假设此漏磁完全穿越上述大地-铁芯引出线-铁芯-接触部位-夹件-夹件引出线-大地构成闭合回路，则可以估算出回路等效面积为1.28m²，折算为圆形其半径则为0.63m。分析可能的故障部位有铁芯叠片与底部垫脚接触、两侧旁柱接地屏与夹件接触。

(4) 检修情况。为缩小故障排查范围，首先断开了铁芯主级档中心连接片，通过电阻值试验测量方法，确定了夹件和铁芯的连接点位于低压侧1/4块位置，即铁芯的最小挡和夹件之间有连接。因此，重点对低压侧最小挡铁芯和夹件间进行了重点检查。经检查发现B相下夹件位置，小挡铁芯片有落片，落片和垫脚处连接。现场恢复小挡铁芯片到原来位置，并在夹件绝缘间增加撑板，增大夹持力。用2500V绝缘摇表测量，铁芯与夹件间绝缘电阻恢复到2500MΩ。检修情况如图2-1-19-69～图2-1-19-71所示。

(5) 状态诊断过程感悟。

1) 油中溶解气体分析，虽然各组分均处于限值之内，通过比较，在铁芯多点接地期间，总烃变化率明显偏高。

2) 虽然故障点发热功率仅540W，但由于发热点较小，故障部位温度已达甲烷和乙烷显著增大的温度，即局部温度已达到400℃左右。

【案例2】

(1) 设备主要参数。

1) 型号：SFZ9-40000/110。

2) 额定电压（kV）：110±8×1.25%/38.5/10.5。

3) 额定容量（kV·A）：40000/40000/40000。

4) 联结组别：YNyn0d11。

5) 空载损耗（kW）：37.29。

图2-1-19-69　断开铁芯油道连接片

图2-1-19-70　低压侧B相有落片和垫脚连通

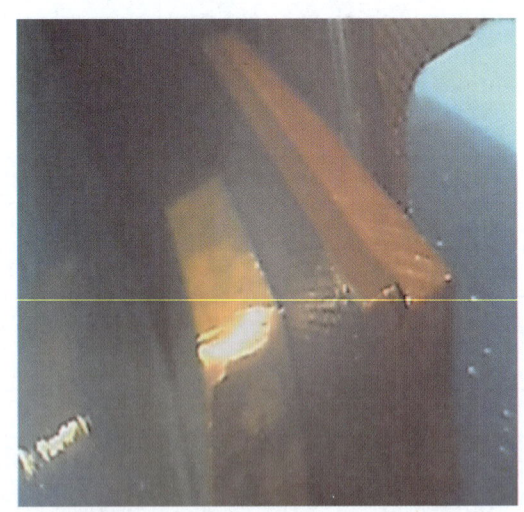

图2-1-19-71　处理后恢复正常状态

6) 空载电流：0.65%。

(2) 设备运维状况。变压器于2004年8月1日出厂，2005年1月27日投入运行。2012年6月在滤油过程中变压器本体进水，投运后跳闸。于2012年7月返厂大修，整体干燥并更换全部绕组。2012年9月重新投运。

变压器35kV与10kV均给煤矿供电，输电通道环境恶劣，线路跳闸频繁。

从 2013 年 6 月起，氢气、甲烷、一氧化碳、二氧化碳、总烃等气体含量增长明显。2013 年 9 月，氢气含量超注意值，并检出 3.5μL/L 的乙炔。供电单位进行油中溶解气体跟踪监测，乙炔、甲烷、一氧化碳、二氧化碳、总烃气体含量保持缓慢增长。2015 年 3 月遭受近区三相短路冲击，乙炔含量增长到 35.01μL/L。油色谱分析结果见表 2-1-19-62。

表 2-1-19-62　　变压器油中溶解气体跟踪监测结果　　单位：μL/L

取样日期/(年-月-日)	氢气	一氧化碳	二氧化碳	甲烷	乙烷	乙烯	乙炔	总烃
2013-6-18	53.00	345.32	893.24	14.16	0.00	1.83	0.00	15.99
2013-9-7	157.61	700.56	1602.31	21.85	3.23	3.78	3.50	28.86
2013-12-1	165.04	741.35	1769.36	24.64	3.42	4.64	3.85	36.55
2014-3-5	192.78	558.74	1333.65	29.18	4.20	6.70	10.27	50.35
2014-6-6	226.81	616.63	1536.11	34.50	2.71	8.34	10.52	56.07
2014-9-9	364.05	1190.92	3501.32	54.02	7.23	12.64	15.78	89.67
2014-12-19	273.06	898.15	2227.60	50.85	7.01	11.66	12.73	82.25
2015-3-20	433.50	1091.85	2116.17	66.06	7.98	16.22	35.01	125.27

变压器介质损耗及电容量、直流泄漏电流、绝缘电阻、绕组直流电阻、电压比、低电压短路阻抗试验均无异常。

（3）诊断分析。可以利用三比值法对油中溶解气体色谱进行分析判断。2015 年 3 月 20 日之前，变压器内部存在低能放电现象，2015 年 3 月 20 日的试验数据表明变压器内部发生电弧放电。与其遭受近区三相短路冲击的情况相吻合。

也可以利用大卫三角形法进行判断。2015 年 3 月 20 日之前，变压器内部存在低温过热现象，2015 年 3 月 20 日的试验数据表明变压器内部发生电弧放电。

变压器油中一氧化碳与二氧化碳含量及比值如图 2-1-19-72、图 2-1-19-73 所示，氢气与甲烷变化趋势如图 2-1-19-74 所示。

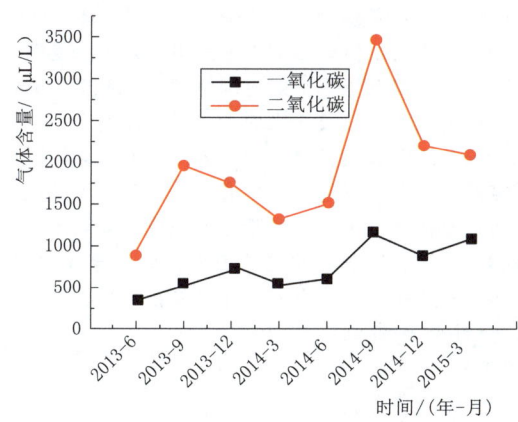

图 2-1-19-72　CO 与 CO_2 含量变化趋势

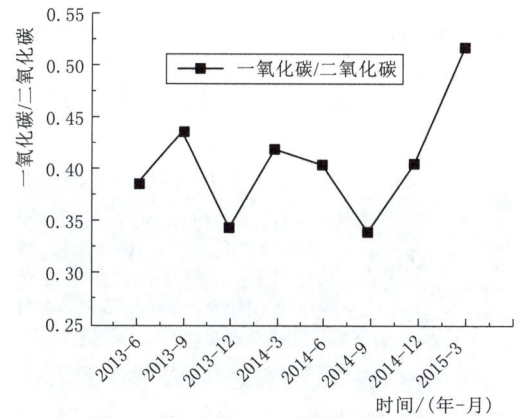

图 2-1-19-73　CO 与 CO_2 比值

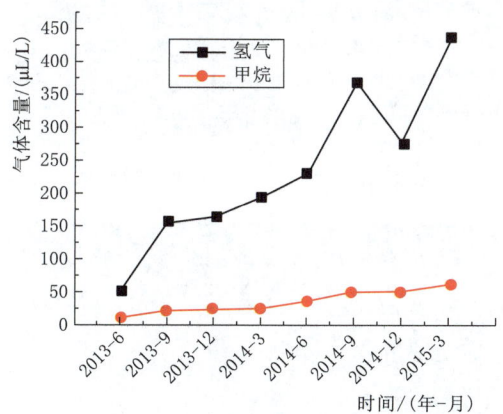

图 2-1-19-74　氢气与甲烷变化趋势

分析一氧化碳与二氧化碳含量变化，其与变压器遭受短路冲击相吻合，一氧化碳的含量增长后趋于稳定，然后逐步下降。

鉴于变压器其余常规例行试验均未检测出明显异常，判断变压器绕组机械状态无异常、绝缘无异常。

油中乙炔产生的原因为变压器遭受短路冲击过程中漏磁通产生的感应电压导致结构件对地放电。

参考图 2-1-19-75 所示哈斯特气体分压-温度关系图，分析油中溶解气体变化趋势，发现符合 200℃ 左右的低温过热特征，且此低温过热现象始终存在，此低温过热缺陷似乎与固体绝缘关系不大。

综合分析，推测变压器导磁回路异常。可能原因是短路冲击引发变压器磁回路损耗异常增大。变压器返厂检修。

（4）检修情况。由于怀疑导磁回路异常，变压器反制造厂后首先进行了复装，开展了额定电压下空载电流与空载损耗试验，试验结果见表 2-1-19-63。

表 2-1-19-63　变压器返厂后空载试验结果

励磁绕组	电压有效值/kV		空载电流		空载损耗/kW	
	平均值	有效值	A	%	实测值	校正值
abc	10.50	10.67	21.25	0.97	51.044	50.218

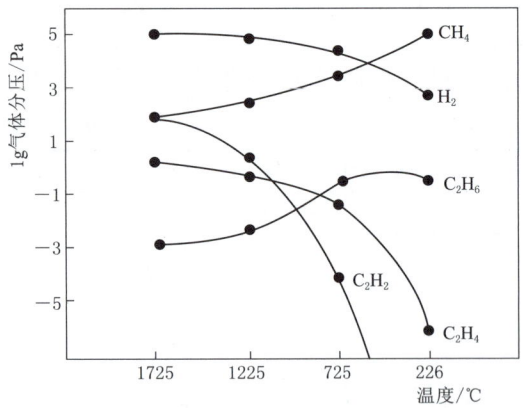

图 2-1-19-75 哈斯特气体分压-温度关系图

由表 2-1-19-63 可见，与变压器铭牌值相比，空载电流增大了 49.2%，空载损耗增大了 34.6%。很显然，变压导磁回路严重异常。

解体检查发现，靠近铁芯柱的围屏由于铁芯过热，已变色；铁芯存在过热的现象，铁芯中柱接缝处局部严重过热，出现大片硅钢片漆膜损坏及退火现象，如图 2-1-19-76、图 2-1-19-77 所示。

图 2-1-19-76 硅钢片漆膜损坏

图 2-1-19-77 硅钢片退火

(5) 状态诊断过程感悟。

1) 油中溶解气体分析，当各组分反应的电气特征不是非常明显时，须利用多种判断方法综合判断，仔细甄别。本次故障，由三比值法判断为低能放电，由大卫三角法判断为低温过热。检修结果为铁芯片漆膜损坏导致的涡流损耗异常增大，为过热性故障。

2) 变压器出厂试验空载试验结果与返厂复测差异较大，分析为以下两方面的原因。一是上次检修时，对硅钢片进行过两次的插拔操作，必然导致附加损耗系数增大；二是变压器频繁遭受短路冲击，铁芯柱受到电动力反复冲击，造成片间绝缘磨损加速，致涡流损耗异常增大。

(五) 附件故障案例诊断分析

1. 附件故障概述

在变压器组件中，分接开关和套管的故障率最高。两者相比之下，分接开关的故障率又要高于套管的故障率。其次，储油柜渗漏或卡滞、呼吸器堵塞等也时有发生。

分接开关是带传动装置的有载调压或无励磁调压变压器的调压部件。有载调压分接开关要在高电压和大电流下频繁动作。分接开关的故障主要分两大类：机械故障和电气故障。机械故障包括自然磨损、异常磨损、运转失效、机械疲劳损坏或经受外力作用所导致的部件损坏。电气故障包括由短路电流引起的电弧熔蚀或由于触头接触不良引起的异常发热、燃弧放电以及雷击或异常过电压所造成绝缘油性能劣化乃至绝缘击穿。机械和电气故障的最终结果均可导致分接开关失灵甚至调压绕组烧毁。按照分接开关的故障部位统计，由于有载调压分接开关电动机构部件较多，所以其故障形式以电动机构部件故障最为常见。按照故障原因统计，有设计和工艺制造两方面。设计方面，由于未配置电位束缚电阻，导致极性选择开关切换过程中悬浮电位放电较为常见；工艺制造方面，由于装配工艺不良导致的位移、拒动、连动以及由传动齿轮加工精度不够导致的开关运转失常或损坏相对较多。

套管的故障主要体现在端部密封不严，绝缘受潮，引发电容屏击穿甚至瓷套爆炸；电容屏绕制工艺不良，屏间长期存在局部放电现象，导致绝缘油劣化、介损增大；末屏接地不可靠，长期悬浮放电导致整个电容屏放电击穿等。

呼吸器堵塞在北方地区的冬春交替季节较为常见，积雪部分消融造成覆冰，堵塞主油箱储油柜或有载调压开关储油柜呼吸器，当温度回暖，冰突然消融，往往导致油流涌动，造成变压器本体重瓦斯或有载调压开关重瓦斯误动作。

2. 附件故障案例

【案例】

(1) 设备主要参数。

1) 型号：SSZ11-40000/110。

2) 额定电压 (kV)：110±8×1.25%/38.5/10.5。

3) 额定容量 (kV·A)：40000/40000/40000。

4) 连接组别：YNyn0d11。

5) 有载分接开关型号：VCVⅢ-500Y/72.5-10193W。

(2) 设备运维状况。变压器于 2012 年 10 月出厂，2013 年 3 月投入运行。日常负荷维持在 29MW 左右，运行中无异常。

2014 年 11 月，上级集控中心对变压器进行远方分接开关调整挡位操作，在由 9 分接位置到 10 分接位置调整过程中，变压器本体差动保护动作，三侧断路器跳闸。二次差动电流为：A 相 0.58A，B 相 0.03A，C 相 0.57A。

1) 故障前后变压器油中溶解气体分析情况。故障前后变压器绝缘油中溶解气体分析结果见表 2-1-19-64。

第十九节 新型变压器故障诊断及处理方法

表 2-1-19-64　　　　　　　　　　变压器油中溶解气体跟踪监测结果　　　　　　　　　　单位：μL/L

取样日期/(年-月-日)	氢气	一氧化碳	二氧化碳	甲烷	乙烷	乙烯	乙炔	总烃
2014-4-24	20.99	318.35	1314.05	5.93	5.21	2.56	0	13.7
2014-11-13	121.93	455.22	1674.98	25.81	3.37	23.36	52.78	105.32

2）变压器有载调压控制回路检查情况。有载调压装置操作电源一相保险烧毁，更换保险后，调挡正常。

3）故障前后高压侧直流电阻测试情况见表 2-1-19-65、表 2-1-19-66。

4）故障后电压比试验情况见表 2-1-19-67、表 2-1-19-68。

表 2-1-19-65　　　　　　　**故障前变压器高压侧绕组相电阻（折算到 20℃）**　　　　　　单位：mΩ

分接位置	A 相	B 相	C 相	分接位置	A 相	B 相	C 相
1	677.4	676.9	678.8	10	612.6	613.1	614.4
2	667.4	668.0	669.7	11	621.1	622.0	623.8
3	657.9	658.7	660.5	12	630.4	630.9	632.8
4	648.9	649.7	651.3	13	639.6	640.7	642.1
5	639.3	640.7	641.9	14	648.9	649.9	651.3
6	631.3	631.1	632.8	15	658.1	658.4	660.4
7	621.6	621.8	623.4	16	667.4	667.3	670.0
8	614.0	612.6	614.4	17	677.3	676.7	678.8
9	601.8	601.9	603.0				

表 2-1-19-66　　　　　　　**故障后变压器高压侧绕组相电阻（折算到 20℃）**　　　　　　单位：mΩ

分接位置	A 相	B 相	C 相	分接位置	A 相	B 相	C 相
1	661.2	674.2	676.4	10	603.5	609.5	611.6
2	659.3	665.0	666.9	11	605.0	618.8	621.0
3	660.3	655.8	658.3	12	613.0	628.0	629.8
4	649.0	646.6	648.8	13	623.7	637.0	638.9
5	640.1	637.3	639.1	14	633.7	646.1	647.9
6	627.5	627.9	630.2	15	642.7	655.1	656.7
7	617.8	618.7	620.5	16	652.5	664.2	665.9
8	609.8	609.4	611.7	17	661.0	673.5	675.2
9	597.4	598.8	600.4				

表 2-1-19-67　　　　　　　　　　故障后高压-中压电压比试验

分接位置	额定变比	实测变比			电压比误差		
		AC	AB	BC	ΔAC/%	ΔAB/%	ΔBC/%
9	2.857	2.7315	2.861	2.861	-4.39	0.14	0.14

表 2-1-19-68　　　　　　　　　　故障后高压-低压电压比试验

分接位置	额定变比	实测变比			电压比误差		
		AC	AB	BC	ΔAC/%	ΔAB/%	ΔBC/%
9	10.476	9.998	10.490	10.489	-4.564	0.134	0.124

5）故障后低电压短路阻抗试验情况。故障后变压器额定分接位置的三个绕组对间低电压短路阻抗试验结果见表 2-1-19-69。

6）故障后绕组频响特性测试情况。故障后变压器绕组频响特性试验结果如图 2-1-19-78～图 2-1-19-80、表 2-1-19-70～表 2-1-19-72 所示。

表 2-1-19-69　　　　　　　　　　故障后低电压短路阻抗试验

测 试 位 置	高压-低压	高压-中压	中压-低压
铭牌阻抗 Z_K/%	18.22	9.95	6.73
测试阻抗 Z_{KA}/%	8.77	6.17	5.29
阻抗误差 ΔZ_{KA}/%	−51.87	−37.95	−21.33
测试阻抗 Z_{KB}/%	18.23	9.96	6.68
阻抗误差 ΔZ_{KB}/%	0.08	0.13	−0.64
测试阻抗 Z_{KC}/%	18.31	9.99	6.73
阻抗误差 ΔZ_{KC}/%	0.51	0.37	0.09
相间互差/%	52.10	38.24	27.22
漏电感 L_A/mH	83.21	58.74	6.21
漏电感 L_B/mH	175.51	95.85	7.87
漏电感 L_C/mH	176.31	96.10	7.93

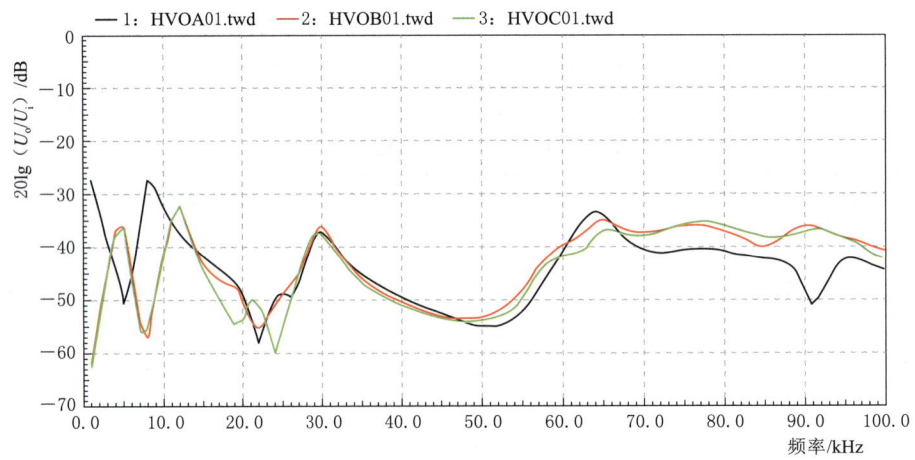

图 2-1-19-78　高压绕组频响特性曲线

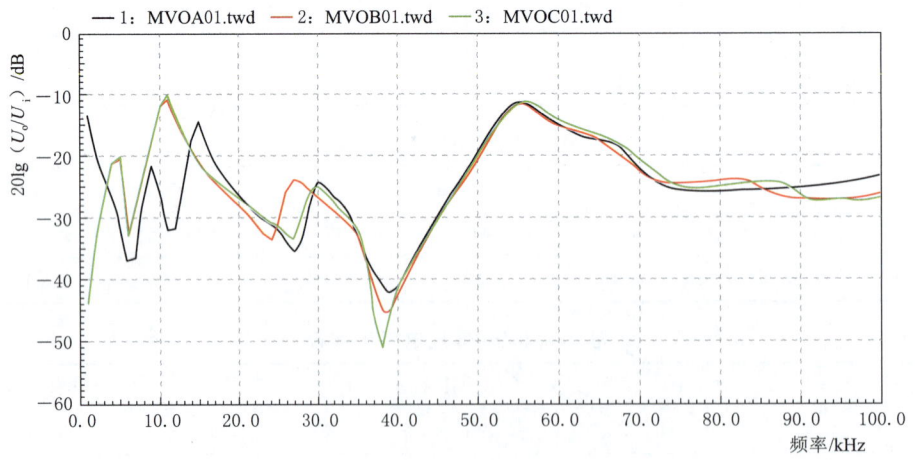

图 2-1-19-79　中压绕组频响特性曲线

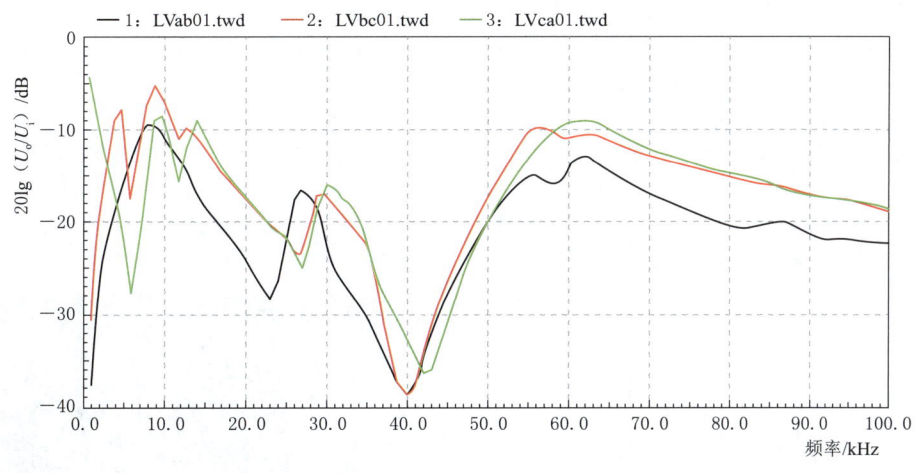

图 2-1-19-80 低压绕组频响特性曲线

表 2-1-19-70 变压器高压绕组频响曲线相关系数

相关系数	低频段	中频段	高频段
R_{21}	0.267	1.336	1.904
R_{31}	0.256	1.374	1.872
R_{32}	1.518	1.877	2.700
备注	低频段：1～100kHz 中频段：100～600kHz 高频段：600～1000kHz		

表 2-1-19-71 变压器中压绕组频响曲线相关系数

相关系数	低频段	中频段	高频段
R_{21}	0.547	1.680	2.451
R_{31}	0.600	1.605	2.729
R_{32}	1.611	2.222	2.793
备注	低频段：1～100kHz 中频段：100～600kHz 高频段：600～1000kHz		

表 2-1-19-72 变压器低压绕组频响曲线相关系数

相关系数	低频段	中频段	高频段
R_{21}	1.054	0.272	1.541
R_{31}	0.461	0.318	1.105
R_{32}	0.751	1.968	1.547
备注	低频段：1～100kHz 中频段：100～600kHz 高频段：600～1000kHz		

（3）诊断分析。

1）油中溶解气体分析。故障前后两次油中溶解气体分析结果显示，故障后氢气、乙烯和乙炔含量发生突变，表明变压器内部发生电弧放电。而有载分接开关轻重瓦斯无发信，表明故障点处于变压器主油箱内。

2）高压侧绕组直流电阻分析。根据表2-1-19-65、表2-1-19-66数据绘图，如图2-1-19-81、图2-1-19-82所示。

由图2-1-19-81可见，故障前，高压绕组三相直流电阻分布呈V形分布，表明其载流回路状况良好。故障后，

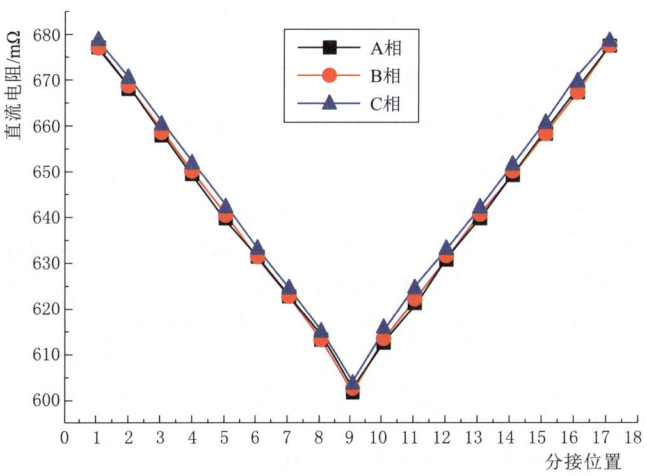

图 2-1-19-81 故障前高压侧直流电阻分布图

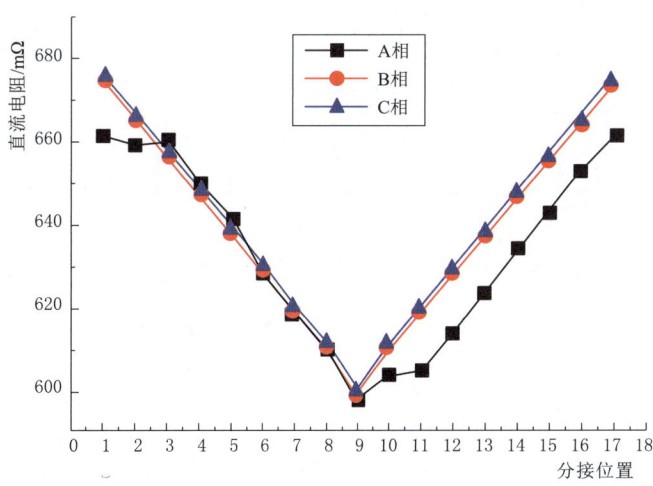

图 2-1-19-82 故障后高压侧直流电阻分布图

如图2-1-19-82所示，高压A相直流电阻分布呈典型的调压绕组第一分接段与第二分接段短路时的特征，即正调状态下从分接位置3开始直阻恢复正常，反调位置从10分接开展直流电阻均减小。由此判断，110kV A相调压绕组发生匝间短路。

3）电压比试验分析。在额定分接位置，不接入调压绕组的情况下，电压比减小，误差达到−4.93%。

有载分接开关处于额定分接位置,调压绕组与高压绕组主线圈之间没有电气联系,由于调压绕组存在短路匝,这时开展220kV绕组与110kV绕组间的电压比试验,相当于给变压器开展以高压绕组主线圈为一次绕组,调压绕组短路匝为二次绕组的低电压短路阻抗试验。为简化分析,如图2-1-19-83所示,分别用"1""2""3""4"表示高压线圈主绕组、中压绕组、低压绕组与调压绕组,用X_{K12}表示高压线圈主绕组与中压绕组之间的短路阻抗。

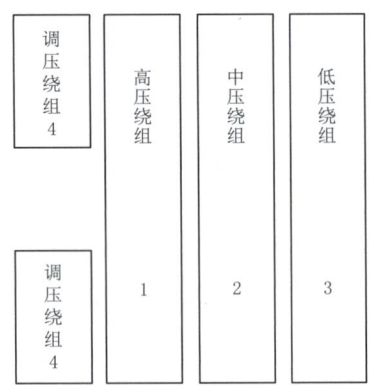

图2-1-19-83 绕组分布示意图

在表2-1-19-69中,故障后低电压短路阻抗测试结果表明L_{K12} A相为58.74mH,B相为95.85mH,C相为96.10mH。故障前A相L_{K12}可取B相与C相平均值95.975mH。

如前所述,故障后A相58.74mH的漏电感为L_{K12}与L_{K14}并联值,经简单计算,可得L_{K14}为151.4mH,则X_{K14}为

$$X_{K14}=9.95\%\times\frac{151.4}{95.975}=15.7\%$$

同理,经计算可得X_{K24}为31.5%。

可估算电压调整率,即

$$\varepsilon_{12}=\varepsilon_{r12}\cos\theta_2+\varepsilon'_{r123}\cos\theta_3+\varepsilon_{x12}\sin\theta_2+\varepsilon'_{x123}\sin\theta_3$$
$$+\frac{1}{200}(\varepsilon_{x12}\cos\theta_2+\varepsilon'_{x123}\cos\theta_3$$
$$-\varepsilon_{r12}\sin\theta_2-\varepsilon'_{r123}\sin\theta_3)^2$$

在忽略电阻分量和二次方项之后,可表示为

$$\varepsilon_{12}=\varepsilon_{x12}\sin\theta_2+\varepsilon'_{x123}\sin\theta_3$$

由于绕组2为开路状态,因此电压调整率进一步简化为

$$\varepsilon_{12}=\varepsilon'_{x123}\sin\theta_3$$

$$\varepsilon_{123}=\frac{\varepsilon_{12}+\varepsilon_{13}-\varepsilon_{23}}{2}=\frac{0.0995+0.157-0.315}{2}=-0.029$$

可见,电压调整率为负值,这就定性的解释了为什么在额定分接位置变比误差为负值,也是A相调压绕组存在匝间短路故障的第二判据。

4)绕组频响特性曲线分析。由图2-1-19-78可见,在低频段高压A相频响曲线上移36dB,低频段频响曲线相应峰谷差减小,低频段与A相绕组的相关系数均较低;由图2-1-19-79可见,在低频段高压A相频响曲线上移30dB,低频段频响曲线相应峰谷差减小,低频段与A相绕组的相关系数均较低;由图2-1-19-80可见,在低频段高压A相频响曲线上移30dB,低频段频响曲线相应峰谷差减小,低频段与A相绕组的相关系数均较低;由图2-1-19-80可见,由于变压器为星角11点接线,ac相为a相,ac相频响曲线在低频段上移30dB,低频段频响曲线相应峰谷差减小。三侧绕组的频响特性曲线均反映出A相调压绕组匝间短路。

综合分析,判断变压器A相调压绕组匝间短路。变压器返厂检修。

(4)检修情况。

1)A相极性选择开关触头电弧灼伤严重,如图2-1-19-84所示。

2)A相极性选择开关切换调板中间位置存在3个电弧灼伤点,如图2-1-19-85所示。

图2-1-19-84 极性选择开关触头烧损

图2-1-19-85 切换调板中间位置电弧灼伤

3)调压绕组引出线匝间短路损坏,如图2-1-19-86所示;绕组围屏损坏,如图2-1-19-87所示。

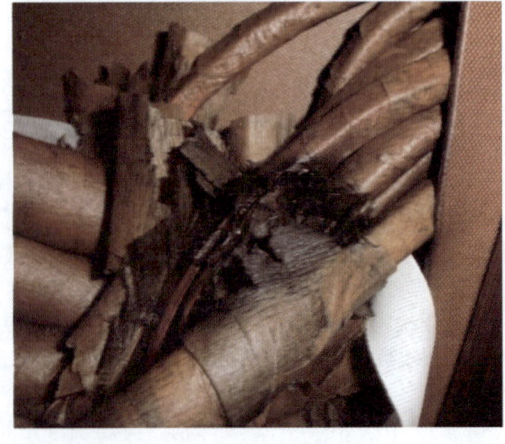

图2-1-19-86 调压绕组引出线匝间短路损坏

图 2-1-19-87 绕组围屏破损

4) 故障发生的原因分析。极性选择开关在由正极性切换至负极性过程中,由于此分接开关耐受偏移电压的水平低,且未配置电位束缚电阻,切换开关动触头对换调板中间位置放电,引起了调压绕组短路,导致调压绕组变形损坏。

原因是在极性选择器动作时,调压绕组将瞬间与主绕组脱开,并取得一个电位,其大小决定于主绕组的电压和调压绕组与主绕组之间以及调压绕组对地部分之间的耦合电容。调压绕组两端的电位与开断前电位之差称为偏移电压,即调压绕组对地的最大电压。偏移电位产生的原理示意如图 2-1-19-88 所示。

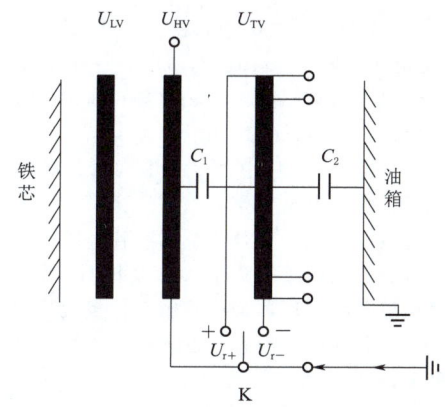

图 2-1-19-88 调压绕组悬浮电位产生示意图
U_{HV}—主绕组相电压;U_{TV}—调压绕组相电压;
U_{LV}—低压绕组相电压;C_1—主绕组和调压
绕组之间耦合电容;C_2—调压绕组对油箱之
间耦合电容;U_{r+}—主绕组末端对调压绕组首
端的偏移电压;U_{r-}—主绕组末端对
调压绕组末端的偏移电压

此变压器配置 VCVⅢ-500Y/72.5-10193W 型分接开关,制造厂出厂技术手册显示,其承受偏移电压的能力为 15kV。

偏移电压计算式为

$$U_{r+}=\frac{C_1}{C_1+C_2}\times\frac{U_{HV}}{2\sqrt{3}}+\frac{U_{TV}}{2\sqrt{3}}$$

$$U_{r-}=\frac{C_1}{C_1+C_2}\times\frac{U_{HV}}{2\sqrt{3}}-\frac{U_{TV}}{2\sqrt{3}}$$

变压器电容进行测试表明 A 相 C_1 为 2.81nF,C_2 为 2.15nF。

经简单计算可得:$U_{r+}=21.1$kV;$U_{r-}=15.0$kV。可见,在极性选择开关切换过程中,主绕组末端对调压绕组首端的偏移电压已达到 21.1kV,超出其 15kV 的最大耐受能力,导致极性选择开关动触头对静触头放电。

为防止类似故障重复发生,将此变压器 VCVⅢ型有载分接开关更换为耐受偏移电压能力为 35kV 的 VCMⅢ型。

(5) 状态诊断过程感悟。

1) 三个独立试验均指向 A 相调压绕组匝间短路,大大增大了正确判断的概率。

2) 绕组发生匝间短路,其整体电感将会明显下降。对应到频谱图,频响曲线在低频段将会向衰减减小的方向移动,即曲线上移 20dB 以上;同时由于 Q 值下降,频谱曲线上谐振峰谷间的差异将减少;而中频和高频段的频谱曲线与正常线圈的图谱差异不大。

3) VCVⅢ型有载分接开关,在正常绝缘结构设计的 110kV 电力变压器 110kV 中性点使用,必须加装电位束缚电阻。

(六) 综合故障诊断案例分析

1. 综合故障概述

变压器综合故障可能同时涉及变压器导电回路、导磁回路、散热回路、电应力(绝缘)回路等的异常,涉及的关联电气试验量可达数十个,对诊断人员技术要求较高。对于综合性故障仅凭对单一的试验项目如油中溶解气体色谱分析试验、直流电阻试验、绕组频率响应特性试验、低电压短路阻抗试验、空载损耗试验、电压比试验等进行分析,往往不能做出正确判断,需对现场能收集到的试验数据进行综合分析,才可达到准确判断绕组状况的目的。同时,各试验项目均存在局限性,有自己的适用范围,现简要分析如下。

(1) 油中溶解气体色谱分析试验。油中溶解气体色谱分析是判断变压器是否发生内部放电的最直接有效的方法,但需要注意试验方法。《电力变压器运行规程》(DL/T 572—2010)要求:"装有潜油泵的变压器跳闸后,应立即停油泵"。因此,电力变压器遭受短路冲击后,故障特征气体仅能在油中自然扩散,若取样部位距故障部位较远的话,一般需 24h 以上,所取样油才能真实反映故障特征。

例如,某 110kV 变压器故障跳闸后,试验人员第一时间取油样进行油中溶解气体色谱分析,未检出乙炔,当时判断变压器内部未发生放电。次日再次取油样复核,发现乙炔达到 60μL/L,确认变压器内部放电。可见,静置时间的长短直接影响试验结果。

(2) 直流电阻测试。直流电阻试验是常规预防性试验中缺陷检出率较高的试验项目之一,对于低压绕组匝间短路、引线接触不良、有载分接开关触头接触不良等故障有效。下面以典型电压组合为 220±8×1.25%/38.5/10.5kV 电力变压器为例进行说明。此变压器 35kV 绕组通常在 100 匝左右,若相邻两匝线饼短路,其相间直流电阻变化率为 (100-99)/100=1%,虽未达到相关规程规范相间互差警示值 2% 的要求,但目前数字式直流电阻测试仪都可以达到 0.2% 的精度,通过细致的相间比较,可以发现此类故障。若短路线匝更多的话,则更容易检出。然而,高压主绕组匝数通常为 550 匝左右,若相邻两匝短路,相间直流电阻变化率仅有 0.18%,目前的直流电阻测试无法反应此类故障。可见,直流电阻测试无法检出 2 匝之内的高压绕组匝间故障。

例如，某220kV主变压器故障跳闸后，110kV侧直流电阻测试结果如下：A相为110.7mΩ，B相为110.1mΩ，C相为109.3mΩ，相间互差为1.28%，未超出2%限值要求，但返厂解体发现110kV C相绕组两匝线圈短路。

（3）电压比测试。现场试验中，电压比试验对检测磁路故障非常敏感。但需要注意测试方法，对于YNyn0d11接线的变压器，若星形接线一相绕组存在的匝间短路故障，在进行高压与中压绕组间电压比试验时，若按照相间测量的方式，则无法检测出磁路异常，必须以单相测试的方法进行测试。

例如，某220kV三绕组变压器，中压A相匝间短路后，进行相间电压测试，显示变比误差无异常；以单相的方法测试，则灵敏地反映出磁路异常。

（4）低电压短路阻抗测试。低电压短路阻抗测试是判断绕组有无机械位移的可靠方法，现场试验接线简便、测试结果简单直观。现场测试结果往往需要与变压器铭牌参数进行比较，需要注意的是变压器铭牌参数存在误标的可能，极易导致误判。另外，对于全站停电的试验情形，往往以发电机作为试验电源，电压频率往往偏离50Hz，从而导致阻抗测试值偏离正常值，需要以漏电感为判断标准。还有，阻抗电压对于轴向变形不敏感，由电抗电压计算公式可知，其分母中电抗高度H_K为一对绕组的平均值，当仅有一个绕组发生轴向变形时，短路电抗变化量仅为两个绕组均发生同样轴向变形时的1/2，即若仅一个绕组发生轴向变形，阻抗电抗变化率检出缺陷的灵敏度减小了1倍，当一对绕组中一个拉伸、一个压缩时，其变化规律更复杂，需特别注意。

例如，某供电单位在春检试验期间，多座偏远地区的110V变电站变压器低电压阻抗电压超注意值要求，而其余电气试验均未检测到异常。经分析发现，原因为变电站全站停电开展春检试验，现场发电机的输出的电压频率为48Hz，导致阻抗测试普遍出现4%的负偏差。

再如，某220kV变压器，低电压短路阻抗试验相间互差以及与铭牌参数的偏差均小于1.0%，判断此变压器绕组机械状态良好，未发生显著变形。现场吊罩检查发现110kV、10kV B相绕组公用上压板部分压钉碗破碎，上压板整体倾斜、变形严重，局部凸起高度达到6cm左右，引线附近上压板部分撕裂；110kV、10kV C相绕组公用上压板也存在变形倾斜现象，凸起高度达到4cm左右；110kV、10kV A相绕组公用压板也存在可见倾斜。

（5）绕组频响特性试验。绕组频率响应特性试验对三相均有大面积变形的故障检出性差，在分析判断时需与交接或上次试验数据进行纵向比较，才有可能得出正确的结论。

例如，某变电站2号主变压器，在低压侧遭受短路冲击跳闸后，绕组频率响应特性试验三相比较相关度很高，但返厂解体发现三相均严重变形，需在试验中注意。

（6）介质损耗角正切值测量。绕组绝缘的$\tan\delta$主要是由极化损耗决定，对反映绝缘的含水量有一定作用。实践经验表明，测量$\tan\delta$是判断31.5MV·A以下变压器绝缘状态的一种较有效的手段，但其有效性随着变压器电压等级的提高、容量和体积的增大而下降。近几年来，随着变压器容量的增大，测量$\tan\delta$检出局部缺陷的概率逐渐减小，原因在于一是在受潮体积不大的情况下，该部位水分子极化引起的介质损耗增量相对主绝缘总的介质损耗很微小，不易识别；二是由于试验时绕组是短路的，若为纵绝缘受潮，其无能为力。

例如，某240MV·A变压器，漏进了约500kg的水，$\tan\delta$仍然是合格的，但一投运绕组便烧毁了。由此可见，除非主绝缘整体严重受潮，$\tan\delta$测试有效，对于局部受潮$\tan\delta$不敏感，实际工作中需特别注意。

对于电容型设备，如电容型套管、电容式电压互感器、耦合电容器等，测量$\tan\delta$仍然是故障诊断的有效手段。

2. 综合故障案例分析

【案例1】

（1）设备主要参数。

1）型号：SFSZ9-40000/110。

2）额定电压（kV）：110±8×1.25%/38.5/10.5。

3）额定容量（kV·A）：40000/40000/40000。

4）连接组别：YNyn0d11。

5）阻抗电压：高压-中压为10.44%；高压-低压为17.05%；中压-低压为6.55%。

（2）设备运维状况。变压器2002年9月投运，接带煤矿负荷，曾遭受数次短路故障。2016变压器35kV出现近区故障，连续跟踪分析变压器油中溶解气体发现异常，数据见表2-1-19-73。遂停电检查，发现中压绕组B相直流电阻增大，不平衡率达到11%，数据见表2-1-19-74。主绝缘电容量测试结果与上次有较大偏差，数据见表2-1-19-75。低电压短路阻抗测试结果也与铭牌值有较大偏差，数据见表2-1-19-76。

表2-1-19-73　　　　　　　　　油中溶解气体分析结果　　　　　　　　　单位：μL/L

取样日期/(年-月-日)	氢气	一氧化碳	二氧化碳	甲烷	乙烷	乙烯	乙炔	总烃
2016-1-19	130.4	726.0	2219.0	45.7	7.8	36.8	43.3	133.6
2016-1-21	195.4	723.6	2374.9	69.7	8.5	49	64.4	191.7
2016-1-22	258.8	917.6	2253.2	78.9	7.6	49.3	70.6	206.5

表2-1-19-74　　　　　　　　　中压侧直流电阻（油温5℃）　　　　　　　　　单位：mΩ

分接位置	AO	BO	CO	分接位置	AO	BO	CO
1	57.76	65.18	58.57	4	55.87	62.59	56.51
2	55.84	62.19	56.19	5	57.79	64.58	58.41
3	53.36	59.54	53.3				

表 2-1-19-75　变压器主绝缘电容量试验数据　　　　　　　　　　　　　　　　　　　　　　　　　单位：nF

测试部位	高压-中压、低压及地	中压-高压、低压及地	低压-高压、中压及地
C（2014年6月10日）	16.46	25.69	20.16
C（2016年2月2日）	16.18	27.76	22.06

表 2-1-19-76　变压器低电压短路电抗试验数据

测试部位	高压-中压			高压-低压			中压-低压		
相别	A	B	C	A	B	C	A	B	C
铭牌值/%	12.65	12.65	12.65	21.81	21.81	21.81	6.55	6.55	6.55
最近测试值/%	12.61	12.70	12.83	22.17	21.94	22.01	5.97	5.95	6.17

(3) 诊断分析。

1) 变压器中压侧绕组直流电阻测量显示 B 相直阻在 5 个挡位均偏大，且不平衡率基本一致，且多次试验没有明显变化，可以排除无励磁分接开关动静触头接触不良的可能，怀疑绕组断股。

2) 变压器油中溶解气体色谱分析结果显示，从 2016 年 1 月 19 日取样发现乙炔超标至 1 月 21 日连续取样显示乙炔含量明显增大，一氧化碳含量显著增大，确定器身内部放电且涉及固体绝缘。

3) 对比 2014 年 6 月份例行试验数据，中压侧绕组电容量增加了 7.4%，符合 35kV 绕组发生辐向变形的电容量变化特征。

4) 低电压短路阻抗试验显示中压与低压绕组对间 B 相短路阻抗变化率达到 -9.1%，A 相短路电抗变化率达到 -8.8%，符合 35kV 绕组发生辐向变形的短路阻抗变化特征。

5) 综合分析，变压器 35kV B 相、A 相绕组发生显著辐向变形，同时，35kV B 相绕组导线放电断股。

(4) 检修情况。返厂检修发现 35kV B 相、A 相绕组显著变形，A 相更为严重，C 相也有可见变形，35kV B 相绕组多根导线因放电烧蚀伤，如图 2-1-19-89～图 2-1-19-91 所示。

图 2-1-19-90　B 相中压绕组显著变形

图 2-1-19-91　A 相中压绕组严重变形

图 2-1-19-89　中压绕组多根导线烧损

(5) 状态诊断过程感悟。

1) 因变压器差动、轻重瓦斯保护均未启动，变压器维持正常运行状态，分析乙炔为器身内部瞬时放电导致，且绝缘已恢复，具备长期稳定运行的条件。后因油中溶解气体色谱分析乙炔和一氧化碳含量持续增大，遂停电检查，又因中压 B 相直流电阻偏大，现场排查的重点为 B 相绕组与套管的连接，耽误了宝贵的现场抢修时间。

2) 从 35V B 相绕组导线烧损情况分析，短路故障持续时间较长，导线烧损是一个持续的过程。

3) 从解体情况分析，35kV B 相导线并未断股，而是多股并联导线烧损，导致截面缩小，引起直流电阻偏大。

4) 在特定的情形下，差动保护对中压绕组匝间轻微故障的灵敏度不足。

【案例 2】

(1) 设备主要参数。

1) 型号：SFPZ9-180000/220。

2)额定电压(kV):220±8×1.25%/121/10。
3)额定容量(kV·A):180000/180000/54000。
4)连接组:YNyn0+d11。
5)阻抗电压:高压-低压为12.93%。
6)空载电流:0.17%。

(2)设备运维状况。变压器2007年3月投运,110kV接带重要工业负荷,运行稳定。2010年5月,220kV A相套管主绝缘击穿,由于110kV侧有电源输入,变压器220kV绕组流过约830A的故障电流,持续时间51ms。经全面诊断,变压器绕组无异常,修复套管内部受损纸包软铜线。更换套管后,变压器恢复正常运行。2019年5月,110kV线路发生两相短路接地故障,70ms后110kV断路器跳闸,故障切除,132ms后变压器本体差动保护动作,180ms后变压器三侧断路器跳闸。

故障前后变压器油中溶解气体色谱分析结果见表2-1-19-77、表2-1-19-78。

表2-1-19-77　　　故障前油中溶解气体分析结果　　　单位:μL/L

取样日期/(年-月-日)	氢气	一氧化碳	二氧化碳	甲烷	乙烷	乙烯	乙炔	总烃
2019-3-4	9.3	77.2	697	29.3	4.1	7.4	2.2	43

表2-1-19-78　　　故障后油中溶解气体分析结果　　　单位:μL/L

取样日期/(年-月-日)	氢气	一氧化碳	二氧化碳	甲烷	乙烷	乙烯	乙炔	总烃
2019-5-25	253	220	930	90.6	8.5	65	87.3	251.4

故障后高压侧直流电阻、低压侧直流电阻以及故障前后稳定绕组直流电阻试验结果见表2-1-19-79~表2-1-19-81。

表2-1-19-79　故障后高压侧直流电阻(折算至20℃)　单位:mΩ

分接位置	AO	BO	CO
1	415.8	417.0	416.9
9	370.3	372.4	370.6
17	417.3	417.4	416.3

表2-1-19-80　故障后低压侧直流电阻(折算至20℃)　单位:mΩ

相别	AO	BO	CO
数值	79.891	79.489	79.984

表2-1-19-81　故障前后稳定绕组直流电阻(折算至20℃)　单位:mΩ

试验日期/(年-月)	ab	bc	ca
2019-5	5.050	5.060	5.055
2017-9	5.164	5.172	5.181

故障后绕组电压比试验数据见表2-1-19-82。

表2-1-19-82　变压器高压-中压电压比试验误差　%

分接位置	AB/A_mB_m	BC/B_mC_m	AC/A_mC_m
1	0.07	0.01	0.07
9	0.21	0.13	0.21
17	0.37	0.28	0.37

故障后变压器低电压短路阻抗试验数据见表2-1-19-83。

表2-1-19-83　变压器低电压短路电抗试验数据

参数	高压-中压		
相别	A	B	C
铭牌值/%	12.93	12.93	12.93
最近测试值/%	13.26	13.36	13.32

故障后变压器低电压空载试验数据见表2-1-19-84。

表2-1-19-84　变压器低电压空载试验数据

励磁端子	短路端子	施加电压/V	回路电流/A
ab	bc	2.5	1.640
bc	ac	150	0.615
ac	ab	2.5	1.800

(3)诊断分析。

1)故障后变压器油中溶解气体色谱分析结果呈典型的高能电弧放电特征,结合变压器差动保护动作,可以确定器身内部发生电弧放电。

2)对于10kV绕组直流电阻,发现各端子间电阻大小顺序发生了改变。利用Yd11接线线电阻换算相电阻公式:

$$R_A = (R_{AC} - R_P) - \frac{R_{AB}R_{BC}}{R_{AC} - R_P}$$

$$R_B = (R_{BA} - R_P) - \frac{R_{BC}R_{CA}}{R_{BA} - R_P}$$

$$R_C = (R_{CB} - R_P) - \frac{R_{CA}R_{AB}}{R_{CB} - R_P}$$

$$R_P = \frac{R_{AB} + R_{BC} + R_{CA}}{2}$$

经简单计算可得如表2-1-19-85所示的相电阻。

表2-1-19-85　稳定绕组直流电阻(折算至20℃)　单位:mΩ

试验日期/(年-月)	a	b	c
2019-5	7.582	7.568	7.598
2017-9	7.785	7.734	7.757

由表2-1-19-85可见,故障后稳定绕组a相直流$R_a < R_c$,故障前稳定绕组a相直流电阻$R_a > R_c$。

3)低电压短路阻抗试验显示与铭牌值相比,三相阻抗电压偏差分别为2.5%、3.3%和3.0%,均超出相关规程标准限值,但相间互差仅为0.75%,鉴于变压器绕组同时发生三相变形的概率非常之小,因此怀疑铭牌阻抗电压有误,判断220kV绕组与110kV绕组未发生显著变形。

4)低电压空载试验结果显示,与A相铁芯柱有关的试验,励磁电流显著增大,在将 A 相铁芯柱磁路短路的情况下,空载电流显著减小,判断 A 相铁芯柱磁路异常。

5) 综合分析,变压器 10kV A 相绕组存在匝间短路的可能性非常大,同时不排除 110kV A 相绕组发生匝间短路的可能。

(4) 检修情况。返厂检修发现 10kV A 相绕组底部匝间短路,端部轴向变形,导线绝缘损坏露铜,但未发生放电,如图 2-1-19-92、图 2-1-19-93 所示。其余绕组未发现显著变形放电现象。

图 2-1-19-92 10kV A 相绕组底部匝间短路

图 2-1-19-93 10kV A 相端部轴向变形

(5) 状态诊断过程感悟。

1) 变压器 110kV 线路发生两相短路接地故障时,因本变压器 220kV 中性点、110kV 中性点接地运行,而站内与其并列运行的另一台变压器中性点不接地运行,故零序电流流过本变压器。110kV 侧零序电流在 220kV 绕组与 110kV 绕组间分配,导致 10kV 绕组局部变形损坏。

由于此变压器 10kV 设计为稳定绕组,铭牌未标识相关阻抗电压,参照相同类型的三绕组电力变压器阻抗电压参数:高压-中压为 13.78%,高压-低压为 25.40%,中压-低压为 8.85%。经简单计算,可得变压器星形等值电路图中折算至高压侧的阻抗电压为 15.165%,折算至中压侧的阻抗电压为 -1.385%,折算至低压侧的阻抗电压为 10.235%。

110kV 侧的故障电流标幺值为 $\dfrac{6900}{\dfrac{180000}{1.732\times 110}}=7.303$,零序电流标幺值为 2.434。

零序电流在高压绕组与稳定绕组之间按电抗倒数进行分配,则流经稳定绕组的电流标幺值为 $2.434\times \dfrac{15.165}{15.165+10.235}=1.453$,实际流经稳定绕组的线电流有名值为 $1.453\times \dfrac{180000}{1.732\times 10.5}=9.879$(kA),为其额定线电流的 3.32 倍。

2) 从保障变压器安全运行的角度考虑,对于变电站内多台变压器并列运行的情形,有必要对中性点接地的变压器进行定期轮换,避免线路故障产生的零序电流持续作用于某一台或几台变压器而导致其遭受累计短路冲击变形损坏。

【案例 3】

(1) 设备主要参数。

1) 型号:OSFPZ9-120000/220。
2) 额定电压(kV):220±8×1.25%/121/11。
3) 额定容量(kV·A):120000/120000/60000。
4) 连接组别:YNa0d11。
5) 阻抗电压:高压-中压为 9.00%;高压-低压为 30.30%;中压-低压为 20.78%。
6) 负载损耗:高压-中压为 277.923kW。

(2) 设备运维状况。变压器于 1999 年 9 月投运,运行状况良好。2010 年 5 月,变压器高压套管遭受雷击起火,导致高压 A 相 B 相套管引线端子相间短路,主变压器差动保护动作,跳主变高压、中压、低压侧断路器。变压器断电后,由于高压套管爆裂,泄漏的绝缘油继续燃烧,主变压器油温升高膨胀,变压器有载分接开关轻瓦斯继电器、重瓦斯继电器、本体重瓦斯继电器、压力释放阀相继动作。故障前后变压器油中溶解气体色谱分析结果见表 2-1-19-86、表 2-1-19-87。

表 2-1-19-86 故障前油中溶解气体分析结果 单位:μL/L

取样日期/(年-月-日)	氢气	一氧化碳	二氧化碳	甲烷	乙烷	乙烯	乙炔	总烃
2010-5-6	6.0	77.2	697	7.0	3.3	6.9	0.0	17.2

表 2-1-19-87 故障后油中溶解气体分析结果 单位:μL/L

取样日期/(年-月-日)	氢气	一氧化碳	二氧化碳	甲烷	乙烷	乙烯	乙炔	总烃
2010-5-29	50	411	2590	102.2	157.1	240.0	0.0	499.2

高压套管导电杆脱落,灭火过程中大量消防水沿烧损的高压中性点套管端部进入器身,由于绝缘油大量泄漏,造成 A 相绕组上压板浸水,A 相高压引线浸水,油箱底部积水,如图 2-1-19-94、图 2-1-19-95 所示。故障后绝缘油含水量及耐压测试结果见表 2-1-19-87。

故障前后变压器油中溶解气体色谱分析结果见表 2-1-

图 2-1-19-94　A 相高压绕组上压板上的水迹

图 2-1-19-95　油箱底部残油中水迹

19-86、表 2-1-19-87。

绝缘油电气试验结果见表 2-1-19-88。

表 2-1-19-88　绝缘油电气试验结果

测试项目 取样部位	油箱中部	箱底残油
含水量/(mg/L)	13.5	36.8
击穿电压（kV/2.5mm）	55.9	11.2

故障后变压器高中绕组绝缘电阻试验结果为 12MΩ，油温估计为 60℃ 左右。

(3) 诊断分析。参照相关规程规范要求，220kV 电力变压器运行中要求绝缘油水分不大于 25mg/L，击穿电压不小于 35kV，可见箱底残油超出规程限值；而油箱中部的油符合要求。

为了确定直接遭受消防水喷淋的绝缘材料水分侵入程度，用萃取法对 A 相引线表层绝缘纸进行了含水量测试，结果为 4%，超出相关规程规范 3% 的限值要求。由于遭受消防水喷淋的时间较短，分析 A 相绕组与 A 相高压引线表面受潮，决定现场对变压器进行干燥处理。

(4) 现场检修情况。

1) 干燥方案确定。现场电力变压器常用的干燥方法有真空热油雾化喷淋干燥、油箱涡流发热干燥、绕组零序电流发热干燥与绕组短路干燥等。真空热油雾化喷淋干燥现场实施复杂，油箱涡流发热干燥存在绝缘材料温度不易升高的缺点，而零序阻抗干燥法由于铁芯内部温度不易控制，金属结构件易产生局部过热。绕组短路损耗的热量主要来源于绕组的铜损，不存在铁芯局部过热的风险，同时现场实施相对容易，但需要现场电源电压与通过计算的短路电压接近，因此实际应用也受到限制。

此变压器为自耦变压器，220kV 绕组最高工作电压 236.5kV，额定电流 315A，110kV 绕组额定电压 121kV，额定电流 573A，高压对中压阻抗电压 9%，负载损耗 277.923kW，空载损耗 52.848kW。现场 10kV 系统额定电压为 10.5kV，若将高压绕组于最高分接位置短接，110kV 绕组施加 10.5kV 电压，电力变压器负载损耗与施加电流平方成正比，空载损耗与施加电压平方成正比的关系，估算实际施加的负载损耗为 258.273kW，空载损耗为 0.035kW，总损耗为 258.305kW，为该变压器额定总损耗的 78%。而该变压器配备 YF-120 冷却器四组，每组额定冷却功率 120kW，因此通过控制潜油泵与冷却器风扇运行状态，可以达到将变压器油温控制在 80℃ 的目标。

由于变压器纸-油绝缘的水分存在动态平衡，随着温度升高，绝缘材料中的水分会向油中迁移。由低含水量的纸-油含水量平衡曲线（图 2-1-19-96）可知，只要纸-油绝缘系统在 80℃ 附近达到平衡状态，理论上，通过真空滤油机将绝缘油水分控制在 15mL/L 以下（主流滤油机均能达到含水量不大于 10μL/L 的要求），则可保证绝缘纸含水量小于 1.0%。因此确定选用绕组短路与真空滤油机持续滤油的方法对此变压器进行干燥。

2) 现场实施。利用该变压器 10kV 侧 951 断路器进行供电，将 10kV 电源通过引线桥和截面积为 150mm² 临时铜引线连接到变压器 110kV 侧，220kV 侧用截面积大于 95mm² 的铜导线三相短路，高、中压绕组中性点按正常运行方式短路接地，如图 2-1-19-97 所示。

现场设置两个上层油温临时监控点，当上层油温达到 75℃ 时告警并跳开 951 开关，当油温升至 80℃ 时冷却器风扇自动投入，保证上层油温不超过 85℃。同时由于此变压器为强迫油导向循环风冷方式，干燥过程中，变压器两侧（对角）各投入一组潜油泵，避免器身局部过热。

同时，为了及时掌握变压器干燥状况，每 15min 进行记录 1 次上层油温，每 4h 停电 1 次进行一次绕组绝缘电阻、变压器油耐压、变压器油微水试验。

3) 干燥过程分析。短路开始后，当油温达到 80℃ 时开始计时。由图 2-1-19-98 可见，在短路干燥进行 16h 后，绝缘油中含水量由开始干燥时的 9.1mg/L 上升到 19mg/L，说明经过 16h 的平衡，变压器纸-油绝缘系统水分分布发生了变化。油箱中绝缘油体积约为 53m³，可以算出有 0.524kg 水由绝缘材料中向绝缘油中扩散。在后续 8h 中，油中含水量迅速下降，与此对应，绕组绝缘电阻得到回升，在此后 32h 干燥过程中，油中含水量与绝缘电阻均趋于稳定，如图 2-1-19-99 所示，认为此变压器干燥完毕。

为确认干燥效果，油箱放油后，利用萃取法第二次对 A 相引线表层绝缘纸含水量分析，结果为 2.8%，证明了此干燥达到预期目的。

(5) 状态诊断过程感悟。现场绕组短路与真空滤油结合是干燥绝缘轻微受潮的大型电力变压器简便可行的方法。对于中等容量的 120000～180000kV·A 的电力变压器，80℃ 时其纸-油绝缘的水分平衡时间在 16h 左右，通过现场真空滤油机滤除水分，可以达到干燥变压器绝缘材料的目的。

第十九节 新型变压器故障诊断及处理方法

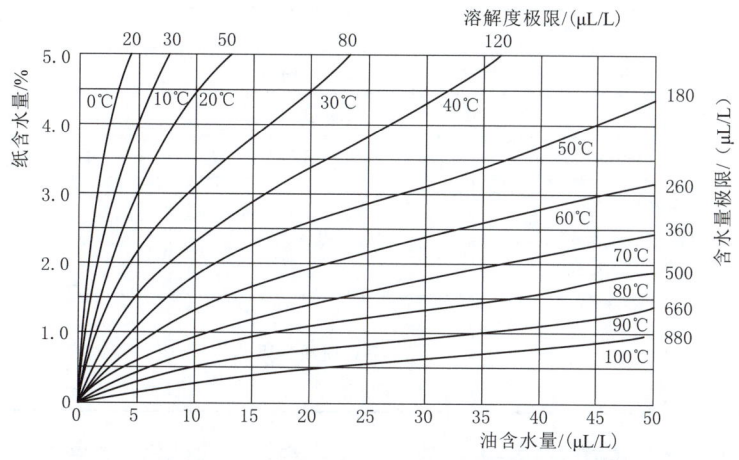

图 2-1-19-96 低含水量的纸-油平衡曲线

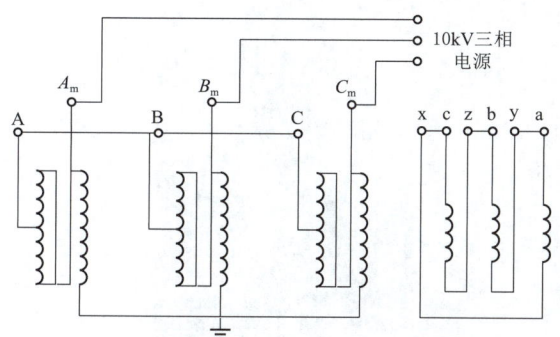

图 2-1-19-97 现场短路接线示意图

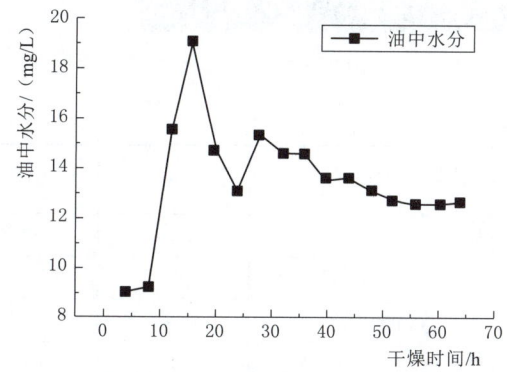

图 2-1-19-98 油中水分与干燥时间关系

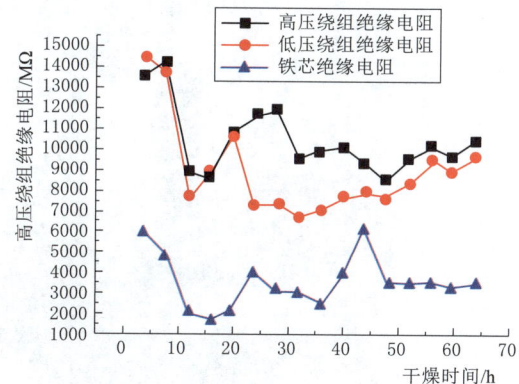

图 2-1-19-99 绝缘电阻与干燥时间关系

点聚焦于少数非正常状态的设备,提升运维工作针对性。

1. 变压器状态评估过程

(1) 变压器铭牌参数。主变压器铭牌参数见表 2-1-19-89。

(2) 现场勘查及变压器运行历史的回顾。

1) 主变压器 2006 年投入运行,2008 年进行过一次返厂大修。

2) 该变电站共 2 台主变压器,其中高压侧和中压侧并列运行,低压侧分列运行,此主变压器高压侧中性点采用直接接地的方式进行。

3) 主变压器中压侧曾经遭受短路冲击 1 次,故障电流 5850A,持续时间 480ms。

4) 目前变压器运行状态正常。

(3) 变压器的外观照片。主变压器的外观照片如图 2-1-19-100 和图 2-1-19-101 所示。

(4) 主变压器诊断性试验情况。

1) 主变压器油色谱数据。主变压器油色谱数据见表 2-1-19-90。

最近两次主变压器油色谱试验数据及产气速率计算见表 2-1-19-91。

2) 主变压器绕组连同套管电容量试验。主变压器绕组连同套管电容量试验数据见表 2-1-19-92。

3) 主变压器低电压短路阻抗试验。主变压器低电压短路阻抗试验数据见表 2-1-19-93。

八、变压器状态综合评估案例分析

(一) 基于故障风险的电力变压器群组状态评估

基于变压器的容量、价值、日常负荷率、高峰负荷率、负荷重要度、有无备用等因素,给出参与评估的变压器中的每一台重要度 X 值,X 值与变压器的重要性呈正相关。同时,基于变压器的基本参数、运行历史、检修试验等数据,综合对机械、电气、绝缘及附件老化的评判结果,得出该变压器当前的总失效风险(TROF)Y 值,Y 值与变压器的劣化程度呈正相关。计算出某台变压器的重要度和总失效风险以白色点 (X, Y) 的形式显示在"基于 ROF 重要性"仪表盘上,在仪表盘限定的健康区域被评估为"正常状态""关注状态"或"异常状态",从而可以帮助运维人员将关注重

表 2-1-19-89　　　　　　　　　　　　主变压器铭牌参数

型　号	SFPSZ9-120000/220	制造厂	某变压器公司
生产日期	2006 年 5 月	投运日期	2006 年 9 月
出厂序号	06001	联结组别	YNyn0yn0+d11
冷却方式	ODAF	电压组合/kV	220±8×1.25%/121/38.5/10.5
阻抗电压/%	高-中：13.20 高-低：23.37 中-低：8.34	额定电流/A	高压：314.9 中压：572.6 低压：1799.5
空载损耗/kW	97.600	负载损耗/kW	高-中：450.982 高-低：462.523 中-低：354.605

图 2-1-19-100　主变压器

图 2-1-19-101　主变压器渗油

表 2-1-19-90　　　　　　　　　　　主变压器油色谱数据

取样日期 /(年-月-日)	2019-1-3	2019-4-18	2019-7-2	2019-10-9	2020-1-14	2020-4-9	2020-7-28
H_2/(μL/L)	27	23.8	20.7	21.3	17.8	23.4	19.4
CO/(μL/L)	231.5	223	201.5	217.8	165	199.4	190.5
CO_2/(μL/L)	778.4	880	918.1	905.6	845	754.5	1003.6
CH_4/(μL/L)	93.2	95.2	89.2	88.5	82.2	101.4	103.1
C_2H_6/(μL/L)	45.9	50.1	46.2	47.8	47.1	60.9	50.6
C_2H_4/(μL/L)	91.3	98.6	92.2	91.7	87.8	112.6	98.2
C_2H_2/(μL/L)	0	0	0	0	0	0	0
总烃/(μL/L)	230.5	244	227.5	228	217.1	274.9	251.9
上层油温/℃	10	22	33	28	12	18	35
取样部位	下部	下部	下部	下部	下部	下部	下部

表 2-1-19-91　　　　　　　最近两次油色谱试验数据及产气速率表

气体组分	试验日期/(年-月-日)		产气速率	
	2020-4-9	2020-7-28	绝对产气速率/(mL/d)	相对产气速率/(%/月)
氢气 H_2/(μL/L)	23.4	19.4	−1.64	−4.66%
一氧化碳 CO/(μL/L)	199.4	190.5	−3.64	−1.22%

续表

气体组分	试验日期/(年-月-日)		产气速率	
	2020-4-9	2020-7-28	绝对产气速率/(mL/d)	相对产气速率/(%/月)
二氧化碳 CO_2/($\mu L/L$)	754.5	1003.6	101.97	9.00
甲烷 CH_4/($\mu L/L$)	101.4	103.1	0.70	0.46
乙烷 C_2H_6/($\mu L/L$)	60.9	50.6	-4.22	-4.61
乙烯 C_2H_4/($\mu L/L$)	112.6	98.2	-5.89	93.49
乙炔 C_2H_2/($\mu L/L$)	0	0	0.00	0
总烃/($\mu L/L$)	274.9	251.9	-9.41	-2.28

表 2-1-19-92　　绕组连同套管电容量试验数据

数值部位	出厂试验（2006年5月15日）C_x/nF	交接试验（2008年7月18日）C_x/nF	例行试验（2016年9月2日）C_x/nF	诊断试验（2021年3月18日）C_x/nF	电容初值变化率/%
高压-其他	15.590	15.910	16.07	16.09	1.13
中压-其他	22.730	22.940	23.03	23.06	0.52
低压-其他	29.130	29.370	29.46	29.71	1.16
平衡-其他	35.650	35.900	35.96	36.06	0.45

表 2-1-19-93　　低电压短路阻抗试验数据

测试位置	Z_k（铭牌）/%	Z_{AX}/%	Z_{BY}/%	Z_{CZ}/%	ΔZ_{AX}/%	ΔZ_{BY}/%	ΔZ_{CZ}/%	相间差/%	初值变化率/%
高-低	23.37	23.014	23.238	22.886	-1.52	-0.56	-2.07	1.54	-1.39
高-中	13.20	12.981	13.213	12.953	-1.66	0.10	-1.87	2.01	-1.14
中-低	8.34	8.3085	8.2745	8.2408	-0.38	-0.79	-1.19	0.82	-0.78

4) 主变压器绕组频率响应特性试验。主变压器绕组频率响应特性试验相关系数数据见表 2-1-19-94～表 2-1-19-97，主变压器绕组频率响应特性曲线如图 2-1-19-102～图 2-1-19-105 所示。

表 2-1-19-94　主变压器高压侧绕组频率响应特性试验相关系数

相关系数 R_{xy}	低频率 RLF	中频率 RMF	高频率 RHF
OB1001-OA1001	1.325	1.648	0.654
OC1001-OA1001	2.418	1.791	0.500
OC1001-OB1001	1.241	1.573	1.070

表 2-1-19-95　主变压器中压侧绕组频率响应特性试验相关系数

相关系数 R_{xy}	低频率 RLF	中频率 RMF	高频率 RHF
OB-OA	0.897	1.260	2.478
OC-OA	2.235	1.409	1.979
OC-OB	0.927	0.969	2.100

表 2-1-19-96　主变压器低压侧绕组频率响应特性试验相关系数

相关系数 R_{xy}	低频率 RLF	中频率 RMF	高频率 RHF
OB-OA	0.769	0.016	0.069

续表

相关系数 R_{xy}	低频率 RLF	中频率 RMF	高频率 RHF
OC-OA	1.231	0.146	0.647
OC-OB	1.166	0.338	0.172

表 2-1-19-97　主变压器平衡绕组频率响应特性试验相关系数

相关系数 R_{xy}	低频率 RLF	中频率 RMF	高频率 RHF
BC-AB	0.768	-0.033	0.552
CA-AB	0.805	0.056	0.530
CA-BC	1.312	0.182	1.844

2. 主变压器状态诊断评估结果分析

(1) 变压器资产健康中心（AHC）分析结果。主变压器资产健康概况如图 2-1-19-106、表 2-1-19-98 所示。

表 2-1-19-98　主变压器的失效风险表

风险类型	失效风险	风险类型	失效风险
附件	0.32	其他	0
绝缘	0.12	短路	0.01
高温	0.37		

从"基于 ROF 重要性"仪表盘来看，主变压器重要度

第一章 电力变压器异常与事故处理案例

为100，总失效风险为0.82；主变压器的健康分值落点（重要度，总失效风险）落在"基于ROF重要性"仪表盘上介于绿色和橙色区域之间，说明主变压器当前的健康状况介于"正常状态"和"关注状态"之间。

从失效风险表来看，主变压器附件、短路、绝缘、过热、其他的分数分别为0.32、0.01、0.12、0.37、0.0；风险分布情况表明过热风险相对较大。

通过系统评估结果发现存在油中溶解气体/大卫三角形法故障诊断异常的问题。

（2）现场试验数据分析结果。

1）变压器油中溶解气体数据分析。将主变压器2008—2020年的油中溶解气体数据作为评估参数，绘制趋势图，图中绿色到红色的色阶代表正常、注意、异常、严重，如图2-1-19-107～图2-1-19-114所示。

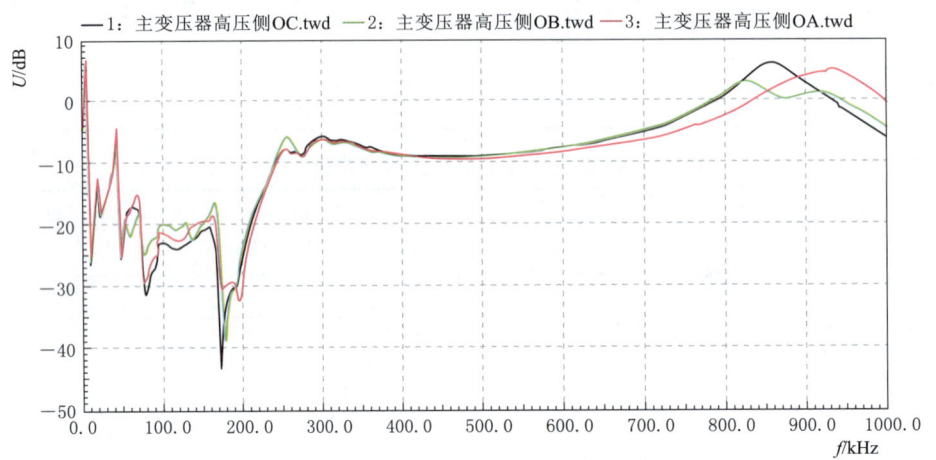

图2-1-19-102　主变压器高压侧绕组频率响应特性曲线

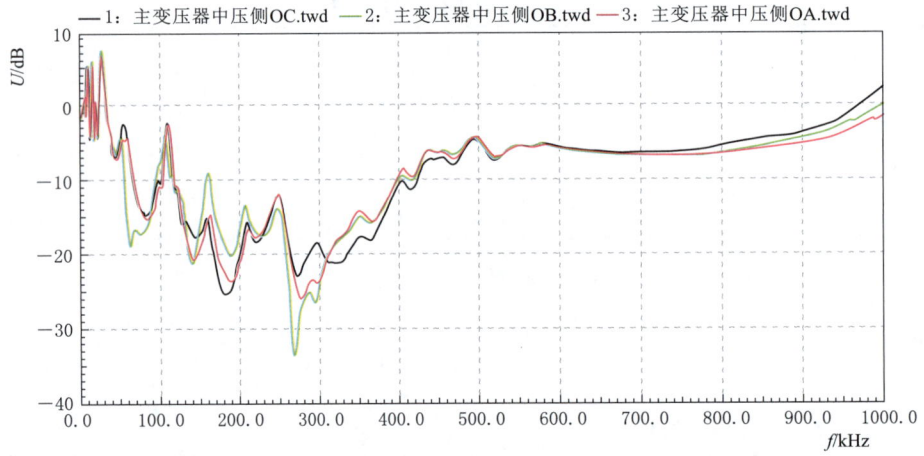

图2-1-19-103　主变压器中压侧绕组频率响应特性曲线

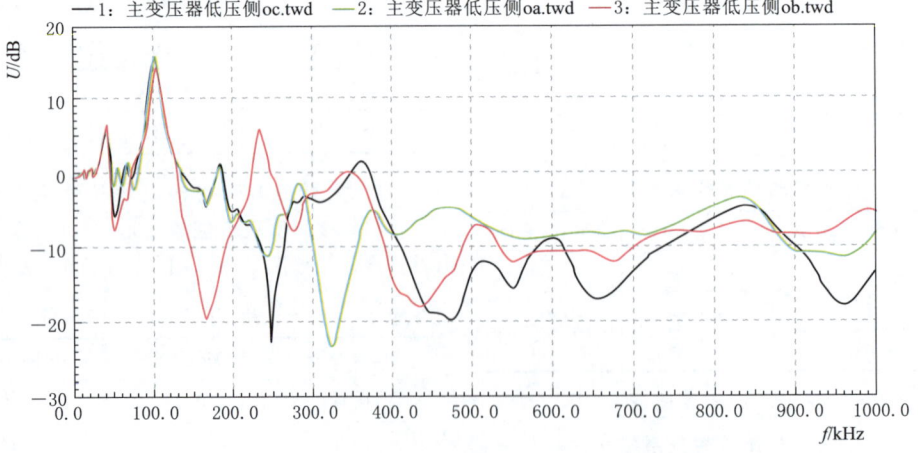

图2-1-19-104　主变压器低压侧绕组频率响应特性曲线

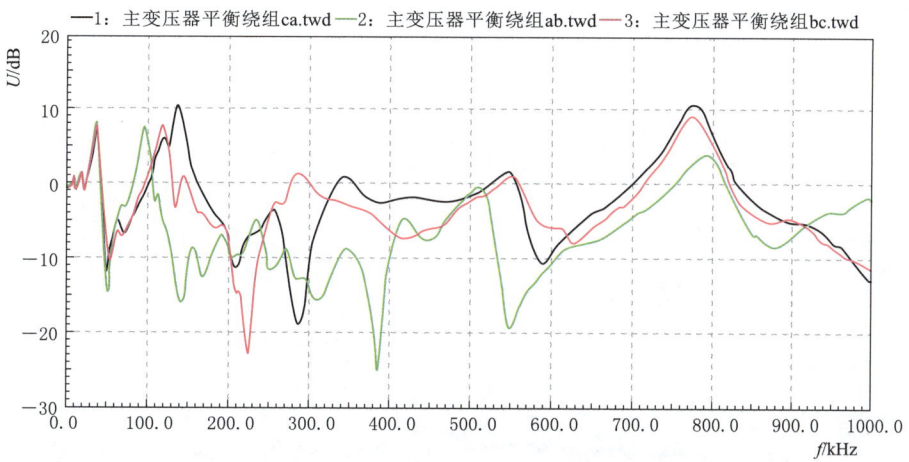

图 2-1-19-105 主变压器平衡绕组频率响应特性曲线

图 2-1-19-106 主变压器的"基于ROF重要性"仪表盘信息

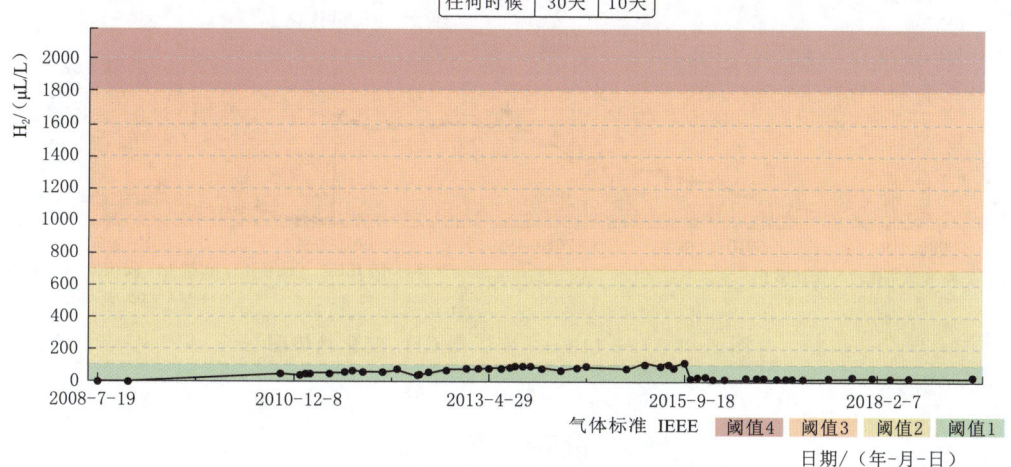

图 2-1-19-107 主变压器 H_2 离线数据变化趋势图

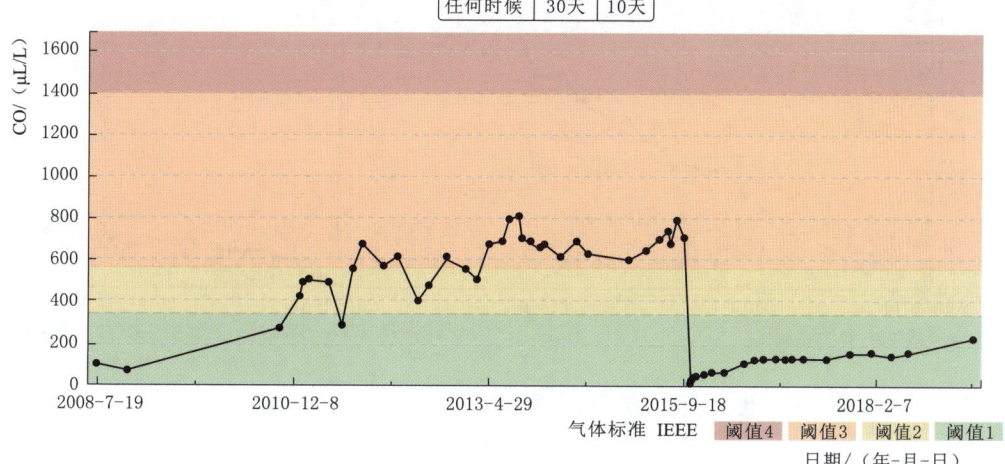

图 2-1-19-108 主变压器 CO 离线数据变化趋势图

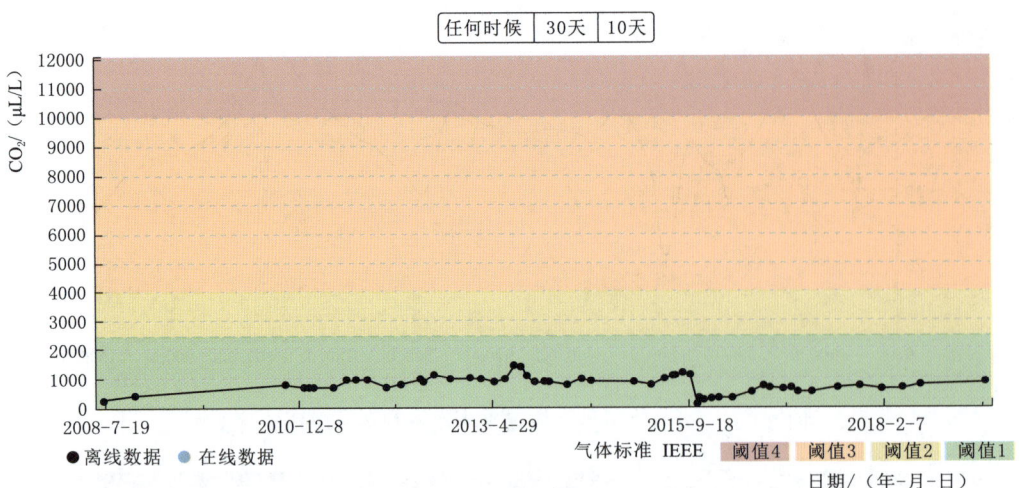

图 2-1-19-109　主变压器 CO_2 变化趋势图

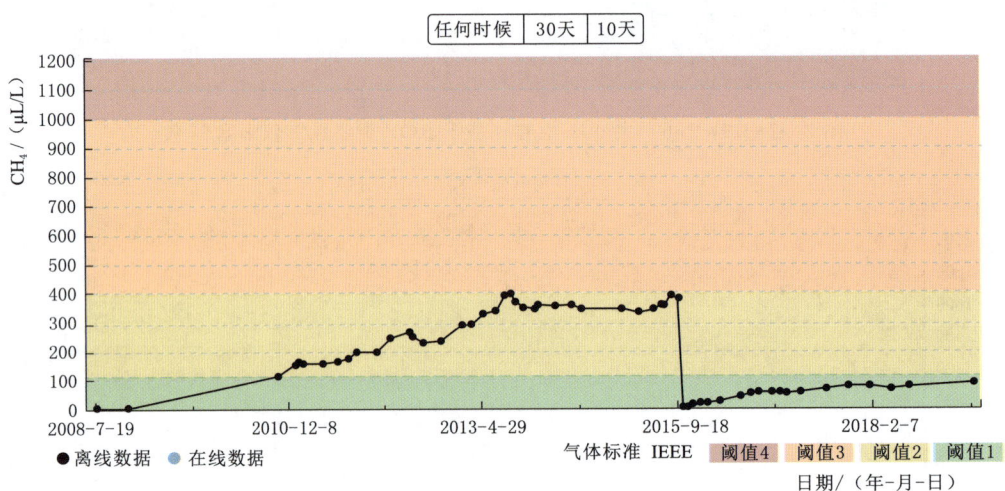

图 2-1-19-110　主变压器 CH_4 变化趋势图

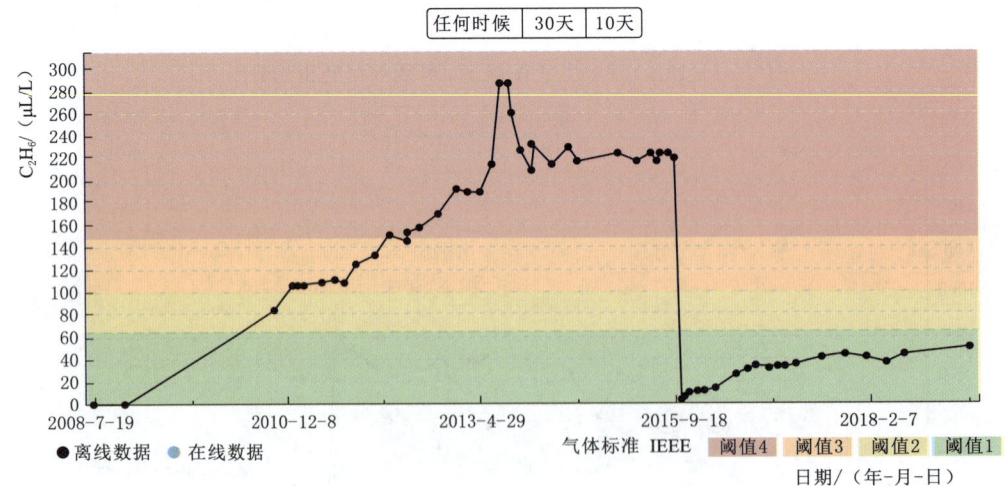

图 2-1-19-111　主变压器 C_2H_6 变化趋势图

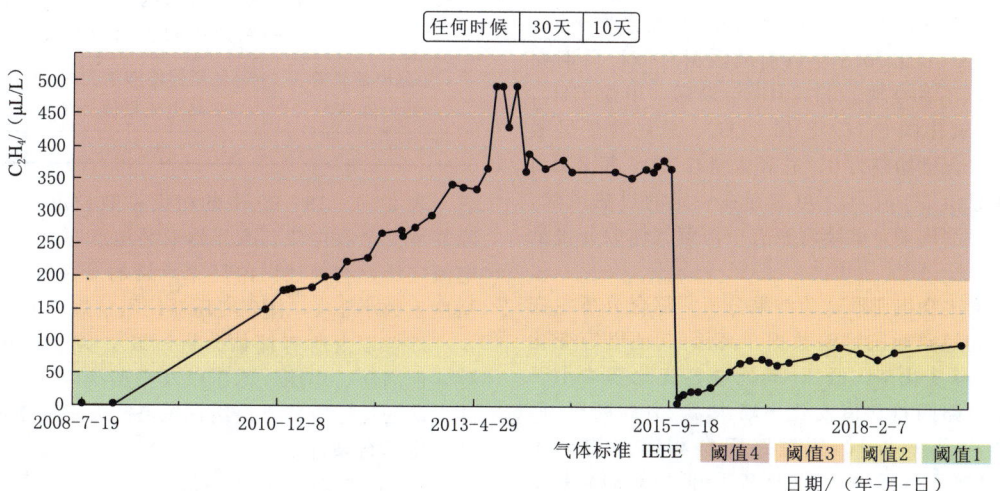

图 2-1-19-112　主变压器 C_2H_4 离线数据变化趋势图

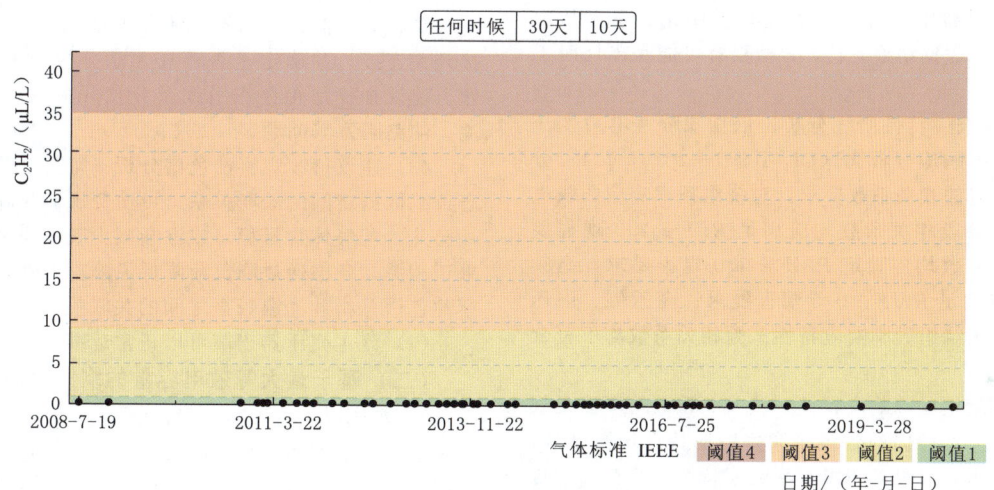

图 2-1-19-113　主变压器 C_2H_2 离线数据变化趋势图

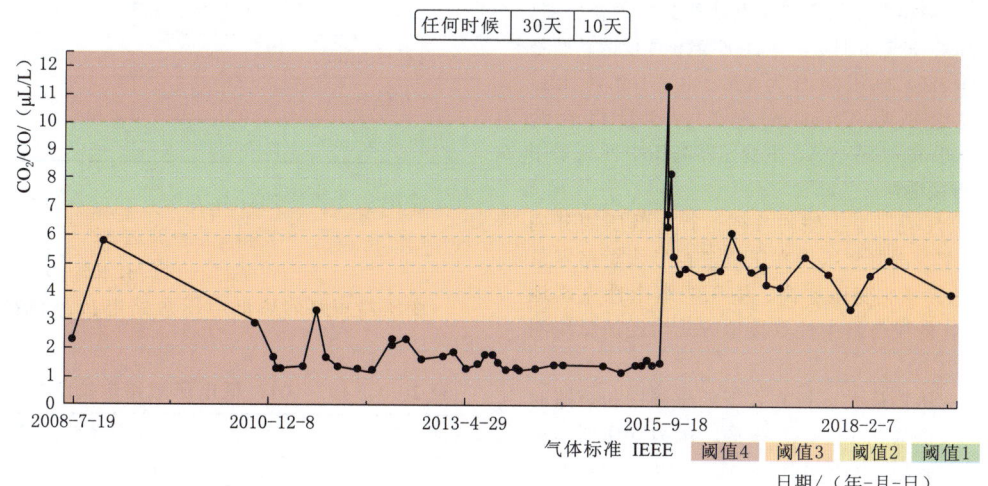

图 2-1-19-114　主变压器 CO_2/CO 离线数据变化趋势图

主变压器2020年7月28日（最近一期）的数据的油中溶解气体组分含量总烃均超过150μL/L标准，其余均在合理范围以内。所有数据在2015年10月12日后均急剧下降，由变压器滤油引起，因此2015年以前的数据对分析后期变压器状态无意义，不作参考。自2015年以后，甲烷CH_4、一氧化碳CO、二氧化碳CO_2、乙烯C_2H_4、总烃含量呈缓慢上升趋势，乙炔含量始终为0，总烃含量自2016年8月4日以后均超过注意值150μL/L，可能存在一定的过热风险，应在必要时缩短检测周期，继续观察有中溶解气体组分含量是否继续增长。

2) 电容-电抗法绕组变形试验结果分析。综合分析主变压器电容量试验和短路阻抗试验数据，高压-其他电容变化率，中压-其他电容变化率，低压-其他电容变化率均小于3%；高压-低压短路阻抗初值变化率略大于2%，高压-低压、高压-中压以及中压-低压短路阻抗相间差均小于2.5%。试验中出现了高压-中压以及高压-低压短路阻抗B相值均大于其他两相的现象，查阅历史试验数据发现，2016年该项试验数据即存在B相值大的情况，可以得到B相短路阻抗值大与2020年发生的变压器短路冲击无关的结论，因此也就无法得到高压绕组B相有变形的结论。参考从出厂以来的所有试验数据结果分析，B相很可能是出厂时工艺上的误差导致。

3) 绕组频率响应特性曲线分析。依据规程《电力变压器绕组变形的频率响应分析法》(DL/T 911—2016) 7.1 "分析判断原则"规定的相关系数要求，对绕组频率响应曲线进行横向比较，低频段相关系数均应满足$RLF≥2.0$规程要求，中频段相关系数均应满足$RMF≥1.0$规程要求，高频段相关系数均应满足$RHF≥0.6$规程要求；高压侧、中压侧、低压侧和平衡绕组频率响应特性试验相关系数均不符合标准要求。

本次试验各绕组频率响应特性试验相关系数均不满足规程要求，参考出厂试验时的各绕组频率响应特性试验结果，也不满足规程要求，可见各绕组频率响应特性并非在运行过程中变差。且绕组频率响应特性试验灵敏度较高，不同时间地点和周围环境对试验结果有巨大影响，误差较大，因此不将本次频率响应特性试验结果作为评估的依据。

(3) 变压器抗短路能力评估。该变电站内2台主变压器，其中，该主变压器于2006年5月生产，2006年9月投运。型号为SFPSZ9-120000/220，电压组合为220±8×1.25%/121/38.5/10.5kV，连接组别为YNyn0yn0+d11，容量组合为120000/120000/120000/36000kV·A，主变压器高压中性点采用直接接地的方式进行接地。

2台主变压器高压侧、中压侧均并列运行，低压侧分列运行。最大运行方式下该主变压器高压侧三相母线短路容量为2403.819MV·A。该主变压器高、中压绕组中性点接地方式均为直接接地，低压绕组中性点接地方式为经消弧线圈接地。

经计算，该主变压器最大运行方式下低压侧三相短路时的短路电流计算最大值为9.156kA。按照《电力变压器 第5部分：承受短路的能力》(GB/T 1094.5—2008)中对变压器绕组抗短路能力评估的计算方法，得到变压器出口三相短路的计算最大短路电流为7.700kA。通常国内厂家承诺的绕组能承受的最大短路电流的最低裕度系数为1.8，可认为变压器低压侧绕组能够承受的短路电流限值为13.860kA，抗短路能力裕度系数为1.514，满足要求。计算结果见表2-1-19-99。

表2-1-19-99 低压绕组的短路电流与能够承受的短路电流限值比较结果

短路电流计算最大值/kA	变压器能够承受的短路电流限值/kA	裕度系数
9.156	13.860	1.514

表2-1-19-99中的裕度系数设定为主变压器绕组实际能承受最大电流与变压器安装地点的流过绕组的最大短路电流之比，与前述国内厂家承诺的短路电流裕度系数不同。裕度系数小于1，代表变压器绕组抗短路能力不足。

综合以上所有评估分析，该主变压器可能存在过热风险，但高压、中压、低压以及平衡绕组未发现变形的情况，在目前的运行方式下绕组抗短路能力基本满足要求，具备长期稳定运行条件。

3. 主变压器状态评估的建议

(1) 经过综合评估，该主变压器当前的健康状况介于"正常状态"和"关注状态"之间。

(2) 建议在风冷改造时彻底检查冷却系统（风扇、阀门、泵、散热器、冷却器、油保护系统等）、检查导线及分接开关连接，并确定是否存在无载分接开关接触不良的问题。建议查找是否存在引线及分接开关的连接以及铁芯环流、油路阻塞等问题。

(3) 建议持续观察油色谱分析（尤其是总烃含量）和动态负载数据之间的关联关系。可使变压器在降低负载下运行一会儿，若气体含量稳定或逐渐减少表明与负载有关联。如果正相关，考虑通过降负荷降低风险。另外，也可以持续观察油色谱分析和油温数据之间的关联关系。

(4) 该主变压器当前可以正常运维。

（二）基于最大等效电容量的绕组辐向变形程度评估

1. 实例1

变压器型号为SFSZ9-40000/110，电压组合为110±8×1.25%/38.5/10.5kV，绕组主要设计参数见表2-1-19-100。

表2-1-19-100 实例1变压器主要设计参数

参 数	低压绕组	中压绕组	高压绕组
内直径/mm	684	832	1030
外直径/mm	794	960	1165
几何高度/mm	775	775	760

应用7.3节所述计算方法，经计算可得

$$x_{高-中} = 9.95\Delta Z_K \quad (2-1-19-71)$$

$$x_{高-低} = 41.32\Delta Z_K \quad (2-1-19-72)$$

变压器短路前后低电压短路电抗测试结果见表2-1-19-101。

表2-1-19-101 低电压短路电抗测试结果

测试位置	ΔZ_{KA}	ΔZ_{KB}	ΔZ_{KC}	测试位置	ΔZ_{KA}	ΔZ_{KB}	ΔZ_{KC}
高-中	0.065	0.006	0.077	高-低	0.017	0.001	0.011

由表2-1-19-101可见，高压-中压绕组对的A相与C相短路电抗偏差均超出《电力变压器绕组变形的电抗法检测判断导则》(DL/T 1093—2018)规定的0.025的判断标

准，高压-低压绕组对的短路电抗偏差均未超出 0.025 的判断标准，按式（2-1-19-71）的进行计算，中压绕组变形程度见表 2-1-19-102，按式（2-1-19-72）进行计算，低压绕组变形程度见表 2-1-19-103。

表 2-1-19-102　中压绕组变形程度计算结果

相别	A	B	C
变形程度/%	64.5	6.4	76.5

表 2-1-19-103　低压绕组变形程度计算结果

相别	A	B	C
变形程度/%	70.2	4.1	45.5

可见，按《电力变压器绕组变形的电抗法检测判断导则》（DL/T 1093—2018）规定的判断标准，高压-低压绕组对的短路阻抗测试结果未超出其规定的注意值要求。按作者提出的计算方法，低压绕组 A 相变形程度已达到其最大变形量 70.2%，属于严重变形，低压绕组 C 相变形程度已达到其最大变形量的 45.5%，属于显著变形。变压器返厂解体检修结果如图 2-1-19-115～图 2-1-19-118 所示。

图 2-1-19-115　A 相中压绕组辐向变形

图 2-1-19-116　C 相中压绕组辐向变形

2. 实例 2

变压器型号为 SFSPZ9-150000/220，电压组合为 220±8×

图 2-1-19-117　A 相低压绕组辐向变形

图 2-1-19-118　C 相低压绕组辐向变形

1.25%/121/38.5/10.5kV，容量组合为 150000/150000/75000/45000kV·A，绕组主要设计参数见表 2-1-19-104。

表 2-1-19-104　实例 2 变压器主要设计参数

参数	低压绕组	高压绕组	参数	低压绕组	高压绕组
内直径/mm	938	1446	几何高度/mm	1810	1810
外直径/mm	1016	1638			

同实例 1，经计算可得：

$$x_{高-低} = 27.65\Delta Z_K \quad (2-1-19-73)$$

变压器低电压短路电抗测试结果见表 2-1-19-105。

表 2-1-19-105　低电压短路电抗测试结果

测试位置	ΔZ_{KA}	ΔZ_{KB}	ΔZ_{KC}
高-低	0.023	0.026	0.024

按式（2-1-19-73）的计算结果，低压绕组变形程度见表 2-1-19-106。

表 2-1-19-106　低压绕组变形程度计算结果

相别	A	B	C
变形程度/%	64.7	71.8	67.1

变压器返厂解体检修结果如图 2-1-19-119～图 2-1-19-121 所示。

图 2-1-19-119　低压 A 相辐向变形

图 2-1-19-120　低压 B 相辐向变形

图 2-1-19-121　低压 C 相辐向变形

第二章

电力互感器异常与事故处理案例

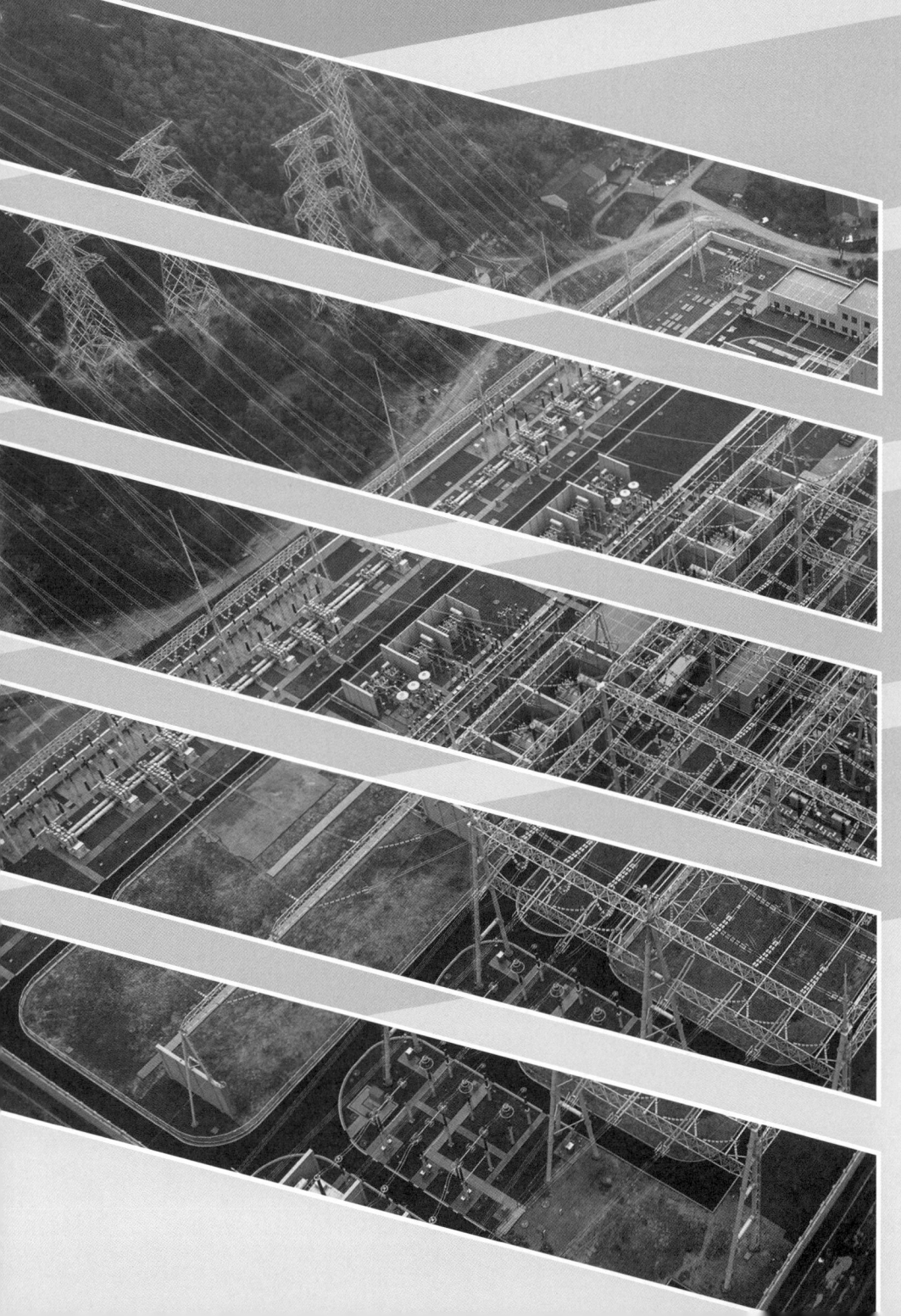

互感器包括电压互感器和电流互感器，在运行中，其异常现象和故障时有发生。异常现象多种多样，常见故障如表 2-2-0-1 所示。

表 2-2-0-1　　　　　　　　　　　　互感器常见故障及处理方法

故障种类		原因	危害	处理方法
电流互感器二次开路		电流引线接头松动，端子损坏等	将一次侧安匝全部用于励磁，铁芯高度磁饱和、损耗、温度剧增。二次绕组产生高电压，危及人身和绝缘	(1) 按表计指示，判断是仪表级还是保护级二次开路； (2) 手戴绝缘手套，用钳形表测各相电流值并进行比较； (3) 逐段将回路短接测量回路电流，找出故障点并进行处理
受潮		互感器进水	使变压器油工频火花放电电压下降，使油浸纸电气强度下降	(1) 更换绝缘油； (2) 必须真空处理，加热注油
放电	电晕放电	局部场强大	绝缘严重腐蚀、老化	将绝缘表面与铁芯间缝隙用防晕漆或半导体垫条塞紧
	局部放电	绝缘内部有气孔等缺陷	使绝缘介质逐步劣化，导致击穿	测局部放电量不大于 20pC（油浸式互感器），环氧绝缘放电量不大于 100pC
电压互感器铁磁谐振		在中性点不直接接地的 10～66kV 系统中，系统运行状态发生突变，铁芯磁饱和	铁芯磁通密度高，激磁电流大，二次侧将严重过电压而发热烧毁，严重者，将发生击穿爆炸	(1) 改善互感器的伏-安特性； (2) 调整系统的容抗与感抗，使 X_C/X_L 值脱离易激发铁磁谐振区； (3) 在开口三角并联非线性电阻，或在一次绕组中性点接入适当阻尼电阻
串联铁磁谐振		在 110～220kV 系统断路器均压电容与母线电磁式电压互感器产生谐振	过电压为 (1.65～3) P.U. 导致互感器损坏或爆炸	(1) 装设稳压消谐装置； (2) 避免用带断口电容器的断路器投切带电磁式互感器的空线

第一节　电磁式电压互感器引起的异常现象及其处理方法

一、接线错误引起的异常现象

（一）中性点不接地系统

在 35kV 及以下中性点不接地系统中，国内目前都是利用电磁式电压互感器开口三角构成的绝缘监察装置来监视系统的绝缘状况的，其接线及相量图如图 2-2-1-1 所示。

其工作原理是：当高压电网的绝缘正常时，由于电网三相电压对称，辅助二次绕组开口三角两端电压为零，即 $\dot{U}_{a'x'}=\dot{U}'_a+\dot{U}'_b+\dot{U}'_c=0$，绝缘监察装置不动作；当高压电网发生单相接地故障时，在辅助二次绕组开口三角两端将产生零序电压，此时，$\dot{U}_{a'x'}=\dot{U}'_a+\dot{U}'_b+\dot{U}'_c=3\dot{U}'_0 \neq 0$（$\dot{U}'_0$ 表示辅助二次绕组每相零序电压）。若 A 相完全接地，其相量图如图 2-2-1-2 所示，由相量图可求出 $U_{a'x'}=3U'_a$，即开口三角绕组两端的零序电压是辅助二次绕组在正常情况下相电压的 3 倍。

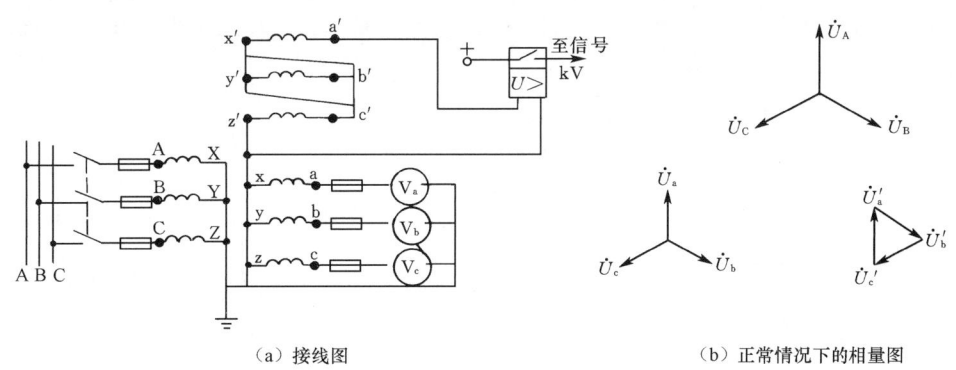

图 2-2-1-1　中性点不接地系统母线的电压测量与绝缘监察接线及相量图

通常，绝缘监察装置的电压整定值为 15～30V。若开口三角绕组两端的零序电压 $3U'_0$ 大于该整定值，则使绝缘监察装置发出接地信号。

由于上述绝缘监察装置是根据中性点不接地系统中发生单相接地时在开口三角绕组两端出现零序电压的原理工作的，而实际电网中除单相接地外，还有多种原因如铁磁谐振、耦合传递等都会使开口三角绕组两端出现零序电压，并可能导致绝缘监察装置动作。由于此时系统并没有真正接

第二章 电力互感器异常与事故处理案例

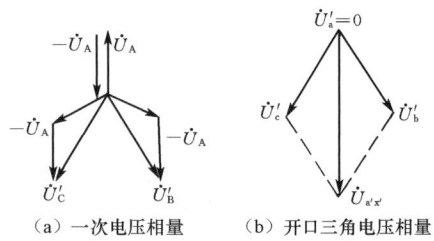

图 2-2-1-2 A相接地时的相量图

（a）一次电压相量　　（b）开口三角电压相量

地，而装置却发出了接地信号，所以称之为"虚幻接地"。本部分仅对由电磁式电压互感器接线错误引起的"虚幻接地"及其他异常现象进行分析，并指出处理方法。

接线错误引起的异常现象在现场时有发生。例如吉林、辽宁、安徽、湖南等地都曾出现过，它给运行人员迅速分析、判断故障带来一定的困难，所以研究这类异常现象具有实际意义。

常见的异常现象如下：

（1）绝缘监视用电压表中性点没有直接接地，而是经开口三角绕组接地，如图2-2-1-3（a）所示。

正常运行时，电压互感器二次侧三相电压对称，开口三角绕组两端电压为零。由于电压表作星形连接，虽然中性点经开口三角绕组接地，但是每块电压表测得的仍然是实际的相电压。

然而，若系统发生单相接地如A相接地，显然，A相对地电压为零。由图2-2-1-3（a）可知，a相电压表V_a测得的电压即为开口三角绕组两端的电压$U_{a'x'}$。由于系统一次侧接地时开口三角绕组两端的电压为100V，所以，电压表V_a的指示值即为100V所对应的电压值，此值较正常时为高，实属异常。对于b、c两相电压可由图2-2-1-3（b）所示的错误接线下的相量图求出。

在相量图（按副边实际电压计算）中

$$U_b = U_c = 100V \quad U_{a'x'} = 100V$$

则
$$U''_b = U''_c = 2 \times 100 \times \cos 75° = 52(V)$$

即
$$U''_b = U''_c < 100/\sqrt{3} = 57.74(V)$$

由此可见，这种接法在系统发生单相接地时，绝缘监视电压表的读数与正常运行时相比则是一相升高（实际的接地相）、两相降低（非接地相），并可能发出接地信号。这样就给运行人员判断、分析故障带来了困难。

避免的方法是：接线后由专人进行认真检查，确认无误后方可投入运行。

（2）绝缘监视电压表中性点没有直接接地，而是经过开口三角绕组的某一相绕组接地，如图2-2-1-4所示。

这种接法的后果是在系统正常运行情况下，绝缘监视电压表的读数不是正常值，因而造成"虚幻接地"现象，分析如下：

电压表的中性点经开口三角绕组中的$c'z'$绕组接地，各电压表的数值可由图2-2-1-4所示相量图求得：

a相电压表V_a的读数

$$|\dot{U}''_a| = |\dot{U}_a - \dot{U}'_c| > U_a \text{（正常值）}$$

b相电压表V_b的读数

$$|\dot{U}''_b| = |\dot{U}_b - \dot{U}'_c| > U_b \text{（正常值）}$$

c相电压表V_c的读数

$$|\dot{U}_c - \dot{U}'_c| = |\dot{U}_c| - |\dot{U}'_c| \text{（正常值）}$$

所以，对正常情况而言，此时a、b两相电压升高，c相电压降低（容易被认为是c相接地）。下面再用数值来进行计算分析。若电网为6kV系统，则正常情况下

$$U_a = 6000/\sqrt{3} = 3464(V)$$
$$U_c = 6000/3 = 2000(V)$$

此时 $U''_b = U''_a$

$$= \sqrt{3464^2 + 2000^2 + 2 \times 3464 \times 2000 \times \cos 60°}$$
$$= 4788.2(V)$$

c相电压　　$U''_c = 3464 - 2000 = 1464$（V）

与现场的实测结果4800V和1500V基本相符。

避免的方法是：接线后由专人进行检查，确认无误后方可投入运行。

（3）辅助二次绕组极性接错。如图2-2-1-5所示，在中性点不接地系统中，绝缘监察装置的正确接线是开口三角绕组每相首尾依次相接串联成开口三角，正常情况下相量图是个闭合的三角形，即开口三角绕组两端电压为零。若一相接反，如图2-2-1-5（a）所示，则在系统正常的情况下，辅助二次绕组的相量如图2-2-1-5（b）所示。可见，此时开口三角绕组两端电压$U_{a'c'} = 2U_0$（U_0为辅助二次绕组在系统正常时每相绕组的相电压）。因此也会导致绝缘监察

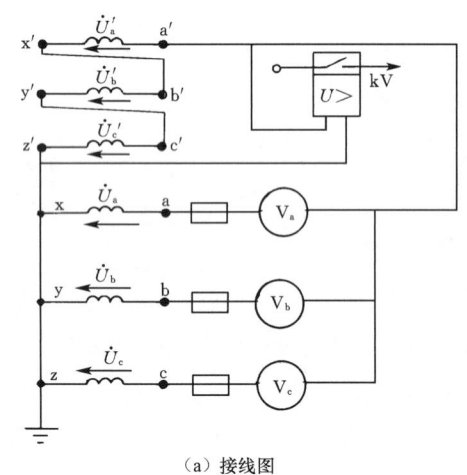

（a）接线图

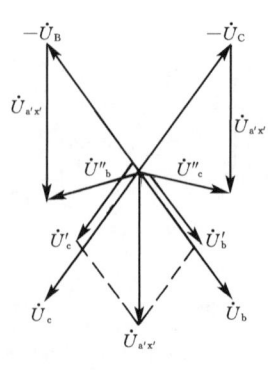

（b）相量图

图 2-2-1-3 错误接线之一

第一节 电磁式电压互感器引起的异常现象及其处理方法

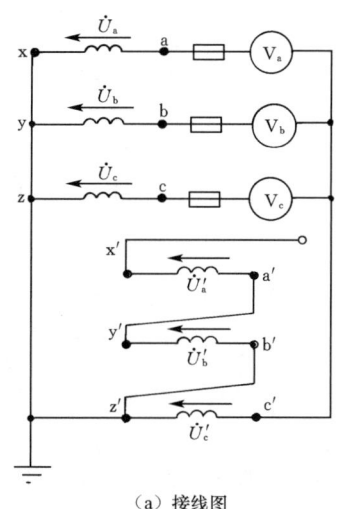

(a) 接线图

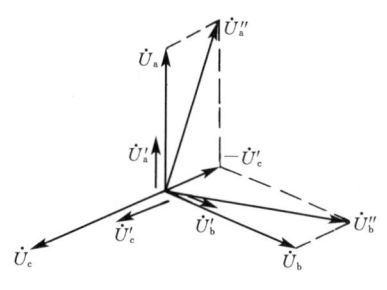

(b) 相量图

图 2-2-1-4 错误接线之二

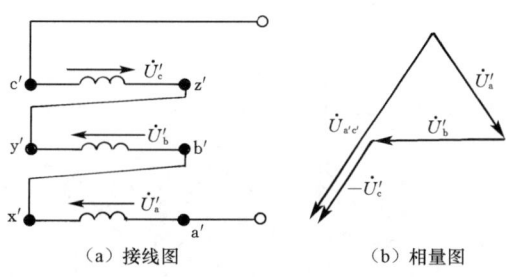

(a) 接线图   (b) 相量图

图 2-2-1-5 一相接反的接线图和相量图

装置动作而发出接地信号，出现"虚幻接地"现象。

避免的方法是：辅助二次绕组串接好后，测量开口三角绕组两端电压，系统正常情况下其电压为零则正确，反之接线错误。

(4) 误接二次线。在某 35kV 变电站的 10kV 电压互感器柜（GG-1A-54）中，电压互感器中性点是通过击穿保险器 FN 接地的，且 b 相的接地点 M 与击穿保险器 N 连接（用虚线表示），如图 2-2-1-6 (a) 所示。这种接线在投产运行时正常，但在运行中遇到雷电波的冲击后，却发生了烧毁事故。事故后误认为是电压互感器的质量问题，于是就更换损坏的电压互感器和击穿保险器，并投入运行。投运后无异常现象，但在线路遇到雷电袭击时，又发生了类似事故。

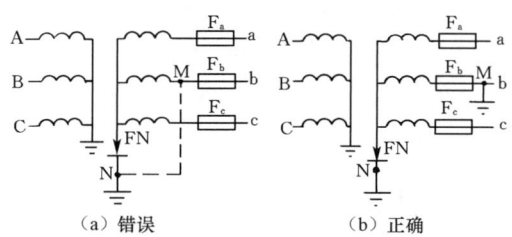

(a) 错误   (b) 正确

图 2-2-1-6 电压互感器的二次侧接线

分析表明，产生上述异常现象的原因是由于厂家误将击穿保险器的接地端与电压互感器二次侧 b 相接地点直接连接，而且 b 相接地点 M 置于绕组与熔断器 F_b 之间。对于这个接线，当击穿保险器击穿时，就形成了二次侧 b 相绕组直接短路，从而导致电压互感器烧损。

避免的方法是：将二次侧 b 相接地点 M 移至 b 相熔断器 F_b 外侧，如图 2-2-1-6 (b) 所示。且应定期检查击穿保险器，使其保持完好。

(5) 二次中性线未引出。某主变压器 10kV 侧电压互感器装有一只 BZ-22 型电压回路断线监察继电器，该继电器的原理接线如图 2-2-1-7 所示，继电器内有一只具有五个绕组的中间变压器 T。由该继电器的原理可知，当电网正常运行或发生相间短路故障时，中间变压器 T 的绕组 W_2、W_3、W_4 上只有正序和负序电压，此时 T 的磁导体内的合成磁通为零；当电网发生接地故障或电压互感器高压熔丝熔断时，电压互感器开口三角形侧出现的零序电压 $3U_0$ 将作用于 W_1 上，与作用于 W_2、W_3、W_4 上的零序电压 U_0 产生的磁通互相抵消，合成磁能仍为零，所以 W_5 上没有感应电势，执行元件 KM 不动作。只有电压二次回路一相或两相断线时，变压器 T 磁导体内的磁通不平衡，在绕组 W_5 上产生的感应电势使执行元件 KM 动作。

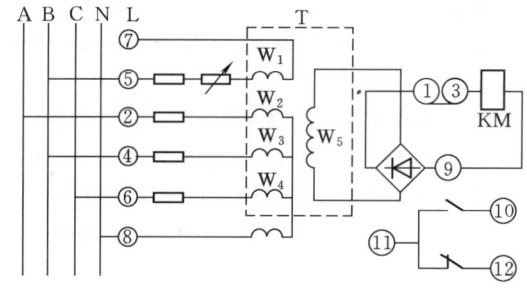

图 2-2-1-7 监察继电器原理接线图

一次该监察继电器在运行中发出信号，值班人员开始怀疑是电压互感器三次熔丝熔断，但很快被测三相线电压平衡这一结果所否定。后来在继电器上测量 A、B、C 三相对中性点的电压（即相电压）时，发现 B 相电压为 49V，而 A、C 相的电压为 68V。从以上测得的数据发现有中性点位移现象，但测开口三角形无输出。在该继电器上将中性点的进线断开后测量 A、B、C 三相对该继电器中性点的电压平衡，而对中性点进线的电压分别为 100V、0V、100V，至此即可判断出继电器的三相线圈正常，而问题是出在中性点进线上。将电压互感器停电检查，发现电压互感器二次侧中性点

703

只引出至火花间隙 F 而并未接到端子排（即在图 2-2-1-8 中划"×"处断开），也就是说引入继电器中性点的是一根很长的悬空线，且该线的绝缘已相当低（用 250V 绝缘电阻表已测不出对地绝缘）。将电压互感器中性点引出接至端子排后，断线信号即消失。同时还将中性线换用了绝缘较好的备用芯。

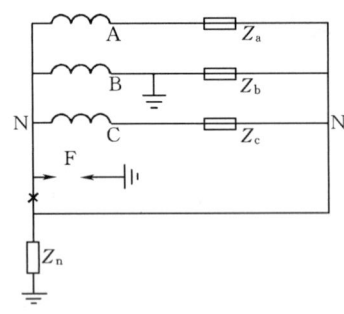

图 2-2-1-8 错误接线图

对误发信号的原因分析如下：

如图 2-2-1-8 所示，当电压互感器上中性点未接时，由三相四线制系统变为三相三线制系统。该电路等效于继电器中性点经阻抗 Z_n 接地，而电压互感器二次回路 B 相是接地的，即 Z_n 并接在继电器的 B 相阻抗 Z_b 上，使 B 相总阻抗减小，这就使中性点发生位移，导致 B 相电压降低，A、C 相电压升高。当在继电器上将中性点进线断开后，中性线完全脱离电压互感器二次回路及继电器，因继电器三相阻抗平衡，则在继电器上测量 A、B、C 三相对中性点电压时，三相电压平衡；而中性线绝缘低，近似于接地，即与二次回路 B 相等电位，所以此时 B 相对中性线的电压将变为 0，而 A、C 相对中性线的电压分别上升为 U_{ab}、U_{cb}。显然，Z_n 越小，在继电器上引起的三相电压不平衡程度将越严重；相反，Z_n 越大三相电压将越趋于平衡。这也就是某厂长期以来没有发现电压互感器中性点未引出这一缺陷的原因。

避免的方法是：将电压互感器中性点引出并可靠地接到端子排上。

（二）中性点直接接地系统

在中性点直接接地系统中，保护和测量用的电压互感器大多是单相串级电磁式的，其工作原理与一般单相变压器相似；但是，正常运行时，电压互感器的二次负载仅是仪表和继电器的电压线圈，其阻抗很大且不变化，通过的二次电流很小，接近于空载状态。串级式电压互感器的电压比为 $\dfrac{U_N}{\sqrt{3}} \bigg/ \dfrac{0.1}{\sqrt{3}} \bigg/ 0.1\text{kV}$，$U_N$ 为系统额定线电压。

现场常用的接线方式如图 2-2-1-9、图 2-2-1-10 和图 2-2-1-11 所示。但是，由于在检修和试验时，均需将二次端子从本体拆下，待工作结束后恢复。在拆接二次端子的过程中，如果工作人员没有做好标记或稍有疏忽，就可能将二次端子接错，或使接线板上邻近的两接线鼻碰到一起，无论哪种情况，都会使电压互感器二次电压或开口三角电压发生变化，轻者影响保护装置动作和仪表指示，重者烧坏二次引线、端子排或电压互感器，给电压互感器运行带来很大威胁。

电压互感器接错线及引起的异常现象如下：

（1）二次主、辅绕组首端接错。若电压互感器按图 2-2-1-9（a）接线，且图 2-2-1-9（b）端子箱二次端子排实际接线不变，但在恢复图 2-2-1-9 所示的二次接线板线头时，将 a 与 a' 互换接错，则 A 相二次主绕组在端子排处短路，$\dfrac{100}{\sqrt{3}}$V 的电压加在电压互感器二次主绕组和连线上，绕组短路阻抗经测试约为 0.6Ω，电压互感器到端子排连接线和各接头电阻约为 0.17Ω，回路总阻抗 Z 约为 0.77Ω，回路内流过的短路电流 $I = \dfrac{57.7}{0.77} \approx 75$（A）。因电压互感器二次主绕组导线为 3.2mm² 的漆包线，大于连接电缆截面积，且浸在油中，散热条件好，不易被烧坏，所以首先烧坏的是接头部位或连接线。

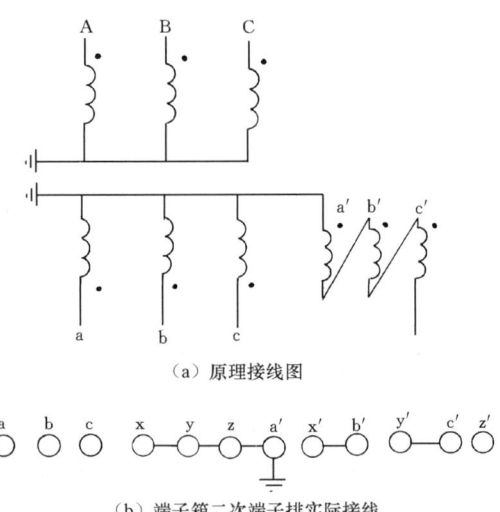

（a）原理接线图

（b）端子箱二次端子排实际接线

图 2-2-1-9 电压互感器辅助绕组顺接

若电压互感器按图 2-2-1-10（a）接线，且图 2-2-1-10（b）端子箱二次端子排实际接线不变，但在恢复图 2-2-1-11 所示的二次接线板线头时，将 a 与 a' 互换接错，则 A 相二次主绕组电压由原来的 $\dfrac{100}{\sqrt{3}}$V 升高为 100V，各相间电压变化如图 2-2-1-12 所示，U_{ab}、U_{ca} 变成了 $U_{a'b}$、$U_{ca'}$，电压由原来的 100V 升高为 138.2V，故一次相应的线电压表指示为 152V。

二次辅助绕组在正常情况下因各相电压相等，开口三角处无电压或有很小的不平衡电压。a、a' 换接后，U_a 变成了 $U_{a'}$，电压由 100V 降为 57.7V，在开口三角产生 42.3V 电压。

例如，某局按图 2-2-1-9 接线的 JCC-110 型电压互感器的端子箱和 A 相二次接线盒冒烟，检查原因是二次主、辅绕组首端互换接错，使二次绕组短路，导致 A 相电缆和端子排烧坏。

（2）二次主绕组首、尾两端子互换接错。电压互感器不论是按图 2-2-1-9 或图 2-2-1-10 接线，在恢复图 2-2-1-11 所示二次接线板线头时，若将 a 与 x 互换接错，则二次主绕组电压相量图如图 2-2-1-13 所示。线电压 U_{ab}、U_{ca}

第一节 电磁式电压互感器引起的异常现象及其处理方法

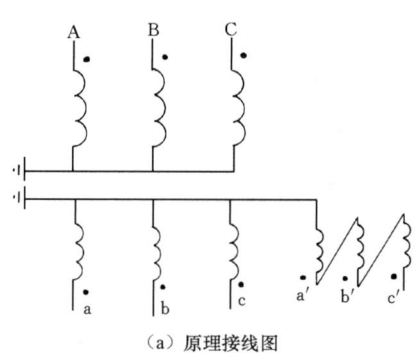

（a）原理接线图

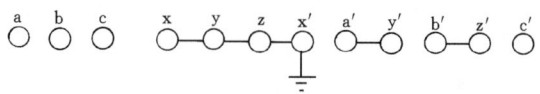

（b）端子箱二次端子排实际接线

图 2-2-1-10 电压互感器辅助绕组反接

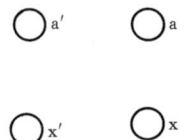

图 2-2-1-11 电压互感器 A 相二次接线板图

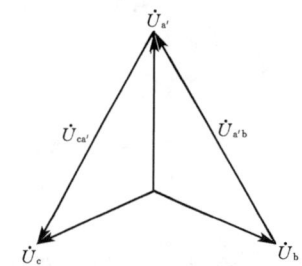

图 2-2-1-12 二次主绕组电压相量图
（a 与 a′ 互换接错）

由原来的 100V 降为 $\dfrac{100}{\sqrt{3}}$V，一次相应的线电压表指示由 110kV 降为 63.5kV，所有取 A 相电压的保护装置将受到影响。

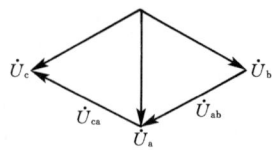

图 2-2-1-13 二次主绕组电压相量图

（3）二次辅助绕组首、尾端子互相接错。辅助绕组首、尾两端子互换接错后，其电压相量图如图 2-2-1-14 所示。这时开口三角绕组的电压为 2 倍单相电压，即 200V，对零序保护用的功率方向有影响，可能造成误动或拒动。

（4）二次主绕组首端与辅助绕组尾端互换接错。若电压互感器按图 2-2-1-9 接线，二次主绕组的线电压由原来

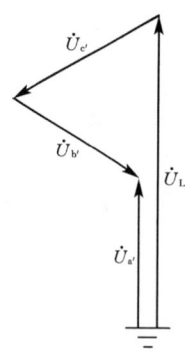

图 2-2-1-14 辅助绕组电压相量图

的 100V 降低为 86.6V，一次相应的线电压指示由原来的 110kV 变为 95.3kV，所有取自 A 相电压的保护装置将受到影响，可能造成带方向的保护误动或拒动。二次辅助绕组的相量也发生变化，这时开口三角绕组的电压为 57+100=157.7V，它对零序保护用的方向元件造成影响。

若电压互感器按图 2-2-1-10 接线，二次主绕组首端与辅助绕组尾端互换接错后，二次主绕组被短路，其结果与（1）相同。

（5）二次主、辅绕组首、尾两端均互换。二次主绕组的线电压 U_{ab}、U_{ca} 由 100V 升高为 138.2V，一次相应的线电压表指示由原来的 110kV 变为 152kV，二次主回路中与 A 相有关联的电压元件承受高于正常值的电压。同时辅助绕组开口三角出现 42.3V 的电压。例如某大修后送电的 110kV 母线电压互感器，就曾出现电压表指示到头，超过线电压数值的现象。经检查，发现是上述原因造成的。

（6）一次侧无熔断器保护，二次侧电缆接错。某发电厂 110kV 系统，中性点直接接地，母线电压互感器的接线如图 2-2-1-15 所示。

当母联断路器 QF 由电网给母线送电时，发现母线电压表 V 指示不正常，接的是 ac 线电压，但指示值却仅为相电压，即 $110/\sqrt{3}$kV。当进行检查时，就发现电压互感器 c 相已经冒烟、喷油。随即拉开 QF，但电压互感器的 c 相及二次侧电缆已经烧坏。究其原因是电压互感器 c 相二次出线的两根电缆芯接错了，如图 2-2-1-15（c）所示。它是由于查线后标记弄错造成的。显然，按图 2-2-1-15（c）接线，当 c 相电缆与中性点引出电缆发生短路时，如图 2-2-1-15（a）的 d 点所示，电压互感器 c 相绕组就被短路，由于其一次侧无高压熔断器保护，而短路点 d 又在自动空气开关 QA 的前面，故属于无保护区，在短路电流的长时间作用下，使电压互感器和二次电缆过热烧毁。电压互感器二次电缆的正确接线如图 2-2-1-15（b）所示。

避免上述异常现象的方法是：

1）工作人员要加强责任心。在电压互感器安装和检修工作中，拆接线端子时，要做好标记，恢复时应对号连接。

2）新装或检修试验后，电压互感器投运前一定要详细地检查二次接线，测量各相直流电阻，确认接线正确后再投入运行。

3）值班人员在对电压互感器充电时，要注意监视电压表的指示，发现异常迅速采取措施。

4）制造厂在生产过程中，要保证接线板背面线端间有足够的距离，防止形成短路。

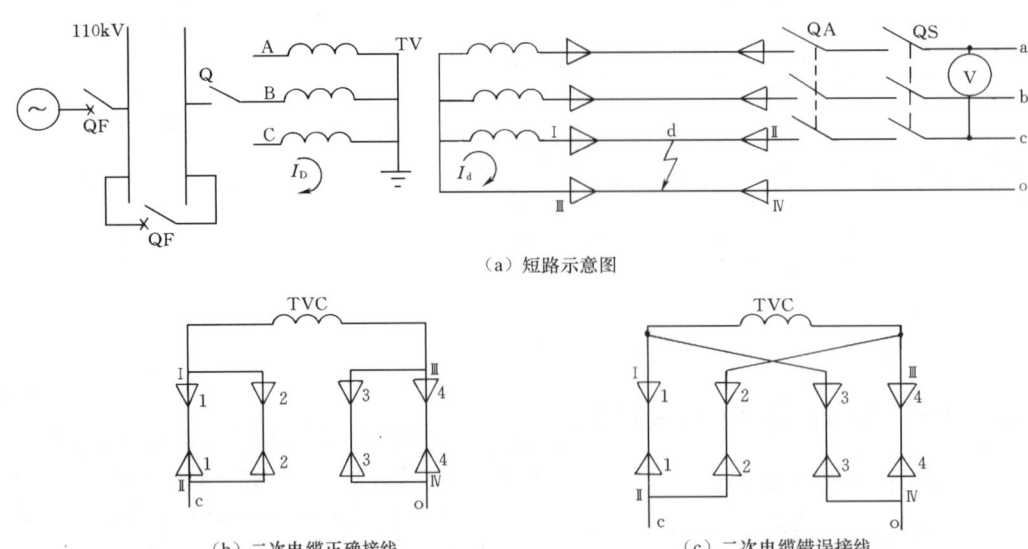

(a) 短路示意图

(b) 二次电缆正确接线　　　　(c) 二次电缆错误接线

图 2-2-1-15　电压互感器接线图

二、电磁式电压互感器励磁特性不同引起的异常现象

当采用三台单相电压互感器构成绝缘监察装置时，通常都选用三台同一厂家、励磁特性相同的单相电压互感器。但是，若选用不当，会出现下述异常现象。

1. 输出电压不平衡

例如，东北某钢厂曾用三台 JDZJ-6 单相三绕组电压互感器组成三相组做测量和保护用。当合闸时发现三相输出电压不一致，相差约 20%。但是，当用一台单相电压互感器分别接到 A、B、C 三相的电源上，所测量的电压却非常一致。可以认为是产品本身的问题。现场验证性试验表明，这个看法是正确的。

2. 虚幻接地现象

某单位曾用三个厂家生产的励磁特性不同（见图 2-2-1-16）的电压互感器构成绝缘监察装置，然而投入运行后出现"虚幻接地"现象。

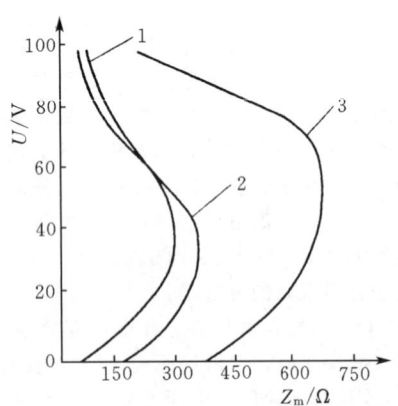

图 2-2-1-16　3 只互感器励磁特性
1—上海产品；2—大连产品；3—宁波产品

上述异常现象产生的原因是三台电压互感器的激磁阻抗不相等，相当于三相不对称负载，这样会使中性点产生位移，零序电压叠加在正序的电源电压上，造成各相负载电压不平衡；零序电压也会在辅助二次绕组中出现。当激磁阻抗差别不太大时，只能导致输出电压不平衡；当激磁阻抗差别较大，并使开口三角绕组两端的零序电压大于绝缘监察装置电压整定值时，就会使电压继电器动作，发出接地信号，从而造成"虚幻接地"现象。

避免的方法是：

(1) 制造厂首先从材料检验着手，使配套使用的电压互感器所采用的电工硅钢片的性能保持一致；其次在工艺上，使铁芯的加工方法保持一致，以确保配套使用的电压互感器励磁特性一致。

(2) 运行单位应选用励磁特性相同的电压互感器。一般来说，同一厂家、同一时期生产的电压互感器，其励磁特性基本是相同的。

三、电磁式电压互感器铁芯饱和引起的铁磁谐振现象

运行经验证明，在我国中性点绝缘、中性点经消弧线圈接地（但消弧线圈有临时脱离运行的可能）以及中性点直接接地（但接地有临时断开的可能）的 3～220kV 电网中，都曾发生过由于电磁式电压互感器铁芯饱和引起的铁磁谐振过电压。例如，江苏某 220kV 变电站因中性点临时不接地曾引起互感器的谐振过电压；东北电网某 154kV 经消弧线圈接地系统，曾因消弧线圈临时脱离运行引起互感器的谐振过电压；吉林省某电厂 35kV 中性绝缘系统，曾多次激发起互感器的谐振过电压；山东省某电厂的 6kV 中性点不接地的厂用系统，也曾发生过电磁式电压互感器引起的铁磁谐振过电压。其中以在中性点绝缘的配电网中出现的较为频繁，是造成事故最多的一种内部过电压，因为其他接地系统只有当它们变成中性点绝缘系统时才有可能发生这种过电压。

当这种过电压发生时，由于互感器的铁芯饱和，导致其绕组的励磁电流大大增加，严重时可达其额定励磁电流的百倍以上，从而引起互感器的熔断器熔断、喷油、绕组烧毁甚至爆炸；在有些情况下，这种过电压可能很高（最大为相电

压的 3.0 倍左右），引起绝缘闪络或避雷器爆炸。另外，当这种过电压发生时，还会出现虚幻接地现象，其实电网中并无接地的处所，这给运行值班人员造成错觉。总之，当发生这种过电压时，将会给电网的安全运行带来很大的威胁，因此引起电力系统的普遍重视。

（一）过电压产生的基本物理概念

电磁式电压互感器引起的铁磁谐振过电压，从本质上讲，是由于电磁式电压互感器的非线性电感与系统的对地电容构成的铁磁谐振所引起的。试验研究表明，当谐振发生时，中性点出现显著的位移，此时相电压将发生变动，而线电压却保持不变。因此，可以判定它具有零序分量的性质。

中性点绝缘系统、中性点经消弧线圈接地系统（但消弧线圈临时脱离运行）以及中性点直接接地系统（但接地临时断开）的电网实际接线如图 2-2-1-17 所示。

考虑到系统导线的阻抗较电压互感器的激磁阻抗小得多，可略之。而系统的线间电容及负载与此现象关系不大，其影响也不计。这样，图 2-2-1-17 所示电网接线图可用图 2-2-1-18 所示的等值电路来表示。

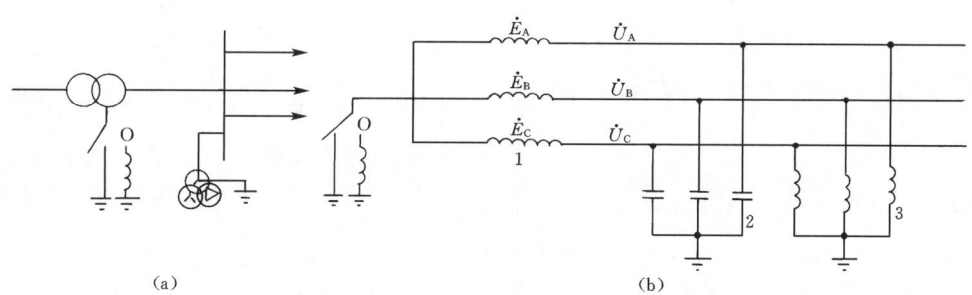

图 2-2-1-17 产生中性点位移现象的电网接线图
1—电源；2—导线或母线对地电容；3—电磁式电压互感器

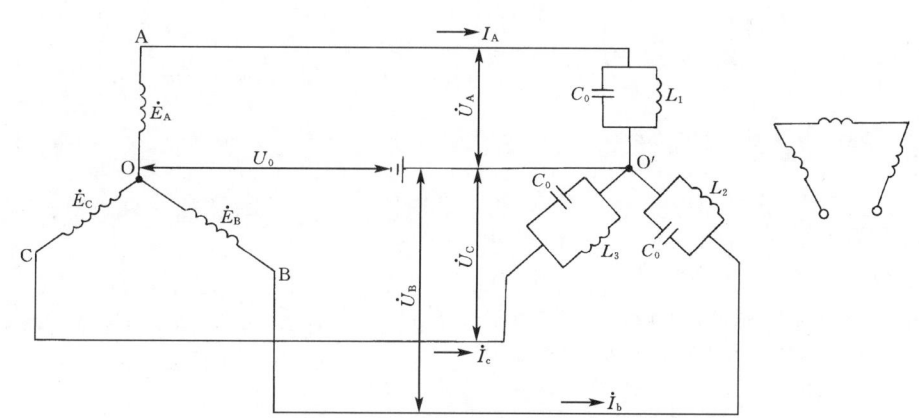

图 2-2-1-18 电磁式电压互感器引起铁磁谐振过电压的等值电路

$\dot{E}_A$、$\dot{E}_B$、$\dot{E}_C$—电源三相电势；$\dot{U}_A$、$\dot{U}_B$、$\dot{U}_C$—母线三相对地电压；C_0—导线或母线的对地电容（假定三相对地电容相等）；L_1、L_2、L_3—电压互感器各相对地电感；U_0—中性点位移电压

由图 2-2-1-18 可见，对每一相而言，都有一个由每一相对地电容 C_0 和每一相励磁电感构成的并联支路，并联支路的性质，由其伏安特性来确定。电容、电感及其并联后的伏安特性示于图 2-2-1-19 中。

由图可见：

在 Ⅰ 段，$I_C > I_L$，即并联支路是容性的，此时 $\frac{1}{\omega L_0} < \omega C_0$；

在 Ⅱ 段，$I_C < I_L$，即并联支路是感性的，此时 $\frac{1}{\omega L_0} > \omega C_0$。

正常运行时，互感器铁芯不饱和，所以并联支路处于容性状态。若令 $L_1 = L_2 = L_3 = L_0$，则并联后的各相导纳 Y_A、Y_B、Y_C 相等，即

$$Y_A = Y_B = Y_C = j\omega C_0 + \frac{1}{j\omega L_0}$$

因而不会出现中性点不稳定现象，也即中性点电位与地

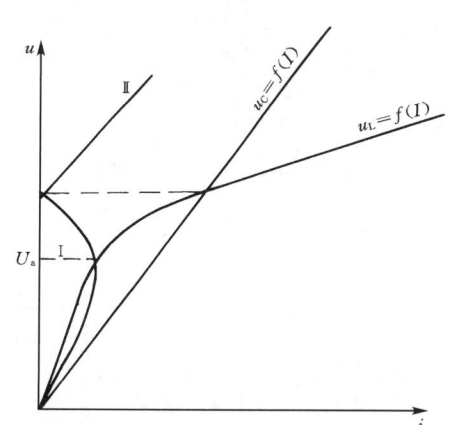

图 2-2-1-19 电感、电容及其合成伏安特性

电位是重合的。

当电网中发生某种冲击扰动时，铁芯电感因受到"激

发"而呈现不同程度的饱和，从而破坏了三相电路的对称性，即 $Y_A \neq Y_B \neq Y_C$。因此，中性点位移必然出现，而且位移电压可以是工频频率的，也可以是谐波频率的，形成所谓工频、分频或高频铁磁谐振过电压。

1. 工频位移过电压

设中性点位移电压为 $\dot{U}_0$；则 $\dot{U}_A = \dot{U}_0 + \dot{E}_A$，$\dot{U}_B = \dot{U}_0 + \dot{E}_B$，$\dot{U}_C = \dot{U}_0 + \dot{E}_C$。根据基尔霍夫电流定律，应有

$$\dot{I}_A + \dot{I}_B + \dot{I}_C = 0$$

即

$$(\dot{U}_0 + \dot{E}_A)Y_A + (\dot{U}_0 + \dot{E}_B)Y_B + (\dot{U}_0 + \dot{E}_C)Y_C = 0$$

由此可求得取中性点位移电压的一般数学表达式

$$\dot{U}_0 = -\frac{\dot{E}_A Y_A + \dot{E}_B Y_B + \dot{E}_C Y_C}{Y_A + Y_B + Y_C} \quad (2-2-1-1)$$

显然，当正常运行时 $\dot{U}_0 = 0$，电源中性点 O 具有地电位。若系统受到扰动，$Y_A \neq Y_B \neq Y_C$，则 $\dot{U}_0 \neq 0$，电源中性点 O 将有电位偏移，该电位偏移与各相电感的饱和程度密切相关。根据三相饱和程度的不同，可归纳为如下几种情况：

(1) 三相虽有不同程度的饱和，但各相仍为容性导纳。若分别用 C_A、C_B、C_C 表示并联支路的等值电容，则 $Y_A = j\omega C_A$，$Y_B = j\omega C_B$，$Y_C = j\omega C_C$，一般 $C_A \neq C_B \neq C_C$，饱和程度越高，等效电容值愈小。这样，式 (2-2-1-1) 可改写为

$$\dot{U}_0 = -\frac{\dot{E}_A C_A + \dot{E}_B C_B + \dot{E}_C C_C}{C_A + C_B + C_C} \quad (2-2-1-2)$$

由相量分析可知，只要三相导纳性质相同，中性点 O' 即在电压三角之内，如图 2-2-1-20 (a) 所示。否则，电流平衡条件 $\dot{I}_A + \dot{I}_B + \dot{I}_C = 0$ 将无法满足。因此，在这种情况下，会出现一相或两相电压升高的现象，但电压升高不会超过线电压。

(2) 一相因严重饱和而导纳呈感性，其余两相仍为容性。若 A 相饱和等值电感为 L，其余两相等值电容为 $C_B = C_C = C$，根据式 (2-2-1-1) 有

$$\dot{U}_0 = -\frac{\dot{E}_A \frac{1}{j\omega L} + \dot{E}_B j\omega C + \dot{E}_C j\omega C}{\frac{1}{j\omega L} + j\omega C + j\omega C} = \dot{E}_A \frac{\omega C + \frac{1}{\omega L}}{2\omega C - \frac{1}{\omega L}}$$

(2-2-1-3)

而其中

$$\frac{\omega C + \frac{1}{\omega L}}{2\omega C - \frac{1}{\omega L}} = \frac{1 + \frac{1}{\omega^2 LC}}{2 - \frac{1}{\omega^2 LC}} \geq \frac{1}{2} \quad (2-2-1-4)$$

故 $\dot{U}_0$ 与 $\dot{E}_A$ 同相，且 $U_0 \geq \frac{1}{2}E_A$。这时中性点 O' 必然偏移至电压三角形之外，才能满足 $\dot{I}_A + \dot{I}_B + \dot{I}_C = 0$ 的电流平衡条件，于是造成一相（饱和相）电压升高的现象，如图 2-2-1-20 (b) 所示。

(3) 两相因严重饱和而导纳呈感性，一相仍为容性。若 A 相为未饱和相，其等值电容为 C，其余两饱和相的等值电感 $L_B = L_C = L$，如图 2-2-1-21 所示。根据式 (2-2-1-1) 则有

$$\dot{U}_0 = -\frac{\dot{E}_A j\omega C + \dot{E}_B \frac{1}{j\omega L} + \dot{E}_C \frac{1}{j\omega L}}{j\omega C + \frac{1}{j\omega L} + \frac{1}{j\omega L}} = -\dot{E}_A \frac{\omega C + \frac{1}{\omega L}}{\omega C - \frac{2}{\omega L}}$$

(2-2-1-5)

其中

$$\frac{\omega C + \frac{1}{\omega L}}{\omega C - \frac{2}{\omega L}} = \frac{1 + \frac{1}{\omega^2 LC}}{1 - \frac{2}{\omega^2 LC}} \geq 1$$

故 $\dot{U}_0$ 与 $\dot{E}_A$ 反相，且 $U_0 > E_A$，与第二种情况相似，中性点 O' 一定偏移至电压三角形之外，如图 2-2-1-20 (c) 所示，造成了两相电压同时升高。

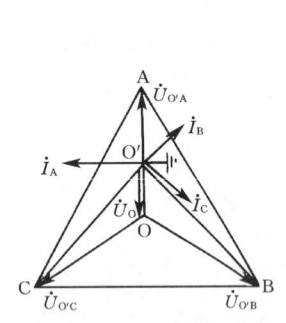
(a) 中性点位移在三角形ABC之内

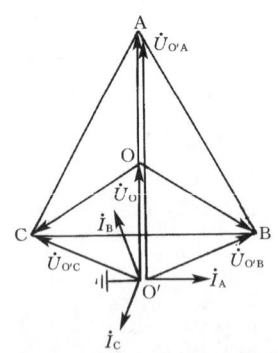
(b) 中性点位移在三角形ABC之外

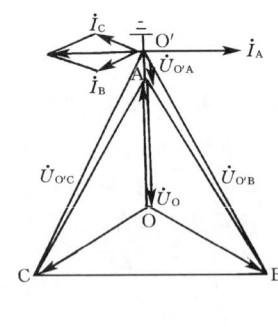
(c) 中性点位移在三角形ABC之外

图 2-2-1-20 中性点出现位移电压时三相电压电流相量图

(4) 三相均因严重饱和而呈感性。由分析可知，这时与三相呈容性的情况类似，即中性点 O' 不会移至电压三角形之外，这样三相电压将不会同时升高，即至少有一相电压是降低的，那么，该相电感就无法达到使导纳呈现感性的饱和程度。因此，对于图 2-2-1-18 所示的电路，实际上不可能出现三相同时饱和的情况。

对于以上几种情况，还可以利用等效电源定理，将三相电路化为单相电路进行分析。例如，对图 2-2-1-21 所示的电路，可以以 A 相等值电容 C 作为单相电路的负荷，将其余部分化作等值电压源，得到图 2-2-1-22 所示的单相等值电路。对以上讨论的第一种情况，相当于电容分压电路。对第二、三两种情况，相当于 L、C 串联回路，当 $\omega C = \frac{1}{\omega \frac{L}{2}}$（或 $2\omega C = \frac{1}{\omega L}$）时，回路似乎可以发生谐振，使相电压及中性点位移电压趋于无穷，这一点由式 (2-2-1-5)

或式（2-2-1-4）可以看出，但这种情况是不可能发生的，因为按对基波铁磁谐振的分析，电路处于铁磁谐振状态时，电容支路的端电压较电感支路为高，而这将使等效电容支路中激磁电感因严重饱和而下降，遂使容性导纳支路也变为感性，成为以上分析的第四种情况。

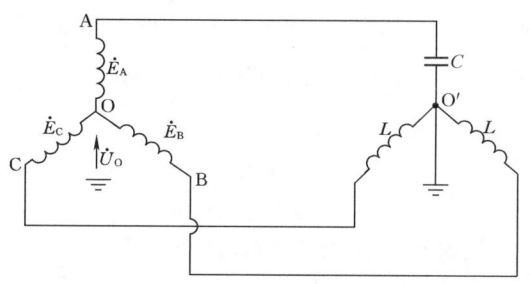

图 2-2-1-21　两相饱和时的等值电路

根据以上对第二、三两种情况的分析，中性点位移电压的出现，都是使饱和相电压升高，即图 2-2-1-22 中等效电感支路电压高于等效电容支路。这表明过电压仅是由于串联回路的"电感—电容"效应造成，实际上回路并未发生铁磁谐振。

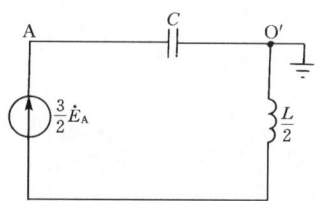

图 2-2-1-22　分析中性点偏移的单相等值电路

实测及运行经验表明，电网中电压互感器饱和过电压多数属于第三种情况，即两相（饱和相）电压升高，一相（未饱和相）电压降低。

在电网中也曾测得三相工频电压同时升高超过线电压的极个别情况，根据分析，过电压的产生可能是由于中性点存在对地电容引起的。图 2-2-1-23（a）示出考虑中性点对地电容时的三相电路，$C_{OO'}$ 为中性点对地电容，图 2-2-1-23（b）为单相等值串联电路，其中 L 为 L'_A、L'_B、L'_C 的并联值，$\dot{U}_O$ 为图 2-2-1-23（a）中 OO' 支路的开路电压，可以由式（2-2-1-2）算得。由于饱和程度的不同，三相导纳为三个不等的感性导纳，即 $L'_A \neq L'_B \neq L'_C$，所以 $\dot{U}_O \neq 0$。$C_{OO'}$ 的存在造成很高的中性点位移电压 $\dot{U}_{OO'}$，从而使三相工频电压同时上升且超过线电压。

由以上分析可见，无论哪一种情况，中性点位移电压都属于工频（电源频率）零序电压，其结果导致电网中出现"虚幻接地"现象。运行经验表明，当电源向只带电压互感器的空母线合闸时，最容易产生工频位移过电压。

应当指出，虽然工频位移过电压有些特点与单相接地相似，但它们之间仍有明显的区别：当单相金属接地时，接地相电压为零，健全相电压升高至线电压，而不会超过线电压；若为非完全的金属性接地，接地相电压虽不为零，但中性点仍在线电压三角形之内，且非接地相电压低于线电压。

电磁式电压互感器引起的工频位移过电压幅值一般不超过 3p.u.，个别达 3.6p.u.。基波谐振时的过电流可达额定线电压下互感器额定激磁电流的 4.0～17.5 倍。

图 2-2-1-24 示出了互感器基波谐振的典型示波曲线。图中 U_a 为相对地电压，U_b 为互感器的开口三角电压。由图可见，在谐振激发起来几个周波之后，即自行消失。但是在实际测量中，也曾发现基波谐振一经激发就能持续存在而不消失。经验表明，在多次合闸时，由于各相合闸相角的随机性，电压降低可能轮流变换。例如，第一次合闸时，A 相电压降低，B、C 两相电压升高；第二次合闸时，则可能 B 相电压降低，A、C 两相电压升高等，如果出现这种现象就是基波谐振的充分标志。

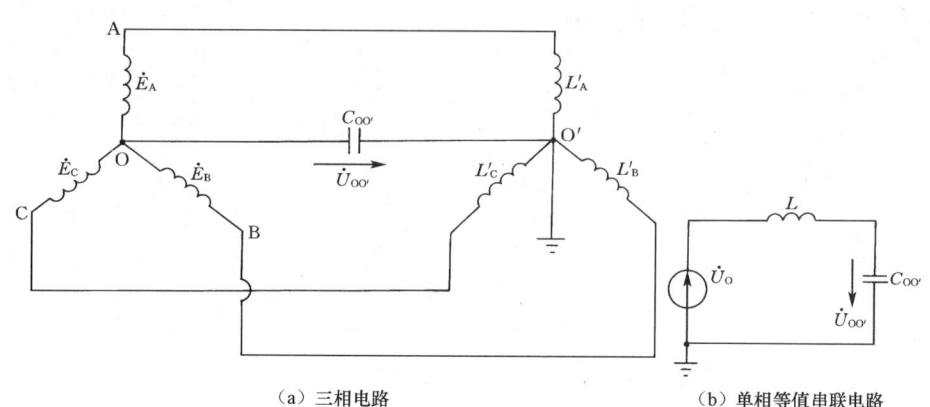

（a）三相电路　　　　　　　　（b）单相等值串联电路

图 2-2-1-23　考虑中性点对地电容时的三相电路图

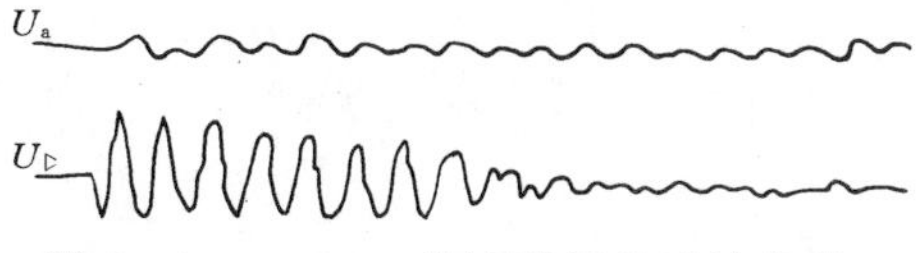

图 2-2-1-24　基波谐振的示波曲线

2. $\dfrac{1}{2}$ 分次谐波谐振

下面仍应用图 2-2-1-23 来进行分析。假定中性点位移电压仍为 U_O，由图 2-2-1-23 可以写出

$$\dot{I}_A + \dot{I}_B + \dot{I}_C = (\dot{E}_A + \dot{U}_O)\left(j\omega C_0 + \dfrac{1}{j\omega L_1}\right)$$
$$+ (\dot{E}_B + \dot{U}_O)\left(j\omega C_0 + \dfrac{1}{j\omega L_2}\right)$$
$$+ (\dot{E}_C + \dot{U}_O)\left(j\omega C_0 + \dfrac{1}{j\omega L_3}\right)$$
$$= (\dot{E}_A + \dot{U}_O)\dfrac{1}{j\omega L_1}$$

$$+ (\dot{E}_B + \dot{U}_O)\frac{1}{j\omega L_2}$$

$$+ (\dot{E}_C + \dot{U}_O)\frac{1}{j\omega L_3}$$

$$+ j\omega \cdot 3C_O \dot{U}_O \quad (2-2-1-6)$$

式（2-2-1-6）表明，O'点的总电流（即零序电流）可以看成是由四个支路电流 $(\dot{E}_A + \dot{U}_O)\frac{1}{j\omega L_1}$、$(\dot{E}_B + \dot{U}_O)\frac{1}{j\omega L_2}$、$(\dot{E}_C + \dot{U}_O)\frac{1}{j\omega L_3}$ 和 $j\omega \cdot 3C_O \dot{U}_O$ 组成的。这样，若将图 2-2-1-18 的零序电路转化成图 2-2-1-22 的形式，O'点的总电流是不变的，也就是说，不改变电路特性，然而经过变换会给我们分析问题带来方便，因此，我们对图 2-2-1-18 进行变换。

众所周知，在三相电源的电势中并不含有 $\frac{1}{2}$ 次谐波，而在发生 $\frac{1}{2}$ 分频谐振时，相对地电压中却含有 $\frac{1}{2}$ 次谐振分量。由此可以推断，$\frac{1}{2}$ 次谐波源必然存在于电源中性点 O 与地 O' 之间。也就是说，$\frac{1}{2}$ 分频电压是零序性质的。这样，我们可以做出发生 $\frac{1}{2}$ 分频谐振时图 2-2-1-25 的简化零序电路图 2-2-1-26。

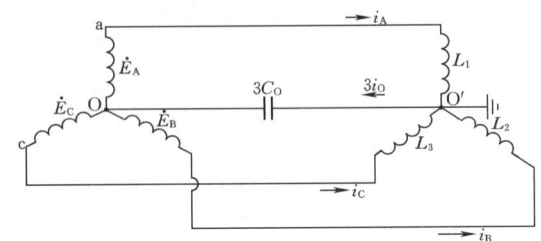

图 2-2-1-25 图 2-2-1-18 的零序电路图

由图 2-2-1-26 可见，当发生 $\frac{1}{2}$ 分频谐振时，应有

$$\frac{1}{2}\omega L_{dz/3} = \frac{1}{\frac{1}{2}\omega 3C_O}$$

$$\omega L_{dz} = \frac{4}{\omega C_O}$$

即

$$C_O = \frac{4}{\omega^2 L_{dz}} \quad (2-2-1-7)$$

由于等值电感是可变的，在谐振前，起始状态的电感 L_{0dz} 较大，而谐振时，电感要变小，所以可以得到发生 $\frac{1}{2}$ 分频谐振的必要条件是

$$C_O > \frac{4}{\omega^2 L_{0dz}} \quad (2-2-1-8)$$

只有这样才会在某种扰动（激发）下，由于铁芯电感逐渐减小，回路的自振频率随之增高，直到接近于电源频率的 $\frac{1}{2}$ 时，就发生 $\frac{1}{2}$ 分频谐振。

图 2-2-1-26 中的等值电感 L_{dz} 和中性点位移电压可由图 2-2-1-22 求出。

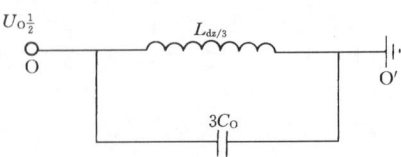

图 2-2-1-26 图 2-2-1-25 的简化零序电路

$U_{O\frac{1}{2}}$ —发生 $\frac{1}{2}$ 分频谐振时，造成的中性位移电压；$L_{dz/3}$ —互感器在 $\frac{1}{2}$ 分频谐振的三相等值电感；$3C_O$ —电网的三相对地电容

假定三相铁芯电感线圈中的磁链为

$$\left.\begin{array}{l}\psi_a = A\sin\left(\frac{1}{2}\omega t + \theta\right) + B\sin(\omega t + \beta) \\ \psi_b = A\sin\left(\frac{1}{2}\omega t + \theta\right) + B\sin(\omega t + \beta - 120°) \\ \psi_c = A\sin\left(\frac{1}{2}\omega t + \theta\right) + B\sin(\omega t + \beta - 240°)\end{array}\right\}$$

$$(2-2-1-9)$$

式中 A——$\frac{1}{2}$ 分频磁链幅值，$A = \frac{U_{\frac{1}{2}}}{\frac{1}{2}\omega} = \frac{2U_{\frac{1}{2}}}{\omega}$；

B——基波磁链幅值，$B = \frac{U_1}{\omega}$。

对于非线性电感，当不考虑磁滞损失时，其任一激磁特性都可用由磁链奇次方项组成的无穷级数来表示

$$i = a\psi + b\psi^3 + c\psi^5 + \cdots$$

这种多项式的前两项起的作用最大，如果非线性电感不十分饱和，可以只取前两项，即

$$i = a\psi + b\psi^3 \quad (2-2-1-10)$$

式中 a——磁化特性一次方系数，也即磁化曲线初始线性部分的斜率，所以 a 的倒数就是初始电感 L_{0dz}，

$$L_{0dz} = \frac{1}{a};$$

b——磁化特性的三次方系数。

将式（2-2-1-9）中的 ψ_a、ψ_b、ψ_c 分别代入式（2-2-1-10），经整理可得

$$i_a = \left[aA + \frac{3}{4}bA^3 + \frac{3}{2}bAB^2\right]\sin\left(\frac{1}{2}\omega t + \theta\right)$$

$$+ \frac{3}{4}bA^2B\sin(2\theta - \beta) + \left[aB + \frac{3}{4}bB^3\right.$$

$$\left. + \frac{3}{2}bA^2B\right]\sin(\omega t + \beta) + \cdots \quad (2-2-1-11a)$$

省略号表示式中尚含有其他分频和基频及高次谐波的各项。同理可得

$$i_b = \left[aA + \frac{3}{4}bA^3 + \frac{3}{2}bAB^2\right]\sin\left(\frac{1}{2}\omega t + \theta\right)$$

$$+ \frac{3}{4}bA^2B\sin(2\theta - \beta - 120°)$$

$$+ \left[aB + \frac{3}{4}bB^3 + \frac{3}{2}bA^2B\right]$$

$$\times \sin(\omega t+\beta-120°)+\cdots \quad (2-2-1-11b)$$

$$i_c=\left[aA+\frac{3}{4}bA^3+\frac{3}{2}bAB^2\right]\sin\left(\frac{1}{2}\omega t+\theta\right)$$
$$+\frac{3}{4}bA^2B\sin(2\theta-\beta-240°)$$
$$+\left[aB+\frac{3}{4}bB^3+\frac{3}{2}bA^2B\right]$$
$$\times \sin(\omega t+\beta-240°)+\cdots \quad (2-2-1-11c)$$

$$3i_0=i_a+i_b+i_c=3\left[aA+\frac{3}{4}bA^3\right.$$
$$\left.+\frac{3}{2}bAB^2\right]\sin\left(\frac{1}{2}\omega t+\theta\right)+\cdots \quad (2-2-1-12)$$

比较式（2-2-1-9）和式（2-2-1-12），可以得出

$$L_{dz}=\frac{3\psi_0}{3i_0}=\frac{1}{a+\frac{3}{4}bA^2+\frac{3}{2}bB^2}$$
$$(2-2-1-13)$$

其中 $3\psi_0=\psi_a+\psi_b+\psi_c=3A\sin\left(\frac{1}{2}\omega t+\theta\right)$

中性点位移电压的最大值为

$$U_{Om\frac{1}{2}}=\frac{1}{2}\omega L_{dz}/3\times 3I_{0m}=\frac{1}{2}\omega L_{dz}I_{0m}$$
$$=\frac{1}{2}\omega \frac{1}{a+\frac{3}{4}bA^2+\frac{3}{2}bB^2}$$
$$\times \left(a+\frac{3}{4}BA^2+\frac{3}{2}bB^2\right)A$$
$$=\frac{1}{2}\omega A \quad (2-2-1-14)$$

中性点位移电压的瞬时值可写成

$$U_{O\frac{1}{2}}=\frac{1}{2}\omega A\cos\left(\frac{1}{2}\omega t+\theta\right) \quad (2-2-1-15)$$

所以，各相对地电压可写成

$$\left.\begin{array}{l}U_a=\frac{1}{2}\omega A\cos\left(\frac{1}{2}\omega t+\theta\right)\\ \qquad+\omega B\cos(\omega t+\beta)\\ U_b=\frac{1}{2}\omega A\cos\left(\frac{1}{2}\omega t+\theta\right)\\ \qquad+\omega B\cos(\omega t+\beta-120°)\\ U_c=\frac{1}{2}\omega A\cos\left(\frac{1}{2}\omega t+\theta\right)\\ \qquad+\omega B\cos(\omega t+\beta-240°)\end{array}\right\}$$
$$(2-2-1-16)$$

由式（2-2-1-16）可见，当发生 $\frac{1}{2}$ 分频谐振时，各相对地电压为电源电势（基波）和中性点位移电压（$\frac{1}{2}$ 分次谐波）的瞬时值之和。根据电工基础知识。发生 $\frac{1}{2}$ 分频谐振时，三相导线相电压的有效值可表示为

$$U_x=\sqrt{U_{O\frac{1}{2}}^2+E_{x50}^2} \quad (2-2-1-17)$$

式中 U_x——$\frac{1}{2}$ 分频谐振时的相电压有效值；

$U_{O\frac{1}{2}}$——$\frac{1}{2}$ 分频谐振零序电压有效值；

E_{x50}——50Hz 工频电源相电压有效值。

由于根号中两项均为平方，故发生 $\frac{1}{2}$ 分频谐振时，三相导线对地电压同时升高。应指出，上述讨论是理想的情况，即不考虑自由振荡回路中元件（如电压互感器等）的损耗（$R=0$）。显然，此时非线性自由振荡的角频率可以为任一值，但在特定条件（如参数初始激发等）下，可能出现角频率为 $\frac{1}{2}\omega$ 的振荡，即发生 $\frac{1}{2}$ 分频谐振。

实测表明，发生 $\frac{1}{2}$ 分频谐振时，其谐振频率并不是准确的 25Hz，而是比 25Hz 略低一点，约为 24.2～24.6Hz，即与 $\frac{1}{2}f=$ 25Hz 之间有一个差值 εf。

$$\varepsilon f=25-(24.2\sim 24.6)$$

式中 f——电源频率；

εf——滑差频率。

为什么会产生滑差频率 εf 呢？这是由于振荡回路中元件（如电压互感器）实际存在损耗之故。

考虑电压互感器的损耗后，详细的数学分析表明，中性点位移电压为

$$U_{O\frac{1}{2}}=\frac{1-\delta}{2}\omega A\cos\left(\frac{1-\delta}{2}\omega t+\theta\right)+RZ\sin\left(\frac{1-\delta}{2}\omega t+\theta\right)$$
$$-2RdABC\sin\left(\frac{1-\delta}{2}\omega t+\beta-\theta-\gamma\right)+\cdots$$
$$(2-2-1-18)$$

$$Z=aA+\frac{3}{4}bA^3+\frac{3}{2}bAB^2$$
$$d=\frac{3}{4}b$$

式中 δ——"滑差"，它与 R 有关，随 R 增大，δ 很快增大，在一般回路中，δ 与 R 大致为二次方关系；

C——低频磁链幅值；

R——表征电压互感器损耗的电阻。

由式（2-2-1-18）可见，发生 $\frac{1}{2}$ 分次谐波谐振时，其谐振角频率为 $\frac{1}{2}(1-\delta)\omega$，而不是 $\frac{1}{2}\omega$。所以严格地说，应称上述这种由于中性点位移现象所造成的谐振为 $\left(\frac{1}{2}-\varepsilon\right)$ 次分次谐波谐振。其中 $\varepsilon=\frac{\delta}{2}$。一般为方便起见，习惯地简称为 $\frac{1}{2}$ 分频谐振。

由于 $\frac{1}{2}$ 分频谐振存在着频差现象。往往导致配电盘上的电压表计指示有抖动或以低频来回摆动，其频率约为 1Hz；若互感器开口三角接有表计，指针摆动明显。

由上所述，$\frac{1}{2}$ 分频谐振的显著标志是三相电压同时升高，而且表计以低频来回摆动。

图 2-2-1-27 示出了 $\frac{1}{2}$ 分频谐振过电压的实测波形。其幅值不高，通常不超过 $2U_x$，这是因为谐振时，互感器铁芯严重饱和。限制了过电压的增长。但是也正是由于铁芯的严重饱和，且谐振频率只有工频的一半，互感器的激磁感抗急剧下降，使其高压线圈中流过极大的过电流，一般可达到互感器额定激磁电流的几十倍，乃至上百倍（例如，沈阳地

区 44kV 电网曾实测为 116 倍）从而产生危险的电动力和严重的过热，导致互感器高压保险熔丝熔断、喷油，甚至烧毁，因而造成停电等事故。

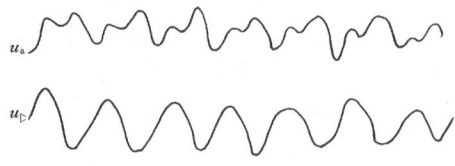

图 2-2-1-27 $\frac{1}{2}$ 分频谐波谐振示波图

3. 高次谐波谐振

由电磁式电压互感器引起的铁磁谐振过电压除基波和 $\frac{1}{2}$ 次分次谐波谐振外，还会出现高次谐波谐振。其中主要是三次谐波谐振。

三次谐波谐振也多在电源向接有互感器的空载母线合闸时出现。有时，当变电站的出线很短时，也可能产生三次谐波谐振。

当电压互感器为 $Y_0/Y_0/\triangle$ 接线时，由于电源中性点不接地，不能向电压互感器提供三次谐波的激磁电流。那么，三次谐波源来自何处呢？我们知道，由于铁芯饱和的影响，互感器各相磁通呈平顶状波形，如图 2-2-1-28 所示。它可以分解为基波和三次谐波，其他更高次谐波因幅值相对很小，可忽略不计。三次谐波磁通将在互感器绕组中感应三次谐波电势。在三相绕组中，三次谐波电势是同相的，均为零序分量。所以，对三次谐波而言，可将图 2-2-1-18 所示的三相谐振回路转化为图 2-2-1-29 所示的单相等值电路进行分析。图中：$\dot{E}_{03}$ 为互感器铁芯饱和引起的三次谐波等值电势；L_{03} 为互感器相应于三次谐波的等值电感；C_{03} 为等值电容。

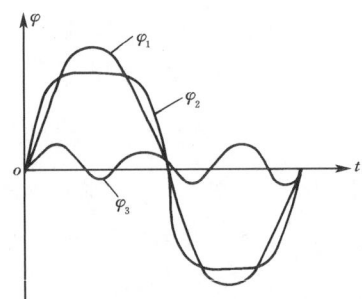

图 2-2-1-28 平顶波形的分解

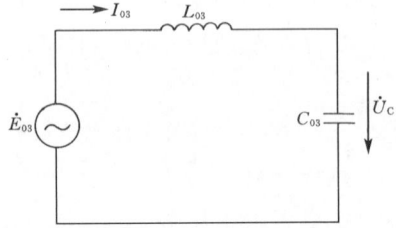

图 2-2-1-29 三次谐波谐振等值电路

由图 2-2-1-29 可求得

$$\dot{I}_{03} = \frac{\dot{E}_{03}}{j\left(3\omega L_{03} - \dfrac{1}{3\omega C_{03}}\right)} \quad (2-2-1-19)$$

在式（2-2-1-19）中，若电容 C_{03} 很小、并使得

$$3\omega L_{03} - \frac{1}{3\omega C_{03}} < 0$$

则式（2-2-1-19）可以改写为

$$\dot{I}_{03} = j\frac{\dot{E}_{03}}{\dfrac{1}{3\omega C_{03}} - 3\omega L_{03}} \quad (2-2-1-20)$$

由于式（2-2-1-20）的分母为正数，所以 $\dot{I}_{03}$ 超前 $\dot{E}_{03}$ 90°。为清楚起见，将三次谐波磁通的相量关系示于图 2-2-1-30 中。

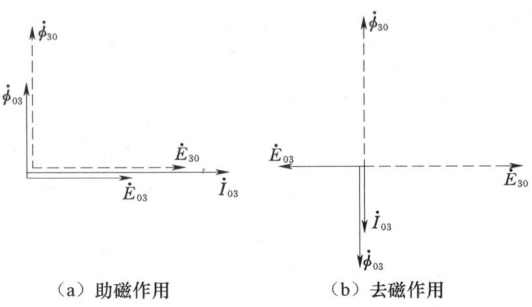

(a) 助磁作用 (b) 去磁作用

图 2-2-1-30 三次谐波磁通的相量关系

由图 2-2-1-30（a）可见，$\dot{I}_{03}$ 在铁芯中产生的磁通 φ_{03}，正好与原有三次谐波磁通 φ_{03} 同相。换言之，$\dot{I}_{03}$ 所产生的磁势起助磁作用，使电容两端的电压为原有电势 $\dot{E}_{30}$ 与 φ_{03} 所感应的电势 $\dot{E}_{03}$ 之和，即

$$\dot{U}_{C} = \dot{E}_{30} + \dot{E}_{03}$$

显然，三次谐波谐振也使电压互感器两端出现较高的过电压。

反之，若电容值较大，使得式（2-2-1-20）的分母为负数。那么 $\dot{I}_{03}$ 就滞后 $\dot{E}_{03}$ 90°，因而所产生的磁通起去磁作用，其相量关系如图 2-2-1-30（b）所示。此时，电感两端的三次谐波电压较小。当电容足够大时，可使绕组上的三次谐波电压降到很低数值。在这种情况下，实际上是电容给三次谐波激磁电流提供了通路，从而抵消了铁芯饱和效应。

由上分析可知，只有当对地电容足够小时，即回路中电流起助磁作用时，才可能出现三次谐波谐振。换言之，它仅是必要条件。只有当电容和电感参数配合适当才能产生三次谐波谐振。

图 2-2-1-31 示出了空母线合闸时引起的三次谐波谐振的典型示波图。三次谐波谐振的电压幅值一般不超过 $(3\sim3.5)U_x$。它的显著特点是三相电压同时升高而且数值相同，也即在工频电压基础上叠加三次谐波电压，各相电压为

$$U = \sqrt{U_1^2 + U_3^2}$$

式中 U_1——基波电压有效值；

U_3——三次谐波电压。

综上所述，可以把中性点绝缘系统电磁式电压互感器引起铁磁谐振过电压的基本物理概念归纳如下：

(1) 过电压产生的必要和充分条件。

1) 系统电源中性点对地绝缘。因为中性点位移电压都

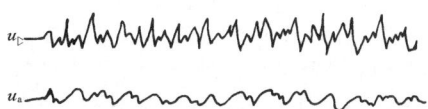

图 2-2-1-31 合闸引起的三次
谐波谐振示波图

属于零序电压,只有电源中性点对地绝缘才有可能发生这种中性点位移。配电网的电源中性点绝大多数是对地绝缘的,具备产生该类过电压的基本条件,所以容易产生该类过电压。

对中性点直接接地系统,因电网内的各点电位均被固定,电压互感器绕组分别与各相的电势连在一起,不会产生中性点位移电压。

对中性点经消弧线圈接地的系统,因消弧线圈的电感值 Lx 远小于电压互感器的励磁电感,差几个数量级,零序回路中电感参数主要由消弧线圈决定,并且相对地稳定了中性点的电位,即使电压互感器的励磁电感发生变化,也不会发生铁磁谐振而产生过电压。

2) 电压互感器一次绕组中性点直接接地,开口三角零序电压绕组为开路状态。如果互感器中性点不接地,则各相绕组跨接在电源的相间电压上,不再与对地电容 C_0 相并联,因而不会产生中性点位移。

另外,若三角绕组闭合短路运行,其中所感应的零序电流在三角绕组中自成回路,对互感器高压侧产生去磁作用,可以抑制或消除谐振现象。

3) 电网的对地电容与互感器的励磁电感相匹配,且初始感抗应大于容抗。这是因为在铁芯电感 L 与电容 C_0 的并联电路中,如果在初始状态(较低电压下)$X_L > X_C$,即二者并联后相当于一个容性阻抗(C')。当某种原因使电源电压升高时,铁芯趋于饱和,X_L 下降,并联支路变为 $X_L < X_C$,电感中电流大于电容中电流,即二者并联后相当于一个感性阻抗(L')。这样才可能使三相导纳不相等,产生中性点位移电压 U_0。

4) 具有一定的外界"激发"条件。因为只有在外界扰动的"激发"下,才能使互感器铁芯达到饱和,导致中性点位移。激发条件有:①对带有电压互感器的空母线或空载线路突然合闸充电。在这种情况下,即使三相断路器同期,但由于三相电压相差120°,它们不可能同时在同样的条件下合闸,可能有的相在电压过零,电流最大时合闸,这样会在电压互感器的绕组中流过幅值很大的不平衡涌流,导致铁芯饱和。②由于雷击或其他原因,使线路发生瞬间单相弧光接地,健全相电压突然升至线电压,在接地消失后,故障相又可能有电压的突然上升,这些过程中都会在电压互感器绕组内出现很大的励磁涌流,导致铁芯严重饱和。目前,在电力系统中,为研究该类谐振过电压,往往采用人工接地,而后再断开接地点的方法来激发谐振。③由传递过电压也可以使电压互感器达到铁芯饱和。例如,在电源变压器的高压侧发生瞬间单相接地或断路器不同期操作时,其零序电压也会传递到接有电磁式电压互感器的这一侧。在此传递过电压作用下,造成互感器铁芯电感饱和。

(2) 过电压的特点。

1) 对地绝缘的电源中性点位移电压使相对地出现过电压。

2) 电源中性点位移电压可以是基频、也可以是分频或高频。

3) 中性点位移电压是零序电压,在电网中出现"虚幻"接地现象。

(二) 影响互感器铁磁谐振过电压的因素

1. 电压互感器的影响

(1) 电压互感器伏安特性的影响。H. A. Petarson 曾对两种典型伏安特性的铁芯电感进行模拟试验。试验结果如图 2-2-1-32 所示。

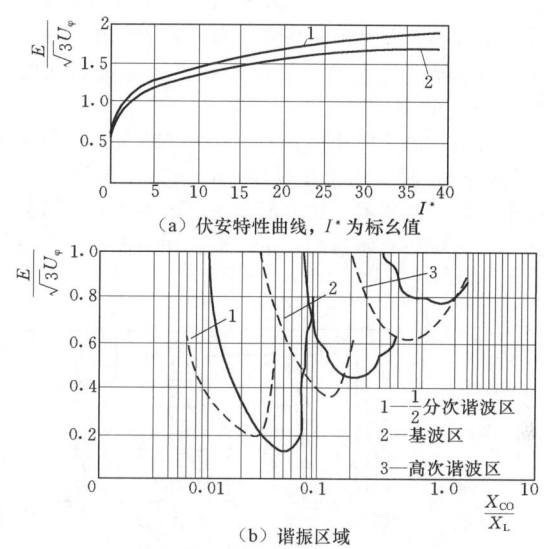

图 2-2-1-32 激磁电感的伏安特性曲线和谐振区域
实线—1号特性曲线;虚线—2号特性曲线

由图 2-2-1-32 可见,铁芯电感的伏安特性愈好,即铁芯饱和得愈慢,谐振区愈向右移,也即谐振所需要的阻抗参数 $\dfrac{X_{C0}}{X_L}$ 愈大;反之,愈向左移,即谐振所需的 $\dfrac{X_{C0}}{X_L}$ 愈小。考虑到电力系统中运行着的电压互感器及系统的具体情况总与模拟情况有差异,因此,H. A. Peterson 的模拟试验结果,仅用来定性估计系统阻抗参数的匹配情况,而对于不同型号、不同出厂日期、不同厂家制造的电压互感器,其谐振区域应根据实际试验加以确定。

(2) 电压互感器损耗的影响。H. A. Peterson 模拟试验是采用三台损耗小的单相小容量变压器进行的,其阻尼系数 $\dfrac{r}{X_L}$ 为 $\dfrac{3}{10000}$ 或 $\dfrac{7}{10000}$,r 为互感器一次线圈直流电阻,X_L 为额定电压下的激磁感抗,而运行着的互感器,一般损耗较大,例如,35kV 的互感器其阻尼系数 $\dfrac{r}{X_L} > \dfrac{15}{10000}$。损耗电阻大,可以吸收一部分能量,对谐振有一定的抑制作用,特别是对 $\dfrac{1}{2}$ 分频谐振,这种抑制作用很明显。

吉林省电力试验研究所等单位的模拟试验表明,当 $\dfrac{X_{C0}}{X_L}$ 一定时,随着互感器高压线圈损耗电阻的增大,激发谐振所需的起振电压随之增加,它意味着谐振区域变窄。

(3) 电压互感器结构的影响。H. A. Peterson 模拟试验采用的三台单相小容量变压器,相当于三台单相电压互感器,而现场运行着的电压互感器,既有三台单相电压互感器组,也有三相五柱电压互感器,它们在谐振激发上是不同的。试验研究表明,单相电压互感器组的起振电压较三芯五柱电压互感器的低,也就是说,单相电压互感器组容易激发谐振。这主要是由于两者磁路结构的差异,造成零序阻抗不同所致。

图 2-2-1-33 示出了三芯五柱互感器和单相互感器组的磁路。由图可见,单相互感器组零序磁通的磁路和正序磁通的磁路一样,每相都有自己的闭合回路,因而零序阻抗等于正序阻抗。对三芯五柱电压互感器,由于零序磁通经过两个边柱返回,所以其磁路长,而且铁芯截面积小,因而其零序磁通磁阻较单相互感器要大得多。由上所述,谐振是由零序磁通造成的,三芯五柱互感器零序磁通遇到的磁阻大,谐振就不容易产生。

应当指出,由于磁路的差异,计算和测量这两类电压互感器零序阻抗时所用的电压是不同的。由于电网发生谐振时,作用在电压互感器上的电压是正序电压与零序谐振电压的叠加,对于单相互感器组,正序电压和零序电压合成下的阻抗值接近于线电压下的阻抗值,因此,X_L 为额定线电压下的激磁感抗。H. A. Peterson 正是采用线电压下的阻抗值作为计算阻抗值。对于三芯五柱互感器,零序电压接近于相电压,正序电压对零序电压阻抗影响不大,所以 X_L 取相电压下的相应感抗值。

2. 电网零序电容的影响

图 2-2-1-32 中实线可知,谐振区域与阻抗比 $\dfrac{X_{CO}}{X_L}$ 有直接关系,对于 $\dfrac{1}{2}$ 分频谐振区,阻抗比 $\dfrac{X_{CO}}{X_L}$ 为 0.01~0.08;基波谐振区,$\dfrac{X_{CO}}{X_L}$ 为 0.08~0.8;高频谐振区,$\dfrac{X_{CO}}{X_L}$ 为 0.6~3.0。当改变电网零序电容时,$\dfrac{X_{CO}}{X_L}$ 随之改变,回路中可能出现由一种谐振状态转变为另一种谐振状态。如果零序电容过大或过小,就可以脱离谐振区域,谐振就不会发生。

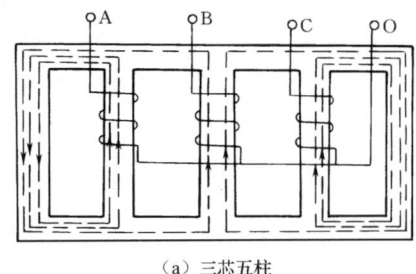

(a) 三芯五柱　　　(b) 单相组

图 2-2-1-33　电压互感器零序磁通经过铁芯闭合的回路

在现场,一般可以测量出电网的对地电容电流,进而计算出对地电容,由 $\dfrac{X_{CO}}{X_L}$ 估算该电网是否处于谐振区。若在谐振区,再进一步判定可能是哪一种谐振。

电网的电容电流也可用下列经验公式计算

$$I_C = (2.7 \sim 3.3) U_N l \times 10^{-3}, \quad A \quad (2\text{-}2\text{-}1\text{-}21)$$

式中　U_N——电网的额定线电压,kV;
　　　l——输电线路长度,km;
　　　2.7——系数,用于无避雷线线路;
　　　3.3——系数,用于有避雷线线路。

式 (2-2-1-21) 适用于单回木杆线路。若为金属或水泥杆塔,电容电流约增加 10% 左右;若为双回路,应将其折算为单回路,可取其等效长度为 $l' = (1.7 \sim 1.4) l$。其中 l 为每一回路的长度,1.7 适用于 110kV 左右的线路;1.4 适用于 10kV 左右的线路。

另外,电容电流也可以写成式 (2-2-1-22)

$$I_C = 3U_\varphi \dfrac{1}{X_{CO}} \times 10^3 \quad (2\text{-}2\text{-}1\text{-}22)$$

式中　I_C——电容电流,A;
　　　U_φ——电网运行相电压,kV;
　　　X_{CO}——线路对地容抗(不包括母线电容的容抗),Ω。

比较式 (2-2-1-21) 和式 (2-2-1-22) 可得

$$(2.7 \sim 3.3) U_N l \times 10^{-3} = 3U_\varphi \dfrac{1}{X_{CO}} \times 10^3$$

$$(2.7 \sim 3.3) \sqrt{3} U_\varphi l \times 10^{-3} = 3U_\varphi \dfrac{1}{X_{CO}} \times 10^3$$

所以

$$X_{CO} = \dfrac{\sqrt{3} \times 10^6}{(2.7 \sim 3.3) l} \quad (\Omega)$$

若对系数 (2.7~3.3) 取平均值,为了进行计算,则可得到

$$X_{CO} = \dfrac{\sqrt{3}}{3l} \quad (M\Omega)$$

可知,若 $\dfrac{X_{CO}}{X_L} < 0.01$ 时,一般说来不发生谐振,相应的线路长度为

$$l > \dfrac{57.7}{X_L} \quad (2\text{-}2\text{-}1\text{-}23)$$

除上述情况外,电网零序电容还对谐振过电压、过电流的大小和谐振频率有一定影响。

3. 其他影响因素

(1) 激发程度。实际激发试验表明,即使阻抗参数 $\dfrac{X_{CO}}{X_L}$ 落在谐振区域内,也并不是每次都能激发起稳定的谐振。这是因为谐振的产生不仅与 $\dfrac{X_{CO}}{X_L}$ 有关,还与电压冲击、涌流大小、合闸相角等激发因素有关。激发程度不同时,互感器饱和程度有异,因此谐振特性就不相同。

(2) 回路的阻尼作用。当激发起中性点不稳定过电压后,无论是基波、三次谐波还是 $\dfrac{1}{2}$ 分次谐波谐振,总是由电源供给谐振所需的能量。如果输入和输出的能量得以平衡,谐振将维持下去;如果能量平衡关系一旦被破坏,则谐振便会自动消除。

根据谐振原理,增大回路电阻可使谐振区域缩小,维持谐振所需的电压提高,从而能阻尼振荡。

(3) 电网频率的变动。电网频率的变化,使谐振回路中的阻抗参数发生变化,是导致谐振现象不稳定的重要原因。

电网频率变动可能使谐振现象突然发生;突然消失;也可能使谐振由一种状态转变为另一种状态。

(三) 防止和消除谐振的措施

数十年来,我国在研究电磁式电压互感器引起的铁磁谐振机理的同时,一直在探讨防止和消除这种谐振过电压的措施。目前在配电网中采用措施很多,但可以归纳为两类:一类是改变参数,破坏产生谐振的条件;另一类是接入阻尼电阻,增大回路的阻尼效应。

1. 改变参数躲开谐振区

电压互感器引起铁磁谐振的区域是阻抗比 $\dfrac{X_{CO}}{X_L}$ 的函数。为了躲开谐振区域,可以改变 X_{CO} 或 X_L,通常从以下几方面入手。

(1) 改变 X_{CO}。当 X_L 不变时,减小或增大 X_{CO} 都可以达到改变 $\dfrac{X_{CO}}{X_L}$ 的目的。如在变电站的母线上增加出线数,或在母线上加装集中电容器等。研究表明,$6 \sim 10kV$ 变电站每相对地接入 $0.3 \sim 0.4\mu F$ 的余弦电容器可得到满意的运行效果。

(2) 改变 X_L。当 X_{CO} 不变时,增大 X_L,使 $\dfrac{X_{CO}}{X_L} < 0.01$,同样可以避免谐振的发生。增大 X_L 的办法有:

1) 选用伏安特性好的电压互感器,使其工作点在伏安特性的线性部分,当有激发因素时,铁芯不易饱和,也就难以激发谐振。从某种意义上说,这是治本的措施。

2) 选用高电压等级的电压互感器。试验表明,采用高电压等级的互感器,由于工作点也在伏安特性的线性部分,一则不易激发谐振,二则万一出现谐振会使电压互感器中过电流的严重程度减轻。

3) 减少电压互感器的并联台数。这样一则可以增大 X_L,二则当电网内万一出现谐振也可以减少一次损坏的互感器台数。

4) 减少电压互感器高压侧(一次绕组)中性点接地台数。这样做的结果与 3) 的效果相近。对中性点绝缘电网中的用户变电站里装的全绝缘电压互感器,因无监视系统绝缘的任务,可将其中性点改为不接地运行以增大 X_L。

(3) 合理安排操作方式。对于空母线合闸充电易产生基波谐振的变电站,在合闸前,可先投入母线上的一条空载出线,然后再向母线充电,以达到改变系统参数、躲开谐振区域的目的。

(4) 装设消弧线圈。众所周知,在中性点不接地系统中,中性点经消弧线圈接地,能够帮助瞬间接地电弧的熄灭,从而有效地防止单相弧光接地引起的过电压。除此之外,消弧线圈还能完全消除因电压互感器参数变化引起的电网铁磁谐振。因此,除了按电力行业标准《交流电气装置的过电压保护和绝缘配合》(DL/T 620—1997)中规定,在不接地系统中的单相接地电流,对 10kV 系统大于 10、20A 或 30A,35kV 系统大于 10A 需装设消弧线圈外,在单相接地电流接近上述数值,且有谐振现象经常发生时,也应考虑装设消弧线圈。例如,西北地区某 35kV 电网的电流小于 10A,在装消弧线圈前经常发生谐振,烧坏电压互感器,装设消弧线圈后,运行效果良好。

2. 增大回路的阻尼效应

(1) 在电压互感器开口三角绕组两端接入阻尼电阻或短接。

1) 接线及原理。在我国电力系统中,为限制由电磁式互感器引起的铁磁谐振,广泛采用在互感器开口三角绕组接入阻尼电阻 R 的方法来抑制谐振。其接线如图 2-2-1-34 所示。

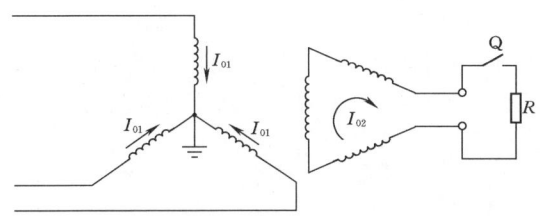

图 2-2-1-34 互感器开口三角接入阻尼电阻接线

谐振时,互感器高压绕组中将流过零序电流 I_{01},在开口三角绕组两端要感应出零序电压。当接入 R 时,其中必将流过零序电流 I_{02},它对高压绕组产生去磁作用,从而抑制了谐振。R 愈小,I_{02} 愈大,去磁作用愈显著。若将开口三角绕组两端短接,即 $R=0$,谐振就不会发生。

阻尼电阻也可以接在高压侧与 L_1、L_2、L_3 并联。当接在高压侧时,可将 R 通过变比关系换算为

$$R_1 = \dfrac{K^2}{3} R$$

式中 R_1——互感器高压侧每相绕组并联电阻值;
  R——互感器开口三角绕组的阻尼电阻;
  K——互感器变比。

2) 阻尼电阻的数值选择。关于阻尼电阻的数值,在 DL/T 620—1997 中虽有规定 ($R \leqslant 0.4 X_L/K^2$),但目前仍有争论,原因是各试验者的试验条件如互感器特性、电压等级等不尽相同。

根据模拟试验,H. A. Peterson 等同时得出了在不同参数条件下,消除谐振所需的开口三角电阻的上限值 R,如图 2-2-1-35 所示。消除分频谐振所需的 R 值较小,基波的允许值高些,高次谐波谐振要求的电阻值最高。因此,如按分频谐振来选择电阻,就可以同时消除基波和高次谐振。

为消除分频谐振过电压开口三角的电阻值应为

$$R = \left(\dfrac{n_2}{n_1}\right)^2 X_L = \dfrac{X_L}{K^2} \quad (2-2-1-24)$$

为消除基波谐振过电压开口三角的电阻值应为

$$R = 8\left(\dfrac{n_2}{n_1}\right)^2 X_L = 8\dfrac{X_L}{K^2} \quad (2-2-1-25)$$

式中 K——互感器高压绕组与开口三角绕组间的变比。

例如,某 10kV 电压互感器,每相绕组在额定线电压下的激磁感抗 $X_L = 1M\Omega$,高压侧与开口三角侧变比为

$$K = \dfrac{10/\sqrt{3} \times 10^3}{\dfrac{100}{3}} = 100\sqrt{3}$$

为了消除分频谐振,应取

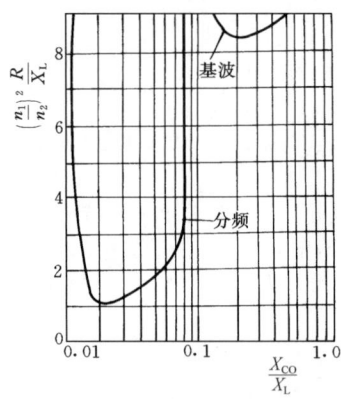

图 2-2-1-35 消除互感器谐振所需的开口三角
电阻上限值（图 2-2-1-32 中的 1 号互感器）

$$R \leqslant \frac{10^6}{(100\sqrt{3})^2} = 33 \ (\Omega)$$

为了消除基波谐振，应取

$$R \leqslant 8 \times \frac{10^6}{100\sqrt{3}} = 264 \ (\Omega)$$

应当指出，当电网中同时接有若干台互感器时，每台互感器（包括用户的互感器）均应按各自的激磁阻抗 X_L 值，分别加装开口三角电阻。

3）阻尼电阻的投入。阻尼电阻可以长期接在开口三角绕组，它不影响互感器的正常运行，但要考虑热容量的要求。当电网内发生持续性的单相接地时，电压互感器开口三角绕组两端会出现 100V（有的互感器为 73V）的工频零序电压。故阻尼电阻就应有足够大的容量。

当开口三角电压 $U_k = 100V$ 时

$$P_R = \frac{U^2}{R} = \frac{100^2}{R} = \frac{10}{R} \times 10^3 \ (W)$$

若取 $R = 33\Omega$，则 $P_R = 0.3kW$。对分频谐振而言，由于电阻值甚小，有时 $R = 0$，所以长期投入是不恰当的。通常采用瞬时投入的方法。目前较简便的方法是原东北电力试验研究院和沈阳电业局研制的分频消谐装置。

应当指出，由于阻尼电阻接至开口三角绕组的两端，因此这一负载必定同时加在开口三角绕组和一次绕组上，这就是说，电压互感器必须要有足够的容量，这与下述的高压侧中性点接电阻是不同的。

另外，在间歇性弧光接地时，由于阻尼电阻的接入，将使流过一次绕组的电流显著增大，这就增加了电压互感器烧损的可能性。当有多台电压互感器时，必须在每台上均接阻尼电阻才能奏效，否则，如将此小电阻集中接于一台电压互感器的开口三角绕组两端，则在单相接地时，电压互感器本身就有可能承受不了过大的负载而烧损。

（2）在互感器高压绕组中性点上接电阻 R_0。试验和运行经验证明，这是防止或消除互感器铁磁谐振的一个有效而简便的方法。当 $R_0 \geqslant 6\%\omega L$ 时，可以消除一切由电压互感器饱和所引起的铁磁谐振。在额定运行电压下，临界阻尼电阻 R_0 的值如图 2-2-1-36 所示。由图可见，当 $R_0 \geqslant 3.5\%\omega L$ 时，可消除一切基波谐振；当 $R_0 \geqslant 5.6\%\omega L$ 时，可消除一切基波和分频谐振。电压互感器的伏安特性愈是饱和，其中性点上接电阻 R_0 的效果愈明显。

电压互感器高压绕组中性点装设阻尼电阻 R_0 的接线如

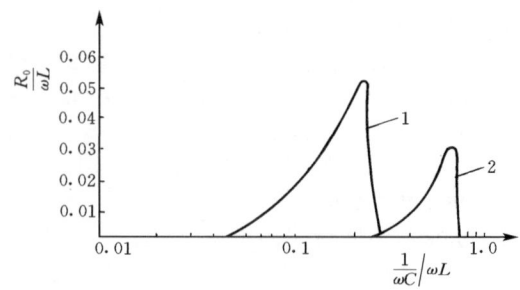

图 2-2-1-36 消除铁磁谐振所需的 R_0 值
1—分频；2—基波

图 2-2-1-37 所示。

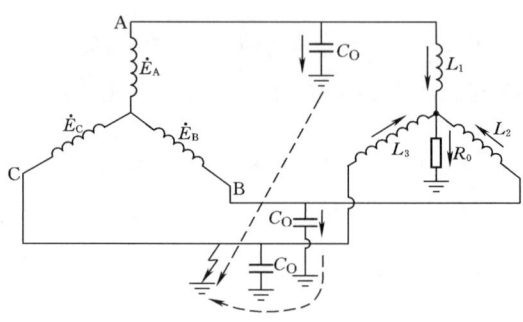

图 2-2-1-37 电网单相接地时电流的分布

在图 2-2-1-37 中，当系统发生单相接地时，故障点流过电容电流，未接地相（A、B）的电压升高到线电压，其对地电容 C_0 上充以与线电压相应的电荷。在接地故障期间，此电荷产生电容电流，以接地点为通路，在电源—导线—大地间流通。由于互感器的激磁阻抗很大，其中流过的电流很小。但是，一旦接地故障消除，这个电流通路被切断，而非接地相必须由线电压瞬间恢复到正常相电压水平。由于接地故障已断开，非接地相在接地期间已经充电至线电压下的电荷，就只有通过互感器高压绕组，经其原来接地的中性点进入大地。在这一瞬变过程中，互感器高压绕组中将会流过一个很大的工频冲击电流，使互感器铁芯严重饱和，激发谐振现象。实际上，由于接地电弧熄灭的时刻不同，即初始相位角不同，故障的切除不一定都在非接地相电压达最大值这一严重情况下发生。因此，不一定每次单相接地故障消失时，都会在互感器高压绕组中产生大的涌流，发生谐振。

在上述情况下，若在互感器高压绕组中性点接入一个足够大的接地的电阻，在单相故障消失时，就可以阻尼流过高压绕组和中性点的冲击振荡电流，使其急剧衰减，避免铁芯饱和，防止铁磁谐振的发生。

另外，接入阻尼电阻 R_0 对消除因三相参数不对称，如一相导线部分或完全断线，电压互感器一相或两相熔丝熔断激发引起的铁磁谐振过电压以及抑制非谐振引起的电压互感器熔丝熔断都有良好的效果。

R_0 的数值，从阻尼的角度来看是愈大愈好，若 $R \to \infty$，即电压互感器高压侧绕组中性点变为绝缘了，当然不会发生谐振。但 R_0 太大一则会影响电压互感器中性点的绝缘水平，二则会使单相接地时的开口三角电压太低，影响接地指示灵敏度和保护装置正常动作。而太小了阻尼作用又不大。

根据有关单位的研究，接 R_0 后，电压互感器开口三角绕组的电压 $U_\triangle\% \approx \sqrt{1-(3R_0/\omega L)^2}$。设 $R_0 = 5.6\%\omega L$，则 $U_\triangle = 98\mathrm{V}$，即系统单相接地时 $U_\triangle$ 有所降低，但降低不多。实测 10kV 系统（电压互感器的 $\omega L = 860\mathrm{k\Omega}$）单相接地时的 $U_\triangle$ 和 R_0 的关系如图 2-2-1-38 所示。变电站接地警报器的启动电压一般整定为 15～30V，故按 $U_\triangle \geqslant 80\mathrm{V}$ 来考虑，一般取 $R_0 = 30\sim 50\mathrm{k\Omega}$ 乃至 100kΩ 均可满足这一要求。

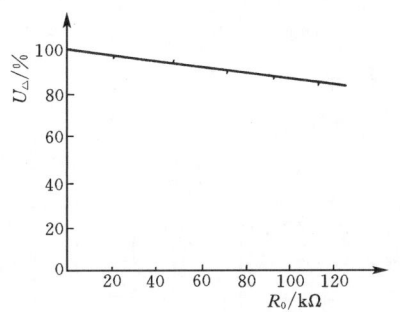

图 2-2-1-38 R_0 与 $U_\triangle$ 关系的实测曲线

R_0 的容量，就单相稳态接地的要求而言是不大的，仅几十瓦，例如，当 R_0 取为 30kΩ，则对 10kV 系统而言，其消耗的功率小于 40W。但是，运行经验表明，当发生间歇性弧光接地时，对电阻 R_0 热容量的要求要大得多。所以，R_0 的容量主要由单相间歇性弧光接地的条件来决定。西北电力试验研究所在大量弧光接地试验的基础上提出若 R_0 有 600W 的容量则比较可靠。所以，R_0 的容量可为 500～1000W。

(3) 采用消谐装置。目前在中性点不接地电网中，安装的消谐装置主要有以下几种：

1) RXQ 型电压互感器消谐器。它是由西安电瓷研究所、西北电力试验研究所和西安供电局等单位联合研制的，主要适用于 6～10kV 配电网。

RXQ 型 TV 消谐器由非线性高温电阻片和线性电阻（6～7kΩ）串联构成。电阻片直径为 60cm，阀片与阀片之间设有铝质散热片，所有元件用弹簧压装在瓷套中，如图 2-2-1-39 所示。RXQ 型 TV 消谐器串接在电压互感器高压绕组的中性点与地之间，使电网零序网络的阻尼率增大，从根本上避免了谐振的条件。同时也能防止弧光接地过电流（实测最大过电流峰值为 2.09A）烧毁电压互感器，是一种可靠的保护设备。例如，西北地区采用该类消谐器以来，尚未发生过铁磁谐振或弧光接地时烧损电压互感器的情况。

2) XXG 型消谐器。它是由云南省电力局勘测设计院火电室和昆明市灯泡厂共同研制的，它由消谐管和鉴频器组成，原理接线如图 2-2-1-40 所示。其简单工作原理如下：①当系统正常运行时，电压互感器开口三角 ax 两端位移电压不大于 3V，消谐器（管）基本上处于冷态，此时"2""6"间等效电阻 $R = (r_1 r_2)/(r_1 + r_2) \leqslant 1\Omega$，对各种谐振都有抑制作用。②当单相接地时，开口三角绕组有 100V 工频电压，此时 r_1、r_2 在 100V 电压下发热，使开关 Q 断开，将电阻 r_2 切除，r_1 进入热态，达 60Ω 或 110Ω，电压互感器不会过载。③当产生谐振时，如果是基波、高次谐波谐振，则 r_1 有足够的抑制功能；如果单相接地后接着产生的是分频谐振，此时由 L 和 KA 组成的鉴频器动作，KA 的接点将"4"、"6"短接，投入电阻 r_2，使开口三角绕组内投入一个可消除分频谐振的低电阻，将谐振消除。

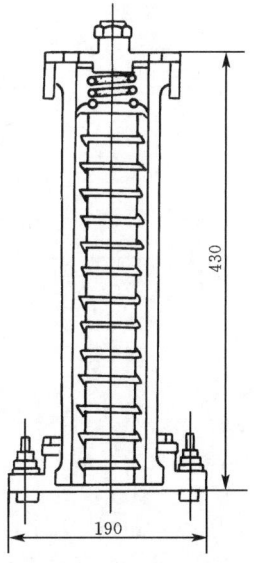

图 2-2-1-39 RXQ-10 型电压互感器
消谐器外形图（mm）

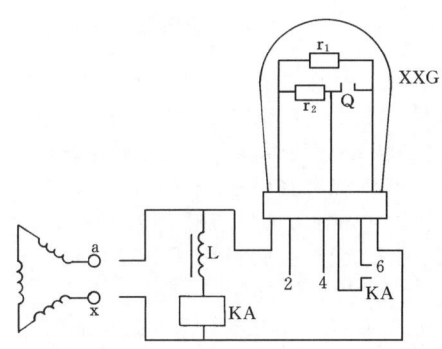

图 2-2-1-40 消谐器原理接线图
XXG—消谐管（r_1 为热丝，r_2 为消谐丝，Q 为热动开关）；L—鉴频电抗器；KA—继电器

由于 r_1、r_2 所具有的非线性与普通白炽灯泡无异，事实上 XXG 消谐管本身就是一只可控的白炽灯。因此，上述消谐功能在实际电网中往往是达不到的，而且常常在间歇性弧光接地过电压的作用下将自身烧毁。

3) 可控硅消谐装置。这是由铁岭电业局首次研制成功的。有两种型式，即 KZX 型可控硅综合消谐装置和 KFX 型可控硅分频消振装置。由于以小巧的且具有开关特性的可控硅（晶闸管）代替笨重的交流接触器，使本装置不仅有良好的消谐能力，而且便于实现产品化。

a. KFX 型可控硅分频消振装置原理接线如图 2-2-1-41 所示。当电网发生单相接地故障时，L、C_1 处于并联谐振状态，呈高阻抗，T_2 次级电压甚低，不足以使 SCR 触发

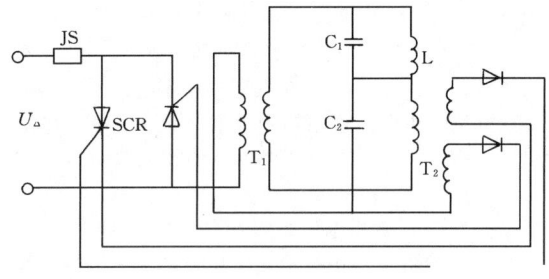

图 2-2-1-41 KFX 型消谐装置原理接线图

导通，当电网发生分频谐振时，LC_1 与 C_2 处于串联谐振状态，T_2 次级获得较高电压，且其相位超前 SCR 阳极电压 90°，使 SCR_1，SCR_2 交替触发导通，短时短接开口三角绕组实现消谐。

b. KZX 型可控硅综合消谐装置，其原理框图如图 2-2-1-42 所示。

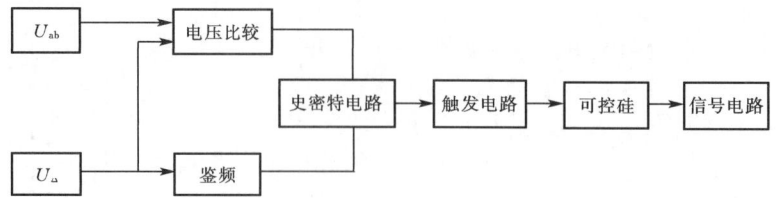

图 2-2-1-42 KZX 型消谐装置原理框图

4）WNX 型微电脑多功能消谐装置。该装置是针对 KFX 型装置所存在的功能单一、抗干扰能力较差等缺陷研制而成的，经东北电管局鉴定后已交浙江乐清华侨电脑电力仪器厂生产。它由单片微型计算机 8748、采样鉴频电路、晶闸管、分频计数器等元件组成。其工作原理是采用单片机检测开口三角绕组两端的零序电压的频率和幅值，以识别各种形式的铁磁谐振过电压。当检测电压互感器开口三角绕组电压的频率范围为 15～18Hz、23～27Hz、145～162Hz 时，分别判定为 $\frac{1}{3}$ 次、$\frac{1}{2}$ 次分频谐振和三倍频高频谐振；当频率为 48～52Hz，并且连续三个周波过幅值（155±5）V 时，则判定为基频谐振。当判定为某种谐振后，单片机就进入消谐程序，发出高频脉冲群，使反并联在开口三角绕组两端的两只晶闸管交替过零触发导通，将开口三角绕组短路，向电网施加强有力的持续阻尼波，使谐振过电压波迅速被消除。由于短路时间极短，故不会给电压互感器带来负担。

许多地区的运行经验表明，采用此装置消除铁磁谐振过电压十分有效。例如，某变电所两台 10kV 电压互感器，两年半时间内高压熔丝熔断 30 多只，安装该消谐装置后，又经两年半时间，消谐装置多次动作，高压熔丝没有熔断。

以上几种消谐装置、措施和方法适用于不同的场合，各有特点，应根据实际需要进行选择。因开三角回路中固定接电阻、灯泡等方法简单易行、经济，但其阻尼能力有限，一般仅适用于 10kV 及以下电网中。当 TV 组数较多时，应在每组 TV 上采取消谐措施。TV 高压中性点串电感、电阻，消谐效果比较理想，但不能用于 TV 为半绝缘的电网中，而且每组 TV 都应采取同样措施才能见效。以可控硅为消谐执行元件的消谐装置（KFX 型、KZX 型和 WNX 型），具有极强的阻尼能力，可适用于任何电压等级的电网，特别是 WNX 型消谐装置，功能齐全，抗干扰能力强，效果最佳，具有广阔的应用前景。

3. 采用零序电压互感器

这是华北电力学院杨以涵教授提出的方案。其原理接线图如图 2-2-1-43 所示。它由 4 台电压互感器组成，其中 3 台为主电压互感器，1 台为零序电压互感器。主电压互感器一次侧绕组接成星形，中性点通过零序电压互感器的一次绕组 W_4 接地；主电压互感器的二次绕组 W_3 接成星形，其中性点通过 W_5 接地；主电压互感器的辅助绕组接成闭口三角形。

正常运行时，各相电压是对称的，原绕组中性点 O 和地之间只有一数值很小的不平衡电压，不足以影响接地继电器的动作。一相接地时，接地相电位降低到零，这将引起相

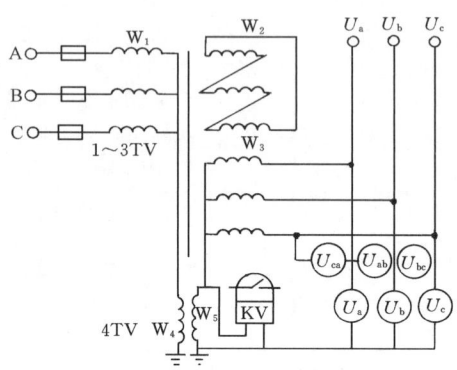

图 2-2-1-43 TV 高压中性点串接单相电压互感器的实际接线图
1～3TV—主电压互感器（W_1 为一次绕组、W_2 为辅助绕组、W_3 为二次绕组）；
4TV—零序电压互感器（W_4 为一次绕组、W_5 为二次绕组）；KV—接地继电器

电压表指示发生变化。以 A 相发生接地事故为例，说明各相电压表的变化。由于 A 相为地电位，故 $\dot{U}_A + \dot{U}_0 = 0$ 或 $\dot{U}_0 = -\dot{U}_A$，各相电压相量如图 2-2-1-44 所示。各相电压为

$$\dot{U}_{A0} = \dot{U}_A + \dot{U}_0 = 0$$

$$\dot{U}_{B0} = \dot{U}_B + \dot{U}_0 = \sqrt{3}\dot{U}_B e^{-j30°}$$

$$\dot{U}_{C0} = \dot{U}_C + \dot{U}_0 = \sqrt{3}\dot{U}_C e^{j30°}$$

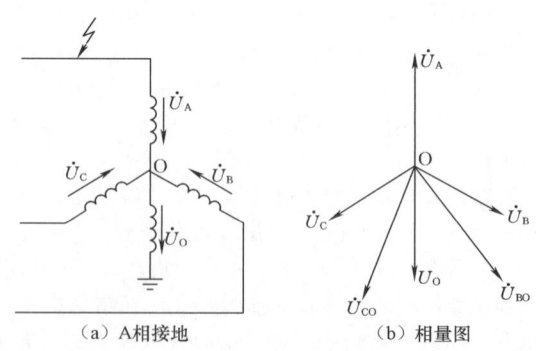

（a）A 相接地　　　（b）相量图

图 2-2-1-44 A 相接地时各相电压及其相量图

即 A 相电压表指示为零，B 相及 C 相电压升高到相电压的 $\sqrt{3}$ 倍，零序互感器的一次绕组电压升高到相电压。从电压表的指示可以判断出 A 相发生接地事故。同时，电压继电器将发出接地信号。从各个相电压的变动看出，它对接

地事故的反映和现在的典型绝缘监视用电压互感器的行为完全一样。这种电压互感器之所以能防振主要是靠：消振闭口三角绕组；中性点经零序电压互感器接地，W_4 绕组感抗补偿容抗，若感抗足够大，谐振不会发生；W_4 绕组的固有电阻（约 $10k\Omega$）具有消振和防止熔丝熔断的作用。为增大零序电压互感器的电阻，其高压绕组采用铁漆包线绕成，其电阻约为同型号铜线的 5～7 倍。

应指出，在正常工作状态下，系统中性位移反映到开口三角绕组上的电压仅几伏，其中环流甚微。单相接地时，实测环流在 100～200mA，远低于铭牌允许值。

运行经验表明，在 10kV 及以下的配电网中，采用零序电压互感器是防止电磁式电压互感器烧损的有效方法，宜优先考虑采用。目前已有厂家生产这种产品。

对于 35kV 的配电网，由于 JDZJ-35 和 JDJJ-35 型电压互感器不是全绝缘的产品，影响了这一措施在 35kV 电网中的推广。然而，如将该电网里的接地监视电压互感器改为 JDJ-35 或 JDZ-35 型，这个问题就能得到解决。此时的接线可参照图 2-2-1-43。图中 1～3TV 为主电压互感器（JDJ-35 或 JDZ-35 型）；4TV 为零序电压互感器（JDJ-35 或 JDZ-35 型）；K 为接地继电器，整定值为 15～20V。采用这种接线后，当 35kV 系统发生单相金属性接地时，该电压互感器组高压侧中性点的对地电压将为 15V 左右，这就是零序电压互感器只能串接于全绝缘的电压互感器中性点的根本原因。JDJ-35 和 JDZ-35 型电压互感器都是双绕组的，它们不具备可以接线开口三角绕组以获取零序电压的辅助二次绕组，因此，通常不做接地监视用。此时零序电压可从其 4TV 的二次绕组抽出。当 35kV 电网发生单相金属接地时，其二次绕组两端的电压约为 40V，如果其回路中的接地继电器 K 的整定值为 15～20V，则该继电器是能正确动作的。

4. 新型消谐装置

这是武汉水利电力大学陈维贤教授提出的抑制配电网互感器谐振的新方法。他对现有的消谐措施进行了分析，认为最理想的消谐方法是将开口三角绕组瞬间短接，这也是当前多种消谐装置的共同原理。但是，在许多情况下，当发生基波谐振时，在开口三角绕组两端所显示出来的电压波形和幅值，与单相接地下的完全相同，使消谐器无法正确判断和投入动作，这又是目前电压互感器谐振事故仍然较多的一大原因。为了能正确区分谐振和接地，研制了新型的消谐装置，并获得国家专利。

新型的消谐装置由接地鉴别器 JB 和开口三角绕组短接器 DJ 两部分组成。鉴别器的构成原理如图 2-2-1-45（a）所示，C_1 为接在电压互感器高压绕组 L_1 中性点上的交流电容，作为隔断直流和提供交流通道之用，数十微法，其工频容抗很小，相当于直接接地；同时 C_1 的取值应保证本身不会与电压互感器构成谐振，并使弧光接地过电压下所分流到的直流电压不致超过 300V。直流电势 E 经大电阻 R_1 和 R_2 而与 C_1 相并联。在正常运行和发生谐振的情况下，直流通道不存在，电阻 R_2 不产生直流压降，动作电路 A 接收不到信号，鉴别器 JB 也就不动作。当发生线路接地故障时，电势 E 经 L_1 和接地点构成直流通道，R_2 上出现直流压降，其信号引至动作电路 A，其中继电器 K_1 动作，开口三角绕组 L_2 回路中的常闭结点 Q_1 打开，如图 2-2-1-45（b），使得短接器 DJ 脱离开口三角电源而不动作，电压互感器也就处在正常的接地工作状态。这里 R_1 和 R_2 为百千欧级的大电阻，借以保证鉴别器在接地电阻很大的情况下仍能可靠动作。信号电阻 R_2 的两端并接一个交流大电容 C_2，以免在单相弧光接地时造成误动作。此外，R 为大电阻，以便泄放 C_1 上的多余电荷。

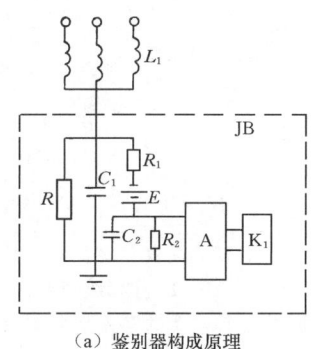

（a）鉴别器构成原理

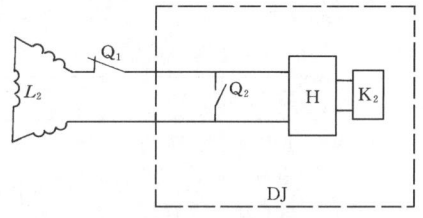

（b）开口三角绕组短接器 DJ

图 2-2-1-45 新型装置的接地鉴别器 JB 和开口三角绕组短接器 DJ

当发生谐振时，开口三角绕组两端出现电压，它使动作电路 H 及其继电器 K_2 动作，常开结点 Q_2 经延时后闭合，使得谐振立即消失。Q_2 延时闭合的目的，是当电网发生接地故障时，保证结点 Q_1 先行开断而切除 DJ，以免后者动作而将开口三角绕组短接掉。

综上所述，新型消谐装置的特点是：

(1) 能正确区分谐振和接地。

(2) 在电压互感器中性点上串进一个直流电势，据此提供接地信号，从而保证只在谐振时才短接开口三角绕组，达到正确消谐的目的。

新型消谐装置曾在 10kV 电压互感器上进行过大量的单相弧光接地和谐振试验，证明其动作可靠，消谐效果好。

【例 1】 某电厂 35kV 系统的接线图如图 2-2-1-46 所示。在运行中，B 相接地报警，接地选择时，拉线路 I 时接地未消除；拉线路 II 时"接地"还未消除；拉避雷器，故障仍未消除。

事故后，经分析研究认为上述现象是在系统中发生铁磁谐振之故。

要判定系统是否发生谐振，发生哪一种谐振，其基本做法是：首先根据系统运行记录和所观察的现象作初步判断；然后计算系统参数，根据图 2-2-1-46 确定谐振发生的可能性，若 $\dfrac{X_{CO}}{X_L}$ 在谐振区域内，再进一步判定谐振的特性。

如果条件允许，还可进行现场实测，探索产生谐振的原因，防止和消除措施及谐振的规律性。

下面对上述方法做简要说明：

(1) 根据现场值班员运行记录判定谐振。由上所述，当

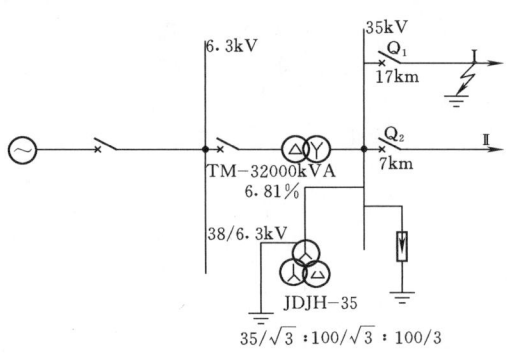

图 2-2-1-46 某电厂 35kV 系统接线图

系统发生谐振时,相应的仪表有明显的反应,若值班人员能准确无误地记录下当时的仪表读数、指针摆动情况等,将为分析谐振现象提供极其宝贵的第一手资料。

根据运行经验将不同谐波谐振时的特点,列于表 2-2-1-1 中,供判断时参考。

表 2-2-1-1　　不同谐波谐振时的特点

谐波	各相电压	开口三角绕组电压
基波谐振	某一相电压降低,但不为零,其余相电压升高,大于线电压,一般不超过 3 倍相电压	超过 100V
高次谐波谐振	三相电压同时升高,其数值相同,且大于线电压,一般不超过 3.0~3.5 倍相电压	超过 100V
分次谐振	三相电压依次轮流升高,三相电压表指针在相同范围内出现低频摆动,一般不超过 2 倍相电压	一般在 85~95V 以下,也有等于或超过 100V 的情况

(2) 根据系统参数,应用不同谐波的谐振区域曲线判定。

1) 系统容抗 X_{CO} 的计算。对图 2-2-1-45 所示系统接线,根据实测求得 X_{CO} 为

$$X_{CO} = \frac{U_X}{I_0} = \frac{38.6/\sqrt{3}}{2.68/\sqrt{3}} = 25(\text{k}\Omega)$$

式中　U_X——运行相电压;
　　　I_0——电容电流。

2) 电压互感器一次激磁阻抗。

根据 JDJH-35 互感器的伏安特性曲线求得

$$X_L = \frac{U_N}{I} = \frac{35\text{kV}}{30\text{mA}} = 1166.6(\text{k}\Omega)$$

式中　U_N——额定线电压,kV;
　　　I——额定线电压下的激磁电流。

3) 求阻抗比。

$$\frac{X_{CO}}{X_L} = \frac{25}{1166.6} = 0.021$$

根据阻抗比 $\frac{X_{CO}}{X_L}$ 查图 2-32(实线)可初步判断系统被

激发起 $\frac{1}{2}$ 分频谐振。

为了进一步分析这次谐振现象,事后又在该系统进行了实测。其试验接线如图 2-2-1-47 所示。试验时用接地—断开法激发谐振,并在电压互感器开口三角处串电阻消振。试验内容包括:

(1) 带线路Ⅰ、Ⅱ,在线路Ⅰ的断路器负荷侧 C 相作金属性短路,切线路Ⅰ的断路器,激发谐振。

(2) 只带线路Ⅱ,利用线路Ⅰ的断路器作接地开关(线路Ⅰ从断路器负荷侧套管处断开),断开接地点激发谐振。

(3) 只带线路Ⅰ,利用线路Ⅱ的断路器作接地开关。断开接地点激发谐振。

(4) 投 35kV 空母线。

上述四次试验,均激发起谐振,其中 (1)~(3) 为 $\frac{1}{2}$ 分频谐振,(4) 为基波谐振。其示波图分别示于图 2-2-1-48 和图 2-2-1-49 中。试验时,系统参数分别为:试验① $\frac{X_{CO}}{X_L} = 0.021$;试验② $\frac{X_{CO}}{X_L} = \frac{82.6}{1166.6} = 0.071$;试验③ $\frac{X_{CO}}{X_L} = \frac{35.3}{1166.6} = 0.03$;试验④ $\frac{X_{CO}}{X_L} = \frac{0.64 \times 10^3}{1166.6} = 0.55$。根据系统参数判断也分别落在 $\frac{1}{2}$ 分频谐振区和基波谐振区,与实测结果吻合。实测表明,当产生 $\frac{1}{2}$ 分频谐振时,电压表读数三相轮流升高,为相电压的 1.4 倍左右,电压表指针作低频摆动。电压互感器开口三角电压接近单相接地时电压值的 85%~95%。当接入 7~9Ω 消振电阻后,即可消振,其示波图示于图 2-2-1-48 中。

当产生基波谐振时,电压表读数是两相升高至 1.8 倍相电压,一相降低,接近于零,互感器开口三角电压近似为 100V。当接入 20Ω 的消振电阻后,即消振,其示波图示于图 2-2-1-49 中。

【例 2】某电厂 6kV 系统的接线图如图 2-2-1-50 所示。当合 Q_2 时,6kV 直配Ⅱ段的空母线充电时,发现 A、B、C 三相电压轮流升高到原运行相电压的 1.27、1.27、1.44 倍,电压表约以每秒一次的频率摆动;电压互感器开口三角出现零序电压,开始时值班人员误认为系统内有接地。但未找到接地点,后经分析研究确定为系统内出现 $\frac{1}{2}$ 分频谐振所致。

根据所记录的数据和现象初步判断为 $\frac{1}{2}$ 分频谐振。再根据系数参数进一步核对,实测系统的电容电流为

$$I_C = 2.10\text{A}$$

由式 (2-22),可求得

$$X_{CO} = 4.948\text{k}\Omega$$

实测电压互感器的伏安特性,求得

$$X_L = \frac{6\text{kV}}{0.07\text{A}} = 85.71(\text{k}\Omega)$$

阻抗比　　$\frac{X_{CO}}{X_L} = \frac{4.948}{85.71} = 0.057$

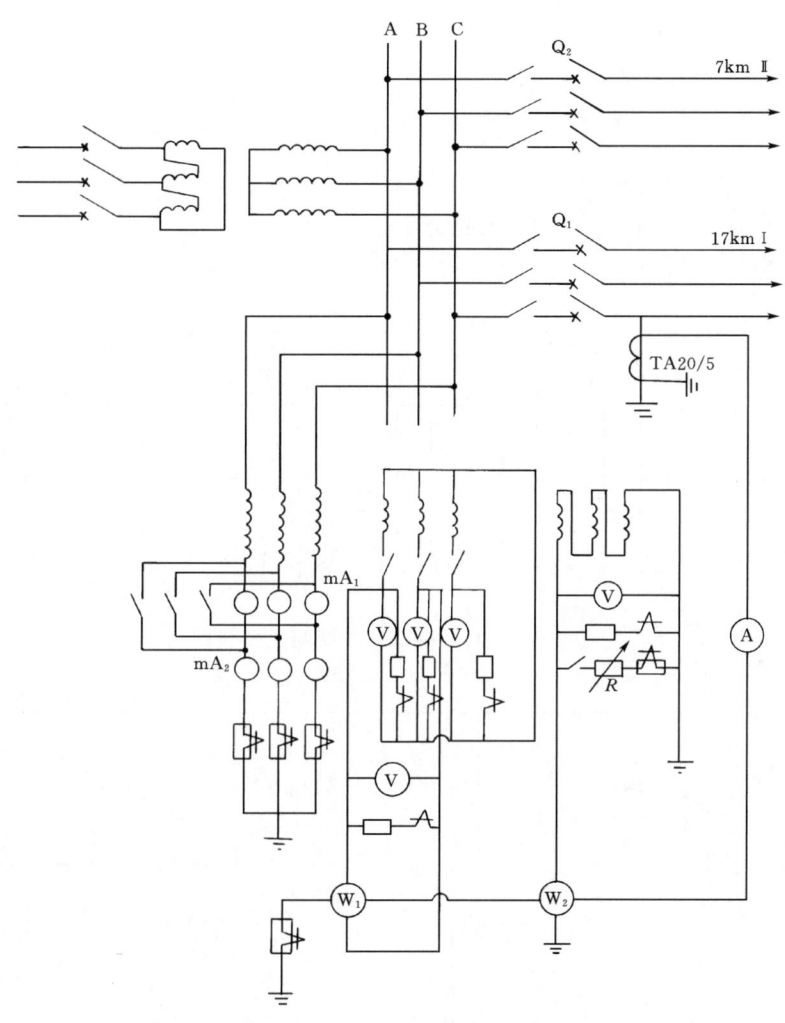

图 2-2-1-47 试验接线图

V—电压表 150V,5 块;W_1—单相功率表,150V,2.5A,1 块;W_2—低功率因数瓦特表,150V,1A,1 块;mA_1—毫安表,50mA,3 块;mA_2—毫安表,500mA,3 块;TA—标准电流互感器,20/5,1 台;R—滑线电阻,20Ω,1 只;A—电流表,1A,1 块

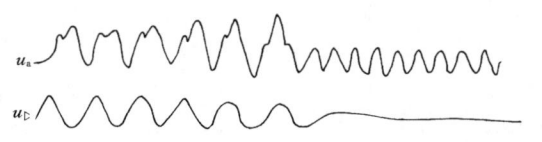

图 2-2-1-48 试验(3)$\frac{1}{2}$分频谐振及其消振示波图

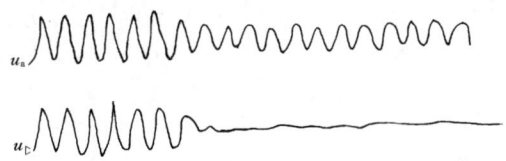

图 2-2-1-49 试验(4)基波谐振及其消振示波图

查图 2-2-1-32 (实线)曲线也正好在 $\frac{1}{2}$ 分频谐振区。后来又进行实测,确认系统发生了 $\frac{1}{2}$ 分频谐振。在每台互感器开口三角接入 4.4Ω 的阻尼电阻即可消振(示波图略)。

【例3】 山东某甲地变电所 35kV 出线有 5 条,全长 124.46km,系统中有电压互感器 9 台,其中 JDJJ 型 7 台,$JDJJ_1$ 型 2 台,运行时的接线图如图 2-2-1-51 所示。自 1980 年 1 月 9 日至 1981 年 5 月 10 日,甲地变电站 35kV 系统曾发生过 10 多次由电磁式电压互感器引起的铁磁谐振过电压。简要分析如下:

(1) 系统容抗 X_{CO}。由于线路总长为 124.46km,而每相对地电容值取为 0.8μF,相应的系统容抗为

$$X_{CO} = \frac{1}{\omega C_O} = \frac{1}{314 \times 0.8 \times 10^{-6}}$$
$$= 3.98 (k\Omega)$$

(2) 电压互感器的一次激磁阻抗 X_L。根据实测 JDJJ-35 型电压互感器线电压下的激磁阻抗为 1170kΩ,9 台并联后的激磁阻抗 X_L 为 130kΩ。

(3) 求 X_{CO} 与 X_L 的比值 $\frac{X_{CO}}{X_L}$。

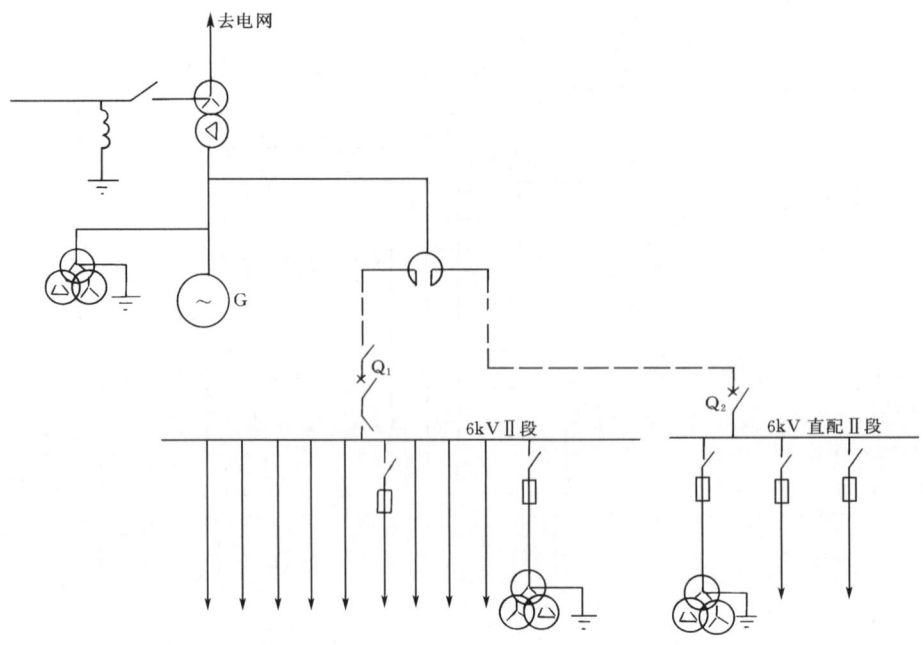

图 2-2-1-50 6kV 系统简化接线图

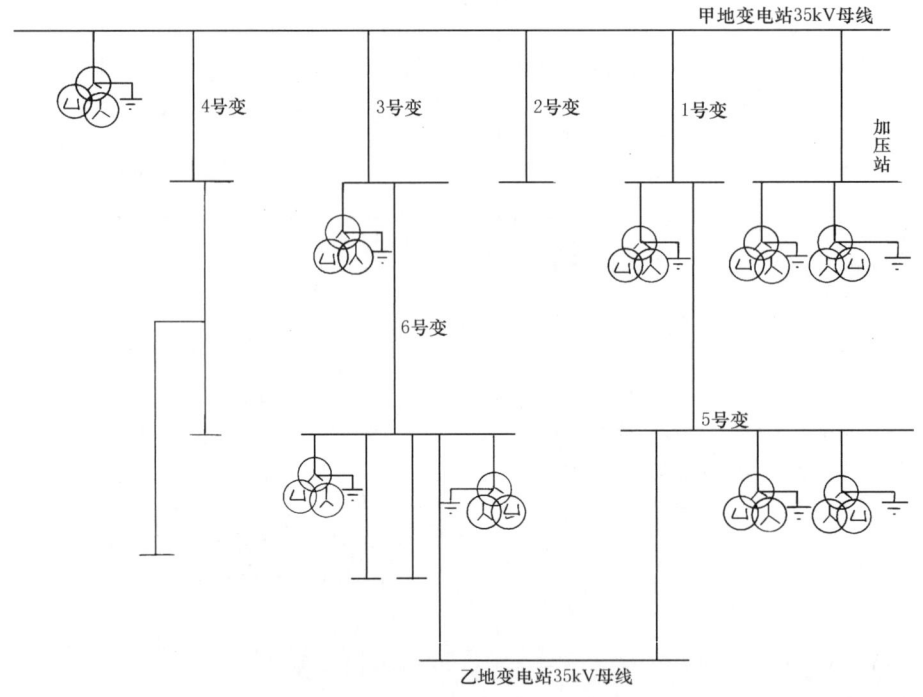

图 2-2-1-51 某 35kV 系统接线方式
（甲地变压器与乙地变压器 35kV 不并列运行）

$$\frac{X_{CO}}{X_L} = \frac{3.98}{130} = 0.0306$$

（4）根据 $\frac{X_{CO}}{X_L}$ 值查谐振区域曲线。根据图 2-2-1-32 查得，当 $\frac{X_{CO}}{X_L} = 0.0306$ 时，系统处于 $\frac{1}{2}$ 分次谐波谐振区。因此，当有适当的激发因素时，即可激发起 $\frac{1}{2}$ 分次谐波谐振。

四、电磁式电压互感器熔丝熔断及烧毁现象

在中性点不接地电网中，电磁式电压互感器烧毁及熔丝熔断的问题，多年来一直受到人们的普遍重视。我国从 50 年代就开始研究其机理和限制措施，取得一些经验，促进了电网的安全运行。本节将根据我国近几年来的研究结果加以分析。

（一）电压互感器熔丝熔断的原因

根据研究，可以把电压互感器熔丝熔断的原因概括为两类：一类是非谐振引起的；另一类是由于谐振引起的。它们都会在互感器中产生过电流导致熔丝熔断。

1. 非谐振熔断熔丝

（1）单相接地瞬间电压互感器高压熔丝熔断。假定有数台 Y 接线的中性点接地电压互感器，可以用一个等值的电

压互感器表示,如图 2-2-1-52(a)所示。

令系统三相对地电压的标幺值为
$$e_A = \sin t$$
$$e_B = \sin\left(t - \frac{2\pi}{3}\right)$$
$$e_C = \sin\left(t - \frac{4\pi}{3}\right)$$

当 A 相接地,$e'_A = 0$,B、C 相对地电压变为
$$e'_B = e_B - e_A = \sqrt{3}\sin\left(t - \frac{5\pi}{6}\right)$$
$$e'_C = e_C - e_A = \sqrt{3}\sin\left(t - \frac{7\pi}{6}\right)$$

A 相接地前后,三相电压与时间变化曲线如图 2-2-1-52(b)所示。电压互感器电压与磁链的关系如下
$$e_{A,B,C} = \frac{d\varphi_{A,B,C}}{dt}$$
或
$$\varphi_{A,B,C} = \int_{t_1}^{t_2} e_{A,B,C} dt$$

以 B 相为例,故障前 B 相电压由零经半周到下一个电压为零,B 相磁通由最大值 +1 变到最大值 -1。这时磁链变化为 2。
$$\varphi_B = \int_{\frac{2\pi}{3}}^{\pi+\frac{2\pi}{3}} \sin\left(t - \frac{2\pi}{3}\right) dt = 2$$

现假定 A 相发生接地故障时,恰好 B 相电压为零($t = t_1$),见图 2-2-1-52(b)。当 B 相电压再次出现零($t = t_3$),这时 B 相的磁链变为
$$\varphi_{B'} = \int_{t_1}^{t_2} \sin t \, dt + \sqrt{3}\int_{t_2}^{t_3} \sin\left(t - \frac{5\pi}{6}\right) dt = 3.73$$

这意味着电压互感器的磁链由最大值 -1 变到最大值 +2.73,因此 $t = t_3$ 时,B 相电压互感器铁芯的磁通为 +2.73,使电压互感器铁芯过饱和,励磁电流急剧增加,导致高压侧熔丝熔断。

(2) 单相接地消失瞬间电压互感器高压熔丝熔断。如果系统很大,这时系统对地容抗较小,可以用图 2-2-1-53 表示该系统的等值电路。

设系统在 $e_A = U_{xm}$,$e_B = e_C = 0.5U_{xm}$ 瞬间发生 A 相单相接地,接地瞬间 B、C 相上总的电荷为
$$2C_0 \times 1.5U_{xm} = 3U_{xm}C_0$$
式中 C_0——每相对地电容。

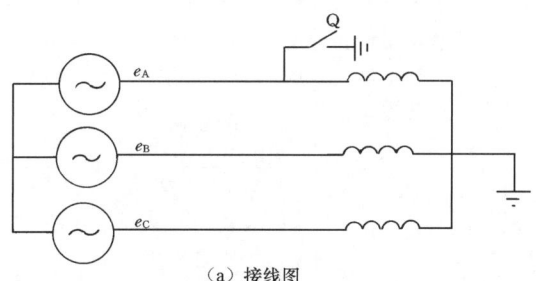

(a) 接线图　　　　　　　　　(b) 波形图

图 2-2-1-52　单相接地示意图

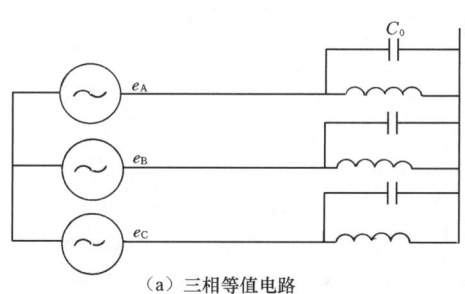
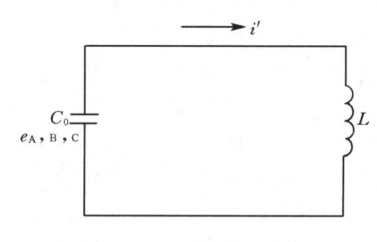

(a) 三相等值电路　　　　　　(b) 单相等值电路

图 2-2-1-53　系统等值电路

如果就在这一瞬间 A 相对地电弧熄灭,电源中性点对地有一直流分量零序电压 U_0
$$U_0 = U_{xm}$$
每相对地电荷为 Q
$$Q = U_{xm}C_0$$

电荷 Q 通过接于相对地的电压互感器高压线圈放电,其放电回路如图 2-2-1-53(b)所示。

由下式可求得放电电流 i'
$$i' = \frac{U_{xm}}{\sqrt{\frac{L}{C_0}}} \sin\omega_0 t \quad \omega_0 = 1/\sqrt{LC_0}$$
$$i' = \frac{U_{xm}}{\omega_0 L} \sin\omega_0 t$$

设正常运行时流过电压互感器的电流为 i_L,且为
$$i_L = \frac{U_{xm}}{\omega L} \sin\omega t$$
式中 ω——电源频率;
ωL——电压互感器励磁感抗。

$$\frac{i'}{i_L} = \frac{\omega}{\omega_0} = \omega\sqrt{LC_0} = \sqrt{\frac{U_{xm}\omega C_0}{U_{xm}/\omega L}} = \sqrt{\frac{I_C}{I_L}}$$

电压互感器励磁电流为 mA 级,系统对地电容电流为 A 级,因而可粗略估算
$$\frac{i'}{i_L} = \sqrt{1000} = 32$$
即
$$i' = 32 i_L$$

由以上粗略估计可知,放电电流达电压互感器励磁电流的 32 倍,如此大的电流将使电压互感器铁芯饱和。在三相正

序电压作用下,导致高压熔丝熔断,这种不属于谐波谐振引起的高压熔丝熔断,在电压互感器开口三角绕组并联电阻的措施是不起作用的。

有关文献对电压互感器在单相接地消失后暂态进行了更详尽的数学分析,认为单相接地消失后,电压互感器一次绕组电压有一个极低频率的自由分量,促使电压互感器饱和,在绕组中产生较大的饱和电流——低频饱和电流。它在单相接地消失后 $\frac{1}{4} \sim \frac{1}{2}$ 工频时间内出现,电流幅值大于分频谐振电流,频率约为 2~5Hz。由于低频饱和电流具有幅值高、作用时间短等特点,在单相接地消失后的半个周波即可熔断熔丝。然而,由于实际应用中部分消谐装置的动作响应往往带有几个周波的时延,因此装置动作响应与低频饱和电流的作用时间两者的配合是极不相适应的。另外,电压互感器开口三角绕组有漏抗电阻,其值大约为 0.6~1.5Ω;电压互感器在低频下的耦合效果相应较差,诸如此类一些因素的影响,即使是开口三角绕组接了一个阻值很小的电阻,这样依靠耦合关系来抑制电压互感器一次电流的作用是有限的。因此,建议在电压互感器中性点装电阻来抑制低频饱和电流,在 JDZJ-10 上的试验结果是 $R_0 > 2\text{k}\Omega$ 即能起到抑制分频谐振的作用。

2. 谐振熔断熔丝

(1) 电磁式电压互感器铁芯饱和引起的铁磁谐振过电压。由上所述,在中性点不接地系统中,当系统单相接地消失后,有可能使系统对地电容与电压互感器高压侧电感在相匹配的情况下,发生铁磁谐振,铁磁谐振中的高次谐波谐振,其电流较小,不足使熔丝熔断,而基波和分次谐波谐振时,其电流较大,在一定条件下会导致熔丝熔断。

(2) 配电变压器高压绕组接地引起的谐振过电压。研究表明,配电变压器高压绕组接地引起的谐振过电压,其幅值高、作用时间长,除能引起配电变压器的烧损外,往往造成电压互感器高压熔丝熔断,或互感器烧损事故。这是因为当配电变压器单相接地谐振过电压形成后,因电网的电源中性点不接地,电源 A、B、C 三相的线电压值不变,但电网中性点将发生位移,非故障相对地电位升高。变电所内的 10kV 母线电压互感器为监视电网是否发生单相接地,三个单相电压互感器的中性点联结以后,再经闸刀接地或直接接地,因此,加在电压互感器相绕组上的电压值因产生谐振过电压而升高。当电压值超过电压互感器励磁特性曲线的拐点时,该电压互感器的励磁电流就骤然增大,导致电压互感器熔丝熔断。若配电变压器的单相接地谐振过电压进一步发展成电压互感器的饱和过电压,此时电网过电压就变得更为复杂。电网中性点位移产生的畸变更为严重时,会越出相量图的电压三角形之外(参见本节三),母线对地电压升高,不仅单相,就是两相或三相都有可能升高,由此,还能迅速发展成为 10kV 母线短路。

(3) 断线谐振过电压。中性点不接地电网发生断线,往往容易引起基波铁磁谐振过电压,使各相电压升高,导致电压互感器铁芯饱和,励磁电流增大,熔丝熔断。

(二)电压互感器烧毁的原因

电磁式电压互感器烧毁的根本原因是过电流,而过电流又往往起因于过电压。几种谐振过电压及其在电压互感器中产生过电流的原因已在本节三、四中叙述,这里着重指出两点:

(1) 35kV 电网中谐振回路的组成,电感元件基本上是电压互感器自身,而在 10kV 及以下的电网中,小容量的配电变压器也是谐振的电感元件。

(2) 防止电压互感器在谐振过电压下的烧损,根本措施是改善其励磁特性。辅助措施是:对 35kV 电网宜采用在电压互感器开口三角绕组回路投入阻尼的方法;对 10kV 及以下的电网,宜在电压互感器的中性点接入零序电压互感器或阻尼电阻。

五、虚幻接地现象及虚实接地的判别

(一)虚幻接地现象

中性点不接地或经消弧线圈接地的电网属于小电流接地系统,在这种系统中,由于历史的原因,绝大多数的电网实现有选择性的灵敏的接地保护至今尚未很好地解决,所以绝大多数电网是采用交流绝缘监视装置对接地故障进行监测,其接线图如图 2-2-1-54 所示。它的主要功能有:提供准确的线电压供表计和继电保护用;测量电源每相对地电压,反映电网对地绝缘情况。若三相对地电压不对称,中性点对地有位移电压 U_0 时,不对称状况由低压星形绕组所接表计显示,开口三角绕组按变比关系反应位移电压值,使电压继电器 KV 动作,发出"接地"信号。KV 的动作整定值,一般在 15~30V,对于 10kV 电网,绝缘监视装置的零序变比为

$$n_0 = \frac{N_1}{N_3} = \frac{10000/\sqrt{3}}{100} = \frac{100}{\sqrt{3}} = 57.73$$

式中 N_1、N_3——装置的一次和三次绕组匝数。两者之比等于电压比。

由于 $57.73 \times 15\text{V} = 0.866\text{kV} \approx 0.9\text{kV}$
       $57.73 \times 30\text{V} = 1.732\text{kV} \approx 1.8\text{kV}$

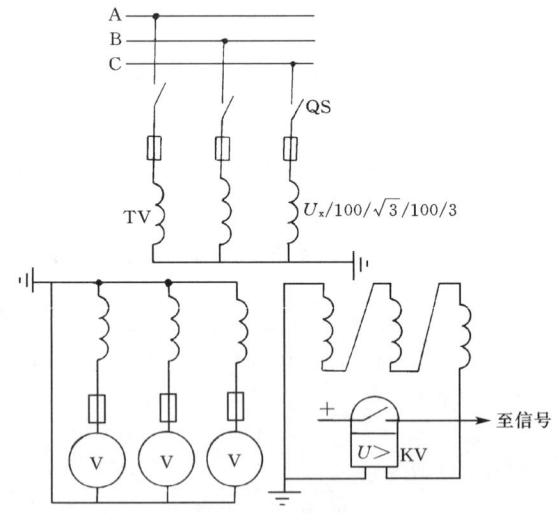

图 2-2-1-54 交流绝缘监视装置原理接线图
KV—电压继电器

因此,当中性点位移电压达 0.9~1.8kV 时,kV 动作发出"接地"信号。

由上分析可见,只要电网三相对地电压不对称而使中性点发生位移,且位移电压达到 KV 的动作整定值,装置就会无选择地显示及反应。运行经验表明,除单相接地外,造成中性点发生位移的原因很多,如铁磁谐振、负荷严重不对称

等。这种由于非接地原因，导致绝缘监视装置发出"接地"信号的现象，通常称为虚幻接地现象。研究虚幻接地现象对提高供电可靠性和运行人员的分析水平具有重要的实际意义。

（二）虚实接地现象的判别与处理

1. 单相接地

设中性点不接地系统三相对地导纳为 $\dot{Y}_A$、$\dot{Y}_B$、$\dot{Y}_C$，各相对 d 点电压和相电压分别为 $\dot{U}_{Ad}$、$\dot{U}_{Bd}$、$\dot{U}_{Cd}$ 和 $\dot{U}_{AO}$、$\dot{U}_{BO}$、$\dot{U}_{CO}$，中性点位移电压为 $\dot{U}_{Od}$，其电压相量图如图 2-2-1-55 所示。

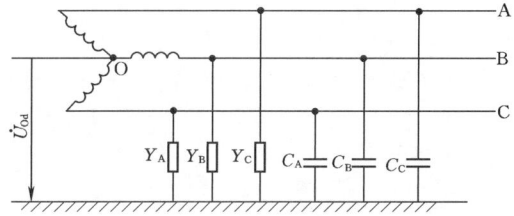

图 2-2-1-56 中性点不接地系统电路图

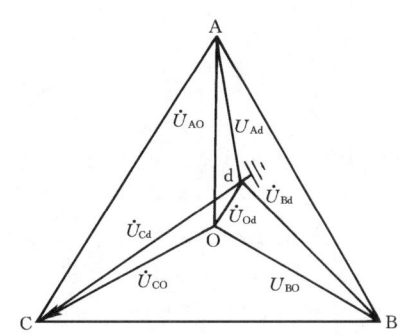

图 2-2-1-55 中性点位移电压相量图

由图 2-2-1-55 可得

$$\left.\begin{aligned}\dot{U}_{Ad} &= \dot{U}_{AO} + \dot{U}_{Od} \\ \dot{U}_{Bd} &= \dot{U}_{BO} + \dot{U}_{Od} \\ \dot{U}_{Cd} &= \dot{U}_{CO} + \dot{U}_{Od}\end{aligned}\right\} \quad (2-2-1-26)$$

利用地中电流总和为零的关系，可得

$$(\dot{U}_{AO} + \dot{U}_{Od})\dot{Y}_A + (\dot{U}_{BO} + \dot{U}_{Od})\dot{Y}_B + (\dot{U}_{CO} + \dot{U}_{Od})\dot{Y}_C = 0$$

中性点位移电压为

$$\dot{U}_{Od} = -\frac{\dot{U}_{AO}\dot{Y}_A + \dot{U}_{BO}\dot{Y}_B + \dot{U}_{CO}\dot{Y}_C}{\dot{Y}_A + \dot{Y}_B + \dot{Y}_C} \quad (2-2-1-27)$$

正常运行时，各相对地电容为 C_A、C_B、C_C，对地泄漏电阻为 r_A、r_B、r_C，如图 2-2-1-56 所示，则相对地导纳为

$$\left.\begin{aligned}\dot{Y}_A &= \frac{1}{r_A} + j\omega C_A \\ \dot{Y}_B &= \frac{1}{r_B} + j\omega C_B \\ \dot{Y}_C &= \frac{1}{r_C} + j\omega C_C\end{aligned}\right\} \quad (2-2-1-28)$$

设 $r_A = r_B = r_C = r$，取 $\dot{U}_{AO}$ 作为基准相量，将式（2-2-1-28）代入式（2-2-1-27），整理得

$$\dot{U}_{Od} = -\dot{U}_{AO}\frac{j\omega(C_A + a^2 C_B + aC_C)}{j\omega(C_A + C_B + C_C) + \frac{3}{r}} = -\dot{U}_{AO}\frac{\dot{\rho}}{1 - jd}$$

$$(2-2-1-29)$$

式中 $\dot{\rho}$ ——电网的不对称度，$\dot{\rho} = \frac{C_A + a^2 C_B + aC_C}{C_A + C_B + C_C}$；

d ——电网的阻尼率，$d = \frac{3}{r\omega(C_A + C_B + C_C)}$。

一般电网中，$\rho = 0.5\% \sim 1.5\%$，$d = 3\% \sim 5\%$，所以正常运行时，中性点位移电压是很小的。

由于泄漏电导比电容电纳小得多，可以忽略不计，同时可认为三相对地电容相等，即 $\frac{1}{r} = 0$；$C_A = C_B = C_C = C_O$。当 A 相经过渡电阻 R_n 接地时，各相对地的导纳变为

$$\left.\begin{aligned}\dot{Y}_A &= \frac{1}{R_n} + j\omega C_O \\ \dot{Y}_B &= \dot{Y}_C = j\omega C_O\end{aligned}\right\} \quad (2-2-1-30)$$

将式（2-30）代入式（2-27），可得单相接地时的 $\dot{U}_{Od}$ 为

$$\dot{U}_{Od} = -\frac{\dot{U}_{AO}\left(\frac{1}{R_n} + j\omega C_O\right) + \dot{U}_{BO}j\omega C_O + \dot{U}_{CO}j\omega C_O}{\frac{1}{R_n} + j3\omega C_O}$$

$$= -\frac{\dot{U}_{AO}}{1 + j3\omega C_O R_n}$$

或 $\quad -\dot{U}_{AO} = \dot{U}_{Od} + j3\omega C_O R_n \dot{U}_{Od} \quad (2-2-1-31)$

分析式（2-2-1-31）可知，当 R_n 变化时，相量 $\dot{U}_{Od}$ 始端的轨迹是以接地相电压相量 $\dot{U}_{AO}$ 为直径的位于其顺时针方向一侧的半圆，如图 2-2-1-57 所示。这个相量图是分析单相接地的基础。

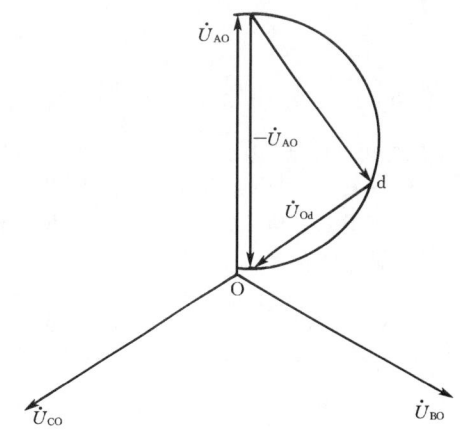

图 2-2-1-57 R_n 变化时的中性点位移电压轨迹（以 A 相接地为例）

由图 2-2-1-57 可见，没有接地时，$R_n = \infty$，$\dot{U}_{Od} = 0$；当产生完全接地时，$R_n = 0$，$\dot{U}_{Od} = \dot{U}_x$（$\dot{U}_x$ 为相电压值），即 R_n 从 $\infty \sim 0$，则 $\dot{U}_{Od}$ 在 $0 \sim \dot{U}_x$ 内变化。

为分析发生单相接地故障时，各相电压大小及相互关系，引入表示接地程度的接地系数。

若单相接地系数用 K 表示,则

$$K = \frac{U_{Od}}{U_x} \quad (0 \leqslant K \leqslant 1.0)$$

引入接地系数 K 以后,图 2-2-1-57 所示的相量图可以变换成图 2-2-1-58,由图 2-2-1-58 可求得当 A 相接地时各相对地电压与 K 的函数关系为

$$U_{Ad} = U_x \sqrt{1-K^2} \quad (2-2-1-32)$$

$$U_{Bd} = \sqrt{U_x^2 + (KU_x)^2 - 2KU_x^2\cos(120°-\theta)}$$
$$= U_x \sqrt{1+2K^2 - K\sqrt{3(1-K^2)}} \quad (2-2-1-33)$$

$$U_{Cd} = \sqrt{U_x^2 + (KU_x)^2 - 2KU_x^2\cos(120°+\theta)}$$
$$= U_x \sqrt{1+2K^2 + K\sqrt{3(1-K^2)}} \quad (2-2-1-34)$$

下面分析各相对地电压的特点:

(1) 接地相对地电压 U_{Ad}。由式 (2-2-1-32) 可知,不接地时,$K=0$,$U_{Ad}=U_x$;完全接地时,$K=1.0$,$U_{Ad}=0$;当通过不同的 R_n 接地,使 K 值在 $0 \sim 1.0$ 之间变化时,U_{Ad} 在 $U_x \sim 0$ 之间变化。所以不完全接地时,接地相对地电压 U_{Ad} 降低但不到零。

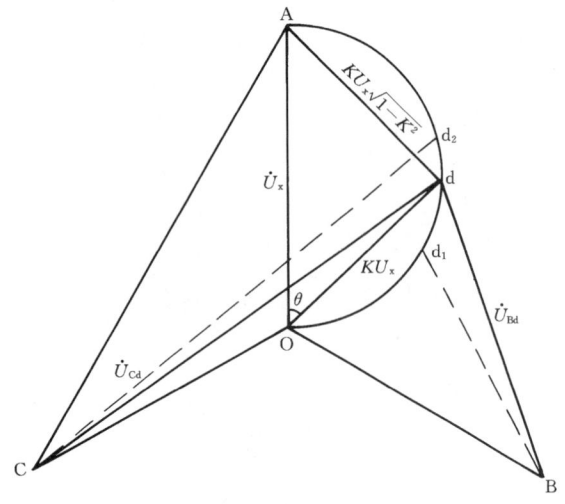

图 2-2-1-58 用接地系数 K 表示的电压相量图

(2) 非接地相对地电压 U_{Bd}。由式 (2-2-1-33) 可知,不接地时,$K=0$,$U_{Bd}=U_x$;A 相完全接地时,$K=1.0$;$U_{Bd}=\sqrt{3}U_x$,即上升为线电压;当 K 值在 $0 \sim 1.0$ 之间变化时,$\dot{U}_{Bd}$ 相量的始端沿着图 2-2-1-58 的半圆 $\widehat{OdA}$ 变动。

在图 2-2-1-58 中,以 B 点为圆心,以 U_x 为半径作一圆弧交半圆于 O、d_1 两点,显然这两点所对应的 B 相对地电压等于相电压,相应的 K 值可由式 (2-2-1-33) 求得,令

$$U_x \sqrt{1+2K^2 - K\sqrt{3(1-K^2)}} = U_x \quad (2-2-1-35)$$

对式 (2-35) 求解可得:$K=0$ 和 $K=0.655$。由此可见,当 $0<K<0.655$ 范围内的单相(A 相)不完全接地,非接地相(B 相)对地电压是降低而不是升高的。只有 $K>0.655$ 后,B 相对地电压才会升高,且不超过线电压。

为了求得 B 相对地电压的最小值,可对式 (2-2-1-33) 求导,并令

$$\frac{dU_{Bd}}{dK} = 0$$

对上式求解可得:$K=0.349$,对应的最小值 $U_{Bdmin}=0.823U_x$。所以,非接地相对地电压最低可比相电压小 17.7%。

在 $0<K<0.655$ 的范围内,接地的 A 相和非接地的 B 相对地电压都降低,U_{Bd} 是否有可能小于 U_{Ad} 呢?这时,可令式 (2-2-1-32) 和式 (2-2-1-33) 相等看 K 值是否在可能的范围之内,即

$$U_x \sqrt{1-K^2} = U_x \sqrt{1+2K^2 - K\sqrt{3(1-K^2)}} \quad (2-2-1-36)$$

对式 (2-2-1-36) 求解可得:$K=0.5$;对应的对地电压为 $U_{Ad}=U_{Bd}=\frac{\sqrt{3}}{2}U_x$。

由此可见,在 $0<K<0.5$ 范围内的 A 相不完全接地,$U_{Ad}>U_{Bd}$,接地相对地电压不是最低。

(3) 非接地相对地电压 U_{Cd}。由式 (2-2-1-34) 可得,不接地时,$K=0$,$U_{Cd}=U_x$;A 相完全接地时,$K=1.0$,$U_{Cd}=U_{Bd}=\sqrt{3}U_x$,当 K 值在 $0 \sim 1.0$ 变化时,由图 2-2-1-55 可见,U_{Cd} 总是升高的,但是否有可能超过线电压呢?

在图 2-2-1-58 中,以 C 点为圆心,以 $\sqrt{3}U_x$ 为半径作一圆弧交半圆于 A、d_2 两点,显然这两点所对应的 C 相对地电压等于线电压,相应的 K 值可由式 (2-2-1-34) 求得,令

$$U_x \sqrt{1+2K^2 + K\sqrt{3(1-K^2)}} = \sqrt{3}U_x \quad (2-2-1-37)$$

对式 (2-2-1-37) 求解可得:$K=1.0$ 和 $K=0.756$。

由此可见,当 $0.756<K<1.0$ 范围内,A 相不完全接地时,C 相对地电压的升高超过线电压。为了求得 C 相对地电压的最大值,可对式 (2-2-1-34) 求导,并令

$$\frac{dU_C}{dK} = 0$$

对上式求解,可得:$K=0.937$,对应的最大值 $U_{cdmax}=1.052\sqrt{3}U_x=1.82U_x$。所以,非接地相对地电压最高可超过线电压 5.2%。

上述分析的各相对地电压和 K 值的关系示于图 2-2-1-59 中。

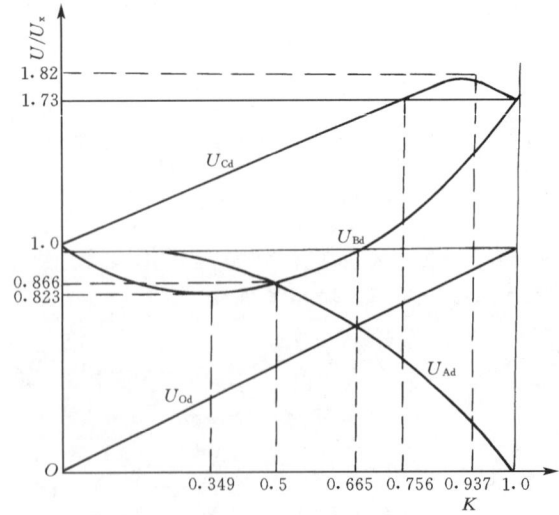

图 2-2-1-59 各相对地电压和 K 值的关系(以 A 相接地为例)

由图 2-2-1-59 可见,在 $0<K<1.0$ 时,对同一 K

值，C 相的对地电压总是大于 A 相和 B 相的对地电压。由此可以得出规律：单相不完全接地时，以正相序（A→B→C→A）为准，对地电压最高相的下一相为接地相。若电网中性点经消弧线圈接地，可得单相接地时的 $\dot{U}'_{Od}$ 为

$$\dot{U}_{Od} = \frac{\dot{U}_{AO}}{1 + jR_n\left(3\omega C - \frac{1}{\omega L}\right)} \quad (2-2-1-38)$$

式中　L——消弧线圈的电感。

由于一般采用过补偿方式，所以 $3\omega C < \frac{1}{\omega L}$。这样，按上述思路可以得到下述规律：

单相不完全接地时，以正序（A→B→C→A）为准，对地电压最高相的上一相为接地相。

表 2-2-1-2 列出了判断接地故障相的主要方法。

表 2-2-1-2　判断接地故障相的主要方法

运行条件	接地故障相
中性点不接地 中性点经消弧线圈接地（欠补偿）	按正序，对地电压最高相的下一相
中性点经消弧线圈接地（过补偿）	按正序，对地电压最高相的上一相

例如，某中性点不接地的 10kV 电网，单相接地时 3 只相电压表的指示为 A 相 5.58kV，B 相 4.83kV，C 相 7.23kV。此时，对地电压最高相为 C 相，所以可以判断接地故障相为下一相，即 A 相。

判断接地故障相的辅助方法如表 2-2-1-3 所示。

表 2-2-1-3　判断接地故障相的辅助方法

判断条件		接地故障相
$U_{min} < 0.823U_x$		指示 U_{min} 表所在相
$U_{min} \geq 0.823U_x$	$U_{max}/U_{min} > 1.732$	指示 U_{min} 表所在相
	$U_{max}/U_{min} = 1.732$	无法判断
	$U_{max}/U_{min} < 1.732$	指示 U_{mod} 表所在相

注　U_{max}、U_{mod}、U_{min} 分别表示指示值最大、中间和最小的电压表指示值。

以上两种方法同时采用，可更准确迅速地判断出故障相。

近些年来，有的单位采用原电力部电力科学研究院研制的 EFD—91B 接地故障探测仪寻找高压架空配电线路的单相接地故障收到良好效果。该探测仪的工作原理是：当中性点不接地系统中发生单相接地故障时，在接地点会流过全系统非故障相的对地电容电流，它含有许多高次谐波分量，所产生的磁场可被该仪器接收，并显示出一定的量值。通过沿线分段检测查找，跟踪接地电流的通路，即可快速准确地找到故障地点。使用该仪器可不再采用逐路拉闸停电来判定哪条线路发生单相接地和沿着每一分支线路去盲目查找故障的传统方式。

该仪器的使用方法是：手持仪器站在 6～35kV 高压架空配电线的下方，使仪器与线路走向基本保持垂直，选定一个测量频率（两种频率即 250Hz 和 550Hz）和量程（三个量程即 2、20、200），而后从仪器上方读取显示数值。

1) 在变电站出口处，对发生单相接地的同一条母线上的各路出线逐一进行测量，显示数最大者，即为有单相接地故障的线路。

2) 沿着故障线路向前查找，到每一分支点处再对每一分支逐个进行测量，显示数最大的即为有故障的分支。

3) 沿故障分支逐杆测量，若显示数突然减少，则故障点就在附近。

另外，该仪器还有一个"验电"按键，首先应拉出天线，站到高压架空线路下方，将仪器的天线指向架空线，根据液晶显示读数的大小，即可判断出该线路是否带电。

除上述外，有的单位还研制、推广使用 MLX 型自动选测接地线路装置，也取得良好效果。

2. 断线

断线主要是指导线断落、熔断器一相或两相熔断等。它有单相断线和两相断线两种情况：

（1）线路单相断线。若某线路 A 相断线但不接地时，则 A 相对地电容减小，设非断线相对地电容相等，即 $C_B = C_C = C_0$

令　　　$\frac{C_A}{C_0} = m$　　（$0 \leq m \leq 1.0$）

电网的不对称度为

$$\dot{\rho} = \frac{C_A + \alpha^2 C_B + \alpha C_C}{C_A + C_B + C_C} = \frac{C_0(m + \alpha^2 + \alpha)}{C_0(m+2)} = \frac{m-1}{m+2}$$

如果忽略泄漏电导，即电网的阻尼率为零，则式（2-2-1-29）可写成

$$\dot{U}_{Od} = -\dot{U}_{AO}\dot{\rho} = -\dot{U}_{AO}\frac{m-1}{m+2} \quad (2-2-1-39)$$

由于 $m - 1 \leq 0$，所以 $\dot{U}_{Od}$ 和 $\dot{U}_{AO}$ 是同方向的，相量图如图 2-2-1-57 所示。当没有断线时，$m = 1.0$，$U_{Od} = 0$；假定完全断线使该相对地电容为零时，$m = 0$，$U_{Od} = \frac{1}{2}U_x$，相量 $\dot{U}_{Od}$ 的起点正落在线电压 $\dot{U}_{BC}$ 的中点 D 上，可见，各种断线情况使 m 在 0～1.0 之间变化时，相量 $\dot{U}_{Od}$ 始端的轨迹是图 2-2-1-60 中的线段 OD，各相对地电压相量如图 2-2-1-60 所示。

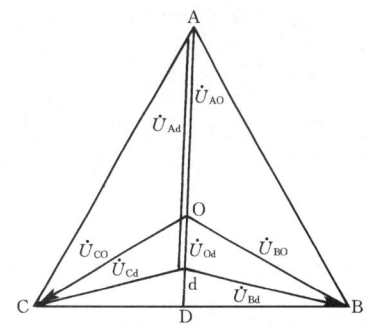

图 2-2-1-60　单相断线电压相量图

由此得出：断线相对地电压升高，变化范围是 $U_x \sim 1.5U_x$；非断线相对地电压降低且两相相等，变化范围是 $U_x \sim \frac{\sqrt{3}}{2}U_x$。

上述对单相接地的分析可知，当 $K < 0.655$ 时，对地电压也是一相升高，两相降低，但降低相的电压除了 $K = 0.5$ 一点之外，其余情况是不相等的，这是与单相断线的区别。

当 $K=0.5$ 时，升高相的电压为 $1.5U_x$，降低相的电压相等为 $\frac{\sqrt{3}}{2}U_x$，这和单相断线 $m=0$ 时的三相对地电压是完全相同的。但 $m=0$ 的情况实际上是不可能的，因为一个网络一般不大可能只有一条线路在运行，就算只有一条线路且在电源端断线，也还有母线和其他电气设备的对地电容。

应当指出，由于测量上的误差，当两相对地电压降低且接近相等时，还应观察各线路的供电情况综合判别。

(2) 线路两相断线。当 B、C 两相在同一地点断线时，令

$$\frac{C_B}{C_A} = \frac{C_C}{C_A} = m \quad (0 \leqslant m \leqslant 1.0)$$

电网的不对称度 $\dot{\rho}$ 和 $\dot{U}_{Od}$ 分别为

$$\dot{\rho} = \frac{C_A + a^2 C_B + a C_C}{C_A + C_B + C_C} = \frac{C_A(1 + a^2 m + am)}{C_A(1 + 2m)}$$
$$= \frac{1-m}{1+2m}$$

$$\dot{U}_{Od} = -\dot{U}_{AO}\dot{\rho} = -\dot{U}_{AO}\frac{1-m}{1+2m} \quad (2-2-1-40)$$

由于 $1-m \geqslant 0$，所以 $\dot{U}_{Od}$ 和非断线相电压相量 $\dot{U}_{AO}$ 反方向，相量图如图 2-2-1-61 所示。可见当各种断线情况使 m 在 $0\sim 1.0$ 之间变化时，相量 $\dot{U}_{Od}$ 始端的轨迹是线段 OA，各相对地电压相量如图 2-2-1-61 所示。

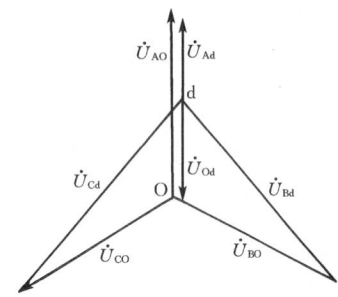

图 2-2-1-61 两相断线电压相量图

由此可以得出：断线相对地电压升高且两相相等，变化范围是 $U_x \sim \sqrt{3}U_x$；非断线相对地电压降低，变化范围是 $U_x \sim 0$。

由上述对单相接地的分析可知，当 $K>0.655$ 时，对地电压也是两相升高，一相降低，但除了完全接地之外，两升高相的电压不会相等，这就可和两相断线相区别。当两相对地电压升高且较接近时，还应观察各线路供电情况综合判断。

应该指出，线路单相或两相断线时，如果断线相对地电容减小不多，反映到电压互感器开口三角上电压达不到继电器的动作值时，不会发信号，但三相对地电压仍有差别。

3. 铁磁谐振

由本节三可知，忽略对地电导，网络各相对地的导纳为

$$\left.\begin{array}{l}\dot{Y}_A = j\left(\omega C_A - \dfrac{1}{\omega L_A}\right) \\ \dot{Y}_B = j\left(\omega C_B - \dfrac{1}{\omega L_B}\right) \\ \dot{Y}_C = j\left(\omega C_C - \dfrac{1}{\omega L_C}\right)\end{array}\right\} \quad (2-2-1-41)$$

电压互感器是一种铁磁元件，它在正常情况下不饱和，其电感很大，导纳 $\dot{Y}_A$、$\dot{Y}_B$、$\dot{Y}_C$ 表现为容性且三者相差甚小，由式 (2-2-1-27) 可知，中性点位移电压是很小的。若线路发生瞬间的弧光接地或断路器的突然合闸时，电压瞬间升高导致互感器趋于饱和，其电感急剧减小，如果 $\dfrac{1}{\omega L} > \omega C$，则 $\dot{Y}_A + \dot{Y}_B + \dot{Y}_C$ 显著减小，$\dot{U}_{Od}$ 明显上升 [见式 (2-2-1-27)]。当三相回路的自振频率接近电源频率时，就会产生铁磁谐振现象，导致 $\dot{U}_{Od}$ 电压急剧上升。反映到互感器的开口三角上，就会发出虚幻接地信号。

在本节三、中已经指出，发生基频 (50Hz) 谐振时，一相对地电压降低，两相对地电压升高且超过线电压；发生 $\dfrac{1}{2}$ 分频谐振时，三相对地电压都会升高，表针低频摆动，但过电压较小；发生高频 (如 150Hz) 谐振时，三相对地电压都升高，且过电压很大。这些特点可以和单相接地以及断线故障相区别。

4. 电压互感器高压熔丝熔断

带绝缘监视电压互感器的网络在正常运行时，设三相对地电容和互感器三相电感分别相等，则 $\dot{U}_{Od}=0$，若因雷击、铁磁谐振及短路都可能使电压互感器高压熔丝熔断。装置也会发出"接地"信号。若 A 相高压熔丝熔断，显然，电压互感器一次端子上只有两相电压。无疑，熔丝完好的两相及其相间电压是正常的。然而，断熔丝相电压表的指示也不为零，只是比正常值小得多。如电网的对地电容较大，其电压变化相量图，如图 2-2-1-62 所示。

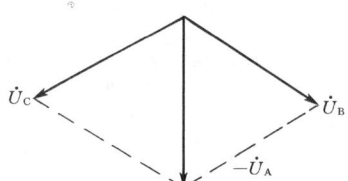

图 2-2-1-62 电压互感器高压侧熔丝
A 相熔断后的电压相量图

此时

$$U_0 \approx \frac{\dot{U}_B + \dot{U}_C}{3} = -\frac{\dot{U}_A}{3}$$

$$U_\Delta \approx \frac{U_0}{n_0} = \frac{10000/\sqrt{3}}{100/\sqrt{3} \times 3} = 33.3\text{V} > 30\text{V}$$

致使电压继电器动作，发出"虚幻接地"信号。若电压互感器高压熔丝熔断两相时，非熔断相电压表指示不变，熔断的两相相电压很小或接近于零，在开口三角上的电压也可能使电压继电器动作发出"虚幻接地"信号。利用非熔断相对地电压不变的特点就可以和上述其他故障区别。关于这个问题的分析见本节六。

5. 耦合电容传递零序电压

图 2-2-1-63 (a) 为 10kV 发电机和 35kV 升压变压器的系统接线图，高压侧的相电压用 U_x 表示。系统中性点不接地或经消弧线圈 L_1 接地，C_{12} 为变压器的三相高压绕组对三相低压绕组间的耦合电容，C_0 为发电机侧的每相对地电容。

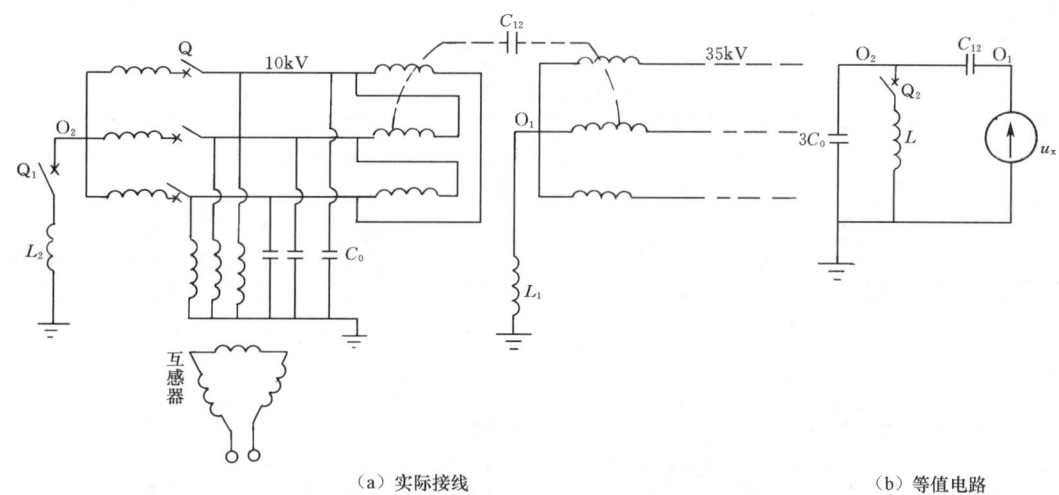

(a) 实际接线　　　　　　　　　　　　　(b) 等值电路

图 2-2-1-63　发电机—变压器组接线图

在正常运行情况下，高压侧中性点 O_1 的位移电压很小，对外界无感应，一般可不计。但是，如果消弧线圈 L_1 调节不当或者由于线路中发生断线、单相接线等故障，就将出现较高的位移电压 U_0，并通过耦合电容 C_{12} 传递至低压侧，使低压侧出现零序位移电压。由于它是由电容传递的，所以通常称为耦合电容传递零序电压。其值可用图 2-2-1-63（b）所示的等值电路计算。当零序位移电压大于 kV 动作整定值时，低压侧电压互感器就会发出"虚幻接地"信号。

上述位移电压除通过变压器绕组间的电容传递外，也可能通过平行线路间的电容传递。严重时还可能产生传递过电压。

防止对策主要是避免高压侧断路器的不对称开断或较长时间的三相不同期，避免在高压侧采用熔断器。

6．电网三相对地电容不对称

由上所述，当电网三相电源电压平衡，而绝缘又未被破坏的情况下，由于 C_A、C_B、C_C 不相等也可产生零序电压，而在三相对地电容不平衡到某一程度时，就会引起接地保护动作。即出现"虚幻接地"现象。

常见的情况有：

(1) 架空导线不对称排列所造成。

【例 4】 某变电所仅向母线送电，而未向配电线路送电时，出现"虚幻接地"现象。某变电所母线各相对地电容为
$C_A = 0.0039\mu F$　$C_B = 0.0015\mu F$　$C_C = 0.0039\mu F$

当只投入母线运行之后，三相五柱 TV 的开口三角处 $U_\Delta = 47.1V$，足以使 KV 动作。当再投运 15km 的配电线路后，由于 6kV 水平架设的配电线路，各相对地电容约为 $0.0048\mu F/km$，足以使原来很不对称的 C_A、C_B、C_C 和各相电压趋于平衡，而使 $U_\Delta = 3.46V$，KV 不动作。

【例 5】 在三相配电网中，单相线路占相当长度，从而使 C_A、C_B、C_C 数值相差很大而产生中性点位移。

某变电所把高压单相路灯线接入配电网，三相三线长度约为 10km，单相两线长度约为 23km，C_A 和 C_B（接单相线）电容为 $0.33\mu F$，C_C（不接单相线）为 $0.1\mu F$，中性点位移电压 U_0 为 1835V，三相电压 $U_{AO} = 5200V$；$U_{BO} = 6000V$；$U_{CO} = 8000V$。开口三角端输出电压 $U_\Delta = 55V$，发出"虚幻接地"信号。后来在不接单相线的 C 相上接了适

当的电容器，使 C_A、C_B、C_C 趋于平衡，从而解决了"虚幻接地"现象。

还有，某变电所配电线，有单相高压分支配电线路，由于接两相，导致三相电压不平衡，产生"虚幻接地"现象。后来把分支配电线较平衡地接在 A、B、C 三相，消除了上述现象。

(2) 使用 RW 型跌落开关控制长线路时，由于开关的不同时性，造成三相对地电容短时间内极度不平衡，导致装置短时出现虚幻接地信号，这一情况与断线类似。

(3) 变电所空载充电，由于 10kV 母线对地电容不对称，致使装置发出"虚幻接地"信号。如图 2-2-1-64 所示，现场实测过该 10kV 变电所母线的三相对地电容值分别为 $C_{AO} = 0.00507\mu F$；$C_{BO} = 0.00195\mu F$；$C_{CO} = 0.00507\mu F$，忽略漏导，代入式（2-27）得

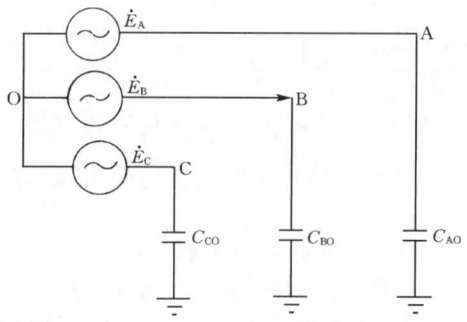

图 2-2-1-64　某 10kV 变电站
空载线充电接线图

$U_0 = 1570V$

$$U_\Delta = \frac{U_0}{n_0} = \frac{1570}{100/\sqrt{3}} = 27.1(V)$$

若 KV 动作整定值为 25V，则应动作，该变电所实际充电试验时，U_B 偏高，大约为 1.5kV，U_A、U_C 偏低，大约为 1kV，$U_\Delta = 26V$，故 KV 动作，发出"虚幻接地"信号。

(4) 在中性点经消弧线圈接地的电网中，由于线路换位不好或线路某一相绝缘下降，引起中性点位移，导致 KV 动作发出"虚幻接地"信号。

7．雷电感应过电压

由于中性点不接地电网中的雷电感应过电压三相基本相

同，将使电压互感器开口三角绕组出现含有低频分量的电压或过电压，使KV动作，发出短暂的"虚幻接地"信号。

表 2-2-1-4 列出了各种主要故障的特点，供比较时参考。

表 2-2-1-4　　　　　　　　各种故障的特点比较

故障类型	各相对地电压的特点	故障相判别	开口三角绕组电压值/V 及现象
单相完全接地	一相电压为零，两相升高为线电压	电压为零的相为接地相	100 电压指示稳定
单相不完全接地	一相电压降低但不到零，两相升高但不相等，其中一相可略高于线电压	电压降低相为接地相	<100 电压指示不稳定
单相不完全接地	一相电压升高不超过线电压，两相电压降低，但不相等（除 $K=0.5$ 外）	中性点不接地电网，升高相的下一相为接地相	<100 电压指示不稳定
单相断线	一相电压升高不超过 $1.5U_\varphi$，两相电压降低且相等，不低于 $0.866U_\varphi$	电压升高相为断线相	<100
两相断线	一相电压降低但大于零，两相电压升高且相等，不超过线电压	电压升高的两相为断线相	<100
基频谐振	一相电压降低，两电压升高超过线电压		>100
分频谐振	三相电压升高，过电压不高，电压表指针有抖动现象		>100 或<100
高频谐振	三相电压同时升高，过电压较大		>100
电压互感器一相高压熔丝熔断	两相电压表指示均为相电压一相电压降低	电压降低相为熔断相	33.3 电压指示稳定
电压互感器两相高压熔丝熔断	一相电压表指示为相电压，两相表降低	电压降低的两相为熔断相	33.3 电压指示稳定
电网对地电容不对称	三相电压常常各不相同，最低相大于零		<100 电压指示稳定
耦合传递零序电压	三相电压不同		<100
雷电感应过电压			短暂信号

六、绝缘监视装置的运行及异常现象

（一）具有零序电压互感器的配电网络绝缘监视系统运行分析

由上所述，采用零序电压互感器是防止中性点不接地电网由电压互感器铁芯饱和引起过电压的有效措施。然而，这种系统对配电网络中的各种异常反应与中性点接地的绝缘监视系统相比有些不同。下面将对这一绝缘监视系统做简要分析，供配电网运行人员在处理网络异常现象时参考。

1.运行分析

具有零序电压互感器的绝缘监视系统的接线如图 2-2-1-43 所示。下面根据该图来分析各种运行情况。

（1）网络对称。在对称网络中，电压互感器高压侧中性点与地同电位，低压侧中性点与地也是同电位；绝缘监视用相电压表指示对称电压；短路三角形电压之和为零；零序电压互感器不承受电压。"系统"反应与中性点接地绝缘监视系统一样。

（2）网络单相接地。如图 2-2-1-65 所示，零序电压互感器的高压侧与三相电压互感器的接地相（例如 C 相）绕组并联接地，中性点对地有零序电压 $\dot{U}_0$，其大小为接地相电压，方向与接地相电压相反，即 $\dot{U}_0=-\dot{U}_C$，零序电压互感器二次绕组感应出零序电压 $\dot{U}_0$，约 58V。但是，电压互感器高压绕组还是承受网络对称相电压，所以电压互感器低压侧所承受的电压与正常运行没有什么两样，线电压表指示正常电压。显然，相电压表由于叠加了零序电压 $\dot{U}_0$，才正确反映了网络绝缘的变化

$$\dot{U}_{ae}=\dot{U}_a+\dot{U}_0=\dot{U}_a-\dot{U}_c=\dot{U}_{ac} \quad U_{ae}=100\text{V}$$
$$\dot{U}_{be}=\dot{U}_b+\dot{U}_0=\dot{U}_b-\dot{U}_c=\dot{U}_{bc} \quad U_{be}=100\text{V}$$
$$\dot{U}_{ce}=\dot{U}_c+\dot{U}_0=\dot{U}_c-\dot{U}_c=0 \quad U_{ce}=0$$

但是，在短路三角形里，由于加在电压互感器上的电压对称，所以电压之和为零。这点与中性点接地的绝缘监视系统大不一样。

（3）电压互感器高压侧熔丝熔断。

1）一相熔丝熔断。设 B 相熔丝熔断，不论是组式或三相五柱式电压互感器，断熔丝的那相电压互感器，由于高压侧不承受电压，低压侧也不会感应出电压来。如图 2-2-1-66 所示，熔丝良好的高压绕组各承受二分之一线电压，即 A 相绕组承受 $\dot{U}_{AC}/2$，C 相绕组承受 $\dot{U}_{CA}/2$。中性点对地电压，即零序电压互感器高压绕组承受的电压，其大小为熔

丝断相相电压的一半,方向与其相反,即 $\dot{U}_O = -\dot{U}_B/2$。电压互感器的低压绕组与高压侧对应,各相绕组承受的电压为

$$\dot{U}_a = \dot{U}_{ac}/2 \quad U_a = 50\text{V}$$

$$\dot{U}_c = \dot{U}_{ca}/2 \quad U_c = 50\text{V}$$

$$\dot{U}_b = 0$$

零序电压互感器的低压侧电压为

$$\dot{U}_o = 50/\tan60° = 28.9\text{V}$$

所以,相电压表较正确地反映了网络异常。

$$\dot{U}_{ae} = (\dot{U}_{ac}/2) + \dot{U}_o = \dot{U}_a \quad U_{ae} = 57.7\text{V}$$

$$\dot{U}_{ce} = (\dot{U}_{ca}/2) + \dot{U}_o = \dot{U}_c \quad U_{ce} = 57.7\text{V}$$

$$\dot{U}_{be} = \dot{U}_b + \dot{U}_o = \dot{U}_o \quad U_{be} = 28.9\text{V}$$

电压互感器短路三角形里,由于故障相不承受电压,良好相电压又大小相等方向相反,合成电压为零,所以不反应不对称电压。

2) 两相熔丝熔断。若有两相熔丝熔断,例如 B、C 相熔断,如图 2-2-1-67 所示。网络对地电压 $\dot{U}_{Ae}$ 加在熔丝良好相电压互感器和零序电压互感器的串联电路里,电压分配差不多各占一半(因为电压等级相同的各种型式电压互感器的励磁阻抗相差不很大),电压互感器二、三次侧熔丝良好相所对应的绕组只感受到正常相电压的一半。应该指出,闭合三角形回路里,熔丝良好相绕组的约 16.5V 电压被另两个绕组所"短路",但由于它们的高压侧开路(熔丝断),二次侧负载又是高阻抗的仪表,所以"短路"电流很小(低于额定电流),这样看来,熔丝良好相第三绕组里的电压实质上是被另两个第三绕组所分压。因此,断熔丝的电压互感器第三绕组可看作变压器的原边,它们的第二绕组看作副边,于是,第二绕组上的电压,在数值上只有良好相的一半,方向与良好相的相反。绝缘监视电压表指示

$$\dot{U}_{ae} = \dot{U}_o + \frac{1}{2}\dot{U}_a = \dot{U}_a \quad U_{ae} = 57.7\text{V}$$

$$\dot{U}_{be} = \dot{U}_o - \frac{1}{4}\dot{U}_a = \frac{1}{4}\dot{U}_a \quad U_{be} = 14.4\text{V}$$

$$\dot{U}_{ce} = \dot{U}_o - \frac{1}{4}\dot{U}_a = \frac{1}{4}\dot{U}_a \quad U_{ce} = 14.4\text{V}$$

(4) 网络不对称。单相对地电容减小(例如 A 相),由于相对地电压与其电容量反比例分配。所以,电容量减小的相对地电压增高,正常相的对地电压降低,最严重的情况是网络电源侧断相如图 2-2-1-68 所示。断线相电源侧相对地电压为相电压的 1.5 倍,正常相对地电压只有相电压的 $\sqrt{3}/2$ 倍,中性点对地电压提高到相电压的一半,方向与断相相电压相同。但是,电源侧三相电压互感器的高低压绕组承受的电压还是对称的,短路三角形电压之和为零。由于零序电压 $\dot{U}_o$ 的结果,相电压表指示的电压反映了网络不对称程度

$$\dot{U}_{ae} = \dot{U}_a + \dot{U}_o = 1.5\dot{U}_a \quad U_{ae} = 86.6\text{V}$$

$$\dot{U}_{be} = \dot{U}_b + \dot{U}_o = \sqrt{3}\dot{U}_{b/2} \quad U_{be} = 50\text{V}$$

$$\dot{U}_{ce} = \dot{U}_c + \dot{U}_o = \sqrt{3}\dot{U}_{c/2} \quad U_{ce} = 50\text{V}$$

若两相对地电容同样减小,这种情况发展严重时犹如单相接地,它与单相接地的区分,只能依靠电源侧电流是否平

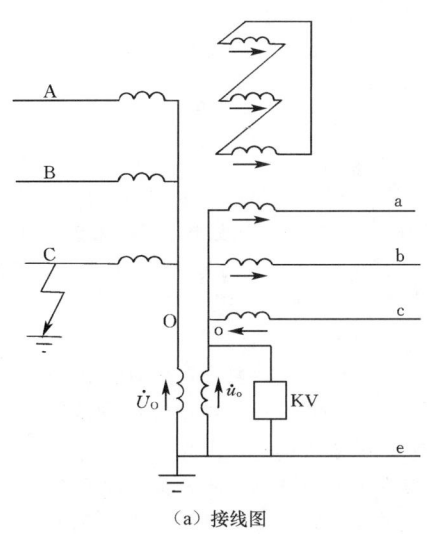
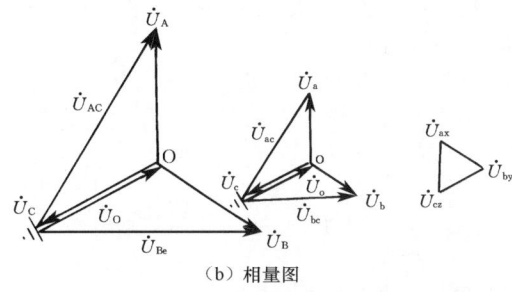

图 2-2-1-65 网络单相接地及其相量图

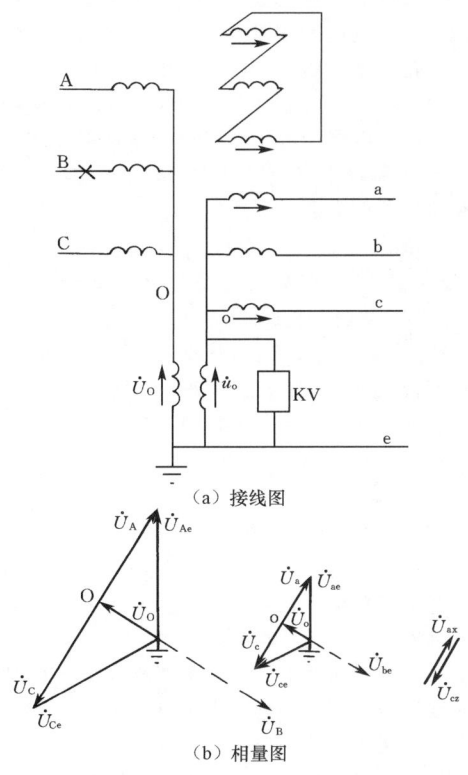

图 2-2-1-66 电压互感器高压侧一相熔丝熔断及相量图

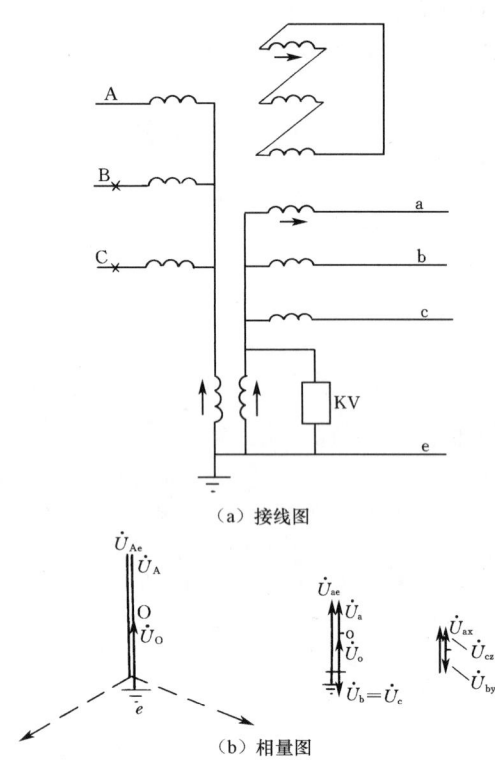

(a) 接线图

(b) 相量图

图 2-2-1-67 电压互感器两相熔丝熔断及其相量图

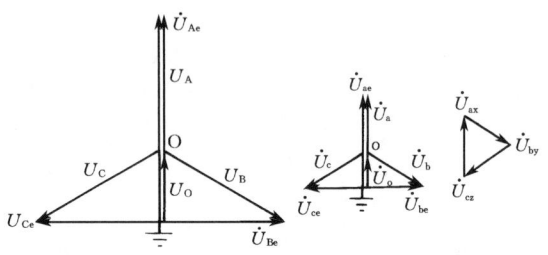

图 2-2-1-68 网络不对称相量图

衡来进行判断。

三相对地电容都不一致,如图 2-2-1-69 所示,这种绝缘监视系统与三相电压互感器中性点直接接地反应的区别,在于互感器高低压绕组承受的是对称电压,因此,短路三角形回路里电压之和为零,而相电压也正确反映了网络的不对称程度。

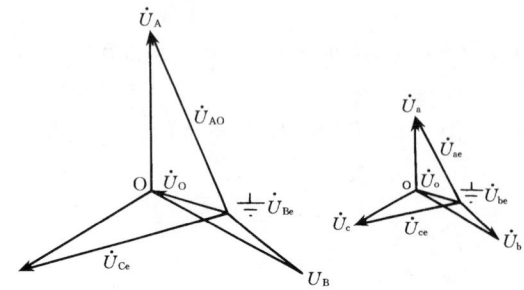

图 2-2-1-69 三相对地电容不平衡的相量图

上述三种情况,是在线电压都平衡的状态下得到的分析结果。

2. 实用结论

具有零序电压互感器的绝缘监视系统,和中性点接地的绝缘监视系统一样,能正确反应网络对地的绝缘程度。

3. 注意事项

加装零序 TV 的注意事项如下:

(1) 极性不能接反。

加装零序 TV 时一定要按图 2-2-1-43 所示的原理接线连接,极性不能接反。否则当 10kV 系统发生单相接地时,接地相电压指示约为 1.5 倍相电压,非接地相电压指示约为 0.87 倍相电压,或出现其他情况,这样会引起值班人员的误判断。

(2) 必须拆除 TV 二次侧中性点的接地。

三相 TV 二次侧中性点的接地必须拆除并经过零序 TV 二次($100/\sqrt{3}$ V) 绕组接地,改造工作中应特别注意,若三相 TV 二次侧中性点接地不拆除,又经过零序 TV 二次绕组接地,这样当 10kV 系统发生单相接地故障时,10kV 零序 TV 和母线 TV 将发生烧毁,某供电局曾发生过这种情况。

(3) 整定值应小于 20V。

在 10kV 小电流接地自动选线的装置中,一般制造厂家对电压的动作值要求整定为 40V。这个整定值是针对没有加装 10kV TV 而提出的(按单相接地开口三角 100V 考虑的),而加装零序 TV 后,单相接地时零序 TV 输出的电压为 43V 左右,所以现场有的单位建议装置的动作电压的整定值宜为 12~15V。

(4) 开口三角应短路。

TV 的三角形回路,基本不反映网络的任何异常,考虑到消除谐波电压的需要,应实行短路。

(二) 绝缘监视装置异常指示的分析与判断

6~35kV 配电网的中性点一般是不接地或经消弧线圈接地,当线路发生接地时,运行人员根据绝缘监视装置(以下简称装置)的三相对地电压表指示大小,来判断电网各相对地绝缘情况。电网运行正常时三相对地电压表指示平衡。如果一旦装置回路本身发生问题时,如电压互感器(TV)回路熔断器熔断就会造成误指示,以下举例说明装置异常指示的判断方法。

1. 绝缘监视装置发生问题时电压表指示情况

(1) TV 熔断器一相熔断。

1) 单相 TV 组成 $Y_0/Y_0/\triangleright$ 接线,它的磁路系统为单独回路。如一次侧 A 相熔断器熔断,二次 a 相无感应电压,但因 TV 负载另两相电压与 a 相形成一串联回路,a 相对地有很小电压。a 相二次熔断器熔断时也同样因 TV 有负载,a 相有很小电压,电压表可能有一点指示。

2) 三相五柱式 TV 接成 $Y_0/Y_0/\triangleright$ 接线,它的磁路系统是互相连通的。当高压侧 A 相熔断器熔断时,二次 a 相仍能感应一些电压,但 a 相电压值比单相 TV 接线要高一些,二次熔断器断一相时与单相 TV 接线相同。

总的来说,高压或低压一相熔断器熔断,则它所接的电压表指示要降低,至于降低多少则根据 TV 负载和电网线路电容不同而有所差异。为便于分析现场问题,各变电所可进行实测。熔断器未熔断相的电压表计指示不会升高,当线路单相接地时三只电压表中接地相降低,另两相升高。一相完全接地时,接地相电压表指示为零,其他两相电压升高为线电压,如表 2-2-1-5 所示。

表 2-2-1-5　一相熔断器熔断时的各相电压

故障性质	相别					
	A	B	C	AB	BC	CA
C相接地	线电压	线电压	0	正常	正常	正常
C相熔断	相电压	相电压	降低	正常	降低	降低

（2）TV 熔断器两相熔断。

1）高压熔断器两相熔断时，则熔断的两相相电压很小或接近于零。未熔断一相的相电压接近于正常相电压。熔断器熔断的两相间线电压为零，其他线间电压降低，但不为零。

2）低压熔断器熔断两相时，则熔断的两相相电压降低很多，但不为零；未断的一相电压正常。熔断器熔断的两相间电压即线电压为零，其他电压降低，但不为零。如表 2-2-1-6 所示。

表 2-2-1-6　两相熔断器熔断时的各相电压

故障性质	相别					
	A	B	C	AB	BC	CA
高压 AB 相熔断	降低	降低	正常	0	降低	降低
低压 ab 相熔断	降低	降低	正常	0	降低	降低

2. TV 本身故障时表计指示及现象

当 TV 内部有故障或高压引线有故障时，则 TV 高压侧熔断器熔断。更换后再断，则应当查明 TV 本身有无故障，或是熔断器容量不够所致。此时表计指示与高压侧单相熔断器熔断相同。

3. 正确判断是处理和消除故障的关键

（1）根据上面分析 TV 回路出问题引起三相对地电压不平衡，电压表指示值只有降低，没有升高。如一相对地电压降低，其他两相对地电压一般也没有升高，这可判断为装置回路本身的问题。

（2）用验电笔验电，检测电网三相导线对地电位。若验电笔氖灯的亮度是相同的，则说明电网三相对地电位相等，电网正常。若装置的三相对地电压表指示不平衡，则说明是绝缘监视回路自身有问题，而不是电网发生了问题。

（3）已判断出装置本身回路问题后，再按如下办法确定是哪个部分发生问题：

1）TV 开口三角有电压或启动过电压继电器来接地信号时，可能是 TV 高压绕组断线或高压熔断器熔断。

2）TV 开口三角没有电压，过电压继电器不动作，不来接地信号，一般是 TV 低压回路断线或低压熔断器熔断。

3）为了确定哪个熔断器熔断，可根据上面分析按三相对地电压表指示值确定。也可使用验电笔在高压熔断器两端验电查明。

七、小结

对上述电磁式电压互感器引起的异常现象分析可知，产生异常现象的原因不同，处理方法不完全相同，但在处理过程中都应遵循如下原则：

1. 及时报告与消除

运行中互感器发生异常现象时，应及时报告并予以消除，若不能消除时应及时报告有关领导及调度值班员，并将情况记入运行记录本和缺陷记录本中。

2. 当发生下列情况之一时，应立即将互感器停用

（1）电压互感器高压熔断器连续熔断 2～3 次。

（2）高压套管严重裂纹、破损，互感器有严重放电，已威胁安全运行时。

（3）互感器内部有严重异音、异味、冒烟或着火。

（4）油浸式互感器严重漏油，看不到油位。

（5）互感器本体或引线端子有严重过热时。

（6）膨胀器永久性变形或漏油。

（7）压力释放装置（防爆片）已冲破。

（8）树脂浇注互感器出现表面严重裂纹、放电。

应当指出，停用电压互感器时，应退出可能误动的保护及自动装置，断开故障电压互感器二次开关（或拔掉二次保险）。

3. 电磁式电压互感器在运行中和停运前都要做好红外检测诊断工作

其储油柜表面温升及相间温不得超过表 2-2-1-7 的规定，必要时可配合色谱及电气试验结果综合分析，确定缺陷性质及处理意见。红外检测对内部损耗异常缺油效果明显。

表 2-2-1-7　电磁型电压互感器允许的最大温升和相间温差值

电压等级 /kV	表面最大温升 /K	相间温差 /K
6～10	—	4.0
35～66	5.0	1.5
110	5.0	1.5
220	6.0	1.8

4. 油浸式互感器渗漏油的原因及处理方法

（1）工艺不良。

1）密封垫压缩量不等。对此种问题的处理方法是，首先将压缩量大的相应部位的螺栓适当放松，然后将压缩量小的相应部位的螺栓适当拧紧，调整合适再交叉地反复紧固螺栓，每次旋紧约 $\frac{1}{6}$ 圈，不允许单独拧紧一个螺母。

2）密封面加工不良，或被磕碰或存在杂质。对此种问题的处理方法是，将密封垫拆开，检查渗漏的原因，根据具体情况对密封面进行相应的处理。

3）装配不良。由于装配不良可能引起密封垫圈偏移或折叠而渗油，对此种情况应更换密封垫圈后重新装配。

4）焊接质量不良。油箱箱底及金属附件的焊缝渗漏大多数是由于焊接质量不良造成的。对此种问题的处理方法是采用堵漏胶堵漏等。

（2）材质不良。

1）铸铝件有砂眼。如老式铸铝储油柜有砂眼导致漏油。对此，可采用金属锻头打砸砂眼堵漏。

2）金属膨胀器漏油。对此，应及时更换。

3）密封垫老化。由于老化使其弹性和强度减弱，对此，

应及时更换。更换密封垫时，凡涉及修理部位的绝缘油，首先必须将油放掉，然后将旧密封垫取下，擦净密封面，最后将新密封垫表面用布擦干净，并涂密封胶，进行装配。装配时防止杂物进入，污染绝缘油。

第二节 串级式电压互感器事故原因及预防措施

高压互感器是电力系统中用于测量、保护和控制的重要设备。由于它直接安装在母线上，本身又无保护，一旦发生事故，除了危及周围设备和人身的安全，往往会造成大面积停电，甚至酿成系统事故。例如，某省有一个变电所，220kV Ⅱ段母线 A 相电压互感器爆炸。由于母线差动保护误动作，造成全所 220kV 少油断路器全部跳闸，全所停电 1h，事故还波及邻近两个大型变电所部分 220kV 断路器跳闸，造成大面积停电。

近年来，全国高压互感器爆炸事故频繁发生，据统计，事故率约为 $\frac{1}{1000}$。对电力系统的安全运行危害很大，引起电力部门和制造厂的广泛重视，原电力部于 1996 年 9 月以电安生（1996）589 号文及附件提出了"预防 110～500kV 互感器事故措施"。本节将分析串级式电压互感器发生事故的原因，指出诊断方法及预防措施。

一、事故原因分析

根据现场的统计分析，110kV 及以上电压互感器发生事故的原因如下：

1. 线圈绝缘不良

线圈绝缘不良多半是由于电磁线材质差、设计的绝缘裕度小、工艺不严格造成的。电压互感器在较长时间内采用漆包线，由于上漆工艺不良，漆包线掉漆，在表面形成较多针孔缺陷，绕制时导线露铜处未处理，线匝排列不均匀，有沟槽或重绕，导线"打结"，磨伤漆皮，引线焊接粗糙、掉锡块，层间绝缘绕包不够，线圈端部处理不好或采用层压纸板端圈等，很容易发生匝间短路，层间和主绝缘击穿。运行中引起互感器事故。例如某互感器厂生产的 JCC_2 型电压互感器，1985 年后采用的一批导线，在共总 73 台产品中已经先后有 6 台次因此而发生爆炸事故，而且运行时间都很短。

又如，浙江某变电所的一台 JCC_5-220 型电压互感器，1987 年 7 月投入运行，1988 年 11 月在正常运行电压下 B 相顶部金属膨胀器突然将顶盖冲开，于 7min 后切断电源进行隔离，避免了事故扩大。事故后解体发现第四段平绕组扁铜线加工拉制质量不良，有毛刺，在运行中受电磁振动致使匝间绝缘损坏引起匝间短路。

2. 支架绝缘不良

国产的 110～220kV 电压互感器一般均为串级式结构，用绝缘支架夹紧铁芯，并支撑整个器身及相应电位。支架材料一般选用酚醛层压板或层压环氧玻璃布板，由于加工、处理不当，有分层、开裂现象，水分和气泡不易排除，故极易发生闪络和内层击穿。另外，由于结构设计不周，装配中使支架内侧穿心螺杆的螺母与铁芯的金属压接处脱开，致使运行中穿钉的电位悬浮而放电，不仅使油分解劣化，也直接影响了支架的绝缘强度。

例如，某变压器厂 1984 年 10—12 月生产的 JCC_1-220 型电压互感器，由于使用了一批不合格的 3020 酚醛纸板作支架，致使发生了 5 次爆炸事故。该批产品有的在投运前已发现支架的介质损耗因数很大（超过 20%），由于对严重性认识不足、把关不严，致使投运半年后相继发生爆炸，造成了百万元以上的经济损失。其他厂家生产的 JCC_2-220 型电压互感器也发生过类似事故。

3. 运行中进水受潮

进水受潮是历来引起电压互感器事故的重要原因，约占事故总数的 1/3。这类事故大多发生在雨季。主要是由于结构密封不合理，尽管不少互感器也装有胶囊密封，但质量较差，易漏气渗水。另外，有些互感器的端部法兰用 24 只 $\phi 8mm$ 螺栓紧固，螺杆直接穿透胶垫，密封胶垫变形，雨水很容易通过螺纹沿胶垫上侧流入胶囊内，或顺着胶垫孔渗入瓷套内部，导致事故。例如，某变电所的一台 $JCC-220$ 型电压互感器，在预防性试验中测出介质损耗因数 $tan\delta$ 高达 48.6%，表明已明显受潮，但未能及时退出运行，导致在运行中发生爆炸，瓷套炸碎，绕组烧损。

4. 在过电压下损坏

（1）铁磁谐振过电压。它是导致 110～220kV 串级式电压互感器损坏或爆炸的一种常见过电压。它是由断路器均压电容与母线电磁式电压互感器在某些运行状态下产生的串联铁磁谐振过电压。这种过电压大多数在有空母线的变电所，当打开最后一条线路的断路器时发生。

这种过电压造成电压互感器损坏或爆炸的原因是：

1）过电压幅值高。现场实测到的过电压为 1.65～3p.u.，在这样高的电压作用下，电压互感器的励磁电流急剧增加，有时可达 $80I_N$，这个电流将破坏绝缘。同时高压使得绝缘击穿，造成互感器事故。

2）过电流数值大。当断路器的均压电容与母线电磁式电压互感器引起分频谐振时，虽然电压幅值并不高，但是磁通密度可达额定电压下的 3 倍，产生数值甚大的过电流，它将使得高压绕组绝缘严重受烤，从而损坏电压互感器，国内目前对前一种过电压研究较多，已引起充分重视，而对后一种过电压还很少引起重视。

研究表明，铁磁谐振过电压与断路器的均压电容、电压互感器的励磁特性、线路的分布电容有关。均压电容越大时，谐振越严重，过电压越高。电压互感器的励磁特性曲线越容易饱和时，谐振的概率越高，但电压较低。有关单位曾做过对比试验，结果发现 JCC_2-110 型电压互感器的谐振发生概率远大于 JCC_1-110 型的电压互感器，因为前者铁芯截面小、磁通密度高、容易饱和，因而其事故居多。

（2）其他过电压。运行经验表明，电压互感器也有在雷电过电压、工频过电压下损坏或爆炸的情况。例如有的电压互感器在单相接地事故引起的电压升高的作用下，不到几分钟就爆炸了。按理，电压互感器应当能承受这些过电压，然而它却爆炸了，这只能说明这些电压互感器内部有隐患，如设计裕度小，材质和工艺差，若再加受潮，则很难承受这些过电压。

5. 安装、检修和运行人员过失

造成这类事故的主要原因是责任心不强，技术素质较差。例如，华南某变电所有一台电压互感器，在事故前半年，色谱分析结果已表明其不正常，但是并未引起重视，结果造成爆炸事故；再如华中某变电所的一台 JCC_1-220 型电压互感器，在进行预防性试验时，已发现其介质损耗因数 tanδ 明显上升，也未及时处理，结果造成爆炸事故。又如，某台 220kV 电压互感器，检修换油时，将油中弄进水分；未做试验即投入运行，6h 后爆炸起火。

另外，还有因接线失误引起的爆炸或烧损事故，例如，在试验结束后恢复接线时，误将电压互感器的二次线短接，投运后数分钟即爆炸；再如，应该接地的 X 端，在投入运行时未可靠接地，致使电位升高烧损。

二、诊断方法

（一）认真进行预防性试验

规程规定，串级式电压互感器的预防性试验项目有：测量绝缘电阻、绕组绝缘及支架的介质损耗因数 tanδ、油中溶解气体的色谱分析等。由上所述，造成电压互感器事故的主要原因是受潮、支架不良和匝间短路。采用规程规定的试验项目，对于检测出受潮和支架不良等缺陷是比较灵敏的，但对匝间缺陷的检测则不够灵敏。

应当指出，对预防性试验结果应进行综合分析、认真对待，稍有疏忽、可能酿成大祸。上述有的例子足以证明。

（二）倍频感应耐压试验

规程规定，在大修后或必要时，对串级式电压互感器进行倍频感应耐压试验。它既能考核电压互感器的主绝缘和纵绝缘，也能有效地检测出有匝、层间短路和绝缘支架放电缺陷。

（三）局部放电测量

随着各地密封改造工作的全面开展，密封材料的改善和改造工艺的日趋成熟，进水受潮问题得到了一定的控制，放电性故障就成为运行中互感器的主要威胁。规程规定，在大修后和必要时，对 110kV 及以上油浸式电压互感器进行局部放电测量。根据其测量结果，或与色谱分析结果综合分析，可以大致判断出互感器内部是否存在放电性故障。

三、预防措施

（一）严格选材

对绕制线圈的导线、应选用 SQ 单丝漆包线并加强制造过程中的质量监督，这是目前消除匝间短路隐患的唯一有效方法。

对绝缘支架也应严格选择，并控制其介质损耗因数 tanδ 值。

（二）选用全密封型产品

选用全密封型产品是防止进水受潮十分有效的措施。在新建的变电所中应首选这类产品，防止劣质产品或已淘汰的品种进入电力系统。

对运行中的老旧互感器应加强管理，对非金属全密封型互感器（胶垫与隔膜密封），应根据具体情况，分期分批逐步改造为金属全密封型结构。尚未改造的互感器每年应利用预防性试验或检修停电机会，对各部位密封进行检查，对老化的胶垫与隔膜应及时更换；对隔膜上有积水的互感器，应对本体绝缘及油进行有关项目试验，不合格的应退出运行；对充氮密封的互感器，应定期检测其压力；对运行 20 年以上绝缘性能与密封结构均不理想的老旧互感器，应考虑分期分批进行更换，或安排更换内绝缘及其他先进结构的技术改造，以提高其运行可靠性。在进行密封改造前，应按规

程进行有关试验，当绝缘性能良好时，方可进行改造，以保证改造质量。

（三）防止串联铁磁谐振过电压

为防止由于串联铁磁谐振过电压引起的电压互感器烧损或爆炸，在系统运行方式和倒闸操作中应避免用带断口电容器的断路器投切带电磁式电压互感器的空母线，如运行方式不能满足要求，应采取其他预防措施，如装设稳压消谐装置等。

（四）新安装和大修后的电压互感器应进行检查或测试

（1）对国产的电压互感器，在投运前应进行油中溶解气体分析及油中微量水分、本体和绝缘支架（宜在互感器底座下垫绝缘）的介质损耗因数 tanδ 的测量，同时还应进行额定电压下及 1.5 倍（中性点有效接地系统）或 1.9 倍（中性点非有效接地系统）最高运行电压（$U_m/\sqrt{3}$）下的空载电流测量，并将测量结果与出厂值和标准值进行比较，必要时还应增加试验项目，以查明原因，不合格的互感器不得投入运行。

（2）在投运前要仔细检查密封和油位情况，有渗漏油的互感器不得投运，对多次取油样后油量不足的互感器要补足油量（防止假油位）。当补油较多时，应按规定进行混油试验。

（3）互感器在安装、检修和试验后，投运前应注意检查电压互感器高压绕组的 X（或 N、B）端及底座等接地是否牢固可靠，应直接明显接地，不应通过二次端子牌过渡，防止出现悬空和假接地现象。此外互感器构架应有两处与接地网可靠连接。

（五）及时处理或更换有严重缺陷的互感器

对试验确认存在严重缺陷的互感器，应及时处理和更换。对怀疑存在缺陷的互感器，应缩短试验周期，进行追踪检查和综合分析，以查明原因。对全密封型互感器，当油中溶解气体分析氢气单值超过注意值时，应考察其增长趋势，如多次测量数据平稳则不一定是故障的反应，如数据增长较快，则应引起重视。

当发现运行中互感器某处冒烟或膨胀器急剧变形（如明显向上升起）等危急情况时，应立即切断互感器的有关电源。

（六）开展在线监测和红外测温

积极开展高压互感器的在线监测和红外测温工作，及时发现运行中互感器的绝缘缺陷，减少事故发生。目前开展的在线监测项目主要有：测量高压绕组中的电流和介质损耗因数 tanδ。对红外测温工作，目前有的单位已在现场应用，对发现电压互感器热异常有效。例如，某两组 JCC$_1$-110 型电压互感器，预防性试验全部合格，但红外测试结果有热异常。吊芯检查发现铁芯生锈，原因是厂家误用了劣质材料。

第三节 电流互感器事故原因及预防措施

近些年来，高压电流互感器的爆炸事故时有发生，严重威胁着电网的安全运行。例如，华东某电厂的 220kV 母联开关 C 相 LCLWD$_3$-220 型电流互感器事故爆炸起火燃烧，火焰高达 30m 以上，导致两台 300MW 机组停机，220kV

正、副母线和 5 条出线全停，全厂出力由 735MW 突降到 160MW，使某地区大面积停电，少送电量 5×10^6 kW·h 以上。可见，电流互感器虽小，但爆炸造成的损失和影响却很大。因此，引起人们的广泛重视。本节将分析电流互感器发生事故的原因并指出诊断方法和预防措施。

一、事故原因分析

（一）制造工艺不良

1. 绝缘工艺不良

电容型电流互感器绝缘包绕松紧不均、外紧内松、纸有皱褶，电容屏错位、断裂、"并腿"时损伤绝缘等缺陷，都能导致运行中发生绝缘击穿事故。例如：

（1）某高压开关厂 1985 年后生产的 654 台 LB-110 型电流互感器，有不少由于制造中不注意质量控制，器身上有金属粉片、炭灰粉末及细砂粒、电容屏有搭接错位等，投运不到半年，油中氢气和甲烷含量急剧增加，测量发现局部放电严重，有的发生了爆炸事故。

（2）某变电所一台 $LCLWD_6$-220 型电流互感器，运行中于 1988 年 7 月发生 C 相爆炸事故。事故后解剖发现电容屏绝缘包扎外紧内松、形成大量凹槽，运行中产生局部放电，最后导致绝缘热击穿，引起爆炸。

（3）某变电所一台 LCWB-220 型电流互感器，在运行中发生爆炸事故。事故后解剖发现，电流互感器内部有四处放电烧伤痕迹，其中最严重处导线有破口，而且绝缘凹凸不平，电容屏铝箔上打孔处可见毛刺；主屏铝箔包扎不均匀并有错位。

（4）2000 年和 2001 年全国 500kV 电流互感器，在正常运行电压下发生 7 台绝缘击穿，爆炸事故多数是工艺缺陷。

2. 绝缘干燥和脱气处理不彻底

由于对绝缘干燥和脱气处理不彻底，电流互感器在运行中发生绝缘击穿。例如：

（1）某变电所三台 $LCLWD_6$-220 型电流互感器于 1987 年 7 月 22 日和 23 日连续发生爆炸，是典型的热不稳定因素造成的。这是因为电流互感器若不能保持高真空度，或处理时间不够，在运行电压和温度的作用下，就会发生热和（或）电老化击穿。

（2）某变电所一台 LB-110 型电流互感器运行不到一年就发生爆炸事故。为查明原因，对运行不到半年的同型号、同厂家、同时期生产的电流互感器进行解剖发现，内部屏间有大量的 X 蜡，纸绝缘的颜色已变深，说明干燥不彻底，再加上没有进行真空注油，内部气体不能排出。在多种不良因素作用下，使之投运时间不长就发生爆炸。

（二）密封不良，进水受潮

这类事故占的比例较大，从检查中常发现互感器油中有水，端盖内壁积有水锈，绝缘纸明显受潮等。漏水进潮的部位主要在顶部螺孔和隔膜老化开裂的地方。有的电流互感器没有胶囊和呼吸器，为全密封型，但有的不能保证全密封性，进水后就积存在头部，水积多了就流进去。例如：

（1）某变电所一台 110kV 电流互感器，在投运 10min 后即爆炸，原因是此电流互感器的顶盖板仅有 2mm 厚，12 只紧固螺丝安装时还少装了一只，还有一只螺丝因孔不正而装歪，因此在长期冷备用中严重进水受潮。

（2）某变电所一台 $LCLWD_1$-220 型电流互感器，于 1988 年 10 月在运行中 B 相突然爆炸。经现场分析认为爆炸的原因有三方面：①产品绝缘工艺材质不良，存在水分和杂质；②密封结构不合理，储油柜为硅胶呼吸器开放式，呼吸器容器小且立装于储油柜顶部容易进水受潮；③运行维护不善，该互感器自 1973 年投运以来，呼吸器硅胶从未更换过，呼吸器上部呼吸口因铁粉堵死而不起作用，潮气和水分可直接从呼吸器下部法兰或储油柜上盖密封处进入内部。另外，1987 年 8 月，预防性试验时发现该相末屏绝缘电阻明显下降（1000/1100），相应的 tanδ 达 5.5%，超过了 2%～3% 的经验数据，却未引起重视和处理。

（3）某台 220kV 电流互感器，1983 年氢气含量为 75×10^{-6}，1984 年为 650×10^{-6}，对油中氢气含量如此急剧增长没有引起足够重视，于 1985 年 9 月在正常运行中爆炸，经检查是端部密封不良进水受潮所致。

（三）安装、检修和运行人员过失

常见的过失有引线接头松动、注油工艺不良、二次绕组开路、电容末屏接地不良等。由于这些过失常导致局部过热或放电，使色谱分析结果异常。例如：

（1）某发电厂主变压器 C 相的 LB-220 型电流互感器，1990 年 6 月测得油中总烃为 139×10^{-6}，检查发现为一次绕组与其出线端子之间的连接螺丝松动。

（2）某发电厂的一台 LB-220 型电流互感器，1990 年 7 月测得油中氢气、甲烷、总烃的含量分别为 1302×10^{-6}、133.69×10^{-6}、139.30×10^{-6}。检查发现该电流互感器色谱分析结果异常是由于检修后未采用真空注油造成的。

（3）某变电所一台 LB-220 型电流互感器，1988 年 9 月测得油中的乙炔含量为 4.13×10^{-6}，检查时发现末屏连接松动，产生悬浮电位，从而引起放电。

二、诊断方法

（一）认真进行预防性试验

规程规定，电流互感器的预防性试验项目有：测量绕组及末屏的绝缘电阻、介质损耗因数 tanδ 和油中溶解气体的色谱分析等。对这些项目的测试结果进行综合分析，可以发现进水受潮及制造工艺不良等方面的缺陷。表 2-2-3-1 列出了油纸电容式电流互感器的油中溶解气体色谱分析结果和判断检测缺陷的实例。

（二）局部放电测量

常规绝缘试验不能检出电流互感器的局部放电型缺陷，而进行局部放电测量能灵敏地检出该类型的缺陷，所以规程规定，电流互感器在大修后或必要时按 GB 5583 进行局部放电测量。110kV 及以上油浸式互感器在电压为 $1.1U_m/\sqrt{3}$ 时，放电量不大于 20pC。例如：

（1）某台 220kV 电流互感器，出厂试验和投运后历年的常规试验和高压介质损耗因数 tanδ 测量值均合格。而进行局部放电测量测出其放电量达 1400pC（161kV），色谱分析的乙炔含量为 1200×10^{-6}。停运后吊芯检查发现在一次绕组的 L_1 和 L_2 二腿上部有 1m 长的沿面放电痕迹。

（2）某变电所一台 $LCLWD_3$-220 型电流互感器，1977 年底投入运行，1982 年 5 月进行油中溶解气体色谱分析时发现：氢气、乙炔、总烃的含量分别为 43153×10^{-6}、10.28×10^{-6}、10461×10^{-6}。局部放电试验表明，起始放电电压为 98kV，在 160kV 时的放电量为 150pC。初步判定油中溶解气体色谱分析结果异常是由于内部局部放电所引起的。为查明原因，加最

第三节 电流互感器事故原因及预防措施

表2-2-3-1 油纸电容式电流互感器的油色谱试验结果的综合分析和判断检出缺陷实例

| 序号 | 设备名称 | 发现缺陷时间/(年-月-日) | 油中气体含量/(μL/L) | | | | | | 判断故障性质 | 电气诊断情况 | 综合分析结论 | 吊芯检查内部情况 |
			H_2（氢）	CH_4（甲烷）	C_2H_6（乙烷）	C_2H_4（乙烯）	C_2H_2（乙炔）	总烃				
1	$LCLWD_3-220$ 电流互感器	1986-10-16	14800	1505	27.7	511	3.2	2046.9	内部过热，并有放电性故障	1986年6月，测得末屏对地的$\tan\delta$值为6.1%，更换端子板后，合格，经10月18日绝缘复试正常	绝缘不合格	检查：互感器未屏与地的联接线焊接不良，烧伤、脱落。处理后情况正常
2	$LCLWD_3-220$ 电流互感器	1984-5-11 1985-5-30 185-6-3 1985-6-11	8 8 9.6 9	5 9.7 10 9	4 3.9 4.2 4.2	8 13.8 15 13	2 12 12 12	19 39.4 41.2 38.2	内部可能存在电性故障	绝缘电阻： 整体：2500MΩ 末屏：1000MΩ $\tan\delta$：0.7% C_x：861pF，正常	绝缘不合格	检查：误补加仪经过滤处理后原断路器用油，经换新油处理，投运后正常
3	$LCLWD_3-220$ 电流互感器	1981	0	3.8	4.7	25	3.5	42	内部存在过热性故障		绝缘不合格	检查：发现互感器端部储油柜绝缘垫块上有烧伤痕迹，并引出线L_1侧
4	$LCLWD_3-220$ 电流互感器	1980-9	5420	1620	180	0.9	1.4	1802.3	内部存在过热性故障	$\tan\delta$2.7%；在138kV时，$\tan\delta$增大至4.25%；在电热稳定试验中，经9h后，$\tan\delta$值为12.79%，且继续上升。说明绝缘不合格	绝缘不合格	解剖：电容芯棒中，有4个屏tanδ值在7%～8%的10个电容屏中，且纸层和铝箔上有明显蜡状物（X蜡），并发现端状一对电容屏间的位置放错
5	$LCLWD_3-220$ 电流互感器	1983-4-16 1984-12-12 1984-12-20（复试）	75 650 630	0.43 0.46 0.33	0.21 0.45 0.29	3.2 2.6 2.7	0 0 0	5.7 4.8 4.9	氢气单独增大，但在试验报告结论中不明确。根据导则中规定，应判定可能进水受潮	主绝缘正常，但未能检测末屏对地的绝缘情况	绝缘不合格	(1) 1985年9月13日互感器爆炸损坏。 (2) 检查：互感器的电容芯棒在U形导线底部中心15cm处被击穿

高运行相电压146kV、历时35h后，听到内部有放电声，试验电压降到约13kV时，放电尚未终止，无法进行局部放电测量。吊瓷套解体时发现，该电流互感器电容屏击穿约86%，最大烧伤面积为230mm×180mm，放电碳通道长度达900mm。此电流互感器存在放电性故障的直接原因为电容屏热击穿。

(3) 某变电所一台LCLWD$_3$-220型电流互感器，1981年底投入运行，1982年9月进行油中溶解气体色谱分析时发现：氢气、乙炔、总烃的含量分别为6050×10^{-6}、142×10^{-6}、1310×10^{-6}，疑此电流互感器有放电性故障存在。进行局部放电测量时发现：在140kV时有悬浮电位放电现象发生，但不稳定。为查明原因，加最高运行相电压146kV，历时9.5h后，听到内部有放电声，局部放电起始放电电压仅为43kV，终止放电电压为39.5kV，在45kV时的放电量达3000pC，在63kV时的放电量达10万pC以上，吊瓷套解剖时发现，该电流互感器电容屏击穿约70%，最大烧伤面积为100mm×90mm，放电碳通道长度达1000mm以上，电容屏间绝缘纸上有大量X蜡。

由上述可见，局部放电测量与油中溶解气体色谱分析结果对检测放电性故障具有一致性，有时它们还可以相互补充，更有效地发现电流互感器内部放电性故障。例如，对某台220kV电流互感器进行色谱分析，其结果出现了乙炔，就重做局部放电测量，放电量为30pC。经吊芯检查，发现约有2mm直径的击穿点，击穿路径从末屏到器身的金属固定卡箍处（金属卡箍是接地的）。产生的原因是工频耐压时末屏未接地，电位高，导致末屏对卡箍（接地）击穿。局部放电测量时，电流互感器末屏接检测阻抗，外壳接地，检测阻抗两端电压很低，放电现象也无法重视，所以放电量不大。

三、预防措施

预防电流互感器爆炸事故的措施，在产品选择、投运前的检测、密封改造、注油等方面的要求与电压互感器相似，此处不再赘述，下面仅介绍适用于电流互感器的预防措施。

（一）一次端子引线接头要接触良好

电流互感器的一次端子引线接头部位要保证接触良好，并有足够的接触面积，以防止产生过热性故障。L_2端子与膨胀器外罩应注意做好等电位连接，防止电位悬浮。另外，对二次线引出端子应有防转动措施，防止外部操作造成内部引线扭断。

（二）测试值异常应查明原因

当投运前和运行中测得的介质损耗因数tanδ值异常时，应综合分析tanδ与温度、电压的关系；当tanδ随温度明显变化或试验电压由10kV上升到$U_m/\sqrt{3}$，tanδ增量超过±0.3%时，应退出运行。对色谱分析结果异常时，要跟踪分析，考察其增长趋势，若数据增长较快，应引起重视，将事故消灭在萌芽状态。

（三）保证母线差动保护正常投入

为避免电流互感器电容芯底部发生击穿事故时扩大事故影响范围，应注意一次端子L_1与L_2的安装方向及二次绕组的极性连接方式要正确，以确保母线差动保护的正常投入运行，如图2-2-3-1所示。

（四）验算短路电流和热稳定

为避免电流互感器热稳定不合格而导致事故，现场应根

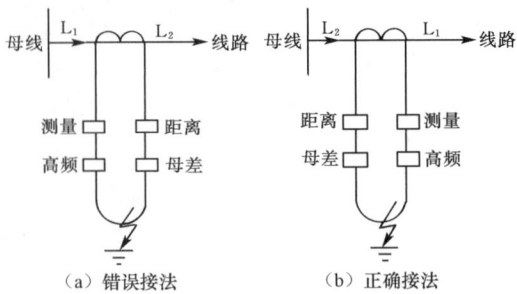

图2-2-3-1 L_1与L_2端子的安装方向及二次绕组的极性连接方式

据电网的当前和发展情况，验算其所在地点的短路电流，当超过电流互感器铭牌的动、热稳定电流时，要及时处理。

例如，某LA-10型电流互感器，变比为50/5，因其1s的热稳定电流达不到要求而导致爆炸事故。再如，某10kV电流互感器，因没有考虑热稳定而导致烧毁事故。

由上述事故可见，投入运行的电流互感器（特别是变比较小，热稳定倍数不高的电流互感器）在投运前应该进行热稳定校验。如果热稳定校验时发现原选用的TA不符合要求，可采取如下办法处理：

(1) 为限制短路电流，可以在线路上加装电抗器。

(2) 选用热稳定倍数更高的电流互感器。

（五）积极开展在线监测和红外测温

目前电流互感器开展的在线监测项目主要有：测量主绝缘的电容量和介质损耗因数tanδ；测量末屏绝缘的绝缘电阻和介质损耗因数tanδ。测试经验表明，它对检测出绝缘缺陷是有效的。对红外测温，有的单位已在开展，现有测试结果表明，它对检测电流互感器内部损耗异常、内部接头松动、外部连件接触不良、缺油、外壳发热都是有效的。

电流互感器的储油柜表面温升及相间温差不得超过表2-2-3-2的规定，必要时可配合色谱及电气试验结果综合分析，确定缺陷的性质及处理意见。

表2-2-3-2 电流互感器允许的最大温升和相间温差值

电压等级 /kV	表面最大温升 /K	相间温差 /K
6~10		4.0
35~66	4.0	1.2
110	4.0	1.2
220~500	4.5	1.4

第四节 电容式电压互感器故障原因及预防措施

电容式电压互感器（CVT）除具有电磁式电压互感器的作用外，还可以兼作耦合电容器，与电力系统载波机相连，作高频载波通道使用。它主要用于测量、继电保护、同步检测、长距离通信、遥测和监控等。由于电容式电压互感器的冲击强度高、220kV及以上者的造价比电磁式电压互感

器低。所以，目前电容式电压互感器已广泛应用在220kV及以上的电力系统中，以取代电磁式电压互感器。但是，在制造、安装及使用过程中也有许多特殊条件，必须严格遵守，否则将会导致故障的发生。

500kV电容式电压互感器的电气接线图如图2-2-4-1所示。其中C_1为主电容，由C_{11}、C_{12}、C_{13}组成，国产500kV的电容式电压互感器主电容由3节或4节耦合电容器组成，C_2为分压电容，其抽头由瓷套从底座引至电磁装置的油箱内，电磁装置由中间变压器、补偿电抗器和阻尼器组成，作为分压器底座。电容分压器低压端子与地之间的保护间隙S装设在油箱前侧的出线盒内，当电容式电压互感器不兼作载波通信时，保护间隙S需用导线牢固短接。

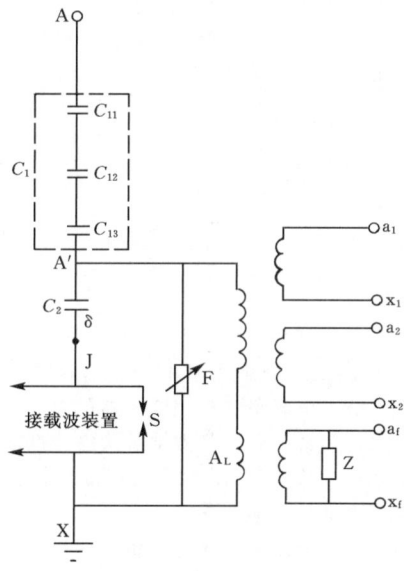

图2-2-4-1　500kV电容式电压
互感器电气接线图
C_1—主电容；C_2—分压电容；Z—阻尼器；
S—载波装置保护间隙；a_1x_1—主二次
1号绕组；a_2x_2—主二次2号绕组；
a_fx_f—辅助二次绕组；A_L—电抗器
F—金属氧化物避雷器

电容式电压互感器的工作原理可概括为：耦合电容器分压；中间变压器降压；电抗器补偿；阻尼器保护。

一、故障原因分析

根据现场现有的运行经验，电容式电压互感器常见的故障有：电磁单元的二次侧电压降低，甚至为零；电磁单元受潮；渗漏油等。分析其原因如下：

1. 制造质量不佳

(1) 由于制造质量不佳致使铁芯气隙变化，使二次电压降低。例如，1994年6月，当某变电所1台110kV电容式电压互感器投入电网运行时，测量二次电压为3V，辅助二次电压为5V，电磁装置外壳无发热现象。由于二次电压值及辅助二次电压值偏离正常值太多，只好临时停电，将该电容式电压互感器退出运行。吊芯检查发现，谐振阻尼器Z中的电感L_0的铁芯有松动现象。该阻尼器Z由电感L_0与电容器C_0并联，再与电阻r串联组成，并接在辅助二次绕组内部端子上，L_0电感量的大小通过调整铁芯气隙距离进行整定。气隙变化后，$X_{L_0} \neq X_{C_0}$，阻尼器Z流过很大的电流，致使辅助二次端有了一个很大负荷，输出电压迅速下降，导致一、二次电压比相差很大。由于该台电容式电压互感器的投产试验是在单位车间内进行的，试验后经过长途运输到达变电所，途中受到多次强烈振动，导致电感L_0的铁芯松动，改变了原来的铁芯气隙距离，使电容式电压互感器阻尼器的调谐工作条件遭到破坏，因此产生了上述不正常情况。

类似以上述电容式电压互感器引起的故障在其他用电部门也多次发生过。为此，应提高铁芯的抗震性。

(2) 由于弹性铜片与电抗线圈连接处螺钉松动引起二次侧电压下降。

(3) 由于电容分压器电容量发生变化，导致二次侧电压降低。例如某TYD-220/$\sqrt{3}$型电容式电压互感器的二次侧电压偏低，是由于C_2增大导致分压比改变造成的。C_2增大的原因可能是部分相互串联的电容元件被击穿或C_2严重受潮所致。

(4) 电磁单元变压器二次失压可能的原因是：

1) 电磁单元变压器一次引线断线或接地。

2) 分压电容器C_2短路。

3) 与电磁单元中变压器并联的金属氧化物避雷器被击穿而导通。

4) 各分压电容器之间的连接断线。

5) 油箱电磁单元烧坏、进水受潮等故障。例如，某相TYD-500/$\sqrt{3}$型电容式电压互感器，在电网正常运行条件下发生故障，与之相关的保护误发信号，3个二次电压绕组全部无电压输出。经试验分析表明，该电磁单元变压器二次失去是由于其一次接地引起的。

2. 安装错误引起谐振

某电厂于1990年7月将11台YDR-220型电容式电压互感器投入运行，但是在投入不到两个月的时间内，先后有10台次电容式电压互感器发生故障，分析其原因是安装错误造成的。例如：

(1) 某乙线电容式电压互感器的中间变压器响声异常，并伴有漏油现象。将其停运后进行试验、检查，直流电阻为1463Ω；由于电流很大，所以空载电压加不上；发现电压比紊乱，怀疑中间变压器内部故障。为了不影响供电，将其拆下用原来备用的旁路母线电容式电压互感器代替后，一切恢复正常。

(2) 某220kVⅡ母线B相电容式电压互感器发生故障，距离保护装置闭锁。为了确保220kV母线不停电，将Ⅱ母线的电容式电压互感器的所有二次负荷倒至Ⅰ母线的电容式电压互感器，将其退出运行。随后进行试验、检查：直流电阻为1662Ω，电流很大，空载电压加不上，发现电压比很大，怀疑中间变压器内部有故障，交厂家处理后，投入运行。3天后，再次发生故障：C相响声异常，B相严重漏油。停运后检查发现，B相阻尼电阻接线烧坏，C相阻尼电阻接线柱烧坏。对其直流电阻、电压、空载损耗、介质损耗因数$\tan\delta$、绝缘电阻等进行测试，其结果均属正常。B相解体检查正常。

(3) 1990年8月31日1时，某220kVⅠ母线电容式电压互感器发生电压异常，距离保护装置闭锁，C相响声很大，阻尼电阻处冒烟，测得零序电压为12.6V。10时，将Ⅱ母线电容式电压互感器投入运行，Ⅰ母线电容式电压互器退出运行，对其直流电阻、电压比、空载损耗、介质损耗因数 tanδ、绝缘电阻等进行测试，其结果均属正常。三相电抗值分别为：A 相 81.377kΩ，B 相为 76.31kΩ，C 相为 58.09kΩ。因此，分析认为：开口三角形处的 12.6V 零序电压及距离保护装置的闭锁是由于三相电抗值不等而引起的。15 时 40 分，Ⅱ 母线 B 相电容式电压互感器的分压电容器套管处溢油。准备先将 Ⅰ 母线电容式电压互感器投入后，再将 Ⅱ 母线电容式电压互感器退出检查。但是，当 Ⅰ 母线电容式电压互感器投入后，又出现三相电压不平衡、距离保护装置闭锁等情况，因此 Ⅰ 母线电容式电压互感器不能投入。22 时 30 分，Ⅱ 母线 B 相电容式电压互感器响声变大，阻尼电阻冒烟，中间变压器喷油，外壳温度约 50℃，立即将 Ⅰ 母线电容式电压互感器投入运行，Ⅱ 母线电容式电压互感器退出运行，但又出现三相电压不平衡，开口三角形处零序电压 17V，距离保护装置闭锁等情况。9 月 1 日，为了稳妥起见，决定将线路上的电容式电压互感器分别装在 Ⅱ 母线的 B 相和 C 相，投入运行后，又发生了 Ⅱ 母线 A 相电容式电压互感器的二次接线盒下方电缆冒烟，更换后一切正常。

事后，对 Ⅱ 母线 A、B、C 相的电容式电压互感器有关参数进行测试，其结果如表 2-2-4-1 所示，可见各参数均属正常。

表 2-2-4-1　　　　　电容式电压互感器参数测试结果

参数 \ 相别	A	B	C	备注
一次直流电阻/Ω	3470	3355	3341	$QT_{43}A$ 单桥
二次直流电阻/Ω	0.05040	0.05194	0.05180	QZ_{44} 双桥
辅助绕组直流电阻/Ω	0.01011	0.01119	0.1110	QZ_{44} 双桥
铁损/W	62.5	71	62	
电抗值/kΩ	72.099	77.788	64.683	
绝缘电阻/kΩ	均在 1000 以上			

从上述电容式电压互感器的故障现象来看，大多数为中间变压器响声异常、漏油，并出现了严重的不平衡电压，而测试结果除电抗值有一些误差外，其他各参数均属正常。因此可以认为上述现象是由于电容式电压互感器中的耦合电容及分压电容与中间变压器组合不当产生铁磁谐振引起的。基于以上所述，电容式电压互感器中的耦合电容器、分压电容器、中间变压器及补偿电抗器在出厂时已经组合好，安装和使用时不允许互换。

3. 匝间短路

现场运行中曾发生过中间变压器和补偿电抗器匝、层间短路的故障。故障的原因一是匝间绝缘不良；二是过电压。例如：

(1) 某变电所一台 TYD/10/$\sqrt{3}$-0.01 型电容式电压互感器投入电网运行，工作人员在投运 4h 后测量其二次绕组电压及辅助二次绕组电压分别为 10V 和 17V，用手触及油箱外壳，外壳发烫，将其退出运行并送回局车间进行复试，结果是：二节电容器数据与出厂报告相符；对电容式电压互感器施加 110/$\sqrt{3}$kV 电压，测得二次绕组电压为 10V、辅助二次绕组电压为 17V；测量中间变压器抽头引出端子 A′ 对地电压只有 1400V，分压比完全不对。将电容式电压互感器电磁装置进行吊芯检查，发现中间变压器高压侧内部存在匝间短路现象。投产前由于试验设备限制，所加试验电压低，没有能把绝缘缺陷暴露出来。因此，在投产前没有条件加高压进行试验时，要在投运后立即测量电容式电压互感器的二次绕组电压与辅助二次绕组电压，以便及时发现存在的缺陷或故障。

(2) 某变电所一台 YDR-220 型电容式电压互感器，在运行中发现："220kV 电压断线"字牌发亮。检查母线电压 U_{AB} 为 130kV，U_{AC} 为 130kV，U_{BC} 为 220kV，功率表也比正常值降低约 1/3。运行人员巡视室外 220kV 电容式电压互感器处，在距离约 8m 处听到吧哒吧哒声。当天就对该互感器 A 相进行测试，分别测量了分压电容的绝缘电阻、介质损耗因数 tanδ、电容量和中间变压器的直流电阻、绝缘电阻，测量结果均正常。后来又做空载伏安特性试验，主二次绕组加压至 85V，持续 6min 也未发现异常。于是将该台互感器全部换下来准备解体。

解体前，对故障录波图进行分析，分析表明，系统三相电压正常，且该线路对侧在同一时间内一直运行正常，故可肯定线路无故障。B、C 两相电压波形也正常；A 相电压间歇性为零，A 相电压为零时，零序电压为 100V，A 相电压恢复后，零序电压仍有 12V 左右。因该互感器的分压电容曾在 1 个多月前进行带电测量，其电容电流在合格范围内，故初步判定分压电容正常，而怀疑中间变压器内部可能有故障，于是进行吊芯检查。

吊芯后首先发现中间变压器分接头 P_5（见图 2-2-4-3）有放电痕迹（外皮已发黑），油箱壁对应处也有放电痕迹。对电抗器解体检查时，先发现最外层绝缘纸和白布带有击穿痕迹，但铁芯对应处无放电的迹象。拆开绕组至 14000 匝（5、6 分接头）处，发现匝间、层间均已烧穿，相邻几匝铜线已熔化在一起。

故障原因简要分析如下：

图 2-2-4-2 和图 2-2-4-3 分别给出 YDR-220 型电容式电压互感器的电气接线和中间变压器和电抗器的接线图。

由图 2-2-4-3 可见，中间变压器分接头 P_5 对地发生火花放电，即将一次主绕组短路，故二次主绕组和零序绕组均无电压输出，这与故障录波图及母线电压表和功率表的异常是一致的。

由于中间变压器初级绕组被短接，C_2 上电压全部加于电抗器，又由于间歇性的弧光短路引起 L 中电流突变，在 L 中感应出高压，这就造成电抗器的 5、6 段分接头匝间和层间短路并熔化。

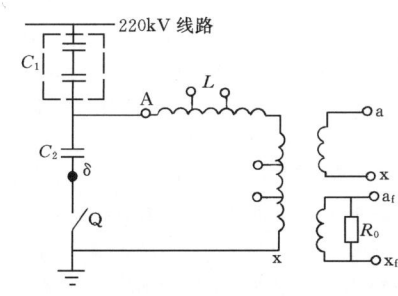

图 2-2-4-2 YDR-220 型电容式电压互感器电气接线图

C_1—主电容，串联值为 $0.005\mu F$；C_2—分压电容，$0.0438\mu F$；R_0—阻尼电阻，20Ω，$400W$

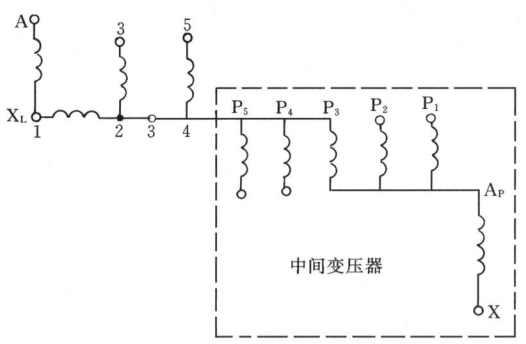

图 2-2-4-3 中间变压器与电抗器接线图

4. 电磁单元受潮

密封不良会导致油箱进水受潮，从而使电磁单元受潮。例如某 $TYD-220/\sqrt{3}$ 型电容式电压互感器在预防性试验中发现电磁单元二次绕组的绝缘电阻为零。其电容量为 2100pF（铭牌值为 450pF）、介质损耗因数为 25%，均明显增大。经判断为电磁单元严重受潮，这样既使电容分压比改变，又可能导致事故。

二、诊断方法

目前现场诊断电容式电压互感器方法如下：

（1）测量主电容 $\tan\delta_1$ 和 C_1。

（2）测量分压电容 C_2 和 $\tan\delta_2$。电容分压器的电容值与出厂值相差超出 ±2% 范围时，或电容分压比与出厂值相差超过 2% 时，准确度 0.5 级及 0.2 级的互感器应进行准确度校验。

（3）测量中间变压器的 C 和 $\tan\delta$ 测量值与初始值相比不应有显著变化。

（4）测量中间变压器等的绝缘电阻。采用 2500V 绝缘电阻表进行测量，判断标准自行规定。测量绝缘电阻对综合判断有一定意义。例如，某变电所的一台 $TYD110/\sqrt{3}-0.01$ 型电容式电压互感器，在 1993 年 7 月某日（晴、33℃）测得主电容的 $\tan\delta_1$ 为 0.2%，电容量与历年相同；分压电容的 $\tan\delta_2$ 却达到 3.2%，C_2 的测量点 δ 端子的绝缘电阻只有 600MΩ。而 1991 年 6 月某日（晴、29℃）投产测量结果是 $\tan\delta_2$ 为 0.2%，绝缘电阻为 6000MΩ，1992 年 7 月某日（晴、32℃）测得的 $\tan\delta_2$ 为 0.1%，绝缘电阻为 8000MΩ。对照前两年的测量结果，$\tan\delta_2$ 和绝缘电阻变化都很大，该互感器不能投入运行。又测量了二次绕组和辅助二次绕组的绝缘电阻，也为 600MΩ，这使人想到出线板可能受潮。实际上，在试验前的两天里，天气一直在下雨，由于电容式电压互感器的出线端子箱是不密封的，潮气可以从出线洞口和端子箱门缝进入端子箱，加上固定的 δ 端子、二次绕组端子及辅助二次绕组端子的出线板是用玻璃钢板制作的，容易受潮，受潮后又不能短时间内自然干燥，所以一下雨，出线板就很快受潮，使 δ 端子、二次绕组及辅助二次绕组的绝缘电阻随之变小。诚然，这些测试数据并不能反映设备真实情况。

根据以上分析，将电容式电压互感器的出线板采用热吹风干燥处理，经过数小时的热吹风，δ 端子、二次绕组与辅助二次绕组的绝缘电阻都达到了 10000MΩ 以上，$\tan\delta_2$ 达到了 0.1%，重新投入了电网运行。

类似的情况在现场发现过多台，由于对测量结果分析正确，避免了误判断和误吊芯。

三、预防措施

（1）对电容式电压互感器应要求制造厂在出厂时进行 $0.8U_{1\varphi}$、$1.0U_{1\varphi}$、$1.2U_{1\varphi}$ 及 $1.5U_{1\varphi}$ 的铁磁谐振试验。其中 $U_{1\varphi}$ 为额定一次相电压。

（2）电容式电压互感器在投运前，其中间变压器应进行各绕组绝缘试验和空载试验（由于产品结构原因现场无法拆开时除外）。

（3）对 220kV 及以上的电容式电压互感器，必要时进行局部放电测量，同时还应进行二次绕组绝缘电阻、直流电阻测量，并将测量结果与出厂值和标准值进行比较，差别较大时应分析原因，必要时还应增加试验项目，以查明原因，不合格的互感器不得投入运行。

（4）对电容式电压互感器，如发现渗漏油，或压力指标下降时，应停止使用。

（5）当电容式电压互感器 $\tan\delta$ 增长时，应尽快予以处理或更换，避免发生事故。

（6）应注意对电磁单元部分进行认真检查，当阻尼器未接入时不得投入运行，当发现有异常响声时，应将互感器退出运行，进行详细试验、检查，并立即予以处理；当测试电磁单元对地绝缘电阻时，应注意内接避雷器绝缘电阻的影响；当采用电磁单元作电源测量电容分压器 C_1 和 C_2 的电容量和 $\tan\delta$ 时，应注意控制电磁单元一次侧电压不超过 3kV 或二次辅助绕组的供电电流不超过 10A，以防过载。

（7）运行期间应经常注意阻尼装置的工作状况，发现损坏或阻值变化并超过制造厂所允许的范围时，应停止使用，立即更换。

（8）不要使二次侧短路，以免因短路造成保护间隙连续火花放电，并造成过电压而损坏设备。

（9）电容式电压互感器能在 1.2 倍额定电压下长期连续运行，1.3 倍额定电压下运行 8h，1.5 倍额定电压下运行 30s。

（10）运行期间应经常检查电容式电压互感器的电气连接及机械连接是否可靠与正常。

（11）应注意对电磁单元箱体的检修维护，定期校紧连接螺栓，检查密封胶垫的压紧程度、弹性和老化情况；定期大修，检查电磁单元各部件的绝缘状况，测试特性，更换老化的部件和密封垫圈等。

(12) 积极开展在线监测及红外测温等带电监测工作，实践证明对发现电容式电压互感器内部发热有一定作用。

第五节 互感器油中氢气浓度单项偏高现象及处理方法

一、基本规律

近年来，对互感器油中溶解气体进行色谱分析，发现有氢气浓度单项偏高的现象，其基本规律如下：

(1) 密封式较非密封式突出。华北某供电公司对国产密封式互感器进行监测和分析发现，相当数量的密封式互感器油中的氢气浓度相对偏高。特别是在投入运行后的最初几年中，在油中总烃含量正常、无乙炔组分且较稳定的情况下，密封式互感器油中氢气浓度一般高于非密封式互感器，并且在初期有上升趋势。有一些新的密封式互感器在投运前油中氢气含量就高于规程所推荐的 $150\mu L/L$ 的注意值。经分析，有相当数量的密封式互感器油中单项氢气含量在 $100\mu L/L$ 以上，而非密封式互感器油中单项氢气含量多在 $0\sim50\mu L/L$。表 2-2-5-1 和表 2-2-5-2 分别列出了 1990 年和 1992 年互感器试验结果统计表。

表 2-2-5-1　　　　　　　　　　1990 年互感器试验结果统计表

非密封式			密封式		
H_2 含量/($\mu L/L$)	试验台数	百分数/%	H_2 含量/($\mu L/L$)	试验台数	百分数/%
0～50	175	97.2	0～50	9	29.0
50～100	4	2.2	50～100	8	25.8
100～200	1	0.55	100～200	3	9.7
200 以上	0	0	200 以上	11	35.5

表 2-2-5-2　　　　　　　　　　1992 年互感器试验结果统计表

非密封式			密封式		
H_2 含量/($\mu L/L$)	试验台数	百分数/%	H_2 含量/($\mu L/L$)	试验台数	百分数/%
0～50	209	98.1	0～50	41	31.3
50～100	3	1.4	50～100	37	28.2
100～200	1	0.47	100～200	31	23.7
200 以上	0	0	200 以上	22	16.8

由表 2-2-5-1 和表 2-2-5-2 可见，非密封式互感器油中单项氢气含量高于 $100\mu L/L$ 的只有 0.5% 左右，单项氢气含量 $50\sim100\mu L/L$ 的只有 2.0% 左右，而在 $50\mu L/L$ 以下的却有 97.0% 以上。密封式互感器油中单项氢气含量高于 $100\mu L/L$ 的为 40%～50%，而 $50\mu L/L$ 以下的却只有 30% 左右。密封式互感器油中氢气含量单项偏高的台数远多于非密封式。这是因为密封式互感器油中气体不易溢出而造成气体积累效应的缘故。

(2) 加装金属膨胀器后，氢气含量显著偏高。近些年来，随着金属膨胀器在互感器中的广泛应用，出现了许多互感器中氢气含量单项偏高的现象。表 2-2-5-3 列出了某供电公司一台 L-110 型电流互感器在 1991 年加装金属膨胀器前后的色谱分析结果。由表中数据可见，改装后氢气含量不断增高，相对产气速率达 5.46%/月。

某供电公司改装的一组 JCC_1-220 型电压互感器，其油中氢气含量从改装前的无逐渐增到 $50\mu L/L$ 左右，并继续呈增长趋势。

(3) 密封式互感器油中氢气含量最初几年呈逐渐上升趋势，在达最高值后又逐渐呈下降趋势。图 2-2-5-1 给出密封式几台电流互感器和 JCC_1-220 型电压互感器的油中氢气含量的变化曲线。虽然这些互感器的种类、电压等级、运行时间、生产厂家及各自的氢气含量变化曲线各不相同，但总的变化规律是相似的。

二、油中氢气的来源

互感器油中最有可能产生氢气的途径有 4 条，分述如下：

1. 水分的电解及与铁的化学反应

油中存在水分时，在电场作用下，水可发生电解产生氢气

$$2H_2O \xrightarrow{电解} 2H_2 + O_2$$

水分也可与铁发生反应放出氢气

$$3H_2O + 2Fe \longrightarrow 3H_2 + Fe_2O_3$$

装有金属膨胀器的互感器内部一般都保持微正压状态，而且设备密封性能优良，所以，很少有内部受潮情况的发生。再者目前尚未找到该类型互感器油中氢气含量高低与油中含水量高低的相关规律性。表 2-2-5-4 列出了部分油中氢气含量较高的密封式互感器气相色谱分析结果及其油中的含水量。

由表中数据可见，油中氢气含量的多少与含水量并无直接关系。因此可以认为密封式互感器油中氢气含量偏高，不太可能是由于受潮引起的。当有疑问时，可通过对油中水分含量的测定来判断互感器内部的受潮程度以甄别氢气的来源。

表 2-2-5-3　　互感器加装金属膨胀器前后部分色谱分析数据　　　　　　单位：μL/L

采样时间/(年-月)	H₂	CH₄	C₂H₄	C₂H₆	C₂H₂	CO	CO₂	C₁+C₂	H₂O
1989-10	无	无	无	无	无	85.8	1612.8	无	—
1990-5	28.9	2.1	3.5	痕	无	86.4	1272.6	5.6	—
1992-8	691.9	6.4	10.8	2.9	无	445.5	2819.0	20.1	15.8
1993-8	1144.9	6.8	8.7	2.2	无	525.6	2770.7	17.7	18.8

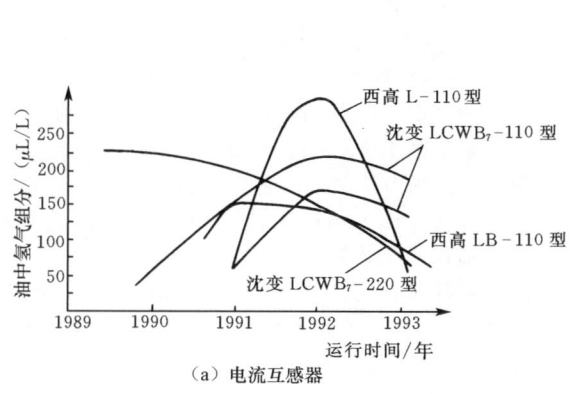
（a）电流互感器

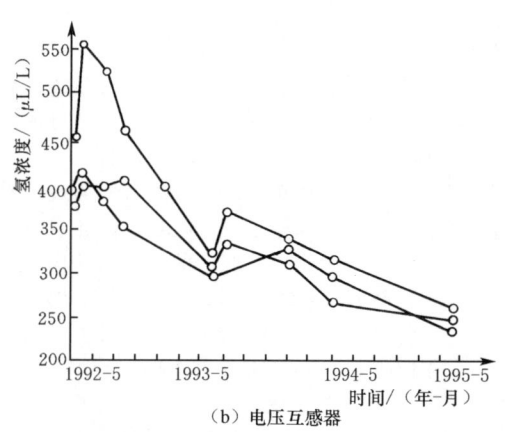
（b）电压互感器

图 2-2-5-1　互感器油中氢气含量变化曲线

表 2-2-5-4　　部分油中氢气含量较高的密封式互感器气相色谱分析结果　　　　　　单位：μL/L

气体组分 型号	H₂	CH₄	C₂H₄	C₂H₆	C₂H₂	CO	CO₂	C₁+C₂	H₂O
LCWB₆-110	213.7	17.4	2.4	4.9	0	279.5	592.3	24.6	10.9
LCWB₆-110	170.6	15.9	微量	6.9	0	258.2	530.0	22.8	10.8
LCWB₇-220	121.9	25.2	1.6	2.9	0	154.9	441.1	29.7	12.1
L-110	184.3	5.6	3.0	0.0	0	313.4	748.4	8.6	8.1
L-110	223.1	3.4	1.0	3.5	0	331.6	526.6	7.9	8.2
L-110	357.1	4.3	3.1	3.4	0	296.9	589.7	10.8	11.7
LB-110	239.1	2.1	微量	3.2	0	189.7	908.8	5.3	16.4

2. 烷烃的裂化反应

变压器油主要由烷烃、环烷烃和芳香烃组成，其中烷烃的热稳定性最差。有机物在高温下被分解称为热解，烷烃的热解称为裂化。在裂化过程中，主要是由大分子烷烃转变成小分子烷烃、不饱和烃（烯烃和炔烃）及氢。用气相色谱分析法检测充油设备内部故障的诊断原理正是以此为依据的。当设备内部存在故障引起过热或高温而发生裂化反应时，与不同的故障温度相对应，同时必然会伴随着一些气态烃的产生，如甲烷、乙烷、乙烯、乙炔等。由此可以断定，油中只有氢气含量高，而其他特征气体又很低的情况，不可能是由设备内部故障引起的。

3. 环己烷的脱氢反应

环烷烃是石油（也是变压器油）的主要成分之一。环烷烃中有一种环己烷，它在石油中的含量约在 0.5%～1% 之间，其沸点为 80.8℃，密度为 0.78g/cm³。在炼油过程中，由于工艺条件的限制，难免要在变压器油的馏分中残留下少量的轻质馏分，其中也可包括环己烷。环己烷在某些条件下（如催化剂、温度等）会发生脱氢反应（芳构化）

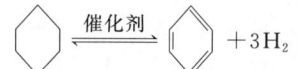

常用的催化剂往往也是加氢催化剂，故反应是一平衡体系。正方向是吸热反应，逆方向是放热反应。在常温并有较多氢气存在时，平衡向左移动，有利于环己烷的生成；提高温度，同时体系中没有或只有少许氢气平衡向右移动，有利于氢和苯的生成。

在正反应中，1mol 环己烷可生成 3mol 氢气。1mol 氢气在标准状态下的体积是 22.4L，1mol 环己烷的体积为

$$\frac{1\text{mol 环己烷重量}}{\text{环己烷密度}} = \frac{\text{环己烷分子量}}{\text{环己烷密度}}$$

$$= \frac{84}{0.78} = 108\text{mL}$$

$$= 0.108\text{L}$$

生成物氢与反应物环己烷的体积之比为

$$22.4 \times 3/0.108 = 622(\text{倍})$$

即当油中含有百万分之一的环己烷并参加脱氢反应，就可产生 $622\times10^{-4}\%$ 的氢气。可见，这个反应若能在互感器的油中发生，只要油中存在极少的环己烷，就会出现氢浓度高的现象。而从现在的分析方法中，只能发现氢浓度的变化，无法知道其他反应物浓度的变化。

4. 绝缘清漆在高电场中裂解

东北某变电所的 B 相 $LCWB_7-220$ 型电流互感器在预防性试验中发现氢气含量明显增加，并且严重超出 DL/T 596—1996 规定的注意值。经综合分析，确定是未干燥彻底的绝缘清漆在高电场的作用下发生裂解，产生出大量的氢气和甲烷溶解在绝缘油中，从而使色谱数据出现异常。吊芯检查发现储油柜内壁有漆流，胶垫压紧周边漆膜明显凸起，并且胶垫被油漆粘住，证明漆膜干燥不彻底。厂家也通过模拟试验证实上述分析结果。

综上所述，大量的互感器中单纯产生较高氢气的现象与环己烷的脱氢反应最为吻合，而这个反应在运行的互感器中确是有条件发生的。这是因为金属膨胀器的主要构件用不锈钢合金（1Cr18Ni9Ti）制成，合金中的镍是一种著名的加氢、脱氢催化剂。实验表明，在环己烷脱氢制苯的反应中，镍具有双向催化功能，在正逆两个方向的反应中都能起催化作用。

设备投运初期，油中有较多的环己烷，而没有或只有少量的氢，在电场和镍的催化作用下，这时的脱氢反应速度大于加氢反应速度。经很长的运行时间后，正逆反应速度逐渐接近，最后达到平衡，此时油中氢气浓度升至最大值。以后，随着设备运行时间的增长，合金表面会逐渐钝化，催化活性减弱，不利于在常温条件下正反应的进行，使平衡向左移动，即加氢反应速度大于脱氢反应速度，形成油中氢气浓度呈缓慢下降趋势。这就解释了图 2-2-5-1 所示的互感器油中氢气含量变化规律。

三、处理方法

1. 换油

更换互感器内的油是一种简单的处理方法。如果换进的新油中含有较多的环己烷，尽管当时油中氢浓度很小甚至为零，但随着互感器的服役与运行时间的延伸，油中的脱氢反应又重新开始进行，氢浓度又会逐渐升高。所以，换油的处理方法不仅费用较高而且处理效果不能预先估计。

2. 跟踪试验

对装有金属膨胀器的互感器，若油中出现单纯氢气超标而水分含量又在合格范围内的情况，可进行一段时间的跟踪试验。跟踪试验项目宜为色谱分析和微水分析。待氢气含量趋于稳定或下降后，再减少或取消跟踪试验。因设备内部并无故障，故不应将设备归入有绝缘缺陷之列。

3. 真空脱气

现场实践证明，真空脱气的处理方法是解决互感器油中氢气异常的最佳途径。

环己烷的脱氢反应是一可逆反应，经较长时间后反应将达到平衡，此时油中的氢浓度升至最大值后基本稳定。随着时间的推移，合金表面会逐渐钝化，催化活性有所减弱，油中的氢浓度会略有下降。

当采用真空脱气处理时，脱气后油中的反应生成物氢的浓度大幅度减小，原来的化学平衡被破坏，反应又向正方向（脱氢）进行。由于此时油中的反应物环己烷的浓度比互感器新投产时要小得多，所以，真空脱气处理后到脱氢反应建立新的平衡时，油中的氢浓度要比处理前小得多。

金华电业局曾对部分互感器进行了现场真空脱气处理。其方法是利用设备停电检修期间，把互感器内的油放出少许（使金属膨胀器内有一定的空间），再将抽真空管道接到金属膨胀器顶部，用真空泵抽真空数小时即可。

部分互感器（其中的四台）处理情况如表 2-2-5-5 和图 2-2-5-2 所示（图中曲线编号为表中序号相同的设备）。

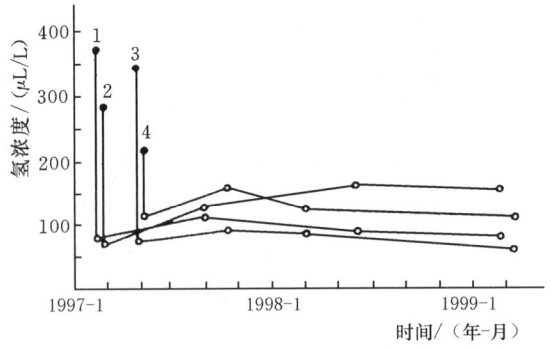

图 2-2-5-2　部分互感器处理前后
油中氢浓度的变化曲线
●——处理前　　○——处理后

从图 2-2-5-2、表 2-2-5-5 中可知，处理后的互感器经两年多运行一直正常，证明真空脱气的处理效果是令人满意的。个别设备运行两年后氢浓度比刚处理结束时有小幅度上升，但仍比处理前低得多，这可能与油中环己烷的浓度不同有关。其他经处理的设备情况大致相同。

表 2-2-5-5　　　　　　　　脱气时间与脱气前后油中氢浓度

序号	设　备　名　称	脱气时间 /h	脱气前氢浓度 /(μL/L)	脱气后氢浓度 /(μL/L)
1	甲变电所 1 号主变 110kV TA C 相	3	370	84
2	甲变电所 2 号主变 110kV TA C 相	3	282	80
3	乙变电所 110kV Ⅰ段母线 TV A 相	3	342	77
4	乙变电所金郊 1650 TA A 相	1	218	112

第三章

避雷器异常与事故处理案例

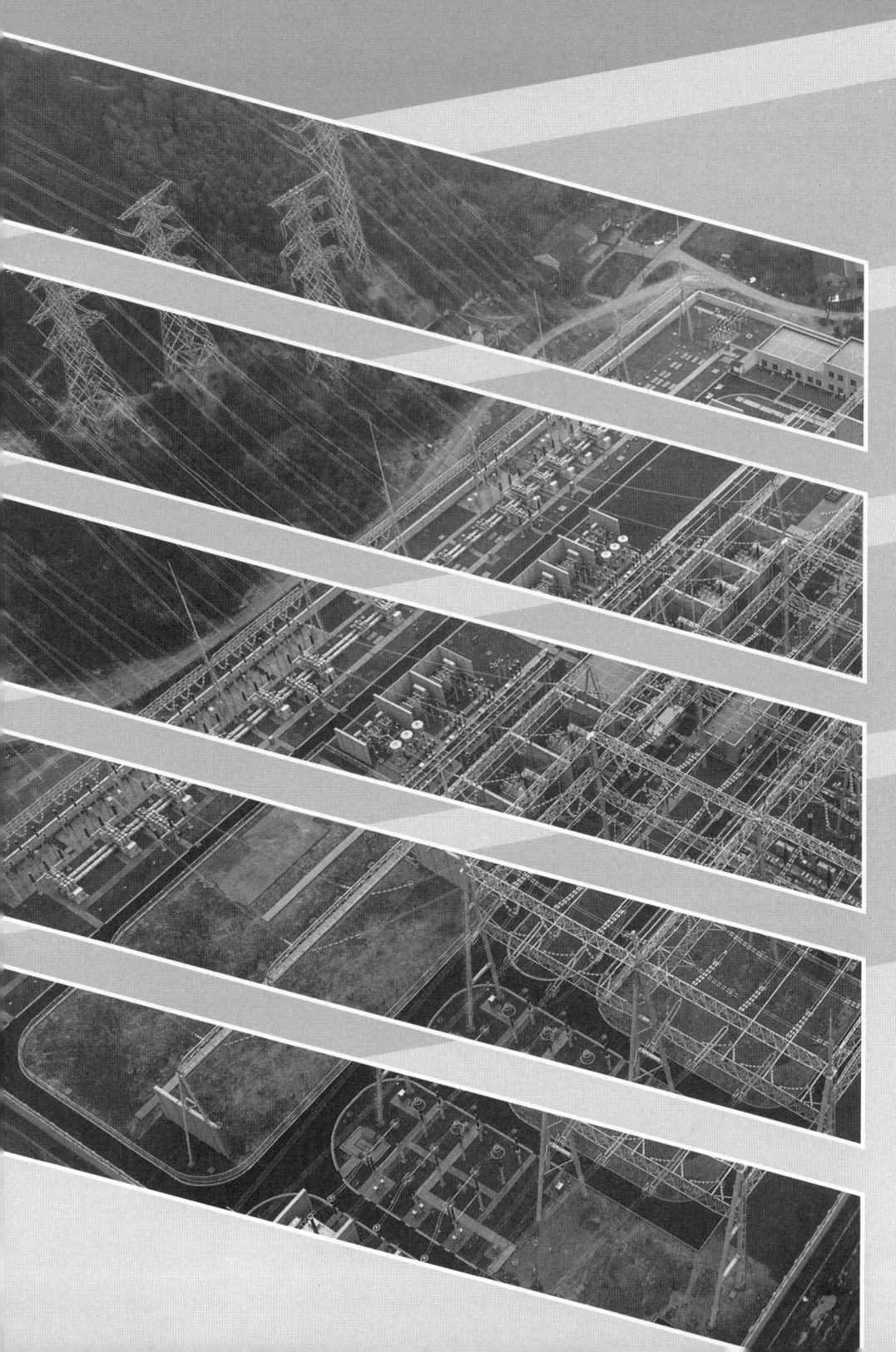

第一节 FS型避雷器爆炸原因及处理方法

一、事故情况

近几年来，我国配电网中陆续发生 FS 型避雷爆炸事故。如某电厂在 1985 年 4—6 月的 3 个月内，6kV 出线避雷器就出现了 7 次爆炸事故。而且这些事故都是在晴天、无雷的情况下发生的。在同一时间，某供电局管辖的市区线路共有 30 多台 6～10kV 避雷器爆炸，而且也发生在晴天、无雷的情况下，所以，研究分析其爆炸原因是必要的。

二、抽样试验

为弄清避雷器爆炸的原因，首先对供电所库存的同类产品进行抽样试验，抽样试验的项目及结果，列于表 2-3-1-1 和表 2-3-1-2 中。

表 2-3-1-1　　　　　　　　　　　　浸水前避雷器试验结果

制造厂	型号	工作电压/kV	外部检查	绝缘电阻/kΩ		工频放电电压/kV			
				试前	试后	1	2	3	平均值
甲厂	FS_4-6	6	摇动有响声	2500	2500	16	17	18	17
乙厂	FS_4-6	6	摇动有响声	2500	2500	17	16	18	17
丙厂	FS_4-10	10	摇动有响声	2500	2500	24	25	27	25.3

表 2-3-1-2　　　　　　　　　　　　浸水处理后避雷器试验结果

制造厂	型号	工作电压/kV	外部检查	绝缘电阻/kΩ		工频放电电压/kV			
				试前	试后	1	2	3	平均值
甲厂	FS_4-6	6	摇动有响声	2500	2500	16	15.5	15.5	15.7
乙厂	FS_4-6	6	摇动有响声	1000	1500	16.5	16.5	16.5	16.5
丙厂	FS_4-10	10	摇动有响声	2500	2500	24	24	24.5	24.19

三、避雷器爆炸原因分析

根据现场爆炸情况及抽样试验结果分析，认为这种型式避雷器爆炸原因如下。

（一）产品质量有问题

认为产品质量有问题的理由是：

（1）6～10kV 普通阀式避雷器的主要作用是限制大气过电压，应该在雷击情况下动作，而不应该在内过电压和正常电压下动作。但是这些避雷器都是在晴天无雷或雨后天晴时爆炸的，均属于非正常动作。

（2）发生爆炸的避雷器产品来源比较集中，且都是非国家定点生产厂，而同一电网中如西安高压电瓷厂、抚顺电瓷厂等国家定点厂生产的避雷器在相同条件下从未发生过此类现象。

（3）从损坏的避雷器阀片来看，这些避雷器的阀片所用的碳化硅比较松散，多半是制造工艺上的问题。

（4）这些避雷器摇动有响声，分析原因是瓷套与间隙和阀片的几何尺寸配合不当，压紧弹簧松动，因而在运输、搬动和安装过程中容易造成间隙错位，从而使避雷器的工频放电电压变化和灭弧性能降低；当避雷器在接近于灭弧电压下运行，并产生强烈的电晕，使电极腐蚀，又引起工频放电电压下降，产生恶性循环，直至在电网电压波动或正常电压下动作，熄不了弧而引起避雷器爆炸。

（5）在外部检查时还发现，这些避雷器上、下密封盖为挤压成型，瓷套与金属盖接触不紧密。从浸水处理后绝缘电阻的变化情况来看，乙厂产的避雷器浸水擦干后绝缘电阻明显下降，说明这种避雷器的密封不严，容易受潮。

（6）从抽样试验结果可以看出，浸水前甲厂和乙厂的产品工频放电电压虽然在《规程》规定范围内，但分散性大；丙厂的产品工频放电电压低于《规程》规定。浸水处理后，甲厂和丙厂的产品工频放电电压值虽在规定范围内，但比浸水前有所降低。这说明这些避雷器的性能不稳定，这主要与避雷器的密封、元件配合和阀片质量不好有关。

（二）阀片受潮

华东某地区 10kV 阀式避雷器，其事故的 80% 以上为瓷套内空腔中空气的呼吸效应导致阀片元件受潮而发生爆炸的。在预防性试验过程中，有 10% 以上的 10kV 阀式避雷器因内部放电间隙烧损、绝缘件受潮而导致工频放电电压不合格；在运输、储存、安装过程中，大约有 7% 的避雷器损坏。有 5 只未使用的 FS-10 型阀式避雷器和 5 只线路运行 18 个月的同型避雷器，进行工频放电试验时，测得其工频放电电压分别为 26.3～27.5kV 和 19.5～20.7kV，即新的 FS-10 型阀式避雷器的工频放电电压可达 4p.u.（1p.u.$=U_m/\sqrt{3}$，U_m 为系统最高电压），甚至更高，但运行后则普遍下降至 3p.u. 左右，尤其是潮湿、阴雨天气，下降的幅度更大。

四、处理方法

1. 把好进货关

由于避雷器元件的几何配合不当，密封不良，间隙和阀片质量不好是导致避雷器爆炸的根本原因，所以质量不良的避雷器安装到系统中，不但不能使电气设备得到可靠的防雷保护，还给系统的正常运行带来很多麻烦。所以建议各用户一定要把好进货关，要从西安电瓷研究所《关于阀式避雷器型号的公告》所规定的国家定点厂来选购避雷器，不要购进非国家承认的厂家生产的低劣产品；对已经购进的要停止使用；对已经安装的，能够更换的要及时更换；对于更换困难的要加强监护和试验。

2. 采用金属氧化物避雷器

由于金属氧化物避雷器具有优良的保护性能，所以采用得越来越多。目前上海市电力公司正在大力推广图 2-3-

1-1所示的配电型支柱式复合外套金属氧化物避雷器,其主要技术参数实测值如下。

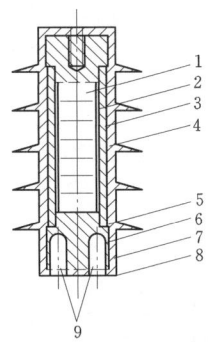

图 2-3-1-1 配电型支柱式复合外套金属氧化物避雷器结构

1—氧化锌阀片;2—合成橡胶缓冲层;3—高强度绝缘骨架;4—压力释放孔;5—定位栓;6—电极;7—合成橡胶外绝缘层;8—不锈钢盖;9—安装螺栓

直流参考电压 $U_{1mADC}=26.9\sim27.1$ kV;

泄漏电流 $I_1=8\sim10\mu A$;

工频参考电压 $U_{1mAAC}=20.2\sim20.3$ kV;

持续电流 $I_x=250\sim260\mu A$,$I_r=80\sim90\mu A$;

工频电压 14.3kV 以下,局部放电量小于 4pC;

65kA 冲击动作负载最大残压变化率 +0.49%;

陡度冲击残压 53.6kV,雷电冲击保护水平 48.7kV,操作冲击保护水平 39.4kV;

热机试验和沸水煮条件下 U_{1mADC} 变化率 -0.68%,$I_1=16\mu A$,局部放电 5pC;

1000h 起痕和电蚀条件下 U_{1mADC} 变化率 -0.96%,$I_1=12\mu A$,局部放电 4pC;

方波 2000μs、100A 18 次试验最大残压变化率 +0.76%;

弯曲耐受力 1.5kN,1h;弯曲破坏力 2.2kN;弯曲耐受力试验前后局部放电量变化为 2pC,U_{1mADC} 变化率为 +0.76%;

扭转耐受力矩试验前后局部放电量变化为 3pC;U_{1mADC} 变化率 +0.58%。

为避免运行中受潮,一般采用有机材料填充复合外套金属氧化物避雷器的内部空腔,使其内部无空腔,不存在呼吸的可能,从而从根本上解决了密封问题。

该避雷器可用于不接地、消弧线圈接地和小电阻接地的配电系统中,能可靠地耐受弧光接地过电压、电磁式电压互感器引起的谐振过电压及各种操作过电压,能够有限地限制异常操作过电压,其保护特性和外绝缘特性满足可靠性和安全运行的要求。该避雷器的机械强度高,可横置安装兼作支柱绝缘子,承受较大机械应力,从而减少瓷支柱绝缘子、金属构架和联络线等部件,节省电杆空间,便于线路其他设备检修。

由于该避雷器既起到了避雷器的作用,也起到了绝缘子的支持作用,故而得名。

3. 采用红外诊断等手段加强监测

FS 型避雷器正常时基本不发热,若温度明显偏高,说明该避雷器内部已严重受潮,应予更换。

FS 型阀式避雷器的受潮原因及其处理方法如表 2-3-1-3 所示。

4. 阀式避雷器工频放电电压不合格的处理

FS 型等阀式避雷器工频放电电压不合格的原因及处理方法如表 2-3-1-4 所示。

表 2-3-1-3　　　　　　　　FS 型阀式避雷器受潮及处理

序号	受潮原因	处理方法
1	密封小孔未焊牢导致潮气进入	密封试验后,焊牢小孔,仔细检查焊口,防止虚焊
2	密封垫圈老化开裂,失去密封作用	更换密封垫圈
3	瓷套与法兰胶合处不平整或瓷套有裂纹	可采用加厚密封垫圈的办法来调整或重新胶合,瓷套有裂纹应予调换
4	瓷套顶部密封用的螺栓垫圈未焊死或长期运行后垫圈老化开裂,潮气、水分沿螺栓渗入内腔	拆出螺栓,将螺栓和垫圈焊死,并更换已老化的橡皮垫圈
5	顶部紧固用的螺帽在安装时被旋松,导致顶部漏水	瓷套顶部螺杆上,应配有 3 只螺帽,最下一只旋紧后涂上堵漏胶

表 2-3-1-4　　　　　　阀式避雷器工频放电电压不合格的原因及其处理

故障类型	原因		处理方法
放电电压偏高	内部间隙位移	压紧弹簧松弛,搬运时使内部间隙产生位移	(1) 调换弹簧,增加压力。 (2) 用金属管或经短接的阀片填高使压力增加
		固定内部间隙用的小瓷套破碎使间隙电极位移	更换良好的小瓷套,并重新调整间隙工频放电电压值
		黏合的云母垫圈因受潮膨胀使间隙增大	(1) 更换云母垫圈。 (2) 将电极与云母片干燥处理重新黏合
		制造厂未控制工频放电电压上限值	重新测量单个火花间隙的工频放电电压,对偏高者进行调整
放电电压偏低		潮气使电极腐蚀生成残留物;绝缘垫圈及固定间隙用小瓷套绝缘下降,使电压分布不均匀	清洗间隙电极、烘干绝缘垫圈及瓷套等内部构件,重新调整间隙工频放电电压
		避雷器多次动作放电使电极灼伤产生毛刺	调换严重灼伤的电极,一般灼伤的用砂纸(0 号或 00 号)磨平毛刺,并重新调整间隙及工频放电电压

续表

故障类型	原　　因	处　理　方　法
放电电压偏低	组装不当，使部分间隙被短接	重新组装并测量间隙工频放电电压
	密封抽气后，未放进足量气体使瓷套内部气压低于正常气压	抽气密封试验后，过5min再放进足量的干燥空气后封小孔
	弹簧压力过大，使小瓷套破碎、间隙变形、距离缩小	更换压力适当的弹簧及破碎小瓷套，重新调整间隙
	避雷器内各对非线性分路电阻不均匀或变质，造成各对间隙上的电压分布不均匀	更换不合格的分路电阻并重新调整

第二节　FZ型避雷器爆炸原因

一、爆炸事故的特点

近些年来，在10kV中性点不直接接地系统中，一些配电网变电所经常发生FZ型避雷器爆炸事故，由于该类避雷器大多安装在母线上或主变出口处，一旦爆炸就会引起母线短路，造成大面积停电，如果主变出口处的避雷器爆炸，将会对主变的安全有严重的威胁，这类爆炸事故有下列特点：

（1）避雷器爆炸前，10kV母线各相电压不平衡且摆动，一相电压特高或一相电压低于相电压，而另两相电压升高。

（2）自相电压摆动后，仅经数分钟，电压最高的一相避雷器就爆炸。

（3）当配电网有一处断线或配变有一相高压线圈断线，且在负荷侧接地时，断线相非接地侧的避雷器有可能爆炸，若配电网发生弧光接地，也可能引起避雷器爆炸。

（4）爆炸后的避雷器解体检查发现：间隙没有明显放电痕迹，而并联在间隙上的均压电阻有高温烧伤起皱和烧断现象，断裂处烧成蜂窝状，连接铜铆钉明显退火，固定用的纸板、小瓷环的外釉面被烧焦或爆裂。

（5）出线上或配电网上的大量不带均压电阻的10kV配电型避雷器却不爆炸（个别10kV配电型避雷器发生爆炸是由于受潮等本身缺陷造成的）。

二、爆炸的原因分析

据文献介绍，在10kV中性点不接地系统中，发生的谐振、弧光、断线等过电压可达3～3.5p.u.（1p.u.=$\sqrt{2}U_m/\sqrt{3}$），U_m为系统最高电压，最大不超过4p.u.，且持续时间可长达几至几十分钟，和上述前两个特点吻合。后几个特点又说明，过电压值低于避雷器的工频放电电压（FZ-10型和FS-10型均为26～31kV），而高于避雷器的最大允许工频电压，即灭弧电压。

FZ-10型避雷器内SiC非线性均压电阻为什么会被电弧严重烧灼甚至烧断，避雷器又是在什么情况下爆炸的呢？

分析认为，FZ-10型是不能承受高于该避雷器灭弧电压的过电压长时间作用的。这是因为它的并联电阻是非线性电阻，是由具有负温度系数的SiC材料组成的。当电压超过避雷器的灭弧电压时，流过SiC并联电阻上的电导电流，以$U=Ci^\alpha$的规律，按指数上升，导致温度上升，因SiC负的温度系数，使并联电阻的阻值下降，电流剧增，温度越来越高，如此恶性循环，到一定温度下，由于SiC并联电阻阻值剧变或烧断，使避雷器工频放电电压严重下降，导致避雷器动作。避雷器动作后，因不能灭弧而使避雷器瓷套内腔空气骤热，压力急增，引起爆炸。

为了验证上述分析是否合理，曾有人将一台FZ-10型避雷器的内部元件，装在一个与避雷器瓷套等径、等高的绝缘筒内，在筒壁靠近SiC并联电阻的部位，开了一个150mm^{2}的测温孔，以便在施加电压的情况下，用红外线测温仪测量SiC并联电阻的温度，由此，绘制了在不同电压下流过SiC并联电阻的电流、SiC并联电阻上的温度与时间关系的曲线如图2-3-2-1所示。从曲线可知，当FZ-10型避雷器施加15kV电压时，流过SiC并联电阻的电导电流，随加压时间线性增长，并联电阻的温度在20min内不超过150℃，也就是说，当过电压在此电压值以下时，对避雷器尚不造成严重的危害。但是，当施加电压为18kV时，即相当于3p.u.过电压作用于FZ-10型避雷器上时，在10min以内，流过SiC并联电阻的电导电流，则按指数规律急速增长，并联电阻的温度已接近300℃。当施加电压为20kV时，即相当于3.3～3.4p.u.过电压作用于FZ-10型避雷器上时，不到5min，流过SiC并联电阻的电导电流便急剧上升，并联电阻的温度已超过300℃（因红外线测温仪量程限制，只能测到300℃）。同时，当SiC并联电阻的温度超过200℃时，固定并联电阻的绝缘纸板，受炽热的并联电阻的热辐射，就开始冒烟烧焦。从模拟试验看，避雷器内部起弧的根本原因是SiC并联电阻的热容量不足，而燃弧又是首先从绝缘纸板间开始的。

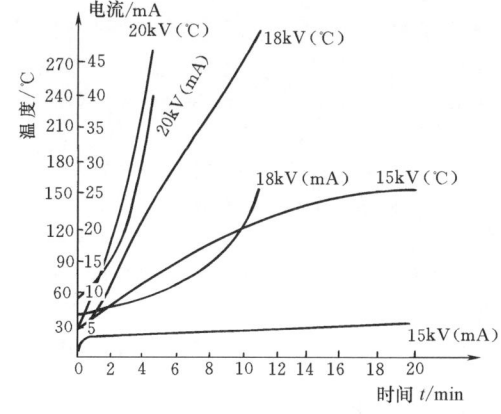

图2-3-2-1　FZ-10型阀式避雷器在不同电压下时间、温度、电流的关系曲线
（室温26℃，湿度65%）

另外，经受过过电压后的并联电阻，由于耐受了高温，即使避雷器未爆炸，并联电阻的性能也大大改变。而且SiC并联电阻通过的电导电流超过20mA（见曲线），流过并联电阻的电导电流则急剧增长，对并联电阻性能的危害也就越

大。同时，从多次试验的结果来看，当 SiC 并联电阻的温度超过 300℃后，SiC 并联电阻呈现类似半导体材料击穿的现象，电导电流急剧地直线上升，使 SiC 并联电阻出现不可逆的损坏。

实际上我国关于阀型避雷器技术条件中明确规定，带有非线性并联电阻的避雷器进行工频放电电压试验时，超过灭弧电压以后的时间应不大于 0.2s。也就是说，在避雷器设计和制造时，并没有考虑到这种带有非线性 SiC 并联电阻、可能经常遇到的，而且时间长达几至几十分钟的铁磁、弧光、断线等谐振过电压作用下的热稳定性，以致由于 SiC 并联电阻的热容量不足，而导致避雷器的爆炸。

三、防止避雷器爆炸的对策

由于 FZ-10 型避雷器的 SiC 并联电阻不能满足在过电压条件下的热稳定性，而 10kV 中性点不接地系统出现过电压的概率又较高，因此 FZ-10 型避雷器爆炸的可能性就会时有发生，所以可以认为带有 SiC 并联电阻的 FZ-10 型避雷器，不适于装设在变电站的母线上。也就是，建议将现有变电站母线上运行的 FZ-10 型避雷器全部退出运行。那么，10kV 配电装置的过电压保护应采取什么措施呢？建议采用三种办法：

1. 暂用 FS-10 型避雷器取代 FZ-10 型避雷器

众所周知，发电厂配电所电气设备的内绝缘的冲击试验电压，是和普阀型避雷器的残压相配合的，鉴于 FZ-10 型避雷器 5kA 下的残压 U_{5kA} 为 45kV，FS-10 型避雷器 5kA 下的残压 U_{5kA} 为 50kV，相差较小。

而变电站过电压保护设施是较齐备的，除各级电压的设备都装有避雷器保护外，还装有避雷针，10kV 配电线装有大量 FS-10 型避雷器。从实际运行经验来看，不少县内的变电站母线上并未装设 FZ-10 型避雷器，而装设的 FS-10 型避雷器并未发生过因变电设备采用该型避雷器保护，受到过电压的侵害而损坏的事故。

综上所述，可以认为目前用 FS-10 型避雷器暂时取代 FZ-10 型避雷器，是防止继续发生爆炸事故的临时措施之一。

2. 将 FZ-10 型避雷器的并联电阻拆除

既然 SiC 并联电阻是 FZ-10 型避雷器爆炸的导火索，是否可以设想将 FZ-10 型避雷器 SiC 并联电阻拆除呢？现探讨如下：

从理论上讲，由于间隙的电极片对地和对高压端盖的杂散电容的存在，将使每个间隙间的电压分布不均匀，造成避雷器整体的工频放电电压，低于单个间隙的工频放电电压算术和。对不带并联电阻的避雷器，为使整个避雷器的工频放电电压满足技术条件的要求，厂家在设计时将计算间隙数的工频放电电压增加 15%，火花间隙数 n_i 按下式决定

$$n_i = \frac{U_{gp} K}{U_{gd}}$$

式中 U_{gp}——避雷器平均工频放电电压，kV；
  U_{gd}——单个火花间隙工频放电电压，kV。
  $K=1.15$（原因见上述）。

对 FS-10 型避雷器而言，将 $U_{gp}=28.5\text{kV}$；$U_{gd}=3\text{kV}$ 代入上式，可得间隙数为 11 个。而 FS-10 型避雷器火花间隙数的确定方法也是如此，只不过为了装设并联电阻方便，而将间隙数取偶数（10个）。

另外，避雷器工频放电电压的下限值，必须同时满足两个条件：

（1）为保证间隙可靠地灭弧，不应小于避雷器的灭弧电压与切断比的乘积。

（2）应保证避雷器在内过电压下不动作。

对 10kV 避雷器，应满足条件（1）、（2），也就是说，10kV 避雷器的工频放电电压下限值，主要决定于切断比。厂家在设计时取切断比为 2，按技术条件要求，只要保证 10kV 避雷器（无论是 FZ-10 型还是 FS-10 型）工频放电电压的下限不低于 26kV，就保证了灭弧性能。即

$$U_{gFXX} \geq \text{灭弧电压} \times \text{切断比} = 12.7 \times 2 = 25.4(\text{kV})$$

至于冲击放电性能是由工频放电电压和冲击系数决定的。单个间隙的冲击系数为 1.1 左右，完全能满足技术条件的要求。

避雷器装设并联电阻的作用，就是使放电间隙的电压分布均匀，以改善工频和冲击放电特性。我们知道，避雷器间隙的电压分布是否均匀，由间隙之间的电容和间隙的电极片对地或对高压端盖的电容，即所谓电容链决定的。电容量的大小决定于下式

$$C = \frac{\varepsilon_0 \varepsilon_1 S}{d}$$

即电容量与介质的相对介电系数成正比，与距离成反比。由于间隙间的介质主要是云母，其相对介电系数 ε_r 为 7，每对间隙间距离仅 1mm 左右，而间隙对地或对高压端盖间介质主要是空气，其相对介电系数 ε_r 为 1，间隙电极片对地或对端盖的距离，随电极片所处的位置不同而不同，但都远大于间隙间距离。

因 10kV 避雷器间隙总数不大于 11 个，主电容又大于杂散电容很多，故杂散电容对电压分布虽有影响，但远不如对电压等级更高的避雷器影响那么大，所以 FS-10 型避雷器没有 SiC 并联电阻，各项性能也完全能满足技术条件的要求。

关于杂散电容对间隙串上电压分布影响，可用图 2-3-2-2 表示。

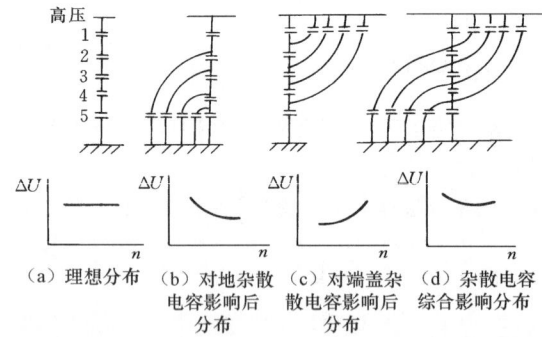

图 2-3-2-2 杂散电容对间隙电压分布的影响

（a）理想分布 （b）对地杂散电容影响后分布 （c）对端盖杂散电容影响后分布 （d）杂散电容综合影响分布

因为电压的不均匀分布，会使灭弧不利和使工频放电电压下降，电压等级越高，间隙数量越多，这个现象越严重。如前所述，对 10kV 避雷器而言，由于间隙数量少，电压分布的不均匀程度没有那么严重，再加上可以用增加一个间隙的办法，使避雷器满足技术条件的要求。这也正是 FS-10 型避雷器没有装设并联电阻，也能够大量地用于电力系统中，并发挥着过电压保护作用的原因所在。因此，对于 FZ-10 型避雷器，也可以设想将 SiC 并联电阻拆除，用 1~2mm 厚树脂绝缘板做成并联电阻形状，固定在原位置，以保证内部火

花间隙不错位，能正常工作（必要时也可增加一对间隙）并进行鉴定试验，满足技术条件要求后投入使用。因FZ-10型避雷器加大了阀片直径，提高了续流，若拆除并联电阻后，能满足技术条件要求，定期又可进行工频放电试验（有并联电阻不做），考核工频放电电压值，性能可能会比FS-10型更好一些。

3. 采用有串联间隙的金属氧化物避雷器

随着科技的进步，用金属氧化物避雷器取代碳化硅避雷器，已是大势所趋。但由于中性点不接地系统内过电压持续时间长、倍数高，同样对金属氧化物避雷器有较大的威胁，也是一个值得研究的课题。

据报道，西安电瓷研究所与西安高压电瓷厂等单位协作，集中无间隙金属氧化物避雷器和SiC避雷器的优点，研制了一种有串联间隙的10kV金属氧化物避雷器，并通过了各项试验和鉴定，已在试运行。为从根本上解决FZ-10型避雷器爆炸问题走出了一条新路。几年来，国内许多单位陆续安装了一批有串联间隙的金属氧化物避雷器，收到良好效果。目前已有3~35kV系列产品。

采用有串联间隙的金属氧化物避雷器的优点如下：

（1）运行电压不直接加在阀片上，不存在无间隙金属氧化物避雷器阀片老化和稳定问题。

（2）通过有串联间隙的金属氧化物避雷器的续流几乎为零，提高了灭弧性能，不像碳化硅避雷器那样间隙要切断工频续流。

（3）提高了阀片的通流能力，并改善了陡波保护特性。

（4）电站型的有串联间隙的金属氧化物避雷器，可以不用并联非线性电阻均压，从而从根本上消除FZ型避雷器因均压电阻过载而发生爆炸的可能。

（5）有串联间隙的金属氧化物避雷器可在大气过电压下可靠动作与灭弧，内过电压下不动作，且其性能与FZ-6~10基本上相同，但残压较低，约低20%。

（6）有串联间隙的金属氧化物避雷器，其结构简单、零部件较FZ型少，体积小（约为FZ-6~10型避雷器的1/5），有利于在开关柜内布置与安装；重量轻（约为FZ-10型避雷器的1/8，且采用了较成熟的制造工艺，能充分保证其质量的长期稳定性。

根据行业标准《交流有串联间隙金属氧化物避雷器》（ZBK 49005—90），有串联间隙的金属氧化物避雷器的电气特性如表2-3-2-1所示。其选择方法与普通阀式避雷器相同。在一般情况下，其额定电压应符合下列要求：

（1）110kV及220kV有效接地系统不低于$0.8U_m$。

（2）3~10kV和35kV、66kV系统分别不低于$1.1U_m$和U_m；3kV及以上具有发电机的系统不低于$1.1U_{m\cdot g}$，其中$U_{m\cdot g}$为发电机最高运行电压。

（3）中性点避雷器的额定电压，对3~20kV和35kV、66kV系统，分别不低于$0.64U_m$和$0.58U_m$；对3~20kV发电机，不低于$0.64U_{m\cdot g}$。

华南电网某供电局原安装FYS-10型无间隙金属氧化物避雷器，运行不到1年就有27%发生爆炸，后来改装有串联间隙的10kV金属氧化物避雷器，运行中未出现异常现象。截至1992年的统计，华南某省运行的400多只有串联间隙的金属氧化物避雷器未曾发生过异常现象。

现场采用有串联间隙的金属氧化物避雷器也收到良好效果，例如，西北某供电局的一个变电所6kV系统多次出现谐振过电压，FZ-6型避雷器多次发生爆炸或并联电阻烧断及老化情况。后采用Y5C1-7.6/30有串联间隙的金属氧化物避雷器，运行不到1年，6kVⅡ段母线避雷器动作17次，其中C相就动作14次，预防性试验结果表明，避雷器性能正常。

为保证有串联间隙的金属氧化物避雷器可靠工作，在预防性试验中应测量其工频放电电压，其方法如下。

（1）行业标准法。

在行业标准ZBK 49005—90中指出，工频放电电压试验应在完整的避雷器上进行，施加到试品上的电压应从零开始，在高压侧能准确读数的条件下，均匀地升到试品间隙放电为止。每次放电后，应在0.2s内切断工频电源。通过试品的工频电流应限制在0.05~0.2A（有效值）范围内。每两次试验的时间间隔不小于10s。

表2-3-2-1　　　　有串联间隙金属氧化物避雷器电气特性

系统额定电压（有效值）/kV	避雷器额定电压（有效值）/kV	波前冲击放电的波前陡度/(kV/μs)	电站避雷器				配电避雷器			
			工频放电电压（有效值）不小于/kV	1.2/50冲击放电电压（峰值）不大于/kV	波前冲击放电电压（峰值）不大于/kV	标称放电电流5kA下残压（波形8/20）（峰值）不大于/kV	工频放电电压（有效值）不小于/kV	1.2/50冲击放电电压（峰值）不大于/kV	波前冲击放电电压（峰值）不大于/kV	标称放电电流5kA下残压（波形8/20）（峰值）不大于/kV
3	3.8	32	9	20	25	12	9	21	26.3	15
6	7.6	63	16	30	37.5	24	16	35	43.8	27
10	12.7	106	26	45	56.5	41	26	50	62.5	45
35	42	343	80	134	168	124				

（2）示波器法。

用示波器法测量避雷器工频放电电压的接线如图2-3-2-3所示。科研单位、避雷器检测中心大都采用此方法。测量时，需要记忆示波器或波形记录仪，方法复杂，不能立即读值。另外，在测试中无法做到对试验电源的实时控制，操作起来比较麻烦，无法在现场中普遍采用。

（3）测控仪法。

为准确方便测量有串联间隙金属氧化物避雷器的工频放

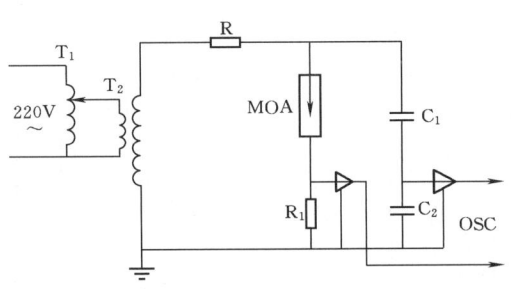

图 2-3-2-3 用示波器法测量避雷器
工频放电电压接线图

R—保护电阻；T_1—自耦调压器；T_2—试验变压器；
R_1—分流器；MOA—避雷器；C_1、C_2—分压器；
OSC—示波器

电电压，某公司研制出 DV-1 型避雷器放电电压测控仪，其测量接线如图 2-3-2-4 所示。

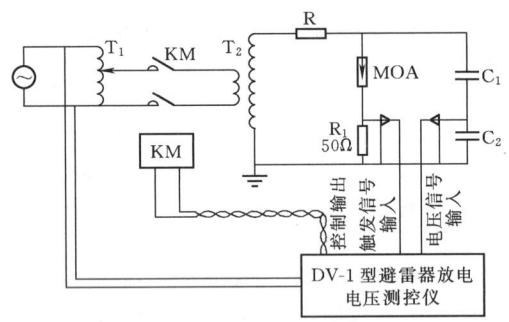

图 2-3-2-4 用 DV-1 型避雷器放电电压测控仪
测量工频放电电压接线图
KM—接触器，其他同图 2-3-2-3

试验程序为：操作人员根据分压器的分压比或 TV 变比确定测控仪外变比值，并通过拨盘输入到测控仪。接通试验电源，按一下测控仪复位钮使测控仪进入测量状态，操作人员就可操作调压器升压。当电压升到一定值避雷器放电后，测控仪将自动锁定工频放电电压值，自动发出信号切断试验电源，并发出声响告知操作人员试验完毕，可将调压器回零。表 2-3-2-2 为对某厂产品的测试结果，将用示波器测试结果与用测控仪的相比较可见两者基本相同。

表 2-3-2-2 有串联间隙避雷器工频放电
电压实测结果   单位：kV

序号	金属氧化物避雷器		碳化硅避雷器	
	DV-1 读数	示波器 读数	DV-1 读数	示波器 读数
1	22.2	22.2	31.3	31.0
2	22.8	22.8	29.1	28.9
3	22.6	22.6	31.1	31.2
4	22.9	22.9	30.3	30.1
5	22.1	22.4	28.5	28.4
均值	22.5	22.6	30.1	29.9

4. 采用红外诊断

FZ 型阀式避雷器受潮、并联分路电阻老化、断裂、阀片老化等都会导致其发热，因此可采用红外诊断进行分析判断。判断时可按电力行业标准《带电设备红外诊断技术应用导则》（DL/T 664—1999）推荐的表 2-3-2-3 中的规定执行。当热像异常或相间温差超过表 2-3-2-3 规定时，应用其他试验手段确定缺陷的性质及处理意见。

现场采用红外诊断对发现 FZ 型阀式避雷器故障收到良好效果，例如，某 FZ-110 型避雷器，用红外热像仪实测第 1、2、3 节元件的发热部位温度分别为 26.23℃、19.81℃、25.21℃，正常相为 21.25℃。可见元件发热程度不符合自上而下依次降低的规律，属异常热像，且温升和相间温差超过表的规定，属重大缺陷。从热像判断第二节元件内部受潮。

表 2-3-2-3   FZ 型避雷器允许的工作温升及相间温差参考值

电压等级 /kV	正常热像特征	异常热像特征	允许温升 /K	相间温差 /K
FZ-3~6	瓷套中上部有微弱发热	发热区温升异常增大	0.5 或 1.0	—
FZ-10			1.0 或 1.5	0.5
FZ-15~35	瓷套上下各有一微弱发热区	各发热区或元件间温升不一致，整体或个别部位温升异常增大	1.5 或 2.0	0.6
FZ-40~60			2.0 或 3.0	0.9
FZ-110	大多数组合元件的上部有一发热区，且温升自上而下依次降低（有的组合元可能有两个发热区）	元件发热程度不符合自上而下依次降低的规律，整体和个别元件温升异常	3.0 或 5.0	1.5
FZ-220	各元件上部有一发热区，且元件温升自上而下依次降低		7.0 或 9.0	2.7

注 1. 配电型普阀避雷器正常时接近环境温度，凡出现热区者均属异常。
   2. 允许工作温升的大值适用于室内设备，小值适用于无风条件下的室外设备。

四、几种情况的处理

1. 受潮

FZ 型阀式避雷器的受潮原因及处理方法列于表 2-3-1-3 中。

2. 电导电流不合格

阀式避雷器电导电流不合格的原因及其处理方法如表 2-3-2-4 所示。

表 2-3-2-4　电导电流不合格原因及处理方法

序号	原因	处理方法
1	分路电阻老化、变质	测试分路电阻，更换不合格者
2	运输、搬运不当或安装不慎将分路电阻振断	更换断裂的分路电阻
3	铆接松脱、接触不良或胶合处接触不良	重新铆接
4	分路电阻受潮	进行烘干后重新组合

3. 阀片损坏

阀式避雷器阀片损坏及其处理方法如表 2-3-2-5 所示。

表 2-3-2-5　阀片损坏原因及处理方法

序号	损坏原因	处理方法
1	阀片受潮后表面呈白色氧化物	将阀片进行干燥处理，测量残压后重新组合使用
2	制造不良或内过电压下经常动作造成阀片上出现放电黑点或贯穿性小孔	更换有贯穿性小孔的阀片；测量有黑点阀片之残压，更换不合格者
3	装配、运输冲击，导致阀片碰撞，使釉面脱落损坏	更换损坏之阀片

第三节　FCZ 型磁吹避雷器爆炸原因及防止措施

一、事故原因

近些年来，国产 FCZ 型磁吹避雷器爆炸事故在国内很多单位发生过。例如，某变电站安装的 FCZ_3-110J 磁吹避雷器，1987 年 6 月投运，1988 年 2 月 16 日 C 相在运行中发生内部击穿烧毁，放电记录器炸裂事故。实际运行只有 9 个月。再如，某变电站安装的 FCZ_3-110J 磁吹避雷器，1983 年 9 月 20 日投运，1984 年 4 月 16 日在线路无故障的情况下，发生线路避雷器 C 相放电记录器及 C 相避雷器防爆玻璃碎裂，避雷器内部元件闪络，实际运行只有 7 个月。

现场对大量地发生爆炸和异常的磁吹避雷器分析表明，导致事故的主要原因如下：

（一）密封不良，内部元件受潮

例如，某水电厂对预防性试验中发现有问题的 FCZ_3-220J 磁吹避雷器，换下检查后，明显看到在防爆玻璃内壁积聚了许多水珠。返回厂家解体检修时，发现避雷器内部积了相当数量的水。

再如，某电力局的一只 FCZ_3-110J 型磁吹避雷器，1994 年投入运行，1997 年 2 月发生爆炸。事故后检查发现，该避雷器内的三个柱之一靠瓷套内壁的侧面有明显的放电痕迹，而且该柱的并联电阻全部烧化，沿着该柱的放电间隙瓷碗和阀片的外表面明显发生了贯穿性的放电，阀片也沿侧面发生沿面闪络，同时还发现避雷器的放电间隙没有动作，而

且在避雷器内部多处有铜锈，说明避雷器有受潮情况，事故前泄漏电流明显增长，也证明避雷器受潮。

（二）污秽影响

例如，某电力局的一台 FCZ_2-110J 型磁吹避雷器，于 1979 年 12 月投入运行，处于重污秽地区，1997 年 2 月 10 日凌晨 2 时 16 分发生爆炸。当时是大雾天气，雾的能见度仅为 2～3m。由于污秽的影响，使避雷器内部间隙电压分布不均匀，造成某些间隙承担电压过高而动作，并形成串级效应，使避雷器在正常电压下动作而造成事故。从爆炸后的残骸发现避雷器中确实有一些放电间隙动作了，阀片有明显的击穿痕迹。

二、防止对策

（一）改进避雷器的密封

良好的密封对维持避雷器电气性能的稳定有着极重要的意义。为确保密封长期有效，应选用具有一定的耐臭氧腐蚀、耐油污能力及在受压状况下工作时弹性强、永久变形小的密封材料。在目前使用的密封材料中以乙丙橡胶为最好，应优先选用。

（二）改进防爆装置结构

在现场检修中发现 FCZ_3 型磁吹避雷器的防爆装置结构不合理，在防爆玻璃处易积水，因而雨水会由此处漏入避雷器内部，导致元件受潮。为避免雨水浸入，应进行良好密封，必要时应设置防雨罩。

（三）拆除围屏

有的磁吹避雷器内部装有环氧玻璃钢薄板围屏。现场在检修中发现装有围屏的磁吹避雷器有三种情况：

（1）密封良好，避雷器内部清洁，元件完整，围屏无放电痕迹，试验数据合格。

（2）密封不良，内部元件严重受潮，围屏在运行电压下可能形成通路，在电晕作用下，发生树枝状放电，乃至碳化烧焦。

（3）介于上述两者之间的避雷器，围屏在电场作用下分解出一种半导体物质，使避雷器绝缘电阻开始下降，电导增大，内部元件轻微受潮，围屏上有局部的小黑点，说明避雷器内部已产生放电，但还未使围屏自上而下形成通路。西安电瓷研究所认为非线性系数 $α$ 超过 0.42 就可能受潮。

鉴于围屏严重影响磁吹避雷器的绝缘性能，现场认为，在条件许可的情况下，应予以拆除。拆除避雷器围屏的检修工艺如下：

（1）场地。检修场地要清洁，空气湿度不大于 65%。

（2）氮气质量。避雷器应采用高纯度氮气密封，氮气纯度要求为 99.99%，含水量小于 10ppm，全部连接管路为真空橡皮管。

（3）充氮流程。拆除围屏完毕复装瓷套后，抽真空至 93325.4Pa，停泵 5min，若真空不下降，则说明避雷器密封良好。将氮气冲洗避雷器内部一次，待避雷器内部压力达正压 1.37Pa 时，第二次再抽真空为 93325.4Pa，然后第二次充氮至避雷器内部压力比大气压稍高后再与大气平压，然后在 5min 内旋上压气孔螺栓，则充氮完毕。

（4）密封。对防爆玻璃处及气孔螺栓处采用 609 密封胶涂在密封橡皮结合面上。

（5）试验。拆除围屏的避雷器应测量其绝缘电阻和电导电

流,并进行冲击放电试验,各项试验合格后方能投入运行。

(四) 加强运行监视

为及时检出磁吹避雷器因密封不良而导致的内部受潮缺陷。现场运行经验表明,必须做到两个坚持:

(1) 必须坚持每月至少带电测量一次电导电流。

(2) 雨雪过后,必须带电复试电导电流。

带电测量磁吹避雷器电导电流的方法有:

1. 并联法

如图2-3-3-1所示。测量时,将MF-20型万用表或其他带电测量仪与放电记录器并联,可以直接测出磁吹避雷器的交流电导电流。由于MF-20型万用表交流微安档的内阻小于10Ω,而JS型放电记录器的内阻在运行条件下一般为1~2kΩ,所以测量值主要为运行电压下流经磁吹避雷器的交流电导电流。

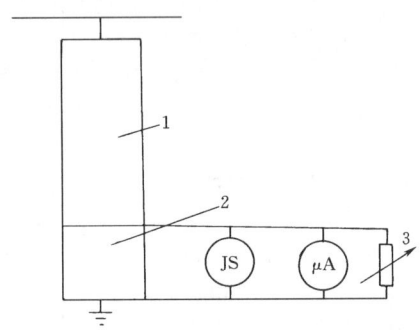

图2-3-3-1 并联测量法示意图
1—避雷器;2—绝缘底座;3—FYS-0.25压敏电阻;JS—放电记录器;μA-MF-20型万用表微安档

2. 串联法

如图2-3-3-2所示,测量时,将MF-20型万用表与放电记录器串联,万用表两端并以短路闸刀,读数时将其打开。测量结束后,应立即合上短路闸刀(测量过程中若有异常,如电导电流过大,也应立即合上短路闸刀,以防损坏表计)。

试验经验表明,上述方法对及时发现磁吹避雷器的受潮缺陷还是非常有效的。有的单位坚持上述方法进行监视,从未发生过避雷器运行事故。

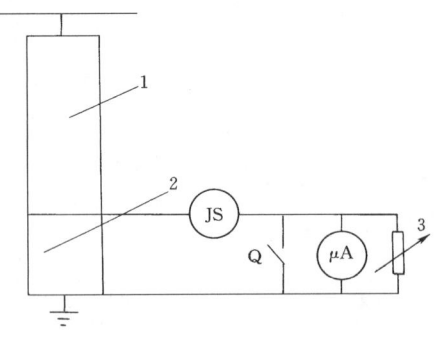

图2-3-3-2 串联测量法示意图
1—避雷器;2—绝缘底座;3—FYS-0.25压敏电阻;JS—放电记录器;μA—MF-20型万用表微安档;Q—短路闸刀

测量结果的判断依据是:

(1) 串联测量法测量结果的判断依据如表2-3-3-1所示。

表2-3-3-1 用串联测量法带电测量FCZ型磁吹避雷器电导电流的允许值

型号	制造厂	电导电流/μA
FCZ₁、FCZ₂	抚瓷厂	250~380
FCZ₃	西瓷厂	80~150

(2) 并联测量法测量结果采用比较法进行判断,主要进行相间比较及和上次数据比较作为判断依据。为便于比较,每次测量时应采用同一测量档,因为MF-20型万用表不同测量档的内阻不同。

(3) 相间比较差达1倍以上,与上次数据比较增大30%~50%时,应加强监视,分析原因。必要时进行停电测试。

(五) 采用红外诊断

磁吹阀式避雷器的诊断可按DL/T 664—1999推荐的表2-3-3-2中的规定执行。当热像异常或相间温差超过表2-3-3-2规定时,应用其他试验手段确定缺陷性质及处理意见。

表2-3-3-2 FCZ型避雷器允许的相同温差及最大温升参考值

电压等级/kV	正常热像特征	异常热像特征	允许温升/K	相间温差/K
FCZ-35	瓷套整体有轻微发热	局部或整体明显发热	0.5或1.0	—
FCZ-110			1.0或1.5	0.5
FCZ-220	瓷套整体有一定发热且上节温度略高	组合元件温升不符合上部略高的规律,局部或整体明显发热	2.0或2.5	0.8
FCZ-330			2.5或3.0	0.9
FCZ-500			4.0或5.0	1.5

注 1. 机电型2~15kV的磁吹避雷器正常时瓷套基本无发热,凡出现明显热区者均为异常。
2. 允许温升的大值适用于室内设备,小值适用于无风条件下的室外设备。

实践表明,红外诊断对判断磁吹避雷器故障是有效的。

【例1】 华中电网红外检测中,发现某变电站2号主变压器220kV出口磁吹避雷器,其B相上节温度偏高达33℃,其下节温度与环境温度相近为9℃,温度场分布极不均匀,决定紧急停电检查。结果发现该相上节防爆玻璃已出现裂纹,试验检测出直流电导电流在6kV时已达1mA,说明该节避雷器内部已严重受潮,而其下节的直流电导电流在110kV时只为330μA,说明下节可正常使用。

【例2】 山东某电厂升压站一台220kV磁吹避雷器,其红外热像异常,当晚环境温度为1℃,正常相的最高温度为3.4℃,而异常相的最高温度为6.9℃,相间温差达3.5K,且其本体温度分布呈异常状态,它的下节温度比上节温度要高。采用带电检测电导电流法,测出电导电流值已大大增加,从三个月前的100μA升至900μA,继续跟踪检测,第二天的电导电流又升到1100μA,决定停电试验。试验结果也完全证明该避雷器的下节已严重受潮失效。

【例3】 华中电网某变电站的2号主变压器220kV出口FCZ_3-220J型避雷器,用AGA-750红外热像仪测量B相上节瓷套表面温度为33.2℃,温升为24.2K(此时,B相下节表面温度实例值为9℃,与环境温度相同)。经紧急停电检测,发现上节防爆玻璃有裂纹。直流电导电流在6kV电压下已达1mA,说明该节避雷器内部严重受潮。而下节直流电导电流在110kV下为330μA,无故障。

第四节 金属氧化物避雷器爆炸原因

一、爆炸事故特点

由于金属氧化物避雷器具有保护比小、通流容量大、稳定性好等优点,从而取代传统碳化硅避雷器已是大势所趋,目前在我国高压、超高压领域,金属氧化物避雷器已处于垄断地位。然而,在运行中,金属氧化物避雷器的爆炸事故时有发生,例如,某供电局1986年安装了国产FYS-10型无间隙金属氧化物避雷器33只,投运不到一年就爆炸了8~9只,大部分是在雷雨天气损坏,个别也有正常运行情况下损坏的。再如某变电所采用ABB公司的MWPO12型无间隙金属氧化物避雷器,持续运行电压12kV,1988年3月Ⅰ段母线B相避雷器击穿,当时天气晴朗,系统无操作;1989年8月,雷雨时,Ⅰ段母线C相避雷器爆炸;1990年6月,在倒闸操作时,Ⅰ段母线避雷器爆炸,三相避雷器均损坏。又如,某变电所,1987年5月10kVⅠ段F_3线路A相接地,10min后,51TV柜A相ABB公司生产的无间隙金属氧化物避雷器爆炸,持续运行电压11kV;1989年11月Ⅰ段F_1电缆接地,51TV柜3只避雷器爆炸等。山东省的统计表明,避雷器爆炸事故每年都有发生,尤以金属氧化物避雷器的事故率高,严重影响系统供电。上海仅在1991年2月就连续发生3次事故。1987年11月—1988年4月,原机械电子工业部和水利电力部组织联合调查组对110kV及以上电压等级的2549台金属氧化物避雷器进行调查,共有16相(其中国产12相,进口原装4相)发生事故。综合金属氧化物避雷器的爆炸事故,其特点是:

(1) 既有大型骨干厂生产的,也有小厂生产的。
(2) 既有国产的,也有进口的。
(3) 既有发生在雷雨天的,也有发生在晴天的。
(4) 既有发生在操作时的,也有发生在无操作时的。
(5) 既有发生在中性点非直接接地系统的,也有发生在中性点直接接地系统的。

二、爆炸原因分析

两部调查结果的分析表明,事故原因69%为制造质量问题,25%为运行不当,6%为选型不当而造成的。而内部受潮直接影响产品质量,是引起金属氧化物避雷器爆炸事故的主要原因。

(一) 受潮

金属氧化物避雷器受潮有两个途径:

(1) 密封不良或漏气,使潮气或水分侵入。西安电瓷厂对1991年5月前产品运行中损坏的9相金属氧化物避雷器的事故分析统计,其中78%是因密封不良侵入潮气引起的(另外22%则是因装配前干燥不彻底导致阀片受潮)。密封不良的主要原因有:

1) 金属氧化物避雷器的密封胶圈永久性压缩变形的指标达不到设计要求,装入金属氧化物避雷器后,易造成密封失效,使潮气或水分侵入。例如,某大厂生产的一只金属氧化物避雷器运行2年多损坏,经检查系该避雷器密封橡皮不良所致。

2) 金属氧化物避雷器的两端盖板加工粗糙、有毛刺,将防爆板刺破导致潮气或水分侵入。有的金属氧化物避雷器的端盖板采用铸铁件,但铸造质量极差,砂眼多,加工时密封槽因此而出现缺口,使密封胶圈装上后不起作用。潮气或水分由缺口侵入。

3) 组装时漏装密封胶圈或将干燥剂袋压在密封圈上,或是密封胶圈位移,或是没有将充氮气的孔封死等。例如,某$Y_5W-100/260$型金属氧化物避雷器,于1990年1月投入运行,在投运4个月内阻性电流增长过快,数值也较大,被迫退出运行,经解体检查发现,其下端橡皮密封垫圈在装配时挪位、造成密封不严,致使潮气逐渐侵入。

4) 装氮气的钢瓶未经干燥处理,就灌入干燥的氮气,致使氮气受潮,在充氮时将潮气带入避雷器中。

5) 瓷套质量低劣,在运输过程中受损,出现不易观察的贯穿性裂纹,致使潮气侵入。

(2) 总装车间环境不良,或是经长途运输后,未经干燥处理而附着有潮气的阀片和绝缘件装入瓷套内,使潮气被封在瓷套内。上述密封不好会使绝缘拉杆等受潮,是后天的原因,但密封好的金属氧化物避雷器,也会因绝缘拉杆等受潮发生爆炸,这就有先天的原因,即总装车间环境不良等造成的。例如,某变电所两组$Y_{10}W_5-300/693$型金属氧化物避雷器受潮的原因就是装配条件不合格造成的。再如,某厂将多台运行不足三个月的金属氧化物避雷器在现场进行带电检测,测得其泄漏电流严重增大,返回厂家检查发现其内部受潮,将阀片、绝缘杆件等进行烘干处理后,阀片的参数及绝缘件性能又恢复如初。

研究认为,目前规定的总装车间的环境温度不高于24℃、相对湿度不大于60%是不合适的,应改为温度$t\leqslant 13℃$、空气相对湿度$B\leqslant 30\%$、空气的绝对湿度$p\leqslant 449.16Pa$,露点低于-2℃,这样总装后的金属氧化物避雷器内部不易出现露点,即使出现露点,因为其中空气的绝对湿度很低,析出的水分也不足以造成绝缘杆件严重受潮,从而可能保证金属氧化物避雷器长期正常运行。

上述两种途径受潮所产生的结果是相同的。从事故后避雷器残骸可以看出,阀片没有通流痕迹,阀片两端喷铝面没有发现大电流通过后的放电斑痕。而在瓷套内壁或阀片侧面却有明显的闪络痕迹，在金属附件上有锈斑或锌白，绝缘电阻显著下降，这都是金属氧化物避雷器受潮的证明。

（二）额定电压和持续运行电压取值偏低

在电力部安全监察及生产协调司于1993年12月30日颁发的《安全情况通报》中指出，"近年来在3～66kV中性点不接地或经消弧线圈接地系统中的金属氧化物避雷器，在单相接地或谐振过电压下动作损坏较多。分析认为造成金属氧化物避雷器动作时损坏的主要原因是对其额定电压和持续运行电压的取值偏低。"

金属氧化物避雷器的额定电压是表明其运行特性的一个重要参数，也是一种耐受工频电压的能力指标。在《交流无间隙金属氧化物避雷器》（GB 11032—89）中对它的定义为"施加到避雷器端子间最大允许的工频电压有效值"。众所周知，金属氧化物避雷器的阀片耐受工频电压的能力是与作用电压的持续时间密切相关的。在定义中未给出作用电压的持续时间，所以不够严密，并且取值也偏低。表2-3-4-1和表2-3-4-2列出了GB 11032—89和GB J64—83修订送审稿对无间隙金属氧化物避雷器额定电压 U_R 的规定值。可见"送审稿"的规定值有所提高更符合实际运行情况。

表2-3-4-1 GB 11032—89对3～63kV金属氧化物避雷器持续运行电压 U_C 和额定电压 U_R 的要求值

电压等级 /kV	U_C/U_N	U_R/U_N
3～10	0.67～0.66	1.267～1.27
35～63	0.669～0.635	1.2～1.095

注 U_N 为系统标称电压。

表2-3-4-2 GB J64—83修订送审稿对3～66kV金属氧化物避雷器持续运行电压 U_C 和额定电压 U_R 的取值

中性点接地方式		持续运行电压	额定电压
不接地	3～15.75kV	$1.1U_m$ ($1.1U_m/\sqrt{3}$)	$1.4U_m$ ($1.4U_m/\sqrt{3}$)
	35～66kV	U_m ($U_m/\sqrt{3}$)	$1.3U_m$ ($1.3U_m/\sqrt{3}$)
经消弧线圈接地		U_m ($U_m/\sqrt{3}$)	$1.3U_m$ ($1.3U_m/\sqrt{3}$)

注 1. 括号内数据适用于发电机和变压器中性点金属氧化物避雷器。对发电机，U_m 应改为 $U_{m \cdot g}$。
2. U_m 为系统最大运行线电压，$U_m = (1.05～1.1) \times U_N$。

持续运行电压也是金属氧化物避雷器的重要特性参数，该参数的选择对金属氧化物避雷器的运行可靠性有很大的影响。GB 11032—89对持续运行电压的定义为"在运行中允许持久地施加在避雷器端子上的工频电压有效值"。它应覆盖电力系统运行中可能持续地施加在金属氧化物避雷器上的工频电压最高值。但是，在GB 11032—89中，把持续运行电压等同于系统最高运行相电压，显然是偏低的。

应指出，持续运行电压和额定电压满足表2-3-4-1要求的35～66kV的金属氧化物避雷器是可以安全运行的。但对3～10kV的金属氧化物避雷器而言，当电网中发生断线或配电变压器故障而引起谐振时，其幅值可达3.36～3.4倍相电压，仍可能导致3～10kV金属氧化物避雷器损坏。

（三）结构设计不合理

结构设计不合理主要有：

（1）有些避雷器厂家片面追求体积小、重量轻，造成瓷套的干闪、湿闪电压太低。

（2）固定阀片的支架绝缘性能不良，有的甚至用青壳纸卷阀片，复合绝缘的耐压强度难以满足要求。

（3）阀片方波通流容量较小，使用在某些场合不配合。

（四）参数选择不当

例如，某变电所为35kV中性点经消弧线圈接地系统，就是按GB 11032—89也应选用额定电压为42kV的金属氧化物避雷器，但实际上采用的是瑞典ASEA生产的XBE-36A3型，其额定电压为36kV，持续运行电压为28.8kV。当系统发生单相接地时，另外两健全相电压升高，导致金属氧化物避雷器一相爆炸，一相损坏。经核查上述金属氧化物避雷器只适用于中性点直接接地系统，其工频电压耐受特性为：接地故障因数1.4，接地故障持续时间1s，因此不适用于35kV中性点经消弧线圈接地系统。对中性点非直接接地系统，其工频电压耐受特性应为：接地故障因数1.73，接地故障持续时间2h，所以应选用额定电压为41kV以上的金属氧化物避雷器。

对于进口的金属氧化物避雷器，选择时应注意额定电压和持续运行电压，如35kV系统，应选择48kV以上的额定电压，持续运行电压应大于39kV，同时5kA下的冲击残压不大于134kV，10kV系统，应选择14～16kV额定电压，持续运行电压应大于14kV，同时5kA下的冲击残压不大于50kV。这样的选择既保证避雷器的运行可靠性，又满足保护特性的要求。

再如，华东电网中一个用户卫星站的某进线10kV避雷器A相击穿。其型号为 $Y_{2.5}W-12.7/31$，额定电压为12.7kV，直流1mA电压为18.9kV，标称电流为2.5kA，经查该避雷器只适用于保护旋转电机，因此，1mA电压及标称电流均较低，用在进线变压器侧，属于选择不当，应当选用 $Y5W-12.7/50$，其工频电压耐受特性为在1.2～1.3倍额定电压下，耐受2h，在12.7kV下耐受24h。

（五）电网工作电压波动

配电网的工作电压波动范围很宽，据美国电力研究所对50个配电站统计，平均高7%，有一个高17%，对金属氧化物避雷器，如要求在稳定状态下吸收大量能量，就可能造成热崩溃。有专家认为，采用无间隙金属氧化物避雷器时，必须对系统了解，必须十分谨慎，否则，由于稳态电压过高，损坏的不是一只避雷器，而会同时损坏许多个避雷器。

（六）操作不当

运行部门操作不当也是造成金属氧化物避雷器损坏或爆炸的一个原因。操作人员误操作，将中性点接地系统变为局部不接地系统，致使施加到某台金属氧化物避雷器两端的电压大大超过其持续运行电压。例如某地区有两个变电所发生的两起事故就属于操作不当引起的。当时在变压器与系统分开、中性点不接地的情况下，没有合中性点接地刀闸就进行系统操作，导致金属氧化物避雷器损坏。

（七）老化问题

运行统计表明，国产金属氧化物避雷器由于老化引起的损坏极少，而进口金属氧化物避雷器，爆炸的主要原因是阀片的质量差。其质量差主要是老化特性不好，有些公司的产品存在问题；其次是阀片的均一性差，使电位分布不均匀，运行一段时间后，部分阀片首先劣化，造成避雷器参考电压下降，阻性电流和功率损耗增加，由于电网电压不变，则金属氧化物避雷器内其余正常的阀片因荷电率（荷电率为金属氧化物避雷器最大运行相电压的峰值与其直流参考电压或工频参考电压峰值之比）增高，负担加重，导致老化速度加快，并形成恶性循环，最终导致该金属氧化物避雷器发生热崩溃。例如某供电局进口的 18 台 110、220kV 金属氧化物避雷器，投运 5 年，于 1990 年 8 月连续发生 4 起避雷器事故，损坏 5 相，而未损坏的 13 台在运行电压下泄漏电流平均增大 92%，阀片严重老化。再如瑞典 500kV 金属氧化物避雷器在锦州董家变电所投运两年后，发现上节单元电位分布过高，阀片已老化，退出运行。

三、防止损坏事故的措施

(1) 提高产品质量、高度重视金属氧化物避雷器的结构设计、密封、总装环境等决定质量的因素。

(2) 正确选择金属氧化物避雷器，这是保证其可靠运行的重要因素。对金属氧化物避雷器的选择和应用曾有不少争议，现虽有了国标 GB 11032—89，但有的问题并没有完全统一和解决。为保证运行在中性点不接地系统中的金属氧化物避雷器不击穿、不爆炸，在国标 GB 11032—89 中采用了提高工频电压耐受时间和直流 1mA 电压的方法，但其他参数如 U_R、U_C 还有待于提高，使用条件还有待于完善。

目前，武汉高压研究所新技术公司生产的 3～10kV HY_5W 型合成绝缘金属氧化物避雷器逐渐在配电系统推广使用。它由硅橡胶伞套、高梯度氧化锌阀片组成的无间隙芯体和树脂灌封层构成。其主要优点是：①密封可靠、芯体老化寿命长，预防性试验周期可延长到 5 年以上；②保护性能好，动作负载能力高，暂时工频过电压耐受能力可靠。它的额定电压实际值接近 $\sqrt{3}U_m$，工频过电压耐受时间要比国标 GB 11032—89 高 1～3 个数量级，可承受 65kA 的雷电流并可耐受多重雷击；③具有防爆性等。其主要电气性能如表 2-3-4-3 所示。

运行经验表明：这种金属氧化物避雷器在中性点小电流接地电网中，试点和推广是成功的。

表 2-3-4-3 HY_5W 型合成绝缘金属氧化物避雷器电气性能

型 号	系统额定电压 /kV	直流参考电压 /kV	5kA 雷电冲击电流下残压/kV	2ms 方波电流峰值/A	4/10μs 冲击电流峰值/kA
HY_5W-3.8/17	3	≥8	≤17	75	25
HY_5W-7.6/30	6	≥15.9	≤30	75	25
HY_5W-12.7/50	10	≥26	≤50	75	25

注 1. 新修改的《3～220kV 交流电力工程过电压保护设计规范》规定避雷器的额定电压等于或大于 $1.3U_m$，HY_5W 实际接近 $\sqrt{3}U_m$，因 GB 11032—89 规定为 $1.1U_m$，故型号中的额定电压仍按国标参数标明。
　　2. 直流参考电压比 GB 11032—89 规定高 6%。

合成绝缘金属氧化物避雷器型号说明如下：

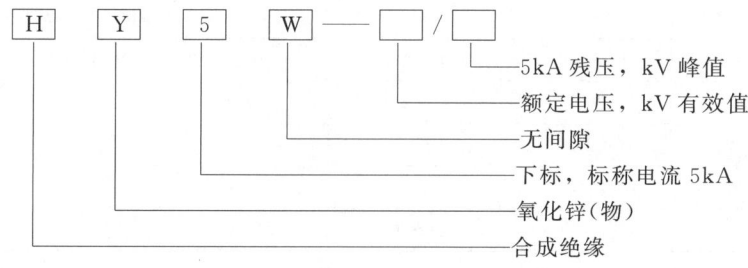

(3) 加强监测，及时检出金属氧化物避雷器的缺陷。加强监测是保证金属氧化物避雷器安全、可靠运行的重要措施之一。根据规程规定，新投入运行的 110kV 及以上者，投运 3 个月后测量 1 次运行电压下的交流泄漏电流，以后每半年 1 次；运行 1 年后，每年雷雨季节前 1 次。

目前生产的测量全泄漏电流的测试仪有两种：

1) JSH 型避雷器漏电流及动作记录器。该产品集毫安电流表和计数器为一体，能实现避雷器在线监测。它有两种型号：①JSH-1A 型，与 330～500kV 电网的金属氧化物避雷器配套；②JSH-B 型，与 220kV 及以下电网的金属氧化物避雷器、FCZ 型磁吹避雷器及 FZ 型普通阀式避雷器配套。

2) JC_1-MOA 在线监测仪。主要用来在运行中显示金属氧化物避雷器的泄漏全电流及记录 MOA 动作次数。主要型号：①JC_1-10/600，与 35～220kV 的 MOA 配套；②JC_1-20/1500，与 330～500kV 的 MOA 配套。

对装有全泄漏电流测试仪的避雷器应定期巡视。判断金属氧化物避雷器故障的基本方法如下：

1) 观测三相避雷器电流值是否一致，若某避雷器泄漏电流严重偏大，则此相避雷器可能有故障。

2) 各相避雷器泄漏电流值与历史值相比较，如发现泄漏电流值已增大或有不断增大的趋势，则认为该相避雷器可能有故障。

由于在某些情况下，避雷器的表面污秽也会引起避雷器泄漏电流增大，所以对初步判定有故障的避雷器应根据 GB 11032—89 进一步测量其阻性电流、U_{1mA} 和 $0.75U_{1mA}$ 电压下的泄漏电流，还可测量绝缘电阻等综合判断避雷器是否有故障。

(4) 采用红外诊断。我国许多单位开展了红外诊断，有的供电局每年利用远红外线仪器对所有避雷器进行 2 次普测，根据避雷器热成像发现、判断故障收效显著。

【例1】 华东电网某变电所在进行红外线检测时发现其110kV Ⅱ 母金属氧化物避雷器 C 相上节内部明显发热，发热点的最高温度达34.6℃，而该节其他部分温度为32.3℃左右。下节和其他两相温度均为32.3℃左右。C 相上节发热部位较正常部位高出2℃，超过表2-3-4-4中所列数值，通过对避雷器上、下节和相间温差实测数据分析，判断为重大热故障缺陷。停电测量其泄漏电流超过标准值10倍，上节的绝缘电阻仅为102MΩ。解体发现避雷器密封圈裂开，共计6片阀片有放电现象。分析认为主要原因是避雷器密封圈裂开，导致避雷器内部受潮、部分阀片放电击穿、整体绝缘严重下降。由于此重大缺陷被及时发现并处理，避免了一起因避雷器受潮、绝缘劣化而导致爆炸的事故发生。

【例2】 山东某电厂红外检出一台220kV 金属氧化物避雷器热像异常，其正常相的最高温度为25.6℃，而异常相的温度分布十分不匀，其上、下节的温差很大，上节温度低，下节温度显著高，但最低的温度也达26℃，仍比正常相最高温度要高，而其下节的高温已达28℃，比正常相高出2.4K。经带电测试，其异常相的阻性电流峰值达476μA，诊断为内部受潮，及时退出运行。

表2-3-4-4　　　　　　　金属氧化物避雷器允许的相间温差及最大工作温升参考值

电压等级/kV	正常热像特征	异常热像特征	允许温升/K	相间温差/K
3~20	整体有轻微发热，热场分布基本均匀	整体或局部有明显发热	0.5	—
35~60			1.0	—
110			1.0 或 1.5	0.5
220			1.5 或 2.0	0.6
330~500			3.0 或 4.0	1.2

注 1. 有间隙金属氧化物避雷器正常时整体温度与环境温度基本相同，凡出现整体或局部发热者均属异常。
　　2. 允许温升大值适用于室内设备，小值适用于无风条件下的室外设备。

【例3】 华北电网某500kV 变电站，在一次对500kV 金属氧化物避雷器的精密检测中，对阻性电流为200~300μA 的一组三相进行了热成像，结果显示温度场分布均匀，每相本体温差小，约小于等于1K，其每相的温度分布规律是呈上、下两端稍偏低、中部稍偏高的状态。而对同型号的另一组避雷器也进行了热成像，该三相设备已有一定劣化缺陷，它们的标称电压在此前一年多的时候已都被发现降低了。检出的热像特征是每相高、低温差较大，温差值在1.6~2.2K，各相的最低温比正常相的最高温还高，其最高温比正常相的高出2.6K，从而证明避雷器本体温度不均匀度与其内部缺陷的大小成一定的比例关系。

MOA 正常与异常温度分布如表2-3-4-5和表2-3-4-6所示。

表2-3-4-5　　　　　　　正常金属氧化物避雷器温度分布示例
（电压等级：500kV；制造厂商：ASEA；安装时间：1993年7月19日；检测时间：1994年7月6日）　　　单位：℃

相别	部位	最高温度	最低温度	温差	节间最大温差	备注
A、B、C	第一节	27.7	27.1	0.6	1.0	本体节数序号为自上而下计
	第二节	27.7	27.1	0.6		
	第三节	27.7	27.1	0.6		
	第四节	27.3	26.7	0.6		

表2-3-4-6　　　　　　　劣化金属氧化物避雷器温度分布示例
（电压等级：500kV；制造厂商：ASEA；检测时间：1994年7月6日；退出运行时间：1994年8月11日）　　　单位：℃

相别	部位	最高温度	最低温度	温差	节间最大温差	与正常相温差	备注
A	第一节	30.1	28.6	1.5	2.1	最高/最低 2.4/1.3	（1）1993年5月已测其标称电压显著降低。（2）阻性电流增大达800μA
	第二节	29.5	28.6	0.9			
	第三节	28.6	28.0	0.6			
	第四节	28.6	28.3	0.3			
B	第一节	30.7	28.6	2.1	2.7	3.0/1.3	较验收值超出1倍以上（交接验收值为200~300μA）
	第二节	29.8	29.2	0.6			
	第三节	28.6	28.0	0.6			
	第四节	28.6	28.0	0.6			
C	第一节	31.0	28.9	2.1	2.4	3.3/1.9	与正常相的温差，系指在同时、同地、同型号正常设备的同部位温差
	第二节	30.4	29.5	0.9			
	第三节	28.9	28.6	0.3			
	第四节	28.9	28.6	0.3			

【例4】 华东电网某站运行人员巡视中发现某500kV线B相金属氧化物避雷器（BBC产品 MWM-346/444）泄漏电流为5.5mA，明显高于A相的1.6mA及C相的3.2mA，也超过投运时测得的3mA的数值。经过复测证明数值确实增大。再用红外热像仪测试，结果为A相39℃，B相44℃，C相38.5℃。解体发现B相上节内部压板断裂，密封破坏受潮，因此上节已短路，主要电压均加在下面两节上，引起发热，泄漏电流增大。此类现象在华东电网还发生过两次。

金属氧化物避雷器受潮的原因及处理方法如表2-3-4-7所示。

表2-3-4-7　　　　　　　FZ型和金属氧化物避雷器受潮及处理

序　号	受　潮　原　因	处　理　方　法
1	密封小孔未焊牢导致潮气进入	密封试验后，焊牢小孔，仔细检查焊口，防止虚焊
2	密封垫圈老化开裂，失去密封作用	更换密封垫圈
3	瓷套与法兰胶合处不平整或瓷套有裂纹	可采用加厚密封垫圈的办法来调整或重新胶合，瓷套有裂纹应予调换
4	上下密封底板位置不正，四周密封螺栓受力不均或松动，使底部撬裂引起空隙，或密封垫圈位置不正	在检修复装时，注意橡皮垫圈位置，在旋紧底板时防止垫圈位移，四周密封螺栓均匀旋紧，底板歪斜过度应平整处理后复装

（5）装设脱离器。为防止金属氧化物避雷器爆炸时引起事故扩大，建议在每只避雷器的下部安装脱离器，以使避雷器遭受异常电压作用时，能及时脱离运行电网。

（6）开展新的诊断方法的研究。目前恢复电压法已在变压器和电缆等设备绝缘诊断上使用。最近开始在金属氧化物避雷器上试用。它是在金属氧化物避雷器上加直流电压，经一段时间后短路放电再快速断开，此时金属氧化物避雷器两端所测电压称为恢复电压，如图2-3-4-1所示。通过重复测量对比，分析金属氧化物避雷器是否有缺陷。该方法对老化判断很灵敏，但仍处于试验阶段，还需进一步试验来确定更精确的判断依据。

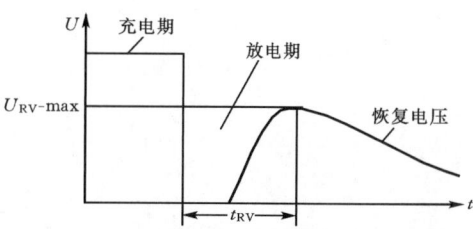

图2-3-4-1　恢复电压测量法示意图

第四章

电力电容器异常与事故处理案例

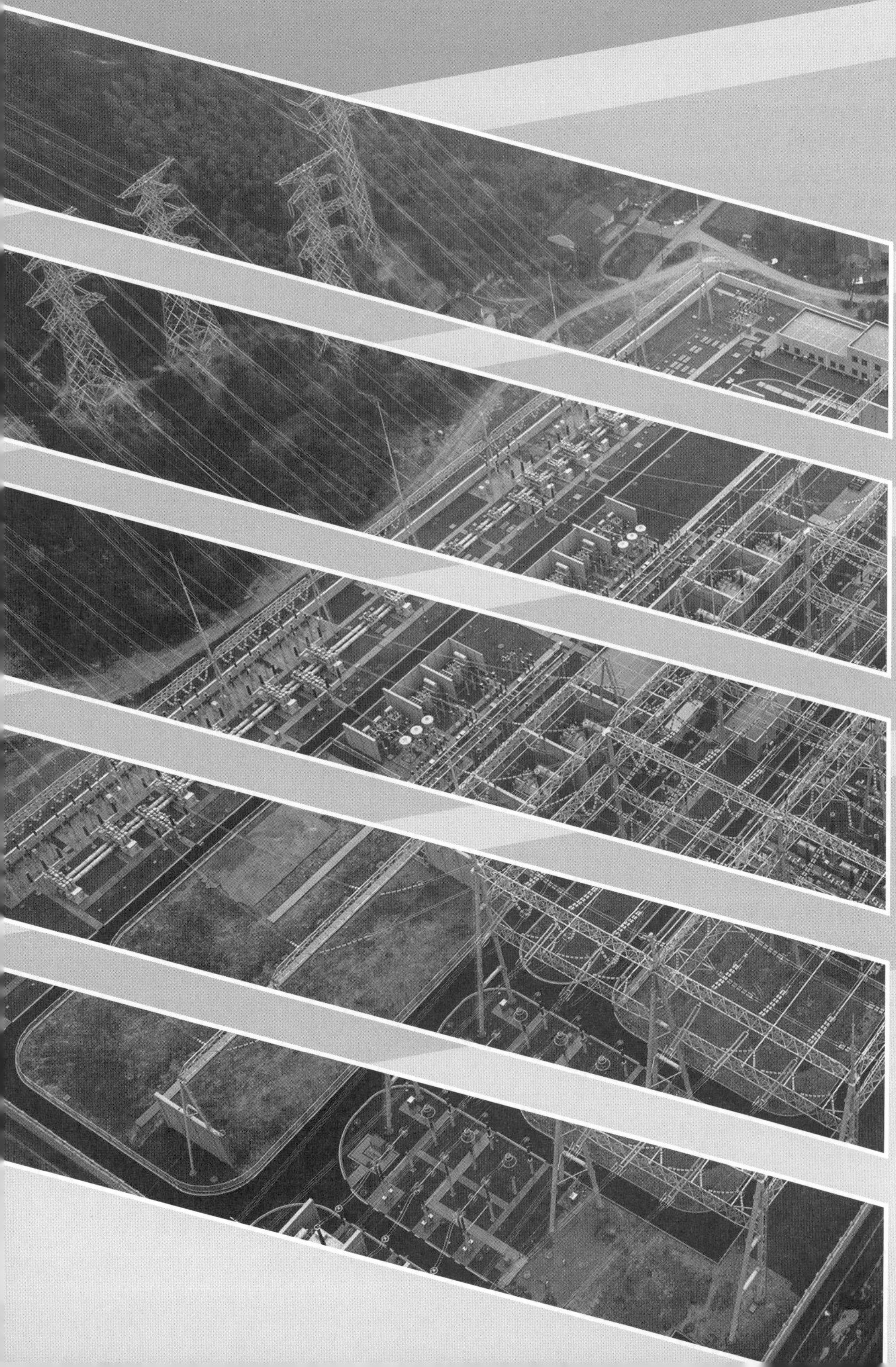

第一节 并联电容器异常现象和故障原因及防止措施

用并联电容器补偿电网的无功功率是提高电压质量的主要措施，但由于在运行管理中技术防护措施不当，很可能产生各种异常现象（见表2-4-1-1），造成电容器损坏，甚至造成意想不到的事故，威胁电网安全运行。

本节将对异常现象和故障原因进行分析，并指出预防措施。

表2-4-1-1　　　　　　　　　　运行中并联电容器的常见异常现象

异常现象	原因	防止措施
过电流	投入电容器产生涌流	(1) 串联电抗器。 (2) 多油断路器断口并联电阻
	高次谐波谐振产生过电流	(1) 避免空载变压器带并联电容器运行。 (2) 串联电抗器。 (3) 电容器组投入时避开谐振容量
	运行电压过高使电容器过电流	加强管理
	整流器产生高次谐波引起过电流	串联电抗器
	电弧炉负荷变动较大	串联电抗器
	投入空载变压器引起谐振产生过电流	(1) 空载变压器投入时，将电容器电路暂时切断。 (2) 改变系统变化方式。 (3) 串联电抗器的电抗值增长为13%以上
过电压	高次谐波谐振	(1) 串联电抗器。 (2) 避免分组电容器投入到谐振点
	切断电容器	(1) 采用无重燃断路器。 (2) 装设金属氧化物避雷器。 (3) 装设阻容限制器
	电容器与配电变压器同台架设缺相引起谐振	(1) 改变接线。 (2) 注意操作方式。 (3) 装设无功补偿谐振消除器
熔断器群爆	(1) 熔断器熔断后，尾线不能与保护管脱离。 (2) 熔断器的额定电流选择过小。 (3) 熔断器开断性能不良。 (4) 谐波	(1) 选择性能好的熔断器。 (2) 采用单台保护熔断器。 (3) 正确选择断路器。 (4) 串联电抗器。 (5) 采用星形接线

一、电容器运行的异常现象及其预防措施

（一）由于感应电动机自激所引起的异常现象

感应电动机额定功率因数一般仅为75%～80%，所以要用并联电容器改善其功率因数。如图2-4-1-1所示。当感应电动机和并联电容器直接在开关的负载侧时，在开关断开后，电路内的电压不能立刻降为零，反而有所升高，需经一定时间后才能减下来，这种现象称为自激现象。

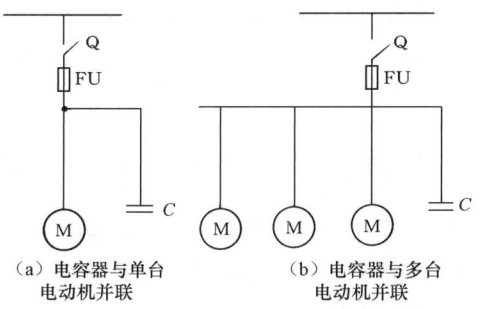

图2-4-1-1　电容器与电动机的连接

1. 原因

产生自激现象的原因是电源开关断开后，已经充电的电容器对感应电动机放电，其放电电流起到了感应电动机励磁电流的作用，使异步电动机变为异步发电机运行。

由于自激而产生的异常电压，不是在每台装有并联补偿电容器的电动机上都会发生的，而是与电动机的空载特性和电容器的补偿容量有关。图2-4-1-2表示电动机是否能发生自激现象的三种情况。

(1) 不发生自激现象的情况（$I_{c1}<I_0$）。当电容器补偿容量小于电动机的空载激磁容量时，电源断开后，电动机的激磁电流由电容器的放电电流供给。$t=0$时，电容器上的电压$U_c=U_n$（电网额定电压），电动机由于惯性大致保持在额定转速。由于电容器容量较小，电动机的端电压将根据其放电电流保持在一定值。在损耗及机械负载等因素的影响下，电动机的转速降低，电容器和电动机的端电压沿着曲线1移至o点，如图2-4-1-2（a）所示。

(2) 自激的临界状态（$I_{c2}=I_0$）。当电容器的补偿容量等于电动机的空载激磁容量时，电源断开后，电容器的放电电流I_{c2}等于电动机的激磁电流I_0，这时电动机的端电压将

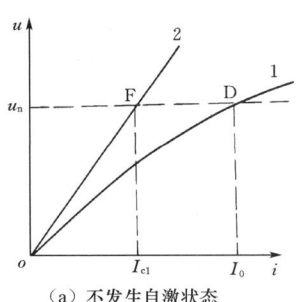 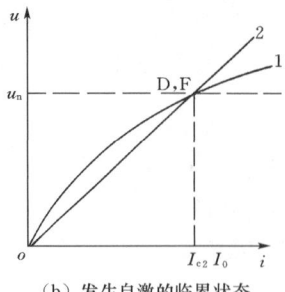 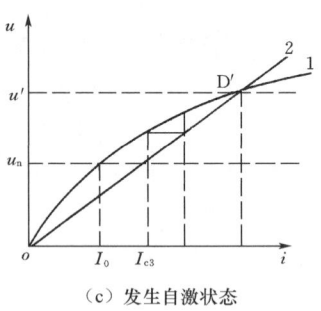

(a) 不发生自激状态　　　　　(b) 发生自激的临界状态　　　　(c) 发生自激状态

图 2-4-1-2　电动机自激的三种状态

I_0—电动机空载激磁电流，A；I_{c1}、I_{c2}、I_{c3}—电容器放电电流，A；曲线1—电动机空载特性曲线；D、F—额定电压下电动机及电容器运行点；曲线2—电容器伏安特性曲线

维持在电源断开前的电压水平。以后随着转速下降而降低。与上述（1）的情况相似，如图2-4-1-2（b）所示。

（3）发生自激现象的情况（$I_{c3}>I_0$）。当电容器补偿容量大于电动机的空载激磁容量时，电源断开后，电容器的放电电流 I_{c3} 大于电动机的激磁电流 I_0，当 $t=0$，电动机转速保持额定转速时，由于电容量超过临界值，较大的激磁电流将使电动机的端电压发生突变，自激时的最终电压由电容量及电动机的特性曲线而定。这时电动机工作在 D' 点，以后根据电动机转速的下降，沿曲线1移至o点，如图2-4-1-2（c）所示。

图2-4-1-3给出自激电压下降的情况曲线。

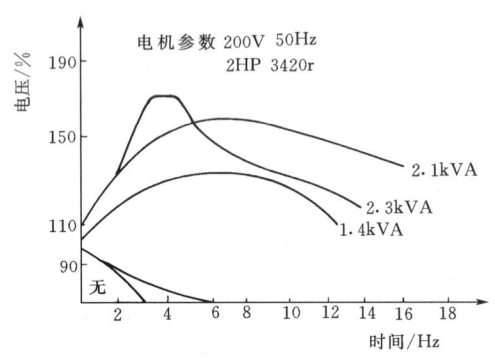

图 2-4-1-3　自激电压下降曲线

2. 防止措施

异步电动机发生自激现象时，将在电动机中产生很高且持续时间较长的过电压，这将对电动机和并联电容器产生极有害的影响。对电动机而言，电压升高不仅威胁电动机的绝缘，降低其使用寿命，而且当电源很快再次投入（如备用电源投入或自动重合闸等）时，由于自激磁电压与电源电压相位、频率不同，相当于非同期并列，电动机将受到过大的电气扭力作用，易引起轴和连接部件的损坏；对电容器而言，不仅受异常电压的冲击，同时，由于电容器的工作容量（$Q_C=\omega CU^2$）与电压平方成正比，所以将导致电容器因过负荷而发热，甚至烧毁。

为了防止发生自激磁现象，在进行并联电容器无功补偿的设计中，必须正确选择电容器的补偿容量。根据自激现象发生的条件，只要 $I_c<I_0$，便不会发生自激现象。

由于不同型号、不同容量的电动机，其空载激磁特性较分散，空载电流的差异很大，所以各国的选择标准也不完全相同。

IEC 建议　　　$I_c=0.91I_0$

式中　I_c——电容器放电电流，A；
　　　I_0——电动机空载激磁电流，A。

日本认为电容器为 $\left(\dfrac{1}{4}\sim\dfrac{1}{2}\right)$ 电动机的额定容量。在我国，一般取电容器容量为 $\dfrac{1}{3}$ 电动机的额定容量。

【例1】 试计算 Y160M$_1$-2 型三相异步电动机不自激的补偿容量。已知：电动机的额定电压 $U_N=380$V，额定电流 $I_N=22$A，额定容量 $P_N=11$kW，$\cos\varphi=0.88$，转速 $n=2930$r/min。

解：依题意，电动机的额定有功电流为

$$I_{PN}=I_N\cos\varphi=22\times0.88=19.36(\text{A})$$

额定无功电流为

$$I_{QN}=\sqrt{I_N^2-I_{PN}^2}=\sqrt{22^2-19.36^2}=10.45(\text{A})$$

一般情况下，电动机的空载激磁电流 I_0 为

$$I_0=(0.6\sim0.7)I_{QN}$$

取 $I_0=0.65I_{QN}$，则

$$I_0=0.65\times10.45=6.8(\text{A})$$

$$\dfrac{I_0}{I_N}=\dfrac{6.8}{20}=0.339$$

电容器的容量　$Q_C=0.339\times P_N=3.729$

查电容器标准，选 3kvar 的单台电容器，其放电电流 $I_c=4.8$A，$I_0=6.8$A，即 $I_c<I_0$，所以不会发生自激现象。

对于大容量单台电动机的补偿和多台并联电动机的补偿，按上述方式选择为宜。

（二）电容器投入时发生的异常现象

1. 投入电容器时产生的涌流

投入电容器（组）时产生的合闸涌流是由于合闸投运的瞬间发生的暂态过程引起的一种冲击电流。其波形如图2-4-1-4所示。

涌流的频率较高，可达几百到几千赫，幅值比电容器正常工作电流大几倍至几十倍，但衰减很快且持续时间很短，小于20ms。

电容器投入分为两种情况：一是单独一组电容器投入；二是已经有并联电容器在运行，又投入一组电容器。

（1）单组电容器投入时的涌流。

图2-4-1-5是投入单组电容器时，计算涌流的等值电路图。

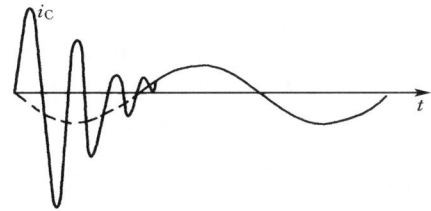

图 2-4-1-4 涌流的波形

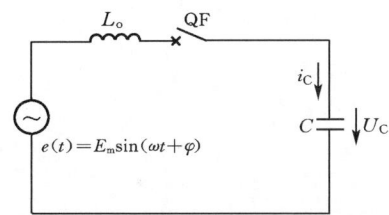

图 2-4-1-5 投入电容器的等值电路

由图 2-4-1-5 列方程,可解得

$$u_C = E_m \sin(\omega t + \varphi) + (U_o - E_m \sin\varphi)\cos\omega_o t$$
$$- \frac{\omega E_m \cos\varphi}{\omega_o}\sin\omega_o t \quad (2-4-1-1)$$

$$\omega_o = \frac{1}{\sqrt{L_o C}}$$

式中 U_o——合闸前电容器上的残压。

若投入电容器组时,$\varphi = 90°$,则式(2-4-1-1)可以简化为

$$u_C = E_m \sin(\omega t + 90°) + (U_o - E_m)\cos\omega_o t$$
$$= E_m \cos\omega t + (U_o - E_m)\cos\omega_o t \quad (2-4-1-2)$$

$$i_C = C\frac{du_c}{dt} = -E_m \omega C \sin\omega t - (U_o - E_m)\omega_o C \sin\omega_o t \quad (2-4-1-3)$$

将 $\omega_o = \frac{1}{\sqrt{L_o C}}$ 代入式(2-4-1-3),则

$$i_C = -E_m \omega C \sin\omega t - \frac{U_o - E_m}{\sqrt{\frac{L_o}{C}}}\sin\omega_o t \quad (2-4-1-4)$$

通常,电容器上都接有并联放电电阻或放电线圈;如电压互感器等,这样,当断路器投入时电容器上的残余电荷早已放完,因此,$U_o = 0$。此时 i_C 为

$$i_C = -E_m \omega C \sin\omega t + \frac{E_m}{\sqrt{\frac{L_o}{C}}}\sin\omega_o t$$
$$= -E_m \omega C \sin\omega t + E_m \omega_o C \sin\omega_o t \quad (2-4-1-5)$$

若 $\omega_o \gg \omega$,并考虑涌流衰减很快,可能出现最大的涌流峰值为

$$I_{cm} = \frac{E_m}{\sqrt{\frac{L_o}{C}}} = E_m \omega_o C \quad (2-4-1-6)$$

如今 I_m 为电容器的额定电流最大值,即

$$I_m = E_m \omega C \quad (2-4-1-7)$$

则

$$I_{cm} = I_m \frac{\omega_o}{\omega} = I_m \frac{f_o}{f} \quad (2-4-1-8)$$

$$f_o = \frac{\omega_o}{2\pi} \quad (2-4-1-9)$$

式中 f_o——涌流振荡频率;
f——电源频率。

设电网的额定电压为 U_N,电容器组安装处母线的三相短路容量 P_{dL} 为

$$P_{dL} = \sqrt{3} U_N I_{dL} = \frac{U_N^2}{X_L} = \frac{U_N^2}{\omega L_o} \quad (2-4-1-10)$$

三相电容器的额定容量 Q_N 为

$$Q_N = \sqrt{3} U_N I = \frac{U_N^2}{X_C} = U_N^2 \omega C \quad (2-4-1-11)$$

将式(2-4-1-10)、式(2-4-1-11)代入式(2-4-1-9)可以得到便于计算的公式

$$I_{cm} = I_m \sqrt{\frac{P_{dL}}{Q_N}} = I_m \sqrt{\frac{X_C}{X_L}} \quad (2-4-1-12)$$

式中 X_C——电容器组的容抗;
X_L——短路处的短路感抗。

【例2】 某 10kV 电网中装有并联电容器组,容量 $Q_N = 10000$ kvar。电容器组安装处的短路容量 P_{dL} 为 500MVA,试计算投入电容器时的涌流倍数 K 及频率 f_o。

解:由式(2-4-1-12)得

$$K = \frac{I_{cm}}{I_m} = \sqrt{\frac{P_{dL}}{Q_N}} = \sqrt{\frac{500}{10}} = 7.07(倍)$$

由式(2-4-1-11)得

$$I_m = \sqrt{2} I = \frac{\sqrt{2} Q_N}{\sqrt{3} U_N} = \frac{\sqrt{2} \times 10000 \times 10^3}{\sqrt{3} \times 10000} = 810(A)$$

$$I_{cm} = K I_m = 7.07 \times 810 = 5728(A)$$

由式(2-4-1-9)得

$$f_o = 7.07 f = 7.07 \times 50 = 354(Hz)$$

由计算可知,对断路器而言,单组电容器投入时的涌流并不大,一般不会给断路器造成危害。

(2)并联电容器组投入时的涌流。

在电网中,为了调节无功功率的方便,有时将电容器分成几组,每组电容器由一台断路器来控制,其接线如图 2-4-1-6 所示,由于各组间为并联,故称为并联电容器组,又称背靠背电容器组。并联电容器组第一组电容器投入时的涌流与单组电容器投入时的情况相同,主要决定于母线的短路容量 P_{dL} 与电容器组的容量 Q_N,可由式(2-4-1-12)计算。

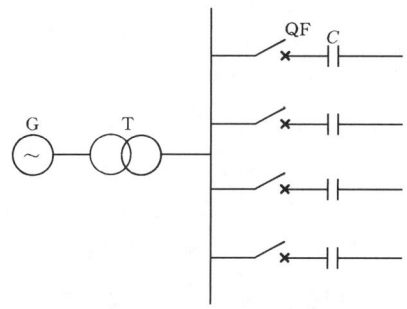

图 2-4-1-6 并联电容器组接线圈

第一组电容器投入后,第二组电容器再投入时,除由电源对电容器产生涌流外,已充电的第一组电容器也要向第二组电容器充电,形成涌流。由于两组电容器的安装位置相距

很近，其间电感很小，通常只有几个微亨，因此，投入第二组电容器时，由于第一组电容器向第二组电容器充电会产生很大的涌流，比投入第一组时要严重得多。若有更多组电容器，同理，后投入者的涌流将更大。

现设有 n 组电容器，计算最后一组即第 n 组投入时的涌流。因在电源电压为最大值 E_m 时投入涌流最大，所以取 $e(t) = E_m$。计算时进行下列简化：

1) 电源产生的涌流暂不考虑。

2) 将母线电感 L_1 合并到各电容器的接线电感 L_2 内，总电感为 L，$L \approx L_1 + L_2$，等值电路的简化过程如图 2-4-1-7，最后得到图 2-4-1-7（c）所示的电路图。

当断路器 QF_n 投入时，已充电的 $(n-1)$ 组电容器要对第 n 组电容器充电。根据图 2-4-1-7（c）各组电容器上稳态电压 U_C 为

$$U_C = E_m \frac{n-1}{n} \quad (2-4-1-13)$$

由于充电电路中有电感，充电过程具有振荡形式，第 n 组电容器电压 U_C 为

$$U_C = E_m \frac{n-1}{n}(1 - \cos\omega_o t) \quad (2-4-1-14)$$

$$\omega_o = \frac{1}{\sqrt{\left(\dfrac{L}{n-1} + L\right)\left[\dfrac{1}{\dfrac{1}{(n-1)C} + \dfrac{1}{C}}\right]}} = \frac{1}{\sqrt{LC}} \quad (2-4-1-15)$$

涌流 i_C 为

$$i_C = C\frac{du_C}{dt} = \omega_o C E_m \frac{n-1}{n}\sin\omega_o t$$

$$= \frac{E_m}{\sqrt{\dfrac{L}{C}}} \frac{n-1}{n}\sin\omega_o t \quad (2-4-1-16)$$

电压 u_C 与涌流 i_C 的波形见图 2-4-1-8。

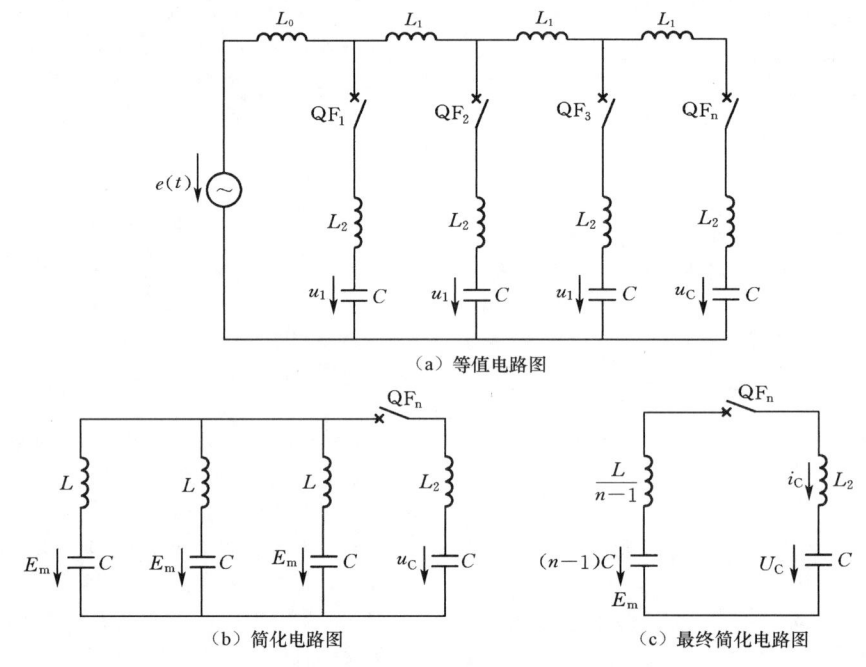

(a) 等值电路图

(b) 简化电路图

(c) 最终简化电路图

图 2-4-1-7 并联电容器组涌流计算

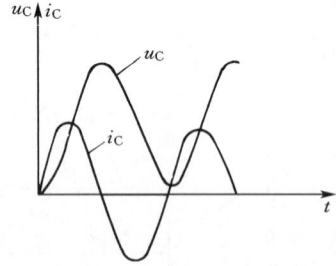

图 2-4-1-8 u_C 与 i_C 波形图

当 $\sin\omega_o t = 1$ 时，涌流达最大值 I_{cm}，即

$$I_{cm} = \frac{E_m}{\sqrt{\dfrac{L}{C}}} \frac{n-1}{n} \quad (2-4-1-17)$$

式中　n——并联电容器组数，$n = 2、3、4、\cdots$。

涌流频率 f_0 为

$$f_0 = \frac{\omega_o}{2\pi} = \frac{1}{2\pi\sqrt{LC}} \quad (2-4-1-18)$$

【例3】 有两组 10kV 电容器，容量各为 10000kvar，组间导线长度为 10m，试计算其投入时的涌流。

解：由式（2-4-1-17）知

$$I_{cm} = \frac{E_m}{\sqrt{\dfrac{L}{C}}} \frac{n-1}{n}$$

$$E_m = \frac{\sqrt{2}}{\sqrt{3}} U_N = \frac{\sqrt{2}}{\sqrt{3}} \times 10 = 8.17(\text{kV})$$

若母线电感按 $1\mu H/m$ 考虑，则每组的电感 L 为

$$L = 10 \times 1 \times 10^{-6} = 10 \times 10^{-6}(\text{H})$$

每组每相的电容量 C 为

$$C = \frac{Q_N}{U_N^2 \omega} = \frac{10000 \times 10^3}{10000^2 \times 314} = 318 \times 10^{-6}(\text{F})$$

将有关数据代入式（2-4-1-17）可得

$$I_{cm} = \frac{8170}{\sqrt{\dfrac{10 \times 10^{-6}}{318 \times 10^{-6}}}} \times \frac{2-1}{2} = 23036(A)$$

由式（5-18）得

$$f_0 = \frac{1}{2\pi\sqrt{LC}} = \frac{1}{2\pi\sqrt{10 \times 10^{-6} \times 318 \times 10^{-6}}}$$
$$= 2820(Hz)$$

该例计算结果与上例比较可知，多组电容器投入时，涌流问题要严重得多。涌流过大造成的危害是：①对断路器触头电磨损过大；②可能导致电流互感器匝间绝缘击穿。

限制涌流的措施如下：

（1）串联电抗器。在电容器上串联电抗器可以限制涌流，一般使用的是带铁芯的电抗器，可以看成一个铁芯电感线圈。电容器上串联电抗器的等值电路如图2-4-1-9所示。

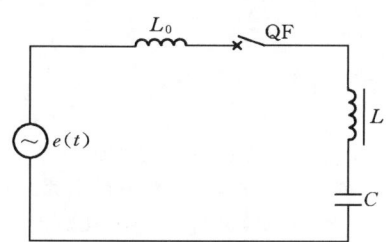

图2-4-1-9　有串联电抗器的电路图

对于单组电容器，由式（2-4-1-12）$I_{cm} = I_m\sqrt{\dfrac{X_C}{X_L}}$

可以看出串联电抗器在限制涌流方面的作用。串联电抗器后，X_L加大，I_{cm}减小。

由图2-4-1-9，$X_L = \omega(L_0+L)$，通常$L \gg L_0$，则$X_L = \omega L$，若取$X_L = 6\% X_C$，则

$$I_{cm} = I_m\sqrt{\frac{100}{6}} \approx 4I_m$$

串联电抗器限制涌流的效果明显，但接入后，正常工作时电容器电压将升高，因此电感值也不能太大。

对于并联电容器组，串联电抗器限制涌流的效果更为显著，由式（2-4-1-17）有

$$I_{cm} = \frac{E_m}{\sqrt{\dfrac{L}{C}}} \cdot \frac{n-1}{n}$$

可见，L很小涌流很大，现在接入串联电抗器后，电感增大，涌流也得到很大的限制。

（2）断路器加装并联电阻。图2-4-1-10给出了加装并联电阻的断路器示意图。这种断路器有两个断口QF_1和QF_2，在QF_2上并有电阻R。投入过程是先合QF_1，由于电阻R的限制产生一个较小的涌流。这时涌流的最大值I_{1m}为

$$I_{1m} = \frac{E_m}{R} \quad (2-4-1-19)$$

然后再合QF_2，由于R起了联系电源和电容C的作用，使$e(t)$和U_C的差值减小，因而也只产生较小的涌流I_{2m}，即

$$I_{2m} = \frac{\sqrt{2}(E_m - U_C)}{\sqrt{\dfrac{L}{C}}} = \frac{\sqrt{2}U_R}{\sqrt{\dfrac{\omega L}{\omega C}}} = \frac{U_{Rm}}{\sqrt{X_L X_C}}$$

$$(2-4-1-20)$$

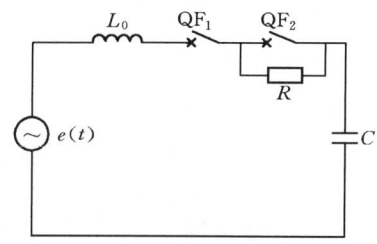

图2-4-1-10　装设并联电阻的断路器

因

$$U_{Rm} = \frac{E_m R}{\sqrt{R^2 + X_C^2}} \quad (2-4-1-21)$$

所以

$$I_{2m} = \frac{E_m R}{\sqrt{R^2 + X_C^2}} \cdot \frac{1}{\sqrt{X_L X_C}} \quad (2-4-1-22)$$

式中　U_R——并联电阻上的电压降；
　　　U_{Rm}——并联电阻上电压降的最大值；
　　　X_L——系统每相感抗值；
　　　X_C——电容器组每相容抗值。

这样，有了并联电阻后，虽然会出现两次涌流，但两次涌流均较不用电阻时小。所以断路器并联电阻起了限制涌流的作用。

若令两次的涌流值I_{1m}和I_{2m}相同，则由式（2-4-1-19）和式（2-4-1-22）可得

$$\frac{E_m}{R} = \frac{E_m R}{\sqrt{R^2 + X_C^2}} \cdot \frac{1}{\sqrt{X_L X_C}}$$

因　$R^2 \ll X_C^2$

所以

$$\frac{E_m}{R} \approx \frac{E_m R}{X_C} \cdot \frac{1}{\sqrt{X_L X_C}}$$

故

$$R = \sqrt[4]{X_L X_C^3} \quad (2-4-1-23)$$

【例4】　某10kV变电所中母线的短路容量P_{dL}为500MVA，装设的电容器组容量$Q_N = 10000$kvar。为了减小涌流值，需要在断路器上加装并联电阻，试确定其电阻值。

解：由式（2-4-1-23）有

$$R = \sqrt[4]{X_L X_C^3}$$

由式（2-4-1-10），有

$$X_L = \frac{U_N^2}{P_{dL}} = \frac{10000^2}{500 \times 10^6} = 0.2(\Omega)$$

由式（2-4-1-11），有

$$X_C = \frac{U_N^2}{Q_N} = \frac{10000^2}{10000 \times 10^3} = 10(\Omega)$$

将X_L、X_C代入式（2-4-1-23）得

$$R = \sqrt[4]{0.2 \times 10^3} = 3.76(\Omega)$$

表2-4-1-2给出了DW_1-60多油断路器上加装并联电阻后，投入电容器组时的涌流试验数据。系统每相感抗$X_L = 8.71\Omega$，断路器每相并联电阻为465Ω。

2. 充电电流在电流互感器二次侧引起的过电压

在200kvar以下的小容量并联电容器组中，在未接串联电抗器的情况下，当投入并联电容器的瞬间，在电容器回路中及与之直接连接的电流互感器电路中将发生闪络，从而使二次回路中的仪表和继电器有烧损的可能。这就是由于并联电容器投入时的充电电流引起的。

表 2-4-1-2　　　　　　　　　　　涌流试验数据

电压 /kV	电容器组容量 /kvar	X_C /Ω	$R=\sqrt[4]{X_L \times X_C^3}$ /Ω	涌流倍数（实测值）	
				QF₂ 关合时	QF₁ 关合时
66	75600	576	202	0.71	1.57
66	4860	896	283	1.17	2.0
66	2700	1613	437	1.27	1.27

（1）原因。这种现象在图 2-4-1-11 所示的电路中容易发生，即在无串联电抗器的小容量电容器组中，当 6kV 直接受电而电源短路容量相当大时，或者在邻近有并联电容器组时容易发生。

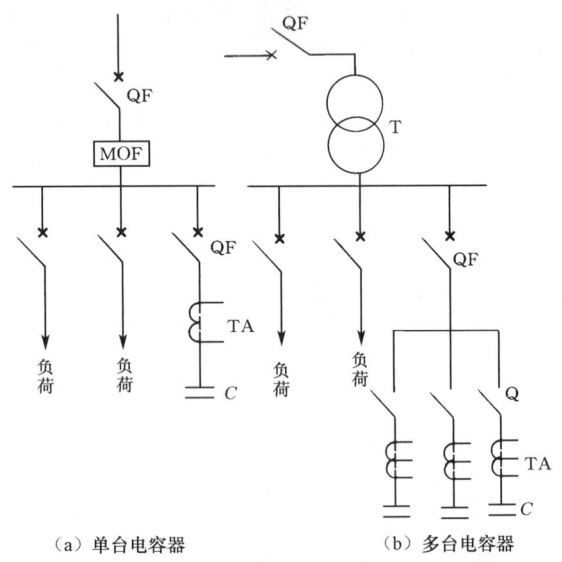

图 2-4-1-11　电容器充电电流在电流互感器二次侧引起过电压的接线
QF—油断路器；TA—电流互感器；Q—开关；
T—变压器；C—电容器

当投入并联电容器时，在忽略电路中的电阻分量的情况下，其充电电流的倍数可用图 2-4-1-12 所示的等值电路来计算。对于并联电容器，投入后的电容器的额定电流与充电电流的倍数可用下式表示。

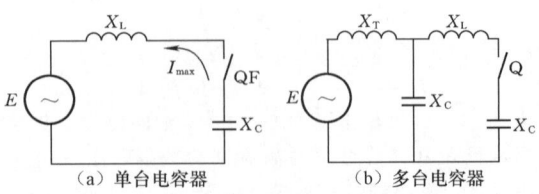

图 2-4-1-12　计算电容器充电电流的等值电路
X_T—从电容器投入点起的电源侧的电抗值；
X_C—并联电容器的容抗；X_L—线路的电抗；E—电源

对图 2-4-1-12（a）

$$\begin{cases} I'_{max} \approx 1 + \sqrt{\dfrac{X_C}{X_T}}（倍） & (2-4-1-24) \\ f'_0 \approx \sqrt{\dfrac{X_C}{X_T}}（倍） & (2-4-1-25) \end{cases}$$

对图 2-4-1-12（b）

$$\begin{cases} I''_{max} \approx 1 + \sqrt{\dfrac{X_C + X'_C}{X_L}}（倍） & (2-4-1-26) \\ f''_0 \approx \sqrt{\dfrac{X_C + X'_C}{X_L}}（倍） & (2-4-1-27) \end{cases}$$

式中　I'_{max}、I''_{max}——充电电流的倍数；
　　　f'_0、f''_0——充电电流频率的倍数；
　　　X_C、X_T、X_L——以基准容量为基数的标称电抗，且 $X_T \gg X_L$。

在此并联电容器回路中设有串联电抗器，且电容器电抗 X_C 与回路电抗 X_T 相比，$X_T \ll X_C$，所以电容器投入时的充电电流可达到额定电流的十至百倍，而且充电电流的频率为额定频率的十至百倍。一方面，与电流互感器的二次侧连接的仪表、继电器均为感性电抗，因此当充电电流的频率升高时，与频率成正比的电抗值也增加，再加之流入的电流也很大，这将在电流互感器的二次侧感应出很高的电压，从而造成闪络或击穿。感应电压值可用下式表示：

额定状态时

$$e = I_N X$$

投入时

$$e' = I_N X (I_{max} f_0)$$

式中　e、e'——电流互感器二次侧感应电压；
　　　I_N——额定电流，A；
　　　X——二次回路的阻抗，Ω；
　　　I_{max}——充电电流的倍数；
　　　f_0——充电电流的频率数。

（2）防止措施。从式（2-4-1-24）和式（2-4-1-25）可明显地看出，在并联电容器回路中增加感性电抗就能使充电电流和频率的倍数减小。如果在回路中串入电容器电抗值 6% 的感性电抗值是没有什么妨碍的，当接入串联电抗器（$X_L = 6\% X_C$）后，其充电电流、频率的倍数为

$$I_m = 1 + \sqrt{100/6} \approx 5（倍）$$
$$f_0 = \sqrt{100/6} = 4（倍）$$

这种故障大部分是由于为了节约而在一些小容量电容器组不装串联电抗器所引起的。这种情况在设计阶段很值得充分研究。

3. 投入电容器引起瞬时过渡电压下降

由于接在交流母线上的并联电容器投入的瞬间，作为逆变换的可控硅变换器不能变换，因而，由可控硅电力变换器

来控制速度的压延机等将出现失去控制的故障。其原因是当投入并联电容器时的充电电流使得电压降低而造成的。

(1) 原因。当无电压的并联电容器投入电路中的瞬间 ($t=0$),电容器的电抗值近似为零,与电容器连接的母线电压降低值,将取决于电源侧的电抗和与电容器串联的电抗的比例。如图2-4-1-13所示的并联电容器投入运行时,其瞬时过渡电压降低值 ΔU 为

$$\Delta U = \frac{X_T}{X_T + X_{sr}} \times 100\%$$

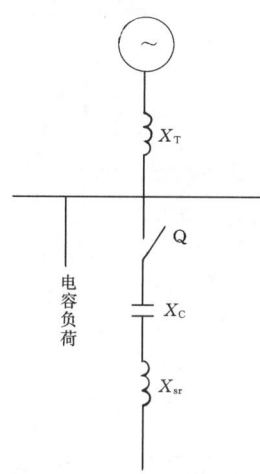

图 2-4-1-13 电容器投入的运行接线
X_T—电源侧电抗; X_C—电容器的电抗;
X_{sr}—串联电抗器电抗

这时,假如串联电抗器是一般的电抗器,那么,由于磁饱和的影响,在并联电容器投入时,其电抗值将降低为额定值的 $\frac{1}{5} \sim \frac{1}{10}$,对此,在计算时必须特别注意。

(2) 防止措施。一般在投入并联电容器时,希望过渡电压降低值限制在 $5\% \sim 10\%$,其串联电抗器的规格应根据所允许的瞬间过渡电压降低值和电源侧电抗值来决定。在构造上还应考虑到由于充电电流引起的磁饱和,为此一般应采用电抗值不变的空心电抗器。另外,在电源侧电抗值大的母线上,要适当地选定每组并联电容器的容量,而且要避免由于增加串联电抗器而使设备费用增加。例如,当电源侧电抗值为 2% (以 10Mvar 为基数),并联电容器容量为 10Mvar 时,其串联电抗器的电抗值为 $6\% X_C$ (铁芯式)时,那么,ΔU 值可按下式计算

$$\Delta U = \frac{2}{2 + \left(6 \times \frac{1}{5}\right)} \times 100\% \approx 63\%$$

式中 $\frac{1}{5}$——假定投入时的串联电抗器的电抗值为原来的 $\frac{1}{5}$。

然而,在此电路中,要使电路的允许瞬时过渡电压降低值在 10% 以内,如用空芯串联电抗器时,则其电抗值为

$$X_{cr} = \frac{2}{10} \times 100\% - 2\% = 18\%$$

(三) 高次谐波引起的异常现象

1. 电容器的异常过电流

并联电容器在配电网高次谐波作用下,会产生过电流。

(1) 原因。

1) 串联谐振引起的过电流。

假定谐波来源于配电变压器,其接线示意图如图2-4-1-14 (a) 所示。它可用图2-4-1-14 (b) 所示的等值电路表示。

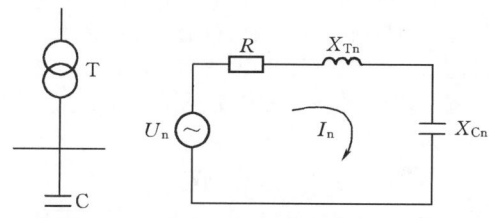

(a) 接线示意图　　(b) 等值电路

图 2-4-1-14 配电变压器为谐波源的接线图
U_n—谐波源配电变压器引起的 n 次谐波分量;
R、X_{Tn}—配电变压器的电阻与 n 次谐波感抗;
X_{Cn}—并联补偿电容器的 n 次谐波容抗

在图2-4-1-14 (b) 中忽略电阻,则流过电容器的 n 次谐波电流为

$$I_n = \frac{U_n}{X_{Tn} - X_{Cn}}$$

讨论:

a. 当 $X_{Cn} = 0$ 时,即电容器被短接,则

$$I'_n = \frac{U_n}{X_{Tn}} = \frac{U_n}{nX_T}$$

式中 X_T——配电变压器的基波感抗。

b. 装电容器时

$$I_n = \frac{U_n}{X_{Tn} - X_{Cn}} = \frac{U_n}{nX_T - \frac{X_C}{n}} \quad (2-4-1-28)$$

式中 X_C——电容器的基波容抗。

而

$$\frac{I_n}{I'_n} = \frac{nX_T}{nX_T - \frac{X_C}{n}} = \frac{1}{1 - \frac{1}{n^2}\frac{X_C}{X_T}} \quad (2-4-1-29)$$

由式 (2-4-1-29) 可见,当 $KX_T > \frac{X_C}{n}$ 时、$I_n > I'_n$,即在配电网中,装设并联补偿电容器时,回路中的 n 次谐波电流大于没有装并联补偿电容器时的 n 次谐波电流,这种现象称为谐波电流放大,其放大倍数与装设的电容器的电容量有关,对5次谐波而言,其放大倍数与电容量的关系如表2-4-1-3所示。

表 2-4-1-3　5次谐波时,谐波电流放大倍数与电容量的关系

X_C/X_T	1	3	5	10	15	20	25
$\dfrac{I_5}{I'_5}$	1.04	1.14	1.25	1.67	2.5	5	∞

当 $1 - \frac{1}{n^2}\frac{X_C}{X_T} = 0$,即 $\frac{X_C}{X_T} = 25$ 时,发生 n 次谐波谐振,$I_n \to \infty$。

若计及回路电阻,$I_n = \frac{U_n}{R}$。

此时电容器端电压的 n 次谐波分量为

$$U_{Cn} = \frac{U_n}{R} \frac{1}{2\pi f_n C} = \frac{U_n}{2\pi \left(\frac{1}{2\pi\sqrt{LC}}\right)CR}$$

$$= \frac{U_n}{R}\sqrt{\frac{L}{C}} \qquad (2-4-1-30)$$

例如,某变电站,在 7 次谐波和谐振谐波频率时,虽然电源电压波形中该次谐波的幅值仅为基波幅值的 1%,但是电容器组两端电压波形中该次谐波电压(电流)幅值对基波电压(电流)幅值的百分数却十分大,如表 2-4-1-4 所示。

表 2-4-1-4　　电容器组两端的谐波电压和电流百分数

谐波次数	负荷情况	U_{Cn}/U_1 /%	I_{Cn}/I_1 /%
7	有负载	2.16	15.1
	空载	5.56	37.5
谐振时的谐波 ($f_n=f_0$)	有负载	2.16	15.1
	空载	76.2	591.0

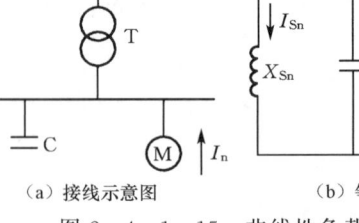

(a) 接线示意图　　(b) 等值电路

图 2-4-1-15　非线性负载为谐波源

由图 2-4-1-15 (b) 可得流入电容器组的第 n 次谐波电流为

$$I_{cn} = I_n \frac{nX_S}{nX_S - \frac{X_C}{n}} \qquad (2-4-1-31)$$

式中　X_C——电容器的基波容抗;
　　　X_S——系统的基波感抗。

而流入电源侧的第 n 次谐波电流为

$$I_{Sn} = I_n \frac{\frac{X_C}{n}}{\frac{X_C}{n} - nX_S} = I_n \frac{1}{1 - n^2 \frac{X_C}{X_S}}$$

$$(2-4-1-32)$$

由表 2-4-1-4 可见:

a. 发生串联谐振时,过电流很大,过电压也很高,这对电容器将有严重的威胁。由于这种原因,现场曾多次发生过导线过热、绝缘破坏、装置短路着火、电容器接线头焊锡熔化等事故。

b. 变压器空载时的过电流与过电压均较负载时为高,这是因为负载具有阻尼作用之故,因而为限制过电流和过电压应避免变压器空载带电容器装置运行。

2) 并联电流谐振引起的过电流。

如果谐波源为非线性负载,其接线示意图如图 2-4-1-15 所示。由于一般谐波源高次谐波感抗比电源侧、负荷侧以及电容器支路的高次谐波阻抗都大得多,这样就可以用谐波电流源的概念进行分析。而一般负载的阻抗与电源及电容器支路的阻抗相比要大得多,故为简化起见,在分析问题时,可把负载的谐波分量略去。这样可把图 2-4-1-15 (a) 的网络用图 2-4-1-15 (b) 所示的等值电路表示。

由式 (2-4-1-32) 可知:当 $\frac{X_C}{n} > nX_S$ 时,则 $I_{Sn} > I_n$,即出现谐波电流放大现象,这是因为无功补偿电容器不仅在工频电压作用下产生电流,而且在高次谐波的作用下会产生高次谐波电流。由于电容器的容抗与电力系统感抗相并联,往往使谐波电流大于谐波源的谐波电流,也就是说,补偿电容器往往在电力系统中起到谐波电流放大作用,谐波放大的程度与电力系统的短路容量和电容器的容量有关。表 2-4-1-5 列出了某变电站 10kV 母线谐波电流的实测值。表 2-4-1-6 列出了电容器容量对谐波电流的影响。

表 2-4-1-5　某变电所 10kV 母线谐波电流实测值

谐波次数		5	7	11
谐波电流 /A	未投电容器	5.6	3.2	2.2
	投入电容器	9.18	13.82	2.5

注　电容器组的 $Q_C=547$kvar,$X_C=201.66\Omega$,$X_S=3.16\Omega$。

表 2-4-1-6　　某 10kV 系统投入的电容器容量与谐波电流的实测值百分数

投入电容器组数	投一组			投二组			投三组			投四组		
谐波电流/% 相别	A	B	C	A	B	C	A	B	C	A	B	C
I_3	—	11.23	2.54	17.67	16.06	3.18	6.06	28.36	33.5	61.28	73.7	9.13
I_5	—	4.82	5.36	2.34	3.59	3.34	2.34	1.6	3.0	1.23	—	2.13

注　每组电容器的 $Q_C=7200$kvar。

由上分析可知,无论哪类谐波源,只要参数配合合适,都可能出现谐波电流放大现象或谐波谐振,使电容器过负荷,甚至损坏,为此,必须采取措施加以限制。

(2) 限制措施。应根据谐波源产生的原因不同而采取不同的措施。对于上述谐波源,目前采取的主要措施如下:

1) 避免空载变压器带并联补偿电容器装置运行。对有自动投切装置的电容器组,手动调试时,应注意带上负载,以避免空载变压器带并联补偿电容器装置运行。调试中还应注意并联补偿电容器装置不要与空载变压器同时投切,以免损坏,应遵循并联补偿电容器装置后投先切的原则。

另外,应正确设计、合理选择变压器等的参数,适当的采取调压设备,改善制造工艺,以减少它们在运行状态下产生谐波的可能性。

2) 串联电抗器。根据配电网实际存在的谐波情况,在并联补偿电容器回路中串联电抗器,其感抗值的选择最好应使各次谐波过补偿,即各次谐波均使电容器支路的总电抗呈感性而不是容性,以避免出现谐波放大和谐振现象。

电容器支路串联电抗器的等值电路如图 2-4-1-16 所示。

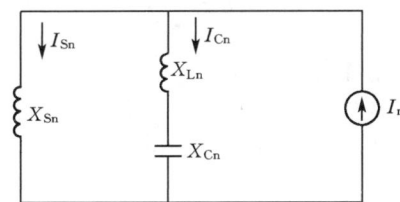

图 2-4-1-16 接入串联电抗器的等值电路

由图 2-4-1-16 可以求出

$$I_{Cn} = \frac{nX_S}{nX_S + \left(nX_L - \frac{X_C}{n}\right)} I_n \quad (2-4-1-33)$$

式中 X_L——串联电抗器的基波感抗。

当式 (2-4-1-33) 中的 $nX_L - \frac{X_C}{n} > 0$ 时,对 n 次谐波,显然电容器支路呈感性,则该电路可视为在 n 次谐波下无容性参数元件,此时 $I_{Cn} < I_n$。所以对于 n 次谐波,$nX_L > \frac{X_C}{n}$ 成为串联电抗器抑制高次谐波的判据。

对于 5 次谐波有 $\quad 5X_L > \frac{X_C}{5}$

则 $\quad X_L > \frac{1}{5^2} X_C = 4\% X_C$

即只要串联电抗器基波感抗大于 4% 电容器的基波容抗,电容器支路便呈感性状态。在具体选择串联电抗器值时,通常取可靠系数为 1.2~1.5,这样串联电抗器的基波感抗值可选取为

$$X_L = (0.05 \sim 0.06) X_C \quad (2-4-1-34)$$

这样的取值对 7 次、9 次、11 次……谐波也具有抑制作用。同时还可以起到限制合闸涌流的作用。

对于 3 次谐波有 $3X_L > \frac{1}{3} X_C$ 则 $X_L > \frac{1}{3^2} X_C = 0.11 X_C$

考虑留有裕度,一般取为 $X_L = (12 \sim 13)\% X_C$。

3) 电容器组投入时应避开产生谐振的容量范围。根据 SDJ 25—85 建议,发生 K 次谐波谐振的电容器容量可用下式计算为

$$Q_{CK} = S_d \left(\frac{1}{n^2} - A\right) \quad (2-4-1-35)$$

式中 Q_{CK}——发生 K 次谐波谐振的电容器容量,Mvar;
S_d——电容器安装处的母线短路容量,MVA;
n——谐波次数;
A——电容器支路的每相感抗与每相容抗的比值,$A = \frac{X_L}{X_C}$,当分组串联电抗器被短接后,A 近似为零。

由式 (2-4-1-35) 可见,当投入电容器的容量分别约为母线短路容量的 $\frac{1}{9}$ 和 $\frac{1}{25}$ 时,产生 3 次和 5 次谐波谐振的概率将会大大增加。虽然出现负载在某种程度上存在有抑制这种谐波谐振的作用,但是在运行中还必须注意电容器的

投运容量,要避开产生 3 次、5 次谐波谐振的容量。

改变电容器投入容量不仅可以避开谐振点,还可以减小谐波放大倍数。为减小谐波放大倍数所设的电容器的容量由所拟定的限制倍数来确定。

4) 电力部门和用户应对并联补偿电容器加强管理,对接入配电网的电容器应校核其是否会发生有害的并联谐振、串联谐振和谐波放大现象。

2. 高次谐波引起的过电压

在装设并联电容器补偿的配电网中,当母线上接有谐波源用户时,有可能发生谐波谐振过电压。

(1) 原因。配电网络的阻抗和电容器组的电容可以看成一个 R、L、C 的串联电路,其等值电路如图 2-4-1-17 所示。

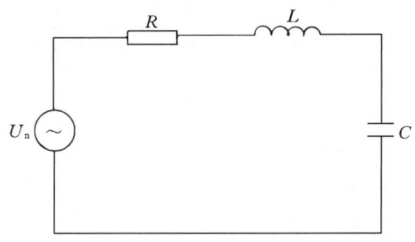

图 2-4-1-17 R、L、C 串联等值电路

这个电路产生串联谐振的自然频率为 $f_0 = \frac{1}{2\pi \sqrt{LC}}$。

当电源电压发生波形畸变时,如果电压波形中某次谐波的频率接近或等于固有频率 f_0 时,则 $2\pi f_0 L = 1/2\pi f_0 C$,$n$ 次谐波的电流数值为

$$I_n = \frac{U_n}{R} \quad (2-4-1-36)$$

式中 U_n——电源电压的 n 次谐波分量,V;
R——网络电阻,Ω。

如果这一谐波分量 U_n 的数值比较大,那么谐振回路中的 n 次谐波电流将达到很大的数值。谐振时,$f_0 = f_n$,则从式 (2-4-1-28) 和 $f_0 = 1/2\pi \sqrt{LC}$ 可算出电容器组端电压的 n 次谐波分量为

$$U_{Cn} = \frac{U_n}{R} \frac{1}{2\pi f_n C} = \frac{U_n}{2\pi \left(\frac{1}{2\pi \sqrt{LC}}\right) CR} = \frac{U_n}{R} \sqrt{\frac{L}{C}}$$

$$(2-4-1-37)$$

由式 (2-4-1-37) 可见,谐振时,L 越大或 R、C 越小,电容器端电压数值越高。因此,在装设并联电容器的配电网中,如果电感 L 足够大时,由于电路的固有频率 f_0 不高,可能与电源波形中某一并不十分高的高次谐波(例如 5、7、11、13)接近,可能产生高次谐波串联谐振,在整个电网中出现过电压。特别是空载时,由于没有抑制谐振的有功负荷,情况更为严重,应引起重视。

例如某变电站,当谐波次数为 7 和恰为谐振时的谐波频率时,而电源电压波形中该次谐波的幅值仅为基波幅值的 1% 时,电容器组电压波形中该次谐波电压(电流)幅值为基波电压(电流)幅值的百分比却十分大,如表 2-4-1-7 所示。

(2) 防止措施。电容器组投入运行后,如发现有严重过电流现象,应进行具体分析,找出原因,采取相应措施。

表 2-4-1-7 电容器组中的谐波电压和电流

谐波次数	负荷情况	U_n/U_1 /%	I_n/I_1 /%
7	有负载	2.16	15.1
	空载	5.56	37.5
恰为谐振时的谐波（即 $f=f_0$）	有负载	2.16	15.1
	空载	76.2	591.0

1) 若安装地点运行电压不高，但过电流严重，则主要考虑波形畸变问题。例如，某铝厂变电所投入 6kV 电容器后，实际运行电压虽然只有 4kV，却电流 50% 以上，运行 3 年左右，电容器鼓肚现象约为 30%，年损坏率达 10% 左右。

2) 在电容器回路中串联电抗器，电抗器感抗值的选择应该在可能产生的任一谐波下均使电容器回路的总电抗为感性而不为容性，从根本上消除谐振的可能性。

电抗器的电抗值 X_L 可按下式计算

$$X_L = KX_C/n^2 \quad (2-4-1-38)$$

式中 X_C——补偿电容器的工频容抗，Ω；
n——可能产生的最低次谐波；
K——可靠系数，一般取 1.3～1.5。

例如，为了限制 5 次谐波，则

$$X_L = 1.5 \frac{X_C}{5^2} = 0.06 X_C$$

即 $X_L = 6\% X_C$

同理，为了限制 3 次谐波，利用式 (2-4-1-38) 可求出 $X_L = 14\%\sim16\% X_C$。

电抗器的额定电流应稍大于电容电流，但应注意，由于加装串联电抗器的缘故，加在电容器上的电压 U_C 升高了，其值为

$$U_C = U \frac{X_C}{X_C - X_L} \quad (2-4-1-39)$$

如果系统电压较高，要防止由于加装电抗器后长期过电压运行。

3) 采取必要的分组方式可避免分组电容器投到谐振点上，同时也可避免出现过大的谐波电流放大倍数。

发生 K 次谐波谐振的电容量仍可用式 (2-4-1-35) 计算。

如果要求谐波放大倍数≤6，则电容器投入时应避开的容量范围为 $Q_C ≤ 0.85Q_{Cn}$ 或 $Q_C ≥ 1.2Q_{Cn}$。

例如，某变电站计划要装容量为 22.5Mvar 的电容器，母线电压为 10kV，短路容量为 350MVA，安装感抗值为 $6\% X_C$ 的串联电抗器以限制 5 次及以上的高次谐波，并要求对 3 次谐波的放大倍数不超过 6，则分组电容器的容量确定如下：

将上述参数代入式 (2-4-1-35) 可得

$$Q_{Cn} = 350 \times \left(\frac{1}{3^2} - 0.06\right) = 17.9 \text{(Mvar)}$$

电容器组投入时，应避开的容量范围为：当要求谐波放大倍数 <6 时，$Q_C > 1.2 \times 17.9 = 21.5$ (Mvar)；$Q_C < 0.85 \times 17.9 = 15.2$ (Mvar)。可分三组投切，每个分组为 7.5Mvar，投切容量组合为 7.5、15Mvar 和 22.5Mvar。这样就可以避免投到谐振点上。

3. 在整流器负载电路中电容器的异常电流

在电解、压延机等设备中均使用大容量整流器，为了改善其功率因数常装有电容器，电容器电流异常地增大，将使附加的与电容器串联电抗器的温升很高。

(1) 原因。由整流器产生的高次谐波电流引起的。一般整流器所产生的高次谐波的次数和大小如下式所示

$$\left.\begin{array}{l} n = KP \pm 1 \\ I_n = \dfrac{Q}{n} \end{array}\right\}$$

式中 n——谐波次数；
K——整数（1、2、…）；
P——相数；
I_n——电流大小；
Q——整流器出力。

如忽略负载阻抗，则从整流器中产生的各高次谐波电流将按电容器电路中的阻抗和电源侧的阻抗之比进行分流。

图 2-4-1-18 所示的等值电路中流入电容器电路的高次谐波电流可用下式表示

$$I_{Cn} = I_n \frac{nX_T}{nX_T + (nX_L - X_C/n)}$$

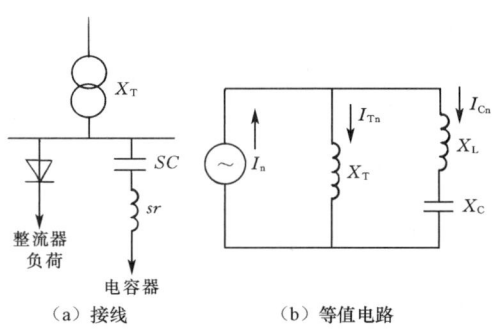

图 2-4-1-18 具有整流器负载的电路
（a）接线　（b）等值电路

一方面在电容器电路中，将最容易受高次谐波电流影响的设备加装串联电抗器，另一方面可将流入电容器电路的高次谐波电流换算成 5 次谐波电流。日本工业标准规定，5 次谐波电流的允许值为额定电流的 35% 以下。在将流入电容器电路的高次谐波电流换算成 5 次谐波电流时，若此换算值超过额定电流的 35%，则将引起串联电抗器出现异常温升，尤其是 13～37 次之类的较高次谐波电流，如果换算成的 5 次谐波电流值很大，即使流入电流很小，也是有问题的。

IEC 和我国的电容器标准规定，包括谐波在内允许的最大电流为 1.3 倍额定值，许多国家规定为 1.35 倍，美国标准最高，为 1.8 倍。

(2) 防止措施。在电容器设备中，当其高次谐波的允许值增加时，则串联电抗器的电抗值将为 80% 或 13%，减少流入电容器的高次谐波的方法一般采用后者的数值。

4. 电弧炉用的电容器的过电流、异常噪声

电弧炉在熔炼过程中，其电容器内的电流不规则地增减，有时因过电流而发生跳闸，与电容器串联的电抗器也发生异常的噪声。而且这种现象大都出现在负荷变动较大的熔化期。

(1) 原因。根据电弧炉的负荷特性，电路内将产生以 3 次谐波为主的电流，其容量约为负荷电流的 10%～30%，这个电流在电容器电路中的阻抗和电源侧的阻抗间被扩大，因而造成上述的情况。

一般在电容器电路中加装电容器电抗的6%的串联电抗器,故对3次谐波来说是容性阻抗,而电源侧的3次谐波阻抗为感性的,所以两者之间接近于共振状态,而使电弧炉产生的3次谐波增大,使电容器电路中流过很大的异常电流,这一点可将图2-4-1-15的整流器负载等值电路看作为电弧炉负载的等值电路来说明,这时电容器电路中的阻抗值 Z_1 为

$$Z_1 = \frac{1}{3}X_C + (3 \times 0.06 X_C) = -0.153 X_C$$

电源侧阻抗 Z_2 为

$$Z_2 = 3X_T$$

所以流入电容器电路的3次谐波电流为

$$I_{3SC} = I_3 \frac{3X_T}{3X_T - 0.153 X_C}$$

在上式的分母中,因电容器电路中阻抗值呈容性,为负值,按阻抗比进行分流时,其值是很大的。例如炉用变压器为10MVA,电源阻抗为5.0%(10Mvar为基数)。电容器容量为8Mvar时,则电容器内流过的3次谐波电流所占的比率可用下式计算

$$I_3 = 10\text{Mvar} \times 0.2 \times \frac{5\% \times 3}{(5 \times 3) - 0.153 \times \frac{10}{8} \times 100}$$
$$\times \frac{1}{8\text{Mvar}} \times 100\% \approx 93\%$$

这就是说,电容器内有额定电流的93%的3次谐波电流流过,况且,这只是以10Mvar为基数,以电炉电流的20%的值为3次谐波电流而计算出来的。

(2)防止措施。因为在电容器电路中,对3次谐波来说呈现为容性阻抗,所以电容器用串联电抗器的电抗值选为电容器电抗值的13%即可,这时对3次谐波来说,电路中电容器的阻抗则为

$$Z_1 = -\frac{1}{3}X_C + (3 \times 0.13 X_C) \approx +0.06 X_C$$

此值为感性阻抗。

(四)投入空载变压器时发生的异常现象

当投入空载变压器时,在同一系统中或其他系统中连接的电容器有时因过电流而引起跳闸,这种现象不仅发生在同一个厂内的电容器电路上,就是相距数公里的其他系统中的电容器也可能发生。

1. 原因

当空载变压器投入运行时,其充电电流在大多数情况下以3次谐波电流为主,如果把这个现象看作和上述电弧炉负载所引起的3次谐波的情况相同的话,而将变压器的投入来代替电弧炉负载,这时电容器电路和电源侧的阻抗接近于共振条件,那么这种现象就容易理解。

2. 防止措施

这种现象的持续时间以及过电流值,因系统的情况不同而有所不同,到目前为止,根据日本的经验,其持续时间为1~30s,其过电流值为电容器额定电流的2~5倍,所以用延长过电流继电器时限的方法在大多数情况下是不能解决的,而必须采取下述措施之一来解决:

(1)空载变压器投入时,将电容器电路暂时切断。
(2)改变系统变化方式。
(3)将电容器用串联电抗器的电抗值增为13%以上。

(五)切断电容器组引起的异常现象

并联电容器运行时,通常分成几个组,根据无功负荷的大小或电压的高低,决定投切的组数。并联电容器组投入时出现的涌流和切除时出现的过电压是并联电容器运行中的两大技术问题。前者已在本节(二)中叙述,这里仅论述后者。

1. 过电压产生的原因

我国10~63kV系统为中性点不接地的小电流接地系统。无功补偿补用的电容器组均采取中性点绝缘的形式。其接线如图2-4-1-19所示。在图2-4-1-19(a)中,C_0 是电容器组中性点对地分布电容;C_0' 是电源中性点对地电容。

运行经验表明,在切断电容器组时会产生重燃过电压而引起事故。例如,某变电所在切断电容器组时,引起两次避雷器爆炸;变压器套管间400mm的间隙放电,三相套管闪络,导致变压器绝缘损坏。

(1)星形接线的重燃过电压。为方便起见,在讨论电容器组上的过电压时,可以把接地点移至电源的中性点,即用图2-4-1-20所示的电路代替图2-4-1-19(a)。图2-4-1-20(a)中的 $C_N = \frac{C_0 C_0'}{C_0 + C_0'}$。

首先分析切断电容器组时的单相重燃过电压。

以A相作为首先切断的相进行研究,在 $t=0$ 时,A相电流先过零熄弧,A相电源电压为最大值,则A、B、C相的电源电压分别为 $u_{A0} = E_m \cos\omega t$,$u_{B0} = E_m \cos(\omega t - 120°)$,$u_{C0} = \cos(\omega t - 240°)$,此时各相电容器上的电压分布及相量图如图2-4-1-20(a)所示。$U_{a0'} = E_m$,$U_{b0'} = -0.5 E_m$,$U_{c0'} = -0.5 E_m$,$U_{00'} = 0$。

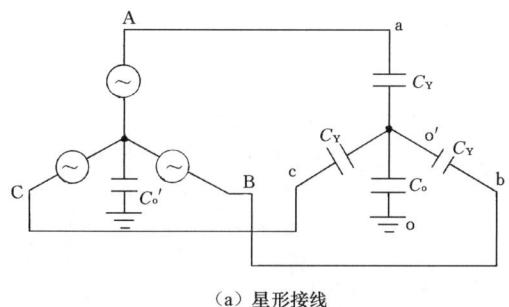
(a)星形接线

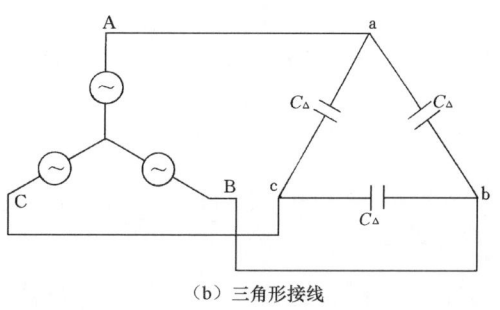
(b)三角形接线

图2-4-1-19 电容器组的接线方式

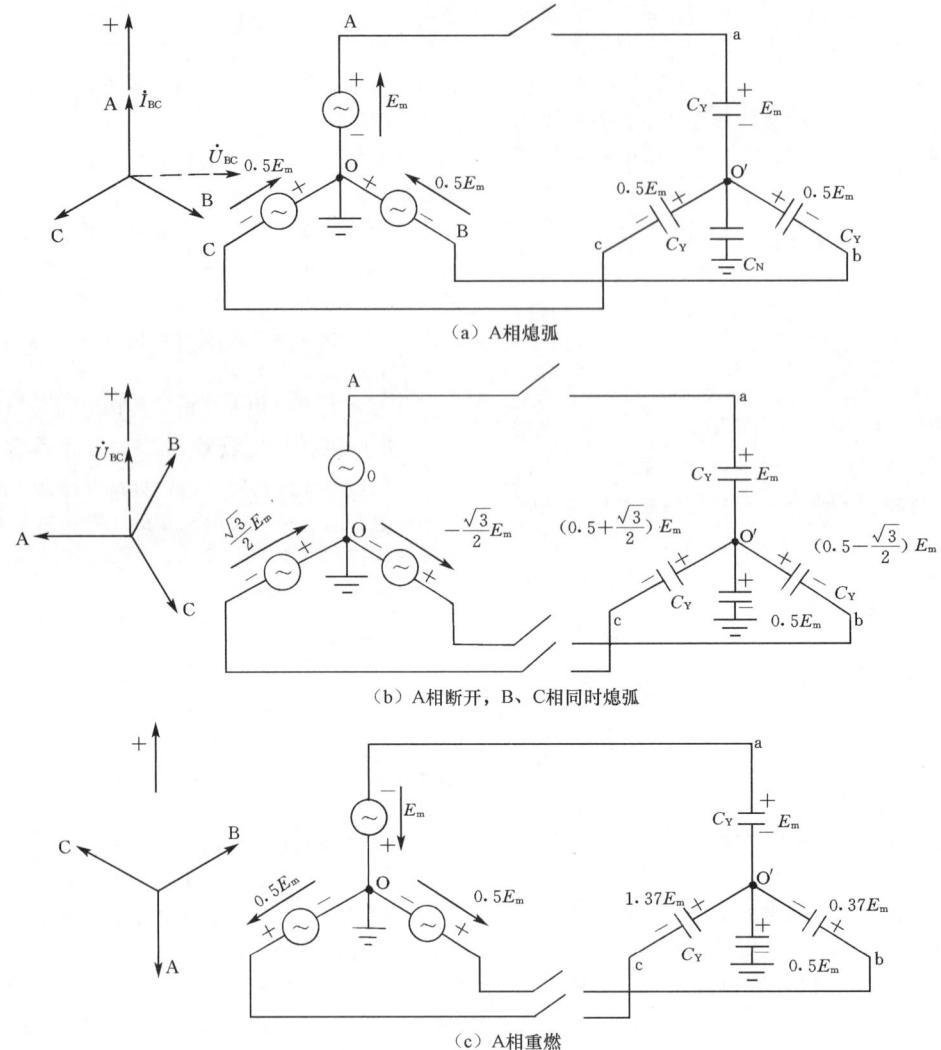

(a) A相熄弧

(b) A相断开，B、C相同时熄弧

(c) A相重燃

图 2-4-1-20 电容器组切断时电路各元件上的电压变化

当 $t=0$ 后，A 相电容电压 $U_{a0'}=E_m$ 将保持不变。而 B、C 两相电源将继续对 B、C 相电容器供电，因而电压 $u_{b0'}$、$u_{c0'}$、$u_{00'}$ 将按下式变化

$$u_{b0'} = -\frac{1}{2}E_m + \frac{1}{2}U_{BC}$$
$$= -0.5E_m + \frac{\sqrt{3}}{2}E_m\cos(\omega t - 90°)$$
$$u_{c0'} = -\frac{1}{2}E_m - \frac{1}{2}U_{BC}$$
$$= -0.5E_m - \frac{\sqrt{3}}{2}E_m\cos(\omega t - 90°)$$
$$u_{00'} = U_{0'b} + U_{B0} = -\left[-\frac{1}{2}E_m + \frac{\sqrt{3}}{2}E_m\cos(\omega t - 90°)\right] + E_m\cos(\omega t - 120°)$$

当 $t=5\text{ms}$，即再经过 $\frac{1}{4}$ 工频周期（$\omega t=90°$），B、C 相回路电流过零，断路器三相断开，此时电容器上的电压和相量图，如图 2-4-1-20（b）所示。

$$u_{a0'} = E_m$$

$$u_{b0'} = \left(-\frac{1}{2} + \frac{\sqrt{3}}{2}\right)E_m = 0.37E_m$$
$$u_{c0'} = \left(-\frac{1}{2} - \frac{\sqrt{3}}{2}\right)E_m = -1.37E_m$$
$$u_{0'0} = u_{0'b} + u_{B0} = 0.5E_m$$

当 $t=10\text{ms}$，即又经过 $\frac{1}{4}$ 周期（$\omega t=180°$），如图 2-4-1-20（c）所示，A 相断口上的恢复电压将达最大值

$$u_{trA} = u_{aA} = u_{a0'} + u_{0'0} + u_{0A}$$
$$= E_m + 0.5E_m - E_m\cos\omega t$$
$$= 2.5E_m$$

B 相和 C 相断口上的恢复电压分别为 $0.37E_m$、$-1.37E_m$。设 A 相此时重燃，A 相电源经 A 相电容器和中性点电容接通，形成振荡回路，如图 2-4-1-21 所示，在 a0 间会出现很高的过电压。若不考虑损耗，重燃相对地过电压幅值=2 倍稳态值-初始值=$(-2-1.5)E_m$=$-3.5E_m$。但由于 $C_0 \ll C_Y$，因此过电压主要加在电容器组的中性点与地之间。$u_{00'} = u_{0'a} + u_{A0} = -E_m - 3.5E_m = -4.5E_m$，此过电压通过中性点传递到非重燃相，$u_{b0} = u_{0'0} + u_{00'} = (-4.5 + 0.37)E_m = -4.13E_m$，$u_{C0} = u_{0'0} + u_{00'} = (-4.5 - 1.37)E_m = -5.87E_m$。

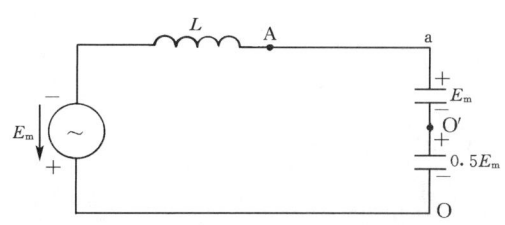

图 2-4-1-21　A 相重燃后的振荡回路

由以上分析可知，单相重燃过电压发展的过程中有下列特点：

1) 电容器极间的电压基本维持不变。
2) 最大过电压在非重燃相。
3) 非重燃相的过电压是由重燃相经过中性点对地电容传递的。

其次分析切电容器组时的两相重燃过电压。当三相电路已全部切断，各相断路器触头上的恢复电压 u_{trA}、u_{trB}、u_{trC} 分别为

$$u_{trA} = u_{aA} = u_{a0'} + u_{0'0} - u_{A0}$$
$$= 1.5E_m + E_m\cos(\omega t - 180°)$$
$$u_{trB} = u_{bB} = u_{b0'} + u_{0'0} - u_{B0}$$
$$= 0.87E_m + E_m\cos(\omega t - 300°)$$
$$u_{trC} = u_{cC} = u_{c0'} + u_{0'0} - u_{C0}$$
$$= -0.87E_m - E_m\cos(\omega t - 240°)$$

由上述各式可求得各相断路器上最大恢复电压 U_{hfm} 分别为

A 相　$\omega t = 180°$　$U_{trm} = 2.5E_m$
B 相　$\omega t = 300°$　$U_{trm} = 1.87E_m$
C 相　$\omega t = 240°$　$U_{trm} = -1.87E_m$

三相电容电路中，首先切断的相的断路器触头上的恢复电压高，出现重击穿的可能性大，实际上由于 A 相单相重燃时回路的振荡频率很高，C_0 的电压将在很短的时间内上升，因此，A 相断口的重燃一般都比较容易导致其他断口重燃，两相触头重燃的等值电路如图 2-4-1-22 所示。有关资料分析计算表明，电容器 A、C 相间过电压，即 A、C 间过电压幅值 = $(-2 \times \sqrt{3} - 2.37)E_m = -5.83E_m$，C 相电容器极间将承受 3.10 倍过电压，B 相电容器极间将承受 2.73 倍过电压。两相重燃过电压主要出现在电容器极间绝缘上，电容器对地电压并不一定很高。

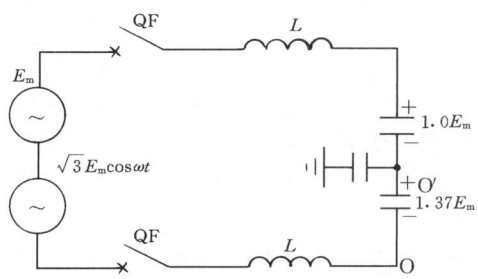

图 2-4-1-22　两相重燃的等值电路

(2) 三角形接线的重燃过电压。若电容器为三角形接线，切电容器组时，电路各元件上电压变化如图 2-4-1-23 所示。设 A 相电流过零熄弧后 $\frac{1}{2}$ 工频周期时出现 A、C 两相的重燃，重燃后的振荡回路如图 2-4-1-24 所示。由图 2-4-1-24 可求出 A、C 相电容器上的过电压幅值为

过电压幅值 = 2 稳态值 - 起始值
$$= -2 \times 1.5E_m - 2.37E_m = -5.37E_m$$

显然，这个过电压将威胁电容器的绝缘，应对其加以限制。

2. 限制措施

(1) 采用无重燃断路器。由于切断电容器组过电压是由于断路器重燃引起的，所以采用无重燃断路器是一项有效措施。但是，这项措施作为努力方向是对的，因为目前生产的一般真空断路器，做到完全不重燃是有一定困难的。在国外也是另加保护来限制其重燃过电压的。目前我国已生产出 LW₆-63Ⅰ型 SF₆ 断路器，通过了现场对 20Mvar 电容器的投切试验，并已在电网中使用。

(2) 装设金属氧化物避雷器。这是我国使用最多的限压措施。其接线方式如图 2-4-1-25 所示。

对于星形接线的电容器组，除了在电容器极间配置金属氧化物避雷器外，还需在电容器组中性点处配置金属氧化物避雷器，以限制中性点电位升高所引起的电容器对地电位的升高，如图 2-4-1-25（a）所示。

对于三角形接线的电容器组，跨接在电容器组上作三角形连接的金属氧化物避雷器可以用来限制电容器的极间过电压，但不能用来限制对地过电压。为此，还必须再加装一组对地的避雷器，如图 2-4-1-25（b）所示。然而，这种接法由于所用的避雷器过多，不宜采用。为简化起见，也可考虑将避雷器接成星形并在中性点对地间加装避雷器，如图 2-4-1-25（c）所示。

目前我国已有近万只保护电容器组的金属氧化物避雷器在现场运行，效果良好。例如：

1) 北京西郊某变电所的两组 10kV 电容器采用金属氧化物避雷器保护。曾用真空断路器对该两组电容器进行 35 次投切试验，试验过程中，断路器重燃率为 10.5%，测到的最大重燃过电压为额定值的 2.5 倍，最严重的是三次三相重燃，但过电压倍数仅为 2.2。金属氧化物避雷器出口端安装的磁钢棒记录器，测出的电流为 70A，证实金属氧化物避雷器对内过电压的限制作用。

2) 装于北京某县一个变电所中的三只金属氧化物避雷器，保护容量为 14.4Mvar 的电容器组。据统计，4 年共操作 2000 次左右，运行情况良好，每月带电测量泄漏电流数值基本不变，说明金属氧化物避雷器性能稳定。

选择金属氧化物避雷器时，应注意的问题有：

1) 金属氧化物避雷器的临界动作电压值 U_{1mA} 对限制过电压大小和避雷器吸收能量的大小均起决定性作用，所以是一个十分重要的参数，它和金属氧化物避雷器的方波通流容量、电容器组的电容量一起构成了选择避雷器的三个必要条件。即当方波通流容量和电容器容量确定后，U_{1mA} 对系统设备的安全运行起决定性作用。目前我国变电所采用的电容器单相容量一般在 6～8Mvar 左右，用于保护并联补偿电容器的金属氧化物避雷器阀片的 2ms 方波通流容量一般为 400～600A，因此 U_{1mA} 值选在 (2.3～2.5)U_m 的范围就能满足要求，其中 U_m 为系统最高运行线电压。

2) 对于容量较大的电容器组，由于受金属氧化物避雷

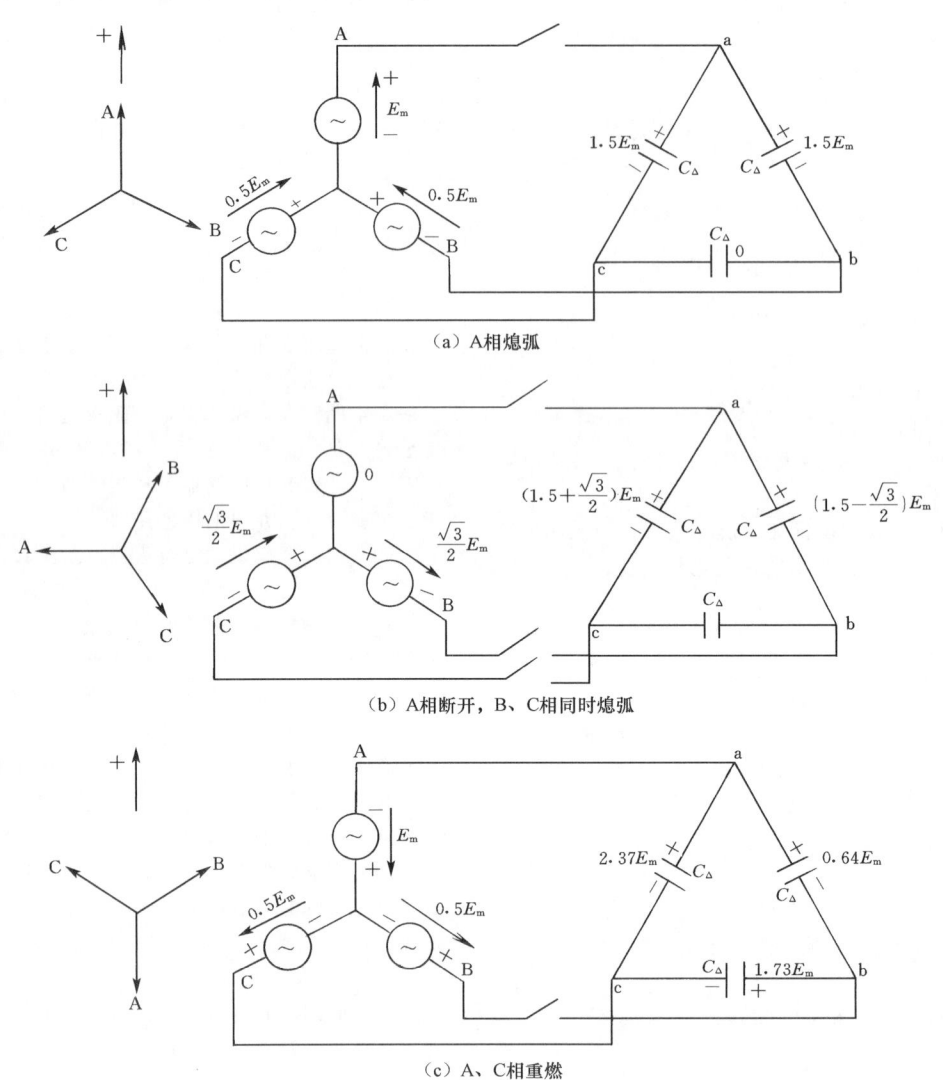

(a) A相熄弧

(b) A相断开，B、C相同时熄弧

(c) A、C相重燃

图 2-4-1-23 电容器组开断时元件上的电压变化

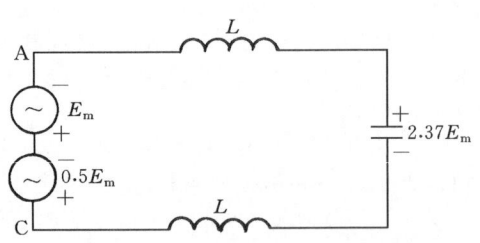

图 2-4-1-24 A、C相重燃后的振荡回路

器标称冲击电流下残压的限制，U_{1mA} 值不能太高，可采用多只避雷器并联的方法增加它的吸收能量。

3) 由于金属氧化物避雷器具有负的温度特性，在小电流区域（U_{1mA} 就属于小电流区域）内，随着温度的升高电阻将下降，故金属氧化物避雷器的 U_{1mA} 值不能选得太低，否则将使泄漏电流增大，阀片温度升高，缩短使用寿命。因此当金属氧化物避雷器的电阻下降到某一程度时或因承受不了再次重燃过电压所产生的能量，或因电阻值太低，致使避雷器在正常运行电压下动作，承受不了工频电流产生的能量，就会导致金属氧化物避雷器发生热崩溃。

用于保护并联补偿电容器的金属氧化物避雷器的主要参数列于表 2-4-1-8 中。

(3) 装设阻容限压器。其中的电容 C 约 $0.5\mu F$，电阻 R 数百欧至 $1k\Omega$。据日本东芝公司介绍，它是限制重燃过电压的有效措施。C 和 R 最佳值的选择和系统的电路参数（如串联电感值、负荷侧对地杂散电容）有关，限压效果也受杂散电容的影响。

（六）电容器与配电变压器同台架设的谐振现象

在配电变压器台上采用电容器进行无功补偿是补偿效果较佳的一种方法，但是也陆续反映出安装的电容器与配电变压器之间出现了一些奇怪的现象。如变压器在缺一相的情况下有很大的异音，有的喷油、电压升高，严重时烧配电变压器、电容器和家用电器等用电设备。试验研究表明，这是由于缺相的相产生串联铁磁饱和谐振所致。实质上属于断线过电压范畴。

1. 电容器接在变压器高压侧

(1) 等值电路及其分析。配电变压器与高压电容器同台架设缺一相运行时的等值电路如图 2-4-1-26 所示。假定电源内阻抗、线路感抗与线路容抗相比可忽略不计，又当配

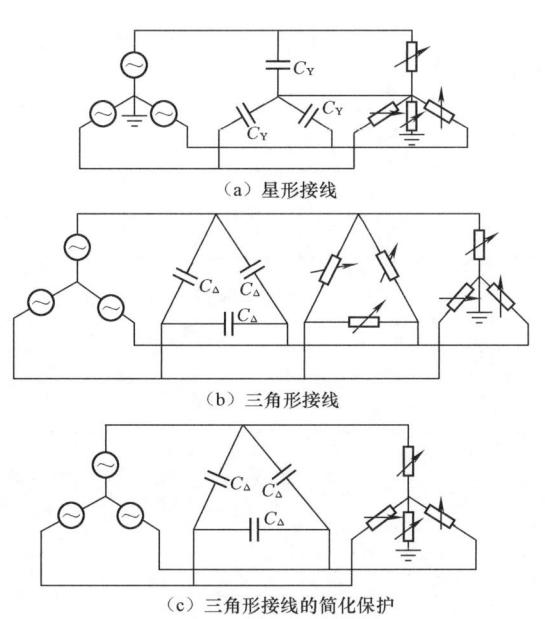

图 2-4-1-25 保护不同接线电容器组的金属
氧化物避雷器的配置

电变压器二次负荷处于空载或轻载时，可认为二次开路。此时因三相电源对称，A 相断线，B、C 两相在电路上是完全对称的，所以三相电路等值为单相电路时，等值电势为 $1.5\dot{E}_A$，在单相图中略去了与电源并联不参与谐振的电容 C'_{12}、B、C 两相间的 C_{12} 被电源所短接，剩下的电容电感组成等值单相电路，如图 2-4-1-27 所示。根据等效发电机原理，可将图 2-4-1-27（a）变换为图 2-4-1-27（b）的串联谐振回路，其中 E 为等效电源电势，C 为等效电源内阻抗。

$$\dot{E} = 1.5\dot{E}_A \frac{(C'_O + C_{SO})C''_O}{2(C_{SO} + C_O)\left(C''_O + 2C''_{12} + \frac{2}{3}C_K\right) + \left(2C''_{12} + \frac{2}{3}C_K\right)C''_O}$$

$$C = (C_{SO} + C'_O) + 2(C_{SO} + C_O)$$
$$+ \frac{C''_O\left(2C''_{12} + \frac{2}{3}C_K\right)}{C''_O + \left(2C''_{12} + \frac{2}{3}C_K\right)}$$

$$L = 1.5L_K$$

由上述，产生串联谐振的条件是 $\omega L_O > \frac{1}{\omega C}$，在实际的同台安装中的配电变压器的电感值和补偿电容值都满足该条件，表 2-4-1-9 列出了某农电局的试验参数。

表 2-4-1-8　　　保护并联补偿电容器的金属氧化物避雷器的主要参数

避雷器 额定电压	系　统 额定电压	避雷器 持续运行电压	标称放电电流 5kA 等级			
			雷电冲击 电流残压	操作冲击 电流残压	直流 1mA 参考电压	2000μs 方 波冲击电流
kV（有效值）			kV（峰值）		kV	A（峰值）
			不大于	不大于	不小于	
3.8	3	2.0	13.5	10.8	6.9	
7.6	6	4.0	27.0	20.8	13.6	
12.7	10	6.6	45.0	35.0	23.0	400
42	35	23.4	134	105	70	
69	63	40	224	176	117	

注　操作冲击电流残压试验的电流值为 500A（峰值），冲击电流波的波形为：波前时间大于 30μs 而小于 100μs，视在半峰值时间为波前时间的 2 倍以上。

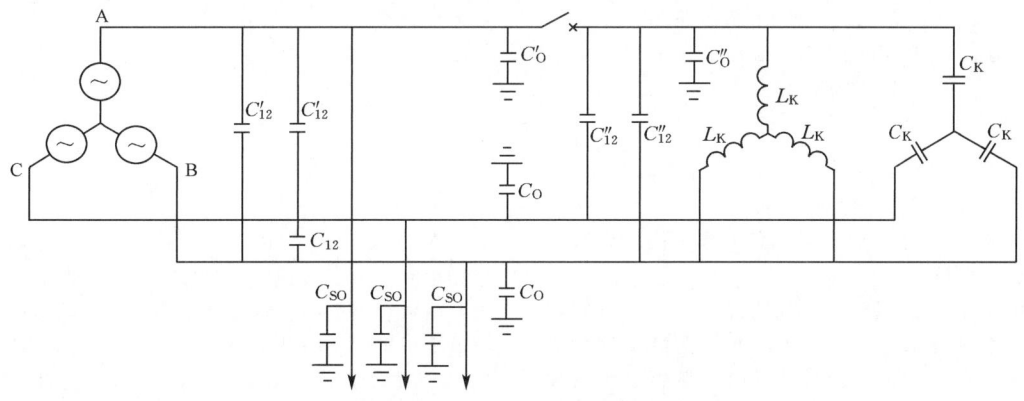

图 2-4-1-26　配电变压器与电容器同台架设缺一相运行的等值电路
C_O—相对地电容；C_{12}—相间电容；C'_O—断线相断线处前段电容；C''_O—断线
相断线处后段电容；C'_{12}、C''_{12}—断线相与健全相间电容；L_K—配电
变压器绕组电感值；C_K—补偿电容值；C_{SO}—引出线对地电容

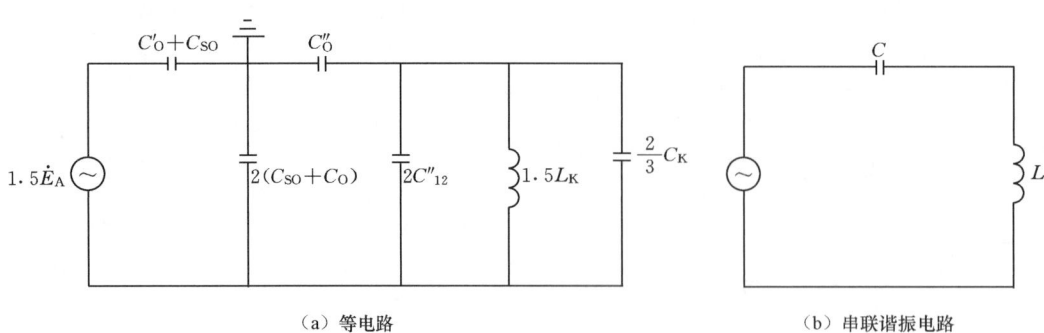

(a) 等电路　　　　　　　　　　　　　　(b) 串联谐振电路

图 2-4-1-27　单相等值电路图

表 2-4-1-9　　　　　　　　　　　试　验　参　数

配电变压器容量/kVA	电容器容量/kvar	配变励磁电感/H	电容器组电容值/μF	等效电感 $L_O=1.5L_K$/H	电容器连接组别	等效电容值/μF
30	65	118	0.57	177	D	0.38
50	3×30	79.5	2.37	118.75	Y	1.58
50	65	79.5	0.57	118.75	D	0.38

由上可知，对于一定的 L_O 值，在很大的 C 值范围内都可能产生谐振。在试验中完全证实了这一点，当配电变压器容量一定，而补偿容量改变时，仍然会产生谐振现象。

应指出，有些同台架设的电容器、变压器没有出现事故，是因为运行中没有受到足够强烈的冲击扰动。例如在试验中发现，当电压低于 9kV 以下时不发生谐振，当电压加到 10kV 时产生谐振，把电压下降到 8kV 时谐振就消失了。

在含有非线性电感回路中，也会产生谐波谐振现象，其等值电路如图 2-4-1-28 所示。

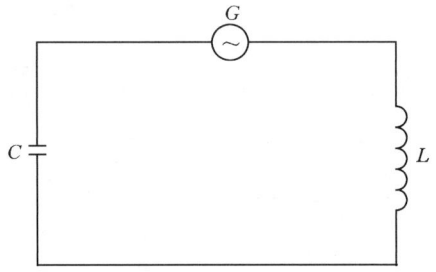

图 2-4-1-28　谐波谐振等值电路
G—电感非线性效应形成的等值谐波发电机；
C—网络及补偿电容的等效电容值；
L—配变铁芯等值电感

当 C 很大或励磁电感 L 很大、回路的自振角频率 ω_0 很低，都有可能产生分频谐振过电压。

若 C 很小，或 L 很小，使自振的角频率很高，就有可能产生高频谐振过电压。

实际运行中，配电变压器与电容器同台安装时，电容器的参数与配变压器的参数组合基本上满足了谐波谐振的条件，当外加激发条件（冲击扰动）满足时，都能发生谐波谐振。

（2）防止措施。配电变压器在有无功补偿时缺相，缺相的相电压可能产生串联铁磁饱和谐振，相电压普遍升高，最高达 2 倍以上，此时投入的少量用电设备常常被烧毁。而配电变压器和电容器在串联铁磁饱和谐振中因过电压、过电流而过负荷，时间长也易烧毁。电压的突升、突降和尖刺的脉冲电流极易损坏配电变压器的匝间绝缘。为了防止这些现象发生，应当采取以下措施。

1）改变现有接线，使配电变压器在缺相时不会形成"电容器—变压器组"接线。凡高压电容器与配电变压器同台安装的，宜将电容器适当集中在线路上，并选择一至数点最佳位置进行补偿。否则，应将配电变压器台上的高压电容器另外加装跌开式熔断器，并接在配电变压器跌开式熔断器之外的电源侧。同样，对用户使用配电变压器跌开式熔断器又装有高压电容器的，则高压电容器应单独设置跌开式熔断器接在配电变压器熔断器的电源侧。否则，应装柱上开关代替变压器跌开式熔断器。

2）对配电线已装分支跌开式熔断器的，为防止缺一相产生群振，建议拆除或换成柱上开关。

（3）实例分析。图 2-4-1-29 为实际运行接线。

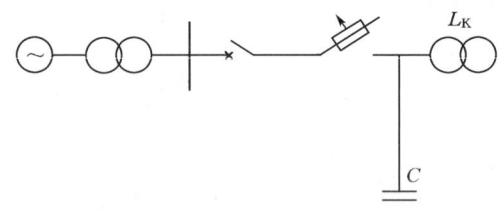

图 2-4-1-29　实际运行接线图

在实际运行中，由于跌开式开关的分相操作或熔丝的非全相熔断，图 2-4-1-29 的接线将形成串联谐振回路，如果并联电容器组的容量配置不当，严重的谐振过电流会造成配电变压器的烧毁及电容器的损坏。例如，某市南郊有一台 10kV、50kVA 的配电变压器，与其并联的电容器组容量为 75kvar，当用跌开式熔断器操作时，变压器发出异常声响，随即冒烟而烧毁；某地区县局的一台 10kV、100kVA 配电变压器，原配置 96kvar 并联电容器组，后来，将 100kVA 的变压器换为 50kVA 的变压器，而并联电容器的容量没有相应减少，运行操作时，将配电变压器烧毁。其他地区亦有此类事故发生。

理论分析和现场试验表明，造成配电变压器烧损的主要原因是由于跌开式熔断器分相操作，使回路处在非全相运行状态，产生工频谐振。这种谐振现象由于配电变压器铁芯的严重饱和，过电压倍数一般不超过 3 倍相电压，对变压器的主绝缘不会构成危险；但是，变压器绕组中将流过幅值极高、持续时间很长的稳态谐振过电流，导致变压器匝间绝缘的损坏。同时，应当指出，虽然并联电容器国家标准规定电容器应能承受 100 倍额定电流的涌流的作用，但在这种谐振情况下，电容器不仅要承受持续时间比涌流长得多的谐振过电流的作用，还要受到超过规定允许数值的过电压的作用，无疑将严重影响电容器的使用寿命，甚至导致电容器的损坏。

图 2-4-1-30 所示为跌开式熔断器拉开一相、另两相仍合闸（相当于单相断线）时的三相等值电路，为了分析问题，利用戴维南定理，将其转化为等效单相电路，由于电容器组为三角形连接，所以首先应变换成星形连接。由电工原理可知，当三角形连接，且各臂电容相等时，变换成等值星形连接后，每相电容应为三角形连接的每臂电容的 3 倍，即 $3C$，故在单相等值电路中，应为 $3C$ 与 $6C$ 相串联；同理，相间电容应为 $3C_{12}$ 与 $6C_{12}$ 相串联，合闸相对地电容并联后，应为 $2C_O$，由此得到图 2-4-1-31 所示的电路。

在图 2-4-1-31 中，10kV 线路对地电容 C_O 以及 C'_O、C''_O 很小，而电容器组的电容量 C_K 总是大得多，同样，相间电容 C_{12} 也仅若干 pF。因此，运用电工原理进行电路分析时，可适当进行化简，得到如图 2-4-1-32 所示的等效电路，在图 2-4-1-32 中：

$$C' = \frac{C'_O C''_O}{3 C_O}$$

由图 2-4-1-32 求得图 2-4-1-33 的串联谐振回路，图中：

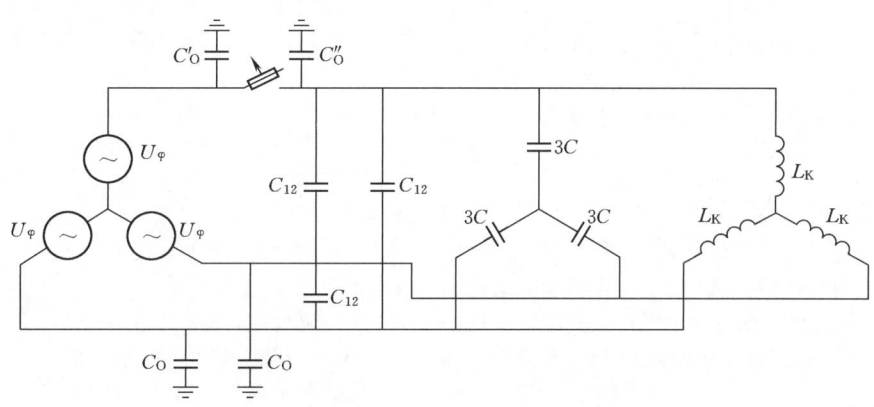

图 2-4-1-30 单相断开电路图

L_K—配电变压器每相空载励磁电感；C_K—并联电容器组每相电容量；C_{12}—跌开式熔断器负荷侧相间电容；C_O—导线每相对地电容；C'_O—跌开式熔断器未合相电源侧导线每相对地电容；C''_O—跌开式熔断器未合相负荷侧每相对地电容；U_φ—电源相电压（三相对称）

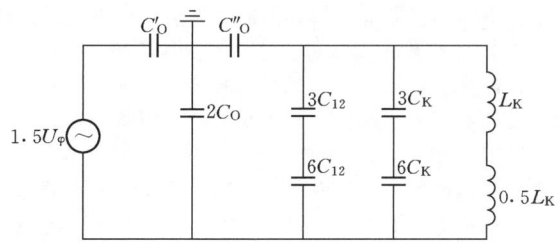

图 2-4-1-31 图 2-4-1-30 的单相等值电路

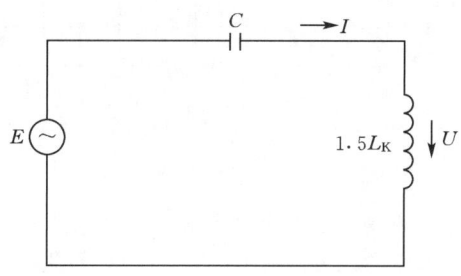

图 2-4-1-33 串联谐振电路

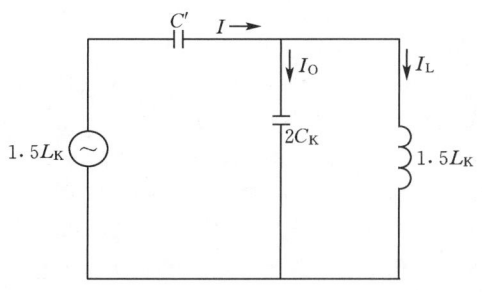

图 2-4-1-32 简化单相等值电路

等效电势 $\qquad E \approx 1.5 \times \dfrac{C'}{2C_K} U_X$

等效电容 $\qquad C \approx 2C_K$

由图 2-4-1-33 列出回路方程式为

$$\dot{U} = \pm \dot{E} + \dot{I} X_{CK} \approx \dot{I} X_{CK}$$

当用标幺值表示时，回路方程可改写为

$$\frac{U}{U_\varphi} = \frac{IX_{CK}}{U_\varphi} \approx \frac{X_{2C}}{X_L} \frac{I}{I_{ON}}$$

$$X_L = 1.5 \times \frac{U_N^2}{I_0\% S} (k\Omega)$$

式中　I_{ON}——配电变压器额定励磁电流；
　　　X_L——$1.5U_\varphi$下配电变压器励磁感抗；
　　　U_N——变压器的额定线电压，kV；
　　　S——变压器的额定容量，kVA；
　　　$I_0\%$——变压器额定励磁电流的百分值；
　　　1.5——等值回路中电感为$1.5L$。

当三相电容器组采用三角形连接，每臂电容量为C时，三相总容量为Q_C，则

$$X_C = \frac{3U_N^2}{Q_C}$$

因此

$$X_{CK} \approx X_{2C} = \frac{1}{2} \times \frac{3U_N^2}{Q_C} = 1.5\frac{U_N^2}{Q_C}$$

由此得到

$$\frac{U}{U_\varphi} = \frac{I_0\% S}{Q_C} \times \frac{I}{I_{ON}}$$

按照该式，可用图解法进行求解。例如，某新S9系列10kV配电变压器，$S=100\text{kVA}$，$I_0\%=1.7\%$，同台架设的并联电容器组三相总容量$Q_C=30\text{kvar}$，将这些数值代入上式，得

$$\frac{U}{U_\varphi} = 0.056\frac{I}{I_{ON}}$$

由此可作图求解如图2-4-1-34所示。从图2-4-1-34中看出，当跌开式熔断器合两相、断一相时，作用在配电变压器上的谐振过电压约2.8倍，谐振过电流可达变压器空载激磁电流的50倍（约为变压器额定电流的2倍），因而危及匝间绝缘。

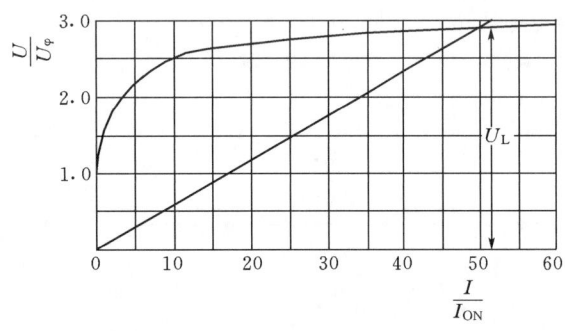

图2-4-1-34　图解法用图

2. 电容器接在变压器低压侧

（1）分析方法。电容器安装在配电变压器低压侧，且二次侧开路，当配电变压器高压侧缺相时，也会出现上述异常现象，其分析方法如下。

1）将低压电容器电容归算到高压侧，按上述方法进行分析，再将分析结果转换到低压侧，求出低压侧电容器上的过电压和过电流。

2）将系统阻抗从高压侧归算到低压侧，然后做出等值电路进行计算，直接求得作用于低压侧的铁磁谐振过电压。

（2）防止措施。

1）配电变压器低压侧安装电容器情况下，在操作变压器时，为防止缺一相产生的铁磁谐振，在停电时应先停电容器，再停低压负荷，最后停变压器，送电时则相反。

2）配电变压器低压负荷三相要对称，配电变压器跌开式熔断器熔体选择适当，防止生锈变质。

3）当在配电变压器以下安装低压电容器（包括用户集中补偿），建议安装配电变压器无功补偿谐振消除器，一旦配电变压器缺相产生铁磁谐振时，就自动切除电容器破坏谐振。

（七）并联电容器单台保护熔断器"群爆"现象

1. "群爆"及其特点

高压熔断器是并联电容器组中单台电容器内部的主要保护电器。当发生电容器组全组熔断器熔断或一相全熔断，熔断器熔断时不在同一瞬间，而只是一只接一只持续一段时间，这种现象称为"群爆"。例如，某变电所在1989年中电容器组曾多次发生熔断器"群爆"现象，先后共有105台电容器退出运行；再如，某变电所在1986—1988年期间电容器曾多次发生熔断器全部熔断现象。由于熔断器熔断后不能熄弧，导致电容器油箱爆炸，使事故扩大。

综合现场发生的"群爆"现象，其主要特点是：

（1）安装于室外的电容器组，熔断器"群爆"后，外观检查均能发现熔断器保护管有表面放电烧损，且保护管与熔丝尾线未脱离。

（2）有无串联电抗器均能发生"群爆"。

（3）三角形接线和星形接线的电容器组的熔断器均可能发生"群爆"，统计结果表明，三角形接线者发生"群爆"较多。

（4）"群爆"现象多发生在恶劣气候的天气或投入运行的操作后。

（5）调整电容器组容量不能防止"群爆"。

（6）"群爆"发生时，在大多数情况下，电容器组的继电保护装置不动作，因此，断路器不跳闸。

（7）对于有内部缺陷的电容器，在投入运行初期，常发生早期损坏，此阶段最容易发生"群爆"，当有内部缺陷的电容器均被淘汰后，运行才趋于稳定。

2. 原因

现场通过对"群爆"现象的分析，认为产生"群爆"的主要原因有：

（1）熔断器熔断后，尾线不能与保护管脱离。目前国内使用的熔断器主要是喷逐式，它的结构简单、价格低廉，要求熔断器熔断后，尾线应能可靠地脱离保护管。若尾线不能与保护管彻底脱离，则保护管上承受的电压将是：

1）运行中的熔断器发生熔断时，保护管所承受的电压是熔丝断口两端的工频恢复电压，对星形接线电容器组，此电压为2倍相电压最大值，即$2U_{\varphi m}$；对三角形接线的电容器组，此电压为$2\sqrt{3}$倍相电压最大值，即$2\sqrt{3}U_{\varphi m}$。

当故障电容器未击穿部分元件上残留电压消失后，运行中星形及三角形接线电容器组的保护管所承受的电压分别为$U_{\varphi m}$及$\sqrt{3}U_{\varphi m}$。

2）当进行投入电容器组操作时，如果事先已有电容器的熔断器熔断，而尾线未脱离的情况存在，由于一般情况下，故障电容器上残留电压已经消失，故星形及三角形接线的电容器组保护器组保护管也将分别承受$2U_{\varphi m}$及$2\sqrt{3}U_{\varphi m}$的电压作用。

在此电压作用下，装在室外的熔断器如遇到恶劣天气，沿保护管表面将可能产生放电，造成保护管烧损。同时引起与之并联的其他电容器对故障电容器（即熔断器熔断的电容

器)产生高频放电电流,造成其熔断器严重过电流而熔断产生"群爆"。在三角形接线的电容器组内,这个过电流仅反映在三角形内部,将可能引起整组电容器的熔断器熔断。

(2) 熔断器的额定电流选择过小。选择熔断器的额定电流时,要考虑和电容器的额定电流相配合。

电容器允许在 $1.3I_N$ 下长期运行,并允许电容值的容差为 $-5\%\sim+10\%$。因而运行中,有的电容器工作电流可达 $1.1\times1.3=1.43$ 额定电流。因而 IEC 549 规定:断路器额定电流和电容器额定电流的比值要大于 1.43 倍。《并联电容器》(GB 3983—85)标准规定为 1.5~1.6 倍。原水利电力部 SDJ 25—85 规定为 1.5~2.0 倍。但在发生熔断器"群爆"的电容器组中,该比值有的仅为 1.35 和 1.37,有的甚至更小。例如,某变电所 10kV 单台 12kvar 的电容器组,选用 1.5A 熔断器,其电流比仅为 1.31,在运行电压 11.5kV 情况下发生了"群爆",63 支熔断器全部同时熔断。更换为 2A 熔断器(电流比为 1.75)后,运行一直良好。

现场调查表明,国产熔断器额定电流的偏差多数超过 20%,考虑这个因素,有的文献推荐电流比为 1.7~1.8。

(3) 熔断器开断性能不良。熔断器开断规定的容性电流时不应发生重燃,否则相当于许多并联运行的电容器组中的一组切断后又重新投入的情况,将引起与之并联运行的电容器对其放电。研究表明,此放电电流大大超过熔断器的抗涌流能力,从而使之熔断,产生"群爆"。

(4) 谐波导致"群爆"。有的变电所由于带电气化铁路、电弧炉、整流设备以及可控硅等非线性用电设备,这些设备产生的谐波不断增大,使电网中所含 3、5、7、11 次谐波增多,而以 3 次、5 次谐波最显著。

当有 n 次谐波时,电容对 n 次谐波的容抗会降低,系统电感对 n 次谐波的电抗会增加。如果电容器回路的综合电抗 $\left(nX_L-\dfrac{X_C}{n}\right)>0$ 时,该回路的综合电抗呈感性,便能抑制高次谐波。如果电容回路的综合电抗 $\left(nX_L-\dfrac{X_C}{n}\right)<0$ 时,该回路的综合电抗呈容性,便引起谐波扩大现象的发生。如果电容器回路的综合电抗 $\left(nX_L-\dfrac{X_C}{n}\right)=0$ 时,则产生 n 次谐波串联谐振,此时 n 次谐波电流全部进入电容器回路,不进入电网,便使电容器回路的电流骤增,造成电容器过负荷。当过负荷时间超过了熔断器熔断的延迟时间,熔断器便会成批熔断,即为熔断器的"群爆"故障。例如,某变电所由于谐波引起过电流,使 168 台电容器的熔断器在不到 1min 内相继熔断。

3. 防止措施

由上所述,熔断器"群爆"的原因是多种多样的,因此,应根据故障的不同原因,分别采取相应的措施,主要措施有:

(1) 选用性能好的熔断器。目前丹东和沈阳的有关厂已生产出开断性能好、不重燃的专用熔断器,可抑制熔断器"群爆"。

(2) 采用单台保护熔断器。目前运行在 35kV 及以上电压等级的电容器组日益增多,各种电压等级的电容器要使用相应电压的单台保护熔断器,以防止"群爆"。

(3) 正确选择熔断器与电容器额定电流的比值。目前宜按 SDJ 25—85 规定执行。

(4) 正确选择串联电抗器的感抗值。在选择电容器组的容量和串联电抗器感抗值时,应设法避开谐振区并能限制谐波,具体选择方法如上所述。

(5) 克服熔断器结构上的缺点。熔断器熔断后,尾线不能可靠的脱离保护管是产生"群爆"的主要原因之一,所以防止"群爆"的根本措施是熔断器的结构必须具有熔断后能使尾线迅速脱离保护管的装置。目前这一问题仍在研究中。

(6) 采用星形接线。为减少"群爆"时熔断器熔断数量,电容器组应采用星形接线,而不应采用三角形接线。因为一旦发生"群爆"时,三角形接线的电容器组将可能造成整组熔断,而星形接线的电容器组只有有关的一相(或一段)熔断,然而目前电力系统内运行的电容器组仍有相当数量是三角形接线,尤应注意防止"群爆"发生。

二、电容器损坏的原因及防止措施

(一) 油纸电容器

1. 损坏的原因

油纸并联电容器损坏的原因大体有以下几方面:

(1) 切电容器组时,由于断路器重燃引起的重燃过电压造成电容器极间绝缘损伤甚至击穿。有的电容器组无任何过电压保护措施,也无串联电抗器,尤其在农灌季节,平均每天操作 1 次,就更容易导致其绝缘损伤,甚至引起爆炸。

(2) 电容器投入时的涌流过大、电网的谐波超标引起过电流,使电容器过热、绝缘水平降低乃至损坏。

(3) 电容器外壳渗漏油,导致内部绝缘受潮而发生放电,使电容器损坏。

(4) 电容器内部发热。发热的主要原因是:密封件老化或接点长期发热。其结果使电容器渗油。

(5) 电容器没有配备单台熔丝,或虽有熔丝但熔丝特性(安秒特性)太差。当电容器内部元件严重击穿产生故障电流时,熔丝不能及时熔断,同时,有效的继电保护措施未跟上,过电流使电容器内部的温度急剧上升,导致电容器胀裂或爆炸。

(6) 产品质量差。油纸绝缘没有严格的真空下干燥和浸渍处理,在长期工作电压下,内部残存的气泡产生局部放电现象。局部放电进一步导致绝缘损伤和老化,温升也随之增加,最终导致元件电化学击穿,电容器损坏。

2. 防止电容器损坏的技术措施

电容器损坏的主要原因是重燃过电压和熔断器质量不佳。鉴于此因,建议采取以下技术措施。

(1) 选用性能优良不重击穿的断路器。

20 世纪 70 年代起大多采用少油断路器投切电容器组。少油断路器开断电容器组时虽然过电压不高,但多次操作后油质劣化,需要及时更换,给使用带来很大的不便。目前 SF_6 断路器和真空断路器逐渐替代少油断路器,它们的机械寿命和电气寿命长,开断性能好,又能做到少维护或免维护,是比较理想的用于投切电容器组的断路器。

(2) 采用金属氧化物避雷器保护,对于需频繁投切的电容器组,宜按图 2-4-1-35 (a) 装设金属氧化物避雷器 F_1 或 F_2,作为限制单相重击穿过电压的后备保护装置。在电源侧有单相接地故障不要求进行电容补偿装置开断操作的条件下,宜采用 F_1。当断路器操作频繁且开断时可能发生重击穿或者合闸过程中触头有弹跳现象时，宜按图 2-4-1-35（b）装设金属氧化物避雷器 F_1 及 F_3 或 F_4。F_3 或 F_4 用以限制两相重击穿时在电容器极间出现的过电压。当串联电抗器的电抗率不低于 12% 时，宜采用 F_4。

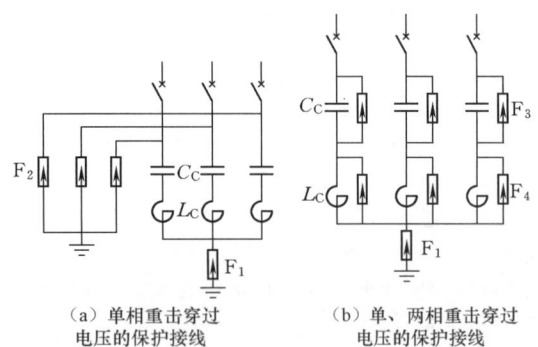

图 2-4-1-35　并联电容器的避雷器保护接线

（3）采用单台熔丝保护。它是防止油箱爆炸的有效措施。试验表明，熔断器可以在 0.3ms 将电容器的故障电流开断，所以这一措施已在国内外广泛应用。

（4）对两组及以上的电容器进行相互投切时，必须加装串联电抗器。

（5）电容器组尽可能地采用中性点不接地的双星形接线，并采用双星形零流平衡保护。它与单台熔丝保护配合，几乎可以杜绝电容器爆炸事故。图 2-4-1-36 是双星形接线零流平衡保护接线示意图。它把并联电容器分成 6 个臂，每个臂由 M 个电容器并联，组成星形接线后分成两组，取两组电容器中点连线不平衡电流，称为中性点连线电流平衡保护或零流平衡保护。

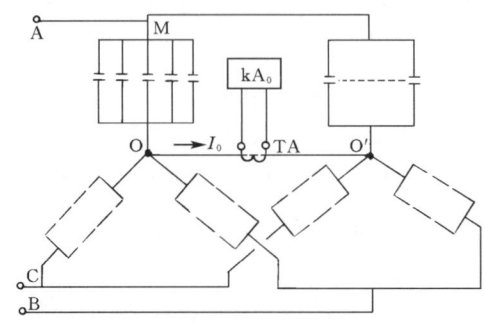

图 2-4-1-36　零流平衡保护接线示意图

当一台电容器发生部分元件击穿时，通过该台的故障电流为

$$I_g = \frac{6M}{6M(1-G)+G}I_N$$

流过中性线的不平衡电流为

$$I_0 = \frac{3MG}{6M(1-G)+G}I_N$$

式中　M——每臂电容器并联台数；
　　　G——击穿系数，一台击穿元件占总元件数的百分数。

表 2-4-1-10 给出不同 G 和 M 下的中性线不平衡电流倍数 K。

由表 2-4-1-10 可知，当 $G=0.5$，$M \geq 5$ 时，$I_0 \approx 0.5 I_N$。

表 2-4-1-10　不同 G 和 M 下的中性线不平衡电流倍数 K（$K=I_0/I_N$）

G	M				
—	1	5	10	20	40
1	3	15	30	60	120
0.75	1	1.364	1.429	1.463	1.482
0.5	0.429	0.484	0.492	0.500	0.500

例如，采用 BFF11/$\sqrt{3}$-50-1W 型的电容器，其额定工作电流 $I_N = 7.87$A，若欲单台内部元件 50% 击穿时切除，则 $I_0 = 0.5 I_N = 3.94$A，若采用 30/5 的电流互感器，则其二次电流为 $3.94 \div 6 = 0.65$A，当平衡保护电流继电器整定值整定在 0.65A 时，就能可靠地切除故障电容器。

双星形零流平衡保护具有保护方式简单、抗干扰性能强的特点。系统电压不平衡、单相接地故障以及合闸涌流和高次谐波电流都不会引起保护误动，它与单台熔丝配合是目前电容器内部故障保护的最有效措施。

（6）定期测量电容器的电容量，一旦发生较大变化，应立即退出运行，并查找原因。

（7）定期检查电容器的渗漏油现象，一旦发现漏油应立即退出运行。

（8）采用红外检测。实践证明，它对电容器内部发热的检出是有效的。

（9）开展在线监测。在运行中对电容器的温度、压力、电压、电流进行检测。每个电容器需要监测的参数包括环境温度、本体温度、压力、电压和电流五个参数，所以采用五路分时单端输入和输出。其信号输入、输出通道的结构如图 2-4-1-37 和图 2-4-1-38 所示。

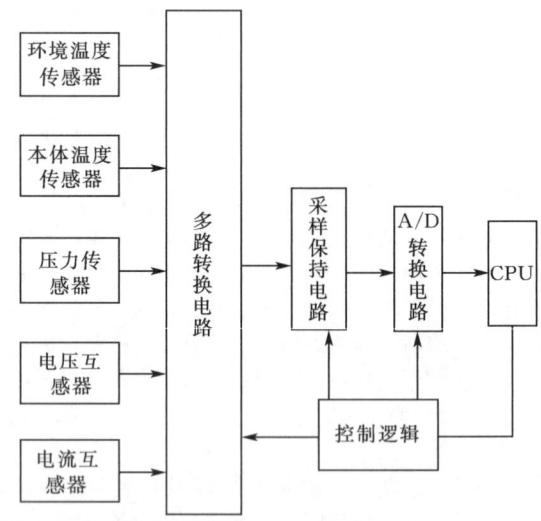

图 2-4-1-37　信号输入通道结构

3. 处理方法

油纸电容器的常见故障及处理方法如表 2-4-1-11 所示。

（二）自愈式低压并联电容器

1. 结构

具有自愈性能的电容器称为自愈电容器。其最大特点是应用具有自愈性能的聚丙烯金属化膜作为电容器元件的介质与极板。它广泛作为低压无功补偿电容器，常称为自愈式低压并联电容器。

聚丙烯薄膜具有高工作场强与低介质损耗及体积小、容量大、损耗小等特点。从表2-4-1-12的几项性能比较，可以看出自愈式电容器具有油浸纸介电容器所不及的优点。

国产低压自愈式电容器主要由芯子、浸渍剂、端子、壳体、保险器、自放电装置安装架等几个主要部分组成。图2-4-1-39给出了无锡康派特电气有限公司生产的自愈式电容器内部接线图。

(1) 芯子。芯子是电容器的基本工作单元，由聚丙烯金属化膜绕制而成，两端面的金属层通过喷金连接成电极，每台电容器由若干只芯子根据要求进行组合连接，对于三相低压并联电容器，一般以三角形接法。

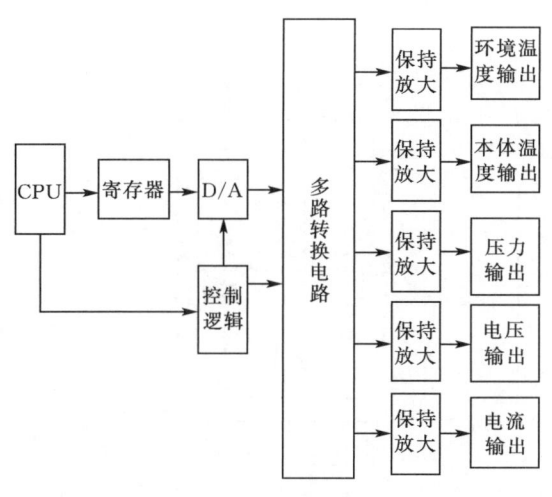

图2-4-1-38 信号输出通道结构

表2-4-1-11 油纸电容器常见故障及处理方法

故障类型	故 障 原 因	处 理 方 法
发热	(1) 接头螺丝松动。 (2) 频繁通断，反复受浪涌电流作用。 (3) 长期过电压运行，造成过负荷。 (4) 环境温度超过许可值	(1) 加强检查，停电时旋紧螺栓，防止松动。 (2) 减少通断电容器的次数，只在线路停用时才切断电力电容器。 (3) 调用电压较高的电容器。 (4) 贴示温片或用温度计及早测温升
渗油	(1) 保养不周，外壳油漆剥落，有锈蚀点。 (2) 在搬运中，瓷套管与外壳交接处碰伤，造成裂纹；或在旋紧接头螺栓时用力太猛扭伤，造成裂纹；或元件本身质量差	(1) 如果裂纹微微渗油，可在渗油裂纹处用肥皂嵌入，以利暂用；如已成裂缝，则应调换电容器。 (2) 漏油者停用
变形（即外壳膨胀）	(1) 由于漏油，导致空气进入，使内部介质膨胀。 (2) 使用期已满。 (3) 本身质量差	均需立即停用
短路击穿	(1) 本身质量差。 (2) 小动物（如老鼠等）钻入接头间，造成短路击穿。 (3) 瓷瓶表面积灰太多，产生相间拉弧或对地拉弧而短路击穿。 (4) 长期过电压运行，造成过负荷，温度增高，使绝缘过早老化击穿	(1) 调换。 (2) 接头周围加装防护罩。 (3) 清理积灰，保证平面无灰。 (4) 限制过电压运行，长期运行时，一般不允许超过额定电压5%
异常响声如"滋滋"或"咕咕"声	(1) 内部有局部放电。 (2) 外部有局部放电	(1) 停止运行，查找故障电容器更换。 (2) 停止运行，查找故障电容器并将外部擦拭干净
电容器爆炸	(1) 制造工艺不良，内部元件击穿。 (2) 电容器对外壳绝缘损坏。 (3) 密封不良和漏油。 (4) 鼓肚和内部游离。 (5) 带电负荷合闸。 (6) 温度过高，通风不良，运行电压过高，谐波分量过大，操作过电压等	更换新的电容器
瓷绝缘表面闪络	缺乏清扫和维护，表面脏污严重	定期进行清扫检查

表2-4-1-12 自愈式电容器与油浸纸介质式电容器性能比较表

项 目	单 位	自愈式电容器	油浸纸介电容器	项 目	单 位	自愈式电容器	油浸纸介电容器
$\tan\delta$	%	0.05～0.08	0.3～0.4	比特性	kA/kvar	0.3～0.4	1.7～2.1
温升	℃	5～8	20	价格比	元/kvar	20～24	30～32
工作场强	kV/mm	300	14				

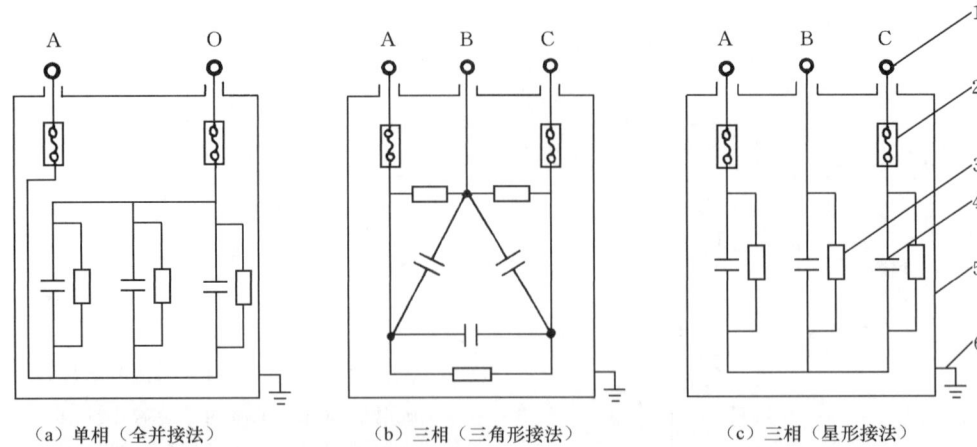

图2-4-1-39 自愈式低压并联电容器内部接线图
1—线路端子；2—过压力保护装置；3—放电电阻；4—电容器单元；5—箱壳；6—接地端子

自愈式电容器的自愈功能就是利用金属化膜的特殊性能，金属化聚丙烯膜是利用高真空蒸镀技术在聚丙烯基膜表面蒸镀一层铝、锌或锌+铝等金属薄层，其厚度极薄，仅0.03～0.04μm，这层金属层在一定的温度下极易气化挥发，当我们施加于该电容器两极板一定电压后，介质中的某些电弱点被击穿，由于击穿电弱点时释放一定的能量，使得电弱点周围的金属层受热而气化挥发，电弱点附近由于失去金属层而形成绝缘区，使电容器自行恢复正常工作，这样每通过一次自愈作用，电容器就剔除一批电弱点，使得电容器的耐压也就提高一个等级。

金属化层的厚薄，直接影响电容器的自愈性能。一般讲，较薄的金属化层对自愈有利，但与喷金层的结合脆弱。要求金属化膜既要有良好的自愈性能，又要有足够金属化厚度以提高喷金层强度。目前国外生产一种边缘加厚金属化膜，这种膜具有上述的两大优点。自愈式电容器，就是选用具有边缘加厚金属化膜绕制芯子，经实践证明，其工作可靠性高，自愈性好，经得起浪涌电流的冲击，工作寿命长。

(2) 浸渍剂。浸渍剂是电容器内部的充填物，与油浸纸介电容器不同的是，纸介质电容器中的浸渍剂，直接浸入介质中间，而自愈式电容器由于膜的工作场强高，可以不必像纸一样靠浸渍剂来提高工作场强与降低损耗。这里的浸渍剂其主要作用是解决芯子外表面的局部放电与提高电容器的自愈性能，及改善散热条件。

自愈式电容器选用一定配比的油蜡作为浸渍剂，通过真空浸渍，将浸渍剂灌注壳内，通过浸渍可以有效地解决芯子边缘的局部放电，并且由于固化后的微晶蜡在芯子外部形成一强大的应力区，当元件自愈时由于存在一定的应力，可以迫使迅速灭弧，防止蒸发区扩大与自愈恶化，而导致元件"打炮"，这类浸渍剂与液体浸渍剂相比，性能稳定，不燃烧，并有效地解决漏油问题。

(3) 保险装置。当自愈式电容器万一由于自愈失效，内部的金属化膜受热软化并放气而使电容器胀鼓时，保险装置能及时切断电源保护整个装置。保险装置的种类较多，有力学型和电学型等，结构上也各有千秋。本保险装置集力学与电气保险为一体，具有双重功能，放置于电容器壳体内部，利用外壳的形变来启动保险机构，切断电源，万一保险失控，电气保险也立即启动，同样切断电源，从而保护整个装置。

(4) 自放电装置。放电装置能将电容器在退出运行初始峰值电压在3min内降到50V以下，以保证运行及维修安全。

(5) 电容器外壳，由马口铁冲制，耐腐蚀性好，外涂阻燃漆，外形美观。端子与上盖采用整体压铸，耐压强度可高达3500V，且密封性能好，长期在-45～+50℃环境中使用不会开裂，绝缘性能稳定。

(6) 其他。如接线柱头、安装支架等，是电容器上的电气接头及安装紧固件。

2. 损坏原因及防止对策

自愈式低压并联电容器损坏的原因及相应的对策如下：

(1) 端电压高。因为电容器的介质损耗P与电容器端电压的平方成正比，即

$$P = 2\pi f C U^2 \tan\delta$$

式中 f——电网的频率，Hz；
C——电容器的电容值，μF；
U——电容器的端电压，kV；
$\tan\delta$——电容器的介质损耗因数。

由上式可知，如果电容器端电压增高，其介质损耗将会显著增大，当长期超过额定电压时，将使电容器发热，加速绝缘老化，使聚丙烯膜击穿。导致端电压高的原因如下：

1) 配电线路的运行电压高于电容器的额定电压。这就要求在选择电容器时，首先要了解线路的电压质量状况，然后选择适合该线路运行电压的电容器。一般情况下，要求电容器的额定电压比线路电压高5%，例如380V系统选择400V电容器，660V系统选用690V电容器。

防止对策是：①调分接开关。在电网运行中，如果变压器二次侧电压过高，要调整分接开关使之降低，以免电容器损坏；②退出运行。国家标准《并联电容器装置设计规范》(GB 50227—95)规定："电容器运行中承受长期工频过电压，应不大于电容器额定电压的1.1倍。"所以，一般规定，当电网电压长期超过电容器额定电压10%时，应将电容器退出运行。

2) 带电荷合闸。如果电容器在带有电荷的情况下合闸，会产生合闸过电压，使电容器承受超过额定电压很多的过电压作用，导致电容器损坏。

防止对策是：①放电。电容器在从电网中切下来后，必须进行充分放电后才能再投入运行。一般情况下，低压电容器都装有放电电阻，有时还在低压无功补偿柜中安装放电灯

泡，都能起到放电作用；②检查接触器。若由接触器投切电容器组，当接触器使用时间过长，或者吸合的电动力过小造成二次吸合、产生重合闸现象，可能会使电容器损坏。还有，由于触头烧损，造成拉弧，引起操作过电压，也会使电容器损坏。所以，在电容器的运行过程中，除要定期对电容器检查外，还要对接触器等电器配件进行检查，以及时发现问题。

（2）合闸涌流。电容器组频繁投切而产生的合闸涌流，虽然时间很短，但它的幅值很大，频率很高，会加速绝缘的老化。涌流倍数越大，相应的频率也就越高，电容器在较高频率的作用下，最容易发生元件端部放电，造成电容器损坏。对于自愈式低压并联电容器来说，过大的涌流可能会使电容器元件的喷金层脱落。

防止对策是，在低压线路的无功补偿中，一般选择电容器专用投切接触器来限制合闸涌流。另外，也有采用内置小电抗的电容器来限制合闸涌流。

（3）谐波。随着现代工业技术的发展，电网中非线性负荷大量增加。非线性负荷引起电网电压波形发生畸变，产生谐波。

在有谐波的供电系统中，系统的电压是由基波电压和谐波电压叠加而成的。此时，系统电压高于电容器的额定电压，会对电容器造成危害甚至损坏。

电力系统中的谐波电流一般有3、5、7、9、11、13等次谐波。谐波电流是在基波电流基础之上产生的附加电流。谐波电流在介质中产生额外的附加损耗，使介质发热，绝缘老化。当谐波电流过大时，可能使介质绝缘损坏。

防止对策是，装设各种抑制谐波的装置使通过电容器的谐波电流减少。例如装设滤波装置，或通过适当的线路设计和参数组合，使无功补偿电容器既起无功补偿作用，又起滤波作用，或使用耐受谐波的电容器。

（4）环境温度。环境温度对电容器的影响也很大，一般自愈式低压并联电容器的工作环境温度为-25~50℃（户内型）和-40~50℃（户外型）。

为保证电容器工作在允许的环境温度范围，采取的对策是加强通风。

3. 防止爆炸的措施

防止自愈式并联电容器发生爆炸故障的措施如下。

（1）设计上采用双重外壳。例如桂林电力电容器厂的电容元件为铝外壳，装入高强度阻燃塑料的电容器塑料外壳中，铝外壳炸开后，塑壳仍会起到保护作用。

（2）选用高闪点的浸渍剂。例如苯甲基硅油的闪点为300℃左右，极不易燃烧。

（3）设计上采取干式结构。干式电容元件在难燃的浸渍剂中经全真空热处理沥干后，用树脂密封，电容器壳体和元件之间以蛭石充填，起到防爆、灭火和隔热的作用。

（4）研制充SF_6的干式自愈式电容器。SF_6的灭弧能力是空气的100倍，对防爆、灭火效果更好。

（5）电容器内部加装特种内熔丝。锦州电力电容器厂和南昌电容器厂的产品带内熔丝，熔丝的特性要保证在过电压、涌流及自愈时不动作，但在各种型式的故障时均能动作，寿命终止时切断电路。

（6）加装各种压力型或机械型的保安装置和温度断路器。例如南京电力电容器厂的产品装有温度断路器，在89~93℃时使电容器退出运行。关于加装保安装置正在研

究中。

（7）采用防爆型薄膜。德国史太拿（STEINER）公司生产的P-ZNRX型安全膜，在镀膜时把保障电容器安全运行所需的微型熔丝，一起镀在膜的表面上，每平方厘米面积都由两对微型熔丝保护，每平方米达2万条之多。熔丝反应非常灵敏，能有效地防止击穿点对电容器的破坏蔓延。

目前，低压电容器正在向气体化方向发展，充气型自愈式环保化低压电容器（GMKP），已在我国应用，其显著特点是如下：

（1）体积更小，大大提高单柜的补偿容量，同容量相比，其体积只相当于普通电容器的1/3。

（2）真正干式、无油化、高性能，电容器内充入保护气体更加提高元件的电性能，过电流能力大于2倍的额定电流，是真正的无油化干式产品，防火防燃。

（3）全新保护，运行安全可靠。

（4）环保性好，废品可作为一般垃圾处理。

（5）使用寿命长，其平均寿命可达10万工作小时，是普通电容器的4~10倍。

目前，我国生产的高压自愈式并联电容器及其装置的性能还不够稳定，局部放电性能还有待改进。尤其是自愈式高压并联电容器的保护设备，还应进行深入研究，以确保其具有良好的可靠性、安全性和长寿命。

（三）集合式电容器

所谓集合式（或密集型）电容器，就是一相电容器中的一台小电容器的元件接线方式，由常规的几个元件并联之后再串联成多段的结构，改变为由几十个（30~50个）元件并联而没有串联段的结构。图2-4-1-40给出了BFF11/$\sqrt{3}$-2500-1W×3集合式电容器一相接线。由图可见，一相分为两段，每段有两支路，每支路的两部分各由60个元件并联后，再串联。因此，一相电容器是由4个支路组成，2并2串。

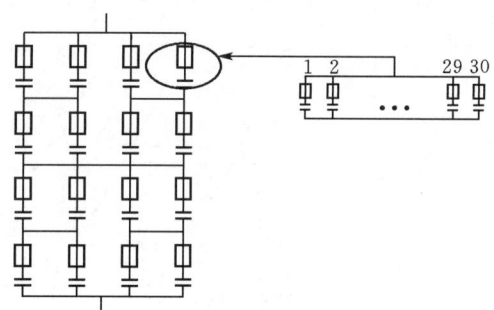

图2-4-1-40 BFF11/$\sqrt{3}$-2500-1W×3
集合式电容器一相接线

集合式电容器运行故障如表2-4-1-13所示。

集合式电容器损坏的原因，根据文献介绍拟用20多年前美国通用电气公司Bock和Newcomb的说法来解释：在电容器的元件开始损坏及全部击穿的过程中，故障电流会导致电容器介质的纸、纸—膜或全膜和溶液发热，产生气体，使铁壳鼓肚，壳内液面下降，出现空间，使露出液面的连线产生电弧或端子引线对铁壳放电。连线电弧的产生是由于元件击穿短路时，全部相邻健全元件向其放电，因放电电流过大而使连线熔断。这个电弧在壳内产生导电的气体，使健全元件芯子的端子引线很快地对铁壳放电，并烧穿一个小孔。

表 2-4-1-13　　　　　　　密集型电力电容器的运行故障原因及分析

故障情况	故 障 原 因	分　　析
端子过热变色	端子安装接触不牢靠	密集型电力电容器的运行工况较其他负载重得多。故与电容器串接的导线和元件的截面载流量应比一般的大两个规格。连接部位应有足够的接触面和工作压力，应采用平板式接线头
漏油或喷油	(1) 内部故障。 (2) 外部短路或接地。 (3) 密封不严或自然老化、外力等	如系套管端部喷油，应着重检查端子是否有烧伤或发热、变色痕迹。因接触不良发热使球压阀老化导致喷油的事故时有发生
套管损伤或爆炸	(1) 内部故障或外沿面闪络。 (2) 外力	在预防性试验中应注意检查套管是否有裂纹等。套管裂纹会在运行中导致绝缘下降而发生击穿事故
油箱变形或损伤	(1) 内部故障。 (2) 环境温度过高或外力	
异常声音	(1) 内部故障。 (2) 高次谐波侵入或投入电流过大。 (3) 外部短路接地	因高次谐波侵入与电容器串联之电抗器也可能引起声音异常
异臭	内部故障或绝缘油劣化	
温度异常	(1) 内部故障。 (2) 环境温度过高或测量表计不准。 (3) 过电压或高次谐波	为防止系统操作过电压损坏电容器，应配置相应电压等级的电容器专用避雷器，且其保护距离不能超过150m

IEC—70 有关条款也说明，电容器发生击穿短路后，注入的工频电流或相邻并联电容器储存能量超过图 2-4-1-41 的铁壳爆炸曲线 0.1 机遇率时，铁壳就会开裂和液体泄漏。

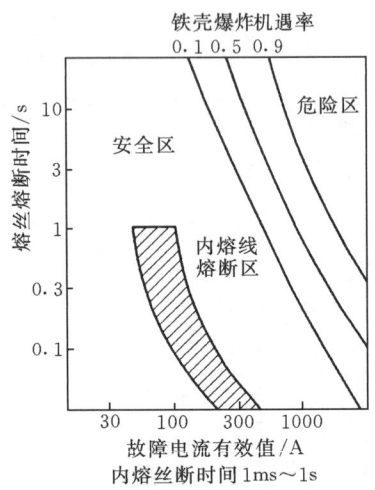

图 2-4-1-41　电容器铁壳爆炸曲线

根据 Bock 和 Newcomb 这个说法并结合 IEC—70 的说明，对照我国曾发生的两起集合式电容器的损坏情况，完全吻合。这意味着可以用上述的"说法"和"说明"来解释现有的集合式电容器损坏情况。

由于上述集合式电容器损坏的原因是并联元件数太多，一个元件击穿短路时故障电流偏大，因而发生电容器铁壳鼓肚、开裂、套管爆炸等现象。所以为避免这种现象的发生就要降低集合式电容器的故障电流，为此，必须改用一相是由多台常规接线的电容器组成的每台电容器的元件接线是 8～10 并 4 串。

应当指出，为保证电力电容器安全运行，除应按《电力设备预防性试验规程》（DL/T 596—1996）进行预防性试验外，还应开展红外检测。当热像异常或同类相对温差超标时，应用其他试验手段确定缺陷性质及处理意见。并联电容器的判断按表 2-4-1-14 的规定执行。

表 2-4-1-14　并联电容器（串联电容器）允许的
最大温升及同类相对温差值

浸渍材料	正常热像特征	异常热像特征	允许温升/K	相对温差/%
十二烷基苯	中上部及顶部铁壳有明显温升	整体或局部出现异常高的温升	75～T_{om}	≤30
二芳基乙烷			80～T_{om}	
硅油			85～T_{om}	

注　T_{om} 为设备安装场所年最高环境温度，若厂家另有规定按厂家要求执行。

第二节　耦合电容器事故原因及防止措施

近些年来，耦合电容器的烧损和爆炸事故时有发生，而且这些电容器在事故前所做的预防性试验都合格，投运后不久就发生事故。例如，某台 OY-220/$\sqrt{3}$ 型耦合电容器，预防性试验合格后，投运不到 20 天就发生粉碎性爆炸。因此耦合电容器的事故原因分析和防止措施的研究引起现场的广泛重视。

一、事故原因

现场事故分析表明，事故的主要原因是制造质量问题，其表现为：

(一) 电容芯子受潮

有的厂家对电容芯子烘干不好，残留较多的水分，有的厂家元件卷制后没有及时转入压装车间压装，造成元件在空气中滞留时间太长，使电容芯子受潮，形成隐患。

（二）密封不良

主要是橡胶密封垫质量不佳，它的油泡溶胀率达不到要求；其次是密封性检查不严；另外是在装配时螺栓紧得不当或经长途运输而松动，从而使密封失效，导致渗漏油，影响绝缘性能。例如，某台 OY-110/$\sqrt{3}$ 型耦合电容器烧损就是由于渗漏油引起的。再如，某台 OY-110/$\sqrt{3}$ 型耦合电容器在运行中爆炸，主要原因是盖板上的密封螺栓压接不紧，耐油橡胶垫不起密封作用，雨水沿密封螺栓进入耦合电容器内部，使绝缘性能降低，造成击穿爆炸。

（三）结构设计不合理

有的出厂成品不能保证在运行温度下恒正压，有的不装或少装扩张器；有的在常温下注油，因而会出现负压，容易受潮。在浙江的 6 台耦合电容器事故中，非压力注油而造成的有 5 台，山东在 5 台事故中占 4 台。

（四）夹板在制造和加工时有缺陷

现场解剖发现，采用环氧玻璃丝板或酚醛布板作为底材热压成形时，浸渍性差、黏结力差，容易形成气隙，或在割制加工中严重受潮，这些原因都可能使夹板在运行电压下发生局部放电，从而降低夹板的绝缘性能。夹板缺陷是耦合电容器事故的一个很重要原因。

（五）现用的电容器油所含芳香烃成分偏少

电容器油在高电场作用下发生局部放电时，由于离子撞击作用使油分解而析出气体（主要是氢气），同时生成固体蜡状物（X 蜡）。而芳香烃是环状结构的不饱和烃，它可与电容器油中析出的氢气结合，防止气体析出。但由于油中含芳香烃较少，致使气体吸收不掉，这就加剧了局部放电，逐渐使介质老化，以致破坏。

（六）元件开焊

耦合电容器由 100 个左右的元件串联组成，焊头很多。如果有虚焊或脱焊现象时，在运行电压作用下会打火，使油质劣化、介质被腐蚀，造成事故。安徽省滁县某变电所的一台 OY-110/$\sqrt{3}$ 型耦合电容器就是因开焊而导致的爆炸。

另外，在运输过程中，若将设备卧倒放置时，往往容易发生元件错位，这也就有可能造成类似开焊的缺陷。

（七）设备引线有放电现象

早期产品引线未包绝缘，可能与处于悬浮电位的扩张器放电。东北云峰发电厂的一台 OY-110/$\sqrt{3}$ 型耦合电容器就是因上述原因而爆炸。

应当指出，《电气设备预防性试验规程》（1985 年版）规定的试验项目对检出耦合电容器缺陷的效果是不够理想的。这是因为：

（1）正常测量绝缘电阻对检出绝缘缺陷或开焊的效果不好。对于电容元件间的开焊或未焊，一般认为可用绝缘电阻表在测试过程中是否有充电过程或放电时是否有放电声做出判断，但由于耦合电容器有 100 个左右的元件串联组成，元件间的连接片间隙很小，绝缘电阻表的电压又高，因此，在充放电过程中均因间隙发生稳定火花放电而难以反映出来。

对于电容元件受潮或局部缺陷，只有在串联回路中有部分完好的元件，也很难发现。如某台耦合电容器已严重受潮，其绝缘电阻尚有 750MΩ。

（2）测量电容值对检出受潮和缺油的可能性不大。据报道，对发生事故的耦合电容器，其电容量的变化均在合格范围内；而个别元件击穿所占元件总数的比例也很小。所以在实践中，用电容值的偏差不超过（+10%～-5%）标称值的标准来检出受潮和缺陷的可能性不大。另外，测量结果的准确性还受多种因素的影响，例如：①标准电容器受潮；②外界强烈的电场干扰；③电桥的接线方式；④电桥的精度等。这些都影响检出效果。

（3）测量介质损耗因数也难于检出绝缘缺陷。由于耦合电容器是由 100 个左右的电容元件串联而成，测量整体的介质损耗因数不能反映个别元件介质损耗因数的变化。例如，某台 OY-100/$\sqrt{3}$ 型耦合电容器，每一个元件的电容量约为 0.7μF，几个元件绝缘不良，介质损耗因数很大，但总的介质损耗因数变化却不大。表 2-4-2-1 列出了 6 台耦合电容器单个电容元件及整体的介质损耗因数。由表 2-4-2-1 可见，即使单个电容元件的介质损耗因数很大，电容器整体的介质损耗因数仍在合格范围内。

表 2-4-2-1　耦合电容器元件及整体的介质损耗因数

序号		1	2	3	4	5	6
tanδ /%	损坏元件	11	13.3	10.9	6.7	8.6	6.6
	整体	0.2	0.4	0.3	0.3	0.3	0.3

二、预防措施

（1）提高产品质量，消除先天性缺陷。

（2）应按规定的周期进行渗漏油检查，发现渗漏油时停止使用。

（3）应按规定的周期测量电容值、tanδ、极间绝缘电阻、低压端对地绝缘电阻。测量结果应符合《规程》（DL/T 596—1996）的要求。

（4）积极开展新的测试项目，如带电测量电容电流、局部放电、红外检测、交流耐压试验和色谱分析等。色谱数据分析，应以特征气体含量分析为主，其注意值可参考互感器和套管的注意值。红外检测结果应与其他试验结果相比较进行综合判断。耦合电容器允许的最大温升及同类温度参考值如表 2-4-2-2 所示。

（5）对新装的耦合电容器应选用"在运行温度下始终保持正压力"的产品。

（6）建议制造厂在电容器上加装油位指示器、压力释放装置，对扩张器等电位连接。出厂试验增加"局部放电测量"数据。

表 2-4-2-2　耦合电容器允许的最大温升及同类温差参考值

电压等级 /kV	正常热像特征	异常热像特征	允许温升 /K	同类温差 /K
35	瓷套表面有轻微发热	整体或局部有明显发热	膜纸 0.5 油纸 1.0	— —
110～220			膜纸 1.5 油纸 3.0	0.5 1.0
330	瓷套表面有一定发热		膜纸 2.0 油纸 4.0	0.6 1.2
500			膜纸 2.0 油纸 5.0	0.6 1.5

注　耦合电容器上中部出现明显的温度梯度，可能是内部缺油，应根据具体情况判断。

第五章

高压开关设备异常与事故处理案例

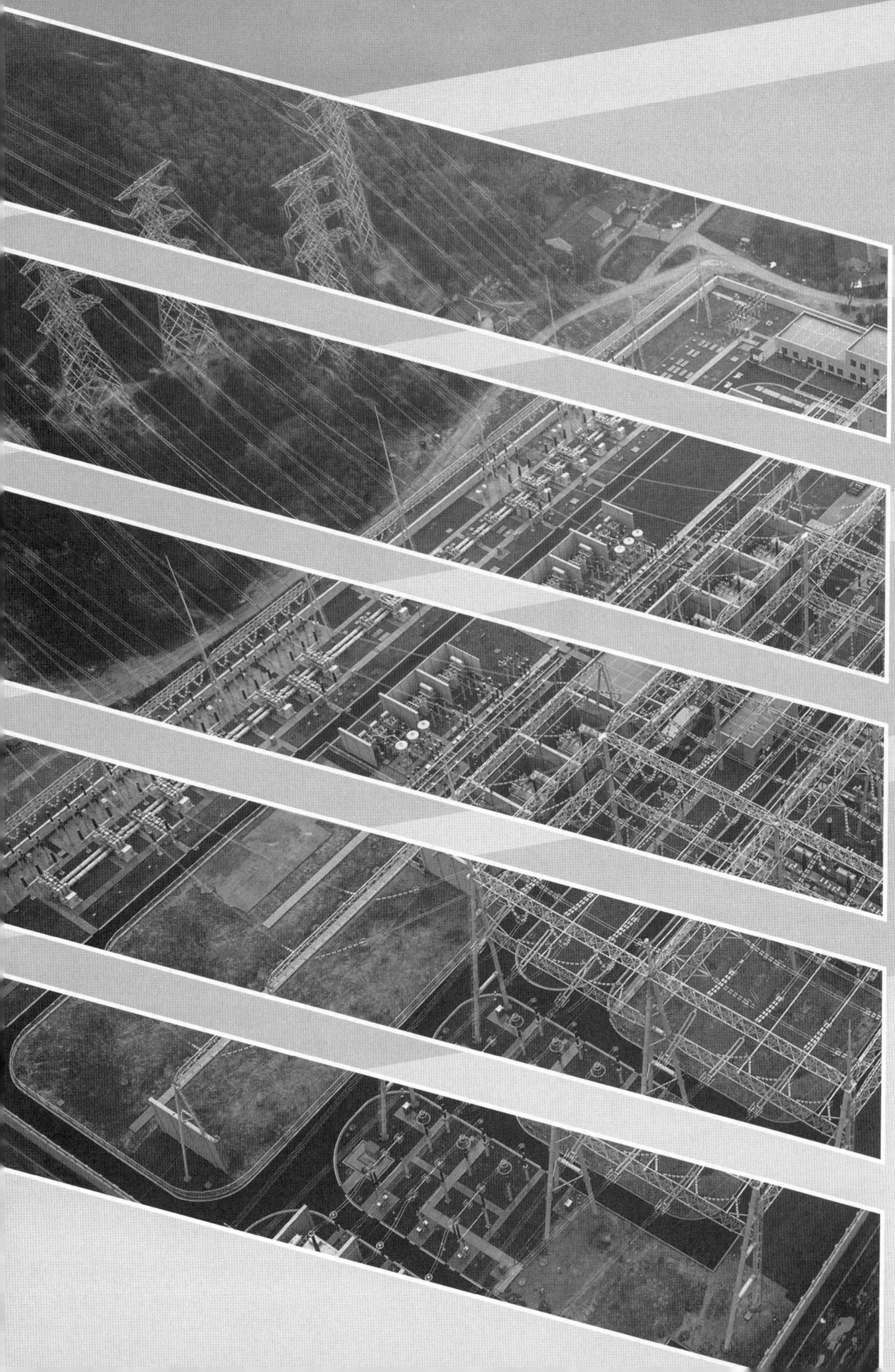

第一节 油断路器的异常运行和事故原因及处理方法

一、油断路器事故原因及处理方法

目前,我国电网中运行的油断路器仍占50%以上,事故时有发生。

现场多年对断路器的事故统计表明,其运行事故的主要类型如下:

(1) 操动失灵。
(2) 绝缘故障。
(3) 开断、关合性能不良。
(4) 导电性能不良。

产生事故的原因,一般可大致分为技术原因和工作原因两大类。所谓技术原因,是指产品本身或运行方式的缺陷;所谓工作原因,是指造成这些缺陷的工作者过失。本节将分析这两方面的原因。

(一) 事故的技术原因分析

1. 操动失灵

操动失灵表现为断路器拒动或误动。由于高压断路器最基本、最重要的功能是正确动作并迅速切除电网故障。若断路器发生拒动或误动,将对电网构成严重威胁,主要是:①扩大事故影响范围,可能使本来只有一个回路故障扩大为整个母线,甚至全所、全厂停电;②如果延长了故障切除时间,将要影响系统的运行稳定和加重被控制设备的损坏程度;③造成非全相运行,其结果往往导致电网保护不正常动作和产生振荡现象,容易扩大为系统事故或大面积停电事故。例如,某发电厂在4号发电机停机解裂操作中,由于 SW_2-220 型少油断路器拉杆强度不足而折断,B相未断开,造成非全相运行,使4号主变压器中性点间隙发生火花放电,电弧波及220kV东下母线,使母线差动保护动作,2号发电机及两条线路跳闸,又由于负序电流的影响,使发电机转子磁极主绝缘几乎全部损坏。

导致操动失灵的主要原因有:
1) 操动机构缺陷。
2) 断路器本体机械缺陷。
3) 操作(控制)电源缺陷。

具体分析如下。

(1) 操动机构缺陷。操动机构包括电磁机构、弹簧机构和液压机构。

现场统计表明,操动机构缺陷是操动失灵的主要原因,大约占70%左右。对电磁与弹簧机构,其机构机械故障的主要原因是卡涩不灵活。此处卡涩,既可能是因为原装配调整不灵活,也可能是因为维护不良所致。造成机构机械故障的另一个原因是锁扣调整不当,运行中断路器自跳(跳闸)多半是此类原因。各连接部位松动、变位,多半是由于螺钉未拧紧、销钉未上好或原防松结构有缺陷。值得注意的是,松动、变位故障远多于零部件损坏,由此可见,防止松动的意义并不亚于防止零部件损坏。

对液压机构,其机械故障主要是密封不良造成的,因此保证高油压部位密封可靠是特别重要的。

对机构的电气缺陷所造成的事故,主要是由辅助开关、

微动开关缺陷造成的。辅助开关的故障多数为不切换,由此往往造成操作线圈烧坏。除此,故障还有是由于切换后接触不良造成拒动。微动开关主要是指液压机构等上的联锁、保护开关。有 SW_6 型断路器的事故统计资料表明,其微动开关故障约占其机构电气故障的50%左右。除辅助开关、微动开关缺陷外,机构电气缺陷中比例最大的为二次回路故障。对于这些"配角的配角"也应当引起重视。例如:

1) 某电业局的220kV变电站,其主变压器的 SW_6-220 断路器C相在运行中偷跳,造成非全相运行,导致严重后果。其原因是C相机构分闸线圈引出线外皮磨损,与铁轭窗口放电,构成直流系统负极接地。又由于变电所绝缘监视装置失灵,而不能及时发现,仪表班在作业中又误触正极,造成直流两点接地,使断路器C相偷跳。

2) 某变电所的 SW_6-220 型少油断路器,在检修中,将二次线接错,以致故障时断路器拒分,扩大为全所停电。

3) 某发电厂的 SW_6-220 I型少油断路器,其 CY_3 机构的 F_4 辅助开关,因制造质量不良,触片弹力不足,似接非接。当线路故障时,断路器不能正确分闸,使断路器失灵保护动作,220kV母线停电,少送电15.5万 $kW \cdot h$,少发电7.5万 $kW \cdot h$。

(2) 断路器本体的机械缺陷。造成断路器本体操动失灵的缺陷,皆为机械缺陷。其中包括瓷瓶损坏、连接部位松动,零部件损坏和异物卡涩等。例如:某发电厂的3号发电机—变压器的 SW_7-220 型少油断路器,在并网操作时C相拒合,造成非全相运行,使220kV母线、线路断路器跳闸,少发电40万 $kW \cdot h$。事故的原因是,该断路器操作已达3600次,部件磨损严重,变直机构变形,又未及时进行检修、更换,终于酿成事故。

对 SW_7-220 型少油断路器具有特殊的"晚动"故障,其原因是:该型断路器灭弧室内和三角箱内的油是隔绝的。为了避免运行中灭弧室的油漏进三角箱,一般都把导电杆动密封调得很紧,当夏季气温上升时,动密封往往会把导电杆抱住,当断路器接到分闸命令时,导电杆运动要克服此抱紧力,往往晚几十至几百毫秒才能完成分闸动作。对这种"晚动"现象,在事故后仅检查断路器不易查出,只有看故障录波器示波图才可发现。为了避免此类事故发生,在 SW_7-220 型少油断路器检修工艺中已对导电杆的拔出力的允许范围做了规定,只要认真执行检修工艺,运行中便不会发生"晚动"事故。

(3) 操作(控制)电源缺陷。断路器的操作电源缺陷,也是造成操动失灵的三大根源之一。在操作电源缺陷中,操作电压不足是最常见的缺陷。其原因多半是由于电站采用交流电源经硅整流后作操作电源,在系统发生故障时,电源电压大幅度降低,或虽有蓄电池组,但操作电源至断路器处连线压降太大,使实际操作电压低于规定的下限。例如某变电站因一条配电线路发生故障,断路器在重合时爆炸;另一变电站44kV线路相位接错,合闸并网时断路器爆炸。这些都是由于硅整流器电源由本变电站供给,当线路故障时,母线电压降低所致。因此,1982年原水利电力部制订了《关于变电站操作电源的暂行规定》,要求新建变电站不得再采用硅整流作为操作电源,建议推广采用蓄电池和储能式操动机构,对已有变电所进行操作电源改造和完善,并加强管理。

2. 绝缘事故

断路器绝缘事故,可分为内绝缘事故与外绝缘事故。内

绝缘事故造成的危害，通常比外绝缘更大。

（1）内绝缘事故。内绝缘事故主要有套管和电流互感器事故，其原因主要是进水受潮；其次是油质劣化和油量不足。也有是由于某些主绝缘件绝缘质量有问题造成的。例如：

1）某变电所的SW_6-220型少油断路器，其B相北柱在运行电压下发生爆炸，造成3个大型变电站全停，28个中型变电站停电，少送电量达6万kW·h。事故原因是铝帽进水，绝缘拉杆受潮。实际上，在预防性试验中，已发现油耐压值低（只有18.8kV/2.5mm），但未及时安排停运处理，以致酿成内绝缘闪络，断路器爆炸。

2）某变电站的一台SW_3-110G型少油断路器，检修时放出约20kg水。由于进水使绝缘部件受潮闪络甚至爆炸者不少。该省仅1年就发生了4次爆炸事故。进水的原因主要是：铝帽与帽盖结构不合理或有砂眼气孔；安装工艺不严。进水的路径一般是从螺丝沿面进入灭弧室或沿喷口顶部开孔销渗入。

3）某水电站的SW_7-220型少油断路器，在运行中B相突然爆炸。引起事故的主要原因是由于开关油中有水分，使绝缘拉杆受潮，绝缘强度降低，以致在正常电压下，绝缘拉杆发生沿面闪络而酿成事故。

4）多次发生SW_2-35型少油断路器内附环氧树脂绝缘电流互感器绝缘击穿、引起断路器爆炸事故。其主要原因是环氧树脂浇注质量不良，内部存在气泡，引起局部放电。其次是电流互感器颈部均压结构不合理，使其颈部电场比较集中。

顺便指出，断路器进水，不仅会影响其绝缘性能，也可能导致拒动。例如，安徽某台SW_4-110型少油断路器，由于三角箱大量进水，结果在冬季结成冰，导致断路器拒动。

（2）外绝缘事故。外绝缘事故主要是由于污闪和雷击引起断路器闪络、爆炸事故。污闪的原因主要是瓷瓶泄漏距离较小，不适于污秽地区使用；其次是断路器渗油、漏油，使其瓷裙上容易积聚污秽而引起闪络。例如：

1）某电厂的SW_4-220型少油断路器，因渗油套管积尘，在小雨时发生了污秽闪络，造成220kV变电站全部停电事故。

2）某水电厂的DW_8-35型多油断路器因雷电过电压造成外绝缘闪络事故。

3．开断、关合性能事故

开断、关合任务是对断路器最严酷的考验。现场统计表明，由于严重的开断、关合条件，在运行中出现的概率较小，故一般断路器开断、关合性能事故的比例不大。绝大多数开断、关合事故的主要原因是由于断路器有明显的机械缺陷，其次是缺油或油质不符合要求。也是由于断路器断流能力不足。但前者较多，因为有相当数量的事故发生于分、合小容量，甚至是分、合负荷电流。例如，某变电站1号主变压器的二次侧断路器SW_2-60G型，当时63kV母线发生带地线合闸事故，断路器跳闸重合时，B、C两相瓷套爆裂，并喷油着火。经核算，第一次开断的短路容量为1500MVA，4.5s重合后，开断容量仅为600MVA，远低于铭牌容量2500MVA，故不属于开断容量不足事故。该型断路器本来存在着正常操作时上帽喷油的缺陷。这台断路器原先是由运行单位自己加工完善的，排气孔的大小和位置是否正确，装配后是否被堵塞都值得怀疑。

4．导电性能不良事故

导电性能不良的事故，在断路器事故中占的比例较小，其原因是：

（1）多数断路器的实际负荷电流远小于其额定值。

（2）静止状态下的导电性能容易得到保证。

现场事故统计资料分析表明，导电性能不良故障主要是由机械缺陷引起的。其中有：

（1）接触不良。包括接触面不清洁，接触太小及接触压力不足。

（2）脱落、卡阻。如铜钨触头脱落等。

（3）接触处螺钉松动。

（4）软连接折断等。

（二）事故的工作原因分析

1．制造质量不良

制造质量不良主要包括设计性能、零件加工和装配不良三个方面。

（1）设计性能不良。近些年来，断路器在运行中发生的事故，有相当部分是产品原设计性能不良。这里既有原标准规定不明确，型式试验考核不严造成的问题，也有由于新产品投产初期，很多地方认识尚不充分而重视不够的问题。近些年来，国产液压机构与弹簧机构在运行中暴露的操动失灵问题较多就是一个最好的例子。据现场调查了解，这些液压机构和弹簧机构，多数问题是在大量投入运行后才逐步暴露的。但严重的是在型式试验中暴露的有些问题，由于以往要求不严也未及时得到彻底解决。如一些户外产品进水的问题，就是说明设计缺陷的最好例子。因为有些户外产品在研制时并未进行过防雨性试验，因而在恶劣的气候条件下暴露了进水的问题。有些设计缺陷的产生，是和设计时片面追求简单有关。例如，CD13电磁机构，设计时因强调简化结构而取消了自由脱扣，后来发现这不仅增加了调整的困难，而且在短路关合时，往往会影响分断性能（现CD13已停止生产）。相对于新产品来说，一些仿苏老产品，断流性能不良的问题比较多。据现场统计，近些年发生的10kV级断路器开断短路性能不良的运行事故，绝大多数发生在仿苏老产品上。设计性能不良，往往和型式试验要求不严，使设计上的缺陷未能及时暴露有关。另一个原因是设计裕度不大，在质量控制不严格或使用不正确的条件下有些本来可以避免的问题便暴露出来了。液压机构失压慢分就是一例。液压机构的失压慢分可以说是差动式液压机构的"原理缺陷"，在国外，由于生产、使用质量控制严格，并不成为危及运行安全的问题，但在我国却多次发生这类事故。

（2）零件质量不良。零件质量不良，是造成断路器运行事故的一个重要原因。据现场统计，造成出厂产品不合格的因素、零件质量不良占较大比例。在运行中，因绝缘筒螺纹脱落、灭弧片击穿、弹簧失效、密封圈缺陷等原因引起的事故虽皆有发生，但比较集中的是如下几个方面：

1）瓷瓶强度不够。

2）铸件不合格。这方面的例子较多，如10kV断路器铸铁拐臂断裂，110kV多油断路器铝横梁断裂，110～220kV少油断路器上铝盖有砂眼（导致进水）等。

3）套管绝缘劣化快。

4）密封圈质量差。据现场调查分析，有相当一部渗油事故，是因密封圈质量不合格造成的，有的密封圈尺寸原来就不合格或有较大飞边，更多的情况是使用一段时间后，有严重永久变形或失去弹性。

5) 二次元件性能差。多数是所选用的二次元件机械强度与绝缘强度裕度太小。

6) 其他。如铜钨触头焊接不良而脱落，SW_2-35 型少油断路器内装式电流互感器绝缘击穿，放油阀普遍渗油等。

(3) 装配质量差。装配质量差，是导致制造质量差的原因之一。主要有：

1) 错、漏装。据现场调查，出厂产品漏装或错装小零件的现象很多，如多装或少装弹簧垫、平垫、少装锁紧螺母，漏装逆止阀、安全阀片，多装或少装触指、装错灭弧片位置或排气口方向等。虽然有一部分错装问题已在产品安装过程中得到纠正，但仍有一部分未被发现造成了产品运行事故。例如：①某供电局购进一台 SN_{10}-10Ⅱ型少油断路器，是三包产品，有铝封。解体时发现里面未装灭弧室；②某供电局在安装 SW_2-220 型少油断路器时，解体发现里面少装两片灭弧片；③某供电局的 SW_2-60G 型少油断路器，在正常操作时，断路器冒烟，经解体检查发现灭弧室的灭弧片装反了；④某电业局的 SN_{10}-10 型少油断路器，曾先后发生两次爆炸事故。检查时发现这种断路器制造厂家调整的引弧距离实际只有 10mm，均低于技术标准规定的 13mm。

2) 螺纹未拧紧、开口销未打开。这类现象更为普遍。导致运行中因松动、变位造成的操动故障，远多于零件损坏造成的故障。例如，某 220kV 少油断路器一相拒动事故，就是由于主拐臂上销钉原来就未上紧。

3) 内部严重不清洁。现场解体检查表明，断路器内部经常发现有金属屑、烟头、毛巾、手套等异物，有的还是"三包"产品，例如：①某变电站在所安装的 SW_7-110 型少油断路器中发现有一双手套；②某变电站在所安装的 SN_{10}-10 型少油断路器中发现一个 10mm 螺帽和其他铁屑杂物等；③某供电局发生 DW_8-35 型多油断路器拒合，打开机构箱检查发现手力千斤顶未取出，操作时千斤顶被合闸铁芯吸起，影响再次合闸时铁芯动作。

虽然多数异物在安装时被清除了，但也有一些是难以清除的，则往往成为运行中造成事故的原因。

近些年来，有些电业局新安装的 SW_2-220Ⅳ型少油断路器，普遍存在质量问题，如断路器主轴别劲、扭曲；三相同期调不上；瓷瓶有裂纹；工作缸分闸侧油管未焊；灭弧片装反；支持瓷套无卡固弹簧孔等。而某些基建部门却轻信厂家说明书中"不必解体检查"的规定，给运行留下了事故隐患。

2. 使用不当

产品能否正常运行，除了要求产品本身好用外，还取决于用户的使用水平。运行中使用不当的主要表现有如下三个方面。

(1) 安装、调整不当。安装、调整是否正确，是影响产品能否正常运行的基本因素之一。有不少运行事故，是由于产品未严格按制造厂规定装配、调整，就投入运行。常见的有以下几种情况：

1) 机械调整尺寸不对。电磁、弹簧机构中锁扣尺寸或死点间隙不对，断路器本体中变直机构终、始位置不对，是常见的造成事故的原因。如 SW_6^3-$_{220}^{110}$ 型断路器曾多次发生因中间传动杠杆变形而影响正常操动的事故。现场调查表明，其原因多系安装时提升杆起始位置调整不当或工作缸安装处基础刚度太弱、操作时弹跳所致。SW_7-220 型少油断路器在运行中也曾发生过因安装时将死点机构过死点位置调整过大，而造成拒动或动作迟滞的事故。辅助开关调整不当，切换过早或切换不可靠，也是造成很多断路器操动失灵的重要原因。按理，辅助开关运到现场后，一般不需再进行调整，但一些安装单位对此不够了解，进行了错误调整（当然也有的原出厂未调好，安装时进行正确调整的），因而造成事故。特别值得注意的是合闸时辅助开关切换过早，它显著降低断路器合闸速度，甚至造成合闸跳跃，严重危及断路器关合能力。

若行程、超程调整不对或触头位置放置不当，也是运行中常易产生的事故。如某地一台 35kV 断路器检修时触头调整不良，投运后仅通电 80A，20min 就发生烧坏事故。

2) 螺纹未拧紧，开口销未打开。此类缺陷多系安装、检修部门的疏忽造成的。如某台 220kV 空气断路器检修后投运不久，就发生了灭弧室瓷套爆炸事故。解体检查发现是检修时一个螺丝未拧紧，使触头接触不良所致。某台 110kV 少油断路器一相拒合事故，也是安装时相间水平连杆螺母未锁紧造成的。

3) 密封圈放置不当。据现场调查，很多断路器在现场重装后，渗油情况显著增加，其中部分是由于重装时密封圈放置不当所致。如某地先后发生两起 SN_{10}-10 型少油断路器开断后油气从上接线端处喷出造成对地及相间闪络的事故，根据现场分析，是安装时该处密封圈放置不当所致。原北京电力局试验结果表明，SW_6^3-$_{220}^{110}$ 型少油断路器的上帽进水的问题，也有相当数量与安装时该处密封圈放置不当有关。

4) 其他。在运行中还发生过其他一些明显的由于安装、调整不良引起的事故。如某台 35kV 多油断路器，由于在检修时将一个螺钉遗留在传动装置上，造成了开关拒跳的事故。再如，某柱上油断路器检修后，未装油箱就投运，结果开断负荷电流时，造成短路，使断路器烧坏。

(2) 运行维护不当及误操作。运行维护不当，是造成运行事故的又一个重要原因。常见的有如下三方面。

1) 油断路器缺油。现场统计表明，在导致关合、开断性能事故的机械缺陷中，大约有一半是因缺油或油质不符合要求。例如：

a. 某台 35kV 多油断路器，发生一起开断短路烧坏的事故，就是由于油箱中没有油造成的。

b. 某供电局在不到一周时间内连续发生两起 10kV 少油断路器在通过正常负荷电流下过热烧坏的事故，其原因都是由于油箱内严重缺油、散热不良、氧化加剧所致。

2) 绝缘不良。因绝缘不良、维护处理不及时造成的事故也相当多。例如：

a. 某台 35kV 多油断路器套管爆炸，就是因为对该套管介质损耗因数 $\tan\delta$ 增大很多，没有引起重视，更没有处理造成的。

b. 某台 220kV 少油断路器支柱绝缘内部闪络爆炸事故，就是因为对预防性试验检查出该柱绝缘显著劣化，没有进行及时处理造成的。

c. 某台 10kV 少油断路器发生运行中误跳事故，就是明知二次回路绝缘长期不良，而未加处理造成的。

d. 某台 110kV 少油断路器发生的污秽闪络事故，就是由于对支柱瓷套法兰处渗油积垢，长期未加处理，最后积垢范围达 122mm，导致污秽闪络事故发生。

e. 某台 SW$_6$-220 型少油断路器发生的外绝缘闪络事故，就是因为带电用水冲洗污秽不当造成的。

f. 某台 DW$_1$-35 型多油断路器，因雷击过电压损坏套管事故，就是因为断路器严重缺油而未得到及时补充造成的。

3) 机械维护不良。机械性能维护不良，也是造成事故的根源之一。例如：

a. 某台 35kV 多油断路器拒跳，就是因为跳闸铁芯中尘土太多，使铁芯受卡拒动。

b. 某台 DW$_3$-110 型多油断路器多次重合闸失败，就是由于机构长期未解体检修，合闸铁芯表面沾满泥沙，影响铁芯返回所致。

c. 某台 DW$_3$-110 型多油断路器在关键时拒动，就是由于机构从未解体，快速辅助开关早已失灵所致。

d. 某台 DW$_8$-35 型多油断路器拒动，其原因是断路器传动机构拐臂被鸟窝堵塞。如果值班人员能及时提出，这类事故是完全可以避免的。

二、DW$_8$-35 型多油断路器套管爆炸的原因及处理方法

（一）爆炸原因分析

DW$_8$-35 型断路器在电网中运行，多次发生套管爆炸事故。根据资料，爆炸的原因分析如下：

1. 电场不均匀，电容芯子易产生沿面闪络

套管的电场是典型的不均匀电场，如图 2-5-1-1 所示。其电力线经过两种介质且与固体介质表面斜交，既有切线分量又有法线分量。根据沿面放电理论，套管的这种结构极容易产生沿面放电。

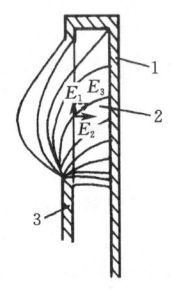

图 2-5-1-1 套管电场分布示意图
1—导杆；2—瓷；3—法兰；E_1—切线分量；E_2—法线分量；E_3—总电场

套管的简化等值电路图及详细的数学分析参见第一章第十五节。分析表明，套管法兰盘附近的电场比较集中，沿面放电通常从法兰盘开始。由于 DW$_8$-35 型多油断路器的套管为胶纸电容式套管，从现场解体检查发现，套管所用的绝缘胶质量不良，灌注工艺差，绝缘胶在灌注时残留很多气泡经多年也没逸出，在电容芯子与法兰盘之间形成一定的空气隙，改变了套管原来的电场，使法兰盘附近的电场强度增强，对沿面放电的发生和发展起强化作用。当电容芯表面的沿面放电发展成沿面闪络时，便有很大的电流通过闪络通道，产生大量的热能，使套管爆炸。如果电网发生弧光接地时，导致健全相出现弧光接地过电压，因套管本来存在缺陷，在过电压作用下健全相也相继发生电容芯子表面闪络，最终造成系统三相短路，断路器套管被强大的短路电流烧炸。

2. 套管的电容芯子受潮

在运行中套管的电容芯子可能受潮，其主要原因如下：

（1）芯子内部由于纸质疏松，上胶不均，胶纸起皱，料头搭接等原因导致气隙增大，潮气容易侵入。

（2）芯子表面漆膜太薄或被划破，导致受潮。

（3）有的芯子原来用沥青绝缘胶，其耐寒性差，冬季易干裂，潮气容易侵入。

（4）密封不良，油箱进水。某变电所安装了 7 台 DW$_8$-35 型多油断路器，半年内油箱全部进水，有的竟放出一铁桶水。进水的原因主要是密封结构不合理，铝帽顶部有砂眼。

由于潮气或水分进入电容芯子使其介质损耗因数 $\tan\delta$ 增大，导致套管发热，形成恶性循环，可能使套管损坏，甚至引起爆炸。

3. 绝缘老化

套管绝缘在电、热、化学及水分等因素长期作用下，逐渐老化，使其电气性能逐渐降低，所以绝缘老化的套管，容易在过电压等因素作用下损坏，甚至爆炸。

（二）处理方法

针对 DW$_8$-35 型多油断路器套管爆炸的原因，现场采用的处理方法如下：

1. 加强运行中巡视检查

主要检查有无放电声。停电时，要重点检查防雨帽是否有淡黄色的绝缘胶溢出，如果发现溢出，应当场打开防雨帽进行处理，处理密封，补加绝缘胶，并严格控制过负荷。停电时应擦拭套管表面。

2. 防止水分侵入套管

其方法是：

（1）加强防漏措施，防止水分侵入油箱。

（2）加强套管表面的防潮能力，即使有水分也不易侵入套管芯子。

3. 提高电容芯子本身质量

主要是采用高密质基纸，改进浸渍胶，改进卷制工艺等。这是防止套管受潮，介质损耗因数增大的根本方法。

4. 涂硅脂

将套管上盖拆下，在绝缘胶表面涂 2～3mm 厚的硅脂，防止绝缘胶在低温下龟裂后受潮。为防止硅脂因挥发变干，每年应结合春、秋检涂两次。

5. 加强绝缘监督

首先要严格按照《规程》（DL/T 596—2021）进行预防性试验，并可根据单位和套管的具体情况适当增做交流耐压试验、局部放电试验等以便及时发现常规试验不易发现的缺陷。当发现有异常时可适当缩短跟踪周期，如半年一次。若发现有放电声应立即试验，查明原因；其次可在套管末端加装在线监测装置，定期测量电容电流数值；然后根据电容电流换算出电容值 $C_x = I_C / U_\varphi \omega$，式中 I_C 为测得的电容电流，U_φ 为运行相电压，ω 为角频率。由此可监视套管电容量的变化。若电容增大说明电容芯子受潮。

6. 更新换代

有条件的单位应结合电网改造换用真空断路器或 SF$_6$ 断路器，以提高运行可靠性。

三、油断路器的异常现象及处理方法

(一) 泄漏电流超标

据报道，近些年来，浙江、河北、山东、黑龙江等地的少油断路器泄漏电流超标现象时有发生，其原因及处理方法如下：

1. 支柱瓷套内存在负压

浙江省某电力局共有 SW_4 系列少油断路器43台，1990年共发生泄漏电流超标16台次，占 SW_4 系列少油断路器总数的37.2%，其中3台属频繁超标。

分析认为泄漏电流超标的原因是支柱瓷套内存在负压。其理由是：

(1) 泄漏电流超标都发生在支柱瓷套上，而总数为支柱瓷套2倍的消弧室却从未发生过泄漏电流超标。因为 SW_4 系列少油断路器的消弧室可以通过逆止阀和油气分离器与大气呼吸，内部不会产生负压，且作为通流元件和灭弧元件，存在热效应，同时电弧还能分解油中的水分子，所以它的泄漏电流从来不超标。

(2) 曾多次发生 SW_4 系列少油断路器漏油现象自动消失的情况。具体条件是在突变的高温天气的中午，断路器三角机构箱与支柱瓷套连接法兰处的严重漏油现象，不须检修就能自动恢复正常。

(3) 有时出现从支柱瓷套底部放不出油的情况。此时正是支柱瓷套内部出现负压的时候。

支柱瓷套内部出现负压的原因是：20世纪80年代初期，某开关厂将 SW_4 系列少油断路器的三角机构箱与支柱瓷套传动连接的T字杆密封材料，由原先的油毛毡垫或O型橡胶密封改进为拖拉机双向轴封，使支柱瓷套成为一个全密封单元件。由于支柱瓷套内空气室相对体积较小，随户外气温的升降，瓷套内部就产生相应的正、负压力，特别是在秋天，昼夜温差大，清晨的低温使支柱瓷套内产生负压，以致使个别密封有缺陷或薄弱环节的地方，如支柱瓷套油表处，对侧手风孔处，加油孔等处，密封被破坏，吸进水气或水珠。由于这些水汽或水珠在初期主要分布在瓷套内壁，所以超标的断路器支柱瓷套的泄漏电流通道均在瓷套内壁，而绝缘提升杆均相当良好。

有些断路器，由于内部存在负压，泄漏电流年年超标，甚至在检修处理后几个月就超标，而且，尽管在检修处理时特别注意也难以避免超标。

防止 SW_4 系列少油断路器支柱瓷套泄漏电流超标的改进方法有：

1) 外连通法。它是采用高压紫铜管（如汽车制动系统用的紫铜管），将支柱瓷套与三角机构箱的空气室在外部连通，高压紫铜管与断路器本体的连接处均采用专用接头加橡皮密封垫，这样能可靠地防止雨水从接头处渗入断路器内部。具体连通部位如图2-5-1-2所示。

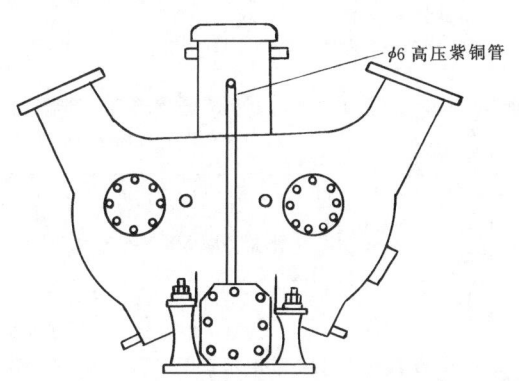

图2-5-1-2 外连通部位示意图

改进前后 $SW_4-110Ⅱ$ 型少油断路器支柱瓷套泄漏电流的测量结果如表2-5-1-1所示。

应当指出，改进后，1991年11月泄漏电流又超标（括号内数字）是因为在改造中，既未对T杆轴封进行清洗，也未对支柱瓷套与三角机构箱连接法兰处密封垫进行清洗，这两处水分最后又渗入瓷套内部而导致泄漏电流超标。

该改进方法工作量小，也不影响断路器的机械特性参数，所以便于在现场推广。

2) 将消弧室、三角机构箱和支柱瓷套三个油室全部连通。这是一个完美的方法，但工作量相当大，只适用于制造厂对新产品进行改进。

2. 密封不良、进水受潮

密封不良，断路器进水，使绝缘受潮是导致其泄漏电流超标的常见的重要原因。例如：

表2-5-1-1　　$SW_4-110Ⅱ$ 型少油断路器支柱瓷套泄漏电流测量结果　　单位：μA

状态 泄漏电流 相别	改 进 前				改 进 后							
时间 /(年-月)	1988-2	1989-2	1990-2	1990-11	1990-11 2d后	1991-2	1991-8	1991-11	1992-3	1993-2	1993-4	1993-10
A	10.5	不合格 换油 泄漏 电流	不合格 换油 泄漏 电流	430	7	2	2	2(160)	1.5	2	5	5
B	6.5			190	7	2	6	3(47)	2	4	5	4
C	10.5			300	8	5	7	2(90)	1	0.5	1	5

(1) 某220kV少油断路器，试验电压应为40kV，但在施加20kV直流试验电压时，泄漏电流值就高达250μA。检修时放出约1kg的水。进水的具体原因是端部密封不良；三角机构箱密封结构不良；端部防爆孔结构不合理，且较短。因此，这些部位都容易进水。

(2) 某台 $SW_4-110Ⅱ$ 型少油断路器，每次测量泄漏电流值都严重超标，甚至高达250μA以上，经热油循环处理后，不到半年泄漏电流又大于250μA，连续换油两次后，泄漏电流减少极微，说明进水受潮已极严重。

现场运行经验表明，这种型式的少油断路器进水受潮比较普遍。表2-5-1-2列出了 SW_4-110、SW_4-220 型少油断路器易进水的部位、原因及处理方法。

表 2-5-1-2　　　　SW₄-110、SW₄-220 型少油断路器易进水部位、原因及处理方法

序号	易进水部位	进水原因分析	处理方法
1	灭弧室铝帽与喇叭形基座间	(1) O 形密封垫不耐油，检修安装时，局部移出封口。 (2) 密封垫老化，失去弹性。 (3) 由于近年来的产品，灭弧室上帽取消了呼吸器，使油面以上各密封部位稍有不佳时，在负压的作用下，外部水汽被吸入灭弧室内	(1) 更换合格的耐油密封垫。 (2) 建议如同老产品一样，在灭弧室的上钢帽处加装呼吸器（也可解决取油样困难和少量加油的方便）。 (3) 加装防雨帽（这是最可靠的方法）
2	分闸弹簧上方口处铁罩两侧的 M6 螺丝丝纹处	橡胶密封垫易老化龟裂，水从 M6 丝纹处吸入三角腔内	改进或更换铁罩，其固定铁罩的位置改在两侧吊耳孔上
3	分、合指针大轴处	1981 年以前的产品，指针大轴的铸铁盖无密封圈，水将沿大轴浸进三角腔内	在铸铁盖轴孔的外口处，加工-2.5×45°倒角，抹黄油后套上一个直径 3mm 的 O 形橡胶密封圈，再套上一个铁盖压紧在铸铁盖上，即可达到防止进水的效果
4	三角腔两侧检修手孔盖板的 M8 螺丝处	当手孔盖板密封垫失去弹性时，或压不紧时，水将会顺 M8 螺丝进入三角腔内	将原 M8 螺孔改为丝孔，并在三角腔内将 M8 螺杆端部与三角腔臂焊死
5	立柱油标及油枕的密封垫处	该处的密封垫多半暴露在油位以上，因密封垫畸形，压接面又小，稍有问题时难以发现，且立柱油枕无呼吸器，在负压的作用下，水汽易从上述弱点处吸入立瓷套内	(1) 在油标，油枕上部加装防雨罩。 (2) 将原注油塞改装为呼吸器，这样也可解决取油样困难的问题。 (3) 立瓷套上部的将军帽与三角腔系套装，其两者之间的密封圈很易损坏，因此，不应对立瓷套进行大水冲洗工作，以防造成人为的进水
6	三条腔体各焊接处	三角腔体全为钢板焊制，焊缝较多，常有漏焊、假焊、砂孔等，水从该处进入三角腔内	安装前仔细检查各焊接处，发现异常进行补焊
7	基座油阀门，在取油样时发现有水珠（油断路器内无水）	雨水顺阀门的转杆与压紧螺帽间进入，并聚积在封垫上部，如阀门关闭较严密时，阀门堵头与转杆间即为气囊，当负压时，就会将积水吸入阀杆与堵头间	(1) 将阀门转杆内密封盘根沾黄油缠紧，螺帽拧紧（不要过紧）。 (2) 目前，油断路器多用的是蒸气阀门，渗漏油较为普遍，在条件时，可换为球式阀门或在原阀门上加装防雨罩

3. 断路器内有异物

若断路器内有棉纱等异物，它们容易吸潮并形成"导电小桥"，使断路器泄漏电流超标。例如，某台 SW₇-110 型少油断路器，B 相泄漏电流曾达到 $490\mu A$（双元件），严重超标。在 1993 年 6 月 30 日彻底大修时，从断路器里清出一些异物，如橡胶碎块、漆皮、棉状物等，约有一小把，且油中有水。泄漏电流超标是由于上述异物和水分综合作用引起的。

为消除异物的影响，在安装及大修时应认真彻底清除异物，必要时对油进行过滤。

(二) 全密封式断路器支柱瓷套进水现象

目前，我国电力系统使用的国产高压少油断路器断口和支柱瓷套的密封结构一般有两种型式，一种是全密封式，如 SW₇-220 型少油断路器；另一种是敞开式（实际是半密封，通过排气阀或其他呼吸孔与大气相通），除 SW₇-220 型外，其他形式的少油断路器支柱瓷套和断口基本上都是敞开式的。按理说，敞开式结构容易引起进水受潮，而全密封结构似乎无进水可能。但是，现场运行经验表明，全密封式少油断路器因进水受潮引起事故者并不亚于敞开式的。

全密封式少油断路器支柱瓷套进水的原因如下：

(1) 设计和维修工艺不良。

SW₇-220 型少油断路器支柱瓷套上部的三角机构箱部分密封点太多，如手孔盖板、油标、导轨盖板及箱顶盖板等。一般手孔及油标的位置大部置于油位之下，若有密封不良能从渗漏油现象中发现，但手孔上方、油标上部、导轨盖板及箱顶盖板若出现密封不良时，如不进行耐油压试漏就不易发现，特别是箱顶盖板结构是平板式的，且是水平安装，若密封不良，雨水很容易从螺孔中进入三角机构箱。某水力发电厂曾在现场发现因箱顶盖板螺丝太长，螺丝拧到底而密封垫未受力的情况，显然此处容易进水。

(2) 材料质量和制造工艺不良。

在材料质量方面，常见的是钢材或铸件存在砂眼，制造中未进行检查或检查中未发现，在运行中导致进水，不少单位在试漏中发现三角机构箱有砂眼。

在制造工艺方面，没有能按照先焊接后加工的方法处理，造成变形。例如，现场发现有些密封面变形较严重，在装配或维修中，工艺稍不注意就可能导致密封不良，从而进水。

(3) 支柱瓷套及三角机构箱内存在较严重的负压。

由于 SW₇-220 型少油断路器的支柱瓷套是全密封的，所以内外气路不通，致使内外压力不平衡，在温度变化较大或取油样后油体积减小而造成支柱瓷套内为负压。

有关文献计算结果表明，当支柱瓷套加油时的温度为 35~40℃，而运行中温度下降至 0℃ 时，支柱瓷套内将出现负压。若再考虑取样 5~10 次，则负压还将增加。若维修工艺稍不注意或制造工艺、材料质量稍有不良时，就可能在负压最大的某一瞬间使密封最薄弱点破坏，从而导致进气或进水。特别是在多雨的南方，温度变化大的山区，更容易由此

而引起进水受潮。某水力发电厂在现场曾发现 SW_7-220 型少油断路器支柱套管在安装、检修后未见进水，但在运行 1~2 年后，各相油中都不同程度地含有水分，甚至有的在三角机构箱顶盖加装防雨罩后仍出现进水受潮现象。这充分说明支柱瓷套内存在负压，存在从密封薄弱部分进水受潮的可能性。

应当指出，上述进水情况往往在事后很难找到密封不良的进水部位，因为当负压降至一定值（密封压力大于负压力）时，又恢复正常密封。

上述进水现象，有时用仪器检测也不易测出油中含水量，出现所谓无水的假象，通常称为假无水现象，造成假无水现象的原因是：

（1）水分未溶解于油中。由于支柱瓷套内进水时间不长，水分尚未溶解于油中，而为沉积状。取油样作水分定性分析时，一般只是把试样放在试管中用酒精灯烧，所以不易检出。若用库仑仪作微量水分测定时，可测出油中含水量及其增长情况。

（2）负压的影响。由上所述，支柱瓷套内可能出现负压力，此时，支柱瓷套内将呈半真空状态，导致真空吸力现象。加上进水未溶解于油中，而是沉积状，所以当水珠靠近取样口时可能水珠会被取样发现，若水珠离取样口较远时，就可能受真空吸力影响而不流向取样口，因此发现不了水分，出现了无水的假象。直到水分较多时或进水时间较长后才能被发现。

（三）对全密封式断路器支柱瓷套进水现象的处理方法

1. 提高密封水平

首先严格要求安装、维修工艺，提高各密封面的密封水平；其次是在安装或检修后进行油压试漏。试漏时，要求加油压 0.05~0.08MPa，以检查安装和维修工艺，发现薄弱环节及时进行处理。

2. 加装防雨罩

在三角机构箱顶盖板上加装防雨罩，以防止顶盖密封不良引起的进水。这是因为三角机构箱其他密封盖板均是垂直安装的，而顶盖盖板是水平安装的平板式盖板，若维修工艺不良，上面的积水很容易进入三角机构箱导致绝缘受潮。加上防雨罩后，此处进水问题可得到解决。

3. 加装呼吸孔道

其目的是使支柱瓷套内气路与大气相通，从而实现内外压力相等，以消除支柱瓷套内由于温度变化及取油样造成的负压导致的进水。加装呼吸孔道的方式有三种：

（1）在三角机构箱顶盖板上打孔攻丝牙，然后装上直通式呼吸通道，如图 2-5-1-3 所示。并在三角机构箱顶盖板上方加装防雨罩。

（2）在三角机构箱顶盖板上装一个空气过滤式的呼吸通道，如图 2-5-1-4 所示。

（3）在三角机构箱上部或顶盖板上装一个小型吊式吸湿器作为呼吸通道，呼吸的空气经干燥的硅胶及油封过滤，防止潮气进入支柱瓷套，如图 2-5-1-5 所示。现场运行经验表明，以上三种方式第一种简单易行，第三种效果较好。

（四）断路器液压操动机构在运行中的异常现象

目前少油断路器普遍采用 CY 型液压操动机构。这种机构完成分、合闸操作原理是利用液压传动能来实现的，CY_3 型液压操动系统示意图如图 2-5-1-6 所示，它的结构比较复杂。

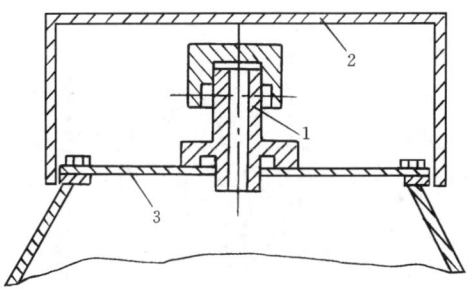

图 2-5-1-3　直通式呼吸通道示意图
1—呼吸道；2—防雨罩；
3—三角机构箱箱顶盖板

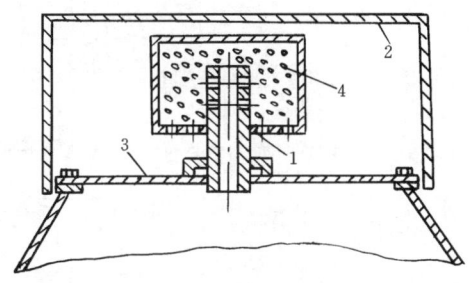

图 2-5-1-4　空气过滤式呼吸通道示意图
1—空气过滤器；2—防雨罩；3—三角机构箱箱顶盖板；4—硅胶干燥剂

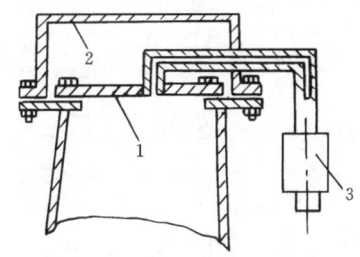

图 2-5-1-5　油封式呼吸通道示意图
1—三角机构箱箱顶盖板；2—防雨罩；3—小型吊式吸湿器

多年来，现场运行经验表明，液压操动机构在运行和维护中有时会出现许多异常现象。常见的有如下几种：

1. 泄压现象

断路器液压操动机构在运行中经常发生频繁打压现象。根据制造厂家规定，油泵在无操作的情况下，每天启动 1 次视为正常，每天超出 1 次均为频繁打压。在外观无大量泄油的情况下，频繁打压称为机构内部泄压现象。这种现象在运行中发生较多，而且直接影响设备的安全运行，造成临检。

泄压现象可以按如下 3 种情况分析。

（1）断路器长期处于合闸位置的泄压现象。造成泄压现象的原因及其相应的处理方法如下：

1）液压油不清洁。自保持回路的单向逆止阀，及分合闸一级起动阀针下部的钢球均与阀座间形成金属硬线性密封，如果油中有杂质垫在钢球与阀座间的密封线上即会发生泄压，或当一级阀针冲击钢球后，钢球复位不正，线性密封没有形成或密封线上有伤痕就会发生泄压。这两种泄压系由液压油不清洁引起的，液压油内杂质含量高时，杂质有机会

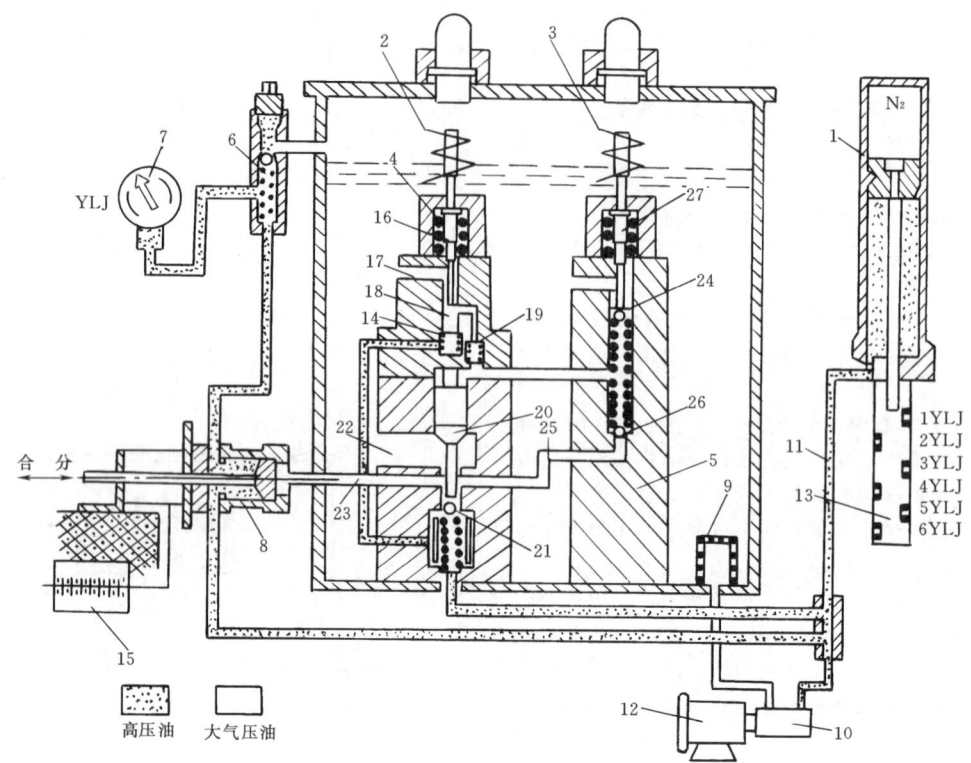

图 2-5-1-6 CY$_3$ 型液压操动系统示意图

1—行程压筒；2—合闸线圈；3—分闸线圈；4—合闸阀；5—分闸阀；6—放油阀；7—电触点压力表；
8—工作缸；9—滤油器；10—油泵；12—电动机；13—微动开关；14—合闸线圈；15—断路器
辅助开关；16—推杆；19—逆止阀；20—活塞；21—合闸二级阀；24—分闸球阀；
26—自保球阀；27—分闸阀推杆；11、17、18、22、23、25—通道

随同油流进入阀内，因钢球的行程较小（1~1.5mm），所以杂质有机会垫在钢球与阀座之间，从而破坏了线性密封，造成机构泄压。为消除这种可能，对液压油应进行严格的过滤，以保证运行中的液压油清洁。造成钢球不正的原因是球托导向部分较短，复位弹簧上下端面不平行，启动阀针弯曲，检修时应按实际情况针对处理，当阀座密封线上有伤痕时应更换阀座。机构大修时对所有高压管路的内壁应进行严格的清扫，必须消除管内的油垢。

2）毛刺和棱角刮伤密封圈。分合闸阀体上均有 φ3 的泄油孔，这个小孔是制造时由外向里钻的孔，因此，在阀体的内壁上存在毛刺和棱角。当一级阀座放入阀体时，毛刺和棱角会刮伤阀座上的 O 形密封圈，引起泄压。安装时应用专用工具对 φ3 小孔进行光滑处理，处理后将 O 形密封圈装入阀座上进行试装，往复拉动阀座验证密封圈无卡伤现象为止。

3）合模缝处有胶料。分合闸一级阀座与阀体间，上阀体与下阀体间，工作缸活塞的密封方式，称为径向密封，在高压油的作用力下，O 形圈受压，使 O 形圈的外沿与阀体的内壁相接触，O 形圈的内沿与阀座的内壁相接触，形成内外两条密封线。O 形圈是由两块模具合在一起经过硫化而成，称为 180°开模。而径向密封使 O 形圈内外的接触面正是胶圈的合模缝处。模具老旧时会在胶圈的合模缝处不同程度地留有胶料，这些凸出的胶料会使阀座与阀体间形成许多小的孔洞，因此会造成漏油泄压，有的胶圈截面不圆，或预压缩量不足，均能引起泄压。采用径向密封方式使用的 O 形圈应采用 45°开模的为好，使合模缝躲开密封面如图 2-5-1-7 所示。

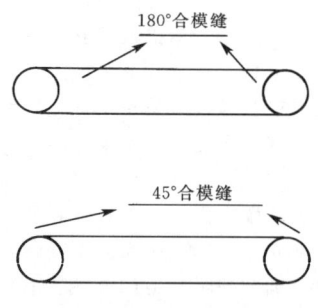

图 2-5-1-7 180°和 45°合模缝

4）接头螺母松动。高压油管路的泄漏，主要是指油箱内的高压管路，以 CY$_3$-II 型机构为例，油箱内合闸阀至操作合闸侧工作缸的高压管路，两侧均有胀圈密封，由于油箱内管路较多，在安装和大修时没有专用扳手，使螺母紧固力不足。在运行中，由于强烈振动（分合闸操作）和胀圈的弹性及高压油流的冲击，这些因素会使接头螺母松动造成泄压。因此在安装和大修中一定要保证这一螺母的紧固力，或采取在螺母上加顶丝的方法，螺母紧固后再用顶丝顶住，达到防松的目的。

（2）断路器处于分闸状态的泄压现象。断路器处于分闸状态的泄压现象主要是由密封不严造成的。密封不严的部位和处理方法如下：

1) 二级阀。二级阀下部钢球密封不严，高压油会从二级阀排油孔流出。

2) 一级阀。合闸一级阀钢球密封不严或一级阀座胶圈密封不严，高压油会从合闸阀体上的 $\phi 3$ 排油孔流出。合闸状态下也会有这一现象。

3) 工作缸活塞密封圈。工作缸活塞密封圈不严，高压油会经过合闸管路流回合闸阀体内，由二级阀排油孔流出。

4) 释放阀。CY_5 机构的慢合兼高压释放阀不严密，高压油也会由二级阀排油孔流出。

以上 1)、2) 两种情况与合闸位置的泄压情况相同，如前所述。工作缸活塞密封不良的情况分析如下：当机构在分闸位置时，工作缸的分闸侧充满了高压油，而合闸侧与油箱内的低压油区连通。工作缸内活塞上只有一个 O 形圈起径向密封作用，当这一胶圈密封不良时，高压油会从工作缸的分闸侧进入合闸侧，再由合闸管路流入合闸阀，由于分闸位置时二级阀的锥面密封已打开，故高压油会从二级阀的排油孔流出。这一现象的发生，往往是由于长时间运行没有按期大修，或没有更换 O 形圈所致，由于工作缸高速运动，对胶圈有一定的磨损，或胶圈质量不佳。

CY_5 机构在分闸位置时打压频繁，合闸后正常，这种现象是慢合兼高压释放阀不严密所造成的，因为当开关在分闸位置时，机构内二级阀在阀体的上部，高压油被二级阀钢球所逆止，此时合闸管路侧无高压油，当慢合兼高压释放阀密封不严时，高压油从慢合兼高压释放阀的子口处经 $\phi 6$ 小管路流到截流阀，由截流阀经油箱内管路流入合闸阀体，分闸位置时二级阀锥面密封已打开，故高压油由阀体上的二级阀排油孔流出，给人以二级阀钢球不严的假象。慢合慢分阀的结构如图 2-5-1-8 所示。

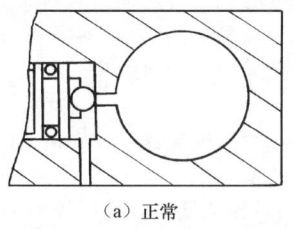

(a) 正常

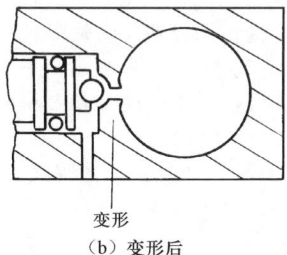

变形
(b) 变形后

图 2-5-1-8 慢合慢分阀结构

由图 2-5-1-8 中可以看出阀的结构是由带径向密封的顶丝，顶住钢球压在阀体的小孔上。这种密封方式称为金属线性密封，这种密封应有一条很好的密封线，但由于阀体的壁较薄，在外力的作用下，钢球有三分之一被压入管壁，因而破坏了线性密封条件，造成泄压。当机构在合闸位置时，二级阀在阀体的下部，二级阀锥面将阀体的泄压孔道密封，因此合闸后机构会正常运行。以上分析有几种情况均会由二级阀排油孔流出高压油。区分方法如下：

$CY_3-\mathrm{II}$ 型机构可在分闸位置时，将油压打到额定值，然后用泵抽出低压油，此时不能碰合闸阀，以免机构动作，拆开工作缸合闸侧的高压油管，观察工作缸合闸侧接头处是否有油流出，如没有油流出说明工作缸内密封良好，二级阀钢球密封不严。否则应考虑活塞密封不良。CY_5 机构的区分方法与 CY_3 有所不同，当机构在分闸位置时将油压打到额定值，抽出低压油，然后关闭截流阀，拆开慢合兼高压释放阀上 $\phi 6$ 小管接头，如果从 $\phi 6$ 小管接头流出油，说明工作缸内密封有问题。如果从慢合兼高压释放阀流出油，说明慢合兼高压释放阀不严密。如以上两点均不流油，说明二级阀钢球密封不严。

二级阀的阀口密封不严的处理方法是：

1) 将钢球沾上研磨膏研磨阀口。

2) 用黄铜棒顶住钢球，用小锤头轻轻地敲打。

(3) 合闸和分闸位置均有泄压现象。造成该情况下泄压现象的原因和处理方法如下：

1) 安全阀在额定油压下动作，将高压油释放回油箱，造成频繁打压，这种现象的原因有：①安全阀内弹簧长期受高压油的作用力，多年后弹簧疲劳。因此在额定油压下即动作；②安装或大修中，安全阀外套与安全阀接头没有紧固好，安全阀外套上的顶丝没有拧紧，在机械振动下，造成阀套与阀体连接松动，使弹簧预压力得到释放，也会造成在额定油压下动作，使油泵打压频繁，这种现象往往发生在大修后的几年中，故断路器大修时应解体检查安全阀及清扫内部油垢，组装后应进行动作值的校验，以保证安全阀的动作值。

2) 高压放油阀密封不严密，将高压油放回油箱，这种现象在 CY_5 机构中发生较多。

近几年来，在某局多次发生储能器活塞杆的 V 形组合密封圈被高压油击穿，液压油大量外泄，造成断路器被迫退出运行。经过详细的检查，发现是由微动开关或交流接触器失灵造成打高压，储能器活塞杆下端有一横向小孔与纵向小孔相通，该小孔是储能器产生高压时防止活塞继续上升，以致储能器被打变形而设计的，当活塞杆缩入储能器时，小孔将高压油放出储能器，但是当活塞杆缩入储能器时，横向小孔刮伤 V 形组合密封圈，高压油会在 V 形组合胶圈的伤痕处将胶圈击穿成通道，使高压油急速外泄而造成机构失压。从目前的产品质量来看，微动开关和交流接触器是现场很难彻底解决的。为防止机构产生高压，机构本身已设计了安全阀，活塞杆上放油小孔及电器回路的压力表异常压力接点，以 CY_5 配 SW_2-60G 开关为例，安全阀动作压力为 $22\pm 1MPa$，压力表高压接点为 $20MPa$，而活塞杆小孔缩入储能器的压力远远低于安全阀的动作压力和压力表的高压接点压力。该机构预充压力为 8.8MPa，预充压力在下线，即 8.5MPa，那么，当活塞杆小孔进入储能器时，压力表接点还不能闭合切断交流接触器励磁回路，即使切断励磁回路，当交流接触器卡涩时，还是不能使油泵停止工作，还会发生打高压现象。安全阀的动作概率很小，只有在活塞杆上小孔严重堵塞，交流接触器卡涩住的情况下动作。也就是说液压机构的高压保护的最后一个保护，实际上在运行中几乎没有发挥作用。根据以上现象的分析，建议采用如下方法处理。

1) 在油泵停止的微动开关位置上再装一个微动开关，并与原微动开关串联。

2) 将启动电机的交流接触器再串联一个交流接触器，

并吊装在机构内。

3) 将安全阀的动作压力值降低到活塞小孔刚接触V形组合密封圈下沿时的压力,并保证在高于额定油压1MPa时恢复。

4) 在油泵停止的微动开关上方约1cm处,再装一个微动开关,用该微动开关控制一台交流接触器,并将交流接触器串入电动机电源回路,当原交流接触器卡涩时,储能器活塞杆会继续上升,越过油泵停止开关后,后装的微动开关断开,使交流接触器也断开,切断电动机电源,使机构不产生高压。

5) 在液压操作机构的高压管路中安装一个压力传感器,并通过电缆将电信号传入主控室内的控制屏上,在屏上安装一块压力表,直接反映出机构内的压力值,使运行人员在室内即可直观机构的压力情况。

6) 压力继电器是把油液的压力变化转变为电信号的一种信号转换元件,在高压油管路上安装一块压力继电器,其接点串联在交流接触器的励磁线圈回路中,当液压系统中的压力升高到预定值时,自动断开接触器,切断电机电源,同时发出信号。

2. 压力异常现象

保持液压操动机构正常的工作压力,是保证断路器可靠动作的前提之一。在机构的调试和运行维护中,经常会遇到压力异常高和压力异常低的现象。分析如下。

(1) 压力异常高。液压机构压力异常高是指其压力随时间的增长而增高。造成压力异常高的原因及相应的处理方法如下:

1) 高压油进入氮气室。例如,某大型变电所2号主变压器的SW_2-220 Ⅰ型少油断路器,配用CY_3-Ⅱ型机构,由于高压油进入氮气室,造成油、氮混合。使其压力从额定压力22MPa上升到26MPa。

高压油进入氮气室的常见原因如下:

a. 储气筒活塞密封圈的预压紧力不够。由于CY_3型液压机构的储压筒活塞静止在工作位置时,油压仅比气压高4%,压差很小,活塞的V形密封圈除预压缩以外受到油压的压缩较少,因此在组装时要注意保证V形密封圈有适当的预压缩。有的单位曾多次发现厂家组装的储压筒活塞密封圈的轴向预压为0.5mm,运行2年左右,由于密封圈老化,预压缩不起作用,高压油从密封圈处进入氮气腔出现压力异常。现场长期运行经验证明,预压缩量在1～1.5mm较为合适。

b. 储压筒活塞杆与筒不同心。储压筒、储压筒活塞上与活塞杆螺纹连接的孔及端盖孔应同心。某供电局解体发现几起由于两者不同心造成活塞与筒间隙不均匀,使一侧划破(集中在圆周的一段内),密封圈损坏,高压油进入氮气腔,引起压力异常的现象。尤其是完善化前的产品,由于活塞杆与活塞间有一M16弹簧垫圈,当活塞杆装入活塞时,有时将弹簧垫压不平,使得活塞杆倾斜,造成筒与活塞一侧被研磨。对此,应按厂家完善化方案及时进行改进,取消M16弹簧垫圈,改装成$\phi 22\times 3$的O形圈做端面密封。但根本的办法应当是制造厂提高产品质量,保证零件加工的同心度。

c. 储压器装配不清洁。储压器装配时要求有较高的清洁度,尤其是不得有铁屑、毛刺等杂物混入。现场曾发现储压器氮气室进油约100mm高,筒内壁有严重划伤(集中在圆周一侧)。经检查,从储压筒端盖内取出一小块碎弹簧垫,由于此碎弹簧垫在储压器工作时跑到筒壁与活塞之间,所以造成筒壁研伤。早期产品中有的活塞端面没有$1\times 45°$倒角,毛刺也没去掉,因而活塞工作时挤出毛刺、铁屑、破坏筒壁的现象时有发生。因此,检修装配时,要特别注意清洁度及零件去毛刺工作。

2) 微动开关失灵。据现场统计,由于微动开关失灵而造成液压机构事故或异常者,约占整个机构故障的30%左右。某供电局在运行中曾多次发生因微动开关失灵而使油泵停不下来的现象。油泵停不下来,则油压不断升高,直到电接点压力表高压力接点动作,油泵电源才被切断。为防止此类异常现象的发生,应加强对微动开关的维修,定期检查微动开关的动作情况。调整微动开关与贮压筒活塞杆之间相对位置时,应使活塞杆触动滚轮的起始点不超过滚轮的中心,并且当滚轮进入活塞杆$\phi 28$外圆后,杠杆与微动开关本体端面之间应有1～2mm间隙,如不相符,可松开微动开关固定座的螺栓,左右转动固定座,找到符合要求的位置后拧紧螺栓。

3) 压力表失灵。压力表下未装阻尼孔,多次冲击后失灵。处理的方法是,在压力表管接头下应有阻尼孔,并对压力表进行定期校验。

4) 温度升高。完善化前的机构箱隔热、通风不好,在高温季节,机构箱受太阳直射时箱内温度可高达50℃。在这种情况下,如原有预压力及停泵压力稍高,便会有压力异常信号发出。

处理的方法是,改造机构箱,以改善隔热、通风性能。如某供电局改造时,除箱底外,其他5面都加贴隔热性能较好的软木板(厚10mm)。机构箱两侧板上(对角线)增加通风孔,使箱内空气对流。改造后收到良好效果。

5) 油泵电源回路故障。某供电局曾多次发现由于CJ10-10型交流接触器的触头拒动而造成压力异常升高的现象。其主要原因是交流接触器上积有油垢,天气冷时,油垢冻结使得铁芯粘住不能返回,因而触头打不开。

处理的方法主要是定期检查交流接触器铁芯、触头,使其保持清洁,无油垢,确保复归可靠,工作正常。

(2) 压力异常低。

1) 漏氮。压力异常低一般是因漏氮而引起的,主要表现在压力的变化是时间的减函数,并且随时间增长而降低,但压力比不改变。造成漏氮的原因是密封不良和储压筒焊缝处焊接不好。例如某大型变电所的SW_2-220 Ⅰ型少油断路器配CY_3-Ⅱ型机构,因储压筒上端盖密封损坏造成漏氮,压力由额定压力22MPa降低到18.5MPa。

2) 气温过低。在东北地区,冬季气温很低,常发生压力异常降低的现象。其主要原因是电热保险熔断、电热管和交流接触器烧损等。因为一旦发生上述故障,"热源"消失,会使液压机构箱温度下降得很低,导致压力异常降低,发出压力异常信号。

压力异常低的处理方法如下:①严格密封。若单向逆止阀密封不严,应拆开储压筒对单向阀进行检查,如发现此漏气或漏油,可用锤子敲击钢球。若储压筒活塞杆密封圈、活塞与内壁间的V形密封圈因磨损而无压缩量,应予更换。若内壁有纵向沟痕,可用800号水砂纸或油石细细打磨;②提高焊接质量。若焊缝焊接不好,应用高压焊条进行补焊。值得注意的是,储压筒是40CT(铬钢),上盖板是45号钢,焊接材料及焊接质量和工艺都要求高些;③过滤液压油。若对油进行过滤后仍不好,可解体更换阀座、钢球和胶圈等；④迅速恢复电热。当"热源"消失时，应迅速恢复电热，最好在机构箱内，另加辅助电热，使箱内温度尽快上升，待温度达到正常温度时，再撤除辅助电热。

CY型液压操动机构出现的异常现象、原因及处理方法列于表2-5-1-3中，供分析时参考。

（五）断路器拒分现象

当电网发生故障时，保护装置动作，而断路器拒分，称为拒分现象。由于拒分可导致远后备保护装置动作，不得不越级跳闸，扩大停电面积。断路器常见拒分现象的原因及相应的处理方法如下：

1. 断路器分闸线圈失压或欠压故障

(1) 控制回路熔体熔断。

除熔体选择、安装、运行等自身原因外，因控制回路中电压线圈匝间短路、分压元件被短路、发生电源正负两极两点接地短路等，都会导致熔体熔断。操动机构控制回路因熔体熔断而无直流电源，使操动机构不能分闸。

表2-5-1-3　　　　　CY型液压操动机构出现的异常现象、原因及处理方法

异　常　现　象	原　　　因	处　理　方　法
操动机构频繁打压（液压系统中的球阀和锥阀均是刚性密封件，阀口处允许有微量的渗油。当渗油量达到一定数值而造成压力降低后，油泵即自行启动补油打压，以保证液压系统正常工作）	(1) 制造质量原因。如安全阀制造粗糙，加上"安装不当"，失去弹性变脆。 (2) 机构年久磨损。如球阀和锥阀是刚性材料，频繁操作，时间一长，难免出现磨损，可能造成渗油。 1) 工作缸活塞出口密封不良。 2) 储压筒活塞杆出口端密封不良。 3) 管路连接头渗油。 4) 高压放油阀密封不良或未关严。 5) 二级阀活塞锥面密封不良。 6) 合闸、分闸一级密封不良。 7) 合闸阀内逆止密封不良。 8) 合闸与二级阀连接处密封圈失效。 以上统称为内泄漏。上述磨损会引起渗油，使油不洁净	(1) 检查外部所有管接头渗油情况，及时对症处理。 (2) 检查左述容易发生内泄漏的部位，对症处理。 (3) 在运行现场，根据检查的结果，如不能马上解决时，则用旁路开关带出负荷，故障开关停电，采用换油或滤油的方法解决；当故障断路器不能退出运行时，应在带电情况下进行换油或补漏滤油处理。 (4) 储压筒活塞出口杆处密封不良，可更换胶圈。 (5) 处理完毕时，要慎重再检查，对症处置
操作机构建压时间长	(1) 吸油阀的螺纹是否有裂缝。 (2) 滤油器被脏物堵塞。 (3) 油逆止阀密封不严。 (4) 栓塞与缸座配合间隙过大。 (5) 只有一个栓塞起作用。 (6) 泵内有8个M10螺栓松动。 (7) 泵内有空气	(1) 拆下仔细检查。 (2) 检修过滤器。 (3) 用手锤黄铜棒，先轻敲打，打严为止。 (4) 应更换。 (5) 检修栓塞。 (6) 将螺栓拧紧。 (7) 排出气体
油泵打不上压	(1) 高压放油阀忘记闭紧。 (2) 高压安全阀动作未恢复。 (3) 泵的吸油阀螺纹断裂。 (4) 泵栓塞与缸座配合间隙过大。 (5) 油泵进油管被脏物堵塞。 (6) 油泵有空气存在。 (7) 一级、二级阀和所有高压接头地方大量漏油。 (8) 检修后栓塞内无油	(1) 闭紧放油阀。 (2) 对症检修。 (3) 应更换。 (4) 应更换。 (5) 分解检修。 (6) 应排出气体。 (7) 检查处理漏油处。 (8) 大修后注入少量液压油后再装栓塞
压力异常降低	(1) 漏氮。 (2) 漏油。 (3) 压力表失灵。 (4) 机构箱内温度异常降低	(1) 用肥皂水检查氮气侧焊缝或检查密封胶圈后处理。 (2) 高压油中有脏物垫起阀体或胶圈接头处大量漏油，应检查出原因后，更换、滤油处理。 (3) 更换或修复压力表。 (4) 增设保温加热器
压力异常升高	(1) 储压筒的活塞密封圈磨损或筒磨坏，致使液压油流入氮气侧。 (2) 电机停止泵的微动开关1XWK失灵，使电机在贮压筒活塞到达规定位置时没有停止。 (3) 压力表失灵。 (4) 中间继电器粘住。 (5) 接触器卡滞，电机没停。 (6) 机构箱内温度异常升高	(1) 更换密封圈或处理磨坏的筒壁。 (2) 修复或更换1XWK微动开关。 (3) 更换或修复压力表。 (4) 检查处理。 (5) 处理接触器动作应灵活。 (6) 设法降温

续表

异常现象	原　因	处理方法
常见故障拒分或拒合	(1) 分、合闸线圈断线或匝间短路。 (2) 分、合闸电磁铁顶杆卡滞或分、合闸顶针过短及弯曲。 (3) 二次回路不良或辅助开关没切换。 (4) 合闸一级阀到逆止阀通道堵塞或钢球未完成复归。 (5) 管道堵塞。 (6) 储压筒压力太低，造成电气回路闭锁。 (7) 传动系统卡住	(1) 应更换线圈。 (2) 查出原因，对症处理。 (3) 检查二次回路或辅助开关。 (4) 检查处理。 (5) 检修管路。 (6) 查明原因，认真检修处理。 (7) 查明原因，认真处理
断路器动作后机构失压	高压管路拔管	检修处理
管路的拔开或渗油	(1) 胀圈损坏。 (2) 接头与管口结合处有别劲现象。 (3) 胀圈压入管头过长	(1) 更换新品。 (2) 重新校对接头与管口连接。 (3) 应割去一段管头，符合工艺要求
工作缸漏油	(1) 工作缸胶圈的压盖螺塞松动。 (2) 密封圈损坏	(1) 在压盖螺塞处加垫。 (2) 更换新品

处理方法：检查熔体熔断的原因，必要时更换熔体。

(2) 分闸线圈回路断路或接点接触不良。

分闸线圈回路各元件连接线断线，接线松脱，元件触点接触不良，控制开关的接点不能接通，继电保护失灵，其出口接点未能闭合，断路器的辅助触点闭合不好，都无法使分闸线圈通电分闸。

处理方法：逐段检查。详见断路器拒合的电气故障处理。对辅助触点接触不良，应按照产品使用说明书的技术要求，调整辅助开关拐臂与连杆的角度以及拉杆与连杆的长度，使之符合要求并更换锈蚀和损坏的触头片。

(3) 电源电压过低。

因直流电源电压低于分闸线圈的额定电压，致使分闸时虽然动作却不能分闸。

处理方法：调整直流电源电压，使之适合分闸线圈的额定电压。当电源电压调整后，应在断路器处于分闸位置时测量分闸线圈电压降，其值不小于电源电压的90%才为合格。具体方法是将保护跳闸回路接通，用高内阻直流电压表（万用表即可）并在分闸线圈两端，短接分闸回路中断路器辅助触点使分闸线圈动作，即可读出分闸线圈电压降。

(4) 控制回路两点接地故障。

如图2-5-1-9所示，接地发生在B、E两点、C、E或D、E两点。当保护动作或操作控制开关进行分闸时，可能造成继电器或分闸线圈电流回路被分流，不但造成断路器拒分，而且会引起电源短路，造成熔体熔断，同时有烧坏继电器触点的可能。

为监视直流回路绝缘状态，直流母线都设有经过切换的直流绝缘检测装置，即用直流电压表分别测量母线正极对地、负极对地的电压。当发现有接地现象存在时，应根据运行方式、操作情况、气候影响进行判断可能接地的处所，采取拉路寻找分段处理的方法，以先信号和照明部分后操作部分、先室外部分后室内部分的原则进行。在切断各专用直流回路时，切断时间不得超过3s，不论回路接地与否应合上。当发现某一专用直流回路有接地时，应及时找出接地点，尽快消除。

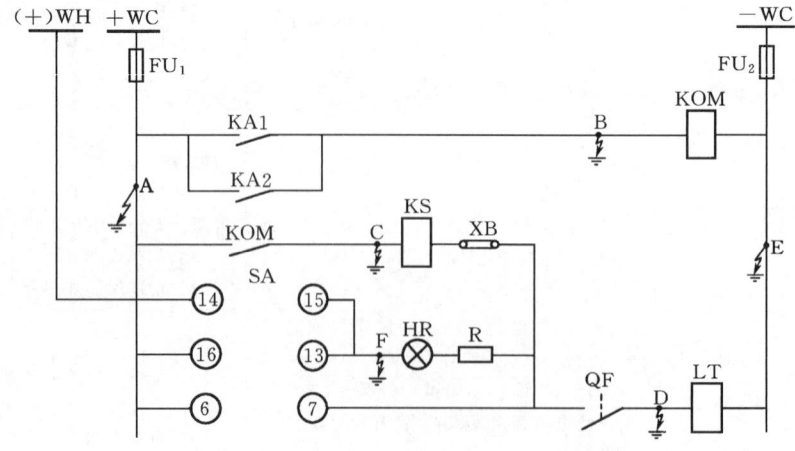

图2-5-1-9　直流系统接地情况图

SA—控制开关；KA1、KA2—电流继电器；KOM—中间继电器；
KS—信号继电器；LT—跳闸线圈；QF—断路器辅助触点

为减少因直流系统二次回路绝缘电阻降低而发生接地，对安装和运行中的二次回路接线及继电器绝缘电阻，每年春季应进行测试。其绝缘电阻值标准如下：

1) 新安装和定期试验时，应对全部接线回路用 500～1000V 兆欧表测定绝缘电阻，其值应不小于 1MΩ。

2) 单个继电器在新安装时或经过解体检修后，应用 500～1000V 兆欧表测定绝缘电阻，其全部端子对底座和磁导体的绝缘电阻应不小于 50MΩ；各线圈的绝缘电阻应不小于 10MΩ；各线圈对触点间的绝缘电阻应不小于 50MΩ。

3) 在定期试验具有几个线圈的中间继电器时，应测试各线圈间的绝缘电阻。

4) 耐压试验。继电器在新安装和经过解体检修后应进行耐压试验。继电器的导体对金属底座部分，应能耐受交流试验电压 1000V，时间为 1min。允许用 2500V 兆欧表测定绝缘电阻来代替交流耐压试验，所测绝缘电阻应不小于 20MΩ。

5) 进行绝缘电阻测定或耐压试验时，必须将不能承受高电压冲击的元器件如电容、整流器件等从回路断开或将这些元件短路。

6) 在断开其他所有连接支路时，直流小母线和控制盘电压小母线应不小于 10MΩ。

7) 二次回路的每一支路和断路器，隔离开关操作机构的电源回路应不小于 1MΩ。

8) 主操作回路、保护回路和 500～1000V 直流发电机的励磁回路应不小于 1MΩ。

9) 在比较潮湿的地方，2)、3) 两项的绝缘电阻允许降低到 0.5MΩ。

10) 新安装的元件的平均绝缘电阻参考数值，如表 2-5-1-4 所示。

表 2-5-1-4　　绝缘电阻参考值

元件种类	绝缘电阻/MΩ
安装在电木板上的导线或继电器	100
安装在金属盘上的导线或继电器	50
电缆长度为 200～300m	25
套管型电流互感器二次绕组	10～20
非套管型电流互感器二次绕组	50～100
跳闸及合闸线圈	15～25

对二次回路及设备绝缘电阻的测定，一般应用 1000V 兆欧表；对电压低于 24V 的回路（如晶体管保护电路等）应使用电压不超过 500V 的兆欧表，也可用万用表的 10K 档。

2. 断路器分闸线圈故障

(1) 分闸线圈断线。

一般控制回路都设有断路器运行监视回路，即装设断路器合闸位置指示灯。分闸线圈断线将导致红灯 RD 不亮，很容易被发现。

(2) 分闸线圈匝间短路。

分闸线圈发生较少匝数之间短路，轻者分闸时因分闸线圈铁芯磁势可能有所下降而使断路器拒分，重者因短路点发热最终造成烧坏线圈。较多匝数之间短路，除上述情况外，还会出现红灯亮度略有增加，分闸时还可能造成控制回路熔体熔断。

(3) 分闸线圈最低动作电压整定过高。

分闸线圈动作电压在额定电压的 30%～65% 时应能可靠分闸，不可随便提高最低动作电压，否则易导致断路器拒分，最终还会造成分闸线圈烧毁。

(4) 分闸线圈烧毁。

断路器控制电路一般都装有跳跃闭锁装置，依靠跳跃闭锁继电器来防止跳跃现象的发生。无论是控制开关还是由保护装置去跳闸，电源电压加到分闸线圈上的同时，与其串联的跳跃闭锁继电器的电流线圈也被激励，其自保持触点闭合实现自保持，直至断路器动、静触头分断后，串联在分闸线圈回路的断路器辅助触点才断开，以确保可靠分闸。断开断路器辅助触点的目的是分闸线圈实现短时通电，若这种情况下因故发生断路器辅助触点未能正常断开，无法切断自保持回路，则分闸线圈就会因长期通过大电流而被烧毁。由于分闸线圈是按短时通过大电流设计的，对于 220V 的直流电源，分闸线圈的电阻值是 88Ω，220V 电压全部加在分闸线圈上将有 2.5A 的电流通过，即分闸线圈的额定电流就是 2.5A。对于 110V 的直流电源，分闸线圈的额定电流为 5A。所谓通过大电流，其大小就是指通过分闸线圈的电流接近于分闸线圈的额定电流。如果值班人员没有及时发现并处理，分闸线圈将发热直至烧毁。同时会造成跳跃闭锁继电器的电流线圈及其自保持触点，保护出口继电器触点等分闸回路电器元件被烧坏甚至烧毁。

实际运行中，断路器辅助触点未能正常断开的原因很多，如由于断路器辅助触点呈扇形结构，当断路器接触行程调深了，断路器分闸后，其辅助触点断不开，或断开过慢。又如由于操作机构调整不当，机构卡死，造成断路器辅助触点断不开。显然，很多原因致使断路器拒分必然导致辅助触点拒断。总之，对具有"防跳"功能的断路器控制电源，不管什么原因启动分闸回路，无论断路器是否断开，只要断路器辅助触点未能正常断开，分闸线圈将会被烧毁。

另外，分闸操作次数过多使分闸线圈温度太高也是烧毁分闸线圈的原因之一，所以应尽量避免频繁操作，以操作过多次使线圈温度超过 65℃ 以上时应暂停操作，待线圈温度下降到 65℃ 以下时再进行操作。

为减少上述故障，应重视检修和维护工作，其主要内容如下：

1) 要定期对断路器电磁机构进行检修和维护保养。在春冬两季到来之前，要进行一次转动机械部位的清扫及连接部位螺丝紧固检查，并注入润滑油。

2) 在每年的春检工作时应对分闸线圈做动作电压试验。检验动作电压在额定电压的 30%～65% 时能否可靠分闸，保证整个电器回路的正确及操作机构的灵活和可靠性。

3) 检查分闸机构的脱扣板间隙是否符合要求，如果分闸电磁铁因无冲程而全被压死，则使得分闸动作所需的电压升高。

4) 断路器辅助开关传动机构应无变形、卡阻，连片的固定螺丝应无松动脱落，触点接触可靠到位，无氧化、油污现象，保证分闸时可靠动作。

对实际运行中，经常发生断路器分闸线圈被烧毁的情况，除加强检修和维护工作，以减少故障率外，用户还可针对控制分闸回路存在的问题进行改进。例如：

1) 根据一般断路器的控制接线原理图,将其中的跳跃闭锁继电器 KCF 的另一常开触点 KCF₄ 与一只具有延时动作触点、遮断容量为 5A 的中间继电器 2KM 串联,如图 2-5-1-10 所示。当分闸线圈通电动作同时,KCF 电流线圈也动作并自保持,其 KCF₄ 闭合,KM 通电,但其所有触点都延时动作。在延时期间,若分闸完成且断路器辅助触点正常断开,KCF 电流线圈失电,其 KCF₄ 返回,2KM 失电。若此时断路器辅助触点不能正常断开的时间超过了 KM 的延长时间,则串联在分闸回路的常闭触点 2KM₁、2KM₂ 断开,避免分闸线圈因通大电流时间过长而烧毁。同时常开触点 2KM₃ 闭合自保持,2KM₄、2KM₅ 便发生预告信号,SB 为解除按钮。中间继电器的 2KM₁、2KM₂ 两对触点并联后串联于分闸回路,其目的是增加分闸回路的可靠性,故每个触点的遮断电流容量应不小于 5A。为使分闸有充分的时间,中间继电器所有触点延时时间应等于或大于 800ms。才能完全躲过断路器的分闸时间。

2) 某地 10kV 断路器分闸线圈烧坏的故障每年都要发生几起。分析其原因主要是在短路故障时,分闸线圈通电励磁,为保证断路器不致因意外原因而拒分,要求分闸线圈回路长期有电流通过,但是,分闸线圈是按短时工作设计的,所以很容易被烧毁。

为解决这个矛盾,可用数只型号为 MZ72(耐压 270V)的电阻并联,再将这一并联电阻串接在分闸线圈前。由于这种电阻具有热敏特性,随着通电时间的延长,电阻值逐步增大至一定数值后便稳定不变。这样就可以在分闸线圈长期通电时限制分闸线圈回路的电流,使线圈不致被烧毁。

3. 断路器分闸铁芯故障

(1) 电磁操动机构分闸铁芯上移后不复位故障。断路器电磁操动机构分闸前就已经上移,且上移后不能复位,即铁芯没能回到正常位置。分闸时,分闸铁芯行程不够,导致作用于连板的冲击力不足,从而造成断路器拒分。分析结果表明,可能有以下几种原因:

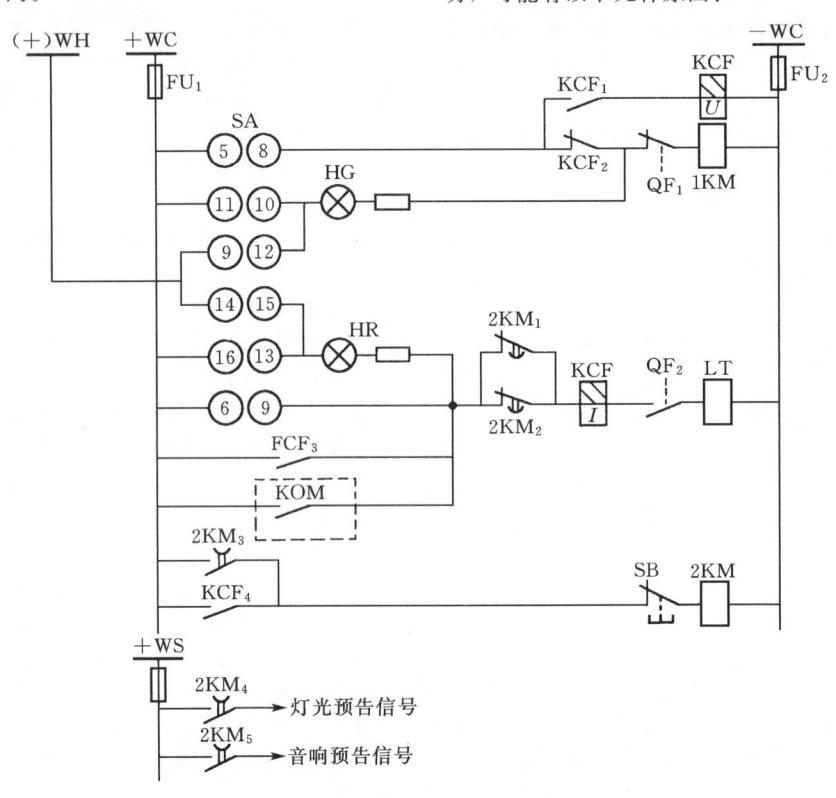

图 2-5-1-10 改进后的断路器控制接线原理图
KCF—跳跃闭锁(防跳)继电器;KOM—保护出口中间继电器;1KM—合闸接触器;
2KM—中间继电器;LT—跳闸线圈;HR—红色信号灯;HG—绿色信号灯;
SB—信号解除按钮;WC—控制母线;WH—闪光母线;WS—信号母线

1) 断路器在运行过程中,由于振动等原因,导致铁芯上移。

2) 在分闸过程中控制回路的电压偏低或操作人员操作不到位,使分闸铁芯有上移动作,但没有完成分闸。

3) 由于分闸铁芯具有较大的剩磁,铁芯与铁顶杆产生较大的电磁力,铁芯被吸住,造成铁芯上移后不能复位。

4) 分闸线圈因故流过电流过大,使分闸线圈产生的电磁力能够造成铁芯慢慢上移且不能复位。

【例 1】 某厂一台 6kV,720kW 高压电动机,用配有 CD₁₀-Ⅱ型电磁操动机构的 SN₁₀-10Ⅱ型油断路器控制,经常出现断路器分闸失灵故障。经检查,发现在断路器分闸前,电磁操动机构铁芯就已经上移,且几乎碰到了分闸机构的四连杆。因此,在需要分闸时,分闸铁芯与四连杆之间便没有足够的行程和冲击力,导致断路器分闸失灵故障。

【例 2】 某 10kV 线路发生故障,速断保护动作,断路器拒分,越级到母联开关保护动作,母联开关分闸,扩大了停电面积。事故后,经检查分析,发现该线路断路器分闸线圈的铁芯已经上移了一段距离,分闸铁芯行程不够,实测行程为 16~18mm,而检修规程规定,分闸铁芯行程为 33~34mm。由此推断,保护动作后分闸铁芯作用于连板的冲击力不足,从而造成了正常分闸和线路事故情况下的断路器拒分。线路正常情况下,如果电磁力作用使跳闸铁芯慢慢上移到一定位置，一旦发生事故需要断路器分闸时，断路器拒分就不可避免。在试验过程中，明显感觉到作用在铁芯上的电磁力比较大，说明运行监视回路电流比较大，即监视断路器分合状态的红灯 RD 及电阻 R 分压偏小，而分闸线圈长期分压偏大，因而产生的电磁力使分闸铁芯慢慢上移，因该电磁力长期存在，分闸铁芯保持在上移后的位置不会复位。

对此种故障，可以对运行监视回路进行改造，用提高红灯 RD 额定电压、增大分压电阻 R 阻值的办法就可解决。替换后，运行监视回路电流大大减小，再对分闸铁芯进行试验时，几乎感觉不到电磁力的作用。再将铁芯轻轻托起到任一位置后松手，铁芯马上回到原来的位置，不再像改造前那样，托起后松手，铁芯保持在托起位置而不能复位，说明改造后能确保铁芯的行程和作用于连板冲击力，消除了事故隐患，避免了拒分现象的发生。

对该类事故的处理方法如下：①可考虑将铁芯改用不易产生剩磁的不锈钢或将铁顶杆改成黄铜杆，但黄铜杆必须与铁芯用销子紧固，避免松脱。②检查分闸线圈，找出断路器在运行过程中分闸线圈仍然不正常带电的原因或降低分闸线圈在运行中的分压。③测量分闸铁芯顶杆冲击间隙应大于 25mm，间隙过小分闸时无冲击力。

通过上述检查和处理，使铁芯不管由于什么原因上移后都能顺利地复位。

（2）分闸铁芯卡涩故障。分闸铁芯卡涩往往是由于铁芯的铜套变形，或铁芯与铜套间有油垢阻塞所造成。所以检修时应检查分闸线圈内铜套有无严重磨损开裂，铜套内应无灰尘、油泥等脏物，转动和起落分闸铁芯，不应有卡涩现象。

（六）断路器拒合现象

断路器拒合是发电厂、变电所常见的故障之一，输电线路或其他设备常因断路器拒合而延误送电，造成不应有的损失。断路器拒合与拒分类似。同样存在机械故障和电气故障，断路器拒合现象常见的电气故障及相应的处理方法如下。

1. 直流电源电压过低或过高

直流母线电压过高时，对长期带电的继电器、指示灯等容易造成过热或损坏，对分、合闸线圈不仅增加电流发热，同时电磁铁铁芯磁通饱和，引起铁芯过热。电压过低时，可能造成断路器、保护的动作不可靠，甚至引起分、合闸线圈中电流增加而过热或烧毁。所以直流母线电压允许变化范围一般是±10%。

直流母线电压的高低取决于直流电源电压，对于采用蓄电池或电容储能作为直流电源的变配电所，通常由硅整流装置作为充电设备。硅整流装置又分为有整流变压器和无整流变压器两种，有整流变压器的硅整流装置的交流电源取自所用电 380V 交流电源，经整流得到 220～240V 的直流电源。无整流变压器硅整流装置的交流电源同样取自所用电，对 220V 的直流电源，又分为两种情况，一种是直接把整流器的输入端接在 380V 交流电源上，输出直流平均电压为 257V，比 220V 高出 15%，可用来补偿合闸回路的压降。另一种是直接把整流器的输入端接在 220V 交流电上，输出直流电压保持在 195～200V 的范围内，能够满足断路器分、合闸要求。

蓄电池组按浮充运行方式工作时，浮充整流器平时供给母线上的经常负荷，同时以不大的电流向蓄电池浮充电，以补偿蓄电池自放电消耗的电量，使蓄电池经常处于满充电状态，在浮充电运行方式下，蓄电池组主要负担短时的冲击负荷。蓄电池在进行充电和放电时端电压变化较大，依靠手动端电池调节器调节蓄电池组接入母线的个数，以维持直流母线电压恒定，避免断路器合闸回路电压过高，若调节不及时，就会出现电压过高现象。当交流系统发生事故，浮充整流器断开时，蓄电池组将转入放电状态，承担全部直流负荷。随着蓄电池单独供电时间的延长及自放电损失，蓄电池端电压随之下降，若调节不及时，就会出现电压过低现象。例如电压低到 150V 左右，一般是三相硅整流器缺一相电源所致。

处理的方法是：

（1）检查控制回路电压是否低于或超过其额定工作电压范围，可以（105%～80%）U_N 作为额定工作电压范围。

（2）若电源电压不在该范围内，则应调节手动端电池调节器。

（3）若电压过低，还应检查硅整流器电源熔体及所用变熔体是否熔断，检查所用电交流电压是否过低。

（4）检查蓄电池组是否有故障。应检查每只蓄电池的电压；若发现某个电池低于规定值，一定要及时将其调换下来做单独充电处理。这种已提前出现老化，容量降低，甚至全丧失容量的蓄电池，在放电过程中，尤其在合闸电流的冲击下，其电压可能很快下降到零点几伏。

对于安装在 10kV 变配电所的高压断路器弹簧操作机构的电源，目前多数由所内电压互感器供给，因而机构贮能电机也采用额定电压为 110V 的交流串激式电动机，但电压互感器二次侧电压一般为 100V，加上互感器二次回路不可避免地存在压降，这样加在贮能电机上的电压更低。操作电源电压偏低，使贮能电机工作时电磁转矩及转速均下降不少，从而影响机构弹簧的贮能效果，易造成断路器拒合故障。

为此，可做如下改进：首先是改用额定电压为 220V 的交流串激式电动机作为贮能电机，然后配置一台容量为 1kVA 左右的单相变压器，把电压互感器二次侧电压升高至 220V 以供操作用。

2. 断路器控制回路故障

（1）合闸接触器失压或欠压故障。直流电源故障，控制回路熔体熔断，合闸接触器回路各元件连接线断线，接头或元件触点接触不良，断路器辅助触点闭合不好，短接合闸接触器的两点接地，这些故障都会使合闸接触器失压或欠压，导致断路器拒合。

例如，某变电站的 35kV 出线，在恢复送电时，断路器几次合闸都不成功。经检查，合闸机构正常，直流电源无接地。在摇测合闸回路绝缘电阻时，发现测量结果低于正常值。经仔细查找，原来是在户外的端子箱内部受潮严重，端子排锈蚀，正电源端子处接触不良。这样，在合闸时，端子排处将有很大的电压降，使合闸电压大大降低，造成合闸接触器吸合力不足，机构动作不到位甚至不动作。针对这一情况，可将端子箱进行干燥处理，更换端子排，并在端子箱上开通风口。经处理后，合闸操作恢复正常。

（2）合闸接触器故障。合闸接触器线圈断线，接触器铁芯被卡住或弹簧反作用力过大，都会使接触器触点无法闭合，导致断路器拒合。

对合闸控制回路不通故障的检查方法如下：

首先根据故障现象判断是否属于断路故障，然后根据可能发生断路故障的部位确定断路故障范围，最后利用检测工具找出断路点。合闸控制回路较长，元件较多，如果逐个元件查找，太费时间，而且有时为了不影响其他控制回路的正常工作，必须带电进行检查，所以最好是用对地电位法分段检查断线故障点，也可采用电压法等方法。

1) 电压法。电压法的基本原理是：当电路有断路点时，电路中没有电流通过，电路中各种降压元件已不再有电压降落，电源电压全部降落在断路点两端，因而可通过测量两点之间有无电压，逐步缩小确定断路故障的范围，最终找出断路故障点。常用检测仪表为通用型万用表，可选择直流大于或等于直流电源电压的挡位。

2) 电位法。电位法的基本原理是：断路点两端电位不等，断路点一端与电源一端电位相同，断路点另一端与电源另一端电位相同，因而可以通过测量电路中各点电位判断断路点。

常用万用表或试电笔作为检测工具。试电笔实际上是一种显示带电体对地电位为高电位的工具，因而可通过试电笔测量（显示）电路中各点的电位来检测断路故障。在用试电笔从正极控制母线沿控制回路向负极控制母线逐段试电过程中，必然会找出试电笔的氖管由后端明亮转为前端明亮且亮度减弱的线段，该线段即为断路点所在范围，同理逐步缩小范围，直至查出断路点所在位置。

用万用表检测的方法是：把万用表调至直流电压250V挡，再将万用表负极接地，用万用表正极接设备带电部分。如果表针正指，此处即是正电位；表针反指（小于零），此处即是负电位；表针指零，说明此处无电压，亦即此处两端都有断路点。因此检查具有灯光监视的合闸控制回路时，首先使控制开关处于分闸后位置，再选择几个重要端子，如连接控制盘、保护盘和操作机构的端子，进行关键点的电位测试，根据电位的变化，即可确定故障范围。换言之，哪两点之间电位不同，故障就一定在这两点之间，哪处两边电位不同，哪处便是断路点。

3) 电阻法。如果允许控制母线断开直流电源进行检查断路点，也可采用电阻法。电阻法的基本原理是：电路出现断路故障以后，断路点两端电阻为无穷大，而其他各段电阻相对较小或近似为零，因此可以通过测量各线段电阻值查找断路点。

检测电阻值一般采用万用表欧姆挡，且一般选择R×10或R×1的位置。不要选择R×1k以上的高阻挡，以免发生误差。

对控制回路接触不良的检查同样可以采用电压法、电位法或者电阻法，被检查的线段或触点、端子、元件两端电压或电阻或电位发生异常变化，即为接触不良所致。

对接触器铁芯被卡或弹簧压力过大的故障处理方法如下：①检查电磁线圈通电后产生的电磁力是否不足以克服弹簧的反作用力。若属于线圈问题就应更换线圈，若属于弹簧压力过大，则应对弹簧的压力做相应的调整，必要时进行更换；②检查接触器铁芯是否被卡，若铁芯被卡，则应进行拆检、清洗、修整，必要时调换配件。

3. 合闸回路故障

(1) 合闸线圈失压或欠压故障。合闸电源故障、合闸回路的熔体熔断、连接线断线或接触不良。合闸接触器触点未能闭合都会使合闸线圈失压或欠压，导致断路器拒合。其处理方法参见本部分2。

例如，某厂一台$SN_{10}-35$型少油断路器，配用$CD_{10}-$Ⅳ电磁操作机构。在安装使用时几次合闸都没有成功。检查机构各部位及辅助触点均未见异常，调节拐臂拉杆行程也不管用。于是怀疑合闸力矩不足，便对合闸线圈参数进行核实，测量直流电阻也都没有问题。但在拆线圈时发现引线的固定螺丝没有压紧。经分析，可能是由此引起的合闸回路接触电阻过大，导致电压降过大，线圈电流过小，合闸力矩不足。经压紧螺丝后，重新合闸，一次成功。

(2) 合闸线圈断线，匝间短路或绝缘损坏。与分闸线圈一样，合闸线圈也存在这类故障。其处理方法参见本部分（四）。

(3) 合闸线圈烧毁故障。断路器合闸线圈的额定电流也是按短时通电设计的，合闸母线熔断器熔体选择过大，同时出现机械操作机构调整不当，导致合闸过程中，合闸线圈通电时间过长，是合闸线圈烧毁的主要原因。

断路器频繁操作，与分闸线圈一样，线圈中频繁地受到大电流冲击，是导致线圈过热甚至烧毁的原因之一。

为防止合闸线圈被烧毁，其注意事项如下：

1) 合闸母线上熔断器熔体的额定电流必须控制在合闸线圈工作电流的1/4～1/3的范围以内，不应过大。

2) 断路器在投入使用之前，必须根据要求进行全面调整。最好先进行人工手动合闸、分闸试验，尽量避免机械故障，在这些工作完毕后，方可进行电动操作。

3) 在调试中，应加强观察与监视，安排专人观察直流控制电源回路中的电流表。正常情况下，合闸时有一较大电流，合闸后应迅速减小。如果电流表的较大电流指示不能迅速减小，应立即切断电源，查明原因并处理，以免事故扩大。

4) 在运行中，应尽量避免频繁操作。因分、合闸线圈的电流还与电磁铁芯磁路有关，衔铁闭合后，磁路磁阻小，励磁电流小，衔铁闭合的线圈电流接近或等于线圈额定电流，该电流也只能按短时通电设计。而短时间隔的频繁操作，无疑会使分合闸线圈来不及散热而过热，况且线圈刚加电压时，衔铁处在打开位置，空气距离大，磁路磁阻大，产生相同磁通所需线圈励磁电流大，一般衔铁启动时，励磁电流比闭合闸时要大几十倍。频繁操作让这种电流累计时间较长地通过分、合闸线圈，易使分、合闸线圈烧毁。

5) 在合闸操作时，手动控制转换开关停留在合闸位置的时间不宜过长。要防止断路器辅助触点因断路器机械故障未能断开，而使合闸接触器触点未能切断合闸回路，导致合闸线圈通电过长而过热甚至烧毁。如果监视断路器状态的绿灯在常规的时间内不灭，应立即松手。

6) 应检测与合闸接触器线圈串联的绿灯监视回路电阻值是否足够大。正常合闸操作，若绿灯仍不灭且导致合闸线圈烧毁，则说明除机械故障导致断路器辅助触点未能断开外，绿灯监视回路导致了合闸接触器触点未能返回。合闸接触器启动电流大，设计的绿灯监视回路不足以使合闸接触器启动，但电动合闸或重合闸装置启动合闸接触器后，维持其触点闭合的电流并不需要启动电流那样大。只要发生断路器辅助触点未能断开，绿灯监视器回路电流有可能使合闸接触器保持在吸合状态。在合闸控制转换开关触点或重合闸出口继电器触点未被粘住，则必然是绿灯监视回路电阻不够大所致。

为防止该类故障发生，设计的绿灯监视回路电流应小于合闸接触器返回电流。对于投入使用的控制电路，检修时应测试绿灯监视回路，若绿灯热态电阻或附加电阻偏小，则应更换。

例如，某单位曾多次发生少油断路器合闸线圈烧毁事故，后经分析，其主要原因是由于在重合闸时，断路器拒合，分闸指示灯（25W）仍亮，其回路中仍有 100mA 左右的电流。这个电流使合闸接触器保持在吸合状态，导致合闸线圈通电时间过长而烧毁。为防止故障重演，该单位采用氖灯或发光二极管替换合闸指示灯，在回路中串接一个 20kΩ、2W 的电阻，使回路电流大大减小，解决了断路器合闸线圈烧毁的问题。

4. 断路器合闸铁芯动作失灵故障

（1）合闸铁芯未动作。除上述合闸回路故障以外，合闸铁芯严重卡塞也是造成合闸铁芯动作失灵的原因之一。

（2）合闸铁芯动作，但仍不能合闸。因安装调试不当等机械原因，导致合闸铁芯动作失灵的情况如下：

1）合闸线圈内的套筒安装不正或变形，影响合闸线圈铁芯的冲击行程，或者合闸线圈铁芯顶杆太短，定位螺丝松动等使铁芯顶杆松动变位。

2）操作机构安装不当，使机构在分闸后卡住未能复位。

上述故障的处理方法如下：

1）对铁芯动作行程不够故障，应重新安装，手动操作试验，观察其铁芯的冲击行程并进行调整。

2）对铁芯顶杆松动变位故障，可调整滚轴与支持架间的间隙为 1～1.5mm，调整时将顶杆往下压，然后在顶杆上打冲眼、钻孔，并用两个定位螺钉固定。

3）对操作机构卡住未能复位故障，应检查各轴及连板有无卡阻现象，如双连板的机构与其轴孔是否一致，轴销有无变形，连板轴孔是否被开口销卡塞的现象等，根据检查结果做相应的处理。

（七）断路器误跳现象

运行中的断路器在线路或设备未发生短路故障时而突然跳闸，称为误跳闸。究其原因，可谓有简有繁，运行人员有时可能很容易查找故障原因，有时却难以查出误跳原因，重新合闸后又一切正常。但现场运行人员查不出原因的误跳却时有发生。有可能造成断路器误跳的原因及相应的处理方法如下。

1. 操作人员误碰或错误操作断路器操作机构

因操作人员失误引起断路器跳闸时，原因明确，只需重新合闸即可。

2. 断路器跳闸机构故障

（1）断路器跳闸挂扣滑脱。断路器误跳故障多是由于跳闸机构的挂扣不牢而又受外力振动脱扣所致，所以故障检修时应把该故障作为首选目标。

（2）断路器跳闸线圈最低动作电压整定过低。为防止断路器拒分，要求不可随意提高跳闸线圈最低动作电压。但若因最低动作电压整定过低，易造成断路器误跳，则可适当提高整定值，但仍尽量保持跳闸线圈最低动作电压在额定电压的 30%～65% 的范围内，通过试验调整，完全可以解决拒分与误跳的矛盾。

（3）操作机构跳闸机械部分存在累积效应。

为了说明断路器操作机构跳闸机械部分产生累积效应的原因，下面通过实例加以分析。

例如，某供电区枢纽变电站一主变压器主进开关为 LW_{14}-110 型 SF_6 断路器，所配操作机构为 CQ_6-Ⅱ型，于 1995 年 11 月安装投送。在 1998 年 1 月 5 日和 11 月 23 日及 1999 年 2 月 26 日，先后发生三次不正常跳闸，但保护均未动作，运行人员检查结果是：保护无任何信号，一次设备无任何异常；保护人员检查的结果是：各项保护传动结果均正常；运行人员处理结果是：三次手动合闸均成功。

该单位再次组织有关专家对该断路器及保护回路进行了详细检查和试验，发现加在该断路器跳闸线圈上的电压达 48V 左右，可使其跳闸铁芯动作，但开关尚不跳闸，且连续冲击数次（约 5～6 次）后，会使掣子和连板脱扣，从而使得开关跳闸。说明跳闸机械部分有累积效应，而此时断路器的最低动作电压为 63V。然后调整断路器的最低动作电压为 120V，再次试验，加在其跳闸线圈上的电压达 54V 左右，其跳闸铁芯才动作。但连续冲击数次后，检查掣子和连板挂扣基本没有变位，于是将该断路器的最低动作电压由原来的 63V 调整为 120V（仍未超过 65% 额定电压），投入运行后一直正常。

综合分析后，得出该断路器误跳的原因如下：

（1）根本原因是跳闸线圈在较低电压作用下，跳闸铁芯就动作。经数次冲击后跳闸机械部分有累积效应，最终使其跳闸。

（2）直接原因是正常运行情况下机构跳闸线圈上已作用有一定的电压（可达 30V 甚至更高），同时二次回路绝缘不良、回路有迂回以及其他原因可能导致加在跳闸线圈上的电压达到其铁芯吸合电压并使其动作。

（3）复位弹簧强度不够，起不到复位作用。为了进一步验证该类型断路器跳闸机械部分存在累积效应，该单位于 1999 年 10 月又对另一同类型断路器停电做低电压动作检查性试验。其结果如表 2-5-1-5 所示。

表 2-5-1-5   低电压动作试验

序号	最低动作电压 /V	铁芯刚开始吸合电压 /V	在刚开始吸合电压作用下数次冲击	在其他电压作用下数次冲击
1	80	60	跳闸铁芯冲击 6～7 次、掣子和连板间的挂扣，即脱扣跳闸	在 75V 电压作用下，跳闸铁芯冲击 2 次即脱扣跳闸
2	90	63	掣子和连板间的挂扣基本不变位、没有脱扣跳闸	在 70V 电压作用下，跳闸铁芯冲击 6～7 次即脱扣跳闸
3	105	68	掣子和连板间的挂扣不变位、没有脱扣跳闸	在 70V 电压作用下，跳闸铁芯冲击 6～7 次未脱扣跳闸；在 90V 电压作用下，跳闸铁芯冲击 2 次即脱扣跳闸

经过反复试验，证明该型断路器机构跳闸机械部分确实存在累积效应，且最低动作电压整定的越低，使铁芯开始吸合的电压也越低，累积效应越明显；最低动作电压越高，使铁芯开始吸合的电压也越高，此时在较低电压作用下基本上没有累积效应，只有在较高电压作用下累积效应才明显。

通过上述实例可以看出，若将断路器最低动作电压整定的较低，容易产生明显的累积效应，然而要造成断路器误跳，还必须存在某种因素，导致在正常运行情况下多次加在跳闸线圈上的电压达到其铁芯吸合电压并使其动作，且复位弹簧起不到消除累积效应的作用，才能形成累积效应，最终导致误跳。

处理该类故障方法如下：①适当提高断路器最低动作电压，但不宜超过65%额定电压，即可提高铁芯刚开始吸合电压，避免误跳，又可防止断路器拒跳；②加强运行维护，定期检查跳闸机械部分，特别是掣子和连板间的挂扣情况，发现问题及时解决；③重视二次回路绝缘状况，发现问题及时处理。

3. **直流控制回路短路故障**

（1）直流两点接地。如图 2-5-1-9 所示，当 A、B 两点发生直流接地时，将电流继电器 KA1、KA2 触点短接，启动中间继电器 KM，其触点闭合而造成误跳闸；当接地发生在 A、C 两点，A、D 两点，F、D 两点等，同样都能造成断路器误跳闸。

此类故障处理方法详见上述（四）。

（2）红灯短路故障。当监视断路器运行状态的红灯灯丝在其底座上短路时，易引起断路器误跳。同理，绿灯短路时，易引起断路器误合。正确选择监视灯及其附加电阻，就可避免断路器因监视灯短路而误动作，即合理分配监视灯、附加电阻、跳闸线圈或合闸接触器线圈上的电压及控制其长期流过的电流。

为此应根据下列要求选择：

1) 应保证灯泡上的电压产生的光亮能让人的肉眼清楚地看到，即不应低于60%额定电压。

2) 长期流过控制回路中的跳闸线圈或合闸接触器的电流，应不至于引起其过热，即不应超过15%的额定电流。

3) 当监视灯的灯丝在其底座上短路时，跳闸线圈或合闸接触器上的电压应不足以使断路器动作，其裕度不小于1.3。

对附加电阻，一般均采用管形绕线电阻，为降低电阻的发热程度，其额定电流应按比长期计算电流约大2倍的条件进行选择。

4. **继电保护装置误动**

（1）保护装置整定不当。在继电保护整定计算中，因设计人员考虑不周，所确定的动作值不适，或在继电保护装置调试过程中，继电保护人员整定继电器动作值不准，在某种不正常工作状态下，易引起保护误动作。

（2）保护装置误动的部分内、外原因。因继电保护装置本身质量问题，使继电器实际动作值发生变化；或因误碰、振动、环境温度变化使继电器误启动；或因保护装置工作环境差，如空气中含有灰尘、腐蚀性气体等，即可能致使某个继电器触点接触不良，引起保护拒动，也可能致使某个继电器触点接触不良，导致跳闸闭锁装置失灵，引起保护误动作。

对晶体管保护装置，直流电源电压波动或脉冲干扰也会引起晶体管误动作。

（3）互感器回路故障。电压互感器回路断线易引起距离保护误动，电流互感器回路断线易引起差动保护误动。对这类故障往往只需加设断线闭锁装置或其他元件等措施加以解决，或者从整定值上加以考虑就可避免保护误动。

当保护装置安装完毕，其动作值整定后，因互感器回路其他元件的原因，还会造成保护误动。以差动保护为例，设计时是按电流互感器的误差不超过10%来考虑整定值的，而实际运行中电流互感器的误差因故却超过了10%，易导致差动保护误动，而运行人员却难以查出误动原因。详见变压器差动保护误动原因。

（4）保护出口继电器线圈正电源侧接地故障。当保护出口继电器线圈正电源侧发生接地故障时，保护直流回路过大的电容放电易引起出口继电器误动作。

为防止这种电容电流短接保护触点而误启动跳闸出口继电器，跳闸出口继电器的启动电压不宜低于直流额定电压的50%，但也不应过高，以保证直流电源降低时的可靠动作和正常情况下的快速动作。对于动作功率较大的中间继电器（例如5W以上），如为快速动作的需要，则允许动作电压略低于额定电压的50%，此时必须保证继电器线圈的接线端子有足够的绝缘强度。如果适当提高了启动电压还需要能满足防止误动作的要求，可以考虑在线圈回路上并联适当电阻。由变压器、电抗器瓦斯保护启动的中间继电器，由于连线长，电缆电容大，为避免电源正极接地误动作，应采用较大启动功率的中间继电器，但不要求快速动作。

（5）寄生回路。在控制、保护、信号回路的设计、安装过程中，如果不严格按《反事故技术措施要点》执行，往往易产生寄生回路留下隐患。当某元件动作或故障后，就会产生寄生回路，而引起误发信号或误跳闸。

例如，在图 2-5-1-11 中，当 3、4 点之间连线断线时，就会产生寄生回路，即为 +→1→KM→3→R→2→KOM→4→5→- 回路，引起跳闸出口继电器 KOM 误动作，该图接线错误在于不应将直流电源监视继电器 KM 线圈与出口继电器 KOM 的线圈共用一个接线端子，解决的措施是将 KM 与 KOM 线圈分别接到负电源母线上。

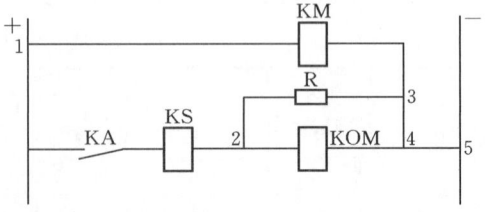

图 2-5-1-11 易产生寄生回路的接线图例

（八）断路器操动机构常见故障现象

断路器 CY_3 型液压操动机构、CD_{10} 型电磁操动机构、CT_6 型弹簧操动机构的常见故障现象及其产生的可能原因分别如表 2-5-1-6、表 2-5-1-7、和表 2-5-1-8 所示。

第一节 油断路器的异常运行和事故原因及处理方法

表 2-5-1-6　　　　　　　　　　CY₃ 液压操动机构常见故障及可能原因

现象分类		故障现象	可 能 原 因
建压时间长或建不起压力		油泵建压时间过长	(1) 整个建压过程时间长。 1) 吸油回路有堵塞，吸油不畅通，滤油器有脏物堵住。 2) 油泵中空气未排尽。 3) 油箱油位过低，油量少。 4) 油泵吸油阀钢球密封不严或只有一个柱塞工作。 (2) 油泵建至一定压力后，建压时间变长或建不上压。 1) 柱塞座与吸油阀之间的尼龙密封垫封不住高压油。 2) 柱塞和柱塞座配合间隙过大。 3) 高压油路有泄漏。 4) 安全阀调整不当
		油泵建不起压力	(1) 高压放油阀未关严或逆止阀钢球没有复位。 (2) 合闸二级阀未关严。 (3) 油泵本身有故障，吸油阀密封不严，柱塞座与吸油阀之间的尼龙垫封不住高压油，柱塞与柱塞座配合间隙大或只有一个柱塞处于工作状态
拒动	拒合	电磁铁未启动	(1) 二次回路连接松动，接触不良。 (2) 辅助开关未切换。 (3) 电磁铁线圈断线。 (4) 铁芯卡住
		电磁铁启动，工作缸活塞杆不动	(1) 阀杆变形，行程不够，合闸一级阀未打开。 (2) 合闸控制油路堵塞。 (3) 分闸一级阀未复位
	拒分	电磁铁未启动	(1) 二次回路连接松动，接触不良。 (2) 辅助开关未切换。 (3) 电磁铁线圈断线。 (4) 铁芯卡住
		电磁铁启动，工作缸活塞杆不动	(1) 阀杆变形，分闸阀未打开。 (2) 合闸保持回路漏装 $\phi 0.5$mm 节流孔接头。 (3) 合闸二级阀活塞卡住未复归
误动	合后即分		(1) 合闸保持回路 $\phi 0.5$mm 节流孔受堵。 (2) 分闸阀内逆止阀或一级阀未复位或密封不严。 (3) 合闸二级阀活塞密封圈失效
误动	油泵频繁启动打压	分闸位置频繁启动	(1) 外泄漏。 1) 工作缸活塞出口端密封不良。 2) 储压筒活塞杆出口端密封不良。 3) 管路连接头渗漏。 4) 高压放油阀密封不良或未关严。 (2) 内泄漏。 1) 工作缸活塞上密封圈失效。 2) 合闸一级阀密封不良。 3) 合闸二级阀密封不良
		合闸位置频繁启动	(1) 外泄漏。 1) 工作缸活塞出口端密封不良。 2) 储压筒活塞杆出口端密封不良。 3) 管路连接头渗漏。 4) 高压放油阀密封不良或未关严。 (2) 内泄漏。 1) 二级阀活塞密封圈失效或二级阀活塞锥面密封不良。 2) 分、合闸一级阀密封不良。 3) 合闸阀内逆止阀密封不良。 4) 合闸阀与二级阀连接处密封圈失效

· 809 ·

续表

现象分类		故障现象	可能原因
误动	油泵频繁启动打压	分、合闸位置均频繁启动	(1) 外泄漏。 1) 工作缸活塞出口端密封不良。 2) 储压筒活塞杆出口端密封不良。 3) 管路连接头渗漏。 4) 高压放油阀密封不良或未关严。 (2) 内泄漏。 1) 高压放油阀密封不良或未关严。 2) 油泵卸载逆止阀关闭不严。 3) 合闸一级阀关闭不严

表 2-5-1-7　　CD$_{10}$ 电磁操动机构常见故障及可能原因

现象分类		故障现象	可能原因
拒动	拒合	铁芯不启动	(1) 线圈端子无电压。 1) 二次回路连接松动。 2) 辅助开关未切换或接触不良。 3) 直流接触器接点被灭弧罩卡住或接触器吸铁被异物卡住。 4) 熔丝熔断。 5) 直流接触器电磁线圈断线或烧坏。 (2) 线圈端子有电压。 1) 合闸线圈引线断线或线圈烧坏。 2) 两个线圈极性接反。 3) 合闸铁芯卡住
		铁芯启动、连板机构动作	(1) 合闸线圈通流时端子电压太低。 (2) 辅助开关调整不当过早切断电源。 (3) 合闸维持支架复归间隙太小或因某种原因未复归。 (4) 分闸脱扣机构未复归锁住。 (5) 滚轮轴合闸后扣入支架深度少或支架端面磨损变形扣合不稳定。 (6) 合闸铁芯空行程小，冲力不足。 (7) 合闸线圈有层间短路。 (8) 开关本体传动机构有卡涩
	拒分	铁芯不启动	(1) 线圈端子无电压。 1) 二次回路连接松动或接触不良。 2) 辅助开关未切换或接触不良。 3) 熔丝熔断。 (2) 线圈端子有电压。 1) 铁芯卡住。 2) 线圈断线或烧坏。 3) 两个线圈极性接反
		铁芯启动、脱扣板未动	(1) 铁芯行程不足。 (2) 分闸连板中间轴中心线过"死点"太少。 (3) 线圈内部有层间短路
		脱扣板已动作	机构或本体传动机构卡涩
误动		合后即分	(1) 合闸维持支架复归太慢或端面变形。 (2) 滚轮轴扣入支架深度太少。 (3) 分闸连板未复归，机构空合。 (4) 分闸连板中间轴中心线过"死点"太少。 (5) 二次回路有混线，合闸同时分闸回路有电。 (6) 合闸弹簧缓冲器压得太死无缓冲间隙
		无信号自分	(1) 分闸回路绝缘有损坏造成直流两点接地。 (2) 分闸连板中间轴中心线过"死点"太少。 (3) 分闸电磁铁最低动作电压太低。 (4) 继电器接点因振动误闭合

第一节 油断路器的异常运行和事故原因及处理方法

表 2-5-1-8　　CT$_6$ 弹簧操动机构常见故障及可能原因

现象分类		故障现象	可 能 原 因
拒动	拒合	铁芯未启动	（1）线圈端子无电压。 1）二次回路接触不良，连接螺丝松。 2）熔丝熔断。 3）辅助开关接点接触不良或未切换。 （2）线圈端子有电压。 1）线圈断线或烧坏。 2）铁芯卡住
		铁芯已启动、四连杆未动	（1）线圈端子电压太低。 （2）铁芯运动受阻。 （3）铁芯撞杆变形、行程不足。 （4）四连杆变形、受力过"死点"距离太大。 （5）合闸锁扣入牵引杆深度太大。 （6）扣合面硬度不够变形，摩擦力大，"咬死"
		四连杆动作，牵引杆不释放	（1）牵引杆过死点距离太小或未出"死区"。 （2）机构或本体有严重机械卡涩。 （3）四连杆中间轴过"死点"距离太小。 （4）四连杆受扭变形
	拒分	铁芯未启动	（1）线圈端子无电压。 1）熔丝熔断。 2）二次回路连接松动，接点接触不良。 3）辅助开关未切换或接触不良。 （2）线圈端子有电压。 1）线圈烧坏或断线，尤其引线端易折断。 2）铁芯卡住
		铁芯已启动，锁钩或分闸四连杆未释放	（1）线圈端子电压太低。 （2）铁芯空程小，冲力不足或铁芯运动受阻。 （3）锁钩扣入深度太大或分闸四连杆受力过"死点"距离太多。 （4）铁芯撞杆变形，行程不足
拒动	拒分	锁钩或四连杆动作，但机构连板系统不动	机构或本体严重机械卡涩
误动		储能后自动合闸	（1）合闸四连杆受力过"死点"距离太小。 （2）合闸四连杆未复归，可能复归弹簧变形或有别劲。 （3）扣入深度少或扣合面变形。 （4）锁扣支架支撑螺栓未拧紧或松动。 （5）L 型锁扣变形锁不住。 （6）马达电源未及时切换。 （7）牵引杆越过"死点"距离太大撞击力太大
		无信号自分	（1）二次回路有混线，分闸回路直流两点接地。 （2）分闸锁钩扣入深度太少，或分闸四连杆中间轴过"死点"距离太小，或锁钩端部变形扣不牢。 （3）分闸电磁铁最低动作电压太低。 （4）继电器接点因某种原因误闭合
		合后即分	（1）二次回路混线，合闸同时分闸回路有电。 （2）分闸锁钩扣入深度太小，或分闸四连杆中间轴过"死点"距离太小，或锁钩端面变形，扣合不稳定。 （3）分闸锁钩不受力时复归间隙调得太大。 （4）分闸锁钩或分闸四连杆未复归

四、预防油断路器事故的技术措施

(一) 预防油断路器事故的意义

认真贯彻执行国家电力公司发布的《高压开关设备反事故技术措施》(以下简称措施),切实加强全过程管理,努力做到"造好、选好、装好、用好、修好、改好和管好"高压断路器。只有这样,才能从根本上提高断路器的健康水平,保证电网的安全运行。

应当指出,高压断路器的反事故措施,是根据高压断路器多年的运行实践、经验和事故教训总结出来的,是保证断路器安全运行的重大技术措施。现场运行实践证明,凡是认真执行国家电力公司或省电力公司制订的"反事故技术措施",常见故障和事故就明显地降低。

(二) 预防断路器灭弧室烧损、爆炸的技术措施

1. 定期核算开关设备安装地点的短路电流

各运行、维修单位应根据可能出现的系统最大运行方式及可能采用的各种运行方式,每年定期核算开关设备安装地点的短路电流。如开关设备实际短路开断电流不能满足要求,则应采取"限制、调整、改造、更换"的办法,以确保设备安全运行。具体措施如下:

(1) 合理改变系统运行方式,限制和减少系统短路电流。

(2) 采取限流措施,如加装电抗器等以限制短路电流。

(3) 在继电保护上采取相应的措施,如控制断路器的跳闸顺序等。

(4) 将短路开断电流小的断路器调换到短路电流小的变电站。

(5) 根据具体情况,更换成短路开断电流大的断路器。

2. 监视灭弧室的油位

应经常注意监视油断路器灭弧室的油位,发现油位过低或渗漏油时应及时处理,严禁在严重缺油情况下运行。油断路器发生开断故障后,应检查其喷油及油位变化情况,发现喷油严重时,应查明原因并及时处理。

3. 按规定进行定期或状态检修

开关设备应按规定的检修周期和具体短路开断次数及状态进行检修,做到"应修必修,修必修好"。不经检修的累计短路开断次数,按断路器技术条件规定的累计短路开断电流或检修工艺执行。没有规定的,则可根据现场运行、检修经验由各运行单位的总工程师参照类似开关设备检修工艺确定。

4. 液压机构打压频繁或突然失压应停电处理

当断路器所配液压机构打压频繁或突然失压时应申请停电处理。必须带电处理时,检修人员在未采取可靠防慢分措施(如加装机械卡具)前,严禁人为启动油泵,防止由于慢分而使灭弧室爆炸。

(三) 预防套管、支持绝缘子和绝缘提升杆闪络、爆炸的技术措施

1. 防污闪

根据电力设备运行现场的污秽程度,采用的防污闪措施如下:

(1) 定期对瓷套或支持绝缘子进行清洗。

(2) 在室外 40.5kV 及以上电压等级开关设备的瓷套或支持绝缘子上涂 RTV 硅有机涂料或采用合成增爬裙。

(3) 采用加强外绝缘爬距的瓷套或支持绝缘子。

(4) 采取措施防止开关设备瓷套渗漏油、漏气及进水。

(5) 新装投运的开关设备必须符合防污等级要求。

2. 加强内部绝缘的检查

加强对套管和支持绝缘子内部绝缘的检查。为预防因内部进水使绝缘性能降低,除进行定期的预防性试验外,在雨季应加强对绝缘油的绝缘监视。

3. 检查绝缘拉杆状态

新装 72.5kV 及以上电压等级断路器的绝缘拉杆,在安装前必须进行外观检查,不得有开裂起皱、接头松动及超过允许限度的变形。除进行泄漏试验外,必要时应进行工频耐压试验。运行的断路器如发现绝缘拉杆受潮,烘干处理完毕后,也要进行泄漏和工频耐压试验,不合格者应予更换。

4. 防止进水和受潮

充胶(油)电容套管应采取有效措施防止进水和受潮,发现胶质溢出、开裂、漏油或油箱内油质变黑时应及时进行处理或更换。大修时应检查电容套管的芯子有无松动现象,防止脱胶。

5. 采用合格密封圈

绝缘套管和支持绝缘子各连接部位的橡胶密封圈应采用合格品并妥善保管。安装时应无变形、位移、龟裂、老化或损坏。压紧时应均匀用力并使其有一定的压缩量。避免因用力不均或压缩量过大而使其永久变形或损坏。

(四) 预防断路器拒分、拒合和误动等的技术措施

1. 加强对操动机构的维护检查

机构箱门应关闭严密,箱体应防水、防灰尘和小动物进入,并保持内部干燥清洁。机构箱应有通风和防潮措施,以防线圈、端子排等受潮、凝露、生锈。液压机构箱应有隔热防寒措施。

2. 重视辅助开关安装与运行情况

为保证辅助开关可靠工作,应采取的措施如下:

(1) 辅助开关应安装牢固,防止因多次操作松动变位。

(2) 应保证辅助开关接点转换灵活、切换可靠、接触良好、性能稳定,不符合要求时应及时调整或更换。

(3) 辅助开关和机构间的连接应松紧适当、转换灵活,并满足通电时间的要求。连杆锁紧螺帽应拧紧,并采用防松措施,如涂厌氧胶等。

3. 认真对检修后的操动机构检查

断路器操动机构检修后,应检查操动机构脱扣器的动作电压是否符合 30% 和 65% 额定操作电压的要求。在 80%(或 85%)额定操作电压下,合闸接触器是否动作灵活且吸持牢靠。

4. 分、合闸铁芯动作应灵活

分、合闸铁芯应动作灵活,无卡涩现象,以防拒分或拒合。

5. 检查液压机构

断路器大修时应检查液压机构分、合闸阀的顶针是否松动或变形。

6. 定期进行分、合操作检查

长期处于备用状态的断路器应定期进行分、合操作检查。在低温地区还应采取防寒措施和进行低温下的操作试验。

7. 气动机构应坚持定期放水制度

对于单机供气的气动机构在冬季或低温季节应采取保温措施，防止因控制阀结冰而拒动。气动机构各运动部位应保持润滑。

（五）预防直流操作电源故障引起的拒动、烧损的技术措施

1. 直流操作电源不得低于标准要求

各种直流操作电源均应保证断路器合闸电磁铁线圈通电时的端子电压不得低于标准要求。对电磁操动机构合闸线圈端子电压，当关合电流小于 50kA（峰值）时不低于额定操作电压的 80%；当关合电流等于或大于 50kA（峰值）时不低于额定操作电压的 85%，并均不得高于额定操作电压值的 110%，以确保合闸和重合闸的动作可靠性。不能满足上述要求时，应结合具体情况予以改进。

断路器操作时，如合闸电源电缆压降过大，不能满足规定的操作电压时，应更换成截面大的电缆以减少压降。设计部门在设计时亦应考虑电缆所造成的线路压降。

2. 保证电源可靠

220kV 及以上电压等级变电所所用电应有两路可靠电源。凡新建变电所不得采用硅整流合闸电源和电容储能跳闸电源。对已运行的电容储能跳闸电源，电容器质量必须合格，电容器的组数和容量必须满足几台断路器同时跳闸的需要，并应加装电容器熔丝的监视装置。经常检查电容器有无漏电现象，如有漏电应及时更换，以保证故障时断路器可靠跳闸。

3. 定期检查

应定期检查直流系统各级熔丝配置是否合理，熔丝是否完好，操作箱是否进水受潮，二次接线是否牢固，分、合闸线圈有无烧损。

（六）预防液压机构漏油、慢分的技术措施

1. 预防漏油

预防漏油的技术措施如下：

（1）新装或检修断路器时，应彻底清洗油箱底部，并对液压油用滤油机过滤，保证管路、阀体无渗漏和杂物。

（2）液压机构油泵启动频繁或补压时间过长，应检查原因并应及时停电处理。

（3）处理储压筒活塞杆漏油时，应同时检查处理微动开关，以保证微动开关动作可靠。

2. 防止失压后重新打压慢分

液压机构发生失压故障时必须及时停电处理。若断路器不能停电处理，在运行状态下抢修时，为防止重新打压造成慢分，必须采取的措施如下：

（1）在失压闭锁后，未采取防慢分措施前严禁人为启动油泵打压。

（2）在使液压系统泄压前应将卡具装好，也可将工作缸与水平拉杆的连接解脱。严禁使用铁板、铁管支撑或钢丝绑扎。处理完毕重新打压到额定压力后，按动合闸阀使其合闸，如卡具能轻易取下或圆柱销能轻易插入，说明故障已排除，否则仍有故障，应继续修理，不得强行取下卡具。

（3）应定期检查合闸保持弹簧在合闸位置时的拉伸长度，并调整到制造厂规定的数据。对断路器进行检查时，应检查合闸位置液压系统失压后，水平拉杆的位移是否超过制造厂的规定。

（七）预防断路器进水受潮的技术措施

1. 认真检查铝帽和密封面

对 72.5kV 及以上电压等级少油断路器在新装前及投运一年后应检查铝帽上是否有砂眼，密封面是否平整，应针对不同情况分别处理，如采取加装防雨帽等措施。在检查维护时应注意检查呼吸孔，防止被油漆等物堵死。

2. 防止氮气室生锈

为防止液压机构储压缸氮气室生锈，应使用高纯氮（微水含量小于 20μL/L）作为气源。

3. 定期进行试验

对断路器除定期进行预防性试验外，在雨季应增加检查和试验次数，对油断路器应加强对绝缘油的检测。

4. 认真检查各部件密封情况

40.5kV 电压等级多油断路器电流互感器引出线、限位螺钉、中间联轴孔堵头、套管连接部位、防爆孔及油箱盖密封用石棉绳等处，均应密封良好，无损坏变形。

5. 保持通风和干燥

装于洞内的开关设备应保持洞内通风和空气干燥，以防潮气侵入灭弧室造成凝露。

（八）预防高压开关设备机械损伤的技术措施

1. 保证安装质量

对于有托架的 7.2～12kV 电压等级少油断路器，安装时其支持绝缘子应与托架保持垂直并固定牢靠，上、下端连接引线的连接不应受过大应力，导电杆与静触头应在一个垂直线上。若发现绝缘子有损伤应及时更换，并检查原因。

2. 连接与紧固均匀用力

各种瓷件的连接和紧固应对称均匀用力，防止用力过猛损伤瓷件。

3. 认真检查各连接件

检修时应对开关设备的各连接拐臂、联板、轴销进行检查，如发现弯曲、变形或断裂，应找出原因，更换零件并采取预防措施。

4. 认真检查有无卡涩

调整开关设备时应用慢分、慢合检查有无卡涩，各种弹簧和缓冲装置应调整和使用在其允许的拉伸或压缩限度内，并定期检查有无变形或损坏。

5. 适当调整油缓冲器

各种断路器的油缓冲器应调整适当。在调试时，应特别注意检查油缓冲器的缓冲行程和触头弹跳情况，以验证缓冲器性能是否良好，防止由于缓冲器失效造成拐臂和传动机构损坏。禁止在缓冲器无油状态下进行快速操作。低温地区使用的油缓冲器应采用适合低温环境条件的缓冲油。

6. 正确拆卸灭弧室

126kV 及以上电压等级多断口断路器，拆一端灭弧室时，另一端应设法支撑。大修时禁止爬在瓷柱顶部进行工作，以免损坏支持瓷套。

7. 正确安装均压电容器

均压电容器安装时，防止因"别劲"引起漏油，发现漏油应予处理或更换。

8. 基础支架应牢固可靠

开关设备基础支架设计应牢固可靠，不可采用悬臂梁结构。

9. 防止连接松动

为防止机械固定连接部分操作松动，建议采用厌氧胶防松。

10. 防止绝缘拉杆拉脱

（九）安装前解体检查

新安装的国产断路器，在安装之前一般应解体、清洗，以检查各部件尺寸是否符合要求，零部件是否齐全，内部是否清洁，对于液压机构尤其应检查其液压系统内部的清洁，液压油要过滤。

（十）加强绝缘检测

1. 认真进行常规预防性试验

在进行常规预防性试验时，为能及时发现绝缘缺陷，有的单位将试验周期取为1年，有的单位将试验周期缩短为0.5年，即春、秋季均进行检测。这样做显然增加停电次数，不够经济。因此有些单位开展不停电检测。

2. 带电测量

它是指对运行电压下的设备，采用专用仪器，由人员参与进行的测量。这种方法能随时诊断少油断路器的绝缘受潮缺陷。测量接线如图2-5-1-12和图2-5-1-13所示。

在图2-5-1-12中，通过一高电阻向运行中的220kV少油断路器中部法兰连接处，施加40kV直流电压（该处在运行中的电压为37.2kV）测试直流和交流作用下的泄漏电流值。高电阻R_3的作用：①把被试断路器和试验装置连接起来，使试验装置的直流电压能加到被试断路器上，以测其泄漏电流；②将断路器瓷柱中部法兰的交流电位由R_3及电容C_1形成一个通道接地，使b点交流电位大为降低。电阻R_0是用半导体纸带做成的屏蔽层电阻，阻值约为300MΩ，绕在电阻R_3的外面，一端悬空，另一端作为屏蔽接到电源侧的电容器上，使得杂散电流不会经过微安表。试验结果表明，带电测量与停电测量结果吻合，即能同时判断绝缘缺陷。

在图2-5-1-13中，采用高阻绝缘杆将试验电压加到断路器中部法兰处，在微安表上读出泄漏电流值。其测量结果与停电测量结果对断路器做出的判断是一致的。如表2-5-1-9所示。

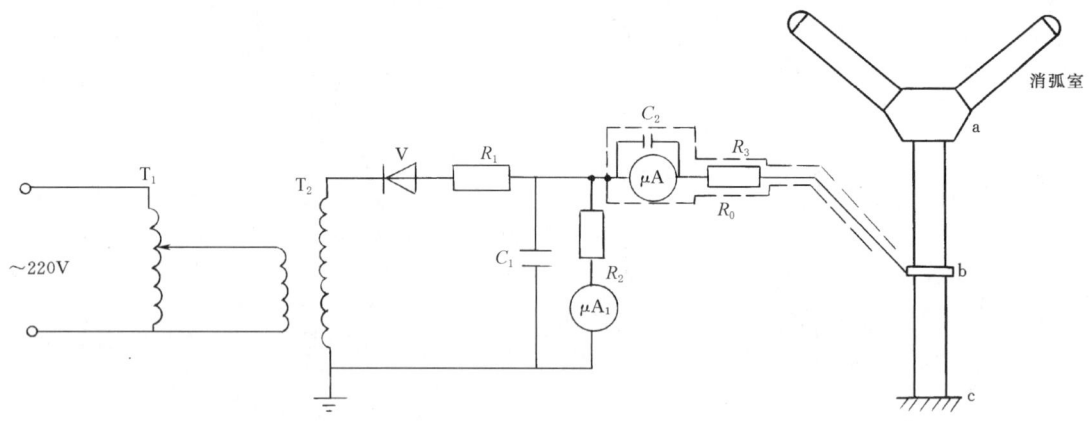

图2-5-1-12 带电测量220kV少油断路器泄漏电流接线之一

T_1—调压器，0.2kVA，220/0~250V；T_2—升压器，40/0.2kV；V—硅堆，2CL，130/0.2A；

R_1—限流电阻，500kΩ；R_2—测压电阻，1000MΩ；μA_1—微安表，0~50μA；

R_3—高阻杆，500MΩ；R_0—屏蔽层电阻，300MΩ；C_1—滤波电容，0.012μF；

C_2—交流旁路电容；μA—微安表，0~50μA

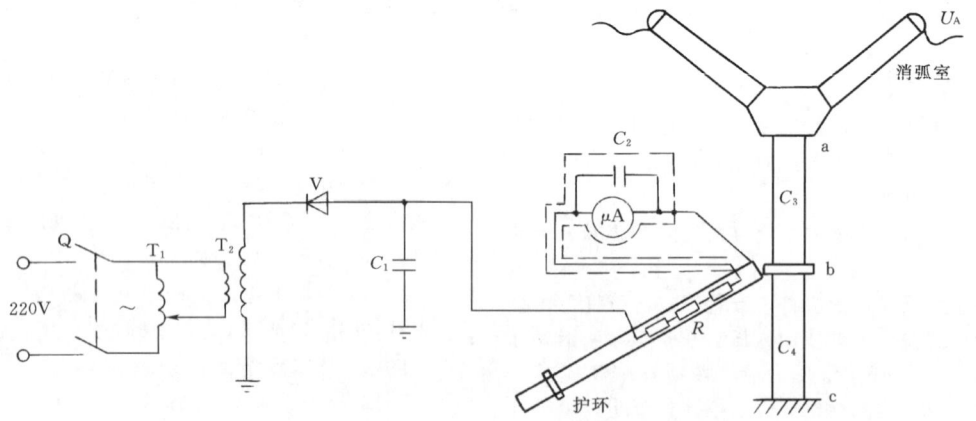

图2-5-1-13 带电测量220kV少油断路器泄漏电流接线之二

Q—闸刀；T_1—调压器（220/0~250V）；T_2—升压器（40/0.2kV）；V—硅堆（2CP，100kV）；

C_1—滤波电容（8000pF，60kV）；C_2—旁路电容（10μF）；μA—微安表（0~50μA）；

C_3、C_4—瓷柱电容（10μF）；R—高阻绝缘杆（电阻部分为700MΩ）；

b—断路器瓷柱中部法兰（$U_{ab}<92kV$，$U_{bc}=35~58kV$）

表2-5-1-9　　　　SW₆-220型少油断路器带电测量与停电测量泄漏电流情况

序号	测试日期 /(年-月-日)	断路器 型号	相柱别	测试 温度 /℃	带 电 测 量			停 电 测 量	泄漏电流/μA	
					试验 电压 /kV	泄漏 电流 /μA	结论	试验 电压 /kV	检修前	检修后
1	1979-3-9	SW₆-220	B相 2号柱	6	20	10	不良	40	62	1
					30	12				
					40	15				
2	1979-3-9	SW₆-220	A相 2号柱	6	20	24	不良	40	178	2
					30	40				
3	1979-3-9	SW₆-220	A相 2号柱	6	20	6	不良	40	16	1
					30	8				
					40	12				
4	1979-8-19	SW₆-220	C相 1号柱	28	20	7	不良	40	52	8
					30	12				
5	1979-9-7	SW₆-220	C相 2号柱	25	40	16	不良	40	—	5
6	1979-9-7	SW₆-220	A相 1号柱	25	40	35	不良	40	—	1

3. 采用红外诊断技术

根据《带电设备红外诊断技术应用导则》(DL/T 664—1999)，通过红外诊断可以发现高压断路器外部连接件接触不良、内部连接件接触不良（指封闭在断路器内部的动静触头、中间触头及静触头座接触不良）。

(1) 少油断路器。少油断路器进行相间比较时，相间温差不应大于10K。为便于掌握少油断路器内部的温度情况，可参考表2-5-1-10的内外部温差参考值。

1) 动、静触头接触不良。

是指动、静触头间的接触电阻过大，引起发热，其热像是一个以顶帽下部为最高温度的热谱图，以 T_1 表示顶帽的最高温度，T_2 表示瓷套外表的温度，T_3 表示瓷套下法兰的温度，则有 $T_1 > T_3 > T_2$，据此可定位缺陷部位在动静触头处。

2) 中间触头接触不良。

是指中间触头的接触电阻过大，引起发热，其热像是一个以下部瓷套基座法兰为最高温度的热谱图，有 $T_3 > T_1 > T_2$，据此可定位缺陷部位在中间触头处。

3) 静触头基座接触不良。

是指静触头基座与铝帽内台面接触不良而引起的发热，其热像是一个以顶帽中部为最高温度的热谱图，有 $T_1 > T_3 > T_2$，并且 T_3 与 T_2 接近，据此可定位缺陷部位在静触头基座处。

4) 少油断路器内部缺陷性质的判断：①当内部元件温度（表面温度加内外温差参考值）超过最高允许温度和温升（见DL/T 664—1999）的规定时应定为重大缺陷；②根据表面温度算出相对温差值，按表2-5-1-11规定判断。

表2-5-1-10　　　　少油断路器内外部温差参考值

电压等级 /kV	各部位内外温差 /K		
	动静触头与顶帽	中间触头与法兰	基座连接与顶帽
6~10	30~40	20~30	20~30
35	40~50	30~40	30~40
110~220	50~70	40~60	40~60

表2-5-1-11　　　　部分电流致热型设备的相对温差判据

设备类型	相对温差值 /%		
	一般缺陷	重大缺陷	视同紧急缺陷
SF₆断路器	≥20	≥80	≥95
真空断路器	≥20	≥80	≥95
充油套管	≥20	≥80	≥95
高压开关柜	≥35	≥80	≥95
空气断路器	≥50	≥80	≥95
隔离开关	≥35	≥80	≥95
其他导流设备	≥35	≥80	≥95

表 2-5-1-11 中相对温差是指两个对应测点之间的温差与其中较热点的温升之比的百分数。其计算公式为

$$\delta_t = \frac{\tau_1 - \tau_2}{\tau_1} \times 100\% = \frac{T_1 - T_2}{T_1 - T_0} \times 100\%$$

式中　τ_1、T_1——发热点的温升和温度；

τ_2、T_2——正常相对应点的温升和温度；

T_0——环境参照体的温度。

例如某少油断路器，测得 $T_1 > T_3 > T_2$，且相间温差达 24K，经诊断为动静触头接触不良缺陷。再如某少油断路器，测得 $T_3 > T_1 > T_2$，且相间温差大于 10K，经诊断为中间触头接触不良缺陷。

(2) 多油断路器。多油断路器内部触头接触不良是指断路器内部的触头接触电阻过大，引起发热。其热像特征是箱体上部油面处温度较高，且温度从上至下是递减的。进行相间比较时，油箱外表的相间温差不应大于 2K。

例如，某 DW3-110G 多油断路器，B 相上中部温度明显偏高，相间温差达 4.3K，超过标准 1 倍以上，属重大缺陷。检修时测得发热相回路电阻为 10000μΩ，为厂家规定值的 8.3 倍。同时动静触头有烧伤痕迹。再如，某 35kV 多油断路器外部连接件接触不良，6 个接头有 5 个发热，最高温度达 537.2℃，属紧急缺陷。

(3) 其他断路器。其他断路器如后述的 SF_6 断路器和真空断路可采用相对温差判断法判断，其判据如表 2-5-1-11 所示。

应当指出，红外诊断结果还可与其他测试结果相比较进行综合判断。例如，华北某变电站的一台少油断路器，进行红外检测发现其三相温度有明显差异，A 相为 25.4℃、B 相为 28.6℃、C 相最低。停电后，测直流电阻时，其结果分别为 205μΩ、290μΩ、175μΩ，可见两者有一定的对应关系。

油断路器的常见故障及处理方法如表 2-5-1-12 所示。

表 2-5-1-12　　　　　　　　　油断路器常见故障及处理方法

故障种类	原　因	处　理　方　法
短路崩烧故障	(1) 拉杆活动，造成接触不良，或拉杆断裂碰在带电部分上（少油）。 (2) 油漏干，没采取措施即停电操作。 (3) 消弧室不佳。 (4) 地线或短路线忘拆除。 (5) 油箱内掉进东西（多油）。 (6) 油变质，或有水分。 (7) 多相接地造成的。 (8) 动物（猫、鼠）爬上断路器的引出、入口导电杆处（多油指没加套的套管绝缘不好）。 (9) 在室外由于下雨、下雪造成绝缘不佳或漏进雨水。 (10) 遮断容量不够。 (11) 导体部分连接松动冒火	(1) 经常检查拉杆的销轴是否有掉出及断裂现象。 (2) 带电充油或断上一级断路器，无电源再断此断路器。 (3) 检修时发现消弧室有问题要及时处理。 (4) 把地线挂在明处，在送电之前必须全部检查或测定。 (5) 在检修断路器时，使用的工具要心中有数，用完要清点。 (6) 要定期试验油，耐压不合格即要更换和过滤。 (7) 参考接地故障的预防处理办法。 (8) 引出、入口要加绝缘套管。 (9) 加强巡视检查。 (10) 设计选择时不要发生错误或不符合要求。 (11) 接触要严、螺丝要上紧
接地故障	(1) 拉杆活动，触头碰到箱壁上（多油）。 (2) 引出、入口导杆绝缘不佳（多油）。 (3) 支持绝缘不佳（少油）。 (4) 接地金属片折断。 (5) 拉式瓷瓶绝缘不佳。 (6) 地线忘拆除	(1) 检查时，发现固定拉杆螺丝或顶丝松，要上紧。 (2) 定期做好预防性试验及测定。 (3) 同 (2)。 (4) 注意开关再合闸，跳闸时不要使软铜片受压、打及过于拉紧（行程不要太大）。 (5) 同 (2)。 (6) 同短路崩烧故障预防处理方法 (4)
严重过热	(1) 静触头的引出导电杆垫了铁垫圈（指载流部分）造成涡流发热（少油）。 (2) 动触头插入深度不够或接触面接触不良。 (3) 螺丝松动，弹簧压力不足	(1) 检修要注意通过载流导体不准垫铁垫圈。 (2) 检修时调整接触深度要符合要求，而接触的要两面平行压紧，三相同期。 (3) 检修时要达到质量标准
掉相	(1) 销轴窜出，拉杆、机构、传动杆或动触头的绝缘拉杆（多油）断裂。 (2) 拉式瓷瓶断裂（少油）。 (3) 导电杆上部调整同期螺丝，脱扣或衔接部分太小（少油）	(1) 检修时销轴开销都要穿上，不要忘掉巡视检查，注意是否有被切断的，缓冲器调整合适，拉杆调整要合适，防止拉杆过短，受力过大。 (2) 拉式瓷瓶中心调整在跳、合闸任何一位置时，拉式瓷瓶、导电杆、静触头均在一条直线上，行程调整不当和变动，缓冲不良，造成震动很大，造成拉式瓷瓶损失，检修时应注意。 (3) 调整同期或接触深度时，不要光调上部连接螺丝帽（在拉式瓷瓶下部）衔接部分不得小于 20mm，如调整达不到要求，应调整导电杆

续表

故障种类	原　　因	处　理　方　法
漏油	（1）由于过热，下部密封垫烧焦，油标或放油阀有问题。 （2）垫耐油胶皮垫，上紧时力过大，超过胶皮弹性，或用牛皮垫浸漆没干就注油。 （3）时久没修胶皮垫失去了弹性。 （4）剩余行程不合标准（少油）。 （5）焊接质量差，有砂眼等	（1）加强检查，发现问题及时处理，检修油标、放油阀等，要将它清洗干净再装，密封要严。 （2）掌握检修本领，上紧时要把耐油胶皮压缩到1/3或2/5，牛皮垫浸漆干后再注油。 （3）订好计划按时检修。 （4）剩余行程要保证合乎标准。 （5）补焊
火灾事故	（1）接触层上面的油层薄或过厚。 （2）有较大的短路电流，或在线路上有电冲击时形成的强烈电弧	（1）检修时注油要合乎标准，发现油多或油少的现象及时处理。绝缘油不合格就要更换。 （2）断合上一级开关

第二节　SF$_6$ 断路器故障原因及处理方法

目前，SF$_6$ 断路器在电力系统中运行的数量越来越多，陆续出现一些故障，例如，1992年就发生35台次事故。常见的故障有 SF$_6$ 气体含水量超标，SF$_6$ 气体泄漏，操作机构拒合、拒分、误动及泄漏等。

一、SF$_6$ 气体中的含水量超标

（一）含水量超标的原因

1. 产品质量不良

由于产品质量不良导致含水量超标时有发生。例如某两组 FX-32DL 型 550kV 断路器，在东北某变电所安装时就发现出厂时充的运输气压为 2×10^4Pa 的 SF$_6$ 气体有泄漏现象，所以在安装后第一次充气时，测得的含水量就不合格。

2. 产品结构设计不合理

对于上例所述的断路器，在支持瓷套与灭弧瓷套间 SF$_6$ 气体连接通道存在问题，即上下两部分的气道只靠动触杆的圆环与固定在瓷套上的圆筒间滑动间隙来沟通，如图2-5-2-1所示。

这样，灭弧室与支持瓷套间的气体流通性较差，而吸附剂却装在灭弧室的上部，只能对灭弧室的气体起吸附作用，而对支柱气体的吸附作用就很小，至于对通过很长管路连接起来的密度继电器的气体吸附作用就更是微乎其微了。目前厂家已对这一型式的产品在结构上做了改进，即在图2-5-2-1中的动触杆圆杆处开通了三个通气孔道，以利于上下气体的流通，也可使吸附剂充分发挥作用。

3. 零部件吸附的水分向 SF$_6$ 气体扩散

SF$_6$ 断路器在装配时，由于各零部件的烘烤时间不足，装配后使其中的水分向 SF$_6$ 气体中扩散，导致 SF$_6$ 气体中的含水量增加，甚至超标。

4. 对新气检验不严

根据国家标准 GB 8905—88 规定，新的 SF$_6$ 气体含水量不能超过 8×10^{-6}（V/V）。

由于对新气检验不严，使不合格的 SF$_6$ 气体充入断路器，导致 SF$_6$ 气体中的含水量超标。

5. 密封不严，引起渗漏

SF$_6$ 断路器运行多年后，密封垫老化，瓷套与法兰的胶

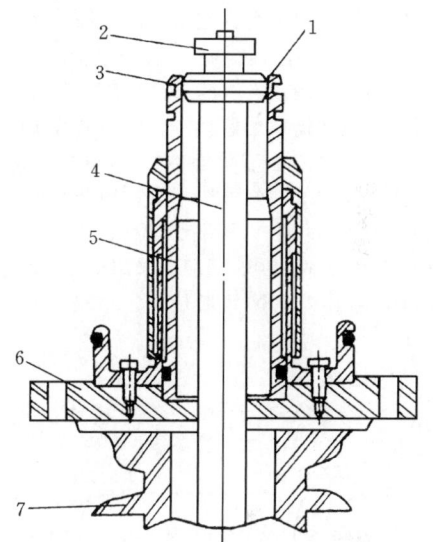

图2-5-2-1　SF$_6$ 气体通道结构图
1—滑动间隙（气道）；2—接头；
3—圆环；4—竖拉杆；5—圆筒；
6—法兰；7—瓷瓶

合部位可能会有渗漏，使大气中的水分通过这些微孔向 SF$_6$ 气腔内扩散，导致 SF$_6$ 气体中含水量超标。

（二）处理方法

1. 提高产品质量

厂家应提高产品质量，用户应购买质量好的产品，把住"入口"关。

2. 按规定的周期和方法检测含水量

通过检测发现含水量超标后，其处理方法如下：

（1）外接吸附剂法。这种方法只适用于含水量超标轻微的断路器，以降低和维持 SF$_6$ 气体的含水量在某一水平。具体做法是在密度继电器的充气接头处，外挂一个吸附罐。吸附罐内装 3～5kg 的吸附剂，用以吸附 SF$_6$ 气体中的水分和杂质。注意吸附罐的密闭性要好，防止漏气。但这一方法效果并不理想，只能在一定程度上起作用。

（2）用 SF$_6$ 气体回收装置进行净化处理。这是常用的方法。适用于含水量超标较高的断路器。SF$_6$ 气体回收装置主要由膜式压缩机、真空泵、净化器、贮气罐及必要的测试仪表组成。当含水量高的 SF$_6$ 气体流过净化器，气体中的水分

和 SF_6 气体分解产物即被吸附剂所吸附,从而达到净化 SF_6 气体的目的。

根据现场经验,应用 SF_6 气体回收装置时应注意的问题如下:

1) 充高纯氮气进行置换。对含水量超标较高的 SF_6 断路器充入高纯氮气进行置换是非常必要的。而且置换的时间要适当,同时要注意 SF_6 电器的结构。对结构比较分散,连接气路较长又较细的设备,进行高纯氮气置换时间要充分。对结构紧凑,连接管路较短的设备,进行高纯氮气的置换时间可适当缩短。

2) 可加大真空抽力。现场经验表明,为使处理效果更好,不仅需要采用高纯氮气进行置换,而且需要加大真空抽力。例如,吉林省电力试验研究院曾对某 500kV 变电所的 SF_6 断路器进行处理。真空抽力较低时,只将 SF_6 气体的含水量从 873×10^{-6}(V/V)降到 265×10^{-6}(V/V)。后来采用加大真空抽力(并联一台真空泵)的方法,使 SF_6 气体含水量降低到 141.9×10^{-6}(V/V),符合《标准》要求。

3) 气体循环干燥法。有的单位采用这种方法收到良好效果。采用这种方法需要的器具有:气体回收装置一台(可用简易型的,因气体不需液化处理);红外线干燥过滤器一台;各种管路、阀门等。红外线干燥过滤器可自制,材质最好用不锈钢的以防腐蚀。采用套罐型,内部容积在 20~30dm³,可装吸附剂 6~10kg。端面采用法兰平面密封结构,用 200~400W 的红外电炉做加热源,结构示意图如图 2-5-2-2 所示。

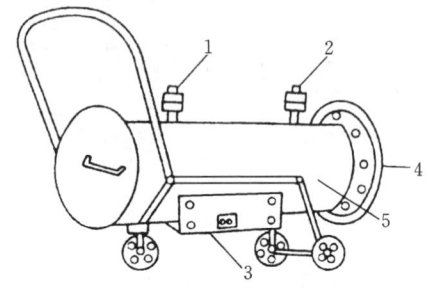

图 2-5-2-2 红外线滤过器结构示意图
1—进气阀;2—出气阀;3—加热器;4—端盖;5—罐体

过滤器的密封要求较高,要使真空抽到残留气压为 26.66Pa(0.2torr)时,停 1h 后,因渗漏而使残压回升不得超过 133.32Pa(1torr)。否则漏气量大对人身有危害,也影响效率。

气体循环干燥过程如下:

首先做好准备工作,清理好红外线滤过器的外部。打开端盖板,装好吸附剂后,再装好端盖板和进、出气管路,并与断路器充、放气接头、回收装置的接头连接好。接好回收装置和滤过器的加热电源,检查抽试管路是否有漏气现象。投入加热器电源,升温至 80~100℃后,开动回收装置,将阀门放在吸气位置。缓慢打开断路器放气阀,以额定流量进行抽气,直到气体抽完,关闭断路器充、放气阀门。将回收装置阀门转向断路器方向送气,同时缓慢打开断路器阀门,以额定流量充到额定压力,关闭断路器充、放气阀门。这时,就可以对断路器的 SF_6 气体进行含水量的测试。如不合格,可以按上述方法进行几个循环即可。

值得注意的是,使用过的过滤器内的吸附剂,已经吸附了潮气,过滤器罐内真空度会降低,当残压达不到 133.32Pa(1torr)以下时,要进行干燥处理,处理时,合上加热器电源开关,温度达到 100℃时抽真空到稳定后,保持真空度。继续加热到 150℃时,再抽真空到稳定后,保持真空度。每 50℃一个循环,温度保持在 300℃,直抽到罐压降到 133.32Pa(1torr)以下并稳定后即可认为干燥合格。吸附剂可以重复使用,但用过的吸附剂已经吸附了低氟化合物等有毒物质,更换时要特别注意,并处理好废吸附剂。

(4) 解体大修。当断路器中 SF_6 气体的含水量大幅度增加,例如在 1000×10^{-6} 以上,且有漏气现象时,可以考虑大修。因为橡胶密封圈的使用寿命大致在 8~10 年,而断路器内放置的吸附剂一般按 SF_6 气体容量的 10% 计算,吸附量是按正常情况下的水分和杂质的含量考虑的,一旦出现漏气现象,含水量增加,很容易引起吸附剂的饱和。所以遇到这种情况,解体大修是很必要的。解体大修时,要检查法兰表面的腐蚀情况,有腐蚀现象要处理好,保证密封面的光洁度,要将所有密封圈都进行更换。

解体大修的程序可按图 2-5-2-3 进行。在大修过程中应注意的问题如下:

1) 保障人身安全,防止发生中毒。SF_6 气体本身虽然无毒,但经过开断后,SF_6 气体在电弧作用下会产生许多有毒物质,如 SF_4、S_2F_2、$S_2F_{10}O$、SOF_2、SO_2F_2 等,对人身有很大危害,稍不注意就可能产生 SF_6 分解物的中毒现象。因此在检修 SF_6 断路器前要先进行 SF_6 气体回收处理,并注入高纯氮气清洗几次。解体时,检修人员应戴防毒面具、手套、眼镜、身穿工作服,解体后,检修人员要立即离开现场约 1h,然后进入作业区。大修场所通风应良好且无尘埃。

2) 组装时应加装适量吸附剂。组装时应在本体和灭弧单元加装适量的吸附剂,其目的是控制断路器在正常运行过程中的水分含量以及吸附 SF_6 气体的分解物。吸附剂可选用西安高压电器研究所和大连化学物理研究所联合研制的 F-03 吸附剂。经验证明,该产品具有优良的吸水性和吸附低氟化合物、酸性物质的性能,并且不影响开断性能。吸附剂的数量,根据美国 Allied Chemical 公司提供的估算方法,宜取为 SF_6 气体总重量的 10%,对选好的吸附剂在 150~200℃ 温度下烘烤 24h,进行活化处理后装入断路器内固定好。

3) 除潮处理。各组装元件在装配之前应进行除潮处理。这是因为解体后的 SF_6 断路器元件放置于空气中很容易受潮,如果不进行除潮处理,在组装后各元件吸收的水分就会散布到 SF_6 气体中去,而导致大修后的 SF_6 断路器水分含量仍较高。除潮一般在 200℃ 左右进行,历经 10h 以上的烘烤。

4) 更换密封圈。为保证大修后断路器的密封性能,大修时必须更换所有密封处的密封圈。国外的研究结果表明,采用有槽的氯丁橡胶密封圈效果最好,其水分浸入试验结果如图 2-5-2-4 所示。

5) 大修前后进行测试。为了便于比较,大修前后要测试断路器的调整参数和特性参数,大修后测得的数据应与大修前测得的数据基本一致,并满足《规程》要求。为保证投运后安全可靠运行,大修之后还应进行断口和导电体对地的耐压试验,只有所有的测试结果都合格,才能认为断路器大修合格。

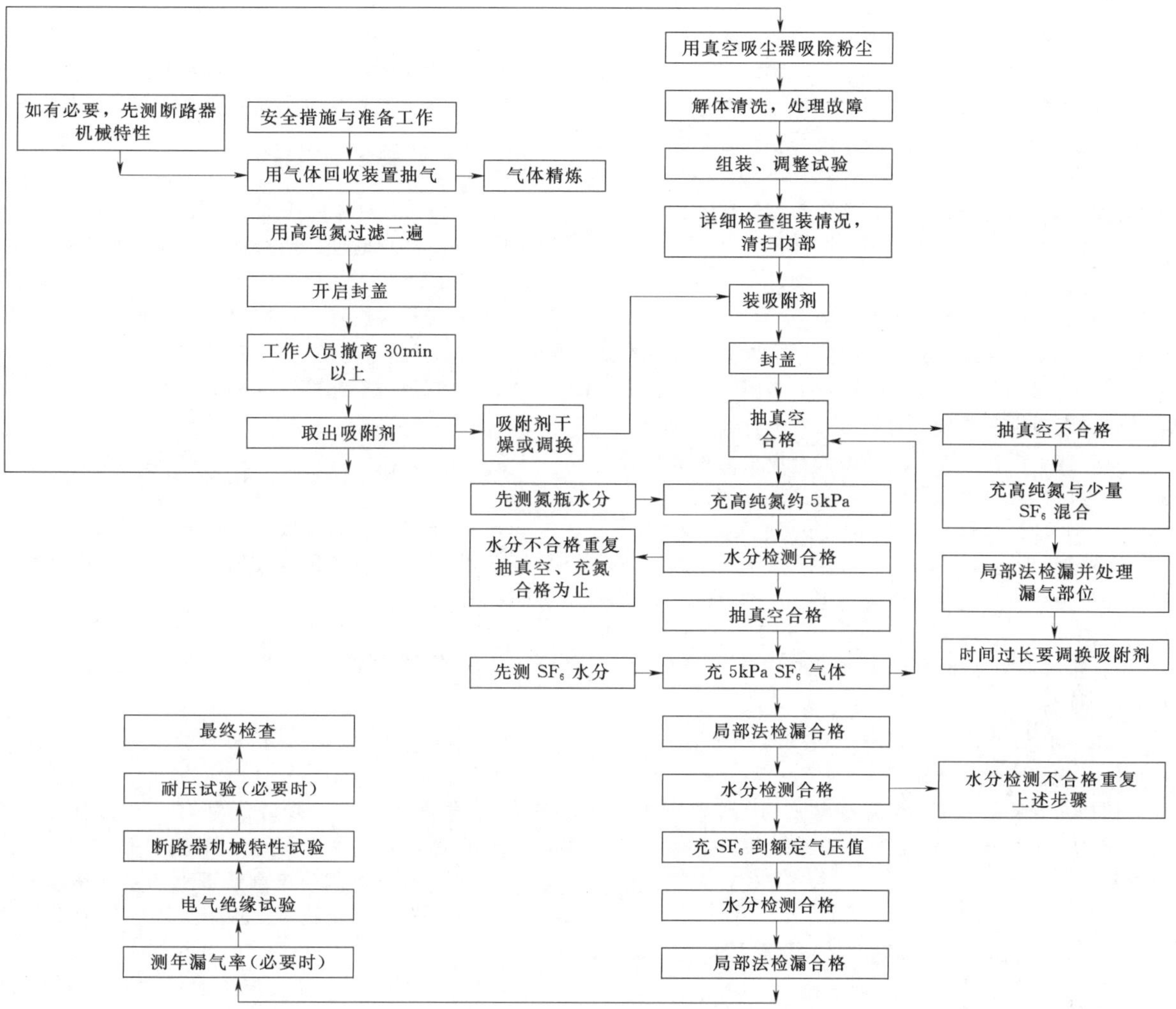

第二节 SF₆断路器故障原因及处理方法

图 2-5-2-3 SF₆断路器本体分解检修通用程序框图

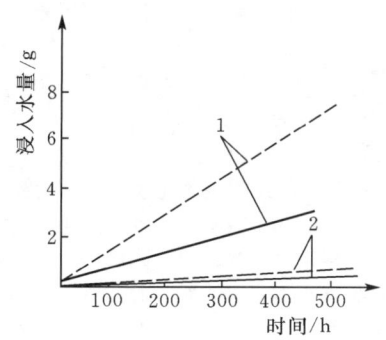

图 2-5-2-4 O形圈水分浸入试验
1—硅橡胶密封圈；2—氯丁橡胶密封
圈 实线—有槽；虚线—无槽

二、SF₆气体泄漏

(一) 气体泄漏的原因

1. 产品质量不良

产品质量不良，存在 SF₆ 气体泄漏的微小孔隙，显然 SF₆ 气体要发生泄漏现象，而潮气也就由此乘虚而入。从本质上讲，泄漏和潮气侵入是同时发生的。上述 FX-32DL 型 500kV 断路器有漏气现象、而测得的含水量也不合格就是一个很好的例证。

2. 密封不严

研究表明，密封不严的原因如下：

(1) 密封面的加工方式不合适。国外对密封面的加工方式进行了详细的研究后认为加工刀痕与 O 形圈密封线一致的车削加工是比较合适的。指出在试验条件下，车削加工的临界粗糙度约为 25μm。考虑到安全因素，粗糙度极限应小于 5μm。

(2) 尘埃落入密封面。有文献指出，直径大于 20μ 的尘埃落入密封面将引起气体泄漏，因此必须采取措施，严格地防止尘埃落入密封面。SF₆ 断路器在装配时应在防尘室中进行。

(3) 密封圈老化。现场经验表明，密封圈的老化速度较快，一般在 8～10 年内就会腐烂，而失去密封效果。从这个角度而言，SF₆ 断路器的检修周期应比规定的检修周期 15～20 年要短，其实际检修周期应由橡胶密封圈的老化寿命决定。

(4) 密封面紧固螺栓松动。由于安装质量不佳或振动等原因，可能使密封面紧固螺栓松动，因此导致密封不严而引起漏气。

3. 焊缝渗漏

焊缝渗漏的主要原因是焊缝没有完全熔透，再加上对焊缝的检查方法不准确,因此就把隐患带到现场,导致漏气。

4. 压力表渗漏

由于压力表质量不高,或连接不佳,特别是接头处密封垫被损伤都可能引起渗漏。

5. 瓷套管破损

在运输和安装过程中,由于外力作用,可能使瓷套破损,导致漏气。

另外,瓷套与法兰胶合处,胶合不良;瓷套与胶垫连接处,胶垫老化或位置未放正等也会导致漏气。

(二) 处理方法

(1) 提高产品质量,把住"入口"关。

(2) 按规定的周期和方法检测漏气点。当确定漏气点后,应根据上述的漏气原因分别采用相应的措施。如紧固螺栓或更换密封件;避免尘埃侵入等,必要时进行大修。

(3) 认真焊接、严格检查。采用熔透型焊缝是解决焊缝渗漏的最根本办法。焊缝要做到熔透,就必须做到:

1) 剖口的形式必须符合有关标准和规范的要求。

2) 焊接时要特别注意熔焊的连续性,在分层堆焊以及不得不停顿的地段,一定要将焊渣打磨干净再继续焊接,确保焊缝内无夹渣。

3) 从设计的角度讲,焊缝的走向应尽可能简单流畅,以提高焊接的工艺性。

4) 操作工人必须具备压力容器焊接技术等级合格证,并严格按标准、规范程序操作。

提高焊缝质量,除具有上述可靠稳定的工艺基础外,还必须具有正确的检查手段,它是不可缺少的保证条件。目前,检查焊缝内在质量比较彻底的方法之一是探伤。探伤检查合格者才能运到现场安装。

(4) 更换。对渗漏的压力表和破损的瓷套管等,应当及时更换。

三、绝缘不良,发生闪络

1. 原因

(1) 瓷套管污秽较多或有其他异物。

(2) 瓷套管炸裂或绝缘不良。

2. 处理方法

(1) 清理污秽及其他异物。

(2) 更换不合格的瓷套管。

四、断路器本体内部卡死,某相完全不能动作

造成这种现象的原因多数是绝缘拨叉脱落或断裂。处理的方法是,退还厂家,或由厂家的维修站解体检修。

五、并联电阻故障

1. 原因

高压断路器加装并联电阻的目的是限制操作过电压。并联电阻一般有金属丝电阻和线性陶瓷电阻。我国 500kV 的 SF_6 断路器一般都装有合闸电阻,阻值为 400Ω 的是线性瓷电阻,由于容量有限,所以容易被烧坏。当实测并阻电阻与出厂或交接试验测量值不符时,对陶瓷电阻而言,可能存在的原因如下:

(1) 电阻片老化,导致电阻值增大。

(2) 电阻片被击穿,导致电阻值降低。

(3) 多串电阻并联时,若阻值显著增大,则可能是某串电阻断开所致。

2. 处理方法

有人认为在断路器不开合空载长线路时,并经厂家同意可考虑取消合闸电阻。关于取消合闸电阻问题仍在讨论中。

六、断路器触头烧损

SF_6 断路器触烧损的主要原因是接触电阻过大,因而引起触头过热。严重时使触头烧损,甚至导致动静触头熔焊在一起。对此的处理方法是:

(1) 对烧损轻微者,可用锉刀或砂布修光滑,对烧损严重者,应当更换。

(2) 查找接触不良部位,确定产生的原因,根据具体原因进行调整。

七、操动机构拒合、拒分和误动

SF_6 断路器操动机构的常见故障主要是拒合、拒分和误动,这些故障产生的原因及处理方法、请参阅本章第一节操动机构。

八、无信号自分现象

1. 原因

现场运行经验表明,无信号自分现象较为普遍。例如,某大型水电厂,在 1987—1997 年期间,500kV 开关站的 SF_6 断路器共发生 17 次无信号自分。再如,某换流站 5061SF_6 断路器,在进行修复、调试期间,3 天内发生 5 次无信号自分。究其原因是分闸线圈上的最低动作电压过低,在变电站的强电磁场干扰下出现了无信号自分现象。简要分析如下。

某些 SF_6 断路器的液压机构的分闸回路是线圈串有电阻,如平顶山高压开关厂生产的 LW6-500 型 SF_6 断路器,直流操作电源是 110V,分闸回路为分闸线圈 (18Ω) 外串 32Ω 电阻。一般认为最低动作电压为分闸回路(包括串联电阻)全电压,如果最低动作电压为 $30\%U_N$ 时,分闸线圈两端的动作电压仅为 11.88V,显然难以满足抗干扰的需要。在强电磁场干扰下会发生无信号自分。

2. 处理方法

(1) 适当提高分闸线圈的电阻值。对于分闸回路串有电阻的 SF_6 断路器,在满足《规程》的动作特性要求条件下,适当提高分闸线圈的电阻值,使分闸线圈两端的最低动作电压尽量接近 $30\%U_N$,分闸回路(包括串联电阻)两端的最低动作电压应大于 $30\%U_N$,小于 $65\%U_N$,这样在满足分闸回路的通流能力要求和其他断路器动作特性要求的情况下,分闸线圈的最低动作电压将大大提高,既满足了《规程》的要求,抗干扰能力也得到加强。

(2) 改换线圈。理论分析表明,改换线圈可以提高分闸线圈的电阻值,从而提高分闸线圈上的最低动作电压。例如上述换流站,将分闸线圈的规格由线径 0.35mm、1000 匝、18Ω 线圈,外串 32Ω 电阻改换为线径 0.31mm、1300 匝、30Ω 线圈,外串 30Ω 电阻。收到良好效果。自 1998 年 6 月改造投运以来,至今未出现无信号自分现象。

SF_6 断路器本体的常见故障及其处理方法如表 2-5-2-1 所示。

表 2-5-2-1　　　　　　　　　　SF$_6$ 断路器本体的常见故障及其处理方法

常见故障	故 障 原 因	处 理 方 法
泄漏	(1) 密封面紧固螺栓松动。 (2) 焊缝渗漏。 (3) 压力表渗漏。 (4) 瓷套管破损	(1) 紧固螺栓或更换密封件。 (2) 补焊、刷漆。 (3) 更换压力表。 (4) 退还厂方更换新瓷套管
绝缘不良，表面闪络	(1) 瓷套管污秽较多或有其他异物。 (2) 瓷套管炸裂或绝缘不良	(1) 清理污秽及其他异物。 (2) 更换合格瓷套管
本体内部卡死，某相完全不能动作	多数是绝缘拨叉脱落或断裂所致	退还厂方，或由厂方解体检修
分、合闸动作电压不符合要求	(1) 测量或接线问题。 (2) 电磁铁本身的问题	(1) 测量或接线要正确，尽量选用电压源进行测量。 (2) 检查静铁芯与动铁芯之间距离，检查电磁铁芯动作是否灵活，合闸电磁铁有无卡住现象；分、合电磁铁项号是否与操作电压匹配；操作回路中是否有虚接现象
同期不合格	(1) 管路存在气体。 (2) 工作缸起动慢。 (3) 合闸时间长，辅助储压器中没有氮气	(1) 进行排气。 (2) 检修工作缸。 (3) 对辅助储压器充氮气
测量出的断口示波线有干扰等问题	(1) 测量中接线不牢靠。 (2) 测量时使用的电池电压不足。 (3) 示波器的振子损坏定径孔尺寸不对	(1) 将测量接线接牢靠。 (2) 更换电池。 (3) 更换振子
金属短接时间调整		金属短接时间短，定径孔偏大。 金属短接时间长，定径孔偏小
合闸电阻示波图为一直线	(1) 接线不牢固。 (2) 五联箱中大连板是否断裂	(1) 检查接线。 (2) 检查五联箱中大连板
合闸电阻值偏小	接线问题	重新接线即可
分、合闸速度过低（高）	(1) 储压器预压力偏低（高）。 (2) 定径孔太小（大）。 (3) 环境温度影响	(1) 检查原因，修理储压器。 (2) 适当扩大（缩小）。 (3) 当低温时，应投入加热器
动作时间过大	(1) 一级阀顶杆空程太小。 (2) 管道内有气体。 (3) 一级阀顶杆有卡住现象	(1) 调整至规定值。 (2) 应排气。 (3) 修正或更换零件

第三节　SF$_6$ 全封闭组合电器（GIS）故障原因及处理方法

SF$_6$ 全封闭组合电器是 20 世纪 50 年代末期出现的一种先进的高压电气配电装置，国际上叫这种设备为 Gas—Insulater Switchgear，简称为 GIS。

GIS 由断路器、母线、隔离开关、电流互感器、电压互感器、避雷器、套管等电器元件组合而成。其绝缘介质为 SF$_6$ 气体。由于它具有优良的技术性能和占地面积少的特点，所以在国内外获得广泛应用。

我国应用 GIS 的时间虽然不长，但也出现过一些故障，常见的故障可分为两大类：

(1) 与常规设备性质相同的故障，如断路器操作机构的故障等。这类故障的故障率大致与常规电力设备相同。

(2) GIS 的特有故障，如 GIS 绝缘系统的故障等。这类故障的重大故障率为 0.1～0.2 次/（所·年）。一般认为，GIS 的故障率比常规变电所低一个数量级，但 GIS 事故后的平均停电检修时间则比常规变电所长。

运行经验表明，GIS 设备的故障多发生在新设备投入运行的一年之内，根据加拿大等国的统计资料，第一年运行时，设备故障率为 0.53 次/间隔；而第二年则下降到 0.06 次/间隔，降低了 8.83 倍，以后趋于平稳，如图 2-5-3-1 所示。本节主要介绍常见特有故障。

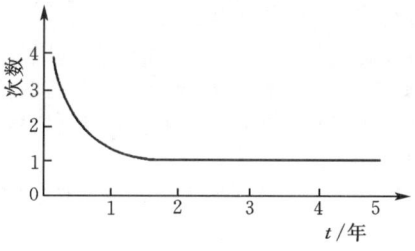

图 2-5-3-1　GIS 设备年故障率曲线图

一、常见特有故障

GIS 的常见特有故障如下：

1. 气体泄漏

气体泄漏是我国较为常见的故障。轻者，使 GIS 需要经常补气；重者，使 GIS 被迫停止运行。例如西南某发电厂引进国外的 220kV GIS，在投入运行后的 6 年中曾发现 6 个隔室泄漏，其中 3 个隔室泄漏严重，共补气 19 次；3 个隔室补充气体 15 次，严重影响 GIS 的安全可靠性。再如国内生产的 ZF-220 型 GIS，在东北某水电厂试运行期间，发现的主要问题是 SF_6 气体泄漏，曾因此而被迫停运处理。

2. 水分含量高

SF_6 气体水分含量增高通常与 SF_6 气体泄漏相联系。因为泄漏的同时，外部的水汽也向 GIS 气室内渗透，致使 SF_6 气体的含水量增高。表 2-5-3-1 是上述 ZF-220 型 GIS 漏气的隔离开关气室 SF_6 气体含水量变化情况的记录。由表中数据可知，虽然多次处理，隔离开关气室的 SF_6 气体含水量仍然没有完全达到大修后的规定值（≯250ppm 体积比）。

SF_6 气体水分含量高是引起绝缘子或其他绝缘件闪络的主要原因。

表 2-5-3-1　漏气的隔离开关气室 SF_6 气体含水量测定记录

时间 /(年-月-日)	实测含水量/(μL/L)			备注
	A 相	B 相	C 相	
1982-11-10	290	120	340	安装调试时
1982-11-25	580	340	670	电网试验后
1982-12	1200	720	1200	用回收器干燥处理
1982-12	290	120	340	经高纯 N_2 冲洗后
1983-4-25	412	92	202	经漏气处理

注　测定时环境温度 4℃。

3. 内部放电

运行经验表明，GIS 内部不清洁、运输中的意外碰撞和绝缘件质量低劣等都可能引起 GIS 内部发生放电现象。例如，东北某水电厂的 ZF_2-220 型 GIS，在交流耐压试验中曾发现内部有放电现象，后经超声波定位，找到 4 号隔离开关气室内留有砂纸、垫圈等异物。再如，东北电局 GIS 变电所发生内部一相永久性接地故障，经解体检查发现，主一次开关 A 相气室内固定吸附剂用的托架螺丝松动、脱落，造成与外壳接地放电。

4. 断路器液压操动系统漏油

液压操动系统漏油经常发生，如西南某发电厂引进国外的 220kV GIS，其断路器液压操动系统有 27 处漏油，其中 20 处在高压油管连接处，有的漏油严重，检修后效果不好。

5. 内部元件故障

GIS 内部元件包括断路器、隔离开关、负荷开关、接地开关、避雷器、互感器、套管、母线等。运行经验表明，其内部元件故障时有发生。例如，华北某电厂引进的 500kV GIS 中的断路器绝缘击穿，造成 A 相接地，将断路器烧坏。再如北京某变电所引进的 110kV GIS 中的 3 组（9 台）电压互感器，投运 1 年后，一台在正常运行中烧毁，第二年又连续烧毁两台，最后被迫将其余的 6 台全部拆除。

根据运行经验，各种元件的故障率如表 2-5-3-2 所示。

表 2-5-3-2　　各种元件故障率

元件名称	开关	盆式绝缘子	母线	电压互感器	断路器	其他
故障率/%	30	26.6	15	11.66	10	6.74

二、产生故障的原因分析

1. 源于制造厂

（1）车间清洁度差。GIS 制造厂的制造车间清洁度差，特别是总装配车间，由于清洁度差，使金属微粒、粉末和其他杂物残留在 GIS 内部，留下隐患，导致故障。由于这个原因造成的故障约占 GIS 总故障的 16%。

（2）装配误差大。在装配过程中，使可动元件与固定元件发生摩擦，从而产生金属粉末和残屑并遗留在零件的隐蔽地方，在出厂前没有清理干净。由于这种原因引起的故障占 GIS 总故障的 10%。

（3）不遵守工艺规程。在 GIS 零件的装配过程中，不遵守工艺规程，存在把零件装错、装漏及装不到位的现象。

（4）材料质量不合格。制造厂选用的材料质量不合格，甚至有的材料很差。

当 GIS 存在上述某种缺陷时，在其投入运行后，都可能导致 GIS 内部闪络、绝缘击穿，内部接地短路和导体过热等故障。

2. 源于安装

（1）不遵守工艺规程。安装人员在安装过程中不遵守工艺规程，金属件有划痕、凸凹不平之处未得到处理。根据统计，由于制造厂和安装单位的工艺不良，而造成的故障约占 40%。

（2）现场清洁度差。安装现场清洁度差，导致绝缘件受潮，被腐蚀；外部的尘埃、杂物等侵入 GIS 内部。

（3）装错、漏装。安装人员在安装过程中有时会出现装错、漏装的现象。例如屏蔽罩内部与导体之间的间隙不均匀；或没有装上去即漏装；螺栓、垫圈没有装或紧固不紧。

（4）异物没有处理。安装工作有时与其他工程交叉进行。例如土建工程、照明工程、通风工程没有结束，为了赶工期，强行进行 GIS 设备的安装工作，可能造成异物 GIS 中，而没有处理。有时甚至将工具遗留在 GIS 内部，留下隐患。

当 GIS 存在上述某种缺陷时，在其投入运行后，都可能导致 GIS 内部闪络、绝缘击穿，导体过热等故障。

3. 源于设计

设计不合理或绝缘裕度较小，也是造成故障的原因之一。例如，GIS 中支撑绝缘子的使用场强是一个重要的设计参数。目前，环氧树脂浇注绝缘子的使用场强可高达 6kV/mm，而不致发生问题。如果使用场强高达 10kV/mm，起初可能没有局部放电现象，但运行几年后就可能会击穿。由于设计不合理造成的故障约占 GIS 总故障的 7%。

4. 源于运行

在 GIS 运行中，由于操作不当也会引起故障。例如将接地刀闸合到带电相上，如果故障电流很大，即使快速接地刀闸也会损坏。

5. 源于过电压

在运行中，GIS 可能受到雷电过电压、操作过电压等的作用。雷电过电压往往使绝缘水平较低的元件内部发生闪络或放电。隔离开关切合小电容电流引起的高频暂态过电压可能导致 GIS 对地（外壳）闪络。据报道加拿大安大略水电站的 500kV GIS 有 4 次闪络与隔离开关操作有关。

三、处理方法

1. 选择质量好的产品

由上述，即使是国外产品也会发生事故或故障。因此，应当选用质量好的制造厂的产品，并进行严格检测。

2. 选择素质好的施工单位

由上述，由于安装工艺不良引起的故障率也是较高的，所以为减少故障率，应当选用管理水平高、工艺优秀的施工单位进行安装。

3. 改进设计

如图 2-5-3-2 所示，在设计盆型绝缘子时，应尽量垂直安装；若平放时凸面应向上。这样可以避免 GIS 元件里的金属微粒、粉末聚集在盆型绝缘子底部。

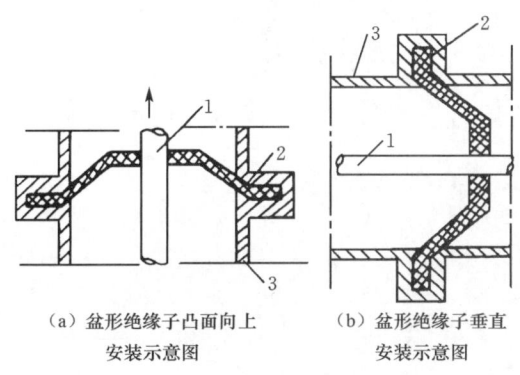

图 2-5-3-2 盆型绝缘子的安装
1—母线；2—盆型绝缘子；3—母线管

4. 严格进行出厂试验

包括试验时间和试验项目。例如，盆型绝缘子的故障率高，制造厂应对其进行长时间耐压试验，在额定电压下持续加压 1000h 以上。另外，对每个盆型绝缘子都要进行局部放电试验。

5. 严格进行现场试验

现场试验包括交接试验和预防性试验。

根据国家标准 GB 50150—91，GIS 交接试验项目及要求如下。

（1）测量主回路的导电电阻。测量值不应超过产品技术条件规定值的 1.2 倍。

（2）主回路的耐压试验。主回路的耐压程序和方法，应按产品技术条件的规定进行，试验电压值为出厂试验电压的 80%。

（3）密封性试验。

1）采用灵敏度不低于 1×10^{-6}（体积比）的检漏仪对各气室密封部位、管道接头等处进行检测时，检漏仪不应报警。

2）采用收集法进行气体泄漏测量时，以 24h 的漏气量换算，每一个气室年漏气率不应大于 1%。

值得注意的是测量应在 GIS 充气 24h 后进行。

（4）测量 SF_6 气体微量水含量。微量水含量的测量也应在 GIS 充气 24h 后进行，测量结果应符合如下规定：

1）有电弧分解的隔室，应小于 150ppm；

2）无电弧分解的隔室，应小于 250ppm。

（5）GIS 内部各元件的试验。对能分开的元件，应按《标准》进行相应试验，试验结果应符合规定的要求。

（6）GIS 的操动试验。当进行 GIS 的操动试验时，联锁与闭锁装置动作应准确可靠。电动、气动或液压装置的操动试验，应按产品技术条件的规定进行。

（7）气体密度继电器、压力表和压力动作阀的校验。气体密度继电器及压力动作阀的动作值，应符合产品技术条件的规定。压力表指示值的误差及其变差，均应在产品相应等级的允许误差范围内。

GIS 的预防性试验应按《规程》（DL/T 596—1996）进行。

6. 认真进行日常巡视

GIS 日常巡视的项目主要有：

（1）断路器、隔离开关、接地隔离开关、快速接地隔离开关的位置指示器是否正常；闭锁位置是否正常。

（2）各种指示灯、信号灯的指示是否正常，加热器是否按规定投入或切除。

（3）对隔离开关、接地隔离开关，可以窥视孔中检查其触头接触是否正常。

（4）密度计、压力表的指示值是否正常。

（5）断路器、避雷器的指示动作次数是否正常。

（6）裸露在外面的母线，其温度钠的指示是否正常。

（7）二次端子有没有发热现象。保险丝、熔断器的指示是否正常。

（8）在 GIS 设备附近有无异味、异声。

（9）设备有无漏气、漏油现象。

（10）所有阀门的开、闭位置是否正常，金属支架有无锈蚀；有无发热现象。

（11）可见的绝缘件，有无老化、剥落，有无裂纹现象。

（12）所有金属支架和保护罩，外壳有无油漆剥落的现象。

（13）SF_6 气体的分解物有无泄漏现象。

（14）接地端子有无发热现象，金属外壳的温度是否超过规定。

（15）所有设备的防护门是否关严、密封。

（16）所有照明、通风设备、防火器具是否完好。

（17）所有设备是否清洁、齐整、标识完善。

7. 加强在线监测的研究

（1）监测局部放电。在线监测局部放电是 GIS 早期诊断的有效手段。近些年，我国对在线监测局部放电的研究取得一定进展，但尚未在现场推广，还有许多工作要做。如干扰的消除、放电量的标定等。

（2）监测 SF_6 气体密度。SF_6 气体密度的监测目前多采用机械式的密度继电器实现，它们都做不到实时监控，更不能实现数据及报警信号的远传，不能适应变电站无人值班对现场设备在线监测的要求，以及变电站综合自动化和变电站运行管理系统现场数据采集和监控的要求。

为实现 SF_6 气体密度变化的在线监测，并将监测数据和报警信号远传至监控中心，目前正在推广 PMJ-4 型 SF_6 气体密度监视器。

（3）监测 SO_2。

SF_6 气体在电弧等高能因子的作用下会发生分解，所生

成的分解产物中 SOF_2、SO_2F_2、$S_2F_{10}O$、SO_2、HF 等组分比较稳定,容易长期存在于 SF_6 气体中,分析测定结果表明,样品中 SO_2、HF、SOF_2、SO_2F_2 组分一般含量较高。可以采用专用仪器把它们检测出来,以判断 SF_6 电力设备中是否有故障。目前我国研究较多的是检测 SO_2。福建省电力试验研究院曾用此方法于 1999 年 10 月检出 220kV GIS 中隔离刀闸发生过热兼放电故障。证明这种方法是有效的。

8. 认真做好检修工作

GIS 运行规程规定,GIS 设备的小修周期一般为 3～5 年,大修周期一般在 8～10 年后进行。检修人员应熟悉检修项目、技术规程和检修工艺等。检修的工艺流程框图如图 2-5-3-3 所示。

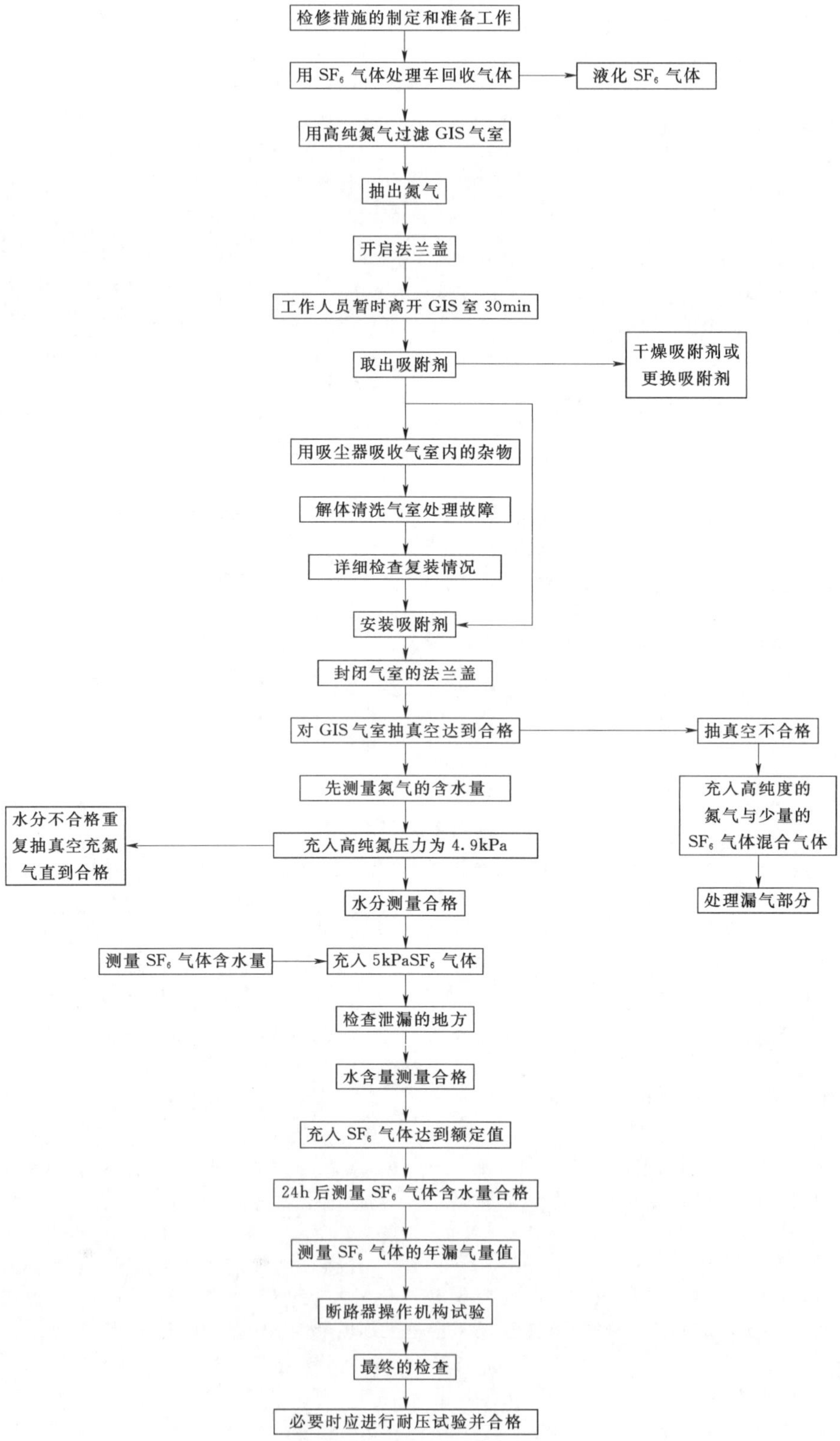

图 2-5-3-3　GIS 设备检修工艺流程

第四节 真空断路器故障原因及处理方法

真空断路器是一种用真空作为灭弧介质和绝缘介质的断路器。自从 20 世纪 60 年代初期美国 GE 公司研制成功第一台真空断路器以来，世界各国特别是一些工业发达的国家如英国、德国、日本、苏联等都致力于真空断路器的研究、制造和开发。进入 20 世纪 90 年代以来，在世界范围内真空断路器的研制和应用都达到了相当高的水平，成为中压领域中竞争能力最强的断路器之一。目前，我国已能生产 10～35kV 电压等级的真空断路器。

我国运行经验表明，真空断路器在运行中常见的故障有真空灭弧室漏气、接触电阻增大、操作机构卡滞、分、合闸线圈烧毁等。本节将对上述故障原因进行分析，并指出处理方法。

一、真空度不足

(一) 原因

1. 真空灭弧室漏气

目前，真空灭弧室漏气现象较为普遍，例如某变电站 1997 年新投 10 台真空断路器，就发现有 9 支灭弧室的真空度不足。有的灭弧室出厂时的真空度就不足 10^{-3}Pa。导致漏气的主要原因是真空灭弧室在脱气和密封工艺上存在问题，造成焊缝不严密，密封部位存在微观漏孔。其次是安装时使真空灭弧室受扭力以至于形成裂纹或漏气。某单位在两年期间曾相继发生 13 次真空灭弧室漏气事故 (其中 2500A/40kA 5 支，1250A/31.5kA 8 支)。

2. 真空灭弧室内部金属材料含气释放

在真空灭弧室最初几次电弧放电过程中，触头材料中释放出一些残存的微量气体，使灭弧室压力在一段时间内上升。在这些微量气体排尽之后，它们产生的压力将维持在一个不变的水平上。随触头材料的不同，这一排气过程持续的时间和最终达到的压力值也不同，良好的触头材料，由于电弧放电产生的气体压力很低，甚至在合金中含有铬等具有吸气能力的金属，所以这一压力能很快趋于稳定。

(二) 处理方法

1. 消除质量缺陷

上述质量缺陷及其引发的故障，说明产品的结构特别是密封结构的设计是存在问题的，应进一步进行优化。另外，元件的加工精度、表面粗糙度、整体组装的质量以及装配车间的洁净度低，未能严格按标准进行出厂前的检验也是造成产品质量缺陷的重要因素。因此必须把住这些关口、以消除质量缺陷。

2. 正确安装、维护与检修

安装真空灭弧室时，先使静触头端面与静触头支架连接牢固，再连接动触头端，使动触头运动轨迹在灭弧室中轴线上，防止灭弧室受扭力而形成裂纹或漏气。

在对真空断路器运行维护和检修时应严格遵照相关规程或导则进行。避免因维护和检修不当而造成缺陷。

3. 按规定检测真空度

在《规程》(DL/T 596—1996) 中规定，真空断路器在大、小修时，要进行真空灭弧室真空度的测量。目前，现场采用的检测方法如下：

(1) 火花计法。这种方法是采用火花探漏仪检测。检测时将火花探漏仪沿灭弧室表面移动，在其高频电场作用下内部有不同的发光现象。根据发光的颜色来鉴定真空灭弧室的真空度。若管内有淡青色辉光，说明其真空度在 6.67×10^{-1}Pa 以上，若呈蓝红色，说明管子已经失效；若管内处于大气状态，则不会发光。

这种方法比较简单，但只适用于玻璃管真空灭弧室。

(2) 观察法。由于真空灭弧室内部真空度降低时常常伴随着电弧颜色改变及内部零件氧化，所以对玻璃外壳的真空灭弧室可以定期观察，正常时内部的屏蔽罩等部件表面颜色应很明亮，在开断电流时发出的是蓝色弧光；当真空度严重降低时，内部颜色就会变得灰暗，在开断电流时将发出暗红色弧光。

这种方法也只适用于玻璃管真空灭弧室，而且也只能做定性检查。

(3) 交流耐压法。这是运行中常用的检测方法。《规程》(DL/T 596—1996) 规定，要定期对断路器主回路对地、相间及断口进行交流耐压。试验电压值如表 2-5-4-1 所示。其方法是，触头开距为额定开距，在触间施加额定试验电压，如果真空灭弧室内发生连续击穿或持续放电，表明其真空度已严重降低，否则表明真空度符合要求。

实践表明，采用交流耐压法检测严重劣化的真空灭弧室的真空度是一种简便有效的方法。

真空断路器安装前后的交流耐压试验接线有所不同，分述如下：

1) 安装前。由于安装前真空断路器是独立元件，所以可用图 2-5-4-1 所示的接线进行试验，试验时使真空断路器处于开路状态在真空灭弧室的触头间施加电压。以 20kV/min 的升压速度将电压升至真空断路器的工频耐压值 42kV (10kV 真空断路器)。如果电压上升过程中，因放电使电流表指针转动，则立即将电压降低到零值，然后再升压，这样重复操作 2～3 次。如果真空灭弧室能承受工频耐压值 10s 以上，则认为正常。若随电压升高，电流值也随着增大，且超过 5A，则认为真空度不合格。

表 2-5-4-1　　　　　　真空断路器交流耐压试验电压值

系统标称电压 /kV	设备最高电压 /kV	试验电压 (有效值)/kV			加压时间 /min
		相对地	相间	断口	
3	3.6	25	25	25	
6	7.2	30 (20)	30 (20)	30	
10	12	42 (28)	42 (28)	42 (28)	
15	18	46	46	56	
20	24	65	65	65	
35	40.5	95	95	95	

注　括号内和外的数据分别对应是和非低电阻接地系统。

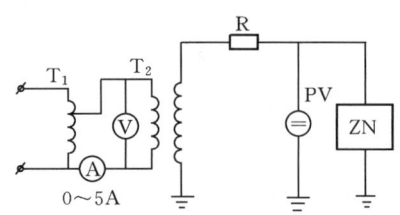

图 2-5-4-1 安装前真空断路器
耐压试验接线图
T_1—调压器；T_2—试验变压器；R—保护电阻；
PV—静电电压表；ZN—真空断路器；
V—电压表；A—电流表

2）安装后。由于安装好的真空断路器与系统中的其他设备有联系，而这些设备的绝缘水平又低于 42kV，所以按表 2-5-4-1 规定的试验电压进行耐压试验存在一定困难，为简化现场试验步骤又满足试验要求，有人对 10kV 真空断路器提出图 2-5-4-2 所示的试验方案。该方案采用两台 50/0.22kV 的试验变压器，其低压侧分别经各自的自耦调压器接于不同的相电源。将其高压侧输出端分别接于断路器上、下引出线上。因为 $42kV/\sqrt{3}=24.25kV$，所以将两台试验变压器的电压分别调至 24.25kV 时就能实现在断口间施加 42kV 试验电压的要求。同时也不会对与真空断路器连接的其他电力设备的绝缘造成影响。

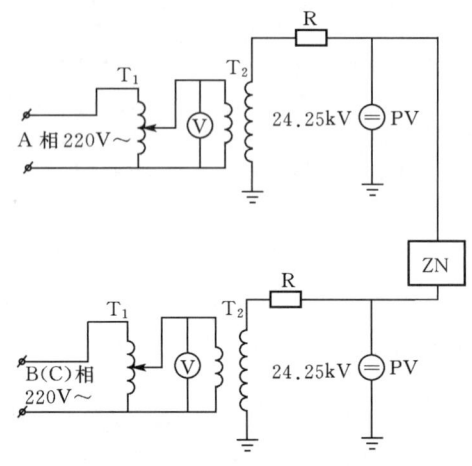

图 2-5-4-2 安装后真空断路器耐压试验接线图

进行交流耐压试验时应注意的问题如下：

1）真空灭弧室的触头要保持在额定开距。对整机来说，只要分闸即可；对单只灭弧室来说，需要仔细设计夹具，在进行拉开距操作时不应损坏波纹管，将灭弧室垂直放置。在灭弧室动、定两电极端施加交流试验电压。

2）加压过程是电压自零逐渐升至 70% 额定工频耐受电压时，稳定 1min，然后再用 0.5min 时间，均匀升至额定交流试验电压，能保持 1min，不出现试验设备跳闸或电流突变即为合格。若随着电压升高，电流值也随之增大，且超过 5A，则认为真空度不合格。

3）试验变压器电流的整定。对于单只真空灭弧室进行交流耐压试验时，高压侧电流应整定在 20mA，当一次试验的灭弧室数量为 2~6 只时，高压侧电流应整定在 40mA；对于 220V/50~100kV 的试验变压器来说，低压侧过电流继电器的整定电流视变压器容量的大小可以是 10A 或 20A。这一整定电流不宜太小，因为真空灭弧室在做交流耐压试验时，其绝缘外壳可能产生泄漏电流，特别是在湿热环境下做试验，泄漏电流可能会更大一些。加上管内电极间呈脉冲形式的"暗电流"的共同作用，会引起变压器初级电流继电器跳闸造成误判。在使用现场，试验变压器容量往往较小，要特别注意在湿热气候条件下不要产生误判。

4）当试验变压器容量较大时，应在高压侧设置 50kΩ 左右的限流电阻。它既可以保护试品，也可以保护试验设备。

5）正确判断发光现象。真空灭弧室在进行交流耐压试验时，灭弧室内往往会发生多种形式的发光现象，特别是玻璃外壳的断路器十分明显。因此可根据发光现象来定性判断真空度，但是，更重要的是要看测试仪表的指针是否有突变，要看试验设备过电流保护继电器是否动作跳闸。如果单凭灭弧室内的发光现象来判定灭弧室是否合格，即使是很有经验的测试人员也难免出现误判断。

（4）真空度测试仪。交流耐压法虽然是真空灭弧室真空度的一种判断方法，但只是一种定性的判断方法，其试验结果有时与实际真空度不吻合，例如某公司曾对一只通过了交流耐压试验的真空灭弧室进行了真空度测度定量试验，测得的真空度为 4.43×10^{-1}Pa，显然没有达到 DL/T 403—2000 的要求。再如某电力局一台 ZN-27.5 真空断路器，运行前曾在合闸位置做了交流耐压试验，但时隔 6 个月投入运行时发生了故障，没合开关时真空管内出现火花放电现象。

为定量测量真空灭弧室的真空度，现场相继出现了几种真空度测试仪。

目前比较精确的方法是磁控法、国产 ZKZ-Ⅲ型真空度测试仪、ZK-2 型真空度测试仪、ZKD-Ⅲ真空开关真空度测试仪和 VCTT-ⅢA 型真空度测度仪等都是采用磁控放电进行测试的。华中理工大学华理电力设备有限公司研制生产的 ZKZ-Ⅲ型真空开关真空度测试仪的测试接线如图 2-5-4-3 所示。

该仪器的特点是：

1）可测量各种型号真空断路器的真空度。

2）可以实现现场不拆卸测量。

3）大屏幕液晶显示，汉字菜单操作，简单方便。

4）定量测量真空断路器的真空度。

5）测试结果稳定。

郑州赛奥电子有限公司生产的 ZK-2 型真空测试仪采用先进的磁控放电原理和微计算机实时数据处理系统，使灭弧室现场测量灵敏度达到 $10^{-4}\sim10^{-1}$Pa。

（5）真空度的在线监测。真空断路器真空度的在线监测就是要在不改动断路器主体结构以及在带电条件下，且无论断路器处于合闸或分闸状态，都可以随时监测其真空度的变化。其具体要求如下：

1）测试元件应能承受高电压、强电场、断路器操作的冲击与振动以及工作时有温升条件下的环境温度。

2）测试元件的接入应不影响断路器的各项性能指标，如绝缘水平、机械寿命等。

3）在带电条件下，无论触头在分断状态还是关合状态均能测量，能够耐受操作过电压行波的电磁场以及电磁操动机构动作时的强磁场的干扰。

4）价格适宜，体积小，寿命长。

根据上述要求，实现真空度在线监测的方法主要有电光

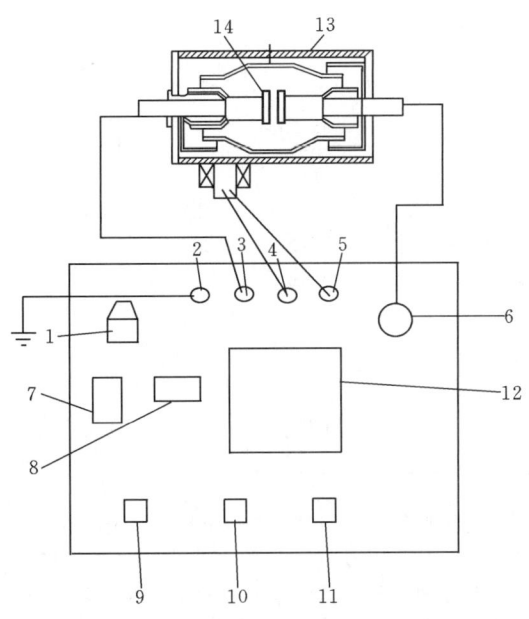

图 2-5-4-3　ZKZ 真空度测试仪测量接线图

1—220V 电源插座；2—仪器接地端；3—离子电流接线端；4—磁场电压输送接线端；5—磁场电压输出接线端；6—高压输出端；7—仪器电源开关；8—真空开关管型输入拔码；9—仪器执行检漏按钮；10—仪器执行测量按钮；11—仪器复位按钮；12—液晶显示屏；13—真空断路器；14—动触头

变换法和耦合电容法。目前研究较多的是电光变换法，其原理是基于"电光效应"，即利用某些光学元件（如 Pockels "泡克尔斯"元件）在电场中能改变光学性能的原理，把与真空度对应的电场的变化转换成光通量的变化，再经光纤传到低电场区或控制系统中进行监测。图 2-5-4-4（a）示出这一测试系统的布置与组成。图 2-5-4-4（b）为电光测试系统的工作原理。首先，由发光二极管和光纤传来的光速经一个起偏器转换成线性偏振光，入射到泡克尔斯元件中。后者可通过外加电场使入射的线性偏振光变为椭圆偏振光，这一偏振光由检偏器和光纤导入接收光电二极管中。如使用的检偏器和起偏器性质相同，并使入射光成某一固定角度的话，随着电场的变化，透过泡克尔斯元件的光通量就会一一对应地变化。通过光纤引到低压区或控制系统的反映电场（亦即真空度）变化的光信号，由接收光电二极管再转变为电信号，以供对真空度的状况进行评价、判断、显示及报警等。

泡克尔斯元件一般可用铋硅或铋锗氧化物，我国已有生产，它还可作为电场变换器用于其他方面，如光电电压互感器等。现在光学元件的主要问题是工作稳定性较差和成本较高，一旦这两个问题解决，它就可成为非常方便和可靠的真空度在线监测手段。

二、接触电阻增大

（一）原因

真空灭弧室的触头接触面在经过多次开断电流后会逐渐被电磨损，导致接触电阻增大，这对开断性能和导电性能都会产生不利的影响。因此《规程》规定要测量导电回路电阻，并建议测量值不大于 1.2 倍出厂值。

（二）处理方法

对接触电阻明显增大的，除要进行触头调节外，还应检测真空灭弧室的真空度，必要时更换相应的灭弧室。

应当指出，调节触头时要注意触头的弹跳。例如，某变电站在交接试验时发现 10kV 真空断路器接触电阻过大，立即将接触电阻调小，但触头的弹跳又过大。将弹跳限制在标准（≯2ms）内，接触电阻又不符合要求了。为寻求一个动态的平衡点，应对触头进行反复调整和测试，直到满足要求为止。

测量真空断路器触头弹跳时间的方法如下：

（1）采用记录型示波器，将合闸过程中触头接触信号记录下来。接触信号上的锯齿状脉冲线条长度就是触头弹跳时间。

（2）采用开关特性测试仪测量触头合闸弹跳时间。

如果测得的触头合闸弹跳时间大于规定值，可从下列几方面采取措施。

（1）适当增大触头弹簧的初压力。

（2）调整传动机构，利用机构在合闸位置超过主动臂死点时传动比很小的特点，将机构向靠近死点方向调整；可减小触头合闸弹跳。

三、操作机构故障

（一）跳跃现象

采用 CD 系列直流操动机构的真空断路器，其机构在运行时，有时会发现机构合闸线圈通电后，合闸铁芯没有达到合闸终点位置，轴没能被支架托住而返回，使断路器分闸。此时合闸信号又未切除，合闸线圈再次得电，铁芯又马上合闸……分闸，如此急速地连续分合几次，称为"跳跃"现象，发生"跳跃"现象的原因及处理方法是：

（1）掣子是否有卡滞现象，或掣子与环间隙未达到（2±0.5）mm 要求，若超出此要求时，应卸下底座，取出铁芯，调整铁芯顶杆高度，使其达到间隙要求。

（2）合闸线圈被辅助开关过早切断合闸电源，此时应调整辅助开关拉杆长度，使断路器可靠合闸。

（二）CT 系列弹簧操动机构常见故障及处理方法

在调整扇形板与半轴扣接量的过程中，常见故障及其处理方法如下：

（1）半轴自行复位困难。其原因是半轴复位扭簧软。处理方法是换复位扭簧，保证其质量。

（2）合分闸信号给出后，半轴不动作。其原因是推板角度不适，有松动，半轴转动不灵活。处理方法是旋紧推板螺钉，调整推板角度，在半轴的转动部位加润滑油。

（3）机构与断路器连接后，扇形板不能复位到正常位置。其原因是机构输出轴分闸位置不正确。处理方法是调整机构与断路器之间的拉杆长度来调整机构输出轴的分闸位置。

在调整微动开关的过程中，常见的故障及处理方法如下：

（1）机构合闸弹簧储能不到位。

（2）机构电机不断电。

其原因是微动开关安装位置不合适。前者为微动行程开关偏下致使合闸弹簧尚未储能完毕，微动行程开关触点已经转换，切断了电机电源；后者为微动行程开关偏上，致使合闸弹簧储能完毕后，微动开关触点还没有得到转换，电机仍

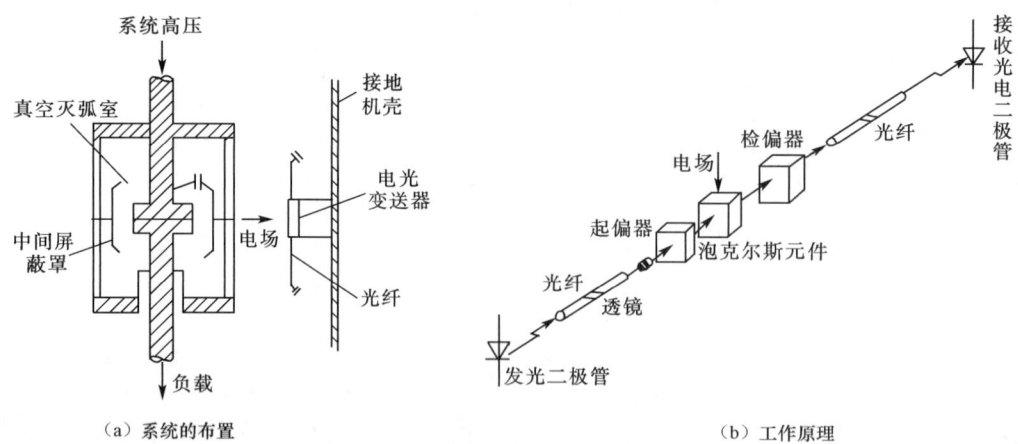

图 2-5-4-4 真空度的光电测试系统

处于工作状态。处理方法是可通过调整微动开关上下位置来实现电机准确断电。

四、拒动现象

(一) 基本定义

在真空断路器检修和运行过程中，有时会出现不能正常合闸或分闸的现象，被称为拒动现象。当发生拒动现象时，首先要分析拒动的原因，然后针对拒动的原因进行处理。分析的基本思路是先查找控制回路，若确认控制回路无异常，再在断路器方面查找。若断定故障确实出在断路器方面，再将断路器从线路上解列下来进行检修。

(二) 处理方法

真空断路器发生的拒动现象、原因及处理方法如表2-5-4-2所示。

表 2-5-4-2 拒动现象及其原因和处理方法

动作异常现象	原　因	处　理　方　法
不能进行合闸动作	(1) 合闸线圈烧坏或断线。 (2) 各触点接触不良	(1) 更换。 (2) 用砂纸打磨触点
有合闸动作，但合不上闸	(1) 由于受合闸时的冲击力使跳闸杠杆跳起。 (2) 由于摩擦，跳闸拉杆、其他各连杆回不去	(1) 调整跳闸杠杆的位置达到产品技术要求。 (2) 检查销子是否被卡住，并注入润滑油
不能分闸	(1) 分闸线圈烧坏或断线。 (2) 辅助触点接触不良。 (3) 由于摩擦，跳闸杠杆变紧	(1) 更换。 (2) 在辅助触点操作连杆时，调整触点或更换新触点。 (3) 检查销子是否被卡住，注入黄油，调整到适合位置
计数器指示不准	操作计数器的拉杆偏斜	松开拉杆的螺钉，重新调整

五、分闸线圈烧毁

(一) 原因

理论分析表明，在吸合与分闸过程中，线圈只是瞬时通电，线圈通电时产生的热量不足以引起温度上升，即使连续多次分、合闸也不至于发生烧毁线圈现象。但现场曾多次发生分闸线圈烧毁事故，其原因大都是由于辅助触头接触不良或分闸线圈吸合过程中衔铁动作中途受阻、机械卡滞等原因引起线圈长时间通电且没有完成分闸操作所致。通常的处理方法是更换辅助开关、调整分闸与合闸机械传动部件或者是打磨辅助触头。有时合理调整辅助开关安装位置、调节操作连杆对辅助开关的压力和行程，也能使其接触良好。

(二) 处理方法

表2-5-4-3给出真空断路器故障判断和处理方法，供参考。

为给故障诊断和分析提供依据，真空断路器投入运行后应进行定期巡视检查，有人值班的变电所或发电厂用真空断路器每当班巡视不少于1次，无人值守的变电所，可根据具体情况确定，通常每旬不少于1次。巡视检查项目如下：

(1) 分、合指示器指示是否正确，其指示应与当时实际运行工况相符。

(2) 支持绝缘子有无裂痕、损伤，表面是否光洁。

(3) 真空灭弧室有无异常（包括有无异常声响），如果是玻璃外壳可观察屏蔽罩的颜色有无明显变化。

(4) 金属框架或底座有无严重锈蚀和变形。

(5) 可观察部位的连接螺栓有无松动、轴销有无脱落或变形。

(6) 接地是否良好。

(7) 引线接触部位或有示温蜡片的部位有无过热现象，引线弛度是否适中。

表 2-5-4-3　　　　　　　　　　故障的判断和处理方法

通电部分过热	触头损耗严重	连续动作	线圈烧坏	电源故障	线圈电阻过热	锁钩挂不上	拒分	拒合	真空开关管表面漏电	不释放	原因	判断方法	处理
						○	○	○			电源电压过低	用万用电表量是否在额定电压的85％以上	减小电压降
		○	○	○	○		○				额定电压不符	检查工作电压和铭牌上规定的电压	改为正确的额定电压
							○	○			操作回路有问题	核对接线图	改为正确的接线，搞不清时，找制造厂
○				○				○			线没接好，螺丝松动	检查螺丝的松动情况	接好、拧紧
						○	○	○		○	控制触点接触不良，端子排的接线不对	用万用电表检查接触电阻查对接线图，端子编号和工作电压	把接触部位清扫干净按图纸规定改正
							○	○			电源熔断器熔断	检查熔断器	按规定换上
							○	○			线圈断线、烧坏	断线时，用万用电表检查；烧坏时，有异常气味	换上新的
		○						○			电阻器断线	用万用电表检查（连击）	换上新的
									○		真空开关管表面附着导电性灰尘或水滴	用兆欧表测定绝缘电阻	用干布擦净
						○	○				锁钩机构没调节好	接通线圈处于激磁状态，检查锁钩是否能合上	调整机构有关部位
			○		○		○	○		○	机构卡住	用活扳手轻轻地转动方轴	调整到合适的位置
								○			真空开关管损坏	是否有负压，可与其他开关管相比较	换上新的
		○	○								延时触点还没打开，辅助触点就过早地离开了	合闸时，辅助触点在最下端的间隙是否正常	调整辅助触点
								○			辅助触点接触不良	用万用电表重点检查延时触点	清扫干净或换新的
										○	触头熔焊		换上新的真空开关管

注　○—原因。

六、合闸弹跳现象

（一）基本定义

合闸弹跳是真空断路器机械特性的一种重要参数。在《35kV户内高压真空断路器通用技术条件》（ZBK 97004—89）中，将合闸弹跳定义为断路器在合闸时触头刚接触直至触头稳定接触瞬间为止的时间。所有直读数据的开关特性测试仪都是按照这个定义来设计制造的。

由于合闸弹跳过程中，触头断开距离小，电弧不会熄灭，导致触头电磨损加重，从而影响灭弧室的电寿命。但由于其存在时间较短，远小于合闸过程中电弧燃烧时间，所以一般认为，在一定范围内的弹跳最主要的危害在于加速灭弧室触头的磨损，从而导致灭弧室电寿命的缩短。现场对ZN23-35真空断路器故障分析结果，证实了上述观点。

（二）处理方法

为把真空断路器的合闸弹跳时间减小到规定的范围内，通常采取的处理方法如下：

（1）提高配件的加工精度，使铝支座与轴、换向器与钢销、轴等紧密配合，减小空程间隙。

（2）加强装配工艺质量控制，提高装配工艺质量。在真空断路器装配过程中，注意安装合理，不使真空灭弧室受到额外的力。调整导向管的位置，使灭弧室动触头的运动轨迹通过灭弧室的轴心，真空灭弧室动触头活动自如，无任何卡涩现象。

（3）适当加大触头超程弹簧预应力。

现场实践证明，采取上述措施后，可以有效地控制真空断路器合闸弹跳时间。

第五节　隔离开关运行中的异常现象及处理方法

在电力系统的变电设备中，隔离开关数量最多。由于GW$_5$系列具有体积小、结构简单、安装方便、操作灵活轻巧，又适用于多种布置方案，所以应用更为普遍。本节将以GW$_5$系列为重点，分析隔离开关在运行中出现的异常现象及处理方法。

一、触头发热烧损现象

现场运行经验表明，隔离开关触头发热烧损现象比较普遍，甚至有的在60%额定负荷时温升就超过规定值。

GW$_5$系列隔离开关触头发热烧损的原因及相应的处理方法如下：

（一）触指弹簧性能指标不好

由于触指弹簧的作用是：

（1）固定触指。

（2）保证触头与触指接触面之间有足够的接触压力。

所以弹簧的性能对触头与触指接触的好坏有重要影响。

隔离开关在合闸位置时，触指完全靠弹簧的拉紧作用来保证它与触头间有足够的接触压力和较小的接触电阻。由于隔离开关运行时，长期处于合闸状态，这样就使触指弹簧长期处于拉伸状态。如果弹簧质量不佳，性能指标达不到要求，则极容易产生疲劳，使触头与触指间接触压力减小，接触电阻增大，接触处将发热而导致温度升高，进而使弹簧受热，弹性指标继续降低。如此恶性循环，最终失去弹性。这样接触电阻将更大，温度急剧升高，最终导致隔离开关触头烧损。

对触指弹簧性能指标不好引起的触头发热发烧损现象的处理方法主要是加强监视，尽可能地利用停电机会，仔细检查隔离开关导电回路的各个接点，尤其是触头与触指接触面处是否有过热、烧损现象。同时，要重点检查弹簧是否有疲劳现象。先用肉眼检查一下弹簧的外观，无异常后，再用手捏两端的触指，看其弹性如何。若手感不佳，可拆下来仔细检查、测试；如失去弹性应指进行更换。

判别触指弹簧性能好坏的标准是：外观检查应无锈蚀、无过热、不变形；拉伸时有弹性，其拉力及外形尺寸应符合图2-5-5-1的要求。

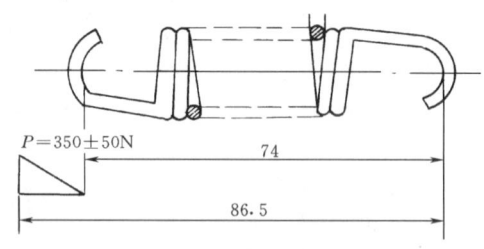

图2-5-5-1　触指弹簧的拉力及外形尺寸

对不能停电的可用红外测温装置进行监测。

（二）触指定位端子与触指座接触不良

隔离开关触指的尾部，有一个定位端子。触指与触指座的接触是靠弹簧拉紧固定的。此外，为防止触头窜动，引起接触不良，在触指座上开有一个圆形槽，触指定位端子顶入此槽中。隔离开关处于分闸状态时，触指与触指座的接触是面接触。当隔离开关闭合时，触头进入触指中，触指前部被顶起，尾部与触指座相接触，如图2-5-5-2所示。

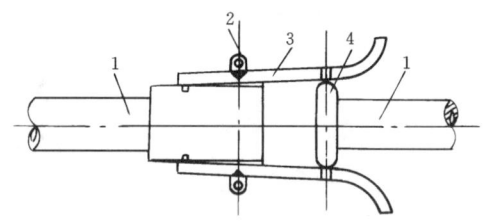

图2-5-5-2　处于闭合状态的隔离开关
1—导电管；2—弹簧；3—触指；4—触头

在实践中，现场发现很多大负荷线路的隔离开关的触指尾部定位端子和定位槽或多或少都有烧熔的痕迹。当隔离开关的触指弹簧性能减弱时，触指尾部可能窜位，定位端子不易进槽。以致当带负荷运行时，触指与触指座将因接触不良而过热，最终导致触指烧损。

对上接触不良的处理方法是：

1. 加强巡视、及时处理

在正常运行时，要加强对隔离开关进行巡视。特别是投运15年以上的隔离开关，要重点监视。发热触点过热时，要及时采取措施进行处理。对不能及时停电的，可采取带电临时过引的办法。通化电业局曾多次采用这种措施，临时解决了问题。其具体做法是：事先做好数根过引线，两端的线夹采用可拆线夹，中间用编织软铜线连接。其截面可根据需过引的隔离开关的负荷大小选取，通常取为70~120mm^2。若触头与触指或触指座过热时，过引线跨接在触头两侧的导电管上；若隔离开关的软连接或接引线夹处过热，过引线跨接在导电管和引流线上，如图2-5-5-3所示。

2. 改进触指座

铁岭电业局改进前后的触指座装配图如图2-5-5-4所示。

由图可见，每个触指增加一个固定的软导电带，一端与

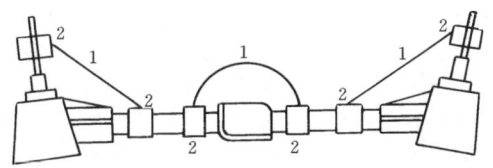

图 2-5-5-3 过引方式示意图
1—软联铜线；2—线夹

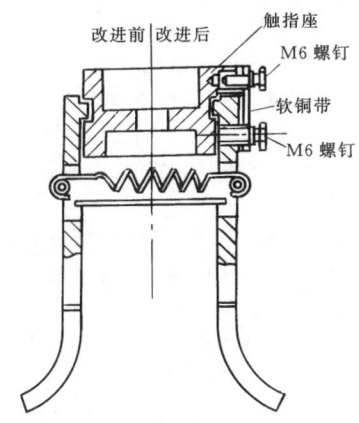

图 2-5-5-4 改进前后的触指座装配图

触指座固定，另一端与触指固定，这样无论在什么情况下均有可靠的导电回路；在触指座两侧各增加一个凸台，在不影响触指活动范围的情况下能起到阻挡触指越出定位点的作用，当触头与触指发生碰撞时，保证触指不会发生位移。导电回路由原来的触指到触指座，改为由触指到软铜带，再由软铜带到触指座，软铜带用螺钉紧紧地固定在触指座和触指上，这样保证了接触面的清洁，使接触电阻稳定不变，烧损触指的现象就不会发生了。

（三）触头与导电管的连接欠妥

GW_5 系列的隔离开关，触头与导电管的连接如图 2-5-5-5 所示。它们的接触是紧密配合的，触头用一个 M12 的螺母紧固在导电管上，触头与导电管的接触面有两部分，一是导电管的截面，二是与触头插入导电管深度有关的圆周面。实际上，由于制造误差，触头与导电管接触普遍不好，有的间隙甚至很大，形成导电回路截面不足，以致负荷大时，产生过热。因此，有人建议将导电管与触头的连接改成螺纹配合，使触头与导电管的接触紧密，避免产生过热。

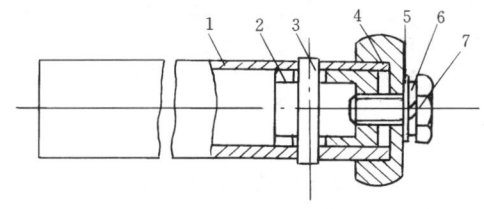

图 2-5-5-5 触头与导电管连接图
1—导电管；2—塞；3—圆柱销；4—触头；
5—垫；6—弹簧垫；7—M12 螺栓

二、瓷柱电气和机械性能不良

（一）外绝缘闪络

隔离开关外绝缘闪络，主要发生在棒式绝缘子上。由于外绝缘闪络，多次引起大面积停电事故。例如，某电厂 GW_5-110 型隔离开关发生雾闪，导致支持瓷柱爆炸，迫使三台机组停电；又如，某地区大雾，导致某变电所和某电厂的 GW_4-220 型隔离开关瓷柱发生雾闪，造成大面积停电。

造成外绝缘闪络的原因主要是瓷柱的爬电距离和对地绝缘距离不够。防止措施是开发新型瓷柱以增加爬电距离和瓷柱高度、提高整体绝缘水平。

（二）瓷柱断裂

1. 特点

隔离开关瓷柱断裂，一直是困扰着电力系统安全运行的一个难题。因此电瓷厂和用户都投入大量的人力和物力进行研究。研究结果表明，瓷柱断裂的特点如下：

（1）随着隔离开关运行年限的增加，瓷柱断裂问题日趋严重。表 2-5-5-1 列出了原东北电力科学研究院对 18 个电业局、16 个发电厂的隔离开关瓷柱断裂的不完全统计结果。由表中数据可以明显看出，运行年限越长，瓷柱断裂数越多。

表 2-5-5-1 瓷柱断裂数统计表

时间 /年	瓷柱断裂数/只			备注
	国产	进口	合计	
1971—1976	8	7	15	
1977—1981	73	12	85	
1983—1985			109	统计 8 个电业局、6kV 及以上

某电厂还对东德和捷克进口的 220kV 隔离开关所用的 300 多只瓷柱进行了统计，统计结果表明，隔离开关瓷柱运行 10 年后出现断裂现象，运行 15 年出现断裂高峰，运行到 20 年 300 多只瓷柱全部断裂。

（2）国内外生产的瓷柱均有断裂现象。

（3）瓷柱断裂的部位大多数在两端胶装处。

（4）瓷柱断裂造成的危害大。例如，某电业局的大型变电所连续两次发生隔离开关瓷柱断裂事故，导致线路断路器跳闸、造成线路停电。又如，某电业局的大型变电所侧的隔离开关在操作中断裂，造成变电所母线全部停电。

2. 断裂的原因

（1）应力的作用。

1）水泥胶装剂膨胀产生的应力。法兰和瓷柱是用水泥胶装剂胶装的。由于水泥胶装剂夹在法兰和瓷柱中间，膨胀受约束，必然在胶装部位产生应力。现场用静态电阻应变仪 YJ-16，采用图 2-5-5-6 所示的半桥法，对 7 节瓷柱实测表明，最大的内应力为 142.2MPa。

2）温度差引起的应力。由于铸铁法兰、胶装剂、电瓷的膨胀系数不同，它们分别为 12×10^{-6}/℃、10×10^{-6}/℃～14×10^{-6}/℃ 和 3.5×10^{-6}/℃～4.0×10^{-6}/℃，所以当温度降低时，它们的收缩量不同，铸铁的收缩量大，瓷柱的收缩量小，因而瓷柱的收缩约束了铸铁的收缩。由于铸铁收缩受约束产生了应力，若取铸铁法兰口为 0.205m、瓷柱直径为 0.18m，在 60℃ 温度情况下，产生的应变力为 83MPa。

由于北方的温差大，应变力就大，隔离开关瓷柱断裂事故较南方多。

3）操作引起的应力。这种应力是由操作产生的，它是

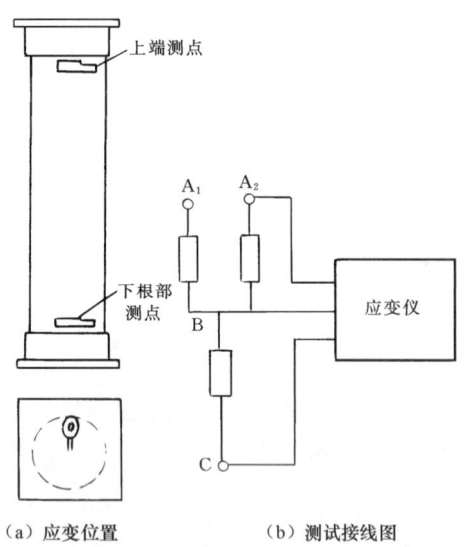

图 2-5-5-6 应力测试示意图

暂态量。若隔离开关调整不当，会使操作应力增大，根据现场测量，该应力最大为 20MPa。

以上三种应力共同作用在瓷柱的根部，是瓷柱断裂的主要原因。

(2) 质量不良。

1) 胶装质量不良。现场对瓷柱解剖结果表明，胶装质量问题较多。例如，有的未加缓冲垫；有的定位木楔用后断在里面未拿掉，有的露在外边或只有一层薄薄的水泥；有的只胶装了法兰口一圈，里面没有胶装剂；有的胶装剂与法兰和瓷柱之间根本上没有什么连接，说是胶装，实是挤装；法兰内进水是普遍的，有的达到了积水的程度，有的被水浸润，这些加速了方镁石（水泥成分之一）水合反应生成水镁石的速度，使胶装剂膨胀速度加快。所以雨水多的地区更容易发生断裂，断裂高峰来得也早。

最近，辽宁电力科学研究院通过检验分析又发现瓷瓶的胶装水泥不合格，某些化学成分偏高，胶装时应涂的沥青缓冲层没有涂或涂的厚度不够，使胶装剂产生的膨胀应力和瓷瓶的热应力无处释放，是导致瓷断裂的主要原因。试验分析表明，胶装剂遇水膨胀，当无缓冲层缓冲水泥胶装剂膨胀所产生的应力时，应力无处释放引起瓷瓶在法兰口处断裂。国内外都发生过放在露天或仓库里的备用瓷瓶断裂的现象，这说明瓷瓶胶装剂吸收空气中的水分同样产生膨胀应力。

2) 滚花和压槽引起的应力集中。滚花和压槽虽然提高了瓷柱的胶装强度，但也给瓷柱造成了伤害，这是因为在滚花和压槽过程中不可避免地会出现微裂纹，根据格里菲斯微裂纹理论，材料存在许多细小裂纹和缺陷时，在外力的作用下，这些裂纹和缺陷附近就会产生应力集中，当应力达到瓷柱的应力腐蚀极限时，裂纹开始扩展，而最终导致断裂，滚花对瓷柱的抗弯强度影响很大，比上砂的瓷柱抗弯强度低很多。所以滚花和压槽瓷柱断裂的比上砂的多。

3) 瓷质致密度差。由于瓷柱在制坯、干燥、焙烧过程中，工艺不合理，使瓷柱产生了先天性的缺陷，内部存在大量的气孔和微观裂纹，机械强度极低，在应力腐蚀下极易断裂。

4) 瓷柱中有夹层夹渣。瓷柱在挤制过程中，因挤刀过于光滑，使瓷柱产生夹层，这种夹层在外面不容易发现。瓷柱可能在有夹层的地方断裂。

夹渣引起断裂是因为夹渣周围必然有微裂纹，这种微裂纹在外力的作用下产生应力集中，使裂纹发展，最后断裂。

若在瓷柱两端滚花、压槽，瓷质致密度差、有夹渣夹层，则在上述三种应力作用下更容易发生断裂现象。

3. 防止措施

综上所述，防止瓷柱断裂的措施如下：

(1) 加强瓷柱强度。

1) 加装补强柱。就是在隔离开关支柱旁再加一支补强柱，以防止发生一支断裂而造成的单相短路事故。

2) 采用高强度瓷柱。目前厂家生产成型的高强瓷有相对普通瓷增加 50% 强度及 100% 强度两种，都可供改造普通瓷柱用。

根据技术经济比较，认为选择 50% 高强瓷是改造普通瓷柱的最佳方案，因为这种方案的工作量最小、费用最低。

(2) 加强检测。

1) 开展对瓷瓶超声波探伤。采用超声波无损探伤仪对瓷柱进行检测，测试不合格的瓷柱应立即更换。目前，辽宁省电力科学研究院已用数字瓷瓶超声波探伤仪检测出近百节故障瓷瓶。

2) 利用电磁辐射特性检测有故障的瓷瓶。由于故障瓷瓶的内部缺陷和裂纹会产生间隙放电，放电即产生超声波，利用非接触式超声波检测仪可以检测出故障瓷瓶。

(3) 加强防护。在瓷瓶的胶装部位涂刷防水胶，防止瓷瓶胶装剂与水接触，控制水泥胶装剂遇水膨胀所产生的应力及冻应力，同时也能保护沥青缓冲层，防止沥青缓冲层的老化。备用瓷瓶应与运行瓷瓶一样，涂刷聚硫防水胶。据现场调查，2001 年断裂的 70 余节瓷瓶都没有涂刷聚硫防水胶。

(4) 更换。更换滚花胶装的瓷瓶和无商标的小电瓷厂的瓷瓶。有计划地更换没有涂缓冲层的瓷瓶。

(5) 优选。优选质量好的瓷瓶，其中包括瓷瓶本身质量和瓷瓶胶装工艺质量。

三、锈蚀现象

由于隔离开关长期暴露在大气中，各转动部位和传动部位的锈蚀现象比较严重，有的隔离开关只能手动操作，有的天冷时操作不动。为提高供电可靠性、应当认真解决锈蚀现象。

(一) 各转动部位的锈蚀现象

1. 手操机构主轴与铜套锈蚀现象

此类锈蚀现象较为普遍，例如，CS-17 型手操机构主轴与铜套间隙窄小，不能含住润滑油。天长日久，铜套与铁轴间生锈，一旦需要操作，重者拉不开、合不上，轻者操作很费力。

2. 主导电杆与固定板之间锈死现象

隔离开关上接线座内的主导电杆与固定板之间有锈死现象，尤其是 GW_5-60 型、1600A 的隔离开关，上接线座内的下固定板是铸铝的，固定孔为 $\phi 22mm$，轴与孔是动配合，从现场分解锈死的接线座看，导电杆与固定板接触部分均为白色锈，即是铝锈，导电杆在接线座内，应能灵活地转动 90°，但锈死后不能转动。

对该种锈蚀现象的处理方法是改进接线座的内固定板。通过改进使接线座内导电杆上下端各有一个固定点。接线座上端由酚醛不定向玻纤压塑料制成的绝缘轴套固定导电杆，导电杆在轴套内可转动90°，两者之间涂有二硫化钼润滑脂，提高滑动效果。下端固定座与导电杆间也增加一个与主轴套相同材质的轴套，并涂二硫化钼润滑脂，如图2-5-5-7所示，使铜导电杆与铝固定座隔绝，既能防止分流现象的发生，也能有效地防止铜铝氧化和锈蚀。

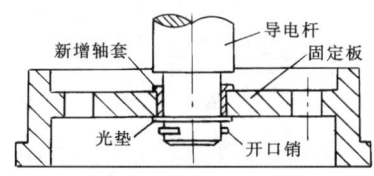

图2-5-5-7 接线座内固定板的改进

3. 底座轴承锈蚀现象

轴承座内上下各有一个单列圆锥滚珠轴承，轴承座外部没有通向轴承内的补油孔及通道，在长期运行中无法补充润滑油，造成润滑油干枯后生锈，严重者操作不动。例如，某变电所新安装10组$GW_5-60Ⅱ$型隔离开关，验收时各部参数全部符合厂家标准，操作起来非常轻快。但到第二年秋季，变电所停电操作时，发现10组隔离开关操作都非常费力，个别的隔离开关已拉不开。现场对其中3组操作最不灵活的隔离开关进行了检修。当拆下轴承座时，发现支持绝缘子的转动轴承全部锈死，轴承架锈蚀损坏。轴承座的结构如图2-5-5-8所示。

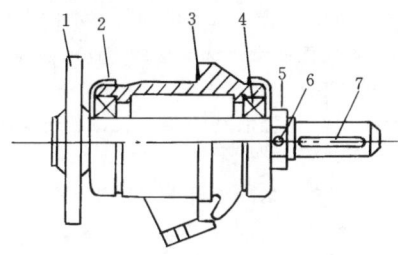

图2-5-5-8 支座轴承装配
1—轴承座；2—罩；3—支座；4—轴承；
5—螺母；6—紧固螺钉；7—键

4. 轴承泡在水中引起锈蚀现象

轴承座下防尘罩设计不合理，雨水积聚在下防尘罩中，由于它没有排水孔，雨水积聚多了就会使轴承座下端的轴承泡在水中，引起锈蚀现象，这类现象极为普遍。

对上述锈蚀现象的处理方法是改进轴承座。具体做法是：

(1) 填满空腔并从外部补油。在轴承座内，上、下各有一个轴承，除转动轴外还有很大的空腔，为能实现从外部向轴承内补油的目的，按轴承座内空腔尺寸制作了耐油橡胶块，而且在不影响转动主轴转动的情况下，将空腔充填满。在轴承座外平面处向内钻通一个孔，外部安装注油嘴，可用油枪通过注油嘴向腔内补油，由于轴承座内空腔已被橡胶块充填，因此，注的油很快能通过橡胶块内注油道直通上、下两轴承处，如图2-5-5-9所示。这样不分解轴承座，就能向轴承处补油，以防止轴承内发生无油锈蚀现象，而且操作自如。

(2) 改进防尘罩。重新压制防尘罩，并在轴承座下部加工出防尘罩扣入的槽，如图2-5-5-9所示。这样，下防

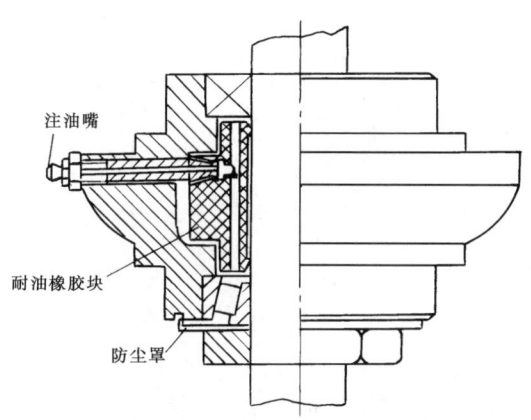

图2-5-5-9 轴承座的改进

尘罩既不会积水，又能将轴承内的油密封起来，防止油的流失。

(二) 各传动部位的锈蚀现象

1. 向心球轴承锈蚀现象

在传动箱内，传动轴与轴承座间有一单列向心球轴承。该轴承上部有防尘罩，而下部却暴露在空间，在夏季，由于太阳的直射产生的温度足以使润滑油变稀流出轴承。此部位只有在大修时分解后才能补油。轴承内由于长期无油，便会出现锈蚀现象，给操作者带来很大困难。

2. 轴与孔间的锈蚀现象

CS-17G型手操机构和GW_7-220型隔离开关等均有主传动拉杆，其拉杆接头与连臂上的$\phi 16mm$轴进行滑动摩擦，但轴与孔的间隙内只能存有极少的润滑油，其上部没有防尘防水的任何措施，而隔离开关又是户外设备，风雨的侵袭，时常造成轴与孔间发生锈蚀现象，若长时间不操作，甚至可将轴与拉杆接头锈死，使倒闸操作无法进行。

对传动部位锈蚀现象的处理方法是：

(1) 改进传动箱轴承座。具体做法是，重新设计加工传动箱轴承座，其主要特点是在轴承内套与轴承座间有一个O形圈，主要对轴承内套与轴承座间进行密封，使润滑油能保留在轴承内不流失。新轴承座还有一个通往外界的油道，在油道外侧有一个带有逆止阀的注油嘴，在不分解传动箱轴承的情况下，可向轴承内补油，如图2-5-5-10所示，从而使轴承永远在有润滑油的情况下运行，杜绝发生锈蚀现象。

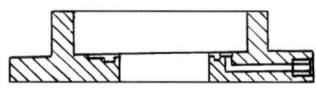

图2-5-5-10 传动箱轴承座的改进

(2) 改进传动拉杆接头。主要是将滑动改为滚动，油流失变为不流失，并增加防尘、防雨措施。

图2-5-5-11为GW_7-220型隔离开关拉杆接头的改进后情况，其特点是：

1) 变滑动为滚动，并使润滑油不流失。它采用滚针轴承，使滑动摩擦变为滚动摩擦，操作轻松省力；其内外径尺寸与原拉杆接头铜套的内外径尺寸相同，故不影响接头的机械强度；且滚针与滚针之间有足够的间隙存留润滑油，从而保证了轴与拉杆接头间不发生锈蚀现象。

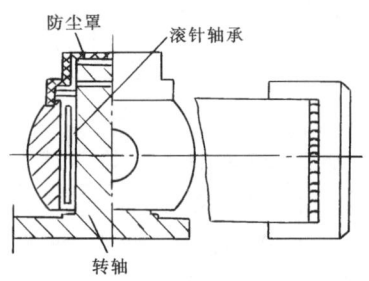

图 2-5-5-11 传动拉杆接头的改进

2) 增设防尘罩。它配有防尘罩,不仅可防止连臂轴与拉杆接头间进入灰尘,而且可以防止雨水侵入,带走润滑油。

3) 增设注油嘴。在拉杆接头外侧增设注油嘴,向轴内注入润滑油,油嘴本身带单向逆止阀,这样可免去分解拉杆接头向轴内补油的麻烦。

四、拉合困难

(一) 原因

GW$_5$系列隔离开关在电网中应用量最大。在运行中经常发生拉合困难,究其主要原因是:各传动部件的接触表面(主要是止推轴承滚珠表面)因无润滑油膜保护而受潮、氧化、生锈,直至黏结在一起。

(二) 处理方法

为解决拉合困难,现场在实践中摸索、总结出用注射法进行带电(刀闸口单向带电)处理,收到良好效果。带电处理方法如下:

(1) 制作好注射用具,如图 2-5-5-12 所示。
(2) 做好各项安全工作。
(3) 操作人员应站在隔离开关架构下,头部位置不要超过隔离开关底座。
(4) 用螺丝刀将隔离开关底座上盖(当时接近顶端的位置)轻轻撬起,将圆珠笔芯头插入上盖,如图 2-5-5-13 所示。

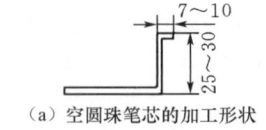

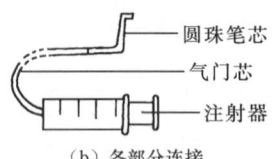

图 2-5-5-12 注射法工具

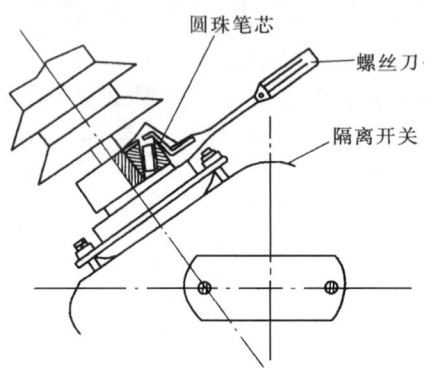

图 2-5-5-13 注油方法示意图

(5) 缓缓推动注射器,加入机油与汽油的混合液(比例 1:1),直至油从底盖板流出为止。
(6) 依次对各相加油。
(7) 用操作手柄轻轻活动隔离开关,若仍觉费力,可重复 (4) ~ (7) 项,直至合格。

采用注射法处理一组隔离开关只需 10min。

隔离开关常见的异常现象及处理方法如表 2-5-5-2 所示。

表 2-5-5-2   隔离开关常见的异常现象及处理

部位	异常现象	原 因	处 理
触头	(1) 接触不良。 (2) 接触面有烧损、熔接。 (3) 弹簧上有缺陷。 (4) 紧固螺栓等松动。 (5) 零部件生锈、损伤。 (6) 触头上有鸟巢。 (7) 闸刀自动力沉重	(1) 接触表面腐蚀、有灰尘、氧化膜、镀银层损伤、磨损使压力降低、电弧烧伤弹簧松动等。 (2) 轴承有缺陷	(1) 修理和更换触头。 (2) 更换弹簧。 (3) 擦干净接触面后拧紧。 (4) 更换生锈部件。 (5) 清理或更换
操作机构	(1) 不能远距离操作。 (2) 操作机构动作但隔离开关不动。 (3) 机构受潮、进水生锈、漏气等	(1) 电磁阀不动作,管系统漏气,锁扣装置卡,电磁阀线圈失磁。 (2) 连接杆连接已有脱落。密封失效、松动、使用年久恶化	(1) 检查电磁阀及线路。 (2) 检查锁扣装置螺母。 (3) 检查限位和自保持开关的接点。 (4) 恢复连接。 (5) 检查、修理及更换
绝缘部件	(1) 绝缘子表面闪络。 (2) 连接部分松动	(1) 表面脏污、破损。 (2) 胶合剂发生不应有的膨胀或收缩	(1) 冲洗绝缘子。 (2) 更换新的绝缘子
底座	松动、销子脱落	使用年久	更换、拧紧
出线座 (转动式)	转动不灵活	接触面脏、轴承缺陷零件生锈,松动	擦拭后涂润滑剂,更换、拧紧

第六节　6~10kV高压开关柜事故原因及改进措施

6~10kV高压开关柜是电力系统中应用量大、分布面广的开关设备,由于各种原因,开关柜在电网运行中发生事故较多,据现场统计,6~10kV开关柜事故约占各种电压等级开关设备事故总和的50%以上,严重威胁电网的安全运行。因此对开关柜的事故原因进行分析是非常必要的。

一、开关柜事故分类

现场对全国电力系统6~10kV高压开关柜在1989—1992年发生的事故统计结果如图2-5-6-1所示。由图可见开关柜在运行中所发生的事故大致可分为：绝缘事故、拒分事故、拒合事故、由于接触不良而引起的载流事故、由于开断性能不好或关合性能不佳而引发的事故,以及由于开关柜封闭不好,有小动物进入等引发的事故。其中最多的是绝缘事故,其次是拒分事故等。

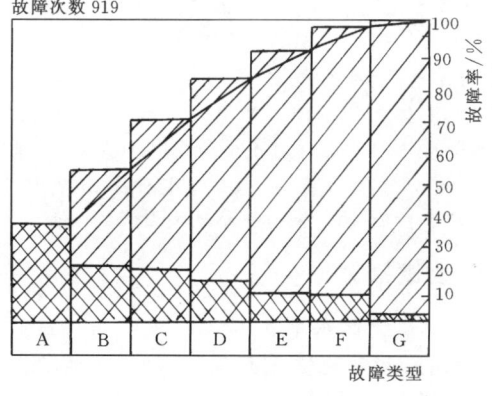

图2-5-6-1　1989—1992年开关柜事故统计
A—拒分；B—绝缘；C—鼠害、其他；D—拒合；E—开断、关合；F—载流；G—误动

二、开关柜事故原因分析

(一) 绝缘水平低

1. 外绝缘的绝缘水平低

现场对1989—1992年期间的高压开关柜绝缘事故统计结果如图2-5-6-2所示。由图可见,外绝缘对地闪络、击穿事故居首位,其主要原因是爬距不够。例如,母线支持绝缘子的爬距有170mm和150mm的,材质有瓷的,也有是环氧树脂浇注的。手车式开关柜上的支持绝缘子,最小爬距有138mm的；GG-1A型固定式开关柜用的隔离开关支持绝缘子爬距有140mm的。

应用这样绝缘子的开关柜,在空气湿度大,又有污秽的环境中,容易发生沿面闪络。当电网中出现过电压时,更容易发生闪络,并可能导致三相短路事故。例如,在1991年11月13日,某电厂厂用6kVⅠ段备用电源的SN_{10}-10Ⅲ型少油断路器靠母线侧短路,引起6kVⅠ段高压室着火,靠近该断路器左邻右舍的三台开关柜及一组TV(6kVⅠ段母线TV)彻底烧毁,部分小车插头及母线固定绝缘子受损。

1992年11月14日,该断路器又发生类似事故。事故

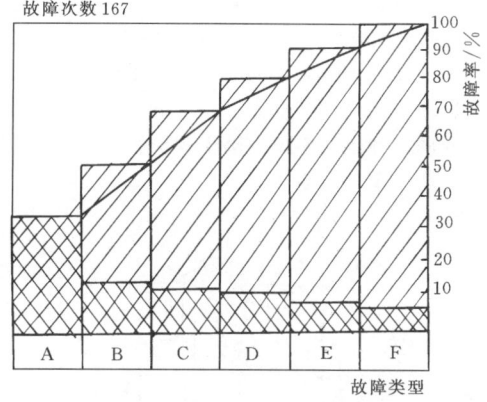

图2-5-6-2　开关柜绝缘事故统计
A—外绝缘对地闪络、击穿；B—相间绝缘闪络击穿；C—瓷瓶闪络、爆炸；D—其他；E—TA闪络、击穿爆炸；F—过电压使断路器烧毁

后检查,发生事故的开关柜已彻底烧毁,柜内断路器的主、副筒、绝缘拉杆、支持绝缘子及绝缘隔板均已烧焦,筒体顶盖熔缺。解体检查,灭弧室绝缘片尚好,动、静触头略带轻伤,在断开位置。

2. 主要器件的绝缘水平低

开关柜中所用的主要器件的绝缘水平也不能满足工况的要求。例如,LZX-10型电流互感器的绝缘爬距为135mm；LAJ-10型电流互感器的绝缘爬距为160mm；环氧树脂浇注的电流互感器绝缘表面憎水性较差,若表面粗糙憎水性就更差了,其雾闪络电压将有大幅度降低。所以上述电流互感器,在运行中若遇上不利条件,可能发生绝缘闪络或击穿,乃至爆炸事故。

(二) 拒分

拒分事故在开关柜事故中居第一位。断路器拒分原因的统计结果如图2-5-6-3所示。

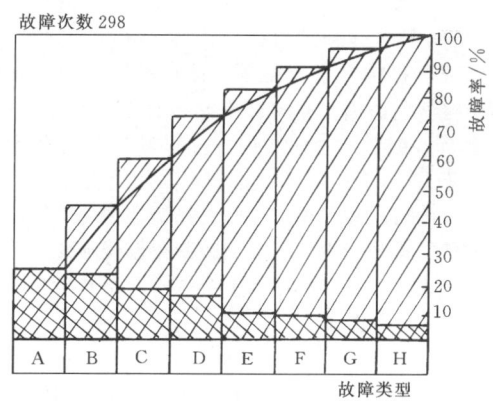

图2-5-6-3　断路器拒分原因统计
A—机构卡涩；B—其他；C—部件变形位移损坏；D—分闸线圈烧损；E—分闸铁芯松动卡涩；F—辅助开关故障；G—操作电源故障；H—二次线圈故障

由图可见,断路器拒分的主要原因如下：

1. 操动机构卡涩

卡涩主要是加工质量低劣,其次是安装、调试不当。如

SN₁₀-10Ⅲ少油断路器由于主筒内拐臂与动触杆的连板及其座箱内的固定螺母相磨卡而造成断路器拒分。磨卡部位如图 2-5-6-4 所示。两联板之间外边缘宽度为 41mm，而连板在基箱内运动空间的实效宽度也是 41mm（铸铁件），因此，新断路器的调试和运行常发生磨卡现象，只有经过磨合后才会避免这种磨卡现象的发生。

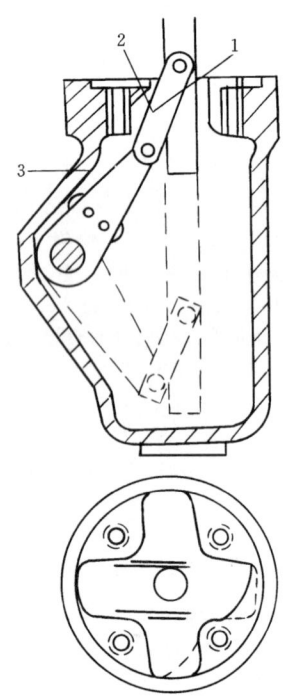

图 2-5-6-4　SN₁₀-10Ⅲ基座箱内拐臂板磨卡部位图
1—连板；2—磨卡点 P；3—碰撞点 Q

再如，横轴连接不同心，也能产生摩擦，增加分闸阻力，严重时将发生拒分，其装配图如图 2-5-6-5 所示。

另外，CD₁₀ 电磁机构的四连杆调整不当，连板中间轴过死点太大（大于 1mm），也可能造成断路器拒分。

2. 部件变形移位损坏

部件变形移位有设计问题，也有材质问题。如 SN₁₀-10Ⅲ型断路器副筒因自重有的引起相对变位，使副臂的动、静触头磨卡；断路器主轴（φ40mm）发生弯曲，造成分闸阻力加大等。

开关分闸后脱扣机构不复归；托架动作后不复归；分闸电磁铁的铁芯动作后卡住不复归或断路器分闸瞬间分闸铁芯被振动弹起；机构反背等原因都会造成断路器拒合事故。

3. 分闸铁芯卡涩

分闸铁芯卡涩往往是由于铁芯的铜套变形，或铁芯与铜套间有油垢阻塞所造成。另外，由于分闸铁芯顶杆冲击间隙过小，铁芯顶杆短都能造成断路器拒动。

4. 辅助开关故障

辅助开关质量不佳，接触不良会造成断路器拒动；另外也有在分闸回路中串入辅助开关的长接点，如果长接点调距离过小，断不开直流电弧，将造成分闸线圈烧毁。

（三）拒合

由图 2-5-6-1 可见，拒合也是造成开关柜事故的重要原因之一。断路器拒合原因的统计结果如图 2-5-6-6 所示。由图可见，机械方面的原因与拒分时相似，已在上面叙述。电气方面原因主要是接触器故障、二次接线故障和电源电压过低等。

（四）载流回路过热

载流回路过热事故的统计结果如图 2-5-6-7 所示，由图可见，导致载流回路过热的原因主要有：

1. 触头接触不良

如隔离插头弹簧片疲劳变形、触指错位、插不正等接触不良引起的过热。

2. 引线连接不良

有的电流互感器的接线端子只采用一个螺栓连接，运行中过热。如 LQJ-10；LA-10/5-200；LAJ-10/20-300；LFZ₁₁-10 等都只有一个螺栓。还有中相穿墙瓷套管也有些是一个连接螺栓。

3. 加工工艺粗糙

由于加工工艺粗糙引起的过热也不少，如连接螺孔过大；铝排接触面不烫锡等。

（五）管理不善

1. 柜内及柜间的分隔防护较差

6～10kV 高压开关柜由于柜内及柜间分隔防护较差，"火烧连营"事故时有发生。1992 年全国仅"火烧连营"就烧损百余面开关柜，造成部分重要地区停电。

2. 柜本体封闭不严

开关柜本体封闭不严，不但电缆沟的潮湿气体易于侵入，导致绝缘事故；而且由于小动物进入造成对地或相间短路事故也不少。在华东某电厂 1990 年前后 10 余年的厂用电系统事故中，约有 40% 是由于小动物引起的。

三、改进措施

（一）提高绝缘水平

1. 相间及相对地空气间隙

对单纯以空气作为绝缘介质的开关柜，柜内各相导体的相间与对地净距必须符合电力部《户内交流高压开关柜订货技术条件》（DL 404—91）规定。对额定电压 10kV 开关柜，不同相的导体之间和导体至接地间净距应保证在 125mm 以上。

2. 外绝缘爬电比距

按着《户内交流高压开关和元部件凝露及污秽试验技术条件》（DL/T 539—93）规定，户内开关柜外绝缘按最小爬电比距和人工污秽耐受值分为 0、Ⅰ 和 Ⅱ 共 3 级。

根据开关柜运行环境条件分析和开关柜发生绝缘事故情况看，绝大多数开关应具有凝露型的爬电比距。

0～Ⅱ级相应的最小公称爬电比距应符合表 2-5-6-1 的规定。

表 2-5-6-1　最小公称爬电比距

户内设备外绝缘污秽等级	最小公称爬电比距/(mm/kV)	
	瓷质材料	有机材料
0	12	14
Ⅰ	14	16
Ⅱ	18	20

本技术条件规定的是下限值，当环境稍微苛刻一些就不能满足。另外根据运行经验，环氧树脂绝缘子表面状态对憎

第六节　6～10kV高压开关柜事故原因及改进措施

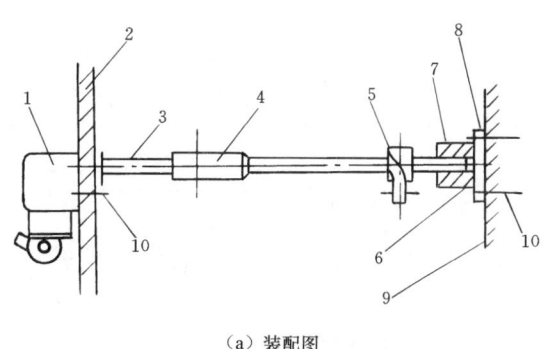
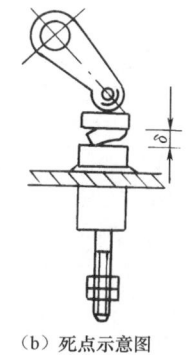

（a）装配图　　　　　　　　　　　　　　　　　（b）死点示意图

图 2-5-6-5　横轴装配图
1—CD_{10}-Ⅲ操动机构；2—开关柜面板；3—横轴；4—连接套；5—传动下拐臂；
6—端部轴套；7—注油孔；8—轴套固定座；9—开关柜后板；10—固定螺丝

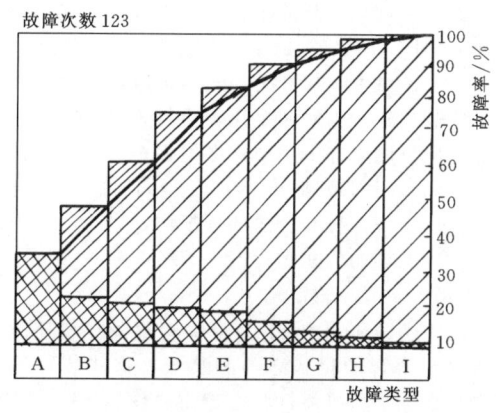

图 2-5-6-6　断路器拒合原因统计
A—部件变形移位损坏；B—轴销松断；C—辅助
开关故障；D—机构卡涩；E—其他；F—合闸
线圈烧坏；G—合闸接触器故障；H—二次
接线故障；I—电源电压过低

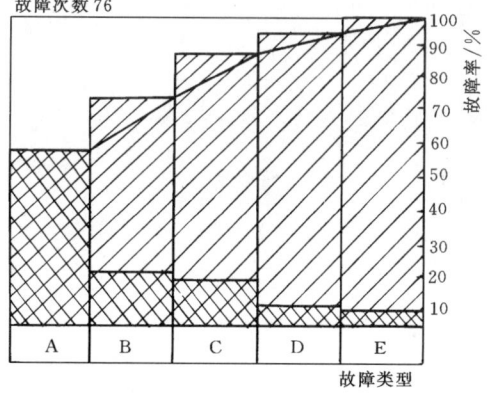

图 2-5-6-7　载流回路过热事故统计
A—触头接触不良过热；B—其他；C—触头烧
毁脱落；D—引线过热冒烟；E—软连接断裂

水性影响很大，所以其凝露闪络电压分散性很大，就是爬电比距符合规定，在开关柜中也应尽量少采用。

在《高压开关设备和控制设备标准的共同技术要求》（IEC 694—1996）和《高压开关设备的共用订货技术导则》（DL/T 593—1996）都指出，在所指定正常条件下偶尔会产生凝露，因此可采取下列措施以维持设备的正常运行：

（1）为使产品能耐受湿度和偶尔凝露的影响，可采用按此条件设计和试验的户内开关设备，或使用户外型开关设备。

（2）如不采用凝露型设备，则必须考虑改善环境的措施，如采用特殊设计的建筑物或小室，进行适当的通风吸潮或加热，或采用空调、消湿措施以防止凝露。

另外，要重视绝缘件的选用和试验验证，厂方要保证环氧浇注件的质量和工艺，环氧 TA 不应与断路器布置在同一间隔。

3. 相间绝缘隔板

目前在电网中运行的 6～10kV 开关柜，柜宽 630～1000mm 各种宽度的都有。

小车开关柜，由于相间距离不能满足绝缘要求，而利用加装相间绝缘隔板办法来解决。

所用绝缘隔板应采用通过技术鉴定的"整体胶粘式绝缘隔板"，其材质有：电加热固化制成环氧树脂层压玻璃布板；近几年有些开关厂采用 DMC 和 SMC 不饱和聚酯玻璃纤维增强塑料板，这种材料阻燃性达到 FVO 级，耐电弧时间可达 180s，浸水后绝缘电阻达 $10^7 M\Omega$；而且价格较低。

（二）加强柜体封闭

1. 柜内分隔

加强柜内分隔防护程度，以提高开关柜运行及检修的安全度。小车开关柜内的母线、断路器（小车）、电缆与互感器、继电器和二次端子等，应用钢板或阻燃绝缘板严密分割成各自独立的小室。且各间隔小室应尽可能有排气通道或减压窗。这样可防止意外发生的事故扩大与蔓延。

2. 应用阻燃绝缘件

全部母线及分支母线均应用阻燃热缩绝缘管套装；两柜母线室之间均应用耐弧并阻燃的绝缘板或穿墙套管进行封隔，以防"火烧连营"事故的发生。

3. 严密封闭

柜底部必须严密封闭。防止小动物进入、防止电缆沟的潮气侵入受潮，引发对地或相间短路事故。开关柜的封闭等级至少为 IP2X，电缆引出孔一定要堵牢，任何部位都不能留有大于 1.25mm 的孔洞。

对环境条件太差的，如发电厂装在 0 m 用的开关柜，电缆沟与外边电缆联通，潮湿气体易于侵入的，尚应改善环境条件，如必要时加电生热去潮湿等。

4. 加绝缘罩

小车插头通过的插孔应加绝缘罩，当小车退出开关柜后，触头插孔应有绝缘挡板将静触头带电部分与手车室隔开，防止检修人员误触电。有的也可以用绝缘挑帘，但小车开关推入到运行位置后，要保证带电部分与插孔边缘的空气隙要大于30mm。但是这又带来一个缺点，降低了各小室之间的封闭程度。

(三) 提高机械动作可靠性

(1) 操动机构应选用两部定点厂生产，通过技术鉴定合格的操动机构，以确保机构的产品质量。

(2) 外配的操动连接轴、杆件等应选用通过机械寿命试验合格的相同材质，以保证整体的可靠性。

(3) 严格按工艺要求加工，并加强质检保证体系。

(4) 保证安装、调试质量，出厂产品必须经出厂试验合格。

(四) 改善载流回路状况

(1) 母线、分支母线排的截面应满足额定工作电流和动、热稳定的技术要求。母线截面尺寸可按照额定电流大小参照电工手册选取。

(2) 母线、分支母线排的接头应压花，烫锡以减小接触电阻，防止发热。

(3) 小车柜的隔离插头插入深度，应保证小车推到工作位置时满足温升的技术要求（温升试验通电流应为额定工作电流的1.1倍）。

隔离插头用圆形的好，活动范围大，接触好；鸭嘴插头活动范围小，容易发生接触不良。

为了保证产品质量，产品出厂时应进行回路直流电阻测试，标准可由厂家自定。

(4) 电流互感器的引线端，应改为双螺栓压紧连接，孔眼与螺栓之间不应有过大间隙。

(五) 要重视直流操作电源

在运行中由于失去直流电源而导致事故扩大的事例很多，损失比较惨重。因此要重视直流电源及各级熔丝的合理配置，要使二次回路的配置能避免受到一次设备发生短路时电弧的影响。

(六) 开展科学研究

1. 开发新型开关柜

在制造好定型开关柜的同时，还应研究开发新型性能可靠、操作更简便的开关柜、以减少事故。

2. 研究快速保护装置和继电保护方案

采用快速保护装置可以尽快切除故障，把影响范围限制到最小。有些方法可以推广，例如，华能电厂的6kV厂用开关柜是苏联的产品，在每个开关柜的排气通道上都设有一个行程开关，一旦某个开关柜内部发生故障，在排气的同时该行程开关动作，并指令上级开关跳闸，及时切除故障。该电厂近几年来已发生3次开关柜短路事故，均因该装置正确动作而很快被切除，抢修恢复比较容易。

也有的单位研究并采用新的继电保护方案，使开关柜内部故障的切除时间缩短到0.3~0.5s。同时也要注重运行环境的改善，让设备运行在合适的环境中，以小的投资改善开关室来保证开关柜的可靠运行。

3. 采用在线监测装置

目前国内已经研制出10kV开关柜故障在线监测装置和高压开关柜在线智能化状态监测装置，这些装置的推广应用，对提高开关柜的可靠性将会起重要作用。

第六章

电动机异常与故障快速诊断修理案例

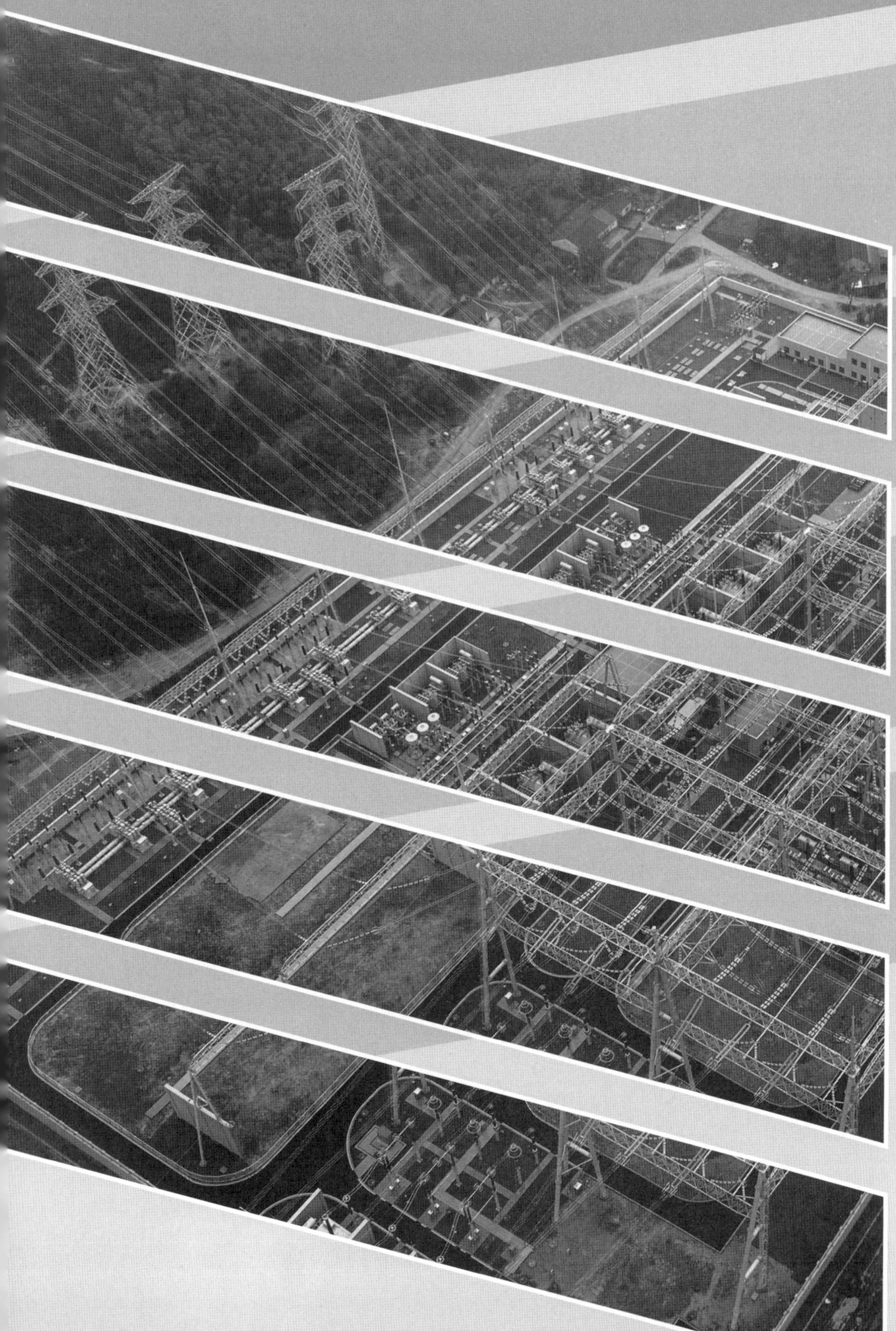

高压电动机是火电厂的主要电力设备之一。1台20万kW或30万kW发电机约需配套500kW及以上的高压电动机15台左右，用来拖动给水泵、风机、磨煤机、排粉机和循环水泵等辅机。近些年来，辅机电动机故障频繁发生，对发电厂和电网的安全运行带来很大的威胁，并造成严重经济损失，因此必须引起足够的重视。

为分析高压电动机故障的原因，东北电网曾对8个发电厂的高压电动机（同一制造厂生产）的故障次数、部位、性质和运行年限等进行了统计，如表2-6-0-1～表2-6-0-4所示。

表2-6-0-1　　　　　　　　　　各发电厂高压电动机故障次数

电厂代号		A	B	C	D	E	F	G	H	合计
使用台数		16	17	10	19	41	14	45	20	165
故障次数	定子			6	2		6	5	7	26
	转子	6	4	1	4	14		1	5	34
	合计	6	4	7	6	14	6	6	12	60
故障率/%		37.5	23.5	70.0	31.5	34.1	42.9	13.3	60.0	36.4

表2-6-0-2　　　　　　　　　各辅机配套高压电动机的故障次数

辅机名称		磨煤机	排粉机	引风机	送风机	给水泵
故障次数	定子	1	4	5	15	1
	转子	20	2	2	6	1
	合计	21	6	7	21	5
故障率/%		35.0	10.0	11.7	35.0	8.3

表2-6-0-3　　　　　　　　　　高压电动机故障部位及性质

部位	故障性质	故障次数	故障率/%
定子部分	主绝缘烧损	14	23.3
	定子绕组连接线烧损	8	13.3
	定子绕组匝间短路	2	3.3
	定子引线短路	2	3.3
转子部分	转子笼条断裂、开焊	22	36.7
	扫膛	5	8.3
	轴承损坏	7	11.7

表2-6-0-4　　　　　　　　高压电动机故障次数按运行年限分布情况

运行时间/年		2～5	5～10	10以上
故障次数	定子	7	17	2
	转子	6	15	13
	合计	13	32	15
故障率/%		21.7	53.3	25.0

由表2-6-0-1～表2-6-0-4可知：

(1) 8个发电厂用165台高压电动机的故障率达36.4%，说明故障率较高。

(2) 在诸辅机电动机中，与磨煤机和送风机配套的高压电动机故障率最高。

(3) 高压电动机的主要故障为转子笼条断裂、开焊以及定子主绝缘烧损。

(4) 故障出现最多的时间是运行后的5～10年。

应当指出，上述统计结果具有一定的代表性，国产电动机都不同程度地存在。

第一节　定子故障及处理方法

一、故障原因分析

由表2-6-0-3可知，定子部分故障主要有主绝缘烧损、定子绕组连接线烧损、定子绕组匝间短路和定子引线短路等。导致这些故障的原因主要有：

(一) 制造质量不佳

1. 端部固定整体性差

电动机定子绕组制造工艺粗劣，绕组固定不良，因而使电动机定子绕组端部固定整体性差。其中最突出的是20世纪70年代末80年代初出厂的国产JSQ-147-6型360kW和JSQ-158-6型380kW电机。这些电机的主要问题是绕组成型较差，且尺寸偏小。所以下线后绕组与槽壁间的间隙很大。实际测量最大间隙有2mm以上。甚至绕组在槽内悬空。而下层线棒的端部与绑环间也不服帖，绑扎松弛，其间又未填充涤纶毡等适型缓冲材料。绑绳道数少，并且表面刷漆未经过浸渍处理，端部固定整体性差。当电动机频繁启动时，强大的电动力导致绑绳开断，垫块脱落，造成绕组振动松弛，从而使槽口附近绝缘损坏或绕组背部与绑环之间绝缘磨损接地，甚至通过绑环引起相间短路。

2. 端部引线和连接线的接头开焊

制造质量不佳还表现在高压电动机的引线和连接线的接头焊接不良，在启动次数多、启动电流大、启动持续时间长的情况下，将发生接头过热开焊故障，如图 2-6-1-1 中的 3。在某厂统计的 27 台次高压电动机定子故障中，就有 11 台次，占 40.7%。例如，某双水内冷发电机组的给水泵电动机（JZK-4000-2 型），第一次启动不成功，第二次启动过程中，当启动电流尚未返回时，差动保护动作跳闸，电动机端部冒烟，拆开端部检查，发现电动机靠水泵侧端部第 52、53、54 槽正上方绕组引线接头烧断，隔槽绕组引线也被烧断。附近定子绕组端部和引线的绝缘层被电弧高温烧焦碳化，整个端部绕组和铁芯上积了一层铜沫，端部下方的转子表面均被熏黑。这是因为两次启动冲击，端部引线接头所产生的热量进一步积累，导致接头烧熔断开拉弧，最后导致绝缘击穿烧焦。

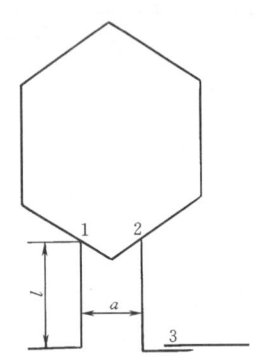

图 2-6-1-1 定子绕组示意图
a—引线间距离；l—引线长度；
1、2—断股位置；3—开焊位置

3. 绕组断股

定子绕组断股多发生在连接线的根部，如图 2-6-1-1 中的 1、2。造成断股的原因，一方面是由于制造过程中连线受到反复板、弯，留下了伤痕或裂纹，形成先天性隐患；另一方面是由于端部绕组固定不牢，运行中特别是启动时受电动力（引线间的电动力将达到正常运行时的 25~49 倍）或振动力的作用，而发生疲劳断裂。

定子绕组、连接线和引出线固定不牢不仅是造成绕组主绝缘磨损击穿的主要原因，同时也是匝间绝缘损坏和连接线断股的主要原因之一。

（二）主绝缘老化

定子主绝缘在正常情况下的使用寿命约为 20000~25000h（即 8~10 年）。如果有制造质量方面先天性的缺陷或使用不当，会加速定子主绝缘的老化。发电厂使用高压电动机的老化因素如下：

1. 机械因素

振动冲击、离心力、电磁力、热应力使绝缘产生机械变形，进而导致裂纹或磨损，出现绝缘的薄弱环节。在启动大电流的作用下，绝缘的薄弱处会产生击穿、烧损。

2. 热因素

焦耳热、涡流损耗、介质损耗等产生的热量，使绝缘的温度上升。一方面绝缘软化，在各种力的综合作用下会产生变形，出现薄弱环节；另一方面产生过热，加速绝缘老化。

3. 电因素

操作过电压、电压波动、突然断电、启动方法不当等，都能在绝缘的薄弱环节处发生放电或击穿，使绝缘局部烧损。

4. 环境因素

湿气、化学物质、尘埃等侵入绝缘层间，会使绝缘性能下降，发生放电或击穿。例如某锅炉引风机的电动机因积灰甚多，绝缘劣化，恰巧又遇上蒸汽吹门破裂漏气，水蒸气喷射入电动机，使绝缘严重受潮，造成击穿短路，绕组 8 处烧坏，5 处击穿接地。

5. 工作方式

频繁启动、冲击负荷、超载运行也都会促使绝缘发生老化。特别是超载引起的高温运行是加速老化的重要原因。研究表明，沥青、云母绝缘的电动机，温度每升高 10℃ 寿命将缩短一半。例如，某循环泵电动机在运行中定子铁芯外壳表面的实测温度高达 104℃，铁芯内部及绕组温度更高，长期高温运行，加速绝缘老化。绕组绝缘出现龟裂现象，最终 B 相绕组对铁芯槽击穿，烧坏绕组，烧伤铁芯槽口。

（三）操作过电压

用少油断路器或真空断路器切高压感应电动机时，都易产生较高倍数的操作过电压，特别是在切启动状态的感应电动机时，会产生高于额定相电压 3 倍的操作过电压，最高可达 6 倍以上，严重危及感应电动机的绝缘。如某电厂用 SN_{10}-10 型少油断路器切 6kV、4000kW 启动状态的给水泵电动机时，断路器自爆喷油着火，造成 20 万 kW 发电机停电事故。又如，某钢铁厂用 ZN_3-10 型真空断路器切感应电动时，3 个月内击穿 4 台 340kW 的电动机。

（四）电动机进水受潮

由上所述，高压感应电动机制造质量差，端部及连接线绝缘薄弱，特别是连接线绝缘包扎松弛，如果机内进水，空气湿度增加，绝缘受潮，绝缘电阻大幅度下降，容易引起绝缘击穿故障。如某给水泵电动机，由于机壳底板孔洞密封不严而进水，机壳内底部积水深度约 30mm，使绝缘受潮，运行中 B 相和 C 相击穿短路，B 相引线根部和 C 相连线根部烧断。再如，某风机电动机，机坑廊道进水，水位淹至电缆头接线盒，引起三相短路，烧毁线鼻子和引线。

二、定子绕组故障诊断及处理方法

（一）绕组断股的诊断

1. 一般规律

大中型高压电动机定子绕组多属双层波形整数绕组。设电动机定子槽数为 Z，线圈为 3 股并绕，每个线圈的电阻为 R，则每个线圈每股导线的电阻为 $3R$。现分三种情况说明如下。

（1）设定子为一条串联的绕组，则正常相的电阻为 $ZR/3$。若 3 股中有两股发生断股，则断股相的电阻为 $\left(\dfrac{Z}{3}-1\right)R+3R=ZR/3+2R$。如以 $\Delta R_2\%$ 表示正常相与断股相电阻的差值比，则

$$\Delta R_2\% = \dfrac{\dfrac{ZR}{3}+2R-\dfrac{ZR}{3}}{\dfrac{ZR}{3}} \times 100 = \dfrac{6}{Z} \times 100$$

设 $Z=147$，则

$$\Delta R_2\% = \dfrac{6}{147} \times 100 = 4.08$$

(2) 设定子为两条并联的绕组，则正常相的电阻为 $ZR/12$，断 2 股相的电阻为

$$\frac{\frac{ZR}{6}\left[\left(\frac{Z}{6}-1\right)R+3R\right]}{\frac{ZR}{6}+\left(\frac{Z}{6}-1\right)R+3R}=\frac{Z}{12}\frac{Z+12}{Z+6}R$$

$$\Delta R_2\%=\frac{\frac{ZR}{12}\frac{Z+12}{Z+6}-\frac{ZR}{12}}{\frac{ZR}{12}}\times 100=\frac{6}{Z+6}\times 100$$

设 $Z=147$，则

$$\Delta R_2\%=\frac{6}{147+6}\times 100=3.92$$

(3) 设定子 $2P$ 条并联绕组（P 为极数），则正常相的电阻为 $ZR/12P^2$，断 2 股相的电阻为

$$\frac{\left(\frac{1}{2P-1}\frac{ZR}{6P}\right)\left[\left(\frac{Z}{6P}-1\right)R+3R\right]}{\frac{1}{2P-1}\frac{ZR}{6P}+\left(\frac{Z}{6P}-1\right)R+3R}$$

$$=\frac{Z(Z+12P)R}{12P^2(Z+12P-6)}$$

则 $\Delta R_2\%=\dfrac{\dfrac{Z(Z+12P)R}{12P^2(Z+12P-6)}-\dfrac{ZR}{12P^2}}{ZR/12P^2}\times 100$

$$=\frac{6}{Z+12P-6}\times 100$$

设 $Z=147$，$P=2$，则

$$\Delta R_2\%=\frac{6\times 100}{147+12\times 2-6}=3.64$$

以上三种情况的计算表明，无论定子绕组串并方式如何，定子槽数 $Z\leqslant 147$ 时，三股并绕的线圈只要断了 2 股，则相电阻的偏差 $\Delta R_2\%$ 均大于 3.6%，这个偏差值是较容易测出的。

同理，也可计算出上述电动机 2 股并绕中断 1 股时，其相电阻的偏差值将大于等于 2%，这也是可以测出的。一般高压电动机的定子槽数 Z 都小于 147，故上述一般规律符合实际。

2. 诊断步骤

(1) 先测出端子线间电阻 R_{AB}、R_{BC} 和 R_{CA}。

(2) 对星形接线测平均电阻 $R_P=\dfrac{1}{2}(R_{AB}+R_{BC}+R_{CA})$，可以得出 $R_A=R_P-R_{BC}$，$R_B=R_P-R_{CA}$，$R_C=R_P-R_{AB}$。

(3) 计算出的三相电阻，若不平衡，设 $R_A>R_B>R_C$，则 $\Delta R_{\max}\%=\dfrac{R_A-R_C}{R_C}$，如 $\Delta R_{\max}\%>2$，则说明有断股，再计算出 $\Delta R_{\max}$ 的绝对值 $\Delta R_{\max}=R_A-R_C$。如果 $\Delta R_{\max}$ 与一个线圈的电阻值近似相等，则说明 A 相双股中有 1 股断线。如果 $\Delta R_{\max}\%>3.5$，$\Delta R_{\max}$ 又与一个线圈的电阻值近似相等，则说明 A 相线圈 3 股中有 2 股断线。

当电动机为三角形接线时，同样也可以求出断股相。

(4) 求出一个线圈的电阻值。如被测电动机无资料可查，则在 (2) 进行后已求出三相的相电阻，设 R_A 偏大，另两相 R_B 和 R_C 接近，可取 R_B 和 R_C 的平均值作为正常相的相电阻值，再根据串并联回路数计算一个线圈的电阻值 R。它们是：一条串联绕组 $R=3(R_B+R_C)/2Z$；

2 条并联绕组 $R=6(R_B+R_C)/Z$；$2P$ 条并联绕组 $R=6P^2(R_B+R_C)/Z$。式中 Z 和 P 为已知，R_A、R_B、R_C 也可按 (1)、(2) 两步测量并计算出来。

(5) 查找故障线圈。确定故障相后，绘出绕组原理接线图，分段测量比较，并找出故障段，然后逐线圈地测量故障段，当其值不同于上述 R 的计算值时，则为断股线圈。

现场曾在数台电动机上应用上述方法诊断故障，证明是有效的，可避免大拆大换，降低检修费用。

（二）绕组断路故障的诊断及处理方法

1. 绕组断路故障的诊断方法

(1) 万用表法。这种方法适用于绕组无并联支路或多根并绕的小异步电动机。根据绕组的接法可按下述 4 种情况进行检查。

1) 定子绕组采用 Y 接法，且中性点能引出到接线盒。对这种情况，可将万用表置于相应的电阻挡，用一支表笔接中性点，另一支表笔分别接到三相绕组的引出端 A、B、C 上，如果测到某相不通，则表明该相绕组有断路情况。

2) 定子绕组采用 Y 接法，而中性点无法引到机壳外。对这种情况，可按图 2-6-1-2（a）所示的方法分别测量 AB、BC、CA 各相绕组接线端之间的电阻。若 AB 两端相通，BC 和 CA 两对端子之间不通时，则表明 C 相绕组有断路处。

3) 定子绕组采用△接法，且 6 根引线端都可以引到接线盒。对这种情况，可先拆开三角形连接的短路片，然后用万用表电阻挡分别测量各相绕组的电阻，哪相不通，则表明哪相绕组有断路。

4) 定子绕组采用△接法，但仅有 3 根引线端可接到机壳外。对这种情况可按图 2-6-1-2（b）所示的连接，用万用表电阻挡分别测量 AB、BC、CA 三对端子间的电阻 R_{AB}、R_{BC}、R_{CA}，电阻较大的两端子间的绕组即为断路相。

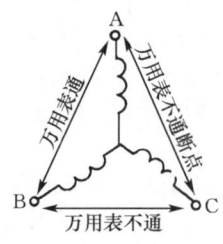 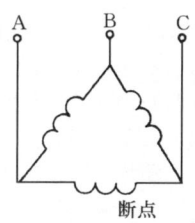

（a）检查Y接法绕组断路　（b）检查△接法绕组断路

图 2-6-1-2　用万用表法检查绕组断路的示意图

(2) 三相电流平衡法。中等容量以上的电动机绕组大多采用多根并绕或多支路并联，若其中一根或一支路断开时，常采用三相电流平衡法（或下述的电阻法）进行检查，其方法如下：

1) Y 接法的电动机。如图 2-6-1-3（a）所示，在电动机 3 根电源线上分别串入三块电流表，再将三相绕组并联，通入低压大电流，若三相电流值相差大于 5%，则电流小的一相绕组中有断路。

2) △接法的电动机。如图 2-6-1-3（b）所示，先将三角形接头拆开一个，然后通入低压大电流，用电流表逐相测量每相绕组的电流，电流小的一相绕组中有部分导线断路。

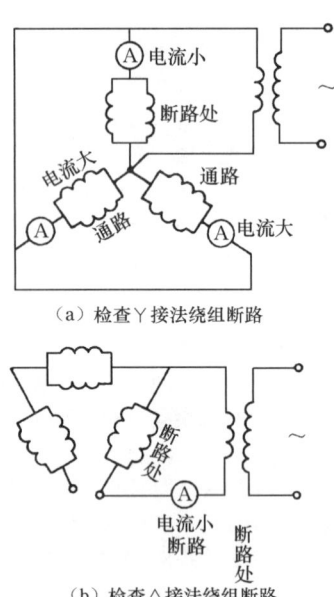

图 2-6-1-3 用三相电流平衡法检查绕组断路

(3) 电阻法。用双臂电桥分别测量三相绕组的电阻,若三相电阻值相差大于 5%,则电阻较大的一相绕组中有断路处。

上述三种方法,只能查出是哪一相绕组断路,但不能找出具体的故障线圈。这时可以拆开电动机,并将各相绕组的引线端子拆开,在万用表的一只表笔上焊接一枚尖针,将万用表没有尖针的表笔与故障绕组的端线相接,带尖针的表笔分别刺入各线圈的过桥线上,假设从无尖针表笔所接的那个线圈开始,逐个测量前几个线圈是通的,测到下一个线圈万用表不通了,则表明断路点就在这个线圈内。

2. 处理方法

(1) 若断路点是由于过桥线或引出线接头焊接不良或扭断导致时,可重新焊牢接头,并套好绝缘套管。

(2) 若断路点在铁芯槽外的绕组端部,又是单股线断开时,可用划线板将断线挑出,重新焊好断线接头并包扎绝缘。若是两股以上的导线断开,应仔细查找线头线尾,否则容易造成人为匝间短路。

(3) 当断路点在铁芯槽内时,可用上述的穿绕修补法更换故障线圈。若电动机需急用,一时来不及彻底处理,也可采用跳接法将断路线圈首尾端短接起来,以供暂时使用。

(三) 绕组接地故障的诊断及处理方法

1. 绕组接地故障的诊断方法

(1) 观察法。由于接地点往往接触不良,电流流过接地点时会发热,常常出现绝缘破裂焦黑的痕迹,这些部位的故障可以用直接观察的方法来检查。

(2) 兆欧表法。检查时,应根据电动机的额定电压选择兆欧表的电压等级。低压电动机采用 500V 的兆欧表。用兆欧表测量各相绕组对地的绝缘电阻,当兆欧表读数为零时,说明被测相绕组有接地故障。若兆欧表指针在零处摇摆不定,则说明被测相绕组绝缘有击穿现象。这种方法一般只能检查出是哪一相绕组接地,而不能查出接地点的位置。

(3) 灯泡检查法。如图 2-6-1-4 所示,在电源回路中串接一只灯泡,用带绝缘的测试棒分别测量各相绕组与机壳间的绝缘状况。如果灯泡发亮,则说明该相绕组接地;若

灯泡虽不亮,但测试棒接触电动机时出现火花,这说明绕组尚未击穿,只是严重受潮。用灯泡法检查绕组接地时,还可根据出现的冒烟或火花现象,直接找到接地故障点。

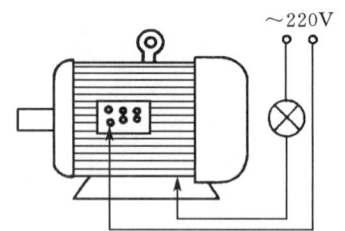

图 2-6-1-4 用灯泡检查法检查绕组接地故障的示意图

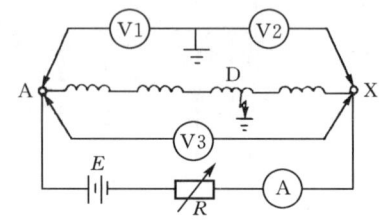

图 2-6-1-5 用电压降法查找接地点

(4) 电压降法。当确定了接地故障相以后,可以采用电压降法查找接地点的位置。将交流或直流电源接于故障相的两端,如图 2-6-1-5 所示。测得各电压表的读数为 U_1、U_2、U_3,因为 $U_1+U_2=U_3$,按照电压的比例即可求出接地点距离引线端的长度百分数 $L\%$,例如接地点 D 相距引线端 A 点的长度百分数为

$$L\% = (U_1/U_3) \times 100\%$$

(5) 开口变压器法。确定故障相后,在故障相与铁芯间加一低压 (36V) 交流电源,如图 2-6-1-6 所示,这样在电流流入端至接地点 D 之间,所有串联的线圈中都有电流通过,而接地点以后的线圈中无电流通过。查找接地点时,开口变压器的线圈两端串接一只微安表,用开口变压器跨在槽的上面并沿轴向移动,逐槽测试。当全槽都有感应电压产生时,说明接地点不在该槽内;当开口变压器在 X1、X2 槽上移动,到 D 点后微安表的指示消失(或减少)时,则表示接地点在 D 处。

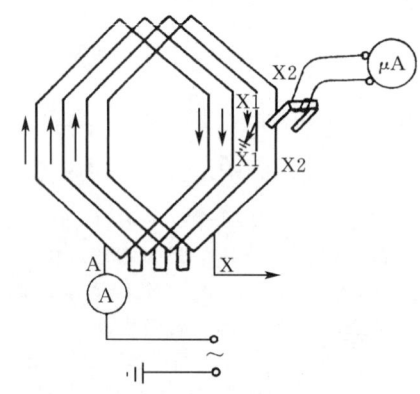

图 2-6-1-6 用开口变压器查找接地点

(6) 冒烟法。在定子铁芯与绕组之间加一较低电压,当电流流过故障点时,使绝缘烧损而冒烟或产生火花。在冒烟处或出现火花处做好标记,该点就是接地点。值得注意的

是，加电压时，流过故障点的电流应控制在额定电流的20％～50％为宜。这种方法一般用于不完全接地情况。

2. 处理方法

（1）接地点在槽口附近时，可用划线板撬开槽绝缘，在故障处塞入大小适当的绝缘材料，如绝缘纸、天然云母以及竹片等。若是两根以上的导线绝缘损坏，处理好槽绝缘后，还应在导线间用黄蜡布隔离，并涂上绝缘漆，烘干后复查绕组绝缘应无接地现象。如果接地处的线圈有较多根导线绝缘损坏，最好另换一只新线圈。

（2）绕组的上层边绝缘损坏而发生接地时，可以打出槽楔，修补槽绝缘或抬出上层线匝进行绝缘处理。修复绕组绝缘后，应重新打入槽楔。若打入槽楔时过紧或无法打入，应适当将槽楔修薄。

（3）接地点发生在槽底时，只有更换槽衬才能解决。为此必须抬出一个节距内的线圈，操作时应特别小心，不要碰伤匝间绝缘。为了避免损伤绝缘，一般采用将绕组加热软化后再撬出线圈的方法。这可在线圈中通入小于额定值的电流，利用铜损耗来加热线圈，加热温度应不超过75℃。待绝缘软化后，停止加热，打出槽楔，用竹片撬开槽衬，慢慢地将线圈抬出槽口，逐个取出一个节距内的上层边，再把有接地故障的下层边取出，更换新槽衬，并对故障线圈进行绝缘处理。接地故障修复后，重新嵌入此节距范围内绕组的上层边，打入槽楔，复查绕组接地情况。最后将绕组端部绑扎、整形，并进行涂漆，烘干处理。

（四）绕组短路故障的诊断及处理方法

1. 绕组短路故障的诊断方法

定子绕组常见的短路有：同相绕组的匝间短路；两相邻线圈间短路；极相组线圈两端短路；两相绕组之间的短路。其诊断方法如下：

（1）外观检查法。绕组发生较严重的短路时，通常在拆开电动机后，可以看到绕组短路处的绝缘表面有焦脆变色或局部烧损现象。如果故障点不明显，可以给电动机通电使其运转，如果有焦臭味或冒烟现象应立即停机，如无冒烟现象可运转10～20min停机，马上打开端盖，抽出转子，用手背触摸绕组发热是否均匀，温度过高处即是短路部位。

（2）直流电阻法。将电动机接线盒中三相绕组的接线端子拆开，利用电桥或万用表的低阻挡，分别测量各相绕组的冷态直流电阻。直流电阻小的一相绕组有短路故障存在。若需具体判断是哪个极相组或线圈有短路现象，可在电桥引线或万用表表笔上接一尖针，先后分别刺进极相组（或线圈）的首尾接头处进行测量。凡电阻明显小的极相组（或线圈）多有短路故障现象存在。

用直流电阻法还可方便地检查绕组相间短路。检查时，用兆欧表或万用表高阻挡，分别测量各相绕组间的绝缘电阻，如绝缘电阻值很低或为零，则说明该两相绕组存在相间短路。

（3）电压降法。如图2-6-1-7所示，对有短路故障的相绕组通以低压（12～36V）交流电或直流电，将万用表置于相应的交流电压挡或直流电压挡，两表笔接上尖针，分别测量该相绕组的各极相组（或线圈）两端电压降，电压降小的那个极相组（或线圈）即有短路现象存在。

（4）开口变压器检查法。采用开口变压器检查绕组短路故障是最有效的方法。用开口变压器检查定子绕组的方法

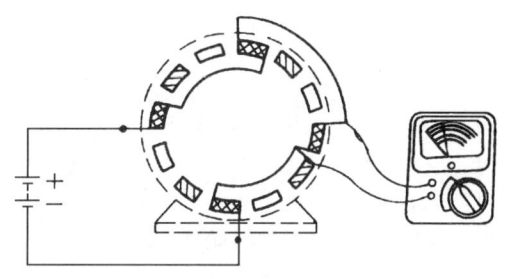

图2-6-1-7 电压降法原理接线图

是：在定子绕组不加电源时，把开口变压器的开口部分放在被检查的定子铁芯槽口上，如图2-6-1-8所示，检查时，在开口变压器绕组加一单相交流电源。这样，开口变压器的铁芯与定子铁芯的一部分组成一个闭合的磁路，开口变压器的绕组相当于变压器的原绕组，而被检查的定子铁芯槽里的绕组就相当于变压器的副绕组。如果定子绕组有短路存在，则短路绕组中就会有电流通过，并在它的周围产生交变磁场。此时，用一块薄铁片（如废锯片）放在被测绕组的另一边的槽口上，短路绕组中所产生的磁通就会经过铁片而成回路，把铁片吸附在定子铁芯上，并发出吱吱声。如果绕组中没有短路存在，该组中就没有电流，因而铁片也就不会有响声。另一种方法是在开口变压器的电路中串联一只电流表，把开口变压器的开口贴在铁芯槽口慢慢沿铁芯的轴向方向移动，如果被测线圈中有短路存在，电流表的读数就会增大。

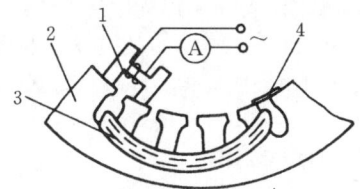

图2-6-1-8 用开口变压器检查法检查匝间短路

1—开口变压器；2—定子铁芯；
3—被测线圈；4—锯条或薄铁片

使用开口变压器检查法检查绕组匝间短路时，应注意的问题如下：

1）对三角形连接的绕组，检查前应分相拆开。

2）对多支路并联的绕组，也应按支路分开。

3）检测时，铁片应尽量远离开口变压器，以防漏磁干扰。

4）检测双层绕组时，当发现槽内有短路故障时，必须判断短路是属于上层还是下层绕组。为此可用铁片在两个对应边的槽口进行检查，根据薄铁片的不同反应，来确定故障绕组。

5）开口变压器在接通电源前，应先将变压器的开口侧放在定子铁芯上，并使其接触吻合，否则开口变压器的励磁绕组会因电流过大而发热烧坏。

2. 处理方法

（1）匝间短路。

1）若绕组损坏不严重，可先把该绕组加热（80℃左右），使绝缘物软化后，再用划线板撬起坏导线、垫入新的绝缘材料，并趁热浸上绝缘漆，进行烘干。

2）若绕组中有少数导线绝缘严重损坏，可采用穿绕修补法。先把该绕组加热软化，取下坏绕组的槽楔，并从绕组

的端部将其剪断，如图2-6-1-9所示，然后再抽出坏绕组。若是双层绕组，在抽出坏绕组的导线时，应注意不要损伤同槽内的完好绕组。将损坏的绕组拆除后，应清理槽中的杂物，但不必去掉原有的槽绝缘，只在原绝缘上加一层聚酯薄膜即可。用穿绕修补法穿绕新绕组时，可把直径比导线略粗并打蜡的竹签作为假导线，插入槽绝缘内，取略长于坏绕组总长的同规格新导线，从新导线总长的中间开始穿绕。穿线时，可边抽出假导线，边随之穿入新导线。穿绕完毕后，整理好其端部，焊接端部引线接头并包好绝缘，进行必要的测试，符合要求后才能进行浸漆烘干过程。

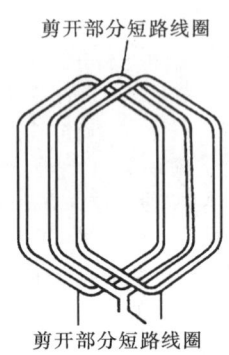

图2-6-1-9 剪开部分短路绕组示意图

3）若绕组匝间短路使导线绝缘严重损坏，而时间上又不允许进行彻底修理，则可采用跳接法。如图2-6-1-10所示，把短路绕组的一端剪断，并用绝缘材料包好断头，再把该绕组首、尾端用导线短接，即跳过了这个短路的坏绕组。采用这种应急措施时，应注意适当减轻负荷运行，待条件允许时，再进行彻底修理。

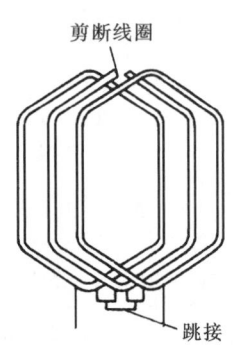

图2-6-1-10 用跳接法处理短路绕组的示意图

(2) 整个极相组短路。这种短路主要是由于极相组间连接线上的套管没有套到绕组的端部或套管被压破所致，如图2-6-1-11 (a) 所示。处理这种故障的方法是将绕组加热到80℃左右，使绕组软化，用划线板撬开引线，将套管套到接近槽部，如图2-6-1-11 (b) 所示。或者用绝缘纸之类的绝缘材料将该处补衬垫好，并用扎线绑牢。

(3) 线圈间短路。这种短路故障往往是由于绕组间的过桥线处理不当，或叠绕组嵌线方法不妥以及端部整形时敲击过猛等原因所致。这种短路通常发生在绕组端部，可用划线板撬开存在短路的两个绕组，在绕组间垫入绝缘纸后，再涂上绝缘漆并烘干。

(4) 相间短路。这种短路故障多是由于各相引出线套管

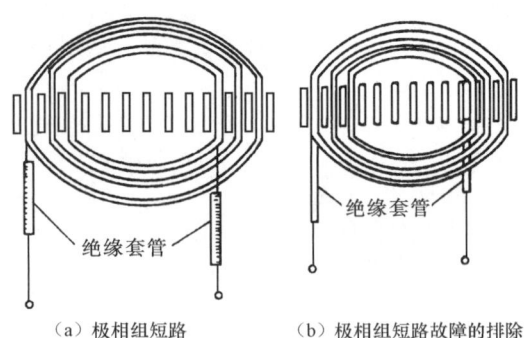

图2-6-1-11 极相组短路故障处理示意图

处理不当或绕组端部的相间绝缘纸破裂所造成的。对这种故障只需要处理好引线绝缘或相间绝缘，即可排除故障。

(五) 绕组接线错误的诊断方法

定子绕组接线错误通常有：极相组中的一个或几个线圈嵌反；极相组接反；绕组的始端和末端接错；多路并联支路接错；△形接法与Y形接法错误等。常用的诊断方法如下：

(1) 指南针检查法。把被测绕组的两端接在3～6V的低压直流电源上（三角形接法的要拆开三相绕组的连接点）。用一只指南针沿定子内圆周移动，若指南针依次经过每一极相组时，指南针南北极交替变化，则绕组没有接错；若经过相邻极相组时，指南针所示的极性不变，则表明极相组接错；若指南针经过某一极相组时指向不定，则该极相组的线圈可能接反或嵌反。若测试过程中，指南针的方向变化不明显，可适当提高电源电压，重新检查。这样依次测试各相绕组，直至三相绕组全部测完。

如果发现了绕组有接错或个别线圈有嵌反，这时应把绕组接错部分的连接线或过桥线以及嵌反的线圈纠正过来。

(2) 滚珠检查法。把电动机转子抽出，在定子内腔放一钢珠（滚动轴承的钢珠即可），然后定子绕组接上三相低压电源。如果绕组没有接错，则三相电流产生的旋转磁场会使钢珠沿定子铁芯内腔滚动。如果绕组接错，则磁场错乱，钢珠不会滚动或发生反转现象。在试验时，注意时间不宜太长，而且一定要用低压电源，否则会烧坏定子绕组。此法可以简便地测出定子绕组是否接错，但不能判定是哪个绕组或线圈接错。

(3) 试灯检查法。在三相绕组的端头标记失落或标注不明的情况下，先用万用表电阻挡判别哪两个相头属于同一相绕组。然后，把任意两相绕组串联起来，接在交流电源（可用交流220V电源）上，第三相绕组接上灯泡。如果灯泡亮，表明串联的两个绕组是顺串，即一相的首端与另一相的末端相连；如果灯泡不亮，表明这两相绕组是反串，可将其中的一相首末端对调。判明两相的首末端后，再把其中一相和第三相串联，重复上述测试、即可判别三相绕组的首末端。也可以采用如下判定：将任意一相绕组的首末端接在36V低压电源上，另外两相串联后接上灯泡（110V）。如果灯亮，表明串连接灯泡的两相绕组是顺串，即一相的首端接另一相的末端，如图2-6-1-12 (a) 所示；如果灯不亮，表明两相绕组为反串，如图2-6-1-12 (b) 所示。可将其中一相的首末端对调。第三相的判定与上述方法相同。最后做好三相绕组首末端的标志即可。

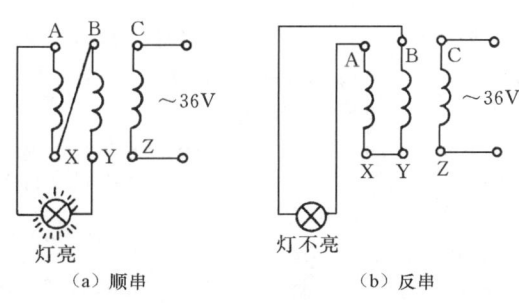

图 2-6-1-12 灯泡法判别绕组首末端

(4) 万用表检查法。将三相绕组接成星形,其中任一相接上 36V 低压交流电,然后在另外两相的出线端接入万用表(用 10V 交流电压挡),如图 2-6-1-13 (a) 所示。观察万用表,记下有无读数,然后改接成图 2-6-1-13 (b) 的形式,再记下有无读数,即可判定:若两次均无读数,说明接线正确;若两次均有读数,说明两次都没接电源的那一相首末颠倒了;若只有一次有读数,说明无读数的那一次接电源的一相颠倒了。

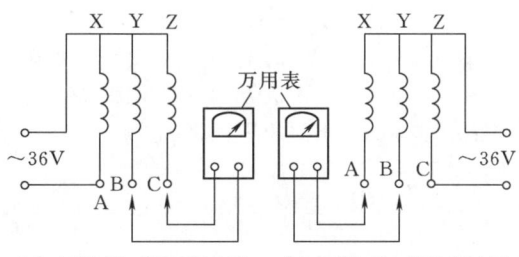

图 2-6-1-13 用万用表判别绕组的首末端

若无 36V 交流电源,可采用干电池(甲电池)作电源,万用表用 10V 以下直流电压挡,在电源接通的瞬间观察万用表有无指示,判定方法如上所述。

(5) 转向法。对于小型电动机,用图 2-6-1-14 所示的接线也可判别三相绕组的首末端,即分别取三相绕组每相的一端接在一起,并接地。再用两根电源线分别按顺序接在电动机的三个引出线端的两个,观察电动机的旋转方向。若三次接线,电动机的转向相同,表明三相首末端标注正确;若三次接线,有两次电动机反转,表明参与过两次反转的那一相绕组接反。

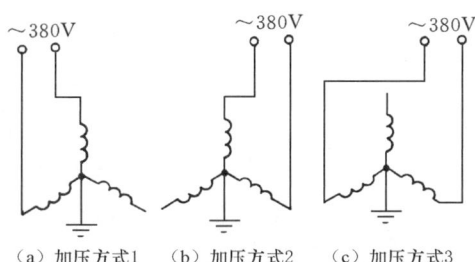

图 2-6-1-14 用转向法判别绕组的首末端

(6) 毫安表剩磁法。将三相绕组任意并联,如图 2-6-1-15 所示。用万用表毫安挡测试,用手匀速转动电动机转子,若万用表指针有摆动,说明绕组不是首端与首端连在一起,末端与末端连在一起。可将任一相绕组首末端对调重

试,直到指针不动或微动,则说明这时是三相的首端与首端连在一起,末端与末端连在一起。

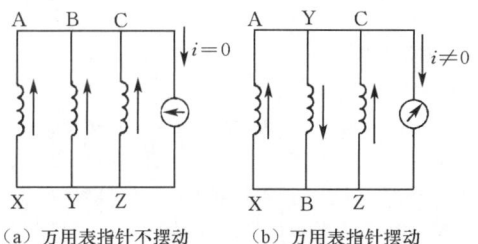

图 2-6-1-15 毫安表剩磁法判别绕组的首末端

值得注意的是,采用此法测试的电动机必须是已运行过的,有剩磁存在。若无剩磁存在,定子绕组不能感应电动势,此法无效。

三、防止对策

1. 加固端部及槽楔

高压电动机在运行中,其绕组受电动力的作用易发生变形而磨损,因此,凡是端部绕组伸出长度大于 250mm 时,应设两道绑环,并要求绑环箍紧绕组,绑扎牢靠,提高绕组的整体性和耐受力水平。绕组与绑环间应垫适形涤纶毡等材料,并用涤玻绳绑紧,刷上环氧树脂胶,以防止磨损绝缘。槽楔松动或槽底垫条松动跑出时,应再打紧。槽楔和垫条不良时,应更换新的,并重新打紧。线棒出槽口应当用涤玻绳绑扎,以防止槽楔垫片在运行中退出。

2. 加强引出线和连线绝缘

定子绕组引出线过长时,应当换为长度适当的导线,截面过小者适当换粗。选择导线截面时,不仅要考虑启动电流,还要考虑机械强度。磨煤机、碎煤机和排粉机的电动机,可以换为 $25mm^2$ 或 $35mm^2$ 的导线,以提高机械强度。引线与机壳金属构架的接触面应加强绝缘,垫适形涤纶毡,并扎紧;将引出线排好固定,以防止击穿,造成短路。线鼻子焊接时要特别小心,防止烧脆、烧伤部分股线。拆装接线时要小心,以防止损伤股线。发现端部连线绝缘薄弱或损伤脱皮时,应重新进行处理,可用环氧云母带和黄蜡带包扎后涂漆,并固定绑牢。元件间连线应绑扎加固,可用涤玻绳交织绑扎一圈,给水泵电动机应加固两道绑绳。对于发生过接头开焊故障或怀疑接头焊接不良的电动机,应加强直流电阻测量,必要时也可做探伤监测。对中性点未分开的电动机,应当将中性点分开引出,分相测量直流电阻进行分析,略有开焊断股迹象,应及时进行处理。

3. 严防电动机受潮

电动机周围的环境要通风、干燥、洁净,停运时间长了要测量绝缘状况,合格后才能启动。

对给水泵电动机,若机窝进水严重,要采取排水和堵漏水措施,密封电动机底板孔洞。此外,根据实际情况可以考虑在机壳内安装电阻加热器,停机时将加热器投入,以防止电动机绝缘受潮。风机的蒸汽吹灰管道阀门,应定期进行检查维修,防止漏气。对风机进行吹灰时,应特别小心,防止蒸汽进入电动机。对于容易被水淋湿的电动机,应采取措施防止电动机淋水受潮。

4. 减缓绝缘老化,提高设备健康水平

对夏季工作温度过高的电动机,可更换磁性槽楔降低铁

芯温度，加强通风冷却。若某些电动机绝缘已有老化迹象，应当加强预防性试验，必要时进行老化鉴定试验，确定是否应当更换新绕组。

5. 更换绝缘

更换绝缘有两种情况：

（1）将沥青云母绝缘（A 级）更换为 B 级或 F 级绝缘。以前生产的电机是用沥青云母带做主要绝缘材料的。沥青云母带属 A 级绝缘材料，击穿强度不低于 16kV/mm，抗张力不少于 49N，由于沥青云母带绝缘效果较差，目前已不再使用。但这种电机仍有一部分在电厂中使用，对电网的威胁很大，所以，应有计划地更换绝缘。

现在常用的 B 级绝缘材料 5438-1 环氧粉云母带，是用桐油酸酐环氧胶黏合粉云母纸、双面无碱玻璃布补强加工而成的，抗张力不小于 98N，击穿强度不低于 24kV/mm，工作温度 130℃。目前推广使用 F 级绝缘材料，除具有 B 级绝缘材料的耐压高、抗张力强的优点外，工作温度可提高到 155℃。显然，B 级与 F 级绝缘所使用的材料不同，换上后绝缘效果有很大提高，因而可延长电机寿命。

（2）更换老化了的绝缘。对于运行中绝缘老化的高压电动机，有计划地进行绝缘更换。在此项工作中必须做好工艺质量的管理工作，保证施工质量：

1）更换电机主绝缘同时更换铜线；这样可以避免铜线大量的清扫工作和由于工作不当造成隐患的可能性。

2）增加匝间电气绝缘强度，在股间胶化后严格按规程规定标准进行匝间绝缘试验。

3）绕组烘压成型尺寸严格控制在公差范围内。采用直线为 B 级胶膜压，端部为白云母黄蜡带在槽外搭接的复合绝缘结构；而不宜采用全 B 级胶整体烘焙的新工艺，以便于运行中局部缺陷的处理。

4）绕组小引线不能过长，用涤玻绝缘绳将小引线绑扎成一整环，整台浸漆一并烘焙。

5）绕组端部与绑环之间放置涤纶毡，以免磨损绝缘。

6）中性点尽可能引出连接，以便分相耐压，及时发现绝缘损坏的缺陷。

7）嵌线后连线前进行整机的匝间绝缘检查试验，以便及时发现由于施工中可能引起的匝间绝缘缺陷。

8）加强管理，每道工序实行分段验收。

6. 加强预防性试验

对于在运行的电机，利用机组大、小修和年度预试的机会，对定子绕组进行分相耐压和直流电阻的测试工作。对于直流电阻要认真进行分析比较，以便检出漏焊、脱焊等隐患。经试验证明，即使直流电阻互差未超过 2%，但与初始值相差较大时，也可能有缺陷存在。

例如，某台 JSQ1416-4 型 430kW 电动机，测出 C 相直流电阻增大，相间互差 1.8%，结果查出绕组引线根部断了一股。

7. 采取措施限制切电动机产生的操作过电压

（1）阻容吸收器。它是由电阻和电容串联组成，并接在电动机侧。其作用是抑制过电压的幅值和降低其波头陡度，对绕组的匝绝缘也能起到保护作用。

阻容吸收器的电容和电阻值可分别按下式选择

$$C = \eta^2 L I_j^2 / U^2$$

$$R = 0.53 \sqrt{\frac{L}{C}}$$

式中 C——选用的电容值，其中包括电动机和电缆的电容；

L——电动机的每相漏感；

I_j——断路器截流值；

U——限制后允许的过电压峰值；

η——磁电能量转换系数，取为 0.5～0.8。

计算表明，当 R 值变化 20% 时，对限压效果的影响只有百分之几。根据经验可选取为 200～500Ω，阻值过大，热容量和损耗都将增大。电阻的热容量 P_R 为

$$P_R = \left(\frac{U_N}{\sqrt{3}} \omega C\right)^2 R$$

式中 U_N——电动机的工作电压；

ω——角频率，314。

由于 C 的容量选择困难，体积庞大，安装困难，现场使用感到很不方便。因此，逐渐推广金属氧化物避雷器。

（2）金属氧化物避雷器。采用金属氧化物避雷器是限制操作过电压幅值的有效措施，性能良好的金属氧化物避雷器，可将过电压限制在 2.5 倍以下，即不超过电动机的预防性试验电压。国内运行经验表明，电动机采用金属氧化物避雷器保护后，尚未发现因操作过电压而造成的电动机绝缘事故，取得了显著的经济效益。

保护电动机用的金属氧化物避雷器的主要参数如表 2-6-1-1 所示。

表 2-6-1-1　　　电 气 参 数

避雷器额定电压	电动机额定电压	避雷器持续运行电压	标称放电电流 2.5kA 等级				2000μs 方波冲击电流
			陡波冲击电流残压	雷电冲击电流残压	操作冲击电流残压	直流 1mA 参考电压	
			kV（峰值）			kV	A（峰值）
kV（有效值）			不大于	不大于	不大于	不小于	
3.8	3.15	2.0	10.9	9.5	7.6	5.6	
7.6	6.3	4.0	21.9	19.5	15.0	11.3	200
12.7	10.5	6.6	35.7	31.0	25.0	18.9	

注　操作冲击电流残压试验的电流值为 100A（峰值）。

(3) 采用 SF_6 断路器。国外已生产出极适用于切、合电动机的 SF_6 断路器（自熄弧原理），过电压一般小于 2.5p.u.。正常情况下不需要限制过电压。

8. 开发新系列电动机

目前的国产电动机系列品种单一，启动性能较差，难以适应日益增长的客观要求。表现比较突出的是电厂用磨煤机和风机电动机。因此，开发电厂磨煤机用的系列电动机和风机专用的电动机不仅是发展趋势所必需，同时也是解决电厂急需的一项应急措施。

第二节 转子故障及处理方法

一、故障的原因分析

由表 2-6-0-3 可知，高压电动机转子笼条断裂、开焊故障率最高。大量统计表明，它是大中型火电厂普遍长期存在的主要问题之一。因此，研究故障原因及消除方法是当前大中型火电厂亟待解决的问题之一。

由表 2-6-0-2 可知，这类故障主要发生在磨煤机配套电动机上，笼条断裂具有如下主要特征：

(1) 开焊或断裂一般都是从外笼开始。如未能及时发现和处理，则会很快扩大到整个转子，以致毁坏整台电动机。

(2) 1 台新电动机笼条断裂发生的起始时间与启动次数直接相关。启动频繁，笼条断裂发生的时间就早，启动次数少的笼条断裂发生的时间就晚。大多是运行 3~5 年开始断条。

(3) 笼条断裂的发生与笼条在槽内的夹紧程度密切相关，在槽内松动的笼条容易发生断裂。

(4) 笼条断裂的发生还与笼条和端环的焊接工艺质量密切相关。

(5) 笼条断裂的断口呈疲劳断口。

(6) 断条槽的铁芯多有局部过热变色及烧损现象。开焊处的端环孔周围也有过热变色及电弧烧伤痕迹。

根据上述笼条断裂的特征，可以判定：笼条的开焊与断裂主要发生在启动过程中。笼条的断裂应力包括静态和交变两个分量的应力。它由如下几部分组成：

(1) 热应力。笼条中流过电流便产生热量。鼠笼各部分材质不均及散热条件不一，使鼠笼各部分受热不均，从而产生热应力。

在启动过程中，外笼条和外端环中将流过很大的启动电流（其值可达额定电流的 5~7 倍），由此而产生的损耗可使笼条和端环产生 200~300℃ 的温升，从而使端环产生相当大的热变形，端环的扩张变形将使笼条受到一个静态弯曲应力。有关资料计算表明，此弯曲应力比笼条所受的离心应力约高 6 倍左右。

(2) 焊接残余应力。目前国产电动机转子笼条的焊接多采用手工气焊，焊接温度难以准确控制。由于端环在焊接中局部受热而产生热变形，焊好后因冷却收缩而造成笼条弯曲应力；又由于每根笼条在焊接温度上的差异，此应力的分布极不均匀，可能造成很高的局部高应力。同时，焊接所必需的温度使焊接区域内的端环和导条受到退火处理，从而使材料的机械强度降低。

(3) 交变应力。根据有关资料介绍，笼条所受的交变应力有两种：

1) 启动过程中的电磁力，这是笼条中的启动电流与转子磁场的作用力。电磁力作用在笼条上，使笼条被压向槽底，并以 2 倍笼条电流频率脉动。若笼条在槽内固定良好，则此脉动力仅表现为对槽内铜条的脉动压力，对笼条外悬部分不产生作用。但如果笼条在槽内处于悬空状态，则在脉动力的作用下，笼条将产生振动，在笼条的两个固定端（即笼条与端环的焊接处），将附加一个 2 倍电流频率的脉动应力。

2) 电动机启停过程中的低频循环应力。此循环应力的幅值即为笼条的全部机械热应力，其交变频率即为电动机的启停次数。由于这种应力交变幅值很大，因此是笼条断裂的主要作用力之一。

根据现场对事故电动机转子的解剖检查和笼条断裂特征及其受力分析，高压电动机笼条断裂的主要原因有：

(1) 产品系列不配套。在目前的高压电动机系列中，一般为连续运转型式。而磨煤机的运行是频繁起停、带负荷起动，而且属于冲击负荷。现有电动机所具有的特性难以满足这种苛刻要求，这是目前磨煤机电动机笼条发生断裂的主要原因之一。

(2) 设计和工艺方面的问题主要有以下几点：

1) 电动机的笼条截面和端环的尺寸偏小。如 JSQ158-6 型电动机，外笼条的直径有 $\phi 8$、$\phi 10$ 和 $\phi 12$ 三种，实测和计算得到的冷态一次启动笼条局部温度高达 500℃，计算得到的热应力高达 $800 \sim 1200 kg/cm^2$。国外同容量电动机笼条直径都较大，约 16mm。笼条的电流密度不超过 $1A/mm^2$。

2) 笼条在槽内的夹紧度不足。国产双笼电动机笼条与槽之间通常采用 0.2~0.5mm 的配合公差。因此，笼条在槽内除一些支撑点与铁芯接触外，其余部分均处于悬空状态，笼条在槽内松动。所以在电磁脉动力的作用下，笼条将承受较大的倍频交变应力，使笼条与铁芯磨损，导致间隙增大。国外对笼条在槽内的固定，一般都采用陷形模处理工艺，或槽底用斜楔对槽内笼条进行夹紧处理。

3) 焊接工艺质量差。国产电动机笼条与端环的焊接，一般都采用手工气焊，很难保证笼条与端环的焊缝 100% 地熔合。由于焊接过程中端环受热不均，焊口长短不一，造成局部高温和高应力点，这些点往往形成开裂的源点，在运行中，尤其在启动时，导致开焊。

国外对笼条焊接极为重视，近几年基本上都以自动均匀焊取代了逐根的手工气焊，使用最广泛的是感应加热焊和新的气体加热焊。

4) 端环偏心没有找正。在电机生产中，对端环的偏心、歪扭不作要求。然而，在穿条和焊接过程中，端环最容易变形。端环是紫铜材质的，质量很大，旋转中的离心力很大。偏心、歪扭的端环所产生的离心力将造成笼条断裂或开焊。

5) 端环尺寸小。启动时由于端环电流密度大，造成温度上升过高，使端环本来就不高的机械强度下降而发生变形，进而发生断条故障。在现场调查中，发现这种情况颇多。

6) 笼条伸出铁芯过长。有些电动机转子，特别是双鼠笼转子，其外端环距铁芯的距离竟长达 60mm 以上。在各种应力特别是扭振力矩的作用下，会使整个外鼠笼在铁芯伸出端产生扭曲变形，如图 2-6-2-1 所示，从而容易造成断条。在现场调查的双鼠笼电动机中，这种现象很普遍。对内笼,由于伸出铁芯的长度要短得多,基本没有断条和端环变形现象。

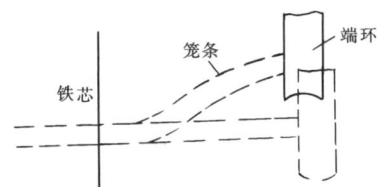

图 2-6-2-1 笼条弯曲变形

(3) 选型和运行不当。现场调查结果表明,电动机笼条断裂事故与选型和运行不当有关。例如,有些电厂对 2 台电动机拖动 1 台磨煤机的电动机选用了不同型式、或不同制造厂生产的电动机,由于这两台电动机的启动特性不同,而使其中的 1 台过载而烧坏笼条。还有的电厂在厂用电系统电压降低的情况下强行启动电动机,造成笼条断裂。

(4) 连续启动或启动时间过长。电动机在冷状态下启动一次,鼠笼温度会高达 200℃ 左右。如果再连续第二次启动甚至第三次启动,鼠笼温度将会达到不允许的程度,机械强度也降低得很多。启动过程中鼠笼所承受的各种应力,多数已达到允许值,如果超出材料的疲劳强度就会断条。在断条的电动机中,有相当一部分具有连续多次启动的历史。

当电动机因负载机械卡涩或选型不当,使其启动力矩偏小时,都会造成启动时间过长。启动时间过长会使鼠笼的温度猛增而容易损坏。

(5) 电动机检修工艺差。有些电厂对断条的修复质量不太重视,使修复后的鼠笼远不及原来的牢固。重复更换笼条将使转子槽孔尺寸增大,而新换的笼条仍是原来尺寸,使笼条与铁芯间的气隙增大。焊接温度高、工艺差,使焊口附近的材质因高温而脆化,机械强度下降。检修时没有认真检查出断条和裂纹、笼条松动等,致使电机仍带着缺陷运行。

有的笼条经过修理后再次出现故障,主要是焊接质量低劣。其中有的是焊口虚焊,有的是具有残余应力。在启动时的大电流冲击下,在高温、大力矩作用时再次损坏。

(6) 断条后检修不及时。鼠笼断条很少时,因对电动机的运转影响不大而难于被发现。当发现电动机在启动时冒火、振动、噪声增大、转速下降等异常时,断条已经是严重了。有些单位,即使发现了早期断条,以为对运行没啥影响而不愿及时停机修理。

鼠笼断条之后,断条中仍有电流。其电流经两侧铁芯流入相邻的笼条,这既增加了相邻笼条的负担,加速了它的断裂,又会烧坏转子铁芯。当断条烧豁铁芯槽口后,在离心力的作用下,断条会跳出槽口造成定子扫膛并碰坏定子线圈,不少电动机就是这样损坏报废的。可见鼠笼断条之后若不及时修复,会造成严重后果。

二、防止对策

1. 固紧笼条

研究表明,如果笼条绝对固紧,可调整笼条的伸长、护环的位置和紧量、端环的截面积等,来改善笼条根部的应力。但如若笼条在转子铁芯槽中存在间隙,由于上述几种力的叠加,可使笼条根部的应力增加几倍,甚至十几倍,远远超过铜的容许应力,必然导致转子断条。因此,固紧笼条是防止断条的首要措施。

目前电厂采用如下措施紧固笼条:

(1) 对双笼转子,采用冲击法或浸渍法提高槽内笼条的夹紧度。

(2) 向转子槽内灌注环氧胶,以加固笼条。灌胶时,可将转子适当加温,以增加胶的流动性。

(3) 用平头钻子从槽口处将矩形或梯形笼条分若干点胀紧。

2. 适当增大端环的几何尺寸

增大端环尺寸,不仅提高了机械强度,而且又降低了端环中的启动电流密度,并改善应力,这对防止鼠笼断条是有效的。当全部更换鼠笼时,可以考虑增大端环的几何尺寸,用加厚的端环代替原有薄端环。

对于运行中的双鼠笼电动机发现端环尺寸小和距铁芯远时,可在鼠笼两端的外端环里侧的每个笼条之间,加焊厚约 4mm 的紫铜板,三面用银焊焊接,以形成一条加强带,如图 2-6-2-2 所示。某火电厂按此法改造了两台经常断条的磨煤电动机 (JSQ1510、475kW),运行数年,未再发生断条。

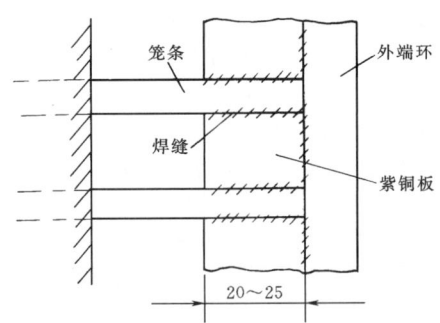

图 2-6-2-2 在外端环里侧焊接加强带示意图

3. 在转子端部绑扎无纬带

由于笼条出铁芯到短路环一段距离过长将导致笼条根部应力增大,使笼条断裂。为解决这个问题,有的电厂采用在高压电动机转子端部绑扎无纬带的方法,收到良好效果。

4. 更换新笼条

运行中断条很多,并且发生断条在槽内与铁芯熔结在一起的,必须进行全部换笼条时,应将铁芯拆散,重新叠片,更换新笼条。其技术要求如下:

(1) 新笼条材质性能不能变,否则将影响高压电动机运行特性。

(2) 新笼条与槽孔应为零间隙的紧密配合。当笼条直径略细时,可用镀铜的方法解决。对深槽式电动机,可将一根笼条分成两个楔形条,由两侧将小头插入槽内对打。这样既便于施工,又能保证笼条在槽内紧固。

(3) 要认真检查笼条表面,不能有重皮或较重的划痕、凹坑等缺陷。并取样品弯曲几次,无表面缺陷且韧性好者方可应用。

(4) 端环孔和笼条的两端应加工成如图 2-6-2-3 所示的形状,以保证焊接质量。端环孔与笼条允许有 0.1~0.15mm 的间隙。装配前,先将笼条校直,用砂布将其表面打光,涂以滑石粉或机油以便于穿槽。当槽内硅钢片叠装不齐时,应将突出部分锉去。注意端环与笼条的施焊处不能沾上油污;笼条伸出端环的长度应小于笼条直径的一半;端环距铁芯的距离要尽量近。

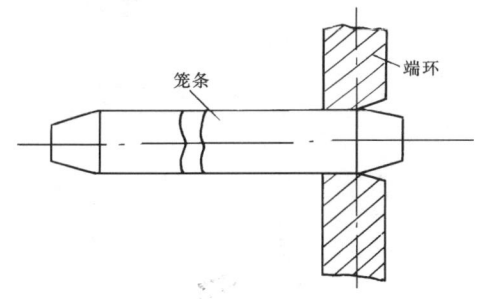

图 2-6-2-3　笼条与端环配合示意图

5. 改进焊接工艺，提高焊接质量

焊接工艺对转子鼠笼的可靠性影响是很大的。焊接的基本原则是：

(1) 施焊温度应低些，以减小因高温而产生的变形和热应力。

(2) 焊口应具有足够的机械强度。

笼条与端环的焊接应使用含银量为60%的银焊条较为合适。因为它的渗透力较强，能保证焊接质量。

焊接时，应注意的问题是：

(1) 将转子立放，从端环外侧施焊，焊前用玻璃丝棉或石棉布包住待焊笼条，如图2-6-2-4所示，以防止热量大量散失，并使焊缝缓冷，不易产生裂纹。全部更换笼条时，用两把焊炬同时施焊。先用中性火焰将端环均匀预热加温，预热温度以500~600℃为宜，然后在端环周围上同时交叉对称焊接。圆周每边连续施焊不要超过5个焊头。焊接速度越快越好。焊接温度控制在1200℃以内，否则材质变化，强度降低。必要时可用热电偶监测施焊部位的温度。施焊方向采用右向焊法，有助于焊缝缓冷。

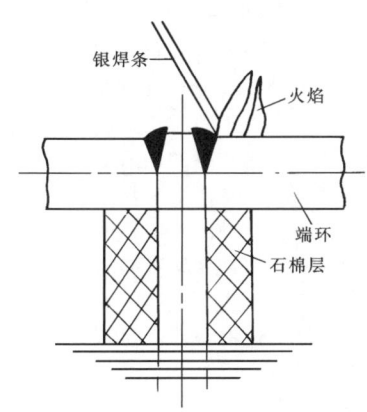

图 2-6-2-4　鼠笼施焊示意图

(2) 施焊时，火焰应对准端环加垫，不可对笼条直接加热，以防止笼条过热变脆。黄铜笼条过热会使铜中的锌升华。

焊完一端后，将火焰调至最大，对端环均匀加热2~3min后再自然冷却。当温度降至400℃以下时，用小锤沿轴向和径向敲打两笼条之间的端环，以减小热应力。当冷却至100℃以下时，将转子平放，用15%的柠檬酸温水溶液或80℃以上的热水冲洗，并用钢丝刷清除焊渣。

6. 控制电动机启动次数

严格执行部颁《厂用电动机运行规程》中关于连续启动次数的规定，对防止鼠笼断条是有效的。某火电厂为防止电动机连续启动，在容易连续启动的电动机控制回路中，加装了时间闭锁合闸装置，在设备停运时投入，运行时解除，有效地防止了在找电动机负载动平衡时无限制地连续启动。

7. 加强管理，消除隐患

(1) 加强巡回检查。加强对运行中的高压电动机的巡回检查工作，早发现问题早处理。运行中电动机定子电流摆动增大时，应加强检查。对开启式或半开启式电动机，在电动机启动和运转时可以从定、转子间隙测试孔看定、转子之间是否有火花。及时发现断条及早进行处理，可以减少损失和缩短检修期。

(2) 适当增大电动机容量。对于因启动时间过长而经常发生断条的电动机，可适当增大其容量，通常大一级，这虽然增加了投资，但从长远看，对电动机的运行、检修与维护都有好处，经济上还是合算的。例如，某电厂的4台磨煤电动机，原来容量为650kW，由于启动时间长和频繁启动，经常发生转子断条故障。将电动机容量更换成780kW后，运行10余年，未发生一次断条故障。

应指出，对于两台电动机拖动一台磨煤机者，要求两台电动机的型号、厂家、生产日期应完全相同，否则，就会因电动机特性不同而使负荷分配不均，负担大的电动机就容易损坏，包括鼠笼断条故障。

(3) 提高检修质量。电动机大修时，要仔细检查每根笼条的松动、开焊、断裂和裂纹等情况，一旦发现就要及时处理。笼条断裂一般是由下而上逐渐发展的，用眼睛很难发现笼条的裂纹和开焊，可借用一只带柄的小镜片伸到笼条容易断裂部位的下面，再配上灯光和放大镜逐根进行检查，或用敲打笼条的方法听声音来辨别是否有断条或裂纹。笼条有裂纹者按断条处理；焊缝有裂纹者按开焊处理，防止电动机带着缺陷运行。

(4) 开展对鼠笼断条诊断的研究。如果能根据电动机的微小异常检测出少量的断条故障，并及时修复，在电厂生产中将有重要意义，所以应当积极开展这方面的研究工作。

8. 选用"灯笼型转子"和"组合鼠笼型转子"新型防断条结构的电动机

哈尔滨市通能电器技术研究所对鼠笼转子笼条断裂的原因进行了详细的研究，提出了鼠笼转子防断条的专利技术，并分别应用于深槽型、新、老系列高速型双鼠笼转子结构的电动机，实践证明，上述具有防断条结构的电动机运行是可靠的。

(1) 深槽型鼠笼转子防断条结构。一般深槽型转子结构，是将具有矩形截面的紫铜导条直接打入转子铁芯的矩形槽中，但这不能使导条在槽中固紧，其导体在铁芯槽中的径向间隙，造成导条在铁芯槽中受各种力的作用而致断条。因此，只需要控制在导条高度方向上固紧。即将现有导条按高度方向分解成具有斜键效果的两个部分，即上导条和下导条，且上下导条均具有一定斜度的配合面。当向转子铁芯槽内组装上下导条时，先将上导条打入槽内，然后再按配合面将下导条打入槽内，当调整好导条和铁芯的对称度后，再用力打下导条的大头，直至使上下导条在铁芯槽中固紧为止。

根据转子铁芯的长短和槽形的深浅按表2-6-2-1所示的3种情况实施。

表 2-6-2-1　　　　　　　　　　　深槽型鼠笼转子防断条的 3 种结构表

铁芯较短槽形较浅	铁芯较长槽形较浅	铁芯槽形较深①

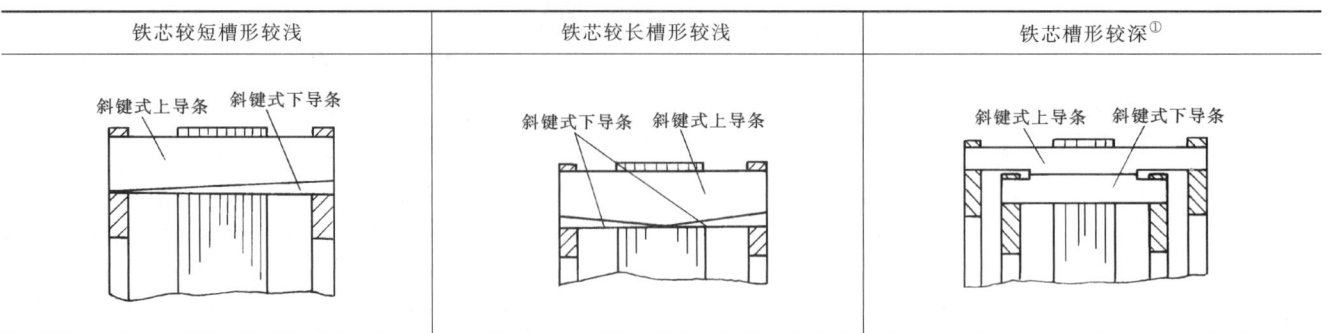

① 此结构将原来的导条分解为上下相等的二根导条,并把这二根导条制成一对斜键。

表中第 3 种结构是上、下导条的材质分别为黄铜和紫铜,从而构成了深槽双鼠笼型结构,即组合型鼠笼转子。它具有漏抗小、高启动转矩的特点,已被鉴定为具有国际先进水平。

(2) 老系列高速型鼠笼转子防断条结构。原来老系列该型转子端部结构的主要缺点是,导条伸出太短,护环体积太大,护环不但没有保护作用,反而增加了惯性力,其结构如图 2-6-2-5 (a) 所示。新的专利结构是,增加导条的伸长,并将端环的内外侧互换,护环尺寸减小,直接保护导条根部的危险断面。具体结构如图 2-6-2-5 (b) 所示。

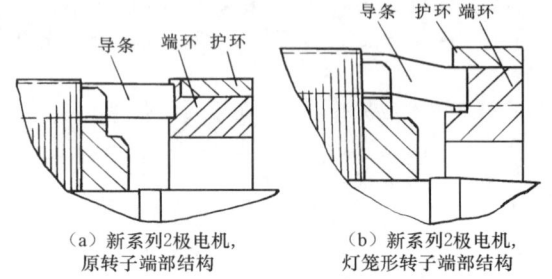

图 2-6-2-6　新系列高速型鼠笼转子结构改进前后图

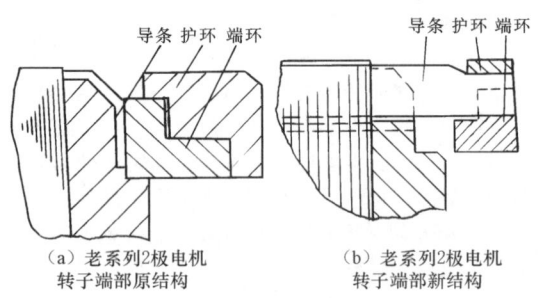

图 2-6-2-5　老系列高速型鼠笼转子结构改进前后图

(3) 新系列高速型鼠笼转子防断条结构。该型转子端部结构是仿美国西屋公司设计的,主要缺点是护环没有起到任何保护作用。具体结构如图 2-6-2-6 (a) 所示。由于导条在转子槽中无法固紧,护环不起作用,又由于导条和端环是对接,中频焊的温度控制不准等原因,导条断裂的事故率非常高。研究出的新专利结构如图 2-6-2-6 (b) 所示,其改进特点是,将导条压弯嵌入端环的槽中,使护环探入并超过导条的根部,直接对导条的危险断面实施保护。另外,导条的弯曲还可以分散在危险断面作用的应力。这一结构称之为灯笼型转子,也已被鉴定为具有国际先进水平。

9. 采用高启动性能的电动机

采用 YGD1000-10/1060 型高启动性能双定子高压笼型异步电动机(1000kW、电压 6kV,东方电机厂生产)能较好地解决重载、全压、频繁启停工况下,转子断裂、定子线圈经常过热烧损的问题,该电机由两部分定子和同轴上的两部分转子组成,转子设置 3 个短路环,两端是紫铜低阻端环,中间是不锈钢高阻端环。2 个定子绕组串联,利用一对高压真空接触器的切换来控制 2 个定子旋转磁场在空间的相位差,以改变转子等效电势和等效电阻的大小,从而改变电动机电气和机械特性,获得高的启动性能和良好的运行性能。

三、转子断条的带电测试

由高压感应电动机的运行实践可知,转子笼条断裂的明显特征是:定子的每相电流出现脉动,转速波动,严重时,发生强烈的周期性电磁噪声、机械振动、启动困难、转矩降低、负载运行时转速下降等。所有这些都表明,当出现上述故障时,运转中电动机的某些工况参数将在动态特征方面产生某些变化。但是,在电动机运转过程中根据工况参数变化(例如整个相电流的脉动)来检测转子笼条是否断裂则效果不大,特别是在故障的初始发生阶段效果更差,这是因为这时整个相电流的变化是微小的。除此之外,还有许多其他因素(由电动机结构的工作和技术状态变化而产生)对电动机工况参数动态特征的形成将产生一些影响,这可能给上述参数的信息量带来一些误差。因此,必须确定一种新的、更有信息价值的诊断参数,根据这项参数的突出变化可以有效地判断是否有断条存在。

为探索更有信息价值的诊断参数,下面分析转子笼条断裂时电动机内发生的过程。

当转子笼条完好时,也即在转子对称的情况下,转子鼠笼中的电流是对称的星形辐射状分布,端环内的电流是相电流,而笼条中的电流是线电流。

然而,只要有一根笼条断裂,转子电流的对称系统就被破坏,而变成不对称系统。根据电工理论,电流的不对称系统可以用正序、负序和零序的对称系统表示。这样,转子上正序电流产生的正向旋转磁场,将与定子磁场同步旋转,相互作用产生同正常电机一样的异步转矩;而负序电流产生的反向旋转磁场,其旋转方向则与转子旋转方向相反,并且对转子而言,该磁场的转速为

$$n_2 = -n_1 s$$

式中　n_1——同步转速;
　　　n_2——反向旋转磁场相对于转子的转速;

s——转差率。

反向旋转磁场的转速相对定子而言则为
$$n_3 = n - n_1 s$$
式中 n_3——反向旋转磁场相对于定子的转速；

n——转子转速。

由于转子转速 $n = n_1(1-s)$，故
$$n_3 = n - n_1 s = n_1(1-s) - n_1 s = n_1(1-2s)$$
该磁场在定子绕组中感应的电流频率为
$$f_3 = f_1(1-2s)$$
式中 f_1——电网的基波频率；

f_3——反向旋转磁场在定子中感应的电流的频率。

这个电流经电网闭合而叠加在频率为 f_1 的定子电流上，从而使定子绕组的相电流产生振荡。但总电流脉动并不大，且容易与负载及电网的突变引起的电流脉动相混淆，因此，只有将 f_1 与 f_3 两个频率的电流分解开，才能单独监测 f_3 的含量，从而大大提高检测的灵敏度。

由于定子电流中的 $(1-2s)f_1$ 分量的频率与基波频率 f_1 很接近，而且与基波相比幅值很小，这就要求检测系统具有很高的运算精度和频率分辨力。

河南省电力试验研究所以 f_3 为诊断参数，研制出 LD-1 型断条检测仪，根据定子电流中 f_3 的大小来判断高压感应电动机转子笼条是否有断裂故障。

LD-1 型断条检测仪由单片机、电网频率测量电路、电流采样电路和打印输出设备组成。系统软件采用 MCB-51 汇编语言编制而成，利用 FFT（快速傅里叶变换）进行频谱分析，根据 f_3 大小进行判断。硬件包括微处理机系统、电流卡钳、滤波及电平转换、A/D 转换及测频、打印机、显示器等。

LD-1 型断条检测仪的程序流程图如图 2-6-2-7 所示。

四、开展电动机在线监测

华北电力科学研究院于 1993 年引进美国 ENTEK 科学公司的电动机在线诊断测试系统，并在现场进行了 150 台次的实测，对测试结果的分析、统计表明，它在判断高压电动机转子笼条断裂方面的准确性比较高，在有的厂实测时，已达 90% 以上，并抓住了数台笼条有问题的电动机，受到现场好评。

目前国内已有多家生产同类仪器，价格仅为美国产品的 1/4 左右。它的推广应用将会有效地提高电动机的运行可靠性，并节省人力和物力。

五、转子断条故障的诊断与处理方法

（一）诊断方法

1. 观察比较法

从电机故障现象分析，怀疑有转子断条时，可抽出转子，仔细观察转子铁芯表面，特别是端环与转子笼条交接处，如发现有过热变色的痕迹就可能是断条的地方。也可以把转子换到同一型号的其他电机上试运行，如果电机的带负荷能力、转速、声音都正常，说明此转子无断条故障，否则可断定有断条故障。

2. 电流波动法

检查时，把定子三相绕组两相开路，在其中一相上接入交流低压电源，并串入电流表。通过电流的数值为电动机额

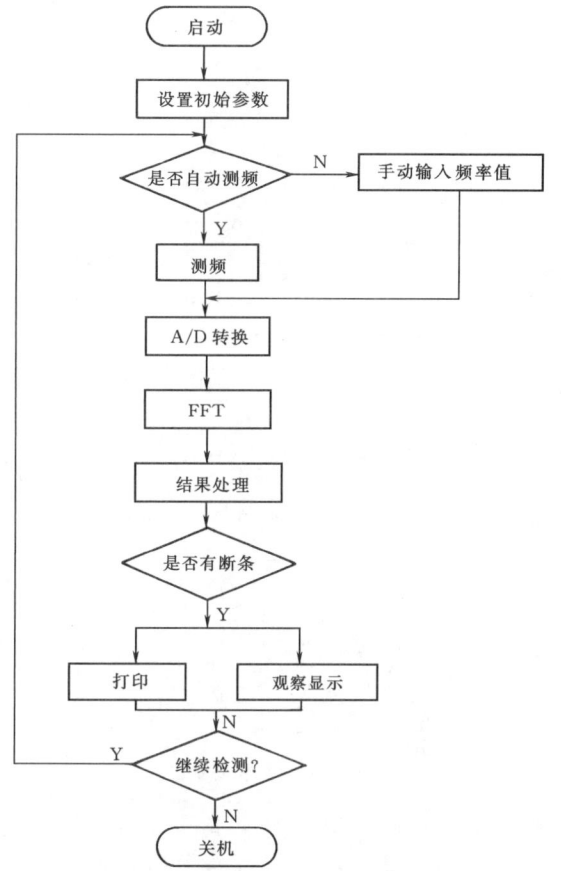

图 2-6-2-7 程序流程图

定电流的 20%～50%。由于单相绕组加电源转子不会转动，可用手慢慢转动转子，当转到某一位置时，电流表读数会出现较大的波动，说明转子有断条故障；若电流表指针微微波动，可能是气隙磁通不平衡所造成的；若电流表指针指示平稳，说明转子绕组无故障。这种方法比较简单，但它只能检查出转子导体有无断条，而不能确定断条的位置。因此，这种方法只可作为电动机不解体的初步检查。

3. 断路测试器法

断路测试器也称为断条测试器。它是利用变压器的原理制作而成的，由一大一小两个开口变压器组成，如图 2-6-2-8 所示。大铁芯上绕有两个绕组，其头尾相连，接在 220V 交流电源上，小铁芯上也绕有一个绕组，同时接入一只毫安表。将被测电机转子放在大铁芯上，用测试器逐槽测试，若测试器在某一槽时毫安表读数较小，则说明转子在该槽有断条。

4. 短路测试法

如图 2-6-2-9 所示，在短路测试器线圈中串入一只电流表，测试器沿转子表面逐槽检查。若检查到某一槽时，电流表读数突然减小，说明这个槽内有断条。也可以用一块薄铁片放在转子上，如果转子没有断条，薄铁片就会被吸附在转子上并发出声音；若铁片不能被吸附，说明测试器所测的那一槽断条。这种现象与检查定子绕组短路时的情况相反。

5. 铁粉检查法

这种检查方法是根据磁场能吸引铁粉的原理。如图 2-6-2-10 所示，在转子端环两端通入低压交流电，并逐渐升高电压，使转子磁场不断增强，同时在转子上均匀地撒上铁

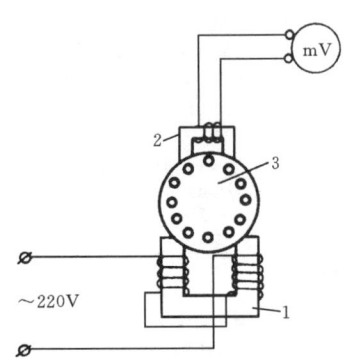

图 2-6-2-8 用断路测试器
检查转子断条
1—大铁芯；2—小铁芯；3—转子

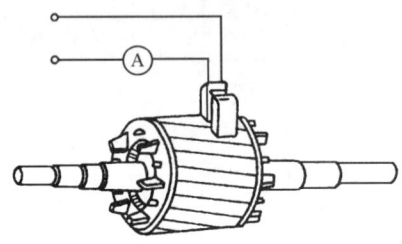

图 2-6-2-9 用短路测试器检查转子断条

粉，从铁粉的分布情况即可判断出转子导条有无断裂。如果没有断条，则铁芯表面的铁粉就会整齐地按槽的方向排列；若转子某槽不能吸附铁粉或吸附的铁粉很少，则说明该槽导条断裂。

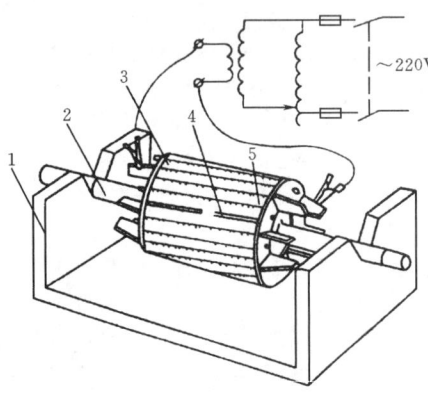

图 2-6-2-10 用铁粉检查转子断条
1—转子支架；2—转轴；3—铁粉；
4—断条；5—转子

（二）处理方法

1. 铸铝转子断条故障

（1）局部补焊法。在有裂纹的端环或导条两边用尖凿剔出V形或梯形槽，用喷灯或氧炔焰将转子加热到450℃左右，再用气焊进行补焊，最后将修补处多余的焊料车去或铲平。补焊时，一般使用含锡63%、含锌33%和含铝4%的焊料。

（2）冷接法。在断条的裂口处用与槽宽相近的钻头钻孔并攻丝，深度以钻到槽底为止，然后拧进一只与之相配的铝螺钉，再用车刀或凿子除去螺钉的多余部分。如果导条裂纹或裂口较长，单靠拧进一颗螺钉还不能接好断条时，可用尖

凿将裂口处凿一矩形槽，并将四壁和槽底修理整齐。然后用一块形状、体积与矩形槽相似但尺寸略大的铝块强行嵌入槽里，同时在铝块两端与原导条结合部钻孔攻丝，拧紧铝质螺钉并除去多余部分。这样即使转子高速运转，铝块也不会脱出。

（3）换条法。当导条断裂严重或断条较多时，可用换条法更换新导条，其做法是：①个别铸铝导条断裂时，可用钻头沿转子斜槽将断条钻掉，除去槽内的铝屑并擦拭干净。做一根与槽形相同的铝导条插入槽内，用气焊把铝条与端环焊牢，修整焊口后校正转子平衡。②铸铝转子断条较多时，应先将铝条熔化，再重新铸铝或者改换铜条笼型绕组。在熔化铸铝前，应车去转子两端的端环，再用夹具将转子铁芯夹紧，以防熔铝后铁芯松散。熔铝的方法如下：a. 化学熔铝。将铸铝转子垂直地浸入30%~60%浓度的工业烧碱溶液中，然后将溶液加热到80~100℃，直到铸铝熔化为止。一般转子需要加热7~8h，小型转子需3~4h，大型转子可达1~2天。熔铝后，要用清水将转子冲洗干净，再投入浓度为25%的工业冰醋酸中煮沸15min左右，中和残余烧碱，最后再放入开水中煮沸1~2h，取出冲洗干净并烘干。因烧碱具有强烈的腐蚀性，在操作过程中应注意劳动保护。b. 加热熔铝。将转子加热到700℃左右，使铸铝全部熔化。熔铝后，必须清除槽内及铁芯两端的残余铝层和油污等。

重新铸铝的工艺较复杂，一般需送回电机制造厂进行重铸。在现场一般采用改换铜条鼠笼的方法。因铜条导电性能好，电流密度比铸铝的大，用铜条换铝条时，只要铜条嵌满转子槽的60%~70%即可。穿好铜条后，两端用短路环焊牢，再将铜条鼠笼安装牢固。铜条与短路环的焊接一般采用银焊。换好鼠笼绕组后，应进行转子静平衡校验。

2. 铜条转子断条故障

铜条鼠笼式转子的断条故障，主要是由于铜条与端环的焊接处焊接不牢脱落引起的。如果脱焊处在槽外明显处，可用锉刀清理后，用银焊或磷铜焊料焊牢。如果铜条在槽部中间断裂，且数量不多时，可在断条两端的短路环上开一个缺口，用凿子把断裂的铜条逐段凿出，换上与原铜条相同的新铜条，铜条两端伸出短路环约15mm，把伸出端敲弯紧贴在短路环上，然后用气焊焊牢。短路环凿开的缺口用铜焊补上，堆焊的高度必须高出短路环面，用车床车去高出的部分，并校准转子的平衡。如果断条数量较多，必须全部把铜条更换。更换方法与铸铝转子更换铜条相同。

第三节 电动机常见故障及处理方法

一、常见故障及处理方法

三相异步电动机常见故障、原因及处理方法如表2-6-3-1所示。

二、绕组绝缘故障及处理方法

高压电动机绕组绝缘故障原因及处理方法如表2-6-3-2所示。

第三节 电动机常见故障及处理方法

表 2-6-3-1　　　　　　　　　三相异步电动机常见故障、原因及处理方法

序号	故障现象	可能的故障原因	处 理 方 法
1	电机不能启动，且没有任何声响	(1) 电源没有电。 (2) 两相或三相的熔丝熔断。 (3) 电源线有两相或三相断线或接触不良。 (4) 开关或启动设备有两相或三相接触不良。 (5) 电机绕组 Y 接法有两相或三相断线，△接法三相断线	(1) 接通电源。 (2) 更换熔丝。 (3) 在故障处，重新刮净，接好。 (4) 找出接触不良处，予以修复。 (5) 找出故障点，予以修复
2	电动机不能启动，但有嗡嗡声	(1) 定、转子绕组断路或电源一相断线。 (2) 绕组引出线首尾端接错或绕组内部接反。 (3) 电源回路接点松动，接触电阻大。 (4) 负载过大，或转子被卡住。 (5) 电源电压过低或压降大。 (6) 电动机装配太紧或轴承内油脂过硬。 (7) 轴承卡住	(1) 查明绕组断点或电源一相的断点，修复。 (2) 检查绕组极性，判断绕组首尾端是否正确；查出绕组内部接错点，改正之。 (3) 紧固螺丝，用万用表检查各接头是否假接，予以修复。 (4) 减载或查出并消除机械故障。 (5) 检查是否将△接法接成 Y 接法，是否电源线过细，压降过大，予以改正。 (6) 重新装配使之灵活，换合格的油脂。 (7) 修复轴承
3	电动机不能启动，或带负载时转速低于额定转速	(1) 熔断器熔断，有一相不通或电源电压过低。 (2) 定子绕组中或外电路有一相断开。 (3) 绕线式电机转子绕组电路不通或接触不良。 (4) 鼠笼式转子笼条断裂。 (5) △形连接的电机引线接成 Y 形。 (6) 负载过大或传动机械卡住。 (7) 定子绕组有短路或接地	(1) 检查电源电压及开关、熔断器工作情况。 (2) 从电源逐点检查，发现断线并接通。 (3) 消除断点。 (4) 修复断条。 (5) 改正接线。 (6) 减小负载或更换电机，检查传动机械，消除故障。 (7) 消除短路、接地处
4	电动机过热或冒烟	(1) 电源电压过高或过低。 (2) 检修时烧伤铁芯。 (3) 定子与转子相擦。 (4) 电动机过载或启动频繁。 (5) 断相运行。 (6) 鼠笼式转子开焊或断条。 (7) 绕组相间、匝间短路或绕组内部接错，或绕组接地。 (8) 通风不畅或环境温度过高	(1) 调节电源电压，换粗导线。 (2) 检修铁芯，排除故障。 (3) 调节气隙或车转子。 (4) 减载，按规定次数启动。 (5) 检查熔断器、开关和电动机绕组，排除故障。 (6) 检查转子开焊处，进行补焊或更换铜条，铸铝转子要更换转子或改用铜条。 (7) 查出定子绕组故障或接地处，予以修复。 (8) 修理或更换风扇，清除风道或通风口，隔离热源或改善运行环境
5	轴承过热	(1) 轴承损坏。 (2) 润滑油脂过多或过少，油质不好，有杂质。 (3) 轴承与轴颈或端盖配合过紧或过松。 (4) 轴承盖内孔偏心，与轴相擦。 (5) 端盖或轴承盖未装平。 (6) 电动机与负载间的联轴器未校正，或皮带过紧。 (7) 轴承间隙过大或过小。 (8) 轴弯曲	(1) 更换轴承。 (2) 检查油量：应为轴承容积的 1/3～2/3 为宜，更换合格的润滑油。 (3) 过紧应车磨轴颈或端盖内孔，过松可用黏合剂或低温镀铁处理。 (4) 修理轴承盖，使之与轴的间隙合适且均匀。 (5) 重新装配。 (6) 重新校正联轴器，调整皮带张力。 (7) 更换新轴承。 (8) 校直转轴或更换转子
6	电机有不正常的振动和响声	(1) 转子、风扇不平衡。 (2) 轴承间隙过大，轴弯曲。 (3) 气隙不均匀。 (4) 铁芯变形或松动。 (5) 联轴器或皮带轮安装不合格。 (6) 鼠笼式转子开焊或断条。 (7) 定子绕组故障。 (8) 机壳或基础强度不够，地脚螺丝松动。 (9) 定、转子相擦。 (10) 风扇碰风罩，风道堵塞。 (11) 重绕时每相匝数不等。 (12) 缺相运转	(1) 校正转子动平衡，检修风扇。 (2) 检修和更换轴承，校直轴。 (3) 调整气隙，使之均匀。 (4) 校正铁芯，重叠或紧固铁芯。 (5) 重新校正，必要时检修联轴器或皮带轮。 (6) 进行补焊或更换笼条。 (7) 查出故障，进行修理。 (8) 加固、紧固地脚螺丝。 (9) 硅钢片有突出的要锉去，轴承损坏要更换。 (10) 检修风扇及风罩使之配合正确，清理通风道。 (11) 重新绕制，使各相匝数相等。 (12) 修复线路、绕组的断线和接触不良处或更换熔丝

续表

序号	故障现象	可能的故障原因	处 理 方 法
7	电机外壳带电	(1) 接地不良或接地电阻太大。 (2) 电动机绝缘受潮。 (3) 绝缘严重老化。 (4) 绕组两端的槽口或引出线绝缘破损。 (5) 嵌线时导线绝缘有损坏。 (6) 电源线和接地线搞错。 (7) 接线板有污垢。 (8) 绕组端部紧挨机壳处绝缘损坏	(1) 找出原因,采取相应措施予以解决。 (2) 进行烘干处理。 (3) 老化的绝缘要更新。 (4) 用绝缘材料补好,包扎或更新引出线。 (5) 拆开故障线圈,处理绝缘。 (6) 纠正接线。 (7) 清理接线板。 (8) 损坏处包扎绝缘并涂漆,在端部和机壳间垫上绝缘纸
8	电刷冒火,滑环过热或烧坏	(1) 电刷的牌号或尺寸不符。 (2) 电刷压力过大或不足。 (3) 电刷与滑环接触面不够。 (4) 滑环表面不平或不清洁。 (5) 电刷在刷握内卡住	(1) 更换电刷。 (2) 调整电刷压力。 (3) 打磨电刷。 (4) 修理滑环和清除垢污。 (5) 检查排除
9	电动机三相电流不平衡	(1) 三相电源电压不平衡。 (2) 定子绕组匝间短路。 (3) 重换定子绕组后,部分线圈匝数有错误。 (4) 重换定子绕组后,部分线圈接线错误	(1) 检查三相电源电压。 (2) 检查定子绕组,消除短路。 (3) 严重时,测出有错的线圈并更换。 (4) 校正接线
10	电动机空载电流偏大	(1) 电源电压过高。 (2) 电动机本身气隙较大。 (3) 电动机定子绕组匝数少于应有的匝数。 (4) 电动机定子绕组应该是星形接线,误接成三角形	(1) 检查电源电压并进行处理。 (2) 拆开电动机,用内外卡测量定子内径、转子外径,调整间隙。 (3) 重绕定子绕组,增加匝数。 (4) 检查定子接线,并与铭牌对照,改正接线
11	电动机检修后空载损耗变大(未更换绕组)	(1) 滚动轴承的装配不好,润滑脂的牌号不合适或装得过多。 (2) 滑动轴承与转轴之间的摩擦阻力过大。 (3) 电动机的风扇或通风管道有故障	(1) 检查轴承重新装配,更换润滑脂;轴承室的润滑脂不能超过2/3。 (2) 检查轴颈和轴承的表面光洁度、间隙及润滑油的情况。 (3) 检查电动机的风扇或通风管道的情况,排除故障
12	绝缘电阻降低	(1) 电动机内受潮。 (2) 绕组上灰尘污垢太多。 (3) 引出线和接线盒接头的绝缘损坏。 (4) 电动机过热后绝缘老化	(1) 进行烘干处理。 (2) 清除灰尘、油污垢,并浸漆处理。 (3) 重新包扎引出线绝缘。 (4) 小容量电动机可重新浸漆处理
13	电动机启动时熔丝熔断	(1) 定子绕组一相反接。 (2) 定子绕组有短路或接地故障。 (3) 负载机械卡住。 (4) 起动设备操作不当。 (5) 传动皮带太紧。 (6) 轴承损坏。 (7) 熔丝规格太小。 (8) 缺相启动	(1) 判别三相绕组首尾端,重新接线。 (2) 检查并修复短路绕组和接地处。 (3) 清除卡阻部位。 (4) 纠正操作方法。 (5) 适当调整皮带松紧。 (6) 更换轴承。 (7) 合理选用熔丝。 (8) 检查并更换熔丝
14	电动机在运行中有爆炸声	(1) 绕组接地。 (2) 绕组短路	当加强绝缘后仍不能消除故障时,须重新绕电动机的绕组

表 2-6-3-2　　　　　　　　　　高压电动机绕组绝缘故障原因及处理

序号	故障部位	故 障 原 因	处 理 方 法
1	层间绝缘击穿	(1) 层间垫条材质不好,厚度较薄。 (2) 层间垫条垫偏,尺寸不合适(如太窄、长度不够)。 (3) 线圈松动使层间垫条磨损	(1) 改用酚醛环氧板,厚度由原来的0.5~1mm改为2mm。 (2) 要求下料尺寸正确,操作细心,严格按工艺进行。 (3) 为防止线圈松动,可整体浸漆处理
2	匝间绝缘击穿	(1) 匝间绝缘材质不良。 (2) 线圈制作过程中匝间绝缘遭受损伤。 (3) 匝间绝缘厚度不够或结构不合理	(1) 改用"三合一"粉云母带,详见第二节匝间绝缘部分内容。 (2) 严格按工艺规程进行。 (3) 根据每匝电压大小,正确选用匝间绝缘厚度或绝缘结构

第三节 电动机常见故障及处理方法

续表

序号	故障部位	故 障 原 因	处 理 方 法
3	绕组接地故障	（1）电机长期过载，绝缘老化变质引起绝缘对地击穿。 （2）输电线雷击过电压或操作过电压击穿绝缘。 （3）同步电动机突然断开励磁线圈时产生高电压击穿线圈的对地绝缘。 （4）由于导电粉尘使爬电距离缩小产生对地击穿或闪络。 （5）通风沟垫片、指形齿压板开焊或铆钉松弛，铁芯叠压不紧，齿部颤动以及弯曲的齿压板刮磨线圈绝缘，导致绕组接地故障。 （6）同步电动机励磁线圈绝缘老化收缩，经常颤动，在电机频繁启、制动下使绝缘损伤对地击穿。 （7）由于线圈短路烧焦绝缘，造成对地故障	（1）调整负载或更换容量合适的电机，绝缘老化时需更新绝缘。 （2）增添或检查防雷保护装置。 （3）增添或检查过电压保护。 （4）定期清扫绝缘，增设防尘密封装置。 （5）详细检查各部分焊接状态、变形情况，经校正和点焊牢，保证垫片、齿压板等固定良好。铁芯叠压不紧时需按铁芯修理工艺进行处理。 （6）更换绝缘或采取加固线圈办法（如清洗后进行浸漆等）。 （7）检查短路原因，采取防止措施
4	绕组断路故障	（1）线圈端部遭受机械力和电磁力的颤动，使导线焊接点开焊。 （2）焊接工艺不当，焊接点过热造成开焊。 （3）导线材质不好，有夹层、脱皮等缺陷	（1）检查焊接点，重新补焊，并采取线圈的固定措施。 （2）按焊接工艺进行。 （3）更换合格导线，将故障导线段切除，焊接合格导线
5	绕组短路故障	（1）线路过电压。 （2）绕组绝缘老化。 （3）绕组绝缘缝隙内堆积粉尘过多。 （4）遭受机械力和电磁力后的绝缘产生裂纹或遭受损伤	（1）调整过电压保护值。 （2）更换新绝缘。 （3）清扫或洗涤绝缘。 （4）洗涤后，浸1~2遍绝缘漆
6	定子线圈绝缘磨损及电腐蚀	（1）由于采用热固性环氧粉云母带结构，热膨胀小，使线圈与槽壁间隙过大。 （2）槽楔松动。 （3）线圈外形尺寸公差不当。 （4）防晕漆失效。 （5）绝缘粘满油垢、粉尘	（1）浸1032号漆，使间隙内填满绝缘漆，在热态下有弹力。 （2）重新调整槽楔紧度。 （3）应使线圈外形尺寸公差比铁槽小0.3mm以下。 （4）起出线圈，重新涂防晕半导体漆。 （5）清扫或洗涤绝缘上尘垢
7	泄漏电流大	（1）电机受潮。 （2）绝缘表面粘满油泥、粉尘。 （3）绝缘老化	（1）清洗后，电机绕组干燥。 （2）清扫或洗涤绕组绝缘。 （3）更换新绝缘
8	介质损耗因数增大	（1）线圈遭受损伤，使绝缘内部产生较多气隙。 （2）绝缘受潮。 （3）绝缘处理不当。 （4）绝缘老化	（1）采取真空浸渍处理。 （2）烘干，烘干前需清扫电机。 （3）改进绝缘处理方法。 （4）更换新绝缘
9	线圈与端箍之间磨损击穿	（1）线圈松动。 （2）端箍固定不牢，绑扎不牢。 （3）绝缘粘满粉尘	（1）整体浸漆，处理松动。 （2）采用无纬带绑扎，用环氧胶粘牢。 （3）清洗绝缘
10	线圈端部绝缘遭受机械损伤	（1）转子装配和拆卸时碰伤端部绝缘。 （2）局部修理或更换线圈时，将附近的线圈损伤	（1）应按工艺规程进行，局部碰伤可用环氧胶修复。 （2）检查故障情况，可以局部修理或更换局部线圈
11	槽楔松动	（1）槽楔材料老化收缩。 （2）楔下垫条老化松动跑出。 （3）槽楔尺寸与铁槽配合不当。 （4）槽楔太长，固定不牢。 （5）槽楔装配工艺不当	（1）更换新槽楔。 （2）打出槽楔，更换较厚的楔下垫条，再打入槽楔，涂环氧胶。 （3）槽楔尺寸应比铁槽宽度小0.2mm。 （4）将长槽楔锯成短槽楔，分段打入槽内。 （5）按正确的工艺规程进行

第四节 电动机的干燥

电动机干燥的常用方法有外部干燥法和内部干燥法。

一、外部干燥法

1. 灯泡干燥法

如图2-6-4-1所示，将电动机定子放置在灯泡之间，最好使用红外线灯泡，因为这种灯泡发热效率比普通灯泡高得多，热辐射能力也较强。干燥时要注意用温度计监视箱内温度，并应保持排气畅通，以便排出潮气。箱内温度较高时可关掉一部分灯泡，灯泡不可过于靠近定子绕组，以免将其烤焦。灯泡的功率可按5kW/m³左右选用。

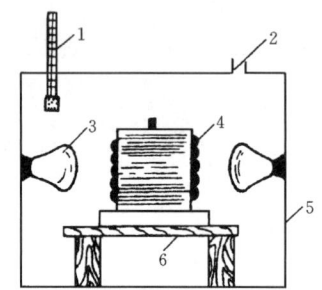

图2-6-4-1 灯泡干燥法
1—温度计；2—排气孔；3—灯泡；
4—定子；5—木箱；6—木支架

灯泡干燥法所用装置简单、工艺方便、耗电少，适用于小型电动机的干燥。

2. 烘房干燥法

烘房一般都采用热风循环式，用电、煤气或蒸汽加热。近年来，采用了远红外线干燥新技术，取得了良好的技术经济效果。

图2-6-4-2给出了热风循环式烘房结构示意图。烘房本体内层用耐温砖砌成，中间用石棉粉或硅藻土等做成绝热层，外层则用普通砖砌成。加热器宜装在烘房顶部或背面，便于维修。电热器发热元件用镍铬合金电热丝绕成。为防止溶剂的挥发物与灼热的电热丝相接触发生爆炸或火灾，应将电热丝装在充满石英砂的铁管内，并将接头处加以密封。电热器的功率可按6~8kW/m³进行计算。

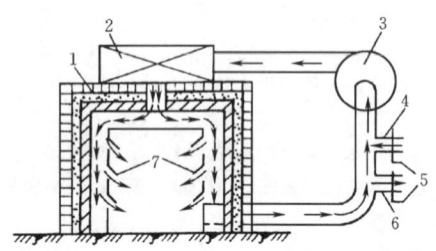

图2-6-4-2 热风循环式烘房示意图
1—绝热层；2—加热器；3—鼓风机；
4—进风口；5—风量调节阀；
6—出风口；7—百叶窗

利用蒸汽或煤气（天然气）加热时，需将电热器换成蒸汽管或煤气管加热元件。蒸汽式烘房比较安全，不易发生火灾事故；煤气式烘房则比较经济。

远红外线加热时，应将加热元件装在烘房内，利用远红外线的辐射作用，将热量传递到被干燥的绕组上。

采用烘房干燥法时，用鼓风机将热空气吹入烘房内部加热绕组，排气、进气均采用阀门控制，烘房内的空气流通快，加热温度均匀，干燥效率高，能源消耗少。因此，这种干燥法应用较广。

二、内部干燥法

1. 铜损干燥法

这种方法是将定子绕组按一定的接线方式通入低压电流，利用绕组本身的铜损发热进行干燥。定子绕组的接线方式可根据所加电源的电压大小和相数来决定，通常采用的接线方式有并联加热式、串联加热式和星形加热式、三角形加热式等。但不管采用哪种方式，每相绕组所分配到的加热电流都应控制在其额定电流的50%~70%。干燥时，应通过断续送电控制绕组的加热温度，一般在70~80℃为宜。

图2-6-4-3（a）所示为并联加热法，用电焊变压器次级等低压交流电源向并联的三相绕组送电，电焊变压器次级电流可连续调节，低压电流能均匀地分配到三相绕组。这种方式适用于干燥25~75kW及以下电动机的绕组。

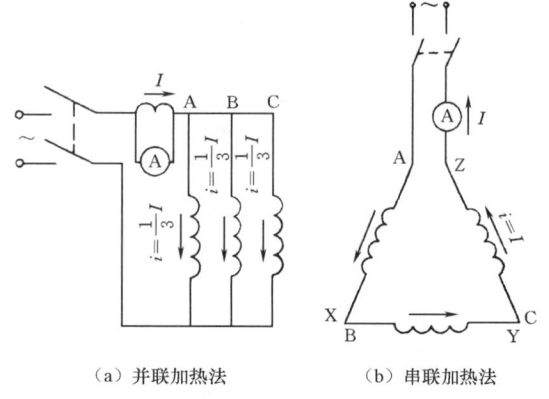

（a）并联加热法　　　（b）串联加热法

图2-6-4-3 串联和并联加热法

图2-6-4-3（b）所示为串联加热法。它适用于三相绕组的6根引线端都接到接线盒上的电动机。这种加热方式还具有三相绕组受热均匀，在干燥过程中不需改动接线，而且有些小型电动机可直接通入220V交流电加热，省去另备低压电源等优点。

在现场具备三相调压器时，可采用星形加热和三角形加热两种方法。它的优点是不必拆开电动机的三相引出线，可直接将三相低压电源接到接线盒内的三相引线端上，而且三相绕组受热也是均匀的。

2. 铁损干燥法

此法适用于干燥大型电动机，它是利用临时缠绕在定子铁芯和外壳上的励磁线圈，通入交变电流产生交变磁通，在铁芯和外壳中产生涡流和磁滞损耗来加热绕组的。有关励磁线圈计算及干燥时的注意事项，可参阅本篇第七章有关内容。

第五节 交流三相电动机故障快速诊断与修理

一、三相电动机机械故障快速诊断与修理

异步电动机的故障有机械故障和电气故障两大类，通常电气故障发生得比较多。不过对机械方面的故障却也不能忽视，因为有很多的机械故障如不及时处理，将会造成更严重的后果，有不少电气故障就是由机械故障所引起的。例如电动机的转轴或轴承因磨损而造成其定、转子气隙不均匀，严重时还会导致定、转子铁芯相擦，并使电动机迅速发热而烧损绕组。此外，使用不当或维护不及时致使电动机受到外力冲击等，也可能造成电动机某些零、部件的变形或破损，而影响其正常运行。因此，对异步电动机机械故障的修理，是电动机修理中不可缺少的一部分。

电动机在修理前一般均应进行全面彻底的检查，以查明故障及产生故障的原因，并预估出可能需要修理的工作范围，以及确定电动机修理工作的内容和工作量。修理前的检查项目大致有以下几项：检查电动机的机壳与端盖是否有变形、裂缝和破损等现象；检查转子从电动机一侧到另一侧的轴向游隙；用手转动电动机转子看能否转动；测量绕组及电动机各部的绝缘电阻以检查绝缘好坏；测量绕组的直流电阻以确定电动机故障性质；检查定、转子间的空气隙；检查轴承间隙以测定其磨损程度；最后通电空载运转以察看电动机运行状态。

异步电动机的气隙大小对其特性有比较明显的影响，表2-6-5-1所示为异步电动机气隙大小的参考数值，该数值为电动机气隙值的总和。

表 2-6-5-1 异步电动机的平均气隙值

电动机容量 /kW	电动机转速			
	500～1500r/min		3000r/min	
	正常气隙 /mm	增大的气隙 /mm	正常气隙 /mm	增大的气隙 /mm
0.5～0.75	0.25	0.40	0.30	0.50
1～2	0.30	0.50	0.35	0.50
2～7.5	0.35	0.65	0.50	0.80
10～15	0.40	0.65	0.65	1.00
20～40	0.50	0.80	0.80	1.25
50～75	0.65	1.00	1.00	1.50
100～180	0.80	1.25	1.25	1.75
200～250	1.00	1.50	1.50	2.00

在异步电动机的故障性质和故障范围已初步认定以后，即可对电动机进行解体拆卸，并在拆卸过程中进一步核实故障点和详细记下有关原始数据，以最后精确地认定电动机修理工作的范围。

（一）电动机的拆卸与装配

异步电动机在进行维护和修理时均需要将其解体拆开，如果拆卸得不好将有可能将电动机拆坏，或者使电动机的修理质量得不到可靠保证。因此，电动机的维护、修理人员必须掌握正确的拆卸和装配技术，学会在复杂条件下正确拆卸和装配的方法。

1. 拆卸前的记录

电动机拆卸前的原始记录包括：

（1）电动机修理编号。

（2）机座出线口方向（以辨别机座的轴伸端和非轴伸端）。

（3）联轴器与轴台的距离。

（4）提刷装置把手的行程（绕线转子异步电动机）。

（5）在端盖上标记轴伸端和非轴伸端的记号。

2. 拆卸方法及步骤

（1）拆除电动机的全部引线。首先应全部拆除电动机上的引线，对于绕线型三相异步电动机，还应提起或取出刷握中的电刷。

（2）拆卸皮带轮或联轴器。中、小型电动机的拆卸解体工作大多从拆卸皮带轮或联轴器开始。首先应将皮带轮或联轴器上的紧固螺栓或销子松开或取出，再用专用工具拉钩将皮带轮或联轴器慢慢从转轴上拉出，如图2-6-5-1所示。使用拉钩时要顶正，即拉钩螺栓的中心线要准确对准电动机的中心线，并注意拉钩和皮带轮或联轴器的受力情况，不要将皮带轮拉裂或拉钩扳断。如遇皮带轮或联轴器锈蚀一时拆不下来时，可以滴浸一些煤油到皮带轮与转轴接合的键槽处，然后再继续拉，或者用喷灯、瓦斯加热，趁热迅速将皮带轮或联轴器拉下。如无须清洗轴承和更换润滑脂的电动机，有时可不必拆卸皮带轮或联轴器。

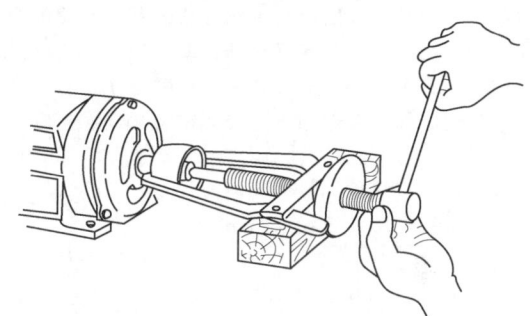

图 2-6-5-1 用拉钩拆卸皮带轮

（3）拆卸风罩与风扇。对于封闭式电动机在拆卸皮带轮或联轴器后，就可将风罩拆下来。然后取下风扇上的定位螺栓，并用锤子轻敲风扇四周即可拆下风扇。如果是塑料风扇，其内孔多为螺纹结构，此时可以用热水使塑料风扇膨胀后旋退下来。小型电动机的外风扇也可以不拆，让其随转子一起从定子铁芯中抽出即可。

（4）拆卸轴承盖与端盖。可先拆除滚动轴承的轴承室外盖，然后再去拆端盖。拆卸时应在端盖与机座的接缝处标上记号，以便于电动机重新装配时使端盖回复原位。通常小型电动机都只拆风扇一侧的端盖，同时将另一侧的轴承盖和端盖螺栓拆下，然后将整个转子、端盖、轴承盖和风扇、风罩一起抽出。中、大型电动机则因转子较重，这时可把两侧的端盖都拆下来，为防止定、转子的机械性碰伤，拆下端盖后应在定子绕组端部垫以纸板。

（5）取出转子。一般小型电动机的转子用手即可取出，但应注意绝对不要擦伤铁芯和绕组。大型电动机的转子比较重，必须借助专用工具和起重设备才能安全吊出。并且在吊起、抽出转子时应小心缓慢，应特别注意转子不可歪斜，以免碰伤定子绕组。若转子风扇大于定子铁芯内径时，则转子应从有风扇的一侧取出；有滑环的绕线型异步电动机，则应

从滑环一侧取出。

3. 维护或修后的装配

异步电动机经维护或大修后的重新装配过程，大致与拆卸程序相反。

(1) 重装前的准备。电动机在重新装配前，应做好各零部件的清洁和整理工作。黏附在定子铁芯内径上的油垢、脏物和高出的槽楔、绝缘纸等应刮平剔净。端盖轴承室要用煤油清洗干净。此外，为了装配方便可在端盖止口和轴承室位置抹上少量润滑脂。轴承要在煤油中仔细清洗、晾干后，加入适量润滑脂，轴承室内外盖在用煤油清洗、晾干后，加上适量润滑脂（约为轴承室容积的 2/3）。最后用皮老虎或打气筒将定子绕组与机壳内的灰尘、杂物吹干净。

(2) 维修后的装配。电动机维修后的装配大致是其拆卸顺序的相反过程。电动机装配是从转子装配开始的，中小型电动机通常均先将轴承内盖、滚动轴承、滑环（绕线型电动机）、风扇先装配到转子上，经过平衡试验、配重校正后，即装入定子铁芯，然后依序装上前、后端盖。装配时应注意按拆卸时所作印记对号入座原样装入，使端盖与机壳上的所有螺孔均相吻合。当端盖将要进入机壳止口时可用手托起转轴的轴伸端，再用木槌均匀敲打端盖四周并按对角线交替拧紧螺栓，切记不要将螺栓一次拧紧到底，以免损伤端盖或机壳止口。端盖固定后可用手转动电动机转子，这时转子的转动应均匀、灵活、轻快、无停滞或偏重等现象。在确认装配正确后，可装入轴承外盖及皮带轮或联轴器，电动机即已全部装配完毕。绕线型三相异步电动机的装配中，还应仔细装置好电刷架和各个电刷，务必使其均接触牢固，吻合良好。

(3) 装配时的注意事项。电动机在装配过程中应注意：

1) 装配时应严格保持工作场所的清洁及各零、部件的清洁；正确选择连接件并保证其连接强度；这些对电动机的使用期限和可靠性均有重大的影响。

2) 在装配电动机端盖前，应持灯从各个方面检查，观察定、转子铁芯的气隙、通风沟或其他空档处是否留下杂物，如有则应彻底清理干净以免留下隐患。

3) 电动机所有连接螺栓一定要全部装上，在任何情况下均不允许隔一个装一个或空一些位置不装。

4) 轴承室的润滑脂不要装满以免出现甩油和发热现象，一般以装入轴承室 2/3 空间的润滑脂为宜。

5) 轴承内外盖螺栓的紧固，应均匀交替地逐渐拧紧。装配端盖时要用木槌或垫木板敲击，以免将端盖或其他部件损坏。

(二) 转轴的故障与修理

转轴是电动机的重要部件之一，它是传递转矩、拖动机械负载的主要配件。并且它还支持着转子铁芯旋转和保持定子、转子间有适当而均匀的气隙，如气隙不均，会使电动机的电流不平衡、温升增高、出力降低以及产生剧烈振动，严重时将会固定、转相擦而造成绕组短路烧毁。因此，电动机的转轴应具有足够的机械强度和刚度，才能确保电动机的良好运行和较长的使用寿命。

转轴常见的损坏现象主要有：轴颈磨损、转轴弯曲，以及轴裂纹和轴断裂等。其损坏原因除制造质量问题外，大多数均系安装不当和使用有误所致。例如电动机安装基础不坚实，且与负载的水平校正欠准；以及拆卸、装配皮带轮时，不使用专用工具而猛击硬敲，再加上敲打时受力不当而极易引起转轴的损坏。转轴常见故障的检修方法如下。

1. 轴颈磨损

电动机转轴的轴颈部位如经多次拆装轴承，均会使其轴颈产生磨损。如轴颈部位磨损不太大，可用电镀法在磨损处镀一层铬，然后再磨削加工至需要尺寸即可；如果磨损较多则需采用堆焊后磨削的方法修复；如轴颈部位磨损过大，则可采用套筒热套法进行修理，这时可将已磨损的轴颈部位车小 2～3mm，再车一合适的套筒，并将其加热后趁热套入，最后将套筒精车至所需尺寸。有时对转轴的轴颈部位略有磨损的情况而作为一种临时应急的补救办法，可以采取在轴颈圆周上用冲子均匀地冲上一批孔眼，经这样处理后再装轴承，其配合就将比较紧密。

2. 转轴弯曲

转轴弯曲可在车床或平台上慢慢转动转子，再用千分表仔细检查出其弯曲位置及弯曲程度。一般电动机转轴弯曲不允许超过 0.2mm，如果弯曲超过范围就应加以矫正。如转轴弯曲不大，为了消除其对转子铁芯的不良影响，可以用磨削轴颈或滑环来校正；如转轴弯曲过大时，可将转轴放到压力机下，在转轴弯曲位置加压调直。

3. 轴裂纹或轴断裂

当电动机转轴出现裂纹和断裂时，为确保其安全可靠地运行，在条件允许的情况下最好更换新轴。如决定更换新轴，应仔细检测旧轴并绘制轴加工图。通常中、小型电动机的主轴材料为 45 号优质碳素钢，大型电动机，应在分析主轴的成分后用同样钢号材料车制修复。如果转轴的横向裂纹及深度不超过轴颈的 10%～15%，纵向裂纹长度不超过轴长的 10%，可用电焊堆焊法予以修理后继续使用。

4. 键槽磨损

如键槽磨损不是很大时，可用加宽键槽的方法修理，但加宽不得超过原键槽宽度的 15%，且键也应同时予以更换。如果键槽因故不宜加宽可用电焊在磨损处堆焊（但绝不许用气焊，以免转轴受热变形），接着再在车床和铣床上车削及重铣键槽。此外，还可以在已磨损键槽的对面另铣一新键槽。

(三) 轴承的故障与修理

电动机所用轴承有滑动轴承和滚动轴承两类。滑动轴承的振动小、精度高，在保证液体摩擦条件下能长时间高速运行。不过它的安装与维修均较为复杂，现除大型电动机中仍有使用外一般已很少使用。滚动轴承由于装配方便、维修简单且不易发生定、转子相擦故障，所以在中、小型电动机中得到极普遍的使用。以下仅简介滚动轴承的检查与修理。

1. 轴承的检查

滚动轴承在正常情况下均是较耐磨损的，发生过快、过量磨损的主要原因有：装置不当、护封不严或润滑脂不纯而使灰尘、杂物进入轴承内所致。

(1) 运行中轴承的检查。当电动机处于正常运行时，其滚动轴承将只会产生均匀连续的轻微嗡嗡声。而滚动轴承处于缺少润滑脂状况时，可能会发出"骨碌骨碌"的声音；如果听到是不连贯的"梗梗"声就可能是轴承钢圈破裂或滚珠有了缺损；如轴承出现轻微的杂音，很可能是轴承内混进了沙土、杂物或轴承轻度磨损等。总之，如轴承产生异常杂音即说明其有故障。轴承的杂音严重时用耳就可以直接听出来，如是轻微的杂音，就需用一把螺丝刀抵在轴承外盖上，将耳朵贴近螺丝刀木柄来细听即可找出故障。除了察听声音外，轴承的发热和振动情况也是判断其是否有故障的检查方法。因为轴承松动必然引起电动机振动，而这时在停止运行后用手摇动转轴的轴伸端就可以感觉到轴承是否松动，但正常轴承是不会有这种松动感的。

（2）拆卸后轴承的检查。如需进一步确定轴承损坏的具体情况，应将轴承从转轴取下来，并用煤油或汽油将轴承清洗干净后进行仔细检查。可先察看轴承内的滚动件、夹持架和内、外钢圈等是否有破裂、锈蚀及疤痕等。然后用手托捏住轴承内圈并将其尽量摆平，再用另一只手转动轴承外圈。这时，如轴承外圈转动平稳并逐渐减速到停转，且转动中没有振动或明显的停滞现象，说明该轴承质量良好；如果用手转动轴承时出现杂音和振动，且停止时像刹车一样突然而止，甚至倒退反转等，说明轴承已存在严重缺陷，应予修理或更换。

轴承是否严重磨损的检查，可采取用左手卡住其外钢圈，右手则捏住内钢圈用力朝各个方向推动，如果推动中感到间隙很大配合很松那就是磨损非常严重了。此外还可用塞尺或垫压铅保险丝来检查轴承的磨损情况，也就是检测轴承滚珠或滚柱与内、外钢圈之间的间隙。滚动轴承正常磨损的允许值如表 2-6-5-2 所示。

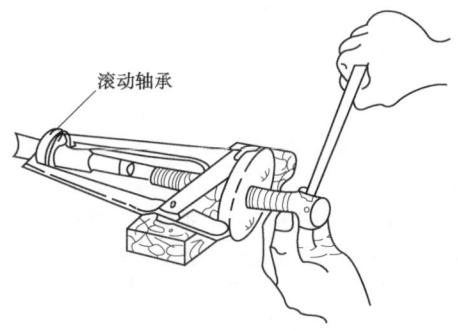

图 2-6-5-2 用拉钩拆卸滚动轴承

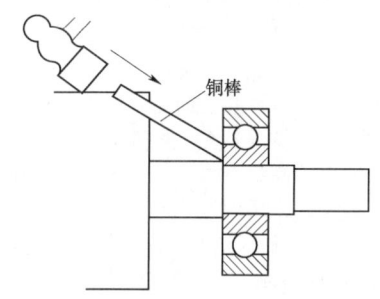

图 2-6-5-3 使用金属棒拆卸轴承

表 2-6-5-2   滚动轴承磨损的允许值

轴承内径/mm	最大磨损/mm	轴承内径/mm	最大磨损/mm
20～30	0.1	85～120	0.3
35～50	0.2	130～150	0.35
55～80	0.25		

如轴承超过表中的磨损允许值时，应更换新轴承，并且原则上要换以相同规格的轴承。如果无所需要的轴承型号则在不得已的情况下，可考虑用另一规格的轴承来替代，但代用轴承的载重量应适合被代替的旧轴承。如果代用轴承的外形尺寸与原轴承略有差异时，可采取加设止推环或内、外套筒的方法解决。

2．轴承拆卸与安装

滚动轴承的拆卸与安装应以正确的方法进行，以免将并未损坏的轴承拆坏，以下简介几种常用拆卸及安装方法。

（1）用拉钩拆卸。如图 2-6-5-2 所示为用拉钩拆卸滚动轴承，从图可见拉钩的脚应放在紧靠转轴的轴承内钢圈上，而绝对不可放在轴承的外套圈上，否则会将轴承拉坏。拉钩丝杆的顶端要对准转轴的中心孔，并应让拉钩的杠杆保持平行而不能歪斜（如出现歪斜要及时扶正），均匀用力旋转手柄慢慢从转轴上拉下轴承。

（2）用金属棒拆卸。在没有拉钩或不适用拉钩拆卸的情况下，可将金属棒（一般多用黄铜棒）顶在轴承的内钢圈上，然后用手锤敲打金属棒而将轴承慢慢敲出来，如图 2-6-5-3 所示。但切勿用手锤直接敲打轴承，以免敲坏轴承。敲打时应注意使轴承内钢圈均匀受力，一般可在轴承相对两侧交替敲打，不可偏敲一侧且用力也不宜过猛。

（3）放在圆筒上拆卸。如图 2-6-5-4 所示，在轴承的内钢圈下面垫两块铁板，而铁板搁在一只圆筒上面（圆筒的内径略大于转子外径），轴的端面上垫放一块铜板或铅块并用手锤敲其上（不允许直接用手锤敲打轴端面，以免造成转轴弯曲）。圆筒内可放些柔软的物体，以防拆下轴承

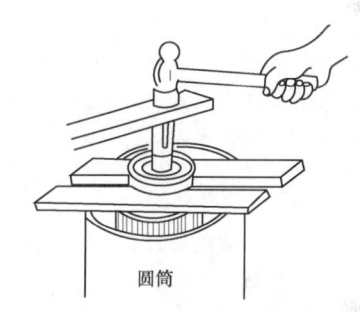

图 2-6-5-4 搁在圆筒上拆卸轴承

时转子下落而被摔坏。当敲到轴承逐渐松动时用力应减弱，让轴承缓慢地从转轴上退出来。

（4）用加热法拆卸。因装配公差过紧或轴承氧化锈蚀等原因，采用上述方法仍难以拆卸时，可将轴承内钢圈加热使其膨胀松脱。在加热前应先用湿布将转轴包好以防热量发散而影响加热效果，然后用加热到 100℃ 左右的热机油浇到轴承的内钢圈上并趁热将其拆下。

（5）轴承的安装。在进行轴承安装前应首先将洗净并抹上润滑脂的轴承内盖装到转轴上，否则将会造成严重的返工和极大的麻烦。轴承安装时要将原有润滑脂清洗干净，然后再仔细地装到转轴上。滚动轴承安装应注意的问题和拆卸时大致相同。首先将轴承套在转轴的轴颈上，并用套筒顶住轴承的内钢圈，而在套筒另一端垫以铁板和用手锤敲打使轴承到位。也可以采用热油加热法将轴承一步套入转轴的轴颈部位。

3．滚动轴承的修理

滚动轴承在正常运行条件下，如维护得当其使用寿命是比较长的，出现故障后拆卸下来的轴承经维修养护有些也可以重新使用。

（1）滚动轴承的清洗与添加润滑脂。如发现轴承内积聚有杂物、润滑油脂出现发硬变质，或者轴承已运行 2500～3000h（小时）后，使轴承发生故障时，可采取对轴承进行

彻底清洗的方法予以修理。这时可先将轴承中原有的旧润滑油脂全部清除,然后用布或毛刷粘煤油或汽油等溶剂来清洗,一定要仔细清洗干净否则这些残留杂质会使轴承很快损坏。轴承正在清洗时不要让其转动,以避免有杂物混入轴承的滚道。洗净后的轴承可用干净的布擦干,但不得用棉纱等带绒毛的东西擦拭,以免绒毛等杂物落入轴承。也不要用手去触摸,从而避免轴承沾染汗水而锈蚀。经清洗并干燥后的轴承应按照技术要求重新加入纯净的润滑脂,一般润滑脂以占轴承内腔容积的 1/3~2/3 为宜。

(2) 滚动轴承常见故障的处理。轴承拆卸下来以后,可先放到煤油或汽油中浸泡洗净,然后进行全面仔细的检查。如轴承外表或滚道内有锈迹,则可用 00 号砂布轻擦干净,再用汽油洗抹;如有较深裂纹或内、外钢圈碎裂,必须更换新轴承。

轴承损坏后也可以将几只同型号的轴承拆开,将它们的完好零件去拼凑组成二只轴承。滚珠或滚柱缺少、破损也可重新配上以后继续使用。有些用于高速电机的轴承,如磨损不是很严重,可将其换用到低速电动机上。

如轴承外盖压住轴承压得太紧,可能是轴承外盖的止口太长所致,此时应将其适当车短予以修正;如轴承盖内孔与转轴的轴颈相擦,可能是轴承盖止口松动或不同心,对此可采取重新加工校正予以修复。

(四) 机座及铁芯的修理

异步电动机机座起着支撑整个电机零部件重量的作用,定子铁芯及绕组就直接压置在其内部。机座的两个端面则用来固定端盖、轴承及整个转子,机座与铁芯是电动机极为重要的结构和能量转换部件。

1. 机座的修理

异步电动机的机座一般用铸铁、铸钢和钢板制成,电动机安装不平,长期振动或受机械外力的冲击,均可使其底脚开裂和断裂。机座底脚如出现裂缝或断裂,一般可采用铸铁焊条及直流焊机予以焊接。考虑到铸铁的内应力,在焊接前可用喷灯将焊接处加热至 600℃左右,焊接后让其自然冷却(也可用铜焊条焊接)。有时断裂部分离电动机的铁芯外壳很近,或机座两边底脚已全部断裂,如果加热可能破坏定子绕组绝缘,这时可用角铁修补。先将角铁制成断裂底脚的形状,然后再用紧固螺栓将其紧固在电动机机座上。

电动机机座外壳产生裂纹或裂缝时,可用铸铁焊条进行焊接补强,也可用 5~7mm 厚的铁板修补。修补时可按裂缝形状割取适当大小的铁板,用紧固螺栓将其固定在机座外壳上,如果外壳的裂缝太大则只有更换新机座。

2. 定子铁芯的修理

异步电动机的定子铁芯都是用硅钢片冲制叠压而成,硅钢片之间相互绝缘并用压机、扣片压紧焊牢后压入机座的。定子铁芯的常见故障主要有:硅钢片间短路、铁芯松弛、铁芯槽齿外张或烧损等。

铁芯进行修理前应先将铁芯清理干净去掉灰尘、油垢等。对于铁芯松弛和两侧不紧的故障,可用两块外径略小于定子绕组端部内径的钢板圆盘,并在该圆盘中心开孔后穿一根双头螺栓将铁芯两端夹紧,紧固双头螺栓后就可夹紧铁芯使其恢复原状。如槽齿歪斜则可用尖嘴钳予以修正;如果铁芯中间松弛则可在松弛处打入硬质绝缘纸板,并在挤紧的铁芯部分涂刷沥青漆(402 号漆);如硅钢片上有毛刺或机械损伤,可用细锉刀将毛刺去掉和将凹陷修平,并用汽油将硅

钢片的表面刷洗干净再涂上一层绝缘漆即可。

(五) 集电环及刷握的修理

绕线型三相异步电动机的转子绕组,是通过集电环(也称滑环)及刷握与外电路连接的。因此,滑环和刷握在绕线型异步电动机的起动、运转中起着极为重要的作用,现将它们的常见故障与修理简介如下。

1. 集电环的故障与修理

绕线型异步电动机的集电环多由青铜或碳钢制成。常见的结构型式有紧圈式、组装式、螺杆式及塑料压装式等,其主要差别是滑环的固定方法不一样。它们都有一个共同的特点就是环与套筒均固定在一起,并且互相严格可靠地绝缘(即环与环绝缘,各环与套筒之间绝缘)。

集电环的常见故障为:有斑点、刷痕、磨损、黑带、凹凸不平、烧伤、椭圆及表面剥离等。根据集电环故障的轻重、拆装的繁简等情况,可采用不同的修理方法进行修理。

(1) 表面轻微损伤。集电环表面如有斑点、刷痕、轻微磨伤等,可先用细板锉、油石等在转子转动情况下研磨。待磨到其表面缺陷消除后,再用 00 号砂布在高速旋转下抛光,表面粗糙度达 3.2~6.3μm 时就可以恢复使用。

(2) 集电环表面缺陷。若集电环表面的槽纹、烧伤、凹凸程度比较严重,且低于平面 1mm 以上、损伤面积占滑环面积的 20%~30%,烧损面位于电刷摩擦面时,该滑环应该用车床加工修复。车修前要先根据滑环的损伤程度来确定车去环表面的厚度(消除损伤面的最小厚度)。对滑环进行车削加工时应特别注意,车刀必须锋利,进刀量要小,最好一次进刀在 0.1mm 左右。车削时的表面线速度 1~1.5m/s 为好,转动时要平稳且加工后的偏心度应不超过 0.03~0.05mm。车削加工后先用 00 号砂布进行抛光,然后在高速旋转下用涂有薄薄一层凡士林油的 00 号砂布作再次抛光,使滑环的表面粗糙度达 1.6μm,而最低也要求达 3.2μm。对已形成椭圆形的滑环,必须重新车削加工成圆形,方可继续投入运转,其修理方法可按上述工艺进行。

(3) 滑环的更换。滑环出现裂纹时,一般都需迅速予以更换,以免故障发展而造成严重事故。如不予更换则需要经过仔细的鉴定,并采取相应可靠措施后方可继续使用。中、小型异步电动机更换新滑环时,由于塑料滑环的配方和压模均比较复杂,所以在塑料滑环需要更换时如果没有备件,一般就被改装成紧圈式滑环或组装式滑环。但无论是紧圈式还是组装式滑环,经过更换后都应保持环与环之间、环与地之间有良好可靠的绝缘,并且环的表面粗糙度应在 3.2~1.6μm 范围内。

2. 刷握的故障与修理

绕线型异步电动机的电刷加在滑环上的压力很大。它主要有两种安装形式,即安装在以电刷杆为转动中心并可移动的杠杆上,或放置在一个固定的刷握之中。刷握可以与滑环表面相垂直,但也可以倾斜一个适当角度。应使电刷在刷握框中能够上下自由地移动,却又不能太松而使电刷在刷握框中摇晃。通常,刷握损坏的最常见形式有以下两种。

(1) 刷握内表面磨损。如果电刷与刷握框配合不当,再加上转子的振动,会很容易磨损刷握框的内表面。这时除应仔细检查滑环外,还应测试和校正刷握框空隙,并同时锉光刷握框内表面的毛刺和疤痕等。刷握框与电刷间的空隙不允许超过如表 2-6-5-3 所示的数值;刷握离开旋转体表面的距离应保持在 2~4mm;刷握的前后两端与旋转体平面,

必须保持相等距离且不得倾斜。

表 2-6-5-3　刷握框与电刷间允许间隙

空隙	轴向/mm	沿旋转方向	
		宽度 5~16/mm	宽度在 16 以上/mm
最小空隙	0.2	0.1~0.3	0.15~0.4
最大空隙	0.5	0.3~0.6	0.4~1.0

（2）电刷弹簧失去弹性。当滑环的配件接触不良时，弹簧内通过的电流过大而产生退火作用使之失去弹性。此时，除应仔细检查电刷引线、紧固螺栓等的接触是否牢固；绝缘是否保持良好外并应立即更换失效弹簧。

3. 电刷的研磨与更换

电刷是电动机转动部分与固定部分的连接部件，它在工作时不仅与集电环直接摩擦接触，而且还有全额的负荷电流通过。因此，电刷在机械、电气及安装等方面，均有可能产生各种故障。

（1）电刷与刷握的不当配合。电刷与刷握框的尺寸应配合适当，间隙不可过松，也不能过紧，过松、过紧都将影响到电刷的正常运行，图 2-6-5-5 所示即为电刷与刷握不当配合的情形。

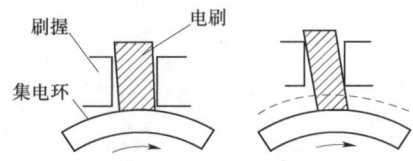

图 2-6-5-5　电刷与刷握的不当配合

（2）电刷的研磨与更换。当电刷与转动体（滑环或换向器）接触面小于 70% 时，就需要研磨电刷。研磨电刷的接触面须用 00 号砂布，砂布的宽度为转动体的长度，砂布的长度为转动体的周长。找一块橡皮胶，橡皮胶一半贴住砂布的一端，另一端按旋转方向贴在转动体上，如图 2-6-5-6 所示。用这种方法研磨的电刷，接触面一般可达 90% 以上。

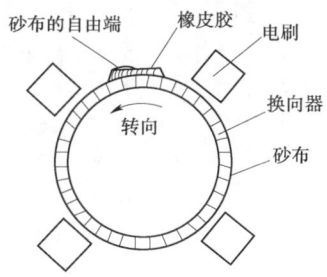

图 2-6-5-6　电刷的研磨

弹簧压力是随着电刷的磨损而逐渐减弱的，电刷磨损超过一定限度，而弹簧压力尚能调整，就调整弹簧的压力予以补偿，否则只能更换电刷。在一般情况下，电刷磨损超过 60% 都要更换。在极限使用情况下，也不允许埋在电刷中的软铜线端子被磨损到外露程度。如果更换新电刷，首先要查明新电刷的牌号和尺寸，尺寸稍大可以加工，牌号相差过大，不能勉强使用。原始牌号不明，可参照附表 10 选取。另外，还要检查电刷的软铜线是否完整和牢固。铜线被折断的股数超过总数的 1/3 时，应予更换。新换上的软线规格应与旧线相同，否则可参照表 2-6-5-4 选用。

表 2-6-5-4　电刷引线规格

最大电流/A	导线截面/mm²	最大直径/mm	扭绞方式，铜线股数和每股直径/mm
6	0.3	1.0	7×22×φ0.05
8	0.5	1.4	12×22×φ0.05
10	0.75	1.5	7×20×φ0.08
13	1.0	1.7	7×30×φ0.08
17	1.5	2.3	7×42×φ0.08
24	2.5	2.6	12×26×φ0.1
30	4	4.0	7×42×φ0.13
38	6	5.4	7×62×φ0.13
50	10	6.7	12×62×φ0.13

二、三相电动机绕组故障的检查与修理

三相电动机绕组在正常情况下使用时其寿命都相当长，但由于绕组受潮、绝缘老化、机械碰伤、电磁力冲击、使用不当和缺乏必要的日常维护等，均很容易使绕组发生故障而损坏。电动机绕组的故障是多种多样的，它与设计优劣、制造工艺和工作环境的好坏以及维护管理水平的高低等许多因素有关。

电动机绕组出现故障时应根据故障现象迅速进行现场观察、分析判断，尽快准确地找出绕组故障点并予以排除。绕组的修理方式主要有局部修理和重换绕组修理两类，本章将着重介绍绕组的局部修理。

（一）定子绕组故障的检查与修理

定子绕组是三相电动机的主要组成部分，它是电动机结构中任务最繁重而又最薄弱的部件，故其损坏率也最高。

1. 绕组通地故障的检查及修理

绕组通地故障一般是指绕组与铁芯或机壳间绝缘损坏而出现的通地现象。绕组通地后会使电动机的机壳带电，严重时将引起人身触电伤亡事故；也可能使绕组发热而导致短路；还有可能造成一些控制线路失控使电动机无法运行。因此，电动机绕组的绝缘状况必须经常检查，一旦发现绕组有通地故障就应及时检查修理，以免故障范围扩大，造成不可挽回的损失。

（1）绕组通地故障的检查。绕组通地故障的检查方法很多，下面简介几种常用的检查方法。

1) 兆欧表检查。首先应根据被检测电动机的电源电压来选择兆欧表的电压等级。一般对于 500V 以上的电动机采用 1000~2500V 电压级的兆欧表；500V 以下的低压电动机则用 500V 电压级的兆欧表。兆欧表的两根检测线要用绝缘良好的引线，并且这两根引线还不能绞连在一起，以免因这两根线本身绝缘的破损而导致错误的检测结果。进行检测时，将兆欧表的一根线端接电动机绕组引出线端（可三相并在一起或分相测试），另一根线端则接至电动机金属外壳。兆欧表在使用时，应置放平稳，摇动手柄要由慢到快，按 120r/min 左右的速度转动手柄并保持转速不变。此时，表针即会指出电动机绝缘电阻值。一般根据经验，如测出的绝缘电阻值在 0.5MΩ 以上，则说明电动机绝缘状况尚好，电动机可继续使用；若绝缘电阻值测出在 0.5MΩ 以下或接近

为零,则说明该电动机绕组已严重受潮或绝缘程度很差,此时就应对电动机进行烘干处理或深入检查;如果所测得的绝缘电阻值为零,且感觉上摇动手柄时比上述两种情况用力要重,则很有可能是绕组接地,为慎重起见可采用其他方法继续检查。如用万用表电阻挡测量该绕组的电阻,若仅为极低的 0~2Ω 电阻就证明该绕组确已接地。

2) 万用表检查。用万用表检测时,先将表位旋至 10kΩ 电阻挡进行测试,其操作方法与兆欧表检测时相同。用万用表检测的最大优点就是基本上可以判断绕组是否已直接通地,因为当绕组发生直接通地故障以后,其电阻值将会为零或数值极小。然后根据经验及测试情况就可以分析判断出电动机绕组是受潮还是绝缘击穿。

3) 试灯检测。试灯检测是电动机修理中最简便实用的方法。检测时可先将电动机各相绕组的接头拆开。然后把 36V 或 220V 交流电源串接一只灯泡,再将其中一根线断开后做成两根测试线,按图 2-6-5-7 所示的接线逐相检查电动机各相绕组。如果灯泡发亮就说明该相绕组已有通地故障;若灯泡微亮则可能是绕组受潮严重或绝缘强度差;如灯泡完全不亮就证明电动机绕组的绝缘良好。

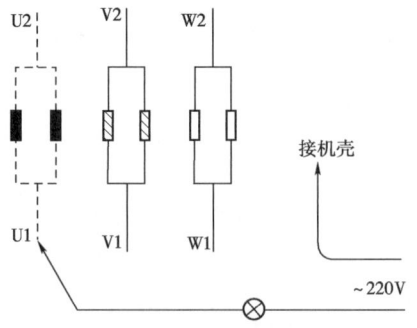

图 2-6-5-7 用试灯检测绕组接地的示意图

用试灯检测电动机绕组通地故障,有时还可以根据出现的冒烟或火花现象,迅速而准确地找出绕组通地故障点。

4) 用分组淘汰法检测。当绕组通地故障点与铁芯槽或机壳碰触严重时,采用上述几种检测方法均难以找到确切的通地故障点,此时就要应用分组淘汰法继续检测。这种方法就是将有通地故障的一相绕组分成两部分,找出有通地故障的那部分绕组并再次分成两部分检测,依此类推,直至找到有通地故障的极相组和线圈。

(2) 绕组通地故障的修理。在查找到电动机绕组通地故障的确切位置后,应先观察绕组具体的操作情况再来决定修理方法。一般除绝缘已严重老化变脆以外,通常均可以经局部修理的办法将绕组故障处予以修复。

如电动机绕组仅因严重受潮,绝缘强度降低而通地的,可作干燥或浸漆烘干处理即可;若绕组通地故障点发生在槽口或槽底线圈处,则可将绕组加热待绝缘物软化后,用理线板撬开通地点的线匝,插入适当大小的同等绝缘层并予以涂漆烘干;如通地故障是处于槽中的一个线圈,则必须更换新的槽绝缘或新线圈。

2. 绕组短路故障的检查及修理

三相电动机由于过载、过电压、单相运行或绕组受机械碰撞等,致使绝缘损坏而造成绕组短路。绕组产生短路故障以后其每极相组匝数、并联支路匝数、各相串联匝数均有可能不相等,并导致定子磁场磁通的分布也不均匀,从而造成电动机产生强烈的振动、噪声、发热甚至烧毁。因此,若发现电动机绕组有短路故障的迹象就应及时检查修理,以免故障扩大而造成更为严重的损失。绕组的短路故障可分为相间短路、极相组间短路、线圈间短路和匝间短路等。

(1) 绕组短路故障的检查。

1) 外部观察。这种检查方法是将有短路故障的电动机空载运转 20min 左右(如电动机冒烟或发出焦臭味,则应立即停止运转),然后停车并迅速拆开端盖用手触摸绕组端部。对较热的线圈和极相组应特别仔细观察,看还有哪些异常及可疑之处。若一个线圈或一个极相组的端部温度明显高于其他线圈或有高温变色情况时,则说明这部分线圈极可能有匝间短路或线圈间短路故障存在。这种检查方法非常简单直观,特别是对小功率电动机绕组短路故障的检测更为有效。

2) 仪表检测。对电动机绕组的短路故障,也可以通过用仪表测量各相绕组的电阻、电流和电压检测出来,具体检测方法如下所述。

a. 电阻平衡检测。这种方法用双臂电桥表测量每相绕组的电阻值,通过计算和比较来判断各相绕组有无短路。如定子绕组每相的直流电阻值为 $R_{\phi 1}$、$R_{\phi 2}$、$R_{\phi 3}$,当用电桥表从电动机引出线端测量三相直流电阻时,对于△形接法绕组的三次测量值分别为 R_{1-2}、R_{1-3}、R_{2-3},测量方法如图 2-6-5-8 所示。

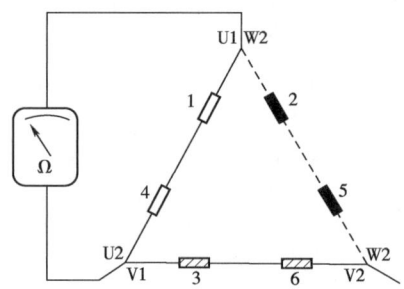

图 2-6-5-8 用电阻平衡法检查△形接法的短路相

若三相电阻测量值平衡,则 $R_{1-2}=R_{2-3}=R_{1-3}=R$,$R_{\phi}$ 相短路,则 $R_{2-3}=R_{1-3}$,而另一次测量值 R_{1-2} 较这两个测量值都要小,故这时可确定 $R_{\phi 1}$ 相存在有短路故障。

对于Y形接法的绕组其三次测量值为 R_{1-2}、R_{1-3}、R_{2-3},测量方法如图 2-6-5-9 所示。如三相电阻测量值平衡,$R_{1-2}=R_{2-3}=R_{1-3}=R$,则 $R_{\phi}=0.5R$。若其中 $R_{\phi 1}$ 相短路,则 $R_{1-2}=R_{1-3}$,而另一次测量值 R_{2-3} 较这两次测量值都要大,此时即可判定 $R_{\phi 1}$ 相极可能存在有短路故障。

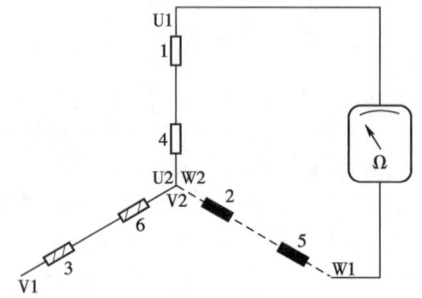

图 2-6-5-9 用电阻平衡法检查Y形接法的短路相

b. 电流平衡检测。这种方法是先将三相电源接入整装好的电动机使它空载运行并测量其三相电流,若三相电流严重不平衡,则电流最大的一相就可能有短路故障存在。但是由于外施电源电压的不平衡也可以影响到电动机三相电流不平衡。因此,为确保检测的准确性可再采取调换两相电源线来进行测试。若三相电流数值不随电源线的调换而改变,则电流较大的一相绕组可能有短路故障。不过用这种方法只能查出有短路故障的某相绕组,却很难找出短路故障的准确位置。

c. 电压降检测。该种方法是把有短路故障那相绕组的各极相组间连接线用剪刀剪开,并从这相的引出线通入24～36V的低压交流电。然后用电压表测量各极相组的电压降。其读数相差较大且数值最小的即为短路故障的极相组,检测方法如图2-6-5-10所示。同理,测出读数最小的线圈则为已经短路的线圈。

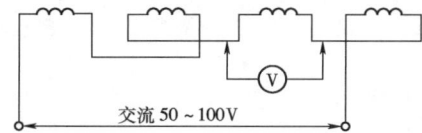

图2-6-5-10 用电压降法检测绕组短路故障

3) 短路侦察器检测。短路侦察器又称开口变压器,它被广泛用于检测齿槽式交流电动机绕组的短路故障。使用时,将短路侦察器放在定子铁芯内圆中所要检测的线圈边槽口上,如图2-6-5-11所示。将短路侦察器的线圈通入交流电,这时定子铁芯与短路侦察器构成了一个磁回路。侦察器的线圈相当于变压器的初级绕组,而被检测的定子绕组则成为变压器的次级绕组。若被检测的定子绕组线圈中有短路,则串接在短路侦察器线圈回路里的电流表读数就会增大。如没有电流表则可用一条锯片放在与被检查线圈相差一个节距的另一个槽口上,如被检测线圈有短路故障,则线圈里就将有感应电流,锯条就会被铁芯槽口的磁性吸引振动,并发出强烈的吱吱声。

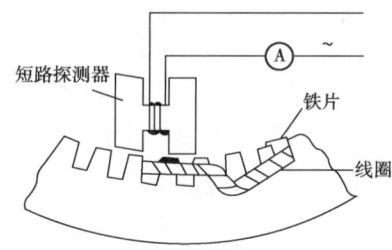

图2-6-5-11 用短路侦察器检测绕组短路故障

将短路侦察器沿定子内圆逐槽检查,来回移动检测,便可找到短路故障线圈的位置。这种检测方法可避免短路线圈受大电流的损伤进而造成故障扩大,所以是较为有效的检查方法。但使用该方法进行检测时,应注意以下几点,不然将会影响检测的准确性:

a. 电动机为△形接法的,应将△形连接拆开一个口子。
b. 绕组为多路并联的,应将并联支路的接线端拆开。
c. 线圈为多根导线并绕的,应将接线拆开。
d. 电动机为双层绕组时,因在一个槽内嵌放有两个不同线圈的元件边,要确定某个线圈是否短路,就应将短路侦察器在左右两元件上都试一下,以便查实短路线圈位置。

上述几种对绕组短路故障的检查方法各有局限,各有优劣,采用哪种检测方法,则应视当时当地的具体情况和条件去选定。

(2) 绕组短路故障的修理。将绕组短路故障位置找出后,若绝缘损坏较轻微且老化程度不严重,则可按下述局部修理方法进行。

1) 线圈匝间短路的修理。线圈匝间短路都是由于导线绝缘层破损而引发的。如短路故障发生在槽外部分且导线绝缘损坏不严重时,可以将绕组绝缘加热软化,再用理线板插入短路线匝间轻轻分开并用绝缘材料予以隔离,趁热涂上绝缘漆即可。若有短路线匝的线圈处于双层叠绕组槽的上槽且其绝缘损伤又比较轻时,则可采取先将导线绝缘好,以及更换槽绝缘后再把翻出槽的线圈元件边重新嵌入槽中,经涂漆烘干后予以修复。当线圈匝间短路比较严重或短路故障点又处于双层绕组下层槽内时,一般就须更换新线圈。

2) 线圈间短路的修理。这种故障通常是由于极相组内各线圈间过桥线放置不当,或者是嵌线方法不对而在整形时又敲打过多所引起。如果短路故障发生在绕组端部或铁芯槽口,可将绕组加热后用理线板分开短路线圈,再垫入绝缘予以修复。

3) 极相组内短路的修理。极相组内线圈间的短路故障,大多是因为极相组首尾线端的绝缘套管未套到位,或者是绝缘套管破损击穿所致。如图2-6-5-12所示,即为同心式绕组和双层叠绕组发生该类故障的情况。当出现极相组内短路故障时,可将绕组加热变软并用理线板撬开线圈引线处。把绝缘套管重新套到位或用绝缘予以隔垫好。如图2-6-5-13所示。

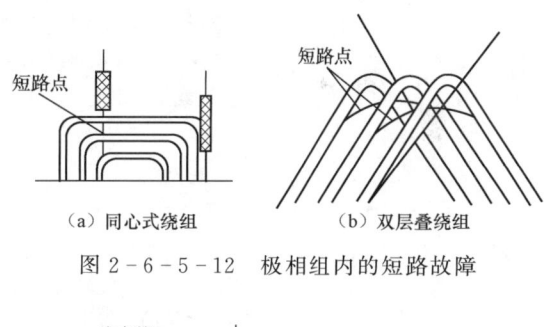

图2-6-5-12 极相组内的短路故障

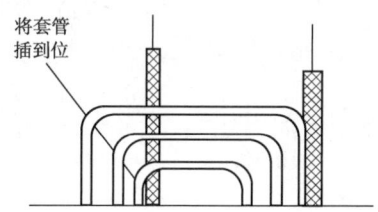

图2-6-5-13 极相组内短路故障的修理

4) 相间短路的修理。相间短路故障多发生在绕组端部、双层绕组的上、下层间及三相绕组的引出线间。造成短路故障的主要原因为端部和匝间的相间绝缘垫放置不当或老化破损;各相绕组的连接线、引出线绝缘不当或严重破损等,都有可能产生相间短路故障。电动机绕组一旦发生相间短路故障,其后果是非常严重的,轻则引起电气线路跳闸,重则将使绕组局部或大部烧损。不过相间短路的故障却是极易找到的,并且绕组大部分的故障处都能目测找到。其修理则应视故障部位、毁损程度和范围,对症采取局部或重换绕组等修理方法。

3. 绕组断路故障的检查及修理

定子绕组的断路故障常发生在线圈端部、极相组间联接线以及三相绕组的引出线等部位。造成这些断路故障的主要原因有：绕组的连接线、引出线端焊接不良而在使用中松脱；绕组受到外部机械性碰撞而折断；绕组接地、短路故障引起的断路等。电动机绕组断路后将无法正常运行，如果是一相绕组被烧断，则三相电动机将因成为单相而不能启动；若电动机在运行中烧断一相绕组且不能及时发现和停机，则电动机将会由于完好的两相绕组内电流猛烈增加而很快烧毁。因此，电动机绕组如出现断路故障就应及时予以修复。

（1）绕组断路故障的检查。电动机绕组发生断路故障时应首先检查察看绕组端部，若发现有断线或接线端松脱之处即应重新连接和焊牢。如断路故障经外部观察找不到时，则故障就极有可能发生在铁芯槽内或线圈的内部，这时可用试灯、万用表、兆欧表和电桥表等进行检查。在查出某相绕组确有断路故障以后，再拆开极相组间或并联支路间的连接线逐级检查，最终就可以找出绕组断路故障的位置。绕组断路故障的检查方法如下所述。

1）电流平衡检测。如图2-6-5-14所示，将电动机做空载运行，并用电流表测其三相电流值。如三相电流不平衡且又无绕组短路的迹象，则电流值较小的一相绕组就极有可能存在部分断路。不过还应注意排除三相电源电压的误差，以免产生对绕组断路故障的错误判断。

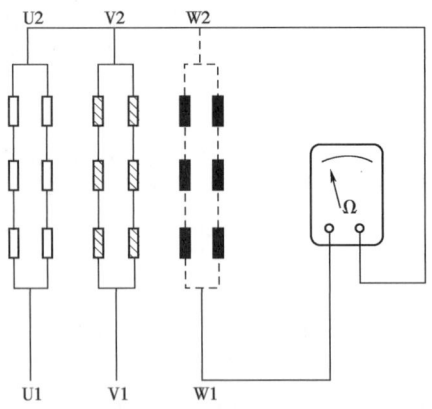

图2-6-5-15 电阻平衡检测断路故障

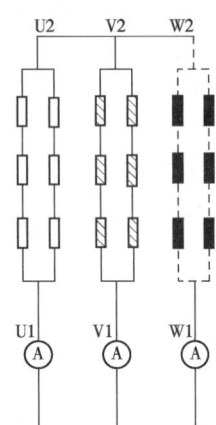

图2-6-5-14 电流平衡检测断路故障

2）电阻平衡检测。如图2-6-5-15所示，可使用电桥表检测三相电动机绕组的各相电阻值，根据测出的电阻数值来查找断路故障。若测得某相电阻值比其他两相的电阻值要大许多时，就说明该相绕组内可能存在有部分断路故障。

（2）绕组断路故障的修理。若绕组断路故障为引出线端头的断裂或焊接不牢引起的松脱等，则可以重新接线、焊接或更换引出线，并用同级绝缘包扎好；如绕组断路故障位置处于铁芯槽外的端部时，就应将断裂的一根或多根导线仔细分清、核对后，重新连接和焊牢；当绕组断路故障发生在铁芯槽内时，可视断路故障的具体位置和线圈及绝缘的老化程度，以确定是采用穿线法去更换单个线圈还是重换全部绕组。

4. 绕组接错故障的检查及修理

从前面我们已经知道，定子绕组是依据电动机的工作原理按一定规律进行连接的。如果对绕组的接法、规律不熟悉或工作疏忽，就很容易将绕组接错而不能形成一个完整的旋转磁场，致使电动机启动困难、噪声刺耳及三相电流不平衡等。故障严重时甚至无法启动，并发出低沉吼声和剧烈的振动；如不及时停机，则电动机绕组就可能会产生高温或烧毁。

（1）绕组接错故障的检查。绕组接线错误常用的检查方法有以下几种：

1）滚珠检查法。采用这种检查方法时，应先将电动机转子抽出，在定子铁芯内圆放入一粒从滚珠轴承中拆下的钢珠。然后把12～36V的三相低压交流电接入被检试的电动机绕组。如图2-6-5-16所示，若定子绕组没有接错的话，三相电流所产生的旋转磁场将会使钢珠沿定子铁芯内圆旋转。如果绕组有接错故障，则钢珠就不会转动，或出现要转又不转的现象。采用这种方法进行检测时，试验的时间切记不能太长，以免大电流使绕组受损。该法虽可很简便地检试出定子绕组的接错故障，但却很难准确地找到故障位置。

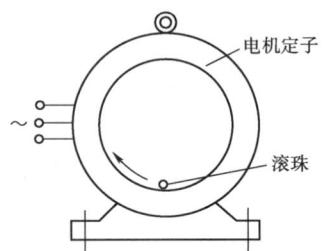

图2-6-5-16 用滚珠法检查绕组的连接

2）指南针检查法。将一组绕组接入3～6V的低压直流电源（干电池、蓄电池和整流电源均可），用一只指南针沿定子铁芯内圆表面移动，逐槽逐极相组地检试，如图2-6-5-17所示。若绕组没有接错故障，则在一相绕组内指南针经过相邻极相组时所指示的磁极极性应该相反。并且当全部绕组都检试后，在三相绕组不同相的相邻极相组的极性也应相反，即应按N、S、N、S、……排列。如果指南针经过某极相组时，其指针摇摆不定，则该极相组内可能有线圈接错或嵌反，然后照此方法依次检试三相所有绕组。

检试时对于Y形接法的绕组可以拆开星形连接点，只需将直流电源两线端分别接到星形点和某相出线端即可；采用△形接法的绕组，则应拆开连接点以后，再分别检试三相绕组。

3）相绕组接反的检测。相绕组接反的故障其实也是三相绕组的相序出现混乱。如图2-6-5-18所示，通常三相电动机绕组均有六根引出线线端，分别标有U1、U2、V1、V2、W1、W2的标志。如果标志丢失或搞错就很容

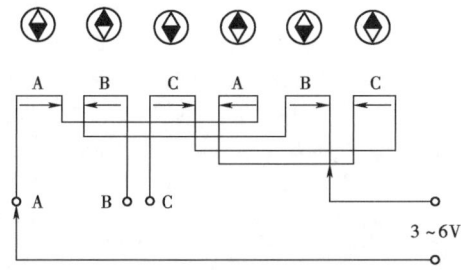

图 2-6-5-17　用指南针法检查绕组连接

出现相绕组接反的故障。这种故障的后果与绕组接错的情况是基本相同的，但检查的方法则可以不用抽出转子。只需在电动机出线板上将故障检试出来，予以调换和更正即可。相绕组接反故障的常用检试方法有以下几种。不论采用哪种方法检试，在检查前均应先将三相绕组首、尾端按相别分开，然后才能够进行绕组的相位检试。

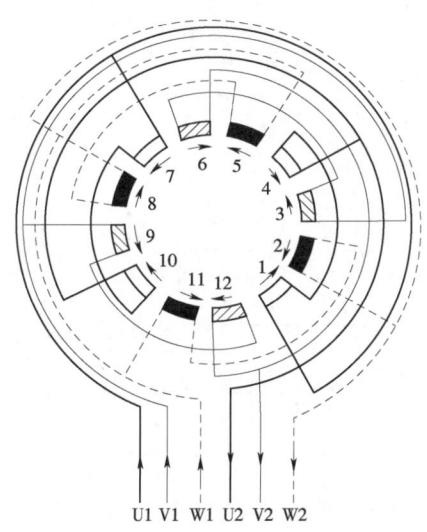

图 2-6-5-18　三相绕组的连接及标志

a. 干电池检查法。如图 2-6-5-19（a）所示，用一节干电池串接一开关后接到电动机的一相绕组上，然后用直流毫伏表或万用表毫伏挡接另外一相绕组。当合上开关 K 的瞬间，毫伏表指针应朝大于零的正向摆动，否则应将两根毫伏表的试笔调换以使表针正向摆动。此时，电池的"+"极与毫伏表的"－"极同为相绕组的首端（或称同名端）。同样道理，如将表接到另一未测试的相绕组，如图 2-6-5-19（b）所示，也可测出该相绕组的首、尾端。经过两次测试就可以找出三相绕组的首、尾端，因而也就得到了三相绕组的正确相序。

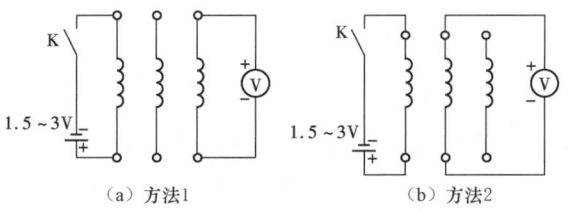

图 2-6-5-19　用干电池检测绕组的相序

b. 灯泡检查法。如图 2-6-5-20 或图 2-6-5-21 所示将两相绕组串联起来，串联的两相绕组经开关 K 后与交流电源相接（36～220V），另外一相绕组则与灯泡相接。若灯泡发光就说明两相绕组正串联，也就是一相的首端系与另一相的尾端相接；如果灯泡不亮，则说明该两相绕组为反串联，这时可将其中一相与另一相的首尾端对换。确定这两相绕组的首、尾端后，只需再把其中一相绕组与另一相串联，采用同样方法检试就可以准确找出三相绕组的相序。

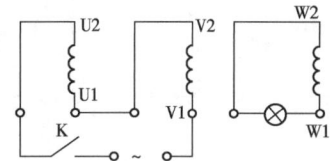

图 2-6-5-20　用灯泡检测绕组的相序（1）

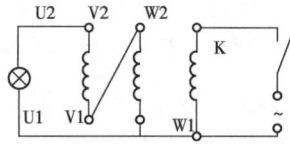

图 2-6-5-21　用灯泡检测绕组的相序（2）

c. 万用表检查法。将三相绕组各拿出一根出线端接成 Y 形，将 36V 低压交流电接入其中任意一相绕组上。如图 2-6-5-22（a）所示，用万用表的 10V 交流挡测量其余两相绕组的电压值，记下有无读数；然后换接成图 2-6-5-22（b）的接法，再记下看有无数值。最后根据下述情况来分析判定：若两次均无读数，则说明接线正确；如两次均有读数，就说明两次都没有接电源的那相绕组首尾端接反了，即如图中的中间相颠倒了；若只有一次无读数，而另一次有读数，则说明无读数那次接电源的一相绕组接反了。

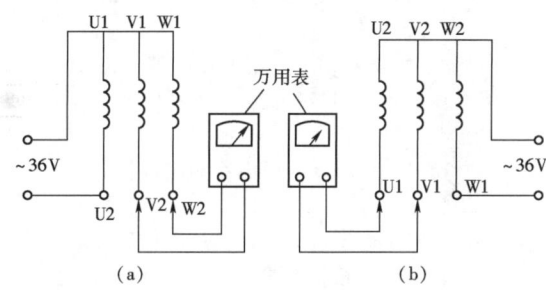

图 2-6-5-22　用万用表检测绕组的相序

采用这种检试方法除了要使用万用表或电压表外，还必须具备低压电源。

d. 转向检查法。如图 2-6-5-23 所示，将三相绕组每相任取一个线端接成星形点。并把该点接地（如供电变压器是中性点不接地时，则应将其接零），用两根电源线依序分别接在电动机的两个引出线端，然后观察电动机的旋转方向。

若经三次接上去试验其旋转方向均相同，则说明三相绕组相序正确；如果旋转方向不一样，就说明参与过同方向旋转的那相绕组首尾接反了。例如，试验中的第二次 b、c 相和第三次 a、c 相是同方向，c 相就参与这两次试验，故可确定该相绕组的首尾端已反接，将 c 相绕组的两根线端予以调换即可。

采用此种检试方法不用仪表和低压电源，只需利用电动机原有的电源即可进行，所以十分方便简捷。但是，试验时电动机三相绕组的星形接点必须按图中接地或接零，不然电

第六章 电动机异常与故障快速诊断修理案例

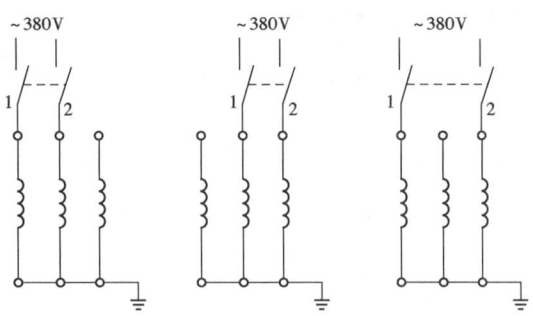

图 2-6-5-23 用转向检查法检测绕组的相序

动机将因成单相而无法旋转起来。

一般这种方法只适用于小功率电动机在空载状态下进行试验，而且还应注意试验时间不宜太长，以免试验时的大电流损坏绕组绝缘。

(2) 绕组接错故障的修理。从前面我们已经知道，三相电动机绕组的连接是根据电动机运行原理和形成三相旋转磁场的要求，来确定如下接法及接线原则的。

1) 线匝、线圈、极相组。由一根或多根导线绕线模一周，称为线匝；一匝或若干匝线匝串联而成为一个线圈；一个或若干个线圈串联，则成为一个极相组。

2) 并联支路、相组。由一个或若干个极相组按反串联（即首端与首端、尾端与尾端串联）接成并联支路；一条或若干条并联支路按首端与首端、尾端与尾端并联则接成为相绕组。

3) 显极与庶极接法。显极接法是将每相组所包含的极相组，按照"首端与首端相接、尾端与尾端相连"的接法进行连接；庶极接法则是把每相绕组的全部极相组，依照"首端与尾端相接、尾端与首端相联"的接法连接。

4) 三相绕组按互差 120°电气角度出线。由于三相旋转磁场的产生必须具备：三相正弦交流电在时间上互差 120°电气角度；三相电动机绕组在定子空间的分布互差 120°电气角度。因此，电动机三相绕组的引出线端应按互差 120°电气角度的相位（即相序）分布。

当经过检试找出电动机绕组接错故障以后，应视绕组接错故障的位置和性质，根据上述三相电动机绕组的接法及接线原则对照分析，将接错故障处重新连接，重包绝缘即可。

(二) 笼型转子绕组故障的检查与修理

三相异步电动机的笼型转子绕组一般都很少损坏。但因材料质量或制造工艺差、结构设计差，或者启动频繁、操作不当、急促的正反造成剧烈冲击等原因，也有可能导致笼型转子绕组的损坏。笼型转子绕组导条断裂就是偶有发生的故障；当电动机转子绕组断条后，电动机将会出现转矩减小、负载运行时转速下降、起动困难和电磁噪声及振动增大等许多故障现象，严重影响电动机正常而良好地运行。笼型转子绕组断条故障常用检查方法有以下几种。

1. 绕组故障的检查

(1) 外观检查法。对于防护式三相异步电动机的笼型转子，可以在电动机启动时观察定子与转子之间气隙处；看是否有火花闪动的现象，若有火花出现则说明笼型转子极有可能已产生断条故障。然后可拆开电动机两侧的端盖，抽出笼型转子；接着仔细察看转子铁芯表面和端环处，看是否有断裂及高温变色的地方，如有这种情况，多为断条故障的所在位置。

(2) 铁粉检查法。该种检查方法是利用电磁原理进行的。检试时可在转子端环的两侧接入极低的可调电压电源，然后将铁粉撒在转子铁芯表面并逐渐升高电压，使转子铁芯的磁场得以增强至吸住铁粉为止。此时若转子铁芯表面的铁粉能按照铁芯槽的方向整齐排列，则说明该笼型转子绕组可能没有断条现象。如果转子铁芯某槽不能粘住铁粉或所粘铁粉很少，则该槽内的导条极有可能已经断裂。

(3) 短路侦察器检查法。如图 2-6-5-24 所示，在特制的短路侦察器上串接一个电流表来进行检测。短路侦察器铁芯的开口处应呈弧形以吻合转子圆周表面，使转子铁芯能沿短路侦察器上的开口铁芯滚动。检测时应对转子铁芯表面逐槽进行，若转至某槽时发现电流表数值突然明显下降，则说明该槽内的导条极有可能已经断裂。检查也可以不用电流表，改用一根锯条或铁片放到所检测槽的槽口上面。如果锯条或铁片被转子铁芯槽口吸住，就说明导条完好无损；若锯条或铁片不被转子铁芯槽所吸住，则说明该槽内导条已断裂。

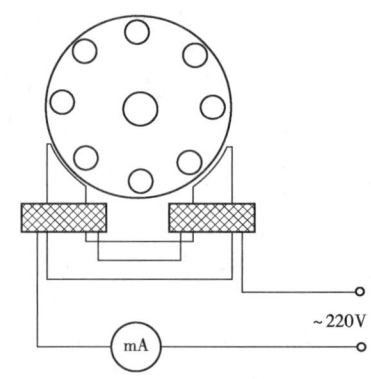

图 2-6-5-24 短路侦察器检查转子断条

(4) 更换转子试验法。如有型号、规格完全相同的电动机，则可将其笼型转子拆出后装入疑有断条故障的电动机定子中，试运行一段时间；若电动机在负载能力、起动转矩、转速、温升、振动和噪声等方面均为正常，则说明被换下的笼型转子绕组内有断条故障。

2. 笼型转子绕组断条故障的修理

电动机笼型转子绕组的断条故障经检查找出来后，可按以下几种方法进行修理：

(1) 如断条故障发现是在槽外或端环等明显部位，可以采取将裂纹凿出 V 形槽，然后用气焊及焊料进行修补即可。

(2) 若转子绕组是个别笼条断裂，也可以将断条钻掉并把槽内清理干净。然后制作一根与转子槽形相同的铝条打入槽内，再将铝条与端环用气焊焊牢即可。

(3) 若笼型转子导条断裂较多时，也可以全部更换笼型绕组。这时应车去转子两侧的端环，并用机夹具将转子铁芯整个地夹紧以防止松散。然后将各槽换上比铁芯稍长的紫铜条，在转子两侧的槽口处，把紫铜条朝同一方向打弯重叠，再用气焊将转子两侧打弯重叠的铜条焊成端环，最后将其车削平整即可。

(4) 如笼型转子绕组为铜质导条而发生个别断条时，则可在断条两侧的端环上各开一个缺口，将断条从槽中敲出后换上一根与原截面尺寸相同的新笼条。换上的笼条应比端环长出 20mm 左右，可将该长出部分敲弯紧贴在短路环上，然后用气焊焊牢并在车床上车削平整和校正平衡即可。

(三) 绕线转子绕组故障的检查与修理

三相绕线转子异步电动机转子绕组的结构和绕制方法与定子绕组基本相同。一般在小型三相绕线转子异步电动机中，其转子绕组多数采用圆电磁线绕制的单层叠绕组和单层同心绕组，它的故障检查与修理可参考前面定子绕组故障修理的相同内容进行。而中、大型三相绕线转子异步电动机的转子绕组，大都采用扁铜线或铜条组成的单匝双层波绕组。由于该类波绕组结构坚固、绝缘可靠，故在长期运行中绕组部分较少出现故障。但绕线转子电动机比笼型转子电动机增加了一套滑环和电刷机构，它是较易发生故障的部分。

1. 绝缘电阻下降的检查与修理

电动机由于缺乏经常维护或维护不当，使大量碳刷粉尘积聚存留在滑环和电刷架上，致使电机绝缘强度下降；问题严重时，甚至可造成短路故障而将整个装置烧毁。因此，必须非常重视和加强转子滑环及电刷架的经常性维护和定期清扫工作，以确保电动机的安全运行。

2. 通地故障的检查与修理

通常转子绕组的通地故障多发生于引出线在转轴孔端部的擦伤，或滑环与转轴间的绝缘破损。对此故障可使用试灯、兆欧表和高压试验进行检查；找出故障后用同等绝缘材料予以补强修理即可。

3. 转子单相运行故障的检查与修理

当转子绕组为一路接法时，如发生一相断路故障，此时即使滑环已经短接，电动机仍将表现为单相运行状态；运转中会出现强烈噪声、定子电流增大、电磁转矩下降、转速降低等。绕线转子电动机单相运行故障多数是由电刷机构失灵或电刷太短接触不良所致。此时，可检查电刷机构的拉簧是否失效，如电刷过短，必须用同牌号、同规格的新电刷更换。若运转中电刷机构的短路卡环与短路夹因过热而失去弹性，也会因接触不良导致单相运行故障，这时只有换上新短路夹才能将电动机修复。

此外，电刷的压力不当也会产生滑环火花或加快电刷等的磨损，对此可用弹簧秤进行压力检查，碳—石墨电刷所需单位压力一般约为 $200g/cm^2$，铜—石墨电刷约为 $150\sim250g/cm^2$。

对于滑环部分已经损坏并且无法修复的绕线转子电动机，如果其电源容量允许，则可试将转子绕组的三根引线端直接并联使用。

4. 转子绕组端部并头套脱焊的检查与修理

绕线转子异步电动机转子绕组端部并头套脱焊造成断路故障是较普遍的问题。其主要原因是转子绕组两侧存在数量众多的并头套接线点；或者电动机启动条件恶劣、转子电流大、起动和过载次数频繁，致使转子绕组温度升高，而并头套热量又较难散发出去，因而就容易使并头套脱焊。若原来在电动机制造过程中焊接质量就不好，电动机在运转时就可能出现甩锡现象，使得绕组导体与并头套接触不良而引起放电，甚至烧坏绕组等。

经外观检查，若仅烧坏部分并头套而转子绕组并未受到严重损伤时，可先用兆欧表检查转子绕组对地的绝缘电阻值。如符合绝缘要求时，则只需重新焊接脱焊的并头套或更换部分烧坏的并头套即可。

对故障较严重、转子绕组损坏造成层间击穿或接地时，应视具体情况作出局部或全部绕组的更换处理。

(四) 同步电动机转子绕组故障与修理

同步电动机的转子上有励磁绕组和阻尼绕组两套绕组。励磁绕组用来产生同步电动机的旋转磁场，它多由绝缘圆铜线或扁铜线绕制成集中式磁极线圈，经包扎、整形、绝缘、浸漆后嵌置于转子磁极铁芯和磁轭上。阻尼绕组的作用主要是产生阻尼力矩来防止同步电动机运行中因负载变化而引起的失步现象，同时它还可增加起动转矩。阻尼绕组是由截面很大的导条嵌置在磁极铁芯表面的槽内，两端与分段的铜板连接在一起所构成，铜板则用螺钉紧固起来作短路之用。这样，阻尼绕组实质就是一套笼型转子短路绕组。

1. 阻尼绕组故障与修理

阻尼绕组由于结构简单和极低的工作电压，因而故障较少。常见故障主要为笼型绕组断条或连接铜板松动。当出现这种故障时，将会降低阻尼力矩及电动机启动时的起动转矩。此类故障极易检查和修理，通常只需经过外部观察和重新紧固即可把故障排除。

2. 励磁绕组故障与修理

同步电动机励磁绕组的常见故障主要有接地、短路和断路等，下面将分述这些故障的检查与修理。

(1) 通地故障的检查与修理。励磁绕组的通地故障可用试灯或兆欧表以分组淘汰法进行检查，在拆开绕组间连接线后，测试各极相组，找出通地故障点。通地点通常都发生在磁极线圈内侧与磁极铁芯接触的四角上，此处易受损伤致绝缘击穿。找出通地故障后，应将通地磁极线圈从转子上拆下，重新包扎绝缘并浸漆烘干处理。重新装配时，应与磁极铁芯配合紧密，经高压试检合格后即可重新投入运行。

(2) 短路故障的检查与修理。励磁绕组短路故障多数以匝间短路或层间短路的形式出现，短路故障的查找可以用电桥表检测各个磁极线圈的直流电阻值：电阻小于各磁极线圈平均值的即为短路线圈。也可以采用图 2-6-5-25 所示的电流比较法进行短路故障检查：电流较大的即为短路磁极线圈。找出绕组短路故障后，如磁极线圈匝间短路的匝数不多、短路处热量又不高的话，则不影响同步电动机的运行；如短路故障严重时，则需要更换新线圈。

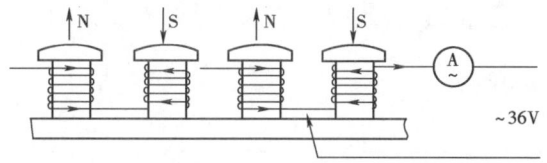

图 2-6-5-25 用电流比较法查找短路故障

(3) 断路故障的检查与修理。励磁绕组断路故障绝大多数都发生在几十千瓦以下的小型同步电动机中。其故障大都为磁极线圈连接线脱焊，外观检查即很容易发现，也可用试灯对各磁极线圈连接线处逐极测试。找出绕组的断路故障后只需重新连线、重包绝缘即可。

转速在 750r/min 以上的同步电动机需要更换个别磁极线圈时，应特别注意新磁极线圈的导线线径、截面、匝数、层数和重量，均必须与原磁极线圈一致。重新装配后，整个转子还应进行平衡校正，以确保同步电动机修理前的机械和电气性能。

(4) 轴电流的检查与处理。当同步电动机的定、转子绕组内发生匝间短路，定、转子气隙不均，定子分段铁芯外壳接缝出现高磁阻等情况时，将会影响同步电动机磁场不对称,进而产生部分包围转轴的磁通,并成为随着定、转子相对位置变化而变化的交变磁通。该交变磁通将在由电动机轴、两端轴承及机壳所形成的闭合回路中产生感应电势。当轴承中的油膜绝缘不足以隔绝这一电势时,就将会在同步电动机转轴上产生很大的轴电流。

该轴电流的存在对轴颈和轴承都有腐蚀作用,在其表面上可观察到有麻点或斑痕。用 0～5V 高内阻的电压表测量时,就可发现转轴与机座间存在着电位差。为了避免该电流的产生,每个轴承均应与机壳绝缘以切断其电流回路;或者用装设在转轴上的滑动接地电刷将轴电流引导出去。

三、三相电动机重换绕组的修理

三相电动机的定、转子绕组,不论是三相同步电动机还是三相异步电动机,其定、转子绕组的工作原理、绕组结构、连接方法等都是基本相同的。不同的只是因其各自结构的差异所带来设计参数的变化。因此,三相同步、异步电动机定、转子绕组的重绕修理也是相同的。

三相电动机的定、转子铁芯及其他机械部件均比较坚固,因而它的使用寿命也很长,在电动机的整个部件中只有其绕组部分较为脆弱。一台新电动机若使用不当时,往往只需几十分钟甚至十几分钟就可能将绕组烧损;此外,电动机长期超载温升过高致使绕组绝缘严重老化,或绕组产生严重短路、断路、通地等故障,用局部修理方法又无法修复时;以及电动机因工作条件的变化,需要进行改压、改极、增容时,都必须拆除全部旧绕组而重换新绕组。重换新绕组的工作可按下列步骤进行:记录原始数据,识别绕组接法,拆除旧绕组,绕制线圈,裁剪绝缘,嵌置绕组,接线与焊接,绕组的试验和浸漆与烘干等。

(一)记录原始数据

对已经确定进行重换绕组修理的三相电动机,应尽可能详细、准确和完整地记录其原始数据。在拆除旧绕组的过程中,应将表 2-6-5-5 内的各项技术数据仔细查明并详细记载,以作为重换绕组前后电动机性能核查和比较的重要依据。翔实的原始数据还可以使修理过程中避免不必要的错误,它同时也是电动机修理质量的可靠保证。现将一般应记数据简述如下。

表 2-6-5-5　　　　三相异步电动机修理原始数据记录表

铭　牌　数　据							送修　年　月　日
型号		功率		转速		功率因数	
电压		电流		频率		效率	
绝缘等级		允许温升		接法		产品编号	
转子电压		转子电流		运行方式		质量	
产品编号		制造厂		制造日期			
定　子　数　据							
定子铁芯数据				定子绕组数据			
铁芯外径		铁芯内径		绕组型式		节距	
定转子气隙		铁芯长度		每极每相槽数		导线型号	
通风道数		铁芯有效长度		导线线径		并绕根数	
槽数		槽形尺寸		匝数		并联支路数	
				接法		线圈端部伸出长度	
图形表示							

1. 铭牌数据

铭牌数据是指电动机铭牌上所标记的数据,它简要地说明了电动机的规格、型号和工作条件。一般包括型号、功率、频率、转速、电压、电流、效率、功率因数、绝缘等级、允许温升、出厂编号及制造厂等。这些技术数据可供验算绕组时参考。

2. 铁芯数据

铁芯数据是指电动机的定、转子铁芯的内径、外径、长度、槽数、通风道等,以及如图 2-6-5-26 所示的槽形尺寸。定、转子铁芯的这些技术数据是电动机绕组重绕、改绕的重要依据。

3. 绕组数据

绕组数据是指线圈的线径、并绕根数、匝数、节距、并联支路数、绕组接法、线圈铜重等。

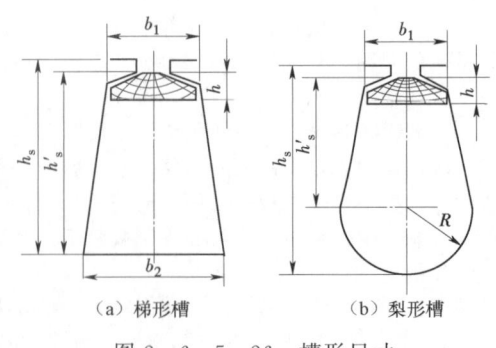

(a) 梯形槽　　(b) 梨形槽

图 2-6-5-26　槽形尺寸

4. 线圈尺寸

线圈尺寸是指线圈的端部和直线部分的长度尺寸,如图 2-6-5-27 所示为电动机绕组伸出铁芯的长度尺寸,图 2-

6-5-28所示则为三相电动机定子绕组、几种常用绕组型式的线圈各部尺寸。

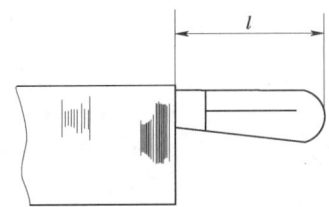

图 2-6-5-27　绕组端部伸出铁芯的长度

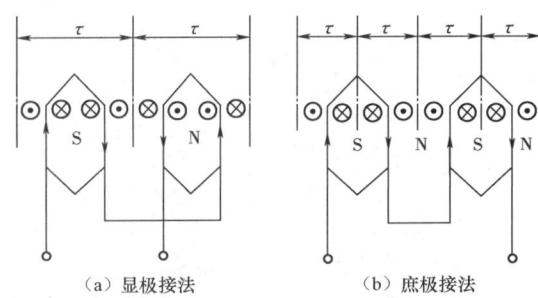

(a) 显极接法　　　　　(b) 庶极接法

图 2-6-5-29　三相电机显极、庶极接法绕组示意图

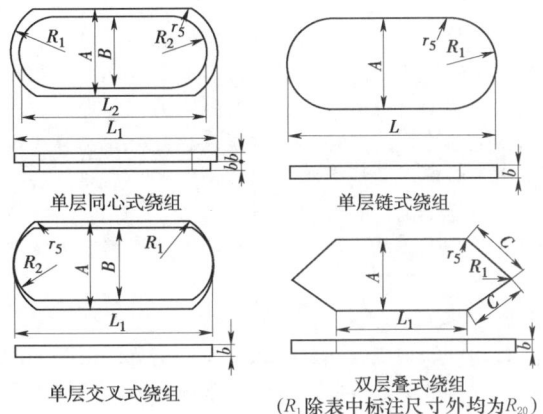

图 2-6-5-28　常用绕组型式的线圈各部尺寸

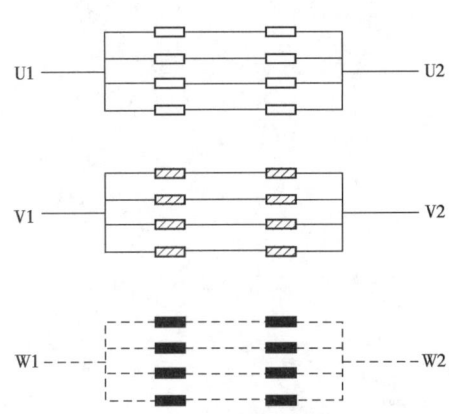

图 2-6-5-30　六根出线端时，单路、多路接法的识别

（二）绕组接法的识别

在拆除旧绕组时，绕组的接法、并联支路数、绕组型式等，均应仔细认真地记下来。绕组接法虽然可以在拆除旧绕组的过程中，按照线圈、极相组间的实际连接逐一画下来，但这样做既麻烦又费时。如果我们根据各种绕组接法的不同特点进行分析比较，也能迅速准确地识别出绕组的各种接法。这样，在重换新绕组后就只需按规定的这种接法连接即可。下面将简介三相电动机绕组常用接法的识别。

1. 显极接法与庶极接法的识别

如图2-6-5-29所示为三相电动机绕组显、庶极两种接法时的绕组示意图，从前面我们已知道电动机采用显极接法时，其绕组多为60°相带，它的一个极相组只产生一个磁极极性，例如一个N极或S极；庶极接法的绕组则多采用120°相带绕组，此时一个极相组将会产生两个磁极极性，即同时产生一个N极和一个S极。因此，我们可以根据电动机的极数与其极相组数的关系，来识别电动机绕组的显极接法和庶极接法。即

显极接法时电动机极相组数＝极数 $2P$

庶极接法时电动机极相组数＝极对数 P

2. 单路接法与多路接法的识别

绕组的单路与多路接法的识别，与电动机的出线端数有关。通常三相电动机的出线端一般为六根，下面分述几种不同引出线端根数情况下，单路与多路接法的识别。

（1）有六根引出线端时，单路、多路接法的识别。如图2-6-5-30所示，进行接法识别时可从电动机的六根引出线端中抽取任意一根来检查，仔细察看到引出电缆线上用绝缘套管分开的导线有几股。须注意：用绝缘套管分开的导线有几股就是几路并联接法。

（2）有三根引出线端时，单路、多路接法的识别。进行识别时仍从三根引出线端中任意抽出一根来检查，仔细察看引出电缆线上有几股用绝缘套管分开的导线。如果是1、3、5等奇数时，则绕组为Y形接法。此时，有几股分开的导线即为几路并联接法，并且绕组内部还将有一个3倍于单根电缆线上分开股数导线的星形连接点。

若接到引出电缆线上用绝缘套管分开的导线，其股数是2、4、6等偶数时，就要继续在绕组内找一找，看是否有3倍于单根电缆线上股数的星形连接点。如果有，则绕组为Y形接法，此时单根电缆线上用绝缘套管分开的股数，即为绕组的并联支路数；如果绕组内部没有星形点，则绕组必为△形接法，此时将接到单根引出电缆线上用绝缘套管分开的导线股数除以2，即为电动机绕组的并联支路数。

3. 绕线转子绕组甲类波形绕组接法的识别

从前面第3章"三相电动机转子波形绕组的连接"中已经知道，绕线转子绕组甲类波形绕组是将每相分接成两段，三相共分接成六段，然后再将每两段用段间跨接线连接成相绕组。因而甲类波形绕组的转子绕组如图2-6-5-31所示，它具有跨接线和零线环，而且这些部件和引出线端都被布置在靠转轴滑环的这一侧。

4. 绕线转子绕组乙类波形绕组接法的识别

如图2-6-5-32所示为绕线转子绕组乙类波形绕组接法的识别。从图2-6-5-32中我们可以看出该乙类波形绕组接法较为简单，它采用翻层导线将一相绕组一次连接起来，这样就省掉了甲类波形绕组接法中的段间跨接线。其三相引出线从转轴滑环一侧引出，而零线环则布置在转轴的另一侧。

（三）拆除旧绕组

由于电动机绕组均经过良好的浸漆烘干绝缘处理，致使

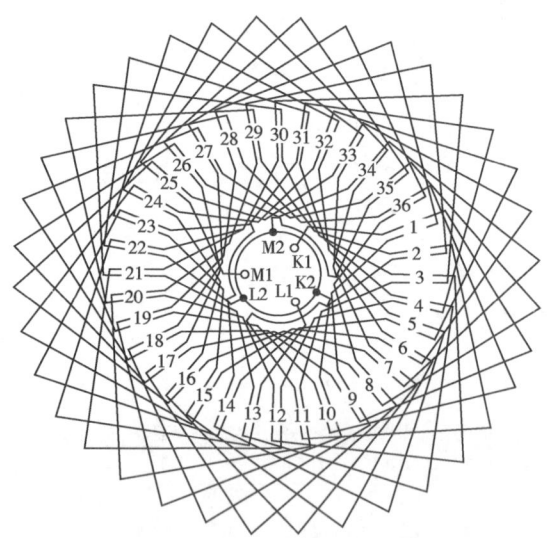

图 2-6-5-31 转子绕组甲类波形线组接法的识别

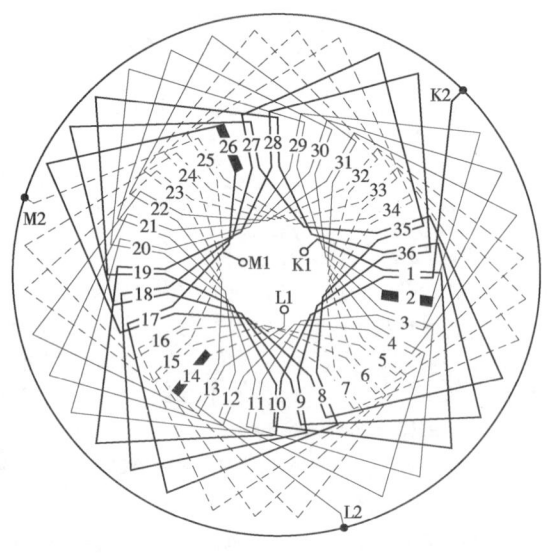

图 2-6-5-32 转子绕组乙类波形绕组接法的识别

绕组已形成一个整体并且变得异常坚固，因而使拆除旧绕组十分不易。拆除旧绕组时，应先将绕组中的绝缘漆加热使绕组软化，以使绕组拆除容易些。但为了保证电动机修后的质量，一般不允许把定子铁芯放到火中去烧，因为那样将会使铁芯中硅钢片的绝缘层遭受无可挽回的破坏，并导致铁芯松弛、涡流损耗增大和机壳变形等严重后果。因此，要尽可能采取对铁芯基本无损伤的方法去拆除损坏的旧绕组，常用方法有以下几种。

1. 冷拆法

对于那些绝缘严重老化比较容易拆下来的电动机旧绕组，则可以采用这种冷拆方法。拆除旧绕组时可首先用电工刀或废机锯条磨成的刀，将槽内的槽楔从中间劈开拆出。再用薄口起子从线圈端部，分次拨开线匝，然后将线匝的直线部分分批扯出槽口，直至把全部导线都拆出来。如遇铁芯为闭口槽时就只有用钢丝钳把绕组一端的端部逐根剪断，然后在绕组端部的另一端用钢丝钳逐根将导线从槽中扯出。在拆除旧线圈时，还应按导线的排列顺序逐一扯出，切勿用力过猛或多根并扯而损坏槽口。旧绕组拆除后应将旧槽绝缘一并拆除，并逐槽清理槽内残余的绝缘物和整理好槽口及铁芯两端的端面，以使整个铁芯的端面和槽内无铁屑、杂质和毛刺等有害物，保持平整、干净的良好状态以待新换绕组的嵌入。

2. 加热拆除法

在很多情况下电动机绕组虽已接地、短路或断路，但绝缘大部分尚未老化，其绝缘漆使绕组仍为一个较坚固的整体。对这类绕组的拆除可采取"加热软化、乘热拆除"的方法。电动机的加热方式有通电短路加热和喷灯、烘房等外部加热办法。通电短路加热法是采用将低压电源加到要拆除的电动机旧绕组上，如电源容量不够，可用单相 3~10kVA、380（12~16）V 的降压变压器，或用交流、直流电弧焊机，对电动机绕组的一个极相组或一个线圈加热。当加热一个极相组或一个线圈后，应在切断电源后及时拆除这些线圈，直到将绕组的线圈全部拆除为止。此外，另一种加热方法就是用烘房将电动机绕组烘热到其绝缘软化，槽楔和导线均比较容易扯出的时候，乘热拆除。但不论用哪种加热方法，其加热温度均不能太高。一般应控制在 200℃ 以下，否则高温将会损坏铁芯硅钢片的片间绝缘，从而导致铁损增加、空载电流增大的不良后果。

3. 溶剂溶解法

当三相电动机绕组在其绝缘漆尚未老化的情况下，还可以采用溶剂溶解法来拆除旧绕组，常用的溶剂溶解法有以下几种。

（1）氢氧化钠（工业烧碱）腐蚀法。采用该种方法时，一般可将 1kg 氢氧化钠加上 10kg 水，把电动机的定子绕组浸泡在该溶液中，浸泡时间为 2~3h 即可。如需加快溶解过程则可将溶液加热至 80~100℃。定子绕组从溶液取出后要立即用清水冲洗干净，然后按绕组顺序逐一将旧线圈全部拆除。对于设计为铝导线的三相电动机，不能采用该种腐蚀液去拆除旧绕组。

（2）丙酮、酒精、甲苯、混合液浸渍法。当被拆除旧绕组的电动机容量比较小时，可以按丙酮 25%、酒精 20%、甲苯 55% 的比例，将这些溶剂按重量百分比进行混合。然后把电动机定子绕组整个浸入混合液中，待绝缘软化后即可开始拆除旧绕组。

（3）丙酮、甲苯、石蜡混合液刷浸法。由于有机溶剂价格较高，故用该溶剂浸泡将会因耗料太多，而极不经济。因此，为了节约费用可对小容量电机改用耗料少的溶剂刷浸法。刷浸时的溶剂采用丙酮 50%、甲苯 45%、石蜡 5% 三种材料配制而成。进行配制时应先把石蜡加热熔化，在移开热源后加入甲苯，最后加入丙酮并将三种材料搅拌均匀。将电机定子立放在有盖的铁盘内，用毛刷把溶剂刷到定子绕组的端部和槽口并加上盖，以防止溶剂挥发太快，减弱溶解效果。经过 1~2h 之后，即可取出电机定子进行旧绕组的拆除。

（四）散绕线圈的绕制、嵌线与接线

中小容量三相电动机的定、转子绕组绝大多数均采用散绕线圈，该类散绕线圈由单根或多根漆包圆导线并绕而成。

1. 绕线模的制作

在重新绕制新绕组前，应依据旧绕组线圈形状和尺寸或需要变动的绕组节距来制作绕线模。绕线模尺寸做得是否合适，对电动机的重换绕组工作能否顺利进行起着决定性作用。新绕制的线圈尺寸既不能太短也不可太长，太短将会使嵌线工作发生困难，严重时甚至线圈无法嵌下去；过长则不

仅浪费铜线,还会使绕组电阻和端部漏抗增大,导致电动机电气性能变坏,并且还可能因线圈端部过长碰触端盖,引起新绕组的接地、短路等故障。因此,绕线模的尺寸一定要做得比较准确和规范,最好在拆除旧绕组的过程中有意选择保留一个形状较完整的线圈,可依据该线圈的尺寸制作绕线模。通常按所修电动机的旧线圈尺寸做出的绕线模是较为可靠的。但是,若该电动机早已经过重换绕组的大修,铁芯槽中嵌置的已不是制造厂的原装绕组。此时,在拆除旧绕组前,应仔细察看该线圈的各部尺寸是否合理,要酌情作出更改和调整,再予制作绕线模。

如果没有形状完整的旧线圈做参考,则只有经过计算来重新设计绕线模。经重新设计制作的绕线模,在绕出第一个线圈后仍应进行试嵌,以检查线圈各部尺寸是否符合要求。如有不合适之处,应对绕线模予以修改和调整,直至所绕线圈完全合适时才可以正式绕制全部的线圈,不然将会造成导线材料的损失。

绕线模一般由模心和夹板所组成,图2-6-5-33所示为双层叠绕组的绕线模。从图2-6-5-33中我们可以看出,模心是绕线模最重要的部分,它决定所绕线圈的长、短、宽、窄及全部尺寸。所以,对绕线模模心尺寸的确定应十分细心和慎重。如果自己有确定模心的实际经验,则可根据电动机的绕组型式在铁芯上用一根导线弯成模心样板,以它作为制作绕线模的参考。绕线模的模心尺寸如图2-6-5-34所示,其计算如下所述。

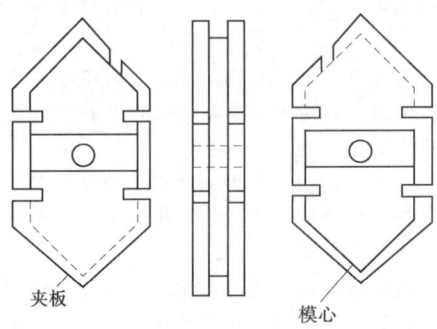

图2-6-5-33 双层叠绕组绕线模示意图

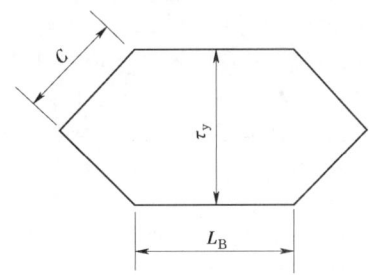

图2-6-5-34 绕线模的模心尺寸

$$\tau_y = \frac{\pi(D_i + H_s)}{Z_1} Y_1 \text{(mm)} \quad (2-6-5-1)$$

式中 D_i——定子铁芯内径,mm;
Z_1——定子铁芯槽数;
Y_1——用槽数表示的节距;
H_s——定子槽高,mm。

模心直线部分的长度:
$$L_B = l + 2d \text{(mm)} \quad (2-6-5-2)$$

式中 l——定子铁芯长度,mm;

d——线圈直线部分两端伸出铁芯的长度,一般取 $d = 5 \sim 15$ mm,功率大的取大值。

模心端部的长度:
$$2C = k\tau_y \text{(mm)}$$

式中 k——系数,电机时取$k = 1.2 \sim 1.25$,4极时取$k = 1.25 \sim 1.3$;
τ_y——模心宽度。

模心厚度:
$$H = d_i \sqrt{N} \quad (2-6-5-3)$$

式中 d_i——绝缘导线直径,mm;
N——一个线圈的导线数。

绕线模的夹板尺寸则以周边高出模心10~15mm为宜。模心制成后,一般均在其轴心处倾斜地锯开,半块模心固定于上夹板,另半块则固定在下夹板,这种结构可易于脱模和取出绕好的线圈,具体结构可参见图2-6-5-33所示。绕线模一般均用干燥的硬木制作,因为它不易变形而又易于加工制作。绕线模可以根据电动机绕组每极相组的线圈数来做模板,由于线圈可以中间不剪断而一次连续绕成,因而就避免了线圈间许多不必要的连接,从而提高了电动机的运行可靠性。

2. 线圈的绕制

线圈绕制前应先用千分表检查所用导线直径、导线绝缘厚度是否符合要求。常用圆电磁线的公差和绝缘厚度如表2-6-5-6和表2-6-5-7所示。

表2-6-5-6 常用圆电磁线公差

圆导线直径/mm	0.27~0.69	0.72~1.0	1.04~1.63
公差/mm	±0.01	±0.015	±0.02

表2-6-5-7 常用聚酯漆包线绝缘厚度

圆导线直径/mm	绝缘厚度/mm
0.27~0.33	0.05
0.35~0.49	0.06
0.51~0.62	0.07
0.64~0.72	0.08
0.74~0.96	0.09
1.0~1.74	0.11

绕线前必须仔细搞清楚绕组的节距、线径、并绕根数、线圈匝数、每极相组内线圈数、每相极相组数、并联支路数和接法等有关技术数据,特别是线径、并绕根数和匝数不能有差错,因为它直接影响到电动机运行性能的好坏。三相电动机散绕线圈可在手摇或机动绕线机上进行,其绕线步骤如下所述:

(1) 准备好绕线机、绕线架、绕线模、钢丝钳、剪刀、活动扳手以及电磁线、绝缘套管、绝缘带和扎线等。

(2) 将准备好的绕线模装入到绕线机的主轴上,并用螺母把线模两侧的外夹板锁紧,将绕线机计数器号盘拨到"零"位置。电磁线盘装到绕线架上,并使绕线架与绕线机间保持适当的距离,让电磁线引至绕线模时保持平整无弯曲。

(3) 绕线开始时,将电磁线的起始线端经绕线模右侧开口处固定到绕线机主轴上,绕线从右边开始向左边绕。如图

2-6-5-35所示，绕线前应在绕线模的4道槽内放入扎线，用以将绕好的线圈逐个扎紧。

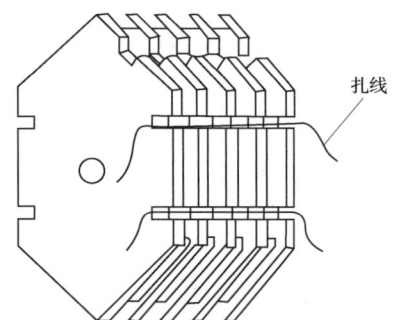

图 2-6-5-35 在绕线模内放扎线

（4）绕线时电磁线在线模槽内应排列整齐层次分明，不得有严重交叉和混乱。绕满一个线圈所规定的匝数后，用摆放于槽内的棉扎线将线圈扎紧，以免线圈下模时线匝松散。接着把电磁线拉入绕线模的第二线槽，然后按同样方法继续绕下去，直至绕完绕线模内所有线槽。同心式绕组通常从最小线圈开始绕线。

（5）整组线圈绕好后，留下适宜的引线长度并用钢丝钳剪断电磁线。接着用活动扳手松开绕线机主轴螺母，然后从绕线模上逐槽取出绕好的所有线圈。

（6）绕组绕线时各极相组内的线圈中最好不要有接头，以免增加绕组的故障点。确因线圈在绕制中电磁线不够需要连接时，其线端焊接处也应选择在线圈的端部位置。而且绝对不准选在线圈的直线部分，否则经焊接的电磁线加包绝缘后就很难嵌进槽内。即使能够嵌入槽中，若焊接不良，则又极易造成线圈断路故障，从而给故障检查和修理带来极大的困难。

（7）绕线过程中应注意拉紧电磁线，其力度则要松紧适宜。过松则使线圈内部松散和外部凌乱，绕出的线圈质量较差，不利嵌线；过紧则又可能将电磁线直径拉小，从而影响线匝间的耐压强度和增大线圈的直流电阻值，并将导致电动机绝缘能力下降，所以在绕线过程中应特别留意这种情况。

3. 绝缘的裁剪

三相电动机绕组散绕线圈的槽绝缘、相间绝缘和层间绝缘，一般在E级绝缘时多采用6520聚酯薄膜青壳纸复合箔，其厚度为0.15mm、0.2mm、0.25mm等，根据电动机功率大小和电压高低去选择不同的厚度。B级绝缘电动机的槽绝缘、层间绝缘和相间绝缘，近年来则大多采用6630聚酯纤维无纺布聚酯薄膜复合箔（俗称DMD）。

槽绝缘用来垫放在铁芯槽内，其两边均须高出槽口以便于线圈无损伤嵌入，如图2-6-5-36所示。并且为保证绕组可靠的介电强度，槽绝缘还应伸出铁芯两端一定的长度。槽绝缘伸出铁芯的长度应视电动机功率的大小而不同，功率大的电动机其槽绝缘伸出长度可略长些。

当在同一槽内嵌放有上、下两层线圈元件边时，应在槽内的两层线圈元件边之间垫入层间绝缘，三相绕组的端部重叠处应垫入端部绝缘，层间、端部绝缘均采用与槽绝缘同等的绝缘材料。图2-6-5-37所示为三相电动机一般的槽绝缘结构。

4. 绕组的嵌线

三相电动机散绕线圈的嵌线是一项比较细致的工作，它

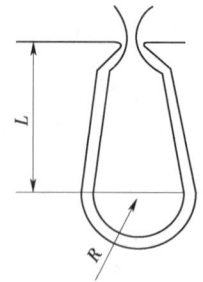

图 2-6-5-36 槽绝缘的垫放

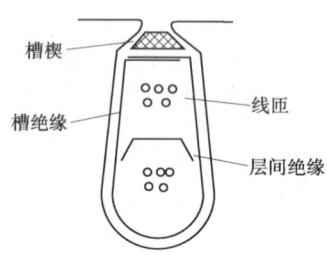

图 2-6-5-37 槽内绝缘结构

要将绕制好的三相绕组的线圈逐个地按照规定的节距、接法依序嵌入铁芯槽内。散绕线圈嵌线的具体步骤如下：

（1）仔细检查清理铁芯槽内的绝缘残留物，用锉刀、起子修正突出的硅钢片和毛刺，以及纠正铁芯两端因拆除旧绕组而产生的硅钢片弯曲等，并用吹风机或皮老虎将槽内杂屑吹干净。

（2）准备好槽绝缘、相间绝缘、层间绝缘、槽楔、整台电机的三相绕组；以及锤子、剪刀、压线板、理线板等材料和工具，并将槽绝缘逐一放入槽中。

（3）认真查看电动机修理原始技术数据，看清绕组的型式、节距、并联支路数和接法等，根据上述数据选择合理的嵌线起始位置及绕组的嵌线顺序。

（4）开始嵌线时将待嵌入的第一只线圈靠胸前的元件边用手指把它捻扁，使全部线匝成为扁平一排的状况，然后从一端槽口斜嵌入线圈的部分线匝或全部线匝。如遇到许多线匝被堵在槽中时，这时可用手指将线圈轻轻摇动使线匝徐徐进入槽中，或用理线板把线匝理清后整齐地拨入槽内。

（5）将嵌入的第一只线圈的另一元件边推过节距槽暂不嵌入槽中，并用双手在线圈两侧端部轻压喇叭口。如果是单层链式、单层交叉式及双层叠绕组等，均要在嵌入槽中的线圈元件边数达到线圈节距的槽数时，才可将该只线圈另一元件边嵌入其节距槽内。

（6）嵌起始极相组第二只线圈及以后的线圈时，应先将线圈间连接线整理后再嵌入槽中。然后再把线圈元件边捻扁一次拉入槽内，连接线应置放于线圈的内侧，因为这样能使嵌后的绕组整齐美观。

（7）嵌完a相的第一个极相组后即垫入层间绝缘，并用锤子和压线板将层间绝缘敲平压实。接着按同样方法嵌入b相的第一极相组并垫好层间绝缘，随后再嵌入c相的第一极相组。当该极相组中的线圈达到节距槽数时，就应将这个线圈的另一元件边嵌入节距槽的上层，线圈嵌入槽内后即可剪去多余的槽口外绝缘纸，用理线板把绝缘纸拆转压入槽中并用压线板将其压实，然后打入槽楔时应特别注意不要损坏槽绝缘和电磁线。接着按相同方法将c相第一极相组内达到节

距数的线圈嵌完。随后再嵌入 a 相的第二极相组,线圈嵌入后打入槽楔、垫入层间绝缘、隔放后端部相间绝缘和整理好极相组的引线等。

(8) 当嵌到第一节距内最先留下暂未嵌入的线圈元件边时,此时应逐一翻起这些线圈元件边并用纱带捆吊起来(即俗称"吊把"线圈)。其翻起高度以不影响最后一只线圈元件边的嵌入为准,下层元件边嵌完后再将"吊把"线圈元件边放下来依序嵌入各自槽中。

(9) 绕组各线圈全部嵌入铁芯槽中后,可用锤子和理线板垫打轻敲绕组端部,使绕组端部成为低于定子铁芯内径的一个圆整喇叭口。

(10) 修剪绕组端部绝缘纸,使绝缘纸高于线圈表面 2～3mm。

(11) 嵌线过程中如发现槽底绝缘纸破裂或槽内过于松动等情况,则须垫入同等绝缘材料予以修复和充实。

(12) 线圈的端部和连接线等,如有凌乱或严重交叉时则须用理线板予以理顺和整理。

5. 绕组的接线与焊接

绕组的线圈全部嵌入铁芯槽内以后,就可以按照规定的接法将三相绕组进行连接,具体的接线步骤如下。

(1) 接线前的准备。绕组在接线前应准备好玻璃丝绝缘套管、玻璃丝漆布带、蜡线、松香、焊锡、引出电缆线,以及锤子、剪刀、钢丝钳、理线板、弹性刮漆刀和电烙铁等材料和工具。

(2) 接线前的检查。应根据原始技术数据的记录,看清三相绕组出线端的相互位置、并联支路数、接法、出线方向等,以及检查各相绕组的线圈是否有嵌反、接错和端部相间绝缘垫错等情况,如发现这类错误则应立即纠正。

(3) 绕组的连接。接线时首先应将各绕组的出线端整理好,并且合理选定引出线端的出线位置,一般将出线位置选在距出线盒附近绕组的端部两侧。连接可按 a、b、c 三相绕组的顺序逐相进行,各相绕组的接法则按显极或庶极接法正规连接即可。连接时在需要接线的两线端上套入玻璃丝漆套管,套管长度应伸入线圈鼻端 20mm 左右为宜。然后用图 2-6-5-38 所示的弹性刮线刀将导线绝缘漆刮除,线端可采取平行绞接的方法进行连接。然后用电烙铁及焊锡、松香对线端绞接处实行焊接,焊好后电烙铁要平移离开焊接处,以免在该处留下焊锡尖端而刺破绝缘。接着用绝缘套管或绝缘漆布带半叠包两层将连接线焊接处仔细绝缘好。

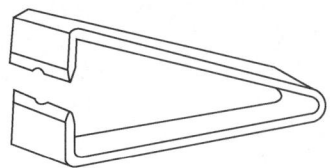

图 2-6-5-38 弹性刮线刀

(4) 引线电缆的焊接。根据出线位置量出引线电缆长度后予以剪断,并剥去引线电缆接线处的绝缘层,将其与刮去漆层的绕组引线端连接,线端接好后即仔细将其焊接牢固。然后把引线电缆的接线处用漆布带包好,并在包好的绝缘漆布带外面套入大小适宜的玻璃丝漆套管。

(5) 绕组的端部绑扎。先将绕组端部的喇叭口用锤子和理线板进行整理,使喇叭口圆整而又符合其尺寸要求。连接线和电缆线应平整地排列在绕组端部,并用蜡线牢固地绑扎好。

6. 绕组的检验

在电动机重换绕组的嵌线和接线工作完成后必须进行部分质量项目的检验,这样可以提前发现重换绕组修理过程中的问题,以确保电动机修理质量。检验的主要项目有:外表检查;电阻测量;极性检查;短路检查;耐压试验等。现将这些项目的检查方法简述如下。

(1) 外表检查。首先应检查绕组两端伸出的长短是否一致;喇叭口是否过大或过小,过大或过小对电动机的正确运行都是不利的。通常三相电动机定子绕组端部内圆应适当大于定子铁芯内径,绕组端部外圆则应略小于定子铁芯外径。其次还应检查槽底绝缘是否有破裂处;槽口绝缘是否将槽中导线全部包折好;端部相间绝缘是否均垫到位等。最后则应检查槽楔的长短是否符合要求,槽楔是否有高出槽口的部分和在槽内有无松动现象等。

(2) 电阻测量。用电桥表分别检测三相绕组的直流电阻,看其是否符合原绕组的电阻值,以及三相绕组的电阻是否平衡。从而可以检查重换绕组的匝数、接法是否正确,线端焊接是否牢固等。

(3) 极性检查。用指南针法检查绕组极性是较为容易而准确的。采用这种方法检查时一般均为逐相进行,先依次通以低压直流电并将指南针贴近铁芯内圆,然后沿圆周移动一圈后看测得的电动机绕组极数和极性是否正确。若发现指南针摇摆不定或极性不是按南北极交替分布时,则无疑是绕组在连接时存在错误。

(4) 短路检查。对重换绕组短路检查可用短路侦察器或将电动机装配起来作空载试运行。若发现有短路故障,此时返修则比较容易,因为整个电动机绕组尚未进行浸漆烘干的绝缘处理。

(5) 耐压试验。由于重换绕组在嵌线、接线过程中均可能发生绝缘损坏的情况,所以当绕组在经过上述工序和未进行绝缘处理前,都应要求对绕组的对地绝缘和相间绝缘做耐压试验,以检定绕组绝缘的好坏。

(五) 成形线圈的绕制、嵌线与接线

中大型三相电动机的定子绕组多为成形线圈,该类线圈的绕制、嵌线与接线较为繁复,现将其重换绕组的工艺简述如下。

1. 线模的制作

成形线圈的绕线模一般都是用硬木或铝材制成的通用绕线模。线模尺寸的确定可按旧线圈的实样制作,可取线圈最里面一匝的全长作为依据。但也可以通过计算来获得。计算时首先应测出旧线圈的各部分尺寸,如图 2-6-5-39 所示。然后再按下列公式计算绕线模尺寸。

梭形模端部长度 M_1(参见图 2-6-5-40 计算)为

$$M_1 = \sqrt{L_D^2 + \frac{1}{4}R_B^2 + (H-h-R)^2}$$

(2-6-5-4)

式中 L_D——端部长度,mm;
R_B——线圈宽度,mm;
R——鼻端圆弧半径,mm,3.6kV 为 15mm;
h——绝缘前鼻端高度;
H——绝缘前端部截面高度,mm。

梭形模总长度 M 的计算,如图 2-6-5-40 所示。

$$M = L_1 + 2M_1 + M_0$$

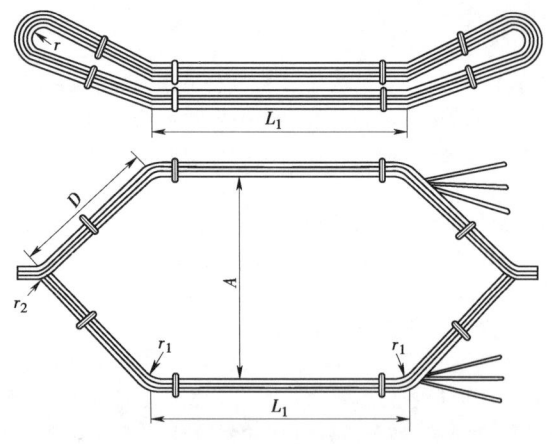

图 2-6-5-39 成形线圈尺寸

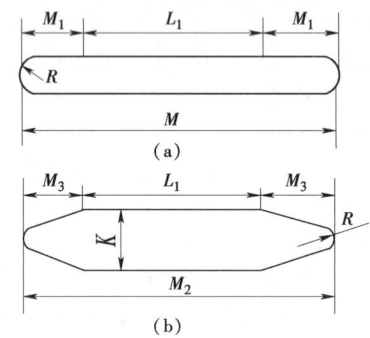

图 2-6-5-40 成形线圈模心尺寸

当 $2P=2$、4 极时，$M_0=10\sim20\text{mm}$（取中间值）；当 $2P=6$、8 极以上时，$M_0=0$。L_1 为直线部分长（mm），等于铁芯长度加上其两端伸出长度。

线模尺寸确定后就可着手制作绕线模。成形线圈一般采用单个线圈绕制，因此只需用一块硬木作模心和两块外夹板即可。模心厚度则由线圈并绕导线根数决定，成形线圈绕线模如图 2-6-5-41 所示。

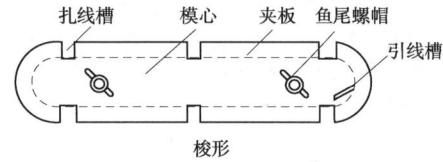
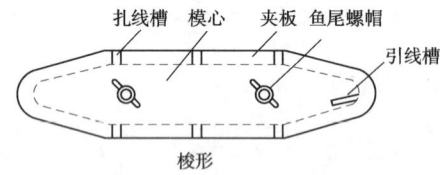

图 2-6-5-41 成形线圈绕线模

2. 线圈的绕制

绕线前应注意检查导线的质量，如线径、绝缘厚度、耐压强度、耐温等级等，然后可在手动绕线架或电动绕线机上进行绕制。成形线圈一般均采用绝缘扁导线平绕，绕时先将引线端固定在模心引线槽内（引线长度应符合原线圈的引线长度），并将导线敲平贴服于模心上。在绕制过程中必须随时敲平各匝导线，以免线圈匝间存在间隙而过于松散。在绕线架或绕线机与放线架之间，要用夹线板将扁导线夹紧。从而使导线在线模上能排列得平整紧凑，如图 2-6-5-42 所示，即为用层压板制成的夹线板。当绕完成形线圈的全部线匝后，用棉线扎紧线圈，然后松开绕线模取出绕好的线圈，连续绕制直至将整台电动机线圈绕完。线圈绕好后应将其引线头上的玻璃丝或绝缘漆层清除掉，并用松香、酒精在焊锡锅内把引线头搪上锡，以利后面的绕组接线顺利进行。

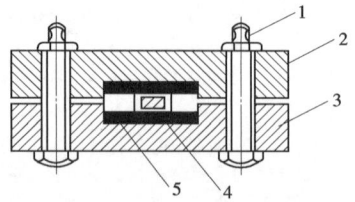

图 2-6-5-42 绕线用夹线板
1—螺栓；2—上夹板；3—下夹板；
4—绝缘导线；5—绝缘纸板

3. 线圈拉形及绕包绝缘

拉形前先将绕好的梭形线圈初包一层 0.05mm×25mm 的无碱玻璃丝带（直线部分疏包、端部半叠包），要求把线圈扎紧保证拉形时不致松散。线圈拉形在制造厂是用电动拉形机进行的，在不具备拉形机的特殊情况下也可采用图 2-6-5-43 所示的手工拉形方法，此时仅需具备虎钳一台、木制拉模两个、扁嘴钳一把、木槌或橡皮锤一把即可完成整个拉形工作。经拉形后的线圈根据电动机的绝缘要求，可采用聚酯薄膜带、合成纤维带和无碱玻璃丝带、玻璃漆布带等进行绝缘包扎。绕包方法主要有半叠包、平包和疏包三种，根据绕组绝缘规范选择绕包方法。

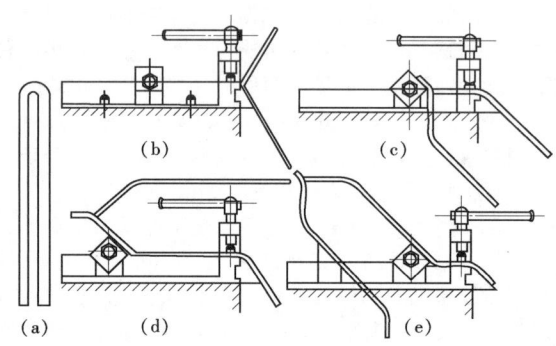

图 2-6-5-43 手工拉形示意图

4. 放置槽绝缘

根据电动机的电压及耐温等级按要求选用相应的绝缘材料，将裁剪好的绝缘材料放入经仔细清理过的铁芯槽中。此时铁芯槽内应当洁无尖角、毛刺和灰尘、杂屑等。

5. 绕组的嵌线

在未嵌线圈前先要把所有线圈按长、短引线头编排成极相组，然后再依序一个一个线圈地嵌入槽内，接着剪、封槽口绝缘和打入槽楔。成形线圈的嵌线比较方便，如果定子铁芯为半开口槽，则槽内元件边的嵌线顺序如图 2-6-5-44 所示。

6. 绕组的接线与焊接

进行绕组接线时应先将各个线圈按长短引线头编好的极相组串连接成极相组；再将各相所属的极相组按规定的显极或庶极接法连接起来，最后接上引出电缆线。连接线的焊接

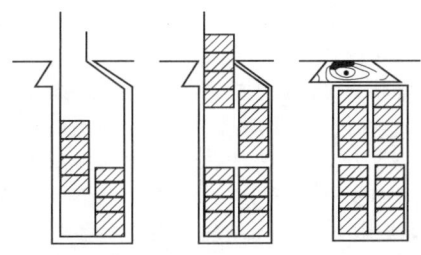

图 2-6-5-44　半开口槽的嵌线顺序

有两种方法，一种是把要连接的两根扁铜线（或两根以上）合并在一起，用 0.4～0.6mm 的裸铜线扎紧；另一种就是用铜夹套在合并后的扁铜线上面，采用电烙铁或气焊的方法将线端焊牢。

7. 绕组的检验

绕组接好线后应进行几项必要检验，以提前找出重换绕组过程中可能存在的故障，使问题及时发现、及时返修，确保修理工作顺利进行。

（1）用兆欧表检测绕组绝缘电阻，用高压试验台对三相绕组进行对地、相间的高压试验。以检查绕组绝缘是否合格。

（2）用双臂电桥表测量三相绕组的直流电阻，以检查接线是否正确，焊接质量是否良好。

（3）调低试验电压测试三相电流是否平衡，用以检查绕组接线是否正确，有没有接反或接错等故障存在。

（六）杆形线圈的绕制、嵌线与接线

杆形线圈是一种半元件线圈，它主要应用在三相绕线转子异步电动机的转子波绕组内，中大型电动机的定子绕组也间有采用。该类线圈通常用铜杆或扁电磁线绕制而成。线圈的形式一般为单匝波绕组，每槽为两个元件边以构成双层波绕组，整个绕组嵌好后按星形接法连接。采用杆形线圈的转子绕组重绕可按以下方法和步骤进行。

1. 拆除旧绕组

由于三相绕线转子异步电动机的转子波绕组，均用较大截面的裸铜扁导线制成，因此这类绕组重绕时一般都是利用旧线圈，在重新更换绝缘后以恢复到绕组原设计的质量要求。

（1）拆除端部绑线。杆形线圈转子绕组端部通常由无纬玻璃丝带或钢丝绑扎牢固，在拆除绑线前还应测量绑扎部位、宽度和钢丝层数，拆除下来后还应测量钢丝规格。对用钢丝绑扎的可用电烙铁熔开焊接端以拆除钢丝；无纬玻璃丝带绑扎的则可先用手锯将绑扎箍锯断以后，再将断箍予以拆除。

（2）拆除接头铜套、接线和槽楔。绕组的接头铜套及接线多用锡焊，拆除时可用大功率电烙铁进行，可将接头铜套、段间接线、引出线、零线环和风片等一并拆下。因其转子铁芯为半闭口槽，所以要用铁钎和锤子才能将槽楔从槽中退出。拆时必须十分仔细，不得损伤铁芯而造成槽齿外张。

（3）拆除旧线圈。拆除前可先将整个转子放入烘房加热，让其在 110～120℃ 的温度下烘烤 2h 左右以使绝缘软化。然后趁热用弯形工具将上层线圈端部的一端扳直，接着从线圈另一端把上层线圈抽出来。再用相同方法抽出下层线圈。在拆除绕组的过程中，应将绕组每相的首、尾端、段间跨接线、零线端等槽标记号，以便顺利进行修复工作。

（4）旧线圈整理。拆下的旧线圈应用电工刀剥去或烧掉旧绝缘，并将其作退火处理。退火时炭火将旧铜条线圈加热至微红，然后投入水中冷却即可。

经过退火后的铜条线圈变得较为柔软，这时可在平台上用硬木调直，然后在木制整形模中进行一端的端部弯形和整形。最后将线圈两端重新挂焊锡。

2. 重换绕组绝缘

三相绕线转子异步电动机转子绕组常用绝缘结构见表 2-6-5-8。转子线圈直线和端部绝缘搭接处的尺寸如图 2-6-5-45 所示。

表 2-6-5-8　　　　　　　　　　插入式转子绕组常用绝缘结构

部位	类别	绝缘形式	绕包或卷包层数		
			500V	1000V	1500V
直线	1	0.17mm 薄膜玻璃粉云母箔（卷烘）[①]	$3\frac{1}{2}$ 层[③]	$4\frac{1}{2}$ 层[③]	$5\frac{1}{2}$ 层[③]
	2	0.17mm 粉云母箔　　　　　　　　卷烘[①]（适用于湿热 0.15mm 环氧酚醛玻璃坯布　　　带及井下电动机）	$2\frac{1}{2}$ 层[③] $3\frac{1}{2}$ 层[③]	$3\frac{1}{2}$ 层[③] $4\frac{1}{2}$ 层[③]	$4\frac{1}{2}$ 层[③] $5\frac{1}{2}$ 层[③]
	3	0.14mm 玻璃粉云母带半叠绕（烘压）[②]	2 层	3 层	4 层
	4	环氧粉末树脂涂敷（直线和端部一次涂敷单面厚度 0.5mm）			
	5[④]	聚酯薄膜粉云母 TOA-6101，604 玻璃漆布复合卷烘[①]（适用于湿热带及井下电动机）	$3\frac{1}{2}$ 层[③]		
端部	1	0.15mm 玻璃漆布带半叠绕	1 层	2 层	2 层
	2	0.17mm 薄膜粉云母带半叠绕	1 层	2 层	2 层
	3	0.13mm 玻璃片云母带半叠绕	1 层	2 层	2 层
	4[④]	聚酯薄膜粉云母 TOA-6101，604 玻璃漆布复合半叠绕	1 层		
		以上四种形式外面均半叠绕 0.10mm 无碱玻璃丝带	1 层	1 层	1 层

注　表中类别号是指直线部分与端部同时采用的绝缘方式。
① 卷烘指需热卷包后冷压，热卷包在热包机上进行，热卷包温度应使云母黏合剂呈现胶体状，热卷包时间为 10～30s，云母箔和坯布一次卷成整体。
② 烘压指绕绝缘后需热压固化。
③ 卷烘绝缘层数中"1/2"是指在宽边重叠半层。
④ 经对比试验，性能良好 [11 周期湿热试验后绝缘电阻为 $(1.1～2)\times 10^9 \Omega$，击穿电压为 20～29kV]。

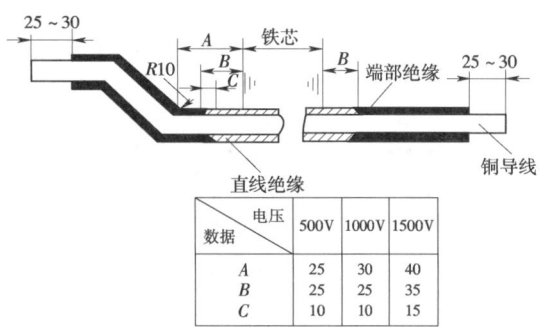

图 2-6-5-45 绕线转子的杆形线圈

转子杆形线圈的槽绝缘采用 0.17mm 聚酯薄膜青壳纸，或 0.22mm 聚酯薄膜聚酯纤维复合箔（DMD），或用聚酯薄膜玻璃漆布复合绝缘。并且在嵌线前还应先垫放包扎好转子支架绝缘，其垫放厚度应与转子槽底相平，使转子绕组端部平整地贴到实处。转子绕组端部常用绝缘结构型式如图 2-6-5-46 所示。

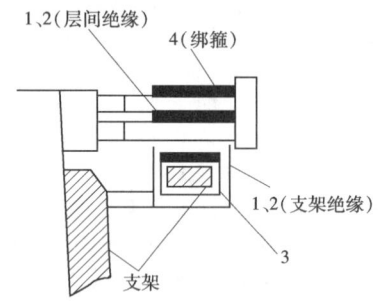

图 2-6-5-46 绕组端部绝缘的结构
1、2—无碱玻璃丝带和 0.5mm 玻璃布板夹云母板；
3—玻璃漆布带；4—无纬胶带或钢丝

3. 绕组的嵌线

绕组嵌线前应仔细清理转子铁芯槽并垫好槽绝缘，确定好三相出线槽号、全距、短距、段间跨接线或翻层线圈等的槽号并做相应标记。绕组嵌线可从前端（集电环端）开始穿入下层线圈，待下层线圈全部穿入槽中后即用弯形工具将尚未弯形的一侧端部弯好形，接着垫放和捆扎好层间绝缘。然后从后端（非集电环端）穿入上层线圈，穿线前应放好层间绝缘，在穿第一只上层线圈时使线圈的直线部分只插入到槽内 1/3 之处，以下依次插入后使线圈向前嵌线圈的拐角处靠拢。待全部上层线圈都穿入槽中后，再依次逐渐将线圈推入到规定位置时止。然后用弯形工具把全部上层线圈端部弯成需要的形状。

4. 绕组的接线

线圈全部嵌入并弯形后就可进行绕组的接线，接线时按规定接法将上、下层线圈线端用接线铜套并接起来，在上、下层线端间打入挂好锡的铜楔并套上风叶片，应夹紧并头套使其不得有任何松动。在绕组进行焊接前还应作一次工频耐压试验，以便检测绕组有无故障并及时修复。

5. 绕组的焊接

绕组接头铜套的焊接随转子运行温度高低分为银铜焊和锡焊两种。工作温度高的转子可采用银铜焊，其加热方法有氧气—乙炔加热、焊机碰焊加热等，把接头铜套逐个焊接好。一般转子绕组采用锡焊，通常用大功率电烙铁加热进行焊接。不论采取哪种焊接方法，焊接时均以热量不致损坏线圈绝缘为准。同时，应将绕组的零线环、短路环和引出线等一并焊接。

（七）集中式磁极线圈的绕制、嵌线与接线

磁极线圈多用于同步电动机的转子绕组以作励磁用，因此也称为励磁绕组。该类线圈的绕制技术难度相当大，它是用裸铜扁导线在专用扁绕机上绕制成线圈的，然后在 600～650℃ 的退火炉中进行退火处理。经退火后裸铜扁导线变得较为柔软，再放置在四柱油压机上利用专用工具进行冷压整形。冷压整形后在线匝间垫入匝间绝缘，通常匝间绝缘垫环氧酚醛玻璃坯布 2～4 层（各层间接头处应错开）。然后在油压机上施加（155±5）℃ 的热压温度将磁极线圈热压成一个整体。因此，限于设备和其他条件的原因，一般情况下三相同步电动机的扁绕磁极线圈是难以重绕新线圈的。通常都是将旧磁极线圈重换绝缘予以修复。这样就可以节省原材料和缩短电动机的修理时间，具体修理步骤如下：

（1）拆卸前应将转子磁极编号。每个磁极在磁轭上的位置用钢号码打上数字，以便安装时，保证每个磁极仍安置在原来位置上。用电烙铁或喷灯熔开极间连接线端。

（2）从磁轭上拆下整个磁极。当磁极是采用燕尾槽固定时应先打出斜键，然后再将磁极拆下。若磁极是用螺钉固定的，则需先凿掉螺帽上的电焊点。然后拆下螺钉磁极即可拆离磁轭，再从磁极铁芯上取出磁极线圈。

（3）在 600℃ 左右的火势中烧除磁极线圈上的绝缘物。烧前要用细铁丝扎紧磁极线圈的四角，以免烧的过程中线圈散乱而不利以后的整理。

（4）重包绝缘。把烧后线圈导线上的残余绝缘物清除干净，再用硬方木将导线敲平、调直、整理成完整的一卷。接着垫入玻璃漆布或将每匝用玻璃漆布带半叠包一次，以重包磁极线圈的匝间绝缘。然后用白布带将整个磁极线圈疏包捆紧并进行浸渍处理。

（5）包扎磁极铁芯绝缘。依据原来的绝缘层数、厚度，将磁极铁芯包好绝缘，然后将磁极线圈套入原来的磁极铁芯。

（6）磁极线圈的接线。根据磁极线圈拆卸前的记号和顺序将磁极固定到磁轭的原位置上，同时将极间连接线按照"头与头相接，尾与尾相连"的显极接法进行连接并焊牢。

（八）重换绕组后的绝缘处理

三相电动机在重换绕组后都要进行浸漆烘干的绝缘处理。绕组及绝缘经绝缘漆浸渍处理后，能极大地提高电动机的各项性能及使用寿命，其提高的绝缘性能主要有以下几点。

1. 浸渍处理能提高绝缘性能

（1）提高了电动机绕组绝缘的耐潮性能。任何绝缘材料在潮湿的空气中均或多或少会吸收一些潮气，对水则更十分敏感，并且极少量的水分就会引起绝缘材料性能显著的恶化。如果将绝缘材料浸渍在绝缘漆中并予以烘干。就能用绝缘漆把绝缘材料内的空隙填满并且能在绝缘材料表面结成一层光滑的漆膜。这样，水分就很难进入绝缘材料的内部，因而绝缘材料的防潮性能也就得到极大的加强。

（2）提高了电动机绝缘的耐热性能。绝缘材料如长期受热都会出现变质，其绝缘电阻或击穿电压值也随之降低，这种情况称为绝缘材料的老化现象。但绝缘材料经过绝缘漆浸渍处理后，就能极大地降低绝缘材料的老化速度，提高电动机的耐热性能。

(3) 提高了电动机绝缘的电气和机械性能。电动机绕组在未经绝缘处理时，其电气强度和机械强度都很低。经绝缘处理后绕组内部的潮湿、水分都被驱除，绝缘漆也填满了匝间和绝缘层间并相互黏结成一个整体。这样就可以避免由于松散导线受强大电流和磁场的影响，产生与绝缘层不断振动而造成绝缘的损伤。

(4) 提高绕组的导热性能。由于绝缘层存在着大量的空隙，若不经绝缘漆的浸渍处理，这些空隙就将会充满空气。而空气的导热性能却很不好，故对电动机内部热量的传导和散热带来不利影响。因此，必须用浸渍的方法使这些空隙被绝缘漆所填满，从而提高和改善电动机绕组整体的导热性能。

(5) 提高了绝缘材料的化学稳定性。运行于化工厂、矿井中的电动机经常要受到酸、碱、氯、氨等气体的腐蚀作用。因而绝缘材料受这些物质的腐蚀就极易损坏，经绝缘漆浸渍后可防止绝缘材料直接接触这些物质，使其化学稳定性得到很大的提高。

2. 重换绕组的浸渍处理工艺

重换绕组后的绝缘漆浸渍处理主要有三个过程，即预先干燥（预烘）、浸漆处理、浸漆后干燥。

(1) 预先干燥。预先干燥的目的就是为了驱除铁芯、绕组、绝缘材料中所含的潮湿和水分。预先干燥时最应注意和掌握的是干燥温度和干燥时间。干燥温度随电动机的耐热等级和绝缘材料的干燥性能而定，根据实际经验预先干燥温度可按下式选择：

预先干燥＝绝缘标准耐热温度＋(10～20)℃

如果采用超过标准耐热温度 20℃ 以上的预烘温度，则绝缘的老化速度将会加快这是不能允许的。另外，预烘时要注意温度是否均匀，否则会造成电机铁芯和绕组局部过热现象的发生，这也是十分危险的。如遇到这种情况则可以把干燥时间缩短一些，通常重换绕组浸漆前的预烘时间一般为 4h。

(2) 浸漆处理。重换绕组在经过预烘阶段后，待其冷却到 50～70℃ 时就可以进行浸漆。保持这种温度来浸漆的原因主要是这样考虑的，因为当温度低于 50℃ 时漆对冷的物件渗透能力较小；而当温度高于 70℃ 时又可能引起漆在绕组外表很快结成膜，该膜反而会阻碍漆对绕组的渗入，并且还将引起漆的老化和溶剂的强烈挥发。所以，掌握在 50～70℃ 这个最佳温度区浸漆是极为理想的。

电动机绕组浸渍时，绝缘漆的漆面应高于电动机顶部 100mm 以上，待漆槽中气泡停止冒出 10～20min 后再将电动机吊起滴干余漆。滴干余漆的时间要随漆的黏度和电动机大小而定，一般为 15～30min。没有滴干漆的电动机其干燥就要费很多时间。余漆滴干后绕组以外的部分余漆则应仔细揩干净，特别是定子铁芯内圆要用蘸有少量汽油、甲苯或松节油等溶剂的布揩净。

(3) 浸漆后烘干。滴干余漆后的电动机应按表 2-6-5-9 中规定的干燥温度、干燥时间分两个阶段进行烘干。应特别注意第一阶段的温度不得提高，以防止漆液因温度过高外溢而影响绕组浸渍质量。

电动机绕组的绝缘处理应根据其绝缘结构、耐热等级、容量大小和设备条件等因素，去选择适应的浸漆、溶剂和工艺等。

表 2-6-5-9　　　　E 级绝缘绕组浸漆（1032 漆）与烘干工艺

工序	工艺过程	温度/℃	烘烤时间	绝缘电阻	注 意 事 项
1	预烘	125±5	4h	20MΩ 以上	—
2	第一次浸漆	绕组 60～70	不冒气泡后 15～20min		立式浸渍，将绕组全部浸入绝缘漆液中
3	滴漆		30min		滴干后，应将铁芯和其他部分的余漆用布蘸溶剂揩干净
4	烘干	70～80 135±5	2～3h 16～20h	60MΩ 以上	—
5	第二次浸漆	绕组 60～70	不冒气泡为止		—
6	滴漆		30～60min		同第一次浸漆时的滴漆
7	第二次烘干	70～80 135±5	2～3h 12h	10MΩ 以上	烘干时间和要求以绝缘电阻稳定为准，烘干后应待绕组逐渐冷却后取出

四、三相电动机修复后的必要试验

三相电动机在经过重换绕组或大修之后，均应进行必要的检查试验，以检验电动机的修理质量和确保其安全可靠地运行。检查试验内容主要有外观检查、绝缘电阻测量、直流电阻测量、绝缘耐压试验、空载试验和短路试验等常规必试项目，以及各类型电动机的某些特殊试验项目等。

(一) 常规必试项目

各类三相电动机在经过重换绕组后都应做以下一些常规必试项目。

1. 外观检查

修复后的三相电动机在检测试验开始前，首先应对电动机进行一次全面仔细的外观检查。其主要检查内容包括：

(1) 检查绕组出线端标志是否正确，各绕组的接线是否正确。

(2) 检查电动机的装配质量，看各主要零部件的装配是否符合总装质量要求，各部分的紧固件是否紧固到位，转子转动是否灵活轻快及有无异常声响和碰擦现象等。

(3) 检查转轴的轴承是否运转平稳、轻快、有无停滞现象，以及声音是否均匀、有无夹带杂音等。

(4) 三相同步电动机和三相绕线转子异步电动机等，还应检查其电刷位置是否正确、电刷在刷握中是否灵活和电刷与滑环的接触面是否吻合良好等。

只有确认电动机在各项外观检查合格时，方可以进行其他项目的试验，通电检查试验的项目更应如此。经过外观检查常能发现电动机存在的一些问题，并使其及早得到解决。

2. 绝缘电阻测量

电动机应测试的绝缘电阻包括定子各相绕组及转子绕组与机壳（又称对地）的绝缘电阻，各绕组与绕组间的绝缘电阻，以及电刷架、接线板与机壳间的绝缘电阻等。测量绝缘电阻通常使用兆欧表，对额定电压500V以下的电动机，可采用500V兆欧表；额定电压500V以上的电动机则可采用1000V或2500V兆欧表，如表2-6-5-10所示。

表2-6-5-10　电动机额定电压及兆欧表使用电压表

电动机额定电压/V	兆欧表电压等级/V
500以上	500
500～3000	1000
3000以上	2500

重换新绕组的电动机在作耐压试验前，其绝缘电阻一般规定为：低压电动机不小于5MΩ；3～10kV高压电动机不小于20MΩ。如被检测电动机的绝缘电阻值达不到要求时，则应查明绝缘电阻值低的原因，予以对症修复。

3. 直流电阻测量

测量直流电阻时先将电动机在室内静置几小时，使其达到实际的冷却状态。然后用电桥表或万用表分别测量定、转子各套绕组的直流电阻值。将所测出的电阻值与旧绕组的电阻值进行比较，其电阻值的误差不应超过3%。从新旧绕组电阻值的对比中，可以核对新绕组绕制中的线径、匝数、接法和线模尺寸等的选用是否正确，以及是否有焊接质量和短路故障的存在等。电动机的冷态直流电阻根据其功率大小，可分为高电阻（小功率）与低电阻（大功率）两大类型。电阻在10Ω以上为高电阻，可用万用表测量；10Ω以下为低电阻，可采用单臂及双臂电桥表测量。

4. 绝缘耐压试验

电动机绕组绝缘的耐压试验包括各绕组对机壳、绕组之间以及线匝间的绝缘强度试验。绝缘耐压试验一般用50Hz工频高压交流电进行，看电动机绝缘层是否能经受高电压而不被击穿。耐压试验能确切地发现绝缘的局部或整体所存在的缺陷，因此，重换绕组后的电动机绕组都应作高压耐压试验。

进行耐压试验时，加在电动机绕组上的电压应当在调压器的控制下逐渐升高。从试验电压值的50%上升到全值的时间不得少于10s，在全值电压处应保持在1min以内，然后迅速分段将电压降至试验电压值的50%以下，此时即可结束试验断开电源。

5. 空载试验

电动机进行空载试验，除了能通过观察其运转情况以检查装配质量外，还可以同时测量电动机的空载电压、电流和转速。根据空载电压、电流是否达到或超过规定值，就可以检查电动机绕组的接线和线圈匝数是否正确。例如1kW以下小功率电动机的空载电流应为其额定电流的40%～50%，若重换绕组电动机的空载电流大于上述范围，就有可能是在绕组重绕时减少了线圈匝数所致；或者是电动机定、转子铁芯间气隙过大及转子铁芯轴向位移等。如果空载电流小于上述范围，则电动机可能是在重换绕组时未注意，增加了匝数。

6. 短路试验

鼠笼型三相电动机的短路试验，是将电动机的转子堵住，并在定子绕组上施加三相平衡电压以测定相应的电流、功率和转矩。重换绕组后的电动机只需做短路电流试验（接近于额定电流）即可。因为从电动机短路电流数值的大小可以检查绕组接线是否正确，以及笼型转子是否存在断条故障等。

进行短路试验时必须具有足够容量的调压设备，各种额定电压下鼠笼型三相异步电动机短路试验电压值如表2-6-5-11所示。

表2-6-5-11　鼠笼型三相异步电动机短路试验电压值

电动机额定电压/V	220	380	660	3000	6000
电动机短路电压/V	60	100	170	800	1400

7. 绕线转子开路电压测量

绕线转子三相异步电动机在转子开路并堵转的情况下，给定子绕组外加三相额定电压（对额定电压500V以上的电动机，加于定子绕组上的电压可适当降低），此时，在转子绕组上就将有感应电势产生并可在三个滑环上测出，该感应电势称为转子开路电压。测量转子绕组的开路电压可检查定、转子绕组的匝数、节距和接线是否正确，定、转子三相绕组是否对称等。当定子的三相电压对称时，转子三相开路电压最大值或最小值与平均值之差，则不得超过平均值的±2%。

（二）三相异步电动机的试验

1. 试验项目

（1）绕组对机壳及其相互间绝缘电阻的测定。
（2）绕组在冷态下直流电阻的测定。
（3）空载电流和空载损耗的测定。
（4）短路试验。
（5）温升试验。
（6）超速试验。
（7）绕组匝间绝缘电气强度试验（交流耐压）。
（8）绕组对机壳及其相互间绝缘的电气强度试验（交流耐压）。

根据生产实际经验，三相电动机重换绕组或大修后必须进行（1）～（3）项和第（8）项试验，其他各项试验可视设备条件和需要选择进行。型式试验时，电动机的各项性能数据依试验结果作图即可求取。

2. 测量仪器及电器测量

（1）测量仪器的选择。试验所使用的电气测量仪器的精度应不低于1.0级。做型式试验时，除兆欧表外其他电气测量仪器应不低于0.5级。此外，三相功率表及三相低功率因数表则允许采用1.0级。并且仪器的选择，应尽可能使所测数据在仪器测量范围20%～95%之内，否则将会影响测量精度。

（2）电气测量。试验电源应为实际对称的电压系统。做型式试验时，频率偏差应不超过额定值的1%。三相功率应采用二功率表法进行测量。测定三相电压或三相电流时，应取三读数的平均值作为测量的实际数值。

3. 试验前的准备

试验前应对电动机的装配质量、轴承运转情况进行检查。

（1）装配质量检查。出线端的标志是否正确，紧固螺丝、螺栓及螺母是否旋紧，转子转动是否轻快灵活，对于绕线转子电动机还应检查电刷、刷握和刷架的装置质量，以及电刷与滑环的接触情况。

（2）轴承运行情况的检查。在电动机空载运行的过程中，可检查轴承的运转是否平稳、轻快，有无停滞现象，声音是否均匀，有否夹带杂音等。

4．试验方法

（1）绕组对机壳及其相互间绝缘电阻测定。

1）目的。确定绕组与机壳及绕组相互间是否短路，检查电动机的干燥情况和绝缘是否存在局部或普遍缺陷等。

2）方法。用兆欧表测量绕组对机壳及绕组与绕组相互间的绝缘电阻；对于绕线转子和单绕组多速电动机，则各绕组对机壳及各绕组之间的绝缘电阻必须逐一进行测量。

3）要求。绝缘电阻值在运行温度时不得低于以下计算值：

$$R = \frac{U}{1000 + \frac{P}{100}} (\text{M}\Omega) \qquad (2-6-5-4)$$

式中　R——电动机绕组工作温度时（一般取75℃）的绝缘电阻，Ω；
　　　U——电动机绕组的额定电压，V；
　　　P——电动机额定功率，kW。

根据实际经验得知，三相电动机的绝缘电阻（MΩ）一般应大于表2-6-5-12中的规定。

表2-6-5-12　　　　额定电压下绝缘电阻参考值

电动机部位 \ 绕组额定电压/V	6000			500以下			36以下		
绕组温度/℃	20	45	75	20	45	75	20	45	75
交流电动机定子绕组	25	15	6	3	1.5	0.5	0.15	0.1	0.05
绕线转子绕组和滑环				3	1.5	0.5	0.15	0.1	0.05
直流电动机电枢绕组及换向器				3	1.5	0.5	0.15	0.1	0.05

三相电动机做型式试验时，应测量冷态和热态的绝缘电阻；重换绕组或大修后的电动机则只需测量冷态绝缘电阻。

（2）绕组在实际冷态下直流电阻的测定。

1）目的。以确定三相绕组的电阻是否平衡，从而检查绕组焊接是否良好、各相绕组匝数是否正确、有无接线错误和严重匝间短路等；也为计算电动机铜损、确定效率和温升提供了必须的参数。

2）方法。将电动机在室内静置一段时间，用温度计测量电动机绕组端部或铁芯的表面温度。若此温度与环境温度相差不大于±3℃，即可认为绕组是处于实际冷态下的温度。定子绕组的电阻测量应在电动机的出线端采用电桥表检测；绕线转子电动机转子绕组电阻的测量则应尽可能在绕组与集电环连接的接线端进行。

3）要求。相电阻的实际数值应取三次测量的算术平均值，对于同一电阻每一次测量值与其平均值相差不得大于±0.5%；三相电动机定子绕组及绕线转子电动机转子绕组，它们三相直流电阻的偏差应小于2%。

（3）空载电流和空载损耗的测定。

1）目的。测定空载电流，检验电动机绕组的线圈匝数和接线是否正确；为型式试验提供绕组铜损和空载特性曲线，以求取电动机的铁耗和机械损耗。

2）方法。在三相电动机不带任何负载的状态下，对定子绕组上加三相平衡电压并测定其三相定子电流。

$$I_0 = f(u_0/u_e) \qquad (2-6-5-5)$$
$$P_0 = f(u_0/u_e)$$

式中　I_0——空载电流，A；
　　　P_0——空载时输入功率，W；
　　　u_0——外施电压，V；
　　　u_e——额定电压，V。

在测定空载特性曲线时，电动机绕组上所加电压应从（110%～130%）u_e开始，逐步下降到可能达到的最低值（即电流开始回升为止），选取测量点7~9个（应包括u_e时的数值）。试验中应测量三相电压、电流和输入功率等，并且在试验结束立即测量定子绕组的电阻。

3）要求。一般异步电动机在额定电压下其空载电流约为额定电流的20%～35%，如表2-6-5-13所示即为三相异步电动机空载电流占额定电流百分数的参考值。

表2-6-5-13　　　　电动机空载电流占额定电流百分数的参考值

极数 \ 电动机容量/kW　　空载电流/%	0.15以下	0.125~0.5	0.5~2	2~10	10~50	50~100	100以上
2	65~90	45~70	35~55	25~45	20~35	18~30	18~30
4	70~90	60~80	40~60	30~50	25~35	25~30	18~30
6	80~95	65~85	45~65	35~60	25~40	20~30	18~30
8	85~95	70~85	50~65	35~65	30~45	25~35	18~30

（4）短路试验。

1）目的。测量电动机的短路电流和短路损耗；根据短路特性曲线确定电动机额定电压时的短路电流和短路损耗但并不用于计算起动转矩。

2）方法。堵住电动机转子并在定子绕组上施加三相电压，其接线方法与空载试验时相同；按表2-6-5-14所示电压值测定短路损耗、短路电流，同时还应测量电动机的三相电压、电流、短路功率及转矩，转矩可用磅秤实测；测取短路特性曲线时，定子电压应尽可能从额定电压（与额定电压之差不大于±10%）开始，然后逐渐降低电压至表2-6-

5-14 所规定的数值为止，可选取 5～7 个测量点。对于 200kW 以上的电动机，允许在 1～3 倍的额定电流范围内进行试验，但最大电流则不得小于 2 倍额定电流。

表 2-6-5-14　电动机额定电压时的短路电压参考值

额定电压/V	短路电压/V
220	60
380	100
660	170
3000	800
6000	1400

（5）温升试验。

1）目的。核查电动机在额定负载下铁芯、绕组、轴承、滑环的温升及其工作状况。

2）方法。在额定电压下采用直接负载法使电动机带上额定负载，直至电动机各部温升达到实际稳定状态，即 1h 内温升变化不超过 1℃。当用电阻法测量温升时，其绕组温升应按以下公式计算：

$$\Delta t = \frac{R_热 - R_冷}{R_冷}(K + t_冷) + t_冷 - t_介 \qquad (2-6-5-6)$$

式中　$R_冷$——实际冷却状态下绕组电阻，Ω；
　　　$R_热$——绕组热状态下的电阻，Ω；
　　　$t_冷$——试验开始前绕组的温度，℃；
　　　$t_介$——测定热态电阻时冷却介质温度（一般均指室温），℃；
　　　K——温度系数，对于铜 $K=235$。

3）要求。绕组温升采用电阻法或热电偶法（电动机绕组中埋设热电偶）测量，其他各部分温升使用酒精温度计测量；并且电动机各部分温升不得超过表 2-6-5-15 的规定。

表 2-6-5-15　电动机各部温升限度　　单位：℃

序号	电动机部分	A级 度	A级 阻	A级 检	E级 度	E级 阻	E级 检	B级 度	B级 阻	B级 检	F级 度	F级 阻	F级 检	H级 度	H级 阻	H级 检
1	（1）额定功率在 5000kVA 以上的汽轮发电机的交流绕组。 （2）额定功率在 5000kVA 以上或铁芯长度在 1m 以上的异步和显极同步电动机的交流绕组	—	60	60	—	70	70	—	80	80	—	100	100	—	125	125
2	（1）额定功率小于或铁芯长度短于第一项的电动机的交流绕组。 （2）除第 3 项及第 4 项以外的用直流励磁的交流和直流电动机的磁场绕组。 （3）有换向器的电枢绕组	50	60	—	65	75	—	70	80	—	85	100	—	105	125	—
3	用直流励磁的汽轮发电机的磁场绕组	—	—	—	—	—	—	—	90	—	—	110	—	—	—	—
4	（1）低电阻磁场绕组及补偿绕组。 （2）表面裸露的单层绕组	60 65	60 65	—	75 80	75 80	—	80 90	80 90	—	100 110	100 110	—	125 135	125 135	—
5	永久短路的绝缘绕组	60	—	—	75	—	—	80	—	—	100	—	—	125	—	—
6	与绕组接触的铁芯及其他部件	60	—	—	75	—	—	80	—	—	100	—	—	125	—	—
7	换向器或集电环	60	—	—	70	—	—	80	—	—	90	—	—	100	—	—
8	滑动轴承	40														
9	滚动轴承	55														

注　1. 上述温升限度按周围介质温度为 40℃计。表中"度"为温度计法，"阻"为电阻法，"检"为埋置检温计法。
　　2. 短时定额电动机，其各部分的温升限度允许较本表规定的数值提高 10℃。
　　3. 采用沥青胶的 B 级绕组，其温升限度按胶的耐热性能，在该类型电动机的标准中另作规定。

（6）超速试验。

1）目的。考核电动机转子各部分的机械强度。

2）方法。用辅助电动机拖动被试验电动机，或者提高被试电动机电源电压频率来进行超速试验。

3）要求。做超速试验时，电动机转速应提高至额定转速的 120%，历时 2min 而转子各部无损坏或残余变形即为合格。

（7）绕组匝间绝缘电气强度试验。

1）目的。考核电动机绕组的电气强度，其中主要检查电动机绕组的匝间绝缘是否良好。

2）方法。通过三相调压器将三相平衡电压加至电动机，使之空载运行；绕线转子电动机试验时则应将转子静止、开路。

3）要求。对电动机加 1.3 倍额定电压并持续 5min，如果电动机运转正常，则三相电流平衡且无显著变化，即可认为合格。

（8）绕组对机壳及其相互间绝缘强度试验。

1）目的。检查绕组对机壳、绕组与绕组间的电气绝缘强度，特别是考核主绝缘的局部缺陷。

2）方法。按图 2-6-5-47 所示接线对绕组施加工频高压试验，逐一检查电动机各相绕组对机壳及绕组相互间的绝缘强度。

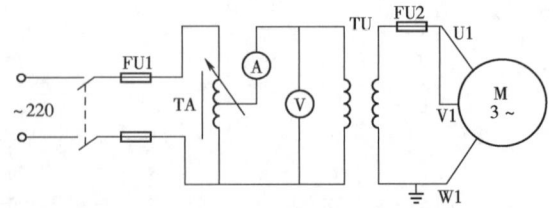

图 2-6-5-47　电气绝缘强度试验接线图

3）要求。试验电压应为正弦波且为 50Hz 工频电源，耐压历时 1min 不击穿。在型式试验中，该项试验放在最后进行。试验时应注意加在电动机绕组上的电压应逐渐增加，从试验电压值的 50% 上升到全电压值的时间不得少于 10s，全值电压时维持 1min，然后迅速降压至试验电压值的 50%以下再断开电源。异步电动机局部更换线圈后的耐压试验电压值如表 2-6-5-16 所示，异步电动机全部更换绕组后的耐压试验电压值则如表 2-6-5-17 所示。

表 2-6-5-16 异步电动机局部更换线圈后的耐压试验电压值

试验对象	试验电压（有效值）
定子旧线圈重嵌后，接线前	$1.5U_e$，但不小于 $1.15U_e+600V$
定子线圈备品，在嵌槽前	$2.25U_e+2000V$
定子线圈备品，在嵌入槽内以后	$2U_e+1000V$
定子旧线圈和新线圈接线焊接后	$1.3U_e$，但不小于 U_e+500V
同步电动机显极转子绕组局部修理后	$U_{eg}+500V$，但不小于 750V
异步电动机转子绕组局部更换线圈后	
1. 不可逆电动机	$2U_{2k}+500V$
2. 可逆电动机	$4U_{2k}+500V$
定子大修而不更换线圈	$1.5U_e$，但不小于 1000V
转子大修而不更换线圈	$1.5U_{2k}$，但不小于 1000V

注　U_e 为电动机额定电压（V）；U_{2k} 为转子开路电压（V）；U_{eg} 为额定激磁电压（V）。

表 2-6-5-17 异步电动机全部更换绕组后的耐压试验电压

试验对象	试验电压（有效值）
1kW 或 1kVA 以下的电动机	$2U_e+500V$
1kW 或 1kVA 以上的电动机	$2U_e+1000V$，但不小于 1500V
绕线型异步电动机的转子绕组	$2U_{2k}+1000V$

注　U_e 为电动机额定电压（V）；U_{2k} 为转子开路电压（V）。

（三）三相同步电动机的试验

1. 试验项目

三相同步电动机重换绕组或大修后，均必须进行以下项目的试验。

（1）绕组对机壳及其相互间绝缘电阻测定。
（2）绕组在冷状态下直流电阻的测定。
（3）励磁机试验。
（4）空载试验。
（5）绕组对机壳及其相互间绝缘强度试验。

2. 电气测量

参阅"异步电动机的试验"有关部分。

3. 试验前的准备

参阅"异步电动机的试验"。

4. 试验方法

（1）绕组对机壳及其相互间绝缘电阻的测定。参阅"异步电动机的试验"。

（2）绕组在实际冷态下直流电阻的测定。参阅"异步电动机的试验"。

（3）空载试验。

1）目的。检查电动机的接线、安装质量等。

2）方法。对被试同步电动机施加额定电压及额定励磁电流使其做空载运行，并测量三相电压和三相线电流。

3）要求。测量值与原设计试验数据比较，相差不应超过±5%。

（4）绕组对机壳及其相互间绝缘强度试验。参阅"异步电动机的试验"有关部分。同步电动机全部更换绕组的耐压试验电压如表 2-6-5-18 所示。

表 2-6-5-18 同步电动机全部更换绕组绝缘后耐压试验电压

试验对象	试验电压（有效值）
1kW 或 1kVA 以下的电动机	$2U_e+500V$
1kW 或 1kVA 以上的电动机	$2U_e+1000V$，但不小于 1500V
电动机的磁场绕组	
当启动时，磁场绕组短接或接在励磁的电枢上，或不用启动绕组	$2U_{eg}+1000V$，但至少为 1500V
当启动时励磁绕组串接一电阻或励磁绕组在开路情况下（其线路中可以有磁场分接开关或无磁场分接开关）	（1）1000V＋2 倍在启动情况下励磁绕组两端产生的最高电压有效值。（2）如线内有分接开关，则为每分段绕组的端电压，但试验电压至少为 1500V

注　U_e 为电动机额定电压（V）；U_{eg} 为转子励磁电压（V）。

第六节　三相调速异步电动机故障快速诊断与修理

一、三相变极调速异步电动机故障快速诊断与修理

近年来三相异步电动机调速技术日新月异，调速方法也丰富多彩，正在许多方面迅速取代了传统的直流调速体系。三相异步电动机常用的调速方法如下：

（1）变极调速。利用电动机绕组的特殊接法，改变定子绕组的极对数调速。

（2）变频调速。改变进入电动机的电源频率，调节电动机转速。

（3）调压调速。改变进入电动机的电源电压，以在小范围内调节电动机转速。

（4）电阻调速。在转子绕组中串入电阻，以在小范围内调节电动机转速。

（5）电磁调速。在输出轴上装转差离合器，以得到在一定范围内的无极调速。

（6）串级调速。将电动机的转差功率经整流、逆变反馈回电网进行调速。

实践证明，三相变极调速在异步电动机的诸多调速方法中，具有简单、经济、高效、实用、可靠等优点。但三相变极调速方法属于一种有级调速方法，调速不是均匀无级，而是有级变速。不过，它对许多情况下生产机械的变速要求大多都能满足，所以三相变极调速电动机仍得到广泛的应用。

（一）三相变极调速异步电动机概况

三相变极调速电动机有单绕组和双绕组两种结构，及双速、三速、四速等多种转速的区别。单绕组是利用一套采用特殊接法的定子绕组，经变换外部接线来获得多种转速。双

绕组则是在定子铁芯槽内嵌放两套相互独立，且具有不同极对数的绕组，以获得多种转速。下面将简介几个按变极调速方法设计、制造的系列三相异步电动机。

1. YD系列变极多速三相异步电动机

YD系列变极多速电动机是Y系列（IP44）的派生产品，它是通过改变定子绕组的显、庶极接法来改变电动机极数，使电动机能够用一套或两套绕组来得到两种或两种以上转速的有级调速电动机。全系列有11个机座号和9种速比，共计有103个不同规格。YD系列的双速电动机为单套绕组型式；三速以上电动机则采用两套绕组的设计结构。电动机转速有双速、三速和四速三种，极比则有4/2、6/4、8/6、12/6、6/4/2、8/4/2和12/8/6/4等9种。与JDO2老系列相比，YD系列变极多速异步电动机的效率、功率因数和起动性能均有提高，而其体积平均缩小15%左右，重量平均降低12%。该系列电动机额定电压、额定频率、使用条件、绝缘等级、防护等级、冷却方法和安装及外形尺寸等均与Y系列（IP44）相同。

变极多速三相异步电动机由于具有可随负责性质的要求而分级地变化转速，并达到功率的合理匹配和变速系统得以简化的特点。所以该电动机能广泛适用于纺织、印染、矿山、冶金及各式万能、组合、专用切削机床等需要分级调速的各种传动机构。

YD系列变极多速三相异步电动机的主要性能均较JDO2系列有较大提高，如对变极多速电动机极其重要的堵转转矩平均值就比JDO2系列要提高25%左右，效率平均值提高4.7%，功率因数提高5.3%。该系列变极多速三相异步电动机的综合性能指标均已达到国际同类产品的先进水平。

YD系列变极多速三相异步电动机的型号说明如下所示。

型号说明：

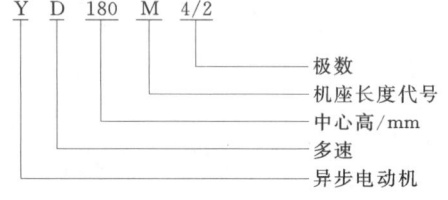

2. JDO3、JDO2、JDO系列变极调速三相异步电动机

JDO3、JDO2、JDO系列变极调速三相异步电动机，它们分别是在JO3、JO2、JO系列老产品上的派生产品，故这几个系列变极调速三相异步电动机的额定电压、额定频率、使用条件、绝缘等级、防护等级、冷却方法和外形及安装尺寸等均与JO3、JO2、JO系列完全相同。

3. 单绕组变极调速电动机双速接法时的特性

三相变极调速异步电动机在通过变换绕组接法以得到不同极数下的转速时，因接线方法及定子绕组排列方式的改变，致使电动机在不同极数下的输出功率、输出转矩不同，通常可分为以下三种情况。

（1）恒功率输出。恒功率是指电动机在各种极数下的输出功率基本接近，其输出功率近似等于输出转矩与转速的乘积，即转速高时，转矩小；转速低时，转矩大。

（2）恒转矩输出。恒转矩则是指电动机在各种极数下的输出转矩基本接近，即转速高时，功率大；转速低时，功率小。

（3）可变转矩输出。可变转矩输出则是介于恒定功率与转矩之间的一种工作状况。

根据各种不同的生产环境和工作场合，许多生产机械对电动机有着不同的变速要求。例如，车床拖动用双速电动机其在低速时负载重，因而要求转矩大；高速时则负载轻，故转矩可以小些，这就需要变速具有恒功率特性。而风机型机械所需要的转矩是随转速的降低而减小。这种变速需要具有可变转矩。此外有些机械，不论其转速如何变化，它的负载却始终是不变的，这就要求变速具有恒转矩的特性。因此，在改变绕组接法时，应该根据对电动机使用时的变速要求来决定双速变极调速电动机所应具有的性能特点。

（二）常用变极调速电动机各变极方案及绕组基本参数

变极调速电动机常用系列各变极方案及绕组基本参数如表2-6-6-1所示。

表2-6-6-1　　常用变极调速电动机各变极方案及绕组基本参数

变极类别	极数	槽数	速比	变极方案	绕组节距	极数-绕组系数	绕组分布特点	连接	引线根数	变极基本原理	同步转速/(r/min)	特性（高速/低速）
倍极比（双速）	2/4	24	2∶1	1	1-7	2-0.677 4-0.831	有基本极绕组，有规则分布	①2Y/Y ②2Y/△ ③2Y/2Y	①6 ②6 ③9	以2极为基础，一半绕组反接，属反向变极法	3000/1500	1）2Y/Y连接属恒转矩变速 2）2Y/2Y连接属恒功率变速 3）2Y/△连接属可变转矩变速
					1-8	2-0.76 4-0.808						
		36		2	1-10	2-0.676 4-0.831						
					1-11	2-0.732 4-0.818						
		48		3	1-13	2-0.676 4-0.829						
					1-14	2-0.719 4-0.823						
		60		4	1-16	2-0.676 4-0.828						
					1-17	2-0.71 4-0.824						
					1-18	2-0.743 4-0.84						

续表

变极类别	极数	槽数	速比	变极方案	绕组节距	极数-绕组系数	绕组分布特点	连接	引线根数	变极基本原理	同步转速/(r/min)	特性（高速/低速）
倍极比（双速）	4/8	24	2:1	5	1-4	4-0.683 8-0.866	有基本极绕组，有规则分布	①2Y/Y ②2Y/△ ③2Y/2Y	①6 ②6 ③9	以24极为基础，一半绕组反接，属反向变极法	1500/750	
					1-5	4-0.837 8-0.75						
		36		6	1-5	4-0.617 8-0.831						
					1-6	4-0.735 8-0.831						
		48		7	1-7	4-0.677 8-0.836						
					1-8	4-0.76 8-0.808						
		60		8	1-9	4-0.711 8-0.828						
					1-10	4-0.744 8-0.792						
		72		9	1-10	4-0.676 8-0.831						
					1-11	4-0.732 8-0.818						
倍极比（双速）	6/12	36	2:1	10	1-4	6-0.683 12-0.866	为正规分布，6极时为60°相带，12极时为120°相带	2Y/△	6	以6极为基础的反向变极原理	1000/500	两种极数下转速相反
		54		11	1-6	6-0.735 12-0.831		2Y/△	6			
		72		12	1-7	6-0.677 12-0.836		2Y/△	6			
		72		13	1-7	6-0.677 12-0.836		6Y/3△	6			同上述特性但联结与上不同
	6/24	72	4:1	14	1-10	6-0.648 24-0.866	24极为庶极布线，反向为6极	2Y/Y	6	属反向变极	1000/250	恒转矩接线，低速用于起动，高速用于运行
		72		15	1-11	6-0.677 24-0.75						
	2/8	36	4:1	16	1-6	2-0.344 8-0.82	为不规分布绕组	①2Y/Y ②2△/Y	6	属反向法变极调速	3000/750	对于长节距2个极下绕组分布系数高，且接近；在短节距时2极起动可能困难
					1-7	2-0.408 8-0.72						
					1-15	2-0.766 8-0.82						
					1-16	2-0.788 8-0.72						
		36		17	1-16	2-0.74 8-0.82	有规则分布绕组	①2Y/Y ②2△/Y	6			
		36		18	1-16	2-0.676 8-0.731	8极时为120°相带					

续表

变极类别	极数	槽数	速比	变极方案	绕组节距	极数-绕组系数	绕组分布特点	连接	引线根数	变极基本原理	同步转速/(r/min)	特性（高速/低速）
非倍极比（双速）	4/6	24	3∶2	19	1-7	4-0.84 6-0.623	不规则分布绕组	①2Y/Y ②2Y/△	6	反向变极原理	1500/1000	4极时出力较高
		24		20	1-5	4-0.73 6-0.88		2Y/△	6			适用恒功率场合
		24		21	1-7 1-8	4-0.831 6-0.644 4-0.903 6-0.622	有规则分布绕组	①2Y/Y ②2Y/△	6	以4极为基础一半反接		两速同转向2Y/Y联结时，保证4极出力高
	4/6	36	3∶2	22	1-7 1-8	4-0.72 6-0.88 4-0.781 6-0.85	不规则分布绕组	①2Y/Y ②2Y/△	6	无基本极，反向变极	1500/1000	两转速反向用于低速出力要求不高场合
		36		23	1-10	4-0.83 6-0.621		①2Y/Y ②2Y/△	6	反向变极原理		两速反转向时绕组系数接近
		36		24	1-7	4-0.72 6-0.88	不规则分布绕组	2Y/△	6			
		48		25	1-11	4-0.93 6-0.59	正规60°相带分布	2Y/△	6	反向变极法		同转向4极出力不高，6极为不对称
		48		26	1-9	4-0.72 6-0.88	为不规则分布	2Y/△	6			反转向，两速绕组系数接近
	6/8	36	4∶3	27	1-6 1-7	6-0.62 8-0.945 6-0.64 8-0.83	8极为正规分数数槽分布	①2Y/△ ②2Y/Y	6	反向法变极原理	1000/750	两速为同转向
		36		28	1-6	6-0.85 8-0.82	为不规则分布	2Y/△	6			同转向适合功率分布拉近场合应用
		48		29	1-8	6-0.862 8-0.80	为不规则分布	2Y/△	6			
		54		30	1-7	6-0.805 8-0.65	6极为正规60°相带分布	①2Y/△ ②2Y/Y	6			两速同转向
倍极比（三速）	2/4/8	36	4∶2∶1	31	1-7 1-13	2-0.676 4-0.83 8-0.633	两种节距变极法	2△/2△/2Y	9	反向变极法原理	3000/1500/750	2.8极转向同，4极转向反
	2/4/8	36	4∶2∶1	32	1-7	2-0.478 4-0.831 8-0.731	换相法变极原理	2△/2△/2Y	12	换相法变极原理	3000/1500/750	2.4极同转向，8极反转向
	2/4/6	36	6∶3∶2	33	1-7	2-△-0.483 2-Y-0.49 4-△-0.79 4-Y-0.80 6-0.836	2, 4极为正弦布线，6极为庶极	△/△/3Y	13	换相变极原理	3000/1500/1000	三种极下转速相同，内部接线简单
非倍极比（三速）	4/6/8	36	6∶4∶3	34	1-5 1-6	4-0.617 6-0.558 8-0.831 4-0.735 6-0.622 8-0.831	4极为60°相带正规布线，6极反向法，8极为庶极	2Y/2Y/2Y	9	原理同绕组分布特点栏	1500/1000/750	4、6极同转向，8极反转向，引出线根数少
		72		35	1-12 1-13	4-0.783 6-0.631 8-0.781 4-0.823 6-0.636 8-0.720		2△/2△/2Y	12			一半反接以6极为基本极

（三）三相变极调速异步电动机故障快速诊断与修理

由于变极调速电动机 YD、JDO3、JDO2 系列是从普通三相异步电动机 YD、J03、J02 系列派生而产生的，故其常见故障与修理方法也大至相同，主要有电气故障和机械故障等，因此也可参阅这类普通电动机的故障诊断及修理方法，表 2-6-6-2 和表 2-6-6-3 所示为三相变极调速电动机常见故障及其修理。

表 2-6-6-2　　　三相变极调速电动机常见绕组、电气故障与修理

故障形式	故障产生原因	故障修理及处置
电动机不能启动或运行时转速慢	电气控制开关接线错误	检查开关及引出线的连接，并予更正
	外部引出线端连接错误	检查引出线端的连接，予以更正
	电源端电压过低	将电源电压调至额定值
	双绕组外部线端接线错误	查双绕组各自出线端，予以重接
	重绕修理时线圈匝数绕错	重绕匝数正确的线圈，予以更换
	重换绕组部分线圈接错	找出接错的线圈改正重接
	重换绕组时极相组间连接错误	找出接错的极相组接线，予以重接
修后电动机启动困难，启动电流大	电动机绕组匝数被减少	按规定匝数重绕线圈，予以更换
	转子铁芯外径被车削过多	用适当增加匝数的新绕组更换
	定子铁芯齿张叠片被去掉若干片	加强总装质量及精度来弥补
	定子铁芯槽口被锉大	增加绕组匝数提高绕组系数
	轴承已损坏至转轴转动不灵活	更换新轴承并仔细检查转轴
电动机绕组严重发热	绕组接线错误	查找接线错误处
	绕组有短路故障	查找短路故障处予以修复
	电动机发生单相运行	检查电气控制开关消除故障
	运行时定、转子严重相擦	检查定、转子铁芯内、外径及端盖同心度
	重绕修理时线圈线径被选小了	按规定截面积导线重绕更换
	重绕修理时匝数绕得太多	按规定匝数重绕线圈更换
	电动机风路堵塞至通风不良	仔细检查并清除管道堵塞物
	外部风扇装反或未装	重装或补装外部风扇
	电动机安装位置环境温度过高	改善通风条件降低环境温度

表 2-6-6-3　　　三相变极调速电动机常见机械故障与修理

故障形式	故障产生原因	故障修理及处置
电动机振动、噪声过大及转子过热	轴承缺油或已损坏	按要求补加润滑脂更换轴承
	转子铁芯椭圆至气隙不均匀	将转子铁芯外圆磨削加工、校正
	转轴变形严重或弯曲	将转轴弯度矫正或更换新轴
	转子不平衡	转子重校动平衡或静平衡
	转子笼型绕组产生断条	查出断条处予以铝焊焊接
	外风扇装反或未装	重装或补装外风扇
	端盖止口磨损至定、转子铁芯相擦	更换新端盖重校同心度
	定子铁芯松动、齿张严重	加固铁芯防止松动及齿张
转子轴向位移过大	轴承已经损坏	更换新轴承
	安装时定、转子铁芯未对齐	拆卸重装，移动转子与定子对齐
	转轴两端中心不在水平位置	将转子上车床重新校正轴线
	定、转子内、外圆呈锥度	上车床磨削加工、予以矫正
	转子铁芯端面偏摆过大	转子上车床校正后精车端面

二、三相变频调速异步电动机故障快速诊断与修理

近年来,由于电力电子技术和控制技术的飞跃发展,新型高电压、大功率电力晶体管的不断涌现,致使交流变频调速技术日新月异获得快速发展,变频器已经广泛应用于交流电动机的速度控制。现在,交流变频调速已成为电气传动的主流,正越来越多地取代传统而高质量的直流调速系统。

交流变频调速的最大特点是,高效节能、无级调速及良好的控制特性。此外,它还具有体积小、重量轻、可靠性高、通用性强和操作简便等优点。而且其调速平稳、范围宽广、精度极高。同时在转差补偿、低频转矩、效率及功率因数等方面均显示出极大的优势,因而深受用户欢迎。现已广泛应用到机械、轻工、纺织、石油、化工、医药、造纸、钢铁、建材等社会各行业各部门中。

三相异步电动机因其具有结构简单、运行可靠、操作方便、价格低廉等一系列优点,故成为交流变频调速系统中的首选电动机。目前在美国市场有近50%的调速电动机均为三相变频调速异步电动机,且其市场份额仍呈上升趋势。国内市场三相变频调速异步电动机的应用也表现出强劲的上升势头。因此,专用的三相变频调速异步电动机将具有良好的发展前景和极其广阔的市场。

(一) 三相变频调速异步电动机概况

因变频调速异步电动机的电源不是通常电网电源固定频率的正弦交流电,而是由变频器供给频率变动的非正弦交流电。这种频率变动的非正弦交流电则对异步电动机的正常运行带来诸多不利影响,因而对从异步电动机基本系列电气派生出来的变频调速异步电动机原主体电动机,须作相应必要的设计调整及工艺加强等措施,以使变频调速异步电动机能够在变频器不利供电条件下,仍能保持高效率、高性能、高可靠性地运行。在变频器供电条件异步电动机受到的主要不利影响及解决措施如下。

1. 高次谐波对异步电动机温升及效率的影响与对策

当采用变频器给异步电动机供电时将导致产生有害的高次谐波,从而引起异步电动机定、转子绕组的铜与铝损耗、铁耗和附加损耗等的明显增加。这些损耗将使异步电动机发热量增加、输出功率下降、效率降低等。通常由变频器输出的非正弦电流供电的普通异步电动机,其温升约将增加10%~12%,效率也将下降许多。

对此情况,在设计三相变频调速异步电动机时应十分重视对谐波的抑制,例如应尽量选择能增加定子阻抗的槽形设计,以抑制高次谐波的不利影响;考虑谐波对转子绕组所产生集肤效应的作用,其转子槽形宜选择槽面积大、浅而不深的上宽下窄槽形,以及采用半闭口槽等。

2. 谐波对电磁声、振动的影响及对策

异步电动机采用变频器供电时,作为变频器电源内所含的各次谐波与异步电动机电磁场固有谐波的相互影响,将会形成多种电磁激振力,当这些电磁力波的频率与异步电动机结构件的原始振动频率接近或一致时,则会产生共振现象,致使异步电动机的噪声和振动均将增大。一般情况下采用变频器电源向普通三相异步电动机供电时,其噪声比用电网电源约增加10~15dB左右,振动也会有所增大。

对此情况,变频调速异步电动机则将根据自身的特点及要求,对电动机定子、转子的槽配合进行精心合理选择。

3. 冲击电压对电动机绝缘结构的影响及对策

现在中小容量变频器大多数均采用PWM控制方式。其载波频率从几千赫兹到十几千赫兹,这样就使异步电动机线圈要承受极高的电压上升率,即相当于对异步电动机线圈反复施加一波接一波的冲击电压,致使异步电动机匝间绝缘承受着严峻考验。此外,PWM变频器还将产生一种矩形斩波冲击电压叠加到异步电动机运行电压上,将对电动机的对地绝缘构成损害,在这种高电压的反复冲击下则会加速绝缘的老化。

对此情况,提高变频调速异步电动机绝缘可靠性就十分必要,故应对电动机的整体绝缘结构采取加强措施,通常做法是将绝缘等级选用F级但按B级考核。为此,选用变频调速异步电动机绕组专导线,即3层绝缘漆包线;以及使用耐电晕聚酰亚胺薄膜导线,用以提高绕组电磁线的绝缘性能。

(二) 三相变频调速异步电动机故障快速诊断与修理

三相变频调速异步电动机一般均从同类型基本系列电动机中派生,如YSP系列变频调速异步电动机即由Y2系列电气派生而来,故其在等级相同时它所对应的机座号、安装尺寸、结构部件及冲片三圆等均与Y2系列一致,并可相互通用。但为了提高电机的可靠性,YSP系列电动机的绕组则从工艺和材料上采取了许多特别的加强措施,如绝缘材料选用F级但只按B级考核使用,以此应对变频器非正弦交流电源供电对异步电动机的诸多损害及不利影响。

由于三相变频调速异步电动机与同类型基本系列电动机设计结构、绕组型式相同,结构部件通用,因而其故障也与普通三相异步电动机相似和接近。表2-6-6-4所示即为三相变频调速异步电动机常见故障快速诊断与修理;表2-6-6-5则为三相变频调速异步电动机绕组故障快速诊断与修理。

表2-6-6-4 三相变频调速异步电动机常见故障快速诊断与修理

故障现象	产生故障的原因	诊断与修理方法
无法启动或转速过慢	电源断路	检查电源线、开关、引线等,找出故障予以修复
	熔断器断路	检查设备保护装置,找出故障予以修复或更换
	电源电压过低	检测电源电压若过低则调节至额定电压值
	负载过重或被拖动机械有故障	将电动机与负载分开测试,找出并消除故障
	电动机外部引线连接错误	按规定接法予以改正接线
	电动机双绕组连接错误	按规定接法予以重新接线
	绕组极相组联接错误	经检测找出错误连接处予以更正
	绕组内有部分线圈接线被反	经检测找出接反的线圈,重新改正接线

续表

故障现象	产生故障的原因	诊断与修理方法
绕组温升过高或冒烟	电动机严重超载	检测定子电流,若出现过载,则应减轻负载
	电源电压过低	检查电源电压,若过低则调至接近额定电压值
	电动机外部接法错误	△形误接为Y形或相反错接,应停电改正接法
	电动机单相运行	仔细检查熔断器、开关、控制线路、清除故障
	绕组有通地、短路、接错故障	找出绕组通地短路故障处并予以修复
	定、转子铁芯严重相擦	查出故障处恢复电机同心度,以使气隙均匀
	风路被杂物堵塞,造成通风不良	检查、清除管路堵塞物,恢复风路通畅
	环境温度过高	改善电动机所处环境通风条件,降低室内温度
绝缘电阻低或外壳漏电	绕组被水淋湿或受潮	对绕组进行烘处理,恢复绝缘能力
	绝缘污损或老化	将绕组作清洗、干燥、涂漆处理或更换新绝缘
	接线板损坏或引出线碰外壳	修理、更换接线板或接线盒,引出线重包绝缘
	电源线、接地线接错	纠正错误的接线
振动大、噪声大、转子过热	转轴弯曲或变形	矫正转轴弯度或更换新轴
	转子铁芯偏圆,气隙不均	磨削转子铁芯外圆,消除偏圆
	转子严重不平衡	转子重新校动平稳
	轴承损坏或缺少润滑脂	更换轴承并添加润滑脂
转子轴向窜动过大	轴承损坏	更换新轴承
	定、转子内外圆成锥度	重新装配、使定转子铁芯对齐
	转子铁芯端面偏摆大	上车床精车转子端面,消除偏摆
	轴、两端盖中心线不在水平中心线	上车床校正转子轴线,使其与两端盖中心线重合
	定、转子铁芯未对齐	重新装配,轴向移动转子使其与定子铁芯对齐
轴承过热	轴承润滑脂太多、太少或有杂质	调整或更换润滑脂
	轴承与轴配合过松(走内圈)	过松时可将轴颈喷涂金属,紧重新加工
	轴承与端盖配合过松(走外圈)	过松时将端盖镶套,过紧则重新加工
	两侧端盖,轴承盖未装好(不平行)	重装两侧端盖、轴承盖,使其止口平整,旋紧螺栓

第六节 三相调速异步电动机故障快速诊断与修理

表 2-6-6-5 三相变频调速异步电动机绕组故障快速诊断与修理

故障现象	产生故障的原因	诊断与修理方法
绕组短路(或匝间、线圈间、极相组间、相间短路)	嵌线操作不当,电磁线漆膜损坏	
	长期过载大电流使绝缘老化、失效	用同等绝缘材料将短路处隔开、垫好
	绕组受潮,通电后高电压击穿绝缘	用同等绝缘材料重新包扎
	相间、层间绝缘未垫放到位	更换新线圈
	绕组端部绝缘碰撞受损	
绕组断路(含绕组内、外部连接)	受机械力的损伤	找出断路处,按原样连接、焊牢,用同等绝缘重新包扎予以修复
	接头处焊接不牢	
	绕组端部受严重碰撞	依绕组损坏程度,更换单个线圈或整个绕组
接线错误(含绕组内外部接线)	未完全按绕组接线图接线	应严格按接线图更正错误接线
	引接线未做好明显标志	重新确定各相绕组的首、尾端,并予以标志
	线圈的首、尾端搞错	重新统一确定线圈、极相组首、尾端,并按此接线
绕组通地(含绕组及内、外连接线)	绕组严重受潮失去绝缘能力	受潮引起的通地故障,可将绕组烘干使其绝缘电阻达到 0.5MΩ 以上即可
	引出线绝缘破损与壳体碰撞	
	绕组端部碰到端盖绝缘破损	在绕组通地故障处用同等绝缘予以修复
	长期过载高温使绝缘老化	若绕组通地故障处在槽内则需视情况而定,是换槽绝缘或是换新绕组
	定、转子相擦将绝缘烧坏	

三、三相电磁调速异步电动机故障快速诊断与修理

三相电磁调速异步电动机(也称滑差电动机),是一种交流恒转矩无级调速的三相异步电动机。它具有调速范围广、无失控区域,起动转矩大、还可以强励启动,频繁启动时对电网无冲击,以及有较硬的机械特性和较高的调速精度等许多优点。因而在矿山、冶金、机械、轻工、化工、建材、纺织等部门得到广泛应用。此外,三相电磁调速异步电动机特别适用于运行中转矩递减的风机、水泵负载场合,以通过转速的调节来控制流量或压力的变化,来达到显著的节能效果。

(一)三相电磁调速异步电动机概况

电磁调速异步电动机是由图 2-6-6-1 所示电磁转差

离合器与三相笼型异步电动机组合而成，从图2-6-6-1中可以看出，电磁离合器主动部分为一圆筒形结构，它与三相笼型异步电动机的转子相连接；而电磁离合器的从动部分为爪形结构，被安置于另一根与负载相接的输出转轴上。当电磁离合器爪形结构的励磁线圈通入直流电流时，沿气隙周围表面爪形结构就将会形成若干对极性相互交替的磁场。此时如电磁离合器的电枢（即主动部分）被笼型异步电动机转子拖动着旋转，就会因电枢与磁场间的相对运动，在电枢内产生感应电动势和短路电流（即涡流）；而这股短路电流与磁场相互作用即产生了电磁转矩，于是其从动部分的磁极便跟随主动部分的电枢一起旋转起来，以使其转速在低于电枢转速的情形下运转。这样就只需通过调节电磁离合器磁极线圈的励磁电流即可调节从动部分的转速，图2-6-6-2所示即为电磁离合器直流电源的单相全波整流电路。

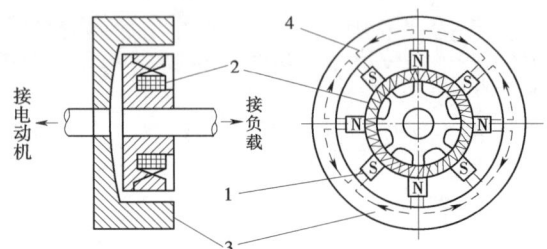

图2-6-6-1 电磁离合器结构示意图
1—磁极；2—励磁线圈；3—电枢；4—磁通

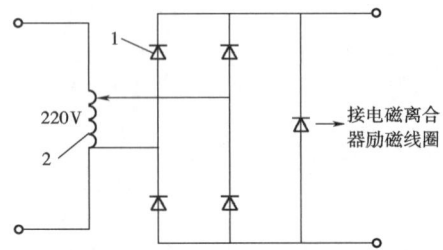

图2-6-6-2 单相全波整流电路示意图
1—调压器；2—硅整流器

三相电磁调速异步电动机有组合式和整体式两种结构。采用组合式结构的三相电磁调速异步电动机其型号有JZT、JZT2和YCT系列，它是将三相笼型异步电动机直接装在电磁转差离合器机座上组合而成的。整体式结构的三相电磁调速异步电动机则是将电动机设计成直接与电磁转差离合器装置在同一个机座内。三相电磁调速异步电动机多为4/6极双速电动机，这样可以提高电磁调速异步电动机低速区域时的效率。

（二）三相电磁调速异步电动机故障快速诊断与修理

由于三相电磁调速异步电动机与同类型基本系列电动机在设计结构、绕组型式等方面均基本相同，因而其故障也与普通三相异步电动机相近。表2-6-6-6所示即为三相电磁调速异步电动机常见故障快速诊断与修理方法。

四、三相交流并励调速电动机故障快速诊断与修理

三相交流并励电动机是一种运行在交流电网上能在规定的较大范围内连续而均匀的无级调速、结构上具有换向器及移刷装置的三相交流电动机（也称交流换向器式电动机），该电动机可以用来代替所有恒转矩的变速机组。由于三相交流并励电动机具有调速范围广、速度调节精细平滑、起动性能好、负载功率因数和效率高以及经济效益好等一系列优点，因而被广泛使用于纺织、印染、造纸、水泥、橡胶、印刷和制糖等诸多工业部门和试验设备等要求均匀无级调速的场合。

表2-6-6-6 三相电磁调速异步电动机常见故障快速诊断与修理

故障现象	产生原因	处理方法
空载时电动机不能起动	(1) 电源电压不符。 (2) 电源线路断路。 (3) 定子绕组存在断路	(1) 检测线路电压，并予修复。 (2) 检测电源电压，并予修复。 (3) 检测各相电流，并予修复。
空载或负载时不能进行调速	(1) 控制器未接上电源。 (2) 控制器已经损坏。 (3) 离合器励磁绕组或线路断路	(1) 检查并接通控制电源。 (2) 检测、维修控制器。 (3) 查找断路位置，并予修复
负载转速变化率过大	(1) 控制器未接上电源。 (2) 控制器已经损坏。 (3) 测速发电机的电压低。 (4) 测速发电机绕组或线路断路	(1) 检查并接通控制电源。 (2) 检测、维修控制器。 (3) 检查并修复测速发电机。 (4) 检查并修复断路故障
绝缘受损、受伤或击穿	(1) 绝缘受潮。 (2) 绝缘老化或受损伤。 (3) 绝缘受酸碱或有害气体侵蚀。 (4) 长期超载运行导致过热击穿	(1) 检测绝缘电阻并予烘干。 (2) 检查并更换绝缘。 (3) 改进和加强室内通风。 (4) 检查负载电流后，调低负载
电动机温升过高	(1) 电源电压过低或过高。 (2) 电源线路或定子绕组一相断路。 (3) 定子绕组匝间或相间短路。 (4) 超负载运行	(1) 检测调整电源电压。 (2) 检查线路电压并排除故障。 (3) 检查匝间、相间短路并予修复。 (4) 检测负载电流并调整负载
电动机振动过大	(1) 转子存在不平衡。 (2) 转轴已弯曲。 (3) 底座不平或安装紧固不牢。 (4) 联轴器或皮带轮不平衡	(1) 检测并校正转子平衡。 (2) 检测并修复弯曲的转轴。 (3) 检查和调整电动机安装情况。 (4) 重新校正联轴器和皮带轮平衡
轴承温度过高	(1) 轴承安装不良。 (2) 润滑脂有杂质，装得过多或过少。 (3) 皮带过紧或转轴与联轴器中心线不对。 (4) 轴承已损坏。 (5) 转轴已弯曲	(1) 调整或重新装配轴承。 (2) 清洗轴承，更换新润滑脂。 (3) 调节皮带或重校中心线。 (4) 更换新轴承。 (5) 检测并修复弯曲的转轴

（一）三相交流并励调速电动机概况

三相交流并励调速电动机的结构及外形图如图2-6-

6-3所示，它的定子铁芯与普通交流异步电动机基本相同，都是由0.5mm硅钢片冲制叠压而成，定子铁芯槽中嵌置的定子绕组称为次级绕组，或叫副绕组。它是一种多相双层叠绕短距绕组，根据电动机功率大小来选择相数的多少，通常小功率电动机多选三相、中等功率选5相、大功率电动机选7相。总之，相数越多则换向后的电流波形越接近正弦。

转子铁芯也由0.5mm厚硅钢片冲制叠压而成。转子铁芯槽内嵌有初级绕组（也称主绕组）以及和直流电动机相似的调节绕组，功率较大的三相并励电动机则还嵌置有放电绕组，它主要是用来改善换向的。图2-6-6-4所示即为JZS2系列电动机转子槽内绕组布置及绕组连接示意图。

换向器结构、电刷及刷架等均与普通直流电动机的结构相同。三相交流并励调速电动机的型号说明如下。

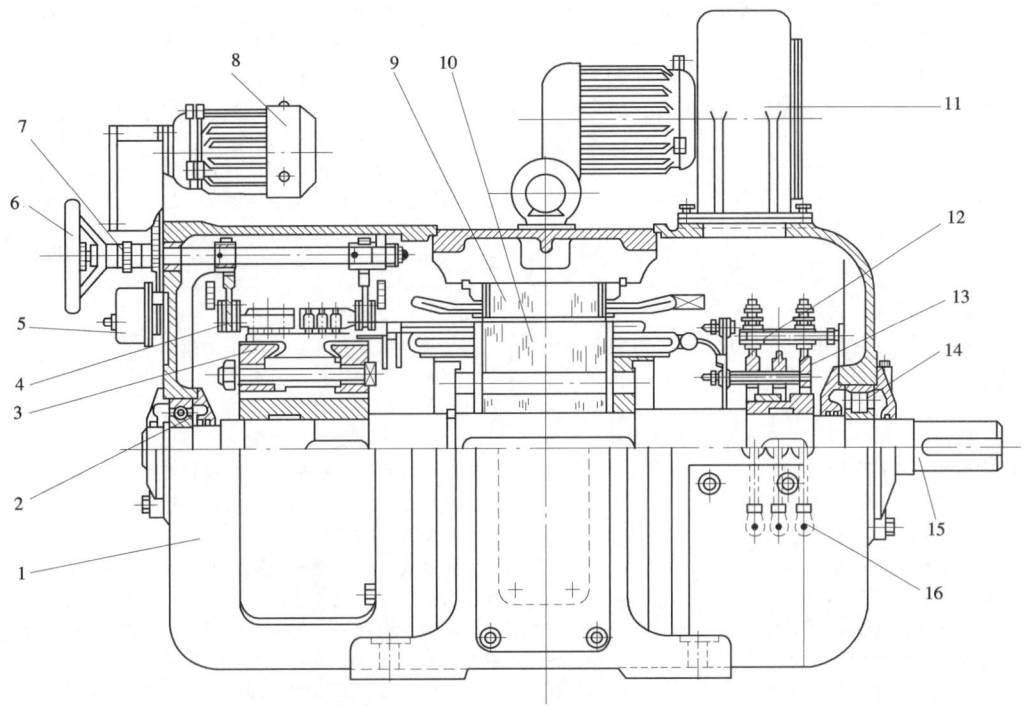

图2-6-6-3 JZS2系列电动机结构及外形图

1—机座；2—后轴承；3—换向器；4—转盘；5—测速发电机；6—手轮；7—联动齿轮；8—遥控电动机；9—定子；10—转子；11—冷却风机；12—电刷装置；13—集电环；14—前轴承；15—转轴；16—电源线

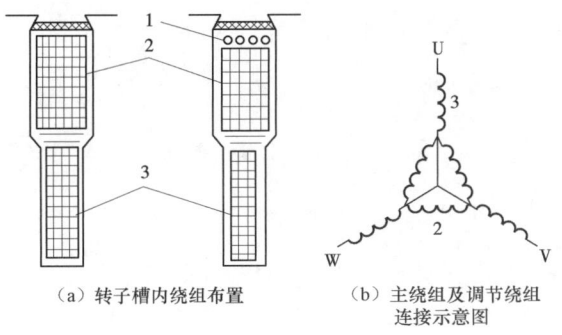

（a）转子槽内绕组布置　（b）主绕组及调节绕组连接示意图

图2-6-6-4 JZS2系列电动机转子槽内绕组布置及绕组连接示意图

1—放电绕组；2—调节绕组；3—主绕组

型号意义：

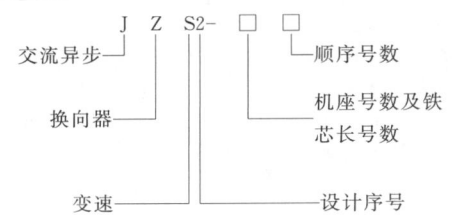

（二）三相交流并励调速电动机故障快速诊断与修理

由于三相交流并励调速电动机结构复杂和工作方式多样，致使电动机故障率相对较高。表2-6-6-7所示即为三相交流并励调速电动机故障快速诊断与修理方法。

五、三相摆线针轮减速异步电动机、三相齿轮减速异步电动机故障快速诊断与修理

（一）概述

三相摆线针轮异步电动机是由三相封闭自扇冷式笼型异步电动机与摆线针轮减速器组合而成。它与一般齿轮减速电动机相比较，则具有结构紧凑、体积小、重量轻、速比大（一般速比可达87∶1）的特点。电动机的传动部分采用滚动接触，故其传动效率高。减速器的结构极为考究，因而对过载和冲击负荷均有较强的承受能力。它被广泛应用于矿山、炼钢、运输、造纸、制糖及化工等部门需要低转速、大转矩的各种机械设备上作传动之用。

三相齿轮减速异步电动机则是由三相笼型异步电动机与齿轮减速器直接耦合而成，它具有出轴转速低，传动力矩大的特点。因此被广泛用于矿山、冶金、建筑、轻工、化工、机械制造及起重运输等部门用以驱动低速大转矩传动机械设备。

表 2-6-6-7　　　　　　　　三相交流并励调速电动机故障快速诊断与修理方法

故障类别	产　生　原　因	检　修　方　法
电动机不能启动	(1) 馈电线路断线，或者单相供电。 (2) 集电环和电刷间接触不良或者没接触。 (3) 电源电压过低，或者三相电压显著不平衡。 (4) 机座两侧或一侧的定子绕组和电刷引线全部和部分未接牢或者接触不良。 (5) 换向器上电刷未放下，或者未和换向器接触。 (6) 电刷转盘不在最低速度的位置上。 (7) 在低速位置下动作的行程开关未闭合，主电磁开关也不动作。 (8) 过载起动	(1) 自电动机上拆开馈电线；闭合电磁开关，并用电压表在熔断器下触点，电磁开关前、后，以及接到电动机初级引线的三个接头上，分别检查三相电压。 (2) 检查集电环和电刷间的接触是否良好。 (3) 检查三相电网电压，是否和铭牌要求相符。 (4) 拆开机座两侧的盖板，检查定子绕组和电刷引线是否接牢。 (5) 检查换向器上电刷是否放下去，它们的接触是否良好。 (6) 检查电刷转盘位置。 (7) 检查装在行程开关内的微动开关有没有动作。 (8) 闭合主电磁开关后，迅速检查初级绕组交流电压基本平衡，可将手轮向"快"方向稍微转过一些，但电刷转盘移过的距离以不超过自最低速度到最高速度间的 1/5～1/6 距离为限，假使移过电刷转盘后，电动机仍不能启动，应立即切断电源，若无其他原因，应选用较大容量的电动机
电动机过热	(1) 电源电压过高或过低。 (2) 定子绕组匝间短路（在拆开定子绕组和电刷引线间的连接，并通过额定电压时，电动机会以较快速度旋转，各相次级电压不再相互平衡）。 (3) 换向器上有许多电刷不和换向器相接触，例如许多电刷被轧住在刷握内。 (4) 电动机在轻载时单相运行。 (5) 周围环境温度过高。 (6) 换向器上有严重的火花。 (7) 电动机过载。 (8) 两块电刷转盘的相对位置不符合要求；这时次级电流在某一速度后便可迅速上升。 (9) 通风道严重地被灰尘堵塞。 (10) 采用鼓风机冷却的电机中，鼓风电动机未接通电源，或者旋转方向不符合规定。 (11) 由于轴承损坏或其他原因造成定转子铁芯相擦。 (12) 电动机的启动次数过多。 (13) 在采用速度继电器作反接制动的电动机上，次级外接电阻太小，以致初次级回路内有较大的制动电流通过。 (14) 在自冷式或扇冷式电动机上，采用次级外接电阻来降低最低速度时，因电动机速度下降而引起通风不良	(1) 检查电源电压。 (2) 拆开机座两侧定子绕组和电刷引线的连接，并使它们相互绝缘，在初级绕组，接通具有额定电压的三相交流电源后，用电压表测量定子绕组的相电压。 (3) 检查电刷是否和换向器接触良好，例如有没有轧住在刷握内、电刷磨损过短等，必要时还要检查各根电刷引线上的次级电流。 (4) 检查三相初级电流和加在初级绕组上的三相电源电压。 (5) 检查周围环境温度。 (6) 查看换向器上的火花，并根据"换向器上火花过大"一项进行检查。 (7) 检查电刷引线上的次级负载电流，以不超过铭牌所规定的数值为限。 (8) 在空载时，检查电动机的电流-转速曲线。 (9) 检查进风口、定子背部、转子通风孔以及出风口有没有灰尘堵塞。 (10) 检查鼓风机是否旋转，它的旋转方向是否符合要求。 (11) 用金属棒在机座上检听定子铁芯有没有摩擦声音。 (12) 电动机在额定负载下运行时，每小时的启动次数应不超过 2 次。 (13) 检查反接制动时的初、次级电流，并把外接电阻调到适当数值。 (14) 再适当降低电动机容量
电动机速度不能调节	(1) 定子绕组和电刷引线间连接错误（这时，在某些电刷下会出现强烈火花）。 (2) 两块电刷转盘的相对位置，不符合要求（这时电动机只能在同步速度附近正常运行；离开同步速度后，往往就会有严重的换向火花）。 (3) 检修后定子前后装反。 (4) 后端盖检修后，内外两块电刷转盘装错	(1) 根据接头上符号，检查有没接错，必要时可按本节介绍的方法进行调试。 (2) 在空载时检查电动机的电流-转速曲线。 (3) 检查定子的装配位置，对于集电环的换向器分别安放在转子铁芯两侧的电动机定子绕组的接头线应在集电环一侧。 (4) 根据限位铁或检修前所作标记，检查电刷转盘是否装错
电动机的调速范围不符合要求	(1) 两块电刷转盘上的限位铁装错。 (2) 两块电刷转盘的相对位置，不符要求（这时，电动机在调到某一速度后，便会发生强烈火花）	(1) 拆掉限位铁后，根据空载速度重新装置限位铁。 (2) 在空载时检查电动机的电流—转速曲线
换向器过热	(1) 电刷压力过大。 (2) 电机过载。 (3) 两块电刷转盘的相对位置，不符合要求。 (4) 换向器上火花过大。 (5) 通往换向器的风道被灰尘堵塞。 (6) 刷握和换向器表面相擦（在运行时有异常声音）。 (7) 电刷牌号不符合要求。 (8) 换向片间的云母槽内有电刷粉末，或金属屑黏附，造成片与片间的局部短路现象	(1) 用拉秤检查电刷上的压力。 (2) 检查次级回路的负载电流（即电刷电流）。 (3) 在空载时，检查电动机的电流-转速曲线。 (4) 参照"换向器上火花过大"一项进行检查。 (5) 检查电动机的风道和通过换向器表面的风量。 (6) 检查刷握和换向器表面的距离。 (7) 检查和更换电刷牌号。 (8) 清理换向片槽

第六节　三相调速异步电动机故障快速诊断与修理

续表

故障类别	产　生　原　因	检　修　方　法
换向器上火花过大	（1）部分电刷被轧住在刷握内，或者电刷磨损过多，与换向器接触不良。 （2）电刷压力过小（这对转速较高的电动机很重要）。 （3）电刷压力过大（它破坏了换向器表面的氧化膜，使换向变坏）。 （4）换向器表面粗糙或者被火花严重灼烧。 （5）换向器两侧有毛刺。 （6）换云母片高出换向片。 （7）换向器表面偏心。 （8）有一块或几块换向片凸出（即跳排），这时每凸出一块换向片，就有 P 对角换向片被灼烧（其中 P 为极对数）。 （9）两块电刷转盘的相对位置不符合要求（这时可能有两种现象：电动机的空载电流—转速曲线不符合要求；负载时，顺着电动机旋转方向移动的一块电刷转盘下，出现较大的火花）。 （10）换向器的云母槽内有电刷粉末或金属屑黏附。 （11）电刷质量不符合要求。 （12）电刷和电刷上的辫子线脱开，或者电刷辫子线严重地被氧化（这时辫子线的颜色变暗）。 （13）调节绕组和换向器竖片间脱焊（这时在换向器内外都有 P 对角处被灼伤，而脱焊的换向片却异常光滑，无灼烧痕迹）。 （14）电动机过载。 （15）电刷转盘上的电刷支杆分布不均匀。 （16）部分电刷支杆已弯曲，即不和换向片相平行。 （17）电刷支杆的并联连接线接触不良或者电刷辫子线和电刷支杆接触不良。 （18）空气中含有大量酸碱气体，破坏了换向器上的氧化膜。 （19）电动机振动较大	（1）检查电刷能否在刷握内自由上下各块电刷和换向器是否接触良好，必要时也可以用钳形电流表检查电刷引线内各相电流是否平衡（一般允许偏差10％左右）。 （2）用拉秤检查加在电刷上的压力。 （3）用拉秤检查加在电刷上的压力。 （4）观察换向器表面光滑程度，必要时可先查出原因，然后在车床上车圆。 （5）检查换向片两侧有无毛刺。 （6）检查云母片有无高出。 （7）用千分表检查换向器内外表面的偏心度（以不超过0.05mm为限）。 （8）切断初级电源，在电动机未停前，用手按在内外排电刷上，检查电刷有无跳动。 （9）根据两种可能分别检查： 1）电动机的空载电流—转速曲线。 2）在负载时松开传动轴上的紧固螺母，并拉出新式调速机构上的差动齿轮D或老式调速机构上的离合器后，将手轮向"快"或"慢"方向移过一二牙，再观察电动机火花有无改善（此时须复核空载运行情况）。 （10）清除云母槽内的积垢。 （11）检查电刷牌号（应为DS-74B2）。 （12）检查电刷的辫子线。 （13）拆掉换向器端的后端盘（或者拉起换向器上的全部电刷），并把额定电压加到初级绕组上，用0～5V交流电压表逐块测量两相邻（或隔一片）换向片间的电压。 （14）检查电动机的次级电流（即电刷电流）。 （15）拆下电刷转盘，检查各电刷支杆间的分布距离。 （16）根据换向片间的云母槽，检查各电刷支杆是否直。 （17）检查电刷支杆连接线，以及电刷支杆和辫子线间的接触情况。 （18）测定空气中的酸碱含量，必要时改用管道通风。 （19）重校动平衡
换向器上电刷磨损较快	（1）换向器上火花过大。 （2）换向器两侧有毛刺。 （3）换向器表面过分粗糙。 （4）电刷牌号不对	（1）根据第6条进行检查。 （2）检查换向器表面光滑程度。 （3）检查换向器表面光滑程度。 （4）检查电刷牌号
集电环上跳火	（1）电刷和辫子线脱开（这时电刷和刷握间可能有火花）。 （2）电刷压住在刷握内不能自由上下。 （3）电刷压力过低，或者接触不良。 （4）集电环表面有油垢或油漆。 （5）集电环表面粗糙有砂眼、缩孔或偏心	（1）检查电刷和辫子线间的连接情况。 （2）检查电刷在刷握内的活动情况。 （3）用拉秤检查加在电刷上的压力，以及检查电刷和集电环间的接触情况。 （4）检查集电环表面。 （5）检查集电环表面光滑程度，并用千分表检查集电环的偏心度
集电环间短路	（1）集电环侧面黏附着较多的铜屑或电刷粉末。 （2）空气中含有大量水蒸气特别是采用装在集电环上侧的鼓风机来冷却。 （3）空气中含有较多的酸碱损坏了集电环绝缘。 （4）胶木垫圈或环氧树脂绝缘垫圈破裂	（1）用压缩空气，清除积垢。 （2）测定空气中所含酸碱水蒸气分量，必要时改用管道通风。 （3）测定空气中所含酸碱成分，必要时改用管道通风。 （4）检查集电环上各垫圈
绕组绝缘电阻太低	（1）绕组绝缘老化或损伤。 （2）导电部分积有大量灰尘。 （3）绝缘受潮。 （4）导电部分（例如集电环、电刷支杆，接线板等）绝缘损坏或表面潮湿。 （5）换向器侧的电刷辫子线或电刷转盘上支架连接线碰转盘	（1）检查有无绝缘破损。 （2）用压缩空气吹净电机内部的灰尘后，再做测定。 （3）烘干后，再做测定。 （4）对导电部分的绝缘分别进行检查。 （5）检查电刷辫子线或支架连接线有没碰转盘

续表

故障类别	产　生　原　因	检　修　方　法
绝缘击穿	(1) 绝缘受潮。 (2) 电动机经常过热，使绝缘老化或损坏。 (3) 绝缘受到酸碱或有害气体的侵蚀。 (4) 电动机遭受雷击。 (5) 周围环境温度低于使用规定，使绝缘冻裂	(1) 除去击穿部件后，测定绝缘电阻。 (2) 测定绝缘电阻。 (3) 根据绝缘被侵蚀情况，测定空气中的酸碱含量。 (4) 检查防雷措施。 (5) 检查周围温度，并观察击穿部分有没有冻裂现象
轴承发热	(1) 润滑油脂质量不好，有杂质，或者油脂加得太多。 (2) 前后端盖轴承盖没装配好。 (3) 轴承本身损坏。 (4) 电动机轴已弯曲。 (5) 皮带过紧，或者联结轴的中心线不直。 (6) 采用内径较小或外径较大的轴承	(1) 检查润滑油脂的质量和数量，在清洗轴承后，更换新油脂。 (2) 检查端盖和轴承盖的装配情况。 (3) 检查轴承，或者检听轴承的运行声响。 (4) 在车床上检查转子各部分的偏心程度。 (5) 调节皮带的松紧，或者重校中心线。 (6) 检查轴承内外径尺寸和公差
电动机振动较大	(1) 转子动平衡未校好。 (2) 耦合器或皮带轮不平衡（采用较大直径且未全部车光的耦合器或皮带轮时，较易发生）。 (3) 平面皮带的接头不好。 (4) 用耦合器连接时，二轴中心线不在同一直线上。 (5) 转子轴已弯曲。 (6) 安装不妥或底座不平。 (7) 定子绕组内有匝间短路	(1) 重校动平衡或静平衡。 (2) 检查耦合器或皮带轮的动平衡或静平衡。 (3) 检查皮带接头。 (4) 检查连接情况，并校中心线。 (5) 在车床上检查转子各部分的偏心程度。 (6) 检查安装和底座平整程度。 (7) 按"电动机过热"第2项进行检查
定、转子铁芯相擦	(1) 定子铁芯位移。 (2) 转子铁芯位移。 (3) 轴弯曲。 (4) 前后端盖和机座的配合太松，以至于转子下坠。 (5) 用皮带传动时，皮带的张力太大，以至于转轴发生弯曲	(1) 在车床上，以机座止口作基准，检查定子铁芯内腔的偏心程度。 (2) 在车床上，以轴承挡作基准，检查转子铁芯外径的偏心程度。 (3) 在车床上，以轴承挡做基准，检查转子上各部分的偏心情况。 (4) 检查前后端盖和机座配合情况。 (5) 检查皮带张力
在按下加减速电钮时，遥控电动机转动，而电动机不能调速	(1) 遥控机的前面盖板上，手轮上侧的一个"过载打滑螺母"太松。 (2) 电刷转盘和端盖间配合过紧或者已有"铁锈"，使摩擦系数增加。 (3) 限位铁位置装错	(1) 用套筒扳手适当扳紧"过载打滑螺母"。 (2) 除去铁锈，并加少量润滑油脂。 (3) 根据空载速度重新装置限位铁
遥控装置在自动复位或者达到最快或最慢位置后，遥控电动机仍未停止	(1) 行程开关失灵。 (2) 控制线路有故障	(1) 检查行程开关的动作情况。 (2) 检查控制线路

（二）三相摆线针轮、齿轮减速异步电动机故障快速诊断与修理

三相摆线针轮、齿轮减速异步电动机的绕组与Y系列、JO2系列电动机的绕组完全相同，因而其故障类型、产生原因、修理方法也就基本相同。它们只是在摆线针轮减速器、齿轮减速器部分增添了故障的特殊性，表2-6-6-8所示即为三相摆线轮、齿轮减速异步电动机故障快速诊断与修理的方法。

表2-6-6-8　　　　三相摆线针轮、齿轮减速异步电动机故障快速诊断与修理

故障现象	故障产生原因	故障修理方法
电动机振动、噪声大	(1) 减速器内摆线针轮、齿轮安装未到位。 (2) 减速器内摆线针轮、齿轮磨损过大。 (3) 轴承润滑脂过少或过多。 (4) 轴承损坏。 (5) 轴承室不清洁，有杂物。 (6) 安装不正或基础不稳	(1) 拆开减速器重装齿轮，精心调整到位。 (2) 修理或更换磨损严重齿轮。 (3) 按规定量增添或减少润滑脂。 (4) 更换新轴承。 (5) 检查轴承室，清洗并去除杂物。 (6) 检查安装情况，并予改正

续表

故障现象	故障产生原因	故障修理方法
电动机不能正常启动	(1) 电源断路。 (2) 电源电压过低。 (3) 起动控制装置故障。 (4) 定子绕组有断路故障。 (5) 电动机引线或接线板存在断路	(1) 找出断路点，予以修复。 (2) 将电源调到额定电压。 (3) 检查装置找出并修复故障。 (4) 找出断路故障予以修复。 (5) 检测引线及接线板，找出断路并修复
电动机的温升过高	(1) 电源电压过低或过高。 (2) 超负载运行。 (3) 电动机一相断电运行。 (4) 定子绕组有短路故障。 (5) 定、转子铁芯严重相擦。 (6) 轴承配合过紧。 (7) 轴承已损坏。 (8) 电动机引出线接线错误	(1) 调整电源电压至额定电压值。 (2) 更换较大容量电机。 (3) 用仪表检测找断路点，予以修复。 (4) 用仪表检测找出短路处，予以修复。 (5) 找出原因，修复并消除相擦。 (6) 精车轴承室，使配合符合要求。 (7) 更换同型号合格的新轴承。 (8) 检查电动机引线，找出错误并更正
电动机通地	(1) 定子绕组碰触端盖。 (2) 绕组引出线端破损。 (3) 引出线接线板通地。 (4) 定子绕组严重受潮。 (5) 定子绕组绝缘老化。 (6) 定子绕组严重通地	(1) 找出绕组碰触处，用同等绝缘隔开。 (2) 查出破损处，用同等绝缘包扎好。 (3) 更换同型号接线板。 (4) 按烘烤工艺要求对绕组进行干燥。 (5) 找出故障处用绝缘修复，并加浸绝缘漆。 (6) 找出故障排除或更换新绕组

（三）三相摆线针轮、齿轮减速异步电动机的电气控制线路

三相摆线针轮、齿轮减速异步电动机的减速是通过Y系列、JO2系列异步电动机与摆线针轮、齿轮的组全或耦合来达到的。因而其电气控制线路就与普通Y系列、JO2系列异步电动机没有任何差别，图2-6-6-5所示即为采用按钮与接触器双重联锁可逆运行控制线路，图2-6-6-6所示则为连续单向运行控制线路的三相摆线针轮、齿轮减速异步电动机电气控制线路。

图2-6-6-5所示为按钮与接触器双重联锁可逆运行控制线路，该线路可以使电动机能断续可逆运行，又能连续可逆运行，并且还具有按钮与接触器辅触头双重联锁。它适用于需要连续、断续可逆运行的机械。

图2-6-6-6所示为连续单向运行控制线路。该线路是在松开启动按钮后，利用接触器KM的辅助触点闭合自锁，使控制电路仍保持通电，故电动机能得以连续运行。

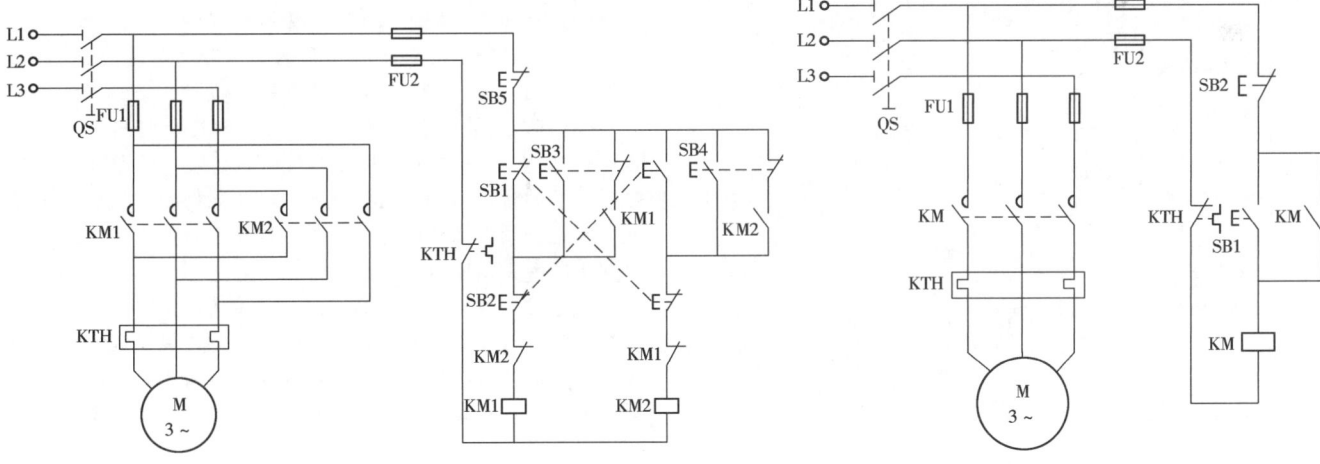

图2-6-6-5 按钮与接触器双重联锁可逆运行控制线路　　图2-6-6-6 连续单向运行控制线路

第七节　单相电动机故障快速诊断与修理

一、单相电动机绕组与起动装置的故障及检修

单相电动机的铁芯及机械部件一般较少出现故障，因为这些部件均非常坚实。而绕组和起动装置却不同，它们是电动机电气结构的核心，同时也是任务最繁重、结构最薄弱、最易受损产生故障的部件。所以，绕组和起动装置的修理是很重要的一环。绕组的修理可以分为局部修理和全部绕组重换修理两类，本章谈及的是绕组局部修理和起动装置的检修。

（一）定子绕组的故障及修理

绕组因长期过载发热使绕组绝缘老化，或绝缘受潮击穿等原因，均可能使绕组损坏而发生故障。单相电动机定子绕组常见故障有绝缘受潮、绕组通地、绕组短路和绕组断路等。

1. 绕组绝缘受潮

受过雨淋、水浸的电动机或环境潮湿而又长期未用的电动机，其绕组绝缘均可能受潮。这类电动机在重新使用前，必须要用500V兆欧表（俗称摇表）检查绕组的绝缘电阻。其主、辅绕组、调速绕组对机壳的绝缘状况均要检测。如果主、辅、调几套绕组在定子内部没有串接在一起时，则在各套绕组的出线端之间也要检测。测得的绝缘电阻若小于0.5MΩ，则说明电动机绕组绝缘受潮严重。这时，电动机需要经烘干处理达到合格后才能使用。绕组绝缘的加热烘干可采用灯泡、电炉、电吹风和烘箱进行。有些电动机由于使用日久绕组绝缘老化，可在烘干后再浸漆处理一次，以增强其绝缘能力，提高电动机使用寿命。

2. 绕组通地故障

电动机如长期超载运行，将因温升过高而导致绝缘老化。或因受潮、腐蚀、定、转子相擦、机械损伤、制造工艺不良等，都有可能产生绕组通地故障。绕组通地时整个电动机都会带电，将使电气设备线路失控，时间久了还可能因绕组长时局部过热而发展成短路故障，使电动机无法正常运行，甚至引起人身伤亡的严重事故。绕组如发现通地故障，应立即停止使用并进行检试修复。单相电动机绕组通地故障的检查有以下几种方法。

（1）外观检查。仔细目测电动机定子铁芯内、外侧、槽口、绕组直线部分、端接部分、引出线端等，看有无绝缘破损、烧焦、电弧痕迹等现象，以及绝缘烧焦的气味，仔细观察找出故障处。

（2）兆欧表检查。对额定220V以下的单相电动机，可用500V兆欧表检测。测量时，兆欧表的火线接电动机绕组，另一根地线接电动机金属外壳。按照兆欧表规定的转速（通常为120r/min）转动手柄，如指针指零，就表示绝缘击穿、绕组已通地。假如指针在零附近摇摆不定时，则说明它尚具有一定的电阻值。图2-6-7-1所示为用兆欧表检查绕组通地的接线。

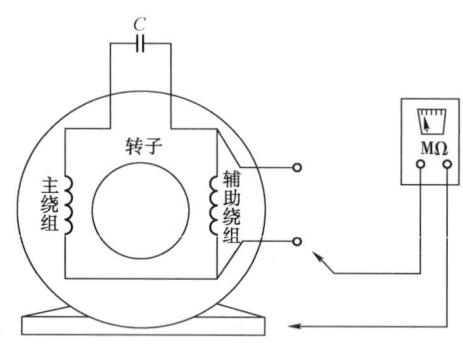

图2-6-7-1 用兆欧表检查绕组通地故障

（3）220V试灯检查。如没有兆欧表，可以用220V电源串接灯泡进行检查，如图2-6-7-2所示。测试时，如灯泡发亮，则表明绕组绝缘损坏已直接通地。这时可拆开端盖取出转子，检查出绕组的通地故障点。不过采用这种检测方法时要特别注意人身安全，以防触电伤人。

（4）万用表检查。可用万用表R×10k挡检测绕组接地故障。测量时，万用表的一根线绕组接线端，另一根线接电动机外壳。如测出的电阻为零，则说明绕组已直接通地。当表上测出有电阻数值时，则要根据经验分析判断电动机绕组是受潮还是击穿故障。

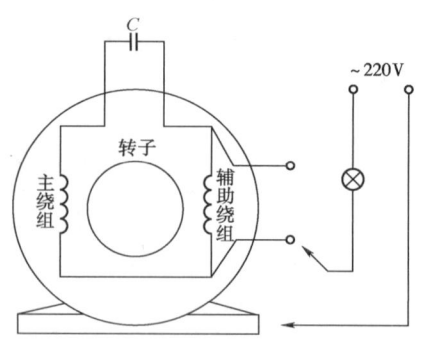

图2-6-7-2 用试灯检查绕组通地故障

（5）绕组通地故障的修理。用以上方法还不能找到通地绕组的故障点时，则故障可能出在槽内。这时，先要找出主绕组、辅助绕组、调速绕组中哪套绕组通地，然后再把该套绕组按分组淘汰的方法，查出绕组的通地故障点。查出故障线圈后，再根据绕组故障范围的大小、绝缘好坏程度、返修的难易等具体情况作出局部修理或是全部绕组重换的处理。

3. 绕组短路故障

单相电动机由于起动装置失灵、电源电压波动大、机械碰撞、制造工艺差等多种原因，均可能导致电动机电流过大、线圈绝缘损坏而产生绕组短路。如不及时发现和检修，绕组将会迅速发热而导致故障范围扩大，严重时甚至会使整个绕组烧毁。绕组短路及检查方法通常有以下几种。

（1）外观检查。绕组短路故障可分为匝间短路、线圈间短路、极相组间短路和主、辅、调绕组间短路。发生短路时，由于短路线圈内产生很大的环流，导致线圈迅速发热、冒烟、发出焦臭气味以及绝缘物因高温而变色等。除一些轻微的匝间短路外，较严重的线圈间、极相组间、各套绕组间的短路，经仔细目测大多能找到发生故障的位置。

（2）空转检查。对于小功率的单相电动机的短路故障，如手头一时没有仪表，则可采取让电动机空载运转15～20min（如出现烧熔金属体、冒烟等异常情况时则应立即停止运行），然后迅速拆开电动机两端的端盖，用手依次触摸绕组端部的各个线圈，对温度明显高于其他地方的线圈应仔细察看，直到找出故障点。这种方法非常简便，但对轻微的匝间短路却难以收效。

（3）电桥表检查。先确定主绕组、辅助绕组、调速绕组中是哪套绕组短路。然后用电桥表逐一测量该套绕组各极相组的电阻值，其阻值明显比其他极相组阻值小时，即该极相组内可能存在短路线圈，继续查找极相组内各线圈就能找到故障点。

（4）绕组短路故障的修理。如绕组绝缘未整体老化且短路线圈的导线还没有烧坏，则可以作局部修补处理，方法如下：

1）匝间短路的修理。这种故障是由于导线绝缘层破损而产生。此时，如槽绝缘受损轻微且短路的线匝数不多，就只需将短路线匝在端部剪断，再使绕组加热变软，而后用钳子将已坏的短路线匝从端部抽出，把原来的线圈依前接好，即可继续使用。抽出短路线匝时，注意不要碰坏相邻的完好线匝与线圈，以免扩大绕组故障范围。

2）短路线圈的修理。当整个线圈短路烧坏时，通常可采用穿绕法修理。进行这种修理时，首先要将电动机的短路线圈从两端剪断，并且使整个绕组加热变软，然后把剪断的线匝从槽内一根根抽出来。原来的槽绝缘尽可能拆除干净，按原来槽绝缘结构换上新绝缘。依照原线圈的导线型号、规格及线匝总长度（应比原线圈匝数总长度稍长些）选用导线，在槽内来回穿绕至绕足原有匝数。将穿绕线圈整形联接后，淋上绝缘漆烘干即可。

3) 线圈间短路的修理。出现这种故障的原因，多为线圈绕线、嵌线的工艺问题。往往是由于各个线圈与本极相组内的其他线圈的过桥连接线处理不当，或者是线圈嵌线方法不对，以致线圈间的线匝存在严重的交叉。端部整形时经猛烈的锤击后，就很容易造成线圈间的短路。如短路故障点发生在绕组端部，则用复合绝缘纸垫好后即可修复。

4) 整个极相组短路的修理。这种故障主要是极相组间的连接线上绝缘套管未套至线圈接近槽口的地方，或绝缘套管已被压破所致。一般同心式绕组多发生此类故障。修理这种故障时，可以将绕组加热使其变软后，再用理线板撬开引线处，把绝缘套管重新套至接近槽中的地方，或者用复合绝缘纸将短路处隔垫好，即可将短路处予以修复。

5) 各套绕组间短路的修理。单相电动机主绕组、辅助绕组、调速绕组间，由于在嵌线过程中间绝缘垫放不当，或因长期超载运行致使温升过高而绝缘老化破损，均可能形成短路故障。对这种故障的修理，首先仍要加热绕组使其变软，然后将故障处的绕组用理线板撬开，垫入复合绝缘纸后即可修复。

4. 绕组断路故障

绕组由于受机械碰撞、焊接不良、严重短路等原因，都可能使线圈产生断路故障。绕组断路的检查比较容易，它可以用兆欧表、万用表或试灯检查等。用万用表检查时，先将表的开关转至电阻挡，然后从电动机接线板查起，先找出是哪套绕组已断相，再采用分组淘汰检查各极相组。检查时，拆开断相绕组测量各极相组的通断，不通的即有断路故障的极相组。接着检查极相组内各个线圈，直至最后找出断路线圈。断路故障点如发生在端部且相邻处绝缘完好，这时就只需重新联接和绝缘即可。假设断路发生在槽中，就必须采用穿绕法重换新线圈。

5. 绕组接错故障

从前面我们知道，单相电动机定子绕组是根据电磁感应定律，按一定的规律、接线原则进行连接的。因此，我们一定要熟悉和掌握这些规律和原则，才能避免绕组的接线错误。绕组接错时，轻则难以形成完整的旋转磁场，造成起动困难、电流增大、噪声刺耳等不利现象。严重时电动机甚至无法启动，并且发出剧烈的振动和吼声，电流也急剧上升。如不及时关断电源，就将很快发热冒烟而烧毁绕组。绕组接错的检查方法如下。

（1）外观检查法。如果对绕组的连接线进行外观的仔细检查，追踪主、辅、调各套绕组的连接，绕组接错的位置一般都能找出来，检查可按下述方法进行。

1) 极相组内各线圈连接的检查。极相组内各个线圈通常均采用多块线模连续一次绕成，线圈间利用绕线时的过桥线串接而成极相组。故在检查时只需注意不要嵌"反"了，因为一旦嵌"反"则这个线圈内的电流方向也会与极相组内其他线圈的电流方向相反，最终将削弱该极相组所产生的磁场强度。

2) 显极接法的检查。对于采用显极接法的绕组，每套

绕组各自均应按照"头与头相接、尾与尾相连"的接法进行连接。因此，可以根据显极接法这一接线原则，依极相组出线端所套绝缘管的走向逐一检查。只要仔细核对，绕组接错之处一般是不难发现的。

3) 庶极接法的检查。对于采用庶极接法的绕组，则每套绕组各自均应按照"头与尾相接、尾与头相连"的接法进行连接。故可按庶极接法这一接线原则，依据极相组出线端所套绝缘管的走向逐一核对绕组的接法，绕组接错之处是很容易找出来的。

4) 主、辅绕组出线端位置检查。从前面我们知道，单相电动机的主、辅绕组是按照相差1/2个极相组交替布置的，即主、辅两套绕组相差90°电角度。因此，主绕组和辅助绕组的出线端应位于相邻两极相组内。调速绕组则与主组或辅助绕组同槽分布。依据上一点就可以方便地检查出它们出线端位置是否正确。

（2）指南针检查法。如图2-6-7-3所示，将3～6V的直流电源依次通入主组和辅助绕组内，用指南针沿定子铁芯内圆表面移动，对各极相组的磁场极性逐一进行检查，以核对电动机绕组接法是否正确，这就是指南针检查法。从图中我们可以看出，主绕组U相的4个极相组其磁场极性显示为相邻极相组的极性相反；辅助绕组V的4个极相组其磁场极性也显示为相邻两极相组的极性相反。只不过U相和V相的首尾出线端位置相差了90°电角度，即1/2个极相组的位置。这样主绕组U相和辅助绕组V相共同建立了一个4极磁场。因此，经检查图2-6-7-3中电动机绕组的接线是正确的。

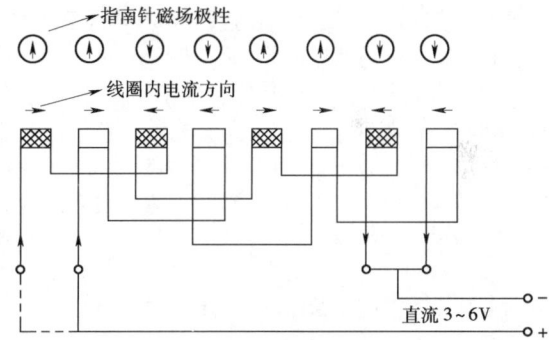

图2-6-7-3 绕组接线正确时指南针显示的极性

当电动机绕组内存在连接错误时，用指南针检查出的磁场极性将比较混乱，主绕组U相和辅助绕组V相将无法共同建立一个4极场。图2-6-7-4所示即为用指南针法检查出存在连接错误的绕组。从图中可以看出，主绕组U相从第1个极相组开始连接。这个极相组的头已作为U相出线端U1，尾则越过辅助绕组V相的第1个极相组去与本相极相组2的尾相接，极相组2的头则与本相极相组3的头相接，极相组3的尾则与本相极相组4的尾相接，剩下极相组4的头作为U相的出线端U2。该相完全是标准的显极接法，而且接线也是正确的，指南针的磁场极性也作了正确显示。

现在我们再来看辅助绕组V相的连接。接线从极相组1'开始，这个极相组的头已作为V相的出线端V1，尾则与本相极相组2'的尾相接，极相组2'的头原应与本相极相组3'的头相接，但却错与极相组3'的尾接了起来。随后，极相组3'的头又错与极相组4'的尾接了起来。从图中可以看出，指南针将极相组3'和4'接错后的磁场极性都准确地显示了

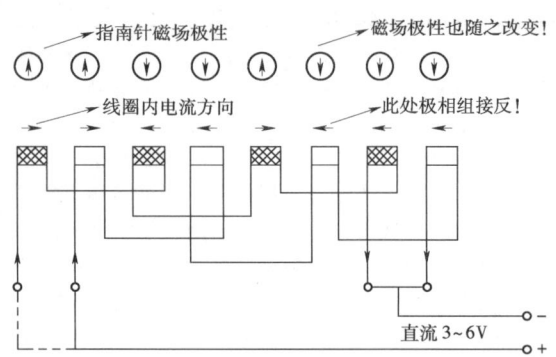

图 2-6-7-4 绕组接线错误时指南针显示的极性

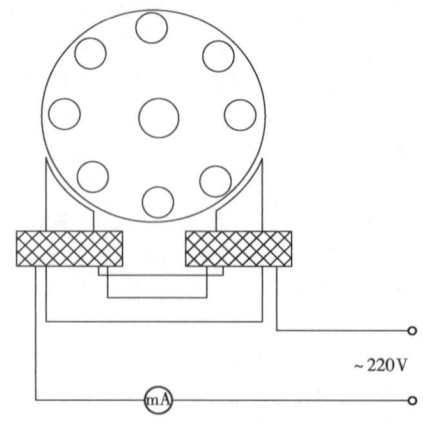

图 2-6-7-5 短路侦察器检查转子断条

出来。

用指南针检查法去检查绕组的接线,迅速而又准确,它是电机修理中实用而有效的一种检查方法。找出接错故障处后予以重接更正。

(二) 笼型转子绕组的故障及修理

笼型的转子绕组极少损坏,但因材料质量或制造工艺差、结构设计差,或起动频繁、操作不当、急促的正反转造成剧烈冲击等原因,也能导致转子损坏。笼型转子绕组导条断裂就是常见的故障。转子绕组断条后,电动机的转矩减小,负载运行时转速下降,起动困难,电磁声和振动增大等。检查转子断条常用的有以下几种方法。

1. 外观检查法

对防护式电动机,可以在电动机启动时观察转子与定子之间的气隙处,看是否有火花闪动,如有火花出现则说明转子极有可能已产生断条现象。然后可以拆开端盖取出转子,仔细检查转子铁芯表面和端环处,看是否有断裂和过热变色的地方,如有的话则多为断条所在。

2. 铁粉检查法

利用电磁原理在转子端环的两端接入极低电压的电源。然后将铁粉撒在转子铁芯表面上,逐渐升高电压,使转子铁芯的磁场得以增强到能吸住铁粉为止。这时如转子铁芯表面的铁粉能按照槽的方向整齐地排列,则说明笼型转子绕组可能没有断条现象。若转子某槽它不能粘住铁粉或所粘铁粉很少,则该槽导条断裂的可能性极大。

3. 短路侦察器检查法

如图 2-6-7-5 所示,在特制的短路侦察器上串接一个电流表。短路侦察器铁芯的开口处要呈弧形,以吻合转子圆周表面使其能在短路侦察器上沿开口铁芯滚动。检查时应对转子表面逐槽进行,如转到某槽时电流表数值突然明显下降,则说明该槽内的导条已经断裂。也可以不用电流表来检查,而是改用一根锯条或铁片放在所测槽口上面。如铁片或锯条被吸住就说明导条未断;若铁片或锯条不被吸住则说明该槽内导条已断裂。

4. 更换转子试验法

将型号、规格相同的单相电动机的转子换上,试运行一段时间。如果电动机在负载能力、转速、温升、振动和噪声等方面均转为正常,则说明被换下的转子笼型绕组中有导条断裂。

5. 笼型绕组断条故障的修理

转子笼型绕组断条故障处经检查出来后,可按以下几种方法进行修理。

(1) 如断条发现在槽外或端环等明显部位时,可以采取将裂纹凿出 V 形槽,然后用气焊进行修补即可。

(2) 如果是个别笼条断裂时,也可以将断条钻掉并把槽内清理干净。然后制作一根与转子槽形相同的铝条打入槽内,再将铝条与端环用气焊焊牢即可。

(3) 若转子导条断裂较多时,则应全部更换笼型绕组。这时,先要车去转子两端的端环,并用夹具将转子铁芯夹紧,以防止转子松散。然后将各槽换上比铁芯稍长的紫铜条,在转子两端的槽口处把铜条朝同一方向打弯重叠,再用气焊将打弯重叠的铜条焊成端环,最后将其车削平整即可。

(三) 启动装置的故障及修理

辅助绕组是用来帮助启动的,电动机启动以后均由启动装置把辅助绕组从电源线路切断。如属电容启动和运转单相电动机,也要利用启动装置把一部分启动电容从线路切除。因此,启动装置对于单相电动机的安全准确运行有着极其重要的作用。

启动装置的类型是多种多样的,主要分为机械式和电气式两大类。机械式是直接利用电动机转动所产生的机械力来断开接点,如利用离心力断开接点的离心开关。电气式则是利用电磁力、电热原理启动开关动作而断开接点,如电磁式继电器、热继电器等即属于这种型式。

常用的启动装置要求在单相电动机接入电源后,转速达到额定转速 75%~80% 时,把辅助绕组自动从电路切除。因此,单相电动机的启动装置一定要工作可靠。如果在整个启动过程中不能断开启动用的辅助绕组,也就是说辅助绕组长期处于运行状态的话,这样就可能由于辅助绕组因线径小电流密度高而发热烧毁。所以,启动装置灵敏可靠的工作是电动机安全运行的保证。常见启动装置的故障与修理如下所述。

1. 离心开关的故障及修理

这种起动开关结构复杂,而且要装在电动机端盖的内侧,维护、检修均不方便。它在单相电动机中的使用已日益减少,逐渐为其他型式的启动装置所取代。离心开关的主要故障如下。

(1) 离心开关短路。由于机械结构件的磨损、变形、动静触头烧熔黏结、簧片式开关簧片过热失效、弹簧过硬、甩臂式开关的铜环间绝缘击穿,以及电动机转速达不到额定转速的 80% 等原因,均有可能使离心开关触点不能断开辅助绕组与电源的连接,造成离心开关短路而使辅助绕组发热烧坏。对这类故障的检查,可采取如图 2-6-7-6 所示在辅助绕组线路中串入电流表的方法进行检查。如果电动机进入运行阶段后辅助绕组中仍有电流存在，则说明离心开关失灵而其触头未能脱开。这时应该查明原因对症修复。

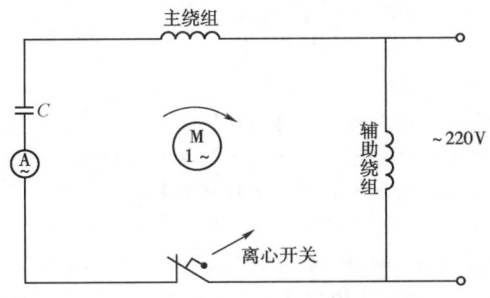

图 2-6-7-6 离心开关失灵未断开辅助绕组

(2) 离心开关断路。由于触头簧片过热失效、触头烧坏脱落、弹簧失效以致无足够张力使触点闭合、机械机构卡死、动静触头接触不良、接线螺丝松动或线端断开，以及触头绝缘板断裂使触头不能闭合等原因，都能使离心开关在电动机启动时其触点不能闭合。以致在启动时辅助绕组不能接入电源，电动机无法起动。离心开关的断路故障可用电阻法检查，即用万用表测量辅助绕组引出线端的电阻，这时应能测出几百欧的辅助绕组电阻。如阻值大大超出上述数值，则说明启动回路有断路故障。若进一步检查，可拆开端盖直接测量辅助绕组电阻，如阻值正常则说明是离心开关的故障。此时，应进一步查清原因找出故障点并仔细予以修复。

2. 启动继电器的故障及修理

单相电动机用启动继电器有多种型式，其结构原理前面已做介绍。下面简述它们的常见故障及修理。

(1) 继电器工作失灵。该故障是指继电器不能准确完成特性规定的动作，致使电动机不能启动或辅助绕组烧坏。造成继电器工作失灵的主要原因如下。

1) 弹簧的张力过大。这种情况多发生在电流型继电器中，常表现为触点易跳火，甚至不闭合，造成电动机辅助绕组未接通电源而不能启动。电压型及差动型继电器的常闭触点如不能断开，则辅助绕组将因长期接在电源上而发热烧毁。

2) 弹簧的张力失效。当复位弹簧失效后其张力将大为减少。对电流型继电器来说，电动机达到额定转速而其触点仍不能断开，则也将使辅助绕组因长期通电而发热烧毁。对电压型及差动型继电器，则可能会引起触点接触不良，或电动机尚在低速时辅助绕组即被过早脱离电源，从而造成启动困难。

3) 参数改变。单相电动机启动继电器的工作特性是根据电动机启动特性来调整的。如电动机绕组在重绕修理后，其电压、线径、匝数等参数改变时，将会与继电器技术数据不匹配，容易引起工作失灵。同理，如继电器线圈重绕时参数也有可能改变，因而也会产生与电动机不相匹配的现象，造成继电器的工作失灵。

(2) 继电器触头烧坏。这种故障可能形成触点脱落断路或黏结短路的情况，从而危及电动机不能启动或辅助绕组发热烧毁。产生这种故障的主要原因如下所述。

1) 弹簧调节不当。弹簧张力调整过大或过小，均有可能使触头跳火而造成烧蚀或黏结。

2) 触头接地。触头座绝缘损坏导致触头接地，也会烧坏触头。

3) 辅助绕组短路。这时辅助绕组中会产生大的短路电流，使触头严重过载而损坏。

(3) 线圈故障。线圈发生故障的主要原因如下所述。

1) 匝间短路。由于线圈绕线、嵌线质量差，或使用中严重受潮，则容易引起线圈匝间短路故障。

2) 主绕组短路。单相电动机主绕组如发生严重短路，其强大的短路电流可能导致继电器电流线圈烧毁。同时，随着辅助绕组中反电势的增加，电压线圈也可能因过电压而损坏。

对继电器故障的修理，关键是应分清情况查出原因，找到故障处予以修复。弹簧、触点等关键件，经检查如失效、烧蚀，则应及时更换，避免严重事故的发生。

(4) 电容器的故障及检查。电容器是单相电容式电动机不可缺少的一个重要元件，由于采用了电容器移相，才使单相起动式、运转式、起动运转式获得优良的起动和运转特性。在小功率单相电动机中，利用电容器移相的电容式电动机的数量很多。因此有必要对电容器的基本知识做一些简要介绍。

1) 电容器的类型。单相电容式电动机用的电容器，按它的结构可分类如下。

a. 纸介电容器。它是用两片金属薄膜长条，中间隔了一层或数层蜡纸作为介质。将金属薄膜条片卷成筒放入金属容器内，从金属薄膜条片上引出两根接线端以供接线用。

b. 油浸纸介电容器。这种电容器中作为介质的绝缘纸是用油浸过的，紧缩卷成筒后放入装有绝缘油的金属容器内，这样可以增加电容器的绝缘强度，也有利于散热。

c. 电解电容器。其结构特点与上述电容器不同。它的结构和工作原理是这样的，其一个极板由高纯度（99.95%以上）的铝箔制成，并经过化学腐蚀加工使铝箔表面起伏不平，从而增大了极板的有效面积。电容器的工作介质则是利用电化学方法在铝金属表面生成的一层极薄的氧化膜。电容器的另一个极板不是金属，而是电糊状的电解质。将这种电糊状电解液浸附在薄纸上，其引线借助于另一个铝箔而作为电容器的另一个极。把铝箔与浸有电解质的薄纸叠起来并卷成圆形，密封在金属外壳内而成。将两个极板的接线端引出来，并分别标上"+"和"-"的两个极性。

前面的两种纸介电容器由于不是用电解质作介质，所以也就没有"+" "-"极性可分，故这种电容器适合于长期工作在交流电路中。而电解电容器由于有"+" "-"极性，如果将电容器加上相反极性的电压，则电解电容器会很容易被击穿而损坏。所以这种有极性的电解电容器用在交流电路时，其通电时间必须在几秒钟以内。并且重复使用的次数不能太频繁，否则极易损坏电容器。不过，在相同电容量和工作电压的情况下，电解电容器的价格要比纸介电容器便宜得多。

电容器的容量单位为"法拉"，简称"法"，用符号 F 表示。但这个单位在实用中太大，通常使用的单位为"微法"，用符号 μF 表示。1法拉=1×10^6微法（即 $1F = 1 \times 10^6 \mu F$）。单相电动机所用电容器的容量一般均不大于$150\mu F$。选用电容器除了注意其电容量和额定电压应满足要求外，还应按不同用途、需要以及经济性来选用。例如，仅做起动用的电容器由于其带电时间短，便可以选用价格较便宜的电解电容器。

2) 电容器的故障。电容器经过长期的使用或存放，均会使电容器的质量受到一定程度的影响而引起故障。常见故障有以下几种。

a. 过电压击穿。单相电动机如长期工作在超过额定值的过高电压下，将会使电容器的绝缘介质被击穿而产生短路或断路。

b. 电容量消失。电解电容器经长期使用或长期放置在干燥高温的地方，则可能因其电解质干涸而使电容量自然消失。

c. 电容器断路。电容器经长期使用或保管不当，致使引线、引线端头等受潮腐蚀、霉烂，引起接触不良或断路故障。

电容器如出现上述故障，将影响单相电容电动机的正常工作，严重的还可能烧毁电动机绕组。因此，发现问题就要进行故障分析，仔细检查予以修复。如发现电容式电动机出力不够时，则可检查电容器的容量是否符合要求。当电动机启动不起来时，则可以检查电容器是否断路或短路。

3) 电容器的检查。电容器常用的检查方法有以下几种。

a. 电容器容量检查。检查电容器容量时，可将被测电容器接入50Hz交流电路中，测量出通过电容器两端的电压和电流，如图2-6-7-7所示。此时，可由下式算出电容器的电容量：

$$C = \frac{I}{2\pi fU} \times 10^6 (\mu F)$$

式中　U——电容器两端外加的试验电压，V；
　　　I——电容器电路中的电流，A；
　　　f——试验电源频率，Hz。

b. 伏安法检查电容器的断路和短路。用图2-6-7-7所示检查电容器容量的线路也可以检查电容器的断路和短路故障。因为电容器断路时所接电流表的读数将会为零，而如有短路存在时则电压表所测读数将为零，但是为了保护电路中的电流表，这时必须在电路中串入一个保险丝。

c. 万用表检查电容器的断路和短路。将万用表转到10kΩ或1kΩ挡，为确保测试安全可先将电容器内的残余电量放光，然后再检测电容器的故障。测量时，用万用表测量电容器两极之间的电阻。若阻值很大，即表针不动且又无充电现象，则极可能为出线端与极片脱离的断路故障。如电阻极小且表针不返回原处则为极间短路故障。

当电容器损坏后，单相电容式电动机的起动电容器和运转电容器的电容值，虽然也可以通过较为繁杂的计算方法算出来，但算出的电容值仍须在电动机的试运行中验证和调整，最后才能确定其数值。因此，最简便可靠的方法是仍按厂家所配电容器的相同型号和规格进行更换。如原来所配电容器遗失且又不记得其规格型号，则可参照同类型的单相电动机去选配电容器。

在电容起动式单相电动机中，为了获得较大的起动转矩，电容器的电容量一般可适当选大些。常用CO、JY系列单相电容启动式电动机，其启动电容器的电容值可按表2-6-7-1、表2-6-7-2所列数值选取。

电容运转式电动机中，运行电容器的电容量则不可选得过大。否则，虽有较大的起动转矩，但却会影响电动机的运行性能。常用DO、JX系列电容运转式电动机，其运行电容器的电容值可按表2-6-7-3、表2-6-7-4所列数值选取。

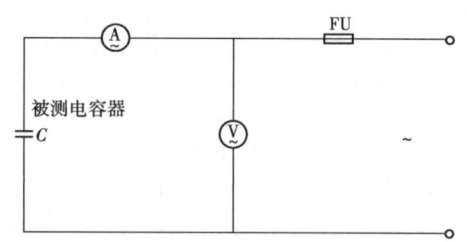

图2-6-7-7　电容器电压—电流表法

表2-6-7-1　CO系列电容起动式电动机电容值

电动机功率/W	120	180		250	370	550	750
极　数	2、4	2	4	2、4	2、4	2、4	2、4
起动电容值/μF	75	75	100	100	100	150	200

表2-6-7-2　JY系列电容起动式电动机电容值

电动机功率/W	180		250		400		600	800
极　数	2	4	2	4	2	4	4	4
启动电容值/μF	150	150	150	200	200	200	400	400

表2-6-7-3　DO系列电容运转式电动机电容值

电动机功率/W	8		15		25		40		60		90		120		180	
极　数	4		2	4	2	4	2	4	2	4	2	4	2	4	2	4
运行电容量/μF	1		1	1	1	2	2	2	2	4	4	4	4	6	4	6

表2-6-7-4　JX系列电容运转式电动机电容值

电动机功率/W	4		8		15		25		40		60		90	
极　数	4		2	4	2	4	2	4	2	4	2	4	4	—
运行电容量/μF	1		0.75	1	1	1.5	1.5	2.5	2	6	6	8	10	

二、单相串励电动机绕组及其修理

单相串励电动机具有转速高、体积小、重量轻、效率高、起动转矩大、过载能力强和调速方便等一系列优点，因而大量地应用于电动工具、家用电器、小型机床、化工、医疗等方面。如电锤、手电钻、电动扳手、电刨、电动缝纫机、吸尘器、地板打蜡机、高速离心机、电吹风、电动剃须刀等，均使用功率大小不一的单相串励电动机作动力。

单相串励电动机的主要缺点是噪声和振动较大。由于换向困难致使电刷容易产生火花，从而对无线电带来较大的电磁干扰。

（一）单相串励电动机的工作原理

单相串励电动机的工作原理与直流串励电动机的工作原理完全相同。为了更容易理解单相串励电动机的工作原理，我们先简要地概述直流串励电动机的工作原理。

1. 直流串励电动机的工作原理

直流串励电动机的工作原理如图 2-6-7-8 所示，从图中我们可以看出直流串励电动机的励磁绕组与电枢绕组是串联的。若按图中所示的直流电源极性接通电动机后，根据励磁绕组产生主磁通 Φ 的方向和电枢绕组的电流方向，利用电动机左手定则便可确定电枢将按逆时针方向旋转。由于电刷和换向器的换向作用，使电动机在旋转时，其位于一定磁场极性下的电枢导体内流过的电流方向保持不变。因此，电枢的旋转方向也将保持不变，而继续沿着逆时针方向旋转。

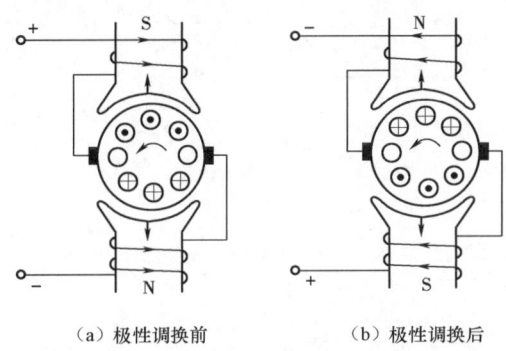

（a）极性调换前　　（b）极性调换后

图 2-6-7-8　直流串励电动机工作原理示意图

如将图 2-6-7-8（a）所示电动机所接的直流电源极性调换后，就成为图 2-6-7-8（b）所示的情形。在直流电源反接以后，虽然进入直流电动机绕组的电源极性已有改变，但由于励磁绕组与电枢绕组是串联的，因而主磁通 Φ 的方向和电枢绕组内电流同时改变。根据电动机左手定则可知，主磁通与电枢电流同时改变方向时，电枢的旋转方向保持不变。故图 2-6-7-8（b）中电动机仍将按逆时针方向旋转。

2. 单相串励电动机的工作原理

从上面我们已知道，直流串励电动机定子磁极的极性是固定不变的。电动机在运行时，电枢绕组经换向器和电刷的联合作用，保证电枢绕组各单个元件边相对于磁极的电流方向不变，从而使直流电动机的旋转方向也保持不变。若同时将直流电动机磁极的极性和电枢电流方向改变，则直流电动机的旋转方向将不会改变。

如果我们将上述直流串励电动机改接到单相交流电源上。这时，虽然电源的极性在反复不断地变化，但电动机励磁绕组和电枢绕组内的电流也同时改变，因而电枢的旋转方向却能始终保持不变，其情形如图 2-6-7-9 所示。所以，单相串励电动机实质就是运行在单相电源上的直流串励电动机。只不过这两种电动机的设计参数各不相同而已。这也就是单相串励电动机能应用于交、直流两种电源的根本原因。

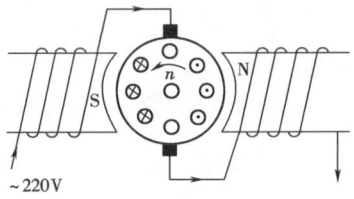

（a）电流方向1

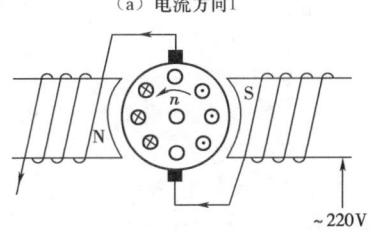

（b）电流方向2

图 2-6-7-9　单相串激电动机工作原理示意图

在图 2-6-7-9 所示的单相串励电动机中，如电流 i 是按正弦规律变化（即电网交流电源），即 $i = I_m \sin\omega t$。这样，定子磁场的磁通也将按正弦规律变化，如图 2-6-7-10 所示。

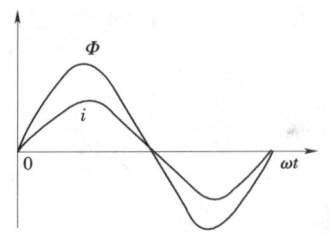

图 2-6-7-10　励磁电流与磁通关系

根据电动机电磁力矩公式 $m = CM\Phi i$，电流为正半周时，电磁力矩 $m = CM\Phi i > 0$；当电流为负半周时，电磁力矩 $m = CM\Phi i < 0$，如图 2-6-7-11 所示。

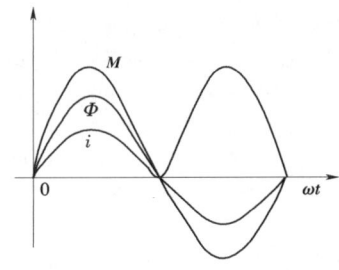

图 2-6-7-11　电流、磁通、电磁力矩的关系

从图 2-6-7-11 可以看出，电磁力矩总是正值，因而能保证电动机旋转方向与电流方向的交变无关。电磁力矩以 2 倍电源频率变化，它的平均值 M_p 为最大值的 1/2。

由上述可知，单相串励电动机的旋转方向是由定子主磁通方向和电枢电流方向共同决定的。因此，单相串励电动机如要改变旋转方向，必须改变产生主磁通的定子励磁绕组内电流方向，或改变电枢绕组内电流方向才能实现。不过绝大多数单相电动机都是设计成单向运转的,因为被其拖动的机械负载大多不用双向运行。

由于单相串励电动机均制成2极,因而其转速 n 为

$$n = \frac{60E}{\Phi w} \text{ (r/min)}$$

式中 E——感应电动势,V;
Φ——磁通,Wb;
w——电枢绕组总导体数。

根据上式可知,可以通过改变磁通或导体数来获得所需的转速。例如 Φ 越大、w 越多则转速 n 越低,反之则转速 n 越高。

单相串励电动机的转速每分钟可以高达20000转以上。一般均在4000转到10000转,当转速低于4000转以下时,电动机的各项性能就比较差了。

单相串励电动机可以采用交流电源,也可以用于直流电源。当交流电压有效值在与直流电源电压值相等时,电动机的转速、转矩、机械特性相同。

(二)单相串励电动机的结构

单相串励电动机的构造与小功率直流电机相似,它主要由定子、电枢、换向器、电刷、电刷架等部件组成。现分别简介如下:

1. 定子部分

单相串励电动机的定子由定子铁芯和励磁绕组(简称磁极线圈)构成。为减小涡流损耗,定子铁芯由 $0.5\sim0.35$mm 厚的硅钢片叠装而成。小功率单相串励电动机定子铁芯、线圈如图2-6-7-12所示。定子铁芯和线圈安装如图2-6-7-13所示,铁芯为凸极式,绕组为集中式。

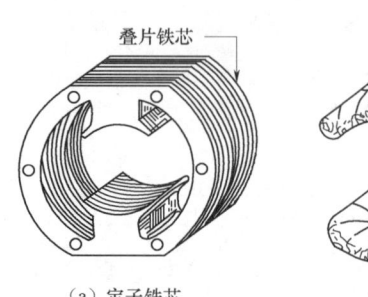

(a)定子铁芯　　　(b)定子线圈

图2-6-7-12 串励电机定子铁芯和线圈

单相串励电动机的定子上装有励磁绕组,功率大于几百瓦的电动机还另装有换向绕组和补偿绕组。图2-6-7-13所示这种小功率单相串励电动机的特点是既没有换向极,也没有补偿极。它的最大功率不超过几百瓦,主要用于各种电动工具,如手电钻、电锤及家用电器中。单相串励电动机的功率小于200W,一般制成2极,功率大于200W时一般制成4极。

2. 电枢部分

电枢是单相串励电动机的旋转部分,它由电动机转轴、电枢铁芯、电枢绕组和换向器组成。通常冷却风扇也固定在电枢转轴上。电枢铁芯用0.5mm厚硅钢片沿轴向叠装后,将转轴压入其中。电枢铁芯冲片的槽形一般均为半闭口槽,在槽内嵌有电枢绕组。电枢绕组内各线圈元件的首、尾端与换向器的换向片相焊接,构成一个闭合的整体绕组。单相串励电动机的电枢冲片如图2-6-7-14所示。为了简化工艺,电枢铁芯的槽一般制成与转轴的轴线平行,如图2-6-

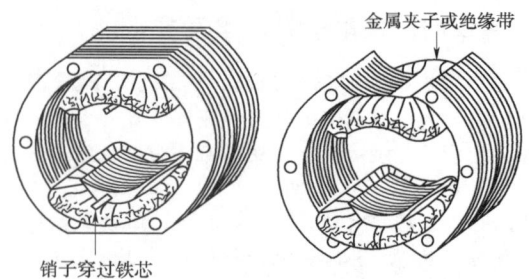

(a)铁芯中穿入销子固定　　(b)用金属或绝缘带固定

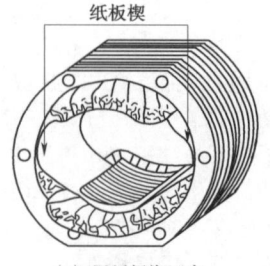

(c)用纸板楔固定

图2-6-7-13 串励电动机定子励磁线圈的安装

7-15所示。但也可以叠装成斜槽形式,即槽与转轴轴线间有一个夹角,如图2-6-7-16所示。斜槽结构虽然在工艺上较为复杂,但它可以使磁极极面与电枢铁芯间的磁阻变化较小,从而起到减弱电动机运行时噪声的作用。

图2-6-7-14 单相串励电动机电枢冲片

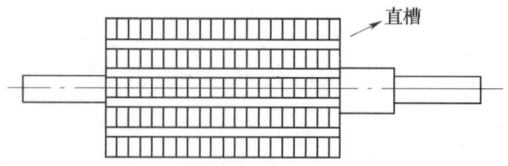

图2-6-7-15 电枢铁芯槽式结构示意图

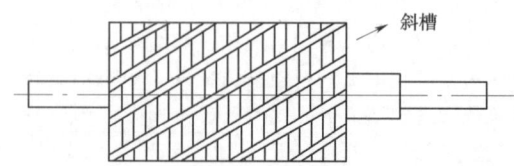

图2-6-7-16 电枢铁芯斜槽式结构示意图

3. 换向器部分

单相串励电动机电枢上的换向器结构与直流电动机中的换向器结构相同。它是由许多换向片围抱在一个绝缘圆筒面上制成的,各换向片间则用云母片相互绝缘。换向片加工成楔形,各换向铜片下部的两端有V形槽。在这两端的槽里压制塑料,使各换向片紧固成一整体,并使转轴与换向器相互绝缘。这样的机械和绝缘结构,可以承受高速

旋转时所产生的离心力而不变形。在电动工具中，单相串励电动机采用的换向器一般有半塑料换向器和全塑料换向器两种结构。全塑料换向器就是在换向片间全部采用耐电弧塑料绝缘的换向器。图 2-6-7-17 所示为单相串励电动机的换向器。

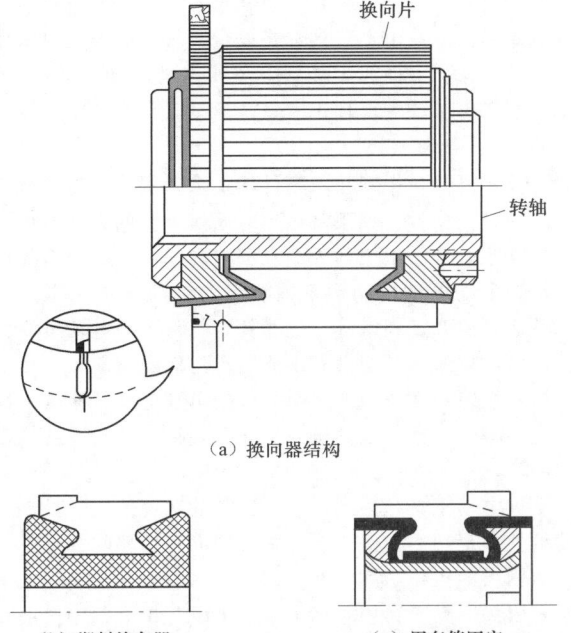

图 2-6-7-17 单相串励电动机换向器结构示意图

4. 电刷架部分

电刷架一般用胶木粉压制底板，它由刷握和盘式弹簧组成。单相串励电动机的刷握按其结构型式，可分为管式和盒式两大类。目前，国内单相串励电动机的刷握结构大部分都采用图 2-6-7-18 所示的盒式结构。盒式结构的刷握具有结构简单、加工容易和调节方便等许多优点，故特别适合于需要移动电刷位置以改善换向的场合。盒式刷握的缺点是刚性差、变形大，不适应于转速高、振动大的电动机中。

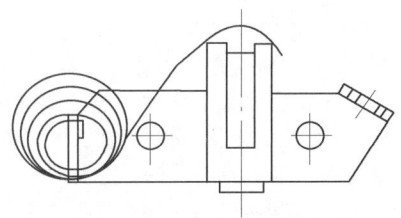

图 2-6-7-18 盒式刷握结构图

图 2-6-7-19 所示为管式结构刷握，管式结构具有可靠耐用等优点，它恰好能弥补盒式结构的不足之处。但是管式结构刷握的加工工艺要求较高，而且外形也较难安排。

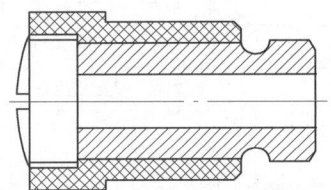

图 2-6-7-19 管式刷握结构图

电刷也是单相串励电动机的一个重要附件，它不但担负电枢与外电路的连通，而且还与换向器配合共同完成电动机的换向工作。因此，电刷与换向器组成了单相串励电动机薄弱而又极为重要的环节。电刷与换向器之间不但有较大的机械磨损和机械振动，而且在配合不当时还将产生严重火花。故电刷是单相串励电动机良好运行的保证。

电刷的选择，主要是根据电刷的温升和换向器圆周速度而定。而电刷的温升则与电刷的电流密度、电刷与换向器的接触电压降、机械损耗以及电刷的导热性有关。而圆周速度过高则容易引起电刷和换向器发热，使火花增大。此外，在选择电刷时，还应考虑电刷的硬度和磨损性能等因素的影响。电动工具中的单相串励电动机采用的电刷多为 DS 型电化石墨电刷，表 2-6-7-5 所示为 DS 型电化石墨电刷的技术性能及工作条件。

表 2-6-7-5 DS 型电化石墨电刷的技术性能及工作条件

型号		DS-4	DS-8	DS-52	DS-72
电阻系数（分接触法）/(Ω·mm)		6~16	31~50	12~52	10~16
压入法硬度/(N/mm^2)		30~90	220~240	120~240	50~100
一对电刷的接触电压降/V		1.6~2.4	1.9~2.9	2~3.2	2.4~3.4
摩擦系数不大于		0.2	0.25	0.23	0.25
50h 磨损不大于/mm		0.25	0.15	0.15	0.2
工作条件	额定电流密度/(A/cm^2)	12	10	12	12
	允许圆周速度/(r/min)	40	40	50	70
	电刷压力/(N/cm^2)	1.5~2.0	2.0~4.0	2.0~2.5	1.5~2.0

5. 绝缘结构

单相串励电动机的绝缘结构与一般中小型电机大体相似，表 2-6-7-6 所示即为单相串励电动机常用的绝缘结构。

如没有环氧无溶剂漆，则可用 6440 环氧聚酯酚醛漆代替浸渍转子绕组，定子绕组则可用 1032 三聚氰胺醇酸漆代替。

用在电动工具中的单相串励电动机，为了确保操作安全，则必须采用双重绝缘结构，用符号 ▫ 表示。所谓双重绝缘就是除了有一层工作绝缘之外，定子和转子还需要加上一层保护性绝缘,以加倍防止因漏电而导致人身触电的安全事故。采用热塑性聚碳酸酯塑料制成的机壳,就可以作为定子的保护性绝缘。如果机壳是采用铝合金制成,则可在机壳与铁芯之间加一个3mm的塑料绝缘衬套,来作定子的保护性绝缘。至于转子,则可在转子铁芯轴孔与转轴之间注入4330玻璃纤维塑料,来作为转子的保护性绝缘。也可用增强尼龙1010塑料,或塑料风扇将轴齿段与铁芯轴段接在一起,以阻断电枢与工作部分的电气连接,来构成转子的保护性绝缘。

表 2-6-7-6　　单相串励电动机绝缘结构

名　　称	材　料　型　号
电磁线	QZ2高强度聚酯漆包线
槽绝缘	0.15聚酯薄膜青壳纸复合绝缘
浸渍漆	环氧无溶剂漆
浸渍次数	滴浸或浸渍两次

(三) 单相串励电动机的型号及铭牌数据

单相串励电动机的外壳上都有一块铭牌,它是我们识别这台电机基本性能的依据,也是正确使用和操控该电动机的技术指南。下面将分别介绍单相串励电动机的产品型号及其铭牌数据。

1. 产品型号

单相串励电动机按照其所用电源的不同,可分为单相交流串励电动机(它适用单相交流电源的地方),以及交直流两用串励电动机(也称为通用式电动机)。后一种串励电动机既能用于单相交流电源,也能用于直流电源。

U型及G型属于单相串励电动机的老产品,由于它使用的量大面广,所以尚难全面停止生产。新系列单相串励电动机为G系列,它是根据原一机部部颁标准 JB 1135-70G 而生产的新系列标准产品,已替代以前使用的U型及G型产品。

G系列单相串励电动机为开启扇冷式,机壳用钢板拉制而成。功率有 8、15、25、40、60、90、120、180、250、370、550、750W 共 12 个等级。转速分为 4000、6000、8000、12000r/min 4 个级别。由这 12 个功率等级和 4 级转速,组成 38 个不同规格的电动机。G系列电动机是以电机转轴中心到底脚平面的距离——即中心高来表示机座号的,它共分为 4 个不同的机座号,这 4 个机座号的具体代号是 36、45、56、71。在每一个机座号内,均有三种不同长度的铁芯,用铁芯代号 1、2、3 表示。

U型、G型和G系列单相串励电动机,主要是为单相交流电源设计的。当用于直流电源时,其输出功率及额定转速均会有所提高。此外,还有一种专门设计成交、直流两用的 SU 型单相串励电动机。这种型号的电动机在结构上与单相串励电动机类似,但设计成无论在交流或直流电压下运行,它都具有相同的额定转速和相近的性能。

2. 电动工具用交、直两用串励电动机

大多数电动工具都是采用交、直流两用电动机来作为动力头的。因此,下面对电动工具用交、直流两用串励电动机作一简要介绍。

JIZ系列电钻是一代老产品,该类产品成熟、质量稳定。第 11 章所示为它的部分技术数据。我国 1966 年对电动工具用单相串励电动机开始进行统一设计,定型生产了 DT 系列电动工具用单相串励电动机,第 11 章所示即为该系列电动机技术数据。1974 年我国又对电动工具用交、直流两用串励电动机再次进行统一设计,它的主要性能及技术数据见第 11 章。从该章中可以看出,该设计仅以 3～5 种类型的标准冲片,就能经过多种组合而制出各种规格的单相串励电动机。而绝大多数电动工具都将以这些规格的电动机来作为它们的动力头。因而大大加强了单相串励电动机的通用性,方便了制造、维护和修理。

3. 铭牌数据

电动机设计时根据技术条件的要求,规定了电动机正常运转时的工作条件。如正常运行时所能承受的工作电压、电流、温升等,这些数值称为额定值,均标示在电动机的铭牌上。单相串励电动机的额定值主要有额定功率、电压、电流、转速、温升、频率等,这些额定值与单相电动机均大同小异,下面仅简介几个具有不同特点的额定值。

(1) 额定功率。一般用途的单相串励电动机铭牌上标明的额定功率,与其他电动机一样,都是指其转轴上所输出的机械功率。

不过电动工具却不同,电动工具的铭牌上有时虽也标明电动机的额定功率。但这时铭牌上的额定功率却并不是指电动机所输出的机械功率,而是指电动机的输入功率。之所以这样是因为电动工具用单相串励电动机与单一的串励电动机不同。此时,电动机已经被整体设计在电动工具中,电动机已成为电动工具的一个部件,并且其负载已经被固定。因此,把电动机所输出的功率标在铭牌上已没有多大意义。而将输入的电功率作为额定值标明在铭牌上,则可以说明电动工具耗电量的大小,这却是用户较为关心的主要性能之一。

(2) 额定转速。同其他电动机一样,对一般的单相串励电动机来说,铭牌上所标明的额定转速是指电动机的满载转速。我们知道单相串励电动机的空载转速要远比满载转速高。因此,在一般情况下,单相串励电动机是不允许在额定电压下空载运行的。否则,电动机转速将上升到极高的危险值,导致电动机因此而损坏。对于在几十瓦以下的小容量单相串励电动机则又当别论,因为电动机本身的损耗相对较大,相当于电动机已经带上了一个负载,因而可以在额定电压下空载运行。对电动工具而言,铭牌上标明的额定转速,则可能是满载转速,也可能是空载转速,属哪种转速要视产品而异。故我们在看产品铭牌时对这一点必须特别注意。在一般情况下电动工具都是断续使用的,电动机将经常在空载下运行,为了防止转速过高、噪声过大,空载转速应严格加以限制。

(3) 额定温升。单相串励电动机多采用E级绝缘。按照标准,E级绝缘容许温升为75℃。即在此温升下正常运行,E级绝缘的使用年限为 15～20 年左右,一般电机均遵守这个规定。但电动工具用单相串励电动机却是个例外,因为电动工具的损坏主要是由于机械、振动、冲击、制动等因素所引起。它的使用寿命通常都比较短,一般在断续运行条件下,使用时间累计相加有 1500h 左右就很满意了。此指标远低于通用电机的使用寿命。因此,适当提高单相串励电动机的绕组温升,从绝缘老化的角度来看使用寿命则是完全允许的。

(四)单相串励电动机的电枢绕组及其连接

单相串励电动机的电枢绕组与直流电动机电枢绕组相同。它也有两种不同接法的绕组,即叠绕组和波绕组。

由于单相串励电动机的换向比较困难,为了解决这一问题,单相串励电动机电枢采取了让换向片比铁芯槽数多的特殊措施,来使电枢换向情况得以改善。单相串励电动机通常取换向片数为电枢槽数的2~3倍。从而使单相串励电动机电枢绕组的线圈元件与换向片的连接具有它自己的特点。

1. 电枢绕组的联接

图2-6-7-20所示为单叠绕组的连接。这种绕组的特点是每一个线圈元件的首端和尾端分别接在相邻两换向片上,各线圈元件的首、尾端顺序串联相互重叠,故称为叠绕组。图2-6-7-21所示为单波绕组的连接,从图中我们可以看出,该绕组相邻连接的两个线圈元件呈波浪形状,所以称为波绕组。这两种绕组性能上最大区别是并联支路数的不同,叠绕组的并联支路数等于磁极数,而波绕组的并联支路数则不论电动机极数多少都永远等于2。对2极电动机而言,不论是叠绕组或波绕组,其并联支路数均为2,故无论采用哪种绕组其性能都会一样。但在实用中,2极单相串励电动机都采用叠绕组,而小功率单相串励电动机绝大多数又为2极,因此,单相串励电动机的电枢绕组主要采用的也就是单叠绕组。

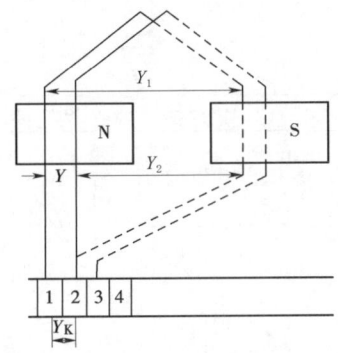

图2-6-7-20 电枢单叠绕组的连接

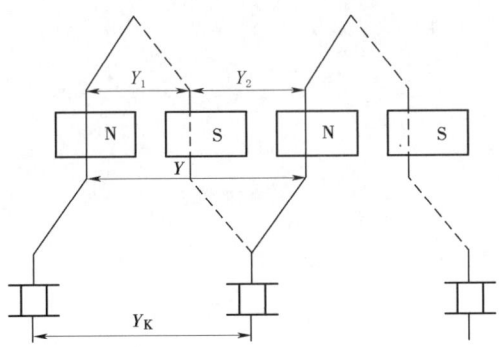

图2-6-7-21 电枢单波绕组的连接

2. 电枢绕组的节距

如能认识和理解电枢绕组几种绕组节距的特征和意义,我们就能较容易地掌握电枢叠绕组和波绕组的连接。从图2-6-7-20和图2-6-7-21中可以看出,单叠绕组和单波绕组存在有以下4种绕组节距。

(1)第一节距。也称后节距,一般用Y_1来表示。它是指一个线圈元件两条元件边之间的距离。根据Y_1的大小,可以将绕组元件分为全节距元件及短节距元件。

(2)第二节距。也称前节距,一般用Y_2来表示,它是指某一个线圈元件的第二线圈元件边和相邻连接线圈元件的第一元件边之间的距离。

(3)合成节距。一般用Y来表示,它是指两个相邻连接线圈元件对应边间的距离。

(4)换向器节距。一般用Y_K来表示,它是指绕组线圈元件的首端与尾端所连接的两换向片之间的距离,该节距以换向片数计。

单叠绕组的线圈元件数等于换向片数,而换向片数则可与电枢槽数相等,也可为电枢槽数的2倍或3倍。例如9槽9换向片、9槽18换向片、9槽27换向片、12槽24换向片等。单相串励电动机通常取换向片数为电枢槽数的2倍至3倍。图2-6-7-22所示即为一台$2P=2$、$Z=12$槽、$K=24$换向片、$Y_2=5$,即线圈元件跨距为1~6槽的电枢绕组接线展开图。

3. 单叠绕组连接的起始位置

单相串励电动机的电枢绕组在采用单叠绕组时,其第一个线圈元件边的首、尾端接到主换向器上的位置极为重要。它直接影响到单相串励电动机换向性能的好坏,严重时甚至使电动机在运转中换向器产生极大的火花,以致使电动机无法正常使用。由于设计的不同,单相串励电动机电刷与磁极的相互位置不可能完全相同。因此,线圈元件首尾端接至换向器上的位置也就不会一致。单相串励电动机通常是根据电枢的旋转方向,来确定线圈元件线端至换向器的位置。一般将线圈元件线端依据电枢槽中心线顺电枢旋转方向偏移1~3个换向片,来作为线圈元件线端接线的起始位置。如图2-6-7-23所示为电枢顺时针方向旋转时,线圈元件线端在换向器上的起始位置。图2-6-7-24所示为电枢逆时针方向旋转时,线圈元件线端在换向器上的起始位置。图2-6-7-25所示则为可逆转单相串励电动机其线圈元件线端在换向器上的起始位置。

(五)单相串励电动机励磁绕组及整机连接

单相串励电动机的励磁绕组嵌置在定子铁芯上,它们按照规定的接法先连接起来,然后再将定子励磁绕组与电枢绕组串接起来,进行整机连接后接入电源。下面将简介这些接法。

1. 单相串励电动机励磁绕组的连接

单相串励电动机的励磁绕组均嵌置在定子磁极铁芯上面,功率较大的电动机还加装有换向绕组和补偿绕组。励磁绕组用来产生主磁场,它大多采用集中式磁极线圈形式。换向绕组嵌装在换向极上,它主要用来改善电动机的换向。补偿绕组则用来抵消电枢反应,以改善电动机的换向条件和运行性能。在电动工具和家用电器中使用的单相串励电动机一般都只设置励磁绕组,这主要是因为它们的功率都比较小的缘故。图2-6-7-26所示为一台2极单相串励电动机励磁绕组的连接,从图中可以看出,其连接也是采取显极接法。图2-6-7-27所示为带换向绕组单相串励电动机的绕组连接。

2. 单相串励电动机的整机连接

单相串励电动机定子励磁绕组与电枢绕组的整机连接均采用串联接法。其串联方式分为两种,一种为两个磁极的励磁线圈分别串接在电枢绕组两端,图2-6-7-28所示即为这种接法。另外一种为定子励磁绕组的两个磁极线圈,先按照显极接法连接起来,然后再与电枢绕组串联起来。图2-

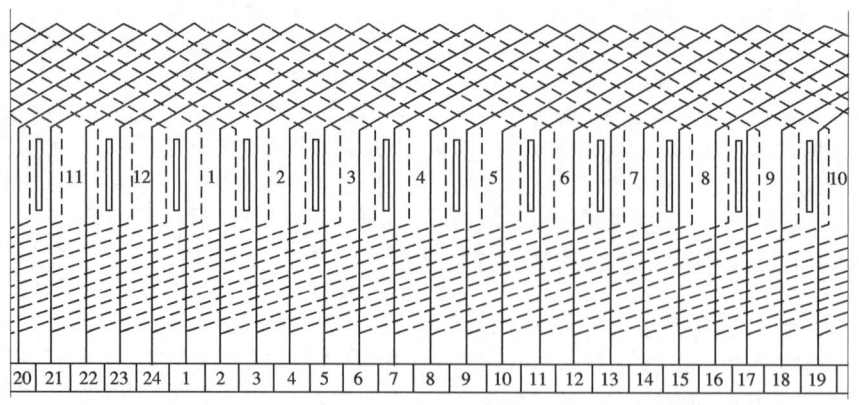

图 2-6-7-22　2极12槽电枢单叠绕组展开图

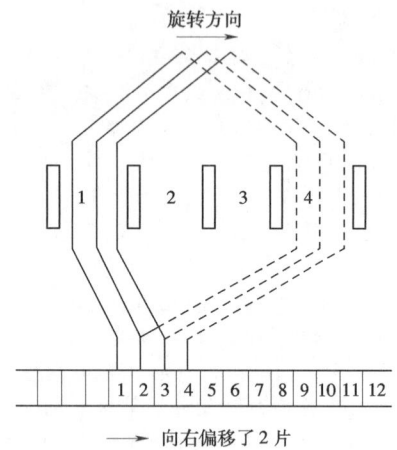

图 2-6-7-23　顺时针旋转方向时线端的起始位置

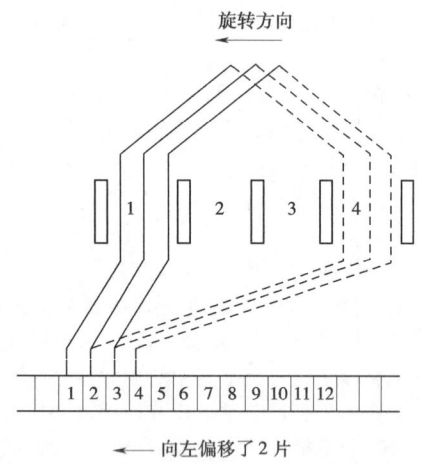

图 2-6-7-24　逆时针旋转方向时线端的起始位置

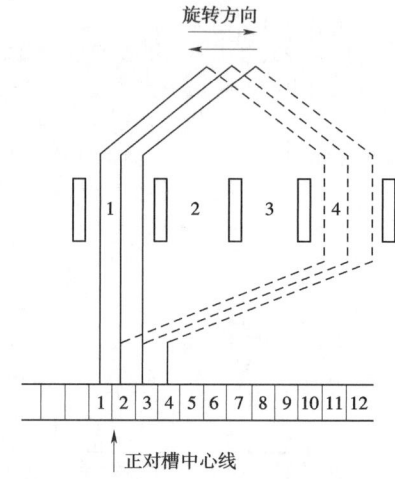

图 2-6-7-25　可逆转电动机线端的起始位置

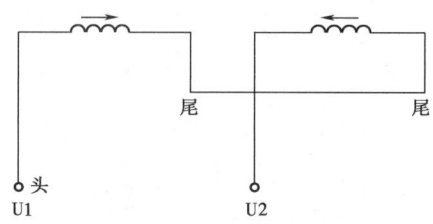

图 2-6-7-26　励磁绕组接线示意图

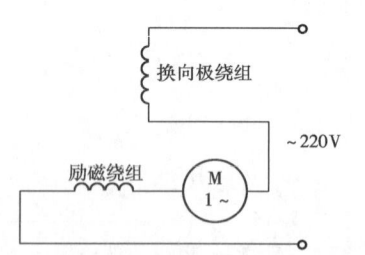

图 2-6-7-27　带换向极绕组的接线示意图

6-7-29所示即为这种接法。

单相串励电动机的整机连接中，上述励磁绕组与电枢绕组的两种串联接法其原理均相同，在实际应用中图 2-6-7-28 所示接法用得较普遍。

3. 交、直流两用串励电动机的接法

当单相串励电动机在交、直流两种不同电源下运行时，其机械特性将发生不同的变化。图 2-6-7-30 所示为单相串励电动机在交、直流电源下运行时的机械特性曲线。图中的实线是在直流电源下运行时的机械特性，虚线则是在交流电源下运行时的机械特性。从这两条曲线可以看出，当电动机的转速越低，则交流转速 $n_\sim$ 低于直流转速 n_- 的数值也越大。之所以出现这种情况，是因为单相串励电动机的转速降低后，其功率因数也会随之降低。而功率因数越低，交流转速 $n_\sim$ 低于直流转速 n_- 的数值将越大。所以，单相串励电动机在交流电源下运行，比在直流电源下运行时的机械特性要软，其机械特性的下降也更快。因此，从单相串励电动机的实用情况来看，如果串励电动机的额定转速比较高，那么

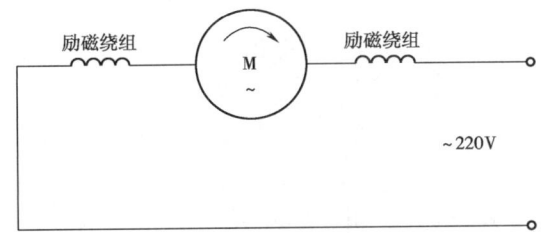

图 2-6-7-28 励磁绕组串接在电枢两端的接法

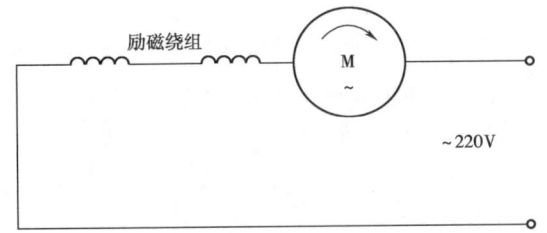

图 2-6-7-29 励磁绕组串接在电枢一端的接法

它的功率因数也就会比较高，其交流转速 $n_\sim$ 与直流转速 n_- 就会比较接近。例如电动工具用单相串励电动机，其转速高达 9900～14300r/min。这样，使用时就无须采取特殊措施即可在交流、直流两种电源下运行，其电气、机械性能也基本上一样。

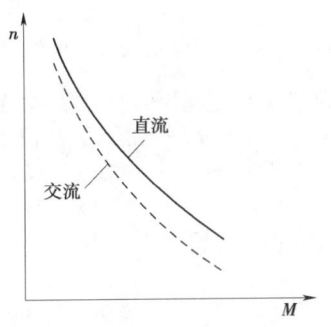

图 2-6-7-30 运行在两种电源下的机械特性

如果单相串励电动机的额定转速比较低，它的功率因数也就会比较低，这时交流转速 $n_\sim$ 低于直流转速 n_- 的数值就会比较大。为了保证单相串励电动机在两种电源下工作时，其转速和各项性能较为接近。则电动机接在直流电源上时，需增加励磁绕组的匝数，以便增大磁通。使单相串励电动机在直流电源下运行的转速降低，从而达到在两种电源下电动机的转速和性能相近。通常增加的线匝串在励磁绕组的两端，如图 2-6-7-31 所示。SU 型交、直流两用串励电动机的额定转速只有 2500r/min，由于转速低因而功率因数也就低，使得交流转速 $n_\sim$ 低于直流转速 n_- 的数值比较大。为了保证在两种电源下运行时具有相同的转速和性能，就增加了在直流电源下运行时单相串励电动机励磁组的匝数。

4. 单相串励电动机防干扰电路的接法

当电动机工作时，它将产生高频电能。高频电能通过电动机的电源线或者辐射，可能会进入无线电接收机，干扰接收质量，严重时甚至无法收视或收听。因此，防止电动机产生的高频电能对无线电的干扰，是一个极为重要的问题。

在各类电动机中，单相串励电动机是产生无线电干扰最为严重的电机之一。

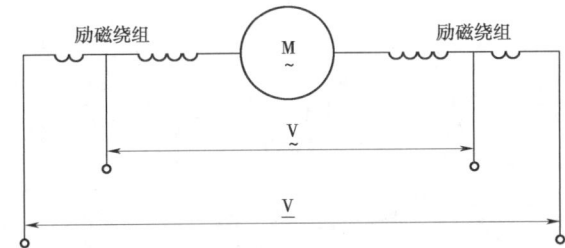

图 2-6-7-31 运行在交直流两种电源的绕组图

因为换向过程中所产生的火花及电弧，是产生无线电干扰的主要原因。而单相串励电动机的换向情况比较恶劣，火花也较严重，以致它产生的无线电干扰比其他电机更为厉害。

要减小单相串励电动机对无线电的严重干扰，除了应改善换向过程、对干扰源进行屏蔽、机壳可靠接地等方法外，还可以采取定子励磁绕组对称连接和增加滤波电路的办法，来抑制和削弱单相串励电动机对无线电的干扰。图 2-6-7-28 所示即为采取将定子两个磁极的励磁绕组分接在电枢两端的对称接法。这种接法对抑制无线电的干扰效果比较好，因为电动机的两根电源线都接有励磁绕组，它们都有一个很大的阻抗，不论干扰从哪根电源线传导出来，它都将受到很大的抑制而削弱。

对于由电源线向外传播的干扰，也可以用图 2-6-7-32 所示的方法，接入电容式滤波器来进行抑制。由于两根电源线都可以向外传播，故每根电源线都接有电容。如电枢绕组的一端已接在机壳上，则干扰只能从另一个线端向外传播。这时，就只需要在这个线端接上滤波电容即可，如图 2-6-7-33 所示。该滤波电容器的电容量一般在 0.1～1μF 之间，具体数值须经试验而定。所用电容器应优先选用电感系数较小的穿心电容。如果电容滤波仍达不到所需的干扰抑制程度，可附加一个电感量约为 50～500μH 的高频扼流圈，它与电容器一道组成电感-电容滤波器，如图 2-6-7-34 所示。

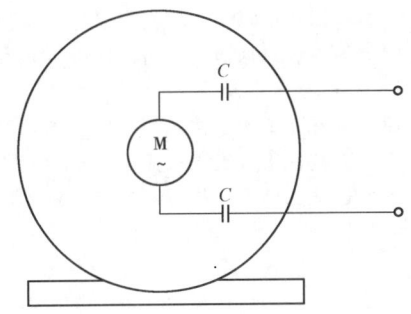

图 2-6-7-32 电容器双端滤波电路图

单相串励电动机工作时不仅对无线电广播、电视、通信产生干扰，而且对在其附近工作的电子仪器也会产生严重干扰。因此，必须采取有效方法进行抑制和削弱。

（六）单相串励电动机电枢绕组的故障及修理

电枢绕组是单相串励电动机结构件中任务最繁重、使用条件最恶劣而又最易损坏的部件。单相串励电动机的绝大多数电气故障都是发生在高速旋转的电枢绕组上。图 2-6-7-35 所示为单相串励电动机电枢绕组各种故障的示意图，电枢绕组常见的故障主要有：通地、短路、断路、接错

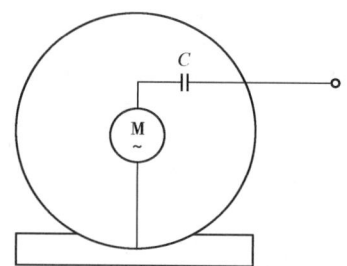

图 2-6-7-33 电容器单端滤波电路图

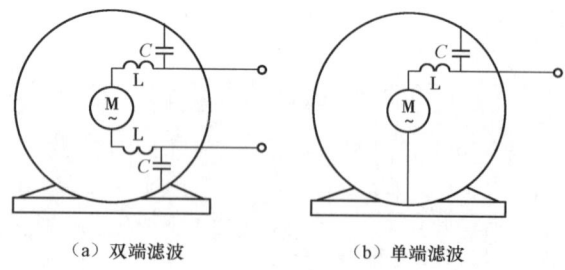

(a) 双端滤波   (b) 单端滤波

图 2-6-7-34 电感—电容器滤波电路图

等。同时,由于电枢绕组是通过换向器将单个线圈元件连接成一个整体绕组的,因而换向器本身发生的通地、短路故障就必然反映到绕组上面来。下面将简介电枢绕组和换向器的这些故障。

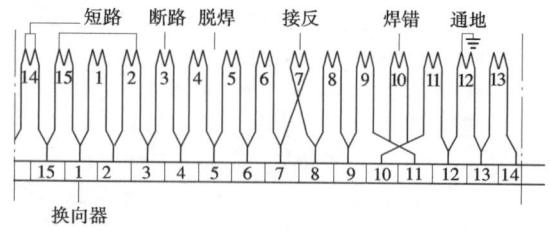

图 2-6-7-35 电枢绕组各种故障示意图

1. 电枢绕组的通地故障

电枢绕组的通地故障一般发生在铁芯两端的槽口、绝缘被毛刺或金属杂物损伤的槽中,以及易受潮气、污物侵害的换向器等薄弱的地方。对通地故障可以用以下几种方法进行检查。

(1) 外观检查。仔细察看铁芯两端槽口绝缘、槽底绝缘有无电弧烧伤、破裂,槽内绝缘有无移动,致使线圈直接与铁心碰接而形成通地的地方。如看不到接地痕迹,则要用其他方法进行故障检查。

(2) 试灯或仪表检查。图 2-6-7-36 所示为用试灯法进行检查时的接线,图中将电源的一根线直接接到转轴上,另一根线串接一个灯泡后去接触换向片。如灯泡不亮,即说明绕组或换向器与转轴之间未形成通路,故无通地故障。如灯泡发亮,则说明绕组或换向器与转轴已接通,电枢已存在有通地故障。用灯泡的明暗来检查故障的试灯法,是检查电枢绕组常用的方法。

如图 2-6-7-37 所示,绕组或换向器通地故障也可以用电阻表检查。这时可将表的一端接触在铁芯或转轴上,表的另一线端接触在任一换向片上。电阻表如指示通路,就表明绕组或换向器有接地点。这时应继续逐片测量,当测出电阻值为零或最小时的一片换向片,此处就极有可能是通地位置。在通地故障不太明显时,用试灯法、电阻表法均有可能

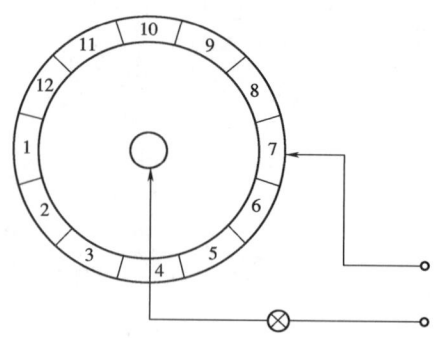

图 2-6-7-36 试灯法检查电枢通地故障

因电压太低而较难很快查出。这时如用电压较高的兆欧表检查就较易找出通地的故障处。

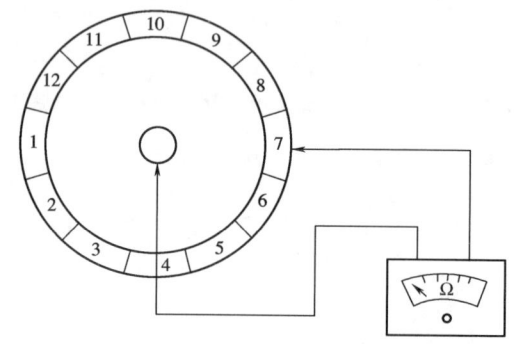

图 2-6-7-37 用电阻表检查电枢通地故障

(3) 短路侦察器检查。用短路侦察器检查电枢绕组或换向器的通地故障,将会更迅速更准确。如图 2-6-7-38 所示,将电枢平放在侦察器的开口铁芯上。待侦察器接通电源后,用一只手将电枢徐徐转动,另一只手将镊子的一条腿接触到电枢转轴上,镊子的另一条腿则依次接触每片换向片。接触几片后,若没有火花产生,则证明绕组或换向片无通地现象。如果发现有火花产生,就说明绕组或换向器存在有通地故障。这时就应继续逐片试验,同时仔细观察每一换向片上火花的大小,火花最小或没有火花的换向片就极有可能是通地故障所在之处。

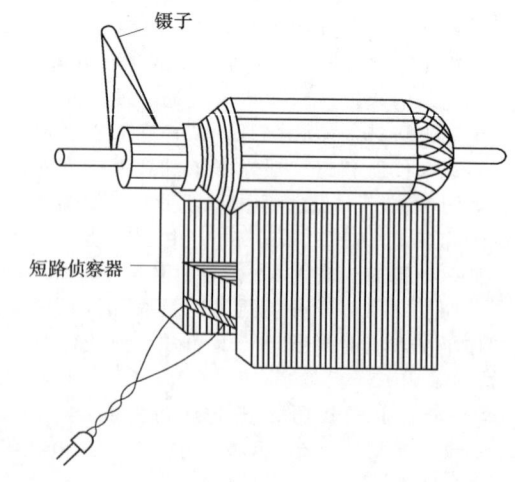

图 2-6-7-38 用短路侦察器检查电枢通地故障

此外,还可以用短路侦察器配合低读数电压表(0~10V)来检查通地故障的位置。检测时,电压表的一根线端接在铁芯或转轴上,表的另一线端则接在换向片上。当测量

几片后,电压表指针若无反应,就证明绕组和换向器均无通地之处。如测量至某一换向片电压表有指示,则表明此处有通地现象,就可以继续测量。当测到电压为零或最小时的某一换向片,这里就极可能是通地故障的位置。

通地故障的修理要视具体情况而定。如通地故障是发生在槽口、端部等绕组的外部位置,一般都是可以修好的。修理时,可用理线板将线圈与铁芯相碰处小心地撬开,用新的同级绝缘材料插入绝缘破损处进行修补即可。

如通地故障发生在槽内,并且绝缘击穿通地的线圈元件只有一个。这时,可以采取图2-6-7-39的废弃法进行修理。修理时,先将通地线圈的线端从换向片上焊下来。焊下来的线端要分开放置并用绝缘带包扎好,使线端之间及与换向片之间不再接触,让这个通地线圈元件完全从电路上脱离,也就是废弃不用。焊下通地线圈线端的两片换向片再用连接线焊接好即可。

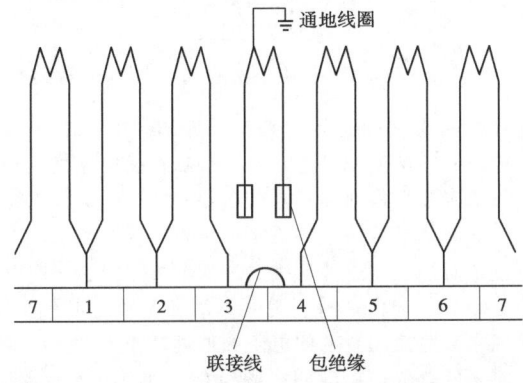

图2-6-7-39 废弃一个通地线圈的处理方法

单相串励电动机电枢绕组或换向器出现通地故障后如仍继续运行,除会因电动机壳体带电危及操作者安全外,电动机的转速还会比正常运行时慢很多。电枢还将产生振动和出现异常的大火花,短时内绕组就会产生高温,如继续运转则很快就将因高温而使绕组烧毁。

2. 电枢绕组的短路故障

单相串励电动机的电枢绕组或换向器,它们发生短路故障的情况是比较多的。造成短路故障的主要原因如下。

1) 电动机长时期超负载运行,电枢电流超过额定值,致使电枢绕组发热温升很高,久而久之造成绝缘加速老化。若超载时间长,便很容易因机械振动、过电压等其他因素而引发电枢绕组短路。

2) 电枢在高速旋转中,由于电刷与换向器之间在不断摩擦,致使碳粉、铜屑等残留在换向片之间的沟槽中。这些导电杂质积累多了,就会使相邻两换向片连通而造成片间短路。这样,与这两个换向片连接的线圈元件也就同样短路了。

3) 电枢绕组内线圈组之间承受的高电压,以及换向器每分钟万次以上激烈换向变化而感生的极高换向电势。在这两种电势的作用下,将很容易击穿导线、线圈的绝缘。尤其是在负载过重、绕组受潮、导电杂质积累过多等情况下,更容易导致绕组间的短路。

电枢绕组的短路,根据其短路位置的不同,可分为以下三种情况。

1) 一个线圈元件内本身的线匝短路,称为线匝短路。
2) 同一槽内的线圈元件与线圈元件间的短路,称为线圈短路,如图2-6-7-40所示。

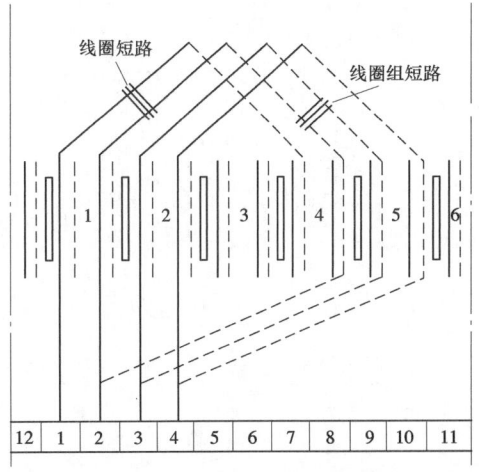

图2-6-7-40 线圈间、线圈组间的短路

3) 一个线圈组的线圈与另一个线圈组的线圈短路,称线圈组间短路,见图2-6-7-40。

电枢绕组或换向器的短路故障,可以采用以下方法进行检查。

(1) 外观检查。必须仔细察看绕组两端的槽口、端部、换向器等处,是否有碰伤、烧伤等短路痕迹。若看出异常之处,则需用其他方法进行检查。

(2) 短路侦察器检查。检查方法如图2-6-7-41所示,将电枢平放在短路侦察器开口铁芯上,再用一段小铁片或锯条平放在电枢的一个铁芯槽上。待短路侦察器接通交流电源后,用一只手慢慢转动电枢,使电枢的每个槽逐次朝上。另一只手则拿锯条在位置朝上的槽上面逐槽试验。假如全部槽均试过以后,锯条在任何槽上都没有产生振动或都只有相同的轻微振动,则说明电枢绕组或换向器均没有短路之处。如果锯条在某个槽上产生剧烈振动并伴有响声时,就证明该处绕组确有短路故障。这时就要继续检测,进一步查明究竟有几个槽存在短路现象。若只有两个槽使锯条产生振动,就表明了只有一个线圈组发生短路故障。它可能是这个线圈组内的线圈相互短路,也可能是一个线圈内的线匝短路。如果有三个以上的槽使锯条产生振动,则可能是每个使锯条产生振动的槽内都有短路线圈,也可能是线圈间相互短路。因为当线圈组与线圈组相互短路后,就破坏了电枢绕组内两条对称的并联支路,致使许多本来没有短路现象的槽内线圈,却有很大的短路电流通过,因而产生很强的交变磁场,导致锯条在许多槽上产生剧烈振动。所以,用短路侦察器检查电枢绕组或换向器的短路故障时,只能证明电枢绕组或换向器是否存在短路,却不能认定属于哪种短路情况,也难以确定短路故障的准确位置。遇到这种情况时,我们就要使用电压表来配合检查,去依次测量相邻两换向片(即一个线圈元件)的电压,如图2-6-7-42所示。无短路故障的线圈或换向片,测出的电压值均会基本相同。当测出的电压为零或数值很小时,即为绕组或换向片故障之处。用这种方法检查的时间不能太长,以免绕组因较大的短路电流而产生高温,从而加剧和扩大短路故障。

(3) 用电阻表检查。当使用电阻表检查每个线圈元件内是否有短路时,可依次测量相邻两换向片间的电阻,如图2-6-7-43所示。检查同一槽内的多个线圈元件时,其线

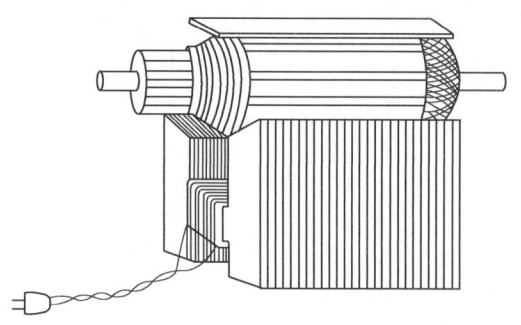

图 2-6-7-41 用短路侦察器检查电枢短路

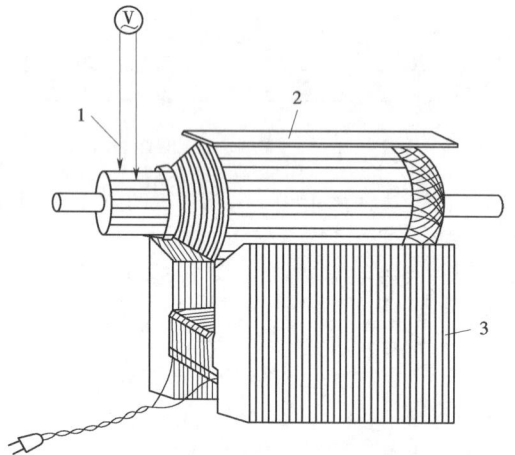

图 2-6-7-42 用短路侦察器检查电枢绕组短路
1—表笔；2—锯条；3—短路侦察器

端连接的多对换向片所测出的电阻应完全相同，这就证明它们不存在短路。因为同处一槽内的多个线圈元件是一次绕成的，故各线圈元件的电阻值均应该相等。但分处各槽中的各线圈组由于不是同时绕制，难免存在着松紧不一长短相差的情况，因而各线圈组的电阻数值也就会略有差异。不过，每个线圈组内各线圈元件的电阻值都将会是相等的。如发现某两换向片间的电阻值特别偏小或为零，则说明连接在这两换向片上的线圈元件极有可能存在短路故障。

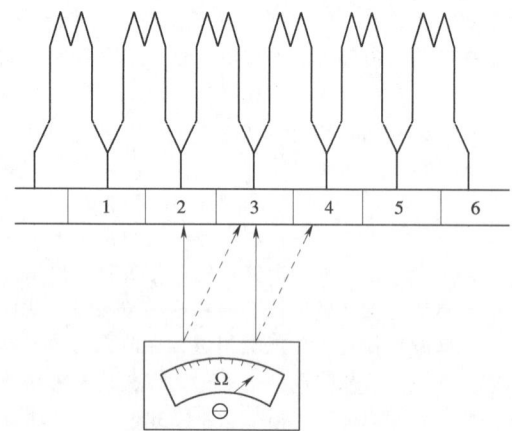

图 2-6-7-43 用电阻表检查线圈内的短路

检查线圈之间是否短路时，可如图 2-6-7-44 所示，先测量换向片 1 和 3，再测量换向片 2 和 4，然后测量换向片 1 和 4。其余的换向片都这样依次测量下去，直到全部测完为止。如果测得换向片 1 和 3、2 和 4 的电阻值均等于二个线圈元件的电阻值，而换向片 1 和 4 的电阻值则等于三个线圈元件的电阻，就说明这些线圈元件的相互间没有短路。若测得的电阻比上述数值小很多，则线圈相互间就可能短路了。

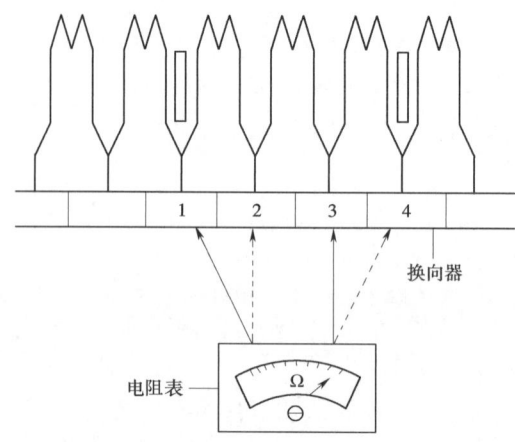

图 2-6-7-44 用电阻表检查线圈间的短路

检查线圈组之间是否短路时，可如图 2-6-7-45 所示，将电阻表的两根测试笔，分别接触在换向器直径相对的位置上，依次测量换向器对角的电阻数值。在实际进行检查时，可采取一手拿着两根测试笔，用另一只手缓慢而均匀地转动电枢，对换向器逐片检查。电枢转过几圈后，若电阻表的读数始终没有变化，则表明电枢绕组正常而不存在短路。如果发现在某些换向片上的电阻数值逐渐减小，然后又逐渐增大至原来的读数，就说明线圈组相互间存在有短路现象，这时要在读数有变化的换向片间反复测试。当测试出读数较小的两对角换向片后（例如图 2-6-7-45 中的换向片 12 和 23 处），此时可将电阻表的一根测试笔（假定为红色测试笔）就接触在原处不动，而用另一根测试笔（黑色测试笔）从它接触的换向片起，朝换向器左右两个方向逐片测试。假如先向左边测量后电阻表的读数是增大时，就应改向右边测量，这时电阻表的读数将必然逐渐减小。在测出的读数为最小值的那片换向片上标一个记号，黑色测试笔就接触在做记号的换向片上不动。然后再用红色测试笔以同样方法测出电阻表读数为零或数值最小的一片换向片，并在这换向片上也做好记号。实际上这两处做记号的换向片就是有短路故障的位置。如图 2-6-7-46 中的换向片 8 和 16。

根据上述介绍可知，电阻表虽能查明绕组的短路性质和短路点位置，但其检查过程却比较烦琐费时，不如短路侦察器检查得迅速准确。因此，最好先用短路侦察器查明电枢绕组和换向器是否有短路故障。根据查出有短路现象的槽数多少和槽的位置，做到心中有数，然后再用电阻表做进一步的仔细检查，便能迅速准确地查明短路的性质和短路故障点的位置。

（4）电枢绕组短路故障的修理。电枢绕组如果仅因端部碰伤造成几匝短路，或在铁芯槽外由电弧烧伤造成绕组轻微短路，而短路点仅凭肉眼就能看出时，这样的故障一般都较易修复。修理时，可先将电枢绕组烘热变软，用光滑的竹质理线板将故障点因绝缘层损坏而相互碰触的导线拨开，再用软薄的绝缘绸包卷导线，或者用绝缘纸将导线予以隔开，然后刷上绝缘漆烘干即可。

假如只有一个线圈组有短路现象，而短路位置凭眼力又

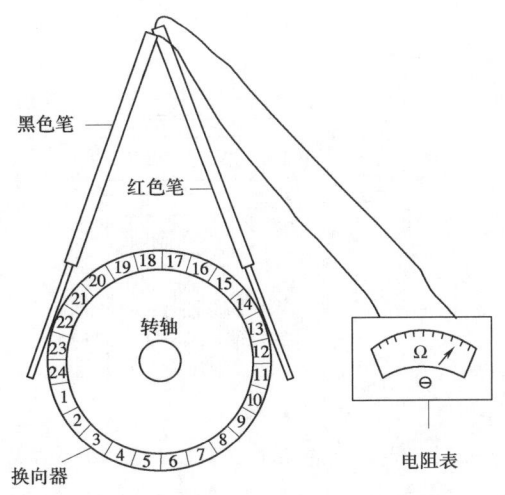

图 2-6-7-45 用电阻表检查线圈组间的短路

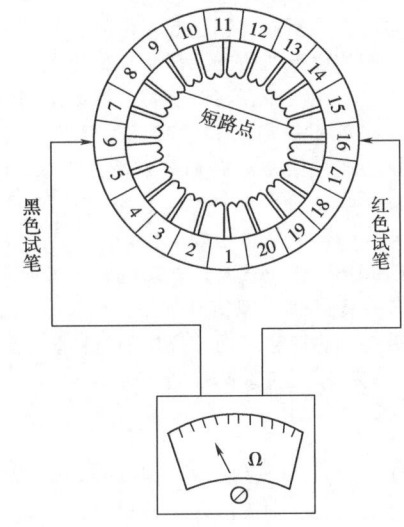

图 2-6-7-46 测试出短路位置的方法

找不出时,则先不要从绕组上面着手修理,而应将有短路现象的线圈元件的线端从换向片上焊下来,再对绕组和换向器分别检查。如果是两片换向片严重短路,又不能消除短路故障时,则可以采取如图 2-6-7-47 所示方法进行修理。先将有短路故障的两换向片中的任一片上的线端焊下来,使线端与换向片完全脱离开。焊下来的这两根线端不要分开,仍然要焊接在一起并用绝缘带包扎好。另外,对已经短路的两换向片还应如图中所示用导线连接起来并予以焊好。经这样应急处理后,对电动机的运行性能不会有太大的影响,可以照常使用。

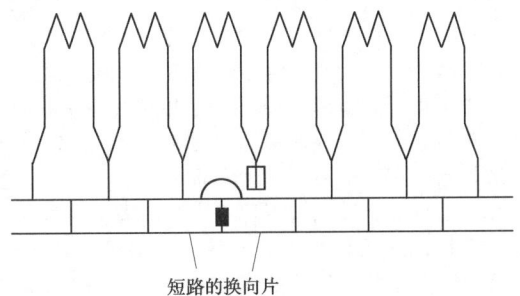

图 2-6-7-47 换向片短路故障的应急处理

如果查明不是换向片短路而是绕组短路,那么最好的修理方法就是重换新绕组。若因生产急需而不能马上重换新组时,也可以采取暂时废弃线圈的方法作应急处理。此时,可先将相互短路的线圈线端从换向片上焊下来,焊下的线端要分开并使其不再接触,再把电枢放到短路侦察器上试验。若仍有短路现象存在,就表明绕组烧损严重而不能作应急处理。试验时若电枢绕组的短路现象消失,则说明绕组烧伤较轻微。这时,就可按图 2-6-7-48 所示的方法,将已焊下分开的线端用绝缘带分别包好,焊下线端的换向片也用导线连接起来焊好。这样处理以后,因只废弃两个线圈故对电动机运行性能影响较小,所以仍能使用。不过由于绕组已有烧伤,且又做了线圈元件的废弃处理,所以不能长期使用,而只能作为短期的应急措施,同时还应及早准备重换新绕组。

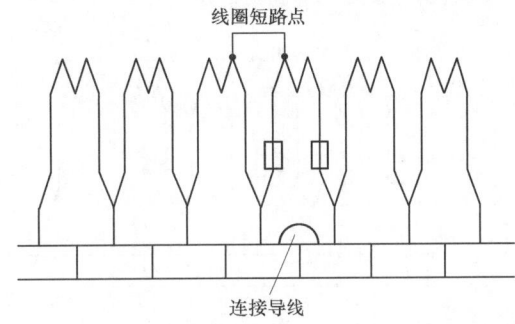

图 2-6-7-48 电枢绕组短路故障的应急处理

上述电枢绕组短路故障的应急处理方法简便易行,所花时间不多,也不耗费材料。所以,作为电动机电枢绕组修理的应急措施还是可取的。

电枢绕组或换向器短路后,将会使单相串励电动机的转速降低、力矩减小、电流增大、电刷下面产生强烈的火花而使换向器烧损。运转时,短时间内便会发热冒烟。严重时,甚至换向器上会形成环火。如继续运转,则很可能会使电枢绕组整个烧毁。因此,一旦发生短路故障即应检查修复,以免故障扩大造成更大的损失。

3. 电枢绕组的断路故障

断路也是电枢绕组最常见的故障之一。线圈线端至换向片的焊接处是电枢绕组较容易发生断路的地方。其原因是焊接不良,或线端在除去绝缘漆膜时受到损伤,以及焊接过程中线端拉得过紧,缠上端部扎绳经浸漆后线端受力过大而损伤。当电动机运转时,上述这些情况就可能造成线端在焊接处断裂。此外,由于过载或其他原因,使换向器与电刷之间产生较大火花,换向器严重过热而将焊锡熔化,造成线端脱焊后形成断路。因发生短路、通地等故障而将导线烧断,形成绕组的内部断路。电枢绕组断路故障的检查方法如下所述。

(1) 外观检查。应仔细检查绕组两端的槽号、端部、换向片接线处等地方,看是否有烧伤、碰伤等断路故障的痕迹。如看不到上述的异常之处,则可以用其他方法进行检查。

(2) 电阻表检查。如图 2-6-7-49 所示,使用电阻表能够把电枢绕组断路故障的位置找出来。当每个线圈元件的电阻值大于 1Ω 的可用万用表检测,不足 1Ω 的用电桥表测为好。检查时,可任意选取一换向片开始,测量相邻两换向片间的电阻。例如先测图 2-6-7-49 中的换向片 1 和 2,接着再测 2 和 3 两换向片,直至依次完全部换向片。如果测完所有相邻换向片间的电阻都基本相等,则说明绕组没有断路故障。若测得某相邻两换向片间的电阻,比其他相邻换向片间电阻大若干倍时,则说明这两换向片上的线圈断路了。同时还表明绕组的其他部分已经没有断路,但仍应继续检测。这是因为有时线圈元件的线端虽然已与换向片断开,但连接的两根线端却仍然接在一起,形成绕组本身没有断路的假象,如图2-6-7-50中a处的情况。从图中可以看出,当测量至2和3两相邻换向片时,会发现电路不通。这时,可再继续测量其他换向片。假如其他两片间的电阻值正常,就可以确定换向片2和3这两片上的线圈元件断路了,并且还表明在绕组的其他部分还存在有断路故障。通过检测换向片间的电阻并仔细分析换向片的位置与所测电阻数值,就可以查出一个或几个断路线圈的位置。

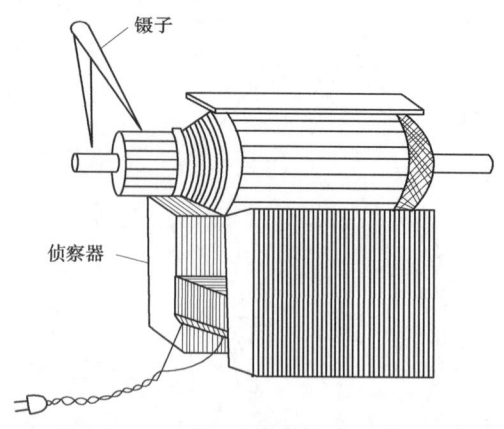

图2-6-7-51 用短路侦察器检查线圈的断路故障

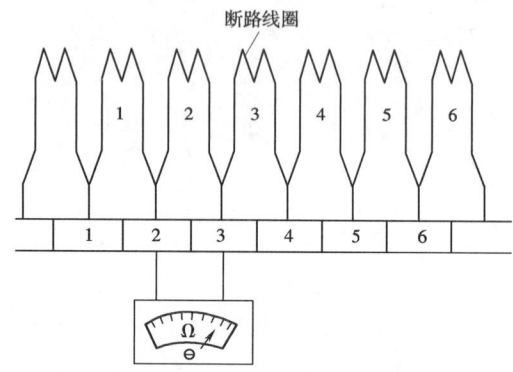

图2-6-7-49 用电阻表检查线圈断路故障

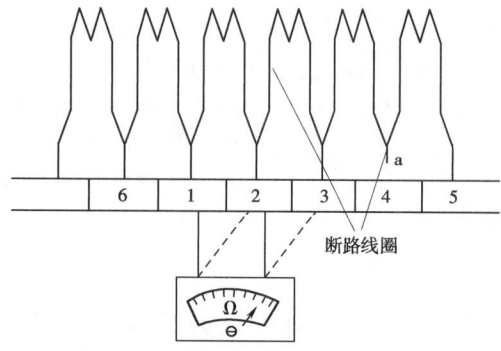

图2-6-7-50 用电阻表检查线圈多处断路故障

(3) 短路侦察器检查。电枢绕组的断路也可以采取用短路侦察器进行检查,如图2-6-7-51所示。进行检查时,可将电枢平放在短路侦察器的开口铁芯上。接通短路侦察器的电源后,用一段锯条或小铁片平放在电枢的一个槽上。再将这个槽内线圈的线端所焊接的换向片,用镊子每两片的依次短接。被短接的换向片焊接的线圈若没有断路,就会在线圈内产生很大的短路电流。此电流将使该槽产生很强的交变磁场,锯条就会受交变磁场的作用而发生剧烈振动和响声,在镊子刚接触到换向片的瞬间还会有火花产生。如果被短接的两换向片上的线圈已经断路,这时被短接的线圈就不会产生短路电流,因而锯条就不会振动,火花也就不会产生。所以,只要根据在短接相邻两换向片后有无火花产生和锯条是否振动,就可以判断出线圈是否断路。

(4) 电枢绕组断路故障的修理。电枢绕组发生断路故障后,电动机就不能正常运转。如果电枢绕组中仅有1个线圈元件或1处线端断路,则可用图2-6-7-52所示的办法,对电枢绕组采取应急处理。这时,将找不到断路位置的线圈元件的两根线端分别用绝缘带包扎好,再用连接线把该断路线圈线端接的两相邻换向片短接起来即可。当电枢绕组断路情况严重时,例如绕组的线圈元件断路的比较多,或其两条并联支路中均有断路故障存在等,则电枢绕组的通电回路完全中断,电动机就不能启动和运转。如断路故障比较轻微时,电枢绕组的通电回路只有部分中断,仍保有部分通路,故在接通电源时电动机仍能转动,且空载转速仍可能正常。但是在电刷与换向器之间将会发生较大的火花,并形成沿换向器圆周的细火环。当负载时,电动机转速迅速降低、转矩也大为减小,并将同时出现振动现象。转速也将很不稳定,时间稍长即很快发热而将换向片烧黑和电刷烧损。若继续运转则将使更多的线圈元件线端烧断。

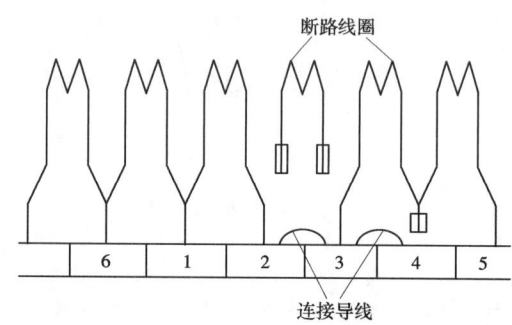

图2-6-7-52 电枢绕组断路故障的应急处理

经检测在找到断路故障的大致位置后,就可将电枢绕组端部外面的绑扎蜡线部分拆除,再仔细找出断路故障的确切位置。如果只是线端焊接处脱焊,就只需重新焊接牢固即可;若线端断路处在电枢绕组端部时,就须再拆除一部分端部绑扎蜡线,将断路处重新焊接后,包好绝缘带套上绝缘套管,然后重新捆扎电枢绕组的端部扎线;如果绕组的断路处在电枢铁芯槽内,此时则可将断路的那个线圈所连接的两换向片上跨接一根短路铜线,或将这两相邻换向片直接短路,经这样处理后,电动机性能不会有大的变化,故仍可继续使用。不过,当电枢绕组的断路过多的话,则不能采用这种废弃线圈元件的方法。因为被直接短接的线圈元件越多,就将造成电枢绕组的有效匝数越少,致使电动机的转速极不稳定,并将引起电枢绕组严重发热。因此,当电枢绕组中如出现有2~3个线圈元件断路时,就必须重换新的电枢绕组。

4. 电枢绕组接反的故障

电枢绕组接反的故障往往发生在绕组局部修理或重绕之

后，由于接线时的粗心和疏忽，把线圈元件接到换向片的两个线端接反了。电枢绕组接反故障通常有下述两种情况。

（1）线圈元件接反。从前面我们已经知道，单相串励电动机电枢绕组线圈元件之间的正确接法应该是，相邻线圈元件之间的首端与尾端相接。例如线圈元件1的尾端与线圈元件2的首端共接在同一块换向片上，而线圈元件2的尾端与线圈元件3的首端相连在同一换向片上。这样首、尾端串联依次接下去，直至最后一个线圈元件的尾端与线圈元件1的首端相连，从而构成一个整体的闭合绕组。但如图2-6-7-53中线圈元件2所示，从图中我们可以看出，线圈元件1与线圈元件2之间却是尾端与尾端相连接，线圈元件2与线圈元件3之间则成为首端与首端相连。显而易见，线圈元件2的首、尾线端接反了。

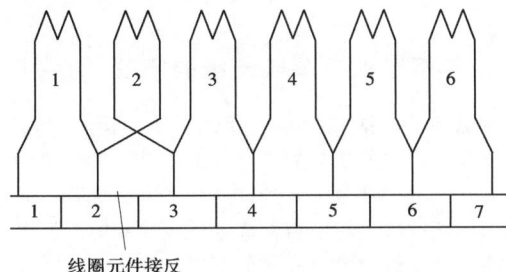

图2-6-7-53　线圈元件的线端接反故障

（2）线圈元件的线端位置接错。从图2-6-7-54中线圈元件4、5、6的连接可以看出，这三个线圈元件之间仍然是按相邻线圈元件首、尾串联的。但是，其线圈元件线端接到换向器上的位置却搞错了。线圈元件4和5的首、尾端原应接到换向片5上，但实际却接到了换向片6；而线圈元件5和6的首、尾线端原应接至6，而实际上却接到了换向片5。这种线端接线位置的错误将导致线圈元件2实质上的反接。

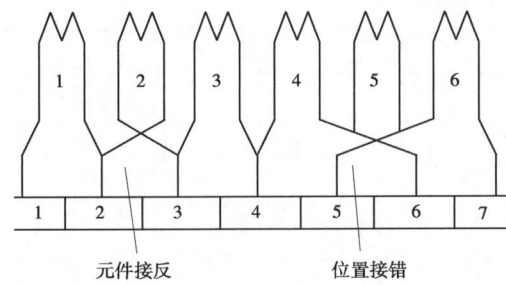

图2-6-7-54　线圈元件线端接反、位置接错

不论是线圈元件接反或是接线位置错误，都将对电动机的性能带来不利影响。由于线圈元件接反和线端位置接错都是发生在电枢绕组重绕后，因此，当我们重换电枢绕组时接线一定要认真、仔细。接线完毕后要做必要的检查和试验，尽量避免线圈元件接反和线端位置接错的出现。现将检查这些错误的常用方法简介如下。

1）电阻法检查接线位置是否正确。如图2-6-7-55所示，用电阻表测量相邻两个换向片之间的电阻。如果接线位置没有错误，则两个相邻换向片之间只应接有一个线圈元件，如图中的线圈元件2。这时，用电阻表测量到的应该是一个线圈元件的电阻值。如果接线位置错误，例如图2-6-7-55中换向片4和5。在换向片4、5之间仍然只连接了一个线圈元件，在电阻表上测量到的也仍是一个线圈元件的电阻数值。但是在接线位置错误的前面或后面一对换向片，它们之间则串联了两个线圈元件，如图中的换向片3-4或5-6。这时如用电阻表去测量，测到的将会是接近两个线圈元件的电阻数值，即指示出双倍的读数。因此，根据上面的检测与分析，采用电阻表测量换向片片间电阻的方法是能够顺利找出接线位置错误的。

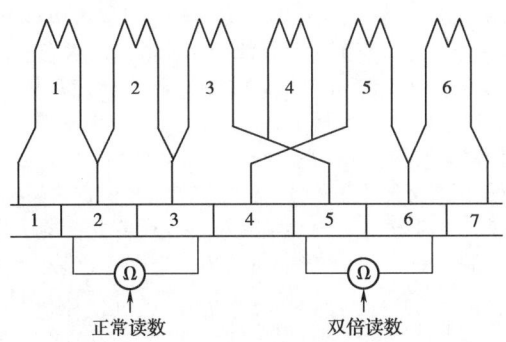

图2-6-7-55　用电阻表检查线端位置接错

2）电压法检查接线位置是否正确。如图2-6-7-56所示，将一个低压直流电源通入电枢绕组内，再用一个电压表依次测量每两个相邻换向片之间的电压。当接线位置正确时，电压表将指示出一个线圈元件的电压读数。而当测量到接线位置错误的两个换向片时，例如图2-6-7-57中的换向片4和5，电压表将指示出反向读数。而当电压表接到反向线圈元件前面或后面的换向片时，电压表将指示出双倍读数。其他接线正确的线圈元件所对应的换向片，它们的片间电阻则均为正常值。

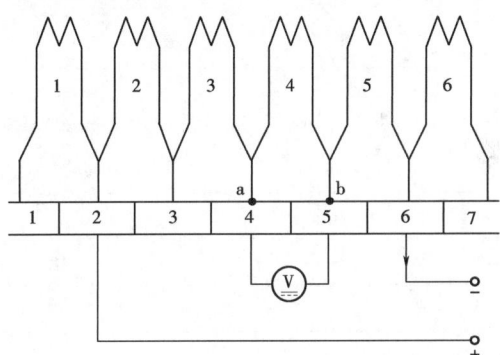

图2-6-7-56　接线位置正确时为正常读数

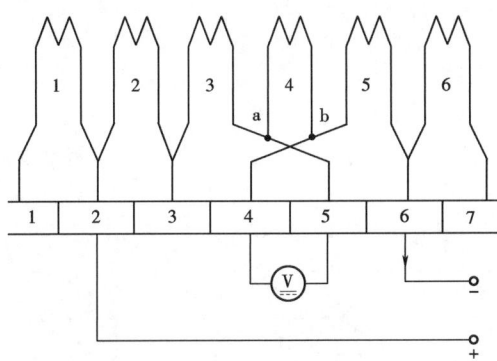

图2-6-7-57　接线位置错误时为双倍读数

3）线圈元件接反故障的检查。虽然线圈元件反接和接线位置错误都是线圈元件至换向器片接线不正确所引起的，并且接线位置错误也会引起线圈元件实质性反接，但是这两

种故障的检测方法却不相同。要检测线圈元件接反的故障，必须采用下面介绍的指南针法或条形磁铁法。

在用指南针法检查线圈元件接反故障时，应在线圈元件已按照相邻线圈元件首、尾端相接的原则全部串联起来，但应在尚未焊接到换向器之前进行。因为这时改正接线错误较为容易。

检测时，可将低压直流电源依次分别接入每个线圈元件，再用指南针分别测量每个线圈元件端部的磁场极性。当测到接反的那个线圈元件时，指南针将会向相反的方向指示，如图2-6-7-58所示。线圈元件连接正确时的磁场极性则如图2-6-7-59所示。

检查线圈元件反接的另一种方法是条形磁铁法。检测时，可将磁铁在电枢槽口逐一移动来进行。这是由于磁铁的磁力线切割线圈元件，每一个线圈元件内部都将产生感应电势。若用一毫伏表反接在与反接线圈元件相连的两个换向片上，则毫伏表指针为反向读数，而其他接线正确的线圈元件所测到的均为正向读数，见图2-6-7-58和图2-6-7-59所示。

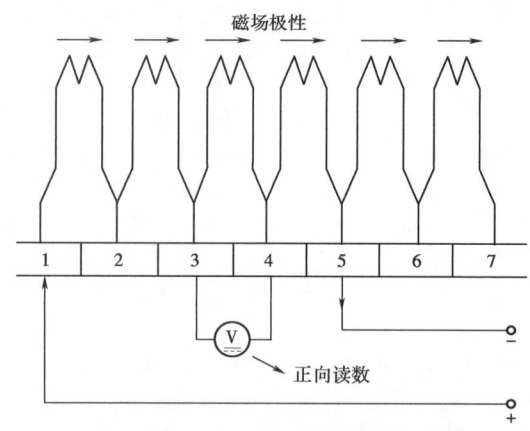

图2-6-7-59 连接正确时磁场极性

三、单相电动机重换绕组的修理

单相电动机的铁芯及其他机械部件的使用寿命都比较长，只有其绕组部分较为脆弱。一台新电机在使用不当时，往往只需几十分钟甚至十几分钟就会将绕组烧毁。此外，电动机因长期超载过热使绕组绝缘老化，或绕组产生严重的短路、断路、通地等故障，用局部修理方法又无法修复时，就必须全部拆除旧绕组重换新的绕组。重换绕组的工作可按以下步骤来进行：记录原始数据；拆除旧绕组；制作绕线模；线圈的绕制；绝缘及裁剪；绕组的嵌线；接线与焊接；绕组的试验；浸漆与烘干等。

（一）分布式定子绕组的重绕工艺

为了使重换绕组工作中保有详尽的原始资料，使重绕后的绕组性能尽量达到与原来的性能一致，在拆除旧绕组的过程中，应将表2-6-7-7内的各项技术数据仔细查明并详细记载，以作为重换绕组和核查的依据。

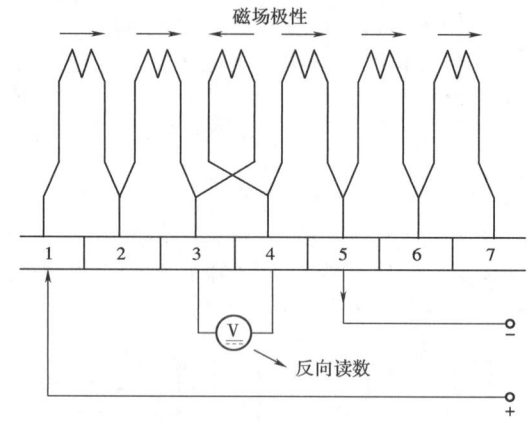

图2-6-7-58 元件有反接故障时的磁场极性

表2-6-7-7　　　　　电动机重换绕组修理原始数据记录表　　　　　年　月　日

型　号		功　率		转　速	
电　压		电　流		频　率	
接　法		效　率		功率因数	
绝缘等级		允许温升		产品编号	
定 子 铁 芯 数 据					
内径/mm		外径/mm		长度/mm	
气隙/mm		槽　数		槽形尺寸	
定 子 绕 组 数 据					
绕组型式		绕径（并绕根数）		匝　数	
节　距		接　法		铜　重	
线圈尺寸					
原制造厂			出厂年月		

1. 记录原始数据

对已确定进行重换绕组修理的电动机，应尽可能详细、完整地记录其原始数据。因为，翔实的原始数据可以使修理过程中避免不必要的错误。它同时也是电动机修理质量的可靠保证。应记数据简述如下：

（1）铭牌数据。铭牌数据是指电动机上铭牌所标记的数据，它一般包括有型号、功率、转速、频率、电压、电流、效率、功率因数、绝缘等级、允许温升、出厂编号及制造厂等。

（2）铁芯数据。铁芯数据是指电动机的定子铁芯内径、外径、长度、槽数等，以及如图 2-6-7-60 所示的槽形尺寸。

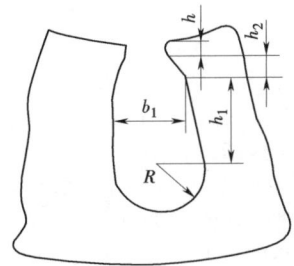

图 2-6-7-60　槽形尺寸

(3) 绕组数据。绕组数据是指线圈的线径、并绕根数、匝数、节距、并联支路数、绕组接法、线圈铜重等。

(4) 线圈尺寸。线圈尺寸是指线圈的端部和直线部分的长度尺寸，图 2-6-7-61 所示为电动机绕组端部伸出铁心的长度尺寸。图 2-6-7-62 所示则为单相电动机分布式定子绕组，几种常用绕组型式的线圈各部尺寸。最好留下一组外形完整的旧线圈作为制作绕线模的参考，并且还应记下绕线型式。

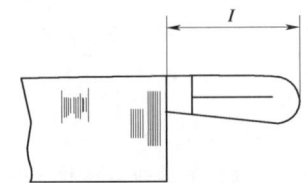

图 2-6-7-61　绕组端部伸出铁芯的长度

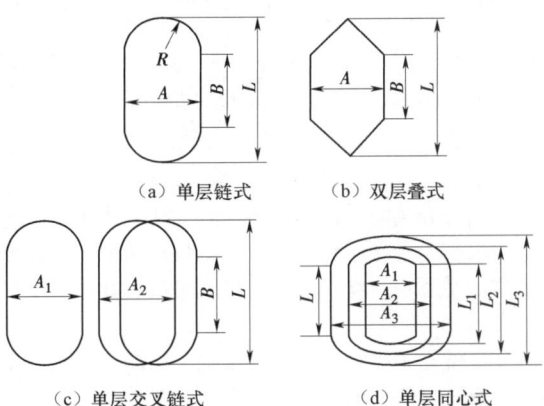

(a) 单层链式　　(b) 双层叠式

(c) 单层交叉链式　　(d) 单层同心式

图 2-6-7-62　常用绕组型式的线圈各部尺寸

2. 拆除旧绕组

由于电动机的绕组均经过浸漆烘干的绝缘处理过程，使绕组已成为一个整体，变得非常坚固而不易拆除。拆除旧绕组时，先应将绝缘漆加热软化或烧掉。但为了保证电动机修后的质量，一般不能把定子铁芯放到火中去加热，因为那样将会使硅钢片的绝缘层遭受无可挽回的破坏，导致铁芯松弛涡流损耗增大，电动机温升增高性能变坏。所以要采取对铁芯基本无损伤的方法去拆除损坏的旧绕组，具体方法有以下几种。

(1) 冷拆法。对于那些绝缘严重老化比较容易拆下来的电动机旧绕组，就可以采用这种方法。首先用电工刀或废锯条磨成的刀将槽楔从中间劈开后拆出。再用薄口起子从线圈端部分次拨开线匝，然后将线匝的直线部分扯出槽口外，逐次分批直至将全部导线都拆出来。如遇铁芯为闭口槽时，就只能用钢丝钳将绕组的端接部分逐根剪断，然后在另一端用钢丝钳逐根把导线从槽中拉出来。在拆除旧导线时，还应按导线的排列顺序逐一拉出，切勿用力过猛或多根并拉，以免损坏槽口。旧绕组全部拆出后，应将旧槽绝缘一并取出，并逐槽清理槽内残余的绝缘物。还应整理好槽口和铁芯两端的端面，使整个铁芯的端面和槽无铁屑、杂质，保持干净平整的良好状态，以利新绕组的嵌入。

(2) 加热法。有些电动机绕组的绝缘尚未老化，绝缘漆使绕组仍为一个坚固的整体。对这类旧绕组的拆除可采用"加热软化、乘热拆除"的方法。加热方法则有通电短路加热和烘箱加热两种。通电加热法是将低压电源加到电动机的绕组上，用调压器将电压逐步增加到使电动机绕组的温度能让其软化到可拆卸程度。另外一种加热方法就是用烘箱加热，使电动机烘热到绕组绝缘软化，槽楔和导线均比较容易扯出来的时候。但不论哪种加热方法其加热温度均不能太高，一般应控制在 200℃ 以下，不然高温会损坏定子铁芯硅钢片的片间绝缘，从而导致铁损增加、空载电流增大的不良后果。

(3) 溶剂溶解法。当单相电动机绕组在其绝缘漆尚未老化的情况下，还可以采用溶剂溶解法来拆除旧绕组。常用的溶剂溶解法有以下几种。

1) 氢氧化钠（工业烧碱）腐蚀法。采用该种方法时，一般是将 1kg 氢氧化钠加上 10kg 水，把电动机定子绕组浸泡在该溶液中，浸泡时间 2~3h 即可。如需加快溶解过程，则可将溶液加热至 80~100℃。定子绕组从溶液中取出后，要立即用清水冲洗干净，然后按绕组顺序逐一将线圈全部拆出。对于铝壳和铝导线的单相电动机，均不能采用该种腐蚀液去拆除旧绕组。

2) 丙酮、酒精、苯混合溶液浸泡法。当被拆除旧绕组的电动机容量比较小时，则可以用丙酮 25%、酒精 20%、苯 55% 的比例，将这些溶液按重量百分比进行混合。将电动机定子整个浸入此混合液中，待绝缘软化后即可拆除旧绕组。

3) 丙酮、甲苯、石蜡混合液刷浸法。由于有机溶剂价格较高，用溶剂浸泡耗料太多极不经济。所以，为了节约费用可对小功率单相电动机，改用耗料少的溶剂刷浸法。刷浸时的溶剂采用丙酮 50%、甲苯 45%、石蜡 5% 三种材料配制而成。先将石蜡加热熔化后，移开热源加入甲苯，然后加入丙酮，将三种材料搅拌均匀。把电动机定子立放在有盖的铁盘内，用毛刷将溶剂刷到定子绕组的端部和槽口，然后加上盖，以防止溶剂挥发太快而减弱溶解效果。经过 1~2h 之后，即可取出电动机定子进行旧绕组的拆除。

采用溶剂溶解法时，应特别注意安全，一要防止起火，二要通风良好，以免苯的有毒气体吸入人体而中毒。拆除旧绕组后的定子铁芯，应及时清理槽内残余绝缘物，并整理好铁芯两端的槽口和端面等。

3. 制作绕线模

在重新绕制新绕组前，应依据旧绕组线圈形状和尺寸或需要变动的绕组节距来制作绕线模。绕线模的尺寸做得是否合适，对电动机绕组的重嵌工作能否顺利进行起着决定性的作用。新绕制的线圈尺寸既不能太短也不可过长，太短将会使嵌线发生困难，严重时甚至使线圈无法嵌下去；过长则不仅浪费铜线，还使绕组电阻和端部漏抗增大，电动机的电气性能变坏，并且还可能因线圈端部过长碰触端盖而引起新的绕组通地、短路故障。因此，绕线模的尺寸一定要做得比较准确和正规。最好在拆除旧绕组的过程中有意选择保留一个形状较完整的线圈，可依据该线圈的尺寸制作绕线模。通常按所修电动机旧线圈尺寸做出的绕线模是比较可靠的。但是，如果该电动机已经大修过，定子铁芯中已不是制造厂的原装绕组，此时在拆除旧绕组前应仔细察看线圈各部尺寸是否合理，要酌情作出更改和调整后，再予制作绕线模。

如果没有形状完整的旧线圈作为参考，那就只有经过计算来重新设计绕线模。经重新设计制作的绕线模，在绕出第一个线圈后应进行试嵌，看线圈各部尺寸是否符合要求。如有不合适之处应对绕线模予以修改和调整，直到所绕线圈完全合适才可以正式开始绕制线圈。

绕线模一般由模心和夹板所组成，图2-6-7-63所示为双层叠绕组的绕线模。从图中我们可以看出，模心是绕线模的主要部分，它决定所绕线圈的长短宽窄及全部尺寸。所以，对模心尺寸的确定应细心、慎重。如果自己有确定模心的实际经验，则可根据电动机的绕组型式在铁芯上用一根导线弯成线圈模心的样板，以它作为制作绕线模的依据。绕线模的模心尺寸如图2-6-7-64所示，其计算方法如下。

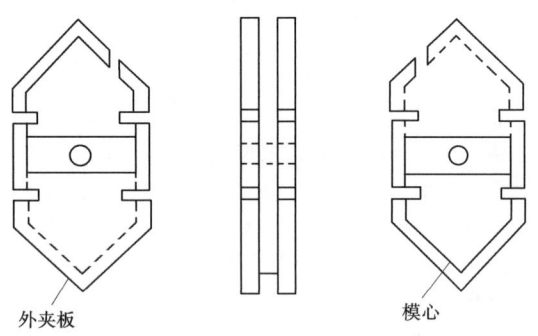

图2-6-7-63 绕线模的模心与夹板图

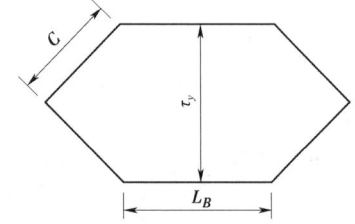

图2-6-7-64 绕线模模心各部尺寸

模心宽度为
$$\tau_y = \frac{\pi(D_i + h_s)}{Z_1} Y_1 \text{ (mm)}$$

式中　D_i——定子内径，mm；
　　　Z_1——定子槽数；
　　　Y_1——用槽数表示的节距；
　　　h_s——定子槽高，mm。

模心直线部分的长度为
$$L_B = l + 2d \text{ (mm)}$$

式中　l——定子铁芯长度，mm；
　　　d——线圈直线部分两端伸出铁芯的长度，一般取$d=5\sim15$mm，功率大的取大值。

模心端部的长度为
$$2C = k\tau_y \text{ (mm)}$$

式中　k——系数，电动机2极时取$k=1.2\sim1.25$，4极时取$k=1.25\sim1.3$；
　　　τ_y——模心宽度。

模心厚度为
$$H = d_i\sqrt{N}$$

式中　d_i——绝缘导线直径，mm；
　　　N——一个线圈的导线圈。

绕线模的夹板尺寸以周边高出模心10～15mm为宜。模心做成后，通常在其轴心处倾斜地锯开。半块模心固定在上夹板，另外半块模心固定在下夹板，其结构可参见图2-6-7-63所示。这样，当线圈绕成后比较容易脱模。

绕线模一般均用干燥的硬木制作，因为它不易扭曲变形，也可以用胶木板来制作。绕线模可以根据每极相组的线圈数来做模板，由于线圈可以中间不剪断而一次连续绕成，因而就避免了线圈间许多不必要的连接，提高了电动机运行的可靠性。

4．线圈的绕制

线圈绕制前应先用千分表检查所用导线的直径、导线绝缘厚度是否符合要求。常用圆电磁线的公差和绝缘厚度如表2-6-7-8、表2-6-7-9所示。

表2-6-7-8　常用圆电磁线公差

圆导线直径/mm	0.27～0.69	0.72～1.0	1.04～1.62
公差/mm	±0.01	±0.015	±0.02

表2-6-7-9　常用聚酯漆包线的绝缘厚度

圆导线直径/mm	绝缘厚度/mm	圆导线直径/mm	绝缘厚度/mm
0.27～0.33	0.05	0.64～0.72	0.08
0.35～0.49	0.06	0.74～0.96	0.09
0.51～0.62	0.07	1.0～1.74	0.11

绕线前必须仔细搞清楚主、辅绕组的极相组数、每极相组内的线圈数和线圈匝数等有关数据，特别是线圈匝数不能有差错，因为它直接影响到电动机运行性能的好坏。单相电动机绕组的绕线均可在手摇绕线机上进行，其绕线步骤如下所述。

(1) 准备好手摇绕线机、绕线架、绕线模、钢丝钳、剪刀、活动扳手以及电磁线、绝缘管和扎线等。

(2) 将绕线模装入到手摇绕线机的主轴，并用螺母把线模两侧的夹板锁紧，绕线机计数器的号盘拨到"0"位置。电磁线装到绕线架上，并使绕线架与手摇绕线机保持适当的距离，让电磁线引至绕线模时保持平整无弯曲。

(3) 绕线开始时，将电磁线的起始线端经绕线模右侧开口处固定到绕线机主轴，绕线从右边向左边绕。在绕线模的4道槽内放入扎线，如图2-6-7-65所示。

(4) 绕线时，电磁线在线模槽内应排列整齐层次分明，不得有严重交叉和混乱。绕满一个线圈规定的匝数后，用放在线槽内的棉扎线将线圈扎紧，以免线圈下模时线匝松散。接着将电磁线进入绕线模的第2线槽，然后按同样的方法继续绕下去，直至绕完极相组内的所有线圈。同心式绕组、正弦绕组均从小线圈开始绕起。

(5) 极相组整组线圈绕好后，留下适宜的引线长度后用钢丝钳剪断电磁线。用活动扳手松开手摇绕线机主轴的螺

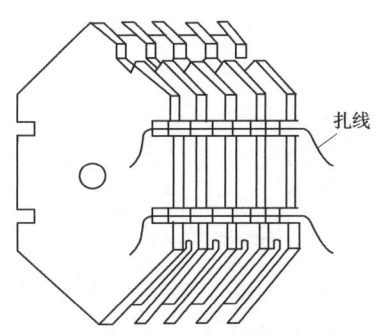

图 2-6-7-65　在绕线模内放扎线

母,逐槽取出绕好的所有线圈。

(6) 单相电动机分布式定子绕组的类型较多,其中的交叉式绕组、同心式绕组及正弦绕组等,它们均由若干个大小不一的线圈套绕后构成极相组,如图 2-6-7-66 所示。这类绕组在绕线时,其极相组内的所有线圈要从小线圈至大线圈连续不断一次绕完。

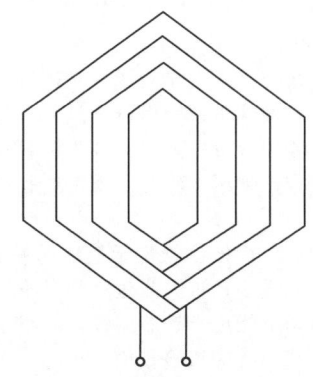

图 2-6-7-66　由大小线圈构成的极相组

(7) 在单相电动机绕组绕线时,各极相组内的线圈中最好不要有接头,以免增加绕组的故障点。确因线圈在绕制中电磁线不够需要连接时,其焊接处则应选择在线圈的端部,而绝对不准选在线圈的直线部分,否则经焊接的电磁线加包绝缘后就很难嵌进槽内。即使能够嵌入槽中,若因焊接不良而造成线圈断路,则将给检查和修理带来极大的困难。

(8) 绕线时,应注意拉紧电磁线的力度要松紧适宜。过松则使线圈内部松散外部零乱,绕出的线圈质量较差不利嵌线。过紧则又可能将电磁线直径拉细,从而影响线匝间的耐压强度和增大线圈的直流电阻值,使电动机性能受损,所以应特别留意这一点。

5. 绝缘及裁剪

单相电动机分布式定子绕组绝缘物应按规定的绝缘等级选用。分布式定子绕组的槽绝缘,一般采用 6520 聚酯薄膜绝缘纸复合箔,它属于 E 极绝缘。其厚度为 0.15、0.2、0.25mm 等,根据电动机功率大小和电压高低去选择不同的厚度。近年来,也有采用 6630 聚酯纤维无纺布聚酯薄膜复合箔(俗称 DMD)的,它属于 B 级绝缘。

槽绝缘用来垫放在铁芯槽内,其两边均须高出槽口以便于嵌线,如图 2-6-7-67 所示。并且,为保证绕组的介电强度,槽绝缘应伸出铁芯两端一定的长度。伸出太短则使绕组对铁芯的介电距离不够,也使端部极相组间的绝缘无法垫好。伸出太长时将要相应增加线圈直线部分的长度,这样不仅造成电磁线的浪费,而过长的绕组使其端部易被端盖所顶

伤。因此,槽绝缘伸出铁芯长度应视电动机功率的大小而不同,功率大的槽绝缘伸出长度可略多些。

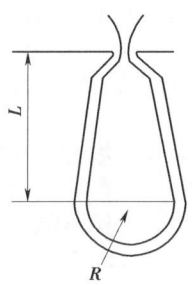

图 2-6-7-67　槽绝缘的垫放

当同一槽内嵌放有主、辅两套绕组的线圈元件边时,应在槽内的主、辅绕组间垫入层间绝缘。主、辅绕组的端部重叠处应垫入端部绝缘,层间、端部的绝缘均采用与槽绝缘同等的绝缘材料。图 2-6-7-68 所示为单相电动机的槽内绝缘结构。

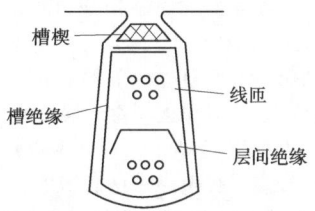

图 2-6-7-68　槽内绝缘结构

6. 绕组的嵌线

将绕制好的线圈按照规定的节距、接法顺序地嵌入铁芯槽内。首先嵌入主绕组,然后嵌入辅助绕组。调速绕组则要视其是与主绕组同槽布置还是与辅助绕组同槽布置而定。如果是与主绕组同槽则须在嵌放主绕组之后接着嵌入调速绕组,当然主、调绕组必须按规定予以绝缘。嵌线的具体步骤如下:

(1) 仔细检查清理铁芯槽内的绝缘残留物,用锉刀、起子修正突出的硅钢片和毛刺,以及纠正铁芯两端因拆除旧绕组而产生的硅钢片弯曲等,并用吹风机或皮老虎将其吹干净。

(2) 准备好槽绝缘、层间绝缘、端部绝缘、槽楔、整台电动机绕组(即主、辅、调速 3 套绕组),以及锤子、剪刀、压线板、理线板等材料和工具,将槽绝缘逐一放入槽中。

(3) 认真查看电动机修理原始技术数据记录,看清主、辅、调速绕组的绕组型式、节距、三套绕组的相互位置及嵌线的先后顺序等。

(4) 开始嵌线时,将主绕组第一只线圈靠胸前的元件边用手指捻扁,使线匝成为扁平一排的状态,然后从一端槽口斜嵌入线圈的部分线匝或全部线匝。如遇到许多线匝被堵在槽中时,这时可用手指将线匝轻轻摇动使线匝徐徐进入槽中,或用理线板把线匝理清后整齐地括入槽内。

(5) 将主绕组第一只线圈的另一元件边推过节距槽暂不嵌入槽内,并用双手在线圈两侧端部压喇叭口。如果是单层链式绕组、单层交叉式绕组及双层绕组等,均要在嵌入槽中的线圈元件边数达到线圈节距的槽数时,才可将线圈另一元件边嵌入其节距槽内。此前所嵌线圈的元件边都应留至"吊把"后再嵌入各自槽中。同心绕组、正弦绕组等则可在嵌进第一个线圈的元件边后,接着就可以将此线圈的另一元件边

嵌入其节距槽内。因为上述绕组无须"吊把",故可同时直接嵌入,直至嵌完主绕组的全部线圈。

(6) 嵌极相组第二只线圈及以后的线圈时,应先将线圈间连接线整理后嵌入槽内。然后再把线圈元件边一次拉入槽中,连接线应置放于线圈内侧,这样能使定子绕组整齐美观。

(7) 嵌完主绕组的一个极相组合即垫入层间绝缘,并用锤子和压线板将层间绝缘敲平压实。如果调速绕组是与主绕组同槽布置的,这时即可将调速绕组按主绕组的嵌法嵌入相同槽中。调速绕组嵌入槽内后即可剪去槽口上面多余的绝缘纸,用理线板把绝缘纸折转入槽内,并用压线板压实,然后打入槽楔。在打入槽楔时,要特别注意不要损坏槽绝缘和导线。接着就可以按相同的方法,依次嵌放主绕组、调速绕组的各个极相组,最后从与主绕组相差90°电角度的位置开始,顺序将辅助绕组全部嵌置完毕。假如调速绕组是与辅助绕组同槽布置的,则在主绕组线圈嵌入槽中后就可折转槽绝缘打入槽楔。然后再顺序将辅助绕组和调速绕组嵌进同一槽内。

(8) 嵌线时,在主绕组、辅助绕组、调速绕组的端部,相互之间要垫放端部绝缘。

(9) 当嵌到第一节距最先留下暂未嵌入的线圈元件边时(即"吊把"线圈),此时应逐一翻起线圈并用纱带将它们捆吊住。其翻起高度以不影响最后一只线圈元件的嵌入为准,然后将"吊把"线圈元件边顺序嵌入槽中。

(10) 绕组全部嵌完后,可用锤子和垫打理线板轻敲线圈的端部,使绕组端部成为低于定子铁芯内径的一个圆整的喇叭口。

(11) 修剪绕组端部绝缘,使绝缘纸高于线圈线匝2~3mm。

(12) 嵌线过程中,如发现槽底绝缘破裂或槽内过于松动等情况,则须垫入同等绝缘材料加以修复和充实。

(13) 线圈端部、连接线等如有凌乱或严重交叉时,须用理线板予以理顺和整理。

7. 接线与焊接

绕组全部嵌入定子槽以后,就可按照原规定的接法,把主绕组、辅助绕组、调速绕组依次连接起来。其具体接法和接线步骤如下:

(1) 接线前的准备 绕组在接线前应准备好玻璃丝漆套管、玻璃丝漆布带、蜡线、松香、焊锡、引出电缆线,以及锤子、剪刀、钢丝钳、垫打竹板、弹性刮刀和电烙铁等材料和工具。

(2) 接线前的检查 应根据原始技术数据的记录,仔细检查主绕组、辅助绕组、调速绕组的相互位置、接法、出线方向等,以及检查各套绕组的线圈是否有嵌反、接错和端部绝缘垫错的情况,如发现这类错误则应立即纠正。

(3) 绕组的连接 接线时首先将各绕组所有的出线端整理好,并且合理选定引出线端的出线位置,一般都将出线位置选在距出线盒最近绕组端部两侧。连接可按主绕组、辅助绕组、调速绕组的顺序分别自行连接。各套绕组内则按电动机绕组原规定的显极接法或庶极接法进行接线。连接时,在需要连接的两线端上套入玻璃丝漆套管,套管长度应伸入线圈鼻端20mm左右为宜。然后用图2-6-7-69所示的弹性刮刀将导线绝缘漆层刮除,两线端可以采取平行绞接的方法进行连接。用电烙铁将焊锡、松香对线端绞接处实行焊接,焊好后电烙铁要平移离开焊接处,以免在该处留下焊锡尖端

而刺破绝缘。接着用绝缘漆布带半叠包两层将连接线的焊接处仔细包好。

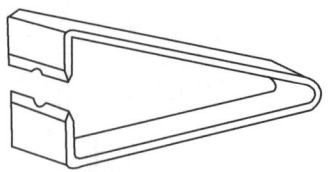

图2-6-7-69 弹性刮线刀

(4) 引线电缆的焊接 根据出线端位置量出引线电缆的长度后剪断,并剥去引线电缆接线处的绝缘层,将其与绕组引线端予以连接并仔细焊接牢固。然后把引线电缆的接线处用漆布带包好,并在包好的绝缘层外面套入大小适宜的玻璃丝漆套管。

(5) 绕组的端部绑扎 先将绕组端部的喇叭口用锤子和垫打竹片进行整理,使喇叭口圆整而又符合尺寸要求。连接线和电缆线应平整地排列在绕组端部,并用蜡线牢固地扎紧。

8. 绕组的检验

在绕组的嵌线和接线工作完成后必须进行部分项目的检验,这样可以提前发现重换绕组修理过程中的问题,确保电机修理质量。检验的项目主要有:外表检查;电阻测量;极性检查;短路检查;耐压试验等。现将这些项目的检查方法简述如下:

(1) 外表检查。首先检查定子绕组两端长短是否一致,喇叭口是否过大或过小,过大或过小都是不允许的。通常定子绕组端部的内圆不能小于铁芯内径,绕组端部外圆则不得等于铁芯外径。其次还应该检查槽底绝缘是否有破裂,槽口绝缘是否包折好,端部绝缘是否垫到位。最后则应检查槽楔的长短是否合乎要求,是否槽楔有高出槽口的部分,以及槽楔在槽内有无松动现象等。

(2) 电阻测量。用万用表检测主绕组、辅助绕组和调速绕组的直流电阻值,看其是否符合原绕组的直流电阻值。当被测电阻值小于1Ω时则用电桥表检测。

(3) 极性检查。用指南针法来检查绕组极性是比较容易而准确的。应用这种方法时,一般都是采取逐相检查。进行检查时,先在主绕组、辅助绕组、调速绕组内依次通过低压直流电,然后把指南针放入铁芯内圆,并沿圆周缓慢移动,移动一周后看测得的极数和极性是否正确。若发现指南针摇摆不定或极性不是按南、北极交替分布时,则无疑是绕组在连接中存在错误。

(4) 短路检查。对绕组的短路故障一般用短路侦察器进行检查。检查时将短路侦察器贴放在铁芯内圆上,然后接通交流电源,并用一条锯片搭在短路侦察器开口铁芯所跨铁芯槽绕组元件另一元件边所在的槽口上。当绕组元件有短路时,锯片的强烈振动和噪声,就可以准确地找出嵌放在两个槽内的短路线圈元件。

(5) 耐压试验。为保证单相电动机绝缘有可靠的电气强度,因此电动机必须在比正常电压更高的电压下进行耐压试验。由于绕组在嵌线、接线过程中均可能发生绝缘损坏的情况,所以当绕组在经过上述工序和未进行绝缘处理前,都应按要求作绕组绝缘的耐压试验。

在进行耐压试验时,如发现绝缘被试验电压击穿后,都要找到故障处进行修理,故障严重时甚至可以局部更换损坏

的线圈和槽绝缘。为了防止电动机总装后再发生绝缘击穿问题，就必须对绕组在嵌线、接线后进行一次更高电压的耐压试验。这样就可以在绕组浸漆烘干前发现和解决绝缘中存在的缺陷，从而使电动机总装后绝缘击穿现象大为减少。功率在1kW以下的单相电动机定子绕组的耐压试验电压为2倍额定电压+750V，试验时间为30min。

9. 浸漆与烘干

单相电动机在重换绕组后都要进行浸漆烘干的绝缘处理。绕组及绝缘经绝缘漆浸渍处理后，能大大提高电机的各项性能及使用寿命，其提高的性能主要如下。

1）提高了电机绝缘的耐潮性能。任何绝缘材料在潮湿的空气中或多或少总会吸收潮气，对水分更是十分敏感，而且很少量的水分就会引起绝缘材料性能显著的恶化。如果将绝缘材料浸渍在绝缘漆中，然后予以烘干，我们就能用绝缘漆把绝缘材料内的空隙填满，或者至少能在绝缘材料表面结成一层光滑的漆膜。这样，水分就很难进入绝缘材料的内部，因而绝缘材料的防潮性能也就得到极大的加强。

2）提高了电机绝缘的耐热性能。绝缘材料如长期受热都会出现变质，其绝缘电阻或击穿电压值也就随之降低，这种情况称为绝缘材料的老化现象。但绝缘材料经过绝缘漆浸渍处理后，就能降低绝缘材料的老化速度，提高了电机的耐热性能。

3）提高了电机绝缘的电气和机械性能。电动机的绕组在未经绝缘处理时，其电气强度和机械强度都很低。经绝缘处理后绕组内部的潮湿、水分都被驱除，绝缘漆也填满了匝间和绝缘层间，相互黏结成一个整体。这样就可以避免由于松散导线受强大电流和磁场的影响，产生与绝缘层不断振动而造成绝缘的损伤。

4）提高导热性能。绕组的绝缘层存在着大量的空隙，如果不经绝缘漆的浸渍处理，这些空隙就将会充满空气。而空气的导热性能却很不好，对电动机内部热量的传导和散热带来不利影响。因此，必须用浸渍的方法使这些空隙被绝缘漆所填满，从而提高和改善电动机绕组整体的导热性能。

5）提高了绝缘材料的化学稳定性。运行于化工厂、矿井中的电动机，经常要受到酸、碱、氯、氨等气体的腐蚀作用。因而绝缘材料受这些物质的腐蚀而极易损坏，经绝缘漆浸渍后就能防止绝缘材料直接接触这些物质，使其化学稳定性得到很大的提高。

重换绕组后的绝缘漆的浸渍处理主要有三个过程，即预先干燥；浸漆处理；浸漆后干燥，现将处理过程简述如下。

（1）预先干燥（也称预烘）。预先干燥的目的就是为了驱除铁芯、绕组、绝缘材料中所含的潮湿和水分。干燥时，最应注意和掌握的是干燥温度和干燥时间。干燥温度随电动机绝缘材料的耐热等级、绝缘漆的干燥性能而定。根据实际经验，预先干燥温度可按下式选择：

预先干燥温度=绝缘的标准耐热温度+(10~20)℃

如果采用超过标准耐热温度20℃以上的预烘温度，绝缘的老化程度将会加快，这是不允许的。另外，预烘时要注意温度是否均匀，否则会造成电机铁芯和绕组局部过热，这也是很危险的。如遇这种情况就可以在干燥时间上缩短一些，重换绕组浸漆前的预烘时间一般为4h。

（2）浸漆。重换绕组经过预烘后，待其冷却到50~70℃时就可以进行浸漆。保持这种温度来浸漆的原因是这样考虑的，因为当温度低于50℃时，漆对冷的物件渗透能力较小；而当温度高于70℃时，又可能引起漆在绕组外表很快结成膜，反而阻碍漆的渗入，而且还会引起漆的老化和溶剂的强烈挥发。所以，掌握在50~70℃这个最佳温度区浸渍是极为理想的。

浸渍时，绝缘漆的漆面应高于电动机顶部100mm以上，待漆槽中气泡停止10~20min后，再将电动机吊起滴干余漆。滴干余漆的时间要随漆的黏度和电机大小而定，一般为15~30min。没有滴干漆的电机，干燥就要花费很多时间。余漆滴干后，绕组以外的其他部分的余漆应仔细揩干净，特别是定子铁芯内圆要用粘少量汽油、甲苯或松节油等溶剂的布揩净。

（3）浸漆后烘干。滴干余漆后的电动机应按表2-6-7-10中规定的干燥温度、干燥时间分两个阶段进行烘干。应特别注意第一阶段的温度不得提高，以防止漆液因温度过高外溢而影响绕组浸漆质量。重换绕组后的浸漆烘干工艺如表2-6-7-10所示。单相电动机的功率均比较小，一般都在1kW以下，且体积也不大。因此，它们的烘干程序均可在电烘箱中进行。如果没有适宜的电烘箱，则可用灯泡、小电炉等热源来烘烤。但这时要特别注意，灯泡、小电炉不得离绕组太近，以免因过高的温度烤焦甚至烤坏绕组。

表2-6-7-10　　　　　　　E级绝缘绕组浸漆（1032漆）与烘干工艺

工序	工艺过程	温度/℃	时　间	绝缘电阻	注　意　事　项
1	预　烘	125±5	4h	20MΩ以上	
2	第一次浸漆	绕组60~70	不冒气泡后 15~20min		立式浸渍，将绕组全部浸入绝缘漆液中
3	滴　漆		30min		滴干后，应将铁芯和其他部分的余漆用布粘溶剂揩干净
4	烘　干	70~80 135±5	2~3h 16~20h	6MΩ以上	
5	第二次浸漆	绕组60~70	不冒气泡为止		
6	滴　漆		30~60min		同第一次浸漆时的滴漆
7	第二次烘干	70~80 135±5	2~3h 12h	10MΩ以上	烘干时间和要求以绝缘电阻稳定为准，烘干后应待绕组逐渐冷却后取出

采用高强度聚酯漆包线的单相小功率电动机,只进行一次浸漆也可获得良好效果,但漆的黏度应适当提高。电动机作一般检修时的绕组浸漆,则采用一次浸漆即可。

(二) 集中式定子绕组的重绕工艺

单相电动机的集中式定子绕组,如果发生绝缘严重老化碎裂、短路、断路、通地等故障,而用局部修理方法又无法修复时,就只能重换新绕组。重换新绕组可按以下几个步骤来进行。

1. 记录原始技术数据

为使重换绕组工作能顺利圆满地完成,电动机的下列技术数据应查明后予以记载,以作为绕组重换过程中的依据和参考。

(1) 电动机的铭牌数据。
(2) 磁极线圈的线径、并绕根数、匝数。
(3) 磁极线圈的内径、外径和厚度尺寸。
(4) 磁极线圈外包绝缘的层数及材质。
(5) 磁极线圈的接法。

2. 拆除旧绕组

先将扣住集中式定子磁极线圈的铁皮扣和销子取出,然后把线圈从磁极铁芯上拆下来。线圈取出后先测量其内、外径尺寸及弧度。接着再用两块稍厚的木板把磁极线圈夹住,而后在台虎钳上压平。再拆去包在磁极线圈外面的绝缘带,测量线圈内径及厚度尺寸,以此作为制作新线圈绕线模的依据和参考。磁极线圈尺寸一定要测量准确,因为这是重绕定子磁极线圈的关键。尺寸测量完以后再查线圈的并绕根数和匝数,匝数也一定要记准确。最后用千分表测量导线的线径,将上述数据详细地逐一记下,以备修理过程中查考核对。

3. 制作绕线模

绕线模的形状如图 2-6-7-70 所示,它由两块挡板及斜锯开的模心所组成。模心尺寸应完全和拆下的旧线圈的内径尺寸相同,模心的厚度则应等于线圈的厚度。因为如果将模心尺寸做小了,绕出的磁极线圈就很难套进磁极铁芯。模心尺寸假如做大了,磁极线圈套入磁极铁心上面就会松动,而且会由于线圈端部伸出过长,容易与电枢或其他部件碰撞而发生故障。所以,模心尺寸准确与否关系到集中式定子磁极线圈重换绕组的成败。模心做好后,再做两块把模心夹在中间的挡板,并在两块挡板上锯 4 个缺口,用于放捆住线圈用的扎线。同时还应在挡板和模心的中央处钻个轴孔,以便将线模装上绕线机进行绕线。

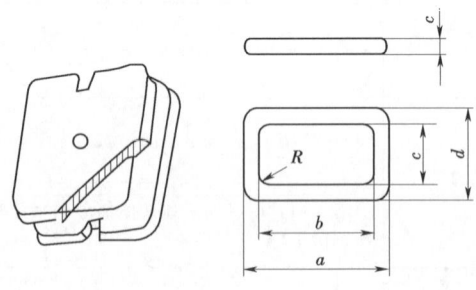

图 2-6-7-70 绕制定子磁极线圈的木模

4. 绕制线圈

将线模装上绕线机后,把计数器刻度调到零位。在挡板锯开的缺口槽中放入扎线,然后开始绕线圈。绕线时,导线要一匝紧靠一匝排列整齐地绕,不得相互交叉或松散凌乱。同时还应将导线用手带紧,使绕出的线圈其线匝松紧一致,并力求线圈的内、外、厚尺寸与旧线圈相同。当绕至所需要的匝数后,用扎线将线圈捆紧,然后将线圈从模心上取下来,这样线圈才不会松散和变形。磁极线圈的首、尾两个线端均要焊接多股软导线作引出线,在引出线的焊接处应用聚酯薄膜复合纸或玻璃漆布带等绝缘材料进行包垫,使焊接点与磁极线圈导线隔开以加强该处绝缘强度。然后如图 2-6-7-71 所示,用绝缘带采取半叠包的形式包起来。包扎时还应注意将多股软导线作的引出线包扎一小段在线圈里面,以使引出线紧紧扎在磁极线圈的内部,这样引出线就不易被拉断。当按绝缘要求用绝缘带半叠包达到应包层数后,再用白纱带半叠包一遍作为保护层。

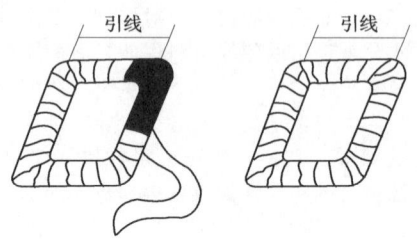

图 2-6-7-71 定子线圈包扎示意图

5. 接线与浸渍

将包好绝缘的磁极线圈套入磁极铁芯,套入前应先把线圈压成与磁极铁芯内侧适应的弧度,接着再用铁皮、销子或其他方法使线圈紧固在磁极铁芯上。定子绕组按显极接法进行连接,如图 2-6-7-72 所示。从图中可以看出,定子铁芯上相邻磁极所产生的磁场极性都是相反的。即一个磁极若为 N 极,则相邻另一磁极就为 S 极。为使两个相邻磁极能产生相反的极性,就必须使相邻两个线圈在连接后里面流通的电流方向相反。例如一个线圈为顺时针方向流动时,则下一个线圈就应按逆时针方向流动。磁极线圈通常采用环氧无溶剂漆或 1032 三聚氧铵醇酸漆浸漆,其工艺过程如下。

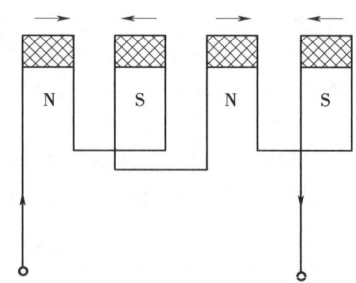

图 2-6-7-72 磁场绕组显极接法示意图

(1) 预烘 4h,90℃:2h,120℃:2h。
(2) 待绕组温度降至 60~80℃时,浸渍 30min 左右,以将线圈浸透无气泡冒出为原则。
(3) 滴干 1h。
(4) 烘干 7h,90℃:2h,120℃:5h。

绝缘浸渍处理一般进行两次,每次浸渍方法相同。浸渍后应将铁芯上的余漆揩净,以减少烘干后清理粘漆层的繁难工作。

6. 绕组检验

重绕后的集中式磁极线圈,在进行绝缘浸漆处理工序之前,最好将磁极线圈试装入磁极铁芯和机壳上,看一看线圈各部尺寸与磁极铁芯是否吻合和合理。并且还可以进行一些检试,以便发生问题及时修复。待检验合格后方可进行绝缘处理,检试项目主要有以下几项。

(1) 测量电阻。可用万用表或电阻表分别测量各磁极线圈的电阻值，如电阻数值相等则说明各线圈绕制正常。如发现各个磁极线圈之间电阻值有较大差异，则可能是匝数错误、绕线时导线松紧不一或线圈有短路现象等原因引起。如果测量时仪表完全无指示，就说明线圈内有断路现象。

(2) 检查线圈是否通地。可用 500V 兆欧表或 220V 试灯检测磁极线圈是否通地，如用高压试验台来进行耐压试验则更为方便、准确。

(3) 检验线圈接法是否正确。当磁极线圈连接好以后，为了防止线圈连接出现错误，还应检验磁极产生的极性是否正确。其检验方法如图 2-6-7-73 所示，将试灯串接在磁极线圈上，接通电源（交、直流均可），然后用一根小铁钉放在一个磁极的极面上，小铁钉若被另一磁极吸引（如图中实线铁钉所示），就说明这两个磁极所产生的极性相反，两个线圈的连接就是正确的。若小铁钉被另一磁极所推斥（如图中的虚线铁钉所示），就说明这两个磁极所产生的极性相同，两个线圈的连接就是错误的。

磁极线圈试装入磁极铁芯后的试验，利于故障的发现和修复，避免浸渍后返修的困难。

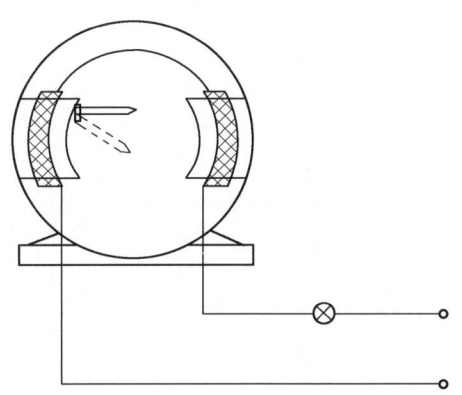

图 2-6-7-73 用铁钉法检查绕组连接是否正确

(三) 单相串励电动机电枢绕组的重绕工艺

当单相串励电动机电枢绕组产生了严重短路、断路、通地等故障，其绝缘又老化易碎且无法用局部修理方法修复时，就必须重换新绕组。重换新绕组可按下列步骤进行。

1. 记录数据

为使重换新绕组后的电动机性能尽可能达到与原来一致，在修理电动机时，切忌盲目地拆除旧绕组，并且在拆除旧绕组的过程中，要仔细认真地观察和测量旧绕组，把它的有关数据详细记录下来，以作为重新绕制新绕组的依据。数据记录如表 2-6-7-11 所示。同时选定一个线圈元件，将它的两条元件边所嵌放的槽和首、尾线端所连接的换向片，用油漆和钢冲做下记号，如图 2-6-7-74 所示。这样，就准确地记录了线圈元件的节距，以及线圈元件首、尾端接至换向器上的位置。

表 2-6-7-11　　　　修理单相串励电动机技术数据记录表

原制厂：　　　　　　　出厂：　年　月　日　　　　　承修：　年　月　日

型　号		功　率		转　速	
电　压		电　流		绝缘等级	
定子铁芯和绕组数据					
内　径		外　径		长　度	
磁极宽度		磁极高度		极弧长度	
气隙长度		线　规		每极匝数	
电枢绕组和换向器数据					
转子槽数		实槽节距		线　规	
每元件匝数		换向器片数		换向器节距	
槽形尺寸图：			元件至换向片接头位置示意图：		

2. 拆除旧绕组

电枢绕组都是经过绝缘处理的，绕组经浸渍烘干后已被绝缘漆黏固为一个整体，变得异常坚固，要拆除还真有一定的难度。因此，只有将绕组软化后才可能顺利拆除。软化绕组绝缘漆主要有通电加热软化和溶剂溶解两种办法，现分述如下。

(1) 通电短路加热法。这种方法就是用短路侦察器来加热电枢绕组。进行加热时，应先用一根没有绝缘漆层的裸导线将换向器全部换向片短接起来，再把电枢平放在短路侦察器开口铁芯处。接通交流电源后，电枢绕组很快就会因感应很大的短路电流而迅速产生高温，经过一定加热时间后绕组就会变软。绕组一旦变软就要乘热快速拆除，拆时不要将电枢从短路侦察器上移开。因为电枢放在短路侦察器上可以边拆边继续加热，使绕组能保持一定的温度而直到拆完。如果没有短路侦察器时，也可以将电枢放入烘箱内加热，以使绕组绝缘漆软化后再将其拆除。

(2) 溶剂溶解拆除法。采用溶剂溶解拆除旧绕组的方法是，将丙酮 25%、酒精 20%、苯 55% 按质量比例混合起来。然后将电枢绕组整体浸入溶剂内，待绕组软化后即可取出来拆除绕组。在使用溶剂浸泡时，切记不可使换向器浸入溶剂中，以免换向器受到无可挽回的破坏性损伤。

拆除旧绕组时，不论是采取通电加热法还是溶剂溶解法，均可按以下步骤进行拆除。

1) 首先拆除绑在电枢绕组两侧端部的保护性扎绳，并在这时查明线圈元件首、尾接线端头的接线位置。同时查清线圈元件的并绕根数，方法就是察看每一换向片上接有几根线端。若每一换向片只焊接两根线端，其线圈元件就是单根导线所绕。如每一换向片焊接有 4 根线端，则线圈元件就是由 2 根导线并绕。

2) 拆除全部槽楔。拆槽楔一般可用平刃口的适当大小

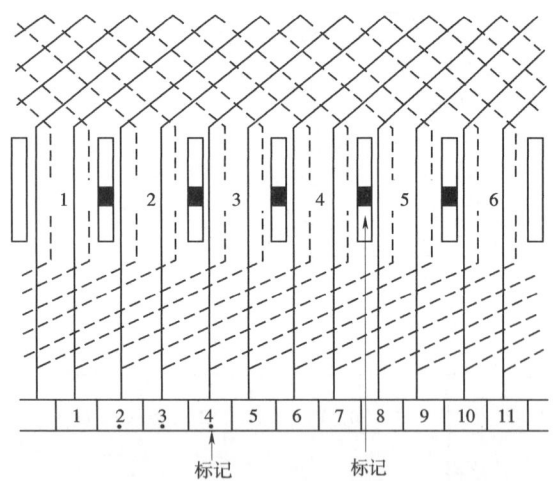

图 2-6-7-74 将线圈跨距与换向器节距作记号

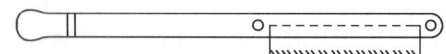

图 2-6-7-75 换向器挖槽工具

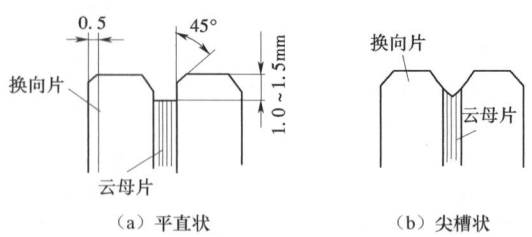

(a) 平直状　　　　(b) 尖槽状

图 2-6-7-76 换向器上云母片的挖削

的起子顶在槽楔一端,用锤子敲打起子把槽楔敲出。若这样全部推出槽楔有困难,也可先敲出一小段,然后再用钳子夹住槽楔将其全部抽出来。

3) 拆除旧绕组。当槽楔全部拆出后,可从绕组端部用钢丝钳先剪断一个线圈组的导线,然后再用尖嘴钳剪断的导线从槽里抽取出来,直至依次拆完全部旧绕组。在拆线的过程中,要将导线线径、匝数、绕组节距、换向片节距、绕组绕向等数据逐一记入表 2-6-7-10 内。

4) 拆除旧绕组后的清理。旧绕组全部拆除后,要对电枢铁芯和换向器进行全面清理及检查。清理步骤如下所述。

a. 可用薄锯条将槽内残存的绝缘纸、绝缘漆等彻底清理干净。以免因这些残余物而减小槽内有效容积,从而增加重换绕组的困难。

b. 仔细检查电枢铁芯的槽内和槽口等地方,如发现有尖角、毛刺、硅钢片高低不平或位置移动等情况,就必须用锉刀将其锉平校正。以免重换新绕组时刺破槽绝缘和导线绝缘,造成电枢绕组通地、短路故障。

c. 在拆除旧绕组的过程中,应注意选择一个外形较完整和内、外尺寸有代表性的线圈留下来,以作为制作线模和绕制新绕组的参考。

d. 旧绕组全部拆完后,应将换向片上残留的焊锡和线段用电烙铁全部焊下来。并用一根磨成和线圈元件导线直径一样厚度的薄锯条,将换向片接线槽内残存的焊锡全部清干净。

e. 将黏附在换向器上的一切杂物仔细清理干净,并用图 2-6-7-75 所示的换向器挖槽工具,将相邻两换向片槽间存留的粉尘和突出的云母片清理好。换向器片间云母的挖削整理应如图 2-6-7-76 (a) 所示,削低的云母片应当平直整齐,而不应如图 2-6-7-76 (b) 所示那样削成尖槽状。在将换向器上的杂物、粉尘和突出的云母片清理好以后,接着就可用兆欧表或试灯检查换向片之间和换向片与转轴之间,是否存在有短路及接地故障。此项检查极为重要,必须仔细认真做好。如不经检查换向器有无故障就直接绕线、嵌线和接线,待绕组重绕后再发现换向器有问题,其返修工作就将会困难得多。

3. 裁剪、放置槽绝缘

电枢绕组在重绕之前,应在槽内垫放裁剪好的新槽绝缘。绝缘可用一层聚酯薄膜复合青壳纸,B极绝缘则采用一层6630聚酯纤维无纺布聚酯薄膜复合箔 (简称为DMD)。槽绝缘应伸出电枢铁芯槽的两端约5mm左右,高出槽口约10mm。为便于线圈的绕嵌,槽绝缘应随绕随放以免损坏绝缘。此外,在电枢铁芯两侧绕组所围住的转轴部分,要用玻璃漆布带包扎几层加以绝缘,以免绕组在此处产生接地故障。电枢铁芯的槽绝缘、转轴处绝缘垫放包扎好以后,就可以进行线圈的绕线和嵌线工作。

4. 绕制新绕组

单相串励电动机在重换电枢绕组过程中,电枢绕组的重新绕嵌是关键性的一环。因此,对其绕制原理和操作工艺均应很好掌握。小功率单相串励电动机电枢绕组的绕制有叠绕式和对绕式两种方法,它们各有其优缺点,现将电枢绕组的绕组型式和绕制工艺分述如下:

(1) 绕组型式。单相串励电动机的电枢多为单叠绕组。这种绕组的特点是其每个线圈元件的首端和尾端,是分别焊接在换向器相邻两换向片上的。各线圈元件则顺序串联,直至最后1个线圈元件的尾端与起始线圈元件的首端接成闭合绕组。绕组的线圈组数与电枢槽数相等,线圈元件数则与换向片数相等。但其线圈组数与换向片数却可为槽数一倍、二倍和三倍。也就是说电枢铁芯的1个"实槽",可由1个、2个、3个"虚槽"组成,电枢绕组"虚""实"槽的关系如图2-6-7-77所示。

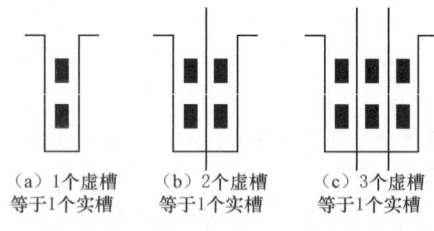

(a) 1个虚槽　　(b) 2个虚槽　　(c) 3个虚槽
等于1个实槽　　等于1个实槽　　等于1个实槽

图 2-6-7-77 虚槽与实槽的关系

通常为了改善电枢换向以减小和消除换向器上的火花,同时不使电磁转矩减少过多,对线圈元件节距 Y_1 的选取原则就必须是接近全节距的短距,用公式表示即为

单数槽电枢线圈元件节距 $Y_1 = \dfrac{Z-1}{2}$

双数槽电枢线圈元件节距 $Y_1 = \dfrac{Z-2}{2}$

式中　Z——指转子槽数。

电枢绕组的绕线均为手工绕制,并且电枢的体积都很小而不易操作。为使绕线工作能准确方便地进行,可以制作一

个如图 2-6-7-78 所示的专用工具把整个电枢卡住，然后把工具和电枢一起装到绕线机上。绕线时用一只手转动绕线机，另一只手则捏着导线，两手配合着将导线绕入电枢槽内。这种专用工具使绕线工作变得方便省力，并能利用绕线机上的计数器自动记录所绕匝数，可确保电枢绕组的修理质量。

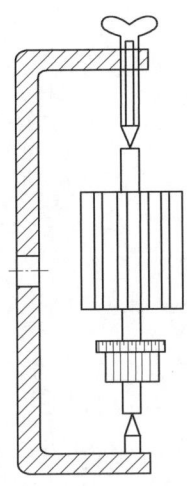

图 2-6-7-78　电枢绕线用工具

电枢绕组具体的绕线方法有叠绕式和对绕式两种，它们的区别就在于线圈绕嵌入电枢的顺序不同，现以一台 9 槽 9 换向片的电枢为例来说明这两种绕法。由于是单数槽电枢，此时其线圈元件节距 $Y_1 = \dfrac{Z-1}{2} = \dfrac{9-1}{2} = 4$，（即 1-5 槽）。

叠绕式绕线的绕线顺序如图 2-6-7-79 所示，从图中可以看出，第 1 个线圈绕在 1 槽与 5 槽，第 2 个线圈绕在 2 槽与 6 槽，第 3 个线圈绕在 3 槽与 7 槽，这样顺序绕下去直至绕完电枢全部槽中所有的线圈。

对绕式绕线的绕线顺序如图 2-6-7-80 所示，从图中可以看出，第 1 个线圈绕在 1 槽与 5 槽，但第 2 个线圈则不再像叠绕式那样从第 2 槽开始绕，而是从第 1 个线圈所占的第 5 槽按节距 4 绕至第 9 槽。第 3 个线圈则从第 9 槽按节距 4 绕至第 4 槽，按上述绕线顺序依次绕下去，直至绕完电枢全部槽中所有的线圈。

在单相串励电动机实用的电枢绕组中，每槽内常有 2~3 个线圈元件，即为具有 2~3 个虚槽的绕组，其换向片数也就比槽数多。因此，它的电枢绕组绕制工艺也就比较复杂，下面将分别介绍叠绕式和对绕式绕组的实际绕制。

（2）叠绕式绕线。在叠绕式的绕线中，不论其每槽内绕制的是 1 个线圈元件，或是 2~3 个线圈元件，它们的绕线顺序均与图 2-6-7-79 所示叠绕式绕线的顺序相同。现将叠绕式绕线的连绕法和并绕法简介如下。

1）连绕法。今以一台 9 槽 19 换向片的电枢来说明其接法。图 2-6-7-81 所示为叠绕式连绕法的绕线顺序，从图中可以看出，它先绕第 1 个线圈元件于 1-5 槽之中，绕完规定线匝数后即抽 1 个线端留着。接着绕 1-5 槽内的第 2 个线圈元件，绕完所需匝数后也抽 1 个线端留着。然后按同样绕法依次将 3、4 两个线圈元件绕于 2-6 槽内，把 5、6 两个线圈元件绕于 3-7 槽内等，直至绕完全部槽中的各线圈元件。为了区别各槽中的第 1 个抽头和第 2 个抽头，可以采取在抽头上面套不同颜色的套管，或将其中某个抽头留得

长些的办法解决。

2）并绕法。对于每槽有 2~3 个线圈元件的电枢绕组，则可以采用图 2-6-7-82 所示的并绕法绕制。这种绕法是用两根或多根导线同时并绕，将槽内的 2 个或多个线圈元件一次绕出。在绕完规定匝数后即将导线剪断，其首、尾接线端让它们分别空置暂时不接。然后按同样的方法绕制其余各槽的线圈元件。全部线圈绕完后，先将放置在槽下层各线圈元件的首端依次接入选定的换向片接线槽内；再用试灯或万用表检试各槽中线圈元件的尾端，让它们按照已接入线圈元件首端的顺序排列，再按接法要求将各线圈元件尾端依次接入应接的换向片接线槽。叠绕式绕线比较简单，但其最大的缺点是电枢绕组端部分长度不一致，导致电枢的重量不平衡，电枢在转动时易产生较大的振动。并且，由于绕组端部不均匀，各槽线圈元件的电阻值也会出现差异，使电刷所连接的电枢绕组内两条并联支路的电流也不可能很平衡，以致电枢换向情况变差而使换向器产生较大的火花。

（3）对绕式绕线。在对绕式的绕线中，不论其每槽内放置的是 1 个线圈元件，或是多个线圈元件（多个虚槽），它们的绕法均与叠绕式相同，不同的只是在各槽线圈之间的绕线顺序有区别。现将对绕式绕线方法简介如下。

1）连绕法。今以一台 9 槽 27 换向片（即有 3 个虚槽）的绕组为例来说明这种接法。如图 2-6-7-83 所示，绕制先从第 1 槽至 5 槽开始，连续 3 个线圈元件。在第 1 和第 2 个线圈元件绕完时其导线都不剪断，而是引出适当长度后折回扭结一段再继续绕线。当绕完第 3 个线圈元件后，才将导线在引出适当长度后予以剪断。这个线端就是第 1 槽线圈组的尾，可以把它仍放在 1 槽暂时不接。然后从 5 槽向 9 槽绕第 2 个线圈组，第 2 个线圈组的每个线圈元件的绕法与第 1 线圈组相同。第 2 线圈组绕完后，将导线引出适当长度后予以剪断，第 2 线圈组的尾端也放在 5 槽暂时不接。接着再将导线从 9 槽向 4 槽绕第 3 个线圈组，其绕法与第 1、2 两个线圈组的绕法相同。余下各个线圈组的绕法可依此类推，直至再绕回到第 1 槽时为止。第 9 线圈组绕完后，该电动机电枢绕组的绕线工作就完成了，并且每个线圈组内的几个线圈元件也同时连接好。最后只需将各线圈组之间的首、尾线端串接，然后依次接入换向器相应的换向片接线槽中，即成为 1 个闭合的电枢绕组。

2）并绕法。这种绕法也是同时用三根导线一次绕一个线圈组，每个线圈组绕完后留下适当长度的引线端并将三根导线一起剪断。其线圈组之间的绕线顺序与连绕法相同，如图 2-6-7-84 所示即为并绕法时的绕线。从图中可以看出，它与连绕法时一样，也是从 1 槽向 5 槽开始绕第 1 线圈组。接着再从 5 槽向 9 槽绕第 2 线圈组，这样依次绕下去直至绕完电枢绕组的全部线圈组为止。

3）对绕式单数槽的绕线顺序。上面介绍的几种电枢绕组均为单数槽时绕式的绕线顺序。为了能够全面理解和掌握单数槽对绕式的绕线规律，下面列出几种常见槽数电枢绕组的绕线顺序。

9 槽铁芯，节距：1-5 槽；

顺序：1-5，5-9，9-4，4-8，8-3，3-7，7-2，2-6，6-1。

11 槽铁芯，节距：1-6 槽；

顺序：1-6，6-11，11-5，5-10，10-4，4-9，9-3，3-8，8-2，2-7，7-1。

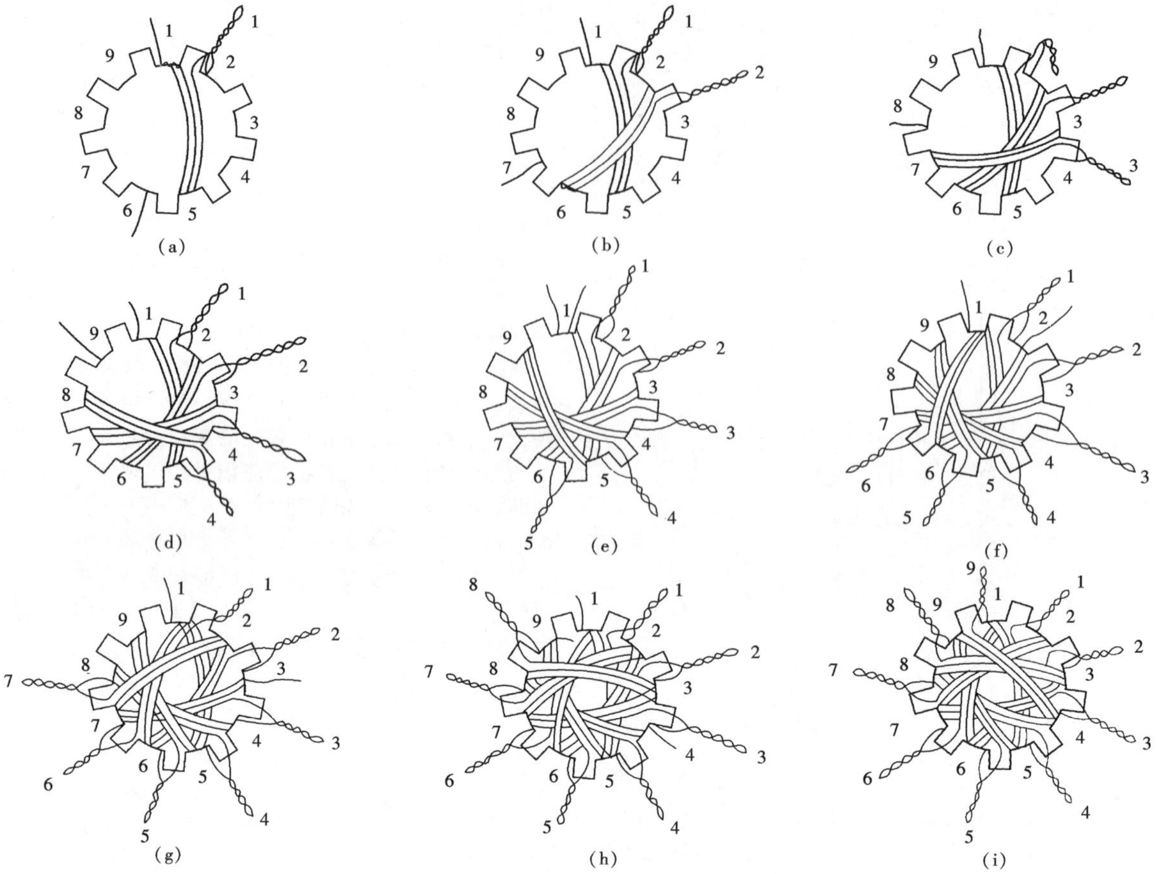

图 2-6-7-79 叠绕式绕线的绕线顺序

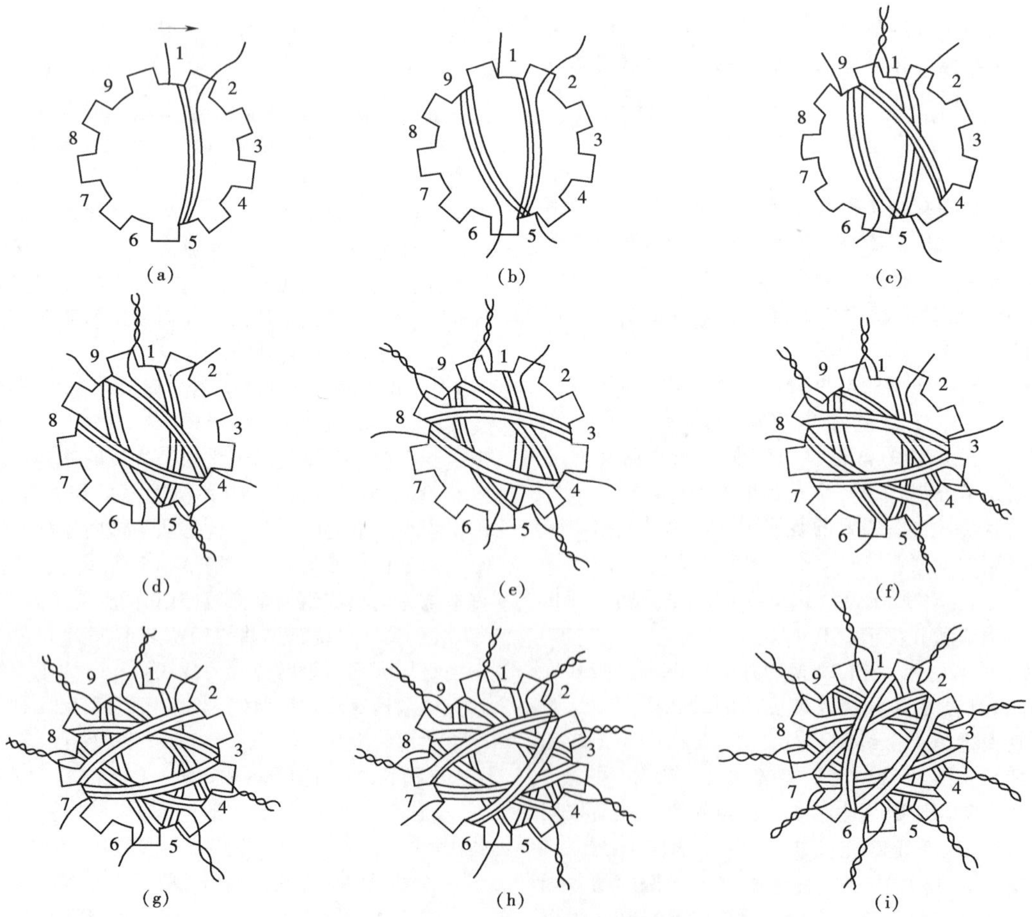

图 2-6-7-80 对绕式绕线的绕线顺序

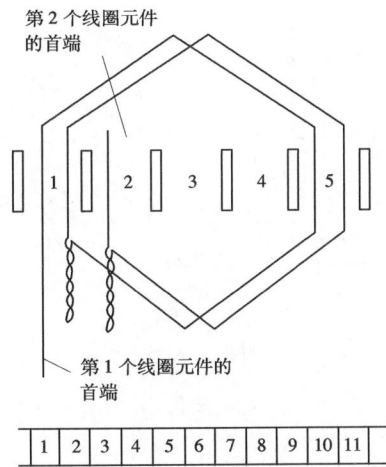

图 2-6-7-81 叠绕式连绕法的绕线顺序

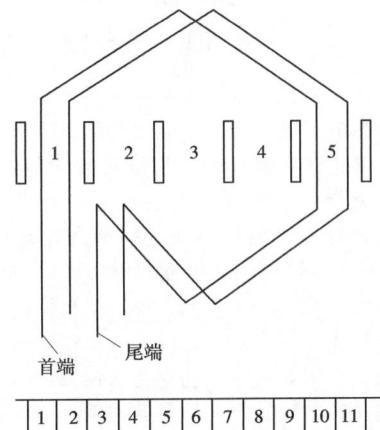

图 2-6-7-82 叠绕式并绕法的绕线顺序

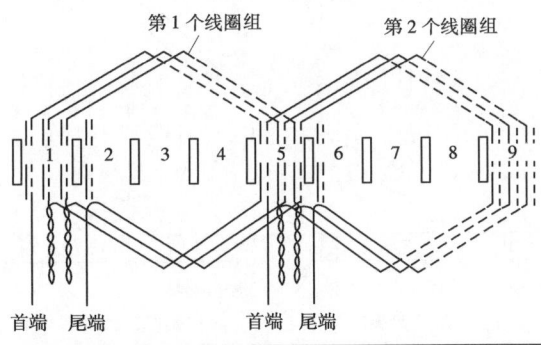

图 2-6-7-83 对绕式连绕法的绕线顺序

13 槽铁芯,节距:1-7 槽;

顺序:1-7,7-13,13-6,6-12,12-5,5-11,11-4,4-10,10-3,3-9,9-2,2-8,8-1。

15 槽铁芯,节距:1-8 槽;

顺序:1-8,8-15,15-7,7-14,14-6,6-13,13-5,5-12,12-4,4-11,11-3,3-10,10-2,2-9,9-1。

17 槽铁芯,节距:1-9 槽;

顺序:1-9,9-17,17-8,8-16,16-7,7-15,15-6,6-14,14-5,5-13,13-4,4-12,12-3,3-11,11-2,2-10,10-1。

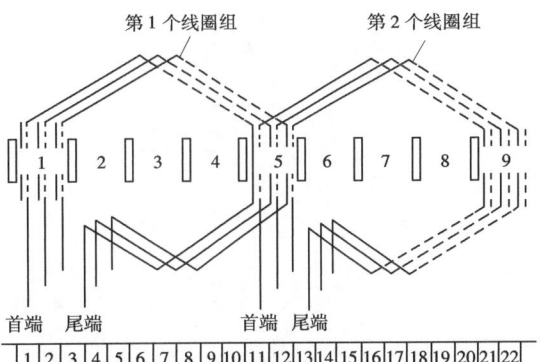

图 2-6-7-84 对绕式并绕法的绕线顺序

19 槽铁芯,节距:1-10 槽;

顺序:1-10,10-19,19-9,9-18,18-8,8-17,17-7,7-16,16-6,6-15,15-5,5-14,14-4,4-13,13-3,3-12,12-2,2-11,11-1。

4) 对绕式双数槽的绕线顺序。对绕式双数槽绕线顺序与单数槽时略有差异,为理解和掌握这种对绕式双数槽的绕线规律,下面列出几种常见槽数电枢绕组的绕线顺序。

10 槽铁芯,节距:1-5 槽;

顺序:1-5,6-10,5-9,10-4,4-8,9-3,3-7,8-2,2-6,7-1。

12 槽铁芯,节距:1-6 槽;

顺序:1-6,7-12,6-11,12-5,5-10,11-4,4-9,10-3,3-8,9-2,2-7,8-1。

14 槽铁芯,节距:1-7 槽;

顺序:1-7,8-14,7-13,14-6,6-12,13-5,5-11,12-4,4-10,11-3,3-9,10-2,2-8,9-1。

16 槽铁芯,节距:1-10 槽;

顺序:9-16,1-8,8-15,16-7,7-14,15-6,6-13,14-5,5-12,13-4,4-11,12-3,3-10,11-2,2-9,10-1。

18 槽铁芯,节距:1-11 槽;

顺序:10-18,1-9,9-17,18-8,8-16,17-7,7-15,16-6,6-14,15-5,5-13,14-4,4-12,13-3,3-11,12-2,2-10,11-1。

从上列的绕线顺序可以看出,单数槽的绕线顺序有着比较明显的规律性。这个规律就是先绕的线圈绕向哪个槽,则紧接着要绕的线圈就从哪个槽开始,所以较容易掌握和记牢。而双数槽的绕线顺序则不太好掌握与记忆,因为它的规律性不怎么明显。但双数槽的绕线顺序却有一个不许违背的原则,该原则就是每绕的两个线圈组它们必须相平行。如在 10 槽铁芯的绕法中,第 2 个线圈组必须与已绕的第 1 个线圈组相平行。而第 4 线圈组则必须与先行绕线的第 3 线圈组相平行,其余的线圈组则是 6 与 5、8 与 7、10 与 9 等相平行,如图 2-6-7-85 所示。图中小圆圈里面的数字表示绕线顺序,箭头表示绕线方向。只要记住这个特点,对绕式双数槽的绕线顺序就比较容易掌握和记忆了。

(4) 打入槽楔。当绕组全部绕完后,就可以把高出槽外的绝缘剪去。然后将一边的绝缘压进槽内,盖在线圈的导线上面。接着再将另一边的绝缘也压进槽内,让其盖在先压进的绝缘上面。然后打入槽楔,使线圈的导线全部被包在绝缘内而不至跑出槽外。槽楔可用环氧玻璃层板或油浸竹条制

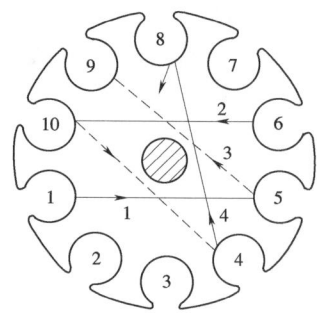

图 2-6-7-85 双数槽对绕式的接线顺序

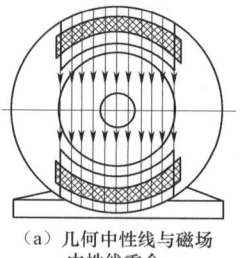
（a）几何中性线与磁场中性线重合

（b）电枢磁场情况

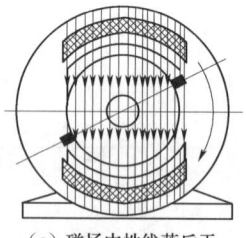
（c）磁场中性线落后于几何中性线

图 2-6-7-86 电枢反应与电刷位置

成。把槽楔全部打入各槽后，先对换向器端的电枢绕组端部进行整理，并用蜡绳或布带把绕组端部捆住，以防止电枢在高速运转时因离心力的作用而甩伤绕组。

5. 线圈元件线端接入换向器

线圈元件首、尾端接到换向器的位置正确与否是极为重要的。因为线端朝哪个方向偏移，偏移多少，不仅会对换向及火花产生影响，而且对电机的其他性能如转速、转矩等均有严重影响。所以，线圈元件首、尾线端的连接应该特别予以重视。

如果在拆除旧绕组时，已经将线圈元件到换向器片上的接线位置做了记号。此时就只需按照这个记号，依次把线圈元件的线端接入换向片接线槽即可。

假如在拆除旧绕组时没有记下电枢绕组与换向器的接线位置，或者所修电动机此前已被大修过，对电枢原有接线是否正确抱有怀疑等。这时，为了在没有原始记录的情况下能把绕组正确地接到换向器上，就应搞清楚绕组、换向器、电刷和磁场之间的关系，重新进行绕组的连接并将电枢修好。

电刷与换向片经常是和两片或多片接触的，这些被接触换向片间的线圈便会产生短路。如果短路的线圈处于电机磁场中性区，则由于线圈内的感应电势很低和短路电流很小，因而在换向器和电刷间便不会有多少火花。但当短路的线圈如果正好处于磁极下面时，则线圈内将因产生高感应电势而导致较大短路电流的发生，从而引起换向器与电刷间发生严重火花，并影响到电动机一些其他的运行性能。因此为了防止严重火花的发生，在进行线圈元件线端与换向器的连接时，应该使被电刷短路的线圈位于磁场的中性区域，并且应尽可能在负载中性线附近。掌握了这一原理，再将电枢绕组各线端正确地接到换向器上就比较容易了。但还须指出的是，由于电枢反应的原因，在电动机工作时，其磁场中性线会比几何中性线向右偏移一个角度（假定电枢的旋转方向为向前），如图 2-6-7-86 所示为电枢反应的影响。图 2-6-7-86（a）所示为只有主磁场的情况，此时磁场中性线与几何中性线重合；图 2-6-7-86（b）所示为电枢磁场的情况；图 2-6-7-86（c）所示则为定子与电枢这两个磁场的合成。从图中可以看出，电枢反应的结果是使磁场的中性线向后偏移了一个角度。

由于电枢反应的存在，使原来处于几何中性线的线圈实际上已不处在磁场中性线上了。如果按几何中性线来考虑绕组线端与换向器的接线位置，势必就会产生严重火花。对于一些电刷可移动的单相串励电动机，只需把电刷向后移一个磁场偏角，即可进入无火花换向区域。而目前使用的许多电钻、电锤上的单相串励电动机，其刷握多固定在几何中性线上，移动调节的可能性极少。要减少火花则可在将电枢绕组线端接至换向器时，就不应将线端直接接至和电枢槽对准的换向片上，而常把线圈线端按电枢旋转方向斜出 1～2 片换向片。少数电枢绕组的线端也有接在与槽对正的换向片上的，这是由于设计时其内部磁场与刷握的相对位置所决定的。如图 2-6-7-87 所示为电枢槽中心线对应于换向器上的两种不同位置。图 2-6-7-87（a）为槽中心线对应于换向片上的情况；图 2-6-7-87（b）为槽中心线对应于云母片上的情况。在重新确定电枢绕组与换向器的接线时，还必须先搞清楚电动机的旋转方向。只有在掌握电动机旋转方向的前提下，才能确定线圈线端应偏移的方向。

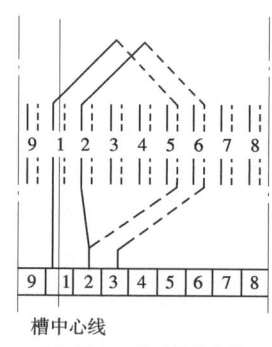
（a）槽中心线对准换向片

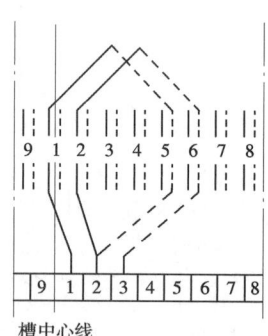
（b）槽中心线对准云母片

图 2-6-7-87 电枢槽中心线对应于换向器上的位置

另外还须注意的是，由于电钻、电锤的钻头工作时都是按顺时针单方向旋转的。但其内部电枢的旋转方向则不一定是按顺时针的。这是因为电动机电枢与钻头之间经过若干级数的齿轮减速后，才确定下钻头最终按顺时针方向旋转，而电枢则不一定是按顺时针旋转的。因此，在确定电枢转向时对这点应特别注意。

6. 换向器的焊接

线圈元件线端的焊接要求认真仔细，只要在工作中稍不注意就有可能发生接线错误、焊接质量差等许多故障。导致费力不讨好的返修，因此必须努力按要求做好这步工作。

进行焊接工作时，首先要在绕组端部与换向器之间用玻璃丝带或其他绝缘材料把空间填满，外面再包一个玻璃漆布带剪成的锥形套，以使绕组端部与引线隔开。相邻两引线之间则夹一条漆布带，以作为相邻两引线间的绝缘。另外，也可以在引线上套以玻璃丝漆套管来绝缘。然后将线圈线端应进入换向片线槽处的漆层刮除干净，以便焊接。当线圈的导线线径很细时，则可用火柴慢慢将漆层烧除，或用零号砂布轻轻把漆膜去掉。在刮除导线绝缘漆时，注意不要让刮下来的漆层、铜屑等落入线圈内，以免造成线圈元件、换向片的短路故障。绝缘漆层刮除后，就可以将线端嵌入应接的换向片线槽中。待电枢绕组各线圈元件线端全部嵌入换向片后，就可以开始进行焊接。对换向器换向片槽的焊接，其焊剂应选用松香酒精溶液，而绝不可以使用带有腐蚀性的焊锡膏或焊锡水。焊接前，应在换向片的接线槽中先涂以少量的松香酒精溶液，以避免高温烙铁接触此处时产生表面氧化而影响焊接质量。焊接时，应如图 2-6-7-88 所示将电枢放在木架上进行。放置电枢时换向器端要稍低些，电枢另一端则要放得稍高些，使整个电枢处于倾斜位置，以防止焊接过程中焊锡流入线圈内部而造成短路故障。全部焊完后，用刀割断接线槽外伸出的多余线端，并将换向器片间的焊锡杂物等清除干净。焊接时烙铁要保持足够的温度，烙铁离开焊接处时动作要迅速，使焊接处焊得牢固、表面光滑无毛刺。如烙铁头焊接面不平整、未挂锡或氧化物太多，则应将烙铁头焊接面锉平去除氧化物后再重新搪上锡，换向器各接线槽全部焊接完毕后，就可以进行电枢绕组的端部捆扎。

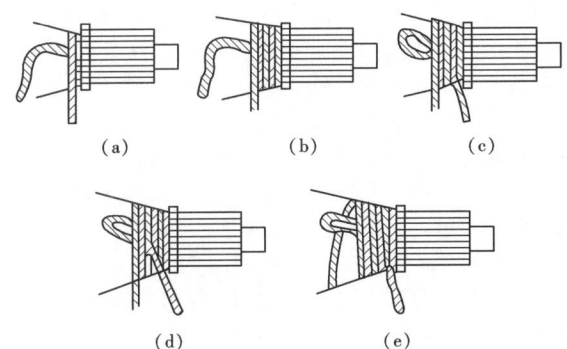

图 2-6-7-89 在电枢上捆扎绑线的方法

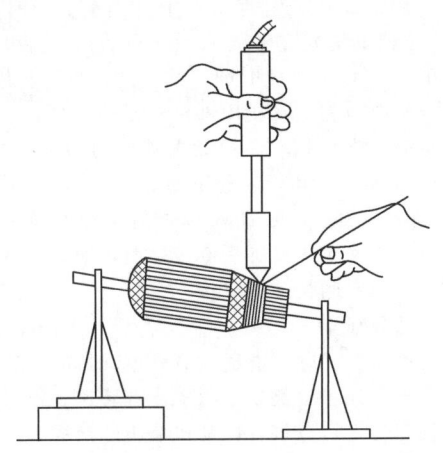

图 2-6-7-88 电枢绕组与换向片焊接示意图

7. 绕组端部捆扎

单相串励电动机的转速一般都比较高，因而离心力也很大。在离心力的作用下，电枢绕组端部和引线端部都极容易飞散开来。因此，在靠近电枢换向器一侧的绕组端部，必须捆扎一层蜡线以加固端部绕组。蜡线的粗细则应根据电枢直接的大小来适当选用。电枢绕组端部蜡线的捆扎可按图 2-6-7-89 所示的步骤进行。

（1）从靠近换向器的位置开始缠绕蜡线，将蜡线的线头留出适当长度的一段，见图 2-6-7-89（a）。

（2）先将蜡线缠绕几匝，把预留的一段线头压在缠绕的线匝下面，但仍留一长段线头在线匝外面，见图 2-6-7-89（b）。

（3）将留在外面的一段线头折转成圈结，留出一段线头于缠绕的线匝外面，见图 2-6-7-89（c）。

（4）在圈结外面连续缠绕，直至绕满电枢绕组部分，见图 2-6-7-89（d）。

（5）将蜡线尾端穿过圈结后，用力抽拉留下的那段线头，把圈结逐渐缩小。最后将蜡线尾端压到缠绕线匝的下面，剪去多余线头后，绕组端部捆扎即完成，见图 2-6-7-89（e）。

电枢绕组端部蜡线的捆扎过程中，握住蜡线的手在缠绕时自始至终都要拉紧，绝不可中途松动。蜡线缠绕应用力均匀排列紧凑整齐。

8. 电枢绕组的试验

电枢绕组在重绕及焊接工作全部完毕后，必须进行以下一些项目的检查试验，以确认重绕结果是否正确。并且在此时发现错误也较容易返修。这些检查试验如下：

（1）线圈元件是否反接。
（2）线圈元件线端接线位置是否正确。
（3）绕组内部是否有短路。
（4）绕组内部是否有断路。
（5）绕组内部是否有通地。

对这些故障的检查方法前面已有叙述，此处就不再重复。电枢绕组经上述检查，如果一切正常的话，可将电动机先装配起来作短暂的运转试验。试运转时应首先观察其旋转方向，当电动机旋转方向错误时，则可将励磁绕组与电刷架连接的两根线端互换一下即可改正。如果换向器火花较大，而调整电刷型号、弹簧压力、电刷与换向器接触面等方面又无法使火花减少时，则可能是线圈元件到换向器的接线位置不正确。此时，可用移动电刷架的方法来调整火花的大小。如果刷架位置是不能移动的固定形式，那就必须对线圈元件线端到换向器重新进行连接。有时也可设法用移动端盖位置来进行调整，因为电刷架固定在端盖上，移动端盖的位置也就是移动了电刷的位置。例如将端盖的位置逆时针方向移转 5°，则线圈元件到换向器的接线位置就相当于顺时针方向偏移了约 5°。

进行试运转时，必须特别注意以下两点：

（1）从前面我们已经知道，单相串励电动机的机械特性比较软，其空载转速远比负载转速高。因而它是不能在额定电压下作空载运行的，以免在高转速下离心过大而甩坏电枢绕组。进行试运转时，一定要让电动机带上负载或者在低电压下进行。同时还应用转速表监视电动机的转速，使其不要超过额定值。

（2）试运转的时间不应太长，因为此时电枢绕组尚未进行浸渍处理，绕组的机械强度和耐热能力都不高，在离心作用下电枢绕组极易飞散而甩坏。

上述这些检查和试验必须在电枢绕组浸渍处理以前进

行，因为未浸漆的绕组和绝缘物都比较松散，易拆易返工。但经过绝缘漆浸漆处理后，绕组与绝缘已黏结成为一个整体，到那时发现故障就不易返修了。

9. 绕组的浸漆与烘干

如果试运转一切正常，就说明电枢绕组的重换工作已基本成功。这时可进行浸渍烘干的最后工序。当采用无溶剂环氧树脂漆浸漆时，它的工艺过程如下：

(1) 预烘 4h；90℃：2h，120℃：2h。
(2) 保持电枢温度在110℃左右浸渍，以不冒气泡浸透为标准。
(3) 滴干余漆 1h。
(4) 烘干 15h；90℃：1h，120℃：14h。

为了保证电枢平衡，在滴干和烘干中必须将电枢直立旋转，以免漆液固化在电枢的一边，造成电枢周边重量不平衡。绕组浸渍一般要求用相同的方法浸渍两次。这时第一次可将电枢由换向器朝上直放，而第二次则由换向器朝下直放，以使两端的漆膜均匀。浸渍时，要让漆液充满槽内的空隙。烘干时必须使漆充分固化，使两端的漆膜均匀，使电枢成为一个坚固的整体。

电枢绕组经浸渍烘干后，还要做短路试验和耐压试验。试验方法如前所述，此处就不再重复。

四、单相电动机修复后的必要试验

单相电动机经过大修或重换绕组的修理之后，均应进行必要的检查试验，以确保电动机的修理质量和安全可靠地运行。检查试验内容主要有外观检查；绝缘电阻测量；直流电阻测量；耐压试验；空载试验；短路试验等项目，现将这些检查试验分述如下。

(一) 外观检查

修复后的单相电动机在试验开始前，首先应进行一次全面仔细的外观检查。外观检查主要包括检查绕组出线端标记是否正确，各绕组的接线是否正确。检查电动机的装配质量，看零部件的装配是否正确，各部分的紧固件是否旋紧到位，转子转动是否灵活，有无异常声音和碰擦现象。转轴的轴承是否运转平稳、轻快，有无停滞现象，以及声音是否均匀、有无夹带杂音等。单相串励电动机则还应检查其电刷位置是否正确，电刷在刷握中是否灵活和电刷与换向器的接触面是否吻合等。只有在确认电动机的外观检查良好时，才可以进行其他项目的试验，通电检查试验的项目更应如此。通过外观检查，有时还能发现电动机存在的一些问题，使其及早得到解决。

(二) 绝缘电阻测量

应测试的绝缘电阻包括定子各套绕组和电枢绕组与机壳间的绝缘电阻，各绕组与绕组之间的绝缘电阻，以及电刷架、接线板与机壳间的绝缘电阻等。测量绝缘电阻通常使用兆欧表。单相电动机的额定电压多为220V，因而可采用500V兆欧表进行检测。测量时，用兆欧表检测各绕组对机壳及主、辅绕组的绝缘电阻。如果主、辅绕组的首、尾端均已引出机壳外，则应分别测量主、辅绕组对机壳和相互间的绝缘电阻。但如主、辅绕组已在电动机内部连接在一起，引出机壳外的出线端已是它们共同的首、尾端，这时也就只能测量绕组对机壳的绝缘电阻。重换新绕组后的单相电动机，在室温下其绝缘电阻一般均为20MΩ以上。如被测电动机的绝缘电阻值达不到要求时，则应查明绝缘电阻值低的原因以对症修复。

(三) 直流电阻测量

测量直流电阻时，先将被测电动机在室内静置几小时，使其达到实际的冷却状态。然后用电桥表或万用表分别测量主、辅绕组的出线端，将所测出的电阻值与旧绕组的电阻值进行对比，其电阻值的差别不应超过3%。从新、旧绕组电阻值的对比中，可以核对新绕组绕制中的线径、匝数、接法以及线模尺寸等的选用是否正确，以及是否有焊接质量及短路故障的存在等。

(四) 绝缘耐压试验

绕组绝缘的耐压试验包括各绕组对机壳及主、辅绕组间的绝缘强度试验，主要用来考核电动机的主绝缘是否存在局部缺陷。绝缘耐压试验可采用图2-6-7-90所示的线路进行，通常均用50Hz的高压交流电做试验电源，看绕组绝缘能否承受一定的高压而不被击穿。

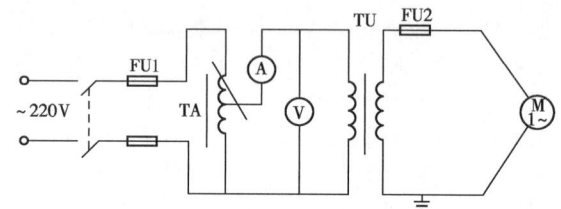

图2-6-7-90 耐压试验的接线示意图

试验时，加在电动机绕组上的电压应在调压器的控制下逐渐升高。从试验电压值的50%上升到全值的时间不得少于10s，在全值电压处应保持1min，然后迅速将电压降至试验电压值的50%以下，此时即可结束试验断开电源。

当主、辅绕组在电动机内部已连接在一起时，则只能进行绕组对机壳的高压试验。单相电动机的功率多在1kW以下，其试验电压为2倍额定电压加500V，但相加后的电压应不少于1000V。功率在1kW以上的单相电动机，其试验电压则应为2倍额定电压加1000V，但相加后的电压应不少于1500V。试验时间均为1min。

(五) 空载试验

进行空载试验，除了能通过观察电动机的运转情况以检查装配质量外，还可以测量空载电流和转速。根据空载电流是否超出规定值，可以核查电动机绕组的接线和线圈匝数是否正确。在通常情况下，功率在1kW以下电动机的空载电流应为其额定电流的40%~50%。如果空载电流大于上述范围，就有可能是在重换绕组时减少了线圈绕匝数所致。或者定子与转子铁芯间气隙过大、转子铁芯轴向位移等。假如空载电流小于上述范围，则可能是在重换绕组时不注意而增加了匝数。单相电动机空载试验可按图2-6-7-91所示的线路进行。

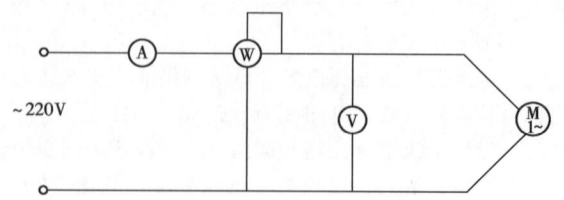

图2-6-7-91 空载试验的接线示意图

(六) 旋转方向的检查

从前面我们已经知道，单相电动机的旋转方向与其主、辅绕组的相互位置有关，也即与主、辅绕组出线端的相互连接有关。如果电动机的旋转方向与负载旋转方向有误，则只须改换主、辅绕组间的相互连接即可。但是在某些电动机中，因其主、辅绕组在电机内部就已接在一起，这时要在外部改变电动机的旋转方向已不可能（有双向旋转出线端的电动机除外）。因此，在空载试验时如发现这类电动机的旋转方向不对，就应将电动机的端盖拆开，把其内部的绕组接线予以改接，使之符合负载所要求的正确转向。

（七）电容器的检查

电容器在单相电容电动机中主要起移相作用，它使电动机的主、辅绕组内电流形成90°电角度的相位差，从而产生起动转矩使电动机旋转。单相电容电动机经常使用的电容器为纸介电容器和电解电容器两种。检查时主要察看电容器是否出现失效、短路、断路、接地等故障的迹象，如发现有故障现象就须进一步深入检查，方法则如前所述。如果一时难以修复就只有更换新电容器。

（八）启动装置的检查

单相分相式电动机的启动装置，主要有离心开关和多种形式的启动继电器。启动装置的失灵，将使单相电动机不能顺利起动及难以进入正常运行状态，严重时还会导致辅助绕组产生高温，甚至烧毁。故在电动机重换绕组后，同时应对离心开关或启动继电器进行必要的检查，以消除电动机的潜在故障。

1. 启动装置断路故障

发生这种故障时单相电动机将无法启动。如果其启动装置是离心开关，则应检查电动机在低速时，其触点是否接触良好。检测时可用手转动电动机转轴使其旋转，同时用万用表的电阻挡测量离心开关触点的接触情况。若发现离心开关接触不良，则应将电动机的端盖拆开，详细检查离心开关的各个部件，找出故障予以修复。

如启动装置为继电器，则可将与辅助绕组串接的起动继电器的两个触点短接。然后通入电源，如电动机能正常启动，则说明是启动继电器的触点接触有问题。产生的原因可能是继电器触点烧损，或者弹簧失效以及继电器线圈断路等故障所引起的。这时应逐一检查、分析直至找出故障原因，予以解决。

2. 启动装置失灵故障

出现这种故障时，辅助绕组在启动过程结束后仍不能断开电源。如要检查这种故障则可将辅助绕组与电源连接的一端拆开，仅把主绕组接入电源。与此同时用手转动电动机转轴，若电动机能达到额定转速，则说明是辅助绕组在电动机启动后未脱离电源。产生这类故障的原因可能有：

（1）离心开关或起动继电器的触点已被烧结在一起，无法脱开。

（2）起动继电器的弹簧失效，其张力减弱，无法使触点在电动机启动后断开。

（3）电动机转轴的轴向位置调整不当，将离心开关压得太紧，致使在电动机启动过程完成后，其触点仍无法断开。

对出现的这些故障应找出原因予以处理，使启动装置能够正确动作。

（九）单相串励电动机换向装置的检查

单相串励电动机的换向装置包括换向器、电刷、刷盒和刷架。单相串励电动机运行的可靠性在很大程度上取决于换向装置的整体质量，其性能的优劣对整个电动机有很大的影响。因此，大修和重换绕组后的单相串励电动机应对这部分装置做认真、仔细地检查。

1. 换向器的检查

首先可从外观进行检查，正常的换向器表面不得有凹凸不平、局部变形和偏圆等现象，而应平滑光洁、整体圆正。还应仔细检查换向器表面是否有划伤、烧伤，以及是否有碳粉、灰尘、油垢等杂物充填在云母槽里，或黏附在换向器表面上。如有上述情况存在，则应认真清除整理，否则将使电刷与换向器因接触不良而产生大的火花，以致造成严重后果。

2. 电刷的检查

单相串励电动机电刷尺寸的大小应合适，尺寸过小则电刷会在刷盒中晃动，而尺寸太大又会被刷盒卡住使电刷不能上下自由移动。以上两种情况均会造成电刷与换向器接触不良，运行时就会产生大的火花，严重时甚至不能正常运行。电刷如因磨短、残缺、引线铜丝辫松动、断丝，或由于电刷的不均磨损造成电刷与换向器表面不能全面吻合等缺陷，都会造成电刷与换向器的接触不良。这时就应视电刷的缺损程度，予以调整、修复或更换。

3. 电刷盒、架的检查

先应检查电刷盒上的弹簧是否失效，压力是否符合要求等。如发现弹簧压力不足或失效、断裂，则应更换相同型号的弹簧。此外，还应检查电刷盒、架是否有烧损、碎裂、接地等现象存在。一般明显的接地凭眼力就能看出。难以确定的接地故障，则可以用万用表或试灯进行检查。检查时，应将电刷从刷盒中取出，并把刷架上连接的绕组引线端拆下来，使刷盒、刷架完全与电动机的电枢绕组分开。然后将万用表旋至电阻挡（或用试灯），表笔的一端去接触刷盒、刷架，另一端则接触机壳。如果此时所测电阻极小（或试灯发亮），就表明刷盒、刷架已经接地，然后就应继续检查，直至找出故障处予以修复。

五、单相电动机故障快速诊断与修理

单相电动机在使用时，常会因供电线路、负载机械和控制电器的影响，以及使用环境恶劣、安装不当、维护不周和电动机本身故障等使其不能正常工作。

（一）电动机产生故障的原因

单相电动机在其起动和运行中发生故障的原因是多方面的。它既有电源、负载、环境和安装等外在因素，但也有电动机本身机械和电气故障等内部缺陷。现将单相电动机常见故障及原因简述如下。

1. 电气故障

单相电动机的电气故障主要分为：电动机定、转子绕组故障和起动装置故障两大部分。

（1）电动机定、转子绕组故障产生的原因。单相电动机定、转子绕组常见故障主要有：通地、短路、断路和接错（发生在重换绕组中），以及笼型转子绕组断条等。电动机产生这些故障的原因主要如下。

1）电源电压过高过低，当电动机长时运行于这种电压下，将使绕组过热短路烧毁。

2）电动机与负载机械选配不当。电动机长期处于超载运行而使其绕组严重发热，以致最后短路烧毁。

3）电动机在潮湿或空气湿度大的环境中使用。使绝缘

受潮而绝缘强度降低，起动与停机的过电压将绕组绝缘击穿而产生通地故障。

4) 电动机绕组因严重短路、机械损伤、焊接不良等原因，都有可能造成绕组断路。

5) 电动机在重换绕组时，绕组的嵌线、接线过程中发生将绕组接错的故障。

6) 笼型转子绕组在其铸制过程中，因铝材质量、铸造温度及模具旋转速度（采用离心铸铝时）等原因，有发生笼型转子断条故障的可能。

(2) 起动装置故障产生的原因。单相电动机的起动装置有：离心开关、起动继电器和电容器三部分，这些起动装置产生故障的主要原因如下。

1) 离心开关由于其机械零件磨损、变形或弹簧过硬等原因，可能造成短路故障。

2) 离心开关因弹簧失效、机构卡死和触点烧熔、脱落等原因，可能产生断路故障。

3) 继电器弹簧张力过大、失效和触点烧损等原因，可能造成继电器工作失灵、电动机启动绕组烧坏等故障。

4) 电容器如长期使用或保管不当，使其损坏，从而发生短路、断路和失效等故障。

2. 机械故障

单相电动机常见的机械故障主要有：轴承损坏、定、转子相擦、转轴弯曲和轴伸断裂、铁芯高温变形、机座和端盖裂纹等故障。产生这些故障的原因为：制造工艺缺陷、安装使用不当、机械碰撞损伤所致。

(二) 异步电动机故障检查及处理

由于各种原因单相异步电动机的故障可说是不可避免的。因此，为了尽量减少发生故障，除应正确选配和合理使用电动机外，还要对电动机产生故障的原因、检查及处理有相应了解。这样，就能使电动机故障发生时得到迅速而正确的处理。表2-6-7-12所示即为单相异步电动机常见故障、原因及处理。

表2-6-7-12　　　　　　单相异步电动机常见故障、原因及处理

故障现象	产生原因	检查及处理方法
电动机不能起动并有嗡嗡声	电压太低	电源线太细，启动电压降太大，应更换为较粗的导线
	负载机械被卡住	检查负载机械并排除故障
	润滑脂太硬，小容量电动机带不动	此类故障多发生在严冬无保温场所的电动机，可拆开轴承盖加入少量机油
	定子或转子绕组断路	用万用表或试灯检查断路处，并排除故障
	离心开关触点闭合不了	检查离心开关是否已坏，或者动作不够灵活，应视情况予以调整
	定子绕组出线首尾接反或电机绕组内部接反	给定子绕组通入直流电，并用指南针逐极检查绕组极性
	电容器断路	更换新电容器
电源开关合上后烧熔丝	定子绕组通地或短路	(1) 打开电动机察看绕组是否有烧焦、高温变色等现象的地方，并用手摸比较温度，找出短路处，修复。 (2) 用试灯或摇表（绝缘电阻表）查出接地处，垫好绝缘并刷上绝缘漆
	开关与定子之间接线有短路	将电动机的接线端拆开，检查导线的绝缘性能并排除故障
	电动机负载过大有机械被卡住	用电流表检查定子电流和用手转动转子看有无卡住现象，可采取减轻负载及排除故障
	保险丝选择过细	熔丝对电动机过载不起保护作用，只对短路和过载启动时起保护作用，所以熔丝一般可按下式选用： $$熔丝额定电流 > \frac{起动电流}{2 \sim 2.5} (A)$$
	引出线接地	将引出线重新绝缘，连接好
电动机的温升超过额定值或冒烟	电压过低或过载、负载机械被卡住或润滑不良	(1) 检测电压是否过低，如电源线太细压降太大，则可更换粗线或适当提高电压。 (2) 用电流表测量电流，如过载则适当降低负载，有条件时可采用风扇或鼓风机吹风，加强散热冷却。 (3) 排除负载机械故障，给机械加润滑脂
	电机通风不好或被曝晒	(1) 检查电动机风扇是否损坏或未固紧。 (2) 移去阻塞风道的杂物
	电压过高或接法错误	如电压超出标准很多，可适当降低电压
	笼型转子绕组断条	如确定为断条后，可更换一个转子
	正反转频繁或起动次数过多	减少正反转和起动的次数，或改用其他合适类型的电动机
	定转子相擦	(1) 如轴承松动，则须更换新轴承。 (2) 锉去定、转子相擦的部分。 (3) 校正轴中心线
	定子绕组有小范围的短路故障，或定子绕组存在有局部接地故障	参阅本表"电源开关合上后烧熔丝"中1"定子绕组通地或短路"的内容处理
	启动后离心开关触头断不开	检测总电流或启动用辅助绕组回路电流，检修或更换离心开关

续表

故障现象	产 生 原 因	检 查 及 处 理 方 法
电动机转动时噪声太大	绕组短路或接地	检测电阻值,排除故障
	离心开关损坏	修理或更换离心开关
	轴承损坏	修理或更换轴承
	轴向间隙太大	将间隙调至适当值
	电动机内落入杂物	拆开电动机清除杂物
空载能启动但启动迟缓且转向不定	辅助绕组断路	查出断路故障处并予以修复
	离心开关触点合不上	查出断路故障处并予以修复
	电容器断路	更换电容器
电动机起动困难加上负载后转速立即下降	电源电压低	检测电源电压
	转子鼠笼断条	拆开电动机检修笼型转子断条故障
	定子绕组内部有局部线圈接错,此时,电流也不正常	拆开电动机,认真检查主、辅、调各套绕组
	轴承的摩擦加大	清洗轴承,换上适宜的润滑脂
	负载过重	更换容量较大而又适宜的电动机
电动机的空载电流偏大	电源电压过高	检测电源电压
	电动机本身气隙较大	拆开电动机,用内卡、外卡仔细地测量定子铁芯内径和转子铁芯外径
	定子绕组匝数未绕够	重绕定子绕组,增加匝数
	电动机装配不当	用手试转电动机,如转子转动不灵活,则可能是转子轴向位移过多,或端盖螺丝没有上紧,可放松螺钉再试转
绝缘电阻降低	潮气浸入	用兆欧表检测后,进行烘干处理
	引出线端和接线盒接头的绝缘即将损坏	重新包扎引出线端
	电动机过热后绝缘老化	作重新浸漆处理
机壳带电	引出线或接线盒接头的绝缘损坏碰机壳	经检测后,套上绝缘管或包扎绝缘带
	端部太长碰触机壳	如拆下端盖后接地现象即消除时,则应将绕组端部刷上一层绝缘漆,并同时在线圈破损处垫放好绝缘纸,然后再装上端盖
	定子绕组两端的槽口绝缘损坏	细心扳动绕组端接部分,耐心找出绝缘损坏处,然后垫上同等绝缘纸并刷上绝缘漆
	槽内有铁屑,毛刺未清除干净,导线嵌入后而形成通地	拆开每个线圈接线头,用分组淘汰法找出通地线圈后,进行局部修理
	在嵌线过程中,导体绝缘曾受到机械损伤	拆开每个线圈的接头,用分组淘汰法找出接地线圈后,进行局部修复
	外壳没有可靠接地	当按上述几个方法排除故障后,将电动机外壳进行可靠接地
轴承盖发热	新换轴承装得不好,有歪斜、卡住等不灵活现象	可转动转子或拆开端盖转动轴承,以找出故障所在
	轴承脂干涩或润滑脂太少	清洗轴承并加上轴承润滑脂
	有漏油现象,润滑脂太多	一般润滑加到轴承室的70%左右,即将轴承加满,轴承盖内浅浅加一层即可
	皮带轮张得太紧或联轴器装配不在同一轴线上	转动转子,检查皮带张紧情况,以及联轴器的连接情况
	轴承润滑脂内有灰砂、铁屑等杂物	用铁棒或螺丝刀的一端放在轴承端盖处,用耳细听,轴承运转如有杂声,则应立即停止运行并清洗轴承
	轴承已损坏	更换同型号新轴承
	端盖与机座不同心,转子转起来很紧	检测端盖的同心度

(三) 串励电动机故障检查及处理

单相串励电动机的故障与负载状况、维护检修和制造质量等诸多因素有关。在同一种故障中可能有不同的表面现象，而同一种现象也可能由不同的故障所引起。因此电动机的故障情况多种多样，故障的分析与检查也是非常复杂的。需要在生产实践中积累一定的经验，才能对单相串励电动机故障进行正确的分析与判断，才能迅速而准确地处理好电动机各种复杂多变的故障。表 2-6-7-13 所示即简要地介绍了单相串励电动机的一般故障及处理方法。

表 2-6-7-13　　单相串励电动机常见故障、原因及处理

故障现象	产 生 原 因	检查及处理方法
电动机不能起动	负载过重	减少电动机的负载
	轴承太紧，以致电枢被轧住	将端盖内孔或轴承颈刮削一下，再将轴承洗擦干净或者重换轴承
	熔丝烧断	装上符合规定的熔丝
	电枢、励磁绕组及各连接线有断路、通地等故障	测量各绕组的直流电阻、电压降或绝缘电阻，确定故障原因，并予以排除
	电动工具中的齿轮耦合不好	查找耦合不好的齿轮，并予更换
	电刷与换向器接触不良	检查弹簧压力，查看电刷在刷盒中是否卡住
	励磁绕组接反	用指南针对各励磁绕组进行极性检查，找出接反磁极线圈并予以重接
电动机转速太高	电源电压太高	降低电源电压，或在电枢回路中串一电阻
	电刷位置不对，或线圈元件到换向器片上的焊头位置不对	移动电刷调整换向位置使火花减至最小，检测换向器相邻两片电阻，电压找出接错线圈元件
	励磁回路有短路、通地等故障	检测直流电阻或绝缘电阻，查出故障予以消除
电动机转速太慢	负载过重	可减少负载
	电枢里有短路、断路故障	用短路侦察器和电压表检测，找出故障予以修复
	轴承太紧	将轴承洗干净，重新加上干净的润滑脂
	电源电压低	将电源电压调到额定电压值
	换向片有短路、通地故障	用短路侦察器，试灯检测电枢，找出故障予以修复
电刷下冒火花及电刷剧烈发热	电刷与换向器接触不良	将换向器用砂布打磨好
	换向器表面不平，片间云母高出换向片	将电枢装上车床走一刀，并用挖槽工具削低片间云母
	电刷牌号或尺寸不合适	更换牌号和尺寸合适的新电刷
	刷盒松动或装置不正	紧固或纠正刷盒位置
	电刷压力不适当	调整电刷压力，一般串励电动机压力为 200~400g/cm^2；电动工具用电动机则为 300~500g/cm^2
	换向器表面不光洁、不圆或有油污等	清洁或研磨换向器表面
	电动机振动	紧固或重新平衡电动机
	电动机过载	减少电动机负载
	电枢绕组有短路、断路、通地、反接等故障	可用短路侦察器、并结合试灯、电压、电阻表检测电枢，分别找出故障处予以修复
	励磁绕组通地、短路等故障	可用试灯和电阻表检测，找出故障并予以修复
	电枢绕组元件到换向器片上的焊接线头位置不对	将电刷移到不发生火花的位置，如电刷不能移动，则需将线头重新焊接
	换向片短路、通地	可用短路侦察器试灯等检测，以排除故障
换向片上有烧焦的黑斑	换向片和线圈元件焊接不良	重新予以焊接
	绕组线圈元件有断路故障	可采用试灯或电阻表检测，找出故障重新连接
反向旋转时火花大	电刷位置不对	重新调整电刷位置
	电刷分布不均匀	设法使电刷均匀分布
	线圈元件到换向片上焊头位置不对	可采用电阻表检测电枢绕组电阻，找出接错的线圈元件并予以更正和重新焊好

续表

故障现象	产生原因	检查及处理方法
电机运转时发热	电动机超载	减轻电动机的负载
	电动机绕组有短路、通地故障	检测绕组片间电压，找出故障予以修复
	电源电压过高	将电压降低到额定电压值
	通风散热不好	检查环境温度是否过高，风扇是否脱落，风扇旋转方向是否正确，电机通风道是否通畅
	换向器发生火花	电刷与换向器接触不好，换向器表面不平、电刷牌号或尺寸不符等，对症更换或修复
	轴承太紧	将轴承洗刷干净，重新加上干净润滑脂
电机运行时有噪声	轴承磨蚀，使电枢与极靴相擦	换装新轴承
	换向片不平或云母片突出	车光换向器外圆，用专用工具挖削片间云母
	电刷太硬	换用合适的较软电刷
	电刷压力太大	调整弹簧至适宜压力
电动机冒烟	电刷下火花太大	参见"电刷下冒火花"一栏
	电枢绕组有短路故障	用短路侦察器、电流表检测，并排除故障
	电枢绕组各元件间充满电刷粉尘及油污，并引起燃烧	彻底清除干净这些粉尘和油污

（四）单相电动机启动故障检查及处理

单相异步电动机需要一套辅助绕组来帮助其起动（单相同步电动机也同样如此）。电动机启动后，一般都由起动装置将辅助绕组从电源断开。如果是电容启动和运转式单相电动机，也要利用启动装置将一部分启动电容器从线路切除。

单相电动机的启动装置是多种多样的，但主要可分为机械式和电气式两大类。机械式是直接利用电动机转动时产生的机械力来断开启动开关的触点，如利用离心力断开触点的离心开关。电气式则是利用电磁力、电热原理使启动开关动作并断开触点的，如电磁式继电器及热继电器等。此外，PTC启动器也日益在家用电器单相电动机中广泛应用，该起动器实际上是一种正温度系数的热敏电阻，其阻值随温度而急骤变化，从而完成启动器连接和自动断开的功能。

常用的启动装置要求在单相异步电动机接入电源后，待转速达到同步转速的75%～80%时，将辅助绕组自动从电路切除。所以，启动装置一定要工作可靠。如果在整个启动过程中不能断开启动用的辅助绕组，也就是说辅助绕组将长时处于运行状态，就会因辅助绕组线径小电流密度高而被烧毁。因此，启动装置对单相电动机的可靠运行是极为重要的，常见启动装置的故障及修理如下所述。

1. 离心开关的故障及修理

这种启动开关结构复杂而且还要装在电动机端盖内侧，给检查维护带来很多不便和困难。因而它在单相电动机中的使用已日益减少，逐渐为其他形式的启动装置所取代。离心开关常见故障主要如下。

（1）离心开关短路。离心开关由于机械结构件磨损、变形、动静触点烧熔黏结、簧片式开关簧片过热失效、弹簧过硬、甩臂式开关的铜电极间绝缘击穿，以及电动机转速达不到同步转速的80%等原因，都使触点不能断开辅助绕组与电源的连接，造成离心开关短路而使辅助绕组发热烧坏。对这类故障的检查，可采取在辅助绕组线路中串入电流表的方法。运行时如仍有电流通过，说明离心开关的触点失灵而未断开，此时应查清原因并对症进行修复。

（2）离心开关断路。离心开关由于触点及簧片过热失效、触点烧坏脱落、弹簧失效以至无足够张力使触点闭合、机械的机构卡死、动、静触点接触不良、接线螺丝松动或线端断开以及触点绝缘板断裂等原因，都将使离心开关在电动机启动时触点不能闭合。以致启动时辅助绕组未能接入电源而使电动机无法启动。断路故障可用电阻法进行检查，即用万用表测量辅助绕组引出线端的电阻。这时可测到几百欧的辅助绕组电阻。如阻值很大就说明启动回路有断路故障。如进一步检查，可拆开外盖直接测量辅助绕组电阻，如阻值正常则说明是离心开关故障。此时，应查清原因、找出故障并予以修复。

2. 启动继电器的故障及修理

单相异步电动机用启动继电器有多种型式，其结构原理已如前述，以下将简述它们的常见故障及修理。

（1）继电器工作失灵。继电器工作失灵即继电器不能准确完成特性规定的动作，使电动机不能启动或绕组被烧坏。造成继电器工作失灵的主要原因如下。

1）弹簧张力过大。这种故障多发生在电流型继电器中，其表现为触点易跳火，甚至不闭合，造成电动机辅助绕组无电而不能启动。电压型及差动型继电器的动合触点如不能断开，则辅助绕组将因长期接在电源线路而易发热烧坏。

2）弹簧引力失效。继电器的复位弹簧失效后其张力将减少，对电流型继电器来说，当电动机达到规定转速其触点仍不能断开时，将会使辅助绕组因长时通电而发热烧毁。对电压型及差动型继电器则可能会引起触点接触不良，或电动机辅助绕组在低速时即过早脱离电源，从而使电动机启动困难。

3）参数改变。单相异步电动机启动继电器的工作特性是根据电动机启动特性来调整的，如电动机绕组经过重绕修理后，由于其绕组的电压、线径、匝数、接法等技术参数，或多或少都会有所变化，而与继电器原有参数将会不匹配，引起其工作失灵。同理，如继电器线圈经过重绕后，其参数有改变时,也会产生与电动机不相匹配的现象而导致继电器工作失灵。

(2) 继电器触点烧坏。继电器触点烧坏故障有可能造成触点脱落或黏结短路现象,从而危及电动机不能启动或辅助绕组发热烧毁。产生这种故障的原因主要如下。

1) 弹簧调节不当。弹簧张力调整过大或过小,都有可能使触点跳火而造成其烧蚀或黏结。

2) 触点接地。因触点座绝缘损坏并导致接地,这种故障持续时间过长,也会使触点烧坏,并引发其他相关故障。

3) 辅助绕组短路。辅助绕组出现短路故障时,将会在辅助绕组中通过较大的短路电流,并使触点过载损坏。

(3) 线圈故障。继电器线圈发生故障的主要原因如下。

1) 匝间短路。线圈匝间短路可能是由于绕嵌质量差或使用中严重受潮,都容易引起线圈匝间短路。

2) 主绕组短路。电动机的主绕组如发生严重短路,强大的短路电流可能会导致继电器线圈烧毁。同时,随着辅助绕组中反电动势的增加,电压线圈也可能因过电压而损坏。

对继电器故障的修理,首先应分清情况查出原因,在找到故障位置后,根据情况而予以仔细修复。其弹簧、簧片和触点等关键元件,经检查如确系失效、烧蚀等,应及时更换,以避免严重事故的发生。

3. 电容器的故障及修理

电容器是单相电容式电动机不可缺少的一个重要元件。由于采用了电容器移相,单相电容起动式、电容运转式、电容启动与运转式电动机,才获得了优良的起动和运行特性。在小功率单相异步电动机中,用电容器作为移相元件的电容分相式电动机数量极大,因此需要对电容器的类型及故障做一些简要介绍。

(1) 电容器的类型。单相电容分相式电动机用的电容器,按其结构和类型可分类如下:

1) 纸介电容器。这种电容器是用两片长条形的金属薄膜,中间隔了一层或数层蜡纸作为介质。将金属薄膜条片卷成筒后放入金属容器内,然后从金属薄膜片上引出两根接线端供接线用。

2) 油浸电容器。这种电容器作为介质的绝缘纸是用油浸过的,将其紧密卷成筒后放入装有绝缘油的金属容器内,这样既可以增加电容器的绝缘强度也有利于散热。

3) 电解电容器。这种电容器的结构特点与上述两种电容器完全不同。它的结构和工作原理是这样的,一个极板为高纯度(99.95%以上)的铝箔制成,并经过化学腐蚀,使铝箔表面起伏不平,从而增大极板的有效面积。电容器的工作介质是在铝金属表面利用化学方法生成的一层极薄的氧化膜。电容器的另一极板不是金属,而是称为电糊的电解质。将电糊状电解液浸附在薄纸上,利用另一个铝箔来作为电容器这个极的引线。将铝箔与浸有电解质的薄纸叠起来并卷成圆柱形,将其密封在金属外壳中。然后将两极板的接线引出,并标上"+"和"-"的极性。

前述的两种电容器,由于不是用电解质作介质,所以就没有正、负极性之分,所以这种电容器适合于长期工作在交流电路中。而电解质电容器因有正、负极性,如果将电容器加上反向的电压,电容器就会很易被击穿而损坏。所以这种有极性的电解电容器用在交流电路时,其通电时间必须控制在几秒钟以内,而且重复使用的次数不得过于频繁否则极易损坏。但是,在相同电容量的情况下电解质电容器价格则要便宜得多。

电容器的容量单位是"法拉",简称"法"并用符号F表示。但是这个单位太大,日常使用的单位为"微法"μF,$1F=1\times 10^6 \mu F$。单相电容式电动机的电容器容量一般都不大于$150\mu F$。选用电容器除了应注意其电容量和额定电压必须满足要求外,还应按不同的用途、需要以及经济性来选用。例如,如仅作为启动用的电容器,由于其通电时间很短就可以选用价格较便宜的电解电容器。

(2) 电容器的故障。电容器经过长期的使用或存放,会使电容器的质量受到一定影响而引起故障,常见的故障主要有以下几种。

1) 过电压击穿。电动机如长期工作在超过额定值的过高电压下,使电容器的绝缘介质被击穿而发生短路或断路故障。

2) 电容量消失。电解质电容器经长期使用或长期放置在干燥高温的地方,则可能因其电解质干结而产生电容量自行消失的故障。

3) 电容器断路。电容器经长期使用或保管不当,使其引线、引线端头等受潮腐蚀、霉烂,从而引起电容器接触不良或断路等故障。

电容器如出现上述故障,必将影响单相电容式电动机的正常运行或无法工作,严重时甚至还可能烧毁电动机绕组。因此,如发现电容器存在问题应进行故障分析,仔细检查找出故障并予以修复。当发现电容式电动机出力不够时,可检查电容器的容量是否符合要求。如电动机不能启动时,就应检查电容器是否已经断路或短路等。

(3) 电容器的检查。电容器常用的检查方法有以下几种。

1) 电容器电容量的检查。检查电容器的电容量时,可将被测电容器接入50Hz工频交流电路中。测量通过电容器两端的电压和电流,此时可由下式算出电容器的电容量:

$$C = \frac{I}{2\pi f U} \times 10^6 \quad (\mu F)$$

式中 U——电容器两端外加试验电压,V;

I——电容器电路中的电流,A;

f——试验电源频率,Hz。

电容器的测试线路则如图2-6-7-92所示。

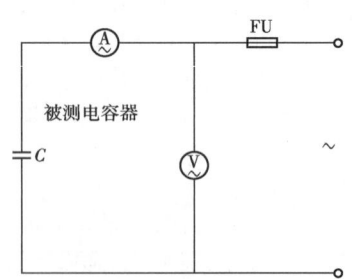

图2-6-7-92 电容器电压—电流表检测法

2) 伏安法检查电容器的断路和短路故障。利用图2-6-7-92所示检查电容器电容量的线路,也可以检查电容器的断路和短路故障。因为电容器断路时,电流表所测读数应为零,而当电容器短路时,其电压表所测读数应为零。但要注意,此时必须在该检测电路中串接一个保险丝,用以保护电路中的测试仪表。

3) 万用表检查电容器的断路和短路故障。将万用表转到 10kΩ 或 1kΩ 挡，为确保测试安全，可先将电容器的残余电量放光，然后再去检测电容器的故障。测量时先用万用表检测电容器两极之间的电阻，如阻值很大也即万用表指针不动且无充放电现象，则为电容器引线端与极片脱离的断路故障。如果所测电阻极小且表针不返回时，则为电容器极间短路。

当电容器损坏后，单相电容式电动机的起动电容器和运行电容器的电容值，虽然也可以通过较为繁复的方法计算出来，但算出来的电容值仍需在电动机的试运行中验证和调整。因此，最简便可靠的方法是按厂家原配电容器的规格和电容量进行更换。如原来所配电容器遗失，则可参照同类型单相电容式电动机选用电容器。

对于电容起动式单相电动机，为了获得较大的起动转矩，通常都将电容器电容量适当选大些。对 CO、JY 系列单相电容起动式电动机，其起动电容器电容值可按表 2-6-7-14、表 2-6-7-15 中所列的数值选取即可。

表 2-6-7-14　CO 系列电容起动式电动机电容值

电动机功率/W	120	180	250	370	550	750
极数	2、4	2、4	2、4	2、4	2、4	2、4
启动电容值/μF	75	75	100	100	100	150	200

2-6-7-15　JY 系列电容起动式电动机电容值

电动机功率/W	180		250		400		600	800
极数	2	4	2	4	2	4	4	4
启动电容值/μF	150	150	150	200	200	200	400	400

单相电容运转式电动机中，运行电容器的电容量不可选得过大。否则，虽有较大的起动转矩，但却会影响电动机的运行性能。对 DO、JX 系列单相电容运转式电动机，其运行电容器的电容值可根据表 2-6-7-16、表 2-6-7-17 所列的数值选取。

表 2-6-7-16　DO 系列电容运转式电动机电容值

电动机功率/W	8	15	25	40	60	90	120	180
极数	4	2	4	2	4	2	4	2	4	2	4	2	4	2	4
运行电容量/μF	1	1	1	2	2	4	4	4	4	4	4	4	6	6

2-6-7-17　JX 系列电容运转式电动机电容值

电动机功率/W	4	8	15	25	40	60	90
极数	4	2	4	2	4	2	4	2	4	2	4	2
运行电容量/μF	1	0.75	1	1	1.5	1.5	2.5	2	4	4	6	8	10

（五）电动机检修用工具及仪表

单相异步电动机在生产制造过程中，各种零部件虽然都经过严格的检测，装配成整机以后又经过诸多项目的全面试验与考核，论理这类电动机应该是能可靠地工作的。但是电动机正常而良好地运行，还受到电动机的安装质量、电源与负载条件、起动控制电器的好坏等许多因素的制约。如有不符合单相电动机使用的因素存在，并且还不是短期而是长期。这样就会导致电动机某部分发生故障，问题严重时，还可能损坏电动机。因此，电动机发生故障往往是不可避免的。

电动机出现故障后，就必须对电动机的故障及时进行修理。修理电动机需要有一套简单实用的检修工具和仪表，现简介如下。

1. 常用修理工具

这里所介绍的修理工具是对电动机进行拆装的工具、绕线和嵌线工具及接线工具等。

（1）拆装工具。由于单相电动机的功率都比较小，所以其体积也就不大，因而拆装工具所用不多。主要拆装工具有：螺丝刀、活动扳手、拉钩、钢丝钳、木榔头和铁榔头等。这些工具的大小规格应视电动机功率大小而定。拆装工具如图 2-6-7-93 所示。

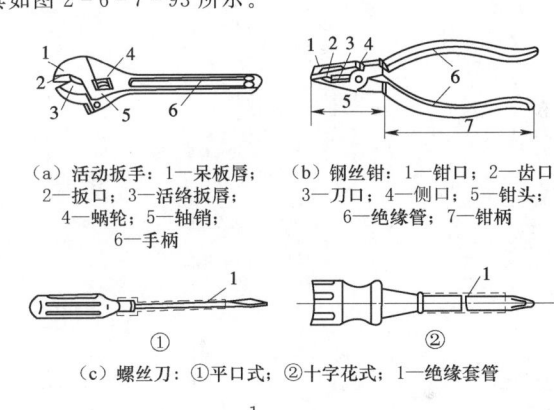

（a）活动扳手：1—呆板唇；
2—扳口；3—活络扳唇；
4—蜗轮；5—轴销；
6—手柄

（b）钢丝钳：1—钳口；2—齿口；
3—刀口；4—侧口；5—钳头；
6—绝缘管；7—钳柄

（c）螺丝刀：①平口式；②十字花式；1—绝缘套管

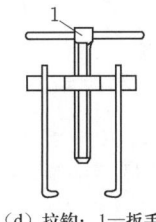

（d）拉钩：1—扳手

图 2-6-7-93　单相电动机拆装工具

（2）绕线和嵌线工具。绕线和嵌线工具主要有：剪刀、钢丝钳、手摇（或机动）绕线机、绕线模、理线板、压线板榔头等，常用绕线和嵌线工具如图 2-6-7-94 所示。

（3）接线工具。单相电动机绕组的接线工具主要有：钢丝钳、剪刀、刮线刀、电烙铁、焊锡锅等，常用接线工具如图 2-6-7-95 所示。

2. 常用检测仪表

对单相电动机故障的检查需要一套方便而又实用的仪表，常用的仪表主要如下。

（1）兆欧表。兆欧表（也称摇表），它是用来检测电动机绕组绝缘电阻的。根据电动机额定电压的高低可选择不同电压等级的兆欧表进行检测，一般 220V 电压的单相电动机多使用 500V 兆欧表。

（2）万用表。万用表可用来检测电动机绕组电阻的大小，也可以检查绕组的线圈是否短路、断路或接地等故障。

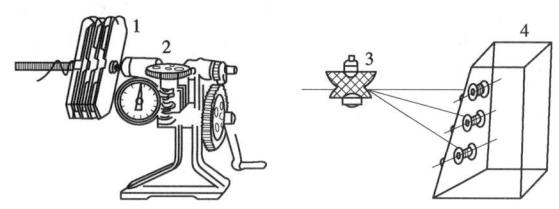

(a) 绕线工具：1—绕线模；2—绕线机；
3—夹线板；4—放线架

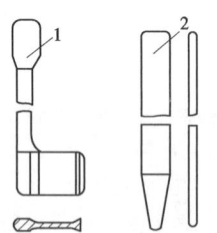

(b) 嵌线工具：1—压线板；2—埋线板

图2-6-7-94　常用绕线和嵌线工具

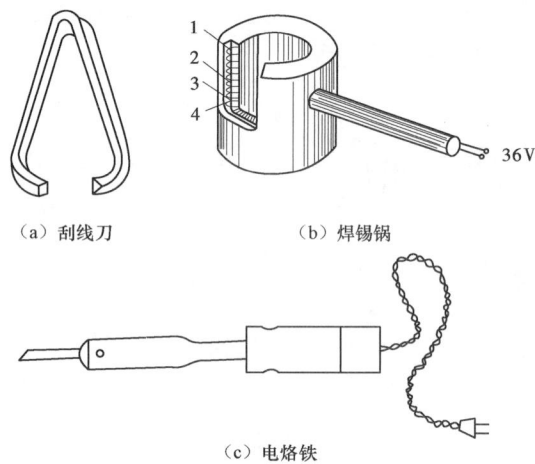

(a) 刮线刀　　　(b) 焊锡锅

(c) 电烙铁

图2-6-7-95　单相电动机接线工具
1—铁锅；2—石棉；3—电阻丝；4—云母

(3) 电流表、电压表和功率表。电流表、电压表和功率表用来检测电动机的电流、电压和功率。这三种表可根据电动机的试验要求和功率大小来选用其精度和量程。一般选用1级精度即可，而量程则应视电动机容量的大小和电压的高低来定。

(4) 转速表。为了测量单相电动机的转速，需使用转速表。此外，还可以采用日光灯和装在电动机轴上的测量盘来进行电动机转速的测量。

(5) 高压试验仪。高压试验仪用来检查电动机绕组之间和绕组与铁芯之间的绝缘强度，其试验电压的大小则由电动机的使用电压而定。

(6) 短路侦察器。短路侦察器如图2-6-7-96所示，它是一个自制的小型开口变压器，可用来检测单相电动机定、转子绕组短路、断路、接错等故障。

以上仅介绍了几种常用检测仪表，它只能对电动机作绝缘电阻、直流电阻、耐压强度、电流、电压、功率等的检测和空载试验，而不能做负载试验等复杂试验。

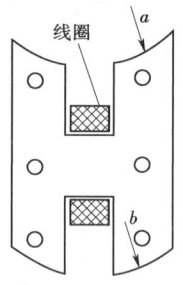

图2-6-7-96　短路侦察器结构

六、单相电动机机械故障的修理

单相电动机故障有电气故障和机械故障两大类。一般来说电动机的电气故障发生得要多些，但其机械故障却也不能忽视。因为，电动机有许多机械故障如不及时处理，将会发展成更严重的电气故障。例如轴承严重磨损而造成电动机定、转子相擦，使电动机迅速发热而烧坏绕组。此外，使用不当使电动机受到外力撞击，也可能造成某些部件变形或破损，从而影响电动机的正常运行。因此，单相电动机机械方面故障的检查修理，是电动机修理中不可缺少的一部分。

(一) 电动机的拆卸与装配

单相电动机的维护和修理都需要经常将其拆开和重新装好。拆卸和重装电动机虽然很简单，但绝不能对它掉以轻心。因为如拆卸和重装得不好，将可能使电动机受损或影响其以后的正常运行。所以，必须要了解和掌握电动机的正确拆卸和装配的方法。

1. 电动机的拆卸

单相电动机在拆卸前，首先应将检修记录和有关工具准备好，并且应对定、转子间的气隙进行测量和用兆欧表检测电动机的绝缘电阻，以留作电动机维护或故障修理后参考比较。同时，还应在引出线端、端盖、螺钉、轴承盖、轴承、电刷架等零部件上做好记号，以避免重装电动机时装错。

单相电动机的拆卸可按以下顺序进行。

(1) 拆除电动机外部的所有引线。首先应拆除电动机外部的所有引出线，对于单相串励电动机，应将电刷从刷盒中提取出来。必须做好电动机引出线与电源及开关电器相对应的标记，以免重新装配时装错接线。然后将电动机与拖动机械部分拆开。

(2) 拆卸联轴器或皮带轮。拆卸联轴器或皮带轮之前，应先将联轴器或皮带轮上的固定螺钉或键(又称销子)松开或取下。然后再用拆卸联轴器或皮带轮的专用工具拉钩，将联轴器或皮带轮慢慢地从轴上拉下来。对年久失修已经锈死的联轴器或皮带轮，可先在联轴器与轴的缝隙中加一点煤油。然后再用榔头轻轻敲打联轴器的四周，使锈蚀处逐渐松动，就可将联轴器或皮带轮拉出。拉动时还应注意平衡放置好拉钩，使被拉的联轴器或皮带轮受力均匀，如图2-6-7-97所示。如遇联轴器或皮带轮与轴结合太紧而难以拆卸下来时，切记不可用榔头等工具去猛力敲打，以免损坏电动机转轴、轴承、端盖和联轴器等。此时，可用喷灯、瓦斯气等将联轴器或皮带轮急火加热，乘热迅速把联轴器从轴上拉下。加热时应当用石棉包住轴的轴伸端，并连续向轴伸端浇冷水，以防止热量传到电动机内部而损坏其他零部件。如无须清洗轴承或加添润滑脂的电动机，可不必拆卸联轴器或皮带轮。

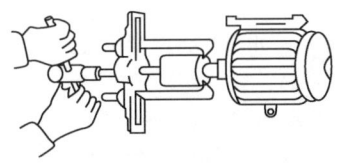

图 2-6-7-97 采用拉钩拆卸皮带轮

(3) 拆卸风扇或风罩。在拆下联轴器或皮带轮以后,对封闭式电动机,这时就可以拆下风罩。然后取下风扇上的固定螺钉,用榔头轻敲风扇四周,即可拆下风扇。此时还应注意有些风扇是塑料压制的,其内孔具有螺纹,拆卸时可用热水使塑料风扇受热膨胀后随即拆下。较小功率电动机的风扇可以不拆卸,可将它随同转子一起从定子铁芯中抽出。

(4) 拆卸轴承室、端盖和抽出转子。可先拆下轴承室的外盖,接着再拆下端盖。拆前应在端盖与机壳接缝处做好标记,前后两个端盖也应标上明显有区别的记号,以避免重新装配时装错位置而浪费时间。拆卸时可用螺丝刀沿电动机止口四周轻轻撬动,并用榔头轻敲端盖与机壳的接缝处,敲打时切不可用力过猛。拆卸端盖时可先拆带联轴器或皮带轮一侧的端盖,接着将另一侧的轴承、端盖螺丝拆下来,然后将带联轴器的端盖连同轴承盖一起从定子铁芯中抽出即可。但必须注意的是在抽出转子时,应先在转子与定子气隙间垫入薄纸片,以防止转子抽出时擦伤和碰损硅钢片和定子绕组。

(5) 拆前、后轴承。如轴承仅需清洗时则不必将其从转轴上拆下来,只要用一个油盆装上煤油或汽油就可在轴上将轴承清洗好。拆卸轴承时应耐心而又细致,不得损伤待修的轴承而造成不必要的损失。即使轴承要报废,拆卸时也不得乱敲乱拉,否则会碰弯拉伤转轴。

单相串励电动机的拆卸与上述过程大致相同,只是在串励电动机中增加了换向器和电刷装置,在拆卸时应特别注意。拆卸电刷时应先松开刷盒上的弹簧,拿下电刷,接着将刷盒和电刷架逐一拆卸下来。拆下零部件的地方均要对应地做好明显标记,以便检修后顺利地重新进行装配。

2. 电动机检修后的装配

电动机检修后的装配过程与拆卸时顺序正好相反,即先拆下的零部件后装配而后拆卸的零部件先安装。其装配过程如下。

(1) 装配前的准备工作。单相电动机在装配前,应将定、转子各零部件用汽油冲洗干净,特别是机座、端盖和轴承盖的止口处必须光洁无油污杂物等;定子铁芯内径上的油膜杂物、高出定子铁芯槽口的槽楔、绝缘纸等要刮平,并用"皮老虎"或压缩空气将其吹干净。

(2) 转子装配。单相电动机的装配可从转子开始,先把轴承内盖、轴承和风扇装到转子上,经静平衡后再将轴承内盖加上一层润滑脂,应注意润滑脂不要装得太满,以免电动机高速旋转时,将润滑脂甩入定子绕组和铁芯内。

(3) 总装配。首先将经过静平衡的转子仔细装入定子,将加好少量润滑脂的轴承内盖移到紧靠轴承内侧的位置(因轴承内、外盖的螺栓孔较难对正,所以开始装配就应注意)。根据拆卸时预留的记号装上第一个端盖,并同时装上该端盖的轴承盖。接着装入第二个端盖及轴承外盖,应按拆卸时的记号将端盖对应装入机壳止口。装配时可用榔头轻敲端盖四周,并按对角线均匀对称逐步地旋紧螺栓。切记不要将某个螺栓一次紧固到位,因这样可能会造成止口损伤甚至机壳止口开裂。端盖固定好以后,可用手转动转子的轴伸端。此时,转子应转动轻快、灵活、无阻滞或相擦等现象。电动机装配完毕后,即可安装联轴器或皮带轮。安装时,先用0号细砂纸将转轴的轴伸端和联轴器轴孔打磨光滑,并刷上少量机油,然后将联轴器套到转轴上并对准键槽位置,再用榔头垫着硬木将键轻轻打入键槽内。

如为单相串励电动机,在装好转子及前后侧端盖后,还应装配好电刷架和电刷。并在总装前还要检查定子各磁极是否为N、S极依次交替布置。其检查方法为:给磁极绕组通入直流电,然后用指南针逐极检查磁极极性。

(二) 电动机转轴的故障与修理

转轴是单相电动机的重要部件之一,它担负着传递转矩、拖动负载、支持转子旋转和保持定、转子之间有均匀适当的气隙等功能。

电动机转轴的主要故障有:转轴弯曲、轴颈磨损、转轴出现裂纹、轴伸断裂和轴伸与键严重磨损等。这些转轴故障将造成电动机定、转子相擦,温升增高,振动加剧和输出功率降低等。产生这些故障的原因除制造质量外,则大多为安装、使用及维修不当所致。

转轴故障的检查与修理方法如下。

1. 轴颈磨损

因多次拆装换修轴承会使转轴颈部受到磨损。如轴颈位磨损不大,可考虑采用刷镀或喷镀法,在转轴的轴颈处喷涂一层金属,然后再磨削到所需要的尺寸。如果轴颈磨损得过多,可用电焊在轴颈磨损处堆焊一层金属,再将转轴的轴颈位车削磨光到需要的尺寸。如轴颈位磨损特别大时,则可以采用另车套圈热套的办法处理。该方法就是先将已磨损的轴颈处车小2~3mm,再新车一个套圈加热后,热套入转轴的轴颈位,最后将套圈车削磨光到需要尺寸即可。对于转轴位稍有磨损而使轴承松动的情况,可以用钢冲在轴颈位圆周上均匀地冲适量麻点,即可重新使轴承与转轴的轴颈位紧密配合。但这种方法只能作紧急情况下的临时补救措施,并且此种方法在同一台电动机上只可使用一次。

2. 键槽磨损

如果轴的键槽磨损,影响到与联轴器或皮带轮的紧密配合时,可采用电焊堆焊法修理。即在转轴键槽处堆焊并除去焊渣后,用车床将轴伸端重新车圆并用铣床重铣键槽即可。如键槽磨损不大时,可用加宽键槽、重新配键的方法解决,但加宽部分不应大于原键槽宽度的15%。

3. 转轴弯曲

转轴的弯曲情况可通过将转子装到车床或检验平板上,将百分表放在需要检查的位置,然后用手转动车床卡盘或平板支架上的转子,从表头的指示就可清楚地看出转轴的弯曲程度和弯曲位置。转轴的弯曲程度不允许超过0.2mm,如果超过允许范围,就应加以矫直和校正。转轴的矫直可在压力机下进行,于轴弯处加压至矫直。如转轴弯曲程度太大则只有另换新轴。

4. 转轴裂纹或断裂

如转轴的横向裂纹深度不超过轴直径的10%~15%,纵向裂纹长度不超过转轴长度的10%时,可在转轴裂纹处用电焊堆焊法进行修理,修好后转轴仍可继续使用。

转轴如已断裂,一般都应更换新轴,这时应将拆下的旧轴仔细绘制加工图，采用同型号的优质碳素钢车制新轴。如转轴是在轴伸端处断裂，可按图2-6-7-98所示的方法焊接修复。

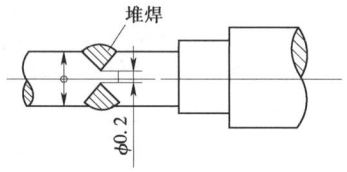

图2-6-7-98　断轴的焊接修复方法

（三）电动机轴承的检查与修理

单相电动机使用的轴承有滚动轴承和含油滑动轴承。目前在功率较大的单相电动机中多采用滚动轴承，因为它装配方便，维护简单，并且转轴与轴承的配合使定、转子同心度好。含油滑动轴承多用于小功率单相电动机，例如电风扇等。含油滑动轴承是以金属或非金属粉末经压制烧结而成。轴承结构呈多孔型式，经真空热油中浸渍后，使孔隙中充满润滑油，因而这种轴承具有自润滑性能。含油滑动轴承具有减振、噪声小、润滑好、寿命长和维修简单等优点。

由于电动机定子是通过轴承支持整个转子重量的，因此轴承是电动机中承受机械磨损最严重的部件。所以在电动机的机械故障中，轴承的损坏常占有很大的比例。如电动机的基础不牢、机械传动故障、皮带轮过紧、超负载运行、振动过大、污物杂质侵入、润滑油过多或过少，以及安装和拆卸不当等，都将造成轴承损坏。其明显的故障表现为：轴承及轴承盖过热，电动机的振动加剧并且发出不正常响声。

1. 轴承的检查方法

电动机在正常运行时，滚动轴承仅有均匀轻微的嚓嚓声，而滑动轴承的声音则更小。当滚动轴承损坏时，运行特征则出现不正常的噪声、振动和发热。轴承损坏一般可用以下方法检查确定。

（1）声音检查。当轴承滚珠损坏或轴承滚道内有砂子、铁屑及其他杂物，电动机在运行时将会发出不均匀的噪声。严重时可直接听出来，并伴随着振动，轻微的也可用螺丝刀一端抵触在轴承盖上，木柄贴耳细听。此时，如听到"骨碌骨碌"的声音，可能是滚动轴承缺油；如听到不连贯的"梗梗"声，可能是轴承钢圈破裂或滚珠有疤痕或缺损；如听到的为轻微杂音，可能是轴承内混进有砂土等杂物或轴承零件有轻度磨损等。

（2）松动检查。当轴承发出异常噪声时，应检查轴承是否松动。由于电动机长期运行机械磨损严重，发生轴承松动情况也比较多，常见的轴承松动形式主要有以下几种：

1）轴承的滚珠破损。

2）轴承内圈与转轴的配合不紧而发生走动现象，俗称为"走内圈"。

3）轴承外圈与端盖的配合不紧而产生外钢圈走动现象，俗称"走外圈"。

上述故障均可能使电动机在运行中产生局部过热，发热严重时电动机将无法正常运行。

轴承松动故障的可按以下两种方法检查：

1）用手握住电动机转轴的轴伸端并用力上下扳动，如果上下松动的程度超过了定、转子铁芯之间的正常气隙，说明轴承可能损坏。

2）拆下轴承并去除轴承里的润滑脂，再用汽油将轴承洗干净，然后用手将外圈作往返移动。轴承较好时几乎察觉不到其间的间隙，如外圈与内圈间隙很大，说明轴承已损坏不能使用。

3）拆下端盖及轴承后，可仔细检查转轴的轴颈位置，看是否有轴承内圈走动摩擦的痕迹。并检查端盖的轴承室是否有走动摩擦的迹象等。

（3）外观检查。当检查出轴承无明显松动时，应查看轴承内的支持架有无松脱或发蓝变色、滚珠有无锈斑和裂纹等现象。如没有，可用手转动轴承外圈并使之利用惯性转动，任其自行减速停止。好的轴承在整个自转过程中都是相当平稳的，如轴承停止前有倒退或突然卡死的现象，可将轴承用汽油清洗后，再试。如仍无任何改善，说明轴承已有严重缺损，只有更换新轴承。

2. 轴承的拆卸与安装

拆卸损坏的滚动轴承必须采用正确的方法，以免将尚可修复的轴承拆坏。常用轴承拆卸方法如下所述。

（1）用敲击法拆卸。单相电动机所用轴承的内径一般均比较小，所以可如图2-6-7-99所示，用铜棒和榔头将轴承从转轴上敲击下来。敲击时要将铜棒顶在轴承内侧的内钢圈上，左、右交替均匀敲击，正常情况下，一般都是能拆卸下来的。

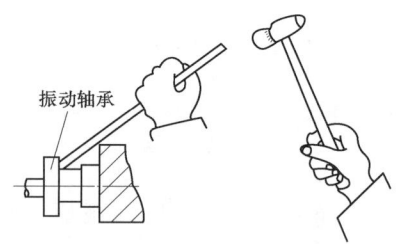

图2-6-7-99　用敲击法拆卸轴承

（2）用拉具拆卸轴承。滚动轴承也常用拉具进行拆卸，图2-6-7-100所示为用拉钩拆卸轴承的方法。拆卸时拉钩的两只钩应放在轴承的内套圈上，而绝对不能放在外套圈上，否则将会将轴承整个拉坏。拉钩丝杆的顶点应对准转轴中心孔并保持平衡，均匀转动手柄即可拆下轴承。图2-6-7-101所示则为用简单垫板拆卸轴承的方法。

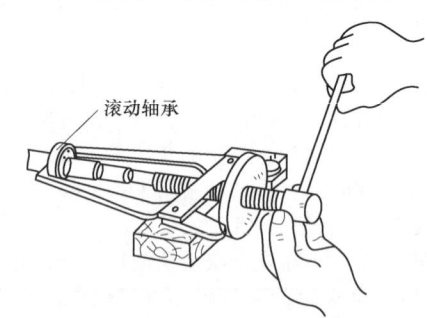

图2-6-7-100　拉钩拆卸轴承的方法

（3）加热拆卸轴承。当轴承与转轴的轴颈结合得特别紧，且用上述方法仍难以拆卸时，为了不致损坏轴承，可采用加热法进行拆卸。拆卸时，先用湿布包住转轴，然后将加热到120°左右的机油或变压器油浇淋在轴承内圆上，使其受热膨胀而扩大其内径，采用边拉边浇油的方式即可将轴承拉出。

（4）轴承的装配。不论新、旧轴承在其装配前都应进行

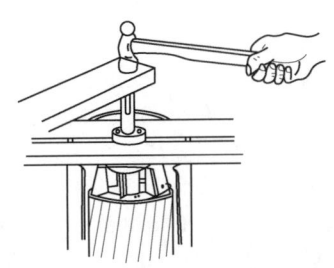

图 2-6-7-101 垫板拆卸轴承的方法

仔细清洗，经检查后才能使用。单相电动机轴承的安装一般采用以下两种方法。

1) 轴承热套法。将轴承清洗干净后，让它悬放于热油中并加热到100℃左右，经加热10～15min后取出，迅速将其套于转轴上，并稍加压力将其推到轴颈位置即可。

2) 轴承冷压法。冷压法装配多适用于轴径较小的轴承。通常是用一内径稍大于轴承内径的衬套（最好为钢质）。其一端焊平后用榔头敲打衬套的平头将轴承敲击入内。如有条件，最好采用压力机将轴承均匀压入转轴。

（四）电动机机壳及端盖的修理

单相电动机的机壳和端盖是用铸铁、铸铝及钢板制成，在长期使用、搬运和拆修过程中，由于不慎而受到其他外力的撞击或磕碰，以致造成机壳或端盖的局部裂纹或断裂。如遇到这样的故障，某些情况可用补焊的方法进行修理。对于铸铁、铸铝机壳或端盖的裂纹与断裂，可采用铸铁条、铝焊条熔焊，铜焊条冷焊的方法焊补。

对电动机机壳或端盖裂缝的焊补，应在保证不致引起机壳或端盖变形和尺寸改变的情况下才可采用。焊接后的机壳应能保证定子铁芯在其中牢固不动，同时还应保持机壳与端盖之间精确的同心度。所以焊接时要特别注意防止机壳与端盖变形，以免装配时发生困难甚至无法使用。

总之，较小的裂纹和焊缝可采用上述的方法进行修理。如遇到较大裂缝或裂纹已扩展到轴承室位置时，一般不宜焊补而应更换新的机壳和端盖。

七、单相电动机的安装、运行及维护

（一）电动机的安装

单相电动机的安装施工，主要与安装位置的地面、支柱、墙壁及负载机械等因素有关。如安装不当和基础较差，可能产生振动、噪声，以及轴承和电刷磨损过快，甚至转轴断裂等故障。因此，正确安装与启动单相电动机也是极其重要的。

1. 在支柱和墙壁上安装时

为了安装后能稳定地运行，应仔细地检查支柱和墙壁的结构和强度，然后用角钢和槽钢等型材，以螺栓紧密而牢固地安装单相电动机。

此外，由于其安装位置是支柱和墙壁，因此必须充分考虑维修、检查的方便。

2. 直接安装在负载机械上时

当直接安装在负载机械上时，首先必须查明负载机械的结构和强度，同时在确认潮气、温度、粉尘、振动等对电动机是否有不良影响之后，再牢固地将其安装。当潮气、温度、粉尘、振动等对电动机有影响时，必须设法对负载机械的机架采取措施从而消除其影响。

3. 在地面安装时

当电动机在地面安装时，如基础很弱，在运行时会引起振动并发出噪声。所以，希望采用坚固的混凝土基础。但在安装2kW以下的小功率电动机时，使用坚固的木座也是可行的。但必须使电动机的基础面略高于地面，以有效地防止电动机从地面吸入水分和粉尘等。

4. 安装方法

将单相电动机的功率传递给负载机械的方法没有特定的标准和要求，但可根据负载机械的类型和安装环境进行选择。在这类方法中有联轴器、皮带和齿轮等传递方法，应用较多的为前两种方法。

（1）联轴器连接方式。联轴器连接方式的优点是功率损失少，并且电动机的功率能有效地传递给负载。但是，如想改变电动机和负载机械转速时，必须使用涡流离合器或减速器等。在采用该种连接方式时，还必须使电动机和负载机械的轴中心线正确地保持一致。联轴器连接方式的实例如图2-6-7-102所示。

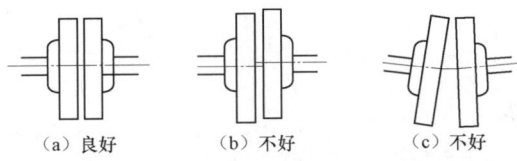

图 2-6-7-102 联轴器连接方式实例

（2）皮带连接方式。采用皮带连接方式时，必须在安装前预先确定皮带的形状（是平皮带、V形皮带、还是圆形皮带）、皮带轮的直径和宽度、旋转方向、电动机的位置等。皮带类型有多种多样且各有其优缺点，选用时不能只考虑其优点而应尽可能在合适的范围内予以选择。

皮带的连接方法如图2-6-7-103所示。安装时应使电动机和负载机械的轴相互平行，皮带轮的中心也需一致。如两轴互不平行或皮带轮的中心不一致时，将会引起皮带脱落或转轴和轴承的过快磨损。

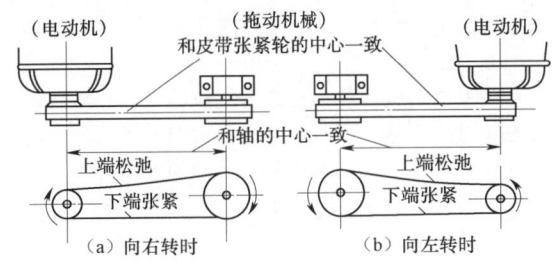

图 2-6-7-103 皮带的连接方法

（3）齿轮连接方式。齿轮连接方式多用于电动机与负载机械一体化的设计，如电锤、电钻等手提电动工具就是采用这种齿轮传递结构。

（二）异步电动机的运行与维护

除合理选配单相电动机外根据电动机的使用维护要求和其运行特性进行安装、试运行、运行和维护，并借助于与之配套的控制和保护电器对电动机进行监视、保护和控制，也是单相电动机正常运行的重要环节。

1. 电动机的试运行

异步电动机经安装完毕后，最好进行一段试运行过程，这样就能直观地看出电动机的选配是否得当、机械负载及电动机是否存在故障等。为此，异步电动机在试运行前应对其作必要的检查。

(1) 新安装或长期停用电动机的检查。对新安装或长期停用的异步电动机，在试运行前应检查电动机定、转子绕组各相之间和绕组对地绝缘电阻。其绝缘电阻应大于下式所求得的数值：

$$R = \frac{U}{1000 + \frac{P}{100}}$$

式中　　R——电动机绕组的绝缘电阻，MΩ；
　　　　U——电动机的额定电压，V；
　　　　P——电动机的额定功率，kW。

(2) 检查电动机启动控制电器的接地。应检查电动机的启动和控制电器接地是否良好和完整；接线是否正确及接触是否良好；电动机铭牌所标的电压、频率等应与电源电压、频率等相符。

(3) 检查轴承是否有润滑脂。应检查轴承是否有润滑脂，并用手转动电动机转轴看其转动是否轻快且应无卡阻现象。

经全面检查后如无异常即可将电动机通电进入试运行。在单相电动机试运行时，应密切注意其电流、转速、温升等性能参数是否符合电动机铭牌数据的要求，以及电动机运转的声音是否均匀等。若发现电动机不转或启动时间长、转速很慢和声音异常等现象，必须立即断电检查并找出故障予以修复，才能继续进行试运行。

2. 电动机的运行与维护

异步电动机在合闸通电投入正常运行后，对其运行状况应经常检视和维护。

(1) 检视电源电压及频率的变化。应检视电源电压、频率的变化及电压的不平衡程度。因为，电源电压和频率的过高过低、三相电压不平衡造成的电流不平衡等，均可能引起电动机的过热或其他不正常现象。

(2) 检视电动机的负载电流。检视电动机的负载电流，因电动机发生故障时，会使定子电流剧增，电动机过热。所以应经常检测电动机的负载电流，其负载电流不应超过铭牌上规定的额定电流值。

(3) 检视电动机的各部分温升。应检视电动机各部分的温升。电动机在正常运行时，其各部分温升不应超过容许的限度，所以应经常检视电动机各部分的温升情况。

(4) 注意电动机的气味、振动和噪声。应该密切注意电动机的气味、振动和噪声。电动机绕组因温度过高就会发出绝缘焦糊的气味。有些故障，特别是机械故障很快会反应为振动和噪声，因此在闻到焦糊味或发现不正常的振动或碰擦声、特大的嗡嗡声或其他杂声时即应立即停电进行检查。

(5) 检查轴承的发热及漏油。应经常检查轴承发热及漏油情况，并定期更换润滑油。一般在更换润滑油时应将电动机的轴承和轴承盖用汽油洗干净，然后添装润滑油脂。滚动轴承添装的润滑脂不宜超过其轴承室的70%，因润滑脂装得过满，将引起轴承发热和润滑脂溢漏。

(6) 保持电动机内部的清洁。应注意保持电动机内部的清洁，不允许有水滴、油污及杂物等落入电动机的内部。电动机的进风口和出风口均必须保持畅通无阻。

(三) 串励电动机的运行与维护

单相串励电动机以其转矩大、过载能力强、体积小、功率大和调速方便等许多优点，在家用电器、电动工具等方面得到了广泛的应用。现对单相串励电动机的主要特性、运行与维护简述如下。

1. 串励电动机的主要特性

(1) 转速高、功率大。单相串励电动机的转速都比较高，通常均在 4000～40000r/min。因其转速高且效率高，所以它与功率相同的其他型式单相电动机比较，具有较小的体积和较轻的重量。

(2) 转速调节方便。单相串励电动机的转速可由下式计算：

$$n = \frac{60Ea}{p\Phi N}$$

式中　　n——电动机转速，r/min；
　　　　E——电枢绕组的感应电动势，V；
　　　　a——电枢绕组的并联支路数；
　　　　p——磁极对数；
　　　　Φ——磁极的平均磁通量，Wb；
　　　　N——电枢绕组的总匝数。

从上式可以看出，减小 N 或减小 p、Φ 可使电动机转速增高，一般多采用减小 N 的方法。如电枢绕组的总匝数减小，使转速提高，从而也使电动机体积减小和重量减轻。此外，如改变电源电压则也可以调节电动机的转速。

(3) 转矩特性。单相串励电动机的电磁转矩 M 可由下式计算：

$$M = C_m \Phi I_a$$

式中　　Φ——磁极的平均磁通量，Wb；
　　　　I_a——电枢电流，A；
　　　　C_m——电动机的结构常数。

转矩特性曲线如图 2-6-7-104 所示，从图中可以看出，不论电源极性如何变化，单相串励电动机的电磁转矩却总是为正值。也即电磁转矩方向总是恒定的，只不过它是以 2 倍电源频率而变化。平时所说单相串励电动机的电磁转矩 M 是转矩的平均值 $\overline{M}$，它等于电动机最大转矩 M_{max} 的 1/2。单相串励电动机用于交流电源所产生的转矩平均值与用于直流电源所产生的转矩相等。

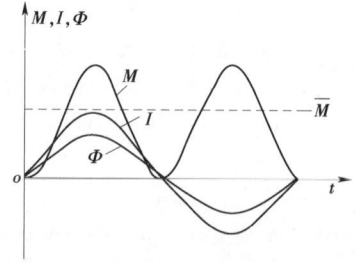

图 2-6-7-104　单相串励电动机转矩曲线

当 I_a 比较小时，磁路还未饱和则 Φ 与 I_a 成正比例变化，即 $\Phi = CI_a$。此时

$$M = C_m C I_a^2$$

M 随 I_a 的增大而迅速地增加，也就表明单相串励电动机的起动转矩比较大。但当负载电流增大到一定程度时，磁路将逐渐饱和，转矩 M 与电流 I_a 不再是平方关系而接近正比关系。

(4) 机械特性。单相串励电动机的机械特性无论是采用直流电源或交流电源时,它都与直流串励电动机的机械特性相类似。其机械特性曲线如图 2-6-7-105 所示。随着转矩的增加其转速将急剧下降,而转矩减小,转速又将迅速上升。单相串励电动机的这种特性称为软特性或串励特性。由于这种特性,单相串励电动机不适合于要求转速稳定的器具中。但在电钻等电动工具和吸尘器等家用电器内,这种软特性却可以起到自动调整转速的作用。因而,当负载重的时候电动机转速降低,而负载轻的时候则电动机的转速升高。

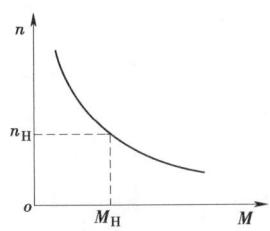

图 2-6-7-105 单相串励电动机机械特性曲线

由于单相串励电动机的空载转速非常高,因此电钻等使用单相串励电动机的电动工具,一般不许拆下减速机构等进行试运转,以防止电动机转子飞车而损坏电枢绕组。

(5) 起动电流和工作电流。单相串励电动机具有较好的起动性能,其起动转矩与起动电流的平方成正比。电动机启动时电流很大,而当它运行到额定转速时其电流则较小。这是因为电动机在启动时的感应电动势等于零而使电流很大。同时主磁场也随电流的增大而增强,也使转矩很大。随着转速的增加则电枢绕组切割磁力线的速率增加,从而使转矩很大,感应电动势也随之增大并使电流减小。所以,单相串励电动机在额定转速时的电流总是比启动时要小得多。

(6) 不准在空载情况下运转。单相串励电动机不允许在空载情况下运行。因为,空载时其负载转矩很小,串励电动机的转速将急剧上升,直到升至电动机机械强度所不能允许的程度,而造成损坏。通常,当单相串励电动机转速在 2500r/min 以下时,其负载不应小于额定负载的 25%~30%。

2. 串励电动机的运行与维护

(1) 运行中应检视的项目。单相串励电动机在运行中,应密切注意、仔细观察电动机、起动控制电器、传动装置、负载机械和电源的工作情况,以便及早发现隐患,减少或避免故障的发生。

1) 检视电源电压。应经常检视电源电压,过高或过低的电源电压,都将使单相串励电动机运行性能恶化,时间过长还会带来许多不良后果。如发现电源电压不正常,则应立即停止运行,待查明原因和排除故障后再予使用。

2) 检视电动机的电流。应经常用电流表检测电动机的运行电流,如所测电流值与电动机额定电流值相差过大或过小时,则应立即停车查明原因,在排除故障后才能重新通电运行。

3) 检视电动机的温升。单相串励电动机正常运行时,会发热而使其温度升高,但在运行一段时间后,温升将稳定且不应超过允许值的限度。如果电动机的负载过重、使用环境温度过高、通风不畅或运行中发生故障等,就会使其温升超出允许的限度,从而有可能导致绕组严重过热而烧损。因此,单相串励电动机温升的高低是反映其运行状况的主要标志。检视和判断电动机是否过热的准确而可靠方法为温度计测试法。测量时用锡箔包住温度计下端,并伸入定子靠紧铁芯,此时测得的即为电动机定子铁芯温度。由于定子铁芯温度与定子绕组温度有密切的关系,因此可通过检视铁芯温度的变化情况防止绕组过热。通常以所测得的铁芯温度减去 5℃ 作为定子绕组的温度数值。

4) 注意换向器与电刷的火花。单相串励电动机在运行时,其电刷与换向器之间难免要出现火花。如发生的火花大于规定限度,特别是发生放电性的红色电弧火花时,将会对电枢绕组和换向器产生极严重的破坏作用,电动机如出现这种情况必须及时予以纠正。通常,换向器火花等级可分为以下几级:

1 级——无火花;

$1\frac{1}{4}$ 级——约 1/4 的电刷下面发生微弱的火花;

$1\frac{1}{2}$ 级——约半数电刷下面发生微弱的火花;

2 级——多数或全部电刷下面发生火花;

3 级——全部电刷下面发生相当大的火花。

当单相串励电动机出现 1、$1\frac{1}{4}$、$1\frac{1}{2}$ 级的火花时,如仍连续工作实际上并无损害,并且在正常工作时允许其存在;2 级火花仅在短时过载或短时冲击负载时允许存在;3 级火花仅在直接起动或运转的瞬间允许存在,但不得损坏换向器和电刷。

产生火花的原因很多,电刷方面的故障主要有:电刷的品种规格不对、电刷与刷握间的间隙过小或过大及电刷的压力不合适等。此外,如果换向片磨损超过极限,也可能引起换向器冒火发热。如换向器表面不清洁、电刷磨损较严重、润滑油过多等,还会在换向器上发生轻微的环形火花现象,即沿圆周从某一极性的电刷跳到另一极性。

5) 注意电动机的气味、振动和噪声。单相串励电动机正常运行时,应平稳、轻快、无异常气味和响声等。如发生剧烈振动、噪声和烧焦气味,则应停车检查待查明原因排除故障后方可再投入运行。

6) 注意传动装置的检查。单相串励电动机运行时,要随时注意察看联轴器或皮带轮有无松动,传动皮带是否有过紧过松的现象等,如有即应停机紧固或调整。

7) 注意轴承的运转情况。单相串励电动机在运行中应注意轴承的声响和发热情况,如轴承声音不正常或过热,应仔细检查润滑情况是否良好和有无磨损等。

8) 电动机运行的安全措施。为了安全使用单相串励电动机及相关电器,以避免电气事故的发生,就必须对电动机及其他电器的外壳设置接地线,有效防护触电事故。

(2) 定期检查和维护。为保证单相串励电动机的正常工作,除上述应在运行中进行检视的项目外,还应根据电动机的类型和使用环境进行定期检查和维护。其主要检查和维护项目如下。

1) 定期检查启动控制电器的完好情况,观察离心开关动作是否灵敏、继电器触点和接线有无烧损、氧化,接触是否良好等。

2) 应经常检查电动机接线板螺丝是否松动或烧损。

3) 定期测量电动机绕组的绝缘电阻。如使用环境比较潮湿则更应经常进行测量,所测绝缘电阻值应符合质量要求,以确保电动机的安全、正常运行。

941

4) 应及时清除电动机机壳外部的灰尘、油污和杂物等，使用环境恶劣的电动机最好每隔几天即清扫一次。

5) 定期检查电刷盒的弹簧压力是否足够、电刷长短及与换向器接触的弧面是否适当等。尽量调整到使电枢换向器在接近无火花区域工作，以确保单相串励电动机安全良好地运行。

6) 定期用煤油清洗轴承并更换新润滑脂（可视电动机运行时间和环境半年至1年更换一次）。更换润滑脂时不要上得太满，一般以占轴承室1/2～2/3为好，否则容易发热而将润滑脂挤甩出来。

7) 除了按上述内容对单相串励电动机作定期维护外，运行一年后应大修一次。大修的目的在于对电动机进行彻底、全面的检查与维护，增补、更换电动机缺损或磨损的零部件。并彻底清除电动机内外的灰尘、污物等，发现问题即应及时处理，以免故障扩大而造成严重损失。一般来说只要使用正确、维护得当和发现故障及时处理，单相串励电动机的使用寿命还是很长的。

第八节 特殊用途三相异步电动机故障快速诊断与修理

一、三相冶金及起重用异步电动机故障快速诊断与修理

三相冶金及起重用异步电动机是根据特殊和专用设备的需要，按其使用条件及技术要求专门设计的专用系列电动机。它具有较大的过载能力和较高的机械强度，故特别适用于短时或断续周期运行、频繁起动和制动、有时过负载、有显著振动及冲击的设备。因此，三相冶金及起重异步电动机是用于驱动各种类型的起重机械和冶金设备中的辅助机械的专用系列配置产品。

（一）概述

三相冶金及起重用异步电动机分为笼型转子电动机（主要有YZ2、YZ、JZ2、JZ系列）及绕线转子电动机（主要有YZR2、YZR、JZR2、JZR系列）。YZ2、YZR2系列三相冶金及起重用异步电动机是按统一设计并取代YZ、YZR、JZ2、JZR2、JZ、JZR系列的更新换代产品。

三相冶金及起重用异步电动机大多采用绕线转子电动机，但对于30kW以下电动机以及在起动不很频繁且电网容量又允许全压起动的环境下，则也可选用笼型转子电动机。而绕线转子和笼型转子电动机的定子可以互相通用，系列产品中YZR2、YZR、JZR2、JZRH2系列为绕线转子异步电动机，YZ2、YZ、JZ2、JZH2系列为笼型转子异步电动机。对于单轴伸电动机，绕线转子和笼型转子异步电动机二者的安装尺寸也相同。

YZR2、YZR、YZ系列起重用电动机的绝缘等级为F级，JZR2、JZ2系列起重用电动机的绝缘等级则可根据用户需要分为E、B、F三个等级，以适用于环境温度不超过40℃的一般使用场所；而YZR2、YZR、YZ、JZRH2、JZH2、冶金用电动机则采用H级绝缘，以适用环境温度不超过60℃的冶金高温工作场所。同一系列的三相冶金及起重异步电动机虽然其绝缘等级不同，但它们仍具有相同的各项参数。

YZR、YZ系列电动机的制造范围见表2-6-8-1。

表2-6-8-1　YZR、YZ系列三相冶金及起重用异步电动机制造范围（53%～40%）

机座号		1000r/min	750r/min	600r/min
112M		1.5	—	
132	M1	2.2	—	
	M2	3.7	—	
160	M1	5.5	—	
	M2	7.5	—	
	L	11	7.5	
180L		15	11	
200L		22	15	
225M		30	22	
250	M1	37	30	
	M2	45	37	
280	S	55	45	37
	M	75	55	45
315	S	—	75	55
	M	—	90	75
355	M1			90
	L1			110
	L2			132
400	L1			160
	L2			200

注　笼型电动机仅制造黑框线内的规格。

电动机的额定频率为50Hz，额定电压为380V，YZR和YZ系列功率在132kW及以下者定子绕组为Y接法，其他功率为△接法，根据用户要求Y接法的电动机可增加零点引接线。JZR2、JZRH2、JZ2系列7号机座及以下定子为Y接法，8号为△接法。

型号说明如下：

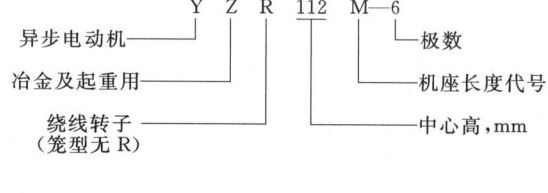

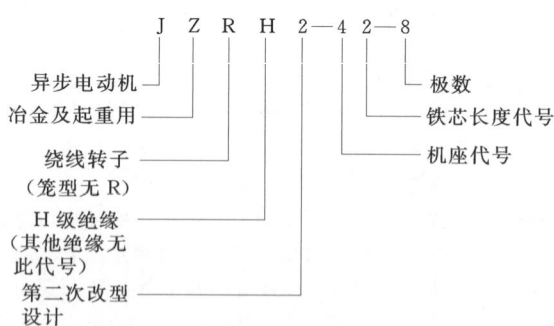

（二）电动机的安装、试运行及维护

三相冶金及起重用异步电动机除了有YZ2、YZR2、YZ、YZR、JZ2、JZR2等基本系列外，尚有因结构特征、性能特点、安装型式、绝缘等级、防护级别、制动方式、环境温度、冷却方式及电压方式等不同的诸多种派生系列电动机。由于三相冶金及起重用异步电动机各个系列的基本结构相同，故其安装、运行及维护也十分相近，因此可以一并

叙述。

一般来说，该类电动机的结构是相当牢固和可靠的。在正常情况下运行时，只要电动机选配正确，安装规范和接线良好，以及维修保养完善，电动机的使用将会是比较长的。但电动机若因安装不当或在运行过程中受到周围环境的影响，如油污、粉尘、潮湿、高温、通风不畅等的侵蚀与损害，致使电动机的零部件和绝缘等受到磨损、腐蚀而缩短使用寿命。因此，正确地安装、使用和维护好电动机是十分重要的。

1. 电动机的安装

三相冶金及起重用异步电动机的安装应着重于场地选择、基础配置、安装与校正、接地装置等这几个重要环节上。

（1）安装场地的选择。电动机安装场地若选择不当，将会使电动机的寿命明显缩短，并成为产生故障的原因和损坏周围的机械设备，严重时甚至使操作者遭受到伤害。因此，电动机安装场地必须慎重进行选择，一般在选择时应注意以下几点。

1）安装在干燥的地方。电动机应安装在干燥的地方，以免受到潮湿、雨淋和水浸的侵蚀。

2）环境温度不应超过绝缘等级的规定。一般情况下电动机安装场地的环境温度为，F级绝缘不应超过40℃，H级绝缘不应超过60℃，并且应避免太阳的直接曝晒，还应该有良好的通风散热条件。

3）安装在灰尘少的地方。电动机应安装在灰尘较少，并且没有腐蚀性气体的场所。

4）安装在容易检查和维修的地方。电动机应安装在易于检查和维修的地方，这样，当电动机出现各种故障时，就能及时、有效地提供必要的空间对其进行检查与维修。

（2）电动机的基础配置。电动机因其功率大小和使用情况的不同，而采用不同形式的基础。一般，电动机功率较大或长期固定使用的异步电动机，应采用混凝土基础，根据经验其尺寸可按电动机的底板尺寸每边另加宽50～250mm。制作基础时应预留地脚螺钉的孔眼，其孔眼要比螺钉所占的位置稍大一些，以便调整螺钉的位置，并使螺钉放入孔眼后能与混凝土浇牢。地脚螺钉的下端要做成钩形，以免在紧固地脚螺钉时螺钉跟着转动。此外，穿入电动机电源线用的硬塑料管或铁管也必须在灌注混凝土前按规定预埋好。

为使异步电动机与负载设备之间的相对位置在必要时可作适当的调节，以保证传动皮带在传动的时候不偏移、不滑脱而保持松紧适度，则最好在电动机的混凝土基础上装置铁轨。采用铁轨安装电动机时其地脚孔应按铁轨尺寸予以预留，异步电动机基础用的铁轨除用标准铁轨外，也可以用开有长孔的槽钢代替。

（3）电动机的安装与校正。异步电动机安置到基础上时，必须用水平仪对其纵向、横向的水平状况进行检查，如若不平则可用0.5～5mm的钢片垫在电动机的机座地脚下予以校正。电动机校平后还应对传动装置进行校正，联轴器传动和皮带传动，可按下述方法连接及简便校正。

1）联轴器的连接与校正。当采用联轴器传动时，应保证两联轴器的平面平行和轴线重合。否则，电动机运行时将会因与负载机械的轴不在一条直线上而引起剧烈振动，甚至损坏电动机主轴及联轴器。

对联轴器进行校正时，可用钢皮尺放在一个联轴器的轮缘上，然后观察钢皮尺与另一个联轴器轮缘的间隙，再将钢尺沿轮缘的圆周移动几个地方。若轮缘与钢尺之间均没有什么间隙或各处间隙相等，并与它们端面的距离也相等，说明联轴器校正合格。

2）皮带轮的校正。若采用皮带传动时，异步电动机轴应与负载机械安装皮带轮的轴平行放置，并且与两皮带轮宽度的中心线应在同一直线上。如果两皮带轮的宽度是相等的，可以用一根弦线或钢丝在两皮带轮的侧面进行校正。如图2-6-8-1（a）所示，将弦线或钢丝拉直并使其紧贴皮带轮的侧面，若A、B、C、D四点均匀与拉直的弦线或钢丝接触，说明皮带轮已经校正好，否则就应重新予以校正。如果两皮带轮的宽度不相等，可按图2-6-8-1（b）所示的方法将拉直的弦线紧贴宽皮带轮的侧面，用钢皮尺测量窄皮带轮端面到弦线的距离AC和BD，如果AC＝CD＝$(l_1-l_2)/2$就说明皮带轮已校好。

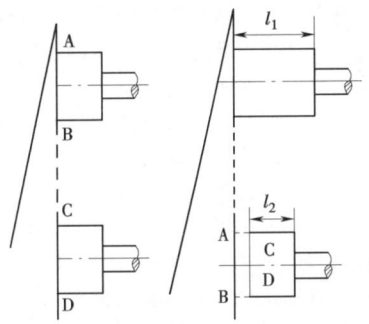

（a）皮带宽度相等　　（b）皮带宽度不等

图2-6-8-1　皮带传动的校正

（4）电动机的接地装置。电动机必须安装接地装置，这是确保人身和设备安全运行的需要。因为，运行中电动机的绝缘一旦损坏，其机壳就会漏电。如果有良好的接地装置，当人碰触机壳时，由于人体的电阻比接地装置的电阻大得多，因而漏电流将主要从接地地线通过，使人体不致通过较大电流从而保证了人身安全。

电动机的接地装置一般包括接地极和接地线两部分。接地极通常用角钢、扁铁、钢管等制成，扁铁厚度不小于4mm，其截面积不小于$48mm^2$；角钢、钢管壁厚则不小于3.5mm。接地极应垂直埋入地下，其上端离地的深度不应小于0.5～0.8m。接地线多采用裸导线，且最好用裸铜线，用裸铜线时截面应不小于$4mm^2$，而用裸铝线时，其截面不应小于$6mm^2$。

电动机额定电压在1000V以下的保护接地，其接地电阻不应大于4Ω。接地电阻的大小与接地极和接地线的材料、尺寸、接地线两端的接触情况，以及埋设接地极土壤的情况有关。如土壤的电阻率太大时，可采取增加接地极数量（但相邻接地极的距离应大于2.5m）或在埋设接地极的坑内填放食盐和木炭的混合物，以使接地电阻的数值符合要求。

2. 电动机的试运转

电动机安装完毕后投入正式运行时，必须在启动前慎重仔细地检查电动机、电源、开关控制器及配线等，无异常情况后才可以启动。电动机的试运转可按如下程序进行。

（1）检查电源及配线。仔细检查电源线路、操作电路及电动机的电源配线等，当难以确定时则应使用试灯或万用表等进行电路检查。

（2）不通电测试开关电器。可在不通电的情况下试操作闸刀开关、电磁开关、启动控制器等的动作是否灵便可靠。此外,还应确定电气线路中所配置的熔断器容量;过电流继电器动作电流的设定值;及漏电断路器动作电流的设定值是否合适。

(3) 检查电动机紧固件。检查电动机的螺栓、螺母类零件是否完全紧固好,有无未紧固到位或残次品的情况。

(4) 用手转动电动机转子试转。对拖动小型机械设备的异步电动机可用手转动其转子进行试运转,看转子有无阻滞现象或碰触、擦动的声响等。

(5) 确认电源电压是否符合要求。应确认电源电压是否等于电动机的额定电压,其电压波动是否在±10%的范围内。

(6) 确认启动开关是否在分断位置。应确认电动机的全压启动开关或降压启动开关是否处于分断位置,以避免发生误操作的现象。

(7) 检查集电环与电刷是否接触良好。对绕线转子异步电动机,还应检查其集电环与电刷的接触是否良好,提刷装置是否灵便及短路刀闸是否可靠等。

(8) 进行空载试运转。电动机如果一开始就带负载运行是十分危险的,弄不好会对电动机或开关电器造成无可挽回的损失。所以在正式运行前先应进行电动机的试运转,试运转时应在试验前将采用皮带或联轴器传动的电动机先拆除其与负载之间的连接,然后接通电源和启动开关进行空载运行。异步电动机空载运行时应迅速检查有无异常响声、振动和发热,以及电动机三相电流是否平衡和旋转方向正确与否等。

3. 电动机的运行与维护

异步电动机的合理选择和正确使用是保证其正常运行的重要环节。合理选择就是按照电动机被拖动负载机械的特定运行条件,选定能够满足其各项要求的最经济的电动机。正确使用则是根据异步电动机的使用维护要求及其运行特性进行安装、运行和维护,并借助于与之配套的保护和控制设备对异步电动机进行监视、保护和控制,以使异步电动机能长期保持安全、平稳的正常运行。

及时发现并迅速消除异步电动机的故障,在大多数情况下均能预防事故的发生。为此,必须对异步电动机进行日常维护与经常检查,用良好的维护来获得异步电动机优良运行特性和延长其使用寿命。

(1) 运行前的检查。为了确保电动机安全正常地投入运行,一般应在电动机启动前作以下各项检查:

1) 仔细检查、核对电动机铭牌所示的各项额定值是否符合使用要求;电动机是否与铭牌接线的指示图相符;接线板上的接头连接是否牢固、有无松动或氧化现象。

2) 检查与机械负载连接后的电动机转轴,看其转动是否灵活轻便;以及电动机的地脚螺栓、螺母等是否拧紧和其他机械方面是否牢固可靠等。

3) 对新安装或长期停用的电动机,投入运行前必须用兆欧表测量电动机绕组对地绝缘电阻(根据电动机的额定电压选择兆欧表的电压等级)。如绕组的绝缘电阻值按绕组的额定电压计算低于1MΩ/kV时,则必须对电动机绕组进行干燥处理,直到绕组绝缘电阻符合要求为止。

4) 检查电动机启动设备的规格、容量是否符合使用要求;电动机及起动设备的接地保护装置是否可靠等。

5) 检查传动装置的配置情况,如联轴器的螺丝、销子是否紧固;皮带松紧是否合适等。

6) 检查电动机的旋转方向是否正确,但注意应在与被拖动机械脱离的空载状态下进行。对于三相异步电动机如其旋转方向与负载机械设备的旋转方向相反时,可任意调换与电动机定子绕组相连接的三相电源线中的两相,就能改变其旋转方向。

7) 对于绕线型三相异步电动机,还应检查其滑环表面有无锈蚀,以及电刷表面与滑环表面的吻合情况、导线间是否相碰触、短路环接触是否良好、电刷提升机构是否灵活、以及电刷压力是否正常等。

8) 检查三相电源是否均有电,其电压是否正常,如电源电压过高或过低都不宜启动电动机。

(2) 起动后应注意的事项。

1) 如果接通电源后电动机不转,应立即切断电源,绝不能迟疑等待或带电检查电动机故障,否则极有可能会将电动机烧毁和发生大的危险。

2) 电动机启动时应特别注意观察电动机、传动装置、负载机械的工作状况,以及电气线路上的电流表、电压表的指示,如发现有异常现象则应立即断电检查,待确实排除故障后再予以启动。

3) 电动机启动时,如发现其旋转方向与被拖动负载旋转方向相反,应立即切断电源停止电动机运行,并将电源线中任意两根互换即可改变电动机旋转方向。

4) 当同一电源线路上有多台电动机工作时,应按功率由大到小逐台起动,以免因多台电动机同时起动造成线路电流大和电压降大,使电动机启动困难而引起线路故障或使其他负载设备跳闸等。

5) 当采用手动自耦补偿器或手动星—三角起动器启动电动机时,应特别注意按正确的操作程序进行。首先一定要将操作手柄推到起动位置,而后待电动机转速上升稳定到接近额定转速时再拉到运转位置,以防止误操作造成设备和人身安全事故。

(3) 运行中应注意的事项。电动机在运行时值班人员应通过仪表和目检,密切注意其运行情况,以便及早发现和解决问题,避免或减少发生故障。

1) 应注意观察电动机的负载电流大小,在容量较大的电动机控制线路中一般均装有电流表,以便随时对其电流进行检视。如果电流的大小值或三相电流不平衡超过了允许值,电动机应立即停止运行并进行跟踪检查。容量较小的电动机,一般不在控制线路装设电流表,如有疑问时可在线路中临时串接电流表或钳形电流表检测即可。

2) 注意观察电动机在运行中电流电压、频率的变化。电源电压和频率过高或过低均不利于电动机的正常运行,而且三相电压不平衡将会造成三相电流的不平衡,这些情况都有可能引起电动机过热或其他不正常现象。

3) 当发现电动机在运行中有不正常的杂乱响声(如摩擦声、尖叫声或其他杂声)、振动及特殊气味时,应立即停止其运行。因为有些机械故障会以振动或噪声的形式反映出来,而电动机绕组的过热则会使绝缘产生烧焦味。只有在找出故障并予以排除后,才能将电动机再次投入运行。

4) 注意检测电动机的工作温度,当电动机在正常运行时,其铁芯和绕组均会发热并使温度升高,但电动机的工作温度不应超过允许的限度。如电动机负载过大、使用环境温度过高、通风不畅或运行中发生故障等,就会使其温度超出允许限度并导致绕组过热而烧毁。因此电动机工作温度的高低是反映其是否正常运行的主要标志。

5) 应注意电动机轴承的工作情况,要经常察看轴承运转的声音是否均匀正常;有无过热现象;润滑情况是否良好和有无磨损、缺陷等。

6) 电动机运行中应注意检查传动装置,看联轴器或皮带轮有无松动,传动皮带是否有过紧、过松的现象等,如有则应停机紧固或进行调整。

7) 对绕线型三相异步电动机,还应经常检查其电刷与滑环间的接触、电刷的磨损以及火花等情况。如发现火花较大、滑环表面粗糙时,应车光并用0号砂布磨光,同时调整电刷弹簧的压力。滑环间和滑环与转轴之间的绝缘管及绝缘垫圈,常会被电弧烧焦而失去绝缘性能。如烧焦的面积和深度不大,可用小刀或砂布将烧焦点刮磨干净,然后再涂一层环氧树脂胶或醇酸绝缘漆;若绝缘物已严重烧焦则应考虑更换新绝缘。

(4) 定期检查和维护保养。为了保证电动机的正常工作,除了应按操作规程正确使用外,还应进行定期检查和保养。其间隔时间可根据电动机的类型、使用环境决定。主要检查和维护保养事项为:

1) 电动机应经常保持清洁,最好每隔几天就清扫一次,以及时清除其机座外部的灰尘、油污和杂物等。

2) 经常检查轴承有无发热、漏油等情况,并定期更换润滑脂(一般可半年更换一次)。在更换润滑脂时应先将轴承盖用煤油清洗,然后再用汽油予以清洗干净。润滑脂可采用HSY103二硫化钼复合钙基脂(干湿热带电动机用),或钙钠基1号润滑脂(一般电动机用),以及中小型电动机用轴承润滑脂(2号或3号)。更换加入的新润滑脂数量,以充满轴承室空间的1/2~1/3为宜。

3) 应经常检查电动机接线板的螺丝是否松动或烧伤,如有此情况,应予以紧固和用同等绝缘包垫修复。

4) 应定期检查启动控制设备,观察所有触头有无烧伤、氧化或接触不良等,如发现问题应立即维修保养。

5) 定期检查电动机的绝缘电阻。由于绝缘材料的绝缘能力因干燥程度不同而异,所以保持电动机绕组的干燥是极为重要的。若电动机工作环境潮湿或有腐蚀性气体等存在,均有可能破坏电动机的绝缘。因此,在电动机的运行和使用中,应经常检查其绝缘电阻,同时还应注意看电动机外壳接地是否可靠。

6) 除按以上几项内容对电动机定期检查和维护保养外,当其运行一年后,应大修一次。大修的目的在于对电动机进行一次全面、彻底的检查和维护保养,增补和更换电动机缺少或磨损的零部件;彻底清除电动机内外的灰尘、杂物;检测绕组绝缘的情况;清洗轴承并检查其磨损情况,及时发现问题并立即予以处理,将可延长电动机的工作寿命。

(三) 电动机故障快速诊断与修理

三相冶金及起重用异步电动机由于其工作环境较差,因而电动机及与其配置的电气设备在运行中各种故障也比较多。及时发现并快速诊断与处理电动机和电气设备的运行故障,是一项极为重要的工作。

1. 定子绕组的故障及修理

电动机绕组因长期过载发热使绝缘老化变质、绝缘受潮击穿和操作失误等原因,均可使绕组损坏而发生故障。三相冶金及起重用异步电动机定子绕组常见的故障有绝缘受潮、绕组通地、绕组短路和绕组断路等。

(1) 绕组绝缘受潮。遭受过雨淋、水浸的电动机,或环境潮湿而又长期未投入运行的电动机,其绕组绝缘均可能发生受潮故障。这类受潮电动机在重新投入使用前,必须要用500V的兆欧表(俗称摇表)检查其绕组的绝缘电阻。检测时,三相绕组对机壳(也称对地)及各绕组相互之间的绝缘状况均须检测。当电动机额定电压为380V时,如测得的绝缘电阻小于0.5MΩ,即说明电动机绕组绝缘受潮严重。这时,三相冶金及起重用异步电动机就需烘干处理,待绝缘电阻数值达到合格标准后才能使用。电动机绕组绝缘的加热烘干可采用灯泡、电炉和烘房等进行。有些电动机由于使用日久绕组绝缘已经老化,对此类情况可在烘干过程中再浸漆处理一次,以增强电动机绕组绝缘能力和提高其使用寿命。

(2) 绕组通地故障。异步电动机如长期超载运行,将因绕组温升过高而导致绝缘老化失效,或因受潮、腐蚀、定转子相擦、机械损伤及制造工艺不良等,均有可能产生电动机绕组的通地故障。绕组发生通地故障时,整台电动机都会带电,并有可能导致电气设备、线路失控,时间久了还可能因绕组长时局部过热而发展成绕组短路故障,使电动机无法正常地运行,甚至还会引起人身伤亡的严重事故。三相异步电动机定子绕组如发现有绕组通地故障,应立即停止使用并进行检试修复,绕组通地故障的检查方法如下。

1) 检查。

a. 外观检查。可以仔细目测检查电动机的定子铁芯内、外侧、槽口、绕组直线部分、端接部分、引出线端和接线板等处,有无绝缘破损、烧焦、电弧痕迹等现象和烧焦气味等,认真细微地观察以找出故障的位置。

b. 兆欧表检查。对于额定电压380V的三相异步电动机,可使用500V电压的兆欧表进行检测。测量时,将兆欧表的火线接异步电动机绕组的引出线端,另一根地线接电动机的金属机壳。按照兆欧表所规定的转速(通常为120r/min)转动手柄,如兆欧表的指针指示为零,即说明绕组绝缘有可能已被击穿而通地;假如指针在兆欧表零值附近摇摆不定时,说明绕组尚具有一定的电阻值,这时绕组很可能已经受潮。图2-6-8-2所示即为用兆欧表检测电动机绕组通地情况的接线。

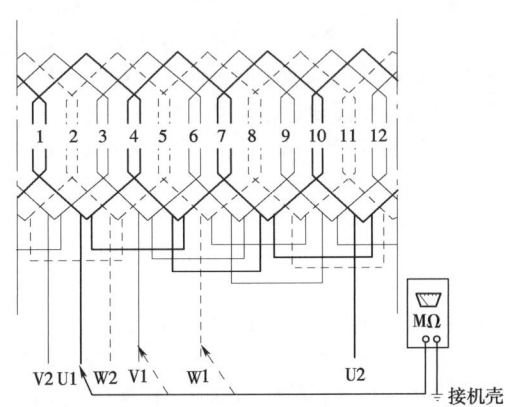

图2-6-8-2 用兆欧表检查绕组通地故障

c. 试灯检查。如果手头一时没有兆欧表,则可以用36V或220V电源串接灯泡进行检查,图2-6-8-3所示即为用试灯检查绕组通地故障的接线。检测时,如果灯泡发亮,说明绕组绝缘损坏已直接通地或严重受潮。此时可拆开端盖并取出转子,逐极相组检查找出绕组的通地故障点。在采用这种试灯检查(220V电压时)应特别注意人身安全,以防触电伤人事故的发生。

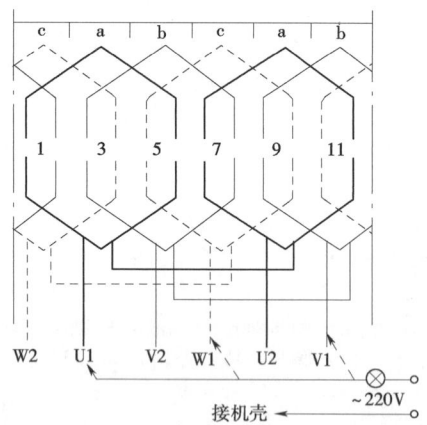

图 2-6-8-3　用试灯检查绕组通地故障

d. 万用表检查。用万用表的 RX10K 挡也可检测绕组通地故障。测量时,万用表的一根表线接绕组的引出线端,另一根表线接电动机的机壳。如果测得的电阻为零,即说明绕组已直接通地或严重受潮;如测得有一定电阻值,要根据个人经验,分析判断绕组究竟是严重受潮还是绝缘已被击穿。

2) 绕组通地故障的修理。用以上方法仍不能找到电动机绕组通地的故障点时,绕组的通地故障就很可能是发生在定子铁芯槽内。这时,首先要找出三相绕组中哪一相绕组通地,然后再将该相绕组采用"对半检测,分组排除"的方法,逐级查出绕组准确的通地故障点。查出通地线圈的故障位置以后,再根据该绕组故障范围的大小、绝缘的好坏程度和返修的难易等具体情况,以作出采取绕组局部修理或是重换全部绕组的处理。

(3) 绕组短路故障。三相异步电动机由于超载运行、电压过高或过低、单相运行、机械碰撞等多种原因,均可能导致电动机电流过大、绝缘损坏而产生绕组短路。如不及时发现和检修,绕组将会迅速发热而故障范围扩大,严重时甚至会使整个绕组全部烧毁。绕组短路故障及检修方法一般有以下几种。

1) 故障检查。

a. 外观检查。定子绕组的短路故障通常分为匝间短路、线圈间短路、极相组间短路和相间短路。由于短路线圈内会产生很大的环流,使线圈迅速发热、冒烟、散发焦臭气味,以及绝缘物因高温而变色等。除一些轻微的匝间短路故障外,较严重的线圈间和相绕组间的短路,如经仔细的目测检查,大多能找到绕组发生故障的具体位置。

b. 空转检查。对于小功率三相异步电动机的短路故障,有时可采取电动机空载运行 10～15min(如出现烧熔金属体、冒烟等异常情况时,应立即停车),然后迅速拆开电动机两侧的前、后端盖,用手依次触摸绕组端部的各个线圈,对温度明显高于其他线圈和极相组的应仔细察看,直到找出准确的绕组短路故障点。这种方法使用起来非常简便也较为准确,但对轻微的匝间短路故障却难以收效。

c. 电桥检查。采用这种方法检查时需确定三相绕组中是哪相绕组短路,然后用电桥表逐一检查测量该相绕组各极相组的电阻值,当某极相组的电阻值明显比其他极相组的电阻值小时,该极相组内就很可能存在有短路线圈,如继续查极相组内各线圈的电阻值,一定能找到短路线圈的故障点。

2) 绕组短路故障的修理。如果定子绕组绝缘未整体老化碎裂且短路线圈的线匝还没有烧断、烧坏,则可以采用绕组局部修理的方式解决,具体修理方法如下:

a. 匝间短路的修理。匝间短路故障多由于导线绝缘层破损而产生。此时,如槽绝缘受损轻微且短路的线匝数不多,就只需将短路线匝从端部剪断,再将绕组加热变软后用钳子将已坏的短路线匝从端部抽出,然后将原有线圈依前接好,即可继续使用。在抽出线圈的短路线匝时,应注意不要碰坏相邻的完好线匝和线圈,以免扩大绕组故障范围。

b. 短路线圈的修理。当整个线圈短路烧坏时,可采用穿线法修理。进行这种修理时,首先要将电动机的短路线圈从两端剪断,并且使整个绕组加热变软,然后将剪断的线匝从槽内一根根地抽出。原来的槽绝缘应尽可能拆除干净,并按原来的槽绝缘结构换上新绝缘。同时,依照原有线圈的导线型号、规格及线匝总长度(应比原线圈匝数的总长度稍长些)选用导线,在槽内穿绕至绕足原有匝数。最后将该穿绕线圈整形并按极相组接好后,经浇浸绝缘漆和烘干即可。

c. 线圈间短路的修理。线圈间出现这种短路故障的情况,多为线圈在绕线、嵌线过程中的工艺问题。并且还往往是由于各个线圈与本极相组内其他线圈的过桥连接线处理不当;或者是线圈嵌线方法不对,线圈间的线匝存在严重的交叉;以及绕组端部整形时经猛烈锤击后极易造成的线圈间短路。如短路线圈的故障点是发生在绕组端部,用复合绝缘纸将短路故障处分开垫好即可修复。

d. 整个极相组短路的修理。这种故障主要是极相组间连接线上的绝缘套管未套至线圈接近槽口处,或者是绝缘套管已老化破损被电破所致。一般在同心式绕组中多发生此类故障。修理这种极相组间短路故障时,可采取先将绕组加热使其变软,然后用理线板撬开极相组的引线处,并将绝缘管重新套至接近槽口的地方。或者用复合绝缘纸将短路故障处隔垫好,即可将极相组间短路修复。

e. 相间短路的修理。电动机的三相绕组之间,由于在嵌线过程中相间绝缘(包括绕组端部绝缘、槽内的中间绝缘)垫放不当,或因电动机长期超载运行使温升过高而绝缘老化破损,均可能形成绕组相间短路故障。对于这类短路故障的修理;首先仍需加热绕组使其变软,然后将故障处的绕组用理线板撬开,再垫入绝缘纸后即可修复。

(4) 绕组断路故障。三相异步电动机绕组由于受机械碰撞、焊接不良、严重短路等原因,都可能使绕组及其线圈产生断路故障。绕组断路故障的检查较为容易,它可以用兆欧表、万用表或试灯等方法进行。如用万用表检查时,可先将表的开关转至电阻挡。然后从连接电动机绕组引出线端的接线板查起,先找出是哪一相(或两相)绕组已断路;接着再采用分组淘汰的办法去检查相绕组内各并联支路、各极相组通断的情况。检查时,可拆开有断路故障相绕组的引出线端,并分别测量并联支路、极相组的通断,不通的即为有断路故障的并联支路或极相组。再接着检查极相组内各个线圈,直至最后找出故障位置。如断路故障点是发生在绕组端部,且相邻线圈处绝缘完好无损伤,这时就只需将断路处重新连接和绝缘即可。如断路故障是发生在铁芯槽内,这时就必须采用前述的穿绕法或重换新线圈进行修理。

(5) 绕组内部接错故障。从前述已知，三相异步电动机定子绕组是根据电磁感应定律，按一定的规律和接线原则进行连接的。因此，一定要熟悉和掌握这些规律和原则，才能避免绕组接线出现错误。当绕组接线发生错误时，轻则因难以形成完整连续的旋转磁场，而出现电动机启动、运转困难、电流增大、绕组发热和噪声刺耳等现象。严重时电动机甚至无法启动，并且发出剧烈的振动和吼声，其电流也将急剧上升，如不及时关断电源，将很快因发热冒烟而将绕组烧毁。绕组接错的检查方法如下。

1) 外观检查法。如果对绕组连接线进行仔细的外观检查，并追踪各相绕组内极相组、并联支路的连接情况，绕组接错的位置一般均能找到，检查可按下述方法进行。

a. 极相组内各线圈连接的检查。通常极相组内的各个线圈均系采用多块绕线模一次绕成，线圈之间是利用绕线时的过槽线串接而成极相组的。所以在检查时只需注意不要将线圈嵌"反"，因为一旦嵌反则这个线圈内的电流方向也会与极相组内其他线圈的电流方向相反，最终将削弱该极相组所产生磁极的磁场强度。

b. 显极接法的检查。对于采用显极接法的电动机绕组，每相绕组各自均应按照其线端"头与头相连、尾与尾相连"的接法进行连接。因此，可以根据显极接法的接线特征，按极相组出线端"头、尾"端的走向和连接状况逐一检查。只要认真检查、细心核对，电动机绕组接错之处一般都是容易发现和找出的。

c. 庶极接法的检查。对于采用庶极接法的电动机绕组，每相绕组各自均应按照"头与尾相接、尾与头相连"的接法进行连接。所以可按庶极接法的接线原则，根据极相组出线端"头、尾"端的走向和连接情况，逐一核对绕组的接法，电动机绕组接错之处应该是不难发现的。

d. 三相绕组出线位置的检查。从前述已知，三相异步电动机的定子绕组在铁芯空间的分布上必须是三相互差120°电气角度；经与在时间上互差120°电气角度的三相电源结合后；才会在定子铁芯建立一个自行旋转的三相旋转磁场。并且也知道三相绕组互差120°电气角度，其实质是要将B相绕组反接，以使处于同极下三相的极相组电流方向相同而产生同一的磁极极性。B相反接的方法可见第五章第四节，按此方法检查，即可找出三相绕组出线位置的错误处。

2) 指南针检查法。如图2-6-8-4所示，将3~6V的直流电源依次接通三相绕组中的一相绕组，并用指南针沿定子内圆周表面移动作逐点检查。如果绕组没有接错，则指南针会在一相绕组中经过相邻的极相组时，所指示的极性应该是相反的；而且在整个三相绕组的相邻极相组（不同相极相组）的极性也应相反。

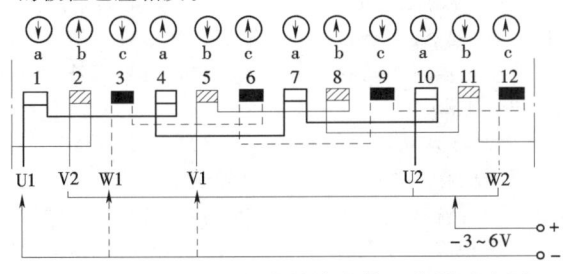

图2-6-8-4 用指南针检查绕组接错示意图

如指南针指示出相邻两个极相组的极性方向相同时，即说明该两个极相组中有一个极相组反接。如指南针经过某一极相组时其指向飘忽不定，则表明该极相组内有反接的线圈。

(6) 绕组引出线端外部接错故障。绕组引出线端在外部接错所造成的后果，其严重程度与绕组内部接错的情况基本上相同。但其检查方法要简单方便得多，它只需要在电动机接线板上对三相绕组引出线端进行检查及调换即可。电动机绕组引出线首、尾端连接正确与否的检查判断方法很多，这里介绍几种较为常用的方法。在对绕组引出线首、尾端做检查判断前，首先必须将三相绕组各相的首、尾端按相别分开，然后再进行检查判断。

1) 万用表电压测量法。如图2-6-8-5(a)所示先将三相绕组的各一根线端连接成Y形，并把36V交流电源接入其中的一相绕组，用万用表的电压挡测量其余两相的引出线端，看有无电压读数并如实记录；然后换成图2-6-8-5(b)的接法，并再次记录电压读数，最后再按下述情况判断确定。

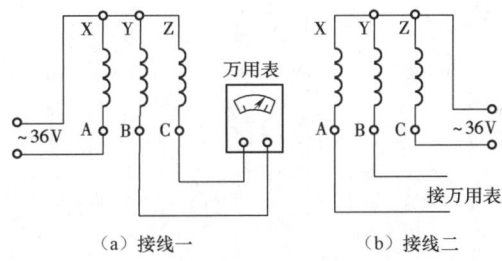

(a) 接线一　　　　(b) 接线二

图2-6-8-5 用万用表判断绕组首尾端示意图

a. 两次测量均无读数。如按图2-6-8-5中(a)、(b)两种接线检测均无电压读数，则表示三相绕组的首、尾端是正确的。这时，只需将A相的首、尾端分别标上U1、U2，B相的首、尾端分别标上V1、V2，C相的首、尾端分别标上W1、W2即可。必须注意的是图2-6-8-5中接成Y形中性点的三根线端，应全部确定为三相绕组首端并标以U1、V1、W1，或将它们全部作为尾端而标作U2、V2、W2。

b. 两次测量均有读数。如两次测量均有电压读数，说明两次中没有接电源的那一相绕组首、尾端反接。

c. 两次测量中一次有读数，一次无读数。当在两次测量中一次有读数而另一次无读数时，则表示无读数的一次，接电源那一相绕组首、尾端已反接。

采用这种方法检测除了要使用万用表（或交流电压表、试灯）外，还必须具备低压交流电源。

2) 干电池检测法。如图2-6-8-6(a)所示将一节普通干电池串联一只开关接一相绕组回路中，而电压表（最好是直流毫伏表、毫安表、万用表的毫安挡）接另一相绕组回路。当合上开关K的瞬间，表头指针应指示正向（即大于零的一边）摆动，不然则应两表笔调换而使表针朝正向摆动。这时，电池的"+"极与表头的"一"极同为相的首端（或称同名端）。同理，如将表接到另一未测试的相绕组回路中，如图2-6-8-6(b)所示经过两次检测，就可找出三相绕组的首端、尾端。

采用干电池检测法时，除用万用表外仅需一节干电池即可，因而它较上法简单而方便。

第六章 电动机异常与故障快速诊断修理案例

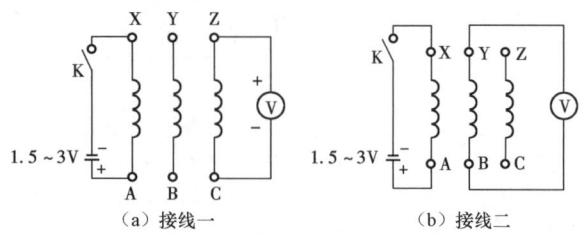

图 2-6-8-6 用干电池检测绕组首尾端示意图

3) 电动机转向测试法。如图 2-6-8-7 所示，先将三相绕组的一端接成Y形接法的中性点并接地（如供电电源变压器为中性点不接地系统时，则应该接零）。在三相绕组的另外三根引出线端上作好 A、B、C 记号，两条电源线也作 1、2 记号，并分别按顺序接到电动机的两条引出线端上，连续作三次试验以看电动机的旋转方向，判断三相绕组的首尾端。

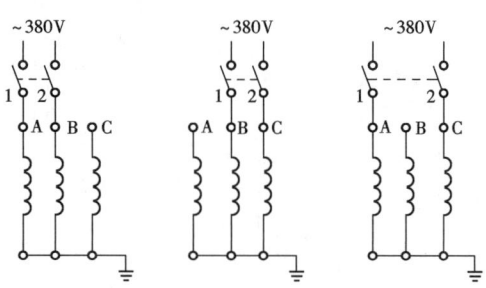

图 2-6-8-7 用电动机转向法检测绕组
首尾端的示意图

如果三次试验中电动机的旋转方向都是一样，即说明三相绕组的首、尾端接线正确；若转向不一样，说明参与过两次同方向的那相绕组的首、尾端反接。例如测试中第二次 B、C 相和第三次 A、C 相为同向，C 相则参与了这两次测试，所以 C 相绕组首尾端反接，只需将 C 相的两根首尾端调换过来即可。

采用电动机转向法无须仪表和低压电源，只要利用电动机原有电源就可以进行检试，所以简便易行较为实用。但该种方法对电动机组的要求是其中性点必须按规定接地或接零，否则电动机将因成为单相绕组而无法转动起来。并且此种方法只适用于小功率电动机在空载状态下进行，因为在试验时的电流较大会导致绕组发热。所以试验时间也不宜太长以免严重发热而烧损绕组及其绝缘。

2. 鼠笼型转子绕组故障及修理

通常情况下异步电动机的鼠笼型转子绕组极少损坏，但因材料质量或制造工艺差、结构设计差、或起动频繁、操作不当、急促的正反转运行造成剧烈冲击等原因，也间有导致鼠笼型转子绕组损坏的情况。鼠笼型转子绕组导条断裂就是常见的故障。鼠笼型转子绕组断条后，异步电动机将会出现转矩减小、负载运行时转速下降和启动困难，以及电磁噪声和振动增大等现象。一般，检查鼠笼型转子绕组断条故障常用的方法有以下几种。

（1）外观检查法。对于防护式异步电动机的鼠笼型转子绕组故障，可以在电动机启动瞬间观察其转子与定子之间的气隙处，看是否有火花闪动的异常情况，若有火花出现说明转子的笼型绕组极有可能已产生断条故障。然后可以停机拆开端盖取出转子，并仔细检查转子铁芯表面和端环处，看是否有断裂和过热变色的地方，如有，则多为断条故障所在。

（2）铁粉检查法。利用电磁原理在转子端环的两侧接入极低电压的直流电源，然后将铁粉撒在转子铁芯表面上，并逐渐把电压升高使转子铁芯的磁场增强到能吸住铁粉为止。这时如转子铁芯表面的铁粉能按照槽的方向整齐地排列，说明转子笼型绕组不存在断条故障。如转子铁芯某槽不能粘住铁粉或所粘铁粉很少，该槽转子绕组导条断裂的可能性极大。

（3）短路侦察器检查法。如图 2-6-8-8 所示，在特制的短路侦察器上串接一支电流表。短路侦察器铁芯的开口处略呈弧形，以吻合转子铁芯圆周表面，使其能在短路侦察器上沿开口铁芯滚动变换位置。检查时应该对转子铁芯表面所有槽内导线逐槽进行，如转到某槽时电流表的数值突然明显下降，即说明该槽内的转子导条已经断裂。也可以不用电流表来检查，改用一根锯条或铁片放在所测槽口上面。如锯条或铁片被吸住就说明导条未断；如锯条或铁片不被吸住，说明该槽内导条已经断裂。

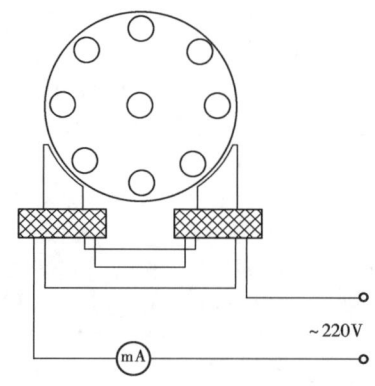

图 2-6-8-8 短路侦察器
检查转子断条

（4）更换转子试验法。如有条件时，可将型号、规格、生产厂家相同的另一台三相异步电动机的鼠笼型转子换上，并试运行一段时间。如果换上转子之后，该电动机在负载能力、额定转速、各部温升以及噪声和振动等方面均正常，则说明被撤换下的转子绕组中存在有断条故障。

（5）鼠笼型转子绕组断条故障的修理。鼠笼型转子绕组断条故障位置检查出来后，通常可按以下几种方法进行修理。

1) 绕组断条在槽外时的修理。如果发现转子绕组断条位置是在槽外或端环等明显部位时，即可以将裂纹凿出 V 形槽，然后用气焊和焊料进行修补焊接即可。

2) 个别笼条断裂时的修理。如转子绕组的个别笼条断裂，则可以将断裂笼条钻掉并将槽中杂物清理干净，然后制作一根槽形和尺寸相同的铝条打入槽内，再将铝条两侧与端环用气焊焊牢即可。

3) 绕组多处断条时的修理。如果转子绕组笼条多处断裂，则应更换全部绕组。这时，首先应该车掉转子绕组两侧的端环，并用夹具将转子铁芯整个夹紧以防松散。然后将各槽换上比铁芯稍长的紫铜条，在转子铁芯两侧的槽口处将铜条朝同一方向打弯重叠，再用气焊及焊料将打弯重叠的铜条焊接成转子绕组的端环,最后再将其车削平整即可。

3. 绕线型转子绕组故障及修理

从前述已知,绕线型三相异步电动机的转子绕组有叠绕组和波绕组两种型式。一般小功率绕线型的转子绕组均采用叠绕组,它们多用漆包圆铜线绕制而成,绕组的线圈形式为叠绕组和单层同心式绕组,其嵌绕工艺与定子绕组的嵌绕工艺基本相同。较大功率的中、大型绕线型三相异步电动机转子绕组,都采用扁铜线或裸铜条绕制成半元件形式的双层波绕组。该种波绕组为三相绕组形式,它每槽由两个元件边构成双层波绕组,嵌绕好后三相绕组按星形连接。绕线型三相异步电动机转子绕组常见故障的检查与修理如下。

(1) 转子绕组断路故障的检查与修理。当转子绕组有一相或两相绕组断开时,电动机的起动转矩将会有很大的下降,而且起动困难,同时还会发出较大和高低起伏的"嗡嗡"声。绕组断路的原因、检查及处理方法如下所述。

1) 电刷未接触滑环而形成断路。出现这种断路故障多为电刷截面尺寸过大或不规整所致,此时电刷被卡死在刷盒内不能与滑环接触而形成断路;还有可能是电刷盒上压力弹簧失效、电刷在盒内歪斜过多或刷盒内掉入异物等造成。确定故障后可磨削电刷调整其尺寸,或清除刷盒内异物等方式排除故障予以修复。

2) 电刷与滑环接触不良。产生这种故障的原因主要有弹簧压力不足、电刷磨损严重而使长度过短、滑环表面有污物或严重磨损等。对此类故障可进行电刷弹簧的压力调整或更换,电刷应有的正常压力值通常在产品说明书中均已标出,一般为15~27kPa,恒压弹簧的压力则在3~10N之间。

3) 转子绕组与滑环之间引出线断路。转子绕组与滑环之间引出线连接点断开,特别是在绕组和引线采用锡焊时,如转子长时间处于电流过大状况(如起动时间过长),可能因接头处严重发热导致焊锡熔化被甩出,从而造成引出线端脱焊而断路。这种故障可以用万用表的电阻挡从滑环上检测出,拆开电动机抽出转子即能找到断路位置,重新焊接并包以同等绝缘即可予以修复。

(2) 转子绕组短路故障的检查与修理。绕线转子三相异步电动机转子绕组的匝间、相间短路故障,可用普通三相异步电动机定子绕组的检查方法进行。并且由于绕线型三相异步电动机的功率都比较大,所以其转子电流都很大。如转子绕组发生匝间或相间短路,故障后果将会是严重而又明显的,只要拆出电动机转子进行观察一般很容易找到故障位置。

由于转子波绕组铜条线圈的绝缘坚实可靠,所以很少发生匝间、相间短路,如出现短路故障则应视其短路位置、范围以同等绝缘修复。

(3) 转子绕组的局部修理。常用中小型绕线型三相异步电动机的转子波绕组都采用铜条式线圈,线端的端部用并头套将两根线端套接后再用焊锡加以焊接。由于电动机运行中长期过载、反复起动等原因,引起转子绕组电流过大,温度过高并使并头处焊锡熔化。熔化后的焊锡,在电动机高速旋转中从并头套内甩出,而造成线端连接处虚接或断路。运转中电刷磨损使大量的碳粉被吸入到电动机内,部分碳粉即附着在各并头套之间,当积累到一定数量后将使并头套之间的绝缘电阻下降,出现爬电火花,严重时还会烧毁绕组绝缘,从而造成转子绕组对地或相间短路故障。转子绕组的局部修

理工作主要有以下几项。

1) 用压缩空气吹去转子绕组上各处积存的碳粉、灰尘和其他杂物,并用酒精仔细擦去绕组及并头套上的油污。

2) 认真清理、检查并头套及线圈线端,找出虚焊、脱焊的并头接点,经清洗、擦拭后重新用锡焊接牢固。

3) 为防止累积碳粉产生爬电现象,可调整各并头套之间距离使其间隔一致,在每个并头套上用玻璃丝套管或无碱玻璃丝带包扎好。

4. 定子重换绕组的修理

三相异步电动机的铁芯及其他机械部件的使用寿命都比较长且故障也较少,只有其绕组部分较为脆弱。一台新电动机由于安装问题或使用不当,往往只需几十分钟甚至十几分钟就会将绕组烧毁。此外,电动机因长期超载过热使绕组绝缘老化,或定子绕组产生严重的短路、断路、通地等故障,用局部修理的办法又无法修复时,就必须采取拆除全部旧绕组重换新绕组的方法对电动机进行修理。重换绕组的工作可按以下步骤来进行:记录原始技术数据;拆除旧绕组;制作绕线模;线圈的绕制;绝缘及裁剪;绕组的嵌线;接线与焊接;绕组的试验;浸漆与烘干等。

为了使在重换绕组工作中保有较详尽的原始资料,重绕后的绕组性能尽量达到与原来绕组的性能一致。所以在拆除旧绕组的过程中,应将表2-6-8-2内的各项技术数据仔细核对查明并详细予以记载,以作为重换绕组和核查依据。

表2-6-8-2 电动机重换绕组修理原始数据记录表

1. 铭牌数据			
型号	功率/kW	频率/Hz	转速/(r/min)
电压/V	电流/A	功率因数	功率
接法	绝缘等线	出厂编号	其他
2. 定、转子铁芯数据			
定子铁芯外径/mm	定子铁芯内径/mm	定子铁芯长度/mm	定子槽数
转子槽数	定子铁芯轭厚	槽形	其他
3. 定子绕组数据			
绕组形式	节距	线径/mm	并绕根数
匝数/匝	并联路数	线圈端部长度/mm	线圈周长/mm
线圈形状尺寸	旧线重量/kg	新线重量/kg	其他
4. 绕组接线展开图			

(1) 记录原始技术数据。对已确定进行重换绕组修理的电动机,应尽可能详细、完整地记录和保存其原始绕组数据。因为,翔实的原始数据可以使修理过程中避免不必要的错误。同时也是电动机修理质量的可靠保证。现将应录数据简述如下:

1) 铭牌数据。铭牌数据是电动机铭牌上所标记的各项数据,一般包括有异步电动机的型号、功率、转速、频率、电压、电流、效率、功率因数、绝缘等级、允许温升、出厂编号及电机制造厂等。

2）铁芯数据。铁芯数据是异步电动机的定子铁芯内径、外径、长度、槽数等，以及如图2-6-8-9所示的槽形各部分尺寸。

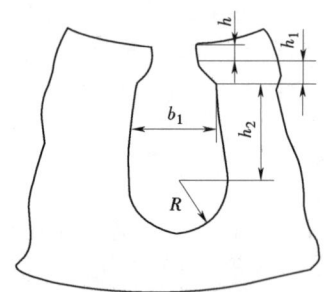

图2-6-8-9 定子铁芯的槽形尺寸

3）绕组数据。绕组数据是异步电动机定子绕组线圈的电磁线线径、型号、并绕根数、匝数、节距、并联支路数、绕组接法、线圈铜重等。

4）线圈尺寸。线圈尺寸是线圈的端部和直线部分的宽度和长度尺寸，图2-6-8-10所示即为三相异步电动机定子绕组，几种常用绕组型式线圈的各部尺寸。拆除旧绕组过程中，应尽可能留下一组外形完整的旧线圈作为制作新线圈绕线模的参考，并且还应记下绕组的绕线型式。此外，还应记载如图2-6-8-11所示电动机绕组端部伸出铁芯外的端部长度尺寸，以免新绕线圈端部超长而碰触端盖引起对地故障。

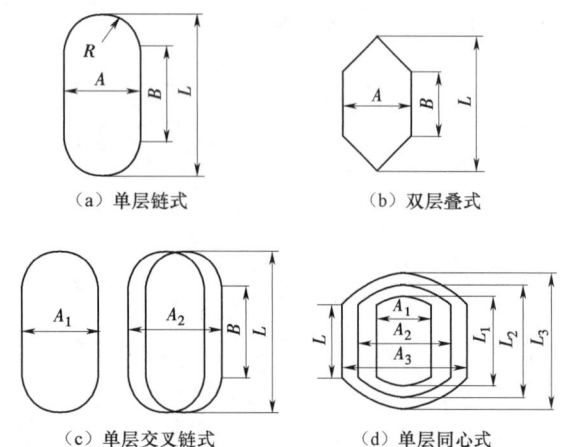

图2-6-8-10 常用绕组型式的线圈各部尺寸

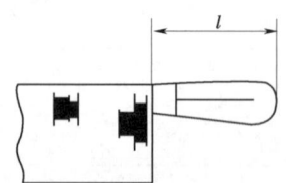

图2-6-8-11 绕组端部伸出铁芯的长度

（2）拆除旧绕组。由于异步电动机的绕组都经过良好的浸漆烘干的绝缘处理过程，使绕组已形成一个坚固的整体，非常不易排除。所以在拆除旧绕组时，先应将绝缘漆和旧绕组加热软化或烧掉。但为了保证异步电动机修后的质量，一般不能把定子铁芯及其绕组放到火中去加热。因为那样做将会使硅钢片的绝缘层遭受无可挽回的重创，并导致铁芯松弛涡流损耗增大及电动机温升增高性能变坏等。所以要采取对铁芯基本无损伤的方法去拆除损坏的旧绕组，具体的拆除方法有以下几种。

1）冷拆法。对于那些绝缘严重老化，比较容易拆下来的电动机旧绕组，就可以采用这种冷拆法。拆除旧绕组时，首先用电工刀或废锯条磨成的刀将槽楔从中间劈开后拆出。再用平口起子从线圈端部分次拨开线匝，然后将线匝的直线部分扯出槽口外，并逐次拆线直至将全部导线都拆出来。如遇铁芯槽楔劈不开而线匝无法从槽口拆出时，就只能用钢丝钳将绕组的端部逐根剪断，然后在另一端用钢丝钳逐根把导线从槽中拉出。在拆除旧绕组时还应按导线原有的排列顺序分层逐批拉出，切勿用力过猛或多根并拉以免损坏槽口。当旧绕组全部拆出后应同时将旧槽绝缘一并取出，并逐槽清理槽内残余的绝缘物。此外，还应整理好槽口和铁芯两端的端面，使整个铁芯的端面和槽内无铁屑、杂质、保持干净平整的良好状态，以利新绕组顺利无损地嵌入定子铁芯各槽中。

2）加热法。有些电动机绕组的绝缘尚未老化，其绝缘漆使绕组仍为一个坚固的整体。对这类旧绕组的拆除可采用"加热软化、乘热拆除"的方法进行。加热方法有通电短路加热和烘房加热两种。通电加热法是将低压电源引到电动机的绕组上加热，并用调压器将电压逐步增加到使电动机绕组升高的温度能让其软化可拆除程度。另外一种加热方法就是用烘房对电动机进行整体加热，即将电动机绕组绝缘烘热到明显软化，及其槽楔和导线都比较容易扯出来的时候。但不论用哪种加热方法，其加热温度都不能太高，一般应控制在200℃以下，否则高温将会损坏定子铁芯硅钢片的片间绝缘，而导致电动机的铁损增加、空载电流增大的不良后果。

3）溶剂溶解法。当三相异步电动机定子绕组在其绝缘漆尚未严重老化，估计用冷拆法和加热法拆除绕组会较为困难时，还可以采用溶剂溶解法来拆除旧绕组。常用的溶剂溶解法有以下几种。

a. 氢氧化钠（工业烧碱）腐蚀法。采用这种方法时，一般是将1kg氢氧化钠加上10kg水，然后把电动机定子绕组浸泡在该溶液中，浸泡时间为2～3h即可。如需加快溶解过程，则可将溶液加热至80～100℃。定子绕组从溶液中取出后要立即用清水冲洗干净，然后再按绕组顺序逐一将线圈全部拆出。对于采用铝导线的三相异步电动机定子绕组，则不能采用这种腐蚀液拆除旧绕组。

b. 丙酮、酒精、苯混合液浸泡法。当被拆除旧绕组的电动机功率比较小时，可用丙酮25%、酒精20%、苯55%的比例，将这些溶液按重量百分比进行混合。然后将电动机定子及绕组整个浸入此混合液中，待绝缘软化后即可拆除旧绕组。

c. 丙酮、甲苯、石蜡混合液刷浸法。由于有机溶剂价格较高，用溶剂浸泡耗料太多而极不经济。所以，为了节约材料费用对小功率三相电动机改用耗料少的溶剂刷浸法。刷浸时的溶剂采用丙酮50%、甲苯45%、石蜡5%三种材料配制而成。先将石蜡加热熔化后移开热源加入甲苯，然后加入丙酮并将三种材料搅拌均匀。再将电动机定子立放在有盖的铁盘内，用毛刷将溶剂涂刷到定子绕组的端部和槽口处，整个绕组涂刷完毕后加上盖，以防止溶剂挥发太快而减弱溶解效果。一般在经过1～2h以后，即可取出电动机定子，拆除旧绕组。

采用溶剂溶解法时应特别注意安全，一要防止起火，二要通风良好，以免苯的有毒气体吸入人体而中毒。拆除旧绕组后的定子铁芯应及时清理其槽内残余绝缘和杂物，并整理好铁芯两端的槽口和端面等。

(3) 制作绕线模。在重新绕制新绕组前，应根据旧绕组线圈形状和尺寸或需要变动的绕组节距来制作绕线模。绕线模尺寸做得是否准确、合适，对电动机绕组的重嵌工作能否顺利进行起着决定性的作用。新绕制的线圈尺寸既不能太短也不可过长，太短将会使嵌线发生困难严重时甚至使线圈无法嵌下去；过长则不仅浪费铜线且还会使绕组电阻和端部漏抗增大，使电动机的电气性能变坏；并且端部过长还可能因碰触端盖而引起新的绕组通地、短路故障。因此，绕线模一定要根据原线圈的尺寸来制作，通常按所修电动机原线圈尺寸做出的绕线模是比较可靠的。但是，如果该电动机已经大修过，其定子铁芯中已不是制造厂的原装绕组，此时在拆除旧绕组前，应仔细察看线圈各部尺寸是否合理，应考虑是否要酌情作出更改和调整后再制作绕线模。

如果没有形状完整且尺寸合理的旧线圈作为参考，就只有通过计算来重新设计绕线模。经重新设计制作的绕线模，在绕出第一个线圈后，应进行试嵌以察看其各部尺寸是否符合要求。如有不合适之处，则应对绕线模予以修改和调整，直到所绕新线圈各部尺寸完全合适后才可以正式开始绕制全部线圈。

绕线模一般由模心和夹板所组成，图2-6-8-12所示为双层叠绕组的绕线模。从图中可以看出，模心是绕线模最重要的部分，它决定了所绕线圈的长、短、宽、窄及全部尺寸，所以，对模心尺寸的确定应细心、慎重。如果具有确定模心尺寸的实际经验，则可根据电动机的绕组型式在铁芯上用一根导线弯成线圈模心样板，以它作为制作绕线模的依据。绕线模的模心尺寸如图2-6-8-13所示，其计算方法如下。

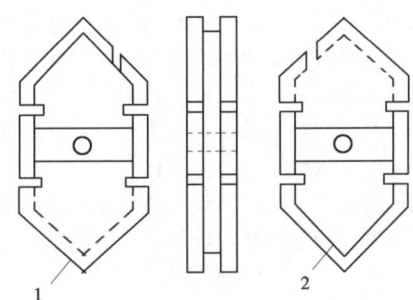

图2-6-8-12 绕线模的模心与夹板图
1—外夹板；2—模心

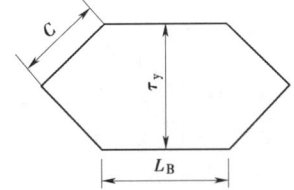

图2-6-8-13 绕线模模心的各部尺寸

模心宽度为

$$\tau_y=\frac{\pi(D_i+h_s)}{z_1}Y_1(\text{mm}) \quad (2-6-8-1)$$

式中 D_i——定子内径，mm；
z_1——定子槽数；
Y_1——用槽表示的节距；
h_s——定子槽高。

模心直线部分的长度为

$$L_B=l+2d(\text{mm}) \quad (2-6-8-2)$$

式中 l——定子铁芯长度，mm；
d——线圈直线部分两端伸出铁芯的长度，一般取 $d=5\sim15$mm，功率大的取较大值。

模心端部的长度为

$$2C=k\tau_y(\text{mm}) \quad (2-6-8-3)$$

式中 k——系数，电动机2极时 $k=1.2\sim1.25$，4极时取 $k=1.25\sim1.3$；
τ_y——模心宽度。

模心厚度为 $$H=d_i\sqrt{N} \quad (2-6-8-4)$$

式中 d_i——绝缘导线直径，mm；
N——一个线圈的导线数。

绕线模的夹板尺寸，以周边高出模心10~15mm为宜。模心做成后，通常均在其轴心处倾斜地锯开，这时，半块模心被固定在上夹板而另外半块模心固定在下夹板，其结构可参见图2-6-8-12所示。这样，当线圈绕制完成后就比较容易脱模。

绕线模一般均用干燥的硬木制作，因为它不易弯曲变形，绕线模也可以用胶木板来制作，但其成本会相应高些。绕线模可以根据每极相组的线圈数来做模板，由于这样线圈绕制时可以中间不剪断而一次连续绕成。可避免线圈间许多不必要的连接，提高了电动机绕组运行中的可靠性。

(4) 线圈的绕制。定子绕组的线圈在绕制前应先用千分表检查所用导线的型号、线径和绝缘厚度等是否符合要求。常用圆电磁线的公差和绝缘厚度如表2-6-8-3、表2-6-8-4所示。

表2-6-8-3 常用圆导线公差

导线直径/mm	0.27~0.69	0.72~1.0	1.04~1.62
公差/mm	±0.01	±0.015	±0.02

表2-6-8-4 常用聚酯漆包线的绝缘厚度

圆导线直径/mm	绝缘厚度/mm	圆导线直径/mm	绝缘厚度/mm
ϕ0.27~0.33	0.05	ϕ0.64~0.72	0.08
ϕ0.35~0.49	0.06	ϕ0.74~0.96	0.09
ϕ0.51~0.62	0.07	ϕ1.00~1.74	0.11

绕线前必须仔细了解清楚三相绕组的极相组数、每极相组内的线圈数及线圈匝数等有关数据，特别是线圈匝数不能有差错，因为它直接影响到电动机运行性能的好坏。三相异步电动机绕组的绕线工作可用手摇绕线机或电动绕线机完成，如图2-6-8-14和图2-6-8-15所示，其绕线步骤如下所述。

1) 准备好手摇绕线机或电动绕线机、绕线架、夹线板、绕线模、钢丝钳、剪刀、活动扳手，以及电磁线、绝缘套管和扎线等。

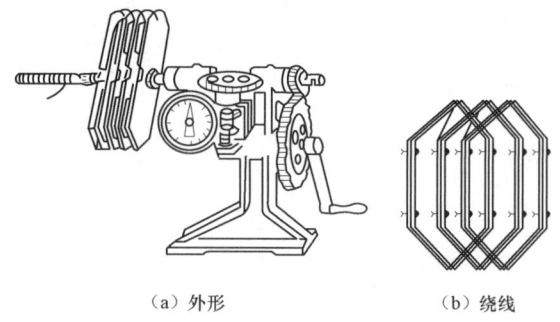

(a) 外形　　　　　　(b) 绕线

图 2-6-8-14　手摇绕线机

匝松散。接着可将电磁线进入绕线模的第 2 线槽，然后按同样的方法继续绕制，直至绕完极相组内的所有线圈，同心绕组则从节距小的线圈开始绕起。

5）极相组整组线圈绕好后，应留下适宜的引线长度后用钢丝钳剪断电磁线。再用活动扳手松开绕线机主轴的螺母，然后逐槽取出已经绕好的所有线圈。

6）三相异步电动机定子绕组的类型较多，其中的交叉绕组和同心式绕组都是由若干个大小不一的线圈套绕后构成极相组，如图 2-6-8-17 所示。这类绕组在绕线时，其极相组内的所有线圈要从小线圈至大线圈连续不断一次绕完。

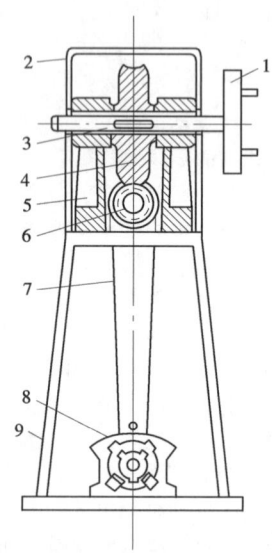

图 2-6-8-15　电动绕线机
1—机头；2—铁皮罩；3—主轴；4—蜗轮；
5—支架；6—蜗杆；7—皮带；
8—电动机；9—底座

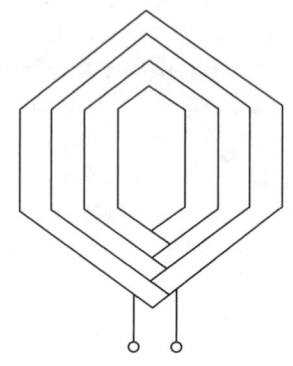

图 2-6-8-17　由大小线圈构成的极相组

7）在三相电动机绕组绕线时，各极相组内的线圈中最好不要有接头，以免增加绕组的故障点。确因线圈在绕制中电磁线不够而需要连接时，其焊接处也应选择在线圈的端部位置，而绝对不能和不准选在线圈的直线部分，否则经焊接的电磁线在加包绝缘后是很难嵌进槽中的。即使能够嵌入槽内若因焊接不良或断裂而造成线圈断路，将给检查和修理带来很大不便和困难。

8）绕线时还应注意拉紧电磁线的力度要松紧适宜，过松则使绕制的线圈内部松散外部零乱，绕出的线圈质量较差而不利嵌线。过紧又可能将电磁线拉细，从而影响线匝间的耐压强度和增大线圈的直流电阻值，使电动机的性能受损，所以应特别注意电磁线拉紧的力度。

（5）绝缘及裁剪。三相异步电动机定子绕组绝缘材料应按规定的绝缘等级和绝缘结构选用。定子绕组的槽绝缘为 E 级时，一般采用 6520 聚酯薄膜绝缘纸复合箔。其厚度为 0.15mm、0.2mm、0.25mm 等，可根据电动机功率大小和电压高低选择不同的绝缘厚度。近年来，在 B 级绝缘材料中也有采用 6630 聚酯纤维无纺布与聚酯薄膜的复合箔[俗称（DMD）]的。

2）将绕线模装在手摇或电动绕线机的主轴上，并用螺母将线模两侧的夹板锁紧，将绕线机计数器的号盘拨到"0"位置。电磁线装到绕线架上和夹板中，并使绕线架与绕线机间保持适当的距离，使电磁线引至绕线模时能保持平整无弯曲。

3）绕线开始时，应将电磁线的起始线端经绕线模后侧开口处固定到绕线机主轴上。绕线从右向左绕并在绕线模的 4 道槽内放入扎线，如图 2-6-8-16 所示。

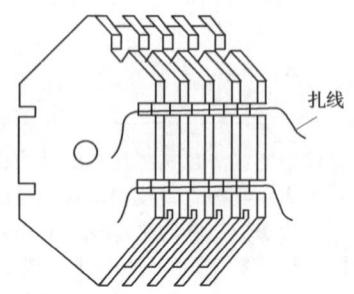

图 2-6-8-16　在绕线模内放扎线

4）绕线时电磁线在线模槽内应排列整齐层次分明，不得有严重交叉和混乱走线。绕满一个线圈规定的匝数后即用放在线槽内的棉扎线将线圈的线匝扎紧，以免线圈脱模时线

槽绝缘是用来垫放在铁芯槽内作为电动机的主绝缘，如图 2-6-8-18 所示，其两边均应高出槽口以便于嵌放线圈。并且，为保证绕组的介电强度和机械强度，槽绝缘应伸出铁芯两端一定的长度。伸出太短则使绕组对铁芯的介电距离不够，也使端部极相组间的绝缘无法垫好。伸出太长时要相应增加线圈直线部分的长度，这样不仅会造成电磁线无谓的浪费且过长的绕组端部极易被端盖顶伤，如图 2-6-8-19 所示。因此，槽绝缘伸出铁芯槽外的长度应视电动机功率的大小和极数的多少而不同，功率大极数少的电动机槽绝缘其伸出铁芯槽外的长度可略多些。

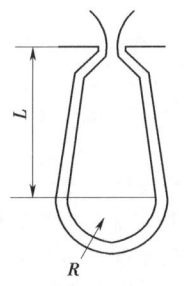
图 2-6-8-18 槽绝缘的垫放

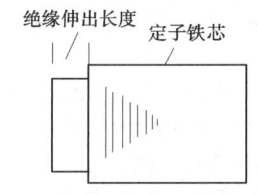
图 2-6-8-19 伸出铁芯槽外的绝缘长度

当同一槽内嵌放有两层线圈元件边的双层绕组内，则还应在这两层线圈元件边之间垫放一层属于相间绝缘的中间绝缘，如图 2-6-8-20 所示即为三相异步电动机定子绕组的槽内绝缘结构。此外，在绕组端部三相绕组各极相组间的端部重叠处还应垫入端部绝缘。中间和端部的绝缘均采用与槽绝缘同等的绝缘材料。

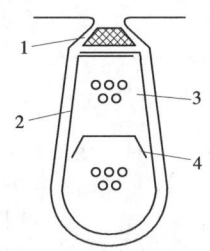

图 2-6-8-20 槽内的绝缘结构
1—槽楔；2—槽绝缘；
3—线匝；4—层间绝缘

（6）绕组的嵌线。将绕制好的线圈按照规定的节距、接法和顺序嵌入定子铁芯槽内，电动机放置方向应使其轴线平行于嵌线人员的前胸。嵌线的具体步骤如下所述。

1) 仔细检查清理铁芯槽内的绝缘残留物，用细锉刀、起子等工具修正突出的硅钢片和毛刺，以及纠正铁芯两端因拆除旧绕组而产生的硅钢片倒伏、弯曲等，并用吹风机或皮老虎将其吹干净。

2) 准备好槽绝缘、层间绝缘、端部绝缘、槽楔、整台电动机的三相绕组，以及橡胶锤子、剪刀、压线板、理线板等材料和工具，并将槽绝缘逐一垫放入槽中。

3) 认真查看电动机修理的原始技术数据记录，看清三相绕组的绕组型式、节距、并联支路数、接法，以及三相绕组首、尾端相互位置及嵌线的先后顺序等。

4) 开始嵌线时先将 a 相绕组第一极相组第一个线圈靠胸前的元件边用手指捻扁，使线匝状态成为扁平的一排，然后从一端槽口斜嵌入线圈的部分线匝或全部线匝。如遇到许多线匝被堵在槽中时，这时可用手指将线圈轻轻摇动使线匝徐徐进入槽中，或用理线板将线匝理清后整齐地括入槽内。

5) 将第一个线圈的另一元件边推至节距槽上方但暂不嵌入槽内，并用双手在该线圈两侧端部压喇叭口。如果是单层链式绕组、单层交叉式绕组及双层叠绕组等，均要在嵌入槽中的线圈元件边数达到线圈节距的槽数时，才可将线圈的另一元件边嵌入其对应的节距槽内。而此前所绕线圈的元件边应留至"吊把"后再嵌入各自的槽中。同心式绕组可在嵌进第一个的元件边后，接着就可以将此线圈的另一元件边嵌入其节距槽内。因为上述绕组无须"吊把"，所以可同时直接嵌入，直至嵌完三相绕组的全部线圈。

6) 当嵌极相组第二个线圈及以后的线圈时，应先将线圈间连接线整理后嵌入槽内。然后再将线圈元件边一次拉入槽中，其连接线应置放于线圈的内侧，这样能使定子绕组整齐美观，质量更有保证。

7) 当嵌完一个极相组后即垫入层间绝缘，并用锤子和压线板将层间绝缘敲下压实。接着按同样的方法，依次嵌入 B 相和 C 相绕组的第一个极相组，在嵌入 C 相绕组第一个极相组靠胸前的下层元件边后，就可根据线圈的节距将该极相组中应嵌入上层的元件边嵌进槽内。嵌线时，用两手将线圈边尽量捏扁使线匝排列成行，将线匝的左端从槽口左侧倾斜着嵌进槽内，并用手捏着顺序排列的线匝逐渐向右移动，边移边压地来回滑动，以使全部线匝均嵌入槽中。若遇到小部分线匝相互交叉压不进槽内时，可用理线板插进槽口沿着槽的方向边划边压地将线匝一根根压进槽内。该线圈的上层线匝全部嵌入槽中后，就可将高出槽外的槽绝缘用剪刀齐槽口剪去，再用理线板将左右两边的槽绝缘纸折叠覆盖在线匝上并用压线板压实，然后将槽楔打进槽里即可，如图 2-6-8-21 所示。

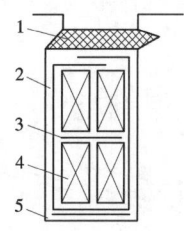

图 2-6-8-21 打入槽楔后的示意图
1—槽楔；2—槽绝缘；3—层间绝缘；
4—电磁线；5—槽底垫条

8) 单层绕组由于其绕组型式的特点而与双层绕组的嵌线顺序不同。因为每极相组内线圈数不同，所以不是都采用逐槽嵌线或每个线圈的两元件边同时嵌线，而是嵌一槽后空一槽或空若干槽再嵌另一个极相组线圈的元件边；或嵌若干个线圈边后，再回头嵌原先一个线圈的另一元件边，其嵌法和顺序应视具体情况而定。

9) 当嵌到第一节距最先留下暂未嵌入的线圈元件边时（即"吊把"线圈），此时应逐一翻起线圈并用纱带将它们暂时吊起。其翻起高度以不影响最后一只线圈元件的嵌入为准，然后将"吊把"线圈元件边顺序嵌入槽中。

10) 待绕组的所有线圈全部嵌完后，可用橡胶锤子轻敲整理绕组两侧端部，使绕组端部成为低于定子铁芯内径的圆整的喇叭口。

11) 修剪绕组端部绝缘，使端部绝缘纸高于绕组的线圈线匝 2~3mm。

12) 在嵌线过程中如发现有槽底绝缘破裂或槽内过于松动等情况，则应在这些破裂或松动处垫入同等绝缘材料予以修复和充实。

13) 如线圈端部、连接线等处有凌乱或严重交叉时，须用理线板仔细加以理顺和整理，以避免线圈或线匝间发生短路故障。

（7）接线与焊接。绕组的线圈全部嵌入定子槽以后，就可以按照原规定的接法将三相绕组依次连接起来。其具体接法和接线步骤如下：

1) 接线前的准备。绕组在接线前应准备好玻璃丝漆套管、玻璃丝漆布带、腊线、松香、焊锡、引出电缆线，以及橡胶锤、剪刀、钢丝钳、理线板、弹性刮刀和电烙铁等材料以及工具。

2) 接线前的检查。应根据原始技术数据的记录，仔细检查、核对三相绕组出线端的相互位置、接法、出线方向等，并查看各相绕组内的线圈是否有嵌反、接错和端部绝缘垫错等情况，如果发现有此类错误应立即予以纠正。

3) 绕组的连接。接线时首先应将各相绕组所有的出线端整理好，并且合理地选定引出线端的出线位置。一般情况下都将出线位置选在距出线盒最近的线圈端部两侧。连接可按 A、B、C 相绕组的顺序先分别自行连接，而各相绕组内，电动机绕组原规定的显极接法或庶极接法进行接线。连接时，在需要连接的两线端上套入玻璃丝漆套管，该套管长度应伸入线圈鼻端 20mm 左右。然后用图 2-6-8-22 所示的弹性刮刀将电磁线绝缘漆层刮除后以待接线，两线端可以采取如图 2-6-8-23 所示的平行绞接法进行连接。线端接好即用电烙铁松香、焊锡将线端绞接处焊接，焊好后电烙铁要平移离开线端焊接处，以免在该处留下焊锡尖端毛刺而刺穿包上的绝缘。接着用绝缘漆布带半叠包两层将焊接处仔细包好。

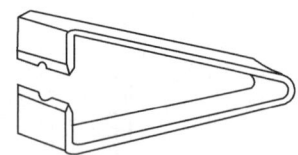

图 2-6-8-22　弹性刮线刀

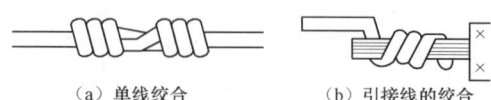

（a）单线绞合　　（b）引接线的绞合

图 2-6-8-23　线头的绞接

4) 引线电缆的焊接。根据三相绕组引出线端位置测量出引线电缆的长度后予以剪断，并剥去引线电缆接线处的绝缘层，将其与绕组引线端连接并仔细焊接牢固。然后将引线电缆的接线处用漆布带包好，并在包好的绝缘层外面套入大小适宜的玻璃丝套管。

5) 绕组的端部绑扎。在绕组端部绑扎前，应先将绕组端部的喇叭口用橡胶锤子敲打进行整理，使喇叭口圆整而又符合尺寸要求。连接线和电缆线应平整地排列在其绕组端部，并用蜡线牢固扎紧。

(8) 绕组的检验。在绕组的嵌线和接线工作完成后必须进行部分项目的检验，这样可以提前发现重换绕组修理过程中的问题，以确保电动机的修理质量。检验的项目主要有：外表检查；电阻测量；极性检查；短路检查；耐压试验等。现将这些项目的检查方法简述如下：

1) 外表检查。首先可以检查定子绕组两端的长短是否一致，喇叭口是否过大或过小，而不论是过大或过小都对电动机有不利影响。通常定子绕组端部的内圆不能小于铁芯内径，绕组端部外圆不得等于铁芯外径。其次还应该检查槽底绝缘是否有破裂，以及槽口绝缘是否包扎好和端部绝缘是否垫到位等。最后应检查槽楔的长短是否合乎要求，是否槽楔有高出槽口的部分以及槽楔在槽内有无松动等。

2) 电阻测量。可用万用表检测三相绕组每相的直流电阻值，以查看其是否符合原绕组的直流电阻值和三相绕组的电阻值是否平衡。当被测电动机绕组的电阻值小于 1Ω 时，可用电桥表进行检测，这样可提高测量的精度和检测的准确度。

3) 极性检查。用指南针法检查绕组极性是比较准确而容易的。应用这种方法时，一般都是采取逐相检查的方法进行。检查时可先在 A 相绕组通以低压直流电，如图 2-6-8-24 所示。然后将指南针放入铁芯内圆并沿圆周缓慢移动，移动一周看所测出的电动机极数和极性是否正确。如发现指南针摇摆不定或所指极性不是按南、北极交替分布时，无疑是绕组在连接中存在有错误。

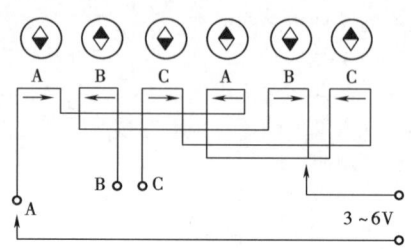

图 2-6-8-24　用指南针法检查绕组极性

4) 短路检查。对电动机绕组的短路故障一般可用短路侦察器进行检查。检查时可将短路侦察器贴放在铁芯内圆上，然后接通交流电源，并用一条锯片搭放在短路侦察器开口铁芯所跨绕组的另一元件边所在的槽口上。当绕组元件有短路故障时，锯片将强烈振动和发出噪声，就可以准确地找出嵌放在两个槽内的短路线圈元件。

5) 耐压试验。为保证三相异步电动机绝缘有可靠的电气强度，因此电动机必须在比额定电压更高的试验电压下进行耐压试验。同时由于绕组在嵌线、接线过程中均可能发生绝缘损坏情况，所以当绕组在经过上述工序和未进行绝缘处理前，都应该按要求作绕组绝缘的耐压试验。

在进行耐压试验时，如发现绕组绝缘被击穿，即应找到故障点予以修理，故障严重时甚至要局部更换损坏的线圈元件或槽绝缘。为了防止电动机在总装后再发生绕组绝缘击穿问题，就必须对绕组在嵌线、接线后进行一次更高电压的耐压试验。这样就可以在绕组浸漆烘干前发现和解决其绝缘中存在的缺陷，从而使电动机总装后的绕组绝缘击穿现象大为减少。其试验电压一般为：功率 1kW 以上的三相异步电动机定子绕组的耐压试验电压为 2 倍额定电压＋1000V；试验时间则为 30s。

(9) 浸漆与烘干。三相异步电动机在重换绕组后均要进行浸漆烘干的绝缘处理工序。绕组及绝缘经绝缘漆浸渍处理以后，能大大提高电动机耐热、耐潮等各项性能及使用寿命。

1) 提高的各项性能。

a. 提高了电动机绝缘的耐热性能。电动机所用任何绝缘材料在潮湿的空气中均或多或少地吸收部分湿气，对水分更是十分的敏感，而且极少量的水分就可能会引起绝缘材料性能显著的恶化。如果将绝缘材料浸渍绝缘漆后予以烘干，绝缘漆就将会把绝缘材料内的缝隙填满，或者至少能在绝缘材料表面结成一层光滑的漆膜。这样，水分就将很难进入绝缘材料的内部，因而绝缘材料的防潮性能也就得到极大地加强。

b. 提高了电动机绝缘的耐热性能。绝缘材料如长期过热，都将会出现变质、老化，其绝缘电阻或击穿电压值也就将随之降低，这就是绝缘材料的老化现象。但绝缘材料经过绝缘漆浸渍处理后，就能降低绝缘材料的老化速度而极大地提高电动机绕组的耐热性能。

c. 提高了电动机绝缘的电气和机械性能。电动机绕组及其绝缘在未经绝缘漆处理时，其电气强度和机械强度都很低。而在经过绝缘处理后其绕组内部的潮湿、水分均被驱除，绝缘漆也填满了匝间和绝缘材料的层间并相互黏结成一个整体。这样就可以避免由于松散导线受大电流和强磁场的影响，及导线与绝缘层不断振动、摩擦而造成的绝缘损伤。

d. 提高了电动机绝缘的导热性能。已知电动机绕组的绝缘层存在着大量的空隙，如果不经过绝缘漆的浸渍处理，这些空隙就将会充满空气。而空气的导热性能却很不好，对电动机的内部热量传导和散热器均有不利影响。因此，必须用浸渍的方法，使这些空隙被绝缘漆所填满，从而提高和改善电动机绕组整体的导热性能。

e. 提高了绝缘材料的化学稳定性。运行于化工厂、矿井中的三相异步电动机，因经常要受到酸、碱、氯、氨等气体的腐蚀作用。所以绝缘材料受这些气体的腐蚀而极易损坏，但经绝缘漆浸渍处理后，就能防止绝缘材料直接接触这些物质，使其化学稳定性得到很大的提高。

2) 绝缘漆浸渍处理的主要过程。重换绕组后的绝缘漆浸渍处理主要有三个过程，即预先干燥；浸渍处理；浸漆后干燥，现将处理过程简述如下。

a. 预先干燥（也称预烘）。预先干燥的目的就是为了驱除铁芯、绕组、绝缘材料中所含的潮湿与水分。预先干燥时，最应注意和掌握的是干燥温度和干燥时间。干燥温度随电动机绝缘材料的耐热等级、绝缘漆的干燥性能而定。根据技术要求和实际经验预先干燥温度可按下式选择：

预先干燥温度＝绝缘的标准耐热温度＋(10～20)℃

如果采用超过标准耐热温度20℃以上的预烘温度，绝缘的老化速度将会迅速加快，这是绝对不允许的。另外，预烘时应注意干燥温度是否均匀，否则会造成电动机铁芯和绕组的局部过热，这也是非常危险的。如果遇到这种情况，就可以在干燥时间上缩短一些，一般重换绕组浸漆前的预烘时间为4h。

b. 绕组浸漆。浸漆是绝缘处理的关键一环。重换绕组经过预烘后，待其冷却到50～70℃时就可以进行浸漆。保持这种温度浸漆的原因是因为当温度低于50℃时，漆对冷的物体渗透能力较小；而当温度高于70℃时，则在绕组外表面可能引起漆很快干结成膜，反而阻碍漆的渗入，并且还会引起漆的老化和溶剂的强烈挥发。所以，掌握在50～70℃这个最佳温度区浸渍是极为理想的。

绕组浸渍时，绝缘漆的漆面应高于电动机机壳顶部100mm以上，待漆槽中的气泡停止10～20min以后，再将电动机机座吊起，滴干余漆。滴干余漆的时间要随漆的黏度和电动机大小而定，一般为15～30min，没有滴干漆的电动机，干燥要花费很多时间。当余漆滴干后，绕组以外部分的余漆也应仔细揩干净，特别是定子铁芯要用粘少量汽油、甲苯或松节油等溶剂的抹布揩干净。

c. 浸漆烘干。滴干余漆后的电动机绕组应按表2-6-8-5所示规定的干燥温度、干燥时间分两个阶段进行烘干。

并应特别注意第一阶段的温度不得提高，以防止漆液因温度过高外溢而影响绕组浸渍质量。重换绕组后的浸漆烘干工艺如表2-6-8-5所示。表2-6-8-5中规定为两次浸漆工艺，第一次浸渍漆的黏度可以较稀，其目的是使漆容易浸入到绕组内；第二次浸渍漆的黏度则可以浓一些，因为它主要是用来加厚绕组的漆层。有时为简化绕组浸漆工艺和缩短浸漆时间，对E、B级绝缘采取一次浸漆工艺，此时绝缘漆的黏度为35～38s。

表2-6-8-5　　　　E级绝缘绕组浸渍
(1032漆)与烘干工艺

工序	工艺过程	温度/℃	时间	绝缘电阻	注意事项
1	预烘	125±5	4～6h	20MΩ以上	
2	第一次浸漆	绕组60～70	不冒气泡后15～20min		立式浸漆，将绕组全部浸入漆液中
3	滴漆		30～60min		滴干后应将铁芯和其他部分的余漆揩干净
4	烘干	70～80 135±5	2～3h 16～20h	6MΩ以上	
5	第二次浸漆	绕组60～70	不冒气泡为止		
6	滴漆		30～60min		同第一次浸漆时的滴漆
7	第二次烘干	70～80 135±5	2～3min 12min	10MΩ以上	烘干时间和要求以绝缘电阻稳定为限，烘干后应逐渐冷却后取出

5. 绕线转子重换绕组的修理

常用中型以上绕线型三相异步电动机的转子均采用铜条式双层波绕组。当其转子波绕组因绝缘损坏而造成部分匝间、相间短路或铁芯通地等故障，用局部修理的方法又无法修复时，就只有重换绕组。但在重换绕组前应详细记录旧绕组技术数据，如有必要，还可在转子铁芯上做好标记，准确记下三相双层波绕组各相的出线端、零线端、翻层导线（或段间连接线）槽号，以供重换转子绕组时参考。现将绕线转子重换绕组的过程简述如下。

（1）拆除旧绕组。

1) 拆除并头套及连接线。可用自制大功率电烙铁、喷灯等加热工具熔化开线端的并头套、连接线及短路环等，并将其焊接处去除余锡，清理干净后保存待用。

2) 拆除转子绕组两侧端部的绑扎层。如绑扎为镀锡钢丝，需先用电烙铁熔开焊锡，然后扯着拆开的钢丝头部逐圈拆出；如果为无纬玻璃丝带绑扎，则只需用钢手锯将绑扎层锯开即可。

3) 拆转子槽楔。在热状态时趁热拆除所有槽楔，因为这时绝缘材料受热变软槽楔最易打出，有事半功倍之效。

4) 弯直端部线圈。用图2-6-8-25所示的弯形工具将转子一侧的弯曲端部扳直（上层铜条线圈）。

5) 加热拆出线圈。接着给扳直后的上层铜条线圈通入交流低电压大电流（可用交流电焊机的输出电流），待绕组铜条线圈的绝缘烧焦冒烟且端部铜条呈暗红色时，即可将铜条线圈从尚未扳直的绕组一侧抽出，然后趁热投入冷水中快

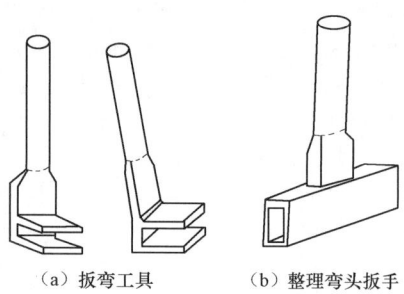

(a) 扳弯工具　　(b) 整理弯头扳手

图 2-6-8-25　铜条线圈的弯形工具

速退火。按同样方法拆出转子下层线圈。

6）清扫槽内杂物。转子旧绕组全部拆除后，应仔细清理扫除槽中残留的绝缘和杂物。并认真整理修正因拆除旧绕组而变形的个别转子铁芯齿片，在用压缩空气或皮老虎吹净铁芯槽内、外杂物后，可将转子铁芯槽内喷涂上一层薄薄的绝缘漆，以保护重换组时的槽绝缘。

（2）制作新绕组线圈。如果拆下的旧绕组铜条线圈没有大的损伤，一般均可经退火、整形、搪锡和重包绝缘后予以使用；否则就应按旧绕组铜条线圈的形状、尺寸、接法等数据重新制作新绕组，并用弯形工具将其一侧弯成需要的端部形状，如图 2-6-8-26 所示。同时，还应将铜条线圈的两线端搪锡约 30～40mm，以及按产品绝缘规范的要求，将铜条线圈的直线和端接部分包上合格的绝缘。

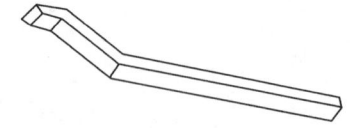

图 2-6-8-26　铜条线圈的弯形

（3）线圈嵌线及弯形。绕线型异步电动机的转子波绕组均为插入式硬绕组，即绕组的铜条线圈是先将一端弯好形，并经绝缘后插入铁芯闭口槽的。接着，依次弯好插入的这端未弯形的直线端部。然后，在垫放好层间和端部绝缘后，即插入上层铜条线圈，经弯形和打入槽楔，嵌线工作即告完成。嵌线和弯形的工艺过程简述如下。

1）清除槽内杂物。首先将转子安放在能够轻快自如地转动的专用支架上，然后用手转动转子逐槽清除转子铁芯槽内外的绝缘残片及灰尘杂物等。有条件时，可在清理后的转子铁芯槽中喷涂上一层薄薄的绝缘漆。

2）包扎、垫放绕组绝缘。转子波绕组的绕组绝缘主要包括支架绝缘、槽部绝缘和端部绝缘三部分。

a. 支架绝缘。绕组支架是一个固定在筋上的圆环，可先将支架清理干净，并刷上绝缘防锈漆，接着半叠包绕两层无纬玻璃丝带。然后按设计要求垫放比支架略宽的绝缘板，最后半叠包一层玻璃丝带作为保护层。在垫放绝缘板时，应注意各层的对接缝要相互错开，绝缘板一般用 0.5mm 厚的云母板和绝缘纸板。支架绝缘的厚度则要根据图纸要求加以控制，以使铜条线圈端部保持平整为准，所有的玻璃丝带应经浸漆处理后再使用。

b. 槽部绝缘。由于插入式铜条线圈上已包好对地绝缘和端部相间绝缘，因而槽绝缘（每端伸出铁芯 25mm 左右）仅作铜条线圈插入时防止擦伤绝缘之用。槽内铜条线圈上、下层间的垫条一般为 1mm 厚，每侧比铁芯长 50mm 左右即可。插放于槽绝缘下面的槽底垫条（厚 0.5mm 的绝缘纸板剪成），其长度与槽绝缘长度相同。

c. 端部绝缘。转子波绕组端部绝缘结构如图 2-6-8-27 所示。绕组端部上、下层间绝缘一般采用厚 2mm 的绝缘纸板，其作用也仅为使绕组端部上、下层结合紧密、平整而已，因为该绕组铜条线圈的端部绝缘厚度已两倍于其对地绝缘厚度，所以没有必要再加强绕组端部上、下层间的绝缘。

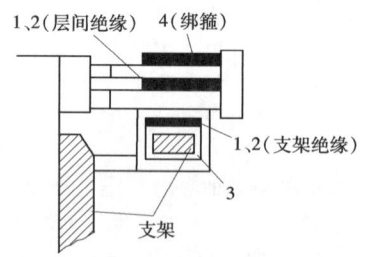

图 2-6-8-27　绕组端部的绝缘结构
1、2—无碱玻璃丝带和 0.5mm
玻璃布板夹云母板；3—玻璃漆
布带；4—无纬胶带或钢丝

3）插入铜条线圈。根据拆除旧绕组时的原始记录和绕组接线图，画出绕组和定好槽位（即标出绕组的引出线端和翻层线端位置）。从滑环一侧开始先插下层铜条线圈，待全部下层铜条线圈插入后，校正好两侧端部的长度，并在已弯好形的一侧用绑带扎紧，随即将该侧端部层间绝缘垫放包扎好，边包边用木槌敲打以使绕组端部紧贴支架绝缘。如图 2-6-8-28 所示，即为下层铜条线圈插入时的情况。接着可用弯形工具将插入的下层铜条线圈未弯形的一侧端部弯成所需形状。如图 2-6-8-29 所示，由于铜条线圈的滑环侧已弯形，因此，开始几根铜条线圈不能一次弯到位，而只能弯出不大的角度。然后将全部铜条线圈弯到所需的斜度，弯好全部铜条线圈的斜边后，再弯接线头。全部弯好形后，即用木槌轻敲铜条线圈，使其紧贴槽底和绕组支架。按规定垫放绕组端部和槽内上、下层间绝缘后，即可进行插入上层铜条线圈；打入全部槽楔；将上层铜条线圈一侧端部弯形等。绕组弯形时应注意不要损坏绝缘，上下层铜条线圈应结合紧密，并贴紧在绕组支架上以免旋转移动而损伤绝缘。

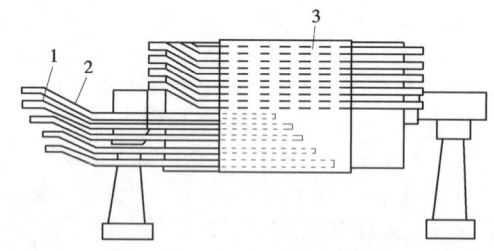

图 2-6-8-28　下层铜条线圈插入示意图
1—第一根线棒；2—最后一根线棒；3—铁芯

（4）接线、焊接及浸漆。转子波绕组的铜条线圈一般均采用并头套进行线端连接，其并头套通常均用薄铜皮弯压而成并经过搪锡。如图 2-6-8-30 中 1 所示铜条线圈两端按照接线图套上并头套后，用钳子夹紧并打入搪过锡的铜楔。在部分并头套内按图样规定须装入冷却用风叶片。安装时先将风叶片放入并头套内，然后连同一起套入铜条线圈的端头

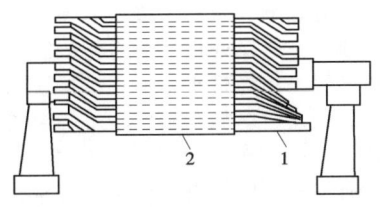

图 2-6-8-29 铜条线圈端部弯形示意图
1—第一根线棒；2—铁芯

上，如图 2-6-8-30 中 2 所示。

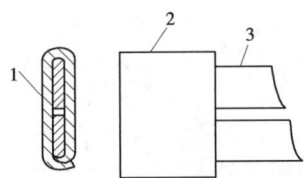

图 2-6-8-30 并头套连接
1—并头套；2—铜楔；
3—铜条线圈

铜条线圈并头套的焊接一般均采用锡焊，焊接可用图 2-6-8-31 所示自制大功率焊锡槽进行。焊接时应注意不要将焊锡掉入绕组端部及槽内，以免造成绕组短路或通地故障。为避免超载状态时焊料熔化甩出，有的转子绕组采用耐高温的银铜焊料。进行这种焊接时，必须注意保护线圈绝缘不受高温损坏。

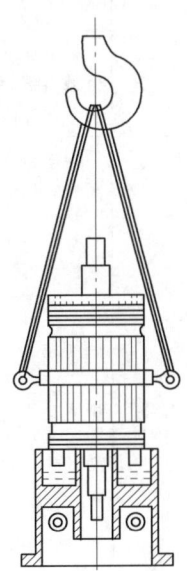

图 2-6-8-31 绕线转子的焊接

(5) 绕组的端部绑扎。由于转子在高速旋转时其绕组的两端均会产生很大的离心力，可能使转子绕组端部产生位移飞出，从而产生机械损伤和扫坏定子绕组端部。因此，绕线型异步电动机的转子绕组端部必须进行绑扎加固。一般有两种绑扎加固方法，即扎钢丝和扎无纬玻璃丝带。目前广泛使用的为后一种，它不仅能提高电动机的机械强度和电气性能，而且其成本低廉操作方便。以下简介这两种转子绕组端部绑扎方法。

1) 绑扎钢丝。转子绕组端部绑扎钢丝时，最常见的为扎一层，但在大功率绕线型电动机中，也有绑扎两层甚至三层的。绑扎的钢丝宽度如在绕组端部，不应超过 40mm，否则就要分段绑扎。如在转子铁芯部位，一般不应超过 20mm，对于高速电动机不应超过 15mm。

如图 2-6-8-32 所示转子绕组绑扎钢丝可在普通支架上进行，钢丝的拉力由拉线夹调节控制。绑扎钢丝前应将拟绑扎钢丝部位的线圈之间空隙用绝缘材料塞紧，并在外表面垫上云母纸板和绝缘纸板，用玻璃丝带绑牢，其绝缘宽度应比绑扎的钢丝宽度每边宽出 5mm 左右为宜。绑扎钢丝位置应与线圈的支架环相吻合，以使绕组端部不致承受弯曲应力的影响。

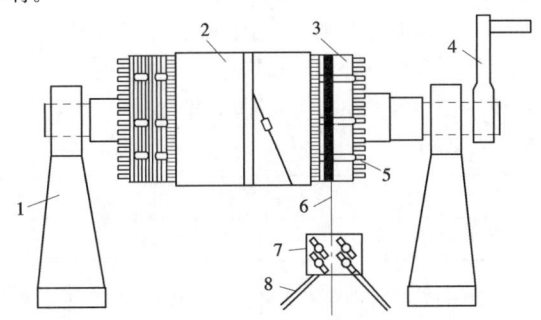

图 2-6-8-32 绑扎钢丝示意图
1—支架；2—电枢；3—绝缘纸板；4—手柄；
5—扣片；6—钢丝；7—拉线夹；8—拉线

如电动机修理过程中一时找不到适合直径的钢丝时，则可以根据下式进行换算以改换替代直径的钢丝。

$$N_2 = N_1 \left(\frac{d_1}{d_2}\right)^2 \quad (2-6-8-5)$$

式中 N_1——原钢丝的匝数；
d_1——原钢丝的直径，mm；
N_2——更换后的钢丝匝数；
d_2——更换后的钢丝直径，mm。

如电动机在修理过程中数据遗失，可按下式计算其匝数。

$$N_1 = 1.13 \frac{GD_0}{\left[\sigma - 0.022 D^2 \left(\frac{n_0}{1000}\right)^2\right] d^2} \left(\frac{n_m}{1000}\right)^2$$

$$(2-6-8-6)$$

式中 n_m——最高转速，r/min；
n_0——额定转速，r/min；
d——钢丝直径，cm；
G——电枢绕组端部质量，kg；
D_0——电枢绕组端部平均直径，cm；
D——转子铁芯外径，cm；
σ——钢丝许用应力，$\sigma = 30000\text{N}/\text{cm}^2$。

在扎钢丝的过程中应注意绑扎紧密和平整，钢丝箍的外径应比转子外径小 3~4mm，钢丝的拉力应保持均匀，其拉力大小如表 2-6-8-6 所示。

表 2-6-8-6　　钢丝常用拉力表

钢丝直径/mm	拉力/kg	钢丝直径/mm	拉力/kg
0.5	12~15	1.0	50~60
0.6	17~20	1.2	65~80
0.7	25~30	1.5	100~120
0.8	30~35	1.8	140~160
0.9	40~45	2.0	180~200

2) 绑扎无纬玻璃丝带。转子绕组端部绑扎无纬玻璃丝带是现今广泛使用的方法，它具有工艺简单、电气性能好、绝缘强度高以及材料费用低等优点。

常用的无纬玻璃丝带有 B 级、F 级和 H 级等几种。而无纬玻璃丝带宽则为 10～50mm，厚为 0.17mm，一般用的有 0.17mm×20mm 和 0.17mm×25mm 两种。无纬玻璃丝带绑扎匝数，可由原钢丝的匝数换算而得，例如当无纬玻璃丝带的规格为 0.17mm×25mm 时，其匝数可由下式算出：

$$N_2 = KN_1 \quad (2-6-8-7)$$

式中 N_2——需要无纬玻璃丝带匝数；

N_1——需要的原钢丝匝数；

K——换算系数（见表 2-6-8-7）。

表 2-6-8-7　换算系数 K

钢丝直径 d/mm	1.0	1.5	2.0
换算系数 K	0.3	0.46	0.55

如果无纬玻璃丝带规格变化时，K 值与其截面积成反比关系变化。

若没有电动机转子绕组原绑扎钢丝数据，则无纬玻璃丝带绑扎匝数可按下式计算得出：

$$N_2 = 0.89 \frac{GD_0^2}{\sigma bh} \left(\frac{n_m}{100}\right)^2$$

式中 b——无纬玻璃丝带宽度，cm；

h——无纬玻璃丝带厚度，cm；

σ——无纬玻璃丝带许用拉力，在室温条件下无纬玻璃丝带的许用拉应力为（10000～12000）N/cm²；在 130℃ 时的许用拉应力则为 20000N/cm²。

用无纬玻璃丝带进行绑扎前转子绕组端部应经整形。无纬玻璃丝带有常温绑扎和加热绑扎两种方式，这主要由无纬玻璃丝带含胶的性质而定。加热绑扎时无纬玻璃丝带应加热到 80～100℃，转子绕组也要预热到 80～100℃。常温绑扎无须加热即可进行。

绑扎时将转子也要放在可轻快转动的支架上，用一套滚轮来增加无纬玻璃丝带的拉力以确保绑扎强度。绑扎无纬玻璃丝带的初拉力为 500N/cm²，在一定宽度内用无纬玻璃丝带平绑扎成一个玻璃丝箍。当玻璃丝带通过滚轮时，在滑轮上常会粘有胶质，这时可用适量丙酮将滑轮沟槽擦干净后，即可继续进行绑扎。绑扎时，绑扎无纬玻璃丝带的层数应不少于 7 层，并且应与转子绕组一起浸漆，经滴干余漆后，送进烘房进行固化处理。玻璃丝带绑扎层应该表面光滑平整，绝对不可高出转子铁芯的外径。

功率较大电动机的转子绕组绑扎无纬玻璃丝带时，由于玻璃丝带截面小，所以其张力不能过大，因而绕组端部也就不易绑扎紧。对此，可预先绑钢丝箍，而后再上无纬玻璃丝带。即先在转子绕组端部绑扎一层钢丝箍，然后在 80～100℃ 的温度烘烤 2h，接着边拆钢丝箍边绑扎无纬玻璃丝带。

（6）转子绕组的绝缘处理。绕线型三相异步电动机转子经重换绕组后也应进行绝缘处理。因为，只有通过绝缘处理才能最有效地提高转子绕组的耐潮性能、耐热性能、电气强度和机械强度等。以下将简述转子绕组的绝缘处理过程。

1）绝缘处理前的检测。转子绕组经重换修理后应进行必要项目的检测，以确认重换绕组修理的质量。如在绕组重换过程中潜存有通地、短路、接错或焊接不良等故障而又没有发现，则一经绝缘处理后必将使故障修复的难度增大。因此，转子绕组在经过重新嵌线、接线和焊接后，必须作有关项目的检测以确保合格的转子绕组进入绝缘处理工序。

a. 外观检查。根据原始数据记录及绕组接线图，认真核对三相绕组的引出线端、零线端、段间连接线端的槽号是否正确；绕组的前、后节距和短距是否正确；仔细检查各并头套、引出线端和零线端的焊接是否牢固等，如发现问题，应立即返工修复。

b. 直流电阻测量。测量转子三相绕组的各相电阻值，其电阻值不平衡度应小于 5%。否则即可能存在有焊接不良或接错等故障，如有此类故障应即返工修复。

c. 耐压试验。应在转子绕组未接上零线环时，进行绕组相间和对地的耐压试验，试验电压为 2 倍额定电压加 2000V。如发现故障应以同等绝缘予以修复。

2）绝缘处理用绝缘漆。绝缘处理用浸渍漆分为有溶剂漆和无溶剂漆两种。有溶剂漆由天然树脂或合成树脂与溶剂组成，它具有渗透性强、工艺简便和储存时间长等优点。但其缺点为固化慢，而浸烘周期长，并且溶剂的大量挥发将造成材料浪费和环境的污染。常用有溶剂漆的种类与特性如表 2-6-8-8 所示。

表 2-6-8-8　常用的有溶剂漆种类

名称	型号	耐热等级	特性及用途
三聚氰胺醇酸树脂漆	1032A30-1	B	耐潮性、耐油性和内干性较好，机械强度较高，且耐电弧，可浸渍湿热地区使用的电机绕组
环氧树脂漆	1033H30-2	B	耐潮性及内干性好，机械强度高，黏结力强，用途同 1032
聚酯浸渍漆	155Z30-2	F	耐热性和电气性能较好，黏结力强，可浸渍 F 级电机绕组
有机硅浸渍漆	1053W30-1	H	耐热性和电气性能好，但烘干温度较高，可浸渍 H 级电机绕组
聚酯改性有机硅漆	931W30-P	H	黏结力较好，耐潮性和电气性能好，烘干温度较 1053 低，若加固化剂可在 150℃ 固化，用途同 1053
低温干燥有机硅漆	9111	H	耐热性较 1053 稍差，但烘干温度低，干燥快，用途同 1053
聚酰胺酰亚胺浸渍漆	PA1-2	H	耐热性优于有机硅漆，电气性能优良，黏结力强，耐辐射性好，可浸渍耐高热或在特殊条件下工作的电机绕组

无溶剂漆由合成树脂、固化剂和活性稀释剂等组成，它具有固化快、浸透性好、固化过程挥发物少和绝缘整体性好等优点。常用的无溶剂漆有环氧型、聚酯型和环氧聚酯型三类。环氧型无溶剂漆具有黏结力强、收缩率小，而漆膜的电气性能、耐潮和耐霉性能均比较好。但漆的贮存稳定性和漆膜韧性均不及聚酯漆，而环氧聚酯漆的性能则介于两者之间。常用的无溶剂漆的类型与特性，如表 2-6-8-9 所示。

表 2-6-8-9　常用的无溶剂漆种类

名称	型号	耐热等级	特性与用途
环氧无溶剂漆	110	B	黏度低，击穿强度高、储存稳定性好，可沉浸小型低压电机绕组
聚丁二烯环氧聚酯无溶剂漆		B	黏度低，挥发物少，固化较快，储存稳定性好，耐热性较好，可用沉浸低压电机绕组
环氧聚酯酚醛无溶剂漆	5152-2	B	黏度低，击穿强度高、储存稳定性好，可沉浸低压电机绕组
环氧聚酯无溶剂漆	EI	F	黏度低，挥发物少，击穿强度高，储存稳定性好，可沉浸F级低压电机绕组
不饱和聚酯无溶剂漆	319-2	F	黏度低，电气性能较好，储存稳定性好，可沉浸小型F级电机绕组

绕组绝缘处理还要使用覆盖漆，它有瓷漆和清漆两种，瓷漆含有颜料和填料，清漆不含这些。覆盖漆用于经绝缘漆浸渍处理后的绕组端部及绝缘部件，以在其表面形成连续而厚度均匀的漆膜，作为绝缘的加强保护层。从而防止空气中腐蚀性气体、润滑油、化学品等的侵蚀和机械损伤。常用覆盖漆如表2-6-8-10所示。

3）浸漆处理工艺。转子绕组的绝缘处理因绝缘结构和使用要求的不同，其浸漆次数及工艺方法也有不同。以浸1032漆为例，小功率电动机浸一次漆就可以了；对大中型电动机为增加其可靠性，一般需浸两次漆；而对于有防潮要求的特殊电动机则要浸渍三次漆。浸漆工艺过程由预烘、浸渍和烘干这三步组成。

表 2-6-8-10　常用的覆盖漆

名称	型号	耐热等级	特性与用途
晾干醇酸灰瓷漆	1321 (C32-9)	B	晾干或低温干燥，漆膜硬度较高，耐电弧和耐油性好，用于电机绕组或绝缘零部件
醇酸灰瓷漆	1320 (C32-8)	B	烘焙干燥，漆膜坚硬，机械强度高，耐电弧和耐油性好，用于电机绕组
环氧酯灰瓷漆	163 (H31-4)	B	烘干，漆膜硬度高，耐潮、耐霉、耐油性好，可用于湿热地区电机绕组
晾干环氧酯灰瓷漆	164 (H31-2)	B	晾干或低温干燥，漆膜坚硬，耐潮、耐霉和耐油性好，可用于湿热地区电机绕组
晾干有机硅红瓷漆	167	H	晾干或低温干燥，漆膜耐热性高，电气性能好，用于覆盖耐高温电机绕组和绝缘零部件表面修饰
有机硅红瓷漆	1350 (W32-3)	H	烘干，漆膜耐热性能、电气性能比167好，且硬度高，耐油，用途同167

6. 电动机常见故障快速诊断与修理

电动机常见故障的故障的现象、产生原因和处理方法如表2-6-8-11所示。

表 2-6-8-11　电动机常见故障快速诊断与修理

故障现象	产生原因	处理方法
电动机无法起动	(1) 电源未接通。 (2) 绕组短路、断路、接地或接错。 (3) 熔体烧断。 (4) 绕线转子电动机启动时误操作。 (5) 过电流继电器整定值过小。 (6) 老式启动开关油杯缺油。 (7) 控制设备接线错误	(1) 检查开关、熔断器、各触点及电动机引线端。 (2) 用仪表检查找出故障处，并进行修复。 (3) 找出故障后，按电动机容量配新熔丝。 (4) 检查集电环短路装置及启动变阻器位置，启动时隔开短路装置、串接变阻器。 (5) 适当调大整定值。 (6) 加新油，达到油面线止。 (7) 校正接线
通电后熔断器被烧断或断路器跳闸	(1) 电动机断相启动。 (2) 定转子绕组接地或短路。 (3) 负载过重或机械部分卡住。 (4) 熔体截面积过小。 (5) 绕线转子电动机所接启动电阻过小或被短路。 (6) 电源至电动机之间连接线短路	(1) 检查电源线、引出线、熔断器、开关各触头，找出断线或假接故障后，进行修复处理。 (2) 采用仪表检查，找出故障处后进行修复处理。 (3) 将负载调至额定值，排除被拖动机械的故障。 (4) 按要求更换熔体。 (5) 增大起动电阻或消除短路故障。 (6) 查出短路后，进行修复处理
通电后电动机不能起动并发出嗡嗡叫声	(1) 极数改变，重绕电动机的槽配合选择不当。 (2) 电源电压过低。 (3) 三相电源未能全部接通。 (4) 电动机负载过重或被卡住。 (5) 定转子绕组断路。 (6) 绕组引出线首尾端接错或绕组内部接反。 (7) 润滑脂过硬、变质或轴承装配过紧	(1) 选择合理绕组式和极距，适当车小转子直径，重新计算绕组系数。 (2) 三角形连接错连成星形连接时，应予更正，电源电压过低时则应调节供电变压器电压，电压降大时即应改用粗电缆线。 (3) 更换熔断的熔断器，紧固松动的接线螺丝，用仪表检查电源线断线或虚接故障，予以修复。 (4) 对电动机负载进行调整，并排除机械故障。 (5) 查明断路位置并进行修复，检查绕线转子电刷与集电环接触的情况，查看启动电阻是否断路或电阻过大。 (6) 用仪表检查绕组首尾端，以判定绕组首尾端及内部接线是否正确，并找出故障位置予以更正。 (7) 更换合格的润滑脂，检查轴承装配尺寸，并进行合理调整

续表

故障现象	产 生 原 因	处 理 方 法
电动机启动困难,加额定负载后其转速比额定转速低	(1) 电源电压过低。 (2) 三角形连接错成星形连接。 (3) 绕线转子电刷或起动变阻器接触不良。 (4) 定转绕组有局部线圈接错或接反。 (5) 绕组重绕时,匝数增加过多。 (6) 绕线转子一相断路。 (7) 电刷与集电环接触不良	(1) 用表检查电源电压,确为电压低则应及时调整。 (2) 更正为三角形连接。 (3) 检测电刷和启动变阻器接触情况。 (4) 检查出故障线圈后进行正确接线。 (5) 按正确的匝数重绕。 (6) 用仪表或试灯找出断路点,并予修复。 (7) 改善电刷、集电环的接触状况
电动机空载或负载时,电流表指针摆动不止	(1) 绕线转子电动机有一相电刷接触不良。 (2) 绕线转子集电环的短路装置接触不良。 (3) 笼型转子的笼条开焊或断条。 (4) 绕线转子绕组的一相断路	(1) 调整电刷压力和改善电刷与集电环的接触状况。 (2) 检查和修理集电环短路装置。 (3) 采用开口变压器或用其他方法检查并予以修复。 (4) 采用仪表或试灯查出断路,并修复
电动机空载运行时,三相电流相差大	(1) 电源电压不平衡。 (2) 绕组引线首、尾端接错。 (3) 绕组内部有匝间短路,线圈组接反。 (4) 绕组接线有局部虚焊或断线处。 (5) 三相绕组的匝数分配不均	(1) 测量三相电压,查出故障并予修复。 (2) 查明首、尾端,并纠正。 (3) 解体检查绕组内故障,并予消除。 (4) 测直流电阻或通大电流找发热点,并予以消除。 (5) 重换绕组,予以改正
电动机三相空载电流大于正常值	(1) 电源电压过高。 (2) 星形连接错接成三角形连接。 (3) 电源频率降低或60Hz电动机使用在50Hz电源上。 (4) 电动机安装不当(如转子装反,定转子铁芯未对齐等)。 (5) 气隙不均或增大。 (6) 拆线时铁芯被烧损,降低了导磁性能。 (7) 重绕时,线圈匝数被少绕	(1) 检测电源电压,并设法调低电压。 (2) 查明故障,改正接线。 (3) 检查电源质量,应与电动机铭牌一致。 (4) 检查电动机装配质量,并消除故障。 (5) 调整气隙使其均匀,气隙过大则须调整线圈匝数。 (6) 修理铁芯,或重绕线圈时增加匝数。 (7) 重绕线圈,增加匝数
电动机绝缘电阻太低	(1) 绕组受潮或被水淋湿。 (2) 绕组绝缘积满粉尘、油垢。 (3) 接线板损坏,引出线绝缘老化破裂。 (4) 电动机绕组绝缘老化	(1) 进行加热烘干处理。 (2) 清洗绕组油污,并进行干燥处理。 (3) 更换或修理出线盒及接线板,重包引线绝缘。 (4) 经检查确认,如能继续使用,则应经清洗、浸漆和干燥处理。绝缘老化碎裂时,就必须重换新绕组
电动机绝缘受损外壳带电	(1) 电源线与接地线搞错。 (2) 绕组受潮,绝缘严重老化。 (3) 引出线与接线盒接地。 (4) 线圈端部碰触端盖而接地	(1) 查出故障处,纠正错误接线。 (2) 进行干燥处理,绝缘老化时应浸漆或重换新绕组。 (3) 包扎和更新引出线绝缘,修理接线盒。 (4) 拆下端盖,检查绕组接地点,将接地点加强绝缘,端盖内壁垫上绝缘纸
电动机运行时温升过高或冒烟	(1) 电源电压过高,使电动机温升超限。 (2) 电源电压过低,使电动机在额定负载下温升过高。 (3) 拆线时铁芯被烧损,致铁耗损大。 (4) 定转子铁心相擦。 (5) 线圈表面粘满污垢或油泥。 (6) 过载或拖动的机械设备阻力大。 (7) 电动机频繁启动、制动和正反转。 (8) 笼型转子断条,绕线转子绕组接线开焊,使得在额定负载下转子温升过高。 (9) 绕组存在匝间短路、相间短路以及绕组接地等。 (10) 进风或进水温度过高。 (11) 风扇有故障,致使通风不良。 (12) 电动机两相运行。 (13) 绕组重绕后,绝缘未处理好。 (14) 环境温度增高或通风道堵塞。 (15) 绕组接线错误	(1) 调节供电变压器电压,降低电源电压。 (2) 如因电源电压低则调变压器电压,如由电压降引起,则应更换粗电源线。 (3) 做铁耗试验,检修铁芯,排除故障。 (4) 查出故障,并予修复。 (5) 清洗或清扫绝缘表面污垢。 (6) 排除机械故障或降负载。 (7) 更换合适型号电动机,合理减少起、制动和正反转次数。 (8) 查明转子绕组断条和开焊处,重新补焊。 (9) 用仪表和开口变压器找出故障,并予以排除。 (10) 检查环境温度或进水装置是否正常或有故障,并分别处理好。 (11) 检查电动机风扇是否有损伤,其叶片是否破损和变形,并处理好。 (12) 检查熔断器、开关触点和电动机绕组,找出故障予以修复。 (13) 可采取浸两次以上绝缘漆。 (14) 改善环境温度,清理电动机通风道。 (15) 用仪表检查,找出错误,改正接线

续表

故障现象	产 生 原 因	处 理 方 法
电动机振动大	(1) 轴承磨损或间隙不符合要求。 (2) 定转子气隙不均匀。 (3) 电动机机壳强度不够。 (4) 铁芯变椭圆形或有局部突出。 (5) 转子不平衡。 (6) 基础强度不够,安装不平,重心不稳。 (7) 风扇叶片不平衡。 (8) 绕线转子绕组短路。 (9) 转轴弯曲。 (10) 定子绕组有短路、断路、接地和接错故障。 (11) 铁芯松动。 (12) 联轴器或皮带轮安装不符要求。 (13) 齿轮接合松动。 (14) 电动机地脚螺丝松动	(1) 更换新轴承。 (2) 调整气隙至规定值。 (3) 找出薄弱处,加固增加机械强度。 (4) 车或磨铁芯内、外圆。 (5) 清扫加固后校动平衡。 (6) 加固基础,重新安装和找正。 (7) 校正几何尺寸,重找平衡。 (8) 用仪表查找短路处,并予修复。 (9) 予以矫直。 (10) 采用仪表检查,找出故障并予修复。 (11) 紧固铁芯和压紧冲片。 (12) 重新找正,必要时重新安装。 (13) 检查齿轮接合,调试使其符合要求。 (14) 紧固地脚螺丝或更换不合格螺丝
电动机运行时噪声大	(1) 重绕改变极数时,槽配合不当。 (2) 转子擦槽楔或绝缘纸。 (3) 轴承过度磨损,导致间隙大。 (4) 定转子铁芯松动。 (5) 电源电压过高或三相电压不平衡。 (6) 定子绕组接错。 (7) 绕组重换时,每相绕组匝数不均。 (8) 绕组有匝间短路相间短路等故障。 (9) 轴承室缺少润滑脂。 (10) 风扇碰风罩或风道堵塞。 (11) 气隙不均匀,定转子相擦	(1) 优选定转子槽配合。 (2) 应检修槽楔或剪去多余绝缘纸。 (3) 检修或更换轴承。 (4) 紧固铁芯冲片或重新叠装。 (5) 查出原因,予以修复。 (6) 用仪表检查,找出故障,予以修复。 (7) 重换新绕组。 (8) 用仪表检查,找出故障,予以修理。 (9) 清洗轴承,增加适量润滑脂(一般为轴承室的1/2～2/3)。 (10) 修理风扇和风罩,使其尺寸符合要求,清理风道堵塞物。 (11) 调整气隙,提高装配质量
集电环过热出现刷火	(1) 集电环椭圆或偏心。 (2) 电刷压力太小或压力不均。 (3) 电刷被卡在刷盒内,使电刷与集电环接触不良。 (4) 电刷牌号不符。 (5) 集电环表面有污垢,表面粗糙度不符要求,致使导电不良。 (6) 电刷数目不够或截面积过小	(1) 将集电环磨圆或车光。 (2) 调整电刷压力,使其符合要求。 (3) 修磨电刷,使电刷与刷盒的配合间隙正确。 (4) 采用制造厂规定牌号电刷,或选性能符合其要求的电刷。 (5) 清除污物,用干净布沾汽油擦净集电环表面。 (6) 增加电刷数目或增加电刷截面积
轴承发热超过额定值	(1) 润滑脂过多或过少。 (2) 润滑脂油质不好,含有杂质。 (3) 轴承与轴配合过松或过紧。 (4) 轴承与端盖轴承室配合过松或过紧。 (5) 油封太紧。 (6) 轴承内盖偏心与轴相擦。 (7) 电动机两侧端盖或轴承盖没有装平。 (8) 轴承磨损严重或内有杂物。 (9) 电动机与传动机构连接偏心或传动带拉力过大。 (10) 轴承型号选得过小、过载、滚动体承。 (11) 轴承间隙过大或过小。 (12) 滑动轴承的油环转动不灵活	(1) 拆下轴承盖,调整油量,要求润滑脂填充轴承室容积的1/2～2/3。 (2) 更换新润滑脂。 (3) 过松时可采用农机2号胶粘剂处理,过紧时,应适当车小按公差配合。 (4) 过紧时可在轴承室内涂农机2号胶粘剂,过松则可适当车削端盖轴承室。 (5) 修理或更换油封。 (6) 修理轴承内盖,使与转轴间隙适合。 (7) 按正确工艺将端盖或轴承盖装入止口内,然后均匀紧固螺丝。 (8) 更换轴承,将含杂质的轴承彻底清洗并换新润滑脂。 (9) 校准电动机与传动机构连接的中心线,并调整传动带的张力。 (10) 更换合格的新轴承。 (11) 更换合格的新轴承。 (12) 检修油环,使油环尺寸正确和校正平衡

二、直线异步电动机故障快速诊断与修理

直线电动机是一种将电能直接转换成直线运动机械能的电力传动装置。因其可以省去现时由电动机旋转运动变换为直线运动而构成的大量中间传动机构,从而使系统极为精简、反应速度加快和精确度提高,故日益受到人们的重视及

采用。

直线电动机的应用前景非常广阔。在高速铁路运输方面,直线电动机可以制成磁悬浮列车,以其无接触驱动特性使列车能够高速、高效和低噪声地运行在铁道上;在军事方面直线电动机可制成电磁炮、电磁弹射器,用于发射炮弹、火箭、导弹和飞机等;随着控制技术及新材料性能的大幅提高,直线电动机在电磁泵(液态金属)、空气压缩机、物流输送装置、自动绘图仪、自动门和电子缝纫机等诸多领域得到广泛的应用。

(一)概述

直线电动机按其工作原理可以分为直线异步电动机、直线同步电动机、直线直流电动机和直线步进电动机等;而按结构形式则可分为单边扁平形、双边扁平形、圆筒形、圆盘形和圆弧形等。其中扁平形结构应用最为广泛。

1. 直线电动机的结构

直线电动机可以视为是从旋转电动机结构演变而来,即它可看成是将一台旋转电动机沿其径向剖开,而后再将电动机的圆周展开成直线,这样就得到了由旋转电动机演变而来的最原始的扁平型直线电动机,如图2-6-8-33所示。由定子演变而来的一侧称为初级或原边,由转子演变而来的一侧称为次级或副边。

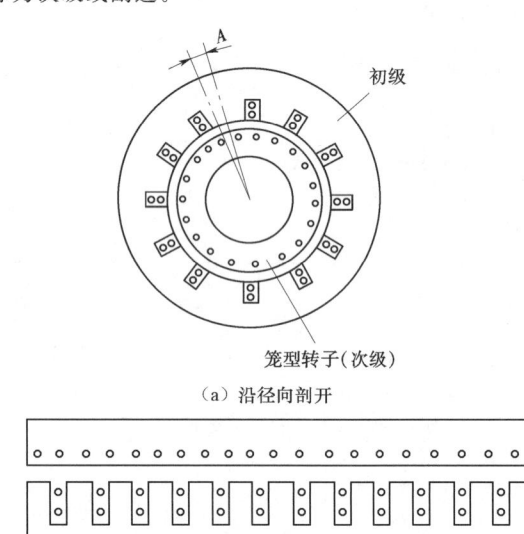

图2-6-8-33 由旋转电动机变为直线电动机的过程

直线电动机的运动方式不限于初级是固定的,有时也可将次级固定而把初级来运动。当初级固定而次级运动时,称为动次级,反之则称为动初级。

在图2-6-8-33中直线电动机的初级与次级的长度相等,这在实际应用中是行不通的。由于电动机在运行过程中初级与次级之间要有相对运动,若在运动开始时初级正好对齐,那么在运动过程中初级与次级之间相互耦合的部分将会越来越少,最终导致不能正常运动。因此在实用上必须将初、次级设计制成长短不等的尺寸,并且应使长的那一级有充足的长度,以确保在所需要的行程范围内初、次级间能够保持住不变的耦合工况。在直线电动机的制造过程中既可以制成短初级,同样也可以制成短次级,如图2-6-8-34所示。由于短初级的制造成本及运行费用均比短次级要低很多,故在一般情况下常采用短初级,而只有某些特殊环境下才使用短次级。

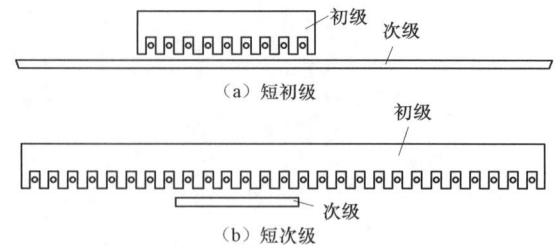

图2-6-8-34 单边型直线电动机

图2-6-8-34所示这种单边型直线电动机它仅在次级的一边具有初级,这种单边型直线电动机的最大特点就是在初级与次级之间将产生一个很大的法向磁拉力,通常这个法向磁拉力在钢次级时约为推力的10倍左右,且在大多数使用场合下这种磁拉力是并不希望存在的。但若在次级的两边都装上初级则情况将大为改观,这样就能使两边初级的法向磁拉力相互抵消,即是使次级上所受到的法向磁拉力的合力为零,这种结构型式称为双边型,如图2-6-8-35所示。

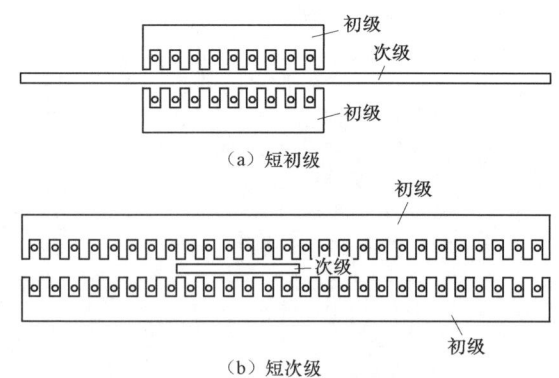

图2-6-8-35 双边型直线电动机

上面介绍的直线电动机称为扁平型直线电动机,它是目前应用最为广泛的直线电动机。除上述扁平型直线电动机的结构型式外,直线电动机还可以做成圆筒型(也称管形)结构,它也是以旋转式异步电动机演变而来,如图2-6-8-36所示即为由旋转电动机变为圆筒型直线电动机的过程。该种结构型式是将扁初级绕着一根与磁场运动方向平行的轴卷拢起来的,其磁场是沿着初级的孔腔而运动的。

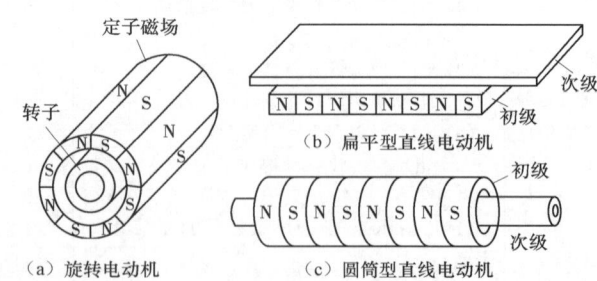

图2-6-8-36 旋转电动机变为圆筒型直线电动机的过程

下面将简介直线电动机的初级、次级和气隙的基本构造,以及它们与旋转电动机之间的异同。

(1)初级。扁平型直线电动机中的初级则如图2-6-8-37所示,它相当于旋转电动机的定子沿圆周方向的展开。初级的铁芯也由硅钢片叠积而成,表面开有线槽而三相交流绕组即嵌置于槽内。但是直线电动机的初级与旋转电动机的定子有一个极大的差别。旋转电动机的定子及绕组是沿圆周方向连续不断的,而直线电动机则是在平面断开的,并形成了两个端部边缘,导致其铁芯及绕组无法从一端直接连接到另一端。铁芯和绕组的这种分断将对电动机的磁场带来一定的影响,即通常称为的纵向边缘效应。该效应削弱了初级磁场,使直线电动机损耗增加和输出功率减小。对圆筒型直线电动机而言,其初级一般则是用硅钢加工成具有凹槽的圆环构成,最后装配时四周用螺栓拉紧而成。情形如图2-6-8-38所示。

图2-6-8-37 扁平型直线电动机的初级示意图

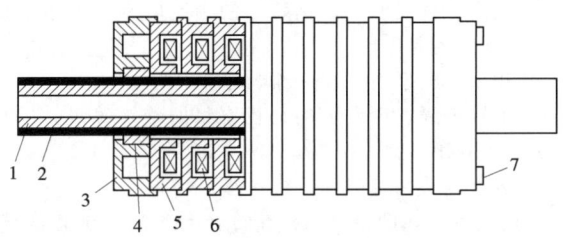

图2-6-8-38 圆筒型直线电动机的结构
1—厚壁钢管;2—铜皮或铝皮;3—端盖;4—滑动轴承;5—圆环铁芯;6—饼式绕组;7—螺栓

(2)次级。直线电动机的次级即相当于旋转电动机的转子沿圆周方向的展开,而与笼型绕组相对应的则是栅型次级,如图2-6-8-39所示。它通常是在钢板上开槽并在槽中放入铜条或铝条,然后用铜带或铝带在两侧端部短接而成。采用栅形次级的直线电动机性能较好,但因其结构和工艺比较复杂,故在短初级直线电动机中很少采用。

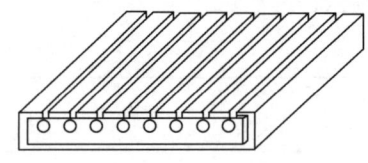

图2-6-8-39 栅形次级

在短初级直线电动机中常用的次级型式。第一种为整块钢板,称为钢次级或磁性次级。这时钢板既起导磁作用又起导电作用,但由于钢的电阻率较大,故采用钢次级的直线电动机其电磁性能较差。第二种是在钢板上复合一层铜板(或铝板),称为钢铜(或钢铝)复合次级。复合次级中的钢主要起导磁作用,而导电则主要靠铜或铝。第三种则为单纯的铜板(或铝板),称为铜(或铝)次级或称非磁性次级。这种次级一般多用于双边型电动机中,使用时应注意在任何时候一边的N极必须对准另一边的S极,这样能使非磁性中磁通路径最短,如图2-6-8-40所示。尚需指出的是,当复合次级的铜板(或铝板)有相当厚度时,这种次级也可以看作非磁性次级。

(3)气隙。直线电动机的气隙通常比旋转电动机的要大得多,主要是为了保证在长距离运动中初级和次级不会相

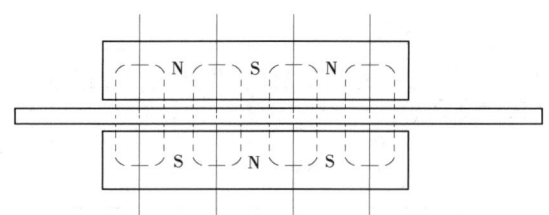

图2-6-8-40 双边型直线电动机的磁通路径

擦。对于复合次级或铜(铝)次级来说,还应引入电磁气隙的概念。由于铜或铝等非导磁材料的导磁性能与空气相同,故在磁场和磁路计算时,铜板或铝板的厚度要归并到气隙里面,这个总的气隙则称为电磁气隙,用δ_e表示。为了区别起见,通常将单纯的空气隙称为机械气隙,用δ表示如图2-6-8-41所示。

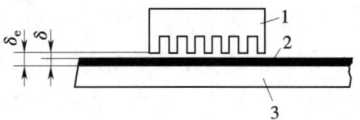

图2-6-8-41 复合次级的气隙
1—初级;2—铜板或铝板;3—钢板

2. 直线异步电动机的工作原理

直线异步电动机不仅在结构上来源于旋转式异步电动机,而且其工作原理也是极为相似的。当直线异步电动机初级的三相绕组通入对称三相正弦交流电时,也将和旋转式异步电动机一样会产生气隙磁场。如不考虑因铁芯两端断开而引起的纵向边缘效应时,这个气隙磁场的分布情况与旋转电动机的十分相似,它沿展开的直线方向按正弦规律分布。当三相电流随时间变化时,该气隙磁场将按A、B、C的相序沿直线平行移动。与旋转异步电动机不同的是该磁场是平移的,而不是旋转的故称为行波磁场,如图2-6-8-42所示。

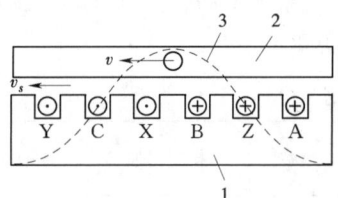

图2-6-8-42 直线异步电动机的基本工作原理
1—初级;2—次级;3—行波磁场

显然,该行波磁场的移动速度与旋转磁场的同步速度是一样的,因此行波磁场的移动速度也可称为同步速度。

同样当行波磁场切割次级的二次导条后,将会在导条中产生感应电动势和感应电流。必须指出的是,在直线异步电动机的初级中大多采用整块金属板或复合金属板,因而并不存在明显的导体。但在分析其工作原理时,则可以将整块金属板看成是并列安置的无数导条即可,如图2-6-8-43所示。

从图中可以看出,所有导条的电流与气隙磁场相互作用将产生一切向电磁力。假设初级为固定不动,那么次级将会在这个电磁力的作用下,随着该行波磁场的方向做直线运动。

在旋转式异步电动机中经过任意两相电源连接线端的对

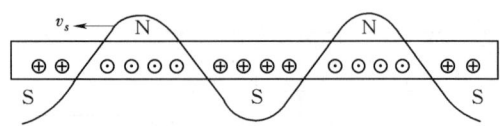

(a) 假想导条中的感应电流

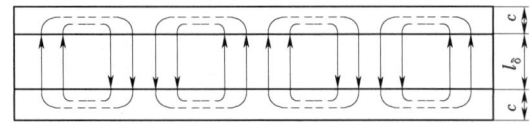

(b) 金属板内电流分布

图 2-6-8-43 次级导体板中的电流

换,就可以使旋转电动机旋转方向实现逆向旋转。这是由于旋转电动机三相绕组的相序已经反了,故旋转磁场的旋转方向也就随之反了,从而转子的旋转方向跟着反过来。同样的道理在直线异步电动机对换任意两相的电源连接线后,其运动方向也会反过来,按照这一原理就可以使直线电动机作往复的直线运动。

3. 直线异步电动机的分类及型号

直线异步电动机按其结构形式不同,主要可分为扁平形、管形(圆筒形)和圆盘形等。目前扁平形在直线异步电动机中最具代表性,而且其应用也最为广泛。

直线异步电动机若按其用途来分,则可分为力、能、功三类电动机。

(1) 直线异步(力)电动机。这类电动机目前的应用最多、最广泛,主要用于门、窗的开启与闭合,机械手及阀门的操作等,也就是适用于对静止物体或低速的设备上施加一特定的推力。此种直线异步(力)电动机的效率极低,有时甚至为零(因对静止物体上施加推力其效率为零),故对这类电动机不能效率去评价它,而采用电磁推力 F_e 与输入功率 P_1 的比值去评价其性能将更为恰当些。即产生单位推力所需的功率越小越好。

(2) 直线异步(能)电动机。此类电动机主要用于需在短时间、短距离内供给巨大直线运动能的场合,如导弹、鱼雷发射,飞机弹射起飞以及冲击碰撞等试验设备原动机,这类设备的主要性能指标就是能效率(即输出的动能/电源所输入的电能)。

(3) 直线异步(功)电动机。这类电动机主要用于作为长期连续运行的直线异步电动机,如高速磁悬浮列车的动力电机,它的性能指标则与旋转式异步电动机一样是采用效率和功率因数来评价的。

(4) 直线电动机的铭牌。型号:XYFe-4.5-250,表示线(Xian)性,异(Yi)步电动机,钢(Fe)次级,4.5代表同步速 4.5m/s,250 表示电动机的起动推力为250N,直线电动机一般不用功率表示,而是用起动推力牛顿表示。

1) 接法。是指在额定电压下初级绕组外部引线端的接法。由于直线电动机铁芯及绕组的剖开展直造成初级磁路的不对称,以及三相绕组的互感不对称,故通常均采用Y接法。

2) 电流。直线电动机铭牌上的额定电流,实际上是直线电动机启动时的起动电流。

3) 频率。国家规定的标准电源频率为50Hz。

4) 绝缘等级。E 表示电动机绕组的绝缘等级,E 级绝缘耐热为 120℃。

5) 运行状态。有三种运行状态。

a. 连续运行,即指电动机在符合上述各项规定数据时,可以连续不断地运行。

b. 持续运行,表示电动机只能断续使用,并以负载持续率百分数表示,分为四种标准,即为 15%、25%、40%、60%,每个周期为10min。直线电动机现在广泛使用的多为直线异步(力)电动机,其运行状态是按40%设计的。

c. 短时运行,是指电动机只准在限定时间内短时运行,短时运行也有 10min、30min、60min、90min 四种,电动机在达到规定的短时运行的时间后就必须停止运行,待电动机完全冷却后才可以再次运行。

(5) 直线电动机技术数据。直线电动机技术数据如表 2-6-8-12 所示。

表 2-6-8-12 直线电动机的技术数据

推力/N	槽数	每相串联匝数	每槽导体数	线规/mm	铁芯宽度/mm	线圈节距(槽数)	次级材料	同步速度/(m/s)
30	21	2220	740	0.41×1	40	3	纯铜	3
50	33	2300	460	0.53×1	35	3	纯铜	3
80	33	1640	328	0.62×1	50	3	纯铜	3
120	39	1380	230	0.77×1	60	3	纯铜	3
180	45	1148	164	0.93×1	70	3	纯铜	3
30	27	1056	264	0.62×1	50	3	钢	3
50	27	728	182	0.77×1	75	3	钢	3
80	39	696	116	0.69×2	75	3	钢	3
120	45	567	81	0.83×2	95	3	钢	3
180	57	504	56	0.96×2	100	3	钢	3
50	18	1600	640	0.51×1	3.5	3	纯铜	4.5
120	27	1264	316	0.74×1	50	3	纯铜	4.5
180	27	920	230	0.9×1	70	3	纯铜	4.5

续表

推力/N	槽数	每相串联匝数	每槽导体数	线规/mm	铁芯宽度/mm	线圈节距（槽数）	次级材料	同步速度/(m/s)
250	36	902	164	0.74×2	75	3	纯铜	4.5
375	39	684	114	0.9×2	100	3	纯铜	4.5
50	15	652	326	0.77×1	50	3	钢	4.5
80	21	618	206	0.69×2	55	3	钢	4.5
120	21	474	158	0.8×2	70	3	钢	4.5
180	27	424	106	0.96×2	80	3	钢	4.5
250	33	390	78	1.12×2	85	3	钢	4.5
350	39	738	58	1.08×3	95	3	钢	4.5
120	15	880	440	0.86×1	50	3	纯铜	6
250	21	660	220	0.83×2	70	3	纯铜	6
375	27	600	150	1.0×2	80	3	纯铜	6
500	33	560	112	0.96×3	85	3	纯铜	6
750	39	444	74	1.20×3	110	3	纯铜	6
120	15	420	210	0.83×2	60	3	钢	6
180	21	408	136	1.0×2	60	3	钢	6
250	27	400	100	0.96×3	60	3	钢	6
350	27	320	80	1.08×3	80	3	钢	6
450	33	320	64	1.20×3	75	3	钢	6
600	33	240	48	1.20×4	105	3	钢	6
250	35	620	124	0.86×2	105	5	紫铜	9
375	47	616	88	1.0×2	100	5	紫铜	9
500	53	544	68	0.96×3	110	5	紫铜	9
600	65	540	54	1.08×3	115	5	纯铜	9
750	77	528	44	1.2×3	115	5	纯铜	9
180	29	408	102	1.0×2	55	5	钢	9
250	29	328	82	1.08×2	70	5	钢	9
350	41	324	54	1.08×3	70	5	钢	9
450	41	276	46	1.2×3	85	5	钢	9
600	53	272	34	1.2×4	85	5	钢	9
750	53	240	30	1.3×4	105	5	钢	9
1000	65	220	22	1.5×4	120	5	钢	9
250	29	592	148	1.0×2	75	5	纯铜	12
375	35	530	106	1.0×3	80	5	纯铜	12
500	41	456	76	1.2×3	100	5	纯铜	12
600	47	448	64	1.3×3	115	5	纯铜	12
750	53	384	48	1.3×4	140	5	纯铜	12
250	17	200	100	1.0×3	115	5	钢	12
350	29	256	64	1.2×3	75	5	钢	12
450	29	216	54	1.35×3	100	5	钢	12
600	29	176	44	1.3×4	130	5	钢	12
750	41	204	34	1.5×4	105	5	钢	12
1000	41	156	26	1.5×5	155	5	钢	12

（二）直线电动机故障快速诊断及修理

直线异步电动机由于设计和结构的特殊性，使其故障比旋转式异步电动机更为复杂，故障形态则加多种多样，表 2-6-8-13 所示即为直线异步电动机常见故障快速诊断及修理。

表 2-6-8-13　　　　直线异步电动机常见故障快速诊断及修理

序号	故障现象	产 生 原 因	处 理 方 法
1	电动机无法起动	(1) 电源线路断线。 (2) 电气设备有故障。 (3) 初级绕组内部断路。 (4) 电源电压过低。 (5) 初级绕组内部接错或出线首尾接反。 (6) 初、次级没有对准。 (7) 双边型电动机两边极性未对好。 (8) 次级板所用材料不正确。 (9) 次级板的宽度不符。 (10) 电动机的气隙过大	(1) 检查电源线路，接通电源。 (2) 检查电气设备，排除故障。 (3) 检测绕组、找出故障、予以修复。 (4) 检测电源，调高电源电压。 (5) 检查初级绕组内、外接线，予以修复。 (6) 检查初、次级，重新调整，对准中心线。 (7) 检查双边初级极性，应 N 对准 S 极。 (8) 更换符合设计要求的次级板料。 (9) 改换符合设计值的次级板。 (10) 调整电动机气隙至设计值
2	电动机负载时温升过高	(1) 电源电压过高或过低。 (2) 过负载运行。 (3) 被拖动的机械装置已卡住。 (4) 初级绕组接线错误。 (5) 电动机被反复频繁起动。 (6) 初级绕组产生短路故障。 (7) 初级绕组出现接地故障	(1) 检查并调整电源电压至额定值。 (2) 检查负载，若过载可更换推力大电机。 (3) 排除故障，添加润滑油脂。 (4) 检查初级绕组接线，找出错误予以改接。 (5) 可改用能长期运行的直线电动机。 (6) 找出短路处用同等绝缘予以修复。 (7) 找出接地处，用同等绝缘予以修复
3	电动机的电流过大	(1) 电源电压过高。 (2) 初级绕组匝数少于设计值。 (3) 推力过大	(1) 检查并调整电源电压至额定值。 (2) 更换初级绕组，增加匝数。 (3) 检查接线是否接错，若接错应改接
4	电动机绝缘电阻降低	(1) 初级绕组严重受潮。 (2) 初级绕组引出线破损或严重绝缘老化。 (3) 初级绕组绝缘严重老化。 (4) 初级绕组灰尘污垢太多	(1) 将初级绕组进行干燥处理。 (2) 用同等绝缘重新包扎好引出线。 (3) 可对初级绕组重新浸漆处理。 (4) 清除灰尘污垢，重新浸漆处理
5	电动机绝缘损坏接地	(1) 初级绕组两边槽口绝缘损坏接地。 (2) 初级绕组槽内线圈破损击穿接地。 (3) 初级绕组端部绝缘破损接地。 (4) 引出线端或接线板绝缘损坏接地	(1) 找出接地槽，用同等绝缘修复。 (2) 找出接地线圈重换绝缘或线圈。 (3) 找出接地处，用同等绝缘修复。 (4) 重包绝缘引出线绝缘或更换接线板

第九节　直流电机故障快速诊断与修理

一、直流电机概述

将机械能转换为直流电能的电机称为直流发电机；而由直流电能转换为机械能的电机则称为直流电动机。

直流发电机是用来提供无脉动电源的设备，其输出电压可以精确地调节和控制，以满足不同控制系统所要求的电源特性，并且有较大的过载能力。不过近年来，随着高压、大功率电力晶体管的质量提高和日益完善，使可控硅整流电源得到越来越广泛的应用，直流发电机已逐步被可控硅整流电源所取代。但在某些特殊场合，如在真空冶炼等需要直流电源的地方仍将使用直流发电机。

直流电动机则具有优良的调速特性，它能在宽广范围内平滑地无级调速，其过载能力大且能承受频繁的冲击负载，可以实现快速起动、反转和制动，能满足生产过程自动化系统各种不同的特殊运行要求等，因而直流电动机在需要宽广调速的场合和要求有特殊运行性能的自动控制系统中，仍占有显著的一席之地。

图 2-6-9-1 所示为最简单直流发电机的原理图。在定子上固定有磁极 N 及 S，称为电枢的转子上有一圆柱形铁芯，铁芯上安放有线圈 $ab—cd$，线圈两端分别与相互绝缘的两铜

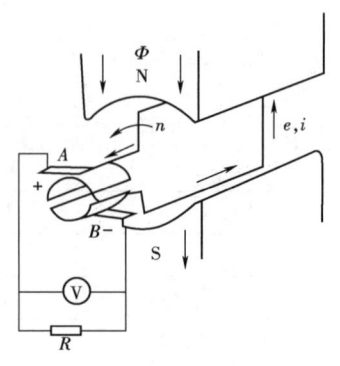

图 2-6-9-1　直流发电机原理图

片（即换向片）相连。当该直流发电机电枢被原动机拖动旋转时，线圈和换向片能同时旋转。两个固定不动的电刷 A 和 B 紧压在两个换向片上，它们分别与外电路相连以输出电能。

在电枢转动方向不变时，则将切割不同极性磁极下的磁通，便产生不同方向的电势。而当电枢在均匀磁场以等速绕轴线逆时针方向旋转时，线圈 ab—cd 切割磁力线而产生感应电势，其电势方向可根据发电机右手定则来确定。这时，上边导体 ab 的感应电势方向朝外，使固定于上方的电刷 A 为正极；下边导体 cd 的感应电势方向朝内，使固定在下方的电刷 B 为负极。当导体 ab 和与它连接的半圆换向片一起转到下边时，它的感应电势方向与在上边时相反。但由于换向片与电刷的滑动转换，使导体 ab 通过换向片与电刷 B 相接触，故仍保持电刷 B 为负极；导体 cd 的情况则与此相反。因此，无论在什么时候，电刷 A 总是与上边在 N 极下的导体相连而仍为正极；电刷 B 则总是与下边在 S 极下的导体相连而为负极。当线圈 ab—cd 转到水平位置时，它则位于磁场的中性位置，故其感应电势为零。此时正好是换向片由一个电刷滑到另一个电刷的临界时刻，换向片虽被电刷短路但并没有短路电流。从上述情形可以看出导体中的感应电势是交变电势，其波形如图 2-6-9-2 所示。而在电刷 AB 间的电压则是一个波动较大的脉动直流，其波形如图 2-6-9-3 所示。但在实用的发电机中，电枢绕组的导体和换向片数量都很多，它们均匀分布在电枢圆周的不同位置，这些不同位置线圈的脉动峰值出现于不同时间，诸多线圈电势的合成结果，就构成了大体上平稳的直流电。

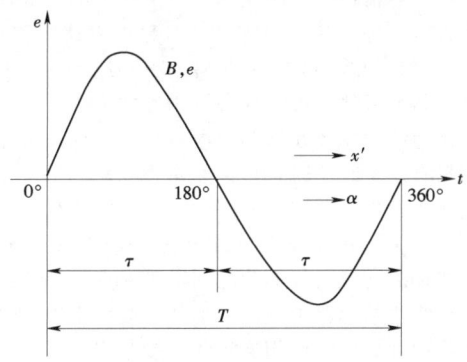

图 2-6-9-2 线圈中的交变电势

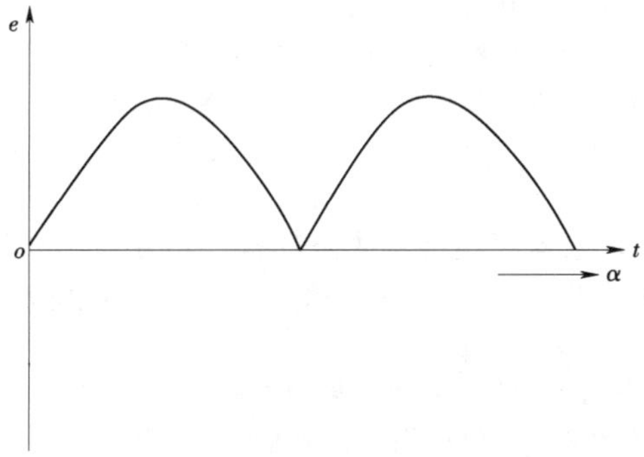

图 2-6-9-3 电刷 AB 间的脉动电势

图 2-6-9-4 所示为最简单直流电动机的原理图。在主磁场内随轴旋转的线圈 ab—cd（即电枢绕组），经换向片及电刷与直流电源相连构成电流的通路。当线圈在图 2-6-9-4 (a) 所示的位置时，右侧导体 ab 中的电流方向朝内。按照电动机左手定则，它将受到向上的电磁力。左侧导体 cd 中的电流方向则朝外，它则受到向下的电磁力。电枢受此力偶的作用而朝逆时针方向转动。当转到图 2-6-9-4 (b) 所示的位置时，正值换向片由一个电刷滑到另一个电刷的瞬间，导体 ab 及 cd 处在磁场的中性位置，故没有力偶作用，电枢是依靠惯性继续旋转经过中性位置的。这时换向片调换了它所接触的电刷，转到了图 2-6-9-4 (c) 所示的位置，于是线圈中的电流方向也随着改变。导体 ab 转到了左侧，电流方向变为朝外，受到向下的力；导线 cd 转到了右侧，受到向上的力。在此力偶的作用下，电枢继续旋转。在实用的电动机中，电枢绕组的导体和换向片都很多，它们均匀分布在电枢圆周的不同位置，除了个别处于中性位置的导体外，其余导体都将受到电磁力的作用，使电枢无论在什么位置，都能产生一个基本恒定的转矩。电动机的导体 ab 与 cd 在磁场中转动以后，它也像在发电机时一样因切割磁力线而产生感应电势，其方向则与电源电势相反，称反电势。同样，当直流发电机有了负载电流以后，它的导体也和在电动机时一样在磁场中将受力而产生力矩，其方向则与原动机力矩方向相反，称为制动力矩。由此可见直流发电机与直流电动机是直流电机的两种运行方式，从理论上讲它们是可逆运行的。

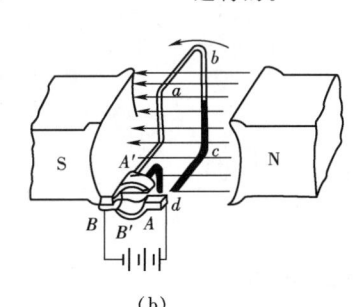

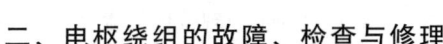

图 2-6-9-4 直流电动机原理图

二、电枢绕组的故障、检查与修理

直流电机的电枢绕组因长期处于高速旋转的运行中，加之电机换向器上因电刷磨损的导电粉末长期沉积，致使电枢绕组的故障率远高于定子磁场绕组。因此，在直流电机的故障修理中电枢绕组及换向器的问题要多得多。电枢绕组常见的故障主要有：绕组接地、绕组短路、绕组断路以及绕组接错，下面将分述其故障、检查与修理。

（一）外观及绑线检查

首先应仔细观察电枢绕组各线圈的端部、铁芯槽口等处是否存在绝缘被击穿或烧坏的现象；电枢绕组线端与换向片竖板的连接处是否有烧焦、脱焊等；绕组两端的绑线是否松散开裂；刷杆、刷盒、电刷、电刷引线等是否正常；电刷与换向器工作面的接触是否良好；换向器工作面是否椭圆、偏心、跳片及出现有规律的黑痕等。凡能观察出的缺陷和不正常现象，均应尽可能深入地检查出其本质问题，并认真予以处理。

（二）电枢绕组接地故障的检查与修理

电枢绕组的接地故障一般可采取以下几种方法进行检查：

1. 用兆欧表检查绕组接地故障

用兆欧表测量电枢绕组的对地绝缘电阻，就能简便快捷地判断绕组对地绝缘是否损坏。但采用这种测量方法去确定绕组或换向器接地的准确位置，则还是比较困难。

2. 用工频高压试验装置检查绕组接地

当用兆欧表测出有接地故障电枢绕组的接地电阻较大时，则可用交流工频耐压试验装置对电枢绕组进行耐压试验。在电压逐渐升高使绕组接地点被击穿的瞬间，绕组接地点就有可能发生冒烟、冒火、嘶嘶响等现象，再通过认真仔细地观察就不难找到绕组准确的接地点。

3. 用大电流去发现绕组接地点

当电枢绕组的接地电阻较小时，则采用耐压试验装置对绕组作耐压试验就没有多大效果，因为耐压试验时的电流都很小，对绕组接地点起不了作用。此时则可按图2-6-9-5所示的接线，将220～380V电源经过限流电阻R接到电枢的换向器与轴之间，接线时接线处必须接触良好，防止因似接非接而形成火花烧坏换向器工作面及损害轴颈光洁度。限流电阻的选择应是既要使击穿时有足够大的电流能在接地点产生冒烟、冒火、明显发热等现象，又要不至损害电枢绕组、换向器及电源设备。当合上开关K后，大电流很快就能使绕组接地点冒烟、冒火或摸到明显发热之处。

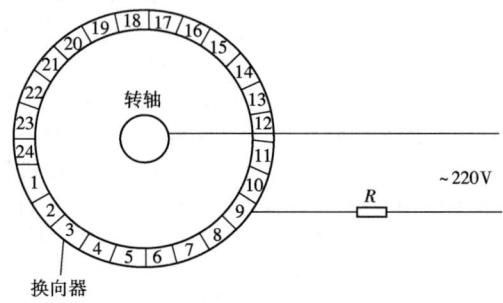

图2-6-9-5　用大电流击穿接地点

4. 用毫伏表检查电枢绕组接地点

采用这种方法检查电枢绕组接地点时，可将低压直流电源（如电池组）接到换向片上，其距离约等于极距，接着用毫伏表测量每一换向片与轴之间的电压，如图2-6-9-6所示。读数最小或为零值的换向片所连接的绕组元件就是接地的绕组元件。

5. 用分段排除法检查电枢绕组接地点

分段排除法是将换向器与绕组元件端接引线切断两处，使整个电枢绕组分成两大部分，接着用兆欧表分别测量两半绕组的绝缘电阻，然后将绝缘电阻小的有接地故障的一半绕组再切断一处，再用兆欧表测量这两个1/4部分绕组的绝缘电阻，如图2-6-9-7所示。就这样分段排除未接地的好绕组，直至最后就可以找到绝缘电阻为零即有接地故障的绕组元件。

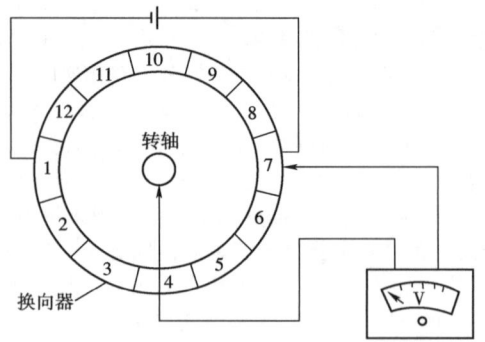

图2-6-9-6　用毫伏表检查绕组接地点

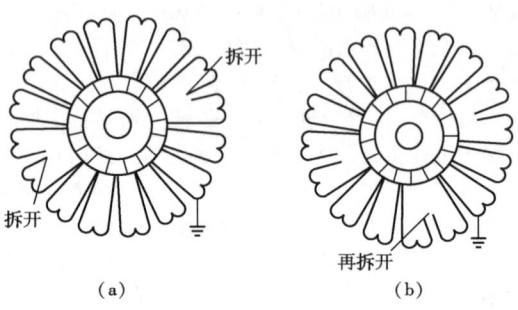

图2-6-9-7　用分段排除法检查电枢接地点

6. 电枢绕组接地故障的修理

电枢绕组接地故障的修理要视具体情况而定，如接地故障是发生在铁芯槽口、线圈端部等绕组的外部位置，则一般都是很快就可以修理好。修理时，可将电枢绕组稍做加热，用理线板将变软的线圈与铁芯相碰处小心地剥开，再将新的同级绝缘材料掐入绝缘破损处进行修补即可。

如果接地故障发生在铁芯槽内，并且绝缘被击穿接地的线圈元件只有一个。这时，可以采取图2-6-9-8所示的废弃线圈法进行应急修理。修理时，先将接地线圈的线端从换向片上焊下来。焊下来的线端要分开放置并用绝缘带包好，以使线端之间及与换向片之间不再保持接触，让这个接地线圈元件完全从电路上脱离，也就是废弃不用。焊下接地线圈的两换向片之间，则用连接线焊接起来即可。

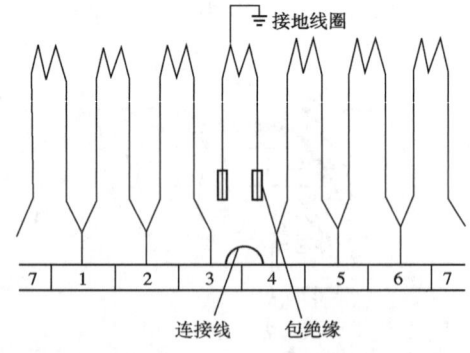

图2-6-9-8　废弃一个接地线圈的处理方法

直流电机电枢绕组或换向器出现接地故障后如仍继续运行，除会因电机壳体带电危及操作者安全外，电枢还将产生异常的振动和火花，短时内绕组就产生高温，如不停止运转则很快就将因高温而使绕组被烧毁。

（三）电枢绕组短路故障的检查与修理

直流电机电枢绕组或换向器，它们发生短路故障的情况是比较多的，造成短路故障的主要原因有：

（1）电枢在高速旋转时，由于电刷与换向器之间的不断摩擦，致使碳粉、铜屑等残留在换向片之间的沟槽中。这些导电杂质积累多了，就会使相邻两换向片连通而造成片间短路，进而也就使与这两个换向片连接的线圈元件同样短路了。

（2）电枢绕组内存在的线圈组之间承受的高电压以及换向器每分钟万次以上激烈换向变化而感生的极高换向电势，在这两种电势的作用下，将很容易击穿导线、线圈的绝缘。尤其是电机负载过重、绕组受潮、导电杂质积累过多等情况下，更容易导致绕组线圈间的短路。

电枢绕组的短路，根据其短路位置的不同可以分为以下三种情况。

（1）一个线圈元件内本身的线匝短路，对此一般称为线匝短路。

（2）同一槽内线圈元件与线圈元件间的短路，这称为线圈短路，如图2-6-9-9所示。

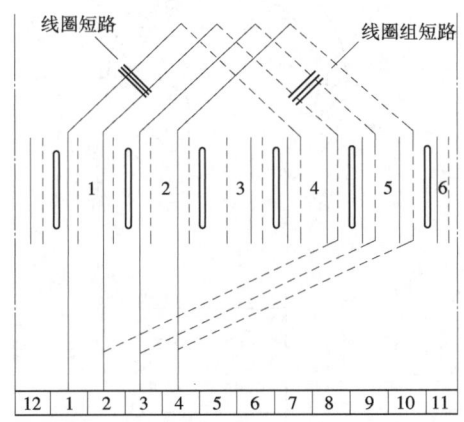

图2-6-9-9 线圈间、线圈组间的短路

（3）一个线圈组内的线圈与另一个线圈组的线圈短路，则称线圈组间短路。

电枢绕组或换向器的短路故障，可以采用以下几种方法进行检查。

1．外观检查

必须仔细察看绕组两端的槽口、端部、换向器等处，是否有碰伤、烧伤等短路痕迹。如看出异常之处，则需用其他方法深入检查。

2．用短路侦察器检查电枢绕组短路

检查方法如图2-6-9-10所示，将电枢平放在短路侦察器的开口铁芯上，再用一段小铁片或锯条平放在电枢的任意一个铁芯槽上。待短路侦察器接通交流电源后，即用手慢慢转动电枢，使电枢的每个槽依次朝上。同时用手拿着铁片或锯条在位置朝上的槽做逐槽试验，假如全部槽都试过后，锯条在任何槽上都没有产生振动或只有相同的轻微振动，则说明电枢绕组或换向器均不存在短路之处。如果锯条在某个槽上产生剧烈振动并有响声时，就证明该处绕组或换向器确有短路故障存在。这时就应继续检测，进一步去查明究竟有几处地点出现了短路现象。若只有两个槽使锯条产生振动，就表明只有一个线圈组发生短路故障。它可能是这个线圈组内的线圈相互短路，也可能是一个线圈内的线匝短路；如果有三个以上的槽使锯条产生振动，则可能是每个使锯条产生振动的槽内都有短路故障，也可能是线圈组间相互短路。因

为当线圈组与线圈组相互短路后，就破坏了电枢绕组内原来对称的两条并联支路，致使许多本来没有短路故障的槽内线圈，却有很大的内部自成回路的环流通过，因而产生很强的交变磁场，导致锯条在许多不存在短路故障的槽上产生剧烈振动。因此，用短路侦察器检查电枢绕组和换向器的短路故障时，它只能判明电枢绕组与换向器是否存在短路故障，却还不能认定属于哪种短路情况，并且也难以确定短路故障的准确位置。遇到这种情况时，就要使用毫伏表来配合检查，用表去依次测量相邻两换向片（即一个线圈元件）的电压，如图2-6-9-11所示。测量时可以看出，无短路故障的线圈元件或换向片，测出的电压值每个均会基本相同。当所测出的电压值为零或数值明显偏小时，即该线圈元件或换向片就极可能为短路故障处。采用这种方法时还应注意其检查时间不能太长，以免绕组元件因通过较大的短路电流而产生高温，从而有可能加剧和扩大短路故障。

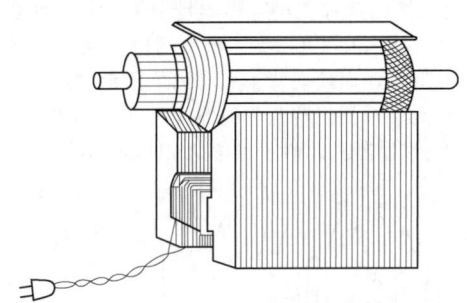

图2-6-9-10 用短路侦察器检查电枢短路

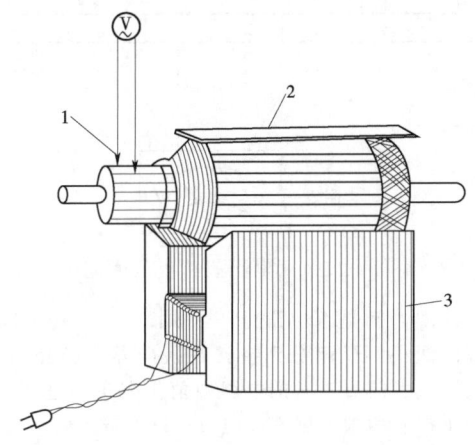

图2-6-9-11 用毫伏表和短路侦察器检查短路
1—表笔；2—锯条；3—短路侦察器

3．用电阻表检查电枢绕组短路

当使用电阻表检查每个线圈元件内是否有短路时，可依次测量相邻两换向片间的电阻，如图2-6-9-12所示。在检查同一槽内的多个线圈元件时，其端连接的多对换向片所测出的电阻值应完全相同，只有这样才能说明它们不存在短路故障。因为同处一槽内的多个线圈元件是一次绕成的，故各线圈元件的电阻值均应该会相等。但分处各槽内的线圈组由于不是同时绕制的，则难免存在绕线松紧不一长短相差的情况，因而测量出的各线圈组电阻值也就可能会略有差异。不过，每个线圈组内各线圈元件的电阻值则均是相等的。如发现某两换向片之间的电阻值特别偏小或为零，则说明连接在这两换向片上的线圈元件极有可能存在短路故障。

检查线圈之间是否短路时，则如图2-6-9-13所示，

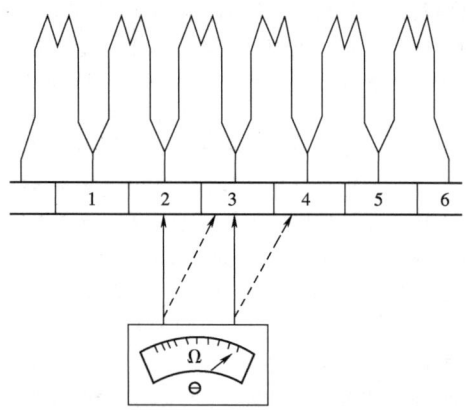

图 2-6-9-12 用电阻表检查线圈内的短路

先测量换向 1 和 3，再测量换向片 2 和 4，然后测量换向片 1 和 4，其余的换向片都依次这样测量下去，直至全部测完为止。如果测得换向片 1 和 3、2 和 4 的电阻值均等于二个线圈元件的电阻值，而换向片 1 和 4 的电阻值则等于三个线圈元件的电阻值时，就说明这些线圈元件相互间没有短路。若测出的电阻值比上述数值小很多，则线圈相互间就有可能短路。

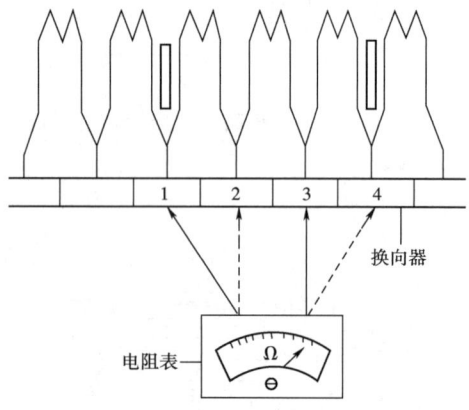

图 2-6-9-13 用电阻表检查线圈间的短路

检查线圈之间是否短路时，可如图 2-6-9-14 所示，将电阻表的两根测试笔分别搭接在换向器直径相对的位置上，依次测量换向器对角的电阻数值。在实际进行检查时，可采取一手握着两根测试笔，用另一只手缓慢而均匀地转动电枢对换向器逐片检查。电枢转过几圈后若电阻表的读数始终没有变化，则表明电枢绕组正常不存在短路。如果发现在某些换向片上的电阻数值逐渐减小，然后又逐渐增大至原来的读数，则说明线圈组相互间存在着短路现象，这时就要在读数有变化的换向片间反复测试。当测试出读数较小的两对角换向片后，此时可将电阻表的一根测试笔（现假定为红色测试笔）就接触在原处不动，而用另一根测试笔（如黑色测试笔）从它接触的换向片起，朝换向器左右两个方向逐片测试。假如先向左边测量后电阻表的读数为增大时，就应改为向右边继续测试，如线圈组间有短路现象这时电阻表的读数必然就会逐渐减小。在测出的读数为最小值的那片换向片上标一个记号，黑色测试笔就接触在做记号的换向片上不动。然后再用红色测试笔以同样方法测出电阻表读数为零或数值最小的一片换向片，并在换向片上也做好记号。实际上这两处做记号的换向片就是线圈元件有短路故障的位置，如图 2-6-9-15 所示的换向片 8 和 16 的位置。

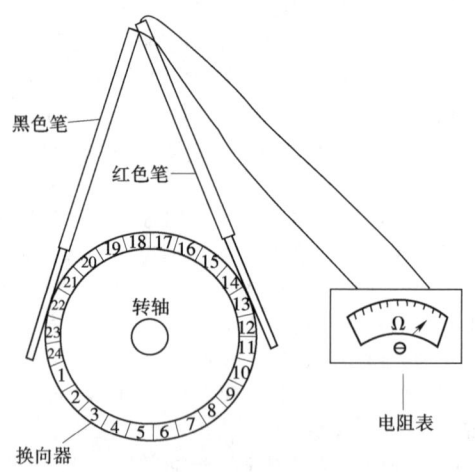

图 2-6-9-14 用电阻表检查线圈组间的短路

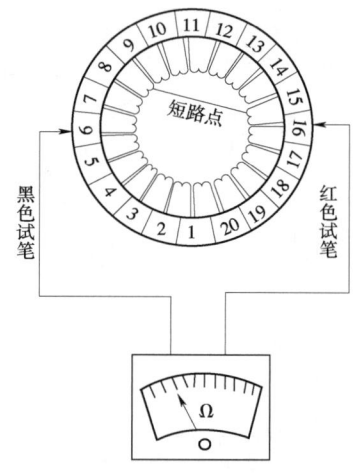

图 2-6-9-15 用电阻表测试电枢短路位置

根据上述介绍可知，用电阻表虽能查明绕组的短路性质和短路点位置，但其检查过程却十分烦琐费时，不如短路侦察器检查得快速准确。因此，最好先用短路侦察器查明电枢绕组和换向器是否有短路故障，再根据查出具有短路现象的槽数多少及槽的位置，做到心中有数，接着再用电阻表去做进一步的仔细检查，就能迅速准确地查明电枢短路故障的性质和地点。

4. 电枢绕组短路故障的修理

电枢绕组如果仅因端部碰伤或在槽外由电弧烧伤而造成绕组轻微短路，并且短路点仅凭肉眼或简易测试就能查出时，这种故障一般都较易修复。修理时可先将电枢绕组烘热变软，再用光滑的竹质理线板将故障点因绝缘层损坏而相互碰触的导线拨开，并用软薄的绝缘绸带包卷导线，或者用绝缘纸将导线逐根予以隔开，然后刷上绝缘漆烘干即可。

假如只有一个线圈组有短路现象而短路位置凭眼力又找不到时，则先不要从绕组方面去着手修理。而应将有短路现象的线圈元件的线端从换向片焊下来，再对绕组和换向器分别进行检查。如果是两片换向片严重短路而又不能消除短路故障时，则可以采取如图 2-6-9-16 所示方法进行修理。即先将有短路故障的两换向片中任一片上的线端焊下来，使线圈元件与换向片完全脱离开，焊下来的这两根线端则不要分开，仍然让它们焊接在一起并用绝缘带仔细包扎好。此外，对已经短路的两换向片还应如图中所示用导线连接起来并予以焊好。经这样应急处理后，对电机的运行性能不会有太大的影响，完全可以照常使用。

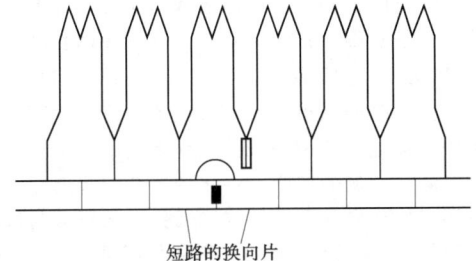

图 2-6-9-16 换向片短路故障的应急处理

如果查明不是换向片短路而是绕组线圈元件短路，那么最好的修理方法就是重换新的电枢绕组。若因生产急需而不能马上重换新绕组时，则也可以采取暂时废弃一个线圈元件的方法作应急处理。此时可先将相互短路的线圈线端从换向片上焊下来，焊下的线端要分开而使其不再接触。接着可将整个电枢放到短路侦察器上测试，若仍有短路现象存在就表明绕组烧损严重短路故障处较多而不能作应急处理。测试时若电枢的短路现象完全消失不见，则说明绕组烧损的仅是个别线圈元件。这时就可以按图 2-6-9-17 所示的方法，将已焊下并分开了的线端用绝缘带分别仔细包好，焊下线端的换向片也用导线连接起来焊好。经这样处理后因只废弃了一个线圈故对电机运行性能影响较小，所以仍能使用。不过由于绕组已有烧损且又减少了一个线圈，故不能长期使用而只能作为短期的应急措施，与此同时还应及早准备重换新的电枢绕组。

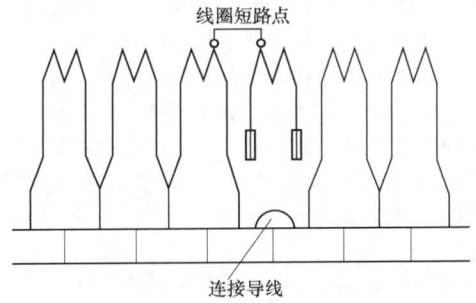

图 2-6-9-17 电枢绕组短路故障的应急处理

上述电枢绕组短路故障的应急处理方法简便易行花时不多，因而在生产中多有采用。

（四）电枢绕组断路故障的检查与修理

断路也是电枢绕组最常见的故障之一。线圈元件线端至换向片的焊接处是电枢绕组较容易发生断路的地方，其原因主要是焊接不良或线端在除去绝缘漆膜时受到损失，以及在接线过程中线圈元件的线端拉得过紧，当缠上端部扎线经浸漆处理后使线端受力过大而损伤。电机高速运转时上述这些情况就可能造成线端在焊接处断裂。此外，由于电机长时超载运行或其他原因，致使换向器与电刷间产生较大的火花，导致换向器严重过热而将焊锡熔化，造成原本牢固焊接在换向器上的线圈元件线端脱焊而形成断路。并且电枢绕组的短路、接地等故障也有可能将导线烧断而形成绕组的内部断路。电枢绕组断路故障检查与修理如下所述。

1. 外观检查

应仔细检查绕组两端的铁芯槽口、端部、换向片接线处等地方，看是否有烧损、碰伤等断路故障的痕迹。如看不到上述的异常之处，则可以采用其他方法进行仔细检查。

2. 用电阻表检查电枢绕组断路

如图 2-6-9-18 所示，使用电阻表能够准确地把电枢绕组断路故障的位置找出来。当每个线圈元件的电阻值大于 1Ω 的可用万用表检测；不足 1Ω 的以用电桥表测量为好，因为电桥表测低电阻时的精度要高得多，这样可提高对故障检测的准确度。检查时可任意选取一换向片开始，先测量相邻两换向片间的电阻，例如可先测图 2-6-9-18 中换向片 1 和 2，接着再测 2 和 3 换向片，这样顺序依次测量全部换向片。如果测完所有相邻换向片间的电阻值均基本相等，则说明电枢绕组不存在断路故障。若测得某相邻两换向片间的电阻比其他相邻换向片间电阻大若干倍时，则说明这两换向片上的线圈元件断路了。同时还表明电枢绕组的其他部分已经没有断路，但检测仍应继续。这是因为有时线圈元件的线端虽然已与换向片断开，但连接的两根线端却仍然接在一起形成绕组本身没有断路的假象，如同图 2-6-9-19 中 a 处的情况。从图中可以看出，当测量至换向片 2 和 3 时会发现这相邻两换向片的电路不通，这时可继续检测其他的换向片。测量中如其他两相邻换向片间的电阻值正常，就可以确定换向片 2 和 3 这两换向片上的线圈元件断路了，并且还表明绕组的其他部分还存在有断路现象。通过检测换向片间的电阻并仔细分析换向片的位置与所测电阻数值，就可以准确地查找出电枢绕组内一个或几个断路线圈的位置。

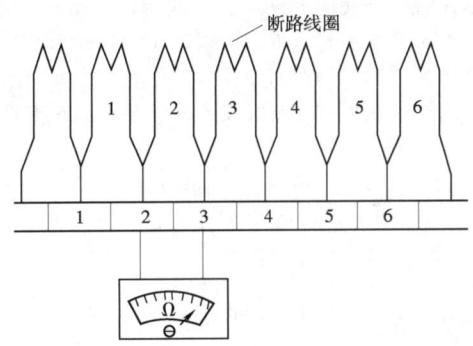

图 2-6-9-18 用电阻表检查线圈断路故障

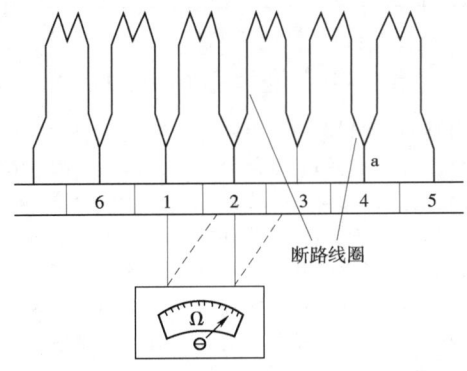

图 2-6-9-19 用电阻表检查绕组多处断路故障

3. 用短路侦察器检查电枢绕组断路

电枢绕组的断路也可以采用短路侦察器进行检查，如图 2-6-9-20 所示。进行检查时，可将电枢平放在短路侦察器的开口铁芯上，接通短路侦察器的电源后，用一段锯条或小铁片平放在电枢铁芯的一个槽上。接着将这个槽中线圈元件线端所焊接的换向片用镊子每两片相邻换向片依次短接。

被短接的换向片所焊接的线圈元件若没有断路，就会在线圈元件内产生很大的短路电流。此电流将使该槽产生很强的交变磁场，锯条就会受此交变磁场的作用而发生剧烈振动和响声，在锯子刚碰触到换向片的瞬间还会有火花产生。如果被短接的相邻两换向片上所接线圈元件已经断路，这时被短接的线圈元件就不会产生短路电流，该槽也就不会出现交变磁场，因而锯条就不会发生振动。所以，只要根据在短接相邻两换向片后有无火花产生和锯条是否振动，就可以判断出线圈元件是否断路。

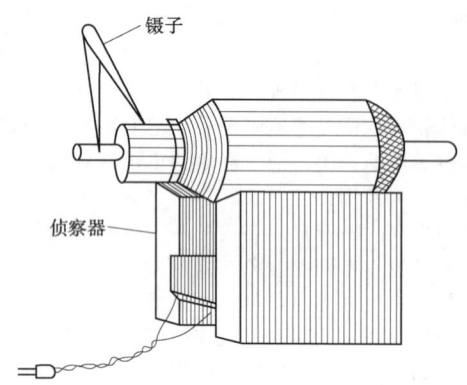

图 2-6-9-20　用短路侦察器检查线圈断路故障

4. 电枢绕组断路故障的修理

电枢绕组发生断路故障后电机就不能正常运行。如果电枢绕组中仅有 1 个线圈元件或 1 处线端断路，则可用图 2-6-9-21 所示的办法对电枢绕组采取应急处理。这时，可将找不到具体断路位置的线圈元件的两根线端分别用绝缘带包扎好，再用连接线把该断路线圈元件线端所接的相邻两换向片短接起来即可。

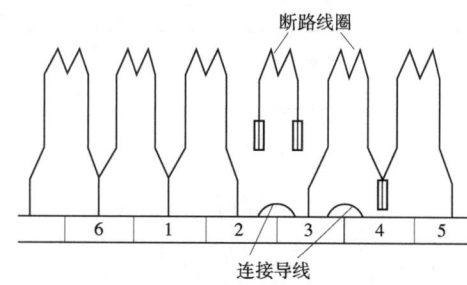

图 2-6-9-21　电枢绕组断路故障的应急处理

经过检测在找到电枢绕组断路故障的大致位置后，接着可将电枢绕组两端的绑扎线部分拆除，深入仔细地找出断路故障的确切地点。如果只是线圈元件的线端焊接处脱焊则只需重新加焊即可；若线端断路处在电枢绕组端部位置时，就须再拆除一部分端部绑扎线并将断路处予以牢固焊接，在包好绝缘带套上绝缘管后重新捆扎电枢绕组的端部扎线；如果绕组的断路是处于电枢铁芯槽内，此时则可将断路的那个线圈元件所连接的两换向片上跨接一根短路导线，或将这两相邻换向片直接短路，经过这样的处理后电机性能不会有大的变化而可继续使用。不过当电枢绕组的断路位置过多的话，则不能采取废弃线圈元件的办法。因为被直接短接的线圈元件数越多其电枢绕组的有效匝数就越少，致使电机的转速极不稳定和引起电枢绕组严重发热。因此，当电枢绕组中如出现有 2～3 个线圈元件断路且整体绝缘也已老化时，就必须考虑更换新的电枢绕组。

（五）电枢绕组接错故障的检查与修理

电枢绕组接错的故障往往发生在绕组局部修理或重绕之后，由于接线时的粗心和疏忽而将线圈元件接到换向片的两个线端接错，电枢绕组接错故障通常有下述两种情况。

1. 线圈元件接反

从前面我们已经知道，直流电机单叠绕组线圈元件之间的正确接法应该是，其相邻线圈元件之间的首端与尾端相接于同一块换向片，例如线圈元件 1 的尾端与线圈元件 2 的首端共接在同一块换向片上，而线圈元件 2 的尾端与线圈元件 3 的首端相连在同一换向片上，相邻的线圈元件就这样首、尾串联依次接下去，直至最后线圈元件的尾端与线圈元件 1 的首端相接，从而构成一个整体的闭合绕组。但如图 2-6-9-22 中线圈元件 2 所示，从图中我们可以看出，线圈元件 1 与线圈元件 2 之间不是尾端与首端而是尾端与尾端连接，接着线圈元件 2 与线圈元件 3 则成为首端与首端相接了。显而易见线圈元件 2 的首、尾线端均已接反。

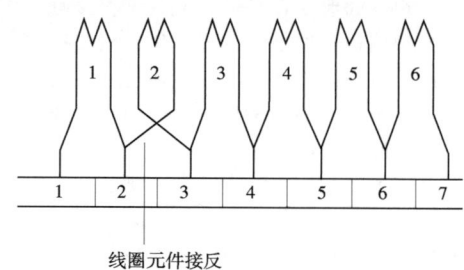

图 2-6-9-22　线圈元件的线端接反故障

2. 线圈元件的线端位置接错

从图 2-6-9-23 中的线圈元件 4、5、6 的连接可以看出，这三个线圈元件之间仍然接相邻线圈元件首、尾端串联的。但是其线圈元件接到换向器上的位置却搞错了，它的线圈元件 4 和 5 的首、尾端原应接到换向片 5 上，但实际却接到了换向片 6；而线圈元件 5 和 6 的首、尾线端原应接至 6，而实际上却接到了换向片 5。这种线端接线位置的错误将导致线圈元件 2 实质上的接反。

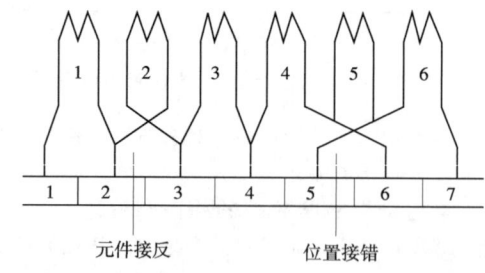

图 2-6-9-23　线圈元件线端接反及位置接错

不论是电枢绕组线圈元件接反或是接线位置错误，都将对电机的运行性能带来不利影响。由于线圈元件接反和线圈位置接错都是发生在电枢绕组的修理和重换绕组后，因此，当我们在修理或重换电枢绕组时接线一定要认真、仔细。接线完毕后还应做必要的检查和试验，尽量避免线圈元件接反和线端位置接错现象的出现。现将检查这些错误的方法简介如下。

（1）用电阻法检查接线位置是否正确。如图 2-6-9-24 所示，用电阻表去检测相邻两个换向片之间的电阻。如果接线位置没有错误则两个相邻换向片之间只应接有一个线圈元件，例如图中的线圈元件 2。这时，用电阻表测量到的应该是一个线圈元件的电阻值。如果接线位置错误例如图 2-6-9-24 中的换向片 4 和 5，在换向片 4 和 5 之间虽仍然只连接了一个线圈元件，且在电阻表上测量到的也仍是一个线圈元件的电阻值。但是在接线位置错误的前面或后面一对换向片，它们之间则串联了两个线圈元件，如该图中的换向片 3~4 或 5~6。这时如用电阻表去测量则测出的将会是接近两个线圈元件的电阻数值，即电阻表上会指出单个线圈元件的双倍电阻数值。因此，依据上面的检测与分析，采用电阻表测量换向片片间电阻的方法，是能够顺利找出接线位置错误的故障的。

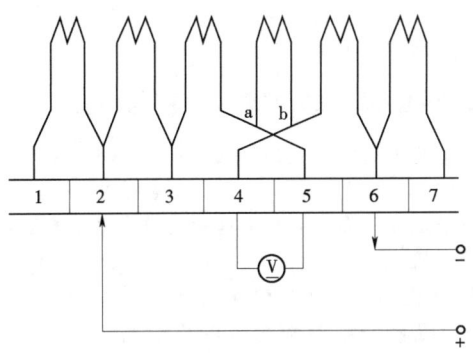

图 2-6-9-26 接线位置错误时为双倍读数

正接线错误较为容易。

检测时将低压直流电源依次分别接入每个线圈元件，再用指南针分别测量每个线圈元件端部的磁场极性。当测到接反的那个电枢绕组线圈元件时，指南针将会立即朝相反的方向指示，情况如图 2-6-9-27 所示；线圈元件连接正确时的磁场极性和电压表读数则如图 2-6-9-28 所示。

检查线圈元件接反的另一种方法是条形磁铁法，检测时可将条形磁铁放在电枢铁芯槽口逐槽移动来进行。这时由于磁铁的磁力线切割线圈元件，从而使每一个线圈元件内均产生感应电势。若用一只毫伏表接在与接反线圈元件相连的两个换向片上，此时毫伏表上指示的为反向读数；而其余接线正确的线圈元件所测到的则均为正向读数，见图 2-6-9-27 和图 2-6-9-28。

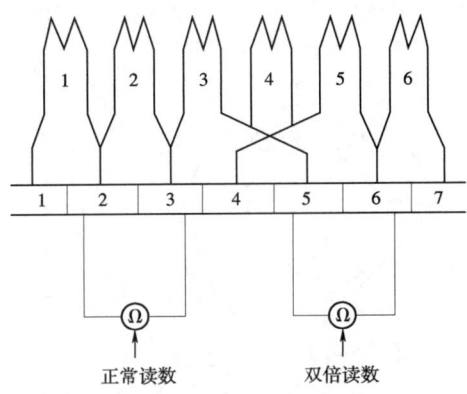

图 2-6-9-24 用电阻表检查线端位置接错

（2）电压法检查接线位置是否正确。如图 2-6-9-25 所示，将一个低压直流电源接入电枢绕组内，再用一个电压表依次测量每两个相邻换向片之间的电压。当电枢绕组该处的线圈元件接线位置正确时，电压表将指示出一个线圈元件的电压读数；而当测量到线圈元件接线位置错误的两个换向片时，例如图 2-6-9-26 中的换向片 4 和 5，此时电压表将指示出反向读数；而当电压表接到此反向线圈元件前面或后面的换向片时，电压表则将指示出所测单个线圈元件电压值的双倍读数。其他接线正确的线圈元件所对应的换向片，它们的片间电压则均为正常读数。

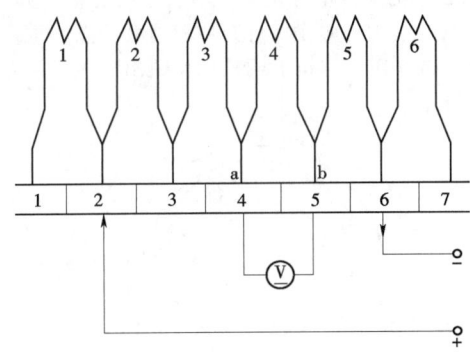

图 2-6-9-25 接线位置正确时为正常读数

（3）线圈元件接反故障的检查。虽然线圈元件接反和接线位置错误都是线圈元件至换向器接线不正确所引起的，并且接线位置错误也会引起线圈元件实质性接反，但是这两种故障的检测方法却不相同。要检测线圈元件接反的故障，必须采用下面介绍的指南针法或条形磁铁法进行检查。

用指南针法检查线圈元件的接反故障时，应在线圈元件已按照相邻线圈元件首、尾端相接的原则全部串联接起来，但却在尚未进行换向器焊接步骤之前检测，因为在焊接前改

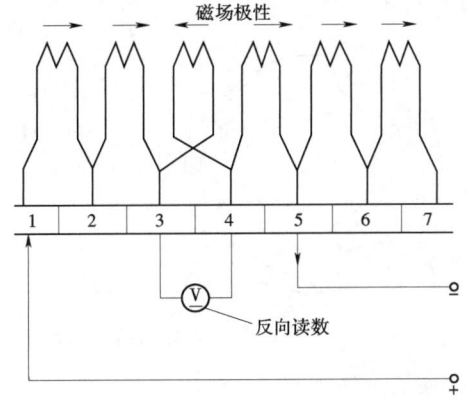

图 2-6-9-27 线圈有接反故障时的磁场极性

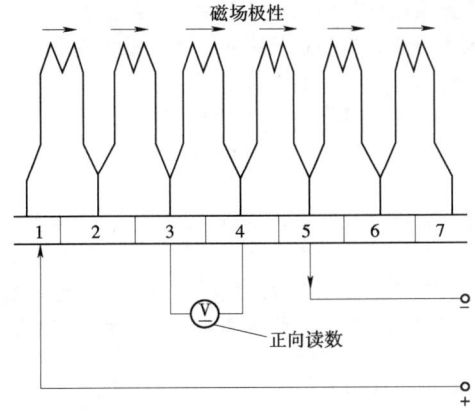

图 2-6-9-28 线圈连接正确时的磁场极性

（4）线圈元件接反故障的修理。若电枢绕组线圈元件的

接反故障,在准确查出接反的线圈或接线错误的位置后,将它们纠正过来重加绝缘和焊接即可。

三、磁极绕组的故障、检查与修理

直流电机的故障一般比较多,但大都表现在电枢绕组、电刷和电刷盒、架上。其实,有很多电枢方面故障的根源却存在于定子磁场上面,因此认真检查和修理定子磁极绕组是保障直流电机良好、可靠运行的重要一环。下面将简介直流电机磁极绕组的故障、检查与修理。

(一)磁极绕组接地故障的检查与修理

电机在长期运行过程中的高温使得绕组绝缘老化变质,致使绝缘物变得焦脆而开裂脱落,或者在绕组重绕后装入磁极铁芯时因操作的疏忽而将绝缘擦破,从而造成磁极绕组与铁芯碰触而接地。有的时候在磁极绕组里有一只线圈接地的话,则对电机的运行还不会造成什么影响;但如果电机机座是接地的则这时保险丝可能熔断,或者断路器会打开;但如有两个磁极线圈接地则将会构成线圈短路。

1. 磁极绕组接地故障的检查

对有接地故障的磁极绕组可用兆欧表、试灯及高压试验进行检查。检查时先将磁极绕组与电枢绕组的接线端分开,接着将磁极绕组中各套绕组的接线端分开;例如并励绕组、串励绕组、换向绕组和补偿绕组等;用上述三种检查方法分别检测各套绕组的绝缘状况,找出有接地故障的那套绕组。然后对这套有接地故障的绕组采取分段排除的方法,直至找到接地故障的准确位置为止。图2-6-9-29所示即为用兆欧表检查磁极绕组通地故障。

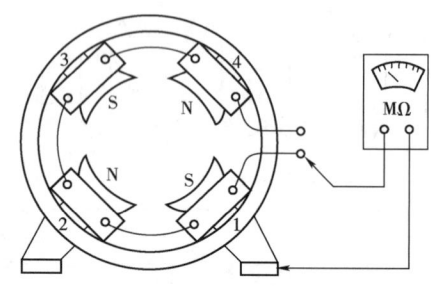

图2-6-9-29 兆欧表检查磁极绕组通地故障

2. 磁极绕组接地故障的修理

找到磁极绕组的接地故障以后,如接地线圈仅仅是轻微的损伤则可对接地处用同等绝缘予以加强;假设接地线圈的绝缘损伤严重则须将该线圈拆下来,按绝缘要求重新包扎绝缘后再装入机座;如接地线圈的绝缘严重烧坏或多匝导线烧断等,这时就需要重绕新磁极绕组。

(二)磁极绕组短路故障的检查与修理

直流电机的磁极绕组短路以后其励磁磁势将大幅减少,如果是发电机则电压不能调节升高到额定值,而且还会使绕组过度发热;电动机则往往不能启动或空载时转速加快。磁极绕组短路的原因大致有:电机受潮后因绝缘电阻降低被通电击穿造成接地而使整个绕组短路;引出线端绝缘损坏相碰触致使绕组整体短路;相邻线圈元件间的绝缘破损造成线匝碰触而使局部线圈短路。

1. 磁极绕组短路故障的检查

检测磁极绕组短路故障的方法主要有:外观检查、电桥表检测、电流表检测和电压降法检查等几种。

外观检查常能迅速发现磁极绕组的某些短路故障,因为磁极绕组发生短路故障时将会有极大的短路电流流过故障线圈,致使该线圈很快发热、冒烟、并伴随有焦臭味,严重时还使线圈被烧坏。因此可根据绕组端部的颜色和绝缘烧伤损坏的程度,从外观上检查绕组以直接找出短路线圈的位置。

用电桥表测量磁极绕组各单个线圈的电阻值是检测绕组短路故障的最有效方法。检测时可用电桥表分别测量同类绕组(例如并励、串励、换向绕组等)的各个磁极线圈,测完后比较其电阻值的大小,发现电阻值小者即为有短路故障的磁极线圈。

磁极绕组短路故障也可以用电流表来进行检测。如图2-6-9-30所示,用一只220V/36V的低压变压器,在其二次侧串联一只电流表后去逐个测试各磁极线圈的电流,电流大者即可能为有短路故障的磁极线圈。

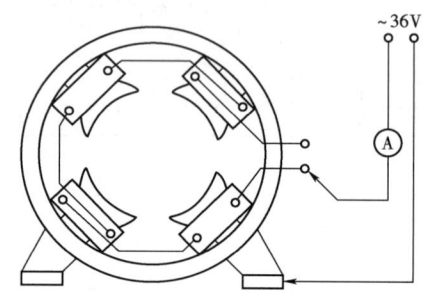

图2-6-9-30 用电流表检测磁极线圈短路

当直流电机的并励绕组中只有少数几匝线匝短路时,整套绕组的电阻值和电流值的变化均很微小,因而用电桥表或电流表去测量该类短路绕组故障时却很难检测出来,此时即可采用电压降法来进行短路故障的检查。如图2-6-9-31所示,将电机磁极的励磁线圈按规定接法连接成绕组,然后接入110V直流电源并利用直流电压表来测量每个励磁线圈两端的电压,如果各个励磁线圈的电压大小不等,只需找出电压最低的那个励磁线圈,则该线圈就是有短路故障的线圈。如果没有直流电源或并励绕组只有极少几匝线匝短路时,则用直流电测量的结果容易发生差错。这时,可将220V或110V的交流电源接入经串联连接的整个并励绕组,由于交流电的电磁感应作用将会使短路故障点严重发热,因而即使是少数线匝短路也能明显地反映出磁极线圈有无短路故障的差异来。

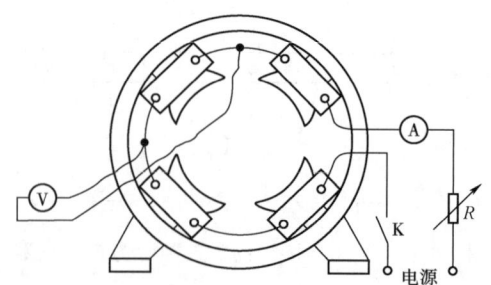

图2-6-9-31 用电压降法检测磁极线圈的短路

2. 磁极绕组短路故障的修理

找到短路的磁极线圈以后,必须根据线圈短路的具体情况去把它修理好。绕组受潮的则重新干燥待达到规定的绝缘电阻值就可以了;如果磁极线圈发生了短路故障就应将线圈从磁极铁芯上细心地取下来,并把故障线圈稍做加热以使其绝缘软化。然后拆除外包绝缘仔细找出短路线匝的位置,将短路线匝清理开并用绝缘加隔后,再用绝缘带包好重新装上铁芯使用即可。磁极线圈如短路后烧损严重或绝缘整体老化脆裂的话,就需要用原磁极线圈同规格导线和同样的层数、匝数重新绕制。

(三) 磁极绕组断路故障的检查与修理

直流电机磁极绕组内的线圈断线或引线、极间连接线因受到振动、焊接不牢而松脱或者受潮生锈脱焊等,都能造成磁极绕组的断路故障。在磁极绕组断路后不论是并励或串励电动机均不能启动,而发电机则不能建立起电压。复励电动机里的并励绕组如果断路,则可能在没有负载时它的转速将比额定转速要高好几倍,并且导致电枢电流剧烈地增加,保险丝或断路器就会熔断或断开。此时若保险丝或断路器因故失效,就有可能发生电枢飞车的严重危险,这时因为电枢转速太高,电枢绕组受到离心力的巨大作用而飞散开来,甚至能将电枢绕组从端盖和机壳的通风孔中甩出来。

1. 磁极绕组断路故障的检查

磁极绕组断路故障的检查主要有外观检查和试灯检查两种方法。

进行外观检查时应仔细察看磁极绕组各个线圈是否有机械性损伤、高温烧伤、磁极铁芯在装入线圈时是否有绝缘不当、定位不准、夹固不牢等现象。因此,磁极绕组的断路故障有很多都是通过外观检查来发现的。

检测磁极绕组断路故障最简便可靠的方法就是试灯法。如图2-6-9-32所示,将36V试灯的两根线端依次检测磁极绕组内各线圈的两端,即可快速而准确地查到断路故障线圈。

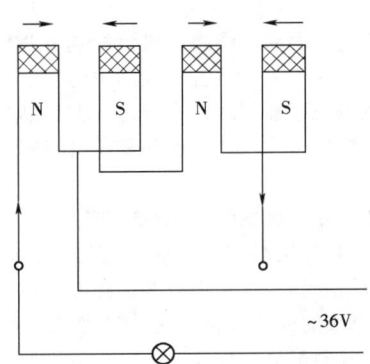

图2-6-9-32 用试灯法检查磁极绕组的断路

2. 磁极绕组断路故障的修理

当检查出磁极绕组的断路线圈后,应将该故障线圈从磁极铁芯极身上取下来并仔细查看断路位置。如果断路位置是发生在磁极线圈的引线处,则可以拆开线圈的外包扎带层,使线圈断线处彻底显露出来。然后用多股软导线把断线端焊接好并加以绝缘,最后再将焊接处牢固地绑扎在磁极线圈上。如果断线位置在线圈的内部且绝缘也已老化,那就只有更换重新绕制的磁极线圈。

(四) 磁极绕组接错故障的检查与修理

直流电动机励磁绕组中的主磁极、换向极、补偿极绕组,按各套绕组在电机内的不同功能和作用连接在一起。它们的这些连接是根据电磁感应定律并遵循一定的接线规律与原则进行的,因此要熟悉和掌握这些规律和原则才能避免励磁绕组的接线错误。励磁绕组接错轻则造成电动机启动困难、转速过高或过低、电流增大和噪声刺耳等不利现象;严重时还会使电动机无法起动、电刷下出现环绕换向器的剧烈火花、电流急速上升和强烈的振动与吼声等。直流电动机励磁绕组中各套绕组的常用接法如下所述。

1. 主磁极绕组各线圈之间的连接

主磁极绕组各线圈的首、尾线端一般均布置在机座的同一侧,它们之间的连接有以下两种方式。

(1) 各磁极线圈的首、尾端同形式引出。如图2-6-9-33所示这种接法是将各磁极线圈的首、尾端按相同的形式引出,接线时则遵守"首端与首端相接、尾端与尾端相连"的原则。其优点是主磁极绕组内的各个线圈都可以互换,但该接法使线圈间的连接线显得较乱。当绕组中某个线圈的极性错误时,必须对调线圈的首、尾线端才能够予以纠正。

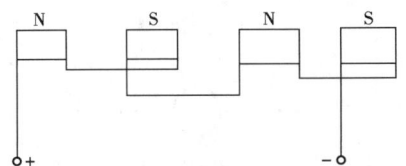

图2-6-9-33 主磁极线圈同形式出线的连接

(2) 一半磁极线圈的首、尾端交叉引出。如图2-6-9-34所示这种接法中电动机一半磁极线圈的首、尾端是交叉引出的,另一半磁极线圈的首、尾端则为交叉引出。安装时首、尾端交叉和不交叉的磁极线圈交替相间地布置,接线时只需将相邻线圈用最短的导线进行连接即可。该种接法的优点是它的连接线很整齐。但因磁极线圈分首、尾端交叉与不交叉两种,若在安装时将某个线圈装错则该线圈就只有按交叉连接才能纠正。

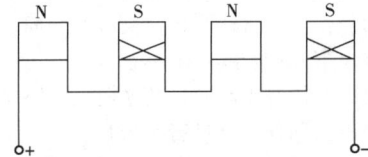

图2-6-9-34 主磁极线圈一半交叉出线的连接

有的主磁极并励绕组线圈分成两组,其目的是方便采用串联或并联以适应两种励磁电压,例如220/110V、440/220V等。

2. 换向极绕组各线圈的连接

换向极绕组线圈的首、尾端若安排在机座的同一侧时,则也与主磁极绕组线圈一样分为交叉和不交叉两种,其连接方法与主磁极绕组线圈相同。同时,由于换向极绕组的线圈一般很窄,故其首、尾端常布置在机座的两侧也即出现半匝的形式。此时,线圈线端的连接线将分别处在机座的前后两侧且布线整齐。当具有半匝线圈的极性不符时,则可以旋转或翻转该线圈就能改变其极性,如图2-6-9-35所示,线端间的连接位置则不必调换。换向极绕组与电枢的连接方式通常有以下两种。

(1) 换向极线圈全部串联后再与电枢串联。如图2-6-9-36(a)所示,这种接法是在将全部换向极线圈串联后再去与电枢串联的。连接时若电机的正负线有一根接地则电枢应接在地电位的一端,换向极绕组则接在较高电位的一端。这样,就能使电枢的对地电位较低而改善电枢绕组的绝缘状况。

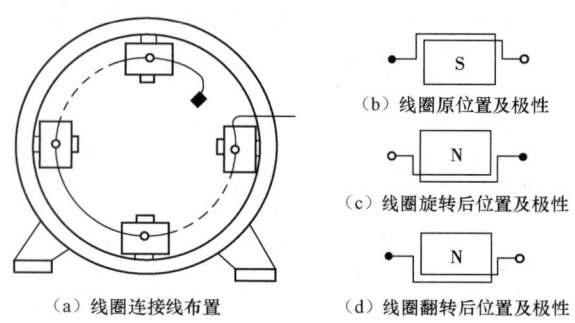

图 2-6-9-35 换向极绕组半匝线圈的连接

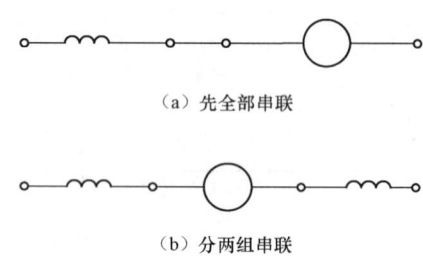

图 2-6-9-36 换向极绕组与电枢的连接

（2）换向极线圈分成两组分接于电枢两端。如图 2-6-9-36（b）所示，这种接法是将换向极线圈均分串接成两组，然后再去分别串接于电枢两端。该接法的最大优点在于：它能改善高额分布电压对电枢绝缘的影响，抑制电动机对无线电信号的干扰。

3. 补偿极绕组各线圈的连接

补偿极绕组均绕在主磁极的极靴上，但它的极性则显示在换向极上。相当于一个分布绕制的或者是扩大了的换向绕组，因此它的极性检查方法与换向极绕组相同。补偿极绕组的常用接法有以下几种。

（1）每极的补偿绕组与同极的换向极线圈串联以后，再去与邻极或隔极的同样线圈进行串接；

（2）全部补偿绕组先串联在一起，然后再去与换向极绕组串联；

（3）全部补偿绕组先串联起来后接在电枢的一端，而换向极绕组则接在电枢的另一端。

在大型直流电机中，为了避免补偿绕组连接线所产生的磁势对换向的不利影响，先将一半极数的补偿绕组线圈隔极串联，然后再返回来与另一半极数的补偿绕组线圈串联起来。

直流电动机励磁绕组接错故障多采用指南针法进行检查，具体方法如下所述。

4. 主磁极绕组的检查

直流电机在没有拆卸前进行接错故障的指南针法极性检查比较困难。因此，若电机出现励磁绕组接错故障则最好解体检查。

（1）检测工具指南针。指南针是直流电机最常用的测试磁极极性的工具，如图 2-6-9-37 所示。当它不受外磁场干扰而平放静止时，其磁针指着南方一端的本身为 S 极；指着北方一端的则为 N 极。用指南针极查磁极的极性时，根据异性相吸的原理则磁针 S 端所指的磁极为 N 极；而 N 端所指的磁极则为 S 极。

（2）检查并励绕组及他励绕组的极性时，应按电机所带

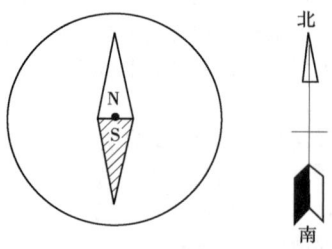

图 2-6-9-37 指南针本身的极性

接线图中规定的电流方向将被检查的绕组与直流电源相接而使主极励磁，并如图 2-6-9-38 所示用指南针等工具在极靴处测量磁极的极性。检测要反复进行两次以上，且被检查主极的极性应 N、S、N、S 相间，并完全符合接线图中的规定。

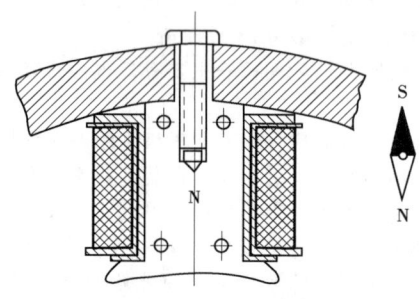

图 2-6-9-38 用指南针检查主磁极绕组极性

（3）串励电机的串励绕组的极性检查方法则与并励绕组的相同。

（4）复励电机的串励绕组的极性检查方法与并励绕组相同，但其极性却并不一定符合接线图中的规定，而要与并励绕组或他励绕组的极性相对比来确定。差复励电机的串励绕组极性与并励绕组极性相反；而积复励电机则与并励绕组极性相同。

（5）检查主磁极极性时应注意的事项：

1）当检查某种绕组的极性时，其他各套绕组都要分别断开，否则将会互相干扰，影响测试的准确性；

2）励磁电流的大小应调节适当，使磁极产生的磁力能灵活吸引磁针并明确显示极性，应防止磁极产生的磁力过强或过弱而测试不准。例如并励绕组匝数多则容易形成太强的磁力，串励绕组的匝数少则容易出现太弱的磁力而使极性不明确；

3）测试工具应放在极靴的附近，即放在绕组线圈的上面而不是底部，否则将可能测得相反的错误极性；

4）复励电机的串励绕组线圈个数有的少于并励绕组或他励绕组的线圈个数，但每一个串励绕组线圈的极性均应与同一极身上的并励或他励绕组的极性相对比来判别其正确与否；

5）直流电机的极数与励磁绕组线圈个数不一定相等。例如有的 4 极电机它只有两个励磁线圈，而有的 2 极电机却有四个励磁线圈，如图 2-6-9-39 所示。因此，应根据电机的实际情况具体分析和具体对待，才能正确判定励磁绕组的磁极极性。

5. 换向极绕组的检查

检查换向极绕组的极性时，应按图 2-6-9-40 所示接线示意图中规定的电流方向将被检测的绕组与直流电源相

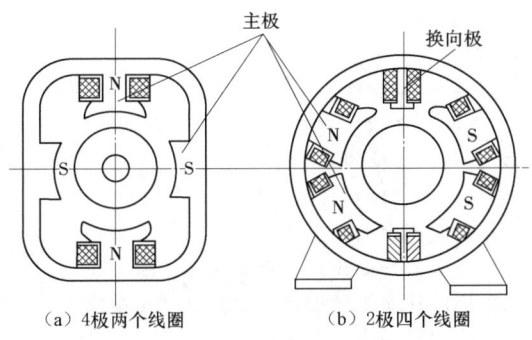

(a) 4极两个线圈　　(b) 2极四个线圈

图 2-6-9-39　直流电机极数与极性的特殊情况

接，使换向极得到励磁，接着用指南针等工具去测定其磁极的极性。此时，换向极的极性应是N、S、N、S极相间，并且符合接线图中的规定。同时，主磁极的极性、换向极的极性及旋转方向还必须符合下面的关系：

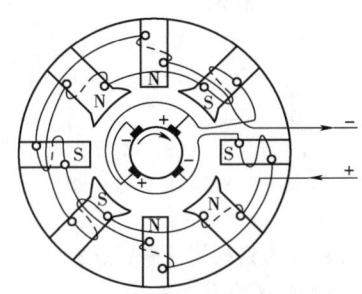

图 2-6-9-40　换向极绕组的电流方向示意图

上述关系符号中的箭头代表顺着电机旋转方向的顺序，大的N、S符号为主磁极的极性而小的则为换向极的极性，图 2-6-9-41 所示即为 4 极直流电机的排列顺序。在实际的电机检修工作中往往缺少接线图，且又未掌握主磁极极性、换向极极性与电机旋转方向之间的关系，此时，我们就可以按照图 2-6-9-42 所示去布置和连接以形成电机需要的励磁绕组各磁极的正确极性。

直流电动机　N N S S N N S S →
直流发电机　N S S N N S S N →

图 2-6-9-41　主磁极、换向极的极性排列顺序

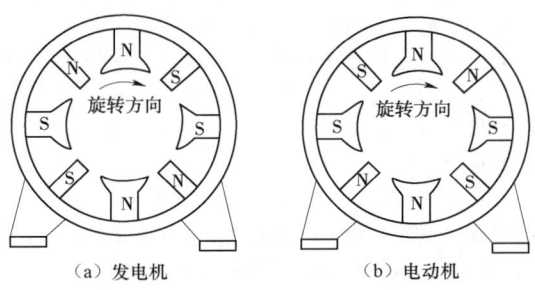

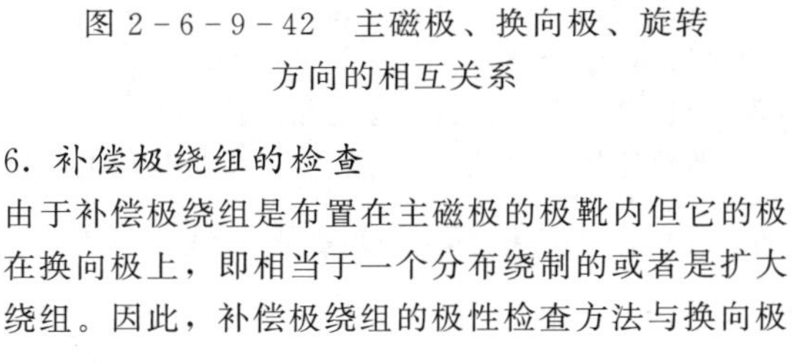

(a) 发电机　　(b) 电动机

图 2-6-9-42　主磁极、换向极、旋转方向的相互关系

6. 补偿极绕组的检查

由于补偿极绕组是布置在主磁极的极靴内但它的极性却显示在换向极上，即相当于一个分布绕制的或者是扩大了的换向绕组。因此，补偿极绕组的极性检查方法与换向绕组的检测完全相同。补偿绕组是一种比较完善的补偿电枢的方法，但因其结构较复杂所以只应用于中大型电机内。为了在各种不同负载电流时抵消电枢反应，故补偿及换向绕组均与主电路串联。

磁极绕组接线错误的故障可以采用将磁极各套绕组依次通电的方法来检查。

检测时可先断开主磁极的励磁线圈，使换向极和电枢绕组能同时得到电源；接着移动电刷位置，将电刷从原来中性线位置顺时针或逆时针方向转动 90°电角度；在上述两项工作完成后就可将电源接电动机，此时若电机的旋转方向与电刷移动方向相吻合，则说明换向极磁极线圈的接线是正确的。如果发现电动机旋转方向与电刷移动方向相反，则说明换向极磁极线圈连接错了，应调换线圈接线后再次检测。

将换向极磁极线圈检测完以后即应该断开其电源，使主磁极的并励绕组与电源接通（如有串励绕组则应断开）。在将电刷移回原来位置后给电机接通电源，这时电动机若按照正确方向旋转则说明主磁极并励绕组的接线是正确的，否则应将并励绕组的线端对调后再次通电进行试验。主磁极的励绕组检测完以后应断开其电源，只接通主磁极的串励绕组后再通电进行试验。

在检测磁极串励绕组接线是否正确时，应注意电动机在通电后，如果是积复励直流电动机，则电枢转向应同并励绕组单独作用时的转向，才说明串励绕组的接法是正确的；若是差复励电动机则当串励绕组单独作用时，其转向应该与并励绕组单独作用时刚好相反。则说明串励绕组的接法是正确的。

综上所述直流电机定子磁极绕组接线错误还是较易判断的，因为若主磁极绕组接错会使电动机转向与要求的相反，而换向绕组接错则会产生极大的换向火花，这些情况通过观察均是不难发现的。

7. 磁极绕组接错故障的修理

磁极绕组找到接错的某套绕组（例如并励、串励绕组、换向绕组等）、某个磁极线圈后，即应迅速予以纠正，以免故障扩大而造成更为严重的损失。特别是换向极绕组不能接错，因为接错后在电机没有负载或轻载时就会产生很大的换向火花，并且还会在换向器上产生高热，如果运行时间较长则可能将换向器的所有焊接处的锡熔化，造成难以恢复的极大损失。

四、直流发电机运行故障及修理

直流发电机是用来提供一种无脉动直流的电源设备。其输出电压能够精确地调节和控制，可以良好满足不同控制系统所要求的电源特性，并且具有较大的过载能力等。直流发电机的常见故障、产生原因及处理方法如下所述。

(一) 运行时发电机电压无法建立

直流发电机电压无法建立的故障，其可能的原因有：
(1) 励磁回路电阻太大或者出现开路。
(2) 励磁绕组短路或并励绕组、串励绕组、换向极绕组之间短路。
(3) 并励或复励发电机无剩磁。
(4) 并励绕组两根出线端接反。
(5) 原动机转速太低，未达到额定转速。
(6) 电机的旋转方向不对。
(7) 电枢绕组短路或换向片间短路。

(8) 电刷偏离中心线太多。
(9) 电刷过短或弹簧压力太小，致使电刷与换向器接触不良。

直流发电机如由于上述原因而发生电压无法建立的故障，则可采用以下方法进行处理。
(1) 调节磁场变阻器到最小位置；检查回路有无断路及接头松动处。
(2) 找出短路位置并用同等绝缘予以修复。
(3) 重新予以充磁在充磁时应注意电源极性与绕组极性相同。
(4) 对换并励绕组的两根出线端。
(5) 检测发电机转速是否与铭牌规定数据相符，不然则应提高转速。
(6) 改变发电机的旋转方向。
(7) 找出短路故障位置并用同等绝缘予以修复。
(8) 调整电刷位置，使其尽可能接近中性线。
(9) 更换新电刷或调整弹簧压力。

（二）空载电压达不到额定值

直流发电机空载电压达不到额定值的故障，其可能的原因有：
(1) 发电机的转速未达到额定转速。
(2) 串励绕组和并励绕组互相被接错。
(3) 励磁绕组有匝间短路。
(4) 电刷不在中性线上。
(5) 磁场变阻器的电阻值太大。

直流发电机如由于上述原因而发生空载电压达不到额定值的故障，则可采用以下方法进行处理。
(1) 检查原动机是否达到额定转速，并予以调整。
(2) 应拆开绕组重新进行接线。
(3) 检查绕组短路情况，并予以修复。
(4) 调整电刷位置，选择位于电压的最高处。
(5) 调节磁场变阻器，若阻值不能调节，则应检查并修复磁场变阻器。

（三）空载电压正常负载后电压显著下降

直流发电机空载电压正常、负载后电压显著下降的故障，其可能的原因有：
(1) 直流发电机过载。
(2) 复励发电机串励绕组极性接反。
(3) 电刷不在中性线上。
(4) 电刷与换向器接触不良，或者接触电阻太大。

直流发电机空载电压正常负载后电压显著下降的故障，则可采用以下方法进行处理。
(1) 可适当减少部分负载。
(2) 调换串励绕组的两根出线端。
(3) 揩擦换向器表面及修磨电刷，消除电阻过大的故障处。
(4) 调整电刷位置，使其靠近中性线处。

（四）换向器与电刷之间火花太大

直流发电机换向器与电刷之间火花太大的故障，其可能的原因有：
(1) 电刷与换向器表面接触不良。
(2) 换向器上云母片凸出。
(3) 电刷过短或弹簧压力不够。
(4) 刷握已经松动。
(5) 电刷的牌号不符合要求。
(6) 刷杆装置未能等分。
(7) 电刷和刷握的配合不当。
(8) 刷握与换向器表面间的距离太大。
(9) 刷杆已经偏斜。
(10) 电枢偏离中性线位置太远。
(11) 换向器表面粗糙或不圆。
(12) 换向器表面积存有电刷粉尘、油污等。
(13) 换向片间绝缘损坏或片间落金属颗粒产生短路。
(14) 换向极绕组已短路。
(15) 换向极绕组出线端接反。

直流发电机换向器与电刷之间火花太大的故障，通常可采用以下方法进行处理。
(1) 研磨换向器表面及电刷，然后轻载运行一段时间以进行磨合。
(2) 用专用工具下刻片间云母。
(3) 更换新电刷、调节弹簧压力。
(4) 紧固刷握螺栓，并使刷握与换向器表面平行。
(5) 调换原牌号的电刷。
(6) 根据换向片的数量，重调刷杆之间的距离。
(7) 应保证热态时，电刷在刷握中能自己滑动。
(8) 通常该距离为 2~3mm。
(9) 调整好刷杆与换向器的平行度。
(10) 调整电刷位置以减小火花。
(11) 研磨或车削换向器外圆。
(12) 清洁换向器表面。
(13) 找出短路故障处并予以修复。
(14) 找出短路故障处，用同等绝缘予以修复。
(15) 检查换向极的极性，某极性应为沿电枢旋转方向与下一个主磁极极性相同。

（五）电枢绕组过热

直流发电机电枢绕组过热的故障，其可能的原因有：
(1) 定、转子铁芯严重相擦。
(2) 电枢绕组严重受潮。
(3) 电枢绕组部绕组元件引线端接反。
(4) 电枢绕组或换向片间有短路。
(5) 电枢绕组内均压线被接错。
(6) 发电机定子、转子铁芯气隙不均匀，数值相差太大。
(7) 端电压过低。
(8) 所带的负载短路。

直流发电机电枢绕组过热的故障，一般可采用以下方法进行处理。
(1) 检查磁极螺栓是否松动、轴承是否磨损、查清后予以修复或更换。
(2) 对电枢绕组进行烘干，以恢复绝缘性能。
(3) 查出电枢绕组元件接反处，改正其接线。
(4) 找出短路故障处，予以修复或重绕。
(5) 查出接错处予以重新连接。
(6) 仔细调整气隙，使气隙尽可能均匀。
(7) 应提高端电压，直至达到额定值。
(8) 要迅速排除负载的短路故障，或将其从电路切除。

五、直流电动机运行故障及修理

直流电动机由于具有优良转矩、转速特性，并能在大范围内平滑无级调速等特点，因此在轧钢、矿井提升和电力机车等方面得到广泛应用。直流电动机的常见故障、产生原因及处理方法如下所述。

（一）运行时转速太低或不均匀

直流电动机运行时转速太低或不均匀的故障，其可能原因有：

（1）电动机的电枢绕组存在短路故障。
（2）电枢的换向器片间发生短路故障。
（3）电动机的电刷位置不正确。
（4）定子换向极绕组的极性接错（此时换向器上还将出现较长的黄色火花）。
（5）电动机的电源电压过低。

直流电动机如由于上述原因而发生其运行时转速太低或不均匀转动的故障，则可采用以下方法进行处理。

（1）可用短路侦察器结合电压表检查电枢绕组的短路故障，找出短路故障点根据具体情况采取局部修理或重换全部电枢绕组。
（2）检查整个换向器片间情况，仔细清理换向片间的焊锡、铜屑、毛刺等残留物，以消除潜在的短路故障点。
（3）对电刷位置不正确的直流电动机，应重新调整、校正其电刷位置并予以标记。
（4）换向极绕组极性接错，应在对它逐极检查其极性并确认错误后，再纠正换向极的接线。
（5）当电动机的电源电压过低时，应及时进行调整，要使电源电压达到其额定值。

（二）电动机运行时转速过高

直流电动机在运行时出现转速过高的故障则应及时切断电源以防甩坏电枢，产生该类故障的可能原因有：

（1）电动机并励电路电阻过大或者断路。
（2）并励或串励绕组存在匝间短路故障。
（3）电动机的并励绕组极性接错。
（4）复励电动机的串励绕组极性接错（如积复励接成差复励）。
（5）直流串励电动机所拖动的负载过轻。
（6）定子磁场的主磁极气隙过大。

直流电动机如由于上述原因而产生运行时转速过高的故障，可采用以下方法进行处理。

（1）用万用表测量电动机励磁电路的电阻，分析比较找出故障处并恢复其正常电阻值。
（2）可用万用表检测并励或串励绕组各磁极线圈的电阻值，找出有短路故障的磁极线圈，并根据具体情况重包绝缘或更换新线圈。
（3）并励绕组极性接错的故障，应在检查确认后纠正该并励绕组的极性。
（4）仔细检查电动机绕组的全部接线，确认错误后，纠正串励绕组的极性。
（5）当串励电动机的负载过轻时，则应增加其负载或改换容量较小的电动机。
（6）可按规定使用铁垫片重新调整气隙。

（三）电动机运行时电枢过热

直流电动机在运行时出现电枢过热的故障，其可能原因有：

（1）电动机过载或不符规定的频繁启动。
（2）电枢绕组存在短路或接地故障。

（3）电动机的换向器存在片间短路。
（4）电刷弹簧压力过大而使换向器异常发热。
（5）电动机的电枢与定子磁极相擦。
（6）定子主磁极的气隙不均匀（叠绕组中）。
（7）电动机的冷却条件恶化。
（8）并励、复励电动机的电源电压过低。

直流电动机如由于上述原因而发生运行时电枢过热的故障，可采用以下方法进行处理。

（1）将电动机的负载恢复到其额定值，减少和避免不符规定的频繁启动次数。
（2）用万用表和短路侦察器检测电枢绕组，找出短路或接地故障的准确位置，根据具体情况予以局部修复或重换电枢绕组。
（3）如果是因焊锡、铜屑和毛刺引起的换向器片间短路，只需将这些杂物清除，其短路即会自行消失。但若换向器片间短路发生在电枢绕组出线端的下面等不易修理的位置时，则只有拆除电枢绕组，才能对换向器进行修理了。
（4）若因电刷弹簧压力过大而引起换向器异常发热时，应仔细调整电刷压力以排除发热故障。
（5）认真检查电动机的端盖、轴承盖和磁极铁芯等，看是否有螺栓松动或紧固未到位等现象，找出故障所在并予以修复。
（6）检查定子主磁极气隙并予以调匀。
（7）在仔细消除电动机内部的尘垢后，检查并处理滤尘网、风道及冷却风扇等处缺陷。
（8）用电压表检测电源电压找出原因并将其恢复到额定值。

（四）电动机运行时磁极绕组过热

直流电动机在运行时出现磁极绕组过热的故障，其可能原因有：

（1）电动机的励磁电流超过规定值（多因降低转速引起）。
（2）励磁绕组的线径匝数发生错误，铜损增大而发热。
（3）电动机的并励绕组内存在匝间短路故障。
（4）励磁绕组对地绝缘电阻太低。
（5）电动机的端电压超过其额定值。
（6）电动机的冷却条件恶化。

直流电动机如由于上述原因而发生运行时磁极绕组过热故障，可采用以下方法处理。

（1）用电流表检测电动机的励磁电流值，找出故障原因并恢复其正常励磁电流值。
（2）仔细核查励磁绕组的线径、匝数，在确认其存在较大错误后，予以更换符合设计要求的励磁绕组。
（3）检查并找出并励绕组匝间短路的位置，根据短路处的具体情况，采取局部修复或更换并励绕组磁极线圈。
（4）拆开电动机，清扫内部油污、杂物，烘干励磁绕组，使其绝缘电阻值恢复合格。
（5）用万用表检测电动机的端电压，在确认和找出故障原因后，设法将电压恢复为额定值。
（6）拆开电动机，清除内部尘垢和排除冷却系统的故障。

（五）电动机运行时电刷下火花过大

直流电动机在运行时出现电刷下火花过大的故障，其可能原因有：

（1）电动机的全部换向绕组或补偿绕组的极性接错（此

时电刷下将产生黄色耀眼的长串火花)。

(2) 电动机的部分换向极或补偿绕组极性接错（这时电刷下将出现黄色舌状火花)。

(3) 电动机的换向极气隙过大（电刷下滑出边出现火花）或过小（电刷下滑入边出现火花)。

(4) 换向极绕组、补偿绕组内存在匝间短路故障。

(5) 电动机的电枢存在断线故障（这时换向器周边将出现绿色环状火花，并且片间云母也会有放电烧伤痕迹)。

(6) 电枢曾经过载而严重发热，使电枢绕组与换向器之间的连接产生局部脱焊。

(7) 电枢的换向片松动、凸出，此时可看出换向器上凸片发亮、凹片发黑，严重时还将听到撞击电刷的声音。

(8) 换向器表面粗糙不平，使电刷接触不良而产生火花。

(9) 换向器云母片凸出或云母片间槽内积聚有碳粉、灰尘和油污等杂物。

(10) 电动机电刷在刷盒中过紧或过松。

(11) 电动机电刷弹簧的压力不适当（通常为压力偏小），以及电刷过短或过长等。

(12) 电动机所用电刷型号不符或使用两种以上不同型号的电刷。

(13) 电刷在换向器圆周上分布不匀或者位置不符。

(14) 机身振动，因此有时会在换向器表面出现规律性黑痕。

(15) 电动机过载或所带负载过分的剧烈波动。

(16) 电动机运行转速过高。

(17) 换向器换向片间存在短路故障。

(18) 电动机的刷杆或刷杆座接地。

直流电动机如由于上述原因而出现运行时火花过大的故障，可采用以下方法进行处理。

(1) 仔细检查电动机换向绕组或补偿绕组的极性，并对错误接线予以纠正。

(2) 逐极检测并纠正部分换向绕组或补偿绕组极性错误的接线。

(3) 按电动机技术要求的规定值重新调整其气隙，为达最佳运行效果，有时需要经过实际的试运转，以选择最合理的气隙。

(4) 用目测和万用表检查换向极绕组、补偿绕组的匝间短路故障，找出短路处，并根据故障修理的难易程度，而采取局部修复或更换线圈。

(5) 用万用表检测电枢绕组，找出断线处并予以修理，如为小容量直流电动机，可以短接该处换向片来作应急处理。

(6) 用毫伏表检测换向器片间的电压降，找出电枢绕组线端与换向片的脱焊处，并重新焊接牢固。

(7) 可在冷、热两种情况下紧固换向器的螺母或拉紧螺栓，并重新车削换向器工作面、钩削片间云母及研磨光洁等。

(8) 用细砂布和白布分别研磨换向器的工作面，必要时也可重新车削、磨光换向器。

(9) 可用手锯条制成的专用工具清理换向片间突出的云母，以及积存的碳粉、油污等。

(10) 可以磨制尺寸合适的电刷或修理刷盒，应使电刷在刷盒中既能自由滑动而又不至于过松或存在呆滞现象。

(11) 按电动机产品说明的要求调整弹簧压力，对电刷过短或过长则应更换合适电刷。

(12) 若所用电刷型号不符或为两种以上型号电刷混用时，则需将整台电动机都换用同样符合规定型号的电刷。

(13) 对电刷在换向器圆周分布不匀或位置不符时，则应重新校正和分布电刷位置。

(14) 如电动机存在机身振动，而引起电刷火花过大的故障时，需拆开电动机重新校正电枢的平衡，并在电动机重装后紧固好底座以消除振动。

(15) 对于电动机过载或所带负载过分剧烈波动时，应将负载恢复和稳定到其额定值。

(16) 电动机运行中的转速过高，应将其转速恢复到正常的额定转速。

(17) 用短路侦察器和万用表找出换向器短路故障处并予以修复。

(18) 用兆欧表检测刷杆或刷杆座的接地故障，找出接地点并予以绝缘处理。

（六）电动机运行时电枢冒烟

直流电动机在运行时发生电枢冒烟的故障，其可能原因有：

(1) 电动机因长期过载运行而高温冒烟。

(2) 换向器的片间云母击穿或有金属切屑落入其中。

(3) 电枢绕组的线圈元件存在短路故障。

(4) 电动机的定、转子铁芯相擦。

(5) 电动机直接起动或频繁正、反转运转。

(6) 电动机的端电压过低。

直流电动机如由于上述原因而发生运行时电枢冒烟的故障，可采用以下方法进行处理。

(1) 检查电动机所拖动负载的情况，并立即恢复为其正常负载值。

(2) 用手锯条制成的专用工具，对换向器的片间沟槽仔细进行清扫和检修。

(3) 可用短路侦察器、万用表等检测电枢，找出短路故障处，并予以修复。

(4) 检查电动机的气隙是否均匀和轴承是否磨损，找出故障后重调定、转子铁芯间气隙及更换同型号、规格的新轴承。

(5) 选用适当的电动机启动器以及避免频繁的正、反转运行。

(6) 应立即对电动机过低的端电压进行调整，以使电压恢复到正常值。

（七）电动机运行时噪声和振动过大

直流电动机在运行时出现噪声和振动过大的故障，其可能原因有：

(1) 电刷压力过大或其与换向器工作面不吻合而引起嘶叫声。

(2) 电动机轴承内有杂物或严重磨损而有异常杂音。

(3) 紧固螺栓松动或零部件振动而引起不正常的杂音和机身振动。

(4) 电动机的电枢不平衡而引起振动。

(5) 电动机的转轴或轴头弯曲产生振动。

(6) 负载机组与电动机的轴线不重合而引起振动。

直流电动机如由于上述原因而发生运行时噪声和振动过大的故障，可采用以下方法进行处理。

(1) 调整电动机的电刷压力或研磨电刷与换向器的接

触面。

（2）仔细清洗轴承，并更换全部润滑脂或者更换同规格型号的新轴承。

（3）详细检查电动机及机组各零部件的紧固情况，并注意清除各磁极之间可能混入或吸入的异物。

（4）可拆开电动机，将电枢重校动平衡。

（5）拆开电动机将转轴或轴头调直校正。

（6）将电动机及机组的安装紧固螺栓松开，重新调整好电动机与机组的轴线。

（八）直流电机火花等级的鉴别

直流电机运行时，在其换向器与电刷之间均有大小不一的火花产生，这些火花有的是电机内部某种故障的表现，有的则是正常工作的反应。若火花在一定限度内，且并不影响电机良好工作则应允许它存在；如果火花超过某种限度，特别是具有放电性质的电弧火花，则将会产生破坏作用，因而必须及时加以检查，找出故障设法消除。

直流电机的火花可以依据表2-6-9-1所示予以鉴别，以此确定电机运行状态是否良好及是否能继续正常工作。1、$1\frac{1}{4}$、$1\frac{1}{2}$级的火花，对换向器及电刷的连续工作实际并无损害；2级火花仅允许在短时过载或短时冲击负载时发生；3级火花则仅在直接起动或逆转的瞬间允许存在，但不得损坏换向器及电刷。

观察火花时，须遮住外来光线，对于不易直接看到的电刷，可用小镜反照观察。

表2-6-9-1　直流电机换向的火花等级

火花等级	电刷下的火花程度	换向器及电刷的状态	允许的运行方式
1	无火花		
$1\frac{1}{4}$	电刷边缘仅小部分（约1/5至1/4刷边长）有断续的几点点状火花	换向器上没有黑痕及电刷上没有灼痕	可以连续长期运行
$1\frac{1}{2}$	电刷边缘大部分（大于1/2刷边长）有连续的较稀的颗粒状火花	换向器上有黑痕，但不发展，用汽油擦其表面，即能除去，同时在电刷上有轻微灼痕	
2	电刷边缘大部分或全部有连续的较密的颗粒状火花，开始有断续的舌状火花	换向器上有黑痕，用汽油不能擦除，同时电刷上有灼痕。如短时出现这一级火花，换向器上不出现灼痕，电刷不烧焦或损坏	仅在短时过载或短时冲击负载时允许出现
3	电刷整个边缘有强烈的舌状火花，伴有爆裂声音	换向器上黑痕较严重，用汽油不能擦除同时电刷上有灼痕。如在这一火花等级下短时运行，则换向器上将出现灼痕，同时电刷将被烧焦或损坏	仅在直接起动或逆转的瞬间允许存在，但不得损坏换向器及电刷

六、直流电机机械及电气故障快速诊断与修理

直流电机的故障通常可分为机械和电气故障两大类。一般而言直流电机故障发生得较多的是电气方面故障，如定子磁极绕组、转子电枢绕组的短路、断路、通地、接错和电阻差大等。但机械方面的故障也时有发生，而且有许多电机结构类的故障如不及时处理，则有可能会形成更为严重的后果。直流电机就有不少的电气故障是由机械所引起的。如转轴或轴承的磨损就有可能使电机气隙不均匀，严重时还将使定、转子铁芯相擦，以至产生高温而使绕组受到烧损；也可能造成某些零部件变形、破裂而影响电机的正常运行。因此，对于直流电机机械方面故障决不能掉以轻心，而应及时认真地予以恰当处理。

（一）直流电机的拆卸与装配

直流电机的拆装步骤如下：

（1）拆除直流电机所有外部连接线。

（2）打开电机的视察窗或通风窗，从刷握中取出电刷并拆下接到刷杆上的连接线，做好刷杆座位置的标记（如刷杆座位置标记明显而完好，且又位于出厂时的位置，则无须再作标记）。

（3）拆除电机换向器端的端盖螺栓和轴承盖螺栓，并取下轴承外盖。

（4）用铁锤沿端盖四周的边缘，顺轴线方向均匀地敲击（敲击处应垫以木板，以免损伤端盖），并逐渐使端盖止口脱离机座及轴承的外圈（或内圈），取下端盖及刷杆座。如果刷杆座不是安装于端盖上，则在取下端盖后再取下刷杆座。

（5）用绝缘纸或纸板将换向器包好。

（6）拆除轴伸端的端盖与机座连接的螺栓，将端盖连同电枢整体从定子小心抽出，应特别注意不要碰伤或擦伤电枢绕组及换向器。中型直流电机因转子比较重，此时应将两端的端盖都拆下来，然后按图2-6-9-43所示的步骤和方法采用起重设备将电枢转子吊起平移以从定子中抽出。

（7）将连同端盖一起拆下的电枢放在木架上包裹好。特别注意不要以换向器作为支撑面置放。若有需要则再拆卸轴伸端的端盖和轴承盖。轴承只有在确定已损坏的情况下才可以拆取，如无特殊原因则轴承不应拆卸，而应装上轴承外盖并予包好以防灰尘进入。

直流电机的装配可按电机拆卸的相反步骤依序进行即可，并拆卸时所作标记去仔细校正刷杆座的位置。

（二）端盖、轴承盖的故障修理

直流电机端、轴承盖常见的损坏是裂纹，通常都是由于碰撞和敲打所引起。若其裂纹长度小于该处工件结构长度的50％时，可采用堆焊法以铸铁焊条补焊。补焊时须将工件预热到600～700℃再进行。如用铜焊条补焊则可不预热。焊接时应保证工件的精加工面和绕组不受高温或焊渣损伤，补焊后要注意保温使其逐渐冷却以防变形。如因焊接变形则会造成装配的困难，严重时甚至无法使用。若端盖的裂纹比较短且在不太受力的位置，尚不影响电机的安全使用时，也可不进行补焊而采取在裂纹终端处钻一小孔的办法，以消除应力集中从而防止裂纹继续扩大。

当电动机端盖止口与机壳配合松动时，转子将会偏离其中心位置，而使转子与定子相擦。一般，电动机端盖止口的配合间隙如表2-6-9-2所示。修理止口磨损的端盖时，

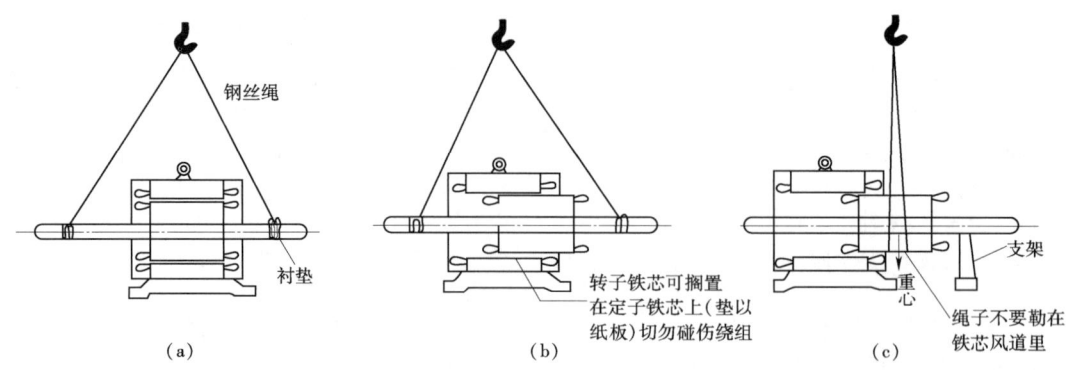

图 2-6-9-43 抽出转子的方法和步骤

可将端盖卡装在车床上,将其磨损了的止口车去,并再重新车一个止口,这样端盖便将缩进去一段距离。因此转子轴的轴承挡也必须相应车去一段距离,使轴承能和端盖轴承孔在新的条件下合理配合。此外,还应特别注意重新车制止口的端盖是否碰触绕组端部,以免发生电动机绕组接地故障。

表 2-6-9-2　　端盖止口的最大允许间隙

端盖止口外径/mm	300	500	800	1000
最大允许间隙/mm	0.05	0.10	0.15	0.20

如果电动机在装配过程中不慎使端盖与机壳或轴承盖的配合面出现凹凸和毛刺时,可用细锉或刮刀将配合面仔细修平整以后再重新进行装配。

(三) 机壳、铁芯的故障修理

1. 电动机机壳故障及修理

电动机机壳起着支撑定子铁芯和固定电机的作用,它的两个端面还用来固定端盖和轴承。封闭式电动机机壳的外表面设有散热片,其作用是扩大电动机的散热面积,并在外风罩的配合下起导风作用。电动机的机壳及底脚一般均用铸铁制成,当安装不平时,电动机本身振动或受机械外力的作用,都可能使机壳或底脚开裂或断裂。若机座底脚有裂纹或断裂情况时,也可以采用铸铁焊条进行焊接。为消除铸铁中的内应力,应在焊接前用喷灯将焊接处加热至 600~700℃ 左右,焊接后让其自然冷却(也可以用铜焊条焊接)。如果电动机的断裂部分离铁芯很近或两边底脚全部断裂,加热又会破坏定子绕组时,可用角铁作加固修补。这时可先将角铁(角铁的大小应根据其底脚尺寸来确定)制成断裂底脚的形状,然后用螺栓将其紧固在电动机的机壳上,具体布置如图 2-6-9-44 所示。

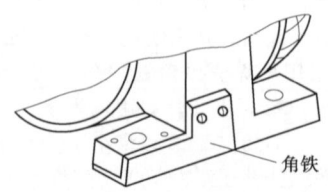

图 2-6-9-44　用角铁修补机壳底脚

2. 电动机铁芯故障及修理

(1) 故障的类型。交流电动机的定子和转子铁芯都是用硅钢片冲制叠压而成,硅钢片之间是互相绝缘并用铁压圈压紧或用环形键固定在机壳或转轴上的。常见的铁芯故障一般有:

1) 硅钢片片间短路(因片间绝缘损坏所造成)。
2) 铁芯松弛(紧固不良、绝缘漆老化或电动机振动所造成)。
3) 拆除旧线圈时操作不当而使硅钢片过度向外张开。
4) 因绕组线圈短路或接地而造成铁芯的槽齿熔损等。

(2) 故障原因分析。定子铁芯发生这些故障的原因主要有:

1) 铁芯两侧的压圈压得不够紧。
2) 定子铁芯压入机壳时配合过松或焊接处脱焊。
3) 拆除旧绕组时用火烧以致将硅钢片表面的绝缘烧坏。
4) 拆除旧绕组时用力过猛,使得硅钢片齿部沿轴向朝外张开。
5) 绕组短路或接地产生高温而将齿槽熔毁。
6) 机械外力的严重撞击等。

(3) 故障修理。对定转子铁芯故障进行修理前,应先将铁芯仔细清理干净,去掉灰尘、油污等。如铁芯松弛且两侧压圈不紧,可用两块钢板制成的圆盘,其外径可略小于定子绕组端部的内径,并在中心开孔后穿过一根双头螺栓,然后将铁芯两侧夹紧,紧固双头螺栓以使铁芯恢复原形;若铁芯的齿槽歪斜时,可用尖嘴钳加以修正即可;如果铁芯中间松弛,可在松弛部分打入硬质绝缘材料,例如树脂板或绝缘纸板等。凡是经过后来挤紧的铁芯部分,均应涂刷沥青类绝缘漆。若硅钢片上有毛刺或机械损伤,可用细锉去掉毛刺或将凹陷予以修平,并用汽油将硅钢片表面抹干净,再涂上一层绝缘漆。如果铁芯烧坏、熔毁的面积不大或没有蔓延到铁芯深处,可用凿子将熔毁部分的铁芯凿去,再用细锉和刮刀除去毛刺和清除异物。

(四) 转轴故障的修理

转轴是电动机传递转矩带动负载机械、设备的主要部件,同时它还要支持转子铁芯在额定转速下正常旋转,并保持定、转子之间有一个均匀而适当的气隙。若电动机的气隙不均匀就会造成其温升增高、输出功率降低,并产生较大的振动和噪声;如果定、转子严重相擦,还将产生高温而造成更大的损害。因此,电动机的转轴必须具有足够的机械强度和刚度,并且转轴的几何中心线应为直线,而其横截面应为圆形。

电动机转轴常见的故障主要有:轴弯曲、轴颈磨损、键槽磨损和轴裂纹或断裂等。转轴损坏最后往往导致转子与定子相擦,或转轴与轴承(滚动轴承)内圈的配合松动。而当转轴和轴承内圈配合不紧时,它们就会在转子转动时出现滑动现象(轴承走内圈),从而使轴承室和轴承过热。

导致这些转轴故障的原因很多，有的是转轴本身制造质量问题，但大多数原因还是安装不当和使用失误所致。例如安装时电动机与其所拖动机械负载，二者的皮带轮或联轴器未处于同一直线上，就极易损坏转轴的轴头；再如拆装皮带轮或联轴器时不采用专用工具，而是随意用铁锤硬敲硬打以致损坏转轴等。转轴常见故障的检修方法如下：

1. 转轴弯曲的检修

将需要检查的电动机转子放在车床上对正夹紧，并使其缓慢转动，用千分表或划线针盘检查转轴的弯曲部位和弯曲程度，如图 2-6-9-45 所示。

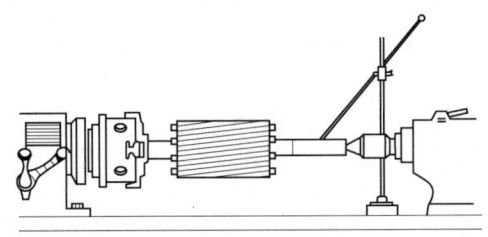

图 2-6-9-45 在车床上检查转轴弯曲

也可将需要检查的电动机转子放置于平整的工作台上，用两块 V 形铁块支住轴承，并用手慢慢转动电动机的转子，再用划线盘或千分表检测电动机转轴的弯曲部位以及弯曲程度，其情况如图 2-6-9-46 所示。

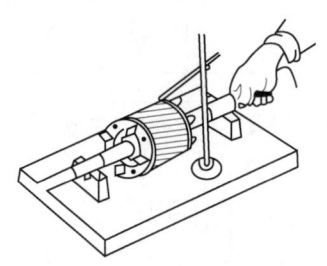

图 2-6-9-46 用划针盘检查转轴弯曲

通常电动机转轴的弯曲度不允许超过 0.2mm，若超过允许范围必须对转轴进行矫正。这时可将待矫正的转轴放置于压力机下，在转轴的弯曲处加压矫直。矫直后的转轴表面部分要上车床切削磨光，如果转轴弯曲过大，最好是另换一根新轴。

2. 轴颈磨损的检修

电动机如经多次拆装轴承就很可能引起轴颈磨损故障，当轴颈磨损不大时，可采用电镀法在轴颈表面镀一层铬，然后将其磨削到规定尺寸。也可利用金属喷镀法在轴颈上薄薄地喷上一层金属，并将喷过金属的轴颈磨削至规定尺寸。如果轴颈磨损比较严重，就有可能造成电动机定子、转子铁芯的相擦。这时可在电动机转轴的轴颈磨损处用电焊进行一层堆焊，然后退火消除其焊接应力，再上车床切削磨光至配合尺寸，其焊接情况如图 2-6-9-47 所示。

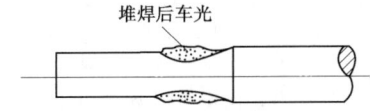

图 2-6-9-47 轴颈磨损堆焊后车光修复

电动机轴颈如磨损过大而采用堆焊方法修理，可能会造成转轴变形，此时最好使用镶套法进行修复。如图 2-6-9-48 所示先将轴颈磨损处车小 2~3mm（沿转轴直径方向），再车一个适配的套筒，将其加热后套入轴颈，冷却后套筒即会紧箍在转轴上，然后精车磨削至配合尺寸。转轴轴颈磨损较小时的临时补救措施，可以用钢冲在轴颈圆周上均匀地冲若干小麻点，再装轴承时，即仍可配合得较为紧密。

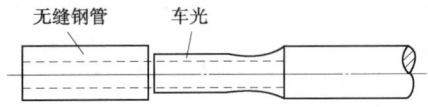

图 2-6-9-48 轴颈磨损采用镶套法修复

3. 键槽磨损的修理

转轴的键槽磨损较小时，可将磨损处稍许加宽，另配新键的方法处理，但其加宽量不应超过原键槽宽度的 15%。当键槽磨损比较严重，则可如图 2-6-9-49（a）所示用电焊在键槽磨损处进行堆焊，然后经退火消除焊接应力、车削和重铣键槽等工序，将键槽予以修复；也可在转轴已磨损键槽的对面重新铣一个键槽，如图 2-6-9-49（b）所示。

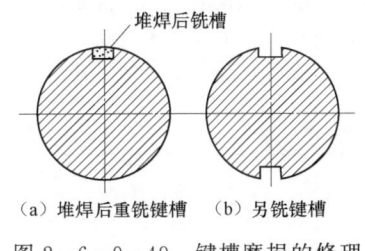

图 2-6-9-49 键槽磨损的修理

4. 转轴裂纹或断裂的修理

如果电动机转轴有裂纹、严重损伤或断裂时，通常情况下都应更换新轴。这时要仔细测绘转子整体进行外形尺寸及相对位置，明确转轴与转子铁芯的配合方式以及装配方向。在退出转轴时要防止铁芯变形、散架，并应特别注意避免损伤转子绕组。退轴后应详细测量旧轴及铁芯内圆或转子支架的内孔尺寸，并选定各部尺寸的公差配合。小型电动机转轴材料一般采用 35 号或 45 号优质圆钢；大、中型电动机应在分析旧轴的钢材成分后，选用同样钢号的钢材车制。加工电动机的新转轴时，应先加工好铁芯或支架与轴配合的一段，其余部分则留出适当的加工余量，在压入铁芯或支架后，以铁芯外圆为基准再加工转轴其他部分。

若转轴的横向裂纹深度不超过轴直径的 10%~15%，纵向裂纹长度不超过轴长的 10% 时，还可在裂纹处用电焊堆焊法进行补焊处理，转轴仍可以继续使用。如转轴已经断裂而换新轴一时又有困难，也可如图 2-6-9-50 所示采用电焊堆焊法进行焊接处理。电动机转轴的裂纹、严重损伤及断裂等故障，应及时发现立即处理，以避免造成重大的机械设备和人身安全事故。

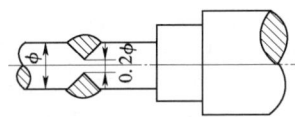

图 2-6-9-50 断轴的电焊堆焊修理

（五）轴承故障的修理与拆装

电动机的定子是通过轴承支持整个转子来旋转的，因而

第六章 电动机异常与故障快速诊断修理案例

轴承是电动机中承受机械磨损最严重的部件。所以在通常见到的电动机机械故障中，轴承损坏所占的比例是相当高的。电动机所用轴承有滑动轴承和滚动轴承两大类，滑动轴承具有精度高、振动小、在保证液体摩擦的条件下，能够长时间在高速状况下平稳工作等一系列优点。但它的安装与维修却比较复杂，因此除大型电动机外，一般均很少采用。而滚动轴承由于它装配方便、维护简单、不易造成定子、转子相擦等特点，在中、小型电动机中得到普遍应用。滚动轴承有滚珠轴承和滚柱轴承两种。小型电动机的前后端一般均用滚珠轴承，中型电动机则在传动端采用滚柱轴承，而另一端使用滚珠轴承。以下将简介滚动轴承的故障检查与修理。

1. 滚动轴承的故障检修

电动机在正常运行时其滚动轴承仅有均匀连续的轻微嗡嗡声，而不应该有异常的噪声和振动。因此，当轴承有了故障就会在电动机运行中出现噪声、振动和过热等不正常现象。所以严密注意滚动轴承的异常噪声、振动和发热等情况，也就是检查和判断轴承是否存在故障的基本方法。

(1) 轴承异常噪声和振动故障的检修。电动机在运行时轴承的异常噪声可用听诊的方法来判断，对轻微的噪声可以用一把大螺丝刀抵在轴承外盖上，并将耳朵贴在螺丝刀的木柄上以听其有无不正常的噪声。滚动轴承的异常噪声可能由于轴承内进入沙子、铁屑所引起，也可能是因润滑脂过少或轴承已损坏。

如果轴承的异常噪声比较严重应立即停机检查，将电动机拆开，用清洁的刷子或布蘸着汽油清洗轴承，看轴承的内外圈或滚珠（滚柱）有无裂痕和破损；轴承的滚道上有无缺陷、是否严重锈蚀、滚道是否变形扭歪等；检查滚珠在滚道内运转是否灵活、轻快和有无阻滞现象；用手摇动轴承外圈有无松动等。测量轴承滚道与滚珠（滚柱）间隙，可采用适当粗细的熔丝插入滚道与滚珠（滚柱）之间，转动轴承外圆及滚珠（滚柱），将经碾压后的熔丝取出，用千分尺测量其厚度，其值将会接近于轴承的间隙尺寸。滚动轴承最大磨损度如表 2-6-9-3 所示。

表 2-6-9-3 滚动轴承的最大磨损限度

轴颈或轴承内径 /mm	>18~30	>30~50	>50~80	>80~120	>120~150
轴承径向最大磨损值 /mm	0.10	0.15	0.20	0.25	0.30

如轴承经清洗后运转良好，即可加入润滑脂，滚动轴承润滑脂的选用如表 2-6-9-4 所示。

表 2-6-9-4 中小型电动机滚动轴承润滑脂的选择

名称	代号	外观	熔点（不低于）/℃	抗水性	适用场合
钠基润滑脂	ZN-2	深黄色到暗褐色均匀软膏	140	易溶于水，亲水性强	较高工作温度，清洁无水分的条件下，适用于开启式电动机
	ZN-3		140		
	ZN-4		150		
钙基润滑脂	ZG-2	深黄色到暗褐色均匀软膏	80	不易溶于水，抗水性较强	一般工作温度，有水分或与水接触的条件下，适用于封闭式电动机
	ZG-3		85		
	ZG-4		95		
	ZG-5		120		
钙钠基润滑脂	ZGN-2	黄色至棕色的均匀软膏	120	抗水性强	较高工作温度，有水蒸气的条件下，适用于开启式及封闭式电动机
	ZGN-3		135		
复合钙基润滑脂	ZFG-1	淡黄色到暗褐色光滑透明油膏	180	抗水性强	高温工作条件下，有水分接触或严重水分的场所，适用于封闭式电动机
	ZFG-2		200		
	ZFG-3		220		
复合铝基润滑脂	ZFU-1	淡黄色到暗褐色光滑透明油膏	180	抗水性强	高温工作条件下，有水接触及严重水分的场所，适用于开启式及封闭式电动机
	ZFU-2		200		
	ZFU-3		200		
二硫化钼润滑脂	3号	灰色或褐色光泽软膏	220	抗水性强	高温工作条件下及严重水分的场所，特别适用于湿热带电动机
	4号		210		

(2) 轴承发热故障的原因及检修。电动机轴承运行中发热的原因大致有以下几种。

1) 轴承盖与转轴摩擦。由于轴承盖的内圆偏心或装配时被敲出了毛刺，以致造成轴承盖局部地方与转轴相擦而使轴承发热。轴承盖上的毛刺，只需用细锉予以修整即可；如为轴承盖内圆偏心所致，需卡装车床上，加工修整才行。若轴承盖与转轴均已磨损，可将轴重新磨光，而轴承盖一般都要更换新的。

2) 滚动轴承内、外圈不平行。因机械加工的误差有可能使装配后两个端盖上的轴承孔不同心，以致造成轴承的内、外圈不平行。对于滚珠轴承而言它对内、外圈的不平行度尚有一定的适应能力，而滚柱轴承则由于滚柱与内、外圈接触不平行将增加摩擦损耗而使轴承发热。若同心度的误差不大，电动机经过一段空载运行的磨合后，发热情况将会自行消失。如果同心度的误差较大，滚柱轴承可能会因经常发热而烧坏。这时应仔细检测机壳与端盖的同心度，找出故障位置上车床予以加工修正。

3）润滑脂不清洁或用量不适当。当润滑脂中混入沙子、铁屑等有害异物时，在轴承运行时可以听到很清楚的沙沙声，并很容易引起轴承发热和烧损。如果遇到这种情况，应拆开轴承盖仔细清洗轴承，和换上新的、洁净而符合规定的润滑脂；若润滑脂过多则电动机开始运行时会发热，并将会有部分润滑脂从轴承盖的间隙中挤出来，发热现象会很快地自行消除；如果润滑脂过少，就会听到"嚓嚓"声或轻微的"咯咯"声，并会使轴承的温升增高。这时应拆开轴承盖适当添加与原规格型号相同的润滑脂，运行一段时间后轴承温升会下降而恢复正常。

2. 滚动轴承的拆卸与安装

拆卸与安装电动机的轴承必须注意按规范合理的拆卸方法进行，因为不正确的拆卸方法，有可能将仍能使用的轴承拆坏，甚至还会损伤到转轴。以下介绍几种轴承的拆卸及安装方法。

（1）用专用工具或简易工具拆卸轴承。采用如图2-6-9-51所示的专用工具来拆卸轴承，这与拆卸皮带轮或联轴器的方法是相同的。只是在拆卸时，除了注意丝杆要顶正等事项外，还应注意专用工具（拉钩）要扣住在轴承内圈上，否则有可能拉坏轴承。拆卸时调整拉杆上面的螺帽以使轴承内圈均匀受力，然后旋转顶出螺杆，使轴承被平稳地逐渐拉出来。若没有专用工具（拉钩）拆卸轴承，可采用图2-6-9-52所示的简易工具来拆卸轴承，其效果也很不错。

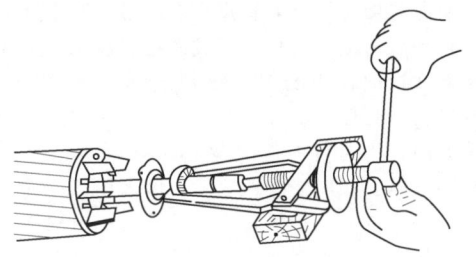

图2-6-9-51 用专用工具（拉钩）拆卸轴承

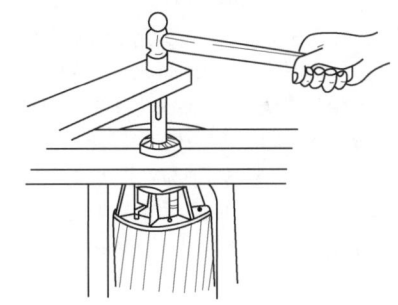

图2-6-9-52 用简易工具拆卸轴承

（2）用铜棒和手锤拆卸轴承。对于内径比较小的轴承，也可采取将铜棒顶住轴承内圈，用手锤敲打铜棒慢慢将轴承打出来，如图2-6-9-53所示。敲击时应注意使轴承内圈受力均匀，要在相对两侧轮流敲打，切不可偏敲一侧和用力过猛，且应逐渐将轴承打出来。应特别注意，千万不能用手锤直接敲打轴承以免将其损坏。

（3）用滚油加热法拆卸轴承。如果用上述方法仍不能拆卸下轴承，可将机油加热到120℃左右，然后用油壶将加热的机油浇在轴承内圈上使其受热膨胀。浇热机油时要用湿布将轴包住以免它也受热膨胀。接着边浇边拉或边用铜棒和手锤

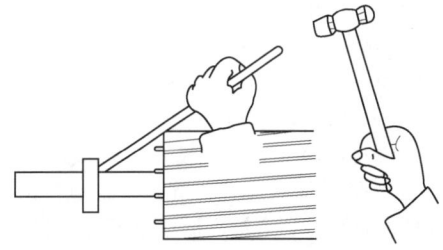

图2-6-9-53 用铜棒、手锤拆卸轴承

敲打，直到将轴承从转轴上拆卸下来。拆卸时从浇热油开始2～3min内就要将轴承拆下来，否则时间一长，转轴也会受热膨胀而难于拆下，这时就应待转轴和轴承全部冷却后再重新进行加热拆卸。

（4）滚动轴承的安装。

1）用加热法安装轴承。如图2-6-9-54所示，将滚动轴承放在热机油中加热到100℃（不要超过120℃，以免使轴承硬度下降），经10～15min后，取出并迅速套在转轴的轴颈上，有时轴承放在轴颈上一推就可以装到位，有时需在轴承内圈处稍许加力才能推入。并且，热套时还须注意要使轴承紧靠转轴的台阶处。

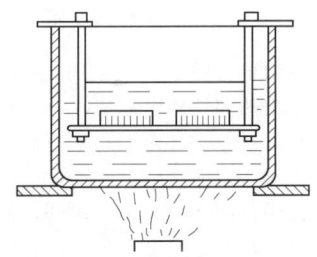

图2-6-9-54 用机油加热方法安装轴承

2）用套筒或铜棒安装轴承。如图2-6-9-55所示，先将轴承套在转轴的轴颈上并用一套筒顶住轴承内圈，在套筒的另一端垫以木板，并用锤子予以敲打，逐渐敲打直至将轴承打到位。敲打时应注意轴承不可歪斜而且用力要正对轴向，如果能有油压机以压力代替锤击装轴承，效果将会更好。该套筒可选用废钢管改制，其厚度比轴承内圈稍薄，两端打磨平整即可。轴承安装也可采取用铜棒和手锤进行。安装时应先将轴承平稳地套在转轴的轴颈上面，然后用铜棒抵住轴承内圈并用手锤轻敲铜棒，沿轴承内圈交替地对角敲打直至打到位。

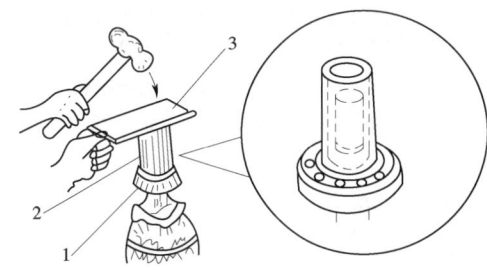

图2-6-9-55 采用套筒法安装轴承
1—轴承；2—套管；3—木板

（六）换向器的故障与检修

换向器是直流电动机的重要组成部件，其作用就是使流入电枢绕组线圈的电流及时改变方向。常用的换向器主要分为普通换向器和塑料换向器两大类，它们的故障与修理如下。

1. 换向器的结构

普通换向器的结构如图 2-6-9-56 所示，它由多片带燕尾的梯形紫铜片及同形状的云母片间隔组成圆柱体，两端用 V 形云母环及 V 形钢压环经螺帽或拉紧螺栓压紧。电枢绕组的端接引线与换向片的竖板或升高片之间用碰焊焊接，H 级绝缘的电枢采用氩弧焊进行焊接。普通换向器是换向器中最主要的结构型式，它被广泛应用于大、中、小各类直流电动机中。

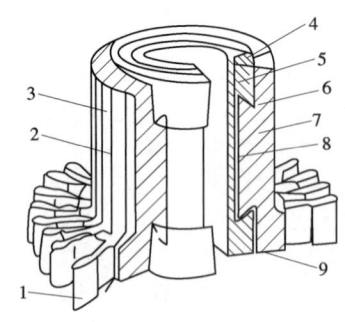

图 2-6-9-56 普通换向器的结构
1—升高片；2—云母环；3—换向片；4—夹紧螺母；
5—V 形压环；6—V 形云母环；7—换向片；
8—云母环；9—V 形压环

塑料换向器的结构如图 2-6-9-57 所示，这种换向器的紧固支架部分采用热固性塑料制成，换向片及云母片均热压于塑料之中。图 2-6-9-57（a）是不带套筒的塑料换向器，其塑料件内孔直接与转轴配合，应用于直径为 80mm 以下的小型换向器中。图 2-6-9-57（b）是带有钢套筒的塑料换向器，由套筒与转轴配合。另外，有的塑料换向器在其换向片槽部还设有加强环，用以增加塑料部分的强度，使其能用于直径较大的换向器。由于塑料换向器结构较为简单，而且能提高绝缘的使用寿命和节省云母和金属结构材料，因而在小型直流电动机中逐渐得到广泛的应用。

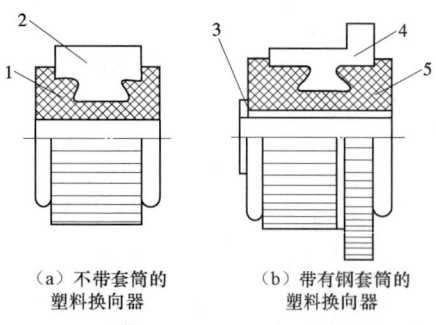

（a）不带套筒的塑料换向器　（b）带有钢套筒的塑料换向器

图 2-6-9-57 塑料换向器的结构
1—塑胶；2—换向片；3—套筒；
4—换向片；5—塑胶

2. 换向器故障的检修

直流电动机换向器的故障通常有：换向器片间短路、接地、外圆变形和换向片磨损等。

（1）换向器片间短路及其检修。换向器片间短路故障的产生，大多是因为换向片间落入铜屑、电刷磨下的炭屑及灰尘等杂物所引起。有时由于电枢火花过大而烧坏片间云母绝缘，也有可能导致换向器的片间短路。

通常，换向器的片间短路故障可采用试灯法进行检查，如图 2-6-9-58 所示。先拆下电枢绕组，在 220V 电源的电源线上串接一只 220V60W 的灯泡，将两根测试线端分别接触相邻的换向片。如果灯泡亮即说明该相邻两换向片之间存在短路，而片间云母发红或冒出火花之处则就是短路故障的部位。修理时可用图 2-6-9-59 所示用小锯条制成的专用工具，将烧损碳化的云母及其他杂屑刮削清除干净，当刮出的云母粉呈白色状时，即已经刮彻底。刮削时应边清除边试灯进行检查，直至用试灯检测所有相邻换向片间灯泡均不发亮时为止。然后用云母粉末或小块云母加上胶水填充孔洞，由于胶水湿时导电，所以应待其硬化干燥后方可投入使用。

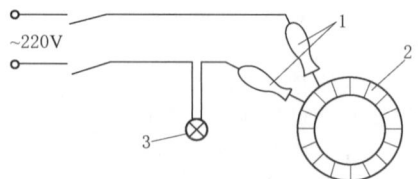

图 2-6-9-58 用试灯法检测换向器片间短路
1—试棒；2—换向器；3—白炽灯

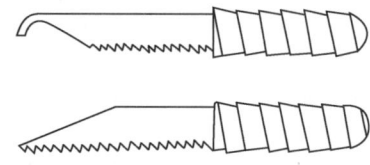

图 2-6-9-59 清除损坏云母片的专用工具

（2）换向器接地故障的检修。换向器接地故障是换向片与铁芯或转轴之间绝缘击穿而形成通路的情况，这种故障主要出现在普通换向器中的 V 形云母绝缘套上。由于该云母套在组装过程中受损、金属碎屑清除不干净、换向器火花大或过热等原因，均有可能造成 V 形云母套被击穿，引起换向器接地的故障。换向器接地故障也可采用试灯检查，可先将试灯的一根测试线端接触转子铁芯，另一根测试线端依次接触各换向片，以查找接地的具体部位（此时电枢绕组应与换向器断开）。如果接地发生在换向器前端部的外侧部位，即可仿照换向器片间短路故障的修理方法，先用锯条专用刀将烧坏的云母清理干净，再用云母粉与胶水调制成的胶泥将洞填平，待云母粉胶泥完全干燥固化后即可重新投入运行。若接地故障点是产生在换向器内部或后端部（即绕组接线端侧），可用铁丝将换向器绑牢后松开其紧固螺帽，并将其 V 形压环连同 V 形云母绝缘套一起取出。然后将云母绝缘套击穿烧坏处清理干净，再用虫胶漆和云母材料填补修复。如果 V 形云母绝缘烧损部分比较大，则要将绝缘处刮削成坡形，并用 0.2~0.3mm 厚的可塑性云母板一层层地覆盖。且每覆盖一层应涂刷一次虫胶漆，直至将被削去的云母层补齐盖平。加补的云母片应一层比一层大并与坡形缺口相吻合，补好后再按原样重新装在换向器上，拧紧螺杆后，即将换向器加热到 130℃以上，待云母板软化后，再将紧固螺栓拧紧到位。最后对修复的换向器还应进行绝缘电阻值的测定和耐压试验，其试验电压一般为 2 倍额定电压加 1500V，试验时间则为 1min。修理时若所垫补的云母厚度与原 V 形绝缘套不符，将可能使重装后的换向器产生变形，所以在修理换向器时要仔细检查各部位尺寸，尽可能避免出现不必要的差错。

（3）换向器外圆变形的检修。可用手旋转直流电动机的电枢，并仔细观察电刷是否有高低跳动和换向器有否椭圆等现象，如果有这些情况，说明换向器存在凹凸不平或椭圆的故障。修复此类故障时首先要检查其紧固螺栓，如果发现换向器的紧固螺杆松动，应拧紧螺杆；并在经过加热后将其紧固到位。紧固后则用 0.25 磅以下的小锤轻轻敲打换向器的表面，这时坚固的换向器将会发出清脆的铃声，而松弛的换向器则只能发出沉闷的空壳声。如果此时紧固螺栓确已紧固到位，则须拆卸换向器以检查 V 形压环和 V 形云母绝缘套的质量及配合尺寸。若确定是这些环、套的问题时，应根据具体情况采取修复或重换新部件的处理。

（七）刷握与电刷故障的检修

直流电动机的电刷始终应以适当大的压力压在换向器上，它可以安装在以电刷杆为转动中心并可移动的杠杆上面，或者是放置在一个固定的刷握框内。刷握可以与换向器或与滑环相垂直，但也可倾斜适宜的角度。而电刷应能在刷握框中上下自由移动，又不应太松而使电刷在刷握框中摇晃。常见的刷握故障主要有以下两种。

1. 刷握的内表面磨损

如果电刷刷握框的尺寸配合不当再加上换向器的振动，刷握框的内表面将易被磨损。这时，除应仔细检查换向器外还必须认真校正电刷与刷握框之间的间隙，同时也要清除和锉光刷握框内表面可能存在的杂物和毛刺等。电刷与刷握框的间隙一般不允许超过表 2-6-9-5 所示的数值，刷握离开转动体表面的距离应保持在 2~4mm；刷握的前后两端和转动体平面必须保持相等距离，而不应出现如图 2-6-9-60 所示的倾斜。

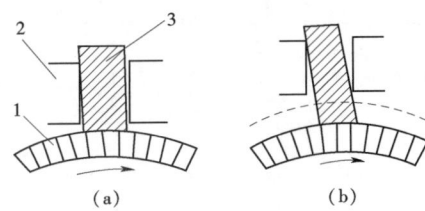

图 2-6-9-60　电刷与刷握的不正确配合
1—换向片；2—刷握；3—电刷

表 2-6-9-5　刷握框与电刷的允许间隙　单位：mm

间隙	轴向	沿旋转方向	
		宽度 5~16	宽度 16 以上
最小间隙	0.2	0.1~0.3	0.15~0.4
最大间隙	0.5	0.3~0.6	0.4~1.0

2. 刷握弹簧失去弹性

当电动机的部件及绝缘不良时，刷握弹簧将可能因通过的电流过大而退火，以致该弹簧减弱甚至失去弹性。此时除应修理好部件和绝缘的故障外，还需要更换符合产品要求的合格新弹簧。

3. 电刷的磨削与更换

电刷是电动机转动部分和固定部分进行联系的过渡部件，它在电动机运行中不仅有负载电流通过，还与换向器或滑环表面直接摩擦。为此，在机械、电气和安装等方面电刷都有可能产生故障。

当电刷与换向器或滑环的接触面小于 70% 时，就需要磨削电刷以提高与这些转动体的接触面和吻合程度。磨削电刷的接触面必须用 00 砂布来进行，砂布的宽度应为换向器或滑环的长度，砂布的长度则应为转动体的周长。然后用橡皮胶将其一半贴住砂布一端，另一端则按电动机的旋转方向贴在转动体上，如图 2-6-9-61 所示。通常采用这种方法磨削的电刷，其接触面一般均可达 90% 以上。电刷弹簧的压力随着电刷的磨损而逐渐减弱，当电刷磨损尚未超过一定限度时，则弹簧压力还可进行调整，也就是靠调整弹簧的压力以补偿电刷的磨损，但这样做是有限度的。在一般情况下若电刷磨损超过其长度的 60% 就必须更换，即使在极限使用的情况下，也绝不允许埋在电刷中的软铜线端子被磨损到外露程度。如果更换新电刷，首先查明新、老电刷的牌号和尺寸，尺寸若稍大还可以磨削加工减小，当牌号不对而电刷性能相差过多时，则决不能勉强使用，所以电刷的选择最好符合原电动机的规定。此外，更换电刷时还应注意保证整台电动机所用电刷牌号一致，否则将有可能引起各个电刷负荷不均而出现新的故障。如果电动机的电刷原始牌号不明时，可参照表 2-6-9-6 所示选取新电刷。另外，还要检查电刷的软铜线是否完整和牢固。若铜线折断的根数超过总线数的 1/3 时，则应更换电刷的软铜线。新换上的软铜线规格应与旧线相同，或者参照表 2-6-9-7 所示选用。

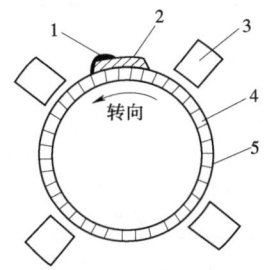

图 2-6-9-61　电刷的磨削方法
1—砂布自由端；2—橡皮胶；3—电刷；
4—换向器；5—砂布

表 2-6-9-6　各种电刷的技术特性及工作条件

电刷类型	牌号	电阻系数 /(Ω·mm²/m)	一对电刷上的接触电压降 /V	摩擦系数不大于	50h 摩擦率不大于 /mm	工作条件			代号型号
						电流密度 /(A/cm²)	圆周速度 /(m/s)	电刷压力 /(N/cm²)	
碳-石墨电刷	T2-2	33~58	1.5~2.5	0.30	0.10	6	10	2.0~2.5	—
	T2S-2	15~30	1.6~2.4	0.25	0.30	8	15	2.0~2.5	—
石墨电刷	S-1	27~45	1.7~2.7	0.30	0.20	7	12	2.0~2.5	—
	S-3	8~20	1.5~2.3	0.25	0.20	11	25	2.0~2.5	—
	S-4	10~30	1.8~2.6	0.25	0.20	12	50	2.0~2.5	T3

续表

电刷类型	牌号	电阻系数 /(Ω·mm²/m)	一对电刷上的接触电压降/V	摩擦系数不大于	50h摩擦率不大于/mm	工作条件 电流密度/(A/cm²)	圆周速度/(m/s)	电刷压力/(N/cm²)	代号型号
电化石墨电刷	DS-22	14～35	2.0～3.2	0.23	0.15	10	45	2.0～2.5	S3
	DS-4	6～16	1.6～2.4	0.20	0.25	12	40	1.5～2.0	S3
	DS-8	31～50	1.9～2.9	0.25	0.15	10	40	2.0～4.0	S3
	DS-13	22～40	2.5～3.5	0.25	0.15	10	40	2.0～4.0	S3
	DS-14	22～36	2.0～3.0	0.25	0.15	10	40	2.0～4.0	DS-4
	DS-51	25～50	2.4～3.8	0.20	0.15	12	60	2.0～4.0	DS-8
	DS-52	10～20	2.0～3.2	0.23	0.15	12	50	20～2.5	DS-22
	DS-72	10～16	2.4～3.4	0.25	0.20	12	75	1.5～2.2	DS-4
	DS-74	35～80	3.2～4.4	0.25	0.25	12	50	2.0～4.0	DS-14
	DS-79	20～43	1.6～2.6	0.25	0.25	12	40	2.0～4.0	DS-8
金属石墨电刷	T-1	1～6	1.0～2.0	0.25	0.18	15	25	1.5～2.0	T-6
	T-3	5～2	1.4～2.2	0.25	0.15	12	20	1.5～2.0	T-6
	T-6	1～6	1.0～2.0	0.20	0.30	15	25	1.5～2.0	—
	T-16	2～6	1.0～2.0	0.25	0.15	15	25	1.5～2.2	T-6
	T-20	4～12	1.0～1.8	0.26	0.20	12	20	1.5～2.2	—
	TS	0.03～0.15	0.1～0.3	0.20	0.80	20	20	1.8～2.3	—
	TS-2	0.10～0.35	0.3～0.7	0.20	0.40	20	20	1.8～2.3	—
	TS-4	0.20～1.3	0.6～1.6	0.20	0.30	15	20	2.0～2.5	—
	TS-51	0.04～0.12	0.15～0.35	0.20	0.60	25	20	1.8～2.3	TS TS-2
	TS-64	0.05～0.15	0.1～0.3	0.20	0.70	20	20	1.8～2.3	TS TS-2
	TSQ-5	1～12	<2.0	0.25	0.50	15	35	1.5～2.0	—
	TSQ-15	1～12	<1.6	0.25	0.15	15	35	1.5～2.0	TSQ-5 T1
	TSQ-17	1～12	<1.9	0.25	0.40	15	35	1.5～2.3	TS-4 TSQ-5
	TSQA	<0.25	<0.4	0.25	0.80	20	20	1.8～2.3	—

表 2-6-9-7　电刷软铜引线的规格

最大电流/A	导线截面/mm²	最大直径/mm	扭绞方式、铜线股数和每股直径/mm
6	0.2	1.0	7×22×φ0.05
8	0.5	1.4	12×22×φ0.05
10	0.75	1.5	7×20×φ0.08
13	1.0	1.7	7×30×φ0.08
17	1.5	2.2	7×42×φ0.08
24	2.5	2.6	12×26×φ0.10
30	4.0	4.0	7×42×φ0.13
38	6.0	5.4	7×62×φ0.13
50	10.0	6.7	12×62×φ0.13

4. 电刷不处在中性线位置的故障处理

在直流电动机中电刷位置是不能随便决定的，电刷必须和处于两磁极之间磁感应强度为零处的绕组元件相连接，只有这样电刷的换向火花才能最小。如果电刷一旦偏离中性线位置无火花换向区，将会导致电刷和换向器上产生较大的火花，或者引起电枢绕组及励磁绕组发热，严重时还可能使电动机无法启动。一般，新出厂的直流电动机电刷位置均是固定在中性线无火花换向区的，所以在维护修理过程中电刷位置绝对不要随便乱动。直流电动机出现电刷离开中性线位置的故障，大部分都是因电刷架螺栓松动或由于某种原因将刷架移动而造成的。发生此类故障的修理方法应先将刷架向电枢旋转的相反方向移动，使电动机在额定负载下运行，并仔细观察电刷火花，当没有火花或火花最小时将刷架螺栓拧紧予以固定。

经过拆装的直流电动机若拆前对刷架未做记号，重新确定电刷架的中性线位置是十分重要的。确定电刷中性线位置的方法除上面介绍在额定负载下运行观察火花的方法外，常用方法为感应法。用这种感应法检测时，先使电枢处于静止状况，然后如图 2-6-9-62 所示将毫伏表接在相邻的两组电刷上，励磁绕组通过开关 S 接到 1.5~3V 的直流电源上面。当打开或合上该开关时，也就是交替接通和断开励磁绕组的电流，这时毫伏表的指针将左右摆动。将电刷沿电动机转动方向正、反向移动，直至毫伏表指针几乎不动时，则此时的电刷架位置就是"中性线"位置（亦称无火花换向区位置）。

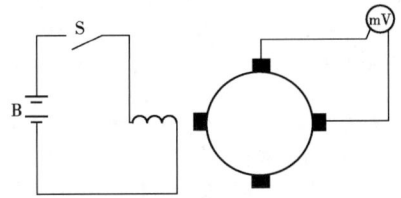

图 2-6-9-62 用感应法确定电刷中性线位置

（八）转子不平衡故障的处理

当电动机转子在经过转轴、铁芯、绕组、滑环或换向器等部件的局部修理或更换以后，应当重作电动机转子整体的平衡试验，经过校平衡后才能进行电动机总装，以保证转子的平稳运行。转子的平衡试验有静平衡和动平衡两种。

转子的静平衡如图 2-6-9-63 所示，一般可以在水平刀刃式的平衡架上进行。首先应根据转子长度将两导轨之间的距离调整好，两导轨面要擦干净并调好水平。若电动机转子两端的轴颈直径尺寸不等时，可用一适当厚度的套环套在轴颈小的一端，以保持转轴几何中心线的水平。将转子的轴颈部位擦抹干净后放至导轨上，这时如发现转子的某一面总是自动地朝下面转，转子朝下的一面一定比较重而其朝上的一面则较轻，这就是电动机转子"不静平衡"的现象。对转子"不静平衡"的处理方法，有加配重和减配重两种，加配重是在转子轻的一面加平衡圈和电焊加重等，直到转子转到任何一个位置时都很平稳，不出现自己转动趋势时，校正静平衡工作即告结束。所加上的平衡圈、块必须牢固地固定好，以防电动机在高速运转中将其甩出而造成事故。此外，减配重的方法是在转子重的一侧钻几个浅孔或铣去某些零件上一些与强度无关的材料，以去掉不平衡量而达到静平衡。通常，在 6 极以上的低速电动机中，重新总装前应该进行转子静平衡的校验，只要达到了静平衡，一般动平衡就不会有什么问题。但是在大型和高速电动机中，还会有动平衡方面的问题存在。动平衡的试验方法很多并且都比较复杂，一般均是在动平衡专用试验设备上进行。对中小型电动机而言则在修后只需做静平衡即可。

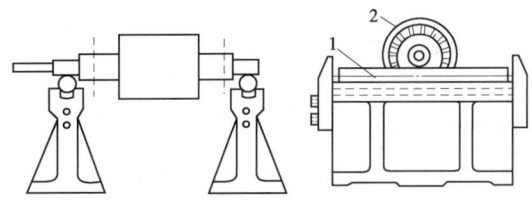

图 2-6-9-63 测试转子静平衡的平衡架
1—导轨；2—转子

（九）直流电机常见电气故障快速诊断及处理

直流电机常见电气故障快速诊断及处理见表 2-6-9-8。

表 2-6-9-8　　　　　直流电机常见电气故障快速诊断及处理方法

常见故障		故 障 原 因	处 理 方 法
发电机	发电机电压不能建立	（1）并励绕组两出线端接反。 （2）励磁回路电阻过大或有开路。 （3）并励或复励电机中没有剩磁。 （4）励磁绕组短路或并励绕组与串励绕组、换向极绕组之间短路。 （5）电机旋转方向错误。 （6）转速太低。 （7）电枢绕组短路或换向片间短路。 （8）电刷偏离中性线太多。 （9）电刷过短或弹簧压力过小，使电刷与换向器接触不良	（1）对调并磁绕组两出线端。 （2）调节磁场变阻器到最小；检查回路有无断线及接头松动。 （3）重新充磁；用外加直流电源与励磁绕组瞬时接通，充磁时，注意电源极性应与绕组极性相同。 （4）查出短路点并排除。 （5）改变电机转向。 （6）测量电机转速是否与铭牌规定相符，否则应提高转速。 （7）查出短路点并排除。 （8）调整电刷位置，使之接近中性线。 （9）更换成新电刷或调整弹簧压力
	发电机空载电压达不到额定值	（1）发电机转速低于额定转速。 （2）磁场变阻器电阻太大。 （3）励磁绕组匝间短路。 （4）串励绕组和并励绕组相互接错。 （5）电刷不在中性线上	（1）检查原动机转速是否太低；原动机与发电机间的传动带是否过松；修理、更换后速比是否不适当。 （2）调节磁场变阻器，若阻值不能调节则应检查变阻器是否接触不良或被卡住，并予以修复。 （3）检查短路情况，并修复。 （4）应拆开重新接线。 （5）调整电刷位置，选择在电压最高处
	发电机空载电压正常，负载后电压显著下降	（1）复励发电机串励绕组极性接反。 （2）电刷与换向器接触不良，或接触电阻过大。 （3）电刷不在中性线上。 （4）发电机过载	（1）调换串励绕组两出线端。 （2）观察换向火花；揩擦换向器表面；修磨电刷消除电阻过大的故障点。 （3）调整电刷位置，使之靠近中性线。 （4）减去一部分负载

续表

常见故障		故障原因	处理方法
电动机	电动机不能起动	(1) 因电路发生故障，使电动机未通电。 (2) 电枢绕组断路。 (3) 励磁回路断路或接错。 (4) 电刷与换向器接触不良或换向器表面不清洁。 (5) 换向极或串励绕组接反，使电动机在负载下不能起动，空载下起动后工作也不稳定。 (6) 起动器故障。 (7) 电动机过载。 (8) 起动电流太小。 (9) 直流电源容量太小。 (10) 电刷不在中性线上	(1) 检查电源电压是否正常；开关触头是否完好；熔断器是否良好；查出故障，予以排除。 (2) 查出断路点，并修复。 (3) 检查励磁绕组和磁场变阻器有无断点；回路直流电阻值是否正常；各磁极的极性是否正确。 (4) 清理换向器表面，修磨电刷，调整电刷弹簧压力。 (5) 检查换向极和串励绕组极性，对错者予以调换。 (6) 检查起动器是否接线有错误或装配不良；起动器接头是否被烧坏；电阻丝是否烧断，应重新接线或整修。 (7) 检查负载机械是否被卡住，使负载转矩大于电动机堵转转矩；负载是否过重，针对原因予以消除。 (8) 检查起动电阻是否太大，应更换合适起动器，或改接起动器内部接线。 (9) 起动时如果电路电压明显下降，应更换直流电源。 (10) 调整电刷位置，使之接近中性线
	电动机转速过高	(1) 电源电压过高。 (2) 励磁电流太小。 (3) 励磁绕组断线，使励磁电流为零，电动机飞速。 (4) 串励电动机空载或轻载。 (5) 电枢绕组短路。 (6) 复励电动机串励绕组极性接错	(1) 调节电源电压。 (2) 检查磁场调节电阻是否过大；该电阻接头是否接触不良；检查励磁绕组有无匝间短路，使励磁动势减小。 (3) 查出断线处，予以修复。 (4) 避免空载或轻载运行。 (5) 查出短路点，予以修复。 (6) 查出接错处，重新连接
发电机及电动机	励磁绕组过热	(1) 励磁绕组匝间短路。 (2) 发电机气隙太大，导致励磁电流过大。 (3) 电动机长期过压运行	(1) 测量每一磁极的绕组电阻，判断有无匝间短路。 (2) 拆开电机，调整气隙。 (3) 恢复正常额定电压运行
	电枢绕组过热	(1) 电枢绕组严重受潮。 (2) 电枢绕组或换向片间短路。 (3) 电枢绕组中，部分绕组元件的引线接反。 (4) 定子、转子铁芯相擦。 (5) 电机的气隙相差过大，造成绕组电流不均衡。 (6) 电枢绕组中均压线接错。 (7) 发电机负载短路。 (8) 发电机端电压过低。 (9) 电动机长期过载。 (10) 电动机频繁启动或改变转向	(1) 进行烘干，恢复绝缘。 (2) 查出短路点，予以修或重绕。 (3) 查出绕组元件引线接反处，调整接线。 (4) 检查定子磁极螺栓是否松脱；轴承是否松动、磨损；气隙是否均匀，予以修复或更换。 (5) 应调整气隙，使气隙均匀。 (6) 查出接错处，重新连接。 (7) 应迅速排除短路故障。 (8) 应提高电源电压，直至额定值。 (9) 恢复额定负载下运行。 (10) 应避免启动，变向过于频繁
	电刷与换向器之间火花过大	(1) 电刷磨得过短，弹簧压力不足。 (2) 电刷与换向器接触不良。 (3) 换向器云母凸出。 (4) 电刷牌号不符合条件。 (5) 刷握松动。 (6) 刷杆装置不等分。 (7) 刷握与换向器表面之间的距离过大。 (8) 电刷与刷握配合不当。 (9) 刷杆偏斜。 (10) 换向器表面粗糙、不圆。 (11) 换向器表面有电刷粉、油污等。 (12) 换向片间绝缘损坏或片间嵌入金属颗粒造成短路。 (13) 电刷偏离中性线过多。 (14) 换向极绕组接反。 (15) 换向极绕组短路。 (16) 电枢绕组断路。 (17) 电枢绕组和换向片脱焊。 (18) 电枢绕组和换向片短路。 (19) 电枢绕组中，有部分绕组元件接反。 (20) 电机过载。 (21) 电压过高	(1) 更换电刷，调整弹簧压力。 (2) 研磨电刷与换向器表面，研磨后轻载运行一段时间进行磨合。 (3) 重新处理云母片。 (4) 更换与原牌号相同的电刷。 (5) 紧固刷握螺栓，并使刷握与换向器表面平行。 (6) 可根据换向片的数目，重新调整刷杆间的距离。 (7) 一般调到2～3mm。 (8) 不能过松或过紧，要保证在热态时，电刷在刷握中能自由滑动。 (9) 调整刷杆与换向器的平行度。 (10) 研磨或车削换向器外圆。 (11) 清洁换向器表面。 (12) 查出短路点，消除短路故障。 (13) 调整电刷位置，减小火花。 (14) 检查换向极极性，在发电机中，换向极的极性应为沿电枢旋转方向，与下一个主磁极的极性相同；而在电动机中，则与之相反。 (15) 查出短路点，恢复绝缘。 (16) 查出断路元件，予以修复。 (17) 查出脱焊处，并重新焊接。 (18) 查出短路点，并予以消除。 (19) 查出接错的绕组元件，并重新连接。 (20) 恢复正常负载。 (21) 调整电源电压为额定值

续表

常见故障		故 障 原 因	处 理 方 法
发电机及电动机	机械振动	(1) 电机的基础不坚固或电机在基础上固定不牢固。 (2) 机组、电机轴线定心不正确。 (3) 电枢不平衡	(1) 增加基础的坚实性和加强电机在基础上的固定。 (2) 重新调整好机组轴线定心。 (3) 重新校好电枢平衡
	滚动轴承发热、有噪声	(1) 轴承内润滑脂充得太满。 (2) 滚珠磨损。 (3) 轴承与轴配合太松	(1) 减少润滑脂。 (2) 更换轴承。 (3) 使轴与轴承达到要求的配合精度
	滑动轴承发热、漏油	(1) 轴颈与轴瓦间隙太小,轴瓦研刮不好。 (2) 油环停滞,压力润滑系统的油泵有故障,油路不畅通	(1) 研刮轴瓦,使轴颈和轴瓦间隙合适。 (2) 更换新油环,排除油路系统故障,保证有足够的润滑油量

续表

第七章

发电机异常与故障快速诊断修理案例

发电机是电力系统中十分重要和贵重的设备，它的安全运行对电力系统的正常工作、用户的不间断供电、保证电能质量方面，都起着非常重要的作用。但是，由于设计及制造工艺质量和运行维护水平等方面的原因，发电机事故率较高，引起制造和运行部门的广泛重视，多次组织专家组进行调查分析，表2-7-0-1和表2-7-0-2列出了发电机事故按部位及原因分类表。

由表2-7-0-1可见，在定子故障中，以定子绕组绝缘击穿和相间短路为最多，属定子故障的48.4%；其次是漏氢、漏水，占定子故障的36.3%；其他故障仅占定子故障的15.3%。

在转子故障中，以漏水为最多，占转子故障的55.2%；其次是电刷、集电环冒烟，占转子故障的23.8%；发电机失磁异步运行，占22.4%；转子绕组接地或匝间短路，占17.9%；负序电流损伤转子，占8.95%。

表2-7-0-1　　　　　　　　　　　发电机事故按部位分类表　　　　　　　　　　　单位：台次

序号	发电机事故部位	年份				累计
		1984	1985	1986	1987	
1	定子绕组绝缘击穿	2	5	13	14	34
2	定子绕组相间短路	8	7	2	9	26
3	定子绕组端部接头、引线接头过热		2	4	4	10
4	定子铁芯烧伤		2	1	1	4
5	发电机内部氢气爆炸或起火	1		1	3	5
6	发电机漏氢	2	1	13	13	29
7	定子绕组漏水			10	6	16
8	转子绕组引水导线断裂、拐角漏水	2	4	4	5	15
9	转子其余部分漏水		1	16	5	22
10	转子绕组接地或匝间短路	1	3	4	4	12
11	转子绕组极间连线断裂	1				1
12	转子绕组过热	1				1
13	转轴磁化			1		1
14	负序电流损伤转子		4	1	1	6
15	异步启动损伤转子	1	1		2	4
16	联轴器螺丝断裂		1	1	1	3
17	密封瓦温度高、零件磨损			1	3	4
18	发电机漏油			1	2	3
19	电刷、集电环冒烟		3	4	9	16
20	发电机失磁异步运行	3	3	5	4	15
21	水冷发电机断水	1		1	2	4
22	其他	2	6	14	13	35
总计		25	43	97	101	266

表2-7-0-2　　　　　　　　　　　发电机事故按原因分类表　　　　　　　　　　　单位：台次

序号	发电机事故原因	年份				累计
		1984	1985	1986	1987	
1	绝缘老化	2	6	4	11	23
2	硅钢片断裂、压圈松动、绝缘垫条外移损坏绝缘	1	2	1	3	7
3	定子线棒振动、磨损绝缘	2	1			3
4	定子引水管破裂、水电接头焊接不良、空心导线断裂漏水	3	1	4	3	11
5	定子绕组端部接头、引线接头焊接不良		2	1	1	4
6	定子端盖密封垫、引出线、冷却器、密封瓦等漏氢	1	1	7	9	18
7	定子线棒绝缘引水管内部闪络		1			1
8	转子绕组引水导线拐角疲劳断裂、水电接头焊接不良、绝缘管裂纹	3	5	7	1	16

续表

序号	发电机事故原因	年份				累计
		1984	1985	1986	1987	
9	转子振动大				1	1
10	转子绕组匝间短路			1		1
11	转子绕组极间连线断裂	1				1
12	转子超速		1		2	4
13	转子通风孔或空心导线堵塞	1			1	2
14	转子护环键甩出			1		1
15	励磁机联轴器螺丝断裂	1	1			2
16	密封瓦磨损			1		1
17	电刷接触不良、碳粉堆积		3	1	6	10
18	密封油管、法兰等焊接不良			2	1	3
19	水冷发电机断水				1	1
20	非同期并列	1			3	4
21	发电机内氢气未排净	1			1	2
22	定子绕组相间短路	1			3	4
23	制造质量不良	2	6	24	22	54
24	维护管理不当、误操作	3	6	27	19	55
25	其他	2	6	16	13	37
总计		25	43	97	101	266

第一节 定子绕组短路故障及防止措施

一、定子绕组短路故障原因

（一）定子绕组端部绝缘缺陷

发电机定子绕组短路故障主要指相间短路，而相间短路故障又主要是由于定子绕组端部绝缘有缺陷而造成的。定子绕组端部绝缘缺陷主要有：

1. 先天性绝缘缺陷

（1）端部绝缘工艺质量差。定子绕组端部绝缘制造工艺质量差所导致的先天性绝缘缺陷是造成定子绕组端部短路故障的根本原因。对国产 200MW 汽轮发电机，常见的有：

1）鼻端绝缘存在弱点。线棒主绝缘在末端与绝缘盒搭接处，未加包绝缘带即伸入盒内或只包二层绝缘带，成为鼻端绝缘弱点；水盒接出引水管水嘴处的锥形绝缘层也未深入绝缘盒内，易出现缝隙，成为鼻端的另一绝缘弱点。

2）引线接头处绝缘存在缺陷。引线接头处的手包绝缘段的股线未进行固化处理，甚至充填该处的绝缘物竟是卷起来的绝缘带。该段手包绝缘层整体性差，出现分层。绝缘盒内环氧泥未填满的占相当数量，特别是空心股线与实心股线分叉处大多未塞满环氧泥。

3）端部绑扎用涤玻绳绝缘，处理工艺差。涤玻绳脏污、除铁不净、干燥不彻底、浸胶不透、固化不彻底，运行中受油污侵蚀和在氢气中湿度超标，遇到机内结露的不利情况下，绝缘水平将显著降低。耐压试验证明，这种工艺处理不良的涤玻绳的击穿电压小于发电机的额定电压，结果在不同相位的涤玻绳之间形成无数条闪络小桥。

【例1】 某发电机 4 号机 1989 年 1 月 21 日发生严重的相间短路事故。短路点位于励侧端部时钟 1 点的位置，一处在上层 10 号引线线棒与 A 相首端引线接头处的手包绝缘段，另一处位于其后的下层 31 号引线线棒与 C 相首端引线接头处手包绝缘段。二者前后相对击穿，导线烧断。在短路点两侧的 9 号、11 号鼻端也严重烧损，对应的内盖表面有大量的熔铜渣粒。不仅如此，励侧还有 13 根线棒移位，15 个绝缘盒破损，7 个绝缘支架开裂；汽侧有 13 根线棒移位，14 个绝缘盒裂开，8 个绝缘支架裂缝。

该机之所以能在上述部位发生击穿短路，是下列因素综合作用的结果：①引线线棒与引线接头处的手包绝缘未固化密实，该段绝缘层有分层现象；②含水分的油烟进入机内，布满端部绝缘表面，并渗透到手包绝缘分层之间；③引线线棒的股线在进入接头盒之前未固化成一整体，也未充填即包缠绝缘带，无法限制股线的振动磨损，如个别股线原来就有缺陷，易发展成断股；④引线线棒与引线的接头处，既无压板紧固，又无其他支撑，抗震能力差，成为事故的温床；⑤氢气湿度大（常压下 7.8g/m³），氢温（入口 31℃）、内冷水温（入口 25℃）低，在引水管及绝缘表面结露，降低绝缘强度。

至于在短路点以外，还造成端部如此大面积损坏，充分说明固定结构存在着先天弱点。

【例2】 某热电厂的 11 号发电机于 1992 年 3 月 26 日发生相间短路事故。故障点位于励侧端部时钟 9 点位置，A、B 两相引线首端的手包绝缘段上。该处前后两引线相对面上，各烧出一个坑。位于后侧的 A 相引线，实心导线烧断

17股，空心导线及水接头未烧损。此外，励侧端部左侧及左下侧附近部件和导风板下半部全部被熏黑，但没有线棒移位及绝缘盒损坏情况。

这台机是1989年9月30出厂，是某电机厂将端部改为27块压板固定的第一台200MW发电机。机上留有不少改进前的遗痕：上、下层线棒鼻部接头用同一水盒焊接上、下层12根空心导线；压板是等宽80mm的长方形压板；绝缘盒无方向性、无边缘突棱。解体中发现引线接头手包绝缘段整体性差，分层现象明显；端部积油，且油中很脏。

分析事故的原因可能是由于B相引线接头处渗水，致使绝缘强度降低，表面电位升高。通过前后引线间的绑绳，又将相间电压加在A相引线的手包绝缘段上。最后因该处绝缘强度承受不住而被击穿短路。

(2) 鼻端水盒结构不易保证焊接质量。将上下层线棒的12根空心导线一起套入一个水盒的结构，不仅施工难度大，而且不易保证焊接质量持久牢靠。运行中一旦发生水盒漏水，抢修恢复困难，往往因此而延长非计划停运延续时间。例如，某电厂的2号发电机于1988年1月25日发生相间短路事故。抢修后投运不久，又于1988年2月24日发生第二次相间短路事故。这两次事故主要是由定子线棒接头漏水所引起的。两次事故前都从机内排放出含油的软化水，说明机内不仅进油，而且内冷水系统有漏泄。经分析认为第1次事故是由于漏水使B相27、26、25处接头绝缘性能降低，而造成匝间短路，短路弧光使集水盒熔铜喷溅到内端盖表面，并蔓延到其下方的C相引出线接线板，造成B、C相短路。该机的第二次事故也是由漏水引起的，推断是从28号上层引线线棒与引线的接头（C相）对邻近的弓形引线（A、B相）放电而引起的。由于引线线棒与引线的接头未经固定，缺乏抗震能力，加上第1次事故后该接头已受到短路电流的冲击，抢修时又未采取加固措施，致使恢复运行不久，该接头空心导线极有可能损伤漏水。加之上次事故的短路点就在附近，遗留的金属熔渣和碳粉不易清除干净，这些不利因素都会促成相间击穿的发生。

2. 定子端部线棒固定结构单薄

端部采用18块压板固定的发电机，每根线棒在每一侧渐伸线部分只受到3或4块压板的作用，实际上受到紧固作用的长度只占渐伸线全长的20％左右。在线棒末端振幅最大处，则有占总数1/3数量的鼻端未受到压板固定，处于悬空受振状态。结果，投入运行一段时间后，水盒的焊接薄弱处出现裂缝、水盒接口附近空心股线疲劳断裂、空心、实心股线相互磨断或磨漏、引水管与汇水管接头螺母松动等。

引线接头的固定，同样也十分单薄。在时钟11点、1点位置的引线接头，前后所连接导线连续弯曲，在其延伸达1005mm范围内竟没有一个固定点。即使是延伸长度最短的时钟5点、7点处的引线，固定也很差，有的用手即可扳动。

此外，支撑压板的绝缘支架也存在着强度不足、材质易裂的缺点；过渡引线的固定方式由于过分单薄，夹板螺帽经常松脱、掉落。

这些情况说明，原有端部固定结构不能有效遏制端部线棒及引线的频繁振动，使原已存在的绝缘弱点在运行中不断扩大，以致无法避免绝缘击穿事故。更有甚者，一旦发生相间短路，这种单薄的固定结构还无法抵御强大电磁力的冲击，最终造成大面积的损坏。

例如，某发电厂的1号发电机于1987年10月2日发生相间短路事故。其原因主要是线棒鼻端绝缘存在缺陷，线棒主绝缘层末端未伸入绝缘盒内，搭接处仅靠装盒时挤出的环氧泥抹平来填补；其次是汽侧28号、25号、10号线棒的端部接头均未被压板压住，9号线棒的端部只被压板压住一半。结果，接头在长期悬空受力作用下，绝缘盒两端出现裂缝。又加上端部受到油雾的污染，致使28号绝缘盒在与线棒搭接处产生裂缝后，导体经涤玻绳、压板紧固螺杆对绝缘支架的固定支座放电，引起另两相对地电位升高，25号鼻端对内盖起弧，最后酿成9号、10号鼻端相间击穿。

(二) 端部遗留异物

在发电机制造和安装检修过程中，由于检查、清除机内异物的工作不细，使异物遗留在机内，当发电机投入运行后，造成相间短路或其他不良后果。例如：

(1) 某电厂的1号发电机于1989年5月7日发生相间短路事故。其主要原因是，在励侧端部右上方18号上层线棒和23号下层线棒渐伸线交叉处，被一段110mm长的锯条割破绝缘而短路。经查实，锯条是更换线棒时遗留下来的。

(2) 某电厂6号发电机于1990年7月16日，励侧发生相间短路，其主要原因是，一个M8的螺杆（长20mm）将两根异相线棒绝缘磨破而导致击穿。事故是在投运后刚半年发生的。

(三) 氢气湿度大、漏（进）油严重

氢冷发电机中的氢气湿度过高会在发电机内部产生结露现象。结露一旦发生，轻则发电机内金属部件产生锈蚀，重则使发电机定子和转子绕组受潮，影响绝缘性能。特别是水—氢—氢冷却的发电机，当定子内冷水温度低于氢气中水分的露点时，在定子绝缘引入管外表面会产生结露，严重时会发生单相对地闪络或相间短路，烧坏发电机端部绕组。近几年来，在额定电压15kV以上的发电机上，多次发生绕组端部短路事故，例如：

(1) 据1991年报道，国内102台水—氢—氢冷却的200MW发电机已经有11台、15台次发生端部短路事故。

(2) 某电厂的1号发电机于1993年6月22日在运行中发生定子相间短路。分析认为，事故的原因是该机端部绝缘存在缺陷，鼻端绝缘为沥青云母带包扎，绝缘整体性差，模压绝缘与手包绝缘搭接不良，绝缘盒充填不满；此外，该机的氢密封瓦向发电机内漏油，机内氢气湿度超标。在绝缘薄弱或缺陷处，由于氢气湿度较大，导致绝缘破坏，发生相间短路击穿。

(3) 某发电厂的2号发电机，于1987年12月并网发电，1988年1月25日在正常运行中突然发生定子绕组端部相间绝缘击穿烧损事故，B、C相间端头短路，在励磁机侧5点钟位置，绕组水接头、水盒和过渡引线烧毁，事故的当时，发电机内氢气纯度达99.7％，机内氢气绝对湿度为32.4g/m³。

(4) 某热电厂的11号发电机，于1989年6月并网发电，1992年3月26日正常运行中氢压为0.29MPa、氢纯度为97.2％、机内氢气绝对湿度为34g/m³，突然发电机纵差动保护、差动速断保护同时动作，发电机和变压器主开关、灭磁开关跳闸，造成事故停机。发电机解列后检查发现，故障点在励磁机侧9点钟位置，定子绕组端部A、B相相间短路，A相烧断17根股线，B相烧断11根股线。

(5) 某发电厂的5号发电机，于1991年12月31日并网发电，1992年4月16日在系统无任何异常情况的正常运行中，发电机内氢气绝对湿度32.24g/m³，励磁机侧B相、C相相间定子绕组端部绝缘短路击穿，A相定子绕组引出线水接头对端盖内护板放电，定子绕组端部严重烧损变形，定子绕组全部更换，大修费约200万元。

发电机因密封系统不良，导致发电机内进油情况较为普遍，进油会使发电机定子、转子部件上形成油腻（垢），以致影响发电机的绝缘、散热与安全运行。例如：

（1）某电厂的1号、2号发电机，为了防止发电机内积油，在定子端部冷热风交界的风道上钻了φ12mm的泄油孔。由此可知进油的严重情况。

（2）某发电厂4号发电机，在大修中查出鼻端有25处绝缘弱点，拆开绝缘盒后发现都与进油有关。

（3）某发电厂8号发电机，在大修中发现，定子膛内气隙隔环的橡胶元件大部分已被覆盖在表面的油层胀大变形。

（4）某发电厂#1发电机于1994年5月15日发生了定子绕组相间短路事故。分析认为，这次事故属于典型的绝缘性质的事故，事故后检查过渡引线中联块的绝缘盒，盒内绝缘填料不满，过渡引线铜线有外露，部分接头绝缘不良，运行中发电机内油污及氢气湿度大等情况形成爬电接地而导致相间短路。

综上所述，先天性绝缘缺陷是导致定子绕组端部短路故障的根本原因，端部固定不牢、遗留异物、氢气湿度过大、漏油等缺陷，是诱发和扩大端部短路故障损坏程度的重要原因。

二、防止定子绕组短路的措施

（一）消除定子绕组端部绝缘的薄弱环节

由上所述，发电机定子绕组端部绝缘存在一些薄弱环节，为消除这些薄弱环节，就要做好以下几点：

1. 做好引线线棒接头绝缘

根据现场经验，首先将引线线棒与端部连线之间的接头按图纸的尺寸整形焊牢。清理干净后用环氧树脂胶将空心导线和实心导线黏固成一个整体，再用环氧泥将接头导线表面凹凸处抹平，把整个接头导体修成一个平滑过渡体并进行中温固化，然后再将其表面处理光滑整齐。将引线线棒主绝缘端头清理干净，修成锥形斜面，按绝缘工艺用环氧粉云母带半叠绕包扎20层作为引线线棒接头的主绝缘。为了使主绝缘得到良好的局部高温固化，在主绝缘表面半叠绕一层聚四氟乙烯脱膜带和一层聚酯热收缩带，待局部高温固化后将其全部清除干净，最后将主绝缘表面进行绝缘处理，提高绝缘水平。

2. 改进端部线棒鼻部接头绝缘

根据现场经验，将汽轮机侧和励磁机侧上、下层线棒端部主绝缘加长。首先将线棒主绝缘端头清理干净，修成锥形斜面。然后用环氧粉云母带加长半叠绕10层。手包绝缘与主绝缘搭接长度不小于30mm，线棒绝缘加长后伸进绝缘盒内的长度不小于30～40mm。

3. 加强端部线棒鼻部引水管接头绝缘

现场的做法是，在原来绝缘的基础上，用环氧粉云母带半叠绕8～10层，使加强后的水管接头绝缘伸进绝缘盒内的长度不小于30mm。

4. 采用新型的绝缘盒

锦州发电厂将原来的老结构绝缘盒全部拆除。换以盒口外边沿带有凸棱，并且具有方向性的新型绝缘盒，使汽轮机侧和励磁机侧的绝缘盒盒口接缝都背向迎风面，以避免运行中积存油污杂质。绝缘盒口外沿凸棱不仅能便绑扎锁固的涤玻绳沿端部整个圆周准确定位，而且能使涤玻绳与手包绝缘保持可靠距离，从而有效地提高这一环节的绝缘强度。

锦州发电厂的经验表明，经过上述绝缘处理后，使手包绝缘的绝缘强度、机械强度和密封性能都得到显著提高，从而保证了整个定子绕组端部绝缘的稳定可靠，因此，它是防止端部短路故障的有效措施。

5. 测量定子绕组端部的泄漏电流

上述措施对提高手包绝缘强度和绝缘盒质量具有重要意义。如何检查手包绝缘和绝缘盒的质量，规程中提出在投产后，第一次大修时和必要时测量定子绕组端部手包绝缘的泄漏电流。现场测试经验表明，这个方法对检查手包绝缘质量是有效的。

测量方法是，首先将要测试的手包绝缘部位包上锡箔纸，然后在手包绝缘一侧加与额定电压相同的直流电压，测量另一侧的泄漏电流值及电压值。按照加压方式的不同，又可分为正加压和反加压两种：

（1）正加压。正加压是指在定子绕组的出线端加压，用静电电压表和串入100MΩ电阻的微安表测量手包绝缘外的锡箔纸处的电压值及泄漏电流值，一般是在通水的情况下进行。其原理接线图如图2-7-1-1所示。

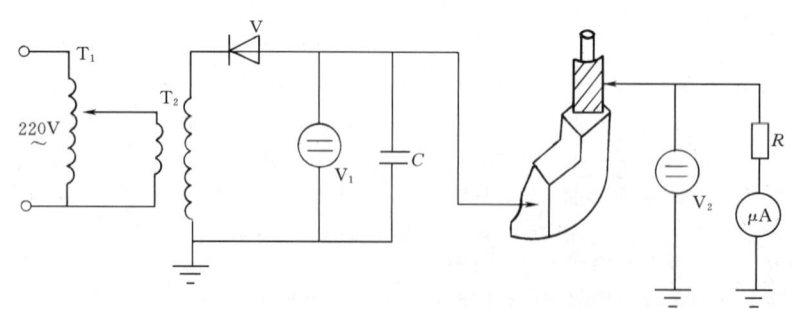

图2-7-1-1　正向加压原理接线图

V_1、V_2—静电电压表；R—100MΩ电阻；V—硅堆；C—电容器；
μA—微安表（100～150μA）；T_1—调压器；T_2—试验变压器

该方法由于是将定子三相绕组首尾相连并短接在其上加压，测试部位的电压一般较低（多为几百伏），对测试人员及测量仪器、仪表皆比较安全，测量的准确度也比较高，应用比较多。但由于其试验容量较大，需用的设备容量也较大

(一般要用直流耐压试验的全套设备)，故试验方法相对复杂一些。

(2) 反加压。反加压是指在手包绝缘外的锡箔纸上加压，将三相绕组在出线端首尾相连并短接，经微安表并串入100MΩ电阻（如果定子绕组曾经通过水且未干燥，为避免在绝缘不好的情况下，因绕组电位的提高而影响测量结果的准确性，100MΩ电阻可不串，但应逐点升压）后接地，测量其泄漏电流值和电压值，一般是在不通水的情况下进行。

由于该方法每次只在一处手包绝缘上加压，试验容量比较小，一般使用60kV直流发生器即可进行试验，试验方法比较简单。但由于在绝缘杆上直接加高压，对试验人员及设备的危险性比较大，试验时应特别小心。在新机组安装后未通水前一般应用该方法进行试验，在机组大修或事故抢修过程中未通水时又急需试验时也可采用此方法。

规程要求，200MW及以上的国产水氢氢汽轮发电机的测试结果一般不大于表2-7-1-1中数值。

表2-7-1-1　　　　测量结果的要求值

部　　位	不　大　于
手包绝缘引线接头，汽轮机侧隔相接头	20μA；100MΩ电阻上的电压降值为2000V
端部接头（包括引水管锥体绝缘）和过渡引线并联块	30μA；100MΩ电阻上的电压降值为3000V

吉林省电力试验研究所的测试经验是，对200MW的发电机，泄漏电流低于10μA认为是合格的。泄漏电流大于10μA，认为手包绝缘和绝缘盒有缺陷需要进行处理；泄漏电流大于30μA，一般都存在不同程度的薄弱环节，如手包绝缘固化不好及分层、与模压绝缘搭接表面不清洁、鼻端绝缘盒内环氧泥充填不实、进油、固化不良等。泄漏电流大于100μA时，则说明有较为严重的缺陷存在。例如：

(1) 1992年在某电厂#10发电机事故抢修过程中，用泄漏电流法对102个绝缘盒的手包绝缘处进行的检查中，发现有近50处泄漏电流值在10μA以上。砸开盒后发现，环氧泥及手包绝缘固化不良，更换绝缘材料并重新处理后，泄漏电流均在5μA以下。

(2) 对某热电二厂的2台200MW的发电机进行的泄漏电流试验中，共发现22处泄漏电流超过10μA。砸开盒子后发现，有的盒内存在环氧泥充填不实、进油、导线直接靠盒壁、手包绝缘没有延伸段等。

(3) 1994年，某热电厂对#9发电机励侧端部靠近鼻端的过渡引线手包绝缘进行加固处理后，测量发现，有2根过渡引线在靠近鼻端的手包绝缘处泄漏电流达30μA以上，扒开手包绝缘后发现，除最外边几层云母带已固化外，里边的绝缘材料几乎没有固化，绝缘强度很低。其原因是厂家对此处进行包扎时，是用环氧粉云母带与环氧树脂及固化剂一次性包扎24层，由于绝缘厚度太大，影响了固化效果，只形成了表面固化，内部的潮气不易挥发。后来采用2次进行包扎，每次12层。第一次包扎完后固化24h，然后进行第二次包扎，并在最外层用浸树脂的无碱玻璃丝带半叠绕包扎2层以防油，再固化24h。处理后的泄漏电流均在5μA以下。

近来，华东电力试验研究院在上述原理的基础上，研制出了GC型发电机定子绕组端部绝缘状况探测仪，采用手持

式电阻分压器结构，无静电电压表和微安表，利用二次电阻分压方法测量一次电压，同时可以推算出泄漏电流。实测表明，该仪器能够有效地检出发电机定子绕组端部的微渗水现象。例如：

(1) 1993年11月23日，对某发电厂3号QFS-300-2型发电机进行测试，发现有14个端部引水管的接头部位绝缘极差（很薄），对绝缘极差的2号（对应上层线棒槽号）线棒接头（励侧）进一步检查，发现其并头套焊点有微渗水现象。

(2) 对某发电厂的11号1QFSN-300-2型发电机进行测试，发现34号线棒接头（励侧）绝缘不合格。进一步检查，发现也是并头套焊点有微渗水现象。

由于发电机定子端部漏水故障是多发性故障，而且是导致发电机端部绝缘发生击穿事故的重要原因之一，所以采用该仪器进行测试，对防止发电机定子端部的绝缘事故具有重要意义。

应当指出，该方法的测试目的是检测定子端部的微渗水故障点，而绝缘强度仅作参考。因此，在认清绝缘下降的原因后，绝缘的合格标准可适当放宽。例如，当端部接头绝缘重新包扎后，因环氧胶未彻底固化，所测电压达到3～4kV，也可不作处理。但当绝缘严重下降，应剥开绝缘进行泵压检查，以查明原因。

(二) 改进定子绕组端部的固定工艺结构

1. 改进定子端部绕组的固定方式

制造厂为了改进定子端部绕组固定结构，近来已采取了加固措施：将端部支架和压板由原来18块增加至27块，且为宽压板，在相邻压板间加装切向支撑梁；在上、下层线棒鼻端之间的直线部位分别装设适形组合撑块。支撑梁与组合撑块间，用浸渍环氧树脂的涤玻绳绑紧。

对早期产品，压板尺寸偏小，现场将原来的40mm×50mm×600mm的压板增大到40mm×80mm×600mm。使压板与端部绕组线棒紧密接触，达到切实压紧所有线棒的目的，以防止引线出现100Hz的固有频率，导致铜线疲劳断裂和损伤绝缘。

2. 加固定子端部绕组背部绝缘支架

为了使原设计孤立装设的全部绝缘支架沿整个定子圆周形成一个相互连接的整体，现场分别在相邻的两个绝缘支架的对应位置之间装设切向支撑板，以提高绝缘支架抵抗短路冲击时产生的切向破坏应力的能力。切向支撑板利用铜锤螺母两侧后焊上去的两个黄铜定位耳定位，按绝缘支架之间的实际距离进行现场装配。全部装配结合面均垫入浸胶涤纶毡。调整并打紧全部切向支撑板，使其形成一个圆周整体。然后用直径20mm的浸胶涤玻绳分别将相邻的两个切向支撑板与绝缘支架配装处牢固地交叉绑扎在一起，绑扎后表面涂刷环氧树脂胶，最后进行中温固化。

3. 加固引线线棒接头

现场在引线线棒接头与端部连线之间增加固定点，以减小引线悬空长度。在对应切向支撑板的位置上，首先将同一时钟位置的两个引线线棒接头之间和接头与切向支撑板之间的间隙用外表面包有浸胶涤纶毡的环氧玻璃丝布板塞紧，然后用直径20mm浸胶涤玻绳先将两个接头自身绑扎，再统一与切向支撑板绑扎牢固，最后进行中温固化处理。

4. 加固绕组鼻部接头

现场分别在励磁机侧和汽轮机侧端部绕组的上、下层线

棒端头之间沿定子端部圆周方向的每个间隙逐一用三组合绝缘楔块加垫浸胶涤纶毡配装塞紧。在相邻的端部绕组绝缘压板之间，对应于三组合绝缘楔块的位置上，加装辅助压板（俗称小扁担）。然后用直径5mm的浸胶玻绳分别将上、下层的三组合绝缘楔块先行绑扎在辅助压板上，并且将上、下层绑绳横向勒紧以增加整个绑扎的紧固性，从而构成上、下层三组合绝缘楔块之间的机械联系，加强了端部绕组鼻端的整体性。最后进行一次中温固化处理，进一步提高整体机械强度。

5. 加固端部连线及过渡引线

现场利用增加固定点的方法，加固端部连线和过渡引线。对于端部连线采用适当增加夹具，提高固定强度；对于过渡引线采用增加绝缘支撑板，借用机壳内筋板生根进行固定，从而显著提高其纵横方向的固定强度。

6. 改进固定结构部件的锁固方式

为了防止运行中固定结构部件松弛，破坏整个定子端部的坚固整体性，现场采用的方法是，装设切向支撑板，以防止铜锤螺母脱落；改用异形锁片，以防止绝缘压板紧螺栓松弛和脱落；采用加厚锁片和在空余螺纹上缠绕浸胶涤玻绳的方法，以防止绝缘引水管地端接头螺母和端部连线及过渡引线夹紧螺栓松弛脱落，使定子端部稳定可靠地固定。

锦州发电厂采用上述方法对发电机端部绕组进行改进、加固处理后，使发电机定子端部形成一个稳定坚固的整体。

运行经验表明，它不仅能从根本上防止由于固定结构部件松动，磨损主绝缘而产生新的绝缘缺陷，而且还可以限制发电机的端部或机外出口短路故障，损坏程度的扩大，所以这一措施具有重要意义。

（三）严格检查定子端部绕组中的异物

定子端部遗留异物问题，主要是管理制度不严，检查清理不彻底造成的。因此，为杜绝这种现象，应加强管理，严格执行规章制度，在制造、安装和检修过程中，认真对端部绕组夹缝、上下层线棒间隙进行检查，必要时应用内窥镜逐一进行仔细检查，消灭事故隐患。

（四）严格控制发电机内氢气湿度

我国的氢冷发电机约占火电装机总容量的60%，提高对氢气湿度的认识，严格控制发电机内氢气湿度，对氢冷发电机的长期安全运行有重要意义。

在近期将颁发的《发电机运行规程》中，对发电机内氢气的湿度、温度等参数进行了严格的规定，要求发电机内氢气混合物的绝对湿度不得超过$10g/m^3$；向机内充氢时，新鲜氢气在常压下测量的绝对湿度不大于$2g/m^3$。然而，目前国内大型氢冷发电机的氢气湿度普遍高于该要求值，对机组的安全运行造成威胁，为机组突发性故障构成恶劣的环境因素。表2-7-1-2列出了某省7台200MW发电机组氢气绝对湿度的情况。可见7台机组的平均湿度与部颁要求值相差较大，其中7号机组机内氢气的绝对湿度已达$31.6g/m^3$，约为部颁要求值的3.2倍。

表2-7-1-2　　某省200MW机组氢气绝对湿度情况表

机组代号		1	2	3	4	5	6	7	平均值	部颁要求值
机内氢气绝对湿度/(g/m^3)	机外测量值	1.91	3.3	4.04	5.27	5.7	7.13	7.9	5.04	2.5
	折算至机内	2.76	13.2	16.16	21.08	22.8	28.52	31.6	20.16	10
氢站新鲜氢气绝对湿度/(g/m^3)	机外测量值	2.78	3.29	3.45	4.23		6.33	3.99	4.01	2
	折算至机内	11.12	13.16	13.8	16.9		25.3	16.0	16.04	8

面对我国氢气湿度的现状，首先要统筹安排，在采取临时措施改善老电厂氢气湿度的同时，要从根本上想办法最终解决我国的氢气湿度。其中包括：

（1）改造制氢站的制氢工艺过程，使氢站提供的氢气露点温度为-40℃以下。

（2）设计新型的干燥器。干燥器的作用是使通入发电机的湿度已经合格的氢气继续长期保持合格，而绝对不是使通入发电机湿度不合格的氢气变为合格。它主要吸附的是密封油中可能含有的水分，挥发到发电机内使氢气湿度增加的这部分水气。当然内冷水系统、氢冷器可能的渗漏造成氢气中水气的增加，也靠它吸附出去。

（3）杜绝汽轮机透平油进水。

对现有的电厂降低氢气湿度的临时应急措施如下：

（1）坚持在每天气温最低时排放氢系统中每个容器内可能存在的结露水。容器主要是指贮氢罐、发电机排污、氢气干燥排污，至于电解氢气后的冷却器排液，应该在氢气输入贮氢罐的整个过程中经常进行。有的资料上虽然强调了排放积液，但没有强调在每天气温最低时进行，以贮氢罐为例，如在气温30℃时排液，那么罐中的氢气湿度最高为$30.48g/m^3$，如选在气温20℃时排液，即可降为$17.36g/m^3$，效果有明显的不同。

（2）利用地下水的低温对电解氢气进行最充分的冷却。

有的厂将电解后的氢气冷却器由2个增为4个，使第2个冷却器经常可放出水的情况，变为在第4个冷却器根本放不出水。

（3）阻止氢气系统的管道中无法排放的积液进入发电机。例如，在向发电机充氢前先将氢气排空，确认无水后再进入发电机内。或在发电机进氢管前增装干燥器，既可正常地吸附来氢中的部分水气，又可阻止大量水分进入发电机。

（4）开通发电机内的积液区，使它一旦有积液立刻可排放到发电机外。

（5）勤换干燥剂。东北的现场经验是夏天7天换1次，冬天10～15天换1次，将氢气中水气强行吸附出来。南方电厂为达到同样效果，更换要更勤。

（6）对发电机内的内冷水系统和氢气冷却器，除了例行的水压试验外，还要增加气密试验。试验气压为额定氢压，允许漏量为一昼夜不超过试验压力的0.25%。

（7）严格控制氢侧密封油中的水分含量。将油中含水量降到0.05%以下，是保证氢湿度达标必不可少的条件。

（8）提高贮氢罐的压力。额定压力为1MPa的罐一般均贮到0.7～0.8MPa，如果能将储氢罐的工作压力提高到5MPa，并保证在最低气温20℃时排液，则可获得$17.35/50=0.347g/m^3$湿度的氢气。

哈尔滨第三发电厂采取上述措施后，可将发电机氢气湿度保持在：夏季为 3.1～4.3g/m³；冬季为 2～2.7g/m³；储氢罐为 1.8g/m³。可见效果是很显著的。

（五）提高检修和运行管理水平

1. 防止运行中密封瓦向机内进油

要防止发电机内进油，关键在于平衡阀的性能要好，油封结构要完善，氢侧回油路径要畅通无阻。为此，要着重抓好下列几项工作：

（1）密封瓦的间隙应严格按标准掌握，与密封对它的轴颈应确实保证平整光洁。否则，大修中必须处理。密封瓦与轴颈的径向间隙，厂家标准双侧为 0.135～0.205mm。有的电厂担心密封瓦磨损卡涩，间隙超标没有处理，有的电厂轴颈已磨出多条沟道，听之任之。势必会导致机内进油。

（2）挡油板、挡油盖（装有油封梳齿环）在组装时要仔细调整，先进行预装，找准位置，再正式安装，确保其下半部和上半部在合口处不仅和端盖的合口平面对齐，还要和装在挡油盖和端盖之间的橡胶垫的水平切口对齐。消除这些部件合口处的错位现象和不应存在的合口间隙，把挡油板、梳齿和轴的四周间隙调到 0.06～0.2mm（下间隙取下限），将会大大限制油烟抽入机内和油流进入机内的可能。当然大修时还要检查处理油封部件上的回油孔有无油垢，安装位置是否正确等。

（3）对压差阀和平衡阀，在大修时要进行试验调整。经多次调整试验达不到要求的，要进行更换，不能再靠开旁路门手动调整油压运行。对压差阀，在 0～0.35MPa 气压范围内，油压一气压压差值应保持在 0.45～0.55MPa。对平衡阀，两侧油压压差值应保持在 500～1500Pa。

（4）油封箱的自动补排油装置和远方油位信号显示及就地油位指示要保证正确可靠。这方面需要热工专业人员的协同配合。自动补排油次数和油封箱的补排油量应越少越好。这既是双流环式密封系统运行正常的标志，也是机内不进油或进油少的标志。

（5）密封油的油质必须确保干净，无水分和杂质，这是一条重要经验。这不仅是密封瓦正常运行的要求，也是上述两阀正确动作的要求。大修后启动前提前进行油循环滤油，不合格决不迁就，宁可延长检修周期，也不能降低对油质的要求。

2. 防止密封油中带水

在大修中按规定标准严格调整汽封间隙，运行中严格控制汽封气压，防止油中进水。加强透平油管理，确保油质合格。做到透平油油质净化经常化、制度化。它不但是压差阀和平衡阀连续可靠运行的必备条件，同时也对整个汽轮机组的安全稳定运行有重大意义。

（六）开展在线监测和诊断技术的研究

为保证发电机的安全可靠运行，最近十几年世界一些国家都开展了在线监测和诊断技术的研究，并逐步推广应用。主要项目有：

（1）定子绕组绝缘监测。

（2）发电机内过热监测与诊断。

（3）定子绕组端部振动监测。

（4）氢冷发电机氢气湿度及漏氢监测等。

有的项目国内已开始研究并将研究出的监测和诊断系统用于发电机，但还需要不断完善。

第二节 定子绕组和铁芯常见故障及处理方法

一、定子绕组

（一）定子线棒松动

1. 原因

发电机定子线棒松动会使线棒绝缘磨损，从而使线棒损坏引起发电机故障。线棒松动的原因主要是由于槽楔或端部垫块松动引起的。

2. 处理方法

在大修时，应针对线棒松动的原因进行处理：

（1）若检查发现定子槽楔松动时，可根据情况将松动的槽楔打出，加垫条后再将新槽楔打入。如果原槽楔材料为木材或酚醛层压板，应在换新时尽可能地改用环氧酚醛层压玻璃布板槽楔。对于大容量的发电机，最好改用楔形槽楔，如图 2-7-2-1 所示。由于这种槽楔是斜楔，打入时越敲越紧，当紧力不合适时，只要调整楔下垫条即可。

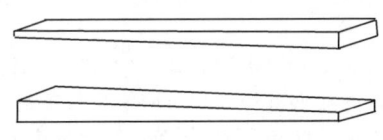

图 2-7-2-1 楔形槽楔

打入槽楔前，槽内应用干燥的压缩空气吹净，不可留有垫条碎屑等杂物。打入槽楔时应特别注意不能损坏线棒，一般用木槌敲打，切勿使用铁锤，要防止锤头误击绕组或铁芯表面。

（2）当检查发现端部垫块松动时，应将垫块的扎带切断、拉去，取下垫块。如果原垫块并未损坏或老化不严重，则可以继续使用，但应加垫适当厚度的垫片，涂上绝缘漆，再与原垫块一起垫入，紧固后重新绑好扎带。扎带上也应涂绝缘漆。如果原垫块已损坏或老化严重，则应配制新垫块，垫块材料最好采用环氧酚醛层压玻璃布板。

（二）定子线棒接头开焊

1. 原因

线棒端头的焊接以往多为锡焊，采用锡焊的机组，接头开焊的故障较多。近年来由于焊接技术发展，线棒接头多采用银焊和银磷铜焊，尤其是对于采用多股扁铜线的篮形绕组而言（见图 2-7-2-2）其焊接方法简单、速度快、允许工作温度高（熔点大于 700℃），基本上消除了因接头开焊而引起的事故。所以对于用锡焊的多股扁铜线编织的线棒接头，应尽可能在检修时改为银焊或银磷铜焊。

2. 施工方法

将锡焊接头改用银焊的施工方法如下：

（1）拆下绕组端部有关的紧固零件和垫块。拆下的零件均应做好标记，以防装复时装错。

（2）将锡焊用的并头套加热至 200℃熔下。用锉或砂纸清除每根并头扁铜线上的焊锡及氧化物，清除长度约 20mm 左右。如扁线已烧断，应用银焊接长，如烧断较短时也可以在焊接时接长。

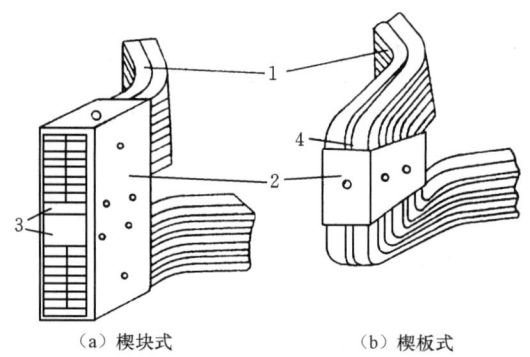

图 2-7-2-2 篮形绕组常见的两种锡焊接头
1—线棒；2—并头铜套；3—楔；4—楔板

(3) 做好绝热措施。可用石棉布、石棉绳、石棉泥等材料包住端线及相邻的端线接头，以防烧坏周围绝缘。因为银焊时加热温度较高，绝热措施应做得完善一些。

(4) 将扁铜线头弯曲，用气焊加热焊接。一般最里和最外层铜线采用搭接，中间铜线采用对接方式。应注意焊接后接头的长度不能比原来的长度增加过多，以免装复时距端盖过近。焊接后应清理接头上的毛刺及残余溶剂等杂物。对于结构为股焊接的接头，应注意包好或垫好股间绝缘，以防止股间短路。

(5) 当测量直流电阻合格后，应在接头上涂填泥。填充泥可用绝缘漆加云母粉（或云母粉与石英粉各50%）调制，也可用环氧树脂与适量的石英粉及云母粉调制而成。涂好填充泥后包一层玻璃丝带，再包扎绝缘带（层数根据额定电压而定），最外层包一层玻璃丝带，并涂上绝缘漆。绝缘带和玻璃丝带均采用半叠包。

(6) 配装垫块。若原来垫块已损坏时，应配制新的。然后装复拆下的全部紧固零件。

(7) 按规定进行有关电气试验。试验合格后，焊接线棒接头工作结束，发电机便可装复。

锡焊接头开焊后，若无条件改为银焊时（如盘形绕组的接头），则仍用锡焊焊接，其焊接过程与银焊大致相同。

（三）更换定子线棒

1. 原因

发电机不论是在运行中还是在大修的预防性试验中，如果发生线棒绝缘击穿事故，就需要更换定子线棒。更换上层线棒比较容易，只要取出损坏的线棒即可。如果被损坏的线棒位于下层，则须将上层完好的线棒取出，方可取出下层损坏的线棒。须取出多少上层线棒要仔细观察，切勿搞错。

2. 处理步骤

更换上层线棒的步骤如下：

(1) 取出线棒。首先拆除待取线棒端部有关的固定零件，如垫块、压板、扎带等，打出该槽的槽楔。拆前应按顺序编号，拆下的槽楔应妥善保管，以便顺利装复。剥去线棒接头处的外包绝缘，烫开接头，割断槽口上下层线棒间的绑带，然后用压缩空气对槽口进行吹扫，检查有无杂物和垫条碎屑，槽口若有毛刺或漆瘤等，应刮除干净，以免阻塞线棒的取出或损伤线棒绝缘。

取线棒先从汽励两端的直线部分轻轻活动线棒，然后用锦纶线带分别从汽励两端的槽口上下层线棒间穿过，打结后穿入杠杆，以铁芯为支点，慢慢抬起线棒，待线棒全部活动后，定子内外检修人员同时将线棒抬出。若线棒与槽的配合较紧而不能顺利取出时，不要硬性拉出，应在铁芯中部通风孔中分段穿入锦纶线带，以增加线棒受力点，避免线棒受损。

取出线棒过程中应注意以下几点：

1) 取出线棒必须按工艺规定的操作方法进行，不许强拉硬撬，以免损坏线棒主绝缘及防晕层。

2) 当线棒抬出至铁芯槽口处时要格外小心，因为铁芯槽口较锋利，很容易划破防晕层。线棒脱槽后，应立即将其抬出定子膛并妥善放置。

3) 取出线棒时应尽可能不要碰坏测温元件及其引线。

(2) 嵌入线棒。损坏线棒取出后，备品线棒经试验检查合格，即可嵌线。嵌线前应再一次检查槽内是否清洁，待下线棒绝缘是否完好，确定汽、励两侧的方向，量好两端伸出槽口长度，做好记号后方可下线。嵌放时，将线棒端部延伸线放平，使定子线棒从励端慢慢进入，线棒进入槽内应立即转到嵌线方向，使线棒的两个侧面与铁芯槽的两个侧面平行，以防止绝缘被槽口擦伤。入槽时，先将线棒一端入槽，再向直线部分加压，使整个线棒入槽。待线棒全部入槽后，检查并调整两端伸出槽口部分的长度至符合要求，再向线棒的直线部分均匀加压，将线棒压紧。压紧线棒的专用工具为螺杆千斤顶。其结构如图2-7-2-3所示。压紧线棒时可用几副螺杆千斤顶同时进行，其示意图如图2-7-2-4所示。沿线棒的直线部分应每隔500~600mm装一副千斤顶，每副千斤顶施加的压力应尽量相等。

(3) 线棒的固定、焊接头及试验。线棒压紧后，检查槽内是否有异物，垫好楔下垫条，打进槽楔。垫好线棒端部的垫块并扎紧或装好压板，拧紧螺丝。线棒固定后，应按规定标准对其进行交流耐压试验。合格后才能进行焊接头，包接头绝缘，配接头处垫块，并在接头、垫块、扎带处涂绝缘漆和护面漆等工作。最后按规定项目进行直流电阻与绝缘试验。

二、定子铁芯

（一）定子铁芯松动

1. 现象与处理

在大修时，若在铁芯齿部、轭部、鸠尾筋及机壳的横向壁等处发现有红粉，通常是因铁芯松动而产生的。铁芯松动引起硅钢片在运行中振动，片间绝缘被磨损，硅钢片被氧化，就会产生锈蚀红粉。因此当大修时发现铁芯上有红粉就应进行检修，以撑紧铁芯。如果是铁芯轭部松动，可用探刀从背部插拭，检查松紧程度后，将层压绝缘薄板做的楔块从铁芯背部塞入，把铁芯撑紧。

2. 注意事项

塞入楔块时的注意事项如下：

(1) 楔块厚度一般为1~3mm，不能太厚，以防撑断硅钢片。若铁芯松动严重，可在轴向不同的位置塞入几圈较薄的楔块。

(2) 在定子铁芯的整个圆周上应塞入同样厚度的楔块（除鸠尾筋处无法塞入以外）。

(3) 铁芯轭部松动时，楔块塞入铁芯的长度不能超过铁轭高度，以防损伤线棒；楔块应从硅钢片与风道片上的小工字钢（或风道片）之间塞入，并正好撑在两根小工字钢的位置，如图2-7-2-5所示。因小工字钢或风道片的厚度都较大，从这里塞入不易折断硅钢片间绝缘。

时，风道片上的小"工"字钢、周围硅钢片的绝缘都被烧损，使很多硅钢片被短路。所以发电机发生线棒绝缘击穿事

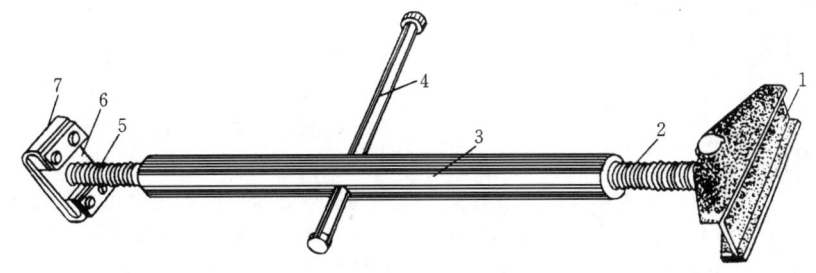

图2-7-2-3 螺杆千斤顶
1—上鞍；2—左螺纹；3—薄壁无缝钢管；4—扳手柄；5—右螺纹；6—下鞍；7—橡皮板

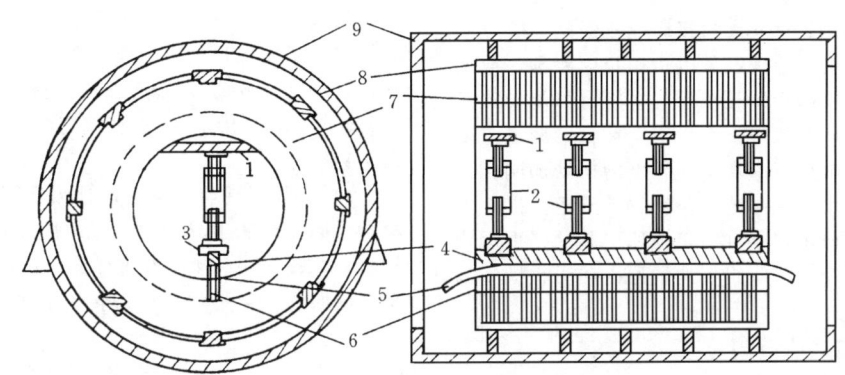

图2-7-2-4 往定子槽中压紧线棒示意图
1—垫木；2—螺杆千斤顶；3—垫铁；4—木压板；5—线棒；6—定子槽；7—铁芯；8—铁芯楔梁；9—外壳

故后，应认真检查铁芯是否被烧损，如果已损坏，应先修复铁芯，并经铁损试验合格后，才可更换备品线棒。

2. 处理方法

（1）取出被烧损棒的线棒后，应先清除铜铁熔渣。清除时可用凿子凿或锉刀锉，粘在槽底或槽侧壁的熔渣可用软轴砂轮或在手电钻上装小砂轮打磨，使烧损处铁芯打磨至表面光滑，无毛刺，并用压缩空气吹净。

（2）修复硅钢片间的绝缘。修复时，可先撬开每片硅钢片，用刮刀刮去每片两侧的毛刺，使其略呈圆角，再用压缩空气吹净。然后在硅钢片间涂上绝缘清漆。涂好漆后，再在片间塞进0.10～0.20mm厚的天然云母片（也可用环氧酚醛层压玻璃布板）。片间绝缘修复后，应立即做铁芯损耗试验，试验合格后，再进行下一步检修。

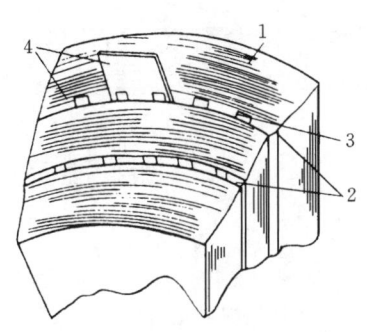

图2-7-2-5 铁芯轭部塞入楔块的位置
1—硅钢片；2—风道片；
3—小工字钢；4—楔块

（3）在铁芯被烧损后留下空洞处配上垫块，将铁芯撑紧。垫块的材料最好用环氧酚醛层压玻璃布板，垫块的形状要和空洞形状基本相同。配好垫块后，涂上环氧树脂，用木槌敲入空洞内。垫块敲入后，应进行检查，如放在槽底的垫块，表面不应高于槽底，齿部垫块的两侧不能有偏斜，不然会影响线棒的嵌放。

（4）铁芯齿部松动时，楔块也应从齿部风道片上的小工字钢（或风道片）与硅钢片之间塞入，撑紧铁芯。楔块的宽度应比齿窄一些，长度应比齿高短些并视铁芯松动程度而定。

（5）打入楔块时禁止使用铁锤，应采用木槌，以防损伤铁芯。打入楔块过程中，应注意不能碰伤线棒绝缘，楔块打入后与铁芯表面齐平，不应高出铁芯。

（二）定子铁芯局部被电弧烧损

1. 原因

同步发电机发生定子绕组对地击穿或相间击穿时，产生的电弧将会烧损附近的铁芯。尤其是运行中发生相间短路产生的短路电流很大，铁芯将被严重烧损，该处硅钢片会熔化，线棒中的铜也会熔化，形成比较坚硬的铜铁熔渣。严重

（4）修复风道片上被烧损的小工字钢。因为铁芯烧损修复后，质量总不及未烧损的，所以一般这部分的温升就较高，如果通风道再被堵塞，则温升必然会更高，所以在以后运行中容易使该部分硅钢片过热，甚至可能损坏线棒绝缘，因此必须将小工字钢修复，使叠片组间的通风道畅通。

检修时，可将同样截面尺寸的小工字钢按需要长度截断，在配好垫块后按原位敲入。如果垫块跨过几个通风道，

应将垫块分成几块，留出通风道。

第三节 转子绕组常见绝缘故障及处理方法

一、转子绕组接地故障

转子绕组接地是发电机运行中较易发生的故障，又是严重影响发电机安全运行的故障。正常运行状态下，发电机转子绕组对地之间有一定的绝缘电阻与分布电容。其绝缘电阻一般大于 $1M\Omega$，水冷绕组转子因有绝缘引水管，在通水状态下的绝缘电阻仅为数千欧。因某种原因绝缘电阻严重下降或对地绝缘损坏时，最常见的即是一点接地故障。此时，因未形成电流回路，对电机运行尚无直接影响。但是，一点接地故障存在后，如切合励磁开关及发电机出口断路器，或发生其他运行事故，转子回路产生过电压时，将可能导致另外的接地点出现形成，严重威胁发电机安全运行的两点或多点接地事故。此时，发电机将出现不同程度的振动加剧、机组大轴磁化、局部烧损转子绕组绝缘及转轴的严重后果。近几年来，国内大型发电机由转子绕组接地所引起的严重运行事故并不少见。因此研究转子绕组接地的原因和防止措施具有重要实际意义。

（一）转子绕组接地的原因

转子绕组由于主绝缘损坏导致接地的原因是多种多样的，但从转子接地故障统计资料来看，主要有以下几个方面：

1. 制造质量不良

制造质量不良是导致事故和故障的主要原因，例如：

（1）某发电厂的 4 号发电机，QFQS-200-2 型于 1986 年 12 月投入运行，1987 年 6 月在运行中发现转子一点接地，投入两点接地保护后，90min 动作，发电机跳闸，测量转子绝缘电阻为 304Ω。分析认为，接地的原因是制造质量不良、转子绕组受潮。安装试验时，转子绕组绝缘电阻就不合格。

（2）某发电厂的 6 号发电机，QFQS-200-2 型于 1984 年 12 月投入运行，1987 年 12 月在运行中发现转子一点接地信号，停机检查系转子一点接地，未进行处理。3 天后启动，投入两点接地保护。带 5MW 负荷时，两点接地保护动作，发电机跳闸。经检查，发电机转子汽侧 9 号槽及励侧 15 号槽口处各有一点接地，形成两点接地故障。分析认为，接地的原因是制造质量不良，工艺粗糙。

（3）华能某电厂的 1 号发电机，QFQS-200-2 型于 1993 年 11 月投入运行，1995 年 12 月 22 日 0 时带有功负荷 150MW、无功负荷 30Mvar，转子电流 1250A，转子电压 233V。0 时 40 分，发出"转子接地"光字牌信号，运行人员按规定投入两点接地保护，在调平衡时，两点接地保护发出信号，此时发电机有明显振动，5W、6W、7W 振动由 0.023mm 上升到 0.046mm，最大时达到 0.048mm，8W、9W 的振动也明显上升。降有功至 130MW、无功至 20Mvar，接地信号即消失，振动也有所下降。分析认为转子两点接地故障的原因是由于 25 号、26 号槽端部转弯处上层线匝与护环间绝缘受损，且出厂时 25 号、26 号槽可能就有轻微匝间短路，运行中，使该处的匝间绝缘进一步劣化，导致匝间绝缘短路。匝间绝缘破坏，造成转子产生的磁场不对称，导致大轴振动变大。随着故障的发展，在转子高速旋转时，25 号、26 号槽端部最外层线匝由于离心力作用而紧贴在绝缘烧焦的护板上，当负荷增大时，转子线圈膨胀，25 号、26 号槽汽端部最外层线匝相当于对护环短路，因而使得转子发出两点接地信号；当负荷减小时，转子线圈相对膨胀也减小，护板烧焦部分对 25 号、26 号槽汽端部最外层线匝显示一定的绝缘，因而使得转子间断性地发出两点接地信号。

对接地故障的处理方法是，更换有关部位的绝缘材料。具体做法是：将汽侧护环下 25 号、26 号槽线包间的绝缘碳化物以及 25 号、26 号槽第 1 匝至第 4 匝间的绝缘碳化物清除干净，并用吸尘器反复吸 3～5 遍，然后用清洗剂清洗 2～3 遍后换上新的绝缘层和绝缘垫块。将原先松动的 6 块绝缘垫块进行更换和位置调整，并使松紧程度恰当。

（4）某发电厂的一台 100MW 汽轮发电机，在试运中转速达 2300r/min 时，出现了转子接地现象，当转速降低到 1700r/min 时，接地现象消除。分析认为产生接地现象的原因是：

1）实际部件与厂家原设计图纸不符。如图 2-7-3-1 所示，原设计有上异形块，现改用几条薄绝缘片，为防止垫片串动，并对 A_3 弯板头处弯长一点，加上工艺不佳凸凹不平，同时无上异形块，使得转子引线上部有空凹间隙。

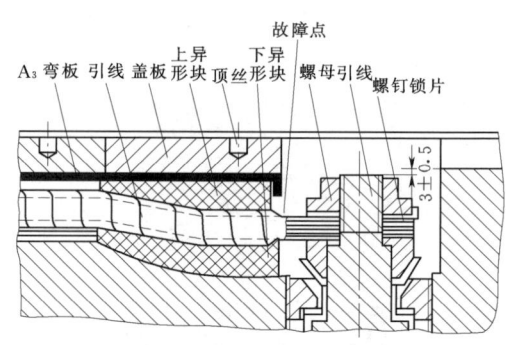

图 2-7-3-1 转子引线示意图

2）由于安装盖板时是用锤打进去的，在左侧安顶丝时，认为卡一点 A_3 弯板还能起固定作用，造成打透。

3）忽视装盖板与顶丝的配合，完工后没做进一步的检查，而受打击痕迹处实际破坏了引线的绝缘，在出厂做试验时又未被发现。

这种缺陷只有在试运行中，转子达到某种转速时，由于受旋转离心力的影响才会暴露出来。

对此接地故障的处理方法是：

1）由厂家换上一块上异形块。

2）重新换 A_3 弯板。将 A_3 弯板缩短并弯成 90°角，使转子恢复出厂标准。

处理后，投入运行一直正常。

2. 检修质量不高

检修质量不高是产生接地故障的重要原因，例如，某发电厂的 1 号发电机，QFSS-200-2 型于 1986 年 12 月 17 日进行大修后，启机前的试验发现转子绕组一点接地的现象。根据利用引水管分点测对地电压的结果分析认为接地故障是汽侧 5 号引水管绝缘破损引起的，其故障部位如图 2-7-3-2 所示。

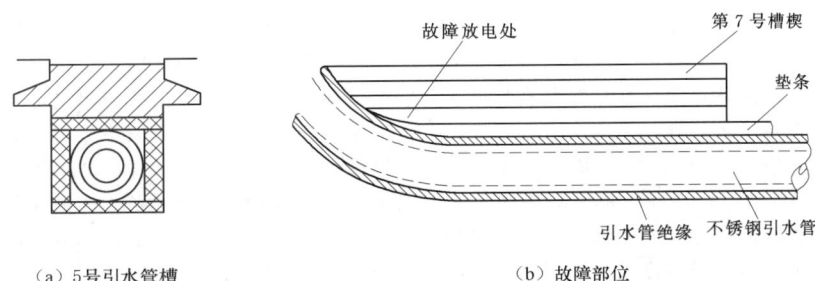

(a) 5号引水管槽　　　　　　　　(b) 故障部位

图 2-7-3-2　汽侧5号引水管拐弯处故障部位

接地故障点的处理方法是：由于引水管绝缘破损部位深入在转子端部里侧，无法重新包缠绝缘。便采取加垫隔离的办法进行处理。先按槽宽切一长条0.8mm厚的环氧玻璃布板加垫在槽楔下，并在深入到里侧后向上弯曲伸出，遮住接地点。然后将里侧第7号槽楔换用一块长度缩短10mm的新槽楔。封门槽楔锯短5mm，即总长度减少15mm。处理后，在通水情况下，绝缘电阻由原来的4kΩ上升到200kΩ，升速过程及定速后的绝缘电阻均为150kΩ，说明接地故障已经消除。

3. 遗留导电金属车削物或渣粒等杂物

这也是导致转子绕组接地故障的原因之一。例如，某发电厂的1台氢冷汽轮发电机，QFSN-300-2型于1993年3月正式并网发电，投入运行仅半年，转子即频繁出现不稳定接地信号。发电机升速时测得的转子绝缘电阻值如表2-7-3-1所示。

表 2-7-3-1　　　　　　　　　　转子绝缘电阻实测数值表

转速/(r/min)	0	200	320	500	650	750	950	1000	1250	1500	2040	2200～3000
R	500MΩ	200MΩ	200MΩ	1MΩ	10Ω	5Ω	1Ω	1Ω	0.1Ω	0.25Ω	0.5Ω	0Ω

由表2-7-3-1中数据可见，转子静止及低转速时，转子绝缘电阻值正常，但转速达650r/min时，绝缘电阻即迅速降低，至2200r/min时已降至零值。显然，接地故障的出现与转速有关，即与绕组所受的离心力大小有关，属于动态不稳定接地。

根据测试结果分析，转子接地故障是由未清除干净的金属细屑或粉尘引起的。在通电流的情况下被烧断或烧除。

抽出转子，拔下励侧护环后，发现第17号槽第3段槽楔绝缘垫条下，有一长31mm、直径约0.33mm的铜屑形成的接地点，在其两端一转子铜线与槽壁上有残留的点电弧黑色放电痕迹，经揩拭后未见任何麻点，仍呈光滑表面。

消除故障后，装好转子，经耐压试验合格，重新并网运行，满负荷稳定运行至今。证明故障检查及处理是成功的。

4. 氢气湿度过大

氢气湿度过大对转子主绝缘不利，如某台国产200MW氢冷发电机，当氢气温度低至20℃时，氢气湿度过大，出现接地，当氢气温度提高后，接地现象消失。

（二）防止转子绕组接地故障的措施

1. 改进设计，提高制造质量

某电机厂早期生产的发电机，转子绕组通风结构采用侧面铣槽，槽内垫条位移堵塞通风孔，已造成许多电厂转子绕组对地绝缘烧损接地。其他电机厂生产的机组也发生过转子绕组接地和匝间短路，其原因是槽口处导线凸起变形，有的转子出厂通风试验不合格，可能导致绝缘烧损接地。

2. 防止转子受潮

发电机在安装前的运输及保管过程中，应防止转子受潮。为此，要将转子充氮封闭。

3. 防止异物落入通风孔内

为防止通风孔被堵塞而影响散热，在安装过程中，应避免异物掉入通风孔内。出厂和大修时应对通风孔检查和试验，对有堵塞现象的应查明原因加以消除。

（三）转子绝缘电阻过低或接地的处理方法

根据《规程》（DL/T 596—1996）规定，运行中转子绕组的绝缘电阻在室温时一般不小于0.5MΩ，水内冷转子绕组的绝缘电阻值在室温时一般不应小于5kΩ。如发现转子绝缘电阻过低或接地情况时，应根据不同具体情况进行处理。常见的情况如下：

1. 转子绝缘受潮

如果经试验鉴定及情况分析后，确认是因为受潮而使转子绝缘电阻过低或引起接地时，应进行干燥。

2. 集电环（滑环）下有碳粉或油污堆积

由于集电环与轴间的绝缘表面有碳粉和油污堆积使转子绝缘电阻过低或造成接地时，应将集电环及绝缘上的碳粉和油污用布擦净，再用0.4～0.6MPa的压缩空气吹净，也可用布条浸汽油擦拭。处理后，应测量绝缘电阻，若绝缘电阻回升，则说明处理正确，否则应继续查找原因。

3. 转子绕组端部积灰

转子绕组端部严重积灰是造成转子绕组绝缘电阻过低的主要原因。其处理办法是拉出两端护环，把端部积灰吹净。经处理后，其绝缘电阻一般会立刻回升。这时应剥去护环绝缘，用干燥的压缩空气将端部及转子本体上的各个通风槽内的积灰尽量吹净。压缩空气的压力一般为0.1～0.2MPa。当端部绕组的绝缘漆膜有脱落时，应对端部绕组涂一层绝缘漆（如H30-2环氧漆）。干燥后装复护环，再测一次绝缘电阻，其值应大于0.5MΩ。

4. 槽口绝缘损坏

当发电机转子拉出护环、剥去护环绝缘后，应仔细检查转子绕组端部和槽口绝缘的状况。由于机组运行日久，槽口处槽套的保护层容易老化、断裂，槽套的云母剥落，在云母剥落处形成的间隙中又大量积灰，导致转子绝缘电阻过低或造成接地。如果槽口绝缘普遍损坏，应在恢复性大修时更换槽套；当个别损坏时，可进行局部修理。

修理时需拆去端部和槽口处的绝缘垫块，用0.1～0.2MPa的压缩空气吹净积灰并擦掉垢渍，再将醇酸漆和云母粉调和的填充泥涂塞在槽口绝缘损坏处的缝隙内和绕组与本体之间的转角处，转角处的填充泥应形成一个圆角，以增加绕组与转子本体间的爬电距离。然后包2～4层0.10×（10～25）mm的玻璃丝带，应尽可能将填充泥形成的圆角全部包进，第一、二层玻璃丝带不能包得太紧，以免将填充泥挤出。玻璃丝带不要包得过长，否则影响散热。在新包玻璃丝带上应涂绝缘漆。所有槽口绝缘损坏处都应作同样处理，最后在绕组端部喷一层绝缘漆。

修补好槽口绝缘并配好槽口与端部垫块后，测量绝缘电阻符合要求，就可包护环绝缘，准备装复护环。

5. 槽绝缘断裂或损坏

转子槽绝缘断裂或损坏时将造成转子绕组接地。如果槽绝缘已经严重老化、断裂，则应进行恢复性大修。若仅为靠近槽楔几匝处个别点槽绝缘断裂或损坏时，可采用临时的修理办法。

修理时，先用兆欧表或万用表或探针等方法查出接地点的准确位置，并做好记号。然后用如图2-7-3-3所示的前端呈斜面且磨光的钢片从接地点的槽壁插入，同时用万用表测量接地情况。当钢片插入时，万用表指针会有摆动，当钢片插到接地点时，万用表指针将会摆动显著或者使接地消失，绝缘电阻回升，再将钢片插进10mm左右后，拔出钢片。如果仅此一点接地，拔出钢片后接地现象应消失。此时可将预先准备好的天然云母片或层压薄板塞入槽绝缘与槽壁的缝隙内，用兆欧表测量应无接地现象。向新插入的绝缘片周围的缝隙中注入绝缘漆。

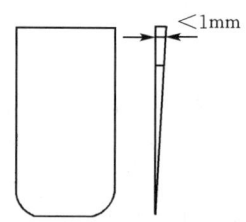

图2-7-3-3 修理槽绝缘局部损坏时用的钢片

槽绝缘修补好后，在槽内最上面的一匝绕组上涂绝缘漆，按原样垫好垫条打进槽楔。打好槽楔后，应再次测量绝缘电阻，如符合要求则表明已修好。

6. 转子绕组引出线绝缘损坏

转子绕组引出线的安装方式有两种：

（1）引出线在转子轴表面的槽内。如图2-7-3-4（a）所示，集电环布置在转子两端，其引出线包好绝缘后，嵌放在转子轴表面的槽内，引出线的一头与绕组焊牢，另一头用螺钉或斜楔等与集电环连接，轴表面槽内部分的引出线用槽楔固定，以防止转动时移动或飞出。这种安装方式，引出线绝缘容易损坏。

（2）引出线在中心孔内。如图2-7-3-4（b）所示，集电环布置在励端轴承外侧，其引出线一般安装在中心孔内。这种安装方式，引出线绝缘损坏的可能性很小。

当引出线绝缘损坏时，也会引起转子接地。修理时应打出引出线槽楔，将引出线与集电环拆开，重包或加垫引出线绝缘。包扎绝缘时，新旧绝缘搭接处应有一定的锥度，新包绝缘的厚度应与原来一样。如果无法重新包扎，则应抬起引出线，在四面加绝缘垫条。如槽楔仍松动，可加垫绝缘垫条后将槽楔打紧。如果集电环影响检修，可以拉出集电环进行检修。

二、转子绕组匝间短路故障

发电机转子绕组匝间短路故障是其运行中的一种常见故障。严重时将会影响发电机的无功出力，如是不对称的匝间短路会导致发电机组振动加剧，也可能进一步导致转子绕组对地绝缘损坏，进而发展成为接地故障，对发电机组本身的安全稳定运行构成很大的威胁。

（一）匝间短路的原因

现场运行经验表明，发电机转子绕组匝间短路故障多发生在绕组端部，尤其是在有过桥连线的一端居多。分析其原因如下：

1. 设计不够合理

有的转子结构设计不够合理，如端部弧线转弯处的曲率半径偏小，致使外弧翘起，运行中在离心力的作用下，匝间绝缘被压断，造成了匝间短路。

2. 制造质量不良

有的转子绕组在制造时所应用的匝间绝缘材料材质不良，含有金属性硬刺，运行中在离心力的作用下刺穿了匝间绝缘，造成匝间短路。有的转子在制造过程中，因下线、整形等工艺不当，损伤了绕组的匝间绝缘，运行不久就发生了匝间短路。还有的转子线匝局部未铣风孔或风量不合格造成严重过热引起匝间短路。例如，某电厂6号发电机，QFQS-200-2型大修时发现转子磁化，绕组匝间短路，其原因是因线匝局部未铣通风孔，造成绝缘严重过热所致。返制造厂检修时，除发现因线圈的匝间绝缘漏缺、破损造成匝间短路，使转子磁化外，还发现由于安放转子匝间绝缘垫条时错位，致使通风孔堵塞，在制造厂作转子风孔的风量测试时，发现风量不合格的达40%之多，造成转子槽部线圈严重过热老化，尤其以第3热风区为最严重。导致该转子已不能运行，不得不将线圈全部更换。

3. 金属异物引起匝间短路

例如，某电厂1号发电机，QFSN-300-2型于1991年1月试运行期间因润滑油系统滤油网堵塞，造成转子轴颈磨损，故将2号发电机转子装于1号发电机，于1991年8月25日投入运行。

1993年3月18日开始发出转子接地信号3次，而后几乎每天都有转子接地信号出现。3月24日一天中就出现8次接地信号。

1993年4月22日拔下转子汽侧护环检查发现：

（1）在转子第二极下7号线圈与8号线圈最上层一匝的绕组短路，两个线圈的上半匝均有不同程度的烧损和变形，表面的4匝被烧黑，匝间绝缘表面碳化。

（2）在短路点处，两层4mm厚的绝缘瓦烧穿，并通过护环接地。

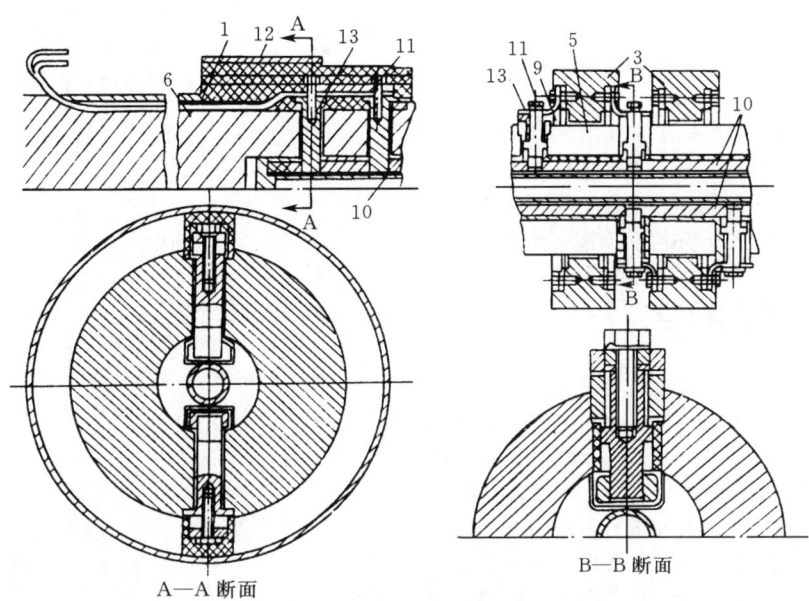

(a) 引出线在转子轴表面的槽内

(b) 引出线在中心孔内

图 2-7-3-4 转子绕组引出线的安装方式

1—引出线；2—固定引出线的槽楔；3—集电环；4—固定楔块；5—集电环绝缘；6—转子；
7—定位螺钉；8—麻线；9—连接铜条；10—长方形铜条；11—铜螺钉；
12—环；13—导电螺杆

(3) 短路点处的护环内壁粘有 80mm×45mm×5mm 的不规则电烧伤碳化物。

(4) 汽、励两侧的密封瓦和轴颈有大面积烧伤，轴瓦也有点状烧伤。

从运行报表分析可知，3月8日以前该发电机组是正常的，到3月9号18时在带同样有功和无功负荷的情况下，与以前相比励磁电流增加了200A以上，说明匝间短路已开始，从3月18日第1次发出转子接地信号，以后接地信号出现越来越频繁，到4月2日停机测量绝缘电阻为零时，已形成了金属性死接地。以上说明两匝间是先短路而后接地的。

根据对短路处的护环内壁碳化物的电镜扫描和能谱分析，匝间短路是由铝金属异物存在引起的。由于发电机转子端部零件无铝制品材质，所以可判定铝金属异物是外来物。

4. 绕组端部残余变形引起匝间短路

有的发电机在运行中长期受电、热和机械应力的作用，绕组端部发生残余变形、致使转弯处线匝沿径向参差不齐，匝间绝缘磨损、脱落，发生匝间短路。例如，某电厂于1963—1967年间，分别拔下5台TBZ-100-2型汽轮发电机的转子护环检查发现，其中有4台转子绕组铜线变形达11～42mm，1台转子绕组铜线变形在5mm范围内。所有上述铜线变形的转子均出现匝间短路，不得不对绕组进行局部或全部重绕。

5. 氢气湿度过大引起线圈短路

氢气湿度过大时对端部线圈之间绝缘造成极严重的后果。例如，某台国外的200MW氢冷发电机，由于油污、灰尘及水气的影响，使其端部线圈短路。

(二) 预防转子绕组匝间短路的措施

1. 改进端部线圈的绝缘结构

目前，国产大型发电机转子端部最上一匝，出槽口后无绝缘保护，直接与绝缘瓦接触是造成短路的间接原因。端部线圈绝缘最好用U形绝缘套套住，对应线匝进风孔处留孔，以防影响通风冷却，两排线圈间用绝缘隔板压紧，上下平齐，这种改进对防止进入油污和异物都有良好的效果。

2. 防止金属异物进入

制造厂在装护环前要对端部线圈进行清扫和检查，在运输和安装转子前对中心环进风孔、大齿通风槽要密封好，防止异物进入。

3. 避免遗留异物

现场大修处理时，除加强常规工艺的质量外，检查是一个重要环节。每次都应仔细检查一切可能遗留的残存异物和残留的工艺隐患。

4. 防止发电机内进油

防止发电机内进油不仅对防止定子绕组短路有重要意义，而且对防止转子绕组匝间短路也是重要措施。为此，要保持压差阀与平衡阀正常动作,维持氢、油压差在$(0.5\pm0.1)\times9.8\times10^4$Pa以内,密封瓦及油挡间隙应按规定调整合格。

5. 严格控制氢气湿度、进风温度和水温

关于控制氢气湿度问题已在前面叙述,进风温度一般在35~40℃,内冷水的温度在40℃,不能过低,否则会导致故障。

6. 提高发电机出厂产品的设计、结构、工艺、检验水平的质量

这是防止发电机在正常运行时产生转子绕组匝间短路的根本措施,应认真对待。

7. 开展发电机转子运行状态的在线监测工作

目前应用的微分探测线圈法,最适于发电机在无载及三相稳定短路状态下来判断转子绕组是否存在匝间短路及其严重程度。当前需要研究的课题是,如何在正常负载状态下对转子绕组匝间短路进行监测,如何实现早期报警。

(三) 匝间短路故障的处理方法

1. 确定短路匝数与位置

当转子绕组发生匝间短路时,必须进行有关的试验,确定短路匝数及位置。根据现场经验,转子绕组常存在不稳定的匝间短路。当转子静止或拉出护环后,由于线匝弹起,匝间短路消失,但装上护环或转子运行时,匝间短路仍然存在。为消除此隐患,必须寻找出不稳定的匝间短路点。这时可用几十对专用压板夹在绕组端部及拐角处,如图2-7-3-5所示,对绕组逐个逐点加压,模拟护环的热套紧力和绕组运行中产生的离心力,然后通过电压降法逐个试验,就可找出故障点。

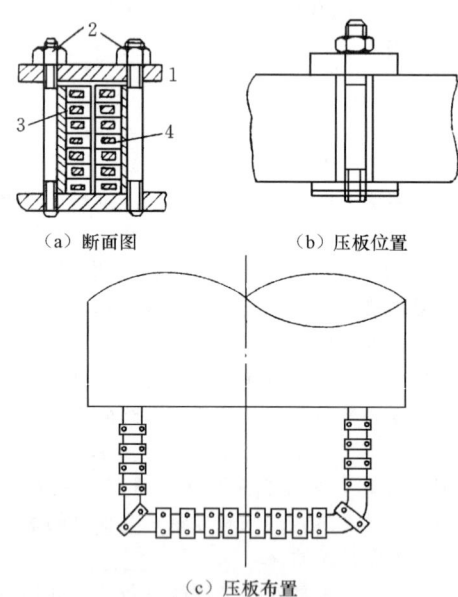

图 2-7-3-5 用压板加压法找短路点
1—压板;2—夹紧螺钉;3—转子绕组;
4—附加绝缘板

2. 对故障点处理

匝间短路点找出之后,可用圆钢做的L形工具将短路匝略微撬开一点,如图2-7-3-6所示,将损坏的绝缘清理干净,在线匝之间垫以刷有硅有机漆作黏合剂的云母板,然后压平撬开的线匝即可。

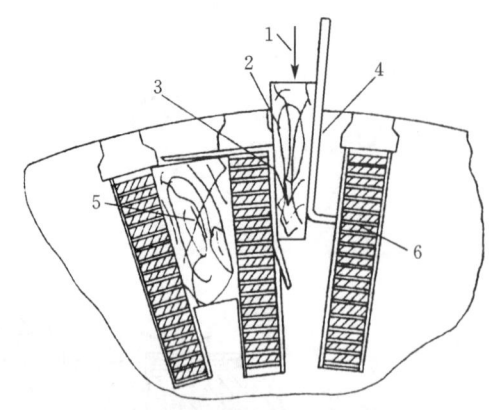

图 2-7-3-6 转子绕组端部个别线匝短路的处理
1—敲击方向;2—木楔;3—橡皮板;4—L
形工具;5—临时垫块;6—短路点

3. 检查与装复

匝间绝缘全部处理完好后,应再次检查绝缘情况,合格后,清理、检查端部各处无遗物,按原记号装好端部垫块,在绕组表面喷一层防油绝缘漆。最后装复护环、中心环和风扇等。

第四节 发电机常见故障及处理方法

一、常见故障及处理方法

根据现场运行经验,同步发电机常见的故障现象、故障的可能原因及其处理方法,如表2-7-4-1所示。

二、抽转子程序

在处理发电机的重要故障时,往往要抽出转子,其程序如下:

1. 盘车

发电机与系统解列、停机后,不能马上进行解体工作,一般需盘车72h,待汽缸的差胀符合规程要求时才能拆卸发电机。在这期间可对发电机进行绝缘电阻、直流泄漏和交流耐压试验以及轴承的振动测量等工作。

2. 拆开发电机

(1) 拆除盘车装置,解开发电机与汽轮机的联轴器。

(2) 拆下励磁机和集电环的电缆接线,并将电缆引线压入孔洞内。解开发电机与励磁机的联轴器,拆下励磁机的地脚螺栓,将励磁机和刷架吊至检修场地。集电环的工作表面应用硬绝缘纸包好。

(3) 拆开发电机两侧的大、小端盖。拆前要做好位置标记。起吊端盖要稳妥,由于这些部件的形状不规则,要防止起吊时突然倾倒而碰坏定子绕组端部和风挡等部件。

(4) 测量轴封与轴之间的间隙、励磁机磁极与电枢的间隙、风扇与端盖(或护板)之间的轴向和径向间隙及发电机定转子之间的间隙,做好记录,并与上次大修后所测数值进行比较,以便研究运行中的变动与磨损情况,供组装时参考。

第四节　发电机常见故障及处理方法

表 2-7-4-1　　　　　　　同步发电机的常见故障现象、故障可能原因及处理方法

序号	故障现象	故 障 可 能 原 因	处 理 方 法
1	定子线棒松动	(1) 木质槽楔和垫块干缩。 (2) 绕组端部绑线松弛。 (3) 运行中的振动或短路电流冲击力的作用。 (4) 制造工艺和质量缺陷	(1) 更换为环氧酚醛层压玻璃布板槽楔和垫块。 (2) 重新扎紧绑线。 (3) 在槽楔下加垫条。 (4) 装好止动件
2	定子线棒接头开焊	(1) 焊接工艺和质量缺陷。 (2) 运行中绕组过热或受到冲击力作用	将锡焊改为银焊或银磷铜焊重新焊牢
3	定子绕组绝缘老化	(1) 长期运行时的自然老化。 (2) 受油侵蚀,绝缘膨胀。 (3) 绕组温升过高使绝缘裂缝、脱落	(1) 恢复性大修,更换全部绕组。 (2) 擦除油污,修补绝缘,表面涂漆。 (3) 局部修补绝缘或更换故障线棒,表面涂漆
4	定子绕组绝缘击穿	(1) 绝缘受潮或老化。 (2) 雷电过电压或操作过电压。 (3) 绝缘受机械损伤。 (4) 绕组匝间短路或接地	(1) 更换绕组,进行干燥。 (2) 更换被击穿的线棒。 (3) 修补绝缘,表面涂漆。 (4) 修复因绝缘击穿时产生电弧而损坏的其他部分
5	定子绕组端部故障	(1) 端部水盒处焊接质量差。 (2) 手包绝缘质量差、与模压绝缘衔接不好。 (3) 端部固定绑扎不好,涤玻绳绝缘水平低。 (4) 端部风道挡板与引线或绝缘引水管距离太近。 (5) 密封瓦漏入带水的油以及氢冷却器漏水,使机内湿度大。 (6) 冷却水质差,绝缘引水管闪络接地	(1) 对质量差的接头重新接。 (2) 重新包扎绝缘。 (3) 重新固定绑扎。 (4) 对距离小于 20cm 的重接。 (5) 找出漏油、漏水原因及部位予以消除合理控制机内氢气湿度。避免线圈表面结露。 (6) 严格控制冷却水质量,使其符合标准
6	水内冷绕组空心铜线磨损、腐蚀	冷却水流速、杂质等	运行中严格按制造厂或部颁标准控制水的流速、电导率、pH 值等参数
7	电腐蚀	(1) 定子线棒与槽壁嵌合不紧存在气隙(外腐蚀)。 (2) 定子线棒主绝缘与防晕层黏合不良存有气隙(内腐蚀)	(1) 槽内加半导体垫条。 (2) 采用黏合性能好的半导体漆
8	定子铁芯松动	(1) 铁芯压装不紧或不均匀。 (2) 长期振动,片间绝缘层磨损、脱落	(1) 在铁芯缝隙中塞入绝缘楔块。 (2) 片间注入绝缘漆
9	定子铁芯短路	(1) 定子线棒对地或相间击穿时产生电弧将局部铁芯烧熔。 (2) 硅钢片间绝缘因老化、振动磨损或过热被损坏	(1) 清除熔渣,修复片间绝缘。 (2) 清除片间杂质和氧化物,重涂绝缘漆或塞入绝缘片
10	转子绕组接地或绝缘电阻降低	(1) 长期停用绝缘受潮。 (2) 集电环下有碳粉和油污堆积。 (3) 多年未拉出护环,绕组端部大量积灰。 (4) 热膨胀和气流冲击使槽口绝缘损坏。 (5) 转子槽绝缘断裂。 (6) 集电环与轴之间绝缘损坏、引线绝缘受损	(1) 进行干燥。 (2) 刮去油污并擦拭干净。 (3) 拉出护环进行清扫。 (4) 修复槽口绝缘。 (5) 修补或更换绝缘。 (6) 拉出集电环,更换绝缘,重包或加垫引线绝缘
11	转子绕组匝间短路	(1) 振动和铜线热胀冷缩使匝间绝缘磨损、脱落或位移等。 (2) 端部绕组垫块配置不当,绕组变形使线圈端部相碰或倒塌。 (3) 通风孔堵塞引起局部过热使绝缘老化	(1) 修补匝间绝缘。 (2) 重配端部垫块,修复或更换部分线圈。 (3) 清理、疏通通风孔,修补绝缘
12	转子表面护环过热、灼伤及裂纹	发电机在非允许方式下运行	拆护环检查处理
13	空冷器漏水	水管腐蚀损坏	少量水管漏水时换掉个别泄漏的铜管或将泄漏两端堵死;大量水管漏水时更换冷却器
14	氢冷发电机漏氢	(1) 焊缝的焊接质量不良。 (2) 结合面密封不严。 (3) 定、转子引出线密封不严。 (4) 密封瓦、螺栓等处密封不良或变形。 (5) 冷却器泄漏	(1) 剔开焊口重新焊接。 (2) 研磨结合面,加密封垫,对称拧紧螺丝。 (3) 更换新密封垫压紧。 (4) 找漏,采取堵漏措施

续表

序号	故障现象	故 障 可 能 原 因	处 理 方 法
15	水冷发电机漏水	（1）绝缘水管老化开裂或损伤。 （2）绝缘水管接头松动。 （3）焊口开焊。 （4）空心导线质量差。 （5）转子绕组引水弯脚断裂。 （6）冷却器泄漏	（1）更换备用绝缘水管。 （2）更换密封铜垫，重新拧紧，或更换接头。 （3）补焊裂口。 （4）更换线棒。 （5）更换引水弯脚。 （6）找漏，堵漏
16	机内进水或内冷水中含氢	（1）绝缘引水管接头处损坏或碗形垫压偏。 （2）线棒水电接头处钎焊处渗漏或空心线损坏。 （3）氢气冷却器漏水。 （4）进、出水管法兰处密封结合面接触不好，垫圈损坏或装歪	（1）更换引水管。 （2）重新焊接水电接头，补焊损坏的空心导线或更换线棒。 （3）将漏水铜管堵住或更换氢气冷却器。 （4）将出水管堵住，从进水管加压，查出具体漏水部位，更换密封垫，拧紧螺母
17	机内氢气湿度增大	（1）主氢管送来的氢气不合格。 （2）密封油中含水量过大。 （3）氢气冷却器漏水。 （4）定子绕组水路渗漏	（1）补氢前将送来的氢气进行干燥。 （2）净化密封油。 （3）将漏水铜管堵住或更换氢气冷却器。 （4）见第16条
18	氢气冷却器密封损坏漏水	（1）密封紧固螺栓松动，密封垫老化失效。 （2）管头胀接不好。 （3）铜管渗漏	（1）更换密封垫，拧紧螺母。 （2）重新补胀好。 （3）将漏水铜管堵住
19	氢气冷却器出口水温过高	（1）冷却水流量小。 （2）外部管道或冷却水管堵塞。 （3）冷却水进水温度高	（1）增大水流量。 （2）冲洗清理管道及冷却水管。 （3）调节进水温度到规定值
20	出线套管端头漏氢	（1）上、下密封垫紧固压力不够。 （2）瓷套两端面不平行。 （3）铸铜把合法兰处密封圈压力不够	（1）用专用扳手将导电杆下部的螺母拧紧或更换气密垫圈。 （2）将其拆下用砂轮磨平端面或更换瓷套。 （3）将全部把合螺栓对称把紧或更换密封圈
21	励磁回路绝缘电阻太低	（1）绝缘受潮。 （2）杂物落入转子	（1）烘烤，特别是导电螺杆和引线螺钉处应进行清洗和干燥。 （2）测量出并消除接地点，必要时拆下互护环，退出槽楔处理

3. 抽出转子

抽出转子的方法应根据发电机的构造、起重设备和现场条件等情况来选择，大型发电机常采用接假轴法和滑车法。

（1）接假轴法。这种方法是利用假轴接长发电机的转子，用双吊车或吊车（汽轮机侧）与卷扬机（励磁机侧）相配合的方法将转子重心移出定子后，再用吊车把转子吊出，如图2-7-4-1所示。接假轴抽出转子的操作过程如下：

1）拆除励磁机侧轴承座地脚螺丝，用吊车微微抬起轴承座，至轴承座下垫片可以取出时即停止起吊，并抽出全部轴承座垫片。拆去汽轮机侧轴瓦上半部分，用另一台吊车在汽轮机侧联轴器微微起吊，抬高转子至下轴瓦松动时，推出下轴瓦并吊走，以便于转子的抽出，如图2-7-4-1（a）所示。仔细调整好汽励两端定转子间的气隙，使汽励两端的吊车以相同的速度向励磁机侧移动，当钢丝绳紧靠汽轮机侧定子绕组端面时停止移动，稍微抬高汽轮机侧转子，将工字钢塞到联轴器下支撑转子，取出汽端钢丝绳，完成抽转子的第一阶段工作。

2）在汽端联轴器装上接长假轴5，将钢丝绳放在假轴5的最外端，如图2-7-4-1（b）所示。用汽端吊车稍微抬起转子，取出工字钢4，重新调好定转子间的气隙，汽励两端的吊车再次同步地向励磁机侧移动，直到转子重心移出定子膛外为止。此时，励磁机侧的转子末端放到轴承座上或枕木垫块6上。汽轮机侧的接长假轴末端放到工字钢支撑上，如图2-7-4-1（c）所示。这是抽转子的第二阶段工作。

3）撤去汽励两端的钢丝绳，在转子重心处安放木板条7，并用钢丝绳捆好，再将起吊专用钢丝绳绕在木板上。用吊车起吊转子，调整两根专用钢丝绳的距离和位置，当转子处于水平状态时，将转子从定子膛内抽出，如图2-7-4-1（d）所示。最后将抽出的转子吊到检修场地的专用搁架上，抽转子工作全部完成。

（2）滑车法。这种方法是将转子轴颈架在专用的滑车上，由倒链把转子重心拉出定子后，再用吊车吊走转子。滑车法有双滑车抽转子和单滑车抽转子两种方法。采用双滑车时，励磁机侧转子轴颈架在外滑车上，汽轮机侧轴颈架在内滑车上；采用单滑车时，仅励磁机侧转子轴颈架在外滑车上，而汽轮机侧仍接假轴用吊车起吊。采用双滑车抽转子的操作过程如下：

1）拆开发电机汽励两侧的轴承，取下上盖和上瓦。

2）在汽轮机侧，用吊车将转子联轴器稍微吊起，取出轴承下瓦和下盖，在轴颈与风扇之间装好内滑车，如图2-7-4-2（a）所示。若风扇和心环的直径大于定子膛时，应拆除风扇和心环后再装内滑车。

入 2~3mm 厚的橡皮或塑料垫（长度与包括绕组端部的定子长度相同，宽度为定子内圆周长的 1/4），垫上后再放入厚度为 12mm 以上的弧形铁板，弧形铁板要略长于铁芯，弧形要与定子内圆吻合，并在汽轮机侧用铁丝把弧形铁板拉紧。对准发电机中心铺好铁轨，把外滑车放在轨道上，推至轴颈下面，将转子放下，使其轴颈坐落在滑车上面的弧形木垫块上，扣上滑车压盖，拧紧压盖紧固螺栓，在励侧轴端装好拉环，并挂在拉转子的倒链挂钩上，如图 2-7-4-2（a）所示。

4）升降汽轮机侧的钢丝绳，使转子调整到水平状态（可用水平仪测量），拉紧倒链使转子缓慢移向励磁机侧，此时吊车也应跟随其向前移动，当内滑车进入定子膛内时，放下转子，让内滑车落在弧形铁板上，此时转子的全部重量由内外滑车承受，如图 2-7-4-2（b）所示。撤出汽端吊车的钢丝绳，拉紧倒链使转子继续移出。

5）当转子重心移出定子膛外后，撤去倒链，在转子重心处放好木板条并绑紧钢丝绳，用吊车吊起转子，调整水平后，将转子平稳地从定子膛内抽出，如图 2-7-4-2（c）所示。

抽转子时的注意事项如下：

（1）在起吊和抽出转子的过程中，钢丝绳不能触及转子轴颈、风扇、集电环及引出线等处，以免损坏这些部件。

（2）起吊转子时，不能让护环、风扇、集电环受力，更不能将其作为支撑面使用。

（3）抽出转子的过程中，应始终保持转子处于水平状态，以免与定子碰撞。应设专人在一端用灯光照亮，利用透光法来监视定转子间隙，并使其保持均匀。

（4）水平起吊转子时，应采用两点吊法，吊距应在 700~800mm，钢丝绳绑扎处要垫上厚约 20~30mm 的硬木板条，以防钢丝绳滑动及损坏转子本体表面。

（5）当需要移动钢丝绳时，不得将转子直接放在定子铁芯上，必须在铁芯上垫以与定子内圆吻合的厚钢板，并在钢板下衬橡皮或塑料垫，以免碰伤定子铁芯。

（6）为给今后的检修工作创造有利条件，应把水平起吊转子时的合适吊点位置标上可靠而醒目的标记，以便下次起吊时作为参考。

（7）拆下的全部零部件和螺栓要做好位置标记，并逐一进行清点，并妥善保管。对定子、转子的主要部位要严加防护，在不工作时，应用帆布盖好，贴上封条，以防脏污或发生意外。

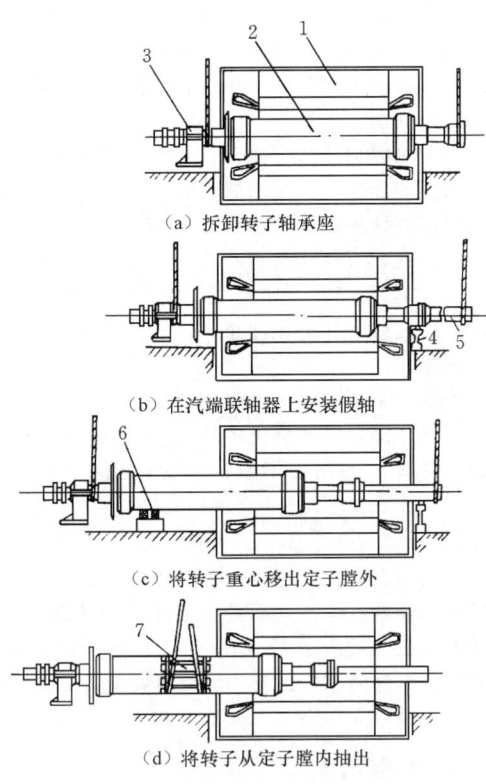

图 2-7-4-1 用接假轴法抽出转子
1—定子；2—转子；3—励磁机侧轴承座；
4—工字钢；5—接长假轴；6—枕木垫块；
7—木板条

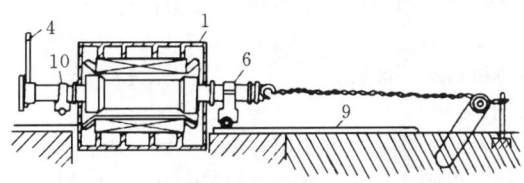

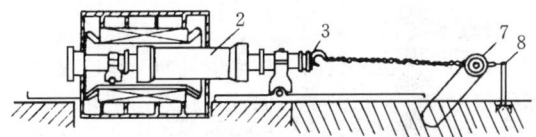

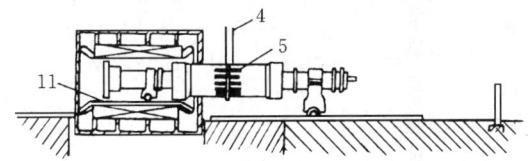

图 2-7-4-2 用滑车法抽出转子
1—定子；2—转子；3—拉环；
4—起吊钢丝绳；5—木板条；
6—外滑车；7—倒链；8—固定
倒链的桩；9—铁轨；
10—内滑车；11—弧形铁板

3）在励磁机侧，用吊车将转子略微吊起，在轴承座内侧轴下垫好支架，把转子放在支架上，取出轴承下瓦，吊走轴承座。再将转子略微吊起，撤走支架，往定子膛内下部放

三、装复程序

发电机的定子、转子各部件处理完后，要进行装复。其程序如下：

与发电机解体时相反：回穿转子→测量汽励侧定子与转子间气隙→安装冷却器→安装汽、励侧导向叶片座→回装挡风板→按原位置吊装励磁机组→对发电机进行找正→回装发电机测温元件引线、励磁回路引线及轴承绝缘测量引线→安装发电机汽励两侧上端盖、人孔盖板、氢、油、水管道、小端盖、大轴接地碳刷。

装复后要进行密封、试验。试验合格后，最后装复内外端盖。

装复时的注意事项如下：

1）保证端盖的严密性，防止油污、灰尘进入发电机内。

2) 内端盖上压紧螺母应加放绝缘垫和绝缘套管，否则在端部杂散磁场涡流的影响下，端盖螺母的丝扣易被烧熔，影响安全运行。

3) 为减小端盖的震动，在装配时应用石棉纸柏将缝隙补平。另外，端盖螺丝应反复松紧数次，以消除垂直和水平方向不平衡的附加应力。

第五节 发电机干燥

一、干燥方法

同步发电机受潮或在大修中更换局部或全部绕组后，一般需要进行干燥。常用的干燥方法如下：

1. 定子铁损干燥法

定子铁损干燥法是现场干燥发电机的定子时优先选用的一种方法，这种方法比较安全、方便和经济。

定子铁损干燥法是在定子铁芯上缠绕励磁线圈，接通交流 380V 电源，使定子产生磁通，依靠其铁损来干燥定子，一般在大修抽出转子后进行。干燥前，应先计算出励磁线圈的匝数和导线的截面积。

励磁线圈的匝数 W 可按下式计算为

$$W = \frac{U}{4.44 fSB} \times 10^4 \approx \frac{45U}{SB} (匝)$$

式中　f——频率，Hz；
　　　U——励磁线圈外施电压，V；
　　　S——定子铁芯的有效截面积，cm^2；
　　　B——定子铁芯磁通密度，T。

对于定子铁芯，磁通密度一般选取 1T 左右，其有效截面积可根据测量的铁芯尺寸进行计算，即

$$S = K(L - nl)\left(\frac{D - D'}{2} - h\right) (cm^2)$$

式中　L——定子铁芯长度，cm；
　　　n——通风道数；
　　　l——通风道宽度，cm；
　　　K——铁芯的填充系数，用绝缘漆作片间绝缘时取 0.9～0.95；
　　　D——定子铁芯外径，cm；
　　　D'——定子铁芯内径，cm；
　　　h——定子齿的高度，cm。

励磁线圈的导线截面积可根据励磁电流的数值来选择，并考虑留有适当的裕度。励磁电流的大小可按下式计算为

$$I = \frac{\pi D_{av} H}{W} (A)$$

$$D_{av} = D - \frac{D - D'}{2} - h$$

式中　D_{av}——定子铁芯的平均直径，cm；
　　　H——定子铁芯的磁场强度，A/cm，一般取值 1.7～2.1A/cm。

应指出，发电机的定子绕组接地用导线截面不应小于 $50mm^2$。

2. 直流电源加热法

直流电源加热法是将直流电流（如利用直流电焊机等）通入定、转子绕组，利用铜损耗所产生的热量进行加热干燥。但是，由于发电机定子的体积较大，干燥时发热较慢，所以定子的干燥不单独采用此法，而仅作为铁损干燥时的辅助加热方法。转子干燥时多采用这种方法，通过转子的电流不应超过转子的额定电流。

使用直流电源加热法干燥时，加热温度应缓慢升高，对转子绕组温度的监视，可利用嵌在转子两端和中部通风孔内的三支酒精温度计进行，转子温度不应超过 100℃。对定子绕组温度的监视，可利用绕组中埋置的测温电阻元件进行，定子温度不应超过 75℃。如果温度超过规定值，则应暂时断开电源。接通或断开电流回路时，应使用磁力起动器，不能采用刀闸操作。

水内冷发电机组的定子也可用此法干燥，这时电流的大小可根据温度来决定，即绕组中埋置的电阻元件所测得的温度不应超过 75℃，接头处用酒精温度计测得的温度不应超过 70℃。

3. 热水干燥法

对于水内冷发电机，这是一种简单易行的干燥方法。其优点是经济、安全、快速，而且工效高，干燥效果好。干燥时，启动发电机的冷却系统，用 70℃ 的热水进行循环。热水可以利用蒸汽通入水箱加热得到，而冷却器的循环水则应切断，热水压力应保持在 0.1MPa 左右。

二、注意事项

采用上述方法干燥时的注意事项如下：

1. 温度限额

干燥时发电机各部位的温度应不超过下列数值：

定子腔内的空气温度　　80℃　　（用温度计测量）
定子绕组表面温度　　　85℃　　（用温度计测量）
定子铁芯温度　　　　　90℃　　（在最热点用温度计测量）
转子绕组平均温度　　　120℃　（用电阻法测量）

2. 干燥时间

发电机的干燥时间由受潮程度、干燥方法、机组容量和现场具体条件等来决定。预热到 65～70℃ 的时间，一般不得少于 15～30h，全部干燥时间一般在 72h 以上。

3. 干燥终结的判断

(1) 利用干燥曲线判断。在发电机的干燥过程中，应定时记录绝缘电阻、排出的空气温度、铁芯温度和绕组温度等数值，并绘制定子温度和绝缘电阻的变化曲线，如图 2-7-5-1 所示。从图 2-7-5-1 所示曲线中可以看出，受潮绕组在干燥初期，由于潮气蒸发的影响，绕组绝缘电阻显著下降。然后，随着干燥时间的增加，潮气逐渐蒸发，绝缘电阻便逐渐升高，最后在一定温度下，稳定于一定数值。换言之，干燥工作将基本结束。

(2) 利用绝缘电阻值判断。当温度恒定后，测得定子绕组的绝缘电阻应稳定，换算到接近工作温度时的绝缘电阻应大于 $1M\Omega/kV$，对沥青浸胶及烘卷云母绝缘，其吸收比 $K = R_{60}/R_{15} > 1.3$，极化指数 $PI = R_{10min}/R_{1min} > 1.5$；对环氧粉云母绝缘，其吸收比 $K > 1.6$，极化指数 $PI > 2.0$，再经过 3～5h 不变；转子绕组绝缘电阻换算到 20℃ 时也大于 $1M\Omega$，即可认为干燥合格。此时，如有条件，可以测定空气的湿度，当出口热空气的湿度等于入口空气的湿度时，即表示已无水分从绝缘体中排出，干燥工作可以结束。

应当指出，发电机大修中更换绕组时，容量为 10MW（MVA）以上的定子绕组绝缘状况应满足下列条件，而容量

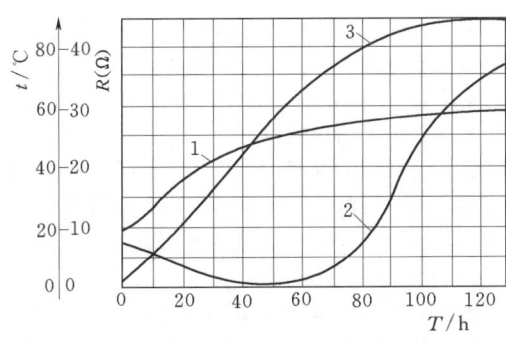

图 2-7-5-1 发电机的干燥曲线
1—定子温度；2—定子绝缘电阻；3—转子绝缘电阻

为 10MW（MVA）及以下时满足下列条件之一者，可以不经干燥投入运行：

（1）沥青浸胶及烘卷云母绝缘分相测得的吸收比不小于 1.3 或极化指数不小于 1.5，对于环氧粉云母绝缘吸收比不小于 1.6 或极化指数不小于 2.0。水内冷发电机的吸收比和极化指数自行规定。

（2）在 40℃时三相绕组并联对地绝缘电阻值不小于 (U_N+1) MΩ（取额定电压 U_N 的 kV 数，下同），分相试验时，不小于 $2(U_N+1)$ MΩ。若定子绕组温度不是 40℃，绝缘电阻值应进行换算。

对运行中的发电机，在大修中未更换绕组时，除在绕组中有明显进水或严重油污（特别是含水的油）外，满足上述条件时，一般可不经干燥投入运行。

第六节　中小型交流发电机故障快速诊断与修理

一、同步发电机的使用与维修

为了能安全、正确地使用和维护好同步发电机，因而有必要对影响同步发电机能否正常运行的相关配置及技术要求等做一些介绍，例如同步发电机的配电屏、继电保护、使用规则和维护保养等。

（一）同步发电机的配电屏

由于同步发电机发出的电能受负载变化或原动机转速变化的影响，而使其电压和频率不能保持在额定的范围内，因此不能直接输送给负载设备。同时，为了便于对同步发电机运行过程的监视，以及对电源配送的控制和保护等，同步发电机发出的电能必须通过具有配电和控制其输出功率的配电屏，然后才可供给用电设备使用。因此，同步发电机的配电屏主要是用于发电机的送电、配电、电压调整，以及对同步发电机组的控制、检测和保护等。

通常在功率较小的同步发电机组，配电屏多与发电机安装在同一机座上，体积很小且操作也比较方便。目前 135 系列功率较小的同步发电机常套使用 HF4-15 型配电屏，其用途是将同步发电机所发出的电能经配电屏供给各种负载。如图 2-7-6-1 所示，即为 HF4-15 型的配电屏外形图。该系列配电屏上均装有自动调压器等装置，该自动调压器装置是用以在同步发电机运转和负载变动的情况下维持其

电压稳定。一般，在配电屏上还配置有具有过载及短路保护的安全装置。图 2-7-6-2 所示为 HF4-15 型配电屏接线原理图。该图中用粗线为三相交流输出的主电路，细线为配电屏的控制和检测电路。

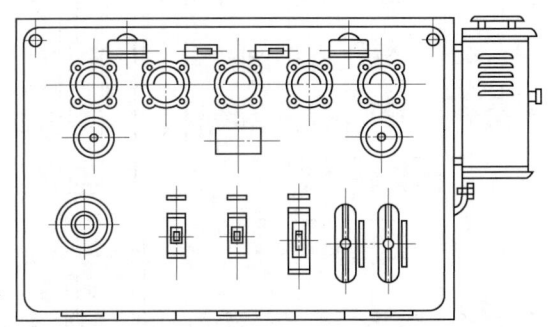

图 2-7-6-1　HF4-15 型配电屏外形图

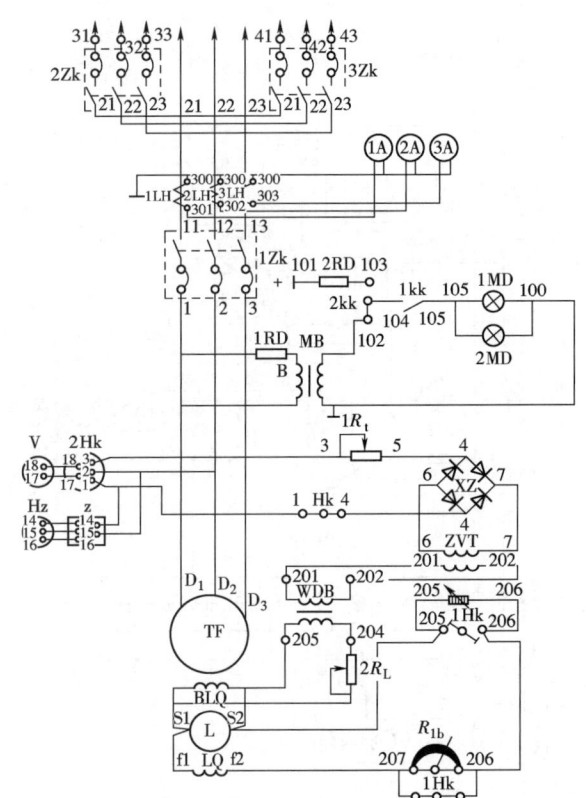

图 2-7-6-2　HF4-15 型配电屏接线原理图

功率较大的同步发电机配电屏外形如图 2-7-6-3 所示，配电屏接线原理图如图 2-7-6-4 所示。

从以上同步发电机配电屏的各图中可以看出，配电屏一般均为封闭、独立的立式结构。屏面上装有交流电压表、电流表、功率表、频率表、功率因数表、直流电流表、电压转换开关、手动或自动切换开关、自动空气开关、调压和均压变阻器调节手轮，以及仪用互感器、熔断器、继电器和电抗器等一系列仪表、仪器和设备。下面将简介这些电气仪表的配置、检测及配电屏的设计与制作。

1. 电气测量仪表的配置

同步发电机电气测量仪表的配置，不仅要满足发电机正常运行的需要而且还应考虑其经济性。通常根据厂矿自用电站和农村小型水电站的实际情况，同步发电机配电屏在装设电气测量仪表时，可以参考下列原则来进行。

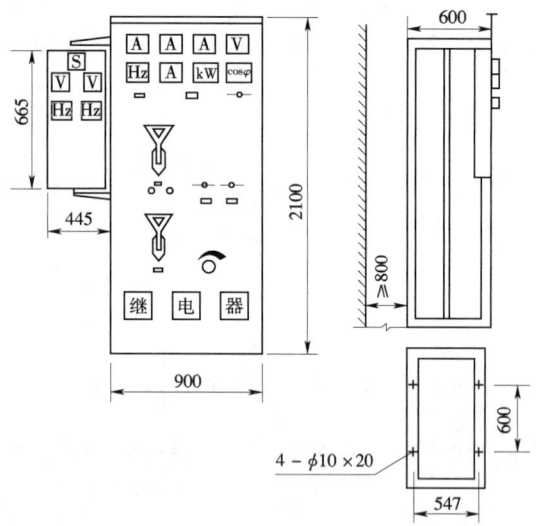

图 2-7-6-3 常用发电机配电屏外形图

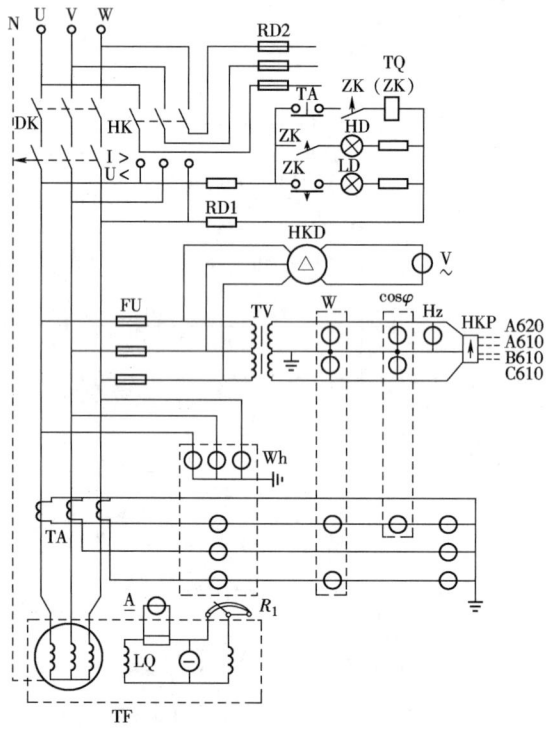

图 2-7-6-4 发电机配电屏接线原理图

(1) 小型同步发电机采用 400/230V 三相四线制供电时,为了防止同步发电机超载和三相严重不平衡运行时造成过热烧毁。应在同步发电机定子三相绕组的引出线上每一相上各装一只电流表,用以监视同步发电机的运行。

(2) 在只有一台同步发电机的电站,不论其功率大小均应装设一只电压表,并使用电压转换开关轮流测量三相的线电压;若同步发电机数量在 2 台以上时,可利用同期屏上的电压表来测量同步发电机的电压。如果没有装置同期屏,可在发电机输出母线上装一只交流公用电压表,并用电压转换开关轮流测量三相线电压。

(3) 若同步发电机的功率在 60kW 以上或发电机数在 2 台以上以及与电网并联运行时,应装置一只测量同步发电机转子励磁电流的直流电流表。

(4) 为了调整同步发电机的频率,并及时掌握原动机的转速,在每台同步发电机的配电屏上均应装设一只频率表。

(5) 为监控同步发电机的经济运行,每台发电机配电屏上均需装置有功电能表和无功电能表各一只。

(6) 功率在 100kW 以上的较大容量同步发电机,不论并网与否其配电屏上均应装设有功功率表及无功功率表(或功率因数表)各一只。以便于监视和调节同步发电机的有功负载和无功负载,但若已装设了无功功率表则可不再装设功率因数表。

2. 电气测量仪表的选择

为了能准确反映同步发电机运行中电压、电流、频率、功率等电气参数,应该对装设在同步发电机配电屏上的电气仪表进行正确、合理的选择,以使其尽可能既符合技术性要求又符合经济性要求。

(1) 交流电压表的选择。一般测量 400/230V 三相四线制电源电压时,多采用一只交流电压表,并经电压转换开关的转换来轮流测量相线电压。而交流电压表的量程刻度则一般应比所测量的电压约大 15%。例如被测电压为 400V 时,则电压表量程应约为 $1.15 \times 400 = 460V$,即可选用量程为 450V 的交流电压表。

电压表外形尺寸可根据同步发电机功率的大小来选择。例如 60kW 以下同步发电机所用电压表可选外形尺寸较小的,而 60kW 以上同步发电机则可选用外形尺寸较大的电压表。通常,电压表有直接接入电路和经电压互感器接入两种。

(2) 交流电流表的选择。同步发电机配电屏选交流电流表时,一般可以按下述方法进行。

1) 被测量的交流电流在 100A 以下时,通常可采用直接接入式交流电流表;若被测交流电流大于 100A 时,则应采用通过电流互感器测量的交流电流表。

2) 交流电流表的量程一般应按被测电流的 1.5 倍选定,例如被测电流若为 216A,则应选用电流表量程为 $216 \times 1.5 = 324A$,即按电流表系列规格可选用量程为 400A 的交流电流表。

3) 若同步发电机功率在 60kW 以下时,其配电屏的尺寸比较小,应选择外形尺寸较小的交流电流表。虽然外形尺寸较小的电流表其准确度稍差(多为 2.5 级),但对小功率同步发电机而言已能满足要求。

4) 当同步发电机的功率在 60kW 以上时,其配电屏的外形尺寸比较大,而且功率较大的同步发电机要求选用准确度较高的交流电流表。在该类同步发电机的配电屏中除 200A 以下的电流表以外,其他量程的电流表的精确度则为 1.5 级即可。

(3) 频率表的选择。频率表是用来测量同步发电机频率的,当同步发电机在运行中频率发生变化,或者发电机与其他发电机或电网需进行手动准同期并列时,运行人员根据频率表的指示,来调整原动机的油门或水轮机导水翼的开度,以使同步发电机的频率迅速恢复正常值。在小型同步发电机中通常均没有配置自动调频装置,所以频率表一般是不可缺少的。凡是采用手动准同期并列法的同步发电机均应选用表面刻度大和准确度较高的频率表,以免因准确度差和难于观察而给手动准同期并列造成困难。对于小功率同步发电机选用额定电压为 220V 或 380V 的频率表比较好,这样就可将频率按电压要求直接地接入电路。

(4) 有功功率表和无功功率表的选择。有功功率表和无功功率表是测量同步发电机所输出的有功功率和无功功率的。运行人员一般根据有功功率表和无功功率表的指示，掌握同步发电机的运行工况，并适时对其进行调控。对于采用三相四线制供电的小型同步发电机，则应选用能测量三相平衡及不平衡功率型号的有功及无功功率表。此外，还可选用三相有功、无功功率的两用表，该种表是通过切换开关的切换去轮流测量有功功率和无功功率的。

确定同步发电机所用功率表的量程时，一般应按照发电机的额定有功功率和无功功率来选择较接近的量程级。如果同步发电机功率在 100kW 以上时，其有功功率表和无功功率表一般应经过电流互感器和变压比为 380/100V 的电压互感器接入。并且在有功功率表和无功功率表接入电路时，还应注意其电流互感器和电压互感器的变比是否相符。若它们的变比不同就会引起很大的测量误差，而将无法判断同步发电机的实际输出功率。此外，在接线时还要特别注意电流互感器和电压互感器的极性不能接错。

(5) 功率因数表的选择。测量同步发电机的无功功率除了使用无功功率表外，还可采用功率因数表来进行测量。不过功率因数表却不能像无功功率表那样可以直接读出无功功率的大小，而是必须经过换算才能得出。还需特别指出的，从功率因数表的结构原理来说，该种表只适用于三相平衡系统。因而若将其用于三相四线制系统中，以及特别是在不对称运行时，则将会出现有较大的测量误差。

(6) 电能表的选择。通常为便于对同步发电机进行成本核算，发电机配屏上还需要装设显示有功电能表以便于考核其经济效益。如果采用的是 400/230V 三相四线制供电的同步发电机，应配置能记录三相四线制不平衡系统电能的有功电能表。这些类型的有功电能表也有直接接入电路和经过电流互感器接入电路的两种型式，究竟选用哪一种型式？应按同步发电机的最大负载电流而定。若同步发电机的最大负载电流大于直接接入式电能表的额定电流时，这时就必须经过电流互感器以后再接入。

(7) 直流电压表的选择。直流电压表是用来测量同步发电机励磁系统的直流电压，例如同步发电机励磁回路的直流电压、蓄电池电压、整流器的电压等。此外，由于小型同步发电机一般不装置转子接地保护装置。因此，在农村小型水电站中通常装有直流电压表，被用来监视同步发电机励磁系统对地的绝缘情况。例如，测量发电机转子励磁线圈及蓄电池正、负极对地的电压，用以判断它们对地的绝缘情况。还有就是装设在带直流励磁机的同步发电机励磁系统中的电压表，还可以用来监视逆向励磁现象。

同步发电机所用直流电压表量程的选择，一般可按被测直流电压额定值的 1.5 倍确定；对于充电装置可考虑按 1.5～2.0 倍来确定。

(8) 直流电流表的选择。同步发电机所用直流电流表是安装在励磁回路中，被用以监视同步发电机励磁系统的工况。通常。在小型同步发电机中均不装发电机失去励磁时的保护装置。这时，直流电流表便可作为监视同步发电机励磁电流是否正常（即降低、消失或逆向励磁现象）的仪表。此外，直流电流表也经常用于充电装置中。

同步发电机所用直流电流表的量程是按其转子励磁电流的额定值，或充电电流额定值的 1.3～1.5 倍来确定的。

(9) 电流互感器的选择。电流互感器是一种用于交流电路中将大电流变为小电流，以供给各种测量仪表、继电器、低压自动开关跳闸线圈及其他自动控制电流的电器。电流互感器原边线圈的额定电流分为若干极，用以适应大小不同负载电流的实际需要。其副边线圈的额定电流一般均为 5A。原边线圈额定电流与副边线圈额定电流的比值，称为电流互感器的电流比。

在选择电流互感器时，其额定电流可按最大负载电流的 1.2～1.5 倍来确定。若电流互感器的额定电流选得过大或过小，都将引起比较大的测量误差。一般，电流互感器可以同时连接几种仪表或继电器，但也不宜过多。通常其总阻抗不应大于电流互感器的额定负载阻抗，否则将会引起较大的测量误差。此外，不同仪表要求电流互感器的准确度也有所不同，功率表和电能表等记录仪表类均要求 0.5 级的电流互感器。

一般，电流互感器的接线方式有单相、两相和三相三种。对于电压为 400/230V 的三相四线制供电系统，若同步发电机的电流互感器仅用于测量仪表的供电，例如电流表、功率表和电能表等，可以采用单相或两相式接线；如果是连接电流继电器应采用三相式的连接。还需指出的是，在运行中电流互感器的副边线圈在任何情况下都不允许开路。而必须接入仪表或将其引出线直接短路（即连接在一起），否则将产生极高的过电压而损坏设备绝缘，严重时甚至造成人身安全事故。此外，在使用电流互感器时还应注意它的极性，如果接错将会使仪表发生错误的指示、反转等不正常的现象。

(10) 电压互感器的选择。电压互感器是一种用于交流电路中将高电压变为低电压，以供给测量仪表和继电器用电的电器。在同步发电机额定电压为 400/230V 的三相四线制供电系统中，所用电压互感器的副边绕组额定电压均为 100V。即原、副边绕组额定电压的比值 380/100 = 3.8，该比值就称为电压互感器的变压比。

电压互感器的准确度与其二次绕组所带负载有关，如果它的负载增大其误差也就随之增大。因此，电压互感器可以在几种准确度下进行工作。电压互感器二次绕组所连接的仪表总负载功率；应按各种仪表对准确度的要求，限制在与标准准确度所对应的标准容量之内。而电压互感器的最大容量则是按电压互感器的发热条件确定的，若超过这个最大容量，电压互感器就有过热及烧毁的危险。因此，它的最大容量只能适用于供电给自动开关跳闸线圈和信号灯等对准确度要求不高的仪器及设备。对于同期操作等只需要单相电压的情况下，可以采用单相电压互感器。不过在一般情况下，都是用两只单相电压互感器接成 V 形接法，用以去供给三相及单相用电仪表和继电器等。

3. 配电屏的设计与制作

同步发电机的单相功率在 20kW 以上者，一般均有与该发电机配套的配电屏供应。然而在很多情况下却仍需使用单位自行设计和制造的同步发电机配电屏。因此，在设计和制作同步发电机的配电屏时，则应严格遵守下列一些原则。

(1) 配电屏的测量仪表和信号灯应装在屏面上部，以方便运行人员监视和避免损坏。需要操作的电器开关和调节励磁的手柄，应装设在高度适中的位置以便于操作和调整。比较重的电器开关部件必须装在屏的下部，这样才能可靠地保持配电屏的稳固。其他的开关、电器应布置在接线最短的位置，并且配电屏上的所有仪表、电器的布置均应力求整齐、美观。

(2) 各设备之间在配电屏上的安全距离应符合安全要求，其最小距离如表 2-7-6-1 所示。

表 2-7-6-1　配电屏屏面设备排列最小间距尺寸表

相邻设备名称	上下间距/mm	左右间距/mm
仪表与仪表	—	60
仪表与线孔	80	—
开关与仪表	—	60
开关与开关	—	50
开关与线孔	30	—
线孔与线孔	40	—
指示灯、保险盒之间以及与其他设备之间	30	30
熔断器与其他设备	—	30
互感器与仪表	80	50
设备与屏壁	50	50

(3) 配电屏主电路的导线应满足安全工作电流的要求，并且其引入线和引出线的长度应留有适当裕度以便于检修。仪表的接线应使用截面积不小于 2.5mm² 的绝缘导线，以保持有一定的机械强度。其配线的布置应横平、竖直、清晰和美观，并且屏上母线应涂以黄、绿、红、黑等颜色的分相标志。

(4) 当配电屏安装的各种刀闸和开关等处于断开状态时，其刀闸及可动部分均不得带电。

(5) 配电屏的金属构架、铁盘面及盘面设备的金属外壳均应良好接地，并且其接地电阻应不大于 4Ω。

(6) 如果因条件限制而制成木质配电屏时，则应特别注意由于操作失误或短路等可能引起木质屏燃烧的情况。

（二）同步发电机使用的一般规则

同步发电机的使用寿命和工作可靠与否，不仅取决于发电机本身质量的好坏，而且与能否正确使用和认真维护密切相关。因此，对于同步发电机运行值班和维护人员，除了要详细了解发电机、配电屏的工作原理、结构特点和工作性能外，还必须正确地掌握操作方法和维护保养要求，以使同步发电机能够良好地运行和可靠地工作。

1. 同步发电机的试运行

同步发电机组在安装完毕并正式投入运行前，通常均应进行较全面的试运行。经过试运行可以对机组的安装质量及其运行特性进行一次详细检查，例如发电机的振动、噪声是否正常、铁芯和绕组及轴承的发热情况是否符合要求、发电机的转速、频率和电压是否达到额定值、配电屏上的所有仪表指示是否正常以及一次、二次电器设备和线路安装是否正确等。对于同步发电机在试运行中发现的问题，应及时处理并相应做好详细记录。

(1) 同步发电机试运行前应作的检查。

1) 在同步发电机转轴与原动机连接之前，可用手转动发电机转轴，以观察其轴承转动是否灵活，倾听发电机转子与定子是否有摩擦声。

2) 认真检查同步发电机外部是否清洁，并应清除发电机组、电刷和滑环上的灰尘、杂物。若有励磁机时，应同时清除励磁机换向器上的灰尘、积垢等。

3) 检查所用各种保护设备（例如熔断器）和连接发电机的导线截面积，以及其他各种测量仪表、设备是否与同步发电机的技术数据相符。

4) 同步发电机绕组及各部分引出线的接线端应无松散和碰伤现象。同时还应分别检查发电机接线盒和旋转部件的连接螺栓是否全部紧固到位。

5) 发电机电刷的压力应该适宜，并且刷握应牢固，电刷与滑环或换向器的吻合面应接触良好。

6) 同步发电机外壳应接地的部分和中性点的接地部分，均应与接地装置有牢固的连接。

7) 仔细检查同步发电机的内部应无遗留工具和杂物等现象。

8) 同步发电机的绝缘、引出线的线端接触和绝缘包扎均应良好。当用 500V 兆欧表（俗称摇表）检查同步发电机定子绕组的绝缘电阻时，对低压小型同步发电机的绝缘电阻，有如下关系式

$$R \geqslant \frac{U_N}{1000+S_N/100}(M\Omega)$$

式中　U_N——被测同步发电机的额定电压，V；
S_N——被测同步发电机的额定容量，kVA。

发电机转子励磁回路的绝缘电阻一般在 0.5MΩ 以上。对于采用半导体励磁方式的同步发电机，在测量转子励磁回路的绝缘电阻时，应先从线路解脱励磁装置，或者是将每一硅整流元件用导线短接，以免测试时损坏。

如果测量出同步发电机的绝缘电阻太低时，很可能是发电机已经严重受潮，此时即应设法将发电机进行干燥处理，以使其绝缘电阻值恢复合格值。否则，未经干燥的同步发电机一旦投入使用，就极可能因绝缘损坏而烧毁。但是，由于一般发电机的运行单位和农村大多没有专门的烘房，再者要将安装完好的同步发电机拆下来送进烘房也很费力。为了解决这些困难，建议采用短路干燥法，具体做法如下。

将同步发电机定子绕组的三相出线端直接短接起来，并注意短接应当十分牢固。然后将磁场变阻器调到最大电阻位置，如果该变阻器电阻值不够大时还应当另外再串入一合适电阻。将该同步发电机启动，并注意慢慢加速至额定转速，再缓慢地调节转子磁场绕组的励磁电流。一般是根据发电机受潮的情况来决定励磁电流的大小，但定子短路电流不得超过发电机的额定电流。实际上也就是利用这个短路电流对发电机进行干燥处理，进行短路干燥的时间应视所加短路电流的大小和发电机的受潮情况而定。

9) 配电屏内设备的连接线应按照技术图纸进行周密和仔细地对号检查。特别要注意检查电流互感器的副边绕组不得开路，电压互感器的副边绕组不可短路，并且互感器的极性应正确无误。

10) 配电屏上的所有开关均应处于断路位置，各仪表（除频率表、同步指示器和功率因数表外），均应指示在零的位置上。

11) 检查电流互感器和电压互感器的副边绕组是否已经接地，检查配电屏铁架、避雷器和变压器外壳等应该接地的部分与接地装置的连接是否牢固可靠。

12) 配电屏上的磁场变阻器手轮是否已调至最大电阻值位置，以及变阻器的滑动触头是否接触良好。

13) 测量同步发电机的接地电阻是否符合技术规程所要求的数值。

14) 在外线无电的情况下对自动空气开关、闸刀开关进行拉开和合闸操作，以检查开关触头的接触是否良好无误，合闸时三相的接触应同期并且还要求操作机构灵活轻便。

15) 检查自动开关的灭弧罩，安装是否正确、到位和牢固。

(2) 同步发电机的启动试运行。当上述检查发电机、配电屏等的工作完成后，若所检查的项目全部符合要求，即可进行发电机的试运行。在试运行中应根据当时当地的具体情况，各个岗位均要指定专人负责监视，并听从命令执行操作。试运行的试验可按空载低速、空载额定转速、带负载和甩负载运行等步骤来进行。

1) 空载低速运行。将原动机（柴油机或水轮机等）启动并达到同步发电机额定转速的50%左右，这样低速空载试运转4h左右。此时应注意观察轴承的温升、机组的振动以及是否有异常声响等。

2) 空载额定转速运行。当同步发电机在低速空载运行下情况正常，即可逐步提高原动机的转速来加大输入，用以使发电机的转速达到其额定转速下运转。此时，除了应继续注意观察轴承温升和机组的振动和噪声等情况是否正常以外，还应同时检查以下内容：

a. 应检查励磁装置能否自动建压，如果不能自动起励建压，要使用干电池或蓄电池重新进行充磁。

b. 操作配电屏上的电压转换开关，以检查同步发电机的三相电压是否平衡，并且频率表的指示应该为50Hz。

c. 仔细观察发电机转子励磁回路的直流电压表和电流表，两表所显示的数值均应为正常。如果其转子励磁回路中未装检测仪表，可使用万用表来检测励磁电压，观察是否符合规定的设计值。

3) 带负载运行及甩负载运行。当发电机经低速空载运行和额定转速空载运行均情况正常，即可逐步按25%、50%、75%和100%的额定负载分别进行带负载和甩负载运行的试验。

a. 在发电机负载试验的升压过程中，仔细检查三相的各相电压是否平衡。

b. 配电屏上各种仪表的指示应准确无误，仔细观察电流表、功率表和功率因数表等仪表的指示是否正确，并与电能表铝盘转速进行比较，以确定电能表的接线是否正确等。

c. 进行发电机的加、减负载试验时，应特别注意电压表指示的变化情况，并仔细观察发电机的稳态电压调整率。同时，还要注意观察发电机转子励磁回路的励磁电压和励磁电流的变化情况。

d. 应注意观察发电机的滑环和换向器，一般要求滑环运行无火花，而换向器上只允许存在微小火花。

当发电机带100%的额定负载连续运行72h以后，若机组运行正常，在停机后对发电机各部分进行全面检查。

最后即进行甩负载试验，甩负载按25%、50%、75%和100%的顺序逐项进行，当甩负载试验以后，应停机进行全面检查。

在同步发电机的启动试运行过程中，当空载额定转速运转无问题，即可进行加压试验。通过加压试验后即可以绘制出同步发电机的空载特性曲线，并以此来作为今后运行的技术依据；另一方面加压试验还可以代替对同步发电机的匝间交流耐压试验。

若在空载额定电压的基础上加大同步发电机的励磁电流，使发电机的端电压升至额定电压的1.3倍，即400V×1.3=520V，运行1min后，将励磁电流分段逐次减小，并记录下励磁电流值和相应的发电机端电压，同时绘制出发电机的空载特性曲线 $E=f(I_f)$。

2. 常规运行的操作与监视

同步发电机常规运行的操作与监视，如下所述。

(1) 正常运行时启动前的检查。

1) 用500V兆欧表检测同步发电机定子绕组和转子绕组对地的绝缘状况。

2) 检查同步发电机组各处的螺栓是否有松动和缺损现象。

3) 用手转动联轴器或皮带轮，以观察发电机组的转动是否轻快灵活和有无卡住现象，并应仔细倾听发电机内部有无异常杂音等。

4) 配电屏上的空气开关或闸刀开关应处于断开位置，磁场变阻器应处于电阻最大值的位置，并且熔断器中的熔丝应全部接入。

5) 检查其他各部分的接线是否正确，还应特别注意各连接部分是否紧密牢固。

(2) 正常启动运行。

1) 同步发电机开始运转以后可用螺丝刀金属头部放于该机要害部位，并在螺丝刀尾部的木柄处监听是否有不正常的机械杂音。如果有应立即停机进行检查；若一切正常应升高转速继续运转。待同步发电机转速达到额定转速时，全面检查电压表的指示，并调节磁场变阻器的电阻值，进而使同步发电机的输出电压达到额定值。如果调节磁场变阻器仍不能使发电机的输出电压达到额定值，则说明发电机存在故障，此时即应立刻停机检查并予以处理。

2) 当同步发电机的转速正常，其电压也达到了额定值，而且它的运转声音也均匀正常，此时即可首先合上总开关并向外送电。若送电时出现电压和频率下降的情况，应继续调节励磁和提高原动机的转速，用以使发电机的输出电压和频率迅速恢复到其额定值。

3) 在同步发电机的负载逐渐增大时，应力求三相的负载要对称或不超过规定的不平衡度范围。

4) 应随时注意配电屏上各种仪表指示的变化情况。一般，电压表的指示应在额定值的±5%范围内变动，该发电机才可以满载连续运行。通常情况下三相电压和电流应保持平衡，若电压表和电流表突然发生变化，则应及时查明原因加以处理。此外，还应注意发电机频率的波动在0.5Hz范围之内。

5) 要随时监听同步发电机的运转声音是否正常、有无振动和烧焦气味等，若发现有异常声响或烧焦气味，即属于发电机内部出现故障并应立即停机检查。如果振动过大则应检查发电机与原动机的连接是否良好，以及轴承是否严重磨损和发电机的地脚螺丝是否松动等。若其振动十分强烈时应立即停机检查与修理。

6) 注意轴承温度是否超过额定值及润滑油是否充足等，因为轴承故障是发电机经常出现的故障，所以应对其特别注意检查。若一旦发现轴承的温升过高，应检查轴承是否缺油或传动皮带是否过紧等。

7) 应仔细观察同步发电机的定子绕组温升是否超过额定值，如果发现超过允许值并且系局部过热，则属于发电机内部故障，应立即停机处理。此外，运行时不得将衣服或其他物件覆盖在发电机上，以免阻碍散热而导致发电机过热烧毁。

8) 应经常察看滑环和换向器有无不正常的火花。如果有则应仔细检查电刷位置安放是否正确，以及电刷弹簧的压力是否合适等。若同步发电机的火花很大，可能是其转子励磁绕组发生了故障，应立即停机检查。

9) 同步发电机在其运行期间，不允许尘垢、水滴、金属物和其他杂物侵入它的内部。

10) 在同步发电机运行中或启动后，如果发现其励磁电流下降有三分之一时，很可能是硅整流元件已被击穿一只（对三相桥式整流电路而言），此时应立即进行检查，并相应更换已损坏的硅整流元件。

11) 采用可控硅励磁方式的同步发电机在运行中，如果其励磁电流表的指示逐渐下降而功率因数表的指示又逐渐上升，这很可能是可控硅的触发时间已退后，此时即应重新予以调整。

3. 正常停机与紧急停机

同步发电机在运行中需要正常停机和紧急情况下停机时如下所述。

(1) 同步发电机正常运行的停机操作。

1) 当发电机需要停机时应先逐渐减少负载，降低负载后，再将磁场变阻器调到电阻值为最大时的位置，从而在使同步发电机的电压降低以后，即拉断开关。

2) 逐渐降低同步发电机的原动机的转速，以最终停止发电机的运转。

当停止同步发电机的运转以后，运行值班人员则还应做好下列工作：

1) 检查同步发电机的原动机各部分情况是否均为正常。

2) 检查发电机的轴承外壳、定转子绕组、滑环（或换向器）与电刷接线柱等有无过热现象，以及滑环（或换向器）与电刷接触处是否存在有火花灼伤痕迹。

3) 配电屏上的各个部件（接线柱、导线、电容器、电阻、闸刀开关和熔断器等）均应无发热和火花的灼痕。

4) 应经常清扫机房并及时清除发电机上的灰尘和油污等，以保持机房的清洁。

5) 若同步发电机需要较长时期的停用，则其滑环上应涂以凡士林来防止锈蚀。并且，在电刷与换向器之间应垫以清洁的纸条。

(2) 同步发电机的紧急停机。当小型同步发电机运行时，出现下列任何一种严重情况，均应立即紧急停机查明问题及时处理。

1) 同步发电机组发出异常声响和发生剧烈的振动。

2) 水轮发电机电压急剧上升即将出现飞逸情况。

3) 滑环（或换向器）电刷有强烈火花，虽经处理却仍然无效。

4) 同步发电机励磁机的定子和转子冒烟或发电机有烧焦的气味。

5) 发电机轴承发生不允许的高温，虽经增添或减少润滑油脂而其温度却仍然上升。

6) 同步发电机组的传动装置发生严重事故，如传动皮带被拉断或接合处松动等。

7) 发电机的定子绕组温升超过允许值，经降低负载后运行，其温度却仍然继续上升。

8) 同步发电机的原动机发生故障，虽经处理却问题

依旧。

9) 发生人身事故或突发自然灾害等。

当同步发电机在运行中发生上述紧急情况时，即应立即进行如下紧急停机操作：

1) 立即拉开同步发电机的主开关，并将磁场变阻器调至最大电阻位置。

2) 同时立即停止其原动机的运转。

在采取紧急停机措施后，即应对发电机组及配电屏进行详细检查，以查明发生事故的原因并予以处理后方可重新开机试车。

4. 同步发电机的并列运行

同步发电机并列运行能够提高其供电的可靠性、改善电能质量、增强起动异步电动机的能力和实现经济运行，从而更有效地发挥它的最大作用。由于同步发电机是一种旋转电气设备，因此它的转速对频率将产生明显的影响；并且其励磁电流又是可以调节的，而励磁电流的大小又影响着电压的高低。所以，要将一台同步发电机投入并列运行，就需要进行一系列的操作过程。

通常，将同步发电机投入并列运行（也称并联运行、并车）的整个操作过程，就叫作同步发电机的并列。一般，对同步发电机的并列运行提出要求为：

1) 在同步发电机的合闸并列瞬间，发电机受承受的冲击电流越小越好。

2) 当同步发电机合闸并列以后要很快牵入同步，并且还应保持稳定的同步运行。

为了满足上述并列运行的要求，即规定同步发电机并列运行时必须具备的条件为：

1) 待并同步发电机端电压的有效值与电网电压的有效值必须相等。

2) 待并同步发电机的频率必须与电网的频率相等。

3) 待并同步发电机电压的相位应与电网电压的相位相同。

4) 待并同步发电机电压的相序应与电网电压的相序一致。

由于在小型同步发电机的定子绕组出线端上均已标明有相序，因此在发电机进行并列时只要按照标记接线即可保证其相序的一致。不过为了绝对可靠，一般在第一次并列时，仍必须要检查待并同步发电机与电网电压的相序是否一致。同时，可以通过调节同步发电机的励磁电流来调节待并发电机的端电压，以满足待并同步发电机电压与电网电压有效值相等的条件。而用调节原动机（柴油机或水轮机）的转速即可调整待并同步发电机的频率，以达到待并发电机频率与电网频率相等的要求。至于待并同步发电机电压的相位与电网电压相位相同的条件，则是在同步发电机并列运行时所要解决的实质问题。

同步发电机并列运行的方法有很多，如按上述四个条件进行同步发电机并列的方法称为准确同期法。通常在要求较高的场合下，多采用"自动准同期合闸装置"进行准同期并列。这样虽然可以避免人为误操作而造成的非同期并列，但由于该种装置本身比较复杂而限制了其广泛使用。所以小型同步发电机一般均采用手动准同期并列法和手动自整步并列法，而手动准同期并列法又具体分为灯光黑暗法、灯光旋转法和同步指示器法三种方法。以下将简介同步发电机这几种常用同期并列法。

（1）准同期灯光黑暗并列法。如图2-7-6-5所示，即为准同期灯光黑暗并列法的接线原理图。从该图中可以看到在采用准同期灯光黑暗并列法时，只要将待并同步发电机由原动机拖动到同步转速，并调节其励磁电流以使同步发电机的端电压接近于电网电压。然后利用直接接在并列开关K两边的三组相灯来显示相序和寻找合闸时间。此时，如果这三组相灯不是同时明、灭，而是形成旋转明暗现象，说明它们的相序不一致。此时，即应将待并同步发电机接到开关QS2上的任意两根出线端对调一下，直到三组相灯能够同时明、灭为止。这时相灯明、灭变化的频率即为同步发电机与电网相差的频率，再调整发电机的原动机的转速以使灯光亮、灭的频率变得很低时，即可准备合闸。而当三组相灯处于全部黑暗时即迅速合上开关QS2，也就将同步发电机并入电网，完成发电机并列合闸的操作。

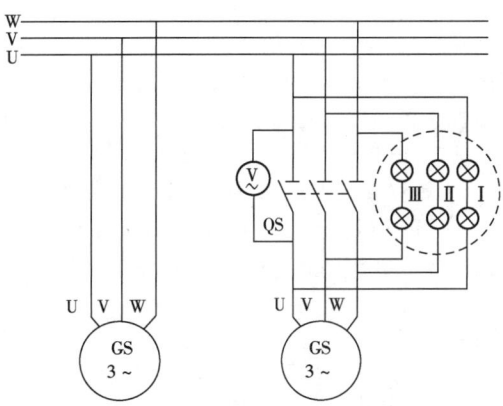

图2-7-6-6 准同期灯光旋转并列法

压表，配合灯光的表现，并在看到电压表的指示为零时，就是理想的合闸瞬间。

同时在实际生产工作中，为了进一步简化同步发电机的并列运行线路，还有如图2-7-6-7所示采用两灯接线法的。从该图中可以看出，当调节同步发电机的电压和转速，使两组相灯每秒钟同时明灭一次时，就已使发电机达到了同期条件，也即可合闸并列运行。这种接线并列法也可以看成是图2-7-6-5所示准同期灯光黑暗法中相灯3损坏后的应急方法。

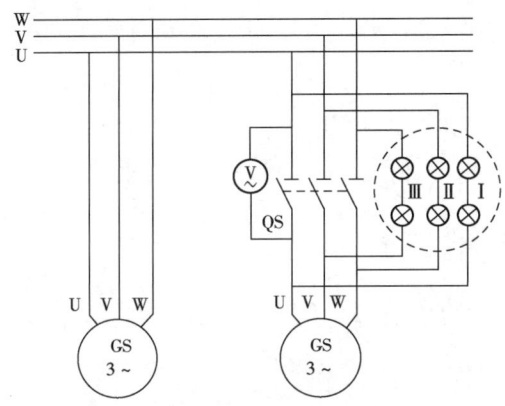

图2-7-6-5 准同期灯光黑暗并列法

（2）准同期灯光旋转并列法。采用灯光旋转并列法来检查发电机并列条件的方法，与灯光黑暗并列法大体相似。即也要先检查同步发电机的转速和端电压，并调节其原动机转速和励磁电流来使发电机的频率和电压与电网的频率和电压差不多。然后再利用三组相灯来检查相序和寻找合闸时间，只不过是此时三个相灯的接法与灯光黑暗法不同。只有一个相灯直接接在闸刀开关的两个对应端上（即相灯1），另外两个相灯则交叉接在开关的其他四个接线端上，即相灯2和相灯3上，如图2-7-6-6所示。此时，若三组相灯同时明或同时灭则说明其相序不一致。当调换同步发电机的任意两相引出线后，使三组相灯交替明、灭，这种方法的特点是能够判断出发电机和电网的频率谁高谁低，也就有助于调节同步发电机的转速和加快其并列过程。当同步发电机的频率高于电网频率时，三组相灯的明灭顺序是1—2—3；若发电机的频率低于电网频率，则灯光的明灭顺序为1—3—2。如果调节同步发电机的转速使灯光旋转的速度很慢时，就可以准备进行合闸。而合闸的瞬间则是当相灯1全灭而相灯2和3的亮度相同时，即可将待并同步发电机合闸并列运行。

准同期灯光黑暗并列法和准同期灯光旋转并列法在实际应用中均有采用，但由于准同期灯光旋转并列法还能看出待并同步发电机与电网频率的高低，因而采用得也就更为普遍。

此外，在生产实践中还发现，一般相灯用的灯泡在三分之一的额定电压时就不亮了。因此，为了使同步发电机的合闸瞬间更为准确，通常还在并联开关的两个接头上（图2-7-6-5、图2-7-6-6中是与相灯1相并联）接入一个电

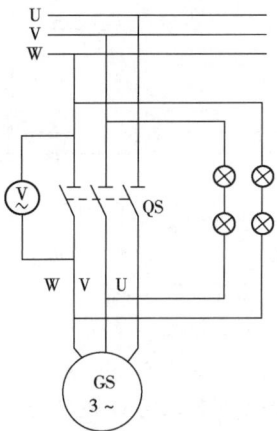

图2-7-6-7 两灯接线并列法接线原理图

（3）同步指示器法。待并同步发电机与电网电压的相位差除了用上述相灯法检查外，还可以应用同步指示器来进行检查，图2-7-6-8所示为其接线原理图。

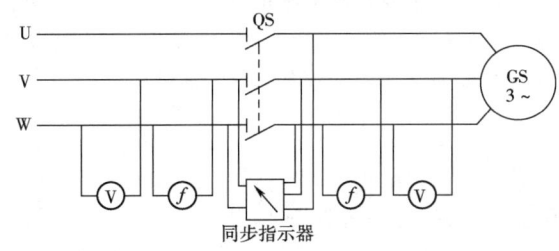

图2-7-6-8 同步指示器并列接线原理图

从该图中可以看出同步指示器共有5个接线端子，其中有3个是用来接到待并同步发电机的三相线上的，另外的两个接线端子为接入电网的线电压用。同步指示器的外形如图2-7-6-9所示。该同步指示器的内部共有3个用细导线绕成的线圈，其中两个互成120°的夹角，即如图2-7-6-10

中的线圈 E 和 D。这两个线圈的一端连在一起之后串联一个电阻 R，然后接到待并同步发电机的三相电压上。那么此时加在线圈 D 支路上的电压是发电机的线电压 $U_{A'B'}$，而加在线圈 E 支路上的电压，将是发电机的线电压 $U_{B'C'}$。由于这两条支路的阻抗相等（因为线圈结构相同，其串联电阻又相等），而线电压 $U_{A'B'}$ 与 $U_{B'C'}$ 之间又有 120°的相位差。因此这两条支路中的电流 i_D 和 i_E 的有效值必然相等，而且这二者之间的相位也相差 120°。

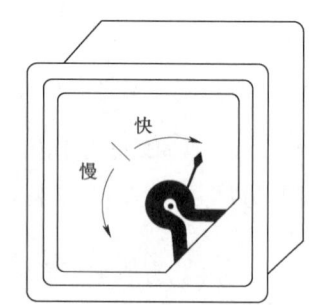

图 2-7-6-9　同步指示器外形图

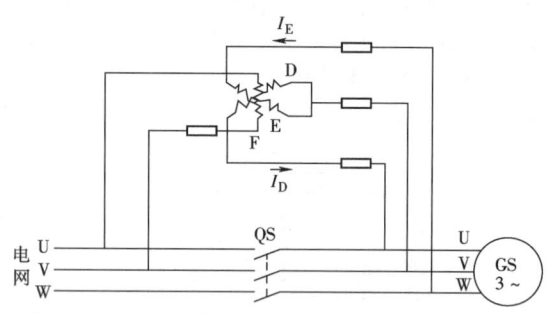

图 2-7-6-10　同步指示器的接线原理图

从电机学中知道，当三相交流同步发电机其对称的三相电流（即其有效值相等，彼此之间有 120°的相位差）；在对称的三相定子绕组中通过时即会产生一个旋转磁场。由此，可以知在同步指示器中，具有 120°相位差的电流 i_D 和 i_E 通过空间位置互差 120°的线圈 D 和 E 时，将产生一个旋转磁场。而正弦交流电每交变一周该磁场在空间就旋转 360°，所以磁场的旋转速度是由同步发电机的频率 f_F 所决定的。

同步指示器中的线圈 F 比较小，它是放在线圈 D 和线圈 E 的内部，线圈 F 的里面是两块与转轴连在一起的软铁片，如图 2-7-6-11 所示。线圈 F 的两线端接到电网电压上，因而通过该线圈 F 的电流也是一个正弦交变电流，所以它所产生的磁场当然也是交变磁场。于是，这个磁场就将使软铁片磁化而变成磁铁。不过由于该磁场是一个交变磁场，所以软铁片磁化后的极性和磁性强弱也要随着电流的交变而不断变化。这样一来，在同步指示器内部就出现了一个旋转磁场和交变磁化的两块铁片。如图 2-7-6-12 所示，即为同步指示器的指针为零时，其可动铁片与旋转磁场位置的关系。从该图中可以看出，当两块铁片被磁化而磁性又最强时，它总是要力图与旋转磁场的磁极轴线方向一致。如果待并同步发电机的频率与电网频率相等，那么旋转磁场在空间每旋转一周则铁片也就会交变磁化一次。例如在图 2-7-6-12（a）中，当可动铁片的磁化程度最强时，旋转磁场的磁极轴线也正好对着可动铁片。若旋转磁场在空间按逆时针方向旋转时，磁极转过一定角度后，可动铁片的磁性也就开始减弱；而当磁极转过 90°电气角度时，可动铁片的磁性消失，也即如图 2-7-6-12（b）中所示。在磁极转过 180°电气角度时，可动铁片的磁性也刚好最强但却极性相反。这样，可动铁片就将停留在一定的位置而不会转动。并且与可动铁片装在同一转轴上的指针也就不动而停止在零位（也即同步位置），这也就是同步发电机与电网并列合闸的条件，此时即可以将同步发电机并列上去。

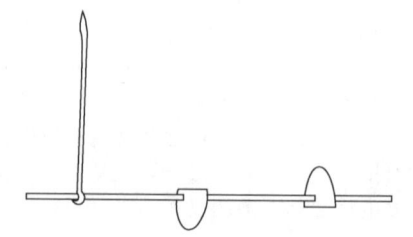

图 2-7-6-11　同步指示器内的可动部分

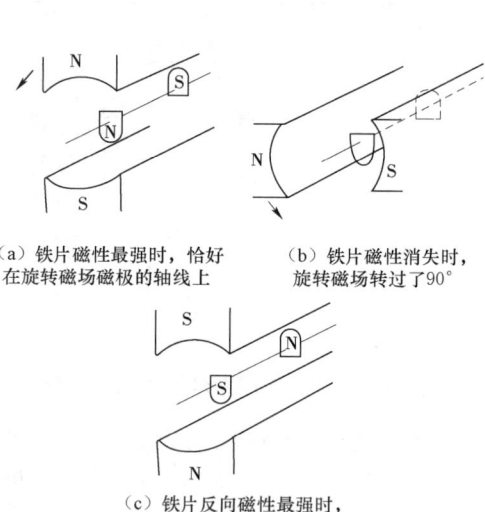

（a）铁片磁性最强时，恰好在旋转磁场磁极的轴线上　（b）铁片磁性消失时，旋转磁场转过了 90°

（c）铁片反向磁性最强时，正好旋转磁场也转过了 180°

图 2-7-6-12　同步指示器指针指零时，可动铁片与旋转磁场位置的关系

若同步发电机的频率与电网频率不同时，那么当旋转磁场旋转一周时，可动铁片就不可能完成一次交变磁化。例如在某一瞬间当可动铁片磁化程度最强时，旋转磁场的磁极轴线正好对着可动铁片［图 2-7-6-12（a）的情况］，但是在旋转磁场转过 180°电气角度之后，可动铁片的磁性并没有达到最强。而当可动铁片磁性最强时，磁极轴线不是已经转过去了（$f_F > f_C$ 时），就是还没有转过来（$f_F < f_C$ 时）。这样可动铁片就要发生或左或右的偏转，旋转磁场在空间不停地旋转而可动铁片也就连续不断地偏转。同时从表盘上来看同步指示器的指针也就旋转起来，其旋转的方向则由待并同步发电机与电网频率的高低差值来决定。假如同步发电机的频率高于电网的频率，即 $f_F > f_C$ 时则指针便会向"快"的方向旋转；当两者的频率差值越大则同步指示器的指针将转得越快。若同步发电机的频率低于电网的频率，即 $f_F < f_C$ 时，那么同步指示器的指针便会向"慢"的方向旋转。这就需要运行人员通过调节原动机的转速来使指针指到零位上，到这时即可以进行同步发电机的并列合闸运行。

如果待并同步发电机的相序与电网的相序不一致，则同步指示器的指针也会很快地旋转。但这时却会无论怎样去调节同步发电机的转速，同步指示器的指针仍不能停止在零位。因此就必须调整同步发电机的相序。由此可知，同步指示器还可以用来检查相序。

在电站的主控制室里，用来检查判断同步发电机是否符合并列条件的5块表（即两块电压表、两块频率表和一块同步指示器）组装在一起，以及连同其操作合闸机构称作同期盘。

准同期并列法主要优点是使被并列的同步发电机和电网均不受或仅受微小的冲击，但它对运行操作人员的技术熟练程度有较高的要求。

(4) 自整步并列法。采用手动准同期并列法固然有其优点，但却要求操作技术必须比较熟练。通常，其整个并列操作过程约要花几分钟甚至十几分钟的时间。实践表明，由于操作技术不熟练和并列合闸瞬间掌握不准，从而造成损伤同步发电机或损坏连接部件的情况时有发生。因此，小型同步发电机并列也有采用手动自整步并列法的。如图2-7-6-13所示，即为自整步并列法接线原理图，采用自整步并列法时，在判断同步发电机与电网的相序一致之后，首先应将发电机励磁回路中的磁场变阻器 R_n 调整到额定励磁电流的位置，然后将同步发电机转子的励磁绕组通过转换开关 K2 接到一个附加电阻 R_M 上，用以构成一个闭合回路。附加电阻 R_M 的阻值可以为励磁绕组电阻值的5～10倍。这是因为转子励磁绕组相当于一个电感线圈，在发电机自整步并列过程中，其定子绕组内出现的冲击电流会在转子励磁绕组中产生一个不小的感应电动势，从而损坏励磁绕组的绝缘。如果励磁绕组接有附加电阻，就可起到保护作用。

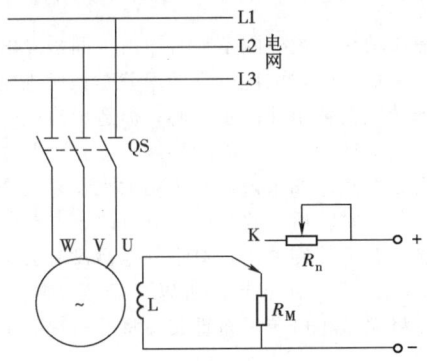

图2-7-6-13 自整步并列法接线原理图

然后，由原动机将同步发电机拖动到稍低于同步转速（约相差5%以内），立即就将并列开关K1合上。这时，由于同步发电机转子励磁绕组没有励磁电流，发电机定子绕组中基本上没有感应电动势。这就和三相异步电动机定子绕组接通电源时的情况相似，其定子绕组内将会出现对称的三相电流并产生旋转磁场。这个旋转磁场对于转子的相对转速很高，所以在转子中产生的感应电流很大。转子电流与定子旋转磁场相互作用而产生异步转矩，从而使电动机转子得以加速。由于同步发电机的转子是由原动机拖动旋转，因而此时转子已经具有较高的转速。而电枢磁场对于转子的相对转速却并不高，在发电机转子励磁绕组中和转子铁芯中产生的感应电流也不会太大，其定子绕组的冲击电流也比异步电动机的起动电流小得多。所以，对于小型同步发电机而言，其冲击电流一般为3～4倍的额定电流，因此，同步发电机是完全承受得了的。

同步发电机在无励磁的情况下并入电网以后，即应迅速扳动开关K2，将励磁绕组与励磁电源接通，使转子励磁绕组通过额定励磁电流（因为事先已将 R_n 调整在这个位置）。于是转子主磁场便会在定子绕组中产生感应电动势。当同步发电机的频率 f_F 略低于电网频率 f_C 时，发电机的转子将受到一个与拖动方向相同的加速转矩的作用，并可在1～2s内就迅速地将同步发电机牵入同步。但应当指出，只有当发电机的转速接近同步转速时才可能出现自整步过程。如果同步发电机的频率与电网频率相差很大时，则会由于发电机与电网的电压差大小和相位不断变化，冲击电流的大小和性质也不断变化，致使发电机的转子时而加速和时而减速并产生振荡现象。从而对同步发电机和电网的运行造成不良后果，使并列运行的操作归于失败。

与准同期并列法相比较，自整步并列法省去了电压、频率和相位的预测，因而完全没有误合闸的顾虑。它的操作简单、迅速、不需要任何并列设备，所以有利于快速并列和在事故情况下需要发电机紧急投入电网时采用。该种并列法的缺点则是在机组功率与电网功率差不多大时，其操作过程中所出现的电网电压降落、冲击电流和冲击转矩都较大。因此，若在三相同步发电机没有装设继电器强行励磁装置的情况下，只宜在母线空载状况进行并列运行的操作。对于小型厂矿的自用电站和交流移动电站，在待并发电机的功率等于或小于工作发电机的情况下可以采用；或者是两台机组的调速特性不均匀而又难以调整，并且又无法采用其他方法去并列的情况下，均可采用手动自整步并列法。

(三) 同步发电机的维护

同步发电机的例行维护主要是保持清洁。如接触部分的换向器、滑环、电刷和轴承等均应保持在良好、正确的工作状态。

1. 换向器与滑环的维护

换向器是直流励磁机的最重要部件，它同时也是最薄弱和最容易发生故障的位置，因此需要特别细致地维护。一般，换向器在正常工作时均不应发生异常火花和振动。它的外部形状应该是圆柱形，并且接触面上不许有油垢或污物；换向片间的绝缘体不应凸出于换向器表面；且换向器的表面必须保持光滑和没有伤痕或灼伤。

通常，正常工作的直流励磁机，换向器不需要任何特别的清扫。若有必要，可在同步发电机启动之前，用干的或略粘汽油的布将换向器擦拭干净即可。需要特别指出，若直流励磁机换向器的整个表面为均匀发暗并呈现褐色甚至紫蓝色，是换向器与电刷工作时的正常现象。

交流发电机的滑环表面，应经常保持平滑和清洁，并且在高速运转时不应产生异常振动，电刷应与滑环表面密切接触。发电机滑环的表面不允许有烧伤、凹凸或擦伤的地方、更不能沾有尘污和油垢或水滴等，如果滑环表面存在有微细伤痕、粗糙、积垢或轻微灼伤等均应进行打磨，打磨时只可使用细玻璃砂纸而绝不可采用金刚砂纸。将滑环打磨平整光滑以后，可用干布将其表面擦拭干净。如果滑环严重偏心或表面凹凸严重，并且打磨仍不能解决问题时，可在车床上进行加工处理。

2. 电刷及刷握的维护

安装电刷与刷握，均应严格按照工厂规定，以保证电刷能在换向器上具有正确位置。交流发电机所采用的电刷必须按照制造厂规定的型号和规格选用，如果选用得不适当，可能在运行时产生较大火花。一般，交流发电机所用电刷应具有光亮的表面,并且它与换向器或滑环的接触面积应保持在80%以上。此外,电刷在刷握内应易于移动,但又不可太过于松动。并且还应以一定的压力压在换向器或滑环上,若压力过小,电刷就会产生跳动,并引起火花而使换向器或滑环被灼伤;压力过大,又加快磨损电刷与换向器或滑环,因此电刷所需压力应随电刷的类型不同而异。

同步发电机在使用新电刷时,必须将电刷对着换向器或滑环进行打磨。电刷在粗磨时可采用粗砂纸以提高磨削速度,最后用细砂纸细磨来保证打磨质量。磨好以后的电刷不得从一个刷握换到另一个刷握,以免各个刷握位置微小的角度差而造成电刷与换向器或滑环间吻合面变化。如果刷握需要移装,必须将电刷重新进行磨配,电刷在磨好以后可用电吹风将砂屑和炭屑等吹净。此外,同步发电机在运行时,电刷不可磨损得过大。通常只允许磨到电刷镀铜的位置,一般镀铜部分的高度约为电刷全部高度的三分之二左右。

3. 半导体励磁系统的维护

对于同步发电机的半导体励磁系统的维护,主要应按以下要求进行。

(1) 装设在同步发电机配电屏上的硅整流元件,要注意清扫尘垢;对装在发电机接线盒内的硅整流元件,则应定期取出清理尘垢。同时还要注意它的发热情况,并认真检查硅元件上各种紧固螺丝、螺帽的紧固情况,以防止因发电机振动而松脱。

(2) 应保持触发器印刷电路板的清洁和干燥,拆下时切记不可以用油手抚摸。如果长时期未用,应定期取出干燥(温度应在80℃以下)或在太阳下曝晒。若发现有脱焊、断头和松动时,应立即予以修理。此外,还应定期检查触发器内部印刷电路板铜质布线有无腐蚀、绿锈等。

(3) 励磁电源的起励电压不允许超过硅元件参数电压。

(4) 必须保证有良好的通风、散热和足够的冷却面积,以保持硅元件参数的稳定。

(5) 与一次回路有电气联系的硅整流元件(如电抗移相式相复励励磁发电机励磁回路的硅整流元件),应采取措施以防止雷击损坏。

(6) 不得使用兆欧表(俗称摇表)测量硅整流元件和晶闸管元件回路,以免因其高电压击穿这些元件。

(7) 应经常检查装置内各种可变电阻器(如磁场分流器)触头接触是否良好。

4. 轴承的维护

小型同步发电机一般均应用滚珠轴承和滚柱轴承。

轴承发热是同步发电机常见的故障之一,轻则使润滑油脂流出,重则使润滑油燃烧而将轴烧坏,以致造成轴承磨损过大,引起同步发电机的剧烈振动,严重时甚至造成转子与定子相擦而毁坏整个发电机的重大事故。

一般,轴承发热的原因大体有以下几种。

(1) 轴承盖与轴相擦。由于轴承盖加工不准确或装配时敲毛以及局部与轴相擦等。轻微的相擦将使轴承发热,但不会冒烟,若拆开来看,会发现有黑色的相擦痕迹。如果是由于轴承盖内圆偏心,即可重新加工予以修正。假如是由于操作中敲毛而引起的损伤,可用砂纸仔细打磨光洁即可。若相擦情况严重时,会出现冒烟现象,并且相擦的位置将会因高温而很快发红,并会造成轴和盖都发生变形。

(2) 滚珠轴承内外圈边沿不在同一平面上。滚珠轴承的内圆通常是被固定在轴上,外圈被内外轴承盖的止口固定在端盖上。如果轴承盖的止口配置不当,会使外圈向内或向外突出,从而增加滚珠内外圆的摩擦损耗而发热,其情况即如图2-7-6-14中所示。对于轴承出现的这种故障,可以将轴承外盖拆开取下而内盖仍用螺栓旋紧,然后再仔细检查轴承内外圈边是否处于同一平面上。如果发现是外圈向外突出的故障,即可将内轴承盖的止口车短来处理。假如是轴承外圈向内突出的故障,则将轴承内盖止口加长,即可解决问题。

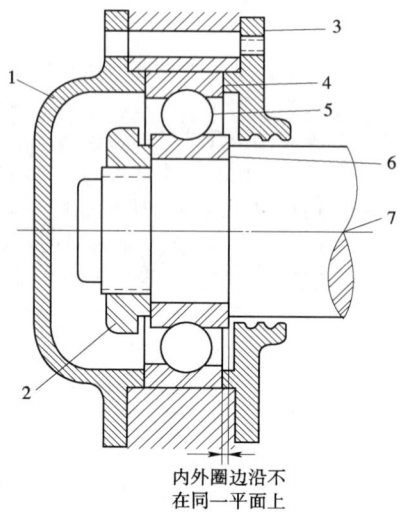

图 2-7-6-14 滚珠轴承内外圈不在同一平面
1—内轴承盖;2—轴承螺帽;3—外轴承盖;
4—外圈;5—钢珠;6—内圈;7—轴

(3) 滚珠轴承的内外圈不平行。由于同步发电机的机座和端盖是分别加工的,因此少许的误差是在所难免的。很可能由于两个端盖上轴承孔的不同心,而造成滚柱轴承的内外圈不平行。使滚柱和内外两圈的接触不正常,并导致因摩擦损耗增加而引起发热。如果该偏差不是太大,在同步发电机空载运转较长一段时间后,故障即会自行改善。此外,有时端盖上的螺栓没有全部旋紧或止口上的尘污没有去除净,都可使外圈不平行而引起发热。所以对于滚柱轴承发热的现象,有时在将端盖止口揩干净重装并将螺栓逐一旋紧后也会得以改善。

(4) 润滑油内有硬粒和杂质等。若轴承未洗干净或轴承盖内砂粒、铁屑未揩干净,以及润滑油内混入硬粒,不但增加摩擦损耗,严重时甚至可能会导致轴承损坏。此外,润滑油的使用时间如果过长,因其物理和化学变化,也将会析出硬的杂质而使轴承发热。并且陈老的润滑油内因酸价增高还会造成腐蚀轴承的不良后果。所以,同步发电机轴承必须要定期更换润滑油脂,并且在换油时还应将陈老油脂彻底洗涤干净。

(5) 加油方法不正确。轴承加润滑油时为了便利和防止加油过多,通常多在轴承的外侧加润滑油脂。这样,就必须运转相当长时间润滑油脂才可能分布渗透到轴承内侧,因而可能会引起暂时的发热现象。遇到这种情况时,只要在轴承内侧同时加少许润滑油脂,这种发热现象便可避免。

(6) 皮带或联轴器装配不当。皮带过紧或联轴器装置不平均,也会增加轴承的负载而引起发热。因此,必须将传动皮带调整放松或将联轴器的装置装平。此外,同步发电机的转子平衡若没有校准,运转时也将会产生异常振动,也同样会引起轴承非正常的发热。

（7）轴承损坏。若轴承的滚珠和滚柱不圆或碎裂以及轴承内外圆锈蚀或碎裂，均将使轴承摩擦损耗增加而引起发热。滚珠或滚柱碎裂后，发电机转动时将会发出"咕噜、咕噜"的声音，同时若内外圈碎裂时，也会有异常响声。当将损坏轴承更换之后，轴承的发热现象将立即消除。

总之，轴承在运行中主要是注意轴承的声音、轴承温度和轴承润滑油等几个方面。

对轴承运行中故障的检查，可采用一小金属杆或螺丝刀来进行，检测时将其一端抵在轴承外盖上而另一端放在耳朵旁。此时如果听到传来的冲击声，就可以推测到轴承内可能有一只或数只滚珠已经破碎。假如听到轴承内发出的是轻微"嘶嘶"声，很可能是轴承内存在润滑油不足的现象。因为铁屑、砂粒、硬质尘埃均能导致轴承严重受损。而铁锈则会使轴承表面变得粗糙不平，也会使轴承工作时产生杂音。

同步发电机在运转中应经常检查轴承的温度，一般情况下滚动轴承的温度不允许超过95℃。其检查方法既可使用酒精温度计也可用手的触觉来进行粗略检查，如果手能长时间紧密地接触轴承位置，此温度约在60℃以下，这就说明轴承没有超过允许的温升限度。此外，轴承中还应保持适当而干净的润滑油脂，并根据运行的具体情况，在轴承连续运行一定时间后（一般为半年）要加油或换油。并且轴承内的润滑油脂应适宜不可过多或过少。如果使用黄油润滑，在加油或换油时，应使轴承室中的油量约占其容积的1/2～2/3左右为宜。

同步发电机在正常运行中，还应定期检查轴承的磨损情况。检查的方法即是在轴承的凹槽内塞入一根软铝丝，然后把轴承转动以使里面的滚珠或滚柱滚过去而将铝丝压扁，将压扁的铅丝取出，用千分尺测量其厚度，该压扁铅丝的厚度即为轴承磨损的间隙。当轴承的磨损过大并超过其最大允许值时，应按照规定的原始型号更换新轴承。而新轴承在安装前应悬吊在油锅的油中加热，当油的温度达到110℃左右时，连续再煮10min，即可取出轴承并立即装在轴上。当套入有困难时，可趁热在轴承内圈的四周均匀敲打，但特别注意不要在外圈敲打，以免因滚珠或滚柱受力而导致轴承损坏。

常用轴承其滚珠与滚柱磨损最大允许值如表2-7-6-2所示。

表2-7-6-2 滚珠、滚柱与圈间的轴向间隙参考表

轴圈内径 /mm	轴向间隙/mm		
	新滚珠轴承	新滚柱轴承	磨损最大允许值
20～30	0.01～0.02	0.03～0.05	0.1
35～50	0.01～0.02	0.05～0.07	0.2
55～80	0.01～0.02	0.06～0.08	0.3
85～120	0.02～0.05	0.08～0.10	0.3
130～150	0.02～0.04	0.10～0.12	0.3

5. 同步发电机的定期保养

同步发电机进行定期保养可以减少其故障的发生和延长其使用寿命，以能发挥同步发电机的最大效能。对于确保发电机的安全运行和防止事故发生，有着很大的经济和实用意义。通常，小型同步发电机一般每隔半年应小修一次，而每隔一年则应全面大修一次。

（1）小修的主要内容。

1）用电吹风或皮老虎驱除同步发电机内定转子绕组和铜接头等处的灰尘。

2）仔细清除同步发电机定转子绕组和其他部分的污物和油垢，污染物可用电吹风吹掉或擦除，油垢可以用抹布仔细擦除干净。

3）擦洗换向器并用干净的白布粘少量的汽油擦洗，应注意不可使用废纱废布等不洁抹布。然后用小刷子仔细清除换向片之间的金属碎屑和杂物等。

4）调整或更换发电机的电刷，如果电刷损坏、磨损过多或接触面不大，应对电刷进行调整或更换同型号同规格的新电刷。假如滑环的正负极电刷磨损程度差别很大时，可半年调整一次正负接线，以使电刷长度保持均衡地磨损。

5）增加或更换轴承的润滑油脂。

6）测量定子绕组和转子励磁回路的绝缘电阻值，并详细作好记录。

7）各活动连接部分应擦净和接紧，仔细检查各接线螺栓和发电机的固定螺栓是否牢固。

8）用干净棉纱擦拭同步发电机的机体各部分，并应经常进行发电机的全面清洁工作。

（2）大修的主要内容。当需要抽出同步发电机的转子进行检查的大修工作时，除上述小修的各项内容均要进行外，大修的内容主要还有：

1）测量定子绕组和转子绕组之间以及它们对机壳的绝缘电阻，如不符合规定的标准应进行烘干处理。

2）检查换向器和滑环的表面，不得存在凹凸、灼伤和油污等。

3）清洗轴承和更换润滑油，并检查轴承是否有松动。

4）检查同步发电机的其他各种电气设备的线路连接点是否接触良好，各螺栓均应旋紧到位。

5）检查转子励磁绕组有无变形和松动，极间连接线是否牢固等。

6）检查绝缘的外表有无破损和老化，若绕组的绝缘物颜色焦黄、发脆，即说明绝缘物已经过热损坏而应重新更换绕组或绝缘物。

7）检查同步发电机转子上的风扇是否牢固无松动。

8）测量磁场变阻器或磁场分流器的电阻值，看其值是否有变化。

9）对配电屏上的各种仪表（包括自动电压调节装置）进行检查和校验。

10）对半导体励磁装置的检查，要将硅整流元件、散热器及熔断器和冷却风扇等全部拆下来，再用压缩空气吹去散热器、风道及其他绝缘部件上的积灰；并用干净的废布将硅元件、散热器及熔断器揩擦干净。此外，还应用仪表检测硅整流二极管、晶体三极管和晶闸管元件等电子元件的特性，如果这些电子元器件特性劣化甚至损坏，则应予以更新。

二、同步发电机常见故障的处理

同步发电机在运行过程中也常常会出现各种各样的故障。当出现故障时，最为重要的是应仔细观察该故障的各种表现，然后再根据故障现象进行分析、判断和处理。在有条件情况下，还可以借助于仪表进行检测，这样就能更迅速更准确找出故障，然后再对症下药以进行恰当的处理。下面将

简介同步发电机一些常见故障产生的原因及处理。

(一) 同步发电机运行时不发电

同步发电机在试运行或在停机一段时间后重新投入运行时，常会出现同步发电机发不出电的现象。产生这种故障的原因很多也较复杂，下面将简述发电机不发电的主要原因及其处理方法。

1．故障原因

(1) 接线错误。

(2) 发电机的转速过低。

(3) 同步发电机定子绕组到配电屏之间的接线端有油泥或氧化层，接线螺栓松脱、连接线断线和定子绕组断线等。

(4) 励磁回路断线或接触不良等。

(5) 硅整流器（包括续流二极管、晶闸管等）已经损坏。

(6) 电刷与滑环接触不良或电刷压力不够。

(7) 刷握生锈而使电刷不能上下自由滑动。

(8) 励磁机的电刷位置不正确、电刷损坏或电刷弹簧压力不够。

(9) 同步发电机的原动机旋转方向不对。

(10) 励磁部分的谐波励磁绕组不通。

(11) 励磁机绕组接线错误或极性接反。

(12) 励磁机磁场变阻器断线。

(13) 晶闸管励磁系统不能起励。

(14) 晶闸管的触发器不工作。

(15) 同步发电机的剩磁消失或剩磁太小。

2．处理办法

(1) 按发电机的接线图仔细检查并予纠正。

(2) 测量发电机的转速，并使之保持在额定值范围内运行。

(3) 用万用表或试灯法查明断线处，检查各接线螺丝连接情况及接触状况，查明原因后对症予以修复。

(4) 用万用表查明断线处以后，将断线处重新焊牢、重包绝缘即可。

(5) 更换同型号、规格的整流元件。

(6) 清洁滑环表面并打磨电刷，使电刷与滑环的弧面相吻合，并增加电刷的压力。

(7) 用00号砂布擦净刷握内表面，若有损伤应予以更换。

(8) 将电刷调到正确位置上，更换电刷和调整弹簧压力。

(9) 重新改正同步发电机原动机的旋转方向。

(10) 将磁场变阻器的一端打开后，再去接触一下，看有无火花产生。如果没有火花出现，再检查断线处，查明原因后，将断线处接好即可。

(11) 改正绕组接线，并按其极性，使用干电池重新充磁。

(12) 查明断线故障处，重新予以接好。

(13) 检查主发电机是否有剩磁电压，如果没有，则应向转子励磁绕组充磁。或者检查触发器是否在正常地工作。

(14) 检查交流电源是否已经投入线路中。

(15) 用直流电源重新予以充电，此时应将"＋"接L1，"－"接L2。

(二) 同步发电机接入负载后熔断器熔断或自动空气开关跳闸

同步发电机投入运行时起动正常，但接通外电路的负载后，熔断器熔断或自动空气开关跳闸。产生这种故障的原因及处理办法，如下所述。

1．故障原因

(1) 外电路已经发生短路故障。

(2) 发电机所带负载太重。

2．处理办法

(1) 仔细检查外电路的短路故障位置，视具体情况予以修复。

(2) 减轻发电机所带负载。

(三) 同步发电机端电压过高

同步发电机在运行时的端电压过高，产生这种故障的原因及处理办法如下所述。

1．故障原因

(1) 发电机的转速高而使其端电压过高。

(2) 分流电抗器的气隙过大。

(3) 变阻器调压失灵，其原因为：

1) 励磁机的磁场变阻器短路。

2) 炭阻式自动电压调节器交流电压的回路存在断线故障。

(4) 同步发电机出现事故飞车。

2．处理办法

(1) 当发电机转速过高时，应降低其原动机的转速。

(2) 改变分流电抗器的垫片厚度，以调整其气隙至规定值。

(3) 当变阻器调压失灵时应：

1) 仔细找出短路故障点并予以消除。

2) 认真找出断线位置并重新予以焊牢。

(四) 同步发电机端电压过低

同步发电机在运行时端电压过低，产生这种故障的原因及处理办法如下所述。

1．故障原因

(1) 同步发电机的原动机转速过低。

(2) 励磁回路的电阻过大。

(3) 励磁机的电刷不在中性线位置，或者是电刷弹簧的压力过小。

(4) 部分整流二极管已被击穿。

(5) 定子绕组或励磁绕组中有短路或者接地故障。

(6) 电刷的接触面积太小，并且压力过小而导致接触不良。

2．处理办法

(1) 迅速调整同步发电机的原动机转速，使其达到额定值。

(2) 减小磁场变阻器的电阻值，以加大励磁电流。对于半导体励磁的同步发电机，则应检查其附加绕组的接线端是否断线或接错。并可以采取测量附加绕组电压的方法来查找故障，找到故障以后则视具体情况采取措施予以修复。

(3) 当电刷不在中性线位置时，则应将其迅速调整到正确位置，并仔细调整好弹簧压力。

(4) 对整流二极管进行全面检测，更换已被击穿的失效二极管。

(5) 对绕组中的短路或接地故障进行逐项检测，找出故障点仔细予以修复。无法或难以修复则应重新换绕组。

(6) 如果电刷的接触面不好是由于换向器表面不光所引

起时，可在低转速下用00号砂布将换向器表面磨光，并仔细调整电刷弹簧的压力即可。

（五）同步发电机三相电压不平衡

同步发电机在运行中出现三相电压不平衡，这种故障产生的原因及处理办法如下所述。

1. 故障原因

(1) 定子绕组的某一相或两相接线端松动，或开关中有一相或两相触头接触不良。

(2) 定子绕组某一相或两相断路或短路。

(3) 外电路的三相负载不平衡。

2. 处理办法

(1) 将接线端扭紧并检查开关的三相触头，用00号砂布擦净它们的接触面，若有损坏应予以更换。

(2) 查明断路或短路故障处，并将故障予以全面消除。

(3) 调整外电路的三相负载，使之尽量达到三相基本平衡。

（六）同步发电机端电压起伏不稳定

同步发电机在运行中出现电压振荡，起伏不稳定的现象，产生这种故障的原因及处理办法则如下所述。

1. 故障原因

(1) 发电机的接线端松动或电刷松动。

(2) 自动电压调节器有故障或局部的接线不恰当。

(3) 电网不稳定带来的波动。

(4) 换向器云母片凸起，引起电刷跳动。

(5) 同步发电机的原动机转速不稳定。

2. 处理办法

(1) 将接线端扭紧并调整电刷。

(2) 仔细检查自动电压调节器找出故障处以后，对症下药将故障予以消除。

(3) 当电网恢复稳定后其振荡即自行消失。

(4) 刮削掉凸起的换向片片间云母。

(5) 检查同步发电机的原动机并设法使其转速稳定。

（七）同步发电机温升过高或内部冒烟

同步发电机在运行中发生温升过高，甚至内部冒烟，产生这种故障的原因及处理办法则如下所述。

1. 故障原因

(1) 发电机过负载运行的时间太长。

(2) 定、转子铁芯不同心而导致互相摩擦。

(3) 定子绕组有匝间短路、接地以及相间短路等。

(4) 发电机的通风散热不良。

(5) 整流状态不良。

(6) 发电机严重受潮。

(7) 电刷下火花过大。

(8) 发电机过负载十分严重。

(9) 励磁回路断线。

(10) 机组飞车而电压过高使绝缘损坏。

(11) 同步发电机并列运行时发生误操作，出现非同期并列。

2. 处理办法

(1) 减轻同步发电机的负载。

(2) 大部分原因是因为轴承损坏所引起，应立即修理或更换新轴承，以避免故障的扩大。

(3) 认真检查定子绕组并立即停机修理。

(4) 检查发电机的内外风道，看有无堵塞现象，如果有即应清除所有堵塞物。仔细察看风扇是否损坏，若损坏则应更换新风扇。

(5) 如果是硅整流器工作状态不佳，可用仪表逐个检测硅元件。此外，还应仔细检查励磁回路是否有接地现象。

(6) 可采用低电压的短路电流法进行干燥，有条件时电机的干燥也可在烘房中进行。

(7) 电刷下火花过大时应仔细检查电刷、滑环或换向器，找出故障位置予以处理。

(8) 发电机过负载十分严重时，应立即停机并减轻负载，以免发电机过载产生的高温烧损其绝缘和绕组。

(9) 应立即停机检查励磁回路各引线的连接，查断线位置并重新予以牢固连接。

(10) 应立即停机处理。

(11) 立即将同步发电机解列、停机、全面检查和修理。

（八）励磁电压或励磁电流不正常

同步发电机的励磁系统在运行中出现励磁电压或励磁电流不正常的现象，产生这种故障的原因及处理办法则如下所述。

1. 三次谐波励磁发电机电压不正常

(1) 故障原因。

1) 三次谐波绕组、断路或短路而不发电。

2) 分流可控硅发生短路而不发电。

3) 触发环节工作不正常或损坏而不发电。

(2) 处理办法。

1) 找出断路或短路故障点并予以消除，或者重新嵌置谐波绕组。

2) 查明短路位置和原因，如果是晶闸管损坏则应予以更换。

3) 拆下触发环节，进行检查并更换变质或损坏的元件。

2. 相复励励磁发电机电压不正常

(1) 故障原因。

1) 电抗器、电流互感器线圈断路或短路而不发电。

2) 整定电阻太小而电压低。

3) 电抗器气隙小而电压低。

4) 电抗器气隙过大而电压偏高。

(2) 处理办法。

1) 找出断路或短路处并消除故障或调换新的线圈。

2) 适当调整整定电阻。

3) 重新调整电抗器的气隙以保持其达到额定电压。

4) 将电抗器的气隙调小以保证电压达到额定值。

3. 晶闸管直接励磁发电机电压不正常

(1) 故障原因。

1) 晶闸管控制极击穿或开路而不发电。

2) 晶闸管导通时间太迟而致电压低。

3) 触发环节损坏而不发电。

(2) 处理办法。

1) 用万用表检测晶闸管，若被击穿应予以更换。

2) 查明短路原因，若晶闸管已损坏应予以更换。

3) 拆下触发环节进行全面检查，找出故障以后对症予以消除。

4. 带负载时所需励磁电流太大

(1) 故障原因。

1) 负载功率因数太低，使所需励磁电流增加太大。
2) 发电机转速太低，励磁电流增大。
(2) 处理办法。
1) 调整负载或增加补偿电容器进行补偿。如有需要和可能，可用一台同步发电机作同步补偿机运行。
2) 将同步发电机的转速调节至其额定值。

5. 磁场变阻器高温烧红
(1) 故障原因。
1) 固定电阻短路而发热烧红。
2) 并联磁场变阻器接错或与转子绕组接成了串联。
(2) 处理办法。
1) 在励磁回路中重新接入一固定电阻，并去除损坏的固定电阻。
2) 仔细检查磁场变阻器和转子绕组等的连接情况，找出故障位置并改正其错误接线。

(九) 电刷冒火花
1. 故障原因
(1) 电刷与换向器接触不良。
(2) 电刷接触面积太小、弹簧压力不足或接触不良。
(3) 电刷位置不正确。
(4) 电刷牌号不符或尺寸不适合。
(5) 换向器后面的连接线有短路或断路故障存在。
(6) 换向器的片间积存有金属屑、毛刺或石墨粉末等导电粉屑，或者是片间云母损坏而短路。
(7) 转子励磁绕组存在短路。
(8) 换向器严重磨损。
(9) 发电机振动严重。
(10) 励磁机电枢不平衡度超过额定值。
(11) 电枢与主磁极间的间隙不均匀。

2. 处理办法
(1) 将换向器表面打磨平整、光洁，并用干净布料粘少量汽油洗去污垢。
(2) 处理好电刷接触面并调整弹簧压力。
(3) 可采用感应法调整电刷中性线位置。
(4) 立即更换合格的电刷。
(5) 查明短路或者断路故障处，予以重焊。
(6) 消除换向器上的粉尘、杂物等，并对症及时予以修理。
(7) 迅速查明绕组的短路点，并将故障消除。
(8) 若磨损严重，应更换新的换向器。
(9) 处理办法见本章第 10 节。
(10) 应将电枢重作平衡校正。
(11) 用塞尺测量各个主极与电枢间的间隙，并采取适当措施加以调整。

(十) 同步发电机运行时噪声和振动异常
1. 故障原因
(1) 轴承磨损以致引起转子与定子相擦。
(2) 换向器片凹凸不平或云母片凸出。
(3) 电刷质地太硬。
(4) 电刷弹簧压力过大。
(5) 同步发电机的转子与水轮机的转轴中心不重合而引起异常的振动。
(6) 地脚螺丝松动或地基不坚实以致发生均匀沉陷。

(7) 轴颈弯曲。
(8) 传动皮带连接头不正确。
(9) 转子励磁绕组局部短路、接地或接线错误等。
(10) 定子绕组短路或接地。
(11) 非同期并列故障。
(12) 外部故障或遭雷击。

2. 处理办法
(1) 拆下已损坏轴承更换新轴承。
(2) 用细砂布打磨，打磨不成，须在车床上加工处理。
(3) 更换质地较软的电刷。
(4) 调整电刷压紧弹簧的压力。
(5) 重新校正发电机与水轮机转轴中心线。
(6) 旋紧螺丝和加固地基，并重新进行调整。
(7) 若因运输或起吊过程中不慎损伤时，可用千分表检查轴的弯曲或不圆状的情况，然后进行调直或车圆。
(8) 拆下皮带并重新接合。
(9) 应重新车削和调校。
(10) 认真检查滑环及转子励磁绕组的对地绝缘，可采用直流电压表法在运行中进行检查，以及时将故障予以消除。
(11) 若定子绕组已短路或接地，应立即停机进行检查与修理。
(12) 如果运行振动过大，应解列停机检查。
(13) 若振动的时间过长则应停机检查。

(十一) 同步发电机轴承温升过高
1. 故障原因
(1) 轴伸弯曲或中心线不准。
(2) 传动皮带拉得过紧。
(3) 基础的紧固螺丝松动。
(4) 轴承的润滑油脂不干净。
(5) 润滑油脂长久使用未换而变质。
(6) 轴承中的滚珠和滚柱损坏。

2. 处理办法
(1) 校直轴伸或重找中心线。
(2) 重新调整传动皮带。
(3) 旋紧基础的紧固螺栓。
(4) 更换轴承的润滑油脂。
(5) 将轴承、轴承室彻底清洗干净并换上新的润滑油脂。
(6) 更换新轴承。

(十二) 同步发电机绝缘击穿
1. 故障原因
(1) 遭到酸性或碱性气体的侵蚀。
(2) 同步发电机的电压过高。
(3) 同步发电机过热或过于潮湿。
(4) 发电机遭受雷击。
(5) 发电机受到机械性损伤。

2. 处理办法
(1) 厂房内不得有危害同步发电机绝缘的酸、碱性气体存在。
(2) 处理办法见本章第 3 节。
(3) 可以采用短路电流法进行干燥处理。
(4) 全面做好防雷保护。

(5) 对机械损伤进行修理。

(十三) 同步发电机定子绕组故障的检修

同步发电机的绕组在正常情况下使用时其寿命都相当长，但由于绕组受潮、绝缘老化、机械碰伤、电磁力冲击、使用不当和缺乏必要的日常维护等，都很容易使绕组发生故障而损坏。发电机绕组的故障是多种多样的，它与设计优劣、制造工艺和工作环境的好坏以及维护管理水平的高低等许多因素有关。

同步发电机绕组出现故障时，应根据故障现象迅速进行现场观察、分析判断，并尽快准确地找出绕组故障点予以排除。发电机绕组的修理方式主要有局部修理和重换绕组修理两种，现将着重介绍绕组的局部修理。

定子绕组是同步发电机的主要组成部分，它是发电机结构中任务最繁重而又最薄弱的部件，所以其损坏率也比较高。发电机定子绕组的常见故障与检查修理方法如下所述。

1. 绕组接地故障的检查及修理

绕组接地故障通常是绕组与铁芯或机壳间绝缘损坏而出现的接地现象。绕组接地使发电机的机壳带电，严重时甚至还将引起人身触电伤亡事故；也可能使绕组因发热而导致短路；还有可能使一些控制线路失灵，而使发电机无法正常运行。因此，同步发电机绕组的绝缘状况必须经常检查，一旦发现绕组有接地故障存在，就应及时检查修理，以免故障范围扩大而造成不可挽回的损失。

（1）绕组接地故障的检查。发电机绕组接地故障的检查方法很多，下面将简介几种常用的检查方法。

1）兆欧表检查法。首先，选择兆欧表电压等级，应根据被检测发电机的额定电压而定。一般对于500V以上的同步发电机采用1000~2500V电压级的兆欧表；500V以下的低压发电机则使用500V电压级的兆欧表。兆欧表的两根检测线都要用绝缘良好的引线，并且不能绞连在一起使用，以免因其本身绝缘的破损而导致错误的检测结果。进行检测时，应将兆欧表的一根测试线接发电机绕组引出线端（若为三相发电机，可将三相并在一起测试或分相测试），另一根测试线接至发电机的金属外壳。在测试时兆欧表应置放平稳，摇动手柄要由慢到快逐渐加速，可按120r/min左右的速度转动手柄，并保持其转速不变。此时，表针即会指出发电机的绝缘电阻值。一般根据经验，若测出的绝缘电阻值在0.5MΩ以上时，说明发电机绝缘状况尚好，发电机仍可继续使用；如果所测出的绝缘电阻值在0.5MΩ以下或接近为零，说明该发电机绕组已经严重受潮或者绝缘程度很差，应对电机进行烘干处理或深入检查；假如所测出的绝缘电阻为零，且感觉摇动手柄时比上述两种情况用力要重时，很有可能是该发电机绕组已经接地，为慎重起见可采用其他方法继续进行检查。例如可用万用表的电阻挡测量该发电机绕组的绝缘电阻，若其绝缘电阻值极低仅为0~2Ω，证明该绕组确已接地。

2）万用表检查法。用万用表检测时，应先将表位旋至10kΩ电阻挡处进行测试，其操作方法与兆欧表检测时完全相同。采用万用表检测的最大优点就是基本上可以判断出绕组是否已经直接接地，因为当发电机绕组产生直接接地故障后，其电阻值将会数值极小或为零。检测以后就可根据经验及测试情况分析判断出发电机绕组是受潮还是绝缘被击穿。

3）试灯检测法。试灯检测法是电机修理中最简便实用的方法。采用该方法检测时可先将发电机各相绕组的接线端拆开（中性线N在内部连接的应将其拆开）。然后把36V或220V交流电源串接一只灯泡，再将其中串接灯泡后的线作为测试线来用，如图2-7-6-15所示的接线，逐相检查发电机的各相绕组。如果灯泡发亮，说明该相绕组已有接地故障；若灯泡微亮，可能是绕组受潮严重或者绝缘强度差；假如灯泡完全不亮，证明发电机绕组绝缘良好。

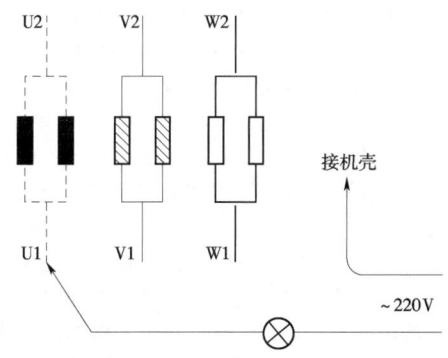

图2-7-6-15 用试灯检测绕组接地的示意图

用试灯法检测发电机绕组的接地故障，有时还可能根据所出现的冒烟或火花现象，迅速而准确地找出绕组的接地故障点。

4）分组淘汰法。当发电机绕组接地故障点与铁芯槽或机壳碰触严重时，采用上述几种检测方法均难以找到确切的接地故障点，此时应采用分组淘汰法继续检测。这种方法就是将有接地故障存在的那相绕组一分为二，在找出有接地故障的那部分绕组并再次分成两部分检测，依此类推直到找出有接地故障的极相组和线圈为止。

（2）绕组接地故障的修理。在查找到发电机绕组接地故障的确切位置后，即应先观察绕组具体的损伤情况来决定其修理方法。一般除绕组绝缘已严重老化甚至变脆外，通常均可以用局部修理的办法，将故障点予以修复。

如果发电机绕组仅因严重受潮，使其绝缘强度降低而接地时，即可作干燥或浸漆烘干处理；若绕组接地故障点是发生在铁芯槽口或槽底线圈处，可将该故障绕组加热待绝缘物软化后用理线板撬开接地点的线匝，并插入适当大小的同等绝缘材料后，予以涂漆烘干即可；如果发电机绕组接地故障是处于槽中的一个线圈，则必须更换新的槽绝缘和新线圈。

2. 绕组短路故障的检查与修理

同步发电机绕组由于过载、过电压、三相不平衡运行或受机械碰撞等，使绕组绝缘损坏而造成短路。当绕组产生短路故障以后其每极相组匝数、并联支路数、各相绕组的串联匝数均有可能不相等，并使定子磁场的分布也不均匀，从而造成发电机产生强烈的振动、噪声、发热甚至烧毁事故。因此，若发现发电机绕组有短路故障的迹象，就应及时检查修理，以免故障扩大而造成更严重的损失。绕组的短路故障一般可分为相间短路、极相组间短路、线圈间短路和匝间短路等几种。

（1）绕组短路故障的检查。

1）外部观察检查法。这种检测方法是将有短路故障的同步发电机空载运行20min左右（如电机冒烟或发出焦臭味，则应立即停止运转），然后停机并迅速拆开端盖，用手触摸绕组端部。对较热的线圈和极相组应特别仔细观察，看其还有哪些异常及可疑之处。若一个线圈或一个极相组的端部温度明显高于其他线圈或有高温变色情况时，即说明这部分线圈极可能有匝间短路或线圈间短路故障存在。这种方法非常简单、直观和有效,特别是对小功率同步发电机绕组短路故障的检测更为实用、有效。

2)仪表检测法。同步发电机绕组的短路故障还可以用仪表来测量各相绕组的电阻、电流和电压而检测出来,其具体检测方法如下所述。

a.电阻平衡检测法。这种方法采用双臂电桥测量发电机各相绕组的电阻值,通过比较和计算来判断各相绕组有无短路。例如定子绕组每相的直流电阻 R_{p1}、R_{p2}、R_{p3},当用电桥从发电机引出线端测量三相直流电阻时,按 U—N(中性线),V—N、W—N 的次序分别测试。若其中的某相绕组内存在有短路故障,该相的电阻值必将小于没有短路故障的其他两相绕组。

b.电流平衡检测法。这种方法是在同步发电机运行时检测其三相电流是否平衡,若三相电流严重不平衡,其电流最大的一相就可能有短路故障存在(应排除外负载电路的不平衡因素)。因此,为确保检测的准确性可采取调换两相外负载线来进行测试。若三相电流数值不随外负载线的调换而改变,所测电流较大的一相绕组即可能有短路故障。不过,采用这种检测方法一般只能查出有短路故障的那相绕组,却很难找出某短路故障的准确位置。

c.电压降检测法。这种方法是将有短路故障相绕组的各极相组间连接线剪开,并从该相绕组的引出线通入 24~36V 的低压交流电,然后用电压表测量各极相组的电压降。当所测出的读数相差较大时,其数值最小的即有可能就是存在短路故障的极相组。同理,当测出极相组内读数最小的线圈为已经短路的线圈。电压降检测方法即如图 2-7-6-16 所示。

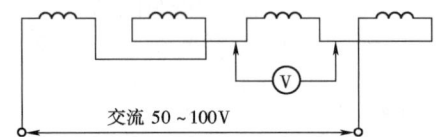

图 2-7-6-16 用电压降法检测绕组短路故障

3)短路侦察器检测法。短路侦察器又称开口变压器,它被广泛应用于检测齿槽式交、直流电机绕组的短路故障中。如图 2-7-6-17 所示,使用时将短路侦察器放置在定子铁芯内圆中所要检测的线圈元件槽口上。然后将短路侦察器的线圈接入交流电源,这时定子铁心与短路侦察器构成了磁回路。侦察器的线圈相当于一台变压器的初级绕组,而被检测的定子绕组成了变压器的次级绕组。若被检测的定子绕组线圈中存在有短路故障,则串接在短路侦察器线圈回路里的电流表读数将会增大。如果没有串接电流表,也可用一条手锯条放在被检查线圈所嵌入另一槽的槽口上,如被检测线圈有短路故障,该线圈内就将产生感应电流,于是手锯条就会被槽口所形成的磁场吸引而产生振动,并发出强烈的吱吱声。

将短路侦察器沿定子内圆逐槽检查,来回移动检测各相绕组,便可找到短路故障线圈。这种检测方法能使短路线圈不受大电流的损伤而扩大故障,是比较有效的实用检查方法。但在使用该种方法进行检测时,应注意以下几点,不然将会严重影响检测的准确性。

a.发电机绕组若为△形连接的,应将其△形接点拆开一处。

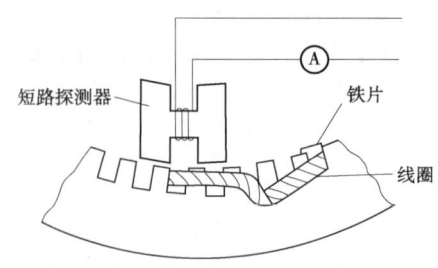

图 2-7-6-17 用短路侦察器检测绕组短路故障

b.当绕组为多路并联接法时,应将各并联支路的接点拆开。

c.若线圈为多根导线并绕的,应将其接线端拆开。

d.发电机采用的是双层叠绕组时,因在同一个槽内嵌放有两个不同线圈的元件边。所以确定某个线圈是否短路时,应将短路侦察器在其左右两元件边上都试一下,以便更准确地查实短路线圈的位置。

上述几种对绕组短路故障的检测方法各有局限各有优劣,采用哪种检测方法,应视具体情况和条件去选定。

(2)绕组短路故障的修理。将发电机绕组短路故障的位置找出后,若绝缘损坏轻微且老化程度也不严重时,可按下述局部修理方法进行修复。

1)线圈匝间短路的修理。绕组的线圈匝间短路,多是由于导线绝缘层破损而引起的。如果短路故障发生在槽外部分,且导线绝缘损坏不严重时,可以将绕组和绝缘加热软化,再用理线板插入线匝间,将其轻轻分开并用绝缘材料予以隔离,趁热涂上绝缘漆后加以烘干即可。若存在短路线匝的线圈是处于双层叠绕组的槽上层,且其绝缘损伤又比较轻微,可先将线匝拆出,将损伤处重新包扎绝缘,并在更换新槽绝缘后,再将翻拆出槽外的线圈元件边重新嵌入槽中,经涂漆烘干予以修复。当线圈匝间短路比较严重或短路故障点又处于双层绕组的下层槽内时,这种情况一般就只有重换新线圈。

2)线圈间短路故障的修理。这种故障通常是由于极相组内各线圈间的连接线(俗称过桥线)放置不当、嵌线方法不对和整形时敲打过多所引起。若短路故障是发生在绕组端部或铁芯槽口等较易修理的位置,即可将绕组加热后,用理线板分开短路线圈垫入绝缘,予以修复。

3)极相组内线圈短路。极相组内线圈间的短路故障,大多是因为极相组首尾线端的绝缘套管未套到位,或者是绝缘套管破损、被击穿所致。如图 2-7-6-18 所示,为同心式绕组和双层叠绕组发生短路故障的情况。当出现极相组内短路故障时,可将绕组在加热变软后,再用理线板撬开线圈引线处,将绝缘套管重新套到位或用绝缘予以隔垫好,如图 2-7-6-19 所示。

4)相间短路。发电机绕组的相间短路故障多发生在绕组端部、双层叠绕组的上下层间及三相绕组的引出线间。造成短路故障的主要原因为端部和层间的相间绝缘垫放不当或老化破损;各相绕组的连接线、引出线绝缘不当或严重破损等,都有可能产生相间短路故障。发电机绕组一旦发生相间短路故障,其后果将会是十分严重的,轻则会引起电气系统跳闸,重则会将绕组局部或大部烧损。不过相间短路故障却是极易找到的,并且其绝大部分故障位置仅经目测就都可能

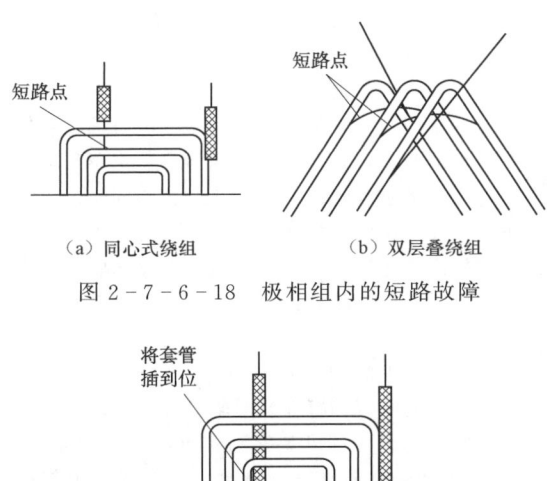

图 2-7-6-18 极相组内的短路故障
(a) 同心式绕组　(b) 双层叠绕组

图 2-7-6-19 极相组内短路故障的修复

找到。相间短路故障的修理，应视其故障部位、毁损程度和范围等，对症采取局部修复或重换新绕组等措施进行修理。

3. 绕组断路故障的检查及修理

发电机定子绕组的断路故障，常发生在线圈端部、极相组间连接线以及三相绕组的引出线等。造成这些断路故障的主要原因有：绕组的连接线、引出线端焊接不良在使用中松脱；绕组受到外部机械碰撞而折断；绕组接地、短路故障所引起的断路等。发电机绕组产生断路故障后，将无法正常发电和供电，因此当发电机绕组出现断路故障，就应立即停机检查，迅速找出故障并及时予以修复。

(1) 绕组断路故障的检查。发电机绕组发生断路故障时，应首先检查和察看其绕组端部，若发现有断线或接线端松脱之处，即应重新连接、焊牢和绝缘。如果断路故障经外部观察仍找不到具体位置时，则该断路故障就有可能是发生在铁芯槽内或线圈的内部，这时可用试灯、万用表、兆欧表和电桥表等进行检查。在查出某相绕组确有断路故障以后，再拆开该相绕组的极相组间或并联支路间的连接线进行逐极检查，最终就可以找出绕组断路故障的位置。绕组断路故障的检查方法如下所述。

1) 电流平衡检测法。如图 2-7-6-20 所示，将发电机作空载运行，并用电流表测量其三相电流值。如测出某相电流小或者无，该相极有可能存在断路故障。

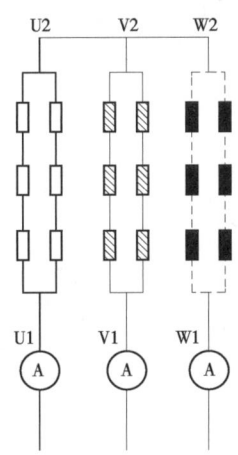

图 2-7-6-20 电流平衡检测断路故障

2) 电阻平衡检测法。如图 2-7-6-21 所示，可使用

电桥检测三相同步发电机绕组的各相电阻值，根据所测出的电阻数值来查找其断路故障。若测出某相绕组的电阻值比其他两相的电阻值要大许多时，即说明该相绕组内即有可能存在断路故障。

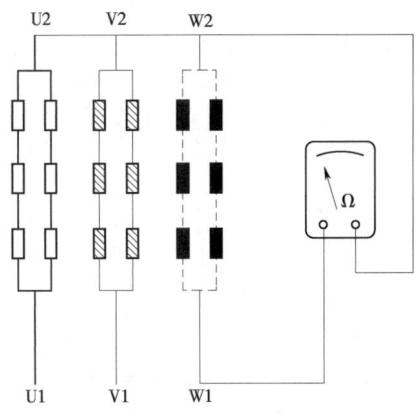

图 2-7-6-21 电阻平衡检测断路故障

(2) 绕组断路故障的修理。若发电机绕组故障出在引出线端头断裂或焊接不牢引起的松脱等，可以将其重新接线、焊接或更换引出线并用同等级绝缘包扎好；如果绕组断路故障位置是处于铁芯槽外的端部时，就应将断裂的一根或多根导线仔细分清核对，重新连接和焊接好；若绕组断路故障是发生在铁芯槽内时，视断路故障的具体位置和线圈及绝缘的老化程度，确定是采用穿线法更换个别损坏线圈，还是重换全部绕组。

（十四）同步发电机转子绕组故障的检修

同步发电机的转子上有励磁绕组和阻尼绕组两套绕组。励磁绕组用来产生同步发电机的旋转磁场，它多由绝缘圆铜线或扁铜线绕制成集中式磁极线圈，并经包扎、整形、绝缘、浸漆和烘干后，嵌置于转子磁极铁芯和磁轭的上面。阻尼绕组的主要作用是产生阻尼力矩，防止同步发电机运行中因负载变化而引起"失步"现象。阻尼绕组是由截面积较大的导条，嵌置在磁极铁芯表面的槽内，而其两端与分段的铜导板连接在一起，铜导板用螺栓紧固，作为短接之用。这样，阻尼绕组实质就是一套笼型的转子短路绕组。下面将简述同步发电机转子绕组的常见故障及修理。

1. 阻尼绕组的故障与修理

阻尼绕组由于结构简单工作电压极低，故障比较少。其常见故障主要为笼形绕组断条或连接用铜导板松动，当出现这类故障时，将会降低同步发电机的阻尼力矩。不过此类故障极易检查和修理，通常只需经外部观察和重新紧固即可将故障排除。

2. 励磁绕组的故障与修理

同步发电机励磁绕组的常见故障主要有接地、短路和断路等，下面将分述这些故障的检查与修理。

(1) 接地故障的检查与修理。发电机励磁绕组的接地故障可用试灯或兆欧表以分组淘汰法进行检查，并在拆开绕组间连接线以后，再测试各磁极线圈以找出其接地的故障点。不过其接地故障点大多都发生在磁极线圈的内侧和与磁极铁芯接触的四个角上，因为此处最易受到损伤而绝缘击穿。在找出接地故障后，即应将接地磁极线圈从转子上拆下，重新包扎绝缘，并作浸漆烘干处理。重新装配时应与磁极铁芯配合紧密，在经过高压检测试验后即可重新投入运行。

(2) 短路故障的检查与修理。励磁绕组的短路故障多数是以匝间短路或层间短路的形式出现，短路故障的查找可以用电桥表检测各个磁极线圈的直流电阻值来确定，当所测电阻值小于各磁极线圈电阻的平均值即为短路线圈。也可以采用图 2-7-6-22 所示的电流比较法进行短路故障的检查，所测电流较大的磁极线圈即为短路磁极线圈。找出励磁绕组的短路故障以后，如果磁极线圈匝间短路的匝数不多并且短路处热量也不高，同步发电机仍然可以继续运行但应严加监视。若发电机励磁绕组的短路故障比较严重则需重换线圈。

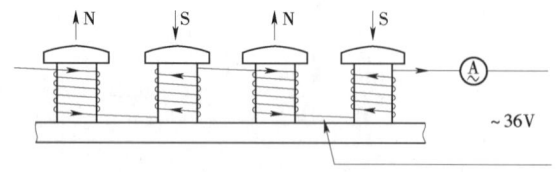

图 2-7-6-22　用电流比较法查找短路故障

(3) 断路故障的检查与修理。励磁绕组的断路故障绝大多数都发生在几十千瓦以下的小型同步发电机中，其故障大多为磁极线圈的连接线脱焊。因而从外观检查都比较容易发现，也可以用试灯对各磁极线圈的连接线逐极进行测试。在找出励磁绕组的断路故障以后，只需重新连接和重包新的绝缘即可。

当转速在 750r/min 以上的同步发电机需要更换个别磁极线圈时，应特别注意新磁极线圈的导线线径、截面、匝数、层数和重量等，均必须与原磁极线圈的相关数据一致。并且在重新装配后，整个转子还应进行动平衡校正，以确保同步发电机达到修理前的机械和电气性能。

(4) 轴电流的检查与处理。当同步发电机的定、转子绕组内发生匝间短路、定、转之间气隙不均、定子分段铁芯与外壳接缝出现高磁阻等情况时，均将会影响同步发电机磁场不对称而产生部分包围转轴的磁通，并成为随着定、转子相对位置的变化而变化的交变磁通。该交变磁通将在转轴、两端轴承及机壳所形成的闭合回路中产生感应电动势。当轴承中的油膜绝缘不足以隔绝此感应电动势时，就将会在同步发电机转轴上产生很大的轴电流。

同步发电机轴电流的存在，对轴颈和轴承均有较大的腐蚀作用，一般在其表面都可观察到麻点或斑痕现象。并且，当用 0～5V 高内阻的电压表测量时，可发现转轴与机座间存在有电位差。为了避免轴电流的产生，每个轴承均应与机壳绝缘，以切断它的电流回路；或者用装设在转轴上的滑动接地电刷将轴电流全部引导出去。

同步发电机转子绕组由于是一个高速运行的旋转部件，因而当发电机在运行一定时限后，常常会出现各种故障。当发生故障时，重要的是应仔细观察故障的各种表现，并根据这些现象进行分析、判断和查找。在有条件的情况下还可以借助于仪表和专用电器等进行一些更深入的检测，以帮助对故障的分析、判断、查找和适时恰当地处理等。

第八章

配电设备异常与事故处理案例

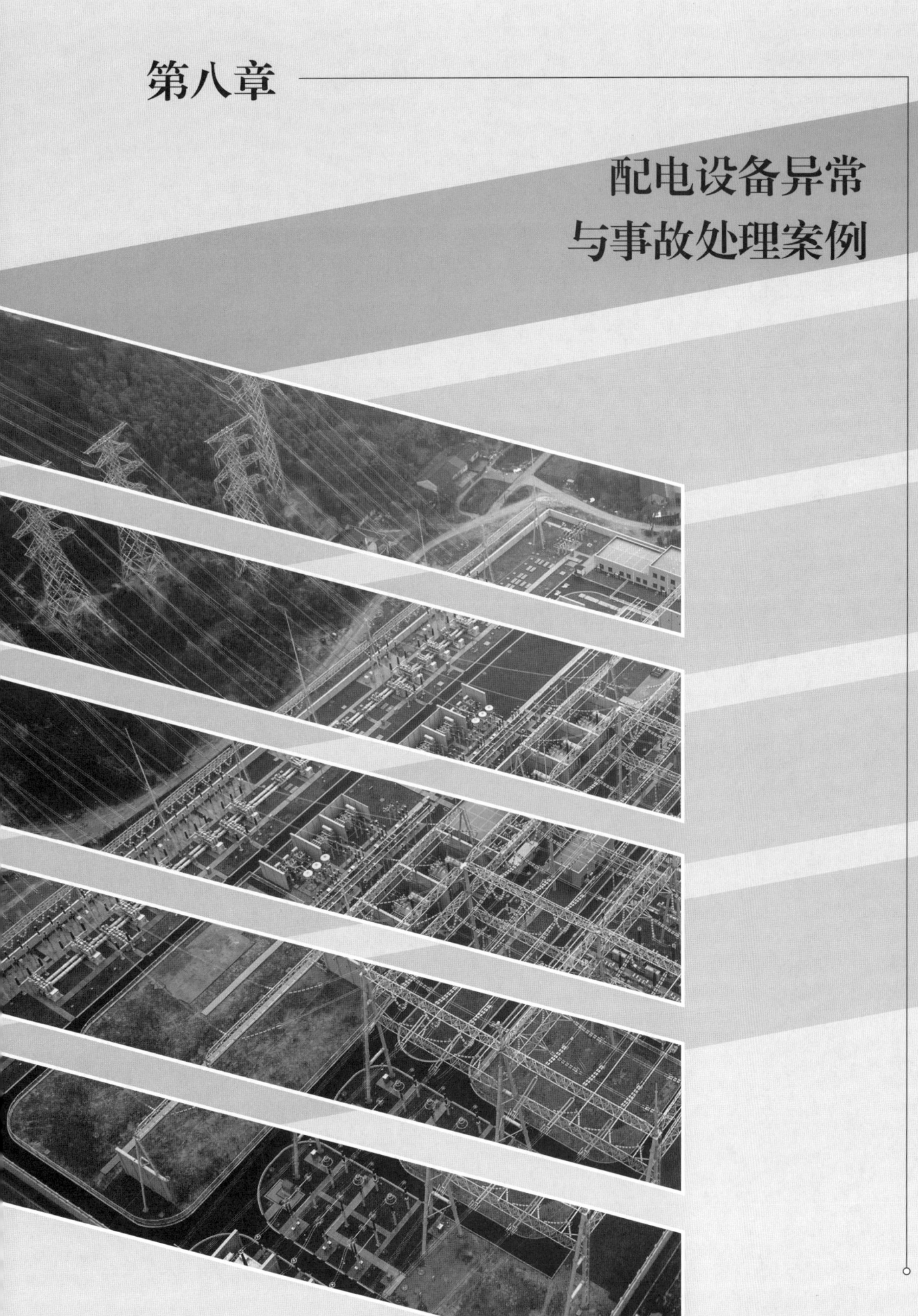

第一节 常用配电设备典型故障分析与实例

架空配电线路常用配电设备包括：多油负荷开关、真空负荷开关、SF₆负荷开关、用户分界负荷开关、隔离开关、跌落式熔断器、避雷器、电力电容器、低压塑料外壳式断路器、漏电保护器等。

一、常用配电设备典型故障分析与排除方法

(一) 高压开关常见故障

1. 动作失灵

动作失灵表现在开关拒分、拒合、卡滞、通断费劲等方面。不同的开关，失灵的表现形式也不同。

(1) 隔离开关。常用的手动式隔离开关失灵故障是合不上、打开距离不够、通断很费劲等，主要是由于开关操作机构调整不合适、也可能是开关动触头两刀片压紧弹簧太紧，可根据具体情况做适当调整。调整后，在触头处涂一层中性凡士林或电力复合脂，在操作机构活动部分加注一定的润滑油。

(2) 跌落式熔断器。户外跌落式熔断器操作频繁，容易失灵。表现有：误脱落，是由于熔管长度不合适、弹簧压力太小等原因造成的；合不上，是由于压紧弹簧变形、触头挂钩磨损、熔管过长等原因造成的；不能自行脱落，是由于安装倾斜角度过小（小于规定的15°）、弹簧压力过紧、触头锈蚀等原因造成的。

(3) 多油负荷开关。多油负荷开关的失灵多在于操作机构上，如常用的10kV油开关，经常由于某一弹簧变形、松脱、销子断裂、螺钉松动、挂钩磨损、零件配合间隙不合适等原因，使开关合不上或跳不开。

(4) 真空负荷开关。真空负荷开关以基本上不需要维修的真空灭弧管及操作机构组成。它的操作机构由于动作行程短，结构简单，零部件少，因而故障较少。但由于制造厂家装配、调整不合适等原因，偶尔出现单相拒合、拒分。

2. 绝缘损坏

造成高压开关绝缘损坏的原因有以下几种。

(1) 支撑瓷瓶沾满灰尘、脏污，使绝缘性能降低。户外式开关，由于受大气条件的影响，绝缘损伤更加严重；其次，由于安装不合理，瓷瓶因受机械负荷过大而易于破损。

(2) 绝缘杆件绝缘性能降低。在油开关、负荷开关中有许多绝缘杆件，它一方面要传递机械力，另一方面承受高电压。由于开关内部空间位置的限制，绝缘距离很短。因此，杆件上积存的灰尘、炭粒，使其绝缘水平大大降低。在维修时，应对绝缘杆件用合格的绝缘油清洗，还应用干净的布擦拭。

(3) 绝缘油质量下降。开关中作为绝缘和灭弧用的变压器油质量下降，如潮气和雨水的浸入或电弧产生的炭粒等的影响。因此，在系统出现过电压或进行拉、合操作时开关可能发生短路或爆料事故。

3. 密封不严

油开关以及一些负荷开关密封不严，是造成故障的重要原因，因为密封不严，一方面使潮气、雨水浸入，导致绝缘油或绝缘杆、件绝缘性能下降；另一方面使油箱内的绝缘油向外渗漏，油面降低，造成严重事故。注意：装有绝缘油的油箱上部必须有一定的空气层，这样可以避免电弧产生的过高压力而使油箱爆炸。但油面如果过低，电弧产生的气体充满空气层，与空气混合达到一定比例，形成爆炸性气体也会发生爆炸。所以，多油式负荷开关的油面必须控制在规定的油面线上。

4. 隔离开关发热

隔离开关在运行中发热，主要是由于负荷过重、触头接触不良、操作时没有完全合好所引起。接触部位发热，将使接触电阻增大，氧化加剧，发展下去可能会造成严重事故。

5. SF₆负荷开关漏气

SF₆气体作为一种绝缘介质，具有无色、无味、无毒、不可燃等优点，并有优异的冷却电弧特性，特别是开关在高温电弧的作用下可产生较高的冷却效应，从而可避免局部高温的可燃性。SF₆负荷开关漏气到一定程度，将酿成严重事故。

(二) 常用配电设备典型故障分析与排除方法

1. 多油负荷开关

DW₁₀—10型多油负荷开关是早期10kV架空配电网常用的柱上断路设备，俗称柱上油开关。在配电网中适当的位置装设断路器，在正常停电检修或故障情况下可以方便地进行倒闸操作，以缩小停电范围。这种断路器一般装在电杆上，可用绝缘棒或拉绳在地面上操作。

多油负荷开关常见故障及处理方法见表2-8-1-1。

表2-8-1-1　　　　　　　　　多油负荷开关常见故障及处理方法

故障种类	故　障　原　因	处　理　办　法
短路崩烧故障	(1) 油漏干，没采取措施即停电操作。 (2) 相间绝缘隔板质量或安装质量不佳。 (3) 地线或短路线忘拆除。 (4) 油箱内掉进东西。 (5) 油变质，或有水分。 (6) 多相接地造成的。 (7) 动物（猫、鼠等）爬上断路器的电杆处。 (8) 由于下雨、下雪造成绝缘不佳或漏进雨水。 (9) 遮断容量不够。 (10) 导体部分连接松动冒火	(1) 带电充油或先断开上一级断路器，无电压后再断此断路器。 (2) 选用优质绝缘隔板，保证安装质量。 (3) 把地线挂在明处，在送电之前必须全面检查，拆除全部所挂接地线或短路线。 (4) 在检修断路器时，使用的工具等必须心中有数，用完清点。 (5) 要定期试验，耐压不合格应更换和过滤。 (6) 参考接地故障的预防处理办法。 (7) 导电杆处应加绝缘护套。 (8) 加强巡视检查和检修。 (9) 设计时应认真计算，满足短路容量要求。 (10) 接触要严、螺丝要拧紧
严重过热	(1) 动触头插入深度不够或接触面接触不良。 (2) 螺丝松动，弹簧压力不足。 (3) 严重过负荷	(1) 检修时调整接触深度要符合要求，而接触的二面要平行压紧，三相同期。 (2) 检修时要达到质量标准。 (3) 调整负荷或更换大容量开关

第八章 配电设备异常与事故处理案例

续表

故障种类	故 障 原 因	处 理 办 法
缺相	销轴窜出，拉杆、机构、传动杆或动触头的绝缘拉杆断裂	检修时销轴开销都要穿上，不要忘掉检查，缓冲器调整合适，拉杆调整要合适，防止拉杆过短，受力过大
漏油	(1) 由于过热，密封垫烧焦，油标或放油阀安装质量问题。 (2) 耐油橡胶垫，上紧时用力过大，胶垫失去弹性。 (3) 焊接质量差，有砂眼等	(1) 加强巡视检查，发现问题及时处理；检修油标、放油阀等，要将接触面和橡胶垫擦拭干净再装，密封要严。 (2) 掌握检修本领，上紧时要把耐油胶垫厚度压缩1/3左右。 (3) 补焊

2. SF_6 负荷开关

柱上 SF_6 负荷开关采用 SF_6 气体绝缘及灭弧，稳定性机械动作次数可达到5000次。在中压领域 SF_6 开关可与真空开关并驾齐驱。其常见故障及处理方法见表2-8-1-2。

表 2-8-1-2　　　　　　　　　SF_6 负荷开关常见故障及处理方法

故障种类	故 障 原 因	处 理 方 法
泄漏	(1) 密封面紧固螺栓松动。 (2) 焊缝渗漏。 (3) 压力表渗漏。 (4) 瓷套管破损	(1) 紧固螺栓或更换密封件。 (2) 补焊、刷漆。 (3) 更换压力表。 (4) 退还厂方更换新瓷套管
绝缘不良，放电闪络	(1) 瓷套管污秽较多或有其他异物。 (2) 瓷套管炸裂或绝缘不良	(1) 清理污秽及其他异物。 (2) 更换合格瓷套管
本体内部卡死，某相完全不能动作	多数是绝缘拨叉脱落或断裂所致	退还厂方，或由厂方解体检修

3. 真空负荷开关

柱上真空负荷开关采用真空介质灭弧，具有开断和关合正常负荷电流、线路之间环流、线路或设备的充电电流的能力，同时还具备关合短路电流的能力。在几种常用开关中开断电流的性能最好。稳定性机械动作次数可以达到20000～30000次。因为真空具有很强的熄弧能力，故开断很小的电流时，往往因不能维持电弧的燃烧而使电流强迫为零，即所谓"截流"现象，而引起电压跳变，这是因为真空灭弧能力过强而造成的不足，是所不希望的。真空负荷开关运行情况良好，故障率约每年万分之二左右。常见故障及处理方法见表2-8-1-3。

表 2-8-1-3　真空负荷开关常见故障及处理方法

故障种类	故障原因	处理方法
一相"死接"或"常开"	操作机构安装质量不良	加强质检工作，严把拉、合试验关
爆炸	(1) 内允 SF_6 气体泄漏。 (2) 大盖及套管密封不严，潮湿气体浸入，凝露引起短路。 (3) 开关操作箱与主箱体密封不严进水	解决密封不严问题

4. 用户分界负荷开关

用户分界负荷开关是一种功能全新的10kV户外柱上开关成套设备，由负荷开关本体及控制器两大部分组成。通过航空插座及户外密封控制电缆进行电气连接。

用户分界负荷开关采用真空管灭弧，真空管串联联动隔离开关（双断口，刀闸先于真空管合闸，后于真空管分闸），箱体内充以 SF_6 气体，以实现相间及相对地的绝缘。

分界开关箱体内设置：A相和C相装有电流互感器，实时监测线路负荷电流；装有零序电流互感器，实时监测零序电流；B、C相装有电压互感器。将监测到的这些模拟量通过控制器与定值比较来判断线路故障性质，从而进行相应的动作，以实现分界开关的功能。

用户分界负荷开关的功能：

(1) 自动切除用户侧单相接地故障。当用户侧发生单相接地故障时，分界开关能自动分闸，变压站及线路上的其他用户感受不到故障的发生。

(2) 自动隔离用户侧相间短路故障。当用户侧发生相间短路故障时，变电站出线开关（保护动作）先跳闸，分界开关失压后立即分闸并闭锁（线路恢复供电后不再自动合闸）。变电站出线开关重合后，用户故障被自动隔离，馈线上的其他用户迅速恢复供电。

(3) 可用于拉合负荷电流。用户分界负荷开关适用于10kV中性点不接地、经消弧线圈接地及经低电阻接地运行方式。安装在10kV架空配电线路与用户的产权分界点处，可用于拉、合负荷电流。

用户分界负荷开关常见故障及处理方法见表2-8-1-4。

表 2-8-1-4　用户分界负荷开关常见故障及处理方法

故障种类	故 障 原 因	处 理 方 法
爆炸	(1) 开关箱体密封不严，导致 SF_6 泄漏，箱体内相间绝缘下降。 (2) 内置TV绝缘强度不足。 (3) 生产工艺和产品质量问题。 (4) 操作过电压	(1) 改进密封措施，加强工艺控制提高产品质量。 (2) 开关本体及控制器应增加阻容吸收设计，提高抗操作过电压和雷电过电压能力；增强TV绝缘强度。 (3) 开展产品监制工作，确保产品质量。 (4) 加强技术培训，合理操作

5. 隔离开关

柱上隔离开关（俗称刀闸），用于将带电运行的电气设备与停电检修或处于备用的设备隔离开来，以形成明显可见的断开点，以保证运行、检修或试验的安全。此外，隔离开关也用来改变设备和线路运行方式的切换装置。隔离开关没有灭弧装置，不能开断负荷电流和短路电流。其常见故障及处理方法见表2-8-1-5。

6. 跌落式熔断器

10kV跌落式熔断器一般用作10kV架空配电线路分支线及配电变压器的短路和过载保护，它的功能是控制和保护。其常见故障及处理方法见表2-8-1-6。

7. 避雷器

架空配电线路及设备在运行中，会遭受大气过电压的侵袭，造成线路或设备的绝缘击穿。为了减少大气过电压所造成的损失，配电线路及其配电设备所采取的防雷措施就是安装避雷器。避雷器连接在电力线路与大地之间，当雷电过电压或操作过电压到来时，电阻片导通，使雷电流急速泄入大地，避雷器的残压低于设备绝缘安全值以下，从而使被保护设备免受大气过电压的危害。避雷器常见故障及处理方法见表2-8-1-7。

表2-8-1-5　　　　　　　　　　　　　　　隔离开关常见故障及处理方法

故障种类	故 障 原 因	处 理 方 法
运行中过热	(1) 负荷过重。 (2) 动、静触头接触不良。 (3) 合闸不到位，接触面积小。 (4) 对外连接线紧固不到位。 (5) 触头表面氧化，接触电阻大。 (6) 铜、铝连接方法不当	(1) 减轻负荷或更换大容量开关。 (2) 调整两刀片压紧弹簧压力。 (3) 合闸用力适当，一步到位。 (4) 对外连接线应牢固、可靠、不松脱。 (5) 用0号砂纸打磨触点表面，去掉氧化层，涂敷导电膏。 (6) 采用合格的铜铝过渡连接元件
不能分合闸	(1) 刀闸背板用力过大，造成底座变形。 (2) 动、静触头接触面不在一条直线上。 (3) 两刀片压紧弹簧压力过大	(1) 调整刀闸背板螺栓紧固力。 (2) 应重新调整动、静触头固定螺栓。 (3) 调整压紧弹簧压力
运行中自行分闸	(1) 压紧弹簧过松，合闸不到位。 (2) 合闸不到位、闭锁挂钩未起作用，短路电流电动力引起分闸	(1) 调整压紧弹簧压力适度，合闸到位。 (2) 保证合闸到位
支持绝缘子脱落	支持铁脚胶结老化	更换隔离开关

表2-8-1-6　　　　　　　　　　　　　　　跌落式熔断器常见故障及处理方法

故障种类	故 障 原 因	处 理 方 法
误跌落 （掉管）	(1) 熔管长度与熔断器尺寸配合不当。 (2) 合熔管不到位，夹件未夹紧。 (3) 上盖弹簧压力过小，烧坏或磨损。 (4) 熔管质量不佳，受潮、雨淋变形	(1) 将熔管长度适当调长。 (2) 合闸认真，保证到位。 (3) 更换熔断器。 (4) 更换合格熔管
熔管跌落缓慢	(1) 转动轴粗糙转动不灵活。 (2) 安装俯角小于15°。 (3) 熔管转动轴与下支架间被异物卡阻	(1) 用粗砂纸将转动轴研磨光滑。 (2) 应调整俯角，使瓷件轴线与地面垂线之间的夹角为15°～30°。 (3) 清除异物
熔管烧毁	(1) 熔管内之消弧管质量不佳或受潮失效。 (2) 熔丝熔断后不能迅速跌落。 (3) 故障短路容量超过熔断器的遮断容量	(1) 更换熔管。 (2) 见"熔管跌落缓慢"所述方法。 (3) 更换遮断容量符合要求的熔断器
瓷瓶（棒） 断裂	(1) 瓷瓶（棒）与安装板结合属浇装结构，膨胀系数不一，运行年久产生裂纹所致。 (2) 合闸用力过大	(1) 选用瓷瓶（棒）与安装板组合为抱箍式的跌落式熔断器。 (2) 合闸用力适度

表2-8-1-7　　　　　　　　　　　　　　　避雷器常见故障及处理方法

故障种类	故 障 原 因	处 理 办 法
绝缘电阻不合格	(1) 顶部橡皮垫圈老化，密封用螺栓与压板未焊实，潮气和水分进入内腔（FS型）。 (2) 底部密封橡皮垫圈不正，滚装密封不严，潮气和水分进内腔（FS型）。 (3) 瓷套有裂纹，潮气进入内腔（FS型）。 (4) 底部密封试验的小孔未封好（FS型）。 (5) 硅橡胶护套裂纹，线路接地（氧化锌避雷器）。 (6) 泄漏电流超标，护套皱裂	(1) 更换橡皮垫圈，将封密压板焊牢，紧固螺母。 (2) 重新封堵。 (3) 更换避雷器。 (4) 焊牢。 (5) 更换合格的氧化锌避雷器

续表

故障种类	故障原因	处理办法
爆炸或接地	(1) 中性点不接地或经消弧线圈接地系统发生单相接地，非故障相对地电压升高。 (2) 线路遭雷击，火花间隙灭弧性能差，间隙被击穿，电弧重燃，阀片电阻被烧坏（FS型）。 (3) 密封不严，受潮严重（FS型）。 (4) 氧化锌避雷器阀片受潮接地	更换合格的氧化锌避雷器

8. 并联电力电容器

并联电力电容器又称移相电容器，用于补偿电力系统感性负载的无功功率，以提高功率因数、改善电压质量、降低线路损耗，使电源的输出能量获得充分的利用。常见故障及处理方法见表2-8-1-8。

9. 低压塑料外壳式断路器

塑料外壳式（也称装置式）断路器俗称自动开关。主要用于配电线路和电气设备的过载、短路、欠压、失压保护，它是低压配电系统中重要的保护控制电器之一。其常见故障及处理方法见表2-8-1-9。

表2-8-1-8　　　　　　　　　并联电容器常见故障及处理方法

故障种类	故障原因	处理办法
渗、漏油	(1) 制造质量不良。 (2) 搬运过程中碰伤；旋紧螺栓用力过猛。 (3) 日光曝晒。 (4) 介质劣化，损耗增大	(1) 退厂大修。 (2) 严禁提拿套管；消除硬连线，旋紧螺母用力适度。 (3) 采用措施，防止曝晒。 (4) 更换电容器
外壳膨胀（鼓肚）	(1) 内部介质损坏产生局部放电，使介质分解而析出气体。 (2) 部分元件击穿或极对壳击穿，使介质产生气体	更换电容器
异常响声	电容器内部有"吱吱"声或"咕咕"声是内部有局部放电，是内部绝缘崩溃的先兆	退出运行，更换电容器
温升过高	(1) 环境温度过高。 (2) 长期过电压运行，造成过负荷。 (3) 接线螺母松动。 (4) 频繁投切，反复受涌流作用	(1) 改善通风条件，提高散热能力。 (2) 降低母线电压。 (3) 停电紧固螺母。 (4) 阶段性退出运行
爆炸	(1) 电容器内部发生极间或极对外壳击穿而无适当保护。 (2) 电容器长期过电压运行，造成严重过负荷，环境温度过高，通常先出现热击穿，逐步发展到电击穿，造成电容器爆炸	(1) 采用合理、可靠的保护方式。 (2) 降低母线电压，改善通风条件，采用可靠的保护方式

表2-8-1-9　　　　　　　　　低压自动开关常见故障及处理方法

故障种类	故障原因	处理办法
手动操作，触头不能闭合	(1) 失压脱扣器无电压或绕圈烧毁。 (2) 机构不能复位再扣。 (3) 储能弹簧变形，引起闭合力减小。 (4) 反作用弹簧力过大	(1) 给上电压或更换好线圈。 (2) 调整脱扣器至规定值。 (3) 更换储能弹簧。 (4) 调整适宜
电动操作，触头不能闭合	(1) 操作电源电压不符。 (2) 电磁铁拉杆行程不够。 (3) 电动机操作定位开关失灵。 (4) 控制器中整流管或电容器损坏。 (5) 电源容量不够	(1) 更换电源电压。 (2) 重新调整拉杆行程或更换。 (3) 重新调整。 (4) 更换。 (5) 更换操作电源
有一相触头不能闭合	(1) 一相连杆断裂。 (2) 限流自动开关拆开机构的可摺连杆之间角度变大	(1) 更换。 (2) 调整至170°
分励脱扣器不能使自动开关分断	(1) 线圈短路。 (2) 电源电压过低。 (3) 脱扣面太大。 (4) 螺丝松脱	(1) 更换线圈。 (2) 调整电源电压。 (3) 重新调整脱扣面。 (4) 拧紧螺丝

续表

故障种类	故 障 原 因	处 理 办 法
失压脱扣器不能使自动开关分断	(1) 反力弹簧反力变小。 (2) 如果是储能释放，则储能弹簧压力变小。 (3) 机构卡住	(1) 调整弹簧。 (2) 调整储能弹簧。 (3) 检查卡住原因，排除故障
启动电动机时自动开关立即分断	(1) 过电流脱扣器瞬动整定电流太小。 (2) 空气式脱扣器可能是阀门失灵或皮膜破裂	(1) 调整过电流脱扣器瞬时整定弹簧。 (2) 修复或更换
自动开关合闸后，工作一段时间又分断	(1) 过电流脱扣器长延时整定值不对。 (2) 热元件或半导体延时电路元件变质	(1) 重新调整。 (2) 更换新的
自动开关温升过高	(1) 触头压力太低。 (2) 触头磨损严重或接触不良。 (3) 导电零件连接处螺钉松动	(1) 调整触头压力，或更换不合格弹簧。 (2) 更换触头或修整接触面，若不能更换的应整台更换。 (3) 拧紧螺钉

10. 漏电保护器

漏电保护器（又称剩余电流保护器）俗称漏电开关。主要用来对有致命危险的人身触电进行保护，以及防止因电气设备或线路漏电而引起的火灾事故。漏电保护器是在规定条件下，当漏电电流达到或超过给定值时能自动断开电路的机械开关电器。它集漏电、过载、短路保护于一体，就是具有剩余电流动作保护功能的塑料外壳式断路器。其常见故障及处理方法见表 2-8-1-10。

表 2-8-1-10　　漏电保护器常见故障及处理方法

故障种类	故 障 原 因	处 理 方 法
刚投入运行即跳闸	(1) 线路泄漏电流过大。 (2) 三相电源线（含零线）未在同一方向穿过零序电流互感器。 (3) 漏电保护器后零线重复接地。 (4) 漏电保护器后用电设备外壳接地线与工作零线相连。 (5) 接线错误。 (6) 线路中接有"一线一地"负荷。 (7) 漏电保护器本身故障	(1) 提高线路绝缘，修剪树枝。 (2) 改正接线。 (3) 取消重复接地。 (4) 将接地线与工作零线断开。 (5) 按使用说明书检查安装接线。 (6) 拆除这种负荷。 (7) 更换漏电保护器
误动作	(1) 接线错误。如三相四线制动力和照明混合电路，错误地选用三极漏电保护器，单相负荷直接从系统取用零线。 (2) 接地不当。如漏电保护器后零线重复接地。 (3) 电磁干扰。漏电保护器旁有磁性设备或大功率电器开合时，磁的影响。 (4) 环流影响。两台并列运行变压器，每台变压器的中性点各有接地线，由于两台变压器阻抗不一致，而接地线中环流过大时	(1) 三相四线制动力和照明混合电路应选用四极漏电保安器。 (2) 取消重复接地。 (3) 相互远离。 (4) 分设接地极
不能关合	(1) 操作机构卡住。 (2) 机构不能复位再扣。 (3) 漏电保护器不能复位	(1) 重新调整操作机构或更换受损部件。 (2) 重新调整再扣元件。 (3) 更换漏电保护器
不能断开	(1) 触头发生熔焊。 (2) 操作机构卡住	(1) 修理或更换触头。 (2) 重新调整操作机构或更换受损部件
操作试验按钮漏电保护器拒动	(1) 试验电路不通。 (2) 试验电阻烧损。 (3) 按钮接触不良。 (4) 脱扣器不能推动机构自动脱扣	(1) 接好连接导线。 (2) 更换试验电阻。 (3) 清洁试验按钮。 (4) 更换漏电脱扣器
温升过高	(1) 负荷过重。 (2) 接线螺栓松动。 (3) 触头接触不良。 (4) 触头表面磨损	(1) 减少负荷或更换大容量漏电保护器。 (2) 紧固螺栓。 (3) 调整触头压力或更换弹簧。 (4) 更换触头

二、柱上开关故障排除实例

(一) 柱上多油负荷开关爆炸事故

1. 事故现象

某年冬季的一天,天气晴朗。西城变电站西四路速断跳闸,重合未出,手动试发失败,中断供电。急修班巡视发现,西四路分段柱上开关(锦什坊街北口内)爆炸(FW_4-10型)。开关油箱上部四角炸裂约200mm,绝缘油喷出火舌,并将邻近居民房顶的枯草引燃,居民上房灭火,不慎摔倒,两手被烧伤;喷出的绝缘油还将开关下方的两辆自行车烧毁;开关爆炸的气浪还将附近店铺的玻璃震碎。

2. 事故原因分析

柱上开关已运行近10年,正常呼吸产生的凝结水沉积于油箱底部,瓷套管下部的封密胶垫已老化开裂,雨水进入油箱。解体后发现,箱底积水约35mm,且有纤维杂质,由此造成绝缘隔板受潮,失去了绝缘作用,绝缘油性能极度劣化;解体还发现,油箱之油位指示器下端漏油,致使油箱内油面过低。由于上述原因而引起电场分布的畸变,导致局部电场强度升高,在电场的作用下,这些水分、杂质将沿电场方向在电极间形成所谓半导电"小桥"开始时为漏电通道,最后发展成为击穿通道,造成短路爆炸事故。

3. 防范措施

(1) 将开关"密封胶垫检查""渗漏油检查""油面高低检查"列为停电登杆清扫检查项目,提出要求,严抓落实。

(2) 建立"多油负荷开关"定期轮换制度,做到适时进厂大修。有条件时,选用真空负荷开关。

(3) 加强设备的巡视检查,发现油开关渗、漏油应及时补油或更换开关;当发现油位指示器有油垢、油泥、积尘等情况而无法确认油面高低时,应进行清擦,以确保油位正常,保障设备安全运行。

(二) 多油负荷开关操作拉杆与主轴嵌固螺栓松动造成人员触电死亡事故

1. 事故现象

某年,某10kV架空配电线路后半段计划检修。检修班到达现场后,班长向调度要令,申请拉开某10kV路××××号分段开关(FW_3-10型),值班调度员当即同意检修班自行拉开××××号分段开关。

班长令组员李××登杆拉开××××号分段开关。李××登杆将开关操作拉杆由"合"状态拉至"分"状态后,即行下杆;班长又令李××在××××号分段开关负荷侧第一根电杆电源侧验电、挂接地线。李××登杆验电,氖灯不亮,随即开始挂接地线,当挂第一相导线时,左肩触及接地线,只听"哇"的一声,人悬吊在电杆上,经抢救无效死亡。

2. 事故原因分析

××××号分段开关已拉开,电是从哪里来的呢?后将该开关换下来,经分析发现,操作拉杆嵌固螺栓松动,从开关主轴"凹槽"中退出,所以在"拉开"开关操作中,造成操作拉杆空转而未带动主轴转动,这是造成"已停电的线路"仍然有电的直接原因。也是造成李××触电死亡的主要原因。

FW-10型多油负荷开关的操作机构,一般配置手机弹簧操动机构,在用力拉合操作拉杆时,当拐臂死点过中心线后,靠弹簧作用力实现加速分、合闸,并发出"哪"的声响。稍有操作经验的人都应知晓,可是李××拉开关却没有发现操作机构有问题,这说明李××技术素质很差。

《安规》(电力线路部分)规定:"验电应使用相应电压等级、合格的接触式验电器。验电前,宜先在有电设备上进行试验,确认验电器良好。"本次事故所使用的验电器经检查发现氖灯已损坏,使用前,未在有电设备上进行试验,拿来就用是严重的违反规程行为,是造成人员触电伤亡的重要原因;规程还规定:"装、拆接地线均应使用绝缘棒或专用的绝缘绳。人体不得碰触接地线或未接地的导线"。这也是造成人员触电伤亡的重要原因。

3. 防范措施

(1) 多油负荷开关安装前,应认真检查操作拉杆嵌固螺栓是否旋紧,松动者应紧固。

(2) 建议厂家改进操作拉杆与主轴固定方式,防患于未然。

(3) 线路停电检修,应检查、紧固开关操作拉杆固定螺栓。

(三) 真空负荷开关 SF_6 泄漏、进水造成开关爆炸事故

1. 事故现象

2010年5月24日,××供电公司10kV东大街路计划停电进行"消隐"工作,事先将线路末段负荷(3178号分段开关以下)倒入大井路(合东大街路与大井路联络开关,拉开3178分段开关)。工作终结后,施工班于11时40分交令,变电站于11时41分恢复东大街路供电,东大街路站内出线开关速断保护动作,开关跳闸,重合未出,手动发出;当日下午3时40分,东大街路站内出线开关再次出现速断掉闸,重合未出,手动发出,与此同时,大井路发生了速断掉闸,重合未出,手动未出的停电事故。运行人员查线发现3178开关爆炸。

2. 事故原因分析

2010年5月26日对爆炸开关(开关型号为VSP_5)进行了解体分析。分析发现:开关上盖炸裂约285mm,真空灭弧室三相均已碎裂;内置隔离开关静触头局部熔化;B相TA炸裂,相间绝缘隔板烧损严重,箱体内壁由底部向上约50mm高锈蚀严重,积水严重。分析认定开关爆炸的原因如下。

(1) 密封胶条(圈)所用润滑剂对密封胶条(圈)具有腐蚀作用,造成密封胶条(圈)老化,失去弹性,导致开关漏气(SF_6)、进水。

(2) 密封压条压歪,紧固螺栓松紧不一,造成开关漏气(SF_6)。

(3) 充气孔结构设计不合理,充气量没有规定值。

(4) 生产工艺控制、管理不严。

(5) 开关密封不严,导致开关SF_6泄漏严重,进水,绝缘强度下降,造成开关内部短路,从而引起开关爆炸。

3. 防范措施

(1) 密封胶条(圈)及润滑剂在国产产品未达标前,应采购国际名优产品(如日本东芝)。

(2) 加强工艺过程管理,提高产品质量。

(3) 根据条件,开展产品监制工作,确保产品质量,确保电网安全运行。

(四)真空负荷开关瓷套管固定螺母松动、内软线焊接不良造成开关爆炸事故

1. 事故现象

2008 年夏季高峰负荷期间,××供电公司所辖 10kV 永昌路速断掉闸,重合未出,手动未出,造成大面积停电。急修班赶赴现场巡查发现永昌路 1 号杆分断开关(真空负荷开关)爆炸。

2. 事故原因分析

通过对爆炸开关外观检查和解体分析,发现如下问题:

(1)开关电源侧 B 相瓷套管晃动。经细致检查发现:固定瓷套管的三条螺栓中有一条螺栓的螺母松动,在外引线的重力作用下,瓷套管底部密封橡胶圈与箱体间形成微小的缝隙,由此造成 SF_6 泄漏,潮湿空气进入箱体中,从而使绝缘强度降低,失去了绝缘、灭弧能力。

(2)开关解体发现:开关 A 相内软线(铜丝编织带)与连接板(真空管端)焊接存在严重的质量问题,编织带(软线)带宽的 1/3 属虚焊,造成导电截面减小,电阻增大,温升加大,在夏季高峰负荷的情况下,造成软线过负荷烧断,继而发展为三相弧光短路,开关爆炸,变电站出线开关跳闸。

3. 防范措施

(1)真空负荷开关生产厂家必须严格落实"订货技术条件"的要求,加强全面质量管理,确保产品质量。

(2)开关在吊装、运输、搬运过程中,开关应处于合闸状态,外引线应盘好并加以固定,以防外力损伤开关。

(3)加强验收管理工作,提高验收水平,把好产品质量关。

(五)过电压造成用户分界负荷开关烧毁事故

1. 事故现象

2009 年 9 月 21 日 13 时 54 分城子变电站 A 路速断动作,开关跳闸,重合发出。经巡查发现 A 路 111/2/1 号杆北京广播电视大学(门头沟分校)新装用户分界负荷开关发生故障(用户听到开关有异常声响),因该分界负荷开关上级开闭器自动隔离,故事故停电只影响分界负荷开关所接用户。线路运行人员拉开分界负荷开关电源侧隔离开关(图 2-8-1-1),对分界负荷开关进行绝缘检测,发现开关中相对地绝缘明显变低,因此决定开关退出运行,采取临时线路搭通方式恢复了供电。之后,调查变电站同一母线的 B 路在本次事故前一分钟发生单相接地并发展为相间短路的跳闸事故,事故原因是有人偷锯电力电缆。线路示意图见图 2-8-1-1。

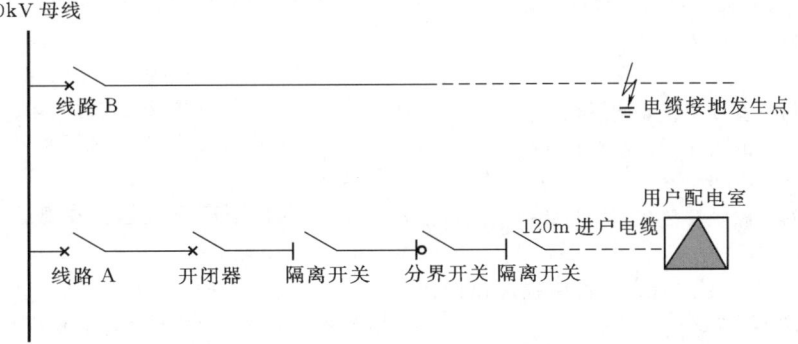

图 2-8-1-1 线路接线示意图

2. 事故原因分析

为进一步分析此次事故的原因,对故障分界开关进行了电气试验和解体分析工作,情况如下。

(1)外观检测:

1)开关整体密封完好、外观无异常。

2)对开关本体密封 24h 后检测 SF_6 气体溢出浓度,未见气体泄漏。

(2)电气试验:绝缘电阻(开关本体相对地绝缘)为 A 相 2000MΩ,B 相 25MΩ,C 相 50MΩ。

(3)解体检查:箱体内置零序电流互感器及两侧软连接等处熏黑,隔弧板有灼痕,TV 上表面炸裂。TV 解体发现,TV 二次绕组完好,排除二次短路;TV 一次绕组击穿,绕组层间和匝间绝缘烧损熔化;浇注在环氧树脂中的 TV 一次侧保险熔断,环氧树脂绝缘和一次绕组之间有明显的烧灼点和击穿点,环氧树脂中有明显的放电通道,见图 2-8-1-2。

(4)9 月 18 日安装送电过程如下:

1)供电送至分界开关电源侧隔离开关。

2)逐相合上分界开关电源侧隔离开关。

3)合上分界开关,储能。

4)对分界开关负荷侧隔离开关进行试合(即合上后再拉开)。

5)逐相合分界开关负荷侧隔离开关给空载电缆送电,

图 2-8-1-2 用户分界负荷开关内置 TV 炸裂

当合第二相隔离开关时,分界开关动作分闸,施工人员看到分界开关控制器故障指示灯亮。

由于出现分界开关保护动作,运行人员再次对分界开关及用户侧电缆进行了交流耐压试验,均未发现异常。为保障安全,取消了当日给用户送电,待次日处理。

次日,施工人员恢复用户电缆接线后,仍按 9 月 18 日送电顺序给用户送电,本次送电成功。

(5)事故分析结论:因在短时间内多次给空载电缆充电,线路产生电弧重燃过电压,造成开关 TV 绝缘损伤;变

电站同一母线的另一回出线在同期发生单相接地故障，产生的弧光接地过电压导致分界开关相间短路。

3. 防范措施

(1) 用户分界负荷开关本体及控制器应增加阻容吸收设计，增强其抗操作过电压及雷电过电压影响的能力，并将此项要求纳入订货技术条件和到货检测项目。

(2) 产品生产厂应加强配套元器件的质量控制，从源头保障供货质量。同时协助电力公司及供电公司加强现场安装培训，避免因发电及测试操作不当损坏设备。

(3) 用户分界负荷开关负荷侧无须安装隔离开关。若现场安装了隔离开关，则施工及运行中应严格执行以下规定：送电时"先合隔离开关、后合用户分界负荷开关"；停电时"先拉用户分界负荷开关、后拉隔离开关"。以减少隔离开关的分合闸引起的操作过电压对绝缘的危害。

(六) 用户分界负荷开关内置 TV 质量不良造成开关爆炸事故

1. 事故现象

某年 9 月 16 日，会城门变电站普惠路速断保护动作，开关掉闸，重合未出，手动未出，中断供电。经查发现普惠路 22/1 号杆用户分界负荷开关（北京市园林绿化局）外壳上盖爆裂，判定分界负荷开关已损坏。

2. 事故原因分析

根据现场检测及解体分析发现重要问题如下：

(1) 箱体盖板爆裂，单侧掀开，盖板密封油熔解，密封压条单边压歪。

(2) 零序电流互感器电源侧及负荷侧三相软连接均有烧痕，单片有断裂，螺栓烧蚀。

(3) 内置 TV 外壳炸裂，引线烧断，绝缘损坏匝间短路，外屏蔽变形脱落，绝缘纸烧毁。

(4) 真空管和隔离转轴熏黑。

(5) C 相进线套管炸裂。

(6) 相间隔弧板烧蚀并脱落（云母片）。

(7) A、B 相 TA 熏黑、烧灼。

(8) 控制器内有明显尘土。

(9) 机构罩打开后有异味。

(10) TV 局部放电严重超标。

结论：开关箱体密封压条压歪，导致 SF_6 泄漏，造成箱体内部件之间绝缘裕度下降；内置 TV 由于工艺原因绝缘强度不够，导致 TV 一次匝间短路，继而发生相间短路，是引起普惠路速断掉闸的直接原因。本故障开关的生产工艺和产品质量存在严重缺陷，不符合"订货技术条件"的要求。

3. 防范措施

(1) 用户分界负荷开关生产厂家必须严格落实"订货技术条件"的要求，确保产品质量，维护企业信誉。

(2) 加强设备交接试验工作，开展设备"抽样解体"检验工作，确保合格产品入网。

(3) 根据条件，开展产品监制工作，确保产品质量，保证电网安全运行。

(七) 用户分界负荷开关因产品质量不良造成变电站出线开关跳闸

1. 事故现象

2009 年×月×日，××供电公司××变电站××路速断动作，开关掉闸，重合未出，手动未出。经查发现××用户分界负荷开关外壳爆炸，判定用户分界负荷开关已烧毁。

2. 事故原因分析

为分析此次事故的原因，对爆炸开关进行了解体分析，情况如下：

(1) 开关箱体上盖四侧掀开，严重变形；密封润滑剂熔解；压条单边压歪。

(2) 零序电流互感器一次侧进线端及出线端三相软连接有烧痕，且单片有断裂。

(3) 内置 TV 引线断，外壳炸裂，绝缘损坏匝间短路，绝缘纸烧损，外屏蔽变形脱落。

(4) 真空管和隔离转轴熏黑。

(5) C 相进线瓷套管炸裂。

(6) 机构罩打开后有异味。

(7) 相间隔弧板烧蚀并脱落。

(8) A、B 相 TA 熏黑并烧灼。

通过对故障开关的解体分析可以推断本次故障原因为：内置 TV 由于工艺原因致使绝缘强度不够，密封性能不符合技术条件要求，因而造成 SF_6 泄漏，进而潮湿空气侵入，进一步降低了绝缘裕度，由于 TV 一次匝间短路，继而发生相间短路，造成开关爆炸，变电站出线开关跳闸。

3. 防范措施

(1) 加强招标管理，采购优质名牌产品。

(2) 加强电气设备的交接试验工作，把好产品质量关。

(3) 修改完善"招标订货技术条件"，提高设备选型水平。

(八) 隔离开关运行中载流元件过热引发的故障

1. 事故现象

某年夏天的一个夜晚，天气闷热，热汗涔涔，人们都到街旁去乘凉。急修班的电话铃声响起，供电局一位退休职工反映：南樱桃园路口东马路北侧电杆上的"刀闸"红了，赶快来看看，很危险。急修班到达现场，确认"刀闸"红得可怕，随时都有出大事故的可能，立刻向值班调度员报告，并要求转移负荷后处理。急修班根据调度命令将线路中、末段负荷倒出。调度命令牛街站值班员将半步桥路出线开关拉开，至此，10kV 架空线路半步桥路出线电缆及线路首段停电。

2. 事故原因分析

急修班工作人员登杆检查发现：①触头接触不良，"刀片"压紧弹簧未调整，弹簧处于松弛状态，造成触头接触电阻过大，而引起载流元件过度发热；②上次合闸操作时，由于用力不当，致使刀片没有合到位，造成动、静触头接触面积过小，电阻增大，致使载流元件过热，电缆线芯接线端子与刀闸连接所用固定螺栓之螺母旋紧程度不足，这也是引起载流元件过度发热的原因。

3. 防范措施

(1) 加强对施工人员的技术培训和思想教育，提高技术素质和事业心，保证施工质量，提高线路健康水平。

(2) 加强工程验收管理，提高验收水平。

(3) 在线路高峰负荷季节开展夜间巡视工作，做到及时发现缺陷及时处理，保证安全供电。

(九) 隔离开关误分闸造成线路缺相故障

1. 事故现象

某年夏天，一场狂风暴雨把马连道东街北口内一棵高大杨树刮倒，造成右安门变电站广外路速断跳闸，重合未出，手动试发失败，造成大面积停电。派去两个检修班抢修近两个小时恢复了供电。送电后，急修班接二连三地又接到多个从马连道北街一带打来的电话，反映缺一相电。急修班急赴现场查找原因，车行至广外路马连道东街分支线杆时，突然发现杆上的隔离开关有一具处于分闸状态，断定缺相就是由此引起的。急修班拉开上级线路分段负荷开关，合好处于分闸状态的隔离开关（一具），再合上刚刚拉开的分段负荷开关，线路恢复了正常供电。

2．事故原因分析

急修班工作人员登上电杆检查隔离开关，中相和西边相合闸状态良好，动、静触头接触紧密，合闸到位，闭锁挂钩就位正常，瓷件无损伤，瓷釉光滑均匀，无烧闪；东边相动、静触头略有烧痕（新痕），用0号砂纸打磨后可用，瓷件下裙稍有烧闪（不足$1cm^2$），闭锁挂钩良好，弹簧有效；经检查发现，刀片探入闸嘴深度不足（合闸未到位），致使闭锁挂钩未就位，当线路发生短路时，在电动力的作用下，造成隔离开关自动分闸。规程规定（实践已证明），隔离开关不允许拉、合短路电流。那么，在线路发生短路故障时，隔离开关自动分闸为什么没有造成更大的事故呢？只能这样理解：变电站开关分闸先于隔离开关分闸，这里有一个小小的时间差。

3．防范措施

（1）操作隔离开关必须做到合闸到位，拉闸到位。

（2）加强技术培训，提高倒闸操作知识，保证电网安全运行。

（3）加强巡视工作管理，提高巡视质量，防患于未然。

（十）隔离开关瓷瓶断裂引发的临时停电事故

1．事故现象

一日，东直门外某10kV用户电工来电反映，用户第一断路器（供、用双方产权分界刀闸，产权属供电方）瓷瓶断裂一只，情况很危险，请速处理。

2．事故原因分析

急修班来到现场，看到断裂下来的半截瓷瓶把弓子线坠得紧紧的，在狂风吹动下来回摆动，幸亏刀闸闭锁挂钩钩得实实在在，刀片才没有从刀嘴中滑脱出来，情况万分火急，班长命令工作人员将线路分段负荷拉开，并立刻向调度员说明情况，将刀闸换好后，线路恢复正常供电。将损坏刀闸带回单位进行原因分析。

从瓷瓶断裂处可以明显看出，断裂属陈旧性，断面上存有大量尘埃，断裂面积占瓷柱横截面的80%左右，从断裂下来的瓷瓶断面处可见到铁脚的基部，锈蚀严重，铁脚周围浇装的水泥（黏合剂）已酥松。将瓷瓶砸碎发现，瓷质较粗糙呈一般白色，不符合"细腻洁白"的要求，属劣质绝缘子。从以上分析得出如下结论：绝缘子在运输、搬运、安装中曾受损伤，产生轻微裂纹，潮气从裂纹中进入铁脚腔，潮气的进入加速了铁脚的锈蚀，钢铁生锈的过程，也是产生膨胀力的过程，这就促使裂纹进一步发展。加上瓷件、铁脚、胶合剂膨胀系数不一等因素的作用，最后导致瓷瓶断裂。

3．防范措施

（1）根据"订货技术条件"优选隔离开关。

（2）运输、搬运、安装电气设备应注意防护，保证设备不受损坏。

(3) 提高线路巡视质量，做到设备缺陷早发现，早处理，保证线路安全运行。

（十一）隔离开关结构问题造成晚送电事故

1．事故现象

某年11月的一天，南苑变压站南顶路的某分支线计划大修，为了提高供电可靠率，减少停电时·户数，开工前，先停该支线负荷（7台柱上变压器，1个10kV用户），然后将该支线首端隔离开关拉开，验电、挂接地线后开工。工作完毕恢复送电时出了问题，隔离开关合不上，经细致观察发现，静触头的方向发生了改变（电源侧），动、静触头不在一条直线上，工作人员用绝缘棒校正无效，最后只能将该隔离开关的上级开关（线路分段开关）拉开，隔离开关经修理后，恢复了线路的正常供电，晚送电43min。

2．事故原因分析

停电修理故障隔离开关时发现，开关支柱绝缘子铁靴只设单孔与开关底座通过螺栓固定。开关运行年久，弹簧垫锈蚀失效，隔离开关拉开后，支柱绝缘子在弓子线（跳线）受风力作用后，带动支柱绝缘子转动，由此造成静触头方向改变而不能合闸。因此可以看出，产品结构设计存在问题，应进行改进。

3．防范措施

（1）"产品订货技术条件"应增加一项技术要求，即隔离开关之支柱绝缘子与底座固定应采用双螺栓，避免以单螺栓为圆心造成绝缘子转动的故障。

（2）施工安装应坚持以单螺栓固定支柱绝缘子的隔离开关拒绝安装，运行单位拒绝验收。

（十二）低压单极隔离开关（双刀片中串接熔片）熔片频繁熔断造成的停电事故

1．事故现象

某年夏季，天气炎热，居民空调负荷骤增，配电变压器二次侧熔片熔断故障每天都有数十次，急修班忙得不可开交，运行班组也投入到故障抢修之中。急修班多部电话铃声不断。一位居民在电话中大声喊道："你们干得了干不了！白天，保险断了两次，现在又断了，你们是糊弄还是怎么着？天气这么热，老人受不了，请你们赶快来！如果再修不好，我们就去政府告状！"说罢，电话挂了。

2．事故原因分析

20世纪80年代以前，有关规程规定："三相75kVA、单相25kVA及以上的配电变压器，二次侧应装隔离开关。保险台（户外式低压熔断器，如图2-8-1-3所示）应装在隔离开关的负荷侧，无隔离开关者应装在固定低压引线的针式绝缘子的外侧，保险台应有绝缘线过河弓子（防保险台脱落）。"

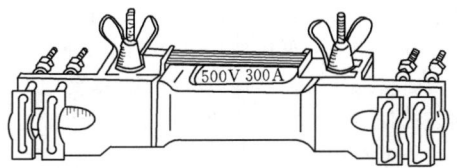

图2-8-1-3 户外式低压熔断器外形图

从图2-8-1-3不难看出，户外式低压熔断器压线简陋，压力不够，而压线费时费力，常因接触电阻过大而烧断导线，事故频发。在技术革新热潮中，有人提出将隔离开关改为所谓"刀熔式隔离开关",即在"双刀片"隔离开关的定型产品基础上,将刀片中间截断适当长度,形成断口,再用机械强度高、绝缘强度高的绝缘板将已断开的刀片连为一体(保持原断口距离),在此断口处安装熔片,如图2-8-1-4所示。

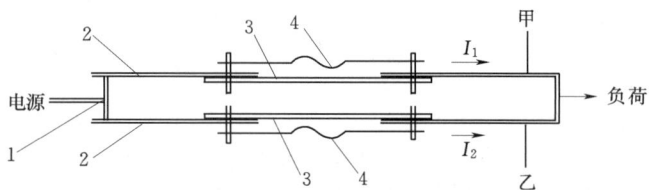

图2-8-1-4 "刀熔式隔离开关"示意
1—静触头;2—动触头(刀片);3—绝缘板;4—熔片

图2-8-1-5 低压刀熔式隔离开关外形图

从图2-8-1-4可看出,电源导线、线路(负荷)导线可使用接线端子与隔离开关实现可靠连接,简单省时省力;熔片使用"元宝型螺母"固定在刀片上,简单省事。从表面上看,这种改革应是比较成功的,但事实并非如此。现以10kV/0.4kV、Yyn0接线、三相200kVA配电变压器为例,该变压器二次侧额定电流为289A,根据规定,变压器二次侧应配置300A熔片,则每个刀片上装一片150A熔片即可。如果两只熔片的四个压点压力相同,接触电阻绝对一致,则负荷电流由两只熔片中通过,且各承担50%负荷电流,这是理想状态,是我们希望的。但事实是办不到的。因为螺栓丝扣得不标准,加之用力手感不一,所以四个压点的接触电阻绝对一致就成为永远不可能。

假如:甲刀片上的熔片的接触电阻为R_1,乙刀片上的熔片的接触电阻为R_2,且$R_2=2R_1$,根据电工学理论,则

$$R_1 I_1 = R_2 I_2$$
$$R_1 I_1 = 2R_1 I_2$$
$$R_1 I_1 / R_1 = 2R_1 I_2 / R_1$$

故 $I_1 = 2I_2$

如果变压器二次输出负荷为300A,则甲刀熔片通过200A,乙刀熔片通过100A。根据熔片动作性能:通过1.3倍额定电流时,1h内不熔断,2h内必须熔断;通过1.6倍额定电流时,0.5h内熔断;通过2倍额定电流时,1min内熔断。

通过上述分析可知:在变压器二次输出300A的前提下,甲熔片通过200A(甲熔片额定电流为150A),两小时内肯定熔断。这时,300A的负荷电流全部转移到乙熔片上,所以乙熔片会很快熔断,造成中断供电。所以,"刀熔式隔离开关"是不可用的。

3. 防范措施

为了科学地解决柱上配电变压器二次保护问题,以操作方便、安装简单、造价便宜、运行可靠为目标,笔者研制开发了GW₄-0.5型户外低压三柱刀熔式隔离开关,解决了安装麻烦、费时费力、分流不均、事故频发等弊端。二十多年的运行实践已证明是非常可靠的,现在全国大部分地区已推广应用。其外形见图2-8-1-5。

三、跌落式熔断器故障排除实例

(一) 跌落式熔断器(熔丝未熔断)自行掉管故障

1. 事故现象

一日,天气晴朗,风和日暖。突然,一低压用户电工打来电话,反映电源缺相,车间已停工,要求赶快处理。急修班赶到现场发现,供电变压器高压侧中相"掉管"。急修班工作人员用"闸杆"轻轻地将熔管摘下,经反复检查未发现异常(熔丝未断、熔管两端铜套附件固定良好)。班长决定将变压器停下,做熔管拉、合试验。拉、合试验证明熔管长度不合适(管短),工作人员将熔丝铜辫固定螺栓施松,熔丝退出,然后将熔管两端铜套之间距离适度调长,再行拉、合试验,动、静触头接触紧密,配合适当,最后合闸送电,一切正常。

2. 事故原因分析

跌落式熔断器非熔丝熔断自行掉管的原因可归纳为以下几点。

(1) 熔管的长度与熔断器上、下固定的接触元件尺寸配合不当所造成,应通过调整熔管两端铜套之间的距离来实现良好的配合。

(2) 由于合闸操作疏忽大意,熔管未合到位,造成动、静触头配合不好而熔管自掉。熔管合上以后,用闸杆勾头轻压上盖,再拉熔管不掉即可。

(3) 熔断器上盖的弹簧压力过小,或上盖熔坏、磨损,挡不住熔管而脱落。应及时更换熔断器。

(4) 熔丝质量不良,熔丝从压箍(熔丝与铜辫结合部)中拔出而使熔管自掉。应选购质量优良的熔丝。

(5) 树枝与熔断器距离过近,在大风天,树枝摆动掀动熔断器上盖而造成熔管自掉。应及时修剪与熔断器距离过近的树枝。

(6) 熔管质量不佳,受潮、雨淋后熔管变形(由直变弯)造成掉管。应选购质量合格产品。

3. 防范措施

(1) 跌落式熔断器、熔丝订货应选用优质产品。

(2) 熔断器安装,应做合、拉试验,保证尺寸配合适当。

(3) 熔丝两端固定牢固,不得松弛。

(4) 及时修剪树枝。

(5) 加强巡视,提高巡视质量。

(二) 跌落式熔断器熔丝熔断造成的故障

1. 事故现象

一日,用户反映没电。急修班赶到现场发现,供电配电变压器10kV侧跌落式熔断器两只熔管跌落。

2. 事故原因分析

配电变压器在运行过程中,如果出现因高压熔丝熔断而造成熔管自行跌落,此时不可采取盲目强行恢复送电的做法,应根据不同的情况采取不同的处理方法。

(1) 熔管中的高压熔丝,对变压器的内部故障起着保护作用。当发现一只熔管自行跌落,且属于熔丝熔断所致时,

再次送电的方法为：重新换好高压熔丝，把低压侧刀闸拉开，使变压器处于空载状态，然后试送电，将跌落保险动、静触头缓缓接触，观察动、静触头之间所产生的电弧。完好的变压器，由于此时只有空载电流，动、静触头之间不会产生大的电弧。说明熔管自行跌落的原因是由于熔件使用过久劣化，难以承受标定的电流所致，因此可将熔管迅速合闸到位。为安全起见，送电后可将闸杆一端搭在变压器箱体上，耳朵贴近闸杆的另一端，仔细听一听送电后变压器声音是否正常。如果动、静触头之间弧光强烈，要迅速拉开尚未合到位的熔管。

(2) 当一只熔管因熔丝熔断而自行跌落，在变压器空载状态下试送电，动、静触头之间弧光很大时，或两只其至三只熔管均因熔丝熔断而同时跌落时，应认为变压器内部有故障，决不可盲目送电，以免造成故障进一步扩大。处理方法是用 2500V 绝缘电阻表测量变压器的绝缘电阻，一次对二次及地不应低于 300MΩ，二次对地不应低于 10MΩ；必要时用单臂或双臂电桥测试变压器绕组直流电阻，以进行科学判断。直流电阻标准是，相间绕组直流电阻的差别，一般不大于三相平均值的 4%。

(3) 当通过仪表检测，确认变压器无问题时，应检查低压熔片容量是否过大，要确认高压熔丝熔断是否由于低压线路短路越级引起；另外还要对油面及外部环境等进行全面详细检查，尤其不可忽视对跌落式熔断器负荷侧的母线、绝缘子、避雷器等进行检查，当确认无问题时，方可试送电。

3. 防范措施

(1) 提高故障分析、判断能力。

(2) 正确地使用仪表，掌握判断标准。

(三) 跌落式熔断器熔管烧毁故障

1. 事故现象

某日，低压电力用户来电反映停电了。经查：该地区没有安排停电，确认属故障停电。急修班紧急出车直奔现场，发现供电变压器跌落式熔断器三只熔管自动跌落，且其中两只熔管烧断，动触头掉在地面上。工作人员拉开变压器低压侧刀闸，又用闸杆将三只熔管摘下，三条熔丝均烧熔。后检测变压器一次对二次及地绝缘电阻，其值为零，确认变压器已烧毁。为什么熔管也烧断了呢？

2. 事故原因分析

变压器烧毁原因另章分析。此处仅分析熔管烧毁原因。

(1) 熔管内之消弧管质量不佳或严重受潮后，灭弧能力降低，造成熔管烧断。

(2) 熔管烧坏大多是由于熔丝熔断后不能迅速跌落所造成的，应参阅本节"四、跌落式熔断器熔丝熔断熔管不能迅速跌落引发的 10kV 线路短路事故"中所述方法进行排除。

(3) 在较大电网中，如果熔断器规格选择不当，当短路电流超过熔断器的遮断容量时将使熔管烧坏。

3. 防范措施

(1) 采购订货选用优质产品。

(2) 熔管不能迅速跌落的排除措施见本节"四、跌落式熔断器熔丝熔断熔管不能迅速跌落引发的 10kV 线路短路事故"。

(3) 熔断器的遮断容量应大于使用地点电力系统的短路容量。

(四) 跌落式熔断器熔丝熔断熔管不能迅速跌落引发的 10kV 线路短路事故

1. 事故现象

某年清明节过后，天天刮风。一日，值班调度员下令：西单变电站创新路速断动作，开关掉闸，重合发出，请安排查线。挂上电话，铃声即刻响起，一低压用户反映：我们单位三相电源缺一相，有电的两相，相电压不足 200V，请赶快处理。急修班到达现场发现：该变压器属某户专用，三相 50kVA，北边相跌落式熔断器动、静触头分离约 80mm，卡在此处未跌落到位，且北、中两相上盖有放电烧痕；还发现北相避雷器上接线端子处挂有一条约 50mm 长的锡箔纸随风飘动。急修班先将变压器停电，用闸杆将故障相熔管取下，检查熔断丝为 7.5A，符合规定，更换 7.5A 新熔丝；检查熔管"转轴"非常粗糙，用砂纸打磨光滑；取下锡箔纸，仔细观察有烧痕；检测变压器、避雷器、绝缘子等均正常，最后试送电成功。

2. 事故原因分析

由于锡箔纸带电接地，造成本相熔断器熔丝熔断放弧，在熔断器动、静触头分离时（熔管内电弧尚未熄灭）产生的电弧被北风吹向中相，造成 10kV 线路短路，变电站开关掉闸（电弧熄灭），重合成功。

3. 防范措施

(1) 采购订货应选用优质产品。

(2) 安装跌落式熔断器，应使瓷件轴线与地面垂线之间保持 15°～30°的俯角，以保证在熔丝熔断后能借助熔管自重实现快速跌落；安装完毕，应进行拉、合试验，熔管长度适当、转轴转动灵活、触头接触紧密，不得出现熔管跌落卡阻和自行掉管故障。

(3) 熔断器遮断容量应满足使用地点短路容量要求。

(五) 跌落式熔断器熔丝选用不当造成越级跳闸事故

1. 事故现象

某 10kV 用户由转角楼开闭站出线之和平里路（架空线路）供电。用户所用配电变压器为三相 200kVA、10kV/0.4kV、Yyn0 接线。一日，因低压开关柜进线（下进线）总开关电源侧爬入一只老鼠，造成低压相间短路，而变压器高压侧所配用的 RW_3-10/100A 型跌落式熔断器的熔丝却没有熔断，造成和平里路出线开关过流保护动作掉闸（越级）。

该用户选用的熔断器为 RW_3-10/100A 型跌落式熔断器，经检查发现所使用的熔丝是 50A，三相熔丝都完好无损。可见，本熔断器对线路（上级）及变压器没有起到保护作用，造成越级跳闸。

2. 事故原因分析

经计算，在低压总开关电源侧发生短路，三相短路电流的起始值可达 7.6kA，折算到变压器高压侧为 304A。经查表得知：跌落式熔断器使用 50A 熔丝，当通过 304A 时最小熔断时间为 1.1s，而上级开关过流保护的整定值为 300A，时限为 0.3s。这显然是由于跌落式熔断器熔丝选用不当造成的事故。

3. 防范措施

(1) 变压器一次侧熔丝选用原则：100kVA 及以下者按额定电流的 2～3 倍选择；100kVA 以上者按额定电流的 1.5～2.0 倍选择。

(2) 变压器二次侧熔片选用原则：按额定电流选择。

(六) 跌落式熔断器接触不良引发的误换变压器

1. 事故现象

某年夏季，运行人员巡视变压器时，发现一台柱上变压器声音异常，当即向班长汇报，班长很快带领工区主任和工程技术人员来现场鉴定，一致认为变压器声音不正常。故决定更换变压器，旧变压器退修理厂试验。

变压器更换后，即行送电，当合好三只熔断器后，还没合低压刀闸，即空载运行，发现新变压器响声仍异常。

2. 事故原因分析

旧变压器运行声音异常，换上新变压器运行声音仍异常，这时人们的注意力才想到熔断器。班长拿起闸杆，用钩棒一端用力地顶熔管上端。顶第一只声音没有变化，顶第二只声音仍没有变化，当顶第三只时，异常声音消失，松开闸杆，异常声音又出现了。反复进行了几次，都是这样。最后判定：因熔断器动、静触头接触不良引起断续放电，使该相电流不稳，励磁断续冲击，因此发生异常声音。更换熔断器后，一切恢复正常。

3. 防范措施

对线路及设备出现的异常运行应进行全面的、细致的、科学的分析，从而得出正确的判断。切忌主观臆断、盲目行动。

(七) 跌落式熔断器瓷件 (绝缘子) 断裂引发 10kV 线路接地故障

1. 事故现象

某年夏季的一天，晴空万里，烈日炎炎，汗如雨下，闷热难忍。顿时，阴云密布，乌云压顶，天黑得让人可怕。突然间，一条条电蛇从天空中掠过，放射出令人生畏的耀眼的白光，震天动地的雷声使人胆战心惊，疾风暴雨接踵而来。就在这时，调度员下令：前门站菜市口路接地，请安排查线。急修班查至西草厂街发现，06 变压器台架中相跌落式熔断器瓷件断裂，下半截吊在空中随风摆动，上半截倒在横担（铁担）上，接线端子与横担搭接，造成 10kV 线路接地。急修班工作人员用带电作业工具将其挑开，变电站接地信号消失，并更换了熔断器。

2. 事故原因分析

故障熔断器安装板与瓷件组合属浇装结构，因瓷件、安装板、胶合剂三者膨胀系数不一，运行年久，瓷件将产生裂纹，加上多年拉合操作，在冲击力的作用下，裂纹逐步严重，因裂纹较深，在雨水天气，裂纹中进水，泄漏电流增大，运行温度越来越高，最后导致熔断器炸裂。

3. 防范措施

(1) 结合线路大修、城网改造，应将陈旧的熔断器更换为瓷件为实心式的熔断器，如 $RW_{11}-10/200A$ 型跌落式熔断器。

(2) 加强对运行工作质量考核、提高线路巡视质量，把事故消灭在萌芽状态，提高线路的安全运行水平。

四、避雷器故障排除实例

(一) 避雷器接地引下线断裂造成的事故

1. 事故现象

某日 6 时 20 分左右，一个震耳欲聋的直击雷打在一条 10kV 配电线路上。当时，离配电变压器仅 60m 的大圳灌区管理所内，有 3 个人围着一张办公桌在算账，随着雷声，一齐倒地。

2. 事故原因分析

接到事故报告后，供电公司急修班立即赶到现场检查和分析。检查发现配电变压器的 10kV 侧避雷器有两只已经粉碎性爆炸；接地引下线在离地面 15cm 处（原来焊接的地方）烧断。据农村电工反映，该处烧断已近一年时间。接地引下线上下有一个 6cm 长的断口。发现这种情况后，农村电工不是按规定更换接地引下线，而是用一根 8 号铁丝缠绕在接地引下线断口的上下端，铁丝已严重锈蚀，致使避雷器、变压器低压中性点及变压器外壳处于无接地状态。

在三相负荷不平衡时，各相用电设备承受的电压不相等，致使电灯随着负荷的不断变化而时亮时暗。这一现象已出现了四五个月之久，但电工找不出原因，也不向供电部门反映，还向用户错误地说是电网电压不稳定。这样，当雷击线路时，尽管避雷器能可靠动作，但强大的雷电流无法入地，极高的雷电冲击电压就沿低压配电线路传到屋内，击穿空气而引起了 3 个人同时被雷击的事故。在现场发现，照明灯头离桌面只有 30cm 高；死者头部离灯头 10～15cm 远；灯泡已粉碎性爆炸；灯头内的绝缘胶木已严重炭化成粉末状；死者头部、手及脚板有严重烧焦痕迹。死者当时均穿布鞋踩在非常潮湿的泥土地上。经鉴定分析，确认这是一起因配电变压器低压侧及避雷器无接地而造成的雷击触电事故。

3. 防范措施

(1) 提高线路巡视质量，发现问题及时解决。

(2) 开展线路安全检查，落实"防雷与接地"要求，保证线路安全运行。

(二) 阀型避雷器在运行中爆炸

1. 事故现象

某日，春光明媚，万里无云。16 时整，急修班突然接到电话：东单路口北变压器台上的两只避雷器爆炸，地面上到处都是碎裂的瓷片，我们这里停电了，请速来修理。急修班赶到事故现场发现，变压器台上 A、C 相跌落式熔断器熔丝熔断，熔管跌落；与其相对应的（A、C 相）两只阀型避雷器发生粉碎性爆炸，阀片、火花间隙、瓷片散落于地面上；急修班清理现场后，首先更换（补装）避雷器，之后又对变压器进行检测，确认无问题，送电成功，恢复正常供电。

2. 事故原因分析

经与调度联系得知：前门站崇文门路于 15 时 44 分发生单相（B 相）接地，且时接时不接，到 17 时 32 分接地信号彻底消失。

前门站 10kV 中性点属经消弧线圈接地系统，当发生单相接地时，非故障相对地电压升高到线电压，由于间歇性电弧接地，这种过电压值最高可达到相电压的 2.3 倍。虽然避雷器承受的电压小于其工频放电电压，但持续时间较长的接地弧光过电压会引起避雷器爆炸。

还有以下几种原因也可能引起避雷器爆炸：

(1) 当线路遭受雷击时，虽然避雷器能正常动作，但因避雷器本身的火花间隙灭弧性能差，当间隙不能承受恢复电压而被击穿时，电弧便会重燃，工频续流将再度出现，阀片电阻烧坏，引起避雷器爆炸。

(2) 由于避雷器阀片电阻不合格，残压虽然降低，但续流却增大,间隙不能灭弧而引起爆炸。

(3) 由于避雷器的密封橡皮垫圈与瓷套端部接合处松动或裂纹,因密封不严而受潮引起爆炸。

3. 防范措施

(1) 开展避雷器预防性试验工作,将试验合格的避雷器在雷雨季节前投入运行,或开展定期轮换工作。

(2) 有条件时,将阀型避雷器换为氧化锌避雷器。

(3) 有条件时,结合城网、农网改造,将裸导线换为绝缘线,减少线路接地机会。

(4) 加强反外力事故宣传工作,减少线路接地次数,确保线路安全运行。

(三) 10kV 空载线路末端未装避雷器引发的雷击断线事故

1. 事故现象

一天 18 时左右,电闪雷鸣,暴雨如注。突然,随着一道耀眼的闪电和一声震耳欲聋的雷声,天坛变电站永外路速断掉闸,重合未出,手动未出。经急修班检查,木樨园桥北 27/6 号杆(西支线终端,无负荷)悬式绝缘子严重烧闪,三条导线短路烧断落地(LJ-50×3)。急修班将 27 号杆西支线之弓子线拆除,永外路及时恢复了供电。

2. 事故原因分析

永外路 27 号杆西支线属防雷空白点(未装避雷器——临时用电变压器台停用形成)。当线路落雷时,雷电波行进至终端杆,因此处未装避雷器,强大的雷电流无法泄入大地,雷电波就折射回去,形成折射过电压,是原雷电压的两倍,导致瓷绝缘烧闪、导线短路断线。

3. 防范措施

(1) 雷雨季节前完成防雷设施检查及处理缺陷工作,线路不得出现防雷空白点。

(2) 供电企业负责用电检查工作的部门,应在做好用电检查工作的同时,加强线路专业知识的提高,建立内部联系机制,共同做好安全供电工作。

(3) 线路巡视应特别注意临时用户用电设施的变化情况,根据具体情况,采取有效的措施,保证线路安全供电。

(四) 配电变压器防雷措施不完善造成的变压器烧毁事故

1. 事故现象

一天中午,一道强光划破天空,顿时雷声轰鸣、某用户电工突然发现柱上配电变压器(三相 250kVA,10kV/0.4kV,Yyn0)高压跌落式熔断器 B、C 相熔管跌落,变压器油枕喷油,全厂停电。几小时后,请来的专家和修试人员用手触试变压器外壳时,变压器外壳依然烫手;用 2500V 绝缘电阻摇表测量其绝缘电阻:高压对地 0Ω,高压对低压 0Ω,低压对地 0Ω;变压器油呈黑色,打开油枕上盖,可闻到强烈的烧焦味,可以肯定该变压器已烧坏。检查发现,B、C 相熔丝已烧熔,10kV 母线上装有三只 FS$_4$-10 型阀型避雷器,测得绝缘电阻均为 1600MΩ;变压器低压中性点、变压器外壳、避雷器接地端三位一体共同接地,接线良好,接地电阻实测值 3.4Ω。

2. 事故原因分析

大量研究和运行经验表明,Yyn0 接线变压器仅在高压侧采用避雷器保护时,在雷电波作用下仍有损坏现象。一般地区年损坏率为 1%,在多雷区可达 5% 左右,在个别

100 多个雷暴日的雷电活动特殊强烈地区,年损坏率高达 50%,究其主要原因,乃是雷电波侵入配电变压器高压侧或低压侧绕组所引起的正、逆变换过电压造成的。

逆变换过电压。所谓逆变换过电压,当 10kV 侧侵入雷电波,引起避雷器动作时,在接地电阻上流过数值很大的冲击电流,产生压降 IR_{ch}。这个压降作用在低压绕组的中性点上,使中性点的电位抬高。当低压线路比较长时,低压线路相当于波阻抗接地,因此在中性点电位作用下,低压绕组将流过较大的冲击电流,三相绕组中流过的冲击电流方向相同、大小相等,它们产生的磁通在高压绕组中按变压器匝数比感应出数值极高的脉冲电动势。三相的脉冲电动势方向相同、大小也相等(假定三相磁路对称)。由于高压绕组接成星形,且中性点不接地,因此在高压绕组中,虽有脉冲电动势,但无冲击电流。冲击电流只在低压绕组中流通,高压绕组中没有对应的冲击电流来平衡,因此低压绕组中的冲击电流全部成为励磁电流,产生很大的零序磁通,使高压侧感应很高的电动势。由于高压绕组出线端电位受避雷器残压固定,这个感应电动势就沿着绕组分布,在中性点幅值最大,因此中性点绝缘容易击穿。同时,层间和匝间的电位梯度也相应增大,可能在其他部位发生层间和匝间的绝缘击穿。这种过电压首先是由高压进波引起的,再由低压电磁感应至高压绕组,通常称之为逆变换。

正变换过电压。所谓正变换过电压,即当雷电波由低压线路侵入时,配电变压器低压绕组就有冲击电流流过,这个冲击电流也同样按匝数比在高压绕组上产生感应电动势,使高压侧中性点电位大大提高,它们层间和匝间的梯度电压也相应地增加。这种由于低压进波在高压侧产生感应过电压的过程,称为正变换。

3. 防范措施

(1) 在配电变压器低压侧安装避雷器。运行经验和试验研究表明,对绝缘良好的配电变压器,仅在高压侧装设避雷器时,仍会发生由于正、逆变换过电压造成的雷害事故。这是因为高压侧装设的避雷器对于正变换或逆变换过电压都是无能为力的。正、逆变换过电压作用下的层间梯度电压与变压器的匝比成正比,与绕组匝数的分布有关,绕组首端、中部和末端均有可能损坏,但以末端最危险。低压侧加装避雷器可以将正、逆变换过电压限制在一定范围之内。

(2) 采用 Yzn11 接线配电变压器。由上述所述,不管是正变换过电压,还是逆变换过电压,均是由于低压绕组中有冲击电流,并在高压绕组中感应出高电压而损坏变压器的。所以若能减小或消除低压绕组中的冲击电流,就能降低或消除正、逆变换过电压。低压绕组采用曲折星形连接或称 Z 形连接可以实现这个目的,通常采用的连接方式是 Yzn11 组别。

Yzn11 连接的变压器,其高压侧接线与 Yyn0 接线的连接方法相同,都是星形接线。但低压绕组连接则不同,Yzn11 为曲折星形连接。曲折星形连接是把每一相绕组均分成两个相等的部分,成为两个半绕组分别绕在两个铁芯柱上,而把一个铁芯柱上的半绕组与另一个铁芯柱上的半绕组反向地串连起来,成为相绕组,再按星形连接法,把三相绕组的末端接在一起。

Yzn11 连接的配电变压器,当其低压三相进波或高压侧进波(单相、两相、三相进波)时,每个铁芯柱上有两个半绕组,这两个半绕组中流过的冲击电流大小相等,但方向相

反,因此,这种绕组形成的冲击零序阻抗小,约为2Ω。冲击电流在每一个铁芯柱上的总磁动势几乎为零,无论流过低压绕组的冲击电流有多大,每个铁芯柱上的总磁动势都等于零,磁通也就等于零,从而在高压绕组中几乎没有正、逆变换过电压。

由于Yzn11接线配电变压器具有良好的防雷性能,因此被称为防雷变压器。

(五)配电变压器二次侧中性点、金属外壳及避雷器接地错误造成变压器烧坏事故

1. 事故现象

一天下午4点许,风雨大作,电闪雷鸣,某工厂突然全厂停电。经检查,柱上配电变压器高压侧三只熔断器跌落,全密封变压器压力释放阀喷油。经检测,高压绕组对地450MΩ,高压绕组对低压绕组50MΩ,低压绕组对地0Ω。手触油箱仍然烫手,认定变压器烧坏。

2. 事故原因分析

经检查,配电变压器10kV侧装有三只FS_4-10型阀型避雷器,摇测绝缘电阻均在2000MΩ以上;实测接地电阻7.3Ω(变压器容量100kVA,10kV/0.4kV,Yyn0);FS_4-10型避雷器的接地线和变压器外壳连在一起接地,而变压器二次侧中性点接地线接在单独装设的接地极上。

FS型3~10kV阀型避雷器在5kA下的残压U_5一般不大于17~50kV,等值电阻为3.4~10Ω。配电变压器的工频接地电阻R为4~10Ω(10Ω适用于100kVA及以下的变压器),所以它和避雷器的等值电阻处在一个数量级上。为了避免雷电流流过R时产生的压降IR与U_5叠加作用在变压器绝缘上,所以将FS_4-10型阀型避雷器的接地线与变压器外壳连在一起接地。这时作用在变压器10kV侧主绝缘上的只有FS_4-10型阀型避雷器的残压了。但接地体和接地引下线上的压降将使变压器外壳电位大为抬高,由此发生变压器外壳向380V/220V低压侧的逆闪络,造成变压器烧坏。因此,必须将变压器低压侧中性点、变压器外壳、避雷器接地端连在一起,共同接地。这样,"水涨船高",三者处于同一电位,低压侧电位也被抬高,外壳与低压侧之间就不会发生闪络击穿了。

3. 防范措施

DL/T 5220—2005《10kV及以下架空配电线路设计技术规程》规定:"配电变压器的防雷装置应结合地区运行经验确定。防雷装置位置,应尽量靠近变压器,其接地线应与变压器二次侧中性点及金属外壳相连并接地。"

(六)氧化锌避雷器电阻片老化引起10kV架空配电线路接地

1. 故障现象

2009年5月7日3时55分,当时正值雷雨天气,110kV长林变电站所带10kV架空配电线路——木北路发生单相接地,变电站出线开关未掉。经查发现木北路97支4号杆变台母线南边相氧化锌避雷器硅橡胶外套碎裂(型号:HY_5WS_1-17/50)。阀片损坏严重。

2. 故障原因分析

金属氧化物避雷器(简写为MOA)之主要元件是金属氧化物非线性电阻片(简写为MOV),MOV的主要成分是氧化锌(ZnO),因而,俗称MOV为氧化锌阀片,故此,人们称MOA为氧化锌避雷器。

MOV在长期持续电压的作用下,通过MOV的电流I随电压作用时间t之增长而上升,这将使MOA的损耗增大,对其运行不利,此现象称为MOV的老化。

这种老化的程度可用下式估算

$$J_d = J_0(E)(1+h\sqrt{t})$$

$$h = h_0(E)\exp\left(\frac{-W_d}{KT}\right)$$

$$h_0(E) = H_0 E^n$$

式中 $J_0(E)$——在电压梯度E作用下流过MOV的起始传导电流密度;

J_d——在E作用下经时间t后流过MOV的传导电流密度;

h——MOV的老化率;

W_d——MOV的老化激活能;

K——玻尔兹曼常数;

T——绝对温度;

H_0、n——与MOV试品性能有关的常数,一般可取$H_0 = 2.3\times10^{-6}$,$n = 2.6$。

由此可知,伏安特性的蠕变是外施电压和工作温度的联合作用,导致MOV微观结构中晶界层的界面势垒降低,传导电流不断增大之故。当然,也不排除与MOV的配方、工艺及晶相结构有关。

MOV的老化,会使MOV的发热功率加大,导致MOV加速老化,热稳定性能变坏。MOV老化的最终结果会在持续运行电压或过电压作用下,失去热稳定,因热崩溃使MOA损坏。

分析认为,该避雷器碎裂属MOV配方和工艺不当所造成。

3. 防范措施

(1)氧化锌避雷器采购,应在调研考察的基础上,并根据运行经验,择优选厂,确保产品质量。

(2)避雷器生产厂必须严格执行MOV配方、烧结工艺,加强全面质量管理,为用户提供优质产品。

(3)在运行中,应严格控制系统电压,以延长避雷器的使用寿命,提高供电可靠性。

(七)氧化锌避雷器传导电流大,造成外护套热击穿,避雷器进水导致线路接地

1. 故障现象

2009年5月2日12时55分,35kV××变电站10kV××路发生接地。经查发现该路68支10再支9号杆氧化锌避雷器外护套炸裂(型号:HY_5WS_2-17/50)。更换避雷器后,线路接地信号消失,线路恢复正常供电。

2. 故障原因分析

氧化锌避雷器的主要元件——电阻片是以氧化锌为基体(占总摩尔数的90%以上),掺入少量的氧化铋、氧化钴、氧化锑、氧化锰、氧化铬、氧化铅、氧化硼、氧化亚镍等金属氧化物组成。在制作中,按配方配料、经混合、加添加剂、造粒、成型后,在1250℃高温下烧结成阀饼,若干阀饼叠装成柱,两端安装接线柱。然后,用绝缘带滚胶液包绕制成芯棒,此工艺有利于排出芯棒内存空气,避免引发局部放电,造成避雷器损坏。芯棒干燥后,其外部进行机加工整形,涂覆偶联剂后,置于真空浇注机内,经热压浇注,硅橡胶外套成型。

氧化锌电阻片（MOV）在长期持续电压的作用下，其伏安特性将逐步变差，通过MOV的电流I将随电压作用时间t的增长而增大，MOV的发热功率随之上升，当单位时间的发热大于散热时，MOV温度急剧上升，最后达到MOV不能承受而损坏。有时，MOV温升过高，也会造成硅橡胶外套热击穿，使外套产生微小的孔洞或裂纹，潮湿空气或雨水进入腔内，更加剧了MOA的热崩溃，导致避雷器炸裂。但是，有些氧化锌避雷器投入运行时间并不长，也曾出现过炸裂事故。分析认为，凡属这种情况，一般都是因为MOV配方和工艺控制不当所造成。

3. 防范措施

（1）生产厂商应严格控制MOV配方，从严工艺过程管理，落实"订货技术条件"要求，确保产品质量。

（2）运行单位应严格电压管理，把变电站母线电压控制在规定范围内。

五、并联电容器故障排除实例

（一）电容器运行电压过高造成相间短路事故

1. 事故现象

某低压电力用户有一面电容器自动补偿柜，用了一段时间，自动控制失灵，后来改用手动投切。运行人员为了观察功率因数变化情况，连续几次投切电容器。最后一次投入时，柜里的熔断器发生了爆炸。

2. 事故原因分析

事故发生后，对现场进行了全面的查看。三相熔断器都爆炸；控制电容器的接触器两个触头已焊死。根据上述现象，判定事故是由相间短路引起的。经认真检查认定，除电容器外，其他地方不可能发生短路。用绝缘电阻表（兆欧表）测量电容器的各相对地电阻，发现有一只电容器的三相对地电阻都为零，三相已严重接地，造成相间短路。按理电容器的寿命不会这么短。经分析认为，造成电容器短路的原因是该厂电压长期过高（经常在420V以上），在控制器失灵后，过压保护不起作用，电容器长期在过压下运行；再者，操作者在投切电容器时，投切速度过快，没有等电容器很好放电，这样反复投切，也使电容器形成过电压，加速了电容器的击穿。因此造成相间绝缘击穿短路事故。

3. 防范措施

（1）电容器投入运行要设过电压保护。

（2）电容器组投入运行前应检查放电回路。

（3）在放电回路正常的情况下，电容器组分闸后再次合闸，其间隔时间不应小于5min。

（4）定期测量电容器的电容和介质损耗角正切值。

（5）选择配用性能优良的断路器。

（二）电容器搬运、安装方法不当造成电容器渗、漏油故障

1. 事故现象

某小区配电室在建设过程中，运行人员曾进行多次中间检查。一次，运行人员刚到现场，发现施工人员手提电容器套管从室外走来（一手提一只），运行人员当即对当事人进行了严厉的批评，并予以纠正。工程竣工验收时，发现12只电容器中有4只存在渗、漏油现象，且其中2只漏油严重。

2. 事故原因分析

工程中间检查发现施工人员用一只手提拿套管，造成套管与外壳交接处受伤，产生裂纹，导致电容器渗油；电容器连接引线过硬、过短，连接后使套管承受横向外加应力，造成套管焊接处损伤，产生裂纹，致使电容器渗、漏油。

3. 防范措施

（1）搬运电容器，严禁提拿套管。

（2）电容器端子的连接引线宜采用软铜绝缘线，长短适当。连接后不应使套管承受横向外加拉力。

（3）接线时不要扳、摇套管，旋紧螺母时勿用力过猛，接线应牢固。

（三）电容器"鼓肚"未及时处理酿成电容器爆炸事故

1. 事故现象

某单位运行值班电工在例行巡视中发现电容器有"鼓肚"（油箱膨胀）现象，本应向班长汇报，可是班长当天请假未上班，只好向动力设备科陈科长汇报。科长听完情况说："现在快5点了，眼看就要下班了，又是星期五，下周上班再说吧！"星期日16时许，电容器柜内一声巨响，加上几面低压柜的共振声，让人胆战心惊。值班电工小周随即切断电容器组电源并将火焰扑灭，避免了一场火烧连营的大事故。

2. 事故原因分析

电容器内部元件发生极间或极对外壳击穿（而无适当保护）时，与之并联的其他电容器将对它放电，涌入的巨大电流将引起电介质急剧分解，而析出大量气体，箱内压力增高，造成外壳膨胀。造成电容器"鼓肚"的原因大都是因为电容器真空度不高，不清洁，对地绝缘不良，运行环境温度过高，运行电压过高。故障发展过程，通常是先出现热击穿，逐步发展到电击穿，最后导致电容器崩裂，爆炸起火。电容器爆炸是一种恶性事故。

3. 防范措施

（1）完善电容器内部故障防护装置。

（2）电容器自动投切控制仪应具有"电压越限"强行退出运行功能，即把"电压越限"条件设定为电容器投入的否定条件。

（3）改善电容器的运行环境，加强通风散热。

（4）电容器发现"鼓肚"是内部绝缘即将崩溃的先兆，因此，必须及时停止运行。

（5）电容器由自动投切而改为手动投切时，在电容器放电回路正常的情况下，电容器分闸后再次合闸的间隔时间不得少于5min。

（四）电容器温升过高引发的故障

1. 事故现象

某低压用户装有一面电容器柜，内置三相15kvar电容器6台，分为6组，按无功需量自动循环投切，运行5年来，情况良好。某年夏季，天气特别炎热。一日下午两点左右，值班电工突然听到"啪"的一声，回头一看，发现电容器柜总开关掉闸，打开柜门检查，有一只电容器崩裂。幸亏没有起火。

2. 事故原因分析

用户请来电力公司和主管局工程技术人员进行事故分析。工程技术人员首先翻阅了运行日志：近日电压一直在412~424V之间，负荷电流180~290A，低压室温度34℃，电容器外壳温度52℃左右；电容器柜属封闭式，百叶窗通

风面积过小。事故分析结论如下:

(1) 电容器环境温度(柜内 46℃)过高,电容器布置过密,通风散热条件过差。

(2) 电容器容量由线路电压决定,即 $P_Q = 2\pi f C U^2 \times 10^{-3}$ (kvar),电容器长期过电压运行,造成过负荷,致使温度增高。

(3) 电容器投切频繁,电容器反复受涌流作用,促使运行温度升高。

(4) 运行年限较长,电介质老化,损耗增大。

(5) 不排除高次谐波电流影响。

过电压、过电流和过热是造成电容器崩裂的主要原因。

3. 防范措施

(1)《供电营业规则》规定:供电企业供到用户受电端的供电电压允许偏差为"10kV 及以下三相供电的,为额定值的±7%"。电容器长期处在过电压情况下运行将会缩短电容器的寿命。因此,应将供电电压至 400V 以下。

(2) 改进电容器柜通风结构,增强通风散热能力,使电容器不超过规定的允许温升。

(3) 尽量减少电容器的投切次数,无负荷时应停止电容器运行。

(4) 电容器在运行中应严格监视和控制环境温度,并采取措施使电容器不超过允许温升。当采取措施后仍然超过规定的允许温度者,应将其停止运行。

(5) 开展电容器预防性试验工作,做到防患于未然。

(五) 运行人员工作认真负责避免了一次电容器爆炸事故

1. 事故现象

某单位运行值班电工刘师傅是当地技术能手,因工作认真、恪尽职守、技术精湛、屡建奇功,被评为高级技师。某日,又是他上中班,交接班后第一件事就是设备巡视,当他巡视到电容器柜时,停了下来,举目看了看电压表,仪表指示 388V,随即向青工小张说:"不对!"小张忙问:"师傅!怎么了?"刘师傅说:"电压 388V 不算高,可是电容器发出的声音异常,请拿过一节闸杆来。"刘师傅将闸杆的一端搭在电容器的上盖上,耳朵紧贴闸杆的另一端,一台一台地试听,当试到第 5 只时刘师傅说话了:"就是这只,小张你听听,电容器内部有'吱吱'放电声!"小张听后立刻说:"对!差不多 20 秒响一声,师傅怎么办?"刘师傅说:"先把电容器停下来,再作道理!"

2. 事故原因分析

第二天,将拆下来的电容器送主管局电气试验室试验,结论是:极对外壳击穿。电容器在正常运行过程中不应该发出特殊响声。如果在运行中,发现有"吱吱"声或"咕咕"声,则说明电容器内部有局部放电的现象。"咕咕"声,是电容器内部绝缘崩溃的先兆,因此应立刻停止运行。

过电压、过电流、温升超标、运行年久电介质老化等是缩短电容器寿命的致命条件,根据试验结论,可推断该电容器运行年久电介质老化、绝绝性能下降是造成电容器损坏的直接原因。

3. 防范措施

(1) 控制供电电压在 400V 以下,避免电容器超出力运行。

(2) 降低环境温度,控制电容器温升在允许范围内。

(3) 加强运行维护工作和预防性试验工作,保证电容器安全运行。

第二节 配电变压器典型故障分析与实例

一、概述

电压在 35kV 及以下,三相额定容量在 2500kVA 及以下,单相额定容量在 833kVA 及以下,具有独立绕组,自然循环冷却的变压器,称为配电变压器。

我国目前采用的变压器容量等级是 R_{10} 系列,即 $\sqrt[10]{10} \approx 1.25$。1967 年以前,我国的变压器容量等级是按 $\sqrt[8]{10} \approx 1.33$ 倍数增加的 R_8 系列,R_8 系列变压器早已停止生产。本章所指配电变压器均为 10kV 电压等级。配电变压器可安装在电杆上、平台上、配电室内、箱式变压器内。

变压器是一种静止电器,它利用电磁感应原理,把一种电压等级的交流电能变换为同频率的另一种电压等级的交流电能。在生产、输送、分配和使用电能的整个过程中,变压器是必不可少的主要设备。

变压器和其他电气设备相比,它的故障是比较少的。但是,变压器一旦发生事故,则会中断对部分用户的供电,修复时间也较长,将造成严重的经济损失和社会影响。为了确保变压器安全运行,运行人员应加强运行监视,做好日常运行维护工作,将事故消灭在萌芽状态。万一发生事故,要能够正确地分析、判断事故原因,迅速、正确地处理事故,防止事故扩大,把损失和影响降到最小范围。

变压器故障的种类是多种多样的,包括元器件的质量问题、装配工艺问题、运行电压问题、负荷问题、气象问题、运行管理问题等。下面将常见的故障分类列出。

(一) 按故障发生的部位分类

1. 内部故障

(1) 绕组故障:匝间短路、层间短路、绝缘击穿、断线、变形。

(2) 铁芯故障:铁芯叠片间绝缘不好、铁芯的穿心螺栓绝缘损坏或击穿、铁芯接地不好。

(3) 分接开关故障:触头接触不良、引线连接不良、错接线。

(4) 装配金具故障:装配不当、损坏。

(5) 变压器油:受潮、老化。

2. 外部故障

(1) 油箱故障:焊接质量不佳、密封垫圈材质不良或老化、膨胀功能不佳等。

(2) 分接开关故障:传动装置卡阻、渗油、挡位标错。

(3) 导电杆故障:导电杆转动(俗称"连轴转")、接线不实。

(4) 套管故障:硬伤、裂纹、闪络。

(5) 附件故障:温度计、油位计、呼吸器等损坏。

(二) 按故障的发生过程分类

1. 突发性故障

(1) 过电压引起的故障:大气过电压、内部过电压引起的绝缘击穿。

(2) 外部短路引起的故障：绕组变形、层间短路。
(3) 自然灾害：地震、火灾等。

2. 渐进性故障

(1) 过负荷运行引起的绝缘老化。
(2) 外部反复短路引起绕组变形、绝缘老化。
(3) 铁芯绝缘不良发热的影响。
(4) 绝缘材料、绝缘油吸潮老化。
(5) 过电压的影响等。

二、配电变压器典型故障的排除方法

(一) 直观检查法

1. 不正常的声音

变压器正常运行时，由于交流电电流通过变压器绕组，在铁芯中产生周期性的交变磁通，由于铁芯振动而发出轻微的"嗡嗡"声，声音清晰而有规律。变压器一次电流值的大小取决于变压器二次电流值，二次电流越大，则一次电流越大，变压器一次电流大，铁芯中产生的磁通密度就大，铁芯的振荡程度就大，声音也必然增大。当变压器的负荷变动、过载或发生故障时将会产生不正常响声，运行人员应根据变压器发出的异常声音来分析、判断变压器运行状态，及时采取措施，防止发生事故。变压器异常声音鉴别及排除方法如下。

(1) "嗡嗡"声大或比平时尖锐，但响声均匀，一般是由于电源电压过高所造成的。应与供电部门联系，设法降低电源电压，或切除高压侧的部分电容器。

(2) "嗡嗡"声时高时低，但无杂音，一般是变压器负荷变化较大而引起的。应通过调整使变压器负荷尽量均衡。

(3) "嗡嗡"声大而沉重，但无杂音，一般是过负荷引起的。应通过调整负荷，使变压器在额定负荷状态下运行。

(4) "嗡嗡"声大而嘈杂，有时会出现"叮当"击打声或"呼呼"吹气声，一般是内部结构松动时受到振动而引起的。应减少负荷并加强监视，必要时停电吊芯检查铁芯有无缺片，铁芯是否夹紧，铁芯紧固螺栓有无松动，并进行相应处理。

(5) "吱吱"放电声或"噼啪""爆裂"声，一般是铁落式熔断器接触不良、变压器内部有放电闪络或绝缘击穿而产生的。当绝缘击穿造成严重短路时，甚至会出现巨大的轰鸣声，并伴有喷油或冒烟着火，应进行停电检查，重点检查绝缘套管、高低压引线连接处、高低压线圈与铁芯之间的绝缘有无损坏。如果变压器油箱内有"吱吱"放电声，且伴随着放电声电流表读数明显变化，有时气体保护发出信号，应对变压器调压分接开关进行检修，使其接触良好，并处理好抽头引出线处的绝缘。

(6) "嘶嘶"声，一般是变压器高压套管脏污、表面釉质脱落或有裂纹而产生的放电所造成的。也可能是由于引线离地面的距离不够而出现间隙放电，并伴有放电火花。

(7) "轰轰"声，一般是由于变压器低压侧的架空线发生接地引起的。

(8) "咕噜咕噜"声，可能是变压器绕组匝间短路产生短路电流，使变压器油局部发热沸腾。

(9) 间歇性的"哧哧"声，一般是铁芯接地不良而引起的。应及时处理，避免故障扩大。

2. 运行温度过高

变压器投入运行后，除铁损以热的形式表现出来外，绕组通过电流时也将发热，当变压器在单位时间产生的热量等于向环境散发的热量时，变压器的各部分温度应为稳定值。若在环境温度和负荷不变的情况下，油温比平时高出10℃以上或温度还在不断上升时，则可说明变压器内部有故障。故障原因大致有以下几点。

(1) 分接开关接触不良。由于弹簧压力不足，触头接线不实或动、静触头间有污秽等原因将造成接触电阻大，致使接点过热。接点过热又导致接触电阻增加，接点温度再度升高，形成恶性循环。特别是倒分接开关后和变压器过负荷运行时容易使分接开关接点接触不良而发热。遇有分接开关接触不良，应吊芯检查处理。

(2) 绕组匝间短路。变压器绕组相邻的几匝因绝缘老化或损坏将形成匝间短路，由此出现一个闭合的短路环流，使绕组的匝数减少，电流增大，由电流产生高热而造成变压器温度升高，严重时将烧毁变压器。绕组匝间短路可采用测量绕组的直流电阻、变比等方法来确定。

(3) 铁芯硅钢片间短路。变压器运行中由于硅钢片间绝缘老化或穿芯螺栓绝缘老化，绝缘损坏将造成涡流增大，引起发热，严重时使铁芯过热，造成变压器温度极度升高，应吊芯检查处理。

(4) 缺油或散热管内阻塞。变压器油的作用之一是散热，变压器缺油或散热管内阻塞，油的循环将被破坏，导致变压器运行温度急剧升高。应查明缺油原因并补油或检修、疏通散热管。

当变压器安装在配电室或箱变中，百叶窗是变压器运行中空气对流散热的通道，由于百叶窗设计不合理（通风面积过小）或被堵塞，就会导致变压器运行温度过高。应采取措施，提高通风散热能力。

变压器运行中温度过高有时并非变压器故障引起，而是由于变压器严重过负荷所造成，这时必须调整负荷，使负荷电流小于变压器的额定电流。

有时变压器套管各个接线端子和母线或电缆的连接不够紧密，或铜铝接头处理不当，也会引起变压器局部极度发热甚至烧熔。

3. 体表的变化

(1) 因温度、湿度或周围空气中所含酸、盐等，引起箱体表面漆膜龟裂、起泡、剥离。

(2) 大气过电压、内部过电压等，引起套管表面放电、烧痕、闪络或硬伤、裂纹、碎裂。

(3) 油面计、温度计损坏。

(4) 呼吸器中吸湿剂吸潮变色等。

4. 气味及颜色

变压器内部故障及部件过热将引起一系列的气味及颜色的变化。

(1) 变压器套管接线端子的紧固件松动，会引起接触面过热氧化，连接件颜色将发生变化，密封胶圈也会产生异常气味。

(2) 变压器漏磁的断磁能力不好或磁场分布不均，将产生涡流，也会使油箱的局部过热而引起油漆变色。

(3) 吸湿剂变色是吸潮过度、垫圈损坏等原因造成的。当吸湿剂从蓝色（或白色）变为粉红色时，应及时更换或作再生处理。

5. 渗油、漏油、冒油和喷油

变压器运行中出现渗油、漏油现象是比较普遍的。随着科技进步、密封件质量的提高和生产工艺的改进,特别是全密封变压器问世后,变压器渗、漏油情况大有改观,但还时有发生。其主要原因仍是油箱焊接质量不良和零部分组合、连接密封不良所致。

(1) 变压器油箱焊接缝、油截门、大盖与油箱上沿密封处,套管与大盖绞合处,分接开关操作扳手处、大盖与油枕连通管接口处、油位计等是渗、漏油的重点部位。特别是油截门处,当取油样后,往往由于把密封圈挤偏、用力过大造成滴油。变压器一旦出现渗、漏油,一定要找出渗、漏点,并作恰当处理,注意补油。

(2) 由于变压器负载率较高或出现过负荷,会引起油的体积膨胀,发生冒油。特别是夏季尤其突出,应调整负荷解决。

(3) 变压器内部故障使油温升高,油迅速膨胀,或一、二次绕组发生短路,产生电弧,使变压器油严重过热而分解气体,并伴随着很大的电动力使箱体内压力增大,造成喷油。

(二) 仪器仪表检测法

1. 绝缘电阻的测量

测量绝缘电阻是判断绕组绝缘状况的比较简单而有效的方法。测量绝缘电阻通常采用绝缘电阻表(兆欧表),10kV配电变压器一般采用2500V的绝缘电阻表。

(1) 测量项目:测量绕组的绝缘电阻应测量高压绕组对低压绕组及地、低压绕组对高压绕组及地、高压绕组对低压绕组等三个项目。这里的"地"实际上指的是变压器金属外壳。

(2) 绝缘电阻合格值:绝缘电阻与电压等级有关,与绝缘受潮情况等多种因素有关。所测结果通常不低于前次测量数值的70%即认为合格。当无出厂试验报告或前次测量数值时,可参考表2-8-2-1所规定的值。

当测量温度与产品出厂试验时的温度不相符时,可按表2-8-2-2换算到同一温度时的数值进行比较。

表2-8-2-1　　　　　油浸式电力变压器绝缘电阻的最低允许值　　　　　单位:MΩ

线圈电压等级/kV	顶层油温/℃							
	10	20	30	40	50	60	70	80
0.4	220	130	65	35	18			
10	450	300	200	130	90	60	40	25

表2-8-2-2　　　　　油浸式电力变压器绝缘电阻的温度换算系数

温度差/℃	K	5	10	15	20	25	30	35	40	45	50	55	60
换算系数	A	1.2	1.5	1.8	2.3	2.8	3.4	4.1	5.1	6.2	7.5	9.2	11.2

校正到20℃时的绝缘电阻值可用下述公式计算。

当实测顶层油温不小于20℃时

$$R_{20} = AR_t$$

当实测顶层油温小于20℃时

$$R_{20} = R_t / A$$

式中　R_{20}——校正到20℃时的绝缘电阻值,MΩ;

　　　R_t——在实测温度下的绝缘电阻值,MΩ。

当测量绝缘电阻时的温度差不是表中所列数值时,换算系数A可用下列公式计算

$$A = 1.5^{k/10}$$

例如:一台10kV配电变压器出厂试验报告中记录:20℃时,高压绕组连同套管的对地绝缘电阻为2000MΩ。交接试验时的温度为38℃,测得高压绕组对地的绝缘电阻为900MΩ,其绝缘电阻是否符合要求?

解:(1) 先求温度差为

$$K = 38 - 20 = 18(℃)$$

(2) 求换算系数为

$$A = 1.5^{k/10} = 1.5^{18/10} = 1.5^{1.8} = 2.075$$

(3) 换算到20℃时的绝缘电阻值为

$$R_{20} = R_t A = 900 \times 2.075 = 1867.5(MΩ)$$

(4) 计算实测值占出厂值的百分数为

$$1867.5 \div 2000 \times 160\% = 93.4\%$$

结论:试验规程规定"绝缘电阻换算至同一温度下,与前一次试验结果相比应无明显变化,一般不低于前次值的70%"。故绝缘电阻值符合要求。

2. 吸收比的测量

通过测量吸收比可以进一步检查变压器绕组的绝缘良好程度,尤其是绝缘材料的受潮程度。

吸收比的测量要用秒表计时间,当绝缘电阻表摇到额定转速(一般为120r/min)时,将绝缘电阻表接入(可用开关控制)并开始计时,15s时读取一数值R_{15}(绝缘电阻表手把转动不停),继续摇至60s时读取另一数值R_{60}。R_{60}/R_{15}就是测量的吸收比。

吸收比的标准是:

$R_{60}/R_{15} \geq 1.3$,变压器没有受潮,绝缘良好;$R_{60}/R_{15} \leq 1.2$,变压器有受潮现象,绝缘有缺陷,应做进一步检查。

3. 直流电阻的测量

直流电阻的测量是查找变压器绕组故障的重要手段之一。

(1) 测量项目和方法:测量时,应分别测量变压器高、低压绕组的直流电阻。对于三相配电变压器,由于高压绕组上装有分接开关,因而要测量分接开关处于不同挡位时的高压绕组电阻值。

为便于分析比较,所测数值应分别计算三相电阻的误差。计算方法如下

$$\Delta R\% = \frac{R_{max} - R_{min}}{R_a} \times 100\%$$

式中　$\Delta R\%$——分接开关某一位置下三相绕组误差的百分数;

　　　R_{max}——最大一相电阻值,Ω;

R_{min}——最小一相电阻值，Ω；

R_a——三相相电阻平均值，Ω。

(2) 直流电阻试验标准。

1) 1600kVA 以上变压器，各相绕组电组相间的差别不应大于三相平均值的 2%，无中性线引出的绕组，线间差别不应大于三相平均值的 1%。

2) 1600kVA 及以下的变压器，相间差别一般不大于三相平均值的 4%，线间差别一般不大于三相平均值的 2%。

3) 与以前相同部位测得值比较，其变化不应大于 2%。

变压器出厂试验数据中的直流电阻值，一般都是换算成 75℃的数值，实测数值如果要与出厂数据比较，则必须换算成 75℃的数值。换算关系为

$$R_{75} = KR_\theta \qquad (2-8-2-1)$$

式中 R_{75}——换算到 75℃时的电阻值；

R_θ——测量时绕组温度为 θ(℃) 时的电阻值；

K——换算系数。

$$K = \frac{T+75}{T+\theta} \qquad (2-8-2-2)$$

式中 T——计算用常数，铝线为 225，铜线为 235；

θ——测量时绕组温度，℃。

影响三相电阻不平衡的因素是多方面的，仅从制造工艺上看，三相绝对平衡也是不可能的，特别是容量较大的变压器。低压绕组截面较大，匝数又少，三相绕组中心点的焊接稍有不良，即能造成三相不平衡。如果电阻误差百分数超过规定标准，就应进一步查出绕组故障的原因。在交接试验中，三相电阻不平衡，还可能有以下几种原因：

(1) 分接开关接触不良，一般出现在个别分接开关电阻偏大，造成三相电阻不平衡，主要由于分接开关内部不清洁、电镀脱落、弹簧压力不够等造成的。

(2) 焊接不良，如引线和绕组等焊接处接触电阻偏大。

(3) 变压器绕组使用导线质量不同，线规有差异，也能造成三相不平衡。

(4) 三角形接线一相断线，测出三相电阻就相差很大，没断线的两相要比实际数大 1.5 倍，而断线的一相比实际大 3 倍。

(5) 某相绕组部分线匝短路（匝间短路）。

4. 变压器油的质量检查

变压器油是油浸式电力变压器的重要组成部分。在正常情况下，变压器油具有良好的电气绝缘性能和散热性能，可使变压器绕组和铁芯冷却，加强绝缘。若油的质量下降，会使绝缘下降，温度升高，使变压器发生故障。为此，必须对变压器油的质量进行检查。变压器油质的理化指标包括油水分、杂质含量、油的酸碱度、黏度、凝固点、闪点、油的击穿耐压强度等。

5. 吊芯检查

将变压器铁芯绕组从油箱中吊出进行检查，称为吊芯检查。吊芯检查也是查找变压器故障的重要手段。

吊芯检查的主要项目是：

(1) 引线的绝缘及电气距离。

(2) 铁芯的压紧程度。

(3) 铁芯接地是否良好，且只有一点接地。

(4) 分接头位置是否正确，接触是否良好。一般用 0.05mm×10mm 的塞尺检查，塞尺应塞不进去。

(5) 穿芯螺杆的绝缘电阻应不小于 200MΩ。

(6) 坚固全部螺杆、螺钉，清理油箱。

6. 空载试验

空载试验通常是在变压器低压绕组上施加额定电压，在高压绕组开路（空载）的情况下测量变压器的空载电流和空载损耗。

由于空载电流主要是变压器励磁电流（即维持变压器额定磁通所需的电流），空载损耗主要是变压器铁芯损耗，因而通过这两个值与正常值进行比较，可判断变压器铁芯和绕组的故障。

(1) 空载电流 I_0 增加：磁路欧姆定律表明

$$I_0 N = \Phi R_M$$

$$I_0 = \frac{\Phi R_M}{N} \qquad (2-8-2-3)$$

式中 I_0——空载电流；

N——变压器绕组匝数；

Φ——磁通量；

R_M——磁阻。

在磁通不变的情况下，若空载电流 I_0 增加，则说明：

1) 变压器绕组匝数 N 减少，即变压器可能存在匝间短路。

2) 变压器铁芯有损伤，截面积减小，或铁芯性能变劣，磁导率减小。

(2) 空载损耗 P_0 增加：空载损耗增加，可大致确定变压器存在以下故障。

1) 硅钢片之间绝缘不良。

2) 铁芯中某一部分的硅钢片之间短路。

3) 穿芯螺杆或压板的绝缘损坏，造成铁芯的局部短路。

4) 绕组匝间短路。

5) 绕组并联支路短路。

6) 各并联支路的匝数不相同。

上述这些故障也同样使空载电流增大，但是中小型变压器空载电流与铁芯接缝的大小关系比较大。因此，在检查铁芯外观时，对于铁芯的接缝必须特别注意。

中小型三相配电变压器高压绕组有轻微短路时，在空载试验中，其空载电流并没有显著增加，但是其空载损耗却可增加 15%～25%。遇到这种情况必须做单相空载试验，以确定缺陷相。

三、变压器温升过高故障排除实例

变压器在运行中是有损耗的，损耗包括铁芯的磁滞及涡流损耗、绕组的电阻损耗。这些损耗所产生的热量，一方面通过变压器油、散热管、外壳等的传导、辐射、对流方式传到周围环境中去；另一方面使变压器温度升高。经过一定的时间（小型变压器约为 10h，大型变压器约为 24h），变压器即达到稳定的温升。如果温升过高，或者温升速度过快，或与同种产品相比温升明显偏高，就应视为故障表现。温升过高是造成变压器寿命降低的重要原因，也是变压器故障的主要表现。

(一) 铁芯局部短路引起变压器过热

1. 故障现象

某年汛期到来之前，安排变压器现场小修，以确保防汛安全供电。右安门橡胶坝双路供电，每路配置一台三相 100kVA 变压器（专用），平时只有不足 10A 负荷。小修变压器摇侧绝缘电阻必须测量变压器顶层油温，当时环境温度

只有27℃,而变压器上层油温高达73℃(变压器停电前只有几盏灯在用,无其他负荷)。工作人员认定变压器内部有故障,并于当日下午更换变压器,决定吊芯检查。

2. 故障原因分析

参加吊芯检查的有北京供电局生技科、安全科、配电管理所和修配厂的工程技术人员。分析原因如下:

(1) 紧固螺栓拧偏斜,使铁芯局部短路过热。

(2) 穿芯螺杆绝缘破裂,引起铁芯局部短路和过热。

(3) 由于铁质夹件夹紧位置不当,碰到铁芯,造成铁芯局部短路和过热。

(4) 在器身组装及变压器总装中,由于不细心,将焊渣落在铁芯上,使铁芯局部短路。

(5) 由于用了过长的穿芯螺杆座套,使座套伸向铁芯与铁芯碰撞,造成铁芯局部短路。

(6) 在安装接地铜片时,铜片下料过长,连接后铜片又触及另一部分铁芯叠片,形成两点接地和短路,使铁芯局部过热。

3. 防范措施

(1) 加强思想教育,提高产品质量意识,提高事业心和责任感。

(2) 开展技术培训,提高工人技术素质,确保装配质量。

(3) 加强质量检查工作,开展全过程质量监督检查工作,保证产品质量合格。

(二) 铁芯接地不良叠片松散引起变压器发热

1. 故障现象

运行人员在巡视变压器时,听到变压器内部有间歇性放电声音,且声音清脆,放电声间隔时间很有规律,约41s响一次。巡视人员立刻向班长汇报,班长很快来到现场,经认真细听,确认响声是从内部传出来。他们立即测试变压器二次侧出口电压:$U_a=222V$,$U_b=224V$,$U_c=226V$。又测变压器负荷电流:$I_a=180A$,$I_b=172A$,$I_c=165A$(变压器为三相315kVA)。用手触摸散热管上端,手赶快离开,烫手难忍,起码不会低于70℃。变压器负载率才39.6%,温度为什么这样高呢?内部的放电又是什么原因呢?经工区主任同意,于当日更换了变压器。

2. 故障原因分析

经吊芯检查、测试,故障原因分析:

(1) 引线绝缘无损伤,固定引线的木夹件完好无损。

(2) 铁芯的夹紧螺栓松动严重,叠片松散,磁阻增大,无功负荷增加,电流增大,引起变压器温升增高。

(3) 穿芯螺栓绝缘套筒碎裂严重,引起铁芯多处短路,造成温升加大。

(4) 接地铜片与铁芯叠片没有夹紧,轻轻一抽铜片就被抽出,如同虚设,等于铁芯未接地。变压器在运行中如铁芯不接地将在铁芯上产生悬浮电位,当电荷储集到一定程度时,必然造成铁芯对地放电。

3. 防范措施

(1) 应制定严细的工艺标准,并加强验收管理。

(2) 加强技术培训,特别是实际操作技能的培训,提高安装人员和验收人员的技术素质。

(3) 建立责任追究考核制度,强化产品质量管理,保证产品质量。

(三) 电源电压过高引起变压器发热

1. 故障现象

某单位运行人员例行巡视发现,近两个月来变压器上层油温较前高出12℃左右,但最近两年用电负荷基本上没有变化。后来,请供电局试验部门来厂试验,试验结果与变压器出厂试验报告中数据基本相同,证明变压器良好。又检查变压器室通风情况,百叶窗无堵塞现象。变压器温升为什么高了呢?

2. 故障原因分析

查看高压开关柜上的电压表发现,电压表指示10.75kV;再看低压开关柜电压表指示430V。翻阅档案资料得知,变压器分接开关在10kV位置。后调查发现,该用户处于原菜市口路的末端,供电局实施城网改造,在用户旁新建牛街110kV变电站,该用户改由牛街变电站牛街路供电,且在线路首端。

变压器电源电压过高,磁通也将随之增加,从而使激磁电流也相应增加。变压器的激磁电流增大后,必然会使变压器铁损增大而发热。据有关资料介绍:由于电源电压升高,变压器空载损耗的增加值为

$$\Delta P'_{KZ} \approx 2\alpha \Delta P_{KZ} \qquad (2-8-2-4)$$

式中 α——提高电压的百分数;

ΔP_{KZ}——变压器在额定电压下的空载损耗(铁损),kW。

此外,变压器的电源电压升高后,磁通增大,会使铁芯饱和,从而使电压和磁通的波形发生畸变。电压畸变后,电压波形中的高次谐波分量也将随之加大,有关资料介绍:

磁通密度在1T时,三次谐波为基波的21.4%;

磁通密度在1.4T时,三次谐波为基波的27.5%;

磁通密度在2T时,三次谐波为基波的69.2%。

这样,由于高次谐波使电压畸变而产生的尖峰波,对用电设备有很大的破坏性。如:

(1) 引起用户电流波形畸变,增加电机和线路的附加损耗。

(2) 可能使系统中产生谐波共振,并导致过电压使电气设备的绝缘破坏。

(3) 高次谐波会干扰附近的通信线路。

3. 防范措施

(1) 发现电源电压过高时,应及时向当地供电部门反映,请供电部门将供电电压调整到10kV±7%范围内。

(2) 将变压器分接开关倒至10.5kV位置。

(3) 有条件时,选购分接开关为10kV±2.5%×3的配电变压器。

(四) 分接开关故障引起的变压器发热

1. 故障现象

某10kV用户因变压器分接开关挡位选用不当造成低压系统电压过高,烧毁用电设备事件屡屡发生。工厂电工借周休日机会,将变压器分接开关由Ⅱ挡(10kV)倒到Ⅰ挡(10.5kV)位置。变压器空载电压由425V降到405V(线电压)。工作完毕,留一人值班,其他人也就回家了。周一上班后,巡视发现变压器上层油温较往常高出11℃,下午巡视油温比往日高出14℃(正常生产,负荷无变化)。此事引起了运行人员的高度重视,立刻向班长进行了汇报。决定请供电局用电检查员帮助分析。

2. 故障原因分析

用户电工班班长向检查员汇报了星期日倒换分接开关挡位的情况。用电检查员听罢，分析如下：变压器分接开关挡位没有改动前，变压器运行情况良好，改动后变压器油温升高了，而且高了十几度，问题可能出在分接开关上。根据经验，分接开关出问题基本上有4条原因：

(1) 弹簧压力不足，致使有效接触面积减少，接触电阻增大，引起分接开关运行中温度升高，甚至被烧坏。

(2) 分接开关因镀层磨损接触不良，或因引出线连接不良，在大负荷冲击下产生高温。

(3) 在倒换分接开关挡位时，由于动触头放置位置不当，造成分接开关接触电阻增大而发热。

(4) 由于分接开关绝缘距离不够，或者绝缘材料的电气绝缘强度低，在过电压的情况下，绝缘击穿，造成分接开关相间短路。

检查员认为问题可能属于第3条。解决方法：向厂长请示，停电检查分接开关位置是否适当。

停电后，检查员亲自动手，将分接开关往返转动5～6次，最后将手柄锁定在10.5kV位置上，经仪表测试导通情况良好，恢复了正常供电。送电后，连续多日监视变压器运行温度，一切正常。

3. 防范措施

为了避免触点部分的氧气膜或油污等原因造成接触不良，在倒换分接开关挡位时，一定要把分接开关旋至预定位置，且在此位置往返转动10次以上，然后固定在预定的挡位上。最后一定要测量分接头的直流电阻，三相电阻应平衡，线间相差值不得超过三相平均值的2%。

(五) 绕组短路引起的变压器发热

1. 故障现象

某年秋季，北京宫灯厂（花市斜街）申请低压供电。为此，北京供电局为该户新装三相100kVA变压器一台，供电一直正常。一日，用户打来电话反映三相电压不平衡，已停产，请快速调查处理。急修班赶到现场实测电压值如下：$U_a = 224V$，$U_b = 284V$，$U_c = 223V$；$U_{ab} = 441V$，$U_{bc} = 440V$，$U_{ca} = 387V$。急修班又请变压器运行班进行技术鉴定。运行班听完情况，初步认定是高压绕组短路故障。首先将变压器停电，然后测量高压绕组直流电阻，测量结果：线间直流电阻差别等于三相平均值的11.2%，远远大于2%的允许标准。确认B相绕组短路。变压器空载运行温度高达51℃。最后决定更换变压器。

2. 故障原因分析

发生绕组故障的主要原因是由于制造质量不良造成的。在制造过程中出现绕线不均、摆匝、层间绝缘强度过低、绕组主绝缘薄弱、绕组破损、干燥不彻底等均是造成绕组故障的原因。变压器绕组相邻几匝或多匝，也可能是绕组相邻层因绝缘损坏而发生匝间或层间短路，绕组短路将会出现一个闭合的短路环流，短路环流将产生高热使变压器温度升高，严重时将造成变压器烧毁事故；高压绕组发生匝间或层间短路，将使绕组的匝数减少，使变压器的变比（即匝数比）发生了变化。与高压绕组故障相相对应的低压绕组相电压将升高。

3. 防范措施

(1) 配电变压器采购订货必须贯彻"订货技术条件"的技术要求。必须坚持采购优质产品。

(2) 变压器到货后必须进行交接试验，交接试验必须100%试验，不得采用抽检的办法。

(六) 引线故障引起的变压器发热

1. 故障现象

一天14时许，珠市口南广全日杂用品商店打来告急电话："商店对面电杆上的变压器上部冒烟非常严重，随时有着火可能，请快来！"急修班风驰电掣般来到现场，烟还在冒。当即把变压器停止运行，检查认定：外部接线牢固、可靠，一切良好。发现低压a相套管可拔起，导电杆可摇动，套管根部及导电杆上部密封胶垫已碳化，变压器油四溢，低压a相套管附近大盖温度约为120℃。急修班通知配变班吊芯处理。吊芯检查发现，低压a相引线（软铜片）与套管下部导杆紧固螺母严重松动，软铜片变色、密封垫严重碳化。配电变压器班更换套管后恢复了正常供电。

2. 故障原因分析

在变压器故障中引线故障占有很大比例。它所造成的后果除使变压器不能运行外，严重时造成三相电压不平衡，甚至烧毁用电设备，产生极为不良的影响。

引线故障主要包括引线与套管下部连接，引线与分接开关连接，引线与软铜片焊接、引线与引线焊接等故障。本案属引线（软铜片）与套管下部连接故障。

凡属焊接的故障原因多为焊接工艺质量不良。如：虚焊、假焊、焊接面不够等；凡属采用螺栓紧固连接的故障原因多为被压面表面没有去除污秽、氧化膜或紧固不实等。如：被压件没有放平、螺母没有紧到位、应使用双螺母而只用一个螺母等。

3. 防范措施

(1) 凡属采用焊接连接，必须严格执行国家有关焊接标准规定。保证焊接质量，不得出现假焊接或焊接面不够等问题。

(2) 凡采用螺栓紧固连接，连接件必须清除污垢，连接件放平，螺母紧固到位，且应带双螺母，以防退扣造成松动。

(3) 选购运行质量优秀、信得过产品。

(4) 坚持"吊芯检查"，严把产品质量关。

(5) 新品接收必须进行交接试验，试验合格后方可投入使用。

(七) 变压器缺油造成变压器运行温度过高

1. 故障现象

某年6月中旬，正值"三夏"大忙季节，特别是为农村场院供电的变压器处于负荷高峰期，配电变压器班特意安排对此类变压器进行负荷测试。测试吴家村变压器负荷时，发现变压器油箱上部漆皮脱落非常严重（占箱体高度1/3左右），且四周非常平齐，如同刀割一般，钢板裸露，变压器下方的地面上到处都是脱落的漆片。然后，进行负荷测试，测得结果：$I_a = 88A$，$I_b = 90A$，$I_c = 86A$。供电变压器额定容量为三相50kVA，负载率为124.7%。变压器过负荷约25%。找到生产队队长，要求停用部分用电设备，把负荷控制在70A以下，建议由一班脱粒（小麦）改为两班脱粒，以保证供电安全，队长同意了。

回过头来，又分析漆皮是怎样掉下来的。抬头看了看油位计，油面合格、油色正常。这时，青工小张说话了：李师傅！前几个月咱们处理截门漏油时，油位计就显示不缺油，咱们也没有补油就走了，油位计是不是假油面？可能是变压器缺油吧！小张的几句话，解开了谜底。

李师傅当即向班长进行汇报，并要求送来工具和变压器油。班长到达后，即刻停电进行处理。首先将油位计堵塞物取出，并用合格的变压器油进行冲洗，很快就修理完好；在油箱缺油的情况下，温度计指示91℃；最后补油，一共补油约20kg。摇测绝缘电阻结果：高压绕组对低压绕组及地350MΩ，低压绕组对高压绕组及地50MΩ，高压绕组对低压绕组300MΩ。最后合闸送电正常。

2. 故障原因分析

变压器油是变压器内部的主绝缘，起绝缘、散热、灭弧作用。变压器一旦缺油将使绕组绝缘受潮，减短使用寿命。另外，变压器运行时，铁损和铜损的热效应将使变压器油发热，热油从散热管的上端出口进入散热管内，散热管的外表面与外界冷空气相接触使油得到冷却，冷油在散热管内下降，由散热管的下端入口流入变压器底部，形成油流，冷却后的变压器油使铁芯和绕组得到冷却，因此油的温度又重新升高，热油便再次上升至变压器顶部，重复上述的循环，这样就使变压器不断地得到冷却。变压器缺油，等于油不能循环，热量不易散发，导致变压器运行温度超标。油箱漆皮脱落是高温作用的结果。

3. 防范措施

(1) 变压器运行中应加强油面监视，保证变压器在不缺油的状态下运行，以确保变压器安全运行。

(2) 发现变压器渗、漏油，应找到渗、漏点，及时处理，并注意补油。

(3) 加强油位计的保养，保证指示正确。

（八）配电室（或箱变）通风设计不合理造成变压器运行温度过高

1. 故障现象

某年7月初，西城区西安福胡同居民来电反映没电。急修班赶赴现场处理。打开配电室大门一股热浪迎面扑来，顷刻间，毛孔大开、汗流浃背。挂在墙壁上的温度表指示54℃，变压器上层油温已达到96℃；打开低压柜柜门，发现两台DZ$_{10}$-400/330自动开关跳闸。经检查线路无异常，合闸送电成功。负荷均在250A左右，应属正常。

经请示领导同意，采取临时降温措施：配电室排风口加装一台大功率排风扇，两台落地式电风扇为变压器降温，一台落地式电风扇为自动开关降温，四台电扇昼夜工作至10月中旬方停止使用。

2. 故障原因分析

DZ系列塑料外壳式断路器（也称装置式）俗称自动开关。DZ型自动开关过负荷保护是采用热双金属片脱扣器的动作来实现的。热双金属元件是两种具有不同热膨胀系数的金属片压轧而成的。两种不同金属分主动层（膨胀系数高）和被动层（膨胀系数低）。当双金属感受到电流产生的热量时，主动层将向被动层弯曲（被动层朝向自动开关的脱扣杆），双金属元件产生的位移以及推力与它的弯曲度和温度变化值（$Q-Q_0$）成正比。对于配电用自动开关的基准温度Q_0为40℃，Q是负荷电流产生的温度，如果自动开关周围的环境温度超过基准温度，虽然负荷电流还未达到过负荷程度，自动开关的动作时间将会提早，造成自动开关跳闸。本案就属这种情况。

《电力变压器运行规程》（DL/T 572—2010）规定："室（洞）内安装的变压器应有足够的通风，避免变压器温度过高。装有机械通风装置的变压器室，在机构通风停止时，应能发出远方信号。变压器的通风系统一般不应与其他通风系统连通。"

本例变压器运行温度过高是由于环境温度过高而引起，而环境温度过高又是因为变压器室通风散热能力太差，追其责任应属变压器室通风设计不合理所造成。

3. 防范措施

(1) 控制负荷，做到变压器运行温度不超标。DL/T 572—2010《电力变压器运行规程》规定："油浸式变压器顶层油温一般不超过95℃。当冷却介质温度较低时，顶层油温也相应降低。自然循环冷却变压器的顶层油温一般不宜经常超过85℃。"规程为什么要这样规定呢？其原因如下所述。

一般油浸变压器的绝缘属于A级绝缘。绕组温升限值为65℃，是以A级绝缘为基础提出的。统一规定的最高环境温度（最高气温）为40℃。因此，绕组的最高允许温度应为40+65=105（℃）。

在变压器的寿命问题上，引起绝缘老化的主要原因是温度。根据多年的运行经验和研究结果表明，通常绕组温度连续地维持在98℃的时候，可以保证变压器具有适当的经济上合理的寿命。这个寿命在合理的运行条件下，一般为20年。

需要说明的是，所谓变压器绕组的最高允许温度为105℃，并不是说，绕组可以长期处在这个温度下运行，如果连续处在105℃这个温度下，绝缘会很快地损坏。而如果平常大部分时间处在较低的温度，只有短短的几个小时处在这个最高允许温度，那是不会有危险的。

最高允许温度是允许温升和最高周围空气温度（即环境温度）之和。在某一负荷下，温升值是固定的，可是周围空气温度则由季节和昼夜的气温变化所决定。因此，即使所带负荷一定，变压器绕组的温度则不一定，它是随气温变化而变化的。所以，在确定最高允许温度时是考虑了气温的波动情况的。

变压器在运行中能被运行人员直接监视的温度是上层油温。一般上层油温比中、下层油温高，上层不超过限值，中、下层也不会超出。实际上，是通过监视上层油温来控制绕组最热点温度。为什么规定上层油温不许超过95℃呢？这个数值是和线圈最高允许温度105℃相对应的。因为，当上层油温为95℃时，即油的最高温升为55℃，此时对应油的平均温升为40℃。而一般，绕组对油的温升为25℃，所以，当规定上层油温为95℃时，则绕组的最高允许温度应为：周围气温最大值40℃，加上油对空气的平均温升40℃，再加上绕组对油的温升25℃，即40+40+25=105（℃）。说明监视上层油温不超过95℃，也就相当于监视绕阻的温度不超过105℃。

从保证变压器在运行中其绕组温度不超过105℃这一点出发，上层油温最高不得超过95℃。但是，从防止油的过速劣化（老化）这个角度出发，希望上层油温不要经常超过85℃。原因在于温度越高，油的氧化速度增大，也即老化得越快。根据试验得出这样一条法则：温度增高10℃，氧化速度增加一倍。这就不难理解为什么对油温的限制给予那么多的注意。

DL/T 572—2010规定：自然循环冷却变压器的顶层油温一般不宜经常超过85℃，这就比规定在95℃对油的运行有利得多。当然规定再低一些对油的运行更有利，但是限制了变压器的出力。这两者是矛盾的，要全面考虑。

附带提及：油温低时投入变压器甚至立即带负荷都不会有什么不良后果。

(2) 改善配电室（或箱变）通风条件，保证变压器安全运行。在变压器的使用寿命问题上，引起绝缘老化的主要原因是温度。根据试验证明：如果绕组的运行温度保持在95℃时，使用寿命为20年；温度为105℃时，使用寿命为7年；温度为120℃时，使用寿命为2年。可见变压器的使用年限主要决定于绕组的运行温度。因此，改善配电室的通风条件，降低变压器运行温度具有重要意义。现将变压器室通风口面积计算公式介绍如下，供参考。

1) 进出风口面积相等时

$$F_j = F_c = \frac{KP}{4\Delta t}\sqrt{\frac{\sum \varepsilon}{h\gamma_D(r_j-\gamma_D)}} \quad (2-8-2-5)$$

2) 进出风口面积不相等时

$$F_j = \frac{KP}{4\Delta t}\sqrt{\frac{\varepsilon_j+\alpha^2\varepsilon_c}{h\gamma_D(r_j-\gamma_D)}} \quad (2-8-2-6)$$

$$F_c = \frac{F_j}{\alpha}$$

式中 $\sum \varepsilon$——进出风口局部阻力系数之和；
F_j——进出口面积，m^2；
F_c——出风口面积，m^2；
P——变压器全部损失，kW；
K——修正系数，一般取1.05～1.08；
Δt——出风口与进风口空气的温度差，℃；
ε_j——进风口的局部阻力系数，一般取1.4；
ε_c——出风口的局部阻力系数，一般取2.3；
γ_D——平均空气容重，kg/m^3；
r_j——进风口空气容重，kg/m^3，30℃时为1.165；
α——进出风口面积之比，出风口面积为进风口面积1.5倍时$\alpha=0.667$，出风口面积为进风口面积2倍时$\alpha=0.5$；
h——室内空气柱的高度，m。

（九）变压器过负荷引起的发热

1. 故障现象

某年夏季，天气特别炎热，居民用电负荷骤增，变压器低压断保险故障每日达上百次。一日，新中街一台三相320kVA变压器断保险3次。第三次断保险发生在19时40分左右。急修班经查看发现低压a、c相保险断。测试变压器顶层油温已达98℃，油枕冒油严重。更换保险片后恢复了供电。15min后测试变压器负荷：$I_a=580A$，$I_b=555A$，$I_c=570A$。变压器过负荷25.56%。

2. 故障原因分析

变压器运行中，铁损、铜损将以热的形式显现出来，造成铁芯、绕组、变压器油温度升高。当单位时间产生的热量等于单位时间散发的热量，即达到了热平衡状态，变压器的运行温度也就稳定下来了。当变压器出现过负荷运行时，负载损耗（铜损）发生了很大变化。因为变压器的铜损与变压器负载率的平方成正比，所以变压器在过负荷25.56%的情况下，铜损功率增加了57.65%，变压器过度发热这是必然的。变压器长期过负荷运行，将对变压器的安全运行产生严重的危害。

3. 防范措施

(1) 认真、合理、负责地审批低压报装，做到供电半径合理、电压质量合格、线损指标经济合理、变压器负载率最佳。

(2) 对于过负荷、满负荷的变压器，适时实施分装变压器，做到供电布局合理、技术经济指标最佳。

（十）漏磁通引起变压器局部发热

1. 故障现象

多年以前，东安市场配电室采用双路10kV供电，配置三相500kVA变压器两台，互为备用，供电安全准则为N-1。正常运行时，各带50%负荷；计划停电或一路电源出现故障时，变压器带100%负荷。

某年夏季进行变压器现场小修时发生了如下现象：停电前，先检查变压器负荷：1号变压器最高相负荷为390A，负载率54%；2号变压器最高相负荷400A，负载率55%。当其中一台变压器停电时，另一台变压器负载率为109%，即过负荷9%，考虑每台变压器小修只用1h，供电变压器不会出问题。故决定采用变压器倒停的方式进行变压器小修。

首先，小修1号变压器。工作非常顺利，变压器检测结果一切良好。然后，将负荷倒入1号变压器，2号变压器开始小修。摇测绝缘电阻前，将自带温度计插入测温孔，测完绝缘电阻随即将温度计抽出，指示73℃。随手将温度计（带紫铜套筒，以免损坏）放在低压c相套管底座旁，当工作完毕拿起温度计准备装入工具袋时，随便看了一下温度计指示，啊！80℃！小王惊奇地喊了一声。引起了全体工作人员的注意。现场负责人令小王重测顶层油温，测试结果为72℃。又把温度计放回低压c相套管处，5min后再看，温度计指示79℃。这是怎么回事？

2. 故障原因分析

根据电工学基础理论知识可知：直导线通过电流后，在导线的周围将产生磁场，处在磁场中的铁磁物质会因磁化和涡流造成电能损耗而引起发热。当变压器套管中的导电杆通过较大电流时，箱盖套管安装孔四周的漏磁通很大，将会产生较强的涡流。钢板越厚，涡流越强，损耗越大，引起的发热越严重。一般当电流在900A及以上时（或变压器容量630kVA及以上时）必须采取增大磁阻的措施，隔绝磁力线，以降低涡流损耗所造成的影响。目前大多采用20Mn23Al不锈钢作为非导磁材料，以达到隔绝磁力线的目的。

本例发生在三相500kVA变压器上，其低压侧额定电流为722A，在改变运行方式的情况下负荷电流为790A，变压器负载率约为109%。负荷电流虽未达到900A，但已处于临界状态，因为500kVA变压器没有采取隔磁措施，所以造成变压器局部过热。

3. 防范措施

(1) 订购630kVA及以上变压器，低压套管处必须加装"隔磁板"，并应将此条件列入"订货技术条件。"

(2) 三相负荷尽量平衡，以减少涡流损耗，降低变压器温升。

四、变压器输出电压异常故障排除实例

在系统供电正常情况下,变压器输出电压将随负荷大小的变化而变化,但电压应维持在一个合理的范围内。当电压出现过高、过低、缺相、三相电压严重不平衡等情况时,这很可能是电气故障。造成变压器输出电压异常的主要原因包括以下几种。

(1) 电源电压过高或过低。变压器是按照自身的"变比"变压的,执行的是"高来高走""低入低出"的原则。电源电压过高或过低,变压器输出电压必然出现过高或过低。对于这种情况,只要通过电压互感器进行测量便可知晓。

(2) 分接开关选用挡位不正确。配电变压器分接开关是用来调整二次电压高、低的。10kV 配电变压器的分接开关有 3 挡(也有 5 挡或 7 挡的),其变比分别为:10.5kV/0.4kV,10kV/0.4kV,9.5kV/0.4kV。

例: 某变压器的分接开关置于 Ⅱ 挡(10kV)时,二次侧输出电压为 420V,那么,变压器二次侧输出电压欲为 400V,问分接开关应置于何挡?

解: Ⅱ 挡(10kV)时,二次侧电压为 420V,则电源电压为

$$U_1 = 420 \times \frac{10}{0.4} = 10500(V) = 10.5(kV)$$

当分接开关置于 Ⅰ 挡,则二次侧输出电压为

$$U_2 = 10.5 \div \frac{10.5}{0.4} = 0.4(kV) = 400(V)$$

变压器高压或低压绕组发生匝间或层间短路,实际上改变了高低压绕组的匝数比,即改变了电压比。

1) 若高压绕组发生匝间或层间短路,一次侧匝数 N_1 减少,变压器变比减小,输出电压升高。

2) 若低压绕组发生匝间或层间短路,二次侧匝数 N_2 减少,变压器电压比增加,输出电压降低。

匝间或层间短路故障可通过测量绕组直流电阻或变压比便可知晓。

(3) 铁芯和绕组缺陷。变压器当带上负载后,如果较空载时输出电压降低很多,说明变压器内部电压降低太多,这是由于铁芯或绕组存在某些缺陷,使漏磁阻抗增加,负载电流流过这一阻抗时,电压降低很多。

(4) 三相负载不对称。公用配电变压器一般供电给动力和照明混合负荷,且单相负载较多,这些负载不是三相对称的,则三相电流不对称,从而引起变压器内三相阻抗压降不等,使三相输出电压不平衡。

(5) 10kV 侧一相缺电。变压器 10kV 侧一相缺电,将引起低压侧输出电压严重不平衡。假如 A 相断电,则 $I_A =$ 0,这时 B、C 两绕组流过的是同一电流 $I_B = -I_C$,铁芯中的磁通将发生很大变化。A 相铁芯柱的磁通量为 $\Phi_B - \Phi_C$,由于 Φ_B、Φ_C 经过的磁路不同,其值也不会完全相等,这就使得低压侧 a 相电压不为 0。由于各种变压器的铁芯结构、绕组接线形式不同,所以当变压器 10kV 侧缺相时,低压侧的电压分布将呈现不同的情况。

(一) 变压器低压中性点焊接处断裂造成的事故

1. 事故现象

某 10kV 用户变压器发生故障,大量单相用电设备被烧毁,有些单相设备无法启动工作。值班电工测得变压器低压侧三相线电压均为 384V,相电压分别为 146V、310V、197V,三相负荷电流分别为 360A、125A、210A,三相负荷严重不平衡,零线电流为 0,当即停止变压器运行。检查变压器发现:中性线引出线在变压器内部烧断。立即更换了变压器,恢复了正常供电。

2. 事故原因分析

电路图如图 2-8-2-1 所示,只要电源电压三相对称,尽管三相负荷不对称,因为负荷的中性点 O′ 与电源的中性点 O 直接连接,若中性线的阻抗忽略不计,则 O′ 点与 O 点同电位,于是三相负荷电压降仍然对称。大家知道,负荷电压降等于电源电压与中性线上的电压降的几何差,即

$$\dot{U}_{AO'} = \dot{U}_{AO} - \dot{U}_{OO'}$$
$$\dot{U}_{BO'} = \dot{U}_{BO} - \dot{U}_{OO'}$$
$$\dot{U}_{CO'} = \dot{U}_{CO} - \dot{U}_{OO'}$$

而

$$-\dot{U}_{OO'} = \dot{I}_O Z_O$$

式中 $\dot{I}_O$——流过中性线的电流;

Z_O——中性线阻抗。

如令 $Z_O = 0$

那么 $\dot{U}_{OO'} = 0$

于是,三相负荷电压降就等于三相电源电压,即

$$\dot{U}_{AO'} = \dot{U}_{AO}$$
$$\dot{U}_{BO'} = \dot{U}_{BO}$$
$$\dot{U}_{CO'} = \dot{U}_{CO}$$

所以三相负荷电压降是对称的。

由负荷的中性点 O′ 经过中性线流向电源中性点的电流为

$$-\dot{I}_O = \dot{I}_A + \dot{I}_B + \dot{I}_C$$

如图 2-8-2-1 所示,假设三相负荷电阻的关系为

$$R_A = 2R_B = 3R_C$$

那么电流的关系则为

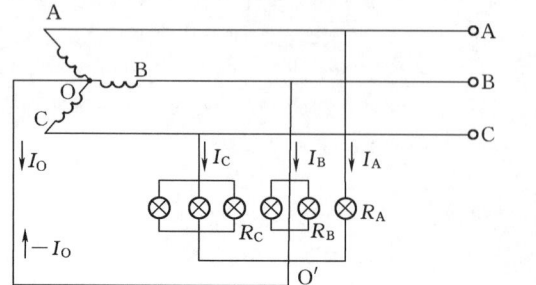
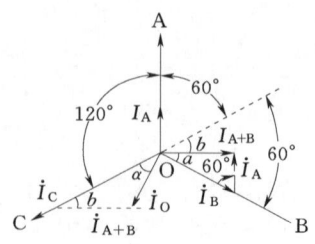

图 2-8-2-1 三相负荷不平衡中性线的作用图

$$I_B = 2I_A$$
$$I_C = 3I_A$$

由于白炽灯是纯电阻性负荷，其电流与电压同相位。所以，尽管各相电流的大小不等，但相位仍互距120°。我们若以 $\dot{I}_A$ 为参考量，则得中性线的电流为

$$-\dot{I}_O = \dot{I}_A + \dot{I}_B + \dot{I}_C$$
$$= \dot{I}_A e^{j0} + 2\dot{I}_A e^{-j\frac{2\pi}{3}} + 3\dot{I}_A e^{-j\frac{4\pi}{3}}$$
$$= \dot{I}_A (e^{j0} + 2e^{-j\frac{2\pi}{3}} + 3e^{-j\frac{4\pi}{3}})$$
$$= \dot{I}_A \{\cos 0° + j\sin 0° + 2[\cos(-120°) + j\sin(-120°)] + 3[\cos 120° + j\sin 120°]\}$$
$$= \dot{I}_A \left\{1 + 2\left[\left(-\frac{1}{2}\right) + j\left(-\frac{\sqrt{3}}{2}\right)\right] + 3\left[-\frac{1}{2} + j\frac{\sqrt{3}}{2}\right]\right\}$$
$$= \dot{I}_A \left\{1 - 1 - j\sqrt{3} - \frac{3}{2} + j\frac{3\sqrt{3}}{2}\right\}$$
$$= \frac{\sqrt{3}}{2}\dot{I}_A(-\sqrt{3} + j)$$
$$= \frac{\sqrt{3}}{2}\dot{I}_A \sqrt{(-\sqrt{3})^2 + 1^2} e^{j\arctan\frac{1}{-\sqrt{3}}}$$
$$= \frac{\sqrt{3}}{2}\dot{I}_A \sqrt{4} e^{j\frac{5\pi}{6}}$$
$$= \sqrt{3}\dot{I}_A e^{j150°}$$

这就是说，通过中性线的电流是负荷最小那相电流的 $\sqrt{3}$ 倍，而且较该相电流超前150°。在选择负荷极端不平衡照明电路的中性线截面时，必须考虑到通过中性线电流的大小。《城市中低压配电网改造技术导则》(DL/T 599—2005) 规定："在三相四线制供电系统中，零线截面宜与相线截面相同。"

还可以用另外一种方法求出通过中性线的电流：

(1) 先求电流 $\dot{I}_A$ 与电流 $\dot{I}_B$ 的几何和 $\dot{I}_{A+B}$，如图2-8-2-1的矢量图所示，将矢量 $\dot{I}_A$ 沿矢量 $\dot{I}_B$ 平行移至 $\dot{I}_B$ 的终端，从O点出发到平移后的 $\dot{I}_A$ 终点的矢量 $\dot{I}_{A+B}$ 的长度即为 $\dot{I}_A$ 与 $\dot{I}_B$ 的几何和。即

$$\dot{I}_{A+B} = \dot{I}_A + \dot{I}_B$$

因为 $\dot{I}_A$ 与 $\dot{I}_B$ 相距120°，所以平移后的 $\dot{I}_A$ 与 $\dot{I}_B$ 的夹角为60°，根据余弦定律得

$$I_{A+B} = (I_A^2 + I_B^2 - 2I_A I_B \cos 60°)^{\frac{1}{2}}$$
$$= \left[I_A^2 + (2I_A)^2 - 2I_A \times 2I_A \times \frac{1}{2}\right]^{\frac{1}{2}}$$
$$= (I_A^2 + 4I_A^2 - 2I_A^2)^{\frac{1}{2}}$$
$$= I_A \sqrt{1 + 4 - 2}$$
$$= \sqrt{3} I_A$$

(2) 求电流 $\dot{I}_{A+B}$ 与电流 $\dot{I}_C$ 的几何和。将矢量 $\dot{I}_{A+B}$ 沿矢量 $\dot{I}_C$ 平行移至 $\dot{I}_C$ 的终端，并从O点出发至平移后的矢量 $\dot{I}_{A+B}$ 终端的矢量 $-\dot{I}_O$ 的长度为 $\dot{I}_{A+B}$ 与 $\dot{I}_C$ 的几何和。即

$$-\dot{I}_O = \dot{I}_{A+B} + \dot{I}_C$$

从矢量图中得知 $\angle b$ 与 $\angle a$ 之和为60°。根据正弦定律得

$$\frac{I_A}{\sin a} = \frac{I_{A+B}}{\sin 60°}$$
$$= \frac{\sqrt{3} I_A \times 2}{\sqrt{3}}$$
$$= 2I_A$$

故

$$\sin a = \frac{I_A}{2I_A}$$
$$= \frac{1}{2}$$
$$\angle a = \arcsin \frac{1}{2}$$
$$= 30°$$

而

$$\angle b = 60° - \angle a$$
$$= 30°$$

于是

$$-I_O = (I_{A+B}^2 + I_C^2 - 2I_{A+B} I_C \cos b)^{\frac{1}{2}}$$
$$= [(\sqrt{3} I_A)^2 + (3I_A)^2 - 2\sqrt{3} I_A \times 3I_A \cos 30°]^{\frac{1}{2}}$$
$$= \left(3I_A^2 + 9I_A^2 - 2\sqrt{3} \times 3I_A^2 \times \frac{\sqrt{3}}{2}\right)^{\frac{1}{2}}$$
$$= \sqrt{3} I_A$$

并

$$\frac{I_{A+B}}{\sin a} = \frac{|-I_O|}{\sin b}$$
$$= \frac{I_O}{\sin 30°}$$

故

$$\sin a = \frac{I_{A+B} \sin 30°}{I_O}$$
$$= \frac{\sqrt{3} I_A \times \frac{1}{2}}{\sqrt{3} I_A}$$
$$= \frac{1}{2}$$
$$\angle a = \arcsin \frac{1}{2}$$
$$= 30°$$

由矢量图得知 $-\dot{I}_O$ 超前于 $\dot{I}_A 120° + \alpha = 150°$

故

$$-\dot{I}_O = \sqrt{3} \dot{I}_A e^{j150°}$$

其结果和复数运算一样，但不如复数运算来得简便。尤其是当中性线阻抗不能忽略和三相负荷的性质即功率因数不同时，这种方法显得更复杂。

当中性线上的阻抗不能忽略时，则不平衡电流通过中性线所造成的电压降 $\dot{U}_{OO'}$ 就不等于零。那时，各相电流分别为

$$\dot{I}_A = \frac{\dot{U}_{AO} - \dot{U}_{OO'}}{Z_A}$$

$$\dot{I}_B = \frac{\dot{U}_{BO} - \dot{U}_{OO'}}{Z_B}$$

$$\dot{I}_C = \frac{\dot{U}_{CO} - \dot{U}_{OO'}}{Z_C}$$

$$\dot{I}_O = \frac{-\dot{U}_{OO'}}{Z_O}$$

式中 Z_A、Z_B、Z_C——各相负荷的阻抗。

各相负荷的阻抗，若以导纳 $Y\left(Y = \frac{1}{Z}\right)$ 代入上式则

$$\dot{I}_A = (\dot{U}_{AO} - \dot{U}_{OO'})Y_A$$
$$\dot{I}_B = (\dot{U}_{BO} - \dot{U}_{OO'})Y_B$$
$$\dot{I}_C = (\dot{U}_{CO} - \dot{U}_{OO'})Y_C$$
$$\dot{I}_O = -\dot{U}_{OO'}Y_O$$

于是通过中性线电流的表示式为

因
$$-\dot{I}_O = \dot{I}_A + \dot{I}_B + \dot{I}_C$$
故
$$\dot{U}_{OO'}Y_O = (\dot{U}_{AO} - \dot{U}_{OO'})Y_A + (\dot{U}_{BO} - \dot{U}_{OO'})Y_B + (\dot{U}_{CO} - \dot{U}_{OO'})Y_C$$
$$= \dot{U}_{AO}Y_A - \dot{U}_{OO'}Y_A + \dot{U}_{BO}Y_B - \dot{U}_{OO'}Y_B + \dot{U}_{CO}Y_C - \dot{U}_{OO'}Y_C$$
$$= \dot{U}_{AO}Y_A + \dot{U}_{BO}Y_B + \dot{U}_{CO}Y_C - \dot{U}_{OO'}(Y_A + Y_B + Y_C)$$

移项得
$$\dot{U}_{OO'}(Y_A + Y_B + Y_C + Y_O) = \dot{U}_{AO}Y_A + \dot{U}_{BO}Y_B + \dot{U}_{CO}Y_C$$

故
$$\dot{U}_{OO'} = \frac{\dot{U}_{AO}Y_A + \dot{U}_{BO}Y_B + \dot{U}_{CO}Y_C}{Y_A + Y_B + Y_C + Y_O}$$

这就是求中性点位移的计算公式。只要知道电源电压和各相负荷阻抗，应用这个公式就可求出负荷中性点 O' 与电源中性点 O 之间的电位差，或中性点的位移量。当 $\dot{U}_{OO'}$ 确定之后，各相负荷的电压降就可求出来。我们以前面所讨论的图 4-1 为例，令中性线的电阻 R_O（忽略电抗）为负荷最大那相电阻 R_C 的 $\frac{1}{10}$，即

$$R_O = \frac{1}{10}R_C$$

又因为 $Y_A = \frac{1}{R_A}$，$Y_B = \frac{1}{R_B} = \frac{2}{R_A}$，$Y_C = \frac{1}{R_C} = \frac{3}{R_A}$；$Y_O = \frac{1}{R_O} = \frac{30}{R_A}$，则中性线上的电压降为

$$\dot{U}_{OO'} = \frac{\dot{U}_{AO}Y_A + \dot{U}_{BO}Y_B + \dot{U}_{CO}Y_C}{Y_A + Y_B + Y_C + Y_O} \quad (2-8-2-7)$$

$$= \frac{\dot{U}_{AO}\frac{1}{R_A} + \dot{U}_{BO}\frac{2}{R_A} + \dot{U}_{CO}\frac{3}{R_A}}{\frac{1}{R_A} + \frac{2}{R_A} + \frac{3}{R_A} + \frac{30}{R_A}}$$

$$= \frac{\dot{U}_{AO} + 2\dot{U}_{BO} + 3\dot{U}_{CO}}{36}$$

$$= \frac{\dot{U}_{AO} + \dot{U}_{BO} + \dot{U}_{BO} + 3\dot{U}_{CO}}{36}$$

$$= \frac{-\dot{U}_{CO} + \dot{U}_{BO} + 3\dot{U}_{CO}}{36}$$

$$= \frac{2\dot{U}_{CO} + \dot{U}_{BO}}{36}$$

$$= \frac{2\dot{U}_{CO} + \dot{U}_{CO}e^{j120°}}{36}$$

$$= \frac{\dot{U}_{CO}}{36}(2 + \cos 120° + j\sin 120°)$$

$$= \frac{\dot{U}_{CO}}{36}\left(2 - \frac{1}{2} + j\frac{\sqrt{3}}{2}\right)$$

$$= \frac{\dot{U}_{CO}}{72}(3 + j\sqrt{3})$$

$$= \frac{\sqrt{12}}{72}\dot{U}_{CO}e^{j\arctan\frac{\sqrt{3}}{3}}$$

$$= \frac{\sqrt{3}}{36}\dot{U}_{CO}e^{j30°}$$

于是，各相负荷的实际电压降为

$$\dot{U}_{AO'} = \dot{U}_{AO} - \dot{U}_{OO'}$$
$$= \dot{U}_{AO} - \frac{\sqrt{3}}{36}\dot{U}_{CO}e^{j30°}$$
$$= \dot{U}_{AO} - \frac{\sqrt{3}}{36}e^{j30°}\dot{U}_{AO}e^{j120°}$$
$$= \dot{U}_{AO} - \frac{\sqrt{3}}{36}\dot{U}_{AO}e^{j150°}$$
$$= \dot{U}_{AO}\left(1 - \frac{\sqrt{3}}{36}e^{j150°}\right)$$
$$= \dot{U}_{AO}\left[1 - \frac{\sqrt{3}}{36}(\cos 150° + j\sin 150°)\right]$$
$$= \dot{U}_{AO}\left[1 - \frac{\sqrt{3}}{36}\left(-\frac{\sqrt{3}}{2} + j\frac{1}{2}\right)\right]$$
$$= \frac{\dot{U}_{AO}}{72}[75 - j\sqrt{3}]$$
$$= \frac{75.02}{72}\dot{U}_{AO}e^{j\arctan\frac{-\sqrt{3}}{75}}$$
$$= 1.04\dot{U}_{AO}e^{-j1°18'}$$

即当中性线电阻 $R_O = \frac{1}{10}R_C$ 时的 A 相负荷电压降，比中性线阻抗为零时的 A 相负荷电压降升高了 4%，相位也向后移了 $1°18'$。用同样的方法也可以求出 $\dot{U}_{BO'}$ 和 $\dot{U}_{CO'}$。

由计算可以看出，当中性线的阻抗值不大时，尽管三相负荷不平衡，但三相负荷电压降的对称性变化不大。

然而，由于某种原因一旦中性线发生断路时，情况就不同了。这时，由于没有中性线滤过不平衡电流，为维持三相负荷电流的矢量和等于零，负荷中性点必产生位移，如图 2-8-2-2 所示。为简便起见，我们假设每只灯泡的电阻均为 R，应用求中性点位移的计算公式，算出中性点的位移量，并求出各相负荷的电压降。

在图 2-8-2-2（a）中，三相负荷阻抗为

$$Z_A = R$$
$$Z_B = R$$
$$Z_C = \frac{R}{2}$$

故 $Y_A = \frac{1}{R}$；$Y_B = \frac{1}{R}$；$Y_C = \frac{2}{R}$；$Y_O = \frac{1}{\infty} = 0$

中性点的位移量为

$$\dot{U}_{NO} = \frac{\dot{U}_{AO}Y_A + \dot{U}_{BO}Y_B + \dot{U}_{CO}Y_C}{Y_A + Y_B + Y_C + Y_O}$$

$$= \frac{\dot{U}_{AO}\frac{1}{R} + \dot{U}_{BO}\frac{1}{R} + \dot{U}_{CO}\frac{2}{R}}{\frac{1}{R} + \frac{1}{R} + \frac{2}{R} + 0}$$

$$= \frac{\dot{U}_{AO} + \dot{U}_{BO} + 2\dot{U}_{CO}}{4}$$

$$= \frac{-\dot{U}_{CO} + 2\dot{U}_{CO}}{4}$$

$$= \frac{\dot{U}_{CO}}{4}$$

中性点位移后的三相负荷电压降为

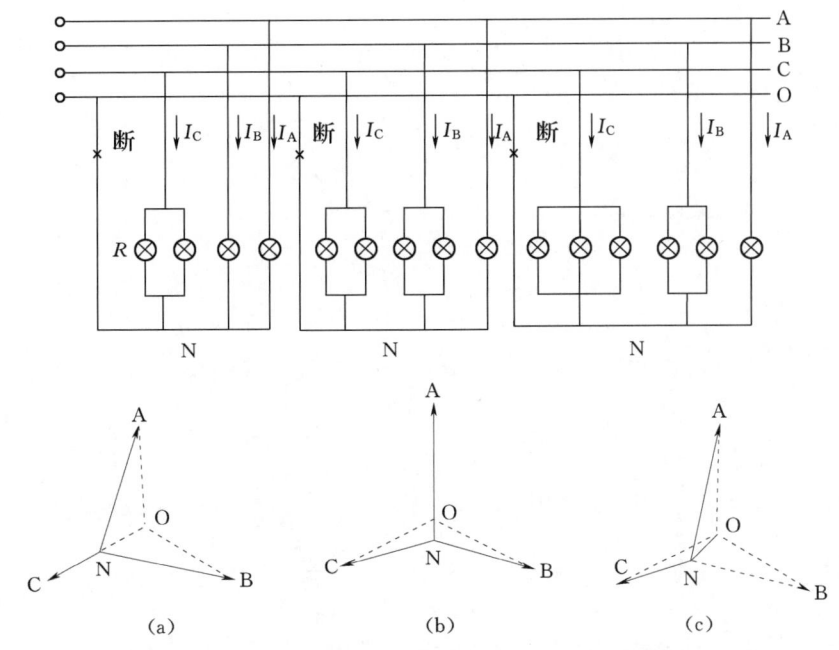

图 2-8-2-2 不平衡负荷电路，中性线断路时中性点位移图

$$\dot{U}_{AN}=\dot{U}_{AO}-\dot{U}_{NO}$$
$$=\dot{U}_{AO}-\frac{\dot{U}_{CO}}{4}$$
$$=\dot{U}_{AO}-\frac{1}{4}\dot{U}_{AO}e^{j120°}$$
$$=\dot{U}_{AO}\left[1-\frac{1}{4}(\cos120°+j\sin120°)\right]$$
$$=\dot{U}_{AO}\left[1-\frac{1}{4}\left(-\frac{1}{2}+j\frac{\sqrt{3}}{2}\right)\right]$$
$$=\frac{\dot{U}_{AO}}{8}(9-j\sqrt{3})$$
$$=\frac{\dot{U}_{AO}}{8}\sqrt{84}\,e^{j\arctan\frac{-\sqrt{3}}{9}}$$
$$=\frac{\sqrt{21}\dot{U}_{AO}}{4}e^{-j10°54'}$$
$$\approx 1.15\dot{U}_{AO}e^{-j10°54'}$$

$$\dot{U}_{BN}=\dot{U}_{BO}-\dot{U}_{NO}$$
$$=\dot{U}_{BO}-\frac{\dot{U}_{CO}}{4}$$
$$=\dot{U}_{BO}-\frac{1}{4}\dot{U}_{BO}e^{-j120°}$$
$$=\dot{U}_{BO}\left(1-\frac{1}{4}e^{-j120°}\right)$$
$$=\dot{U}_{BO}\left[1-\frac{1}{4}(\cos120°-j\sin120°)\right]$$
$$=\dot{U}_{BO}\left[1-\frac{1}{4}\left(-\frac{1}{2}-j\frac{\sqrt{3}}{2}\right)\right]$$
$$=\frac{\dot{U}_{BO}}{8}\sqrt{84}\,e^{j\arctan\frac{\sqrt{3}}{9}}$$
$$=\frac{\sqrt{21}}{4}\dot{U}_{BO}e^{j10°54'}$$
$$\approx 1.15\dot{U}_{BO}e^{j10°54'}$$

$$\dot{U}_{CN}=\dot{U}_{CO}-\dot{U}_{NO}$$
$$=\dot{U}_{CO}-\frac{\dot{U}_{CO}}{4}$$
$$=\dot{U}_{CO}\left(1-\frac{1}{4}\right)$$
$$=0.75\dot{U}_{CO}$$

在图 2-8-2-2（b）中，三相负荷的阻抗为
$$Z_A=R;\ Z_B=\frac{R}{2};\ Z_C=\frac{R}{2}$$
故
$$Y_A=\frac{1}{R};\ Y_B=\frac{2}{R};\ Y_C=\frac{2}{R}$$
$$Y_O=\frac{1}{\infty}=0$$

中性点的位移量为
$$\dot{U}_{NO}=\frac{\dot{U}_{AO}Y_A+\dot{U}_{BO}Y_B+\dot{U}_{CO}Y_C}{Y_A+Y_B+Y_C+Y_O}$$
$$=\frac{\dot{U}_{AO}\frac{1}{R}+\dot{U}_{BO}\frac{2}{R}+\dot{U}_{CO}\frac{2}{R}}{\frac{1}{R}+\frac{2}{R}+\frac{2}{R}+0}$$
$$=\frac{\dot{U}_{AO}+2\dot{U}_{BO}+2\dot{U}_{CO}}{5}$$
$$=\frac{\dot{U}_{AO}+\dot{U}_{BO}+\dot{U}_{CO}+\dot{U}_{BO}+\dot{U}_{CO}}{5}$$
$$=\frac{0+\dot{U}_{BO}+\dot{U}_{CO}}{5}$$
$$=-\frac{\dot{U}_{AO}}{5}$$

中性点位移后的三相负荷电压降为
$$\dot{U}_{AN}=\dot{U}_{AO}-\dot{U}_{NO}$$
$$=\dot{U}_{AO}+\frac{\dot{U}_{AO}}{5}$$
$$=1.2\dot{U}_{AO}$$
$$\dot{U}_{BN}=\dot{U}_{BO}-\dot{U}_{NO}$$

$$= \dot{U}_{BO} + \frac{\dot{U}_{AO}}{5}$$

$$= \dot{U}_{BO} + \frac{1}{5}\dot{U}_{BO} e^{j120°}$$

$$= \dot{U}_{BO}\left[1 + \frac{1}{5}(\cos120° + j\sin120°)\right]$$

$$= \dot{U}_{BO}\left[1 - \frac{1}{10} + j\frac{\sqrt{3}}{10}\right]$$

$$= \dot{U}_{BO}\frac{1}{10}[9 + j\sqrt{3}]$$

$$= \frac{\sqrt{21}\dot{U}_{BO}}{5} e^{j\arctan\frac{\sqrt{3}}{9}}$$

$$\approx 0.92\dot{U}_{BO} e^{j10°54'}$$

$$\dot{U}_{CN} = \dot{U}_{CO} - \dot{U}_{NO}$$

$$= \dot{U}_{CO} + \frac{\dot{U}_{AO}}{5}$$

$$= \dot{U}_{CO}\left[1 + \frac{1}{5}e^{-j120°}\right]$$

$$= \dot{U}_{CO}\left[1 + \frac{1}{5}(\cos120° - j\sin120°)\right]$$

$$= \dot{U}_{CO}\left[1 - \frac{1}{10} - j\frac{\sqrt{3}}{10}\right]$$

$$= \frac{\dot{U}_{CO}}{5}\sqrt{21} e^{j\arctan-\frac{\sqrt{3}}{9}}$$

$$= 0.92\dot{U}_{CO} e^{-j10°54'}$$

在图 2-8-2-2（c）中，三相负荷的阻抗为

$$Z_A = R; \quad Z_B = \frac{R}{2}; \quad Z_C = \frac{R}{3}$$

故

$$Y_A = \frac{1}{R}; \quad Y_B = \frac{2}{R}; \quad Y_C = \frac{3}{R}$$

$$Y_0 = \frac{1}{\infty} = 0$$

中性点的位移量为

$$\dot{U}_{NO} = \frac{\dot{U}_{AO}Y_A + \dot{U}_{BO}Y_B + \dot{U}_{CO}Y_C}{Y_A + Y_B + Y_C + Y_0}$$

$$= \frac{\dot{U}_{AO}\frac{1}{R} + \dot{U}_{BO}\frac{2}{R} + \dot{U}_{CO}\frac{3}{R}}{\frac{1}{R} + \frac{2}{R} + \frac{3}{R} + 0}$$

$$= \frac{\dot{U}_{AO} + \dot{U}_{BO} + \dot{U}_{BO} + 2\dot{U}_{CO}}{6}$$

$$= \frac{0 + \dot{U}_{BO} + 2\dot{U}_{CO}}{6}$$

$$= \frac{-\dot{U}_{AO} + \dot{U}_{CO}}{6}$$

$$= \frac{\dot{U}_{CO} - \dot{U}_{AO}}{6}$$

中性点位移后的三相负荷电压降为

$$\dot{U}_{AN} = \dot{U}_{AO} - \dot{U}_{NO}$$

$$= \dot{U}_{AO} - \frac{\dot{U}_{CO} - \dot{U}_{AO}}{6}$$

$$= \frac{7\dot{U}_{AO} - \dot{U}_{CO}}{6}$$

$$= \frac{\dot{U}_{AO}}{6}(7 - e^{j120°})$$

$$= \frac{\dot{U}_{AO}}{6}[7 - (\cos120° + j\sin120°)]$$

$$= \frac{\dot{U}_{AO}}{6}\left(7 + \frac{1}{2} - j\frac{\sqrt{3}}{2}\right)$$

$$= \frac{\dot{U}_{AO}}{12}\sqrt{15^2 + 3} e^{j\arctan\frac{-\sqrt{3}}{15}}$$

$$\approx 1.258\dot{U}_{AO} e^{-j6°35'}$$

$$\dot{U}_{BN} = \dot{U}_{BO} - \dot{U}_{NO}$$

$$= \dot{U}_{BO} - \frac{\dot{U}_{CO} - \dot{U}_{AO}}{6}$$

$$= \frac{1}{6}(\dot{U}_{AO} + 6\dot{U}_{BO} - \dot{U}_{CO})$$

$$= \frac{\dot{U}_{AO}}{6}(1 + 6e^{-j120°} - e^{j120°})$$

$$= \frac{\dot{U}_{AO}}{6}[1 + 6(\cos120° - j\sin120°) - (\cos120° + j\sin120°)]$$

$$= \frac{\dot{U}_{AO}}{6}\left[1 - 3 - j3\sqrt{3} + \frac{1}{2} - j\frac{\sqrt{3}}{2}\right]$$

$$= \frac{\sqrt{3}\dot{U}_{AO}}{12}(-\sqrt{3} - j7)$$

$$= \frac{\sqrt{3}\dot{U}_{AO}}{12}\sqrt{3 + 49} e^{j\arctan\frac{-7}{-\sqrt{3}}}$$

$$\approx 1.04\dot{U}_{AO} e^{j256°8'}$$

$$= 1.04\dot{U}_{BO} e^{j16°8'}$$

$$\dot{U}_{CN} = \dot{U}_{CO} - \dot{U}_{NO}$$

$$= \dot{U}_{CO} - \frac{\dot{U}_{CO} - \dot{U}_{AO}}{6}$$

$$= \frac{1}{6}(5\dot{U}_{CO} + \dot{U}_{AO})$$

$$= \frac{\dot{U}_{CO}}{6}(5 + \cos120° - j\sin120°)$$

$$= \frac{\dot{U}_{CO}}{6}\left(\frac{9}{2} - j\frac{\sqrt{3}}{2}\right)$$

$$= \frac{\sqrt{3}}{12}\dot{U}_{CO}(3\sqrt{3} - j)$$

$$= \frac{\sqrt{3}}{12}\dot{U}_{CO}\sqrt{27 + 1} e^{j\arctan\frac{-1}{3\sqrt{3}}}$$

$$\approx 0.76\dot{U}_{CO} e^{-j10°54'}$$

由计算结果可以看出，在负荷不平衡的三相照明电路中，一旦中性线断路，负荷的中性点就向着负荷大的方向位移，于是使各相负荷的电压降发生变化，负荷大的那相，负荷电压降则降低，灯泡较正常时就暗些，负荷小的那相，负荷电压降则升高，灯泡较正常时就亮些。因此，根据某相灯泡比正常亮，而另一相灯泡比正常暗的现象，可以判断中性线是否断路。如电路负荷不平衡程度很大。负荷小的那相负荷电压降升高得过大，灯泡就要缩短寿命，甚至有烧毁的危险。所以中性线是不允许装保险丝的。

3. **防范措施**

（1）变压器采购订货应把"中性线截面与相线截面相等（含套管导电杆）"作为技术条件提出，以确保变压器安全运行。

（2）变压器运行中应采取有效措施尽量达到三相负荷基本平衡，以达到变压器安全、经济运行。

（二）Yyn0 接线变压器一次侧一相断路引起二次电压异常

1. **故障现象**

某日，一低压三相四线供电的用户打来电话，反映一相

没电,有电的两相的灯泡比正常时也暗了许多,电机无法启动。急修班赶到现场发现变压器C相跌落式熔断器自行跌落,经检查认定:熔管跌落系熔管过短造成,调整后,送电正常。

2. 故障原因分析

如图2-8-2-3所示,C相断路后,A、B两相线圈成串联,各承受电压U_{AB}的1/2。使一次侧的反电势由正常的$\dot{E}_{O_1A}$、$\dot{E}_{O_1B}$分别降低为$\dot{E}_{XA}$、$\dot{E}_{YB}$,并各向前、向后位移了30°,即方向相反(见变压器一次侧电势矢量图)。而且

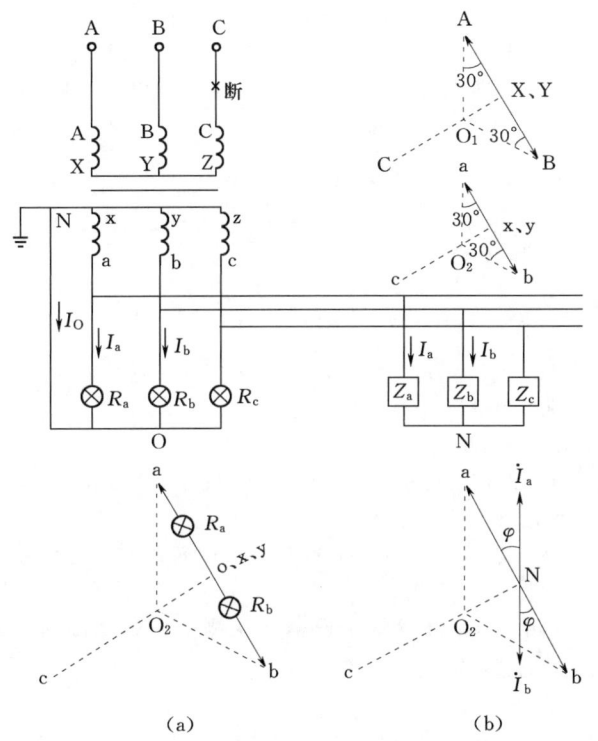

图2-8-2-3 Yyn0变压器一次侧一相断路在二次侧的电压反映图

$$E_{XA} = E_{YB}$$
$$= E_{O_1A}\cos 30°$$
$$= E_{O_1B}\cos 30°$$
$$= \frac{\sqrt{3}}{2} E_{xg_1}$$

式中 E_{xg_1}——是正常的一次侧相电势。

我们知道,二次侧电势是随着一次侧电势的变化而变化的,所以与一次侧对应的二次侧电势也分别向前、向后位移了30°,即方向相反,其数值降低到$\frac{\sqrt{3}}{2}$倍,即

$$E_{xa} = E_{yb}$$
$$= E_{O_2a}\cos 30°$$
$$= E_{O_2b}\cos 30°$$
$$= \frac{\sqrt{3}}{2} E_{xg_2}$$

式中 E_{xg_2}——正常的二次侧电势。

因此,无论是串接还是并接在a、b两相之间的负荷,其电压降必等于U_{abo}在图2-8-2-3(a)中,负荷中性点O与变压器二次侧中性点相连,它能使良好两相的负荷电压降相等。

因为 $\dot{U}_{ab} = \dot{I}_a R_a - \dot{I}_b R_b$
设 $R_a = R_b$
则 $I_a = I_b$; $\dot{I}_a = -\dot{I}_b$; $\dot{I}_a + \dot{I}_b = 0$
即中性线上无电流通过。
故 $U_{aO} = I_a R_a$
$$= I_b R_b$$
$$= U_{bO}$$
$$= \frac{\sqrt{3}}{2} U_{xg_2}$$

即C相灯泡不发光,a、b两相灯泡承受正常相电压U_{xg_2}的86.6%

若 $R_a \neq R_b$
设 $2R_a = R_b$
则 $U_{aO} = I_a R_a$, $I_a = \frac{U_{aO}}{R_a}$
$$= \frac{\sqrt{3}}{2} \frac{U_{xg_2}}{R_a}$$
$U_{bO} = I_b R_b$, $I_b = \frac{U_{bO}}{R_b}$
$$= \frac{\sqrt{3}}{4} \frac{U_{xg_2}}{R_a}$$
得 $I_a = 2I_b$
故 $-\dot{I}_O = \dot{I}_a + \dot{I}_b$
$$= \dot{I}_a + \frac{\dot{I}_a}{2} e^{j180°}$$
$$= \dot{I}_a (\cos 0° + j\sin 0° + \frac{1}{2}\cos 180° + \frac{1}{2}j\sin 180°)$$
$$= \dot{I}_a \left(1 - \frac{1}{2}\right)$$
$$= \frac{1}{2}\dot{I}_a$$
故 $I_O = I_b$

通过中性线的电流相当于b相电流。
于是 $U_{aO} = I_a R_a$
$$= 2I_b \frac{R_b}{2}$$
$$= I_b R_b$$
$$= U_{bO}$$
$$= \frac{\sqrt{3}}{2} U_{xg_2}$$

即a、b两相灯泡各承受正常相电压U_{xg_2}的86.6%。

由此得知,当变压器一次侧一相断路后,其二次侧中性线只能保证良好两相的负荷电压降相等,而不能保证良好两相的负荷电压降正常。这就是变压器一次侧一相断路与该种变压器二次侧断路的不同点。所以如发现一相灯泡不发光,另外两相的灯泡比正常较暗的现象,可能是变压器的一次侧一相断路,而不是二次侧一相断路。

在图2-8-2-3(b)中,a、b两相阻抗串联起来,承受a、b之间的电压。不管阻抗Z_a、Z_b相等还是不等。Z_c中无电流通过。因为a、b两点间的电位差最大,从a点(或b点)流出的电流,除经b点(或a点)成回路外,再无其他回路。

3. 防范措施

(1)跌落式熔断器安装后,必须做拉、合试验,做到熔管长度适当、操作灵活。

(2)变压器外部接线应做到导线截面合理,接线牢固、可靠。

(三)Dyn11接线变压器一次侧一相断路引起二次电压异常

1. 故障现象

一日,某社区居民打来电话:1号门灯泡发光正常,家用电气设备也能正常工作;2号、3号两门灯泡也能发光,

但比平时暗多了,家用电气设备无法正常使用。急修班赴现场发现供电变压器C相"掉管",经调整后合闸送电,供电恢复正常。

2. 故障原因分析

如图2-8-2-4所示,一次侧C相断路后,A相反电势仍正常;B、C两相线圈串联起来承受B、A之间的电压,其反电势$\dot{E}_{zc}$、$\dot{E}_{yB}$的值比正常时降低了1/2,并且各分别向后、向前位移了60°,成为同方向。于是与一次侧相对应的二次侧电势$\dot{E}_{xa}$和正常一样,电势$\dot{E}_{yb}$、$\dot{E}_{zc}$的值比正常也降低了1/2,而且它们也各分别向后、向前位移了60°,成为同方向。在图2-8-2-4(a)中,a相的灯光正常,b、c相的灯光比正常时暗了许多,b、c相之间无电压。而且当三相负荷不对称时,若设$R_a = 2R_b = 2R_c$,

由于三相电压为

$$\dot{U}_{aO} = \dot{U}_{aO} e^{j0°}$$
$$\dot{U}_{bO} = \frac{1}{2}\dot{U}_{aO} e^{j180°}$$
$$\dot{U}_{cO} = \frac{1}{2}\dot{U}_{aO} e^{j180°}$$

则三相电流为

$$\dot{I}_a = \frac{\dot{U}_{ao}}{R_a}$$

$$\dot{I}_b = \frac{\dot{U}_{bo}}{R_b} = \frac{\frac{1}{2}\dot{U}_{ao}e^{j180°}}{\frac{1}{2}R_a} = \frac{\dot{U}_{ao}}{R_a}e^{j180°}$$

$$\dot{I}_c = \frac{\dot{U}_{co}}{R_c} = \frac{\frac{1}{2}\dot{U}_{ao}e^{j180°}}{\frac{1}{2}R_a} = \frac{\dot{U}_{ao}}{R_a}e^{j180°}$$

通过中性线的电流为

$$-\dot{I}_o = \dot{I}_a + \dot{I}_b + \dot{I}_c$$
$$= \frac{\dot{U}_{ao}}{R_a}e^{j0°} + \frac{\dot{U}_{ao}}{R_a}e^{j180°} + \frac{\dot{U}_{ao}}{R_a}e^{j180°}$$
$$= \frac{\dot{U}_{ao}}{R_a}(1 + 2e^{j180°})$$
$$= \frac{\dot{U}_{ao}}{R_a}(1 + 2\cos180° + 2j\sin180°)$$
$$= \frac{\dot{U}_{ao}}{R_a}(1-2)$$
$$= -\frac{\dot{U}_{ao}}{R_a}$$
$$= -\dot{I}_a$$

由此得知,当Dyn11接线变压器的二次侧出现某一个线电压为零,而接在这两相上的灯泡又能发光,但比正常时

明显发暗,另一相上灯泡发光正常,且中性线没有断(在负荷不对称时,中性线上有电流)的现象,可能是变压器一次侧一相断路。

在图2-8-2-4(b)中,由于没有中性线滤过不平衡电流,不管三相阻抗相等与不等,三相电流的几何和$(\dot{I}_a' + \dot{I}_b' + \dot{I}_c')$都等于零。但b、c两相电流大小相等,方向相同,数值上为a相电流的一半,并相距180°,形成负荷单相运转。

在图2-8-2-4(c)中,通过a相负荷的电流,等于b相的线电流。由于b、c之间没有电压,故b相负荷中没有电流通过,即$I_{bc} = 0$。而c相的相、线电流相等。因为电压$U_{ab} = U_{ac}$,所以a相电流为

$$\dot{I}_{bc} = \dot{I}_{ca} - \dot{I}_{ab}$$
$$= \dot{I}_{ca} + \dot{I}_{ba}$$

若阻抗相等,则

$$I_{ca} = I_{ba}$$

于是

$$I_{bc} = 2I_{ca} = 2I_{ba}$$

而且$\dot{I}_{bc}$与$\dot{I}_{ca}$、$\dot{I}_{ba}$相距180°。这种情况说明,三角形接线的负荷也是单相运转。

3. 防范措施

(1) 跌落式熔断器安装后,必须做拉、合试验,做到熔管长度适当、操作灵活。

(2) 变压器外部接线应做到导线截面合理,接线牢固、可靠。

(四) Dyn11接线变压器一次侧一相线圈断路引起二次电压异常

1. 事故现象

一日,某10kV用户早晨上班后,车间、办公楼等场所灯光亮度正常。生产车间电动机无法启动,全厂生产瘫痪。电工测量相电压:$U_{ao} = U_{bo} = U_{co} = 225V$;测量线电压:$U_{ab} = 225V$,$U_{ac} = 389V$,$U_{bc} = 225V$。变压器停止运行。电工测量变压器10kV侧绕组导通情况:AB相—"通",BC相—"通",AC相—"通"。又测直流电阻:AB相$= R$,BC相$= 2R$,AC相$= R$。根据测量结果,认定变压器一次侧B相绕组断路。更换变压器后,及时恢复了供电。

2. 事故原因分析

如图2-8-2-5所示,B相线圈断路,这是一种最危险、破坏性最大的故障。因为当一次侧一相线圈断路时,该线圈的电流为零,在该相铁芯上的励磁安匝也为零。但良好两相的主磁通Φ_A、Φ_C的合成磁通Φ_{A+C}要经过B相铁芯成回路,因此,它分别在该相铁芯的一次、二次侧线圈上感生出电势$-\dot{E}_B$和$\dot{E}_{yb}$。这时的$\dot{E}_{yb}$和正常的二次侧b相电势(图中虚线所示)相比,是大小相等,方向相反的。于是二次侧的相序由原来的顺时针旋转为a、b、c,变成了逆时针旋转为a、b、c(见电势矢量图)。这时,由该变压器供电的电动机都反转,这对工艺过程,人身安全都将造成不可设想的损失。

当低压电网突然发生改变相序的现象时,在三相四线制负荷上,如图2-8-2-5(a)所示,是反映不出来的,因为电压U_{ao}、U_{bo}、U_{co}的数值仍为正常的相电压,所以三相灯泡的亮度正常。但三个线电压,有两个已变的相当于相电压了,即

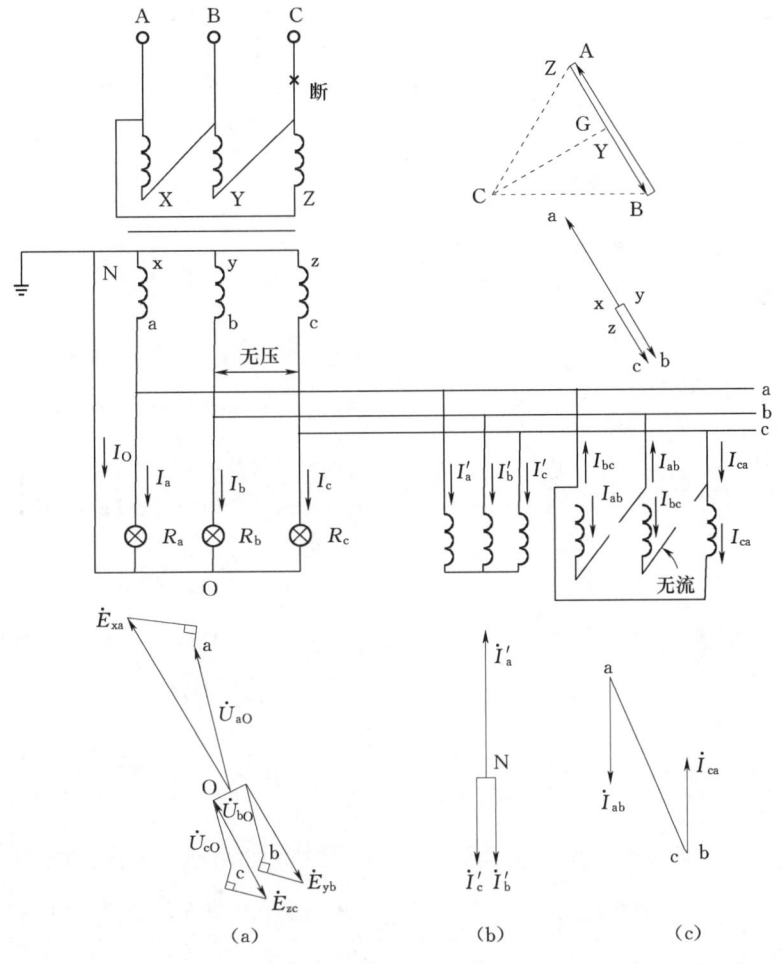

图 2-8-2-4 Dyn11 变压器一次侧一相断路，在二次侧的电压反映图

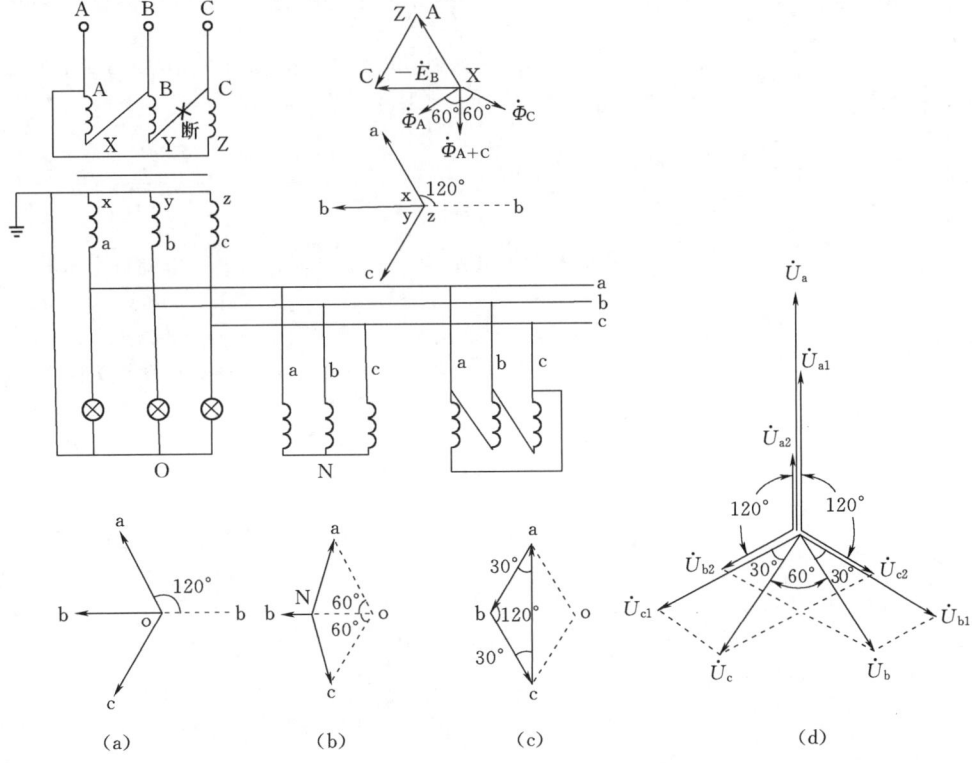

图 2-8-2-5 Dyn11 接线变压器一次侧一相线圈断路，在二次侧的电压反映图

$$U_{ac}=\sqrt{3}U_{ao}$$
$$U_{ab}=U_{ao}$$
$$U_{bc}=U_{bo}$$

这时如测量三个线电压,可以发现不对称。

当变压器一旦发生这种故障,由它供电的电动机,在人工倒相后,不管是星形接线或三角形接线的再重新启动都非常困难。

因为,如电动机是星形接线的,如图 2-8-2-5 (b) 所示,三相电压已由正常的 $\dot{U}_{ao}$、$\dot{U}_{bo}$、$\dot{U}_{co}$ 分别变成了 $\dot{U}_{aN}$、$\dot{U}_{bN}$、$\dot{U}_{cN}$。

设电动机的三相导纳为
$$Y_a=Y_b=Y_c$$
则电动机的中性点位移量为
$$\dot{U}_{No}=\frac{\dot{U}_{ao}Y_a+(-\dot{U}_{bo})Y_b+\dot{U}_{co}Y_c}{Y_a+Y_b+Y_c}$$
$$=\frac{\dot{U}_{ao}-\dot{U}_{bo}+\dot{U}_{co}}{3}$$
$$=\frac{1}{3}(-\dot{U}_{bo}-\dot{U}_{bo})$$
$$=-\frac{2}{3}\dot{U}_{bo}$$

故
$$\dot{U}_{aN}=\dot{U}_{ao}-\dot{U}_{No}$$
$$=\dot{U}_{ao}-\left(\frac{-2\dot{U}_{bo}}{3}\right)$$
$$=\dot{U}_{ao}+\frac{2}{3}\dot{U}_{ao}e^{-j120°}$$
$$=\dot{U}_{ao}(1+\frac{2}{3}e^{-j120°})$$
$$=\dot{U}_{ao}\left[1+\frac{2}{3}\times\left(-\frac{1}{2}\right)-j\frac{2}{3}\times\frac{\sqrt{3}}{2}\right]$$
$$=\frac{1}{3}\dot{U}_{ao}(2-j\sqrt{3})$$
$$=\frac{1}{3}\dot{U}_{ao}(4+3)^{\frac{1}{2}}e^{jarctan\frac{-\sqrt{3}}{2}}$$
$$=\dot{U}_{ao}\frac{\sqrt{7}}{3}e^{-j40°54'}$$

$$\dot{U}_{cN}=\dot{U}_{co}-\dot{U}_{No}$$
$$=\dot{U}_{co}+\frac{2}{3}\dot{U}_{bo}$$
$$=\dot{U}_{co}+\frac{2}{3}\dot{U}_{co}e^{j120°}$$
$$=\dot{U}_{co}\left(1-\frac{1}{3}+j\frac{\sqrt{3}}{3}\right)$$
$$=\frac{\dot{U}_{co}}{3}(2+j\sqrt{3})$$
$$=\frac{\dot{U}_{co}}{3}(4+3)^{\frac{1}{2}}e^{jarctan\frac{\sqrt{3}}{2}}$$
$$=\frac{\sqrt{7}}{3}\dot{U}_{co}e^{j40°54'}$$

$$\dot{U}_{bN}=-\dot{U}_{bo}+\frac{2}{3}\dot{U}_{bo}=-\frac{1}{3}\dot{U}_{bo}$$

因为 $\dot{U}_{ao}$ 较 $\dot{U}_{co}$ 超前 240°, $\dot{U}_{aN}$ 与 $\dot{U}_{cN}$ 相距:240°-40°54'-40°54'=158°12', 而它们的数值也降到正常时的 $\frac{\sqrt{7}}{3}$ 倍。$\dot{U}_{bN}$ 虽然与 $\dot{U}_{aN}$、$\dot{U}_{bN}$ 相距 60°+40°54'=100°54',但其数值却很小。所以星形接线的电动机带负荷启动困难。

如电动机为三角形接线方式时,如图 2-8-2-5(c) 所示,三个相间的线电压分别以线段 $\overline{ac}$、$\overline{cb}$、$\overline{ba}$ 表示,则
$$\overline{cb}=\overline{ba}$$
$$\overline{cb}=\frac{\overline{ac}}{\sqrt{3}}e^{-j150°}$$
$$\overline{ba}=\frac{\overline{ac}}{\sqrt{3}}e^{j150°}$$

接在 c、b 和 b、a 之间线圈的电压,不但在数值上仅为接在 a、c 之间线圈(正常)电压的 $\frac{1}{\sqrt{3}}$,而且在相位上还分别落后、超前于 $\overline{ac}$ 150°,因此,三个相间的线电压极端不对称。根据"任何一组不对称矢量,都可视为数组对称矢量之和"的原理,设 $\overline{ac}=\dot{U}_a$;$\overline{cb}=\dot{U}_b$;$\overline{ba}=\dot{U}_c$,并以 $\dot{U}_a$ 为参考量,将 $\dot{U}_b$、$\dot{U}_c$ 平移与 $\dot{U}_a$ 构成"Y"矢量,如图 2-8-2-5 (d) 所示,则可视为矢量 $\dot{U}_a$ 由矢量 $\dot{U}_{a1}$、$\dot{U}_{a2}$ 合成;矢量 $\dot{U}_b$ 由矢量 $\dot{U}_{b1}$、$\dot{U}_{b2}$ 合成;矢量 $\dot{U}_c$ 由矢量 $\dot{U}_{c1}$、$\dot{U}_{c2}$ 合成,即
$$\left.\begin{array}{l}\dot{U}_a=\dot{U}_{a1}+\dot{U}_{a2}\\\dot{U}_b=\dot{U}_{b1}+\dot{U}_{b2}\\\dot{U}_c=\dot{U}_{c1}+\dot{U}_{c2}\end{array}\right\} \quad (2-8-2-8)$$

这里的 $\dot{U}_{a1}$、$\dot{U}_{b1}$、$\dot{U}_{c1}$ 和 $\dot{U}_{a2}$、$\dot{U}_{b2}$、$\dot{U}_{c2}$ 两组矢量为对称矢量,各组的三个矢量之间相距 120°。不过,$\dot{U}_{b1}$ 较 $\dot{U}_{a1}$ 落后 120°,而 $\dot{U}_{b2}$ 较 $\dot{U}_{a2}$ 超前 120°。若以顺时针旋转的 $\dot{U}_{a1}$、$\dot{U}_{b1}$、$\dot{U}_{c1}$ 为正相序电压,则逆时针旋转的 $\dot{U}_{a2}$、$\dot{U}_{b2}$、$\dot{U}_{c2}$ 为负相序电压。电动机的转矩,就是由这两组相序相反的电压产生的转矩组合而成。

在正常情况下,施加于电动机端子上的电压,只有正相序,那时,电动机的转矩为
$$M=\frac{3U_a^2 P\frac{r_2'}{S}}{2\pi f\left[\left(r_1+\frac{r_2'}{S}\right)^2+(x_1+x_2')^2\right]}$$

式中 r_1、x_1 与 r_2'、x_2'——电动机定子与转子折合到定子的电阻和电抗;

f——电源频率;

P——电动机磁极对数;

S——电动机的转差率。

由于给电动机送电后、启动前的那瞬间的转差率 $S=1$,所以电动机的正常启动力矩为
$$M_Q=\frac{3U_a^2 Pr_2'}{2\pi f\left[(r_1+r_2')^2+(x_1+x_2')^2\right]}$$

令 $$K=\frac{3r_2'P}{2\pi f\left[(r_1+r_2')^2+(x_1+x_2')^2\right]}=常数$$

则 $$M_q=KU_a^2 \quad (2-8-2-9)$$

由于故障使三相电压极端不对称,存在着正相序和负相序两组作用相反的电压,于是,电动机实际的启动力矩变为
$$M_Q=KU_{a1}^2-KU_{a2}^2 \quad (2-8-2-10)$$
$$=K(U_{a1}^2-U_{a2}^2)$$

从图 2-8-2-5 (d) 中可以得出

$$\left.\begin{array}{l}\dot{U}_{b1}=\dot{U}_{a1}\mathrm{e}^{-\mathrm{j}120°}\\\dot{U}_{c1}=\dot{U}_{a1}\mathrm{e}^{\mathrm{j}120°}\\\dot{U}_{b2}=\dot{U}_{a2}\mathrm{e}^{\mathrm{j}120°}\\\dot{U}_{c2}=\dot{U}_{a2}\mathrm{e}^{-\mathrm{j}120°}\end{array}\right\} \quad (2-8-2-11)$$

将式（2-8-2-11）代入式（2-8-2-8）得

$$\dot{U}_a=\dot{U}_{a1}+\dot{U}_{a2} \quad (2-8-2-12)$$

$$\dot{U}_b=\dot{U}_{a1}\mathrm{e}^{-\mathrm{j}120°}+\dot{U}_{a2}\mathrm{e}^{\mathrm{j}120°} \quad (2-8-2-13)$$

$$\dot{U}_c=\dot{U}_{a1}\mathrm{e}^{\mathrm{j}120°}+\dot{U}_{a2}\mathrm{e}^{-\mathrm{j}120°} \quad (2-8-2-14)$$

以 $\mathrm{e}^{\mathrm{j}120°}$ 乘式（2-8-2-13），以 $\mathrm{e}^{\mathrm{j}240°}$ 乘式（2-8-2-14），再将式（2-8-2-12）、式（2-8-2-13）、式（2-8-2-14）三式相加得

$$\begin{aligned}\dot{U}_a&+\dot{U}_b\mathrm{e}^{\mathrm{j}120°}+\dot{U}_c\mathrm{e}^{\mathrm{j}240°}\\&=\dot{U}_{a1}+\dot{U}_{a1}\mathrm{e}^{\mathrm{j}0°}+\dot{U}_{a1}\mathrm{e}^{\mathrm{j}360°}+\dot{U}_{a2}+\dot{U}_{a2}\mathrm{e}^{\mathrm{j}240°}+\dot{U}_{a2}\mathrm{e}^{\mathrm{j}120°}\\&=\dot{U}_{a1}(\cos0°+\mathrm{j}\sin0°+\cos360°+\mathrm{j}\sin360°+1)\\&\quad+\dot{U}_{a2}(1+\cos240°+\mathrm{j}\sin240°+\cos120°+\mathrm{j}\sin120°)\\&=\dot{U}_{a1}(1+1+1)+\dot{U}_{a2}\left(1-\frac{1}{2}-\frac{1}{2}\right)\\&=3\dot{U}_{a1}\end{aligned}$$

故

$$\begin{aligned}\dot{U}_{a1}&=\frac{\dot{U}_a+\dot{U}_b\mathrm{e}^{\mathrm{j}120°}+\dot{U}_c\mathrm{e}^{\mathrm{j}240°}}{3}\\&=\frac{\dot{U}_a+\frac{\dot{U}_a}{\sqrt{3}}\mathrm{e}^{-\mathrm{j}150°}\mathrm{e}^{\mathrm{j}120°}+\frac{\dot{U}_a}{\sqrt{3}}\mathrm{e}^{\mathrm{j}150°}\mathrm{e}^{\mathrm{j}240°}}{3}\\&=\frac{\dot{U}_a+\frac{\dot{U}_a}{\sqrt{3}}\mathrm{e}^{-\mathrm{j}30°}+\frac{\dot{U}_a}{\sqrt{3}}\mathrm{e}^{\mathrm{j}30°}}{3}\\&=\frac{\dot{U}_a}{3}\left(1+\frac{1}{\sqrt{3}}\mathrm{e}^{-\mathrm{j}30°}+\frac{1}{\sqrt{3}}\mathrm{e}^{\mathrm{j}30°}\right)\\&=\frac{\dot{U}_a}{3}\left(1+\frac{1}{\sqrt{3}}\times\frac{\sqrt{3}}{2}-\mathrm{j}\frac{1}{\sqrt{3}}\times\frac{1}{2}+\frac{1}{\sqrt{3}}\times\frac{\sqrt{3}}{2}+\mathrm{j}\frac{1}{\sqrt{3}}\times\frac{1}{2}\right)\\&=\frac{2}{3}\dot{U}_a \quad (2-8-2-15)\end{aligned}$$

以 $\mathrm{e}^{\mathrm{j}240°}$ 乘式（2-8-2-13），以 $\mathrm{e}^{\mathrm{j}120°}$ 乘式（2-8-2-14），再将式（2-8-2-12）、式（2-8-2-13）、式（2-8-2-14）三式相加得

$$\begin{aligned}\dot{U}_{a2}&=\frac{\dot{U}_a+\dot{U}_b\mathrm{e}^{\mathrm{j}240°}+\dot{U}_c\mathrm{e}^{\mathrm{j}120°}}{3}\\&=\frac{\dot{U}_a+\frac{\dot{U}_a}{\sqrt{3}}\mathrm{e}^{-\mathrm{j}150°}\mathrm{e}^{\mathrm{j}240°}+\frac{\dot{U}_a}{\sqrt{3}}\mathrm{e}^{\mathrm{j}150°}\mathrm{e}^{\mathrm{j}120°}}{3}\\&=\frac{\dot{U}_a}{3}\left(1+\frac{1}{\sqrt{3}}\mathrm{e}^{\mathrm{j}90°}+\frac{1}{\sqrt{3}}\mathrm{e}^{-\mathrm{j}90°}\right)\\&=\frac{\dot{U}_a}{3}\left(1+\mathrm{j}\frac{1}{\sqrt{3}}-\mathrm{j}\frac{1}{\sqrt{3}}\right)\\&=\frac{1}{3}\dot{U}_a \quad (2-8-2-16)\end{aligned}$$

将式（2-8-2-15）、式（2-8-2-16）代入式（2-8-2-10）则得电动机的实际启动力矩为

$$\begin{aligned}M_Q&=K\left[\left(\frac{2}{3}U_a\right)^2-\left(\frac{1}{3}U_a\right)^2\right]\\&=KU_a^2\left(\frac{4}{9}-\frac{1}{9}\right)\\&=\frac{1}{3}KU_a^2\end{aligned}$$

与正常启动力矩式（2-8-2-9）相比较得

$$M_Q=\frac{1}{3}M_q$$

故障后的启动力矩仅为正常启动力矩值的 $\frac{1}{3}$。所以不管是星形接线或三角形接线的电动机，带负荷重新启动都很困难。

由以上的分析计算得知，当 Dyn11 接线变压器的二次侧出现三个线电压之中的一个为正常，另外两个的数值降为相电压，各相的照明灯正常，由它供电的电动机都反转，带负荷启动非常困难的现象，可能是变压器内部一次侧一相线圈断路。

3. 防范措施

应根据吊芯检查结果，针对产生绕组断路原因，制定具体防范措施。

（五）分接开关挡位选用不当造成变压器输出电压低

1. 故障现象

某 10kV 用户位于某 10kV 架空配电线路末端（农田线路）。一日，用户打电话反映电压低，变压器出口电压才 360V，车间电压更低，已严重影响生产，要求供电局把 10kV 线路电压提高一些？

2. 故障原因分析

急修班来到用户家，实测变压器二次侧相电压为：$U_a=209\mathrm{V}$，$U_b=210\mathrm{V}$，$U_c=209\mathrm{V}$。线电压为：$U_{ab}=361\mathrm{V}$，$U_{bc}=362\mathrm{V}$，$U_{ac}=362\mathrm{V}$。电压确实太低。急修班同志问："变压器分接开关在哪挡？"用户电工张师傅理直气壮地说："不要拿分接开关做文章，分接开关一直在Ⅰ挡（10.5kV），没有可调的挡位了，供电局把线路电压提高一点不就全解决了吗！"急修班的黄师傅耐心地说："停一会儿电，看看分接开关在哪挡，不妨试试。"变压器停止运行，查看分接开关确实在Ⅰ挡。黄师傅慢条斯理地说："我们单位的工程师曾给我们讲过分接开关调整位置计算公式，借此机会可以试算一下，看看对不对！"张师傅递过来粉笔，黄师傅在小黑板上写下了以下公式

$$E_1'=\frac{E_1E_2}{E_2'}$$

式中 E_1——分接开关改动前位置电压，kV；Ⅰ挡为 10.5kV，Ⅱ挡为 10kV，Ⅲ挡为 9.5kV；

E_2——分接开关改动前（原位置时），变压器二次侧实测电压，V；

E_2'——需要的二次电压，V；

E_1'——分接开关应切换到的新位置电压，kV。

黄师傅讲：$E_1=10.5\mathrm{kV}$，$E_2=362\mathrm{V}$ 已经知道。E_2' 应取值高一些，因为变压器带上负荷后变压器内部有电压降，我建议取额定电压 400V，现在就可以计算了。

$$\begin{aligned}E_1'&=\frac{E_1E_2}{E_2'}\\&=\frac{10.5\times362}{400}\\&=9.5(\mathrm{kV})\end{aligned}$$

急修班的同志配合用户电工把分接开关由Ⅰ挡倒到Ⅲ挡，送电后，再测二次电压，相电压 $U_a=U_b=U_c=230\mathrm{V}$；

线电压 $U_{ab}=U_{bc}=U_{ac}=400V$。这时，大家都满意地笑了。

3. 防范措施

加强技术培训，提高技术素质。

（六）绕组匝间短路引起变压器输出电压异常

1. 故障现象

某日，位于北官园胡同的北京象牙雕刻厂（低压用户）来电反映，三相电压不平衡，要求调查处理。配变班到现场后，首先测量变压器负荷：$I_a=200A$，$I_b=210A$，$I_c=190A$，三相负荷基本平衡；又测变压器二次侧出口电压：$U_a=222V$，$U_b=236V$，$U_c=220V$。线电压：$U_{ab}=396V$，$U_{bc}=395V$，$U_{ac}=383V$。配变班工作人员认为：变压器低压 b 相负荷相对较重，反而出口电压又比其他两相高出 14~16V，很可能 10kV 侧 B 相绕组发生了匝间短路。变压器停止运行，经测量直流电阻证明，B 相绕组的直流电阻较 A、C 相小了很多，确实有匝间短路。更换变压器后，立刻恢复了正常供电。

2. 故障原因分析

变压器高压或低压绕组发生匝间短路，等于改变了高低绕组的匝数比，即改变了变压器的电压比。

本例属高压绕组发生匝间短路，一次侧匝数 N_1 减少，等于变压器变比减小，输出电压升高。

例：变压器变比为 10000V/400V，匝数比为：1650 匝/66 匝，则变比（或匝数比）为

$$10000/400=1650/66=25$$

当 10kV 侧 B 相绕组发生连续 50 匝短路时，变压器输出电压将变为

因 $$\frac{N_1}{N_2}=\frac{U_1}{U_2}$$

故 $$U_2=\frac{N_2 U_1}{N_1}$$
$$=\frac{66\times 10000}{1650-50}$$
$$=412.5(V)$$

则相电压为

$$U_b=U_{ab}/\sqrt{3}$$
$$=412.5/\sqrt{3}$$
$$=238(V)$$

本例，变压器输出电压三相不平衡是由 10kV 侧绕组发生匝间短路造成的。

3. 防范措施

（1）严把变压器采购订货关，选购优质产品。

（2）开展变压器现场试验工作，做到防患于未然。

（七）三相负载不对称引起变压器输出电压异常

1. 故障现象

一日，某研究所来电反映，三相电压不平衡，已影响其精密仪器工作，要求尽快解决。配变班现场调查得知：该用户为低压用户，由公用变压器供电。变压器容量为三相315kVA，实测负荷为：$I_a=90A$，$I_b=385A$，$I_c=110A$，$I_0=282A$；实测电压为：$U_a=234V$，$U_b=210V$，$U_c=230V$。零线电流已占额定电流的 62%，属严重三相负荷不平衡。变压器中性线电流（Yyn0 接线）远远大于额定电流的 25% 的规定。配变班采取均衡三相负荷措施后问题得以解决。

2. 故障原因分析

变压器绕组具有阻抗，当流过负载电流时，必然会引起电压降落，因此，每台变压器空载时的二次电压和带上额定负载时的电压不相等；当所带的负载的功率因数不相同时，二次电压变化情况也不一样。当变压器一次侧施加额定频率的额定电压时，在二次空载时测得的电压与在额定电流时测得的电压之差 ΔU 称为电压变动，ΔU 与额定电压的比值，并以百分数表示，称为电压调整率，即

$$\Delta U\%=\frac{U_{2e}-U_2}{U_{2e}}\times 100\% \quad (2-8-2-17)$$

式中 $\Delta U\%$——电压调整率；

U_{2e}——变压器空载时二次实测电压（即额定电压），V；

U_2——变压器在带额定电流时实测电压，V。

为计算变压器负荷后每相绕组的电压降落 ΔU，必须首先计算出变压器绕组的电阻和漏抗。对于双绕组变压器

$$R_B=\frac{\Delta P_d\, U_e^2}{S_e^2}\times 10^3 (\Omega) \quad (2-8-2-18)$$

$$X_B=\frac{U_d\%\, U_e^2}{S_e}\times 10^3(\Omega) \quad (2-8-2-19)$$

式中 R_B——变压器绕组的电阻，Ω；

X_B——变压器绕组的漏抗，Ω；

ΔP_d——变压器的额定短路损耗，kW；

U_e——变压器的额定电压，kV；

S_e——变压器的额定容量，kVA；

$U_d\%$——变压器的短路电压百分数。

如果 U_e 是高压侧的额定电压，则 R_B（或 X_B）为归算到高压侧每相绕组的电阻（或漏抗）；如果 U_e 是低压绕组的额定电压，则 R_B（或 X_B）为归算到低压侧每相绕组的电阻（或漏抗）。如果变压器负荷为感性，当要求不太严格时，则相绕组的电压降落可按下式计算

$$\Delta U\approx I(R_B\cos\phi_2+X_B\sin\phi_2)(V)$$
$$\approx U_B\cos\phi_2+U_B\sin\phi_2 \quad (2-8-2-20)$$

式中 $\cos\phi_2$——变压器二次负载的功率因数值；

$\sin\phi_2$——与 $\cos\phi_2$ 相对应的正弦值。

从上面分析可知，电压变动不但与负荷大小有关，还与负荷的功率因数有关。确定变压器的电压变动 ΔU 很重要，因为它可以预知一台变压器从空载到额定功率因数下满载时，二次电压下降多少，占百分数多少，从而可以预知是否会影响用电设备的正常工作。

3. 防范措施

加强变压器负荷管理，适时均衡三相负荷，是实现配电网经济运行和改善电压质量的有效措施。

（八）分接开关错接线造成变压器输出电压异常

1. 故障现象

某电气工程安装公司在某 10kV 架空配电线路首端安装一台三相 250kVA 变压器。完工送电时，需测变压器二次侧（空载）出口电压，测试结果为：相电压：$U_a=U_b=U_c=242V$；线电压：$U_{ab}=U_{bc}=U_{ac}=420V$，电压过高。决定将分接开关由Ⅱ挡倒至Ⅰ挡，即 10.5kV 位置。变压器停电后，将分接开关倒到Ⅰ挡，送电后再测电压为：$U_a=230V$，$U_b=230V$，$U_c=255V$；$U_{ab}=400V$，$U_{bc}=420V$，$U_{ac}=420V$。改后不但没有把电压降下来，反而出现了三相电压严重不平衡；这时开始怀疑分接开关接线有问题。变压器停电后，将分接开关旋至Ⅲ挡，送电后再测电压，情况如下：$U_a=255V$，$U_b=255V$，$U_c=230V$；$U_{ab}=442V$，$U_{bc}=420V$，$U_{ac}=420V$。经理决定更换变压器。换后，将分接开关置于Ⅰ挡，实测相电压均为 230V，线电压均为 400V。送电一切正常。

2. 故障原因分析

将变压器制造厂家请来进行吊芯检查,发现是分接开关接线错误。将C相Ⅰ、Ⅲ抽头接反,造成变压器输出电压异常,是厂家质量管理不严引起的。

3. 防范措施

(1) 电气工程安装公司在新装变压器后测量电压的做法是可取的,符合 SD 292—1988《架空配电线路及设备运行规程》的要求,应进行推广。

(2) 生产厂家必须严格检验手续,严把产品出厂关,避免类似现象再次发生。

(九) Yyn0 接线变压器一次侧一相绕组接反引起输出电压异常

1. 故障现象

某电气工程安装公司新装三相 315kVA 配电变压器一台,其变比为 10kV/0.4kV,接线为 Yyn0,施工完毕即行送电(变压器二次侧开路),测量变压器二次侧出口电压为:相电压:$U_a=304V$,$U_b=460V$,$U_c=304V$;线电压:$U_{ab}=305V$,$U_{bc}=305V$,$U_{ac}=400V$。在场的工作人员不知所措。更换变压器后,送电电压正常。

2. 故障原因分析

变压器吊芯检查发现,是变压器一次侧 B 相线圈首尾接反所致。

如图 2-8-2-6 所示,B 相线圈接反后,该相铁芯中的主磁通 Φ_B 变成了 $-\Phi_B$,并要分成两个 $-\dfrac{\Phi_B}{2}$ 经 A、C 两相铁芯构成回路,A、C 两相铁芯中的主磁通 Φ_A、Φ_C 方向正常。但它们的合成磁通 $\vec{\Phi}_{A+C}=\vec{\Phi}_A+\vec{\Phi}_C=-\vec{\Phi}_B$ 要经 B 相铁芯构成回路。于是,B 相铁芯中的总磁通为

$$\vec{\Phi}_{A+C-B}=\vec{\Phi}_A+\vec{\Phi}_C-\vec{\Phi}_B$$
$$=-\vec{\Phi}_B-\vec{\Phi}_B$$
$$=-2\vec{\Phi}_B$$

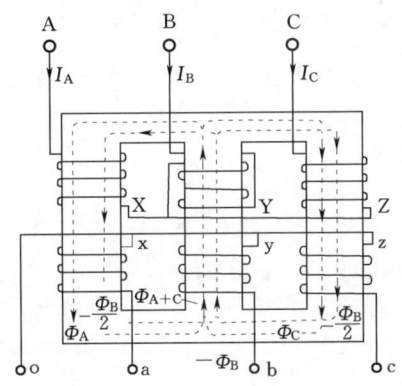
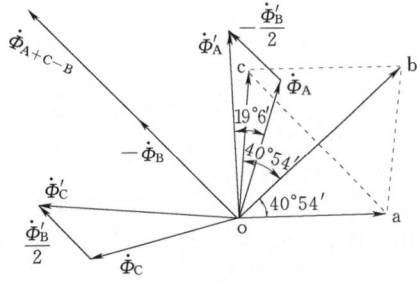

图 2-8-2-6 Yyn0 变压器一次侧一相线圈接反铁芯上的磁通分布及二次侧电势图

比正常时 B 相的磁通增高到 2 倍,方向相反。

A 相铁芯中的总磁通为:

$$\vec{\Phi}'_A=\vec{\Phi}_A-\dfrac{\vec{\Phi}_B}{2}$$
$$=\vec{\Phi}_A-\dfrac{1}{2}\vec{\Phi}_A e^{-j120°}$$
$$=\vec{\Phi}_A\left\{1-\dfrac{1}{2}[\cos(-120°)-j\sin120°]\right\}$$
$$=\vec{\Phi}_A\left\{1+\dfrac{1}{4}+j\dfrac{\sqrt{3}}{4}\right\}$$
$$=\dfrac{1}{4}\vec{\Phi}_A\sqrt{28}e^{\arctan\frac{\sqrt{3}}{5}}$$
$$=\dfrac{\sqrt{7}}{2}\vec{\Phi}_A e^{j19°6'}$$

是正常值的 $\dfrac{\sqrt{7}}{2}$ 倍,并前移了 $19°6'$。

C 相铁芯中的总磁通为

$$\vec{\Phi}'_C=\vec{\Phi}_C-\dfrac{1}{2}\vec{\Phi}_B$$
$$=\vec{\Phi}_C-\dfrac{1}{2}\vec{\Phi}_C e^{j120°}$$
$$=\vec{\Phi}_C\left\{1-\dfrac{1}{2}[\cos120°+j\sin120°]\right\}$$
$$=\vec{\Phi}_C\left\{1+\dfrac{1}{4}-j\dfrac{\sqrt{3}}{4}\right\}$$
$$=\vec{\Phi}_C\dfrac{\sqrt{28}}{4}e^{\arctan\frac{-\sqrt{3}}{5}}$$
$$=\dfrac{\sqrt{7}}{2}\vec{\Phi}_C e^{-j19°6'}$$

是正常值的 $\dfrac{\sqrt{7}}{2}$ 倍,并后移了 $19°6'$。

二次侧的电势是随着感生它的主磁通的有效值的大小和相位的变化而变化的。既然主磁通分别为正常值的 $\dfrac{\sqrt{7}}{2}$ 倍和 2 倍,那么由它们感生的二次侧相电势也必然是正常的相电势 E_{xg2} 的 $\dfrac{\sqrt{7}}{2}$ 倍和 2 倍。即若不考虑铁芯饱和,则

$$E_{ob}=2E_{xg2}$$
$$E_{oa}=E_{oc}=\dfrac{\sqrt{7}}{2}E_{xg2}$$

这时,对单相或三相四线制负荷就过电压。特别是接在 b 相的灯泡、灯管会烧毁。

由于主磁通 $\vec{\Phi}_{A+C-B}$ 与 $\vec{\Phi}'_A$、$\vec{\Phi}'_C$ 互距 $40°54'$($60°-19°6'=40°54'$),它们所感生的二次侧电势 $\dot{E}_{ob}$ 与 $\dot{E}_{od}$、$\dot{E}_{oc}$ 也必然互距 $40°54'$,这样便是二次侧的三个线电压为

$$U_{ba}=U_{bc}=(U_{oa}^2+U_{ob}^2-2U_{oa}U_{ob}\cos40°54')^{\frac{1}{2}}$$
$$=\left[\left(\dfrac{\sqrt{7}}{2}E_{xg2}\right)^2+(2E_{xg2})^2-2\times\dfrac{\sqrt{7}}{2}\times 2E_{xg2}^2\cos40°54'\right]^{\frac{1}{2}}$$
$$=E_{xg2}\left(\dfrac{7}{4}+4-2\times\sqrt{7}\times 0.7559\right)^{\frac{1}{2}}$$
$$=\dfrac{\sqrt{7}}{2}E_{xg2}$$
$$=1.32E_{xg2}$$

$$U_{ac} = \{U_{oa}^2 + U_{oc}^2 - 2U_{oa}U_{oc}\cos[2(40°54')]\}^{\frac{1}{2}}$$
$$= \left(\frac{7}{4}E_{xg2}^2 + \frac{7}{4}E_{xg2}^2 - \frac{7}{2}E_{xg2}^2\cos 81°48'\right)^{\frac{1}{2}}$$
$$= \frac{\sqrt{7}}{2}E_{xg2}[2-2(0.1426)]^{\frac{1}{2}}$$
$$= 1.732 E_{xg2}$$

虽然相电势升高了,但线电压有一个为正常数值,其余两个线电压降低了24%。由它供电的三相三线制对称负荷,若为 Y 接线,其负荷中性点的位移量为

$$\dot{U}_{oN} = \frac{\dot{U}_{oa}Y_a + \dot{U}_{ob}Y_b + \dot{U}_{oc}Y_c}{Y_a + Y_b + Y_c}$$
$$= \frac{1}{3}(\dot{U}_{oa} + \dot{U}_{ob} + \dot{U}_{oc})$$

$$\frac{U_{ob}}{U_{oa}} = \frac{2E_{xg2}}{\frac{\sqrt{7}}{2}E_{xg2}}$$

$$U_{oa} = \frac{\sqrt{7}U_{ob}}{4} = U_{oc}$$

$\dot{U}_{ob}$ 较 $\dot{U}_{oa}$、$\dot{U}_{oc}$ 分别超前和落后 40°54'。

故 $\dot{U}_{oN} = \frac{1}{3}\left(\dot{U}_{ob} + \frac{\sqrt{7}}{4}\dot{U}_{ob}e^{-j40°54'} + \frac{\sqrt{7}}{4}\dot{U}_{ob}e^{j40°54'}\right)$
$$= \frac{1}{3}\dot{U}_{ob}\left\{1 + \frac{\sqrt{7}}{4}(\cos 40°54' + j\sin 40°54') + \frac{\sqrt{7}}{4}[\cos(-40°54') - j\sin 40°54']\right\}$$
$$= \frac{1}{3}\dot{U}_{ob}\left(1 + \frac{\sqrt{7}}{2}\cos 40°54'\right)$$
$$= \frac{1}{3}\dot{U}_{ob}\left(1 + 0.7559\frac{\sqrt{7}}{2}\right)$$
$$= \frac{2}{3}\dot{U}_{ob}$$

各相负荷的电压降为
$$U_{Nb} = U_{ob} - U_{oN}$$
$$= U_{ob} - \frac{2}{3}U_{ob}$$
$$= \frac{1}{3}U_{ob}$$
$$= \frac{2}{3}E_{xg2}$$

$$\dot{U}_{Na} = \dot{U}_{oa} - \dot{U}_{oN}$$
$$= \dot{U}_{oa} - \frac{2}{3}\dot{U}_{ob}$$
$$= \frac{\sqrt{7}}{4}\dot{U}_{ob}e^{-j40°54'} - \frac{2}{3}\dot{U}_{ob}$$
$$= \dot{U}_{ob}\left\{\frac{\sqrt{7}}{4}[\cos(-40°54') - j\sin 40°54'] - \frac{2}{3}\right\}$$
$$= \dot{U}_{ob}\left\{-\frac{2}{3} + 0.7559\frac{\sqrt{7}}{4} - j0.6547\frac{\sqrt{7}}{4}\right\}$$
$$= \frac{1}{4}\dot{U}_{ob}\left\{-\frac{2}{3} - j1.732\right\}$$

故 $U_{Na} = \frac{1}{4}U_{ob}\sqrt{\frac{4}{9} + 3}$
$$= 0.93 E_{xg2}$$
$$U_{Nc} = 0.93 E_{xg2}$$

这表明三相负荷的电压降下降得不多,还能勉强工作。

对 Yyn0 变压器,一旦发现三个线电压的数值变化不大,而三个相电压的数值有一相升高到2倍,其余两相升高不多的现象,可能是变压器的一次侧一相绕组接反。

3. 防范措施

生产厂家必须加强产品质量意识教育,强化全面质量管理,严格产品检验制度,严把产品出厂关,防止类似故障再次发生。

(十) Yyn0 接线变压器二次侧一相绕组接反引起输出电压异常

1. 故障现象

线路工区检修三班更换缺陷变压器,换后测量变压器二次侧(空载)出口电压时发现电压异常。$U_a = 230V$,$U_b = 230V$,$U_c = 230V$;而三个线电压则出现了怪现象:$U_{ab} = 400V$,$U_{bc} = 230V$,$U_{ac} = 230V$。当即又换了一台新变压器,送电后,测量变压器二次侧电压:$U_a = 230V$,$U_b = 230V$,$U_c = 230V$;$U_{ab} = 400V$,$U_{bc} = 400V$,$U_{ac} = 400V$。当即恢复了供电。

第二天,在修配厂组织了变压器吊芯检查,发现变压器二次侧C相线圈首、尾接反。变压器输出电压异常的原因找到了。

2. 故障原因分析

如图 2-8-2-7 所示,C相绕组接反后,其二次侧电势由正常的 $\dot{E}_{zc}$,变成了 $\dot{E}_{cz}$,而与 $\dot{E}_{xa}$、$\dot{E}_{yb}$ 相距 60°。这时,三个相电压仍相等,三个线电压为

$$U_{az} = U_{zb} = \frac{1}{\sqrt{3}}U_{ab}$$

这种反接故障,对三相四线制负荷是不易反映出来的。如图 2-8-2-7(a)所示,因为 $U_{zo} = U_{bo} = U_{ao}$,所以各相灯泡发光正常。但在三相负荷平衡时,通过中性线的电流为

$$-\dot{I}_o = \dot{I}_a + \dot{I}_b + \dot{I}_z$$
$$= \dot{I}_z + \dot{I}_z$$
$$= 2\dot{I}_z$$

这时,通过中性线的电流是很大的。

对三相三线制负荷,能明显地反映出来。如图 2-8-2-7(b)所示,负荷中性点的位移量为

$$U_{ao} - U_{No} + U_{bo} - U_{No} + U_{zo} - U_{No} = 0$$
$$U_{ao} + U_{bo} + U_{zo} - 3U_{No} = 0$$
$$2U_{zo} - 3U_{No} = 0$$

故 $$U_{No} = \frac{2}{3}U_{zo}$$
$$= \frac{2}{3}U_{xg2}$$

又因为 $$U_{ao'} = U_{bo'} = U_{ao}\cos 30°$$
$$= \frac{\sqrt{3}}{2}U_{xg2}$$

$$U_{oo'} = \frac{1}{2}U_{ao} = \frac{1}{2}U_{xg2}$$

$$U_{No'} = U_{No} - U_{oo'}$$
$$= \frac{2}{3}U_{xg2} - \frac{1}{2}U_{xg2}$$
$$= \frac{1}{6}U_{xg2}$$

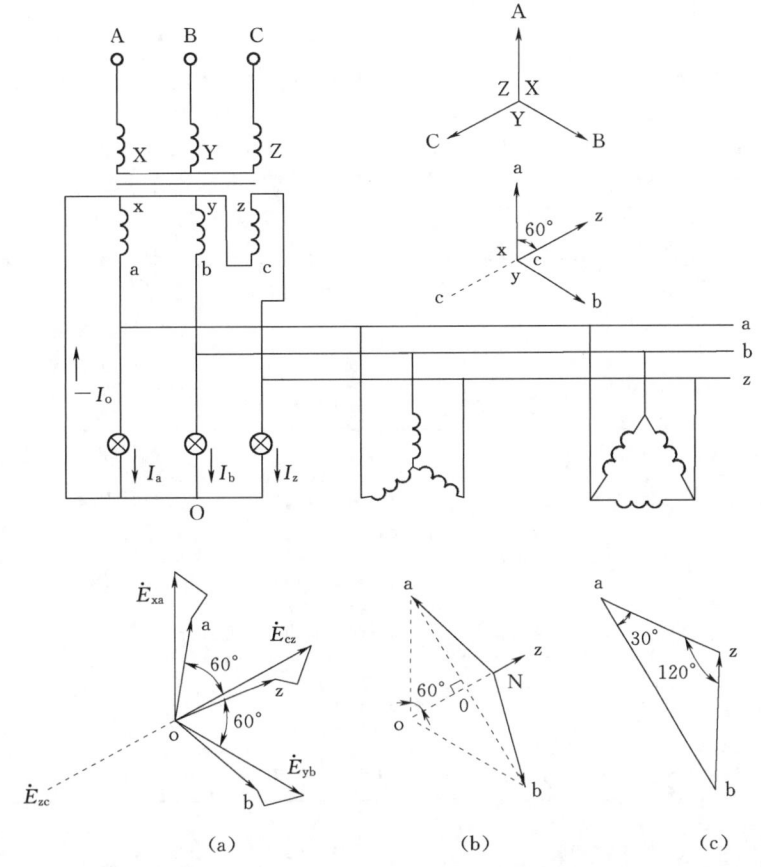

(a)　　　　　　　(b)　　　　　　　(c)

图 2-8-2-7　Yyn0 变压器二次侧一相线圈接反图

各相负荷的电压降为

$$U_{aN}=U_{bN}=\left[\left(\frac{\sqrt{3}}{2}U_{xg2}\right)^2+\left(\frac{1}{6}U_{xg2}\right)^2\right]^{\frac{1}{2}}$$

$$=\frac{\sqrt{28}}{6}U_{xg2}$$

$$=\frac{\sqrt{7}}{3}U_{xg2}$$

$$U_{zN}=U_{zo}-U_{No}$$

$$=U_{xg2}-\frac{2}{3}U_{xg2}$$

$$=\frac{1}{3}U_{xg2}$$

如图 2-8-2-7（c）所示的负荷，除跨接在 U_{ab} 上的负荷承受的电压正常外，其余两相负荷所承受的电压不但数值降低到$\sqrt{3}$倍，而且$\dot{U}_{bz}$较正常的$\dot{U}_{bc}$后移了 90°，$\dot{U}_{za}$较正常的$\dot{U}_{ca}$前移了 90°。所以图 2-8-2-7（b）、图 2-8-2-7（c）所示的负荷如果是电动机，则启动都困难，若能运转就会产生过流发热，以至烧毁。对新安装或新修复的这种变压器来说，如发现上述各种现象可能是变压器二次侧一相绕组接反。

3. **防范措施**

生产厂家必须加强产品质量意识教育，强化全面质量管理，严格产品检验制度，严把产品出厂关，防止类似故障再次发生。

（十一）变压器高、低压侧缺相判别方法

缺相故障是供用电中最常见的故障之一。它可能由于保险丝熔断、线路断线等引起。另外，由于产品质量、维修及操作不当等原因，变压器高压侧跌落式熔断器（有时中压配电线路分支线也装有此熔断器）发生自行跌落，也会造成缺相。那么，如何快速判别缺相故障是在高压侧，还是在低压侧呢？

1. **高压侧缺相**

现以 Yyn0 接线变压器为例，如图 2-8-2-8 所示。设高压侧 B 相断电。此时，A 相高压绕组与 C 相高压绕组共同承担线电压 U_{AC}。

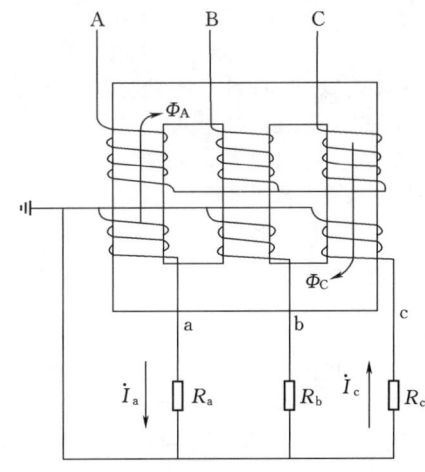

图 2-8-2-8　配电变压器高压侧 B 相断线分析

（1）当二次侧 a、c 两相负载完全对称时，A、C 两铁芯柱中负载产生的磁通相等，故这两铁芯柱中的合成磁通数值相等，方向是一个朝上，一个朝下。因此，中间铁芯柱中的磁通为 0。根据公式 $E=4.44f\omega\Phi_m$ 可知，A、C 两相绕组各

承受线电压 U_{AC} 的一半。所以，低压侧 a、c 两相负载上的电压相等且都低于 200V（当线电压为 380V，此电压为 190V），灯泡发光不足。b 相电压为 0。

(2) 当二次侧 a、c 两相负载不对称时，如 $I_a > I_c$，则会造成 A 铁芯柱的合成磁通 Φ_A 小于 C 铁芯柱中的磁通 Φ_C。同样，由上述公式可知，A 相电压将低于 C 相电压，两相上的灯泡亮度差别较大，甚至家用电器不能工作。同时，由于 $\Phi_A < \Phi_C$，将有磁通从中间 B 相铁芯柱中流过，进而在 b 相绕组上产生数值不大的电压（一般有十伏至数十伏，随负载不对称的程度而变化）。若 b 相接有灯泡的话，则可见到灯丝发红。

2. 低压侧缺相

设变压器低压侧 b 相断电。由于三柱式变压器零序磁通的磁阻很大，因此，负载不对称而引起的一次侧绕组中性点位移并不显著，所以一次侧三相电压不受负载不对称的影响。故当 b 相断线时，因为零线的存在，a、c 两相自成回路，互不干扰，电压也基本不变。

3. 高、低压侧缺相判别

综上所述，由于一般变压器所带的都是混合负载，家用电器、照明、动力都有，大部分是负载不对称情况。故可按表 2-8-2-3 所列方法判别是低压侧缺相，还是高压侧缺相。

表 2-8-2-3 变压器高、低压侧缺相判别

缺相情况	变压器结构	故障现象
高压侧缺一相	单相变压器	全部用户断电
	三相变压器（Yyn0 接线）	(1) 两相有电，两相电压之和为线电压。有电相灯泡发光不足。 (2) 缺电相没电或对地有很低的电压
	三相变压器（Dyn11 接线）	低压侧两相电压降低一半，一相电压正常
高压侧缺两相	各种变压器	全部用户断电
低压侧缺一相	单相变压器	全部用户断电
	三相变压器（Yyn0 或 Dyn11）	缺电相对地电压为 0，有电相电压正常

五、配电变压器其他故障排除实例

（一）变压器低压套管之导电杆烧断事故

1. 事故现象

一日下午，急修班连续接到骡马市大街一带用户打来的电话，反映三相电源缺一相。急修班人员赶赴现场检查，发现变压器低压 b 相导电杆被烧断，接线卡子及引线掉在变压器大盖上，变压器油从低压 b 相套管处流出，从大盖边沿向地面滴答、滴答地飞溅。

2. 事故原因分析

急修班工作人员拆卸接线卡子时发现，接线卡子（螺栓型）之铜板端开孔过大（φ25mm），且孔缘毛刺未锉平，铜板套在导电杆上（φ20mm）太旷，平板垫圈压接面过小；接线卡子之压接引线端，压板（共 3 块）螺栓紧固不实。造成导电杆处和引线压接处接触电阻过大，温度升高。温度的急剧升高又使接触面加速氧化，又进一步增大了接触电阻，如此恶性循环，最终造成了导电杆烧断事故。

套管处密封橡胶垫在长期高温作用下，渐渐老化，失去了弹性，产生龟裂，甚至炭化，最后导致变压器油外溢。

3. 防范措施

(1) 变压器低压套管之导电杆宜加装抱杆式设备线夹。

(2) 变压器低压引线与抱杆式设备线夹连接应使用压缩型接线端子。压缩型接线端子之平板端应开孔两个（与抱杆式设备线夹孔距配合），以防引线在风力作用下引起单螺栓松动。

(3) 压缩型接线端子之平板端开孔，孔径应与抱杆式设备线夹螺栓外径紧密配合，以保证接触面。平板端开孔后，应去掉毛刺，打磨平整，去除氧化膜，涂以导电膏后加以紧固。

(4) 加强变压器负荷管理，尽量做到变压器不满负荷或过负荷运行。

(5) 加强变压器现场小修工作，及时消除事故隐患。

(6) 加强工程验收工作，坚持工程质量不合格不允许送电的管理措施。

(7) 提高设备巡视质量，做到设备缺陷早发现，早消除，保证变压器安全运行。

（二）配电变压器补油引起匝间短路事故

1. 事故现象

某日，配电变压器检修班在运行的配电变压器加油（补油），当油位计中的油面达到理想位置时即停止补油，旋紧注油孔上盖后，即行下杆清理现场，准备赴另一处加油。就在这时，只听到变压器内一声巨响，发现跌落式熔断器熔丝熔断，熔管跌落两只，油枕向外喷油，并有一股刺鼻的焦煳味。经现场观察与仪表测试，证明变压器发生匝间短路而已烧毁。

2. 事故原因分析

配电变压器油枕的容积应保证变压器在周围环境气温 −30～+40℃ 状态下油枕中经常有油存在。油枕容积一般等于变压器实际用油的 10%；连接油枕和变压器油箱的连通管，在油枕一侧的端头一般高出油枕底部 25mm。油枕底部设有集尘器（也称集污盒或集泥器）。变压器油枕的一端装有油位计，并标有 −30℃、+20℃、+40℃ 三条温度指示线，据此判断是否需要补油或放油。

变压器油枕底部（25mm 以下部分）及其集沉器的作用是用来收集油中沉淀下来的机械杂质、水分等脏东西。变压器补油前应将集沉器油堵（或阀门）打开，将油枕中的油及其杂质放掉（存于专用油桶中，回厂过滤再生），再用合格的油将其内部进行彻底地冲洗，关好阀门，再行补油。

配电变压器检修班违章操作，在没有放掉油枕中"污油"的情况下，即行补油，等于将油枕中的"脏油"搅浑，

使"脏油"顺连通管进入油箱中（C相绕组上方），脏油连同凝结水浸入线圈，导致匝间短路事故。

3. 防范措施

（1）变压器补油前必须将油枕中的"污油"放净，并用合格的油进行认真、彻底地清洗，保证油枕内部洁净。

（2）新补入的油必须经试验合格，且宜采用同品牌新油。

（3）禁止从变压器下部截门处补油，以防止变压器底部污秽物质进入油道或线圈中。

（4）条件允许时，尽量采用停电补油。

（5）补油应适量。

（三）变压器呼吸通道被堵死造成变压器烧毁事故

1. 事故现象

某厂新装三相400kVA配电变压器一台，投入运行半年以来，负荷电流一般在270A左右，最大负荷电流为310A，最大负载率为53.7%，应属轻负荷运行。变压器投入运行6个月后的一天下午2:00许，只听闷雷般的一声巨响，变压器停止了运行，全厂停电了。

2. 事故原因分析

电工检查发现，两只跌落式熔断器熔丝熔断，熔管跌落；两根散热管上端焊口开裂，器身漏油；油箱烫手，不可触摸。后用万用表测试，高压绕组A、B、C不通，低压绕组导通正常。再用绝缘电阻表测试绝缘电阻：高压对外壳击穿，高压对低压200MΩ，低压对外壳30MΩ。油枕盖刚一松动，就发出刺刺的排气声，且有一股浓重呛鼻子的焦漆味，初步认定变压器已被烧毁。后经吊芯检查，确认高压绕组A、B相烧毁。

变压器为什么会在轻负荷、天气良好的情况下烧毁呢？

早年间生产的配电变压器，一般在油枕上都配有呼吸器。为了避免变压器在长途运输中变压器油外溢，所以厂家在变压器出厂时，均把变压器注油孔及安装呼吸器底座处加以封堵（一般用一块方铁板和橡胶垫用螺栓紧固），呼吸器、使用说明书、试验报告单、合格证等随包装箱一同运出。安装变压器时应将封堵件拆除，装上呼吸器。但安装变压器单位没有认真阅读变压器安装使用说明书，安装完毕即投入运行。

变压器在带负荷运行的情况下要产生热量，由于热量的不断产生，变压器油受热膨胀，变压器油箱内压力增大，致使变压器油无法循环，导致热量无法散发，铁芯和绕组的温度越来越高，绝缘性能急剧下降。那为什么运行半年才发生事故呢？变压器投运时，恰好是冬天，环境温度很低，负荷很轻，散热较快。春天一到，天气变暖，变压器的运行温度越来越高，箱体内压力增大，变压器油无法循环，造成变压器温度更高，如此恶性循环，造成绝缘损坏，最后酿成变压器烧毁事故。

3. 防范措施

（1）变压器安装前必须认真、仔细阅读使用说明书，按照厂家要求实施安装。

（2）加强生产技术培训，提高施工人员的技术素质。

（3）加强工程验收管理，实施全方位验收，确保变压器安全运行。

（四）变压器低压绕组接线片（软铜片）与油箱（变压器外壳）碰触造成的事故

1. 事故现象

某日，配电变压器试验班在西交民巷做配电变压器现场

绝保试验工作。停电后，拆除配电变压器对外连接线，摇测配电变压器绝缘电阻、油耐性试验、变压器交流耐压试验、避雷器绝缘电阻试验、避雷器工频放电试验……所有试验工作完毕，即恢复变压器接线，然后进行送电。合上A相、C相跌落式熔断器时，变压器无任何异常现象，但当合上B相熔断器时，突然在变压器大盖下方约150mm处发生强烈弧光，随即变压器油喷出，刹那间，油箱被烧出一个直径约70mm大洞，变压器油滚滚流出，高压熔断器B相熔丝熔断、熔管跌落。工作人员当即把A、C相熔断器拉开，变压器停运。

2. 事故原因分析

事故发生后，及时更换了变压器，恢复了正常供电。

试验班对此次事故进行了认真分析，初步认定：在恢复变压器接线时，由于工作人员粗心大意，又不了解变压器内部低压引线与导电杆连接的结构情况，虽然在连接低压b相接线卡子时发现导电杆转动，但并没有引起工作人员的重视，认为接线卡子压实就不应该有问题了。殊不知，问题就出在导电杆的转动上。

变压器低压绕组出线端，并非与套管之导电杆直接连接，为了避免热胀冷缩产生的应力对低压绕组的损坏，低压绕组出线端头先与接线片（软铜片，片数多少依变压器容量而定）进行焊接（采用搭接，磷铜焊），然后将接线片打成"Ω"弯，接线片另一端与导电杆相连。"Ω"弯起应力缓冲作用，且"Ω"弯的突肚朝向变压器内侧。在恢复接线时，导电杆转动改变了接线片"Ω"弯的朝内，致使接线片与外壳相碰，造成短路接地。

经吊芯检查，证实分析意见是正确的。

3. 防范措施

（1）为了防止此类事故再次发生，在拆、接变压器对外连接线时，应采取防止导电杆转动措施。

（2）改进套管、导电杆结构设计，不得出现导电杆转动现象。

（五）配电变压器低压套管漏油故障

1. 故障现象

某配电室由两路10kV供电，每路设三相500kVA变器一台。投入运行近半年，运行人员在一次定期巡视中发现：1号变低压套管b相基部漏油严重，I_a=300A，I_b=290A，I_c=300A；2号变低压套管a、b相与母线连接处漏油，I_a=400A，I_b=420A，I_c=280A。最后决定停电处理。

2. 故障原因分析

在停电检修时发现：#1变压器停电后在拆低压b相母线时发现，套管之导电杆已被母线拽歪，套管基部母线侧密封橡胶垫被压得很薄，其对面密封橡胶垫几乎没有受到压力，变压器油从橡胶垫与大盖接触缝隙中漏出。母线拆掉后，漏油现象即刻停止。造成低压套管处漏油系因母线过短，母线对导电杆产生横向拉力所致。更换一段母线后，问题得以解决。

#2变压器停电后检修时发现，母线与变压器低压套管抱杆式设备线夹搭接面有毛刺且不平整，表层氧化膜没有打磨干净，未涂电力复合脂，套管附近母线所涂相色漆在高温作用下已褪色；母线拆除后又发现，抱杆式设备线夹转动自如，根本没有紧固；翻阅运行记录发现，变压器三相负荷不平衡，且a、b相较重。造成a、b相套管漏油的原因是：抱

杆式设备线夹没有紧固、母线与设备线夹的搭接面处理不当，造成接触电阻过大，且a、b两相负荷电流较大，致使套管之导电杆、线夹、母线温度迅速升高，引起套管处密封橡胶平垫及算盘珠型密封橡胶件老化，从而失去弹性，造成漏油。吊芯处理后，问题得以解决。

3．防范措施

（1）母线的接触面加工必须光洁平整、无氧化膜，并涂以电力复合脂。

（2）母线接头螺孔的直径应大于螺栓直径1mm，钻孔应垂直、不歪斜，螺孔间中心距离的误差应不大于±0.5mm。

（3）螺栓受力应均匀，不应使电器的接线端子受到额外应力。

（4）螺母与母线之间应加铜质搪锡平垫圈，并应有锁紧螺母，但不得加弹簧垫。

（5）母线的接触面应连接紧密，连接螺栓应用力矩扳手紧固，其紧固力矩值应符合表2-8-2-4的规定。

表2-8-2-4　　钢制螺栓的紧固力矩值

螺栓规格/mm	力矩值/(N·m)	螺栓规格/mm	力矩值/(N·m)
M_8	8.8～10.8	M_{16}	78.5～98.1
M_{10}	17.7～22.6	M_{18}	98.0～127.4
M_{12}	31.4～39.2	M_{20}	156.9～196.2
M_{14}	51.0～60.8	M_{24}	274.6～343.2

（6）应采取措施，平衡三相负荷，提高变压器经济运行水平，提高变压器出力，提高供电电压质量。

（7）加强配电变压器运行管理水平，提高巡视质量，确保变压器安全运行。

（六）变压器高压瓷套管裂纹造成变压器烧毁事故

1．事故现象

某日，14时许，阴云密布，小雨绵绵，东西六条打来多个电话反映没电。急修班赴现场处理，发现06变压器跌落式熔断器B、C相熔丝熔断，熔管跌落；高压C相瓷套管碎裂；低压瓷套管完好，低压熔片完好。经摇测绝缘电阻，高压绕组对地击穿，低压绕组绝缘合格。确定变压器已烧毁。更换变压器后恢复了正常供电。

2．事故原因分析

事故当天上午，线路运行专责人进行定期巡视时，已发现该台变压器高压C相瓷套管有纵向轻微裂纹，并向班长及时进行了汇报，并要求及时更换变压器。因车辆安排紧张，工区主任决定次日更换。

套管出现裂纹的原因不一，有的是制造中已有隐伤；有的是引线端子导电杆定位结构不良，在压紧铜帽或瓷盖时，密封胶珠将套管上端胀裂；有的是在运输、安装中碰伤；有的是受骤然温度变化而产生裂纹，等等。

套管一旦出现裂纹，其抗电强度就会大大降低。因为有了裂纹，裂纹中充满了空气，而空气的介电系数小，瓷质部分介电系数大，致使裂纹中的电场强度增大，在极度危险情况下又遇小雨，泄漏电流急剧增加，使套管发热，裂纹缝隙逐步加大，当电场强度达到一定数值时，空气被游离，引起套管局部放电，这样使套管绝缘进一步损坏，最后导致全部击穿，加上雨水进入绕组，造成短路，引起变压器烧毁事故。

3．防范措施

（1）加强电气设备采购管理，选用名牌优质产品。

（2）加强电气设备交接验收工作，严把产品质量关。

（3）发现设备缺陷及时处理。

（七）变压器高压套管上端罩（俗称帽子）采用铁板冲压件造成闪络事故

1．事故现象

某年深秋，大雾天气特多。一日清晨，大雾笼罩京城，能见度不足100m。急修班交接班刚刚结束，电话铃声响起，东城区龙潭湖西门一带反映没电。急修班急赴现场检查，发现19号变压器3只跌落式熔断器熔丝熔断，熔管跌落；变压器高压套管闪络严重，瓷釉烧裂、脱落，3条10kV引线烧断两条（与导电杆连接处），变压器低压侧未发现异常。更换变压器后，恢复正常供电。

2．事故原因分析

套管表面脏污很容易发生闪络。套管表面脏污受潮或吸附水分，绝缘性能降低，泄漏电流增大，导致套管表面对地（外壳）放电，这种放电，开始在电场最强的地方出现微光，继而可以看见许多平行的细光线，最后个别光线突出的迅速增长；逐渐形成树枝状放电，这种现象称之为闪络。套管表面的局部放电，造成瓷绝缘进一步损坏，以致全部击穿，造成线路接地。如果三只套管同时或先后击穿，必然发展为弧光短路，酿成事故。

本事故案例，高压套管上端罩（俗称帽子）采用铁板冲压件，运行年久锈蚀，在套管表面形成一条条铁锈污垢，遇雾、小雨天气，污垢吸收水分后导电性能提高，导致套管闪络并发展为弧光短路事故，引起熔断器熔丝全部熔断。

3．防范措施

（1）变压器高、低压瓷套管上端罩不得使用钢、铁罩。

（2）加强变压器小修和套管清扫工作。

（八）变压器低压导电杆上部压板和下部底托采用铁板加工件造成漏油故障

1．故障现象

配电变压器检修班在处理低压套管漏油时发现，变压器投入运行不足两年，低压套管之密封橡胶垫、胶珠老化变硬，已失去弹性，造成低压套管处漏油；吊芯检修中还发现，低压导电杆上部胶珠压盖及下部底托均由铁板加工而成，这种情况非常少见，认为铁件将产生附加损耗，所以将4只套管全部换为合格产品。

2．故障原因分析

故障分析认为，低压导电杆采用铁制压盖及底托是造成低压套管处漏油的直接原因。这是因为，当导电杆通过电流时，铁件中将产生涡流损耗，特别是容量较大的变压器，由于二次侧电流较大，则涡流损耗更大，涡流损耗产生的热量使密封橡胶垫、胶珠迅速老化变硬，失去弹性而引起漏油。

北京供电局修配厂曾针对此实例做过如下试验：以10kV/0.4kV，三相320kVA，Yyn0接线变压器为例。将直径20mm的导电杆穿入铁板加工的压盖及底托孔内。压盖及底托内径为22mm，外径为50mm，铁板厚度为10mm。用升流器将462A电流通过导电杆，测得损耗为40W。这样，一台三相320kVA的变压器在满负荷运行时增加附加损耗120W。又将压盖和底托换为铜质附件做试验，则仪表测不到数值。运行和试验结果证明，导电杆的压盖和底托不能采用钢铁材料加工成品。

3. 防范措施

（1）新购套管必须符合国家标准，并经抽样试验合格方可使用。

（2）导电杆、压盖、底托、垫圈及螺母不得使用铁质的。导电杆应使用紫铜杆，不得使用铸黄铜。

（3）导电杆及其金属附件均应镀锡，镀锡后螺母与导电杆的螺纹应配合适度，不得过松过紧。

（九）切换分接开关不到位引起的变压器事故

1. 事故现象

某单位使用一台 3 相 320kV 变压器，1980 年 1 月 22 日上午 10 时左右，值班电工发现低压配电柜电压表指针摇摆不定，且大起大落；并听到变压器内部有"吱吱"放电声，伴有"咕噜、咕噜"开锅声。值班电工将变压器停止运行，送北京供电局修配厂吊芯检查。

2. 事故原因分析

吊芯检查发现，分接开关动触头错接在 2～3 挡之间，偏于 2 挡，2～3 挡看似短路，但并未短路。运行中因系统电压的高低变化和冲击负荷的影响，因触头接触不良放弧而造成事故。检查还发现，高压绕组 C 相 2～3 抽头间烧毁、分接开关 C 相 2、3 静触头有烧痕、分接开关 C 相动触头有烧痕。

分析结论：切换分接开关时，分接开关动触头转动不到位，因分接开关动、静触头接触不良放弧而造成事故。

3. 防范措施

（1）在切换分换开关时，应在预定位置反复转动几次，以清除污秽，保证接触良好，并应准确定位。

（2）分接开关倒至预定位置后，应测直流电阻，确认无误后再行送电运行。

（十）缺油引起变压器烧毁事故

1. 事故现象

某日，朝阳区豆各庄村生产队来电反映没电。急修班赶到现场发现，枣子营路 16 变压器（3 相 180kVA）3 只跌落式熔断器掉管（熔丝断）；低压侧引线、开关、保险片完好；巡视低压线路无短路、接地等异常情况。油位计中油面、油色正常。油箱由底部向上 200mm 内漆色正常，再向上褪色严重。工作人员登上变压器台，打开油枕注油孔盖，一股呛鼻的焦煳味迎面扑来。摇测绝缘电阻：高压对地击穿，高压对低压击穿，低压对地 20MΩ。确认变压器已经烧毁。更换变压器后恢复正常供电。

2. 事故原因分析

变压器事故分析会上由配电变压器运行专责人介绍变压器运行情况：变压器由投运到烧毁共 6 年 5 个月，用户为豆各庄生产队，主要负荷为农副产品加工及村内照明负荷，变压器最高负载率为 81％，6 年多的时间，共进行过 3 次现场小修，一切情况良好。最后一次小修是在 4 个月前，绝缘电阻：一次对地 2000MΩ，一次、二次之间 2000MΩ，二次对地 1500MΩ。油耐压 29.8kV。事故当天，天气晴好。然后进行吊芯检查。

吊芯检查前必须先放油。当工作人员准备卸掉油截门帽子时，突然发现密封橡胶圈仅有约 30mm 被截门帽子压着，其余部分在外悬空。卸掉帽子，打开截门，却不见一滴油向外流。吊芯后发现，油箱内的油早已漏光，高压 A、B、C

相引线端部对铁芯柱放电，在下轭铁处有大量铜珠儿，细查发现高压 C 相线圈对低压线圈击穿，烧成洞孔。

原因分析：上次小修取油样后，旋紧截门帽子前，由于没有将截门处、帽子、胶垫油渍擦拭干净，旋紧帽子时因密封橡胶圈打滑，加上拧得过紧，致使橡胶圈被挤跑，造成漏油；根据小修记录记载，上次小修时发现板式油标渗油，为了解决渗油问题，曾对所有螺钉普紧一遍。板式油标紧得过紧将造成油路不通，致使出现假油面现象。

3. 防范措施

（1）油截门之防护帽（后备防漏油措施）安装前，必须将截门周边、帽子、橡胶圈上的油渍擦拭干净，帽子紧得不宜过紧，一般以橡胶圈厚度减少 1/3 为度。

（2）板式油标修理后，可采用吹气法检查是否通畅，即在注油孔处吹气，观察油面变化。吹气时油面涨，停吹时油面降，说明油标良好。

（十一）低压套管处进水造成变压器烧毁事故

1. 事故现象

某厂 1982 年生产的 3 相 200kVA 变压器，同年 11 月安装投入运行。1986 年 1 月 23 日现场小修时发现低压 b 相瓷套管处渗油，当即做了现场处理。1986 年 7 月 4 日下午用户打来电话反映缺相。配电变压器班运行人员到达现场发现，高压 B 相熔丝熔断；变压器低压 b 相密封胶珠烧毁炭化，套管严重松动；高压绕组对地击穿。更换变压器后恢复供电。

2. 事故原因分析

1987 年 1 月 24 日在北京供电局修配厂召开变压器事故分析会（多台事故变压器）。吊芯检查发现，低压 b 相套管严重松动，铁芯上有直径 50mm 和 30mm×60mm×7mm 的冰块，高压 B 相绕组烧毁，烧组下方有大量铜珠。

分析认为，事故是因低压 b 相套管渗油，小修人员处理不当，造成低压 b 相套管进水，致使变压器高压 B 相绕组严重受潮而烧毁。

3. 防范措施

（1）变压器制造厂应严格检验管理，严把产品质量关，接受教训，加强过程管理，提高产品质量。

（2）加强生产技术培训，提高小修人员检修技术水平。

（十二）变压器噪声过大被迫退出运行

1. 故障现象

和平门外，北京烤鸭店（分店）南侧居民反映柱上变压器噪声特别大，已严重影响居民睡眠休息，强烈要求立刻解决。经工程技术人员现场调查，已排除变压器外部条件（如腰栏线——固定变压器的捆绑线、金具安装等）所致。用听音棒试听，确认噪声由变压器内部传出。在变压器水平位置，距变压器散热管 0.3m 远实测噪声高达 97dB（变压器容量为 3 相 180kVA，15 时）。当晚 22 时再次测量，噪声为 102dB。次日上午将变压器撤下送修配厂吊芯检查。更换变压器后，强噪声消失，附近居民非常满意，为此还送来了感谢信。

2. 故障原因分析

首先进行空载试验，空载损耗和空载电流都较出厂试验数值有所增大，但未超出国家标准。吊芯检查发现：变压器铁芯柱第一、二级铁芯对应的铁轭颜色发黑，铁芯穿心螺杆之绝缘套管炭化，螺杆也有过热变色现象；铁轭比芯柱叠片厚度小，铁芯四角能够夹紧，但中间部位夹不紧；经测量发现，铁芯硅钢片薄厚不均，芯柱厚度为0.34～0.36mm，铁轭钢片的长片厚度为0.29～0.31mm，经计算铁轭主级磁通密度高达2.1T，已过度饱和。

分析此台变压器噪声大的原因：

(1) 铁轭主级磁通密度过高。

(2) 铁轭长片硅钢片薄于芯柱硅钢片，夹紧螺栓旋紧后，仍不能将铁轭夹紧，致使硅钢片振动剧烈，从而产生强烈的噪声。

3. 防范措施

(1) 变压器制造厂必须使用最新颁布执行的国家标准、行业标准和IEC标准。制造厂提供的配电变压器性能应达到优等品的标准，还应达到订货技术条件的要求。

(2) 加强变压器验收、试验等管理工作，以提高变压器的经济安全运行水平。

(十三) 借助铁轭的穿芯螺栓安装角钢支架引发的变压器不能送电故障

1. 故障现象

某单位新装一台$SC_3-500/10$型干式变压器，送电时高压熔丝熔断而不能送电。施工单位找变压器制造厂和承接交接试验单位，要求分析处理。

2. 事故原因分析

试验单位通过认真分析"交接试验报告"上所列数据，确认变压器不可能存在质量问题，便和厂家一起到现场查看。发现施工单位将电缆角铁支架固定在干式变压器上铁轭的穿心螺栓上了，这样就使绝缘良好的穿心螺栓通过两端角铁支架形成了闭合回路，相当于一个短路环与铁芯磁通匝链，当变压器10kV合闸送电时将产生较大的短路电流，使10kV熔丝熔断。

将电缆角铁支架单独安装后，变压器合闸送电一次成功。

分析结论：

(1) 施工单位不按设计图纸要求施工是造成这次故障的直接原因。

(2) 施工单位图省事、怕麻烦，错误地利用变压器的穿心螺栓固定电缆角铁支架，反映出安装人员技术素质低。

(3) 工程监理公司工作人员在工程竣工验收时也未发现此问题，说明工作人员专业水平较低；电缆角铁支架未按设计要求安装，监理人员应该是一眼就可以看出来的，可是也未予以纠正，说明监理不坚持原则，很不负责任，应对这次故障负有一定责任。

3. 防范措施

(1) 加强职业道德教育。强化、树立工程施工的依据之一是施工图纸，而施工安装的准则之一就是照图施工。杜绝投机取巧、偷工减料等不正当行为，提高企业信誉。

(2) 加强基础理论知识和实际操作技能的培训，提高安装人员和验收人员的技术素质，加强安装质量把关，争创全优工程，保证变压器安全运行。

(十四) 线圈导线采用锡焊造成变压器烧毁事故

1. 事故现象

某年夏天的一场风雨中，水道子胡同低压线路发生短路事故，造成大面积停电。当急修班到达现场发现，柱上变压器（3相180kVA）10kV熔断器A、B相熔丝熔断，熔管跌落；低压引线、刀闸、保险片（300A）完好；低压线路2～3号杆间导线混连。经摇测认定，变压器已经烧毁。低压线路修复完毕，变压器也已更换好，恢复正常供电。

2. 事故原因分析

吊芯检查试验发现：一次对地300MΩ，一次对二次0MΩ（击穿），二次对地0MΩ（对铁芯连通）；油箱内有焦糊味；A、B相绕组下方（里侧）有大量铜珠；高压绕组外观较好。解体检查：摘除高压线圈，在拆开低压a相绕组时发现导线焊接为锡焊（已熔断），且周边烧出一个洞，与该洞对应的高压A相绕组里层也烧了一个洞；在拆开低压b相绕组检查时，情况与a相完全相同。分析认为锡铅焊料熔点较低，一般为200～270℃，而铜导线变压器的热稳定要求为250℃，锡焊不能满足热稳定要求，同时锡的抗拉强度远不如铜导线。当低压线路短路时，锡更难承受巨大短路电流的动稳定要求。低压线路短路时锡焊接点过热引起此事故。

3. 防范措施

(1) 变压器采购必须选用名牌优质产品。

(2) 对没有运行经验的变压器，欲选购，必须进行认真考察，了解生产工艺过程、质量保证体系、试验方法等，经专家评议后再做决定。

(十五) 层间绝缘损伤造成变压器烧毁事故

1. 事故现象

某变压器厂生产的$S_q-M-100/10$变压器，1999年在××供电局投入运行，负载率40%，运行两个多月烧毁。

2. 事故原因分析

会同厂家、运行单位吊芯检查分析，发现A相高压绕组第二层上部有铜珠，拆开包封发现线圈导线被烧断，绝缘损伤严重，且向内辐射3层；C相绕组由外向内第十层，其下部有短路点，导线黏连在一起，漆皮变为黑色，周边无明显异常。

分析认为，变压器故障原因系层间绝缘损伤所造成。实属产品质量问题。

3. 防范措施

(1) 针对本次故障均发生在线圈端部，圆筒式高压线圈首末层间及油道外侧第一个层间均应增加一层层间绝缘纸。

(2) 圆筒式线圈层间绝缘应采用厚度不小于0.08mm网状上胶纸，并应进行浸漆处理。

(十六) 漆包线质量问题引发变压器烧毁事故

1. 事故现象

某日，西山果园电工来电反映，电源缺一相，有电两相电压也低，并告知：跌落式熔断器一只掉管。急修班赶到现场进行变压器外观检查及低压线路巡视均无异常。变压器停止运行，进行绝缘电阻摇测：一次对地0MΩ，一次对二次1500MΩ，二次对地1000MΩ。更换变压器后恢复供电。

2. 事故原因分析

事故变压器是某变压器厂生产的$S9-M-80/10$型全密封变压器，1999年3月投入运行，最高负载率为67%，事故发生当日天气晴好，运行仅两个月发生烧毁事故。

同厂家一起吊芯检查分析，发现高压B相绕组表面颜色较A、C相绕组明显发深。将B相绕组解体发现：绕组第八层中部多处匝间短路。经摇测，一次对地击穿；QQ-2型漆包线漆膜大面积脱落，数处漆包线匝间熔合；用手指捭漆包线不时发现有刺手感觉；层间绝缘已严重炭化。与会者一致认为，导线有毛刺损伤了漆包线绝缘，造成匝间短路过热，从而引发层间绝缘热击穿。漆包线质量问题是引起变压器烧毁的直接原因。

3. 防范措施

(1) QQ-2型高强度聚乙烯醇缩醛漆包圆铜线必须符合国家标准，不得使用假冒伪劣产品。

(2) 对于批量订货，开展事前不约定中间检查，甚至开展驻厂监督生产（订在合同中）。

（十七）低压线路短路造成变压器烧毁事故

1. 事故现象

1981年10月的一天夜里刮起一场大风，次日清晨，某农场××分场电工打来电话报告：康村3相50kVA变压器烧毁。急修班赴现场处理，发现3只10kV跌落式熔断器熔丝熔断，熔管跌落；变压器低压引线、刀闸、熔片完好；低压线路（LJ-35×4）末端导线因刮风而绞在一起（距变压器约460m）。工作人员将低压线路混绞故障处理完毕，即行变压器绝缘电阻摇测：一次对地为0MΩ，一次对二次为100MΩ，二次对地为80MΩ。打开油枕上的注油孔盖，糊焦味浓重，刺鼻难忍，确认变压器已烧毁，通知配电变压器班更换变压器。

2. 事故原因分析

经吊芯检查发现，铁芯上的碳素约有3～4mm厚，绕组绝缘严重老化，高压A相及C相线圈烧毁。分析认为，该变压器近3年来，每逢农忙季节都处于满负荷或过负荷（运行记录最高负荷为80A，过负荷10.8%）运行，造成绝缘下降；低压线路短路，短路点距变压器460m远，加上导线截面较小，短路时间较长，低压熔片没断，因变压器过流发热造成烧毁事故。

3. 防范措施

(1) 加强变压器负荷管理，避免变压器过负荷运行。

(2) 加强低压线路改造，缩小挡距，增大线间距离或换为绝缘导线，防止线路短路。

(3) 选用动作性能符合要求的低压熔片。即：通过1.3倍额定电流时，1h内不熔断，2h内必须熔断；通过1.6倍额定电流时0.5h内熔断；通过2倍额定电流时1min内熔断。

（十八）变压器过负荷造成烧毁事故

1. 事故现象

某生产大队申请农田灌溉用电24kW，××供电局安装一台3相30kVA变压器为其供电。供电几年来一直正常。因天气干旱，生产队又打机井一口，私自增加一台10kW水井电机接于30kVA变压器上，变压器负载率已达14.6%。某日14时许，变压器10kV熔断器熔丝熔断，熔管跌落；变压器油枕喷油，变压器停止了供电。生产队打电话请求及时处理。

急修班到现场后生产队讲了上述情况，工作人员检查发现，变压器已经烧毁，低压熔片已变为铜丝。急修班认为：用户私增用电容量，当变压器过负荷造成低压熔片熔断后，用户不通知供电部门处理，而擅自将熔片换为铜丝，这是典型的违章用电行为，告知用户听候处理；并通知配变班将变压器撤回送修配厂进行事故分析。

2. 事故原因分析

吊芯检查发现，三相高、低压线圈全部烧毁，绕组绝缘炭化，短路电流把铁芯烧熔了几个大坑，变压器油黑糊。分析认为，变压器因长期过负荷、温升过高、绝缘老化，低压线路短路而烧毁。

3. 防范措施

(1) 加强变压器负荷管理，避免变压器过负荷运行。

(2) 为保障正常供电秩序和公共安全，对电力用户进行用电检查。开展用电检查工作应依据《用电检查管理办法》规定执行。

（十九）分接开关接触不实引发变压器喷油和油箱炸裂事故

1. 事故现象

某日，东铁匠营顺四条多个用户打电话反映没电，并说电杆上的变压器爆炸了。急修班拉开警笛，火速直奔现场，发现变压器台上3只跌落式熔断器跌落；变压器油箱底板焊缝处裂口长约350mm，口宽约20mm；两根散热管焊口开裂；油枕注油孔处喷油，箱体内变压器油全部跑光；变压器油箱盖与箱体连接处局部变形。变压器高、低压套管、引线、低压刀闸、低压熔片完好。

2. 事故原因分析

变压器事故分析会上运行专责人首先汇报变压器运行情况：变压器容量3相200kVA；1975年10月投入运行，到烧毁日共运行12年8个月；历年小修情况良好；负载率在38%～87%之间。昨天因用户反映电压高，我们到现场进行调查处理，实测（带负荷情况下I_a=210A，I_b=200A，I_c=200A）变压器二次出口电压为：U_a=236V，U_b=237V，U_c=237V；U_{ab}=410V，U_{bc}=412V，U_{ca}=411V，确实电压较高。经调度同意，变压器临时停电，将分接开关由Ⅱ挡倒至Ⅰ挡，改后实测电压（空载）为：U_a=225V，U_b=226V，U_c=226V；U_{ab}=391V，U_{bc}=392V，U_{ca}=392V。当即合闸（低压刀闸）恢复供电。送电后也就10min（正在收拾工具，清理现场），突然一声巨响，熔断器跌落、油枕喷油、油箱爆炸这一幕就出现了。

吊芯检查发现：高压绕组A、B、C相端部（即X、Y、Z端）绝缘烧损；9条分接线全部烧断，分接开关（分接位置）触头烧损严重，漆黑如炭；低压绕组表层绝缘损坏。经细致擦拭发现，分接开关（10.5kV位置，即Ⅰ挡）动、静触头没有对正，接触面不足1/5。分析认为，分接开关触头接触不良，加上压力弹簧（已烧损）运行年久，压力不足是产生这次事故的直接原因。

分接开关接触不良使变压器内部产生局部过热或高温热点。变压器内局部发生过热，就会加快绝缘材料的热分解，其产气速度及产气量明显加快，分解出来的气体所形成的气泡，在油中经过对流、扩散，就会不断地溶解在油中。如果高温热点没有得到及时控制或排除，则产气会加剧，当产生的气体数量大于最大溶解能力时，便会有一部分气体跑入变压器上部空间（油枕内），通过呼吸器排放到大气中。

国家标准规定，带有储油柜（油枕）的630kVA及以下的油浸式变压器，一般不装气体继电器和安全气道。当变压器内部发生故障，其产气速率（ml/h）超过呼吸器在正常压力下的释放能力时，变压器油箱内的压力便开始增高，当大于大气压力时，呼吸器将发生喷油。当变压器内部压力继续增高时，则会于箱体承受压力的薄弱处爆裂。

3. 防范措施

(1) 切换分接开关后，应测量高压绕组的直流电阻，

1600kVA 及以下的变压器，相间差别一般不大于三相平均值的 4%；线间差别一般不大于三相平均值的 2%；与以前相同部位测得值比较，其变化不应大于 2%。符合规定时，才能将变压器投入运行。

(2) 配备合格完善的保护装置。如一、二次侧的继电保护装置或熔丝、熔片等。

(3) 一般配电变压器宜选用全密封变压器，该类变压器带有压力释放阀，对油箱有保护作用。

(二十) 导线焊接工艺引发的变压器故障

1. 故障现象

一日，法华寺街一带用户打电话反映缺相、没电，要求尽快处理。急修班赶到现场，工作人员围绕变台转了两圈也没有发现任何问题。跌落式熔断器关合良好，低压熔片未断，高压及低压引线路如初，未见异常。测量变压器低压侧电压发现：$U_a=0V$，$U_b=230V$，$U_c=230V$；$U_{ab}=0V$，$U_{bc}=400V$，$U_{ca}=0V$。于是将变压器停电进行检查。摇测绝缘电阻为：一次对地、一次对二次、二次对地均为 2000MΩ；后又测线圈导通情况，10kV 侧：A 对 B 通，B 对 C 通，C 对 A 通；低压侧：a 对 n 为 ∞，b 对 n 通，c 对 n 通。最后确认低压绕组 a 相内部断线。换变压器后恢复供电。

2. 事故原因分析

吊芯检查发现，10kV 线圈良好，分接开关触点接触良好。低压线圈引线外包白纱带 a 相呈黑褐色，b、c 相呈深黄色；a 相引线在焊接点处断开，b、c 相焊接点虽未断开，但已呈过热变色现象。与会者一致认为：引线与接线片连接采用黄铜乙炔焊接工艺是造成引线断裂的直接原因。这是因为黄铜乙炔焊接，焊点较脆弱，焊接处电阻大，运行中焊接处温度高，机械强度差，在低压线路发生短路或大功率电机启动电流冲击下极易断裂。

3. 防范措施

(1) 订购变压器时，在合同中应写明分接线、引线、导线焊接工艺要求。

(2) 高压分接线、引线的焊接，铜导线应采用磷铜搭接焊接，将毛刺磨光后用蜡绸或皱纹纸包扎 2mm。

(3) 低压引线宜采用搭接磷铜焊，焊接点截面积应为导线截面的 3~5 倍。

(二十一) 逆变换过电压造成变压器烧毁

1. 事故现象

某年夏季一天下午，晴空万里，烈日炎炎，闷热难忍。顿时，乌云密布，黑云压顶，狂风大作，电闪雷鸣，阵雨倾盆，大树连根拔出，急修理电话铃声不断。一位老者在电话中说："刚才一声霹雷，震得地动山摇，紧跟着姚家井胡同就没电了，请你们赶快来看看出了什么事！"急修班赶到现场发现，柱上变压器 3 只熔断器跌落；变压器油枕喷油。摇测变压器绝缘电阻：一次对地 0MΩ，一次对二次 0MΩ，二次对地 0MΩ；打开油枕注油孔盖，焦煳味浓烈。摇测 10kV 避雷器绝缘电阻均为 2500MΩ；测试接地电阻为 3.8Ω（变压器容量 3 相 315kVA）。确认变压器已烧毁。更换变压器后恢复供电。

2. 事故原因分析

吊芯检查发现：

(1) 高压绕组变形严重，中性点附近多处匝间、层间短路，绝缘击穿。

(2) 变压器油黑糊黏稠。

与会者一致认为：因逆变换过电压造成变压器烧毁。

所谓逆变换过电压，即当 10kV 侧雷电波侵入引起避雷器动作时，在接地电阻 R 上流过冲击电流 I，则在接地电阻上产生压降 IR，如果以 5kA 和 3.8Ω 计算，则 IR=19kV。这一压降作用在低压绕组的中性点上，而低压侧出线此时相当于经导线波阻接地，因此 IR 的绝大部分都加在低压绕组上了。三相绕组中流过的冲击电流方向相同、大小相等，经过电磁感应，在高压绕组上将按变压器的变压比（匝数比）感应出数值极高的电压。如配电变压器变比 k=25，则 10kV 绕组两端的冲击电压将高达 25×19=475kV。由于高压绕组出线端电位受避雷器残压固定，所以这个 475kV 的高电位将沿高压绕组分布，在中性点幅值最大，可将中性点附近的绝缘击穿。这个 475kV 沿高压绕组产生的纵向（如匝间）电压很高，变压器层间和匝间的电位梯度也相应增大，可能在绕组其他部位造成层间或匝间绝缘击穿。这种过电压首先是由高压进波引起的，再由低压绕组按电磁感应使高压绕组产生高电压，通常称此现象为逆变换过电压。

3. 防范措施

(1) 变压器高、低压侧均应装设避雷器，且避雷器应尽量靠近变压器。这样，作用在变压器上的过电压就是避雷器的放电电压或残压。

(2) 避雷器的接地线与变压器外壳间的连接线越短越直越好。这样在接地线上因电感产生的压降小。

(3) 有条件时，可选用 Yzn11 接线防雷变压器。

(二十二) 正变换过电压造成变压器烧毁

1. 事故现象

一日清晨，大兴区赵村一带，电闪雷鸣，大雨倾盆。忽然，雨过天晴，阳光普照，凉风习习。农民下地干活发现，变压器 3 只熔断器跌落，避雷器炸裂，油枕上油迹斑斑。即刻通知供电局。抢修班经认真检测确认变压器遭雷击烧毁。更换变压器、避雷器后恢复正常供电。

2. 事故原因分析

事故分析组现场调查发现：事故变压器为 3 相 50kVA 农田变压器，位于农田路旁，四周一望无际，300m 内不见一棵树，该变压器为 3 眼机井电动机供电，共 38kW。实测接地电阻 6.4Ω。

吊芯检查发现：

(1) 高压绕组烧损严重，中性点附近多处匝间、层间短路，绝缘击穿。

(2) 变压器油黑糊，焦煳味浓烈。

分析认为：低压线路落雷，因正变换过电压造成变压器烧毁。

当低压线路落雷时，雷电波由线路侵入变压器低压侧，低压绕组就有冲击电流流过，这个电流将根据电磁感应原理按变压器变压比（或匝数比）在高压绕组上产生数值极高的电压，使高压侧中性点电位大大提高，绕组匝间和层间电位梯度也将大大增加，从而导致高压绕组绝缘击穿。这种由低压侧进波而在高压侧产生高电压的现象，通常称为正变换过电压。

运行实践和试验表明，变压器低压侧装设避雷器是大有好处的。低压侧加装避雷器可将正、逆变换过电压控制在一定的范围之内，可提高变压器的安全运行水平。

氧化锌避雷器阀片具有优异的非线性电压——电流特性，

不需要串联间隙,可避免阀型避雷器因火花间隙放电特性变化而带来的缺点。氧化锌避雷器具有保护特性好,吸收过电压能量大,结构简单等特点,建议在变压器防雷保护中应用。

3. 防范措施

(1) 变压器高、低压侧均应装设避雷器,且避雷器应尽量靠近变压器。这样,作用在变压器上的过电压就是避雷器的放电电压或残压。

(2) 避雷器的接地线与变压器外壳间的连接线越短越直越好。这样在接地线上因电感产生的压降小。

(3) 有条件时,可选用 Yzn11 接线防雷变压器。

(二十三) 变压器空载合闸因励磁涌流造成断路器跳闸

1. 故障现象

某用户报装用电新装 $SC_3-800/10$ 三相 800kVA 干式变压器一台。工程完毕,经电气试验合格后启动送电。当合上断路器时,继电保护装置速断动作,断路器当即跳闸。

2. 故障原因分析

变压器在空载合闸过程中,要遭受到超过额定电流很多倍的过电流,为什么会出现这种情况呢?下面我们简要地进行一下分析。

变压器在空载合闸时,原边绕组可以看作是由一个电阻为 r_1 和一个感抗为 x_{11}(其对应的原边绕组的全电感为 L_{11})的铁芯线圈所组成的串联回路,它的等值电路如图 2-8-2-9 所示。全电感 L_{11} 为原边绕组所磁链的磁通(主磁通和一次绕组漏磁通)的自感系数,它的数值很大,又因为主磁通的导磁物质为铁芯,而铁芯的导磁系数不是一个固定不变的常数,它将随着磁通的逐渐增大、铁芯的逐渐饱和而相应地逐渐变小,其变化的规律符合钢片的磁化特性曲线的规律,因此 L_{11} 也不是一个固定不变的常数。

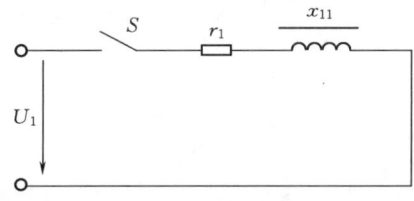

图 2-8-2-9 变压器空载合闸时的等值电路

变压器既然是一个具有电感很大的线圈,是储藏磁场能量的元件,因此变压器在空载合闸的瞬间,电流从零开始到建立起电流,即变压器磁能从零开始到具有磁能,使能量发生了变化,由于电路中能量不能跃变,因此就需要经历一个过渡过程,然后才能达到稳定的空载状态。

空载变压器在稳定状态时,外加电压 u_1、空载电流 i_0、主磁通 Φ 随时间变化的关系如图 2-8-2-10 所示,即空载电流 i_0、主磁通 Φ 都是滞后于外加电压 u_1 90°的,因此在空载合闸的瞬间,如果电压 u_1 的初相角为 90°,即 $t=0$ 时,$u_1=U_{1m}$,那么这时 $i_0=0$,$\Phi=0$,变压器绕组中的磁场能量不会发生跃变,即与空载变压器在稳定状态时一样,结果便不会发生过渡过程,合闸后变压器随即进入稳定状态,这是合闸在最有利的极端情况下。

但除了上述的这一最有利的极端情况外,变压器在空载合闸时,电压一般都不等于最大值,所以就会出现一个过渡过程。在过渡过程中,空载电流由两个分量所组成,一个为稳定电流分量 i_{wd},即稳定时的空载电流;另一个为自由电

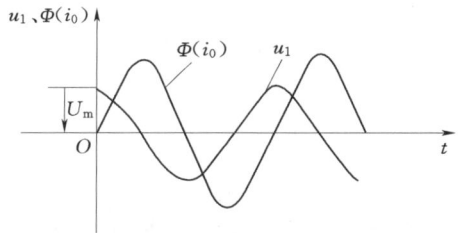

图 2-8-2-10 空载变压器稳定状态时,电压、磁通(电流)的关系曲线

流分量 i_{zy},它是随时间而衰减的,最后将衰减为零。自由电流分量的产生与过渡过程中磁通的变化规律有关,在空载合闸时,如果忽略铁芯中原有的剩磁,则铁芯中的磁通是由两个分量所组成的,一个是稳定的主磁通分量 Φ_{wd}(对应稳定的空载电流分量);另一个是自由磁通分量 Φ_{zy}(对应自由电流分量),它是随时间而衰减的,如果在合闸的瞬间电压为零,即合闸在最不利的情况下,这时电压、磁通的变化如图 2-8-2-11 所示,即 $t=0$ 时,$u_1=0$,这时磁通的稳定分量为负的最大值,由于在合闸的瞬间能量不能跃变,Φ 仍应为零值,所以就必定会产生一个自由磁通分量 Φ_{zy},它应为正的最大值,与稳定磁通分量 Φ_{wd} 相平衡,使合成磁通 Φ_{hc} 为零,一直到自由分量衰减为零,即过渡过程结束后,变压器才会达到稳定状态,从图中可以看到,在合闸后的 1/2 周期(0.01s),铁芯中的合成磁通会达到两倍于稳定值的数值,由于在正常运行情况下,磁通已经较为饱和,现在,合闸在最不利的情况下,主磁通达到正常情况的两倍,铁芯将处于非常严重的过饱和状态,因而励磁电流的数值很大,如图 2-8-2-12 所示的励磁电流波形,它已经变得十分尖峻,其振幅可能要超过稳定的空载电流振幅的 100~200 倍,设空载电流为额定电流的 5%,则空载合闸电流的数值将达到额定电流的 5~10 倍,如图 2-8-2-13 所示,这就是造成空载合闸时过电流的原因。

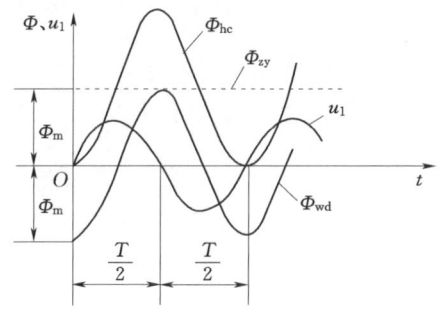

图 2-8-2-11 $t=0$、$u_1=0$ 时磁通的变化曲线

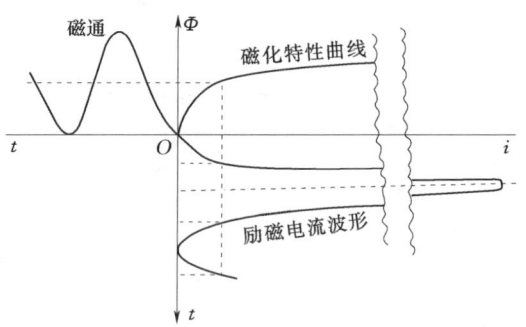

图 2-8-2-12 变压器磁饱和时磁化特性曲线所确定的励磁电流 i

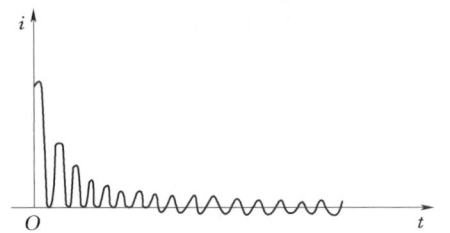

图 2-8-2-13 变压器磁饱和时的空载合闸电流

由于原边绕组中有电阻 r_1 存在,所以上述的自由电流分量将逐渐衰减,衰减的快慢,决定于全电感 L_{11} 与电阻 r_1 的比值,即 L_{11}/r_1 的数值,其比值越小,即 L_{11} 越小或电阻 r_1 越大,则衰减得就越快,所以小容量变压器衰减得较快,只需经过几个周期后即可达到稳定值,而大容量的变压器衰减得就较慢,一般要经过 6~8s 或更长的时间,过渡过程才能结束。

变压器空载合闸时所引起的过电流,对变压器没有直接的危害,但它能引起原边的继电保护装置动作,使断路器跳闸,结果使变压器从电网上断开,所以,继电保护装置应具有能避开空载合闸时较大的励磁涌流的机能,如果没有这种机能,那么,对中、小容量的变压器来说,经过几次重复合闸后,总会有一次能合在较适当的时机上,使过渡过程不太激烈,因此就不会从电网上被断开,但对大容量的变压器,这样做是不允许的,因此要求继电保护装置必须具有能避开励磁涌流的机能。

3. 防范措施

继电保护定值应考虑计及变压器空载合闸时励磁涌流的影响。

(二十四)并列运行变压器其中一台一次侧一相断路造成断路器跳闸事故

1. 事故现象

某用户两台 Yyn0 接线、10kV/0.4kV、三相 400kVA 变压器采用并列运行方式供电。一日,2 号变压器 10kV 侧 C 相熔丝熔断,致使继电保护装置动作,断路器跳闸,造成全厂停电事故。

2. 事故原因分析

2 号变压器 10kV 侧 C 相熔丝熔断,其在变压器二次侧的反应如图 2-8-2-14 所示,不管这两台变压器的二次侧中性点连接或不连接,低压侧 a、b 两相上都将有均压环流通过,将使变压器的继电保护装置动作或造成变压器烧毁。

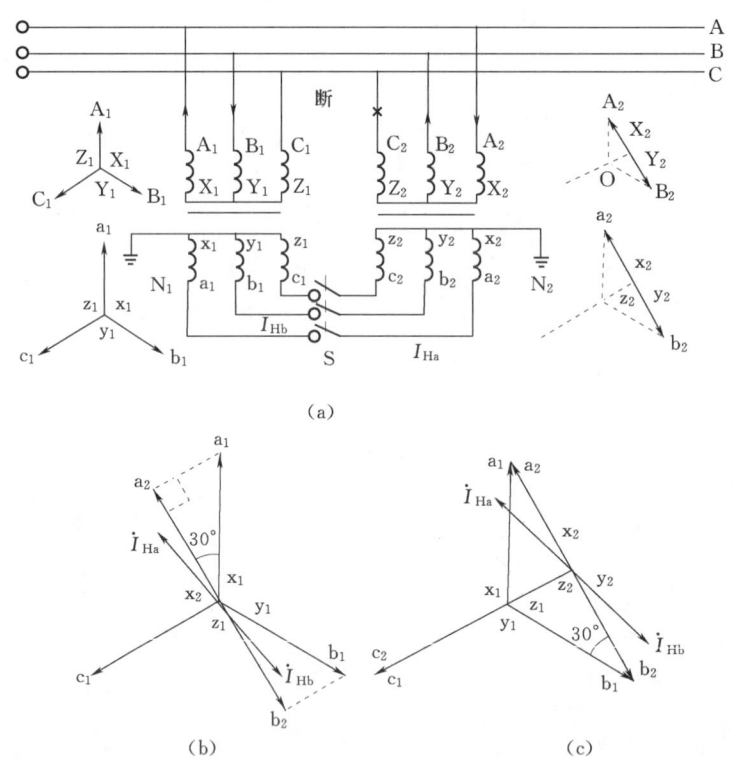

图 2-8-2-14 两台 Yyn0 变压器并列运行,一台一次侧一相断路后在二次侧的反应图

当中性点相连时,如把联络开关 S 拉开,其矢量图如图 2-8-2-14(b)所示;则存在着产生环流的电压为:

$$U_{a_2 a_1} = U_{a_1 x_1} \sin 30° = \frac{1}{2} U_{a_1 x_1} = \frac{1}{2} U_{xg_2}$$

只要将联络开关 S 闭合,就会有均压环流通过,而且环流 I_{Ha} 与 I_{Hb} 大小相等,方向相反,构成回路。

当中性点不连接时,把联络开关 S 闭合,其矢量图如图 2-8-2-14(c)所示,两台变压器的二次侧中性点之间存在着产生环流的电位差为:

$$U_{x_1 x_2} = U_{a_1 x_1} \sin 30° = \frac{1}{2} U_{xg_2}$$

在中性点电位差的作用下,仍有环流存在。而且还会出现电势 $\dot{E}_{z_2 c_2}$ 大于电势 $\dot{E}_{z_1 c_1}$ 的情况(施加低压试验则可发现)。这是因为在电势 $\dot{E}_{z_1 c_1}$ 的作用下,必产生反电势 $\dot{E}_{z_2 c_2}$,并且 $\dot{E}_{z_2 c_2} = \dot{E}_{z_1 c_1}$,$c_1$ 点是固定的,z_2 点已位移了 $\frac{1}{2} E_{z_1 c_1}$,

所以 $E_{z_2c_2}=E_{z_2z_1}+\dfrac{3}{2}E_{z_1c_1}$。

由此得知,当发现两台并列运行的变压器,外部无短路故障而送不上电的现象时,可把联络开关S拉开,测量两台变压器的各同名端(有中性线),或各相、线电压(无中性线),可以判断出某台变压器一次侧一相断路。

3. 防范措施

(1) 并列运行变压器之10kV母线安装、连接必须符合设计要求,要做到安全可靠。

(2) 为倒闸操作方便、运行方式灵活,当变压器10kV侧分别安装负荷开关(如FN$_{11}$-10DR/200)时,其动、热稳定值应满足安装地点系统短路容量的要求;熔丝容量应符合规程的规定。

(3) 加强设备巡视,提高巡视质量,发现异常情况及时处理。

(二十五) 配电变压器低压中性点接地引线遭破坏引起的触电死亡事故

1. 事故现象

张×途经配电变压器台架(以下简称为变台)时,因站住提鞋,一只手去扶变台电杆,手触及配电变压器接地引下线(变压器外壳、低压中性点及避雷器接地端三位一体接地)而造成触电死亡。事故发生后,赴现场检查接地引线带电原因时,发现接地引线与接地体连接并沟线夹已丢失。

2. 事故原因分析

配电变压器外壳、低压中性点及避雷器接地端三位一体共同接地在人体接触时一般不会发生触电,因为人与接地线处于同一电位,一般不会产生接触电压。

张×手触及接地引线造成触电死亡,是因为接地引线在靠近地面处的与接地体的连接并沟线夹丢失,使接地引线与接地体分离,当张×手触及接地引线,电流通过人体流入大地,造成触电死亡。

《电气装置安装工程接地装置施工及验收规范》(GB 50169—2006)规定:"接地线应防止发生机械损伤和化学腐蚀。在与公路、铁路或管道等交叉及其他可能使接地线遭受损伤处,均应用管子或角钢等加以保护;自然接地体与人工接地体连接处应有便于分开的断接卡。断接卡应有保护措施"。接地线和断接卡没有按技术规程要求采取防护(保护)措施是造成触电死亡事故的直接原因。

3. 防范措施

(1) 接地装置的安装应按已批准的设计进行施工。

(2) 采用的器材应符合国家现行技术标准的规定。

(3) 施工中的安全技术措施和工艺标准应符合GB 50169—2006要求。

(4) 接地装置工程施工,其隐蔽部分必须在覆盖前会同有关单位做好中间检查及验收记录。

(5) 接地线及断接卡必须采取保护措施。

(6) 加强线路巡视,提高巡视质量,发现问题及时解决,提高线路及设备的安全运行水平。

(二十六) 变压器着火事故

1. 事故现象

某年夏季一天下午3时许下起了小雨,急修班突然接到"119"火警打来的电话:地安门内大街41428变压器着火,要求火速处理。急修班救险车拉响警笛,风驰电掣般地奔往现场,到达现场后,首先拉开变压器低压刀闸和1只跌落式熔断器(其他两只已自行跌落)。就在这时,消防车也到达现场,急修班主动向消防队员报告:"变压器高、低压电源已全部断开(当时低压配电网采用闭式环形供电),可以灭火,但要注意带电部位(向消防队员指明带电部位),保证人身安全。"消防队员采用干粉灭火器将熊熊的烈火扑灭。

急修理工作人员登杆检查,发现变压器10kV侧B相套管碎裂,导电杆倒在B相套管安装孔边缘,且有严重的电弧烧痕。摇测绝缘电阻:一次对地1000MΩ,一次对二次1000MΩ,二次对地500MΩ。更换变压器后恢复供电。

2. 事故原因分析

变压器发生着火是十分严重的事故,变压器内不仅有大量的绝缘油,还有许多绝缘材料都是易燃品,如不及时扑灭,可能造成变压器爆炸或火灾蔓延扩大。

从现场捡回的套管碎片可以看出套管存有陈旧性裂纹,且有污垢。遇有小雨天气,使套管裂纹中充满潮湿的空气或水分,致使套管介电强度降低,电场强度增大,当数值达到一定程度时,引起套管极度过热和放电,这样使套管绝缘进一步损坏、最后导致套管炸裂。导电杆与油箱盖短路,引起电弧,电弧又引燃绝缘油,最后造成变压器着火。套管炸裂后,绝缘油在油枕高位压力下不断流出,造成火势越来越大,必须火速扑灭,不然将造成更大的火灾事故。

3. 防范措施

(1) 提高设备巡视质量,对设备缺陷做到早发现,早处理,做到防患于未然。

(2) 工程救险车必须配备适量的不导电的二氧化碳、四氯化碳、干粉等灭火器。

(二十七) 配电变压器运行中高压侧熔丝熔断故障

1. 故障现象

一日,用户来电反映:一相没电,有电两相电压低。急修班到达现场检查发现,变压器10kV侧A相熔丝熔断,变压器外部无闪络、接地、短路等异常现象。即进行停电检查,摇测变压器及10kV避雷器绝缘电阻,测试结果均合格,未发现任何异常。随后,更换熔丝,在变压器空载状态下试送电,经监视认定变压器运行状态正常,随即恢复正常供电。

2. 故障原因分析

变压器高压侧熔丝一相熔断,一般是由于熔体选用过小,机械强度较差,质量不好或安装方法不当所造成。此外,在10kV中性点经消弧圈接地或不接地系统中当发生一相弧光接地或系统中有铁磁谐振过电压出现时也可能造成高压侧一相熔丝熔断;在10kV中性点为低电阻接地系统中,当变压器线圈首段对地击穿或套管(外部)引线处发生接地也会造成高压侧一相熔丝熔断。

变压器高压侧两相或三相熔丝熔断的主要原因多为变压器内部或外部短路故障所造成。遇有此种情况也应该将变压器停电进行检查。首先应检查高压引线与瓷绝缘有无闪络放电、短路等异常情况,同时注意观察变压器有无过热、变形、喷油等异常现象;变压器内部两相或三相短路或接地,均可造成两相或三相熔丝熔断。变压器内部故障可通过测量绝缘电阻或直流电阻进行判断。若熔丝烧损严重,变压器油油色变黑,并有明显烧焦气味,便基本上可以判断变压器内有短路故障。

3. 防范措施

(1) 选购质量优良的熔丝。熔丝容量的选择：变压器额定容量为 100kVA 及以下者按额定电流的 2～3 倍选择；100kVA 以上者按额定电流的 1.5～2 倍选择。

(2) 熔丝的安装方法应正确，熔丝的松紧（拉力）应适度。避免由于熔丝过松（未拉紧）出现"掉管"现象，或由于熔丝拉得过紧造成熔丝拽断引起的误"跌落"故障。

(二十八) 配电变压器运行中低压侧熔片熔断故障

1. 故障现象

一日，用户来电反映：一相没电，有电两相电压正常。急修班经检查发现，变压器低压侧 b 相熔片熔断。低压熔片熔断，除熔片质量、安装方法不当等原因外，一般均由变压器过负荷而造成。当低压线路发生接地、两相或三相短路故障时也会造成熔片熔断。经认真检查，负荷侧未发现任何异常，更换熔片后恢复正常供电。

2. 故障原因分析

变压器低压侧熔片熔断如果发生在熔体（铅锡或铅锌合金）与铜板（压接用）焊接处，且无严重烧伤痕迹，一般是由于安装时不慎使焊接处受伤或压接不实所造成，当然也存在产品质量问题。

如果熔体在中间部位熔断，且没有电弧烧伤痕迹，且断缝细小，断口圆滑，一般是由于过负荷所引起（指变压器过负荷，且熔片容量选用正确）；但也不排除熔片选用过小（不符合规程规定）所致。

如果熔体在中间部位熔断，且有严重的电弧烧痕，且断口缝隙较宽，呈锯齿状，一定是发生对地或相间短路，应检查变压器低压侧线路和设备，查出故障点，排除故障后，并确认变压器无问题方可恢复供电。

3. 防范措施

(1) 应正确选用熔片。规程规定：变压器低压侧熔丝（片）应按变压器额定电流选择。熔片选用应尽量避免小容量熔片并联替代大容量熔片。

(2) 低压熔片安装，应无弯折、压偏、伤痕等。其接触应紧密、牢固。

(3) 严禁以线材替代熔片。

(4) 选购优质熔片。

(5) 加强变压器负荷管理，用户不得超报装容量用电。

(二十九) 配电变压器低压侧出线端相别标号标错引起的事故

1. 事故现象

某年秋季，为解决崇文门外大街 #19 变压器（Yyn0 接线，10kV/0.4kV，3 相 200kVA）过负荷，决定将 #19 变压器换为 3 相 315kVA 变压器。低压线路已按配网规划建成，导线不再更换。该工程由××电气工程公司实施。具体任务：更换变压器，更换相应熔丝、熔片。

一日，根据工程计划安排，××电气工程公司实施上述工程任务，更换变压器、熔丝、熔片后，即合闸送电。送电刚刚完毕，邻近变压器的低压用户（有单相用户，也有三相四线用户）边跑边喊："可能接错线了！用什么，烧什么！赶快拉闸！"有的用户则喊："有电了，为什么电动机只哼哼，转不起来呀！"施工单位即刻将变压器低压侧刀闸拉开，停止向低压线路供电。这时，施工负责人才发现没测变压器二次出口电压就送电了。电压测量结果如下：相电压 $U_{ao}=$ 400V，$U_{bo}=$ 400V，$U_{co}=$ 230V；线电压 $U_{ab}=$ 400V，$U_{bc}=$ 230V，$U_{ca}=$ 230V。施工负责人立刻向××供电公司生产技术处汇报情况，并请派员协助分析解决。

2. 事故原因分析

生产技术处专责工程师来到施工现场，看完电压测量记录，双眉紧锁，沉思片刻，仔细查看变压器低压侧接线，突然问道：怎么右边的套管（指导电杆）接地了？工人忙答：这台变压器特殊，套管旁确实标的是"N"！工程师又说：套管在油箱盖上的排列顺序，一般从高压侧看，由左向右，三相变压器为：高压侧 A—B—C，低压侧 N—a—b—c。是不是制造厂家把"相别标号"钉错了？你们测一下外壳是否带电，一定要按带电作业测试！工人用低压试电笔测试变压器外壳，氖管闪闪发光，发现确实有电！工程师说：从电压实测数值分析和外壳带电都可以说明，厂家把套管排列顺序，即相别标号搞错了，N—a—b—c 排列应由左向右，而厂家错误地变成由右向左了。变压器内部接线没问题。把变压器停下来，改一下接线（N、c 对调），再测电压，看是什么情况！施工负责人拉开跌落式熔断器，令工人登变压器台改接线。即把所谓的"N"（右）接架空线路 c 相，把所谓的"c"（左）接架空线路零线，即 N、c 对调，还原套管原排列顺序，自左向右为 N—a—b—c。送电后再测电压一切正常。最后合上低压刀闸恢复正常供电。

由于变压器低压侧出线端"相别标号"标错，造成低压架空线路的零线变为"火线"（c 相），故原接于 a、b 相的单相用户（220V）变为 380V 进户，造成大量用电设备烧毁；原接于 c 相的单相用户电压正常（只是 c、N 对调）；原三相四线用户，因为原 c 相改为"N"，所以三相电动机无法启动。由于"相别标号"标错，仅烧毁用电设备赔偿费就达 17 万元之多。更为可怕的是，由于变台处实施低压中性点、变压器外壳、避雷器接地端三位一体共同接地，由于错误地把"c"标为"N"，由此造成变压器外壳、接地引下线带电，幸亏没有造成人员触电事故。

变压器制造厂把低压侧"相别标号"标错（变压器内部接线正确）是造成这次事故的主要原因，对这次事故负有重要责任；××电气工程公司送电前未测电压是否正常即行送电，对这次事故应负一定责任。

3. 防范措施

(1) 变压器制造厂应加强全面质量管理，严把产品质量关，提高企业信誉，争创"信得过企业"。

(2) 配电变压器交接试验不得采取抽检方式，应逐台试验。"相别标号"也应纳入交接试验项目。

(3) 承接电气装置安装工程的施工企业，应加强技术培训，全面提高职工的技术素质。在工程施工中遇有疑问或拿不定主意时，应向现场负责人请示汇报，求得正确解决。

(4) 施工企业在安装（更换）变压器后，应进行变压器二次侧出口电压测量，判定电压是否合格、正常，相序是否正确，遇有问题应请示汇报。一切正常方可送电。

(三十) 配电变压器低压总开关已拉开，但低压线路中的零线仍然有电

1. 故障现象

某单位检修低压配电线路，断开了变压器出线总断路器和隔离开关（见图 2-8-2-15），但检修线路时，发现零线仍然有电。测试发现零线对地电压为 102V。

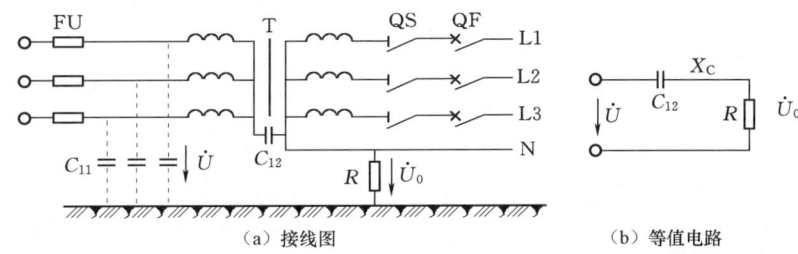

图 2-8-2-15　低压总开关断开后低压线路中性线带电分析

2. 故障原因分析

在正常情况下，零线的电位应为零或接近零。如果三相电源不对称或三相负载不对称，零线在没有妥善接地的情况下，电位会升高到一定的数值。但这里的情况是，电源和负载均已断开，零线上的电从何而来呢？

从图 2-8-2-15（a）可以看出，变压器出线开关 QS、QF 虽已断开，但这种开关只断开了相线，而中性线（零线）N 仍与变压器相连，变压器高压侧电源并未断开，中性线与高压侧仍有一定联系。这种联系是通过变压器高、低压绕组间实际存在的电容来实现的。

若 10kV 线路的三相电压不平衡，则三相线路对地之间便存在一个电压。这个电压可能达到相电压，即 $10/\sqrt{3}=5.77$kV，并且通过变压器高低压绕组的电容 C_{12} 传递到中性线（零线）对地电阻 R 上，其等值电路见图 2-8-2-15（b）。

由此可计算出零线的对地电压（即电位）U_0 为

$$U_0 = UR/\sqrt{R^2+X_C^2}$$

式中　U——高压侧对地不平衡电压；

X_C——变压器高低压绕组间的容抗；

R——中性线（零线）接地电阻。

从以上分析可知，如果零线接地不良或者没有接地（R 很大），则零线上可能产生较高的对地电压。这就是变压器低压侧总开关已接开，零线仍然带电的原因。

3. 防范措施

（1）低压线路有停电工作，当条件具备时，应将供电变压器高、低压开关都断开。

（2）当供电变压器带有多路低压出线开关，而其中部分低压线路需要停电时，则停电线路之 n、a、b、c 均应挂接地线。

第三节　低压电器故障排除实例

低压电器用于交、直流电压为 1000V 以下的电路内，在供电系统和用电设备等组成的电路中起保护、控制、调节、转换和通断作用。在电力拖动系统中，将各种低压电器元件，按需要组成具有各种功能的控制电路，对各种生产过程实现自动控制，因此，低压电器在电力、工矿等企业中得到非常普遍的应用。

按低压电器在电气线路中所处的地位和作用，可将其分为配电电器和控制电器两大类。

配电电器主要用于低压配电系统及动力设备中，这类电器主要包括熔断器、断路器、刀开关和转换开关等，具有分断能力强、限流效果好、操作过电压低、动稳定和热稳定度高等特点。

控制电器主要用于电力传动自动控制系统中，这类电器主要包括接触器、启动器、主令电器、控制继电器、变阻器、电磁铁、控制器等，具有一定的转换能力、操作频率高、使用寿命长等特点。

一、刀开关触头过热烧熔故障

1. 故障现象

某日，线路工区运行人员在巡视低压配电箱时发现刀开关触头过热、变色，静触头烧熔。临时申请停电，做应急处理。

2. 故障原因分析

开关触头过热甚至熔焊的主要原因是开关的刀片与刀座（即动、静触头之间）接触不良造成的。

（1）开关的刀片、刀座在运行中被电弧烧毛，使刀片与刀座接触不良而发热。

（2）开关刀片与刀座表面产生氧化层，造成接触电阻增大而发热。

（3）由于刀片（动触头）插入深度不够，使开关的载流量降低，引起触头过热甚至熔焊。

（4）由于带负荷操作启动大容量设备，使大电流冲击产生动静触头瞬间弧光，应严格遵守规程，不允许违章操作。

（5）在短路时由于电流很大，开关的热稳定不够而引起触头熔焊。

3. 防范措施

（1）加强刀开关的维护保养，对动、静触头及时修磨，去除氧化层，涂电力复合脂。

（2）适当调整杠杆操作机构，使刀片的插入深度符合规定要求。

（3）按规程规定进行操作。

（4）合理确定、选购容量适合的开关。

二、刀开关与导线连接部位过热

1. 故障现象

某日，巡视低压配电箱发现开关与导线压接处过热，导线绝缘层炭化，导线线芯变色，配电箱内焦糊味浓重，紧急停电进行了处理。

2. 故障原因分析

（1）导线压接螺母松动，弹簧垫圈失效，导致接触电阻增大而发热。

（2）选用的螺栓偏小，造成连接部位发热。

（3）铝导线与刀开关（铜）连接没有采取铜、铝过渡措施，导致发生电化腐蚀，引起接触电阻增大而产生过热。

3. 防范措施

（1）选用符合规定要求的螺栓及弹簧垫圈，电流密度应符合规定。

（2）铜、铝导线（体）连接必须采取铜、铝过渡措施。

(3) 开关与导线接触部位必须清除氧化层，涂电力复合脂，压接应牢固、可靠。

三、熔片选择过大造成变压器烧毁事故

1. 事故现象

某日，和平门外延寿寺街一带居民打来多个电话反映没电。急修班现场检查发现，03变压器（3相100kVA）高压侧熔丝熔断（15A×3），低压熔片完好无损（应选择150A×3片，实为200A×3片）；变压器喷油，外壳烫手，焦煳味严重；摇测绝缘电阻为：一次对地10MΩ，一次对二次10MΩ，二次对地通（0MΩ）。确认变压器已烧毁。

2. 事故原因分析

吊芯检查发现，高压绕组颜色变为深褐色，绝缘脆弱，指按便出现裂纹，经直流电阻测试，认证A、B、C相绕组均有短路迹象；拆除高压绕组后发现，低压绕组烧损严重，b相外层线圈局部脱落。

分析会上运行人员汇报变压器运行情况：变压器于1962年4月投入运行，运行情况一直良好，自1969年冬季开始，变压器出现过负荷，最高负载率为100%，大负荷一般出现在晚上，去年负载率达到126%（出现在晚上19～22时）；1971年实际测到的数据基本上与去年相当，但低压熔片熔断故障次数较去年明显增多，进入7月后，熔片没有出现熔断故障，通过分析会才知道，低压熔片已由原来的150A接为200A，不知何人所为。变压器过负荷早已提出更换计划，由于资金短缺，一直没得到解决。低压熔片的特性是：通过熔片的电流达到熔片额定电流的1.3倍，2h内必须熔断；达到1.6倍时，30min内必须熔断。200A熔片的1.3倍为260A，这时变压器过负荷79.9%。

分析一致认为：变压器在长期重负荷或过负荷情况下运行，绝缘已严重受损。把熔片换大，致使变压器在严重过负荷情况下熔片不熔断，等于变压器失去了二次保护，是造成变压器烧毁的直接原因。

3. 防范措施

(1) 为了保证电气设备的正常运行，应根据电气设备的性质合理地选择熔体容量。

1) 照明电路：熔体额定电流不小于回路计算电流。

2) 单台直接启动电动机。

熔体额定电流=(1.5～2.5)×电动机额定电流

3) 多台直接起动电动机。

总熔体额定电流=(1.5～2.5)×容量最大一台电动机的额定电流+其余电动机额定电流之和

4) 降压起动电动机。

熔体额定电流=(1.5～2)×电动机额定电流

5) 并联电容器。

熔体额定电流=(1.5～1.8)×电容器（单台或组）额定电流

6) 配电变压器低压侧。

熔体额定电流=变压器低压侧额定电流

(2) 安装熔体时不得损伤熔体，保证安装接触良好，以提高供电可靠性。

四、熔体选择偏小造成熔体熔断故障

1. 故障现象

某年"三夏"农忙时段，富源庄生产队反映低压一相没电，要求从速处理。急修班赶到现场发现，变压器低压侧b相熔片熔断。经巡视低压线路无异常，即行更换熔片。变压器容量为3相80kVA，二次侧额定电流为115.5A，而熔片为100A，显然是偏小。工作人员将3片100A熔片换为3片125A熔片，恢复正常供电。

2. 故障原因分析

熔断器熔体在短路情况下熔断是正常的，而有时在额定电流运行状态下也会熔断，这种现象叫作误熔断。熔体误熔断除熔体规格选择不当以外，还与熔体的安装、使用有关。

分析认为，熔体（熔片）规格选择不当是造成这次故障的直接原因。

3. 防范措施

为防止熔体误熔断，在实际工作中应注意下列几点：

(1) 正确选择熔体规格，使熔体额定电流等于或略大于被保护设备的额定电流。

(2) 安装熔体时不可弯折和损伤熔体，以免使熔体截面积变小，额定电流降低而造成熔体误熔断。

(3) 更换熔体时，应对接触部位进行整修，保证接触良好，以免接触不良引起过热使熔体误动作。

(4) 熔体氧化腐蚀，造成额定电流降低也会引起熔体误熔断，因此应在储存熔体时防止熔体受潮氧化或被其他物质腐蚀。

(5) 熔断器周围环境温度与被保护对象的周围温度相差过大，会引起熔体误熔断。应加强熔断器安装地点的通风，使熔断器运行环境温度与被保护设备相近，以免散热不良、温升过高而引起熔体误熔断。

五、DZ10系列断路器手动操作不能合闸

1. 故障现象

一日，红土店社区居民及副食店等单位打来电话反映，突然间红土店地区停电了，要求赶快处理。急修班赶到现场发现，×××小区配电室低压2号出现开关自动掉闸（DZ10系列，如图2-8-3-1所示）。经查低压线路未发现异常。回配电室准备送电，可是，手动操作就是合不上，不知原因何在。

2. 故障原因分析

(1) 断路器手动操作不能合闸，一般是由于操作机构及其部件引起的。在断路器外壳上有"合""分"字样，分别表示主触头接通或断开时手柄所处位置。如手柄拨不到"合"的位置，即表示不能合闸。一般是由于断路器自动跳闸后未进行"再扣"操作所致。

(2) 断路器由于故障自动跳闸，手柄应停在"合"与"分"的中间，且离"合"较近。短路故障使断路器跳闸后，只要将手柄扳向"分"的方向，使主杠杆下端进入钢片，即处于"再扣"（准备合闸）状态，根据需要随时可以"合闸"；当热脱扣器动作使断路器跳闸后，必须经过一段恢复时间（一般需5min，过载严重时需10min）后（元件冷却后），才能将手板扳向"分"的方向，使主杠杆下端压动主轴，推动杠杆，压缩弹簧，使杠杆下端进入调节螺丝，断路器恢复"再扣"。如果不经过恢复就用力去扳手柄，有可能将主轴压断。

(3) 操作机构的搭钩磨损，杠杆等联动机构轴销脱落，弹簧失效，或调节螺丝调整不当等。将有可能造成手动操作不能合闸，这时可适当地进行整修和调整，必要时应更换零

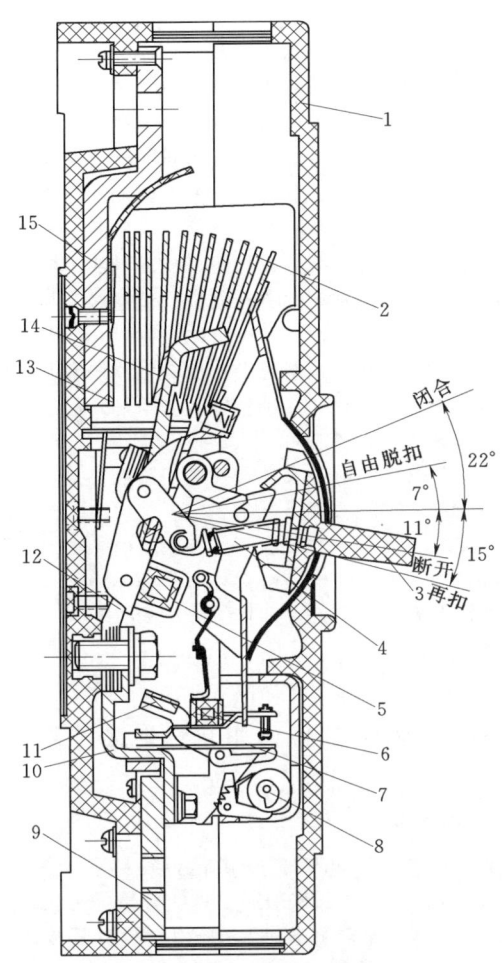

图 2-8-3-1 塑料外壳式断路器结构
1—盖；2—灭弧室；3—手柄；4—自由脱扣机构；
5—主轴；6—脱扣轴；7—热双金属片；
8—瞬时调节；9—下母线；10—热元件；
11—电磁脱扣器；12—软连接；
13—静触头；14—动触头；
15—上母线

部件。

3. 防范措施

(1) 加强技术培训，熟悉自动开关用途、结构、操作方法等，提高工人的技术素质。

(2) 提高断路器安装质量，避免运行中误掉闸。

(3) 提高巡视质量，提高线路健康水平，避免因线路短路而造成开关掉闸。

六、断路器触头接触不良引起的事故

1. 事故现象

某日深夜 23 时，一配电室内火光映红了窗户，刺鼻的浓烟直往外冒（该厂单班生产，晚上配电室无人值班）。电工闻讯赶来迅速切断电源，用灭火器将蹿起 10cm 高的明火扑灭。

配电室房顶为木结构，若再晚 10min 救火，整个配电室可能被烧毁，后果将更为严重。

事后检查发现，由电源总熔断器至 DZ10 型低压断路器的输入电源线绝缘层全部烧光，断路器输出线绝缘层烧损长度达 5cm，断路器的胶木外壳全部炭化。木质配电盘、三相

四线有功电能表基本烧毁。但是，输入、输出电源线上串联配合的熔断器熔丝全部完好。

2. 事故原因分析

DZ10 型低压断路器使用一定时间后，触头部分由于机械磨损及弹簧老化，压力不断减小，动触头与静触头之间接触电阻不断增大，通过负荷电流时发热程度不断提高。白天生活用电及其他方面用电少，通过的电流小，触头部分发热程度较低；晚上生活用电增加，通过断路器的电流增大，接触不良处温度显著升高（电流引起的发热与电流平方成正比）。当发热达到一定程度时就引起断路器胶木底座与木质配电盘燃烧，继而使三相四线有功电能表及相连电器起火燃烧。

根据断路器输出侧电线绝缘烧坏的程度，可以推定负荷电流没有严重超过电线的安全载流量，同时线路中也不存在短路现象（熔断器熔丝全部完好）。因此，可以推测事故原因为低压断路器触头接触不良、接触电阻增大产生高温而引起。

3. 防范措施

(1) 配电室应采取严格的防火措施，室内电气设备附近不得堆放可燃性杂物。砖木结构房屋不得作为配电室使用。

(2) 电气设备的安装必须注意各接头处接触良好，要符合施工工艺规定，并不得使用不合格产品。

(3) 建立经常性的维护保养制度，定期检查触头是否良好，接线螺栓是否松动，平时运行中应注意连接点是否变色或温度过高。在容易发热部位使用测温贴片监视。

(4) 无值班人员的配电室应有定期巡视制度，特别在负荷最高时要巡视一次。

七、断路器不维护造成对地短路

1. 事故现象

某厂生活区照明总开关采用低压断路器，数月间接连发生 5 次低压断路器上接线短路放弧事故，既损坏了设备，又造成停电。

当时正值梅雨季节，因此最初认为是由于空气潮湿而引起短路。但为什么短路事故只发生在上接线处，而未出现在下接线处呢？

2. 事故原因分析

停电后仔细检查，发现断路器其中一相与固定断路器的金属底板之间的放弧最严重，已把底板烧了一个洞。另外，在低压断路器上接线螺栓周围积满了灰尘，加上环境潮湿就产生了相线与金属底板（金属底板是接地的）之间的短路放弧。此电弧又诱发相间短路放弧，从而造成损坏设备及停电事故。

3. 防范措施

(1) 处于潮湿多尘环境的低压断路器不宜直接装在金属底板上，中间最好加一层绝缘板。

(2) 一定要对外露的导线端子包绝缘带。

(3) 保持低压断路器的清洁，在多尘环境中，要将断路器装在开关箱内。

八、低压配电柜内电气安全距离不够引起的事故

1. 事故现象

某日 16 时许，值班电工合闸送电，突然一声巨响，低

压柜内发生电弧喷射约4～5s,直至10kV断路器跳闸才断开电源。此次事故造成3台配电柜内多台低压断路器烧毁,四处溅有铜、铝熔珠。

2. 事故原因分析

经检查发现,小开关配大母线,从而造成开关母线之间距离太小,而引发电弧。此电弧诱发左右、上下开关母线相间放弧,是造成此次事故的主要原因。

电气开关布局设计安排得过于拥挤,有些开关之间距离不足一枚5分硬币厚。低压断路器选型均偏小,这也是造成母线之间放弧的主要原因。

开关壳体积尘严重。试运行时,有些设备在启动和运行中跳闸较频繁,电工不加分析就把定值调到最大。因此,有故障时断路器拒动而烧坏开关。据了解,此前曾有3台断路器被烧坏。

3. 防范措施

(1) 增加配电柜,重新设置开关。

(2) 正确选择连接母线规格。

(3) 根据负载选择断路器容量和整定值。

(4) 定期除尘,巡检开关运行情况。

九、交流接触器吸合不正常

1. 故障现象

接触器线圈通电后,接触器吸合过于缓慢,触头不能完全闭合,铁芯吸合不紧,并发出异常噪声。

2. 故障原因分析

(1) 由于控制回路的电源电压低于额定电压的85%,电磁丝圈通电后所产生的电磁吸力不足,难以将动铁芯迅速吸向静铁芯,引起接触器吸合缓慢或吸合不紧。

(2) 弹簧压力不足,造成接触器吸合不正常;弹簧的反作用力太大,造成吸合缓慢;触头弹簧压力与超程过大,会使铁芯不能完全闭合;触头的弹簧压力与释放压力太大,也会造成触头不能完全闭合。

(3) 由于动、静铁芯间的间隙过大,可动部分卡住或主轴生锈、歪斜都会引起接触器吸合不正常。

(4) 由于长期频繁碰撞,铁芯极面不平整,沿叠厚度方向向外扩张。

(5) 由于短路环断裂,造成铁芯发出异常响声。

(6) 线圈参数与使用条件不符。

3. 防范措施

(1) 设法保证控制回路的电源电压至额定电压。

(2) 适当调整弹簧压力,以满足压力要求。

(3) 安装时,应检查接触器装配是否符合要求,动、静铁芯间的间隙是否符合规定;安装完毕应作传动试验,保证转轴转动灵活,吸合紧密无噪声。

(4) 加强运行维护工作,发现缺陷及时修理。

十、接触器线圈通电后不能吸合或吸合后又断开

1. 故障现象

无功补偿配电箱中电容器组的自动投切靠交流接触器的接通和分断来实现。无功补偿箱安装完毕做传动试验时发现,交流接触器线圈通电后不能吸合或虽已吸合但又断开。

2. 故障原因分析

(1) 当接触器线圈通电后不能吸合时,首先应检查电磁线圈两端有无额定电压。如无电压,说明故障发生在控制回路,可根据具体电路进行检查。如有电压但低于线圈的额定电压,使电磁线圈通电后产生的电磁吸力不足以克服弹簧的反作用力,这时应更换线圈或改接电路。如有额定电压,多数情况是线圈本身可能开路,可用万用表测量线圈电阻。如果接线螺丝松脱应接好拧紧即可,若是线圈断线应进行修复或更换线圈。

(2) 接触器运行部分的机械机构或动触头卡住,使接触器不能吸合,应对机械机构进行修整。调整触头与灭弧罩的位置,排除两者摩擦。

(3) 若转轴生锈、歪斜也会造成接触器线圈通电后不能吸合。应拆开进行检查,清洗转轴及支承杆,但组装时要保证转轴转动灵活,必要时可更换零件。

(4) 控制按钮的触头失效,控制回路触头接触不良。应检查控制回路,排除故障。

(5) 接触器吸合一下又断开,一般是由于自保回路中的辅助触头接触不良,使电路自保环节失去作用。应检查动合辅助触点,保证接触良好,即可排除故障。

3. 防范措施

在本例故障原因分析中已陈述。

十一、接触器线圈断电后铁芯不能释放或释放缓慢

1. 故障现象

某小区配电室10kV双路供电,每路各设一台3相500kVA变压器,低压系统采用单母线分段式主接线。变压器互为备用（$N-1$安全准则）,采用自投自复接线。变压器二次侧总开关及低压母联开关均采用CJ20×1000B交流接触器。

一日,#1变压器安排现场小修工作,当停#1变压器二次交流接触器时,线圈断电后,而接触器迟迟不动作,1min后才释放掉开,母联接触器即刻动作合闸,#1变压器变负荷倒入#2变压器。#1变压器二次交流接触器为什么在线圈断电后铁芯释放如此缓慢呢？现场处理此问题耗费时间约6h。

2. 故障原因分析

处理此故障,特意请来了生产技术处专责工程师,结合生产实际,开展了一次现场培训工作。工程师讲：运行中的特别是运行时间较长的接触器极易发生此类故障。产生此类故障的主要原因是日常维护工作不到位。造成铁芯释放缓慢的原因一般是由以下几种情况引起的：

(1) 接触器经长期运行,由于频繁撞击,使铁芯极面变形,"山"形铁芯中间磁极面上的间隙逐渐消失,使线圈断电台,铁芯上产生较大的剩磁,从而将动铁芯黏附在静铁芯上,造成接触器线圈断电后不能释放。

(2) 铁芯磁极面上的油污和粉尘太多,会造成接触器线圈断电后铁芯不能释放。

(3) 动触头弹簧压力太小。

(4) 接触器的触头熔焊,也将会造成接触器线圈断电后铁芯不能释放。

经认真检查分析,确认造成铁芯释放缓慢的原因是上述原因(1)所引起。工程师亲自动手,应用平锉仔细锉平铁芯接触面,并使铁芯中间磁极面低于两边磁极面0.2mm。变压器小修完毕即刻恢复原供电方式。为了检验接触器检修

质量，又做了两次传动试验，情况令人满意。

3．防范措施

为了避免此类故障再次发生，工程师提出以下几点意见：

（1）根据规程规定的检修周期、检修项目、质量标准做好日常维护工作。

（2）及时清除磁极面上的油污和粉尘，保持磁极面清洁。

（3）及时检查、调整动触头弹簧压力。

（4）加强负荷管理，避免过负荷运行，防止触头熔焊，必要时将接触器电流等级调大。

十二、接触器运行中电磁铁噪声过大

1．故障现象

某社区居民连续打来几个电话，反映××配电室噪声太大，特别是夜间，噪声已严重影响周边居民休息。运行人员前去了解情况，距配电室足有 50m，就能听到"哇哇"的噪声。打开配电室门，噪声震耳欲聋。声源来自电容器柜中的交流接触器。

2．故障原因分析

电磁铁运行时噪声过大，一般由下列原因造成，应采取逐项排除法，最后确定具体原因。

（1）操作电源电压过低，电磁铁吸不住而产生噪声。

（2）铁芯极面生锈或因油污、粉尘等异物侵入铁芯极面，造成接触不良。

（3）铁芯装配不当或受振动引起歪斜或卡住，使铁芯不能吸平，而产生很大噪声。

（4）触头弹簧压力过大而产生电磁铁噪声。

（5）触头行程过大。

（6）短路环断裂或脱落而产生噪声。

（7）铁芯极面磨损严重，坑洼不平，使动、静铁芯的接触面相互接触不良。

（8）线圈匝间短路。

本例经检查确认系原因（7）造成。应用锉刀仔细锉平铁芯接触面后，噪声消失。

3．防范措施

（1）确保操作电源电压合格。操作电源电压应控制在接触器电压线圈额定电压的 85%～110%之间。本案例非操作电源电压不合格引起。

（2）根据规程规定，及时进行日常维护工作，做到不超期、不漏项，发现缺陷及时处理。

十三、交流接触器未装灭弧罩引起的事故

1．事故现象

某单位1台 18.5kW 抽水用交流异步电动机，由 CJ10-60 型交流接触器控制。其控制电路如图 2-8-3-2 所示。当检修人员对交流接触器进行维护检修后，在未装上灭弧罩的情况下即进行合闸送电试验。当合上隔离开关 QS，按下启动按钮 SST 时，只听轰的一声巨响，现场照明全部熄灭。经检查系变压器 T 的过流保护装置动作使低压断路器 QL 跳闸，造成停电。接触器的三相触头已全部烧蚀熔化，无法修复。

2．事故原因分析

该交流接触器控制的电动机采用三角形接线，异步电动

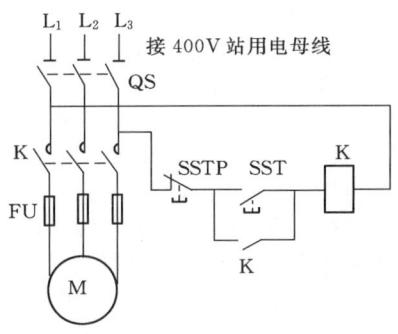

图 2-8-3-2 原控制接线图

机的启动电流 I_S 可达额定电流的 5～7 倍。即

$$I_S = (5\sim7)I_N = (5\sim7) \times \frac{S_N}{\sqrt{3}U}$$
$$= (5\sim7) \times \frac{18.5 \times 10^3}{\sqrt{3} \times 400}$$
$$= 136\sim190(A)$$

当按下启动按钮 SST 时，交流接触器 K 吸合，电动机 M 的启动电流流过接触器的三相触头，136～190A 的启动电流必然在动、静触头间产生强烈电弧，因未装上灭弧罩，于是电弧不能熄灭，在前方空间形成弧光三相短路。短路电流产生的巨大热量使三相触头瞬间烧熔，同时，周围的空气受热急剧膨胀而发出巨响。由图 2-8-3-2 可知，熔断器 FU 装设的位置不正确，仅能保护熔断器下端至电动机的引线及电动机本身的短路故障，而对交流接触器故障无能为力。于是当弧光短路发生后，越级使变压器的过流保护动作将 QL 断开，扩大了事故范围。

3．防范措施

（1）应明确交流接触器在未装灭弧罩的情况下，严禁对负荷进行停送电操作。

（2）将接线改成如图 2-8-3-3 所示的方式，使熔断器能对交流接触器、引线及电动机的故障都起到保护作用。

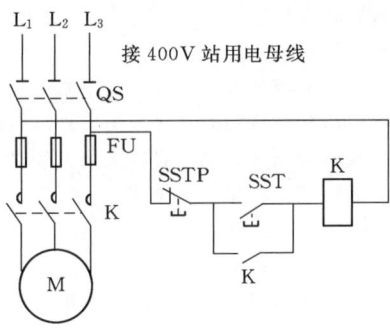

图 2-8-3-3 改后接线图

十四、接触器触头跳动造成的事故

1．事故现象

某厂控制球磨机的交流接触器触头经常发生跳动，发出"哒哒"的声音。这种现象有时严重，有时轻，尤其在开机时表现严重，甚至有时开不起来。触头经常烧毁，不到一年的时间就换过2次开关。一日又开机时，接触器突然放出弧光，操作人被轻度烧伤。

2．事故原因分析

架空线路的导线截面为 LJ-16 铝绞线，电机容量

20kW，距配电变压器 300m。交流接触器控制线圈的电压不应低于额定电压的 85%，如电压低于此值，接触器就不能正常吸合。在合闸之间，电网电压符合要求，一旦合闸，因电动机启动电流很大，造成线路电压损失超出标准，使电动机端电压低于额定电压 85% 的要求值，接触器便不能正常吸合。有时在电压较低时，电磁铁虽然能开始动作，但磁力较小，当动、静触头刚接触时，其动、静触头压力突然增加，使电磁铁不能正常吸合。供电线路长，导线截面小，电压损失大，加之电网电压又不正常，致使电机在启动时电压显著下降，使控制线圈电压低于额定电压的 85%，电磁铁释放，触头分开，电压回升，则电磁铁又开始吸合，如此反复就会出现触头跳动，发出"哒哒"的声音。

3．防范措施

（1）换大架空配电线路导线截面积，自配电变压器二次侧出口至线路末端的电压损失不应大于额定电压的 4%（DL/T 5220—2005 规定）；或将变压器移至工厂附近，改善供电电压质量。

（2）电动机改直接启动为降压启动，以减少启动电流，提高电压质量。

十五、漏电保护器刚投入运行就跳闸

1．故障现象

某单位为防止人身触电和因电气设备、线路漏电而引起的火灾事故，将原 DZ 型自动开关换为漏电保护器，即具有剩余电流动作保护功能的低压塑料外壳式断路器（俗称漏电开关）。为了达到一次送电成功，工作人员非常认真，一丝不苟。安装完毕又进行认真检查一遍，并操作试验按钮确认能正常动作后便合闸送电。刚一投入运行，漏电保护器立刻跳闸，原因何在呢？

2．故障原因分析及处理方法

漏电保护器刚一投入运行就跳闸，其原因是多方面的，可能的原因如下所列，查找原因时应逐条排除，最后找出确切原因，并进行认真处理。

漏电保护器刚一投入运行就跳闸的可能原因：

（1）线路泄漏电流过大，导线绝缘电阻太小或绝缘损坏而引起误跳闸，应检查线路的绝缘电阻，处理线路绝缘。

（2）由于线路太长或对地电容较大而产生过大的泄漏电流，应更换灵敏度较低的漏电保护器。

（3）三相电源线（包括零线）未在同一方向穿过零序电流互感器，一般改正接线即可。

（4）装有漏电保护器和未装漏电保护器的线路混接在一起，应将两种线路分开布线。

（5）零线在漏电保护器后不适当地重复接地，应取消重复接地。

（6）线路中接有一线一地负荷，应撤除这种负荷。

（7）漏电保护器本身有故障，应查明原因后进行修复或更换漏保护器。

（8）接线错误，应按使用说明书检查安装接线。

（9）在装有漏电保护器的线路中，用电设备外壳的接地线与工作零线相连，引起误动作，将接地线与工作零线断开即可。

3．防范措施

"故障原因分析"中已陈述。

十六、操作"试验按钮"后，漏电保护器拒动

1．故障现象

某单位在开展春季安全工作大检查活动中，把漏电保护器能否正确动作列为检查内容之一。当检查到化验室时，操作漏电保护器"试验按钮"后，漏电保护器拒动。

2．故障原因分析

漏电保护器出现拒动现象，一般可能是下列原因造成：

（1）试验电路不通，应检查试验回路，接好连接导线。

（2）试验电阻烧坏，应更换试验电阻。

（3）试验按钮接触不良，应清洁试验按钮，使其接触良好。

（4）漏电脱扣器不能推动机构自由脱扣，应调整漏电脱扣器的位置。

（5）漏电脱扣器不能正常工作，应检修或更换漏电脱扣器。

3．防范措施

（1）漏电保护器投运后，每月至少应进行一次动作试验，若发生拒动或误动，应立即进行检修。

（2）每年结合安全大检查，对用于总保护的漏电保护器应校验动作电流值。

（3）因雷击或其他原因致使保护器动作后，必须查明原因，处理后应作一次动作试验，不得强行送电；农业用电高峰及雷电季节，应增加试验次数。停运的保护器在使用前应试验一次。

十七、漏电保护器运行中温升过高

1．故障现象

运行巡视中发现漏电保护器温升过高，被迫采取通风（电风扇）降温措施，以维持供电。拟星期日停电查找原因。

2．故障原因分析

星期日对漏电保护器进行停电检查。

（1）检查接线，螺栓没有松动现象，接线牢固可靠，未发现异常。

（2）触头表面光滑平整，无磨损、无烧痕，情况良好。

（3）拆除保护器对外连接线，做合闸、分闸试验。

试验中发现保护器触头接触不良，接触电阻增大，致使温升过高。分析原因系触头弹簧压力不足所致。更换弹簧后，问题得以解决。另外，通风散热条件差也是造成温升过高的重要原因。

3．防范措施

（1）漏电保护器的额定电流应大于负荷计算电流。为保证漏电保护器安全、稳定、可靠地运行，其负载率不宜大于 70%。

（2）漏电保护器应安装在通风干燥的地方，避免粉尘和有害气体的侵蚀。

（3）漏电保护器的安装应符合生产厂产品说明书的要求。安装后的检查项目：

1）用试验按钮试验 3 次，应正确动作。

2）带负荷分合开关 3 次，不应出现误动作。

（4）做好漏电保护器的日常调试维护工作。内容包括：

1）额定漏电动作电流选择适当。

2）定期检验总保护。

3）定期检查接地装置。
4）经常保持跳闸机构灵活可靠。
5）及时维修漏电保护器。
6）搞好年度普查。
7）做好运行记录。

十八、无声节能器通电后不吸合

1. 故障现象

无声节能器安装完毕，在做传动试验时，通电后不吸合。

2. 故障原因分析

为方便分析，必须熟悉无声节能器的工作原理。无声节能器是交流接触器在保留原有线圈的基础上，只需增加一套简单的整流电路，即把交流操作改为直流操作，其工作原理如下：

（1）电阻降压单相半波整流电路。在正半周时，电阻R起限流降压作用，二极管VD1导通，VD2截止。通过接触器KM线圈的电流方向如图2-8-3-4中箭头所示。负半周时二极管VD1截止，VD2导通，接触器线圈经VD2续流，于是线圈得到单方向脉动直流电，使接触器吸合。

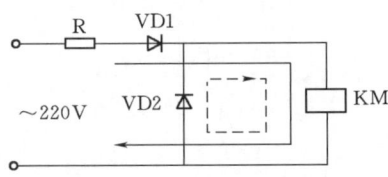

图2-8-3-4 吸合电路

（2）电容降压单相半波整流电路。正半周时，电容C起降压作用，二极管VD截止。负半周时VD导通，线圈通过二极管VD续流，电流方向如图2-8-3-5箭头所示。

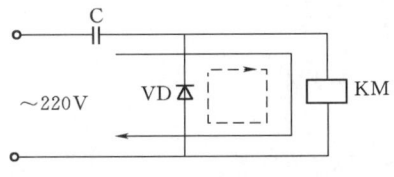

图2-8-3-5 保持电路

（3）吸合和保持转换电路。接触器的吸合和保持电路的转换是用接触器的动断辅助触点来实现，如图2-8-3-6所示。当接触器KM吸合时，其动断辅助触点断开，使吸合电路自动转换为保持电路。

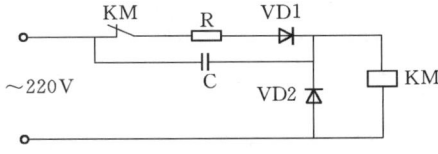

图2-8-3-6 吸合和保持转换电路

交流接触器无声运行的原理接线，如图2-8-3-7所示，其工作原理是：当N端为正，L_1端为负时，按下按钮SB2、VD1接入电路，供给KM脉动直流电，KM动作，其动断辅助触点断开，R1和VD1退出电路。当L_1端为正，N端为负时，VD2正向导通，对C1充电，同时接通KM续流回路。当N端恢复为正时，而KM靠C1充电电流维持直流供电。当进行维修时，可把转换开关SA投入交流位置，使接触器转入交流运行，这样既方便维修，又不影响电气设备的正常运行。

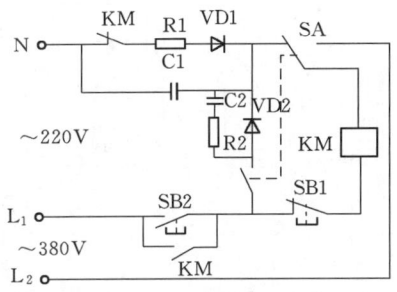

图2-8-3-7 交流接触器无声运行原理接线图

无声节能器通电后不吸合的原因分析必须对照原理接线图一步一步地查找。造成"通电不吸合"的原因可能是：

（1）控制线路接线错误，应按电气原理图进行检查并改正接线。

（2）接触器动断辅助触头或其他保护继电器、中间继电器连锁触点接触不良。应修复触点，使其接触良好。

（3）连接导线断线或接线头松脱。应找出断线处，重新接好或紧固接头。

（4）无声节能器中的元件损坏或脱焊，应更换元件或重新焊牢。

（5）控制电路的连接导线太细太长。应改用较粗的导线，一般应采用1.5mm²，长度不超过50m的导线。

（6）熔断器烧断，应更换熔体。

（7）无声节能器型号规格选错，应选用正确型号规格的无声节能器。

（8）图2-8-3-7中电阻R1或二极管VD1开路，应检查线路排除故障。

3. 防范措施

（1）整流电路各元器件的技术参数必须符合设计要求，质量必须合格。

（2）整流电路必须保证接线正确，连接牢固可靠，触点清洁接触良好，焊点焊实不得脱焊。

十九、真空接触器通电后不动作

1. 故障现象

真空接触器安装完毕，做通电试验，接触器不动作。

2. 故障原因分析

为方便故障原因分析，必须对真空接触器的结构、工作原理有所了解。现对真空接触器的结构、工作原理做简要介绍。

（1）结构。真空接触器主要由开关管、合闸线圈、辅助开关、反力弹簧、拐臂、基座等组成，如图2-8-3-8所示。

真空开关管是真空接触器的关键部件，它是一个管状部件，在密封外壳内装有触点、屏蔽罩、动静触点的导电杆等，如图2-8-3-9所示。管内真空度在1.33×10^{-4}Pa左右，真空的绝缘强度很高，触头在真空条件下开、合时，产生真空电弧，具有电压低、能量小、熄弧时间短等特点。因此触点在真空开关管内开合熄弧能力强、触头行程小、安全可靠、触头磨损小、寿命长，从而造就了真空接触器的一系列优点。

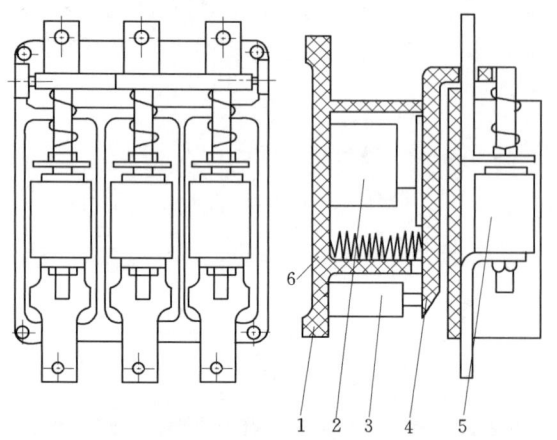

图 2-8-3-8　CKJ 系列真空接触器结构简图
1—基座；2—合闸线圈；3—辅助开关；
4—拐臂；5—开关管；6—反力弹簧

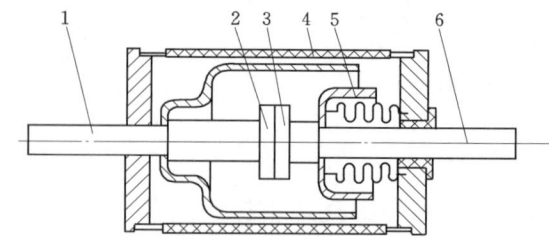

图 2-8-3-9　真空开关管结构图
1—静导电杆；2—静触点；3—动触点；4、5—屏蔽罩；6—动导电杆

（2）工作原理。当机构操作线圈通电，电磁铁的衔铁吸合，通过与动衔铁板连接的传动机构带动三相真空开关，管灭弧室的导电杆向上移动，使接触器合闸；线圈断电后，由于分闸弹簧的作用，衔铁释放，传动机构带动灭弧室的导电杆向下移动，使接触器分闸。从而实现了对被控制电路的通断控制，其电气原理如图 2-8-3-10 和图 2-8-3-11 所示。

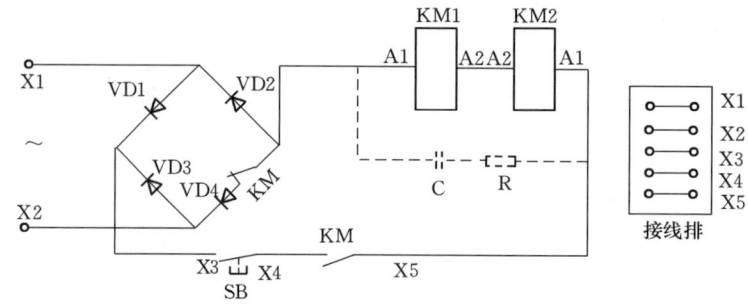

图 2-8-3-10　CKJ80/1140、CKJ125/1140 电气原理图

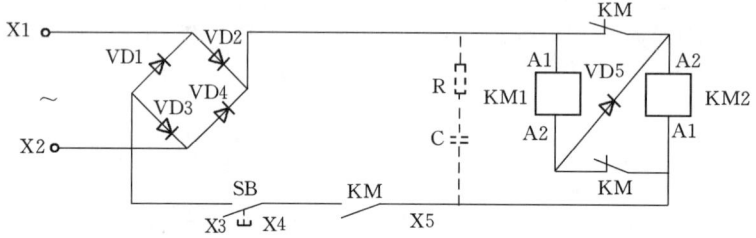

图 2-8-3-11　CKJ250/1140、CKJ400/1140 电气原理图

若控制电源电压为 380V，需要在电磁线圈两端并联阻容吸收装置；若控制电源电压为 36V、110V、220V，也可在电磁线圈两端并联阻容吸收装置（虚线表示）。

真空接触器合闸线圈通电后不动作，一般应从以下几方面去考虑，采用排除法，最后确定故障原因，予以处理。

（1）电源电压过低，应提高电源电压。
（2）电源电压与接触器电压不符，应改正电源电压。
（3）线路接法不对。应核对接线图，并改正接线。
（4）连接导线未接好或螺钉松动，应检查接线并紧固好螺钉。
（5）控制触头接触不良，应检查接触电阻，清洁触头。
（6）熔断器熔体熔断，应更换熔体。
（7）线圈烧坏，应更换线圈。
（8）二极管击穿，应更换二极管。
（9）开关管损坏，可检查开关管是否有负压，并更换开关管。

3. 防范措施

（1）电源电压应与接触器合闸线圈额定电压相符，不得搞错；电源电压应合格。
（2）应对照接线图接线，保证接法正确。
（3）导线连接方法正确，连接牢固可靠。
（4）送电前应清洁控制回路触头，检查接触电阻，保证触头接触良好。
（5）送电前检测二极管、开关管应良好。
（6）检查控制回路熔断器应良好，熔体容量正确。

二十、开关柜、配电箱、控制屏上信号灯不亮

1. 故障现象

信号灯广泛用于开关柜、配电箱、控制屏等配电装置中，作为预告信号和指示信号用；在自动化线路中，能直观地显示电气控制状况，掌握自动化系统的工况等。

某自动化工程，控制屏安装完毕后，即进行竣工验收。控制屏试送电以检验控制回路是否符合设计要求。送电后，信号灯不亮。

2. 故障原因分析

为方便故障原因分析，首先介绍信号灯的种类。

(1) 直接式信号灯。结构简单，配置高电压、小功率的白炽灯泡。

(2) 变压器降压式信号灯。由耐高温的工程塑料外壳和变压器组成。

(3) 电阻降压式信号灯。由耐高温的工程塑料外壳和陶瓷线绕电阻组成。

(4) 辉光式信号灯。由圆形塑料外壳、玻璃釉电阻和氖氩辉光灯泡组成。

本工程采用直接式信号灯。信号灯不亮原因分析应从以下思路入手，逐条排除，最后确定原因。

(1) 信号灯损坏，应予以更换。

(2) 线路断开或无电源电压，应检查线路和电源电压情况，并进行排除。

(3) 信号灯回路熔断器的熔体熔断，应更换熔体。

(4) 信号灯额定电压低于信号灯回路电压被烧坏，应更换与电源电压相符的灯泡。

(5) 灯泡未拧紧或未插紧，造成接触不良或接触处有油垢、杂质，造成接触不良。应在安装信号灯时将插座进行清洁、去杂质，再拧紧或插紧信号灯，确保接触良好、可靠。若焊接的信号灯接线头时，应保证焊接良好，无虚焊现象。

3. 防范措施

(1) 应根据设计图纸施工，保证接线正确，连接方法正确，牢固可靠。

(2) 信号灯额定电压必须与信号灯回路电压相等。

(3) 保证信号灯接触良好。

(4) 若信号灯回路采用焊接时，应保证焊接良好，无虚焊现象。

(5) 信号灯安装前应试灯，保证完好。

第四节　电压互感器和电流互感器故障排除实例

一、概述

电压、电流互感器主要有以下作用：

(1) 与测量仪表配合，对线路的电压、电流、电能进行测量，或与继电保护装置配合，对电力系统和设备进行保护。

(2) 使测量仪表、继电保护装置与线路高电压隔离，以保证运行人员和二次装置的安全。

(3) 将线路电压或电流变换成统一的标准值，以利于仪表和继电保护装置的标准化。

（一）电压互感器

电压互感器按结构不同分为干式电压互感器、油浸式电压互感器、浇注式电压互感器等。其结构和工作原理简述如下。

1. 结构

电压互感器由铁芯、一次绕组、二次绕组、接线端子和绝缘支持物等组成。电压互感器的一次绕组接至系统的线电压或相电压，二次绕组供给仪表或继电器的电压线圈，其原理接线如图2-8-4-1所示。

2. 原理

由于仪表、继电器的电压线圈的阻抗相当大，所以电压互感器在工作时接近空载状态。电压互感器的一次电压 U_1

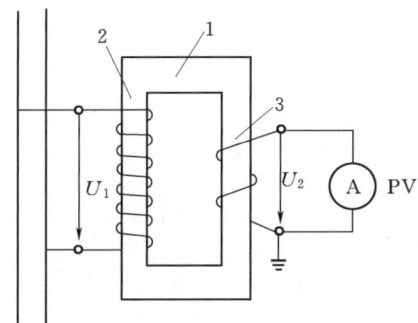

图2-8-4-1　电压互感器原理接线图
1—铁芯；2——次绕组；3—二次绕组

与二次电压 U_2 间的关系为

$$U_1 \approx \frac{N_1}{N_2} U_2 = K_U U_2$$

式中　N_1、N_2——电压互感器一次和二次绕组的匝数；
　　　K_U——变压比。

（二）电流互感器

电流互感器类型很多，按一次线圈匝数分为单匝（母线式、支柱式、套管式）和多匝式（线圈式、线环式、串级式）；按一次电压高低分为高压和低压两大类。其结构和工作原理简述如下。

1. 结构

电流互感器由铁芯、一次绕组、二次绕组、接线端子和绝缘支持物等组成，其原理接线如图2-8-4-2所示。一次绕组串联在被测电路中，二次绕组与测量仪表或继电保护装置的电流线圈串联，一次绕组匝数很少，二次绕组的匝数较多，这样可以将一次侧的大电流变成二次侧的小电流。

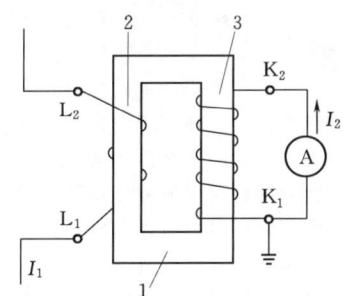

图2-8-4-2　电流互感器的原理接线图
1—铁芯；2——次绕组；
3—二次绕组

2. 原理

由于电流线圈的阻抗很小，所以电流互感器在工作时二次侧接近于短路状态。电流互感器一次电流 I_1 与二次电流 I_2 之间的关系为

$$I_1 \approx \frac{N_2}{N_1} I_2 = K_I I_2$$

式中　N_1、N_2——电流互感器一、二次绕组匝数；
　　　K_I——变流比。

二、电压互感器故障排除实例

（一）谐振引起电压互感器烧毁

1. 事故现象

某开闭站设有两段10kV母线，每段都装有由三台

JDZJ—10型电压互感器组成的电压互感器组。当把10kV母线分段投入试运行时,遇到了一些奇怪的现象:第Ⅰ段母线送电后,电压互感器二次侧电压值很不平衡,而且开口三角处出现了很高的电压。立即停电对10kV母线及电压互感器等做全面的检查和测试,没有发现任何问题。当再次投入运行时,三相电压仍然很不平衡,而且该组互感器中的两台很快烧损。怀疑是电压互感器的质量有问题。于是换上不同厂家生产的、经全面试验合格的互感器进行几次试投,但二次侧电压值有时正常,有时又不正常,而且每次投入的电压数值也不相同,并伴有接地信号。连续5次投入的测试结果见表2-8-4-1。

表2-8-4-1　5次投入测试结果

测试顺序	各相电压			开口三角电压 $U_\triangle$	线电压 U_x
	U_a	U_b	U_c		
第1次	79	66	60	147	100
第2次	60	40	82	170	100
第3次	60	60	60	0	100
第4次	31	68	80	165	100
第5次	64	66	50	48	100

2. **事故原因分析**

经过反复测试和分析认为,这种奇怪现象是供电系统偶然发生的铁磁谐振所引起。当供电线路各相对地电容的容抗与线路上所接入的电压互感器各相的感抗数值相近或相等时,就会发生铁磁谐振现象。因为在10kV母线段试送电时并没有投入其他供电回路,母线本身只有十几米长,所以每相对地的电容C_0值很小,即各相的容抗X_C较大。电压互感器的各相的感抗X_L值也较大,两者数值接近。

出现各相电压不平衡,而且每次投入时电压数值又不断变化的原因是,由于各相母线对地的相对位置不同,故各相对地电容的大小有差异;另外,每次投入电压互感器时,各相的接触电阻及同期性都随手车推入的速度、力量大小的变化而变化,所以引起的各相谐振程度就不一样。

由于各相电压在铁磁谐振时的严重不平衡,使电压互感器组二次侧开口三角处感应出很高的电压。

电力系统中发生不同频率的谐振,与系统中导线对地分布电容的容抗X_{C0}和电压互感器并联运行的综合电感的感抗X_m两者的比值X_{C0}/X_m有直接关系:

(1) 当X_{C0}/X_m的比值较小时,发生的谐振是分频谐振。电容和电感在振荡时能量交换所需时间较长,振荡频率较慢。如为50Hz的1/2、1/3、1/4等,故称为分频谐振。其表现为:

1) 过电压倍数较低,一般不超过2.5倍的相电压。

2) 三相电压表的指示数值同时升高,而且有周期性的摆动。线电压表指示数正常。

(2) 当X_{C0}/X_m比值较大时,发生的谐振是高频谐振。这时线路对地电容较小,振荡时能量交换较快。谐振频率往往是50Hz的3、5、7倍等,故称之为高频谐振。其表现为:

1) 过电压倍数较高。

2) 三相电压表指示值同时升高,最大值达相电压的4~5倍。线电压基本正常且稳定。

3) 谐振时过电流较小。

(3) 当X_{C0}/X_m的比值接近1时,发生的谐振频率与电网的频率相同,故称之为基频谐振。其表现为:

1) 三相电压表中指示数值为两相高、一相低,线电压正常。

2) 过电流很大,往往导致电压互感器熔丝熔断,甚至烧损电压互感器。

3) 过电压倍数在3.2倍相电压以内。伴有接地信号指示,即假接地现象。

铁磁谐振对供电系统的危害很大,它可引起供电系统中供电线路的三相、两相或单相对地电压升高,使电气设备或线路中的绝缘薄弱点被击穿,造成接地或短路,从而引起大面积停电事故;还可使变压器、断路器的套管发生闪络和损坏,或避雷器爆炸等。

3. **防范措施**

可以采取改变供电系统中一些电气参数,以破坏产生谐振的条件。如在电压互感器的开口三角处并接50~60Ω、500W左右的阻尼电阻;或在电压互感器高压侧的中性点到地之间串接一只9kΩ、150W的电阻,用以削弱或消除引起系统谐振的高次谐波。当系统中只有一组电压互感器投入时,如果供电线路的总长度较短,可投入部分备用线路,以增加分布电容值来防止谐振的发生。

本案例在电压互感器的开口三角处并接了阻尼电阻,有效地消除了铁磁谐振,防止了电压互感器的再次烧损。

(二) 电压互感器接线错误引起的事故

1. **事故现象**

某10kV用户采用JSJB-10型电压互感器,电压互感器低压侧中性点通过击穿保险FN接地,如图2-8-4-3中实线所示。投入运行后一直正常,但在运行中遇到一次雷电波的冲击,却发生了电压互感器烧毁事故。事故后,错误地认为是电压互感器质量问题,故对损坏的电压互感器和击穿保险进行了更换,随后将设备投入运行,运行无异常现象。但在线路再次遭雷电袭击时,电压互感器又被烧毁。

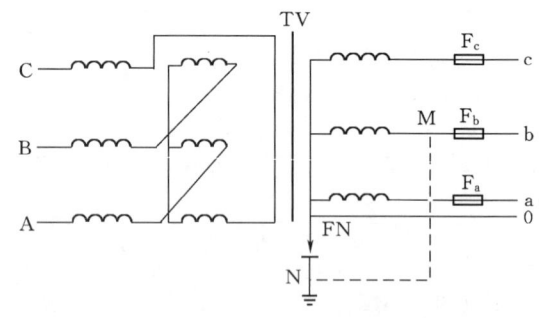

图2-8-4-3　原接线图

2. **事故原因分析**

经认真仔细查找和分析,发现开关柜制造厂在进行二次线连接时,误将电压互感器二次侧b相接地点M接于熔断器F_b电源侧,并与击穿保险的接地端一起接地,如图2-8-4-3中的MN虚线所示。

由于接线错误,因此,当击穿保险击穿时,就造成b相二次线圈与中性点短路,从而导致电压互感器烧毁。

事故原因查明后,将b相接地点M移至b相熔断器F_b的出线端,见图2-8-4-4。当击穿保险击穿发生短路时,熔体熔断，从而电压互感器得到了很好的保护，运行至今一直正常。

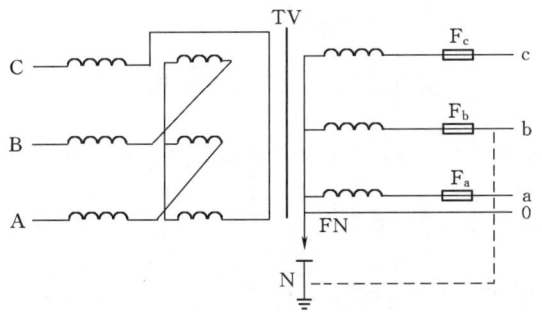

图 2-8-4-4 改接后的接线图

3. 防范措施

（1）当电压互感器二次侧中性点采用击穿保险接地时，b 相接地点必须遵照《电力工程电气设计手册》所示的接线予以实施；其接地点必须设在 b 相熔断器的出线端。

（2）定期检查击穿保险，并使其保持完好。

（三）10kV 电压互感器运行中一次侧熔丝熔断事故

1. 故障现象

某重要用户由两路 10kV 供电，为单母线分段接线方式。值班电工突然发现 1 号进线电压表指示消失。运行人员切换电压转换开关，相电压、线电压指示均为 0。值班电工首先将电压互感器的 10kV 隔离开关拉开，并取下互感器一次、二次侧熔管。检查结果：电压互感器一次侧 B、C 相熔丝熔断，二次侧熔丝完好；后又检测电压互感器，绝缘情况良好，直流电阻正常，确认电压互感器正常。熔丝熔断的原因电工一时说不清楚。

2. 事故原因分析

运行中的 10kV 电压互感器一次侧熔丝熔断，如果已经排除非电压互感器本体故障所致，则可能由于以下原因造成。

（1）二次回路故障：当电压互感器的二次回路及设备发生故障时，可能造成电压互感器过电流，若电压互感器的二次侧熔丝选用额定电流过大，则可能造成一次侧熔丝熔断。

（2）10kV 系统一相接地：10kV 系统为中性点经消弧线圈接地系统，当发生一相接地时，则其他两相的对地电压将升高 $\sqrt{3}$ 倍。其正常的两相对地电压将变成线电压，由于电压升高将引起电压互感器电流的增加，可能会使熔丝熔断。

10kV 系统一相间歇性电弧接地，可能产生数倍的过电压，使电压互感器铁芯饱和，电流将急剧增加也可能使熔丝熔断。

（3）系统发生铁磁谐振：近年来，由于配电线路的大量增加以及用户电压互感器数量的增加，使得 10kV 配电系统的电气参数发生了很大变化，逐渐形成了谐振条件，加之有些电磁式电压互感器励磁特性不良，因此，铁磁谐振经常发生。在系统谐振时，电压互感器上将产生过电压或过电流，电流激增，此时除了造成一次侧熔丝熔断外，还经常导致电压互感器的烧毁事故。

当发现电压互感器一次侧熔丝熔断后，首先应将电压互感器的隔离开关拉开，并取下二次侧熔丝，检查是否熔断。在排除电压互感器本身故障或二次回路的故障后，可重新更换合格熔丝将电压互感器投入运行。

3. 防范措施

（1）电压互感器二次侧熔丝配置合理，不宜过大。

（2）通过改变系统参数以避开谐振区域，在电压互感器的回路中接入适当的阻尼电阻。

（四）电压互感器一次侧中性点未接地造成的故障

1. 故障现象

某 10kV 用户由两路 10kV 线路供电，其主接线为单母线分段方式，4 号母线、5 号母线分别装有 3 只 JDZJ-10 型电压互感器。投入运行后，4 号母线曾多次出现非金属性接地报警信号，有时持续一段时间，有时一瞬间就消除了。值班人员对 4 号母线及设备进行检查，并停电检查电压互感器及一次、二次熔断器，未发现接地点和出现接地信号的原因；值班电工向供电局用电检查员询问供电线路是否发生单相接地？检查员通过了解（询问有关变电站值班员）得知系统运行正常，没有接地现象。并及时答复了用户电工。

根据有关规程规定，10kV 中性点不接地或经消弧线圈接地系统发生单相接地故障时，因不影响三相电压的平衡，为能继续向用户供电及查找故障点方便，规程允许线路带故障运行不超过 2h。但是，非故障相的对地电压将升高到相电压的 $\sqrt{3}$ 倍；特别是当发生间歇性电弧接地时，未接地相的对地电压可能升高到相电压的 2.5～3.0 倍。这种过电压将对系统安全构成威胁。接地故障持续时间过长，将在绝缘薄弱处引起另一相对地击穿，发展成为两相接地短路，导致线路停电，造成事故范围扩大。

4 号母线电压互感器接地报警信号不断出现，原因不明，让人担心。这时有一位值班电工提议：将 4 号母线主进开关拉开，合 245 联络开关（5 号母线带 4 号母线），看电压互感器（5 号母线互感器）还发不发接地信号。他的提议立即得到领导同意，并即刻执行。改变运行方式后，5 号母线电压互感器从未发出接地信号，运行情况良好。这时大家开始怀疑 4 号母线电压互感器。

2. 故障原因分析

为了尽快查明故障原因，将电压互感器一次侧熔断器取下两相，在只有一相熔断器的情况下投入，用万用表测二次开口三角形端电压是否与接地电压表指示相符。当测试人员手持表笔靠近电压互感器铁芯还有一定距离时就被电击，幸运的是未造成伤亡。这说明互感器铁芯带有高电压，接地的铁芯怎么会带电呢？为此，对电压互感器做停电检查。检查发现，生产厂家将电压互感器高压侧中性点接地改为接至铁芯后再经铁芯接地。而实际上铁芯对地是绝缘（未接地）的，即造成电压互感器高压侧中性点没有接地。

发现电压互感器高压侧中性点未接地，也就清楚了以往随时出现接地报警信号的原因，即这种接地信号是假象，是由于系统电压或负荷不对称，造成中性点位移，产生较大的零序电压导致继电器动作，发出接地信号。

3. 防范措施

（1）按常规电压互感器的铁芯是应该接地的，但互感器高压侧中性点不宜采用经铁芯再接地的连接方式，宜直接接地。

（2）电气设备运到现场后，安装单位应认真检查；使用单位在投运前应认真组织验收。严格把好质量关。

（五）电压互感器二次侧电压表指示异常

1. 故障现象

某日，运行人员巡视配电室发现电压互感器电压表指示异常。该站采用两台单相电压互感器V形接线，电压表指示：$U_{ac}=10kV$（100V），$U_{ab}=U_{bc}=5kV$（50V）。

2. 故障原因分析

电压互感器的熔丝熔断一相以后，各电压表的指示与二次回路中连接的负载有关，因为二次电压可通过连接的电压表线圈或电度表以及继电器的电压线圈构成回路。下面以两台单相电压互感器的V形接线和三台单相电压互感器的Y_0/y_0形接线为例加以说明。假设电压互感器的二次侧仅接有电压表。

（1）两台单相电压互感器V形接线，如图2-8-4-5所示。

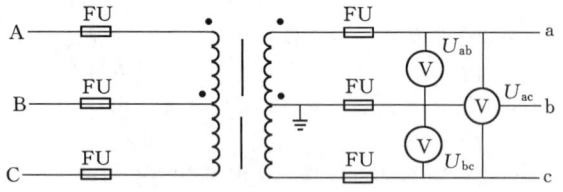

图2-8-4-5 两台单相电压互感器V形接线图

1）一次侧A相FU熔断：U_{bc}正常，U_{ac}及U_{ab}均降低，$U_{ac}>U_{ab}$。

2）一次侧C相FU熔断：U_{ab}正常，U_{ac}及U_{bc}均降低，$U_{ac}>U_{bc}$。

3）一次侧B相FU熔断：U_{ac}正常，$U_{ab}=U_{bc}=\frac{1}{2}U_{ac}$。

4）二次侧a相FU熔断：U_{bc}正常，$U_{ab}=U_{ac}=\frac{1}{2}U_{bc}$。

5）二次侧c相FU熔断：U_{ab}正常，$U_{bc}=U_{ac}=\frac{1}{2}U_{ab}$。

6）二次侧b相FU熔断：U_{ac}正常，$U_{ab}=U_{bc}=\frac{1}{2}U_{ac}$。

（2）三台单相电压互感器Y_0/y_0接线，如图2-8-4-6所示。

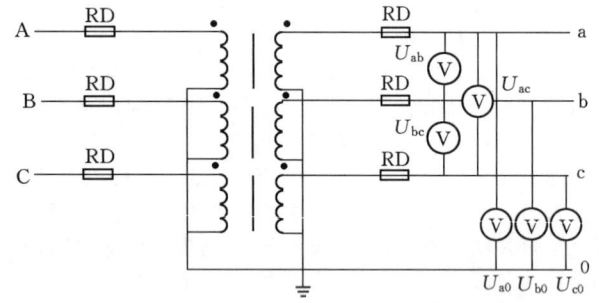

图2-8-4-6 三台单相电压互感器Y_0/y_0接线圈

1）一次侧A相FU熔断：U_{b0}、U_{c0}、U_{bc}正常，U_{a0}电压很低，但不等于零，$U_{ab}<U_{b0}$，$U_{ac}<U_{c0}$；其他二相FU熔断与此类同。

2）二次侧a相FU熔断：U_{b0}、U_{c0}、U_{bc}正常，$U_{a0}\simeq U_{c0}$，$U_{ab}\simeq U_{ac}\simeq\frac{1}{2}U_{bc}$；其他两相FU熔断与此类同。

3. 防范措施

（1）合理地选择电压互感器一次、二次侧熔丝，保证安装质量。

（2）电压互感器容量选择应满足二次侧负荷的需要，不得超负荷使用。

（3）电力系统铁磁谐振会使电压互感器熔丝熔断甚至烧毁。因此，电压互感器需要采取有效的消谐措施。

三、电流互感器故障排除实例

（一）电流互感器二次开路引起的故障

1. 故障现象

某日，线路工区运行人员巡视箱式变电站（以下简称箱变）时，刚一开门，就闻到一股焦烟味；三相电流表指示为：$I_a=450A$，$I_b=0A$，$I_c=430A$；b相电流互感器严重发热、变色、有焦烟味，并产生很大的噪声；电流互感器二次接线端子处不时发出"吱吱"放电声，并伴有很强的火花。运行人员立刻向工区主任汇报，并要求尽快处理。

2. 故障原因分析

工区主任带领生技科专工及检修人员来到现场，经详细观察，大家认定，此现象属危急缺陷，必须立即处理。经调度所同意，箱变即刻停止运行。

将b相电流互感器拆下进行检查，首先应拆除二次线，工作人员发现二次线线头早已和电流互感器二次接线端子K_1脱离。拆下电流互感器详细检查发现：该互感器为$LMZJ_1-0.5$型，环氧树脂已焦烟，二次线圈局部已烧毁。更换互感器后，恢复正常供电。

分析一致认为：造成此次故障是由于电流互感器二次开路引起的。

由于电流互感器二次开路，用于测量表计的电流回路被断开，造成电流表指示为零；开路后，因磁通密度增加和磁通的非正弦性，硅钢片振动力很大，产生很大的噪声；开路后，由于磁饱和严重，铁芯过热，外壳温度升高，产生异味；开路后，电流互感器二次将产生高电压，可使互感器二次接线端子、二次回路元件线头等处放电打火，严重时使绝缘击穿等。

3. 防范措施

（1）二次接线板应完整，引线端子应连接牢固，二次侧连接导线应采用单股铜芯绝缘导线，截面积不得小于$4mm^2$。标志清晰，接线正确。

（2）电流互感器不使用的二次线圈在接线板处应短路，并接地。

（3）电流互感器，其二次线圈应在端子K_z处接地。

（4）电流互感器的铁芯应接地。

（二）低压电流互感器长期严重过负荷而烧毁

1. 事故现象

某村面粉加工厂电工到车间维修设备归来，刚一走进配电室，就闻到刺鼻子的焦烟味，电工立刻到开关柜背面进行巡视检查，发现总柜C相电流互感器在冒烟，外包绝缘烧化。电工当即将变压器停止运行。将C相电流互感器拆下进行详细检查，发现绝缘物颜色变暗、焦烟、发脆，二次线圈大面积烧毁。

2. 事故原因分析

该电流互感器变比为100A/5A，近两年来，最高负荷电流达到250A，平时负荷150~170A。分析一致认为，电流互感器烧毁的原因是长期严重过负荷所引起。电流互感器长期、严重过负荷，致使互感器温度升高、绝缘老化、冒烟烧毁。分析会上，一位农电工认为电流互感器热稳定性能很强，可以过负荷运行，故对电流互感器没有经常监视，日常虽发现配电室内有异味,也没有引起注意。

3. 防范措施

(1) 为了延长电气设备的使用寿命和用电安全,电气设备、元器件、载流导体不宜长期过负荷运行,一般应控制在允许载流量以下运行,以达到安全、经济运行。

(2) 加强技术培训,提高农电工的技术素质,做到正确地使用设备,以确保用电安全。

(3) 加强设备巡视,掌握运行标准,开展定期的清扫、维护工作,提高电气设备的健康水平。

(三) 低压电流互感器一次侧接头接触不良引起的事故

1. 事故现象

某10kV用户低压开关柜所有出线均采用LQG-0.5型电流互感器作为电流表的电流源。一天中午,值班电工卧床休息片刻,就在这时,配电室烟雾弥漫,一股烧焦味把电工呛醒。电工立即起来检查设备,发现电流互感器冒烟起火,即将配电变压器停电,用泡沫灭火器将火熄灭。

2. 事故原因分析

停电后检查,电流互感器外绝缘层已烧焦,电流互感器一次侧接线板几乎被烧断,连接螺栓锈蚀并严重松动(只有平垫而无弹簧垫圈),接头接触面烧有大量麻点,并有严重过火现象。以上现象说明,起火原因是连接工艺不符合要求,螺栓连接未加弹簧垫圈,造成连接不实,接触电阻增大,加之回路负荷较大,过度发热引起的。

3. 防范措施

(1) 加强施工工艺培训,提高安装工人技术素质。

(2) 加强工程竣工验收管理。

(3) 加强巡视检查,发现缺陷及时消除。

(四) 三只电流互感器二次侧接地点连接错误引起的事故

1. 事故现象

某单位新建配电室,在连接电流互感器二次线时,电工发现3只电流互感器K_2未连接在一起共同接地,而是分别与同相的一次导线连接,即A相电流互感器的K_2与a相导线连接。b相电流互感器的K_2与b相导线连接。c相电流互感器的K_2与c相导线连接(图2-8-4-7)。电工认为二次线连接有错误,故动手将图2-8-4-7接线改为图2-8-4-8接线。但在改接中忘记拆除b相电流互感器K_{2b}与b相导线连接线,形成如图2-8-4-9接线,结果在合闸送电时发生一起单相接地短路事故,使配电盘二次线严重烧损。

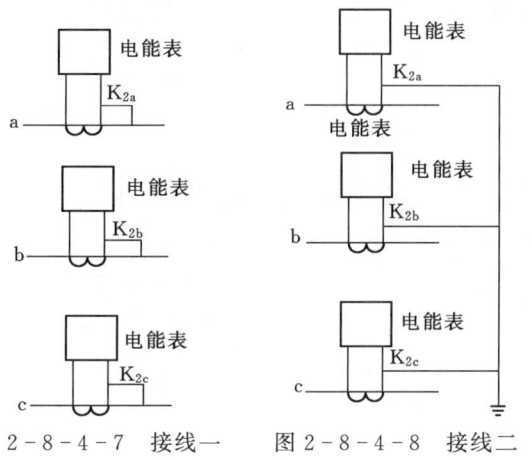

图2-8-4-7 接线一　　图2-8-4-8 接线二

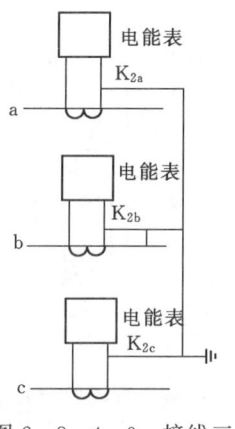

图2-8-4-9 接线三

2. 事故原因分析

将图2-8-4-7接线改为图2-8-4-8接线是正确的。但在改接线过程中忘记拆除b相电流互感器K_{2b}与b相导线连接线,故形成b相接地短路事故,使互感器起火,二次线烧毁。

3. 防范措施

(1) 加强技术培训,使电工清楚电流互感器二次线的正确接法。提高电工的技术素质。

(2) 新安装的设备如发现疑问,应及时报告主管领导,如需改动接线,应由主管领导(或设计单位)审批,否则不得随意改动。虽经主管领导批准,但改动后必须经过验收合格,方可投入运行。

(五) 零序电流互感器接线错误造成系统停电事故

1. 事故现象

某10kV用户主进开关设有过流、速断、零序保护装置。一日,10kV开关室212开关出线电缆(供1号变,800kVA)发生单相接地故障(老鼠碰变压器10kV侧A相电缆接线端子)。当即造成全厂停电。值班电工认为是本厂主进开关零序保护动作引起跳闸。经检查,主进柜开关处于合闸位置,电工这才意识到,是零序保护拒动,引起越级掉闸,造成系统停电事故(供电公司开闭站出线开关跳闸)。值班电工立刻向95598汇报了上述情况。

2. 事故原因分析

供电公司得知上述情况后,派用电检查员协助用户分析事故原因。检查员来到现场,发现主进电缆外皮的接地线未穿过零序电流互感器的铁芯(用户处理断地线时移出),这就是造成零序保护拒动,引起越级掉闸的原因。具体分析如下。

零序电流互感器是一种零序电流滤过器,它的二次侧反应的是一次系统的零序电流。这种电流互感器的一次线圈就是被测的三相导线,用一个铁芯包围住三相导线(母线或电缆),二次线圈就绕在这个铁芯上。图2-8-4-10为零序电流互感器的简单结构原理图。

正常情况下,由于零序电流互感器一次侧三相电流对称,其向量和为零,铁芯中不会产生磁通,二次线圈中没有电流。当系统中发生单相接地故障时,三相电流之和不为零(等于3倍的零序电流),因此在铁芯中出现零序磁通,该磁通在二次线圈感应出电势,二次电流流过继电器,使之动作。

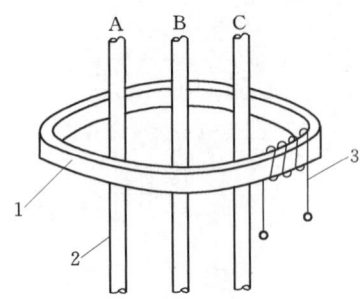

图 2-8-4-10 零序电流互感器简单原理图
1—铁芯；2——次线圈；3—二次线圈

零序电流互感器一般有母线型和电缆型两种。

电缆型零序电流互感器用于接地保护时，电缆头外皮的接地线须穿过零序电流互感器的铁芯孔后接地，如图 2-8-4-11 所示。这样接地可消除在电缆外皮流过的电流对保护装置的影响。因为从电缆外皮流过的电流可从接地线流回，在铁芯孔中电流一进一出，其作用互相抵消，因而铁芯中不会产生磁通。为了把这个问题弄清楚一点，下面举例用图 2-8-4-12 说明：由图 2-8-4-12（a）可见，电缆头的接地线如果不穿过零序电流互感器的铁芯孔接地，会导致故障线路的接地保护不动作。图 2-8-4-12 中 I、II、III 表示三条线路，C 表示各相对电缆外皮（对地）的等值电容，小箭头代表电容电流流动情况。正常时，由三相电容 C 引起的电容电流的向量和等于零。当某线路发生单相接地（缆芯对外皮连通）时，该相的电容 C 被短路，没有电流流过，另两个完好相的电容在对地电压作用下流过电容电流，这些电容电流都将经过故障点而流回，并经发电机定子线圈。保护装置继电器中流过的电流，是由除故障线路外系统中其他所有线路的电容电流所引起的，在保护整定时是考虑这一点的。在图 2-8-4-12（a）所示的情况下，当线路 I 的 C 相 K 点发生接地故障时，电容电流流动情况如图 2-8-4-12（a）中小箭头所示。在线路 I，由于接地线未穿过零序电流互感器的铁芯孔，造成从母线侧到线路方向流经铁芯孔六个电流，又从线路向母线的方向流经铁芯孔六个电流，这些电流互相抵消，使铁芯中没有磁通，接在二次侧的继电器中也就没有电流，则使故障线路 I 零序保护该动作的而不能动作。本案例就属于这种情况。

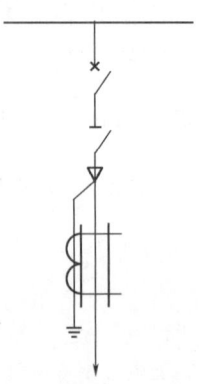

图 2-8-4-11 电缆头外皮接地线穿过零序
电流互感器的铁芯孔后接地

图 2-8-4-12（b）中所示的是接地线穿过铁芯孔的电容电流分布情况。从图 2-8-4-12（b）中可以看出，当电缆头外皮接地线穿过零序电流互感器铁芯孔后接地时，故障线路 I 的零序电流互感器铁芯孔中，从母线侧流向线路的只有本线路完好相的两个电流，而从线路流向母线侧的共有六个电流，其中两个和前两个作用互相抵消，剩下四个电流在铁芯中产生磁通，使保护装置能正确地动作。

电缆头外皮这样经零序电流互感器铁芯孔的接地法，还有一个作用，就是当电缆头上发生闪络时，保护装置也能动作。

3. 防范措施

(1) 加强技术培训，特别是基础理论知识的培训，提高（电工）技术素质。

(2) 开展防小动物检查工作，采取有效措施，防止小动物进入配电室。

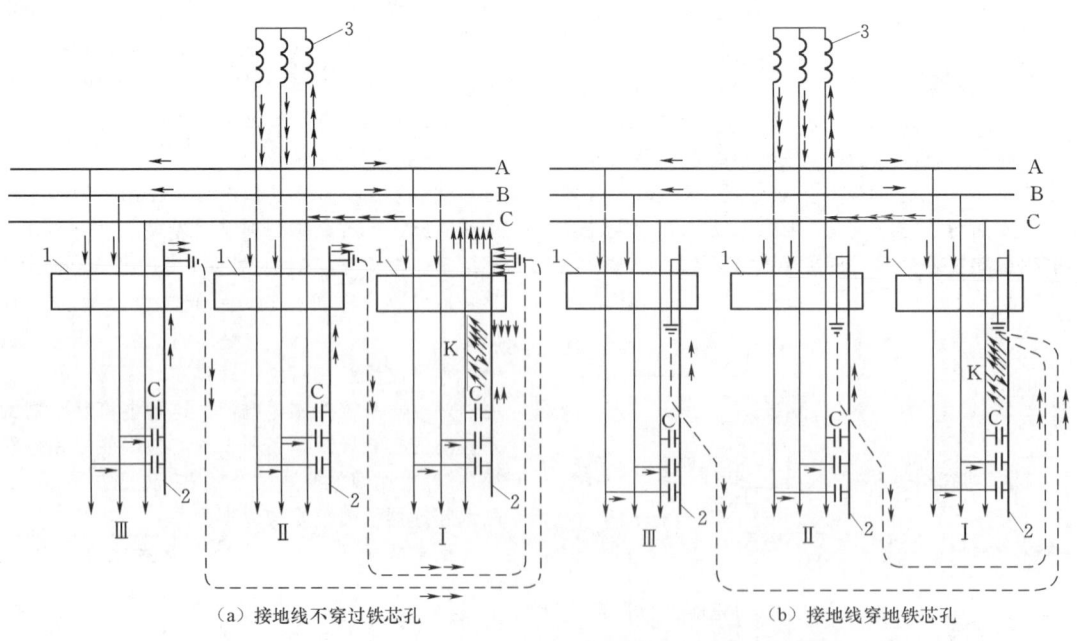

(a) 接地线不穿过铁芯孔　　　　　　(b) 接地线穿地铁芯孔

图 2-8-4-12 电缆头外皮接地线对接地电流分布的影响
1—零序电流互感器铁芯；2—电缆外皮；3—发电机定子线圈

第九章

电力红外诊断技术应用

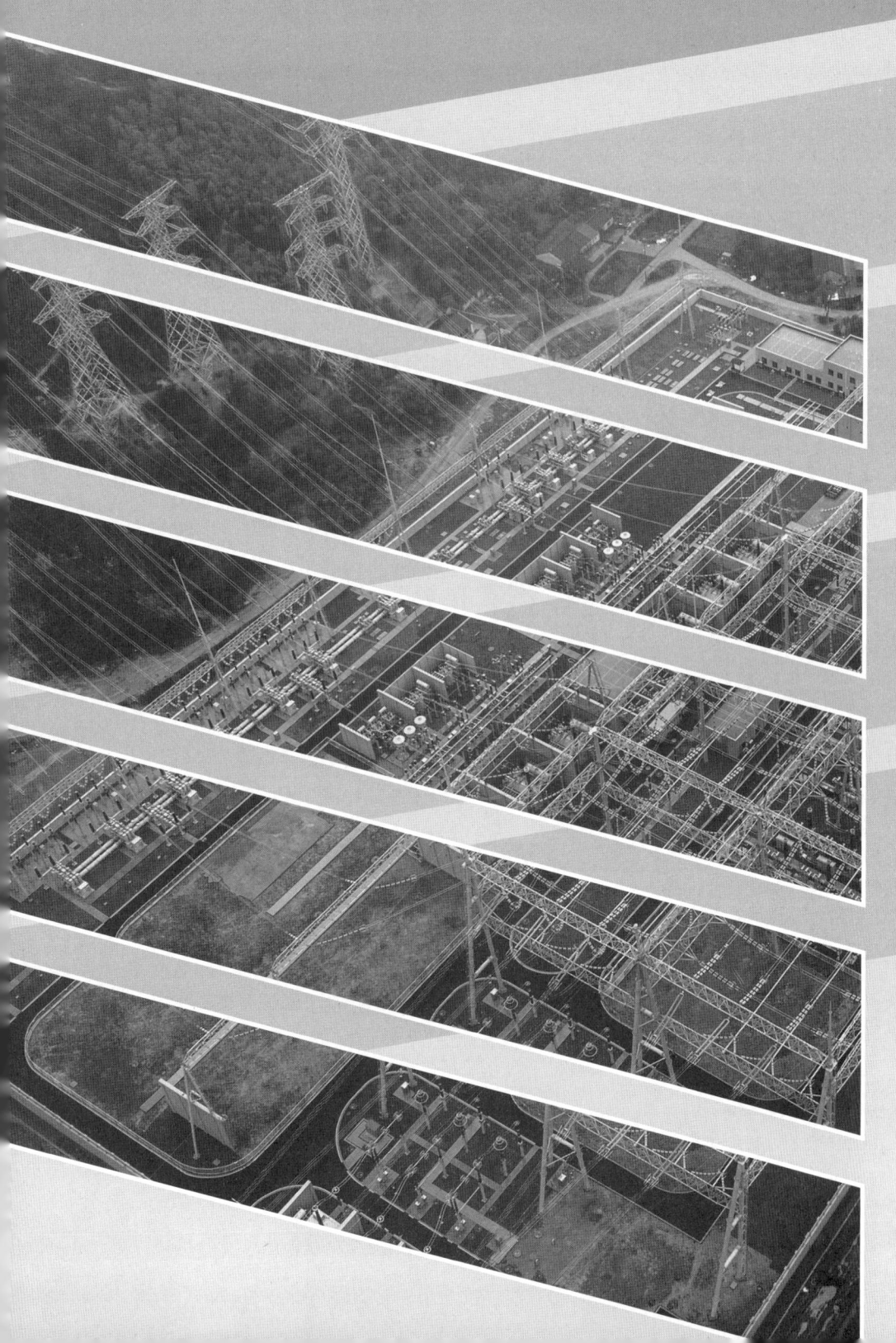

第一节 电力红外诊断技术概况

一、电力红外诊断技术与维修方式的转变

1. 预知维修方式

设备维修方式一般可分为事后维修和预防维修两类。预防维修中又可严格地区分为以时间为基础的预防维修和以状态为基础的预防维修两种方式。

对于以状态为基础的维修方式,又称为"预知维修"或"状态维修"。在欧洲,它被称为"状态基础的维修",即 Condition Based Maintenance(CBM),在美国它被称为"预知维修",即 Predictive Maintenance(PRM),从而可看出预知维修不仅具有"预知"机能,而且还包括"按设备状态维修"的含义。

人们以往说的预防维修,实质是以时间为基础的预防维修,这是在20世纪50~70年代盛行采用的维修方式。这种维修方式存在很多问题,往往是进行了预防维修,还会发生不同程度的故障,或在某一时间出现故障率上升的现象,而且过剩维修的情况较多,尤其是定期的预防维修,对提高生产率有影响。

在70年代,世界上随着设备诊断技术的开发引入,人们观测设备的劣化状态,根据观测结果决定维修工作的进行,这就是预知维修方式。英国标准 British Standard(简称BS)中对预知维修有明确的定义,它规定"监测反映设备内部主要劣化的参数变化,针对监测到的劣化状态实施维修"。以往的预防维修是每隔一定时间实施一次预防维修,而预知维修(或叫状态维修)是每隔一定时间实施一次设备诊断,测定设备状态,根据劣化状态来确定维修的必要时刻、方法及备件的定购。

根据研究结果可知,电力设备采用预知维修具有如下优越性:

(1) 对绝大多数(约占90%)的电力设备都适用。
(2) 对电力设备这样复杂的系统维修效果大。
(3) 比机械设备更经济、正确的诊断。
(4) 对突发故障造成损害越大的设备,预知维修的效果越好。

2. 红外诊断技术是预知维修的有效手段

实现预知维修的前提是采用科学的手段监测,以达到经济和正确的诊断。红外诊断技术在电力设备异常诊断中的成功应用,恰恰为维修方式的转变提供了极良好的手段。1990年国际大电网会议(CIGRE)论文论述了设备维修、预知维修、状态监测、诊断试验和红外热成像技术,它明确指出维修对电力设备的安全有效运行,有着重要的作用,而状态监测和诊断试验是维修工作必不可少的辅助措施;近年来电力设备的维修正向预知性维修变化,依据每个设备的工作状况进行定期的监测,根据其劣化和损害程度来计划维修;实现了这种预知维修,设备才会获得更高的可靠性,并能减少维修的人力物力;论文还明确指出"由于红外热像检测取得了良好的效果,有效地发现了设备的弱点,因此,现在热成像检测已成为维修工作的一大特点"。

二、红外技术特别适用于电力设备故障诊断

工业中的电力设备故障,其25%是由于连接松动引起的。因为大量的电气接头和连接件由于磨损、腐蚀、脏污、氧化、材料不合格、工艺设计等方面的问题都可造成过热。任何电力设备很少事先没有征兆就发生故障的,任何电力设备,不管维护得多么好,都会在每次检查时发现些新问题。一旦设备有一处开始发热,若不予以维修,那它发生故障仅仅是个时间早晚的问题。

设备运行中,红外检测往往可找到一些看似无关大局的小问题,允许在正常停机检修过程中分别给予解决,当我们逐个解决了这些小问题后,也就避免了大多数严重问题的发生,改善了电力设备的运行状况。所有的电力设备都必须花钱修理并更换那些由于过热故障损坏的设备。如将同样的花费或通常是少得多的花费,用在更合理的红外检测方面,就可以预防这样的过热故障,且同时增加了系统的安全性、可靠性和用户的满意。

红外诊断技术对运行中的旧设备,对刚投运的新设备以及完成修理的设备都一样行之有效。对运行中的旧设备,它可以找出其失效部件,最大限度地减少它对整个系统造成的损害,设备的寿命得以延长,灾难性故障可以避免,同时可以确定修理的具体部位,避免了整个系统的关闭;对刚投运的新设备,虽然并不一定能找出任何严重的问题,但可为运行人员提供有价值的原始数据资料;对那些已完成修理的设备,它的检测可以确信它们工作的正常,从而进一步增加设备的工作效率。

总之,通过红外检测诊断,可预防设备的电气和机械事故及灾难性火灾,改变维修管理体制,使其从预防性的,甚至是紧急状态下的抢修变成为预知性维修。红外诊断技术可称为设备管理工作的眼睛,它使电气维修走出了盲目的时代。

红外检测的效益概括如下:

(1) 在设备发生故障和失去控制前发现问题,从而可降低贵重设备的损坏程度,延长了设备的使用寿命。
(2) 减少了因故障导致的非计划停机。
(3) 监测那些不要立即停机采取措施的问题,并预先做好维修计划。
(4) 有效管理能耗,节约能源。
(5) 节约维修时间,大大降低维修费用。
(6) 增加系统的安全性和可靠性,用户满意。
(7) 可快速、有效地收回投资。

三、电力红外诊断技术应用概况

社会经济的进一步发展,对供电可靠性的要求越来越高。电力生产技术的进步,电网运行电压不断增高;随着电网增大,机组容量增大,输电距离更长了;而且设备的密封性和组合性也在不断加强。目前,设备事故在全部事故中占的比率最高,有的高达92%。而电力工业的生产设备,如锅炉、发电机、输变电各部分,都分别在高温、高压、高速旋转、高电压、大电流的状态下运行,都与热有着极其密切的关系。在众多的停电事故中,因设备局部过热引起的停电检修时有发生,某电厂在1987年由于某台隔离开关的一个引线接头过热烧断,断线在不平衡力的作用下,向其两侧抽动,连续造成相间短路,致使大面积停电。这样一个小小的过热接头造成了极大的经济损失,足见过热的危险性。因此,对电力设备温度的监测管理是国内外一直进行的工作,而监测温度的老办法不外乎是"接触式"的,不论应用水银

温度计、热电偶或蜡片,都要与被测设备良好接触方可进行测量,当然带电的、高速转动的和处在高空部位的设备,除有预埋测温元件外,都必须进行停电、停机或登高爬上设备方可进行测量,这为经济、安全供电带来极大的困难。众所周知,电力系统的设备接头数量惊人,为保证其质量,过去通常采用两种方法检测,即"测直阻法"和"贴温度标签法"。测直阻法是使用电桥或数字微欧表测量接头电阻,工作量大,耗时费力,尚须停电才能进行。如英国某部门采用数字微欧表测线路直阻时,仅测试本身的工作量需要的费用就很大,在不计因停电造成的损耗时,不同线路的每个接点测量费用为 2.5~5.0 英镑。贴温度标签的办法各国均有采用,如日本温度标签可分为 10 种,温度范围为 50~125℃,寿命为 2~3 年。我国不少供电部门也采用蜡片贴附测温,这些测温片虽然比较简单,但都需要停电后安放,费时间不经济,且测温范围狭窄,结果不准确,操作不方便、不安全,随着电压等级的提高,设备绝缘距离加大,在更高电压、更远距离的设备上,根本无法使用温度标签的方法测温。

基于以上所述,电力设备的温度监测必须改变测温的接触方式,寻找新途径,开展遥感遥测技术,在不接触运行设备的前提下,进行不停电、不停机的测温。而发展到目前的非接触红外测温技术,恰好满足了电力系统的要求,红外测温正在世界很多国家的电力生产中发挥着重要的作用。

20 世纪 60 年代以来,世界上不少先进工业国电力工业先后采用热成像仪来检测设备,我国电力热成像检测始于 80 年代初,红外检测在发、输、变电的各个方面应用都很有成效,越来越引起更多同行的关注,除试验研究部门外,生产运行部门也积极投入到红外检测的行列当中。

在发电方面,热成像仪用于检测锅炉和汽机的绝热状况,检测发电机定子铁芯的绝缘、定子线棒的焊接质量及滑环、碳刷等。除使用热像仪外,有的国家还备有检测大型定子铁芯的专用装置。过去定子铁芯绝缘采用手摸的办法检查短路过热点,用热成像监测与手摸相比,其准确迅速的程度是不能相提并论的,对于在高速旋转中且通过上千安培电流的滑环与碳刷,红外测温更是提供了方便安全的监测。我国正在开展发电设备红外检测诊断的试验研究,同时进行大量现场检测,均取得十分显著的成效。

在变电方面,应用红外检测最广泛,不少国家已形成常规的检测制度,设置热成像仪专用监测车进行变电站巡检。检出的过热通知检修部门,如必要可在检修后再测电阻等其他参数来进行对比,对显示特殊热像的设备,要加强监测。对检测周期,有的规定每两年对主要变电站检一次,有的每年对所有变电站全部检测,有的对主要目标采用红外连续监测。由于热像检测效果明显,超温的部件数量逐年下降,有的从 1975 年的 1% 下降到 1978 年的 0.5%,有的故障率从 1971 年的 2.35% 下降到 1977 年的 0.24%。对于红外检测电力设备的作用,最早在 1968 年就被有的国家完全确认,有的已确定电力热像检测为标准方法。我国电力试验研究单位和生产运行部门也都进行了大量的红外检测,诊断出不少故障,社会经济效益明显,与此同时,他们正在探索一套对电力生产行之有效的红外诊断技术。已编制出电力红外诊断技术导则。

在输电方面,由于电力生产的发展,越来越长的线路往往跨越高山大川,地形复杂,采用通常的地面巡线已达不到要求,在有条件的国家已采用直升机载热像仪巡线。有的列为常规巡线方式,有的配置双引擎专机巡线。飞机载热像仪巡线的试验研究工作最早的开始约在 70 年代初期,在不断改进后,每个被检出的故障耗资逐年递减,到 1987 年时耗资已为初始的一半还略低。对接头检出结果分为四种情况,有微温、温、热和异常热,报告维修工程师,根据天气、负荷来确定检修的先后顺序。我国的湖北、河南、东北、华北、广东及西北各地电力系统,都进行了红外航测线路的试验研究,探索出不少经验,已取得一定成果。根据国情而进行的地面检测研究,也正在有效地推进中。

四、国外电力红外诊断技术应用状况

1. 美国

在工业上长期得到运用的红外热成像技术现已在制造业以外有了越来越多的用武之地,美国红外诊断服务公司遍布全国,对各行业的设备进行故障诊断、节能检测、无损探伤,核电站安全检测及建筑物的保温、检漏等工作,其应用起步是始自电力设备诊断,下面用一实例说明应用现状。

马里兰州的巴尔的摩煤气电力公司使用一套车载的红外检测系统,监视马里兰公用事业公司大约 64103km 供电线路和 175 个变电站,它的用户超过 100 多万家。

红外热像检测系统装在一辆卡车上,车篷上装扫描系统,监视器装于车内,通过仪表盘遥控。检测时,使用两组不同的透镜取远近两处的目标图像,操作者发现异常情况需立即修理或有必要进一步检查时,则立即捕捉该图像,直接在卡车上打印;为确定疑点的位置,将热图像和一张一次成像照片由专人送往该公司的主管人员,当有紧急情况时,通过电话或无线电联系。卡车备有电源以驱动操作系统、监视器、打印机、遮阳篷和汽车盘,使大部分操作都在卡车上进行,对于只能步行才能到达的目标,才到卡车外面操作。

他们利用该装置除了车载巡检输电线路和每两年检查一次变电设备外,还要装到直升机上寻找输煤管道上的过热部位,以便及时采取措施,节省大量煤炭。

该公司采用红外检测技术,允许厂家进行在线检测,由于能及早发现隐患,及时采取相应措施,每年大约为用户节省 15 万 h 停电时间。热像巡检每年要递交 400~500 份报告,包括要求修理和深入调查两种情况。

2. 意大利

意大利米兰区自引入红外热像检测后,每两年对主要变电站检测一次所有的元部件,使过热部件的数量呈显著下降趋势,如 1970—1975 年共检 23.7 万个,其中有 2500 个比正常温度高 30℃ 或 30℃ 以上,约占 1% 的设备在故障状态下,而 1975—1978 年,该故障率已下降为 0.5%。

3. 比利时

比利时首都设红外检测总部,下设 6 个地方部门,检测内容包括各个方面,但 80% 的工作量在电力设备方面,其最主要的目标之一就是减少运行费用,他们认为一天热像检测可代替两周的维修量。

该国三个电力公司定期由红外检测服务部门对变电站检测,效果明显,其设备故障率从 1971 年的 2.35% 下降到 1977 年的 0.24%,如图 2-9-1-1 所示。

4. 瑞典

瑞典电力部用热像检测变电站最早始自 1965 年,每年对所有变电站检测一次,为避免停电,对主要目标采用红外连续监测的方式。

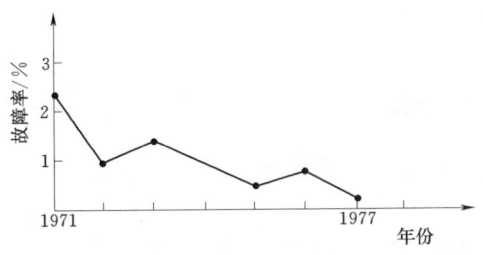

图 2-9-1-1 设备故障率下降曲线

5. 英国

英国中央电力公司（CEGB）用车载和机载热像设备进行电力设备的检测，取得显著成效，有关技术人员说："我们的目标是以最可能低的费用生产电力，而热像帮助我们达到这个目标"，"寻找潜在问题并在实际故障发生前进行维修，对电力公司是最宝贵的"。

6. 其他

世界其他各国情况简介如下：法国于 1976 年开始采用热像诊断，认为它是一个有效的故障诊断武器，它成立一个专门机构以保证工业生产的安全与经济，其主要的检测手段是红外测温；巴西在 1979 年已有 25 台热像仪用于变电设备的检测。各国对红外检测的论述很多，如"电力红外检测可以从发电厂到用户这一整个的系统进行"。"今天的热像图可以显示明天的电气问题"。

"今天热像显示定位一个'小故障'，明天就能变成一个'大灾难'。在不重要的、小的缺陷故障转变成大规模维修问题以前很长时间，热图就可迅速地、显而易见地、准确地指出问题所在"。

"热像检测提供了一个预防潜在电气故障有效而安全的方法"。

"热像检测给使用者一种灵活性，热像可帮助他安排电力设备现在与将来维修计划的日程"。

第二节 红外基础知识及红外测温

一、红外波谱

电磁波包含着宽广的波谱范围，从波长小于数 pm 的宇宙射线到电力传输用的波长达 10^5 km 以上的长波。其中可见光在电磁波谱中所占的范围是 $0.40 \sim 0.76\mu m$ 波段，红外线与可见的红光毗邻，占有相当宽的波谱区，即是 $0.76 \sim 1000\mu m$。红外线通常又分为四个较小的波段：近红外 $0.76 \sim 3\mu m$、中红外 $3 \sim 6\mu m$、远红外 $6 \sim 15\mu m$、甚远红外 $15 \sim 1000\mu m$。红外线在电磁波谱中的位置如图 2-9-2-1 所示。

二、红外基本术语

（1）光辐射：光学波段（波长范围 $0.01\mu m \sim 1mm$）的电磁辐射，包括 X 光、紫外、可见光和红外辐射。

（2）红外辐射：波长范围由 $0.76\mu m \sim 1mm$ 的光辐射。

（3）热辐射：由辐射源的热能产生的光辐射。

（4）点辐射源：源的尺寸与到探测器的距离相比可忽略的一种辐射源。

（5）单色辐射：以某一振荡频率为特征的光辐射。

（6）光谱：所有单色辐射集合形成的辐射。

（7）辐射通量：光辐射在远大于振荡周期时间内的平均功率。

（8）辐射能：光辐射的辐射通量和辐射作用时间的乘积。

（9）辐射强度：辐射通量的空间密度，为辐射通量与其辐射均匀分布的立体角之比，即单位立体角内的辐射通量。

（10）辐亮度：给定方向的辐射强度之表面密度。

（11）绝对黑体：吸收系数等于 1（辐射系数也等于 1），并与入射辐射的波长和偏振方向、传播方向无关的物体。

（12）灰体：又称无选择性辐射体，它的光谱能量的相对分布与同一温度下绝对黑体光谱能量的相对分布相同。频谱能量分布见图 2-9-2-2。

（13）选择性辐射体：其光谱中能量的相对分布不同于同一温度下绝对黑体的能量相对分布。

（14）辐射系数：一辐射源与绝对黑体在相同温度下的亮度之比，符号 ε_T，又称"辐射率"。

常用材料辐射系数推荐值如表 2-9-2-1 所示。

表 2-9-2-1 常用材料辐射系数推荐值

材料名称	性　状	温度/℃	辐射系数 ε
铜	电镀的、粉料	常温	0.76
	氧化的	50	$0.6 \sim 0.7$
	氧化到黑色	5	0.88
铁	红色铁锈覆盖	20	$0.61 \sim 0.85$
	用金刚砂加工光亮	20	0.24
	氧化	100	0.74
	氧化	$125 \sim 525$	$0.78 \sim 0.82$
	热轧	20	0.77
	热轧	130	0.60
钢	氧化的	$200 \sim 600$	0.80
	强氧化的	50	0.88
	强氧化的	500	0.98
	粗糙平板表面	50	$0.95 \sim 0.98$
	红锈	20	0.69
	板材、轧制的	50	0.56
铸铁	铸造	50	0.81
	光亮的	200	0.21
木	（树、草丛、冰、霜、水)		0.98
皮肤			$0.98 \sim 0.99$
石棉	板状	20	0.96
橡皮	黑、硬	常温	0.89
油烟		$20 \sim 400$	$0.95 \sim 0.97$
纸	黑色	常温	0.90
纸	暗淡色	常温	0.94
	绿色		0.85
	红色		0.76
	白色	20	$0.7 \sim 0.9$
	黄色	常温	0.72
玻璃	（混凝土、砖)	$20 \sim 100$	$0.94 \sim 0.97$
油化			0.80
涂料			0.80
塑料			0.90

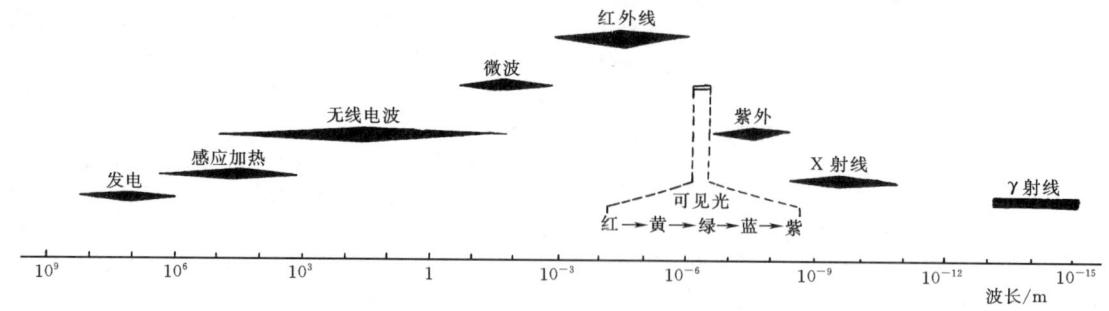

图 2-9-2-1　红外线在电磁波谱中的位置

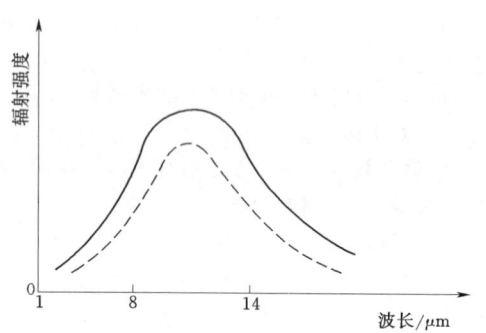

图 2-9-2-2　频谱能量分布

三、红外辐射特性

1. 红外辐射的普遍性

任何物体只要它的温度高于绝对零度（-273.15℃），就有热能转变的辐射能，物体温度不同，辐射能大小不同，辐射波的波长组成也不同，但总要包括红外辐射。

物体的温度在千摄氏度以下的，其热辐射中最强的波为红外辐射；当物体温度为 300℃时，其热辐射最强波的波长为 $5\mu m$；到 500℃左右时物体才会出现暗红色的辉光，当温度到 800℃时，辐射已有明显的可见光成分，但其绝大部分的辐射能量仍是属红外范围；只有当达 3000℃时，物体的辐射能才包含足够多的可见光能量。

在生产实践中无处不在的红外辐射，就是从可见光红端到毫米波这宽广范围中的电磁波辐射。从光子角度看，它是低能量光子流。红外辐射像其他电磁波一样遵循一些相同的物理定律，和光辐射之间存在着相似性，红外辐射还具有自己特殊的规律，遵循的定律除基尔霍夫定律外，还有普朗克定律、斯蒂芬-波尔兹曼定律和维恩位移定律等。

2. 普朗克定律

普朗克利用光量子理论，推导出红外辐射能与其温度和波长的定量关系，奠定了红外测温的基础。

普朗克定律指出黑体在单位面积上、在波长为 λ 的单位光谱间隔内辐射通量（即光谱辐射出射度）与其波长 λ 和绝对温度 T 呈如下关系

$$M_{\lambda b} = C_1 \lambda^{-5} (e^{C_2/\lambda T} - 1)^{-1} (W/m^3)$$

式中　C_1——第一辐射常数 3.74×10^{-16}，$W \cdot m^2$；
　　　C_2——第二辐射常数 1.44×10^{-2}，$m \cdot K$；
　　　λ——波长，m；
　　　T——黑体绝对温度，K。

3. 斯蒂芬-波尔兹曼定律

用普朗克公式对波长积分，得出黑体总光谱辐射出射度与它绝对温度四次方成正比的关系，这即是斯蒂芬-波尔兹曼定律。

$$M_b = \int_O^\infty M_{\lambda b} d\lambda = \sigma T^4 (W/m^2)$$

式中　σ——辐射系数 5.67×10^{-8}，$W \cdot m^{-2} \cdot K^{-4}$。

几种温度下黑体 M_b 的数值如表 2-9-2-2 所示。

表 2-9-2-2　几种温度下黑体 M_b 数值

T/K	1000	1500	2000	2500	3000
$M_b/(W/m^2)$	5.68×10^4	2.87×10^5	9.09×10^5	2.22×10^6	4.60×10^6

对于灰体辐射体，斯蒂芬-波尔兹曼公式为

$$M = \varepsilon \sigma T^4 (W/m^2)$$

4. 维恩位移定律

将普朗克公式对波长微分后，可导出黑体的峰值辐射波长随温度变化的关系式

$$\lambda_{max} = \frac{b}{T}(\mu m)$$

其中 $b=2898\mu m \cdot K$。位移定律表明了黑体对应的最大辐射出射度的波长 λ_{max} 与其绝对温度 T 成反比，当温度增高时，辐射最大值对应的波长变短，即向曲线左方移动，如图 2-9-2-3 所示。可以证明，在波长 $\lambda=0$ 到 λ_{max} 之间的辐射出射度为全部辐射的 25%。

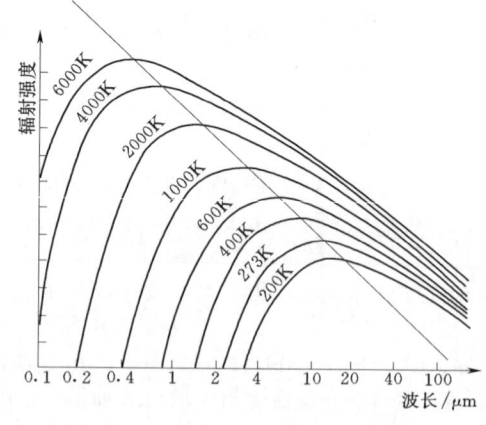

图 2-9-2-3　维恩位移定律

5. 红外辐射与介质的作用

当红外线投射到物体表面时，要产生透射、吸收、反射三种现象，如图 2-9-2-4 所示。设入射功率为 P_i，透射功率为 P_τ，吸收功率 P_α，反射功率 P_ρ，则

$$P_i = P_\tau + P_\alpha + P_\rho$$

$$\frac{P_i}{P_i} = \frac{P_\tau}{P_i} + \frac{P_\alpha}{P_i} + \frac{P_\rho}{P_i}$$

定义 $\frac{P_\tau}{P_i}$ 为"透射比"τ，$\frac{P_a}{P_i}$ 为"吸收比"α，$\frac{P_\rho}{P_i}$ 为"反射比"ρ，那么

$$\tau + \alpha + \rho = 1$$

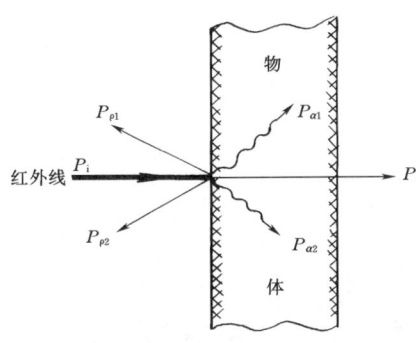

图 2-9-2-4　红外辐射与介质物体

对于不透明体，透射比 $\tau=0$，则 $\alpha+\rho=1$，由此式可见，非透明物体吸收与反射是呈相反的关系，即吸收好的物体其反射能力差，反之亦然。根据基尔霍夫定律可知：善于吸收的物体必善于辐射。那么善于辐射的物体，它的反射能力必差。

基尔霍夫定律还指出：物体的辐射系数和吸收系数之比值与物体性质无关，均是波长和温度的普适函数，但吸收和辐射系数随物体的不同而异。

当透射比 $\tau=0$，反射比 $\rho=0$ 时，该物体即不透明，又无反射能力，它的吸收比 $\alpha=1$，即是吸收能力最强的，也是辐射能力最强的物体，称为"黑体"。理想的黑体是没有的，人造的"空腔"，由于腔内壁多次反射与吸收的结果，实际上很少有辐射能再透出去，因而入射的辐射几乎为腔完全吸收，使其吸收比接近于1，如图 2-9-2-5 所示。实体、黑体与灰体的对比如图 2-9-2-6 所示。

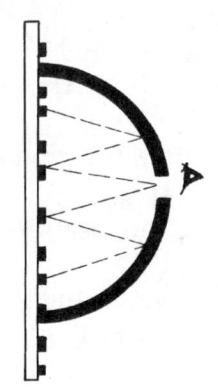

图 2-9-2-5　"空腔"黑体

实际中的辐射体，本身既有辐射能量，也还有周围辐射源入射的反射能量，这在应用中要引起注意，一般检测时应尽量减少周围辐射源的影响。

自然界中无处不在的大气对红外辐射也有着显著的影响，主要指大气中的水气、二氧化碳气体、臭氧、甲烷对红外辐射的选择吸收及悬浮微粒的散射。

大气中的红外辐射吸收随波长变化，水气、二氧化碳和臭氧均有较多条吸收带，而一氧化碳、氧化亚氮和甲烷的吸收带，在大多数的实际使用过程中这些气体对红外辐射的吸收可以不加注意。在低层大气中应主要考虑水气的吸收。

大气吸收带把红外辐射大致分为三个主要波段，即 $1\sim2.5\mu m$、$3\sim5\mu m$、$8\sim13\mu m$，可作为透过红外辐射的"大气窗口"。该窗口对红外测温至关重要，红外探测器的接收波段应选在大气窗口内，如图 2-9-2-7 所示。

除吸收外，红外辐射还受大气中悬浮微粒等的散射。大气中呈液态或固态的粒子很多，灰尘、烟雾、雨、雪等都使红外辐射的传输方向偏离，导致该方向红外辐射变弱，其中雾和云对辐射有极强的散射作用，而雨的影响则较小，在实际应用时可通过缩短测试距离进行雨中工作。

四、红外测温和辐射系数 ε

1. 红外测温和红外诊断的基本原理

红外测温是利用红外辐射原理，采用非接触方式，对被测物体表面的温度进行观测和记录。

根据红外辐射的基本定律可知：一个被测物体的表面辐射系数一定时，它的辐射功率与其绝对温度 T 的四次方成正比。因此，对物体表面温度的检测就变成为对其辐射功率的检测。物体的辐射功率是与它的材料、结构、尺寸、形状、表面性质、加热条件及周围的环境和其内部是否有故障、缺陷等诸因素是密切相关的。当被测物体其他条件不变的情况下，仅仅是产生了故障和缺陷，那么它的表面温度场分布将会发生相应变化；若被测物体的材料特性发生异常，其表面的温度也相应改变，因而应用红外进行温度的检测，可以为分析被测目标的现有状态提供极好的信息。这就是红外测温和红外诊断的基本原理。

2. 辐射系数 ε 在红外测温中的重要性

红外测温中的一个重要参数是辐射率 ε，它直接影响测温结果，也称"发射率"或辐射系数。

物体的辐射率是表征物体表面辐射能力强弱的一个参数，是物体在一定温度下辐射的热能与黑体在同温度下辐射能量的比值。在红外测温中，只有确定了物体在所测定温度范围内的辐射率后，才能用光学或电子方法进行补偿，得出被测物的表面温度。如果测温时对 ε 值一无所知，则无法确定测温结果与真实温度相差多少，若设置的辐射系数有误差，则将对测温结果引起误差，分析如下：

设一被测物表面的温度为 T_0，真实辐射系数为 ε_0，测出温度为 T_1，设定辐射系数为 ε_1，则

辐射能　　　$W = \varepsilon_0 \sigma T_0^4 = \varepsilon_1 \sigma T_1^4$

温度测量误差　　　$\Delta T = |T_1 - T_0|$

辐射系数设定误差　　　$\Delta \varepsilon = |\varepsilon_1 - \varepsilon_0|$

则　　　$\Delta T = T_0 \left[1 - \left(1 - \frac{\Delta \varepsilon}{\varepsilon_1}\right)\right]^{1/4}$

$$\frac{\Delta T}{T_0} = 1 - \left(1 - \frac{\Delta \varepsilon}{\varepsilon_1}\right)^{1/4}$$

结果表明温度测量相对误差与辐射相对误差的关系，计算结果列于表 2-9-2-3 中。

有关文献还推导出如下结论：全辐射高温计所测辐射能为

$$W = \frac{1}{\pi}\sigma T_1^4 = \frac{1}{\pi}\varepsilon\sigma T_2^4$$

式中　T_1——仪表指示温度，K；
　　　T_2——目标实际温度，K。

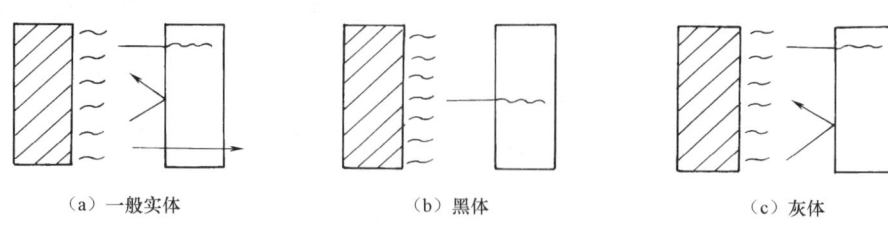

(a) 一般实体   (b) 黑体   (c) 灰体

图 2-9-2-6 实体、黑体与灰体

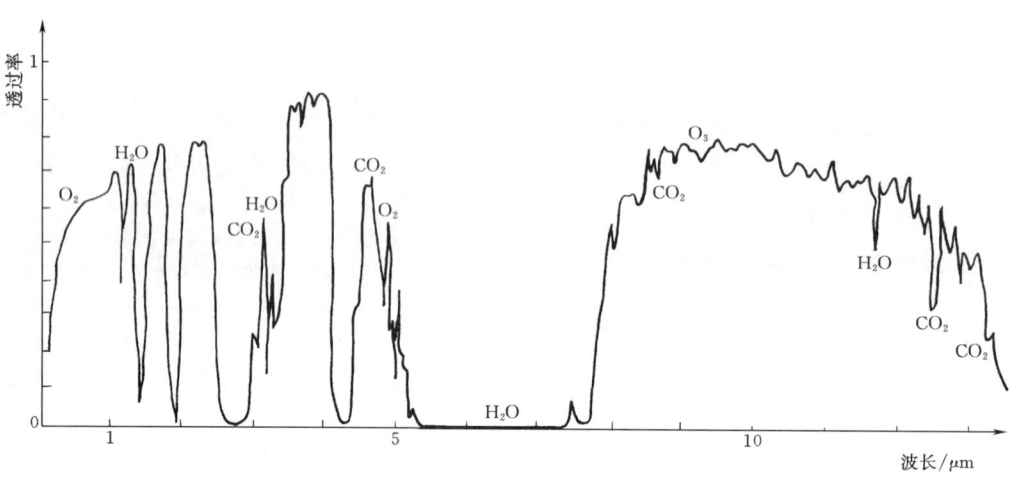

图 2-9-2-7 大气对红外辐射的传输

表 2-9-2-3 相对误差计算结果

辐射率设定相对误差/%	0	5	10	15	20	25	30	35	40	45	50
测定温度的相对误差/%	0	1.3	2.0	4.0	5.5	7.0	8.5	10.2	12.0	14.0	16.0

由上式可得

$$T_1/T_2 = \varepsilon^{1/4}$$

可见仪表读数与实际温度之比和发射率的四次方根成正比。ε 值越接近 1，则 T_2 与 T_1 越接近，即测温误差越小，反之误差将越大。

对于光谱辐射高温计，取出单一波长进行分析，可得

$$\frac{dT}{T} = (-1/n)\left(\frac{d\varepsilon}{\varepsilon}\right)$$

式中的 $n \infty 1/\lambda T$，该式表明在发射率误差设置相同的情况下，若要减少测温误差就只有增大 n 值，即选用短波段的探测器，并在检测温度较低的情况下，可以得到较高的测温精度。

3. 辐射系数 ε 的特性及其测定

任何一个物体的辐射率取决于其材料的性质，即因材料而异；而同一材料的辐射率又与其表面状态有关，如光洁度、氧化程度及其覆盖层等；ε 还随被测物的温度变化而有所变化。

一般情况下，材料的辐射率很多已由实验测出列表，但实际应用时，由于工业设备所处环境均比较恶劣，其表面受灰尘和长期腐蚀的影响，单靠文献资料给出的 ε 值是不能满足测量精度要求的，往往带来不同的误差，下面介绍一些消除辐射率设置误差的方法。

模拟黑体法——在被测物体上钻小孔模拟黑体条件，然后将被测物视为黑体进行红外测温。该法难于在生产现场使用，是实验室中的测试方法。

参考黑体法——根据克希霍夫定律，当被测物体与黑体的温度相同时，黑体的辐射能与被测物体的辐射和反射能之和应相等。因此只要改变黑体温度，使其与被测物体辐射能及反射能之和相等，被测温度即与黑体温度相同，很多红外测温仪器中均采用参考黑体作测温用。

涂料法——用于生产现场。先由温度初测选定被测设备温度相同的区域，在其局部涂上已知 ε 的涂料后，再行温度测定；对于未涂涂料的相同温度部位，通过调整 ε 的设定达到指示温度与真实温度一致，此时的 ε 设定值就是该设备的辐射率。

接触测温法——当被测设备有部分可被触摸时，可用面接触式温度计测定该处真实温度，并用红外测温，当调整 ε 值达到测温结果与真实温度相同时，此时的 ε 值即为该设备类似表面的辐射率。

直接测定法——应用辐射率测定仪进行直接测定。

4. 红外测温特点

(1) 测温范围广：$-170 \sim +3200°C$。

(2) 测温精度高：可分辨 0.01K 或更小。

(3) 测温反应速度快：可在几毫秒内测出物体的温度。

(4) 可测小目标：最小可测出直径为 $7.5\mu m$ 的目标温度。

(5) 测温不接触被测物体，不会破坏其温度场。

(6) 测距可远可近。

表 2-9-2-4 列出了红外测温与接触测温性能的比较供参考。

表 2-9-2-4　　　　　　　　　　　　　　红外测温与接触测温性能比较

项　目	红　外　测　温	接　触　测　温
测温要求	(1) 知道被测物的发射率。 (2) 被测物的辐射能充分抵达红外探测器。 (3) 消除背景噪声	(1) 测温设备与被测物间良好接触。 (2) 接触测温时，被测物温度不应有显著变化
优　点	(1) 非接触，对被测物体无影响。 (2) 可测运动中的物体。 (3) 可测瞬态温度。 (4) 可对点、线、面测温。 (5) 可测绝对温度，也可测相对温度	(1) 可测物体内部温度。 (2) 要求精度高时，测温要求较简单
缺　点	(1) 仅测表面温度。 (2) 要求精度高时，测温要求严格	(1) 对小目标的温度不能测。 (2) 不能测运动中的目标。 (3) 不适于测瞬态温度。 (4) 测温范围不够宽。 (5) 在生产过程中，不便于同时测多个目标

第三节　红外检测仪器及检测基本方法

一、红外检测仪器

红外检测仪器多种多样，目前在我国电力行业中普遍应用的有三类，即最简便的红外测温仪，又称红外点温仪；中档水平的有红外热电视；性能和价格都偏高的是红外热像仪，热像仪中又包括光机扫描型以及更先进的凝视型的焦平面热像仪两种。

组成红外检测仪器的核心部分是红外探测器。红外探测器的作用是把入射的不可见的红外辐射能量转变为便于检测的电能，或其他可见的能量形式。

红外探测器因对辐射响应的不同方式，可分为两大类：即光电探测器和热敏探测器，其框图见图 2-9-3-1，其性能如表 2-9-3-1 所示。常用红外探测器及其技术性能列于表 2-9-3-2 和表 2-9-3-3 中。

表 2-9-3-1　　　　　　　　　　　　　　光电与热敏探测器性能比较

性　能	灵敏度	响应速度	致　冷	使　用	其　他
光电探测器	高	快	需要	不太方便	灵敏度随波长变化
热敏探测器	低	慢	不需	方便	耐用、价低，对波长响应变化微小

表 2-9-3-2　　　　　　　　　　　　　　常用红外探测器

光电探测器	锑化铟 InSb，碲镉汞 HgCdTe，硫化铅 PbS，硒化铅 PbSe
热敏探测器	热敏电阻测辐射热器，热释电探测器，辐射热电偶

表 2-9-3-3　　　　　　　　　　　　　　常用红外探测器技术性能

探测器及代号	工作方式	工作温度 /K	工作波长 /μm	峰值波长时探测率 /($cm \cdot Z_H^{1/2} \cdot W^{-1}$)	时间常数 /s
锑化铟 InSb	光伏	77	1~5.3	1×10^{11}	$<1 \times 10^{-6}$
锑化铟 InSb	光伏	295	1~7.5	1.4×10^{7}	2×10^{-7}
碲镉汞 HgCdTe	光伏	77	6~15	$1 \sim 5 \times 10^{10}$	$<3 \times 10^{-8}$
硫化铅 PbS	光导	295	0.7~3.3	1.0×10^{11}	2.5×10^{-4}
硫化铅 PbS	光导	195	0.7~3.5	1.5×10^{12}	10^{-4}
硒化铅 PbSe	光导	256	0.7~4.5	3×10^{10}	3×10^{-6}
热敏电阻测辐射热器	测辐射热器	295	0~∞	$2 \sim 4 \times 10^{8}$	1.5×10^{-3}
硫酸三甘钛 TGS	热释电效应	295	0.1~300	2×10^{8}	$10^{-2} \sim 10^{-3}$
锆钛酸铅 PZT	热释电效应	295	1~15	$5 \sim 7 \times 10^{7}$	$10^{-2} \sim 10^{-4}$
辐射热电偶	热电效应	295	0~∞	1.4×10^{9}	3.6×10^{-2}

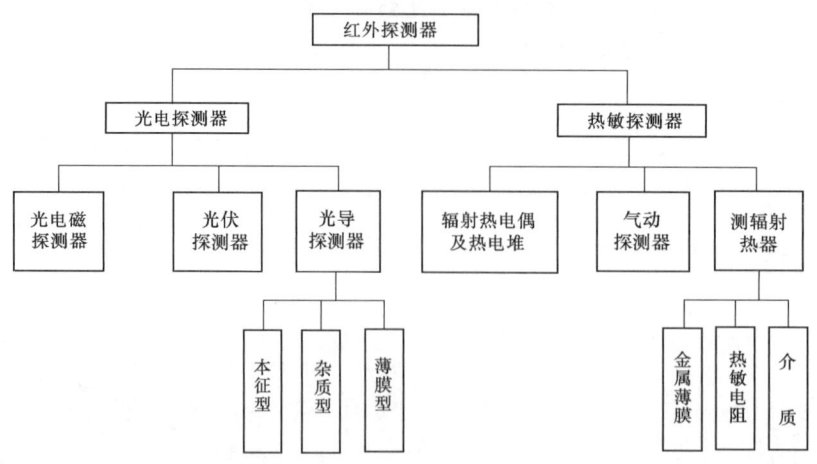

图 2-9-3-1

红外测温仪器的另一重要部分是红外光学系统,红外光学系统用于汇聚被测目标的辐射通量,并传输到红外探测器上,它与探测器一起决定该仪器的视场和空间分辨率,可根据象质要求选用不同类型的光学系统。

由于大多数优选的红外光学材料折射率相当高,使大部分入射的辐射通量从表面反射而损失掉了,为了减少反射,采用真空镀膜制成"增透膜"。

若想得到任意所需要的较小光谱区间,可在探测器前放一适当的"滤光片",该滤光片可以改变投射到探测器上的辐射通量值和光谱组成。对滤光片的要求是:①对所要通过的波段,光能损失小;②热稳定好;③抗潮性和机械性好。

1. 红外测温仪

红外测温仪是红外测温设备中最简单的,品种繁多,用途广泛,价格低廉,用于测量物体"点"的温度。

红外测温仪是以普朗克辐射定律为依据,通过对被测目标红外辐射能量进行测量,经黑体标定,从而确定被测目标温度,与接触式测温相比,红外测温仪具有非接触式测量、不扰动被测物温度场分布,速度快、灵敏度高、使用方便的优点。对于那些不能用接触方式测量的目标,如微小的、活动的、带有污染的、瞬态变化的目标温度,提供了现代化的测量手段。它按测温范围可分为以下三类:

100℃ 以下　　　低温测温仪
100～700℃　　　中温测温仪
700～3200℃　　高温测温仪

红外测温仪原理图如图 2-9-3-2 所示。

红外测温仪在标定时虽能满足精度要求,但在现场使用时往往难以保证测温精度,为此应对影响测温精度的因素加以分析。

测温仪的红外探测器除了接收来自被测目标的辐射能量外,还接收其周围环境的红外辐射和这些辐射经目标表面反射的能量等三部分,故红外探测器输出的信号 U_S 应包括这三个分量:目标自身辐射分量 $\varepsilon U(T)$,目标反射周围的辐射分量 $\rho U(T_1)$,周围环境的辐射分量 $U(T_0)$。

$$U_S = \varepsilon U(T) + \rho U(T_1) - U(T_0)$$

式中　T——目标温度;

T_1——目标周围环境温度;

T_0——红外测温仪所在环境温度;

ε——目标辐射率;

ρ——目标表面反射率。

由上式可得

$$U(T) = [U_S + U(T_0) - \rho U(T_1)]/\varepsilon$$

结果可见:$U(T_0)$ 是所要补偿的信号,$\rho U(T_1)$ 是测量中带来的干扰信号。为保证测量精度,首先要使辐射率 ε 值调整准确,同时尽量消除周围的热源干扰,或减小目标表面反射率 ρ,并对测温仪所在环温进行补偿。在现场条件不具备的情况下,尽量使 ε 值准确和减少周围干扰是保证测量比较准确的先决条件。

2. 红外热电视

红外热电视是一种不需制冷而能热成像的红外检测仪器,其原理图如图 2-9-3-3 所示。它的基本工作原理是:利用热释电摄像管(简称 PEV)接收被测物体的红外辐射能量,转换成相应的电压信号后,再经过放大等一系列变换,最后转换成全电视信号输出、存贮和显示物体的热像。

热释电摄像管为热电视的关键器件,它由物镜、靶面和电子枪组成,其热释电靶面完成热电转换,再经电子枪扫描而形成被测物体的热像。

热电视因用途不同,可分为两种:一种是可以测量温度的;另一种是只显示热像而不能测量温度的,前一种多被电力系统采用。

热电视一般还分为"平移式"和"斩波式"两种型式。平移式结构较简单,价格也较便宜,使用时仪器相对目标应呈平移运动状态;而斩波式的在仪器的靶面前又附加一"斩波器",以便于物体成像,故结构相对复杂。

为诊断应用方便,国产热电视在近年又采用单片机数据处理,设置为彩信号电路生成彩色热像图,大大提高了它的应用价值。

红外热电视的特点:

(1) 与红外测温仪相比,热电视可以生成二维热像。

(2) 与光机扫描成像仪比,热电视不需制冷,不需高速旋转机械扫描装置。

(3) 可与普通电视兼容。

(4) 热电视性能适中,价格适中。

(5) 对检测运动的目标更灵敏。

3. 光机扫描热像仪

顾名思义,光机扫描热像仪的关键部件要有光学系统和

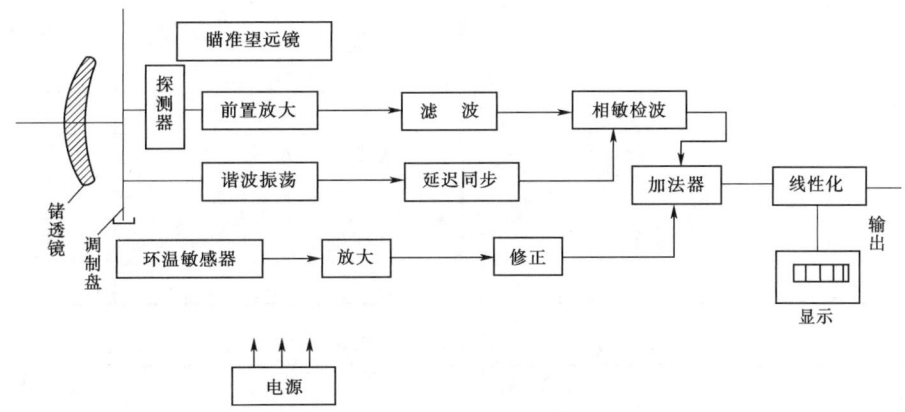

图 2-9-3-2　红外测温仪一般原理

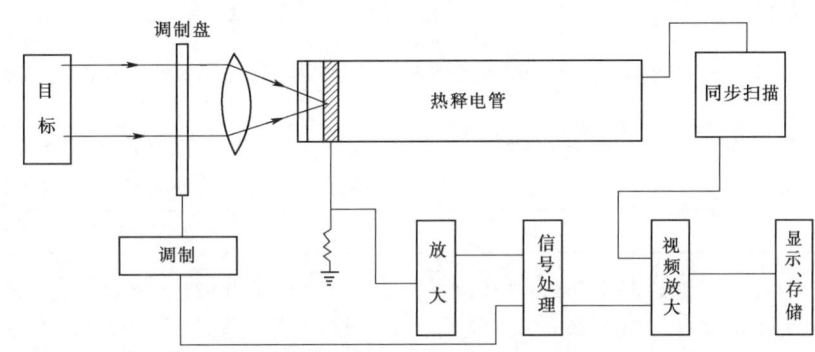

图 2-9-3-3　热电视原理图

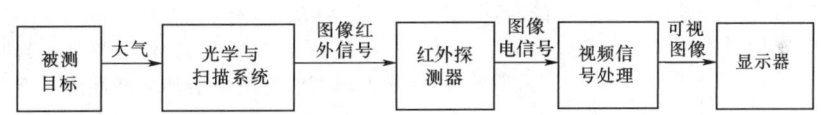

图 2-9-3-4　光机扫描热像仪原理

机械扫描系统，如图 2-9-3-4 所示。它的基本工作原理是：将被测目标的红外辐射，经光学系统汇聚、滤波、聚焦后，再通过机械扫描系统将聚焦后的红外辐射按时间先后顺序排列，达到红外探测器上转变为相应的电信号，再经视频信号处理后送至显示器上显示或储存器中存储。

关于扫描系统，其工作原理如下：

红外探测器在任意瞬间只能探视目标的一小部分，称之为"瞬时视场"，即接收该瞬时视场所辐射的红外能量，并相应输出一个与之成正比的电信号。瞬时视场一般只有零点几毫弧度或几个毫弧度，为使一个被测目标物体成像，则需对整个目标进行扫描，即对被测物体表面进行从左至右、从上到下按行顺序连续扫过。扫描过程中，红外探测器投射到被测面上的像又称为"像素"，一幅热图像就是由若干像素组成，像素大小取决于光学系统和探测器的性能，扫描行数取决于扫描速度和探测器个数及其排列方式。一幅热像的清晰度与像素多少及扫描行数多少紧密相关。

红外探测器在工作时需要制冷，这是因为热像仪用的光电探测元件需要制冷到很低的温度才能降低热噪声，屏蔽背景噪声，提高光电探测器的信噪比和探测率，得到较短的响应时间。因此，要想得到高性能的探测器就必须把敏感元件放在低温下，该元件可以是一小片半导体材料，也可以是在薄弱基片上的化学沉淀膜，为保证有效的热传导，元件黏接在制冷器室（即绝热容器或杜瓦瓶）的末端进行冷却。杜瓦瓶与"保温瓶胆"类似，双层容器中间抽为真空，然后采用制冷剂制冷，制冷剂及其特性如表 2-9-3-4 所示。

制冷器按工作原理分为如下几种，如表 2-9-3-5 所示。

光机扫描热像仪是热成像技术中发展最成熟的，为进一步提高性能，采用了多元探测器，为降低成本而采用组件化和标准化。但由于机械扫描的方式不便使用，故在力求革除机械扫描和制冷器，但还没有哪一种器件性能具有最完美的组合，如在相同的探测元件数目的前提下，非制冷的热电探测器的热灵敏度，比制冷到 77K 的光子探测器的灵敏度要差 100 倍。其间最引人注目的是凝视型焦平面热像仪，其效果最佳，已在 90 年代由国外研制成功并早已商品化。

4. 焦平面（FPA）热像仪

焦平面热像仪是面阵凝视型，它的突出特点是红外探测器呈列阵平面状，具有自动扫描特性，不需要光机扫描或电子扫描装置的参与，就可以固定不动凝视形成被测物的热像。

表 2-9-3-4　　　　　　　　　　　　　　　　制冷剂的特性

制冷剂	气化温度/K	制冷能力/(W·h/L)	比重/(g/cm³)	制冷剂	气化温度/K	制冷能力/(W·h/L)	比重/(g/cm³)
冰	273.2	—	—	液氮	77.3	44.4	0.808
干冰（CO_2）	194.2		1.51	液氖	27.1	28.9	1.2
甲烷（CH_4）	111.7		0.425	液氢	20.4	8.79	0.071
液氧	90.2	67.6	1.14	液氦	4.2	0.71	0.125
液氩	87.3	63.5	1.39				

表 2-9-3-5　　　　　　　　　　　　　　制冷器的工作原理、特点及用途

名　称	原　理	特　点　及　用　途
液化气体传输制冷器	由非绝热管道将制冷剂传输到制冷器，它利用双相传输机理，冷液通过热管道时，有些液体气化，则液体与管壁可很好分开	方法简单，使用方便，用于热成像仪及辐射计中
电制冷器	根据珀耳帖效应，当两种不同半导体相连接并与一电动势连成回路时，其结点可产生冷端，又可称"半导体制冷"	结构简单，可靠性高，重量轻，体积小，制冷温度不能太低，多使用于小型红外仪器或液化气体制冷不便处
固体制冷器	当固态冷剂升华时吸热可制冷	多用于宇宙空间
机械式微型制冷机		多用于军事，现已应用于工业
辐射制冷器		用于宇宙空间

焦平面热像仪的红外探测器性能好，响应率的均匀性好，功耗很低，加上现在智能化程度的极大提高，使得焦平面热像仪的总体性能水平有了令人瞩目的提高，具体表现为体积小巧，使用极其方便。尽管产品不同，其性能不同，但其中佼佼者的空间分辨率和温度分辨率都较光机扫描热像仪有了显著提高，故其成像质量高在进行精密红外检测时，就可发挥更大的作用，在其推到我国后，已开始受到电力用户的欢迎。

二、红外检测基本方法

对设备等被测目标进行红外检测的方法，可分为两大类，即被动式和主动式，对于主动式的检测又可分为单面法和双面法；进行检测时，被测目标被加热的过程也可分成为稳态和非稳态两种，分述如下。

1. 被动式

当被测目标的温度不同于周围环境的温度时，在被测目标与环境的热交换过程中进行红外测温，温度的变化会显示其热特性改变或内部的缺陷，被动式红外测温被大量应用于运行中设备、元器件、科研试品的检测，它不需附加热源，在生产现场基本都采用这种方法。

2. 主动式

对被测目标进行加热，加热方式可分稳态和非稳态两种，在加热过程中或加热后有一定时延进行红外测温。

3. 单面法

对被测目标的加热和红外测温在被测物的同一侧面进行。

4. 双面法

对被测目标的加热和红外测温在其正、反两个表面进行。

5. 稳态加热

将被测目标加热到内部温度均匀恒定状态，把它再放到一个低于（或高于）该恒定温度的环境中进行红外测温。若被测物内部有裂纹、孔洞、脱黏等缺陷，则内外部进行热交换的热流将受到缺陷阻碍，其相应表面就会产生温度的变化，与无缺陷相应的表面相比则形成温度梯度。

6. 非稳态加热

对被测物进行加热，在其内部温度不均有热传导的过程中进行红外测温。如将一热量均匀地注入被测表面时，其进入内部的速度要由其内部性质决定，如内部有缺陷，则会成为阻挡热流的热阻，经一定时间就会产生热量堆积，在其相应表面就会产生过热的异常，由缺陷产生的热流变化取决于缺陷的位置、走向、几何尺寸和材料的性能。

三、红外检测须知

(1) 对于红外热像仪，为使检测结果更准确可靠，先来看看其红外探测器的输出信号幅度主要与哪些因素相关：

红外探测器输出视频信号幅度为 U_s

$$U_s \infty \frac{\omega \sigma T^5}{\pi} \int_{\lambda_1}^{\lambda_2} \varepsilon(\lambda T) \tau_a(\lambda) R(\lambda) d\lambda$$

式中　$\lambda_1 \sim \lambda_2$——热像仪工作波长范围；
　　　ω——热像仪瞬时视场角；
　　　σ——辐射常数；
　　　T——被测目标温度；
　　　$\varepsilon(\lambda T)$——被测目标光谱辐射率；
　　　$\tau_a(\lambda)$——大气透过率；
　　　$R(\lambda)$——热像仪总光谱响应。

用热像仪测温所得结果正是利用探测器输出的视频信号进行处理后得出的。由上式可知，测温结果与目标特性（温度、辐射率）及热像仪性能（瞬时视场角、工作波段及光谱响应）有关外，还与测量距离有很大的关系，如图 2-9-3-5 所示。

测量距离对测温的影响，一方面是由于测距变化时影

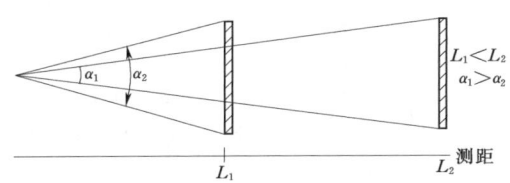

图 2-9-3-5 测距对测温的影响

大气透过率的改变,另一方面是随测距增加时,目标尺寸相对于瞬时视场角的倍数将减少,当小于 5～10 个瞬时视场角时,U_s 值将随之而降低,测温就产生误差。

(2) 对于红外测温仪,被测目标的直径 D 和测距 L 之间的关系表示为 L/D,称为"距离系数"。对于被测目标小或测距远的情况,要求距离系数应该大,如输电线的接头就属此类,在使用红外测温仪时,必须注意符合该指标要求;对于同一台测温仪,即当其视场角一定时,测距远时只能测试大尺寸目标,如需测小尺寸目标时,其测试距离必须减小。如图 2-9-3-6 所示。

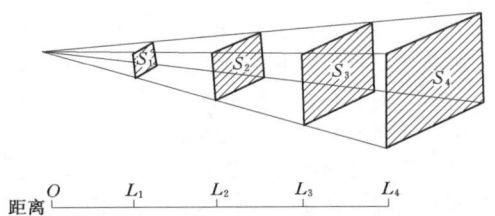

图 2-9-3-6 视场角与距离的关系

在红外检测中,应保持检测仪器与被测点距离尽量最小,且各次测距应保持一致,力求与被测物表面垂直,各次方位不变。

(3) 检测时要正确选择被测目标的辐射系数 ε。

(4) 检测时要力求有最佳的大气透过率。

(5) 检测时,要将外界的热干扰降至最小,如天空、背景等。

四、电力设备红外检测方法

1. 被检设备分类

(1) 设备普测——普遍而全面的红外检测。

(2) 新投运设备的检测——检查基建安装质量和做出"基础热像图谱"。

(3) 运行工况不良的设备。

(4) 停电试验中发现的不良设备或与历年试验数据有较大偏差的设备。

(5) 检修后的设备。

2. 注意事项

(1) 检测时应力求避开雨、雪、雾、大风和强光(阳光和灯光)的干扰,以使检测结果准确。

(2) 检测地点应选在与被检设备面尽量垂直相对处,距离尽量近,固定不变,即历次检测应定方向、定距离、定高度,且力求背景热辐射均匀,减少热源干扰。

(3) 检测时,应选择适宜的温度范围和温度分辨率,使设备的热异常信息不丢失和分辨力最佳,以便于诊断。

(4) 记录检测时设备的电压、负荷、环温及风力情况;除记录热异常的设备热像或温度值外,还应记录相同工况正常设备的热像或温度值(如三相中的它相,或同一回路的同型设备)。

第四节 电力设备故障的红外诊断技术原理及方法

一、电力设备故障的红外诊断基本原理

1. 电力设备与发热升温有密不可分的关系

电力设备在正常运行时,与发热升温有着密不可分的关系,在其故障发展和形成过程中,绝大多数都与发热升温紧密相连。

对于电力设备到处可见的导线和连接件,电力设备的很多裸露工作部件,由于在成年累月的运行中,受环境温度变化、污秽覆盖、有害气体腐蚀、风雨雪雾等自然力的作用,再加上人为设计、施工不当等因素,均会造成设备老化、损坏和接触不良,必将导致介质损耗增大,漏电流增大和接触电阻的增大,从而引起相应的局部发热而温度升高,若未能及时发现而不能及时制止这些隐患的发展,其结局会是因恶性循环而引发连接点熔焊、导线断裂,甚至设备爆炸起火等事故。

对于处在设备外壳内部的各种部件,如导电回路、绝缘介质和铁芯等,当它们故障时也会产生不同的热效应,基本包括下面几种:

(1) 导电回路的接头、连接件和触头,因接触不良造成过度发热,其发热功率 $P=I^2R$,R 为接触电阻。

(2) 绝缘介质老化、受潮后,其介质损耗增大,则发热功率增大,此时发热功率 $P=U^2\omega C\tan\delta$,其中 C 是介质的等效电容。

(3) 铁芯和可导磁部位因绝缘不良、设计结构不当,而造成短路和漏磁,形成局部涡流过热。

(4) 电压型设备因内部元器件缺陷,引起电压分布异常,其相应的发热功率也将发生改变。

(5) 设备内部缺油时会产生两种不同的热效应。一种是缺油时造成绝缘强度降低,而引起局部放电,导致发热,另一种是缺油的油面处,由于上下介质不同,它们的热容系数相差很大而造成热场分布存有差异,这种状态为红外诊断设备内部的真实油面提供了条件。

2. 故障发热对电力设备的危害

设备故障而发热异常,致使设备温度升高,且超过正常值,就设备材料而言,它的强度、稳定性、导电性或绝缘性能都会降低;同时,随着承受高温的时间增长,其各种有关性能将变得越差。最终会导致设备的部分功能或全部功能失效。

电力设备中使用有大量的各种金属材料,金属在高温状态下工作的主要失效形式是蠕变。顾名思义,蠕变产生的变形特点是先由极微小的变形而逐步累积,渐渐变到一种缓慢稳定变形,在这个过程中,人们往往不易察觉。当此后接着出现的加速变形直到断裂破坏时,欲想补救为时已晚。如在输电线路上的导线,要受各种大自然的力、电动力和自重力的作用,其接头或连接件若因缺陷而在较高温度下长时间运行时,它的抗拉、抗压、抗弯强度将越来越低,接头和邻近

的导线就会渐渐产生变形,引起接触电阻进一步增大,温度再进一步升高,因而加速了导体的变形和强度的下降。此时,若突然遇到外力的侵袭,必然引起导线的加速断裂。这样的实例在运行中并不鲜见,如在线路巡视中,曾出现过似乎表面上还无异常的接头,突然断线的事故;而锅炉水冷壁管蠕胀爆破的发生也是电力生产之大患。

在电力设备中另一大量使用的材料是各种绝缘介质材料。绝缘介质的寿命随温度升高而下降,这些可从它的物理和化学特性上表现出来。如绝缘变色、变黏、变脆、变硬,甚至开裂、碳化而完全失效。如经常进行的绝缘油色谱检测,就是通过绝缘受热后产生的化学分解产物来诊断设备内部的过热情况;在设备故障后的解体检查中,也可经常看到绝缘油颜色变深,或绕组绝缘漆变黑,或绝缘垫呈深色并失去弹性,绝缘油中出现大量炭末,甚至绝缘瓷套开裂爆炸等恶性事故也并不少见。我们还可以从对各种绝缘材料划分等级的依据是"温度"来看,表2-9-4-1表明"温度"的高低是决定绝缘介质寿命的关键。一般可以认为,当材料的工作温度超过它的允许温度10℃左右时,绝缘材料的寿命将降低到原来寿命的一半左右。

表 2-9-4-1 绝 缘 材 料 等 级

绝缘等级	O	A	E	B	F	H	C
工作温度/℃	90	105	120	130	155	180	180

3. 红外诊断电力设备故障的基本原理

掌握设备在正常运行状态下的发热规律及其表面温度场的分布和温升状况,以此为根据(此时的设备热像可称为"基础热像"),结合设备结构及传导热能的途径,进一步分析各种设备缺陷及故障状态的热场及温升,再参考其他检测结果,就能较好地对设备有无内部或外部故障进行诊断。

设备故障可分为两大类,即外部故障和内部故障,其基本特征如下:

(1) 外部热故障的特征。它以局部过热的形态向其周围辐射红外线,各种裸露接头、连接件的热故障,其红外热像图显现出以故障点为中心的热场分布。所以,从设备的热图像中可直观地判断是否存在热故障,根据温度分布可准确地确定故障的部位。

(2) 内部热故障的特征。它的发热过程一般都较长,且为稳定发热,与故障点接触的固体、液体和气体,都将发生热传导、对流和辐射,其中与其相连接的导体,即是良好的导热体,从而将有很多与设备外壳相距不很远的内部故障所产生的热量,不断地到达外壳,改变了设备外表面的热场分布。因此,从设备外部对其相关部位进行红外热像监测分析,是可以诊断出大量设备的内部故障。

二、电力红外诊断方法

发展到目前为止,电力设备采用红外诊断故障的方法,基本可归结下述5种。

(一) 温度判断法

这种方法是遵照已有的标准,对显示温度过热的部位按《交流高压电器在长期工作时的发热》(GB 763—90)中的有关规定进行诊断。这种方法可以判定部分设备的故障情况,但还没能充分表现出红外诊断技术可超前诊断的优越性,下述的"相对温差"法就可弥补温度判断法的不足。

(二) 相对温差法

此法是为排除负荷及环境温度不同时对红外诊断结果的影响而提出的。当环境温度低,尤其是负荷电流小的情况下,设备的温度值并没有超过 GB 763—90 的规定,但大量事实证明此时的温度值并不能说明该设备没有缺陷或故障存在,往往在负荷增长之后,或环境温度上升后,就会引发设备事故。故对电流型设备还可采用"相对温差"法来判别故障存在与否。

"相对温差"是指设备状况相同或基本相同(指设备型号、安装地点、环境温度、表面状况和负荷电流等)的两个对应测点之间的温差,与其中较热测点温升的比值,其数学表达式为

$$\Delta\tau(\%) = \frac{\tau_1 - \tau_2}{\tau_1} \times 100(\%)$$

式中 τ_1——温度较高测点的温升,K;
τ_2——温度较低测点的温升,K。

通常,当 $\Delta\tau \geqslant 35\%$ 时,就可以诊断该设备存在缺陷,应予以跟踪监测,必要时要安排计划检修。

(三) 同类比较法

同类比较法是指在同类设备之间进行比较,所谓"同类"设备的含义是指同一回路的同型设备和同一设备的三相,即它们的工况、环境温度及背景热噪声相同可比时的同型设备,通常也称作"纵向比较"和"横向比较"。具体做法就是对同类设备的对应部位温度值进行比较,可以比较容易地判断出设备是否正常。在进行同类比较时,要注意不能排除有三相设备同时产生热故障的可能性,虽然这种情况出现的概率相当低。同类比较法适用范围广,包括电流型和电压型设备,也包括对内、外部故障的诊断。

(四) 档案分析法

档案分析法就是将测量结果与设备的红外技术档案相比较而进行分析。它更有利于对重要的、结构复杂的设备进行正确判断。这种方法的基础是要为被诊断的设备建立红外检测技术档案,在诊断设备有无异常时,可分析该设备在不同时期的红外检测结果,包括温度、温升和温度场分布有无变化,掌握设备发热的变化趋势,同时还应参考其他检测结果,如色谱及 tanδ 等的变化情况,进行综合判断。

(五) 热像异常诊断方法与判据

1. 发电机定子线棒接头焊接缺陷的诊断

诊断方法有两种,即外施电流法和直接测量法。

(1) 外施电流法。外施电流法的应用时间,可以在机组交接验收试验时、大修前后转子吊装前或转子抽出后进行。该方法适用于各种型式的机组。

具体实施时,根据情况可外施直流或交流电流,直流源一般多采用直流电焊机,也可使用备用励磁机;电流值以达机组额定电流值一半以上为佳,若受条件限制,当环境温度较高时可酌情减小;电流的增加应分段进行,以 10%~20%额定电流值的梯度上升,时间间隔 20~30min;在电流增加的过程中,应注意监视机组铁芯、线棒和接头的温度不要超过85℃;当绕组温升达稳定时,对所有线棒接头进行红外测温记录。检测完成后将电流分段减小至零。对检测结果处理分析并诊断,对被诊断为有缺陷的接头进行解体细查,待修复后再行复测。

在采用外施电流法时,若无条件抽出转子时,要采取措施使转子无剩磁;试验环境应无明显的对流通风和各种干扰

热源。

(2) 直接测量法。采用直接测量法时，可在机组温升试验后、短路试验后、大负荷运行停机后和故障停机后立即进行。这种方法只适用于大型水轮发电机。

实施方法是在机组停机后，尽快进入机组内部，根据停机前的工况和停机后机内的环境温度设定一个检测用最低温度，以快速找出线棒接头的高温点，并及时记录。

定子线棒接头质量缺陷判断方法如下：

(1) 直方图法。直方图法是在诊断时，将红外测温数据处理为直方图，对于温度值呈连续分布的接头，可被诊断为正常，对于温度值远离连续分布区域的接头，可诊断为有缺陷。该法适用于线棒接头结构一致的机组。

(2) 数据统计法。数据统计法用于接头结构型式复杂的机组，如大型水轮蓄能机组。诊断时要首先根据接头结构分类统计测温结果，去掉最高温度值和显著高于大多数接头的温度值，取剩余的温度值进行加权平均，取得平均温度值 $\overline{T}$，当接头温度高于 $\overline{T}+\Delta T$ 时，可判定该接头有缺陷。对于 ΔT，将因外施电流值大小不同而异，也因接头有否绝缘而异。根据普通型和蓄能型水轮发电机及汽轮发电机定子线棒接头质量缺陷的成功诊断，对于包有绝缘的称绝缘接头，而在修理中未包绝缘的接头称为裸接头。大型发电机组的线棒接头绝缘结构，都采用绝缘盒填充绝缘后套装在接头上构成，故在施工中会造成盒内绝缘层厚度十分不均，因而带有大小不同的空气间隙，故施工工艺不良将造成绝缘接头的绝缘层上降温效果差异很大，传导到绝缘头表面的温度也将形成很大的差别，根据实践经验，初步认为 ΔT 值有下述规律：

当 $10\%I_N < I_{ws} \leq 50\%I_N$ 时

绝缘头 $2K < \Delta T \leq 10K$

裸 头 $1K < \Delta T \leq 5K$

$I_{ws} > 50\%I_N$ 时

绝缘头 $\Delta T > 10K$

裸 头 $\Delta T > 5K$

(3) 渐伸线辅助判据。当采用外施电流法进行诊断时，由于绕组有个逐渐传热和升温的过程，因绝缘接头的绝缘厚度显著大于线棒渐伸线的绝缘厚度，线棒导体部分传热极快，对于带有缺陷的接头，其产生的热量在没有传至自身的外表面前，早已使自身相应的渐伸线绝缘表面温度升得更高些。据此，可辅助判定带有缺陷的接头在何部位。

2．机组定子铁芯绝缘缺陷的诊断

采用铁损试验法，可在机组交接验收试验时，在修理、更换或重新组装铁芯后和在基建安装中，均可对定子铁芯绝缘缺陷进行诊断。

具体做法是在做铁损试验时，应用热像监测铁芯温度场，在试验结束前记录所有铁芯的热像，而后进行热像处理，提取相关温度数据，判据可依照《规程》(DL/T 596—1996) 表1第10项执行，即在1T的磁密下，齿的最高温升不大于25K，齿的温差不大于15K；对于运行年久的电机可自行规定；但现在不少的诊断实例说明，在铁芯磁密为1T的工况下，不足以发现铁芯绝缘的很多缺陷，根据制造厂家提供的数据，该数值可适当提高到1.2～1.4T。

铁芯的热像特征一般分为三类。完好的铁芯热像，其温度分布均匀，下线槽与铁芯齿清晰成像，对于一般正常的铁芯，热像中虽有热点和偏热区域，但槽与齿仍可辨，且其温升在允许范围内。而带有缺陷的铁芯，其热像显示槽齿不辨，温升和温差都超出允许范围。

3．电刷和集电环缺陷诊断

在对机组的电刷和集电环进行红外诊断时，其检测时间以机组满负荷时为宜，判别依据首先按标准 GB 7064、GB 755 执行，其温升应符合本身所采用的绝缘等级或邻近绕组所采用的绝缘等级，一般的温升限值为80K，温度限值为120℃；为防患于未然，充分发挥红外诊断的优势，当检出温升和温度均未超过上述限值时，对于温度分布不均的电刷，应去掉明显的高温值取平均温度值，对于超过平均温度30K的电刷，应视为不合格。

4．机组端盖、轴承过热及冷却系统堵塞的诊断

对于机组端盖因漏磁造成的局部过热，轴承故障而局部发热和靠近机壳的冷却系统局部堵塞，热像检测均可准确定位。

5．变压器内部热故障的诊断

由于变压器内部结构十分复杂，传热途径多样，当其内部产生过热故障时，仅仅依靠红外检测这种单一手段进行诊断，肯定是相当困难的。但对于那些比较接近设备外壳，或传热途径较为简单、直接的部位发生过热故障时，还是很有可能利用热像诊断的，可以结合油色谱的分析结果，有针对性地对变压器整体进行温度分布的检测。根据热像检测结果可分部位分析，从上到下进行，先从套管及其引出线接头到升高座、三相分接开关、箱体各个部位及散热器等，一一采用相间比较法和档案分析法进行诊断。进行初步诊断后，可根据情况处理，必要时可停运放油，进入变压器内部观察以准确定位故障；也可以采取吊罩后进行空载和短路试验，并用热像再检测的方法进行进一步确诊。

6．变压器（电抗器）壳体涡流过热

由变压器或电抗器内部磁通泄漏，在其外壳上产生涡流损耗而局部过热，它们的热像特征是以漏磁通穿过壳体而形成环流的区域为中心的热场分布。

7．变压器套管缺陷诊断

变压器套管的内部缺陷一般有三类，一类是因其绝缘不良而使 $\tan\delta$ 增大，其热像显示本体温度高于正常相；第二类是套管内部接触不良，造成接触电阻过大而过热，引起将军帽局部发热；第三类是因套管泄漏或注油时气未排净而造成的缺油现象，其热像显示是在无油处温度偏低，且可显示缺油界面。

8．变压器冷却系统阻塞的诊断

变压器冷却系统中阻塞故障，可在热像图上直观显示，受阻两侧温度场明显有异。

9．少油断路器动静触头接触不良的诊断

少油断路器动静触头接触不良的故障，其热像特征显示为顶帽下部温度 T_d 最高，下法兰的温度 T_f 次之，瓷套温度 T_c 最低；在进行相间比较时，若温度比正常相相差高10K的应判断为有缺陷。

10．少油断路器中间触头接触不良的诊断

少油断路器中间触头接触不良时，其热像特征是其下法兰温度 T_f 最高，T_c 最低，即表现为 $T_f > T_d > T_c$，相间温差也不应大于10K。

11．少油断路器静触头基座接触不良的诊断

当少油断路器的静触头接触不良时，此时热像显示其顶帽中部温度 T_d 最高，而下法兰与瓷套的温度接近，但仍高

于瓷套温度，即为 $T_d > T_f > T_c$，相间温差也不应大于 10K。

12. 多油断路器动静触头接触不良诊断

多油断路器动静触头接触不良的热像特征是油箱上部温度高。判定无缺陷的标准是通过相间比较，温差不应大于 2K。

13. 电磁式电压互感器内部故障诊断

电磁式电压互感器内部故障包括铁芯绝缘缺陷、绕组绝缘缺陷及绝缘介质缺陷。在正常情况下，总损耗很小，其温升也小，故相间温差也很小。若不考虑环境风力的冷却作用，35kV 及以上的设备，它们相间的温差不会超过 2K，若考虑微风的冷却作用，相间温差还要更小。在进行红外诊断时，可采用相间比较法，同时还应与其他检测手段配合诊断；对于绝缘油不足的缺油现象，热像可清晰显示。

14. 电容型电压互感器内部故障诊断

电容型电压互感器的内部故障包括电容器内部缺陷和中间变压器内部缺陷。它们正常的热像特征是三相温升与温差都不大，本体温度分布均匀，不应有局部过热现象。其内部故障的诊断采用相间比较法，电容器部分可参照《规程》对耦合电容器的要求进行，中间变压器部分可参照上述的电磁式电压互感器，即相间温差（对于 35kV 及以上的设备）不应超过 2K。

15. 电流互感器内部故障诊断

电流互感器的内部故障主要是内部连接接触不良和绝缘介质缺陷两类。当设备正常时，热像特征是三相温升温差均很小，当不考虑外部风力对流冷却的作用时，对于 35kV 及以上的设备，其整体最大相间温差只在 1.3K 左右，而实际运行的户外设备，由于微风对流经常存在，故其相间温差更微小。故在诊断电流互感器内部是否存在绝缘缺陷时，仍采用相间比较法；若内部连接接触不良时，可能引起温升，导致其相应的局部表面过热，可达数十度，考虑到互感器顶帽内外部温差可能达 30～45K，所以判断电流互感器内部连接不良的最高外部温度值应在 55℃ 以下。

16. 避雷器故障诊断

避雷器的型式较多，但不论是普阀式、磁吹式还是金属氧化物避雷器，在正常运行时它们都有轻微发热的元器件，前两者是间隙并联电阻，后者是氧化锌元件本身。尽管因电压等级不同，串联元件数目不同，且各种元件结构相异，但它们的热像特征还是有共同之处的。在正常运行时，它们的发热量都不大，特别在户外自然冷却条件下，避雷器本体温升很小，比周围环境温度高的很少，其热场分布均匀，同一相设备的温度相当均匀，或呈现上下两端温度稍偏低，而中部稍高的现象，但总的最大温差仅在 1K 范围内，相间的温差也很小。当避雷器内部存在缺陷时，如元件老化、受潮或并联电阻断裂，则避雷器整体的热像将会出现异变，其热场温度分布出现不均匀，温差增大，温升也显著增高，故障相的最低温度比正常相的高，可能比正常相的最高温度还高，有局部过热或局部温度过低的反常现象。据此，可判断设备存在缺陷，其缺陷严重的程度将与其温度分布不均匀度成正比关系，即温差越大的，其故障也严重，使用寿命也越短。

17. 电力电容器内部故障诊断

电力电容器用途多、种类多，但按其结构可分为两大类，一类为铁壳封装的扁方体，其介质损耗功率较大，表面温升较高，它的热像特征是最高温度分布在大侧面的 2/3 高度处；另一类为瓷套封装的圆形体，介质损耗因数小，温升不高，其最热温度是接近顶部，当串接后，它们的温度分布是上节低，下节高，判别缺陷的方法用相间比较或同类型设备比较法，它们相对应部位的温差应在 1.5K 左右或更低，耦合电容器也属此类型；当耦合电容器上、中部出现明显的温度梯度时，很可能是内部缺油。

18. 电缆内部故障的诊断

电缆内部缺陷包括绝缘不良和导体连接接触不良两种，它们的热像特征都是缺陷的相应外表面部位过热，或是整体过热，或是局部过热。诊断方法是用相间比较法来确定缺陷部位，还可以用电缆允许的最大温升值来判断其失效与否，如表 2-9-4-2 所示。

表 2-9-4-2　　　　　　　　　　电缆允许的最大温升　　　　　　　　　　单位：K

电缆类型	油浸渍绝缘		充油	交联聚乙烯	橡皮
	10kV 及以下	20～35kV			
铠装	20	15	25～30	30～40	20
无铠装	25	20	20～25	25～35	25

19. 瓷绝缘故障诊断

瓷绝缘一般分为瓷绝缘子和瓷绝缘支柱两类。

正常的瓷绝缘子串的发热很小，它的热分布与其电压分布规律相同，呈不对称的马鞍形，即在绝缘子串的两端部温度偏高，向串的中间逐渐减低，温度是连续分布，相邻绝缘子间温差极小，不超过 1K；当绝缘子的性能劣化后，它的绝缘电阻减小，当绝缘电阻降为 10～300MΩ 时，称为"低值绝缘子"，当绝缘电阻降为 5MΩ 以下时，称为"零值绝缘子"。对于低值和零值绝缘子，由于它们的绝缘电阻值不同，绝缘子串的电压分布将发生变化，毫无疑问，其发热规律也有相应改变。低值和零值绝缘子热像的一般规律是：低值绝缘子热像特征是钢帽温度较高，相邻片间温差要超过 1K；零值绝缘子的热像特征是显示钢帽温度偏低；而当绝缘电阻值介于在 5～10MΩ 之间时，此时的热像显示往往与正常状态的绝缘子不易区别，也可称此时为"检测盲区"，应引起关注；对于污秽瓷绝缘子，它的热像特征表现为瓷盘表面温度偏高。

正常瓷绝缘支柱的热像特征是上部温度较高，下部温度较低热场分布均匀；当支柱绝缘劣化时，其热场分布将发生改变，如可能出现上低下高的温度分布。

20. 导流元件和设备外部故障的诊断

导通电流用的连接件在电力系统中占有极其重要的地位，包括各种电力设备的引出线连接件。导通电流的元件设备也很多，如各种导线、母线、隔离开关、熔断器、穿墙套管、阻波器等，它们的结构都很简单，其发热机理主要是由于导体接触不良引起，绝大部分均属于外部故障，即使有外壳封闭遮挡，但诊断都属直观简洁，即它们的过热部位就对应于其故障部位，可一目了然。判断故障严重性的方法有"温度判断法"和"相对温差判断法"。

此外，设备外部故障还有穿墙套管支撑板设计不佳造成涡流过热，阻波器内避雷器劣化，电抗器支持瓷柱地线未开口等设计缺陷造成过热，红外诊断定位极其方便；至于保护和控制回路中也存在大量因接触不良引起的过热，热像显示十分明确，可采用温度判断法立即确诊。

第五节 国内电力红外诊断技术应用百例

红外诊断技术在我国电力系统中的应用已取得显著实效，1997年华北电力集团公司制订了《电气设备红外检测诊断制度及方法》，电力行业标准《带电设备红外诊断技术应用导则》也将问世，整个电力系统从科研试验到发电、输电和供电部门，都采用了低、中、高各档次的红外检测手段，进行了大量成功的现场检测及诊断，为我国电力生产的安全经济发挥了独特的作用。

我国各个地区和部门先后应用红外测温仪、红外热电视和红外热像仪，检出大量故障、缺陷，本节列举红外诊断技术应用一百例，以作借鉴。

红外测温仪应用20例如下。

所列应用实例分布在58个发电厂和变电站，检测诊断出故障、缺陷共180处。

1. 110kV变压器出口穿墙套管接头过热的准确诊断

某110kV变压器出口穿墙套管A与B两相温度正常为27℃，而C相温度高达170℃，对此隐患及时消除，确保了变压器的安全运行。

2. 低压接触器过热诊断

某变压器冷却用低压接触器过热达91℃，经及时处理，避免了变压器可能发生故障而引起系统解列的严重后果。

3. 母线隔离开关过热诊断

河北省某列车电站在某天用红外测温仪查出母线隔离开关过热达200℃以上，紧急消缺，避免了一次随时可能突发和恶性停电事故。

4. 少油断路器异常发热诊断

北京某热电厂一台少油断路器异常发热，经多次处理主触头均未奏效，经用红外测温仪进行人工扫描式检测，准确定位热故障在辅助触头，从而顺利排除事故隐患。

5. 隔离开关刀闸嘴高温过热诊断

华北电网某电厂380V厂用电设备采用红外测温仪普测，环境温度14℃，检出0号变压器的隔离开关A相刀闸嘴温度高达209℃，B相和C相分别为102℃和97℃，而同回路的另一台隔离开关的相应部位温度仅为43℃、51℃和42℃，在相同负荷下、相同型号的设备，而发热相差甚远，采用同类型比较法说明前述设备三相均有缺陷，只是其A相更严重。目测可见，该过热刀闸嘴已呈黑色，人站在绝缘垫上已无法用手触摸，当即决定停电处理，保证了机组的安全运行。

6. 发电机电刷过热诊断

华北某电厂用红外测温仪监测发电机电刷架及引线温度，发现其中一个电刷为102℃，其他仅为45～51℃。经调整电刷弹簧压力，清扫滑环，经2h运行后复测，各电刷温度已均匀为45℃左右。

7. 电动机轴承过热诊断

华北某热电厂用红外测温仪监测电动机轴承。某台送风机电动机的轴承曾发生过严重损坏事故。在一国庆节期间，红外检出该轴承温度高出正常值10K，采取跟踪监测，结果未见其温度有突变现象，但呈有规律的变化，故决定连续监测，坚持运行到国庆节之后停机检查，解体后发现轴承花篮有磨损，但损坏并不严重。

8. 厂用电设备过热诊断

北京某热电厂用红外测温仪普测6kV和380V厂用电设备13台，发现19处不同过热隐患，紧急处理5处，经复测均达正常，其余几处已制订维修计划。

9. 断路器触头过热诊断

华北电网某供电公司检出SW2-35型断路器C相桶温达50℃，环境温度20℃。经解体检查，发现断路器触头因过热烧毛、绝缘杆已变色。

10. 隔离开关高温过热诊断

红外测温仪检出一台隔离开关C相一处温度达120℃，当即80℃蜡一试就熔化。在检修时看到该设备上帽子铜带已被全部烧断。

11. 对设备接头缺陷诊断

华北电网某供电公司充分发挥已有红外测温仪的作用，将距离系数大小不同的三台仪器，根据各自特点，取其长处综合利用，对全公司所属21座变电站，在春秋雨季用电高峰期进行了接头红外检测，共测8600多个接头，发现缺陷75处，都进行了及时的处理。

12. 穿墙套管外接头高温过热诊断

华北某变电站，检出215穿墙套管外接头温度为144℃。解体检修时发现其接触面呈氧化状态。

13. 断路器接头高温诊断

华北某变电站，检出318断路器C相接头温度高达402℃，系由接头铜铝过渡不良引起。

14. 电流互感器接头过热诊断

华北某变电站检出301电流互感器A相接头温度为203℃，检修发现是连接紧固螺母松动造成过热。

15. 变压器套管接头过热诊断

华北某变电站检出#2主变压器10kV侧套管A相接头温度为202℃，也是由于紧固螺母松动引起。

16. 电流互感器内部缺陷过热诊断

华北某变电站检出#3电流互感器C相电源侧接头温度为87℃，怀疑是接触不良造成过热，经处理后复测该接头温度仍达86℃，说明没有查到故障源，故用红外测温仪进行人工扫描检测，发现最热点在电流互感器一次引出线的根部，诊断为内部缺陷引起发热。经解体检查，见其内部接头已烧损，油已变成黑色，根据检测结果，决定更换这台设备。

17. 断路器接头过热诊断

华北电网某变电站查出302断路器的三相接头温差较大，分别为A相18℃，B相54℃，C相17℃，虽然B相温度没有超过70℃，但考虑相间温差显著，故诊断B相存有缺陷。后经停电检查，发现B相接头已氧化。

18. 隔离开关接头过热诊断

华北电网某变电站查出302隔离开关三相接头温度如下：A相为5℃，B相为59℃，C相为6℃，相间温差相对很大，诊断B相接头有缺陷。后停电检查，发现该设备触头上的弹簧已松动，造成接触不良而发热。

19. 发变电所设备过热诊断

某省四个电厂和三个供电局利用红外测温仪，自检9个220kV变电站、17个110kV变电站，查出各类故障35处，对严重过热都做了及时的消缺处理。

20. 红外测温仪与热像仪配合使用对空气开关静触头端部过热诊断

某局变电工区用红外测温仪查出一台空气开关的触头温度升高达93℃，为进一步细查，又采用热像仪检测，发现了静触头端部温升最高已达113℃，最后仍用便携的红外测温仪监测静触头端部温度，并采取措施在减少停电和保证设备安全的前提下，完成了缺陷处理。

应该指出，在红外测温仪的使用中，应对辐射系数的选择进行校正，以使测温结果更为准确。下面介绍一种使用接触式温度计校正辐射率的试验，如表2-9-5-1所示。其中t_1为接触温度计测出的真实温度，t_2是红外测温仪在选择不同辐射率时所指示的温度值。

表2-9-5-1　　　　辐射率选择校正试验记录（试品：铝管母线）

辐射率设定值	1号温度计/℃			2号温度计/℃		
	t_1	t_2	t_1/t_2	t_1	t_2	t_1/t_2
0.3	78	94	0.83	93	103	0.89
0.4	77	81	0.95	92	97	0.95
0.5	76	70	1.09	91	83	1.10
0.6	75	61	1.23	88	69	1.28
0.7	75	55	1.36	87	61	1.43
0.8	74	55	1.35	85	52	1.63
0.9	73	44	1.66	84	48	1.75
1.0	73	43	1.70	84	44	1.91
0.45	78	79	0.99	80	76	1.05

红外热电视应用10例如下。

近10年来，国产红外热电视有了长足的进步，不仅价格较进口的同类产品低廉，且性能及售后服务方面有了显著的改观，为我国电力系统作了大量的工作，下述应用实例分布于170个局（厂）的变电站，检出缺陷故障近800处，证明其实效是很好的。

21. 配合预防性试验，为检修提供准确依据、为安全运行提供保证

某电业局应用红外热电视对所属39座变电站、3个开闭所和2条配电线路进行了全面检测，其中仅接头数量达7万个。检测结果不仅发现接头的缺陷和故障点383处，而且查找出了一次设备本体的故障，避免了不止一起的设备爆炸或停电事故。

其中383处过热的温度分类如下：

　　＞100℃　146处　　占比例为38%
　　＞80℃　 104处　　占比例为27%
　　＞70℃　 103处　　占比例为27%
　　异　常　 30处　　占比例为8%

其中"异常"系指温度小于70℃，但三相中有一或两相显著高于正常相者。

22. 为设备过渡到状态检修做好前期准备工作

南方某市区供电局应用红外热电视，为设备的状态检修进行前期准备，特制订具体措施如下：

（1）开展定期检测，建立专用档案，结合运行巡视、夜巡等，每月或每季进行一次全面的检测。

（2）利用建立的专用档案，提出设备隐形缺陷的参考意见，列入计划检修消缺。设备检修必须附红外检测记录。

（3）对普测中发现的接点热点，在检修时要做好接触电阻测量工作。如果热点接触电阻大于正常值的2倍，要求检修后增加接触电阻的测量工作。

（4）对有特殊任务的设备，应进行全面的红外热像检测。

23. 全面检测、查出多处故障

全面检测、查出多处故障是电力生产实现状态维修中，较理想和快捷的手段，对及时发现和控制故障、预防事故的发生，可以起到较好的作用。

南方某省为保安全供电而应用国产热电视，对省内四个地区的20个局（厂）的1座500kV、35个220kV、80个110kV变电站进行全面检测，查出各类故障300处，其中包括220kV主变压器套管、220kV和10kV开关内部、110kV和220kV线路阻波器、220kV电流互感器、10kV和35kV补偿电抗器、10kV电容器本体，以及隔离开关触头、接头等。

24. 隔离开关引线接头过热诊断

华北地区某变电站检出114A相隔离开关西侧上引线接头温度为101℃。在预防性试验后的解体检修中发现该接头烧熔严重，引线已烧断数根，即将断裂。

25. 电流互感器接头高温诊断

华北地区某变电站检出522断路器的电流互感器的上、下接头温度高达200℃以上，且互感器本体温度也很高，决定停电检修，经连夜拆换时发现互感器本体瓷瓶已过热烧裂。分析原因，该站是1971年投运，设备陈旧，且长期大负荷甚至超负荷运行，造成设备接头加速老化而严重过热，高热波及设备本体而损坏。

26. 普测过热诊断

华中某供电局应用国产热电视对所属9个变电站、2条110kV线路及有关电厂、供电局的设备进行了普测，共发现过热缺陷71处，其中达200℃以上的有3处。

27. 套管缺油诊断

在某电厂检出1号主变B相110kV套管上端部20cm区

段内温度偏低为22℃，而A、C两相的相同位置为24℃，判定B相套管缺油。经检修人员在停电后打开帽盖检查证实诊断正确。

28．套管将军帽温度热场极不相同的诊断

在某变电站检出1号主变110kV套管将军帽的温度热场极不相同，A相为25℃，B相为46℃，C相为44℃。经停电检查发现A相套管油位确在将军帽以下位置。

29．断路器三相本体温度差异的诊断

在南方某变电站检出其分段断路器的三相本体温度相差较大，A相为53℃，B相为63℃，C相为84℃，判定B、C两相内部故障。经检修解体发现B、C两相触头严重接触不良（主变压器油温计39℃）。

30．断路器本体温度差异的诊断

南方某变电站检出一台断路器本体温度有异，A相为36℃，B、C两相为22℃，诊断A相内部触头接触不良严重（主变压器油温计57℃）。

红外热像仪应用70例如下：

热像仪应用诊断实例按电力设备分类叙述如下：
(1) 旋转电机（31～40）。
(2) 变压器（41～53）。
(3) 断路器（54～60）。
(4) 电压互感器（61～67）。
(5) 电流互感器（68～74）。
(6) 避雷器（75～80）。
(7) 电力电容器（81～87）。
(8) 电力电缆（88～90）。
(9) 线路（91～92）。
(10) 其他（93～100）。

31．检测水轮发电机定子线棒接头质量

西北某大型水电厂在1988年对1号机的1080个接头用热像仪逐一检测，发现41个接头温度偏高，其中温度最高的是C相上部394号和下部247号两个接头。该结果与预防性试验的直流电阻相间差值相对应，故决定在停电时对该二接头进行处理。

该厂对2号机的接头焊接质量也进行了鉴定测试。该机曾经将接头全部用中频银铜焊接。发现部分质量心中无数，为此采用升温后热像仪检测，通过热像仪可以看到接头前后上下部位的最热点，同时采用压降法测电阻，从而准确找出接头焊接不良之处。

32．诊断大修中的蓄能机组定子接头焊接质量

华北电网某蓄能电站2号机组，在其投运实际运行时间累计几个月时，突然出现短路着火恶性事故，机组损坏严重。在大修中定子部分绕组接头未包扎绝缘的状态下，决定采用热像仪检测，以早期诊断接头焊接质量优劣。

该机组结构是由两套绕组组成，轮流作为发电机和电动机使用，因此它的接头型式相当复杂，大致可分为普通接头和异型接头两类，且因在大修中，故又分成未包绝缘盒的裸露接头和包有绝缘的接头两类，整个机组的接头就呈现了四大类，即绝缘普通接头、裸露普通接头、绝缘异型接头和裸露异型接头，这多种型式的接头使红外诊断难度增大。

检测时对定子绕组外施直流电流的升温，将红外热像仪置于机组轴心位置（转子已抽出），以保证检测距离相同，使测量结果更准确；同时采用两台红外测温仪对接头的其他侧面温度进行检测，为全面获取信息，提高诊断的可靠性。

对检测结果进行分析处理，诊断出8个不良接头，经解体后发现8个接头全部显示过热，内部绝缘填料均变色，其最严重的下部155接头，它的绝缘填料不少已变成炭黑色的粉末，它的4个焊接面都呈严重虚焊状态，连接用的铜条与线棒的侧面多已不接触，线棒的侧面大部分未沾焊锡。根据诊断结果进行了修复，对修复后的接头质量又进行了红外复测，结果证明检修效果明显，原有的故障接头的表面温度都大大下降，下降幅度为4～15K，与正常接头的温度基本一样，从而证实了红外诊断的准确度。

33．准确诊断汽轮发电机定子绕组直流电阻增大的缺陷

华北电网某电厂4号发电机系1975年进口产品，额定电流11321A，多年运行状况良好。在1995年大修试验时，发现定子绕组直阻互差已超标，达2.13%，其中A、B两相正常，C相直阻比1992年大1.57%，净增13μΩ。经大量检测后确认绕组3Y分支与连接板的各个焊点均无问题，则故障缺陷已限定在定子绕组内部。

由于将绕组3Y连接打开，对每个分支路进行测量的工作量不仅大，而且定位缺陷也很困难，恢复工作的难度更大，这样必将大大延误大修工期，故决定采取外施直流法升温，用热像仪检测诊断。

限于外加直流源的容量，绕组仅能通过约10% I_N 的电流，考虑当时环境温度较高，散热较小的情况是有可能检出缺陷的。经通电5h后，热像检测到该机励磁侧55号槽上线棒、时针位置9点钟的渐伸线部分温度已显著高于其他线棒2.5K，此后可见该线棒端部与下线棒的并头部位温度也在升高，较其他端头高出2.5K，当即诊断该端头就是缺陷所在处。

对被诊断为带有缺陷的接头进行解体，发现其内部呈绝缘过热和焊锡流空状态，它的外部发现一大块焊锡瘤，经化验该焊锡熔点相当低。经重焊修复后，重测定子绕组三相直流电阻的互差已减小到0.6%，与历史正常数据相符，后又通入直流测其压降，结果也表明该相缺陷已消除。当重包绝缘后，再用热像仪复测，热像仪结果证明该故障点温升已与正常部位相同。从而避免了这台250MW的发电机在运行中烧毁的事故发生。

34．水轮发电机定子绕组直流电阻不平衡缺陷的确诊

甘肃某水电厂3号机定子绕组直流电阻经反复测量均为不平衡，相间误差为1.39%，而其他同型号机组该值分别为0.206%和0.368%，说明3号机存在隐形缺陷。如前所述，若用常规方法检测，不仅损伤机组，且难度大、精度差，难以满足要求。采用红外热像检测诊断，外施电流为额定值的68%，首先检测疑点最大的 A_2 支路，其次检测 A_1、B_2 和 C_2 支路。各支路的直流电阻值如表2-9-5-2所示。

红外检测结果表明，除 A_2 支路外，其他支路接头的表面温度均在平均温度±10℃温度带内，而 A_2 支路的149～150接头表面温度比 A_2 支路所有其他接头高40K以上，诊断该接头存有缺陷。对该接头剥离检查，发现过热已使绝缘炭化，在6个焊头中有2个接触不良，其中1个焊头的接触电阻为其他4个头电阻平均值的18.4倍。

表 2-9-5-2　　　　　　　　　　支 路 直 流 电 阻

支路直流阻值		A_1	A_2	B_1	B_2	C_1	C_2	环境温度/℃
直流电阻 /Ω	处理前	0.02625	0.02716	0.02625	0.02694	0.02625	0.0269	7
	处理后	0.02582	0.02642	0.02582	0.0264	0.02582	0.0264	14

35. 确诊汽轮发电机定子铁芯损坏程度

东北某电厂 3 号汽轮发电机在运行中一个螺栓掉入定子与转子的气隙中，造成定子铁芯片间多处绝缘损坏。为确诊其损坏程度，在大修前进行铁损试验，由热像监测铁芯温度。该定子铁芯内径 1.1m，长 3.6m，从热像上可见其上有几十处高温区，其中有 10 个部位的温度至少有 232℃，有 5 处温度超过 300℃，从外观可见部分齿面磨光，最后决定该铁芯应全部更换。

36. 确保定子铁芯安装质量

西北某水电厂，在 9 号发电机安装中，发现由 4 瓣组成定子铁芯的 4 个合缝面，有 3 个面不合格，用砂轮打磨清理后安装，为确保质量而采用红外热像检测，而不再用温度计检测。因为若采用接触式温度计测，仅将温度计裸放在风沟中，故测出的温度值必定低于实际温度值，其检测结果可信度不高。利用热像检出了铁芯硅钢片间短路引起的发热部位，再将定子铁芯 4 瓣分开进行检查，证明热像检出的部位与实际的短路情况完全吻合，最终决定重新大返工修理铁芯，从而确保了机组安装质量。

37. 热像检测铁芯绝缘缺陷

热像检测铁芯绝缘缺陷可无疏漏，保证汽轮机组定子铁芯大修质量。

东北电网某台 10 万 W 汽轮发电机的定子铁芯故障停机大修，发现铁芯损坏严重，已有部分铁芯熔化造成片间短路。在大修中对缺陷部位进行反复处理，其效果如何需经在铁损试验中用热像检测来判定。

在进行热像检测中，先对铁芯轴向逐段扫描，对其中较热的部位作重点监视，及时找出过热点，及时进行处理后再检测，经再检测后再处理，直至完全排除铁芯的隐患。

38. 热像检测铁芯绝缘以减少不必要的大修

东北电网某台运行 16 年的水轮发电机，从外观上可见其定子铁芯数处沥青绝缘外溢，为确保质量，又避免不必要的大修，首先用热像检测。红外热像结果显示外观可疑的铁芯部位，温升并不太高，仅为 7.6K，说明整个铁芯绝缘仍良好，不必大修。

39. 检测电机的电刷和滑环

检测某电厂 6 号机的电刷温度十分不均匀，环境温度为 36℃，而电刷最高温度为 185℃，最低温度为 50℃，其间有 152℃和 100℃几种状况，表明各电刷的受力和分流极不合理，亟待调节达平衡。

40. 指导电动机检修

某厂一台供风用的电动机故障，怀疑其定子铁芯故障，制造厂家提出返厂修理，这样做费用高且检修周期必定长。在无备用电机的情况下，为减小对生产的影响，厂内将电机抽出转子后模拟升温，采用热像仪和红外测温仪配合检测，最终准确确定了故障部位，仅用三天的时间进行小修即排除了故障，恢复了正常生产。

41. 变压器内部低压引线故障诊断

东北某电厂采用红外热像仪对一台怀疑内部有故障的变压器进行了成功的诊断。该台设备油色谱检测结果认为有 700℃以上的高温过热故障。用热像从上至下全面观测，结果是它的高、中、低压 9 支套管的温度场都基本正常，而发现中压套管引出线与母线连接的三相都有过热，经分析认定这些过热不是引起变压器内部高温过热的原因。而在变压器的中部，发现其低压侧箱体 C 相的升高座下面有一过热部位，它的表面温度显著高于其他两相相同部位约 10K，综合分析，初步诊断为低压绕组 C 相出线有过热故障。

为了进一步确诊故障，将变压器退出运行，排空变压器油，进入箱体内部检查，发现低压引线的软连接 C_1-X_1 已短路，并烧结在一处，采用绝缘隔离的方法及时消除了故障。

42. 变压器内部过热故障诊断

河北电网在变电站的红外检测中，根据热图的异常，准确诊断出变压器散热器的阀门及气体继电器的油门均未打开的设备内部缺陷，及时消除变压器的事故隐患。

43. 变压器套管内部过热故障诊断

某变电站 2 号主变压器为 220kV，在负荷为额定容量一半时，红外热像检出各相套管将军帽的温度相差很大，A 为 34.7℃，B 相为 86.4℃，C 相为 35℃，诊断 B 相套管内部故障，建议停电检修。解体检修时发现 B 相套管穿缆引线及穿缆头的焊接质量粗糙，有严重的脱焊现象，造成 B 相套管内部过热。

44. 变压器套管将军帽严重过热故障诊断

某台 220kV 主变压器，在其未达额定负荷时，红外检出 A 相将军帽严重过热，各相的同一部位温度相差甚大，A 相高达 204℃，而 B 与 C 相的温度还不到 11℃。决定停电检查，发现 A 相套管穿缆引线与穿缆头的焊接深度仅为标准深度的 1/3，而且在穿缆头下部已有两股引线被烧断。

45. 变压器套管内部漏油故障诊断

某台 220kV 主变压器，油色谱分析乙炔达到 4.4μL/L，总烃为 227.3μL/L，氢为 159.8μL/L，运行半个月后再次跟踪色谱分析，结果是乙炔未降低，原因不明。后决定采用红外热像检测，发现 220kV 套管的温度三相异常，其中 B 相套管上部低于其余两相的上部温度，而 B 相套管的下部温度又高于 A、C 两相的下部，在 B 相套管高度 2/5 处有一明显的分界面。初步诊断为 B 相套管缺油，明显的界面即是套管的油面，它与油枕油面相同，说明该套管已与主变压器油箱联通，它的油已漏到油箱中了。经停电检修，发现 B 相套管下部的密封垫已损坏，导致漏油，经更换后为套管补充油达 20kg；另外，查出其发热原因系由于油气界面局部放电引起。

46. 变压器套管内部缺油故障诊断

西北某电厂 110kV 变压器套管，在 1995 年 7 月检测到 B 相套管本体温度低于其他两相温度约达 6K。分析该设备运行历史，它曾在同年 4 月，为检修其低压侧分接开关而放过油，故初步诊断该相套管存在缺油的缺陷，应安排计划检修。必须检修的依据是，若因套管充油时忘记排气的话，套管内存有气体，气体的临界场强为25～30kV/cm，而变压器油的临界场强可达空气的1～8倍，所以缺油的套管内部绝缘强度的安全系数大大下降，必须尽早补足绝缘油。

47. 变压器套管内部严重渗漏油故障诊断

东北电网某供电局在一次对变电所的红外热像检测中，检出一台主变压器的220kV电容式套管缺2/5的油。在分析中发现，该套管在此前的两个月进行油色谱分析，其乙炔含量已达到4.4μL/L，而追查更早一个月的油色谱分析结果，其中未含乙炔。据上述综合诊断，该套管是在近期出现的严重渗漏油缺陷，决定尽快安排检修。

48. 变压器套管内部严重缺油故障诊断

华北地区某局在1994年进行红外检测时，发现某台变压器110kV电容套管油位显示油位正常，但热像显示该套管严重缺油。经停电检查证实热像诊断结果完全正确，油位计显示为假象，消除了一起事故隐患。

49. 变压器套管将军帽漏油冒烟故障诊断

西北地区某电厂的一台主变压器110kV电容套管，在1994年8月热像检出它的B相将军帽顶部温度高达115℃，但未能引起重视而及时进行处理。两个月后红外跟踪检测，该处温度已上升到172℃，而厂方仍未予以及时处理，自此一个月后该相将军帽处漏油、冒烟，致使主变压器被迫停运。经检修后投运，红外复测该相原故障处的温度已达正常值。

50. 变压器套管内部接头焊接不良故障诊断

西北电网某局的变电站2号主变压器额定电压为330kV，在1995年7月红外检出其110kV B相套管将军帽温度达113℃，而其余两相的温度仅为32.7℃和35℃，当时环境温度为27℃，变压器的负荷仅为额定值的一半。考虑当负荷增大后，该过热处的温度还要进一步升高，很可能引起事故，故决定加强监测并安排计划检修；检修时发现，该相过热原因是引线内部接头焊接不良引起，虚焊是属产品制造工艺不良。

51. 变压器套管穿缆脱焊故障诊断

东北地区某电业局在1995年8月的红外检测中，发现一变电站的2号变压器60kV B相套管将军帽发热达86℃，其他两相为35℃，气温24℃，经停电解体检查，发现其穿缆已脱焊造成内部接触不良。

52. 变压器套管将军帽螺丝未拧紧故障诊断

华东电网某电业局在1994年11月对一变电站主变压器的红外检测中，发现其B相中压20kV套管接头温度约为60～70℃，当时环境温度为15℃，决定停电检查，解体后发现B相套管将军帽内部的并紧螺丝未拧紧，造成接触不良而过热，已出现轻微的熔焊现象。

53. 变压器套管将军帽与接头接触不良故障诊断

西北电网某变电所的2号主变压器，电压为330kV，额定容量为240MVA。在1996年5月的红外热像检测时发现，其中压110kV A、C两相套管顶部将军帽处发热，分别为85℃和104℃，而B相仅为23.5℃，变压器负荷为额定值的1/3，诊断意见是停电检修。检修时发现异常相的将军帽表面油漆已因过热而全部剥离，解体后又见军帽与引线接头的连接螺纹已有烧伤之处。分析过热原因系由于将军帽与接头的连接螺纹公差过大，造成二者接触不良而引起。从对变压器中压绕组在事故处理前后的直流电阻测量结果中，可以证明这点。如表2-9-5-3所示。

表2-9-5-3　　　　　　　　　　　中压绕组直流电阻与互差

相　别		A	B	C	A−B	C−B	标准值
直流电阻/Ω	处理前	108.3	106.3	109.6	1.88	3.10	≤2
	处理后	107.2	106.7	107.0	0.47	0.28	≤2
处理前后差/%		1	0.4	2.5	300	1000	—

54. 断路器中间触头过热故障诊断

南方地区某发电厂升压站的一台220kV断路器，红外热像检测出其中一相的中间触头过热，它在开关外部的相间温差可达30K以上，推测该相内部的触头温度要超过90℃。解体检修时，发现中间触头有严重烧伤，其梅花触头均已被烧熔。

55. 断路器本体发热故障诊断

西北地区某变电站的一台DW3-110G多油断路器，当负荷为额定值的60%时，热像检出B相本体温升达20K。后经解体，发现B相线路侧动静触头严重烧伤，消弧室内提升杆烧伤，固定动触头绝缘套翻卷，消弧室下喷油口变色。

造成多油开关本体发热的主要原因是固定动触头的绝缘纸套已经老化，强度下降，当开关每动作一次时，绝缘套就翻卷一次，这将导致触头压力下降，使行程逐渐缩短而使触头放电，产生大量热。

56. 断路器本体温升不同的故障诊断

西北电网某水电厂在进行红外热像检测时，时值12月，气温低，但一台DW3-110G多油断路器的本体温升不同，各相温升分别为A相2.4K，B相1.9K，C相4.9K，查其当年3月的开关试验记录，各相触头的直流电阻也很不同，表现了本体温升与触头直流电阻有一定的对应关系。如表2-9-5-4所示。

57. 断路器三相温度差异的诊断

华北电网某变电站在进行红外检测时，发现少油断路器三相温度有明显差异，C相最低，A相为25.4℃，B相为28.6℃。由于时值预试停电，在停电后，预试前，当即测出直流电阻，结果说明红外测温结果与开关触头电阻有一定的对应关系。如表2-9-5-5所示。

58. 断路器静触头过热故障诊断

南方某局在1994年8月发现一变电站211号断路器A相母线侧静触头过热，其外部相间温差已达25K，后停电检修，解体后发现该相铝帽内静触头与支持座间的接触面因高温而碳化发黑，静触头的紧固螺丝也已烧熔。

第九章 电力红外诊断技术应用

表 2-9-5-4　　　　断路器本体温升与触头直流电阻的对应关系

测试结果＼相别	A	B	C	测试结果＼相别	A	B	C
本体温升/K	2.4	1.9	4.9	触头直阻/μΩ	2353	1528	10532

表 2-9-5-5　　　　红外测温结果与开关触头电阻的对应关系

测试结果＼相别	A	B	C	测试结果＼相别	A	B	C
温度/℃	25.4	28.6	最低	触头直流电阻/μΩ	205	290	175

59. 断路器整个上帽发热故障诊断

华中电网的某变电站，在红外检测后发现 2 号少油断路器热像异常，它的 A 相南柱北断口整个上帽发热，温度为 87℃，而正常相的相同部位仅为 19℃。从热像分析，高温区处于静触头所在部位，而上帽外部的接头处温度较低，从而可确诊上帽过热系由其内部接触不良引起。从开关内部结构分析，其内部发热的部位是三个电气连接，即上帽与支持座之间、支持座与静触头之间、动静触头之间，根据传热途径分析，三处热源所造成的温度场，其均匀度是有差异的，即前者形成的温度场不均匀度明显，而后两者形成的温度场应是比较均匀的。停电解体检修前，测得该相断口接触电阻是 6550μΩ，而正常值为 126μΩ；解体开关后，可见灭弧室玻璃钢筒上部因过热而由黄变黑，支持座与静触头上部电气连接面已被严重碳化发黑的油污所覆盖，清除油污后可见到两接触面均被烧蚀，此现象表明发热部位的温度至少在 200℃ 以上，而被烧蚀的接触面部位温度应超过 500℃，而断口的其他电气连接部位没有发现过热痕迹。由于该断路器的内部故障被及时确诊、及时停运检修，避免了一起可能发生的爆炸停机事故。

60. 断路器内部绝缘受潮故障诊断

华北电网某变电站，红外检测时发现一台 35kV 开关的套管温度分布异常，时值冬季环境温度很低，套管上部温度近于 0℃，而其中部发热达 14℃。后经停电解体检查，该套管系制造时工艺不良，内部有积水，在运行中积水沿瓷套壁渗透，造成局部绝缘严重受潮而发热。

61. 电压互感器内部温度异常故障诊断

某变电站一台电压互感器，红外成像时发现它的 A 相比相邻 B 相高 2.36℃。停电后测试其空载损耗，结果是温度较高的 A 相是温度较低的 B 相空载损耗的 3 倍，说明铁损是造成温度升高的原因。

62. 电压互感器内部故障诊断

两台铁损基本相同的 35kV 电压互感器，试验证明：tanδ 大的其箱体温度也高，反之亦然，即箱体温度与 tanδ 有着显著的对应关系，如表 2-9-5-6 所示。

63. 电压互感器本体温升故障诊断

两台 tanδ 相同的 110kV 电磁式电压互感器，励磁回路有严重问题的互感器，它的温升比另一台正常互感器的温升高 403K。说明互感器本体的温升与其铁损大小有显著对应关系。

表 2-9-5-6　　　　箱体温度与 tanδ 的对应关系

测量结果＼互感器	tanδ/%	箱体上部温升/K	箱体下部温升/K	测量结果＼互感器	tanδ/%	箱体上部温升/K	箱体下部温升/K
TV₁	0.7	2.1	2.0	TV₂	9.3	3.0	2.4

64. 电容式电压互感器内部故障诊断

华北电网某变电站，一台 220kV 母线电容式电压互感器，经红外热像检测发现其 C 相上节电容瓷套有局部过热点，当时环境温度为 2℃，该处温度为 16℃，又做电气试验，结果表明其介质损耗因数严重超标（tanδ 为 6.4%），决定立即停电更换。对该电容经解体检查，发现其内部电容芯子至引线端子的铜带已断裂，在断裂处放电造成局部过热，内部绝缘油因过热已发黑。此隐患因红外检测得以及时发现，避免了不堪设想的后果。

65. 电容式电压互感器的中间变压器绕组局部短路故障诊断

华东电网某变电站，热像检出一台电容式电压互感器外部铁壳温度达 60℃，而相同型号的设备在其相同部位的温度与环境温度接近，决定停电进行空载试验。空载试验结果说明该互感器的中间变压器部分存在绕组匝间或层间短路缺陷，最后诊断意见是退出运行，更换新设备。更换后的设备经过两个月运行后，再进行热像检测时，又发现新换设备铁外壳温度较其他正常相比，又高出 7~8℃，加强监测至两天后，该互感器出现无电压故障，经电气试验复测证明仍是中间变压器存在绕组局部短路，故再次更换。

66. 电容式电压互感器的中间变压器故障诊断

华北电网某 500kV 变电站，在 1994 年 12 月用红外热像检测，查出一台电容式电压互感器的 B 相中间变压器过热，温度为 13.6℃，而另两相的同部位温度仅为 8℃，温差达 5K 以上，诊断该 B 相中间变压器存有内部缺陷，应适时安排检修。但由于未能引起有关部门的重视，造成缺陷继续发展，在半年后即 1995 年 6 月，该设备在运行中出现保护动作，指示"电压故障"，B 相失压，但开口三角有电压，说明一次设备存在故障，并能明确鉴别出故障部位不在电容部分，应在中间变压器。后退出并解体，发现其中间变压器绕组已过热烧断，内部绝缘油已过热变成黑色。

67. 电容式电压互感器内部电容器故障诊断

华北电网某大型电厂，运行中发现一台电压 500kV 的电容式电压互感器的二次电压差过大，达 10% 以上，其中 B 相二次电压为 66V，而 A、C 两相电压正常，为 59V 左右，致使距离保护退出。在其他手段无法确诊该设备何处故障的情况下，决定采用红外热像检测，检测结果如表 2-9-5-7 所示。

表 2-9-5-7　　　　　　　　　　红外热像检测结果　　　　　　　　　　单位：℃

相别 \ 部位	第一节电容	第二节电容	第三节电容	第四节电容	中间变压器
A	8.6	8.6	7.0	7.0	8.6
B	11.8	8.6	8.6	7.0	8.6
C	8.6	9.4	7.8	7.0	8.6

注　表中电容序数为从下至上。

依据该设备三相共 12 节电容温度场的比较，处于正常状态的最高温度均在 7～8.6℃ 之间，而 B 相第一节电容的最高温度已达 11.8℃，超出正常值 3K 以上，若以温升相比超出的相对比率更大，考虑该相二次电压变化大的情况，说明该相一次电容值变化较大，存在内部缺陷，应尽早退出运行并更换第一节电容，并要求对 C 相的第二节电容注意监测其发展趋势。根据诊断结果，该相电容返回制造厂进行解体检修，发现其电容值因内部故障已发生了大于 10% 的变化。

68. 电流互感器过热故障诊断

西北某变电站在 1989 年冬季检出电流互感器 3502 的 A 相接头温度已达 121℃，它的上帽发热也很严重，而邻相 B 的接头温度才只有 1℃，又经取油进行色谱分析，结果表明乙烯和二氧化碳含量均比较高，说明固体绝缘纸已有过热，决定退出运行。经解体检查，发现其内部螺钉呈松动状态，螺栓连接片及一次线圈的接头均已过热变色，外包纸绝缘颜色变深已脆化，油也已开始变色。

69. 电流互感器连接部分故障诊断

某电业局在对一次设备进行红外检测时，发现某变电站的一台电流互感器，在其负荷很小的情况下，C 相连接处的温度高出邻相 12K，经停电解体发现该连接用螺钉已受热变色；后又多次检出电流互感器连接部分过热均因螺钉存在问题引起，故决定将红外检测和电气直流电阻检测两种手段结合应用，要求经处理的接头要测试它的直流电阻，并对有关设备要建立红外热像档案。

70. 电流互感器并沟线夹过热故障诊断

某台电流互感器输出端引下线使用并沟线夹，热像检测发现其温升达 55K，超过国标规定值 40K（螺栓紧固、无镀层的铜或铝接触连接，在空气中的最大温升为 40K），决定该线夹停运并检查，发现并沟线夹内一侧沟内已严重过热烧坏，熔焊了很多铝粒，由于导流仅靠这些铝粒，接触电阻必然很大。最初引起过热的原因是由导线不等径，紧固的螺栓没有紧固到位致使压盖没压紧造成。

71. 电流互感器设备线夹过热故障诊断

某台电流互感器与导线连接的设备线夹，红外检测发现其已过热，温升 64K，停电检查发现线夹内的 LGJQ-185 钢芯铝绞线已有 14 根铝线熔断，熔后的滴状铝块焊在线夹槽内，导线钢芯外露，负荷电流靠槽内的熔化铝导通，致使线夹上方长 9m 的导线全部过热，其机械强度大大降低，稍有外力袭击就可能断线。

72. 电流互感器握手线夹松动故障诊断

华东电网某电业局红外检出一台电流互感器的 A 相一次接头为 40℃，其他两相只是 10℃，当时负荷低，虽然温度并不太高，但相间温差较大，诊断其内部可能存在缺陷。经开盖检查，发现 A 相内部引出线握手线夹处明显松动，用手即可拧下螺丝，是制造厂家的工艺问题。

73. 电流互感器顶帽过热故障诊断

华东电网在红外检测时，发现一台电流互感器其中两相顶帽温升高达 52.3℃ 和 47.6℃。后经停电解体检查，发现互感器内部接头已因过热变色，一次导电杆间的绝缘隔板烧黑烧穿，过热原因是一次导电杆内部接触不良造成。

74. 电流互感器顶帽、本体等过热故障诊断

华北电网某电厂在红外普测时，发现升压站一台 500kV 电流互感器的边相顶帽、本体和下部铁壳温度均比其他两相高约 1～3K，尤以下部铁壳温度显得更高些，其次是顶帽和本体，经过两个月再次跟踪红外检测，温度差异依然存在。为查明原因，首先取油进行检测，未见异常，后在预试中对本体测介质损耗因数，结果虽未超标，但仍偏大。由于该设备没有备品，故仍在运行中，采取了加强监测的措施。

75. 避雷器受潮故障诊断

华北电网一座 220kV 变电站，红外普测时发现某台母线避雷器的热场分布异常，一改正常分布的温度均匀状态，变成中部温度高，两端温度低的分布状态，上端和下端分别接近 0℃，而中部为 7.06℃。为确诊又进行带电测试它的电导电流，结果是 560μA，而在 4 个月前测试的电导电流值仅为 105μA。继续跟踪测试，一天后又升至 756μA，故决定紧急停运检测，发现它的绝缘电阻已下降为 15MΩ，1mA 的直流压降为 18kV，说明该台避雷器已严重受潮。由于红外热像监测，及时发现了事故隐患，避免了一次爆炸。

76. 磁吹避雷器下节受潮故障的诊断

山东某电厂升压站一台 220kV 磁吹避雷器，其红外热像异常，当晚环境温度为 1℃，正常相的最高温度为 3.4℃，而异常相的最高温度为 6.9℃，相间温差达 3.5K，且其本体温度分布呈异常状态，它的下节温度比上节温度要高。采用带电检测电导电流法，测出电导电流值已大大增加，从三个月前的 100μA 升至 900μA，继续跟踪检测，第二天的电导电流又升到 1100μA，决定停电试验。试验结果也完全证明该避雷器的下节已严重受潮失效。

77. 金属氧化物避雷器内部受潮故障诊断

山东某电厂红外检出一台 220kV 金属氧化物避雷器热像异常，其正常相的最高温度为 25.6℃，而异常相的温度分布十分不匀，其上、下节的温差很大，上节温度低，下节温度显著高，但最低的温度也达 26℃，仍比正常相最高温度要高，而其下节的高温已达 28℃，比正常相高出 2.4K。经带电测试，其异常相的阻性电流峰值达 476μA，诊断为内部受潮，及时退出运行。

78. 金属氧化物避雷器内部故障诊断

华北电网一座500kV变电站,在1994年7月应用红外热像检测500kV金属氧化物避雷器,结果证明热像可鲜明显示它们是否正常。

正常的500kV金属氧化物避雷器,热场温度分布均匀,温差很小,约为1K,且每相最下节温度稍偏低。

因缺陷失效的同型号避雷器,它经电气试验证明就要在近日停电更换,系瑞典ASEA产品,其阻性电流为800μA,1mA下的标称电压大大降低,它的热像显示温度场极不均匀,温差已达3K,其最低温度比正常相的最高温度还高约1~1.5K。

79. 金属氧化物避雷器劣化故障诊断

华北电网某500kV变电站,在一次对500kV金属氧化物避雷器的精密检测中,对阻性电流为200~300μA的一组三相进行了热成像,结果显示温度场分布均匀,每相本体温差小,约小于等于1K,其每相的温度分布规律是呈上、下两端稍偏低、中部稍偏高的状态。而对同型号的另一组避雷器也进行了热成像,该三相设备已有一定劣化缺陷,它们的标称电压在此前一年多的时候已经都被发现降低了。检出的热像特征是每相高、低温差较大,温差值在1.6~2.2K左右,各相的最低温比正常相的最高温还高,其最高温比正常相的高出2.6K,从而证明避雷器本体温度不均匀度与其内部缺陷的大小成一定的比例关系。

MOA正常与异常温度分布如表2-9-5-8和表2-9-5-9所示。

80. 磁吹避雷器严重受潮故障诊断

华中电网红外检测中,发现某变电站2号主变压器220kV出口磁吹避雷器,其B相上节温度偏高达33℃,其下节温度与环境温度相近为9℃,温度场分布极不均匀,决定紧急停电检查。结果发现该相上节防爆玻璃已出现裂纹,试验检测出直流电导电流在6kV时已达1mA,说明该节避雷器内部已严重受潮,而其下节的直流电导电流在110kV时只为330μA,说明下节可正常使用。

表2-9-5-8　　　　正常金属氧化物避雷器温度分布示例

(电压等级:500kV;制造厂商:ASEA;安装时间:1993年7月19日;检测时间:1994年7月6日)　　　单位:℃

相别	部位	最高温度	最低温度	温差	节间最大温差	备注
A、B、C	第一节	27.7	27.1	0.6	1.0	本体节数序号为自上而下计
	第二节	27.7	27.1	0.6		
	第三节	27.7	27.1	0.6		
	第四节	27.3	26.7	0.6		

表2-9-5-9　　　　劣化金属氧化物避雷器温度分布示例

(电压等级:500kV;制造厂商:ASEA;检测时间:1994年7月6日;退出运行时间:1994年8月11日)　　　单位:℃

相别	部位	最高温度	最低温度	温差	节间最大温差	与正常相温差	备注
A	第一节	30.1	28.6	1.5	2.1	最高/最低 2.4/1.3	(1)1993年5月已测其标称电压显著降低 (2)阻性电流增大达800μA
	第二节	29.5	28.6	0.9			
	第三节	28.6	28.0	0.6			
	第四节	28.6	28.3	0.3			
B	第一节	30.7	28.6	2.1	2.7	3.0/1.3	较验收值超出1倍以上(交接验收值为200~300μA)
	第二节	29.8	29.2	0.6			
	第三节	28.6	28.0	0.6			
	第四节	28.6	28.0	0.6			
C	第一节	31.0	28.9	2.1	2.4	3.3/1.9	与正常相的温差,系指在同时、同地、同型号正常设备的同部位温差
	第二节	30.4	29.5	0.9			
	第三节	28.9	28.6	0.3			
	第四节	28.9	28.6	0.3			

81. 电力电容器内部元件短路故障诊断

如东北电网检出一台型号为YY10.5-1的电容器,其箱体温度比邻近的正常电容器同部位要高0.9K,将该电容退出后加压测其电容量,结果表明它的电容增大16.5%,说明该电容器内部的元件已有部分短路击穿,不仅造成电容量变大,且短路发热使整体温度升高;另一台电容器检出它的出线端过热,经查是由于固定螺钉未拧紧造成接触不良而引起的。前者箱体温度高的被退出运行予以检修,后者经停电处理即可继续运行。

82. 耦合电容器缺油故障诊断

东北地区某变电站一台220kV耦合电容器,经红外检出其B相上节缺油并发热,各相温度T_A为28.2℃,T_B为34.1℃,T_C为28.2℃,停电后检测电容值,结果B相上节电容比标称值减少7.6%,已超出标准要求。其发热原因是内部故障短路放电造成。

83. 耦合电容器内部故障诊断

某台220kV耦合电容器其两相的tanδ不同,热像检出的温度也不同,它们与正常相比较结果列于表2-9-5-

10 中。

其中 B、C 相上节的 tanδ 均已超过规程注意值，尤其 B 相上节介质损耗因数有逐年增长的趋势，必须引起注意，要跟踪检测。

84. 耦合电容器 tanδ 与温度场关系进行诊断

华北电网某热电厂，在 1994 年对 220kV 耦合电容器进行热像精密检测，结果说明耦合电容器的介质损耗因数与其温度场分布有着相当密切的关系。该三相电容在 1980 年投运，当时的 tanδ 为 0.2%，以后多年预试均合格，后发现 A 相上节的 tanδ 增大到 0.4%～0.5%，其他均较稳定。热像结果显示耦合电容器的温度分布规律：介质损耗因数稳定的电容器，上节温度偏低，下节温度偏高；而上节电容 tanδ 增大的 A 相，其温度场分布发生了颠倒，表现为上节温度高而下节温度低的现象，且其最低温度也高于 B、C 两相，最高温度的分布在本体占面积也大得多，说明 tanδ 大的产生的热量也多，致使热面积大且温度高。

表 2-9-5-10　　　　　耦合电容器测量结果

参　数 \ 部　位	B 相		C 相		正 常 相	
	上节	下节	上节	下节	上节	下节
温度/℃	32	13	17.4	8.6	23.4	24
tanδ/%	0.714	0.339	0.538	0.259	—	—
上、下温差/K	19		8.8		−0.6	

85. 耦合电容器故障诊断

南方某发电厂，在 1995 年检测 220kV 出线耦合电容器时，发现 B 相上节温度高，比正常相运行高达 9K，经停电试验，结果证明其介质损耗因数已上升 10 倍，已超出标准规定。

86. 耦合电容器整体过热故障诊断

南方某供电局于 1994 年 7 月检出某变电站线路耦合电容器 B 相整体过热，与正常相比已高出 5K，停电作 tanδ 检测，结果是 tanδ=2.8%，已经大大超出标准，及时进行了更换处理。

87. 耦合电容器内部缺陷诊断

华中电网一供电局在 1993 年 8 月对变电站 110kV 耦合电容器进行红外检测，发现 A 相温度为 40.6℃，而 B、C 两相均为 35.5℃，相间温差 5K 以上，诊断为 A 相内部有缺陷。然后退出运行进行检测，说明该相电容器 tanδ 已超标。

88. 电缆头整体发热故障诊断

某省局用热像检出一变电站内电缆头 B 相整体发热，比邻相高 1.5K。半个月后停电试验，B 相整体绝缘电阻已下降到 2000MΩ，当天打开电缆头底部的放油阀，放出约 20mL 的水。经数日后对此电缆进行停电处理，发现其顶部密封圈已有破损，这是造成进水受潮而发热的原因。经检修，投运一个月后进行红外复测，该电缆头已无异常发热。

89. 电缆头内部故障诊断

华北地区某电业局在 1993 年 3 月 5 日测出某站一电缆头温度达 83℃，与其他正常相比较温度高 78K，诊断为缆头内部故障，应立即处理。但因故拖延，欲在 3 月 9 日停电检修，而该缆头在 3 月 8 日 14 时 55 分过热爆炸，造成开关柜严重受损。

90. 电缆头内部过热故障诊断

华中某电厂 1995 年 5 月热像发现一台循环水泵用 6kV 电缆头 C 相根部严重发热，温度高达 137℃，决定立即倒负荷处理。解体后发现缆头内部铝管压接处有严重过热现象。

91. 线路绝缘子故障诊断

华北电网 500kV 某输电线路 541 号耐张塔，在 1996 年 10 月采用焦平面热像仪（PM250 型）进行检测，结果发现该塔大号侧 B 相内侧串第 25 片绝缘子铁帽温度明显高于相邻上下片绝缘子，比外侧串相同位置绝缘子铁帽高 1.1K，诊断该片绝缘子存在缺陷，为低值绝缘子；经停电检测其绝缘电阻，阻值为 23MΩ，证明红外热像诊断无误。在 1997 年 5 月停电检修时予以更换，该绝缘子型号为 XP-21。

92. 线路导线接头缺陷诊断

华北电网某输电线路，由于施工工艺不当，造成导线接头质量不良，存在缺陷，曾在 1990 年采用车载热像仪检测了靠近公路的三基铁塔的三处接头，在环境温度为 14℃，负荷 30% 的情况下，检出表 2-9-5-11 所示的结果。

93. 穿墙套管涡流过热故障诊断

华北某电厂 10kV 穿墙套管经热像检出过热，检查原因时发现该套管的支撑板三孔之间没开缝隔离，造成涡流过热。

94. 封闭母线过热故障诊断

华北电网某电厂在 1990 年时怀疑其 2 号机的封闭分段连接母线有过热缺陷，但常规方法无法检出和准确定位。后采用热像检测，查出 B 相出口套筒过热最重，墙内侧 A、B 两相均有过热，且 A 相尤为严重。立即停机解体检查，发现出口处 B 相母线软连接显著过热，需将 26 支全部更换，出口处 B 相套筒绝缘垫圈已过热脆裂，在其上方近发电机侧有一明显烧灼痕迹，说明运行中发生过短路，墙内侧 A 相软连接有 7 支，B 相有 1 支过热，完全证明热像诊断结果准确无误。

表 2-9-5-11　　　　　测　试　结　果

部　位	导　线	防振锤	3 号 B 相大侧	6 号	51 号 C 相大侧
温度/℃	12.2	13～15	62.3	13.0	27.5
诊断意见	正常	正常	尽快检修	正常	计划检修

95. 阻波器内避雷器过热故障诊断

河北某电业局检出一台阻波器内的避雷器过热。该避雷器用于保护谐振电容器不受过电压危害，正常运行时两端电压低，无过热现象，当其过热时说明已被损坏，成为电感线圈的一个并联电阻而发热，应予以更换。

96. 隔离开关触头过热故障诊断

热像检出某隔离开关的主触头温升达58K，已大大超过国标有关规定，即触头最大允许温升为35K。经停电检查，过热原因是在于封闭在导电罩内的上、中、下三对触指没有垂直在一个平面上，只有中间一对触指接触上了，而其触指的拉紧弹簧因过热而退火，已失去弹性，上、下两对触指没有接触，故触头接触十分不良引起了发热过量，又加上导电罩封闭使散热很差，如此恶性循环而招致触头过热而使部件失效。

97. 隔离开关故障诊断

华北电网某电厂1990年热像检出某变电站隔离开关2224-2 C相触头温度达66.9℃，A相仅为30.1℃，后经停电检测C相接触电阻27.3μΩ，A相为14.2μΩ，结果证明触头的温度与其接触电阻值有很好的对应。

98. 内蒙古红外诊断消缺效果统计

从1993年起，内蒙古某电业局在每年春检前对所辖主要变电站进行红外定点跟踪检测，对检出的热缺陷均及时进行记录并处理。由1993—1996年4年的统计结果可知，电力设备的热缺陷呈逐年下降规律，检修效率和质量显著提高。

在进行红外诊断工作中，他们对红外检测出的热缺陷认真分析、综合判断，根据不同的热缺陷类型，分别采取加强监视、安排计划检修或立即停电等不同处理方式，从而做到既优化安排检修计划，又可及时停电消缺，避免了缺陷扩大或事故的发生，提高了电网运行的稳定性和可靠性，使在3年的时间里缺陷数量平均下降了一半，如表2-9-5-12所示。

表2-9-5-12 1993—1996年红外检出缺陷统计

检测时间/(年-月)	1993-4	1994-4	1995-3	1996-4
检测变电站数/座	8	7	6	6
缺陷总数/处	99	68	49	39
缺陷平均数/(处/座)	12.4	9.7	8.2	6.5

99. 河北红外诊断消缺效果统计

河北某电业局自1993年起，将红外检测定为电力设备检修前必做的准备工作，切实将"应修必修、修必修好"的方针落实，为转变单纯以时间为基础的设备维修制度成为以状态监测为基础的设备维修制度。在1993—1996年度的4年中，红外诊断出的缺陷数量从1993年度的566处下降到1996年度的378处，4年中缺陷数量减少1/3。

100. 甘肃红外诊断消缺效果统计

甘肃某变电站应用热像诊断指导检修，取得显著实效，从1988年度到1991年度发现的热缺陷数量呈递减趋势，如图2-9-5-1所示。

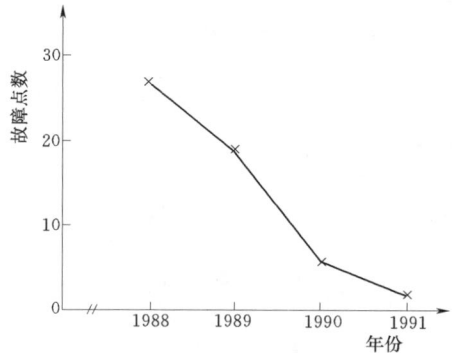

图2-9-5-1 红外诊断消缺实效

第十章

电网智能运检技术

第一节　电网智能运检概述

一、电网智能运检特征和体系架构

(一) 电网智能运检的必要性

目前，我国电网运营着全世界电压序列跨度最大（380V～1000kV）、输配电线路最长（最长直流线路达到3100km）、地形地貌最复杂（从西部高山峻岭到东部沿海地区）、气候变化最多样（寒带、温带、亚热带、台风、沙尘暴等）、各种发电方式（传统火电、水电，新能源太阳能光伏、光热发电，风能发电，海洋潮汐能发电，地热发电等）和多种输电方式并存（交流、直流、柔直）的电网。电网运行维护检修业务是保障电网设备安全和大电网安全运行的核心环节，电网运检系统肩负着设备的运维检修、质量监督和安全管理重任，对保障大电网安全运行起着非常重要的作用。

当前，电网运检仍然面临着多重因素的影响，设备质量问题仍是当前困扰之一。输电通道环境极其复杂，外力因素时刻威胁设备安全；电网设备增长迅速与人员基本稳定的矛盾加大了运检任务难度；传统的运检模式难以适应时代发展及电网发展要求。因此，迫切需要信息化技术与电网运检业务的创新融合来提升运检效率效益，保障电网设备安全运行。

智能运检核心是以"大云物移智"等信息通信新技术与传统运检业务融合为主线，开展智能运检关键技术应用，推动运检体系的自动化、智能化、集约化变革，强力支撑国家电网公司建设具有卓越竞争力的世界一流能源互联网企业的新时代战略目标。

(二) 电网智能运检特征

2016年12月，国家电网公司发布了《智能运检白皮书》，提出了智能运检的概念，这就是：以"大云物移智"等新技术为支撑，以保障电网设备安全运行、提高运检效率效益为目标，具有本体及环境感知、主动预测预警、辅助诊断决策及集约运检管控功能，是实现运检业务和管理信息化、自动化、智能化的技术、装备及平台的有机体。

智能运检以电网运行的安全性、可靠性、经济性为前提，全面推进现代信息技术与运检业务集约化的深度融合，具备设备状态全景化、数据分析智能化、运检管理精益化、生产指挥集约化这四个特征（简称"四化"特征），从而大幅提升设备状态管控力和运检管理穿透力。

(三) 电网智能运检体系架构

电网智能运检的建设应紧紧围绕国家电网公司"168"战略工作的内在要求，以实现电网更安全、运检更高效、服务更优质为目标，主动适应国家和公司两个层面的"互联网＋"战略、电网发展及体制变革需求。

应用"大云物移智"等新技术，以电网运检智能化分析管控系统（简称"管控系统"）全面融合运检专业多源系统数据，发挥集约化生产指挥中枢作用，以推动现代信息通信技术与传统运检技术融合为主线，以智能运检九大典型技术领域为重点，以设备、通道、运维、检修和生产管理智能化为途径，全面构建智能运检体系，全面提升设备状态管控力和运检管理穿透力，大力支撑公司坚强智能电网建设，引领世界范围的智能运检管理模式变革。电网智能运检体系架构如图 2-10-1-1 所示。

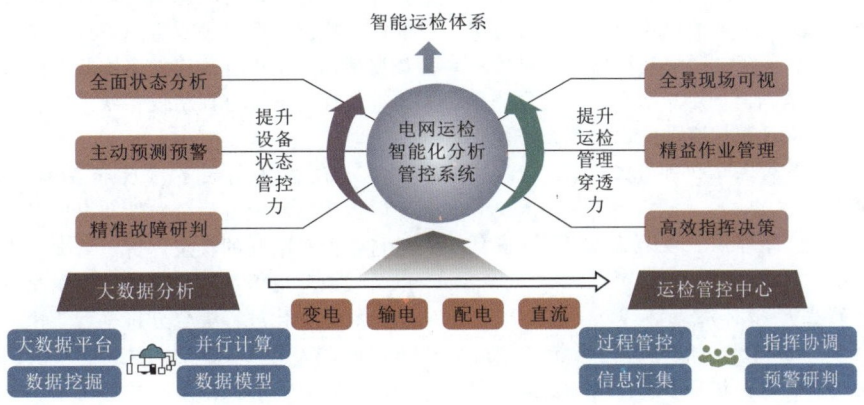

图 2-10-1-1　电网智能运检体系架构图

二、电网智能运检重点内容

《智能运检白皮书》提出，到2021年，初步建成智能运检体系。突破传统运检模式在信息获取、状态感知及人力为主作业方式等方面的困局，全面提升设备状态感知能力、主动预测预警能力、辅助诊断决策及集约运检管控能力，全面提高运检效率和效益。

《智能运检白皮书》中明确以智能运检九大典型技术领域为重点，以关键信息技术为支撑，构建"二维互动感知—四类融合分析—三层集约管控"的智能运检体系。

(一) 二维互动感知

实现设备本体与传感器一体化技术、基于物联网的互联感知技术等两个维度的设备状态信息互动感知。

1. 基于"一体化、标准化、模块化"的智能化设备

推进设备本体与状态传感器一体化融合设计制造，提升设备自感知、自诊断能力，实现设备状态全面可知、可控。从设备运检角度提出海量、常用、主要设备的设计、制造、基建等环节标准化典型需求，推进设备模块化设计制造，同类设备、模块之间可替换技术路线的实现，大幅减少运维检修工作难度。

2. 基于物联网的设备状态及运检资源感知体系

依托射频识别（RFID）、二维码、智能芯片等智能识别技术，结合各类设备状态传感器、在线监测装置、智能穿

戴、移动终端、北斗定位等感知手段，构建电网设备及运检资源物联网，实现电网设备、运检资源信息互联互通，建立统一数据模型，实现设备识别、状态感知、资源展示无缝衔接，有力支撑全面设备状态管控和资源实时配置。

（二）四类融合分析

实现环境预警数据、立体巡检数据、不停电检测数据、设备评价大数据的深度融合分析。

1. 基于环境监测的通道预测预警体系

深化气象、雷电、覆冰、山火、台风、地质灾害、外力破坏等通道环境的实时监测预警系统建设，结合现场巡检、在线监测、自动气象站等现场数据，进行实时订正和联合分析，实现多系统海量数据融合，推进大尺度预警信息微观化研究和应用，有效提升通道环境预测预警精度。

2. 基于智能装备的立体巡检体系

应用直升机、无人机、巡检机器人等智能装备，构建全方位、多角度的线路、变电站立体化巡检体系。建立直升机、无人机巡检数据中心，实现巡检数据的实时录入和智能分析，建立变电站设备状态远程监控系统，实现巡检信息收集自动化、巡检结果处理智能化，逐步减少人工巡视直至完全改变传统巡检方式。

3. 基于不停电检测的状态检修技术

开展成熟检测技术深化应用和不停电检测新技术探索，建立基于设备不停电检测的体系和技术标准。通过不停电检测，基本掌握设备状态，准确预测设备隐患/故障，通过停电试验，完成设备深度评估，优化制订检修策略，大幅降低设备停电时间，大幅减少检修资源投入，实现社会效益和经济效益的全面提升。

4. 基于大数据分析的评价诊断辅助决策技术

通过大数据分析技术在运检专业的深化应用，融合海量视频、图像、设备信息、运检业务、通道环境信息、调度系统等多源数据，在数据挖掘基础上，建立动态评价、预测预警、故障研判等分析模型，实现数据驱动的设备状态主动推送，提高设备状态评价诊断的智能化和自动化水平。

（三）三层集约管控

实现指挥决策层、业务管理层、现场作业层的集约管控。

1. 基于管控系统的生产指挥决策体系

应用"大云物移智"等新技术，依托管控系统信息汇集、数据分析及信息流转功能，构建基于管控系统及运检管控中心的生产指挥决策体系，精确掌握设备实时状态全景，全面管控运检业务及资源，实现决策指令、现场信息在运检管控中心和作业现场实时交互，大幅提升运检管控决策科学性，提高现场作业执行效率。

2. 基于移动作业的全流程业务管控

构建以移动作业为基础，以变电专业的验收、运维、检测、评价、检修和输电专业移动巡检为主线的全业务过程管控体系，通过各个环节App和移动终端的全面应用，实现物资采购、基建、运维、检修、退役等各环节在信息系统及模块间的数据联动贯通。实现作业数据移动化、信息流转自动化，显著提升运检作业现场管理穿透力。

3. 基于新技术、新装备的现场作业效率提升

在设备标准化、智能化基础上，利用图像智能识别、3D打印、机械臂等新技术、新装备，优化传统运检现场工作方式，实现立体化运维、安全高效带电作业、智能工厂化检修等方面的升级，有效提升运检效率，推进运检现场工作智能化。

三、电网智能运检核心关键技术

信息化代表新的生产力和新的发展方向，已经成为引领创新和驱动转型的先导力量。在电网智能运检领域，大数据技术、云计算技术、物联网技术、移动互联技术、人工智能技术（简称"大云物移智"技术）是最为核心的关键技术。

（一）大数据技术

1. 面向设备状态评估的历史知识库

对设备状态相关的状态监测、带电检测、试验、气象、运行以及设备缺陷和故障记录等海量历史数据进行多维度统计分析和关联规则挖掘，从电压等级、设备厂家、设备类型、运行年限、安装地区等多个层面和多个维度揭示设备状态变化的统计分布规律、设备缺陷和故障的发生规律及设备状态的关联变化规则，形成基于海量数据挖掘分析的历史知识库，为设备家族性缺陷分析、状态评价、故障诊断和预测提供支撑，为状态检修辅助决策提供依据。

2. 设备状态异常的快速检测

电网设备在实际运行过程中，受到过负荷、过电压、突发短路、恶劣气象、绝缘劣化等不良工况和事件的影响，设备状态会发生异常变化，这些异常运行状态如不能及时发现并采取有效措施，会导致设备故障并造成巨大的经济损失。从不断更新的大量设备状态数据中快速发现状态异常变化是设备状态大数据分析的重要优势。

目前，一些研究采用聚类分析、状态转移概率和时间序列分析等方法进行状态信息数据流挖掘，实现设备状态异常的快速检测，取得了一定的效果，基于高维随机矩阵、高维数据统计分析等方法建立多维状态的大数据分析模型，利用高维统计指标综合评估设备状态变化，也展现了良好的应用前景。

3. 设备状态的多维度和差异化评价

由于电网设备的分布性和电网的复杂性，要对电网设备进行全面和准确的状态评价，需要考虑电网运行、设备状态以及气象环境等不同来源的数据信息，同时结合设备当前和历史状态变化进行综合分析。近年来，考虑多参量的设备状态评价方法受到较多的关注，主要利用预防性试验、带电检测、在线监测的数据结合故障记录、家族缺陷等对设备整体健康状态进行分析，采用的方法包括累积扣分法、几何平均法、健康指数法等简单数学方法以及模糊理论、神经网络、贝叶斯网络、证据推理、物元理论、层次分析等智能评价方法。但现有方法主要基于某个时间断面的数据对设备状态进行评价，大数据的主要优势是通过融合分析实时和历史数据，实现多维度、差异化评价。

4. 设备状态变化预测和故障预测

设备状态变化预测是从现有的状态数据出发寻找规律，利用这些规律对未来状态或无法观测的状态进行预测。传统的设备状态预测主要利用单一或少数参量的统计分析模型（如回归分析、时间序列分析等）或智能学习模型（如神经网络、支持向量机等）外推未来的时间序列及变化趋势，未考虑众多相关因素的影响。大数据分析技术可以挖掘设备状态参数与电网运行、环境气象等众多相关因素的关联关系，基于关联规则优化和修正多参量预测模型,使预测结果具备自修正和自适应能力,提高预测的精度。

设备故障预测是状态预测重要环节,主要通过分析电网设备故障的演变规律和设备故障特征量与故障间的关联关系,结合多参量预测模型和故障诊断模型,实现电网设备的故障发生概率、故障类型和故障部位的实时预测。目前的研究主要采用贝叶斯网络、Apriori 等算法挖掘故障特征量的关联关系,进而利用马尔科夫模型、时间序列相似性故障匹配等方法实现不同时间尺度的故障预测。

5. 设备故障智能诊断

对已发生故障或存在征兆的潜伏性故障进行故障性质、严重程度、发展趋势的准确判断,有利于运维人员制订针对性检修策略,防止设备状态进一步恶化。传统的故障诊断方法主要基于温度分布、局部放电、油中气体以及其他电气试验等检测参量,采用横向比较、纵向比较、比值编码等数值分析方法进行判断。

(二) 云计算技术

1. 异构资源的整合优化

云计算可以充分整合电力系统现有的业务数据信息与计算资源,建立业务协同和互操作的信息平台,满足智能运检对信息与资源的高度集成与共享的需要。与网格计算采用中间件屏蔽异构系统的方法不同,云计算利用服务器虚拟化、网络虚拟化、存储虚拟化、应用虚拟化与桌面虚拟化等多种虚拟化技术,将各种不同类型的资源抽象成服务的形式,针对不同的服务用不同的方法屏蔽基础设施、操作系统与系统软件的差异。例如,云计算的基础设施层采用经过虚拟化后的服务器资源、存储资源与网络资源,能够以基础设施即服务(IaaS)的方式通过网络被用户使用和管理,从而可以更有效地屏蔽硬件产品上的差异。

2. 基础设施资源的自动化管理

云计算主要以数据中心的形式提供底层资源的使用,从一开始就支持广泛企业计算,普适性更强。因此,云计算更能满足智能运检信息平台中数据中心建设的需要。同时云计算技术的扩容非常简单,可以直接利用闲置的 X86 架构的服务器搭建,且不要求服务器类型相同,大幅降低建设成本,并借助虚拟化技术的伸缩性和灵活性,提高资源的利用率。云计算技术通过将文件复制并且储存在不同的服务器,解决了硬件意外损坏这个潜在的难题。另外,几乎所有的软件和数据都在数据中心,便于集中维护,且云计算对用户端的设备要求最低,几乎不存在维护任务。

3. 海量电网数据的可靠存储

在智能电网不断建设的背景下,运检相关信息的数据量是非常巨大的。智能运检使状态监测数据向高采样率、连续稳态记录和海量存储的趋势发展,远远超出传统电网状态监测的范畴。不仅涵盖一次系统设备,还囊括了二次系统设备;不仅包括实时在线状态数据,还包括设备基本信息、试验数据、运行数据、缺陷数据、巡检记录等离线信息。数据量极大,且对可靠性和实时性要求高。云计算采用分布式存储的方式来存储海量数据,并采用冗余存储与高可靠性软件的方式来保证数据的可靠性。云计算系统中广泛使用的数据存储系统之一是 Google 文件系统(GFS)。GFS 将节点分为 3 类角色:主服务器(master server)、数据块服务器(chunk server)与客户端(client)。

(1) 主服务器是 GFS 的管理节点,存储文件系统的元数据,负责整个文件系统的管理。

(2) 数据块服务器负责具体的存储工作,文件被切分为 64MB 的数据块,保存 3 个以上备份来冗余存储。

(3) 客户端提供给应用程序的访问接口,以库文件的形式提供。客户端首先访问主服务器,获得将要与之进行交互的数据块服务器信息,然后直接访问数据块服务器完成数据的存取。由于客户端与主服务器之间只有控制流,而客户端与数据块服务器之间只有数据流,极大地降低了主服务器的负载,并使系统的 I/O 高度并行工作,进而提高系统的整体性能。

因此,云计算可以满足智能电网信息平台对海量数据存储的需要,可以在一定规模下达到成本、可靠性和性能的最佳平衡。

4. 各类电网数据的高效管理

电网数据广域分布、种类众多,包括实时数据、历史数据、文本数据、多媒体数据、时间序列数据等各类结构化和半结构化数据,各类数据查询与处理的频率及性能要求也不尽相同。云计算的数据管理技术能够满足智能电网信息平台对分布的、种类众多的数据进行处理和分析的需要。以作为云计算中数据管理技术的 Big Table 为例,Big Table 是针对数据种类繁多、海量的服务请求而设计的,这正符合上述智能电网信息平台的特点与需要。与传统的关系数据库不同,Big Table 把所有数据都作为对象来处理,形成一个巨大的分布式多维数据表,表中的数据通过一个行关键字、一个列关键字以及一个时间戳进行索引。Big Table 将数据一律看成字符串,不作任何解析,具体数据结构的实现需要用户自行处理,这样可以提供对不同种类数据的管理。另外,采用时间戳记录各类数据的保存时间,并用来区分数据版本,可以满足各类数据的性能要求,具有很强的可扩展性、高可用性以及广泛的适用性。因此,云计算能够高效地管理智能运检信息中类型不同、性能要求各异的各类多元数据。

(三) 物联网技术

1. 在输变电设备状态监测方面

智能运检对输变电设备运维与管控提出了新要求,以状态可视化、管控虚拟化、平台集约化、信息互动化为目标,实现设备运行状态可观测、生产全过程可监控、风险可预警的智能化信息系统。功能需求包括电网系统级的全景实时状态监测、电网设备全寿命周期状态检修、基于态势的最优化灵活运行方式、及时可靠的运行预警、实时在线仿真与辅助决策支持、电网装备持续改进等。

输变电设备在线监测与故障诊断是智能运检建设的重要组成部分。物联网作为"智能信息感知末梢",可监测的内容主要包括气象条件、覆冰、导地线微风振动、导线温度与弧垂、输电线路风偏、铁塔倾斜、污秽度等。设备监测不仅包含电网装备的状态信息,如设备健康状态、设备运行曲线等,还包含电网运行的实时信息,如机组工况、电网工况等。

将物联网技术引入到设备故障诊断中,一方面,利用无线传感器网络强大的信息采集能力,可大大提高设备的在线监测水平,获取更多在线监测信息;另一方面,利用射频识别技术,物联网也可以为设备的故障诊断提供巡检信息,将这些信息与设备本体属性进行关联,获取设备的预防性试验和缺陷等信息。借助智能信息融合诊断方法,综合分析和处理物联网中各方面的信息，实现更为准确的诊断，有利于提高诊断系统的可靠性，从而有利于电网安全稳定运行。

2. 在输变电设备智能巡检方面

电网设备智能巡检主要借助电网设备上安装的射频识别标签，记录该设备的数据信息，包括编号、建成日期、日常维护、修理过程及次数，此外还可记录设备相关地理位置和经纬度坐标，以便构建基于地理信息系统的电网分布图。在电力巡检管理方面，通过射频识别、全球定位系统、地理信息系统及无线通信网，监控设备运行环境，掌握运行状态信息，通过识别标签辅助设备定位，实现人员的到位监督，指导巡检人员按照标准化与规范化的工作流程进行辅助状态检修与标准化作业等。

物联网利用强大而可靠的通信网络，不仅可以将在线监测信息、巡检信息实时、准确地传送到信息平台中，还可以将诊断结果及时地发送给相关工作人员，以便对设备进行维修，确保故障诊断的实时性。

3. 在设备全寿命管理方面

资产全寿命周期成本管理是指从资产的长期效益出发，全面考虑资产的规划、设计、建设、购置、运行、维护、改造、报废的全过程，在满足效益、效能的前提下使资产全寿命周期成本最小的一种管理理念和方法。

电网资产全寿命周期管理是安全管理、效能管理、全周期成本管理在资产管理方面的有机结合，是立足我国基本国情，深入分析电网企业的技术特征和市场特征，总结电网资产管理实践、适应新的发展要求提出来的科学方法。国际大电网会议在2004年提出要用全寿命周期成本来进行设备管理，鼓励制造厂商提供产品的全生命周期成本（LCC）报告。

电子标签是物联网的内核，应用电子身份标签，可以建立包括人员、物资、设备、装备、身份管理体系，在设备制造阶段即建立设备档案库，并逐步增加设备运输、仓储、安装、试验、验收、投运、巡视、检修、拆除（位移）、退役等过程信息，支撑设备全寿命周期管理。通过人员、装备电子标签的定位识别，实现运检资源的合理调配和运检进度管控；通过设备身份智能检测与识别技术，实现对设备的快速定位，支撑设备巡检和历史数据查询，支撑备品备件、工器具、仪器仪表的出入库智能管理；通过各类传感器监测电网设备的全景状态信息，并与设备本体属性进行关联，评估设备状态并预估寿命，为周期成本最优提供辅助决策等功能，实现电力资产全寿命周期管理。

4. 在生产过程现场安全管控方面

电力运维和检修工作中，因人员误入间隔或带电区域导致的人身、设备事故时有发生。通过物联网技术、带电感知技术的研究和现场应用，可以实现作业前安全风险区域划分，作业期间实施过程管控，实现室内、室外条件下运维检修人员和电网设备的精确定位，对误入间隔、误入带电区域等情况进行预判和预警，有效提高现场安全管控水平。

（四）移动互联技术

1. 移动快速识别

设备巡视、检修、维护、增容扩建现场管理等工作的模式多是工作人员携带图表到现场查询，用图表记录巡检、检修、试验信息、设备运行状况及设备缺陷，回到班组后再将现场作业信息的结果录入PMS2.0系统中或以纸质文档保存。随着电网设备数量的增加和规模的扩大，巡检环境也更加复杂，传统巡检方式面临着巡检操作过于依赖巡检人员的经验与状态、纸笔记录对环境要求较高、巡检的真实性依赖于巡检人员自觉、巡检数据不易于保存与查阅、不能对人员设备实行信息化管理等问题，很容易出现漏巡、漏记、补记、不按时或定时巡检和修试，不按章理巡视、检修和试验，纸质图表较难维护更新带来数据的准确性无法保证等诸多不足与人为失误因素。

运检人员在进行设备巡视和检修时，需要确定当前设备的各项基础信息、历史运行数据以及缺陷数据等。巡检人员通过以上技术手段结合智能移动终端，就能快速获取设备ID，然后利用此ID快速从服务器查询出所需的各类数据信息，从而加快巡视和检修工作速度，提高工作效率。

采用基于图像识别的仪器仪表读数识别技术能让移动智能终端具备通过拍照或视频实时识别设备读数的能力，在班组巡视过程中遇到需要抄录的数据项时，可快速自动读取设备读数，避免手工录入，节省录入时间，配合头戴式增强现实智能移动设备能极大弥补设备录入数据不方便的短板，增强头戴式智能移动设备的实用价值。

此外，为运检管控中心和各级管理人员提供作业进展情况、人员轨迹、现场风险信息、作业质量信息，通过移动作业终端获取人员的实时位置，与历史轨迹比对，对工作人员的到岗到位情况进行检查。利用高精定位技术，特别是基于北地基增强的高精定位技术能将定位精度提升至厘米级，终端能精确获取当前位置，可用于引导、规划巡检人员的行进路径，管理和监督巡检人员的到岗到位状态，能提高巡检效率和质量。

2. 即时通信与专家会商

通过移动终端可以实现与运检指挥中心的值班人员、设备部等相关部门的技术管理支撑人员的即时通信和实时穿透收取消息。指挥中心可以指定推送到特定单位、特定手机，App收到后可进行回复，反馈现场问题，并且通过接单的方式实现App工作的派发。

将智能语音技术（TTS/STT）运用于一线员工实时通信中，班组成员可直接使用STT技术将自身的语音转换为文本，从而达到快速录入如巡视结果、缺陷以及隐患的描述信息等文本信息。如遇紧急情况自己无法判断故障或问题时，可以与专家组现场组会沟通，互发语音、文字、图片、短视频等。此外，还可添加联系人、组建群组、收发群组信息及个人信息等。此外，手持式智能移动终端或者头戴式智能移动终端，通过应用增强现实技术，班组成员可通过终端屏幕查看叠加在真实设备中的辅助显示信息，也可用于远程专家系统、培训系统以及巡视系统中。

3. 缺陷及故障等的快速诊断

部分专业设有状态监测典型案例库，可以供移动终端随时调用，而且案例库是开放式的大数据库，内容可不断更新完善。通过终端的专家系统模块，可将异常图谱跟专家系统典型案例库中的典型图谱进行比对来辅助判断，解决问题。班组成员通过智能移动终端实现设备缺陷识别，并能够快速查找设备及部件资料以及历史缺陷信息的资料，自动标注缺陷位置、生成缺陷描述信息，帮助班组成员快速录入缺陷信息。

4. 专业任务匹配与安排

通过班组移动作业平台，分专业开展不同作业任务，进而可以对多专业的工作情况直接掌控。

（五）人工智能技术

1. 输变电设备巡检及输电通道风险评估

综合利用直升机、无人机、巡线（巡检）机器人、视频、图像等对输变电设备本体和输电通道环境进行立体巡检和风险评估将成为未来电网巡检的主要手段。目前，对于立体巡检获得的海量可见光图片及视频、红外图像、激光扫描三维图像和遥感图像，主要通过人工方式用肉眼分辨筛选出缺陷位置、缺陷类型和输电通道环境变化情况，效率低下且重复工作量巨大。图像识别是新一代人工智能技术最具应用价值并且应用效果最好的领域之一，国家电网公司在输电本体和通道缺陷、防外破图像识别，变电开关刀闸位置、表计识别等方面均有很多尝试，并取得了不错的效果，对提高一线班组数据分析辨别效率有极大帮助。因此，基于图像识别、知识图谱构建及推理等新一代人工智能算法，有效处理立体巡检获得的图像及视频数据，准确识别出输变电设备本体的缺陷和输电线路通道的潜在风险，可以大幅提高输变电设备巡检和输电通道风险评估的精度和效率。

2. 电网主要灾害预警预报

电网主要灾害的成灾机理非常复杂，对灾害发生可能性和严重程度的预警、预测需综合考虑气象参数、地形地貌特征和线路自身结构特性等的耦合影响，无法用传统的方法建立考虑全部影响因素的物理和数学模型。因此，有必要结合已有电网主要灾害事故记录，避开对成灾机理的解析模型研究，利用深度学习算法及跨媒体分析推理技术等挖掘主导影响因素，建立影响参数和灾害特征之间的映射关系，基于小样本深度学习技术，完善基于气象—监测—线路结构—灾害发生—破坏程度等环节的一体化灾害智能预警模式，解决目前由于灾害数据稀缺而导致预警精度不足问题。

3. 输电线路无人机智能巡检

目前的无人机巡检需要多名技术人员配合操作，对操作人员的技术水平有着较高的要求，在复杂线路巡检过程中增加了由于操作失误而引发安全事故的风险，因此需要开展无人机的自主巡航和主动避障等技术的研发。无人机的设备识别和故障识别受到拍摄视角、背景环境等多重因素的影响，需要开展适用于复杂环境背景的输电线路无人机多场景目标自动识别研究，开展自主巡检策略研究，实现对重点区域异常部件/部位的多视角自主检测。

4. 输电线路设备故障智能诊断和状态评估

我国输电线路目前积累了大量多源异构的故障、缺陷及隐患数据，亟须突破常规深度学习只针对二维空间语义信息建模的限制，对现有海量数据进行智能融合和深层特征提取，对输电线路的潜在缺陷进行深层识别和评估，并重点解决老旧线路运行状态评估的难题。

5. 现场高效作业与安全风险智能预警

作业现场存在小型分散、作业点多面广、安全监管难、人身安全风险大等问题，需要研究通过视频抓取、图像识别、跨媒体感知、智能穿戴、机器智能学习、计算机视觉等技术，实现现场作业风险管控、作业工器具在线安全诊断、作业人员行为智能感知、作业风险智能预警、作业模拟真实场景在线培训等，减少人工差错，增强现场作业安全和效率，提升现场作业的标准化、自动化、智能化水平。

四、电网运检智能分析管控系统

2016年，国家电网有限公司提出以智能运检技术发展规划为指导，积极适应"互联网＋"为代表的发展新形态，应用"大云物移智"等新技术，融合多源数据，建立管控系统，有力支撑生产管理智能化，实现数据驱动运检业务创新发展和效率提升，全面推动运检工作方式和生产管理模式的革新。

（一）功能定位

电网运检智能分析管控系统与电网智能运检体系的关系如图2-10-1-2所示，设备智能化、通道智能化、运维智能化和检修智能化是智能运检体系的主体，生产管理智能化是智能运检体系的中枢。管控系统作为数据分析和生产指挥平台，主要具有生产指挥、数据分析、智能研判、通道环境预警、可视化等功能；PMS系统作为基础信息和业务流转平台，主要具有基础台账信息采集、日常业务数据流转等功能。PMS系统和输变电状态监测系统、机器人系统等多套信息系统共同支撑运检日常业务的开展。管控系统通过汇集PMS系统等运检业务系统的数据，深化应用，提升设备状态管控力和运检管理的穿透力。

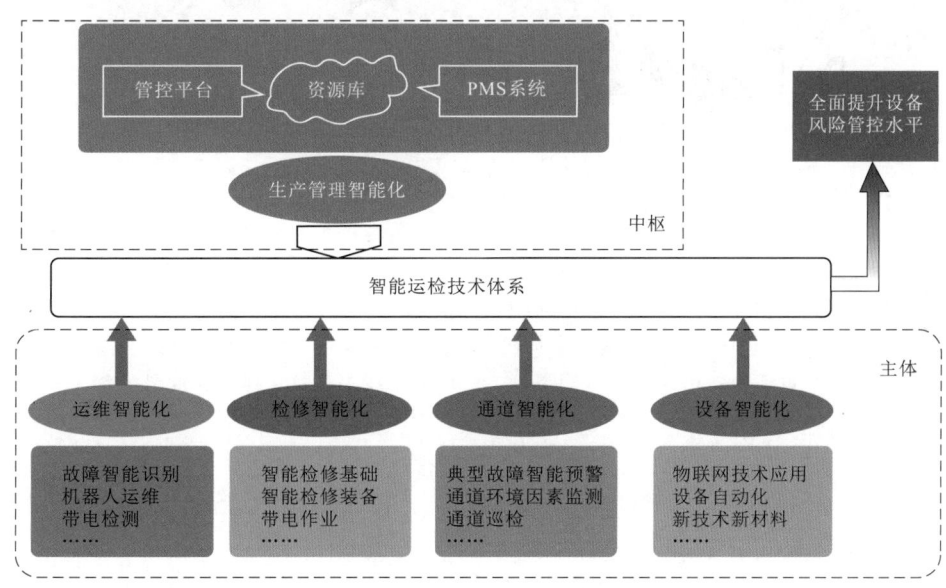

图2-10-1-2 电网运检智能分析管控系统与电网智能运检体系的关系图

（二）总体架构

管控系统采用"两级部署、三级应用"的总体架构，总部与省（市）公司之间纵向贯通，电网运检智能分析管控系统主体架构如图2-10-1-3所示。不同于PMS、输变电状态监测等系统的传统BS架构，管控系统采用分布式云存储与云计算，融合PMS、状态监测、山火、覆冰、雷电、气象等多套信息系统数据，具有大数据分析能力，同时充分利用电力物联网建设成果，具有实时交互可视化能力。管控系统具备开放性与可扩展性，支持各网省公司个性定制，可满足从总部、省公司、地市/检修公司，到基层班组各级人员不同的需要，全面、高效支撑运检业务。

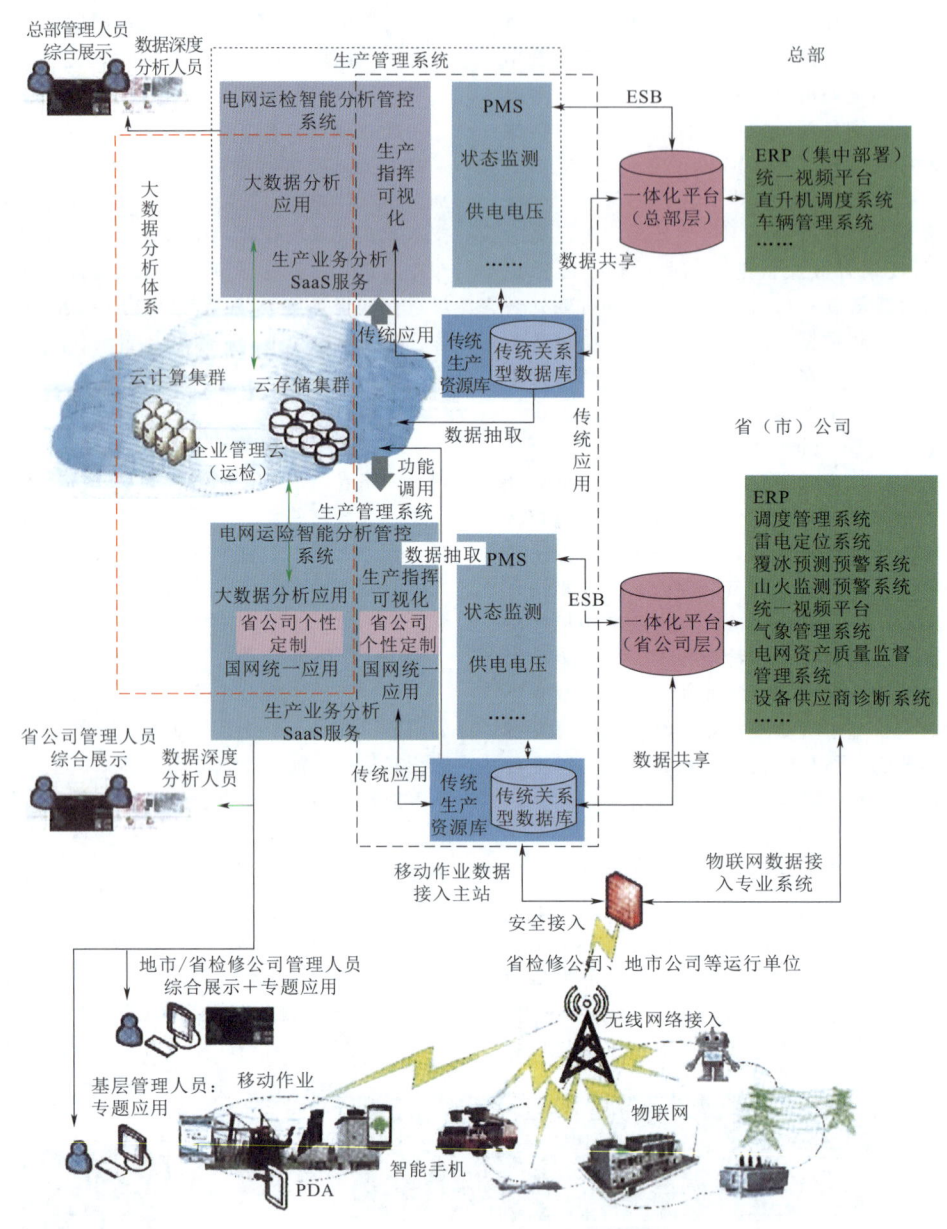

图2-10-1-3 电网运检智能分析管控系统主体架构图

（三）主要功能及实现

按照国家电网有限公司顶层设计，以提质增效为目标，充分利用公司已有信息化成果，不重复录入数据，不增加一线人员工作量，依托"大云物移智"新技术，以数据驱动全面状态分析、主动预测预警、精准故障研判，通过集约指挥实现全景现场可视、精益作业管理、高效指挥决策，实现运检管理精益化、生产指挥集约化、设备状态全景化、数据分析智能化。

1. 设备精细管理

（1）设备台账基础管理。构建以设备为中心，通过同步PMS2.0台账数据，对设备按电压等级、运维单位、生产厂家、设备类型、数量、分布情况、关键参数等进行多维度统计、分析以及多种形式展示，使设备统计和管理更加便捷直观。

（2）输电三维GIS应用。搭建高清三维GIS平台，开展输电线路参数化建模。此外三维GIS平台具有距离测量、面积测量、三跨分析等功能，支撑电网设备故障分析、远程查勘等业务的开展。

依托卫星影像、激光雷达扫描数据、无人机/直升机航拍影像等形成三维GIS地图，在三维GIS地图中搭建输电线路及杆塔三维模型，形成输电三维平台。通过接入状态监测数据、卫星山火遥感信息、雷电监测数据、通道可视化监控信息等,实现线路及通道状态实时监测;通过接入带高程信息的气象数据,可实现不同地形地貌条件下气象预测预报结果的直观展示,为线路及通道防灾减灾、巡视或检修任务安排、应急抢险等提供参考;通过融入河流水系、路网信息等,可实现输电线路交叉跨越的快速智能分析,为运维单位针对性开展"三跨"(跨越铁路、高速公路、重要输电线路)隐患点的排查、巡检等提供参考。

通过接入与电网相关联的实时气象网格数据,将网格数据与设备坐标位置进行关联,可实现乡镇电力管理站、变电站(换流站)/线路的未来3天逐小时温度、风速、降雨等气象预报服务,为一线人员针对性开展现场作业提供辅助支撑。预报精度为3km×3km,局部区域可达1km×1km,是常规天气预报精度的9倍以上。

2. 状态智能分析

获取运检专业的设备试验、在线监测、缺陷等数据,调控专业的运行工况数据,外部的气象环境数据,开展多维分析;建立设备状态智能评价模型,融合多源数据,智能评价设备状态,提出辅助决策建议,提升设备状态智能分析水平。

(1) 缺陷分析。管控系统以图形化方式按设备类型、设备厂家、运行年限等统计分析设备缺陷情况,支持关联查看设备各种信息、同类缺陷分析等功能。

通过同步PMS2.0数据,将设备缺陷信息按照设备类型、电压等级、运维单位、生产厂家、缺陷数量、缺陷等级、发生时间、分布情况等进行统计、展示,直观展现缺陷总体情况。同时,根据缺陷等级、发现时间,进行消缺情况分析,展示未消缺陷的同时,为检修计划的制定等提供参考。

通过进一步对缺陷数据进行挖掘,从缺陷表中抽取设备类型、生产厂家、缺陷性质、缺陷部位、缺陷原因数据,并进行多维度关联匹配,实现同类设备缺陷、同厂家设备缺陷、同类缺陷原因缺陷等的快速分析,为运维单位针对性开展缺陷排查、隐患整改,以及家族性缺陷分析等提供参考。

(2) 在线监测分析。管控系统直观展示不同电压等级、不同类型在线监测装置信息,分析在线监测装置运行工况,支持时间、空间等多维信息统计和实时告警数据查看。

通过分析状态监测系统各类装置的数据回传频率,判断是否出现数据中断、数据延迟,装置长时间不在线等情况,为运维单位针对性开展故障装置消缺、保障电网设备监测实时性等提供依据。同时,还可以根据在线监测装置台账,匹配故障率较高的在线监测装置生产厂家、运行年限等,为不同类型监测装置运行维护、新增装置采购等提供支撑。

通过对实时数据进行挖掘,根据实际情况设置预告警阈值、设备状态分析模型(如覆冰拉力等值换算模型、油色谱三比值或大卫三角形评价模型、导线舞动评价模型)等,实现设备状态的实时分析和发展趋势判断。

此外,通过将在线监测数据与GIS地图结合,将监测装置与地图坐标、线路杆塔及变电站位置相匹配,直观展现故障、告警在线监测装置的分布,便于直观展现当前装置运行情况。

3. 负载率分析

针对变压器、线路,按输电、变电、配电专业,分析最大负荷、负载率、重过载时长、轻载比例等信息,支持按时间、单位等维度查阅以及分析同期对比。

管控系统通过接入调度实时负荷数据,并根据PMS2.0设备基础台账中的额定负载或输送功率,判断电网设备是否存在重载、过载情况,根据设备负荷变化的时间规律,可重点排查长期重过载的情况,同时关联PMS2.0中对应设备的缺陷情况、历史故障、状态评价结果以及监测试验数据,便于运维单位重点针对存在缺陷、状态评价为异常的重过载设备开展设备运维、检修以及扩容改造等。

4. 状态智能评价

融合设备台账等静态数据、巡视记录等准动态数据和状态监测等动态数据,搭建设备状态评价和趋势预测大数据分析模型,开展覆冰、山火、雷电、洪涝、台风等环境信息与设备状态信息关联分析,智能分析评价设备状态,支持辅助决策。

通过接入PMS2.0状态评价数据,一方面,根据新投设备情况、设备检修情况、缺陷情况等,统计分析状态评价工作开展情况,直观展现是否存在应评价而未评价的情况,提升状态评价工作管理水平。另一方面,可在管控系统中建立状态评价大数据模型,以设备为中心,通过分析接入的各类试验检测数据、巡检记录、缺陷及故障、在线监测数据等,结合设备设计参数,按输变电设备状态评价导则中各状态量判断依据建立评价库,实现设备状态在线评估,判断设备劣化程度或级别。

(四) 故障智能诊断

融合保护动作、调度运行、在线监测、分布式行波等数据,关联查看故障设备履历、现场视频等信息,实现故障定位和故障原因初步分析,为快速处置提供决策建议。

1. 故障信息判别

首先管控系统需要判断真实跳闸信息,将调度开关实时变位信息、停电检修计划、开关负荷数据接入管控系统,并对所有数据进行解析,以标准格式存入数据库中。当管控系统接收到开关合转分信号后,分析该信号是否与停电检修计划匹配,如匹配则为计划停电,分析结束。如不匹配,则根据合转分时间查找对应开关此时刻之前的负荷值,高于限值则判定为故障,否则为误发信号。

2. 故障点定位及故障原因识别

故障诊断主要分为两个方面:一方面是故障定位,另一方面是故障原因分析。

(1) 对于故障定位,可通过接入变电站保护测距、线路行波测距、雷电定位系统、输电线路山火监测数据等,将故障数据与线路杆塔位置进行匹配,综合判断具体的故障点或故障区段。对于安装有保护测距、线路行波测距装置的,优先利用测距信息判断故障点。针对部分测距信息无法采集的线路故障,则可利用雷电定位系统、输电线路山火监测数据、在线监测异常信息等,通过外部信息辅助开展故障定位。

(2) 引起输电线路故障的原因主要有雷击、风偏、污闪、山火、鸟害、异物短路、外力破坏等。故障线路运行的恶劣环境因素尤其气象要素,是导致故障的主因,给电力系统安全运行带来巨大安全隐患。如今电力系统调度中的设备甚为先进,再加上环境监测系统、气象监测系统、污秽监测系统及视频监控系统等的不断被引入,已可实现对输电线路运行的外部环境状况以及电力系统的运行状态的实时监测,这为故障诊断及故障影响要素分析提供了技术支撑以及信息来源。因此,在进行输电线路故障原因辨识分析研究中考虑气象因素的影响是可行的,也是十分有必要的。

3. 故障外部特征

自然灾害引发的输电线路故障具有如下特点：受自然气象变化规律影响很大，跳闸事件发生的时间相对集中，具有一定的规律。故障规律是对故障发生可能性的一种衡量，对于原因辨识提供一定依据。根据各种线路故障原因的外部特征分析，除了天气、时段和季节特征外，不同故障发生与地形条件、风力、温度、湿度也具有一定的关系。由于气压、湿度、温度可对空气密度、碰撞电离及吸附过程产生影响，故而间隙临界击穿电压随之改变影响了故障发生的可能性。

（1）天气特征。天气与输电线路的故障发生之间存在一定的关系，输电线路故障的发生时常伴随着恶劣的天气状况，如雷雨、大风、雪、雾等，因此利用现代电力系统的污秽监测设备、雷电监测设备、气象预警设备以及其他外部环境监测设备所得的实时监测信息可为故障原因的辨识分析提供数据来源和技术支撑。所统计的故障样本中，故障发生时刻的天气有晴天、阴天、多云、阴雨、雨夹雪、雷雨、大风、大雾等，案例将其划分为五类：晴朗、雷雨、雨雾（阴雨、毛毛雨、大雾等）、阴云（阴天、多云）以及大风，在图 2-10-1-4 中分别用数字 1～5 所表示在纵坐标上。案例数据包含 105 个样本，横坐标表示故障样本的序号，故障类型分为雷击、风偏、鸟闪、污闪、树闪以及山火，并用不同颜色表示。

各种类型的故障都具有较为明显的天气特征，尤其雷击故障以及污闪故障与相应的天气几乎呈现一对一的特征，说明这两种故障的发生与天气具有极大的相关性。因此，天气特征可作为输电线路故障辨识的有效特征。

（2）季节月份特征。在四季分明地区的气象灾害也相应具有明显的季节特性。图 2-10-1-5 分别给出了不同故障原因类型发生时刻所对应的一年 12 个月的分布情况。

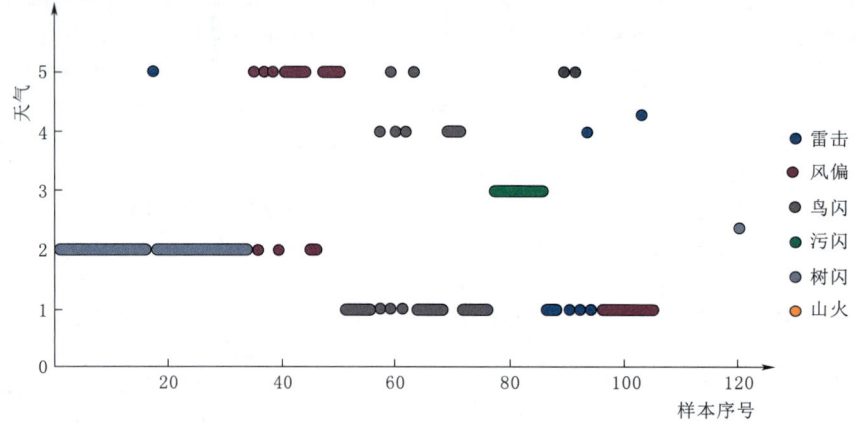

图 2-10-1-4 输电线路故障外部特征之天气特征

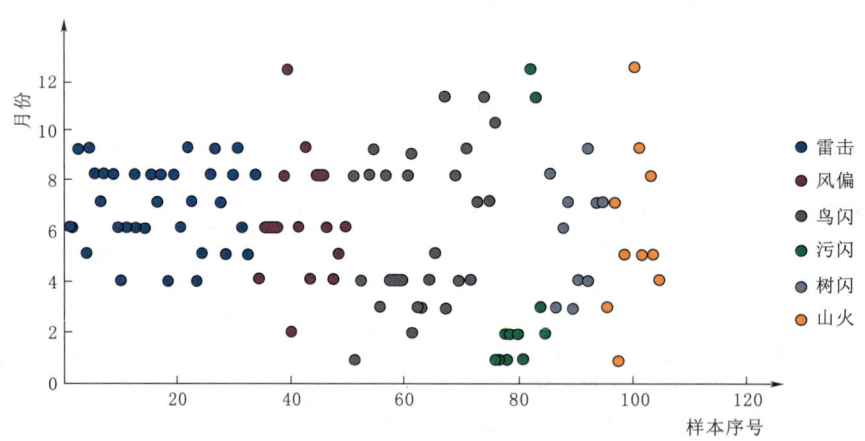

图 2-10-1-5 输电线路故障外部特征之季节月份天气特征

总体看来，发生故障的峰值月份出现在 4—9 月。雷击以及风偏故障主要集中在夏季前后，因夏季多发雷雨等强对流天气；污闪均发生在温度相对较低、降雨少、污秽积累严重的冬季；在春秋季节发生鸟害和山火，其中鸟闪在 3 月、4 月以及 8—11 月发生较多，分别对应筑巢期以及候鸟迁徙；树木故障多集中于降雨量多，生长快速的春夏时节。因此，季节月份也可作为故障原因辨识的有效特征。

（3）时段特征。按照小时将一天划分为 24 个时段，针对 6 种故障类型样本，所对应的故障发生时段统计情况如图 2-10-1-6 所示。

雷击跳闸多发生于日间，分布较为均匀，汇集于 8：00—20：00，这与雷电活动特征基本相符；在鸟害故障中，凌晨 2：00—7：00 发生较多，与鸟类清晨觅食习性一致；而污闪故障夜间以及凌晨相对较多，对应气温较低、空气湿度大，利于绝缘子表面的污秽层湿润，而分布不似理论分析的集中程度是因为故障样本的不完备。树闪故障以及山火故障多集中温度较高的中午及下午时段。为了统计计算方便，也可将故障时间进一步划分为四个时段：清晨（5：00—9：00）、白天（10：00—16：00）、晚上（17：00—22：00）、午夜（23：00—4：00）。

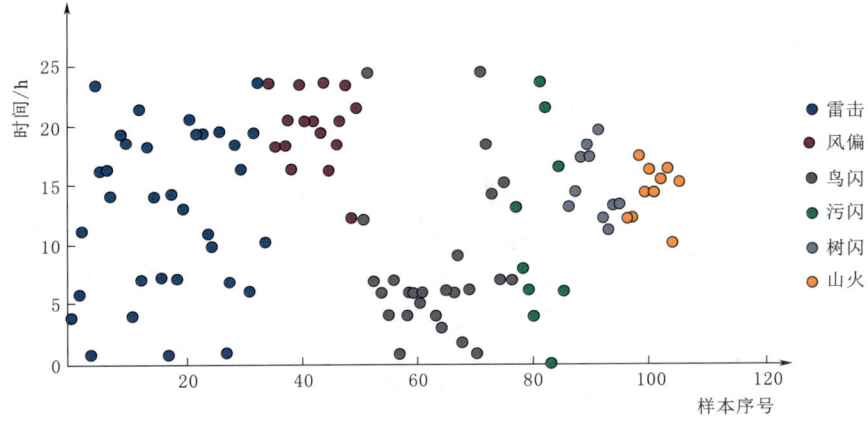

图 2-10-1-6 输电线路故障外部特征之昼夜时段特征

4. 故障内部特征

了解故障内部特征主要方法是解析故障录波图。故障类型不同，录波图反映出的信息也不同，从中主要得出两类故障信息：一是观测所得的故障前后各相电压和电流的波形变化信息，以及跳闸后的重合闸是否成功等直接信息；二是由录波数据进行分析计算而获得的间接信息。

（1）故障相重合闸特征。重合闸是基于故障线路被跳开后，故障点的绝缘性能能否快速恢复而决定是否能重合成功，具体统计结果如图 2-10-1-7 所示，纵坐标表示重合闸情况，重合成功为 1，重合不成功为零。雷击、鸟粪所导致的故障在跳闸后空气的绝缘性能由于电弧熄灭而瞬间恢复，所以重合闸多为成功；而风偏、污闪及山火故障后其主要环境因素在短期内无法得到改善，因此重合闸不易成功。而树闪故障则根据短路的物体不同而表现不同特性，不具有明显特征，因此重合闸特性也可用于故障原因的辨识。

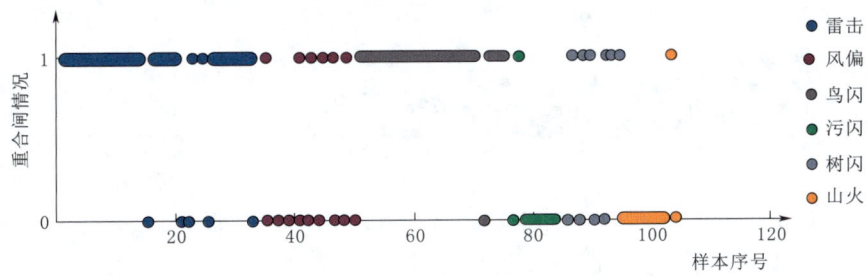

图 2-10-1-7 输电线路故障内部特征之故障相重合闸特征

（2）故障相电流非周期分量特征。由于非线性的过渡电阻会引入谐波，因此山火、树闪这两种非金属性接地故障分量中往往含有丰富谐波，而雷击、污闪等含量极少。三次谐波在单相接地故障中的特征相较其他次谐波更为突出，因此选用三次谐波作为高频谐波的表征。同时鉴于故障发生瞬间线路电流值以及外界有无能量注入情况不同，部分故障类型的故障相电流存在一定的衰减直流分量。因此，通过对故障相电流提取直流含量及三次谐波分量进行特征分析与验证。鉴于故障发生初期故障信号中大量的高频暂态分量的考虑，选取故障发生时刻半个周波后的录波数据进行分析，高频分量多衰减殆尽，因此显著减小暂态分量对待求参数的影响。通过对故障样本的计算分析，得出样本的故障相电流直流含量以及三次谐波含量情况分别如图 2-10-1-8 和图 2-10-1-9 所示。

从数据统计可看出，雷击接地故障的故障相电流直流衰减含量较多，而山火故障所对应含量均少于 9%；与之相反，山火故障的高次谐波含量要比近似金属性故障的三次谐波含量多得多，一般大于 10%，结果与理论分析相符合。

除上述故障内部特征外，通过对故障录波数据进行解析，还可以实现故障相电流过零点畸变特征挖掘和故障过渡电阻特征挖掘。如山火故障相电流所得到的高频分量在从故障开始时刻至故障结束期间的每个过零点附近都有较大的波形值，而雷击故障仅在故障开始及故障结束时刻存在波动，在故障期间其值都维持在很小的值，无较大波动。

利用故障后线路两端录波器所得电压、电流的采样数据及线路参数，可实现过渡电阻瞬时值的求解。雷击、风偏、鸟害、污闪这几种金属性接地短路故障的过渡电阻均值都较小，一般都在 10Ω 下，属于低阻故障；过渡非金属性异物短路故障的过渡电阻均值相对较大，普遍介于 15～50Ω 之间，属于中阻故障；而山火故障的过渡电阻均值相较于其他故障要大得多，普遍大于 100Ω，可称为高阻故障。

5. 故障特征自适应调整

当故障发生时，利用基于历史信息建立的辨识模型对故障原因进行判别，故障处理结束后，需要将发生的故障作为标准故障类型录入历史故障数据库，并将实际的故障原因与模型判别结果进行对比，对比结果作为是否修改模型训练库的依据。

如果判别结果有所偏差，那么随即修改实际的故障原因模型训练库的样本集，加入该次故障的实际特征数据进行重新训练，得到修正后的辨识模型，从而能够自主学习，适应环境的变化，更加准确地辨识故障原因。如果判别结果与实际结果没有偏差，则不需要修改训练库中的样本，而是记录

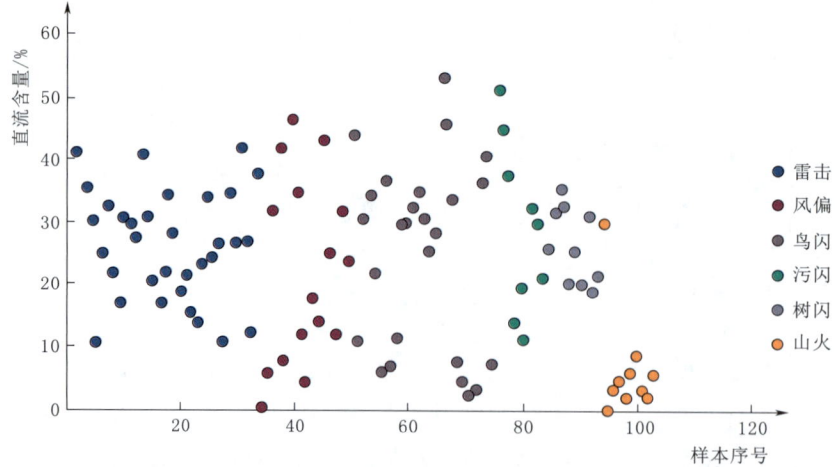

图 2-10-1-8　输电线路故障内部特征之故障相电流直流含量特征

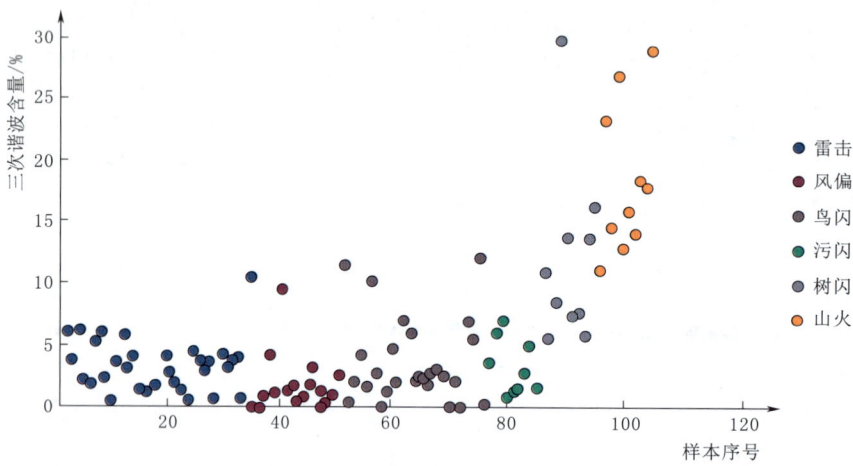

图 2-10-1-9　输电线路故障内部特征之故障相三次谐波含量特征

该故障特征及故障原因，然后经过一定的时间再对训练样本数据库进行更新。通过这种方法可以达到淘汰较老数据，增加新数据的目的，从而使辨识模型能够适应环境的潜移默化。识别算法自更新原理如图 2-10-1-10 所示。

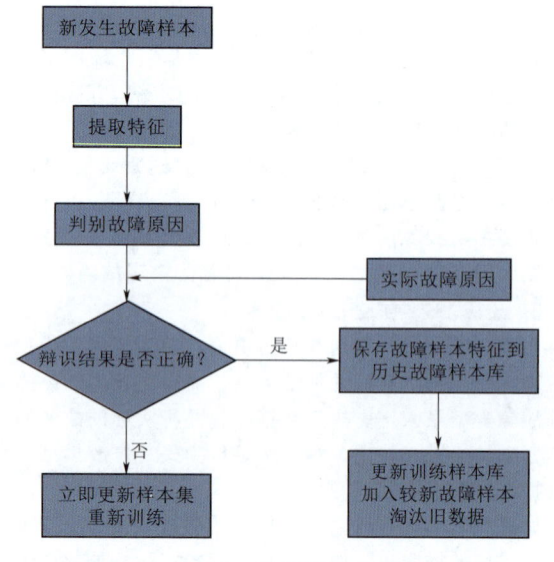

图 2-10-1-10　识别算法自更新原理图

（五）运检过程管控

通过运检管控中心，应用管控系统，可有效掌握各项工作关键节点信息，特别是针对现场作业管控。通过移动视频监控设备，在管控系统实现作业现场与管理人员语音视频互联互通，并关联工作票、管控方案等信息，开展运检作业远程管控和技术诊断、指导，延伸运检作业风险管控的深度和广度，解决春秋检点多面广，管理人员无法面面俱到的问题，使风险管控更加到位。

运检过程管控重点是作业内容、风险等级与 PMS2.0 中工作票、管控方案、设备相关信息以及现场视频等的关联匹配，匹配方法通常通过线路名称、作业时间等关键字段进行搜索匹配，即可实现作业相关信息的全量快速展示。

（六）输电线路通道风险评估

利用三维 GIS 平台，开展雷电、山火、覆冰等风险评估，融合视频、图像、无人机等信息，实现输电通道状态风险管控。

1. 雷电监测预警

建立雷电监测预警中心，对 110kV 及以上骨干网架实现雷电监测高精度全覆盖，管控系统根据雷电监测数据，结合线路分布，开展重要输电通道提前 30min～1h 的雷电预警，为针对性开展巡检工作提供支撑。

2. 覆冰预测预警

建立覆冰预测预警中心，覆冰预测预警精度达到全网 3km×3km、典型微地形区域 0.5km×0.5km，管控系统将电网覆冰预测预警精确到杆塔，提高冬季防冰抗冰的能力。

3. 山火监测预警

建立山火监测预警中心，开展输电线路山火同步卫星广域实时监测，管控系统结合线路分布分析影响范围并及时预警，为现场异常快速处置提供有效支撑。

4. 台风监测预警

建立台风监测预警中心，实现国家电网公司东部沿海地区110kV及以上电压等级电网台风监测全面覆盖，实现0.5km×0.5km分辨率台风风场预报，将台风灾害预警信息发布时间间隔缩短至1h，面向电网输变电设备提供专业、快速、可靠、有效的台风监测预警服务。

5. 通道可视化

管控系统基于三维GIS，融合直升机、无人机、视频、图像等数据，实现全方位、多角度输电通道可视化，便于有针对性地开展风险管控。

（七）项目精益管理

管控系统可获取PMS系统项目计划数据和ERP系统项目实施数据，对大修、技改、城市配网等项目，按前期、招标采购、合同签订、施工、投运、结算等直观环节，进行实施情况管控，并对滞后项目自动提醒和预警，提高项目精益管理水平。

第二节 电网状态感知技术

一、带电检测技术

（一）电网状态感知技术

电网状态感知是应用各种传感、量测技术实现对状态的准确、全面感知，用于评估设备运行状态，实现对设备状态的精准管控。电网状态感知包括对设备本体以及外部环境通道的状态感知，是构成电网智能运检应用的数据基础，电网状态感知技术的应用对于保障电网及设备的安全运行有重要意义。目前已有一批成熟技术在实际中得到应用，发现了大量设备缺陷及外部威胁，对保障电网及设备的安全运行起到了重要作用。

（二）带电检测技术

电力设备带电检测是指在不停电状态下利用检测装置对高压电气设备状态进行检测，从而掌握设备运行状态。该方法一般采用便携式设备在带电状态下进行检测，有别于安装固定监测装置进行长期连续的在线监测。带电检测是发现设备潜伏性缺陷的有效手段，是预防设备故障的重要措施之一。

二、红外热像检测技术

（一）红外热像仪基本原理

自然界中，一切温度高于绝对零度（-273.16℃）的物体都会辐射出红外线，辐射出的红外线（简称红外辐射）带有物体的温度特征信息。通过对设备红外辐射量的检测可实现对设备温度的测量，基于设备温度的横向、纵向对比可实现设备运行状态诊断。

电磁波谱中比微波波长短、比可见光波长长（0.75pm<x<1000μm）的电磁波就是红外辐射。实际的物体都具有吸收、辐射、反射、穿透红外辐射的能力。吸收是指物体获得并保存来自外界的红外辐射能力；辐射是指物体自身发出红外辐射的能力；反射是指物体弹回来自外界的红外辐射的能力；透射是指来自外界的红外辐射经过物体穿透出去的能力。

实际物体的辐射由两部分组成：自身辐射和反射环境辐射。光滑表面的反射率较高，容易受环境影响（反光）；粗糙表面的辐射率较高。电力设备的红外检测，实质是对设备（目标）发射的红外辐射进行探测及显示的过程。设备发射的红外辐射功率经过大气传输和衰减后，由检测仪器光学系统接收并聚焦在红外探测器上，并把目标的红外辐射信号功率转换成便于直接处理的电信号，经过放大处理，以数字或二维热图像的形式显示目标设备表面的温度值或温度场分布。红外测温原理示意图如图2-10-2-1所示。

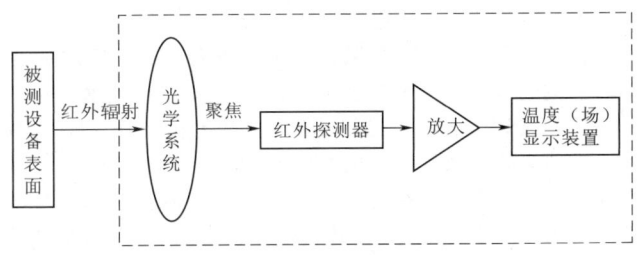

图2-10-2-1 红外测温原理示意图

（二）电网设备发热故障分类

从红外检测与诊断的角度可将高压电气设备的发热故障分为外部故障和内部故障。

（1）外部故障是指裸露在设备外部各部位发生的故障（如长期暴露在大气环境中工作的裸露电气接头故障、设备表面污秽以及金属封装的设备箱体涡流过热等）。从设备的热图像中可直观地判断是否存在热故障，根据温度分布可准确地确定故障的部位及故障严重程度。

（2）内部故障则是指封闭在固体绝缘、油绝缘及设备壳体内部的各种故障。由于这类故障部位受到绝缘介质或设备壳体的遮挡，通常难以直观获得故障信息。但是依据传热学理论，分析传导、对流和辐射三种热交换形式沿不同传热途径的传热规律（对于电气设备而言，多数情况下只考虑金属导电回路、绝缘油和气体介质等引起的传导和对流），并结合模拟试验、大量现场检测实例的统计分析和解体验证，也能够获得电气设备内部故障在设备外部显现的温度分布规律或热（像）特征，从而对设备内部故障的性质、部位及严重程度作出判断。

（三）电气设备发热原因

电气设备发热原因可分为以下几类。

1. 电阻损耗（铜损）增大故障

电力系统导电回路中的金属导体都存在相应的电阻，因此当通过负荷电流时，必然有一部分电能按焦耳-楞次定律以热损耗的形式消耗掉。如果在一定应力作用下导体局部拉长、变细，或多股绞线断股，或因松股而增加表面层氧化，均会减少金属导体的导流截面积，从而造成增大导体自身局部电阻和电阻损耗的发热功率。电力设备载流回路电气连接不良、松动或接触表面氧化会引起接触电阻增大，该连接部位与周围导体部位相比，就会产生更多的电阻损耗发热功率和更高的温升，从而造成局部过热。

2. 介质损耗增大故障

除导电回路以外，固体或液体（如油等）电介质也是许多电气设备的重要组成部分，该种介质在交变电压作用下引起的损耗，通常称为介质损耗。由于绝缘电介质损耗产生的发热功率与所施加的工作电压平方成正比，而与负荷电流大小无关，因此称这种损耗发热为电压效应引起的发热，即电压致热型发热故障。即使在正常状态下，电气设备内部和导体周围的绝缘介质在交变电压作用下也会有介质损耗发热。当绝缘介质的绝缘性能出现故障时，会引起绝缘介质的介质损耗（或绝缘介质损耗因数）增大，导致介质损耗发热功率增加，设备运行温度升高，该种原因引起的设备发热温升通常仅有几摄氏度，所以对于测量装置要求较高。介质损耗的微观本质是电介质在交变电压作用下将产生两种损耗：一种是电导引起的损耗；另一种是由极性电介质中偶极子的周期性转向极化和夹层界面极化引起的极化损耗。

3. 铁磁损耗（铁损）增大故障

由绕组或磁回路组成的高压电气设备，由于铁芯的磁滞、涡流效应而产生的电能损耗称为铁磁损耗或铁损。由于设备结构设计不合理、运行不正常，或者由于铁芯材质不良，铁芯片间绝缘受损，导致出现局部或多点短路现象，可分别引起回路磁滞或磁饱和或在铁芯片间短路处产生短路环流，增大铁损并导致局部过热。另外，对于内部带铁芯绕组的高压电气设备（如变压器和电抗器等），如果出现磁回路漏磁，还会在铁制箱体产生涡流发热。由于交变磁场的作用，电器内部或载流导体附近的非磁性导电材料制成的零部件有时也会产生涡流损耗，因而导致电能损耗增加和运行温度升高。

4. 电压分布异常和泄漏电流增大故障

有些高压电气设备（如避雷器和输电线路绝缘子等）在正常运行状态下有一定的电压分布和泄漏电流，当出现故障时会改变其分布电压和泄漏电流的大小，导致其表面温度分布异常。此时的发热虽然仍属于电压效应发热，但发热功率由分布电压与泄漏电流的乘积决定。

（四）红外检测要求

1. 一般检测环境要求

检测时应尽量避开视线中的遮挡物，环境温度一般不低于5℃，相对湿度一般不大于85%；天气以阴天、多云为宜，夜间图像质量为佳；不应在雷、雨、雾、雪等气象条件下进行，检测时风速一般不大于5m/s；户外晴天要避开阳光直接照射或反射进入仪器镜头，在室内或晚上检测应避开灯光的直射，宜闭灯检测；检测电流致热型设备，最好在高峰负荷下进行，如不满足，一般也应在不低于30%的额定负荷下进行，同时应充分考虑小负荷电流对测试结果的影响。

2. 精确检测环境要求

风速一般不大于0.5m/s；设备通电时间不少于6h，最好在24h以上；检测应在阴天、夜间或晴天日落2h后；被检测设备周围应具有均衡的背景辐射，应尽量避开附近热辐射源的干扰，某些设备被检测时还应避开人体热源等的红外辐射；避开强电磁场，防止强电磁场影响红外热像仪的正常工作。

3. 飞机巡线检测基本要求

除满足一般检测的环境要求和飞机适航要求外，还应满足以下要求：禁止夜航巡线，禁止在变电站和发电厂等上方飞行；飞机飞行于线路的斜上方并保证有足够的安全距离，巡航速度以50~60km/h为宜；红外热成像仪应安装在专用的带陀螺稳定系统的吊舱内。

（五）现场操作方法

1. 一般检测

仪器在开机后需进行内部温度校准，待图像稳定后方可开始工作。一般先远距离对所有被测设备进行全面扫描，发现有异常后，再有针对性地近距离对异常部位和重点被测设备进行准确检测。仪器的色标温度量程宜设置在环境温度如10~20K的温升范围。有伪彩色显示功能的仪器，宜选择彩色显示方式，调节图像使其具有清晰的温度层次显示，并结合数值测温手段，如热点跟踪、区域温度跟踪等手段进行检测。应充分利用仪器的有关功能，如图像平均、自动跟踪等，以达到最佳检测效果。环境温度发生较大变化时，应对仪器重新进行内部温度校准，校准方法按仪器的说明书进行。作为一般检测，被测设备的辐射率一般取0.9。

2. 精确检测

检测温升所用的环境温度参照物应尽可能选择与被测设备类似的物体，且最好能在同一方向或同一视场中选择。在安全距离允许的条件下，红外仪器宜尽量靠近被测设备，使被测设备（或目标）尽量充满整个仪器的视场，以提高仪器对被测设备表面细节的分辨能力及测温准确度，必要时，可使用中、长焦距镜头，线路检测一般需使用中、长焦距镜头。为了准确测温或方便跟踪，应事先设定几个不同的方向和角度，确定最佳检测位置，并可做上标记，以供复测用，提高互比性和工作效率。正确选择被测设备的辐射率，特别要考虑金属材料表面氧化对选取辐射率的影响。将大气温度、相对湿度、测量距离等补偿参数输入，进行必要修正，并选择适当的测温范围。记录被检设备的实际负荷电流、额定电流、运行电压，被检物体温度及环境参照体的温度值。

（六）红外热像仪分类和应用

1. 手持式、便携式红外热像仪

手持式、便携红外热像仪在电力设备带电检测中已经广泛使用，具有灵活、使用效率高、诊断实时的优点，是目前常规巡检普测和精确测温的主要使用方式。

2. 连续监测式红外热像仪

连续监测式红外热像仪主要用于无人值守变电站、重点设备的连续监测，以红外热成像和可见光视频监控为主，智能辅助系统为辅，具有自动巡检、自动预警、远程控制、远程监视以及报警等功能。连续监测式红外热像仪主要分为固定式和移动式。固定式为定点安装，可实现重点设备的长时间连续监测，运行状态变化预警。移动式的优势是布点灵活，可监测设备覆盖全面，适合隐患设备的后期分析监测、缺陷设备检修前的运行监测。

3. 线路巡检车载式

车载红外监控系统主要应用于城市配网和沿道路旁的架空线路检测，可大幅提高巡检效率。

4. 机载吊舱式红外热像仪

小型无人机（主要指旋翼型无人机）搭载小型红外热像仪可实现测温、拍照、录像、存储等基本巡检工作；单次飞行可实现少量杆塔巡检工作。中型无人机主要搭载6~8kg吊舱完成巡检工作，配合出色的飞控可以实现超视距3~4km范围内的线路巡检任务，可搭载高清相机和热像仪，可叠加地理信息坐标、定位杆塔、实时测温分析等。大型无人机可搭载20kg及以上设备完成数十千米范围内的线路巡检工作，红外、紫外、可见光数据可以通过地面控制站实时传输,地面数据分析系统可系统化处理采集到的所有数据。直升机巡检系统主要依靠30kg左右的光电吊舱设备对超高压、特高压线路进行巡检,可记录红外、紫外、可见光等数据。

5. 巡检机器人红外热像仪

变电站智能巡检机器人集机电一体化、多传感器融合、磁导航、机器人视觉、红外检测技术于一体,解决了人工巡检劳动强度大等问题。通过对图像进行分析和判断,及时发现电力设备的缺陷、外观异常等问题。

三、局部放电检测技术

局部放电是电气设备在故障发展初期最为重要的表现特征之一,当设备存在局部放电时,通常会同时产生各类信号,包括特高频信号、超声波信号、高频信号等,针对不同的设备类型及放电原因,选择对应检测方法即可实现对设备局部放电的准确检测。

(1) 特高频和超声波局部放电检测技术主要应用于GIS设备、开关柜、配网架空线路等的局部放电检测。

(2) 特高频局部放电检测装置一般由特高频传感器、信号放大器、检测仪主机及分析诊断单元组成。特高频局部放电检测技术基本原理是通过特高频传感器对电气设备局部放电时产生的特高频电磁波(300MHz~3GHz)信号进行检测,通过特征分析判断电气设备内部是否存在局部放电以及诊断局部放电类型、位置及严重程度,实现局部放电检测。在开关柜设备中,当内部存在局部放电时,开关柜中局部放电产生的特高频信号将向四周发散传播,并通过开关柜的缝隙传播出来,利用特高频传感器可实现开关柜局部放电的检测。在GIS设备中,由于其同轴结构,使得电磁波能在GIS管道内进行长距离传播,通过GIS设备的浇注孔或内置传感器可检测出设备内部局部放电。由于其频带范围高,可有效地抑制背景噪声,如空气电晕等。由于通信、广播等类型的干扰信号有固定的中心频率,因而可用带阻法消除其影响。另外,还可通过在不同位置测到的局部放电信号的时延差来对局部放电源进行定位,此时通常需要应用示波器配合完成。

(3) 高频局部放电检测技术主要应用于变压器、电缆等的局部放电检测。

(4) 暂态地电压局部放电检测技术主要应用于开关柜等的局部放电检测。

四、输电线路在线监测技术

(一) 输电线路在线监测的内容

输电线路在线监测技术是指直接安装在输电线路设备上可实时记录设备运行状态特征量的测量系统及技术,是实现状态监测、状态检修的重要手段。随着现代通信技术的成熟与推广,输电线路在线监测技术取得了长足进步,一系列输电线路在线监测系统相继出现,如输电线路杆塔倾斜在线监测、覆冰在线监测、微气象在线监测、导线舞动在线监测、视频/图像在线监测等,有效提高了现有输电线路的运行安全水平。

(二) 输电线路在线监测系统的一般流程

输电线路在线监测系统的一般流程是:监测装置实时完成输电线路设备状态、环境信息的采集;通过通信模块及通信网络发送至各级监测中心;监测中心专家利用各种修正理论模型、试验结果和现场运行结果判断输电线路的运行状况,并及时给出信息,从而有效防止各类事故的发生。输电线路在线监测系统典型架构如图2-10-2-2所示。

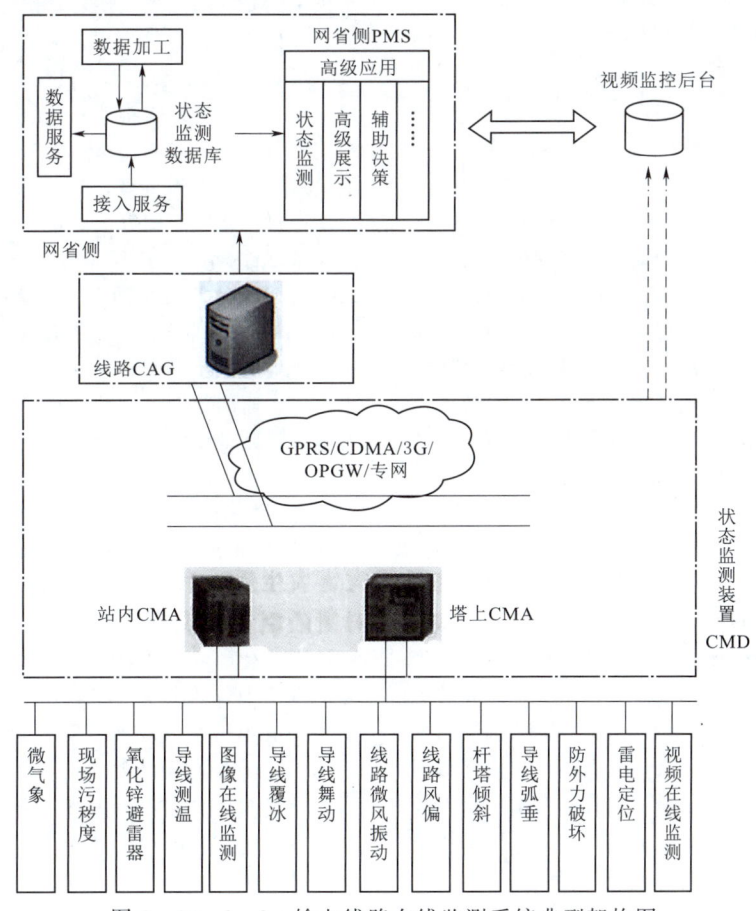

图2-10-2-2 输电线路在线监测系统典型架构图

五、卫星遥感技术

（一）遥感和卫星遥感

（1）广义地讲，各种非接触的、远距离的探测和信息获取技术就是遥感；狭义地讲，遥感主要指从远距离、高空以及外层空间的平台上，利用可见光、红外、微波等探测仪器，通过摄影或扫描、信息感应、传输和处理，从而识别地面物质的性质和运动状态的现代化技术系统。

（2）卫星遥感作为一门新兴的对地观测综合性技术，相较于传统技术，具有探测范围广、采集速度快、采集信息量大、获取信息条件受限制少等一系列优势，它的出现和发展大大拓宽了人类探知的能力和范围。

（二）遥感卫星技术应用

近年来卫星遥感技术在电网运检领域的应用发展迅速，主要包括电网山火、地质灾害、电网气象等方面的探测和预防应用。

1. 基于卫星遥感的山火探测技术

输电线路山火跳闸是影响其安全稳定运行的重要因素，在山火高发时段，各运维单位投入大量的人力物力开展线路巡视、重点区段蹲守和山火现场监控等工作，但这种工作方式存在工作效率低、投入大等问题。随着遥感技术不断发展、影像分辨率不断提高以及计算机信息处理技术的不断增强，利用遥感卫星对输电线路走廊区域的监测数据进行山火风险评估，可以大范围有效获取监测区域状况，具有快速获取地面宏观信息、准确判定火险高危区域的特点。将红外探测仪安装在卫星上，对地面进行大面积的热点监测。然而，安装在卫星上的红外探测器受环境的影响很大，如探测角度、云层厚度、大气层垂直结构以及地形等。环境、气候因素会影响卫星红外遥感的探测结果，引起误判。为解决这个问题，可采用各种数据处理方法来提高分析结果的可靠性，如时域动态分析、三通道合成法、遥感卫星上下文火点识别法等。

2. 基于光学卫星遥感的地质灾害识别技术

利用遥感技术可以不断地探测到地质灾害发生的背景与条件等大量信息，事先圈定出地质灾害可能发生的地区、时段及危险程度；在地质灾害发展过程中，利用卫星和航空遥感图像对其进行长、中期动态监测分析，可以不断监测地质灾害的进程和态势，及时把信息传送到抗灾部门，有效地进行抗灾；在地质灾害发生后，利用遥感技术可以迅速准确地查出地质灾害地点、范围、程度，为减灾防灾对策的制定提供技术支持。

在光学遥感成像时，由于各种因素的影响，使得遥感图像存在一定的几何变形和辐射量失真现象，变形和失真影响了图像的质量和使用，必须进行消除或削弱。简单说，几何变形是指图像上的像元在图像坐标系中的坐标与其在地图坐标系等参照坐标系中的坐标之间的差异，消除这种差异的过程称为几何纠正。利用传感器观测目标的反射和辐射能量时，传感器得到的测量值与目标的光谱反射率或光谱辐射强度等物理量不相同，这是由于测量值中包含了太阳的位置和角度条件、大气条件所引起的失真，消除图像数据中辐射所含失真的过程称为辐射量校正。在卫星图像数据提供给用户使用之前，一般都经过辐射量校正和一定的几何纠正，在实际应用中应根据具体情况加以相应处理。一般遥感数据预处理流程如图2-10-2-3所示。

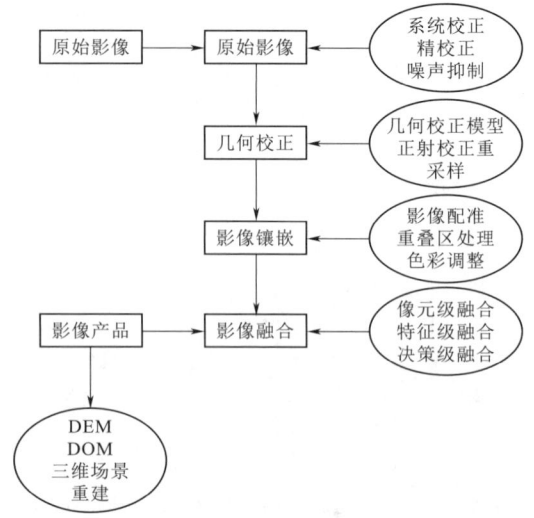

图2-10-2-3 一般遥感数据预处理流程图

3. 基于雷达卫星遥感的地质灾害探测技术

雷达遥感是利用卫星或航空航天器主动发射电磁波微波到地面，再通过传感器接收地面反射的电磁波而成像的新一代遥感技术。利用雷达遥感技术可以实现不受天气气候和白天黑夜影响的全天候对地遥感，容易产生不缺失的时间序列雷达遥感图像。合成孔径雷达（SAR）是20世纪50年代末研制成功的一种微波遥感器。它利用载有雷达的飞行平台的运动来得到长的合成天线，由此获得高分辨率的图像。SAR与传统的光学遥感器相比，其优点主要在于具备全天候、全天时工作能力，穿透力强，采用侧视方式一次成像面积大，成本低，SAR的纹理特性能获取其他遥感系统所难见的断层，有利于研究地表构造和预测新矿源，分辨率高且不受平台高度或距离的影响，这点对于几百千米乃至上千千米高的卫星遥感系统尤为重要。

通过两幅或两幅以上的雷达遥感图像进行相位干涉处理的技术，称为合成孔径雷达干涉测量技术（InSAR），InSAR是获取高精度地面高程信息的前沿技术之一。作为InSAR技术的延伸，差分干涉测量技术（D-InSAR）可以用于监测地表微小形变，它的发展为非接触式监测提供了新的思路，其监测范围大、精度高、全天候、全天时等独特优点对输电线路地质灾害形变监测具有十分重要的意义。

差分干涉测量技术（D-InSAR）是对两幅以上的干涉图或对一幅干涉图加一幅地面数字高程模型（DEM）图进行再处理的一种技术，它可以有效地去掉地形、轨道基线距离等对相位的影响。在包含有地形信息和地面位移信息的干涉图中，由地面高程引起的干涉条纹与基线距有关，而由地面变化引起的干涉条纹与基线距无关，所以可以用差分的方法消除由地形引起的干涉条纹。D-InSAR技术目前主要应用于城市地面沉降监测、滑坡、地震形变测量以及冰川移动监测等。为了提取地表形变信息，必须把参考面相位以及地形因素从原始干涉图中去掉，即二次差分干涉。常用的D-InSAR技术有二轨法、三轨法和四轨法。无论是二轨法、三轨法还是四轨法，D-InSAR技术都是通过去除干涉相位中的地形相位来获取最终的变形相位。

D-InSAR 技术处理流程一般包括影像裁剪、图像配准及重采样、干涉与滤波、相位差分、相位解缠、地理编码，如图 2-10-2-4 所示。

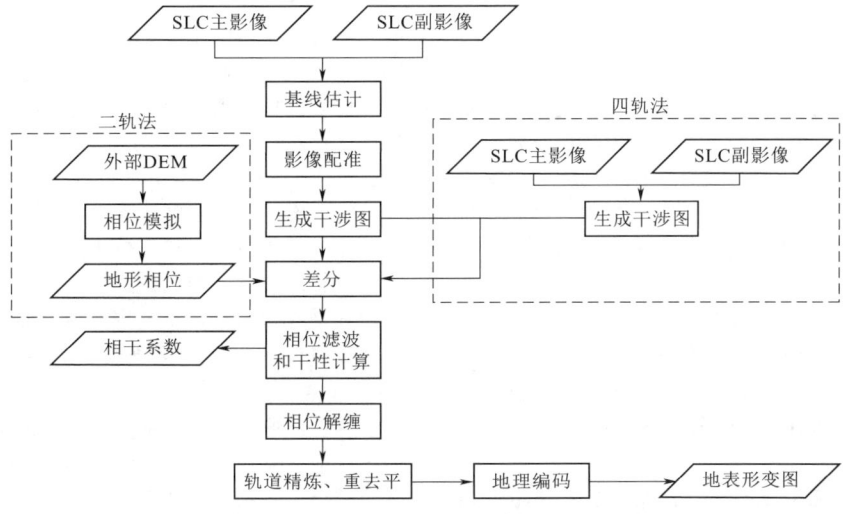

图 2-10-2-4　D-InSAR 技术处理流程图

4. 基于卫星遥感的输电通道巡视技术

与基于直升机或无人机的输电线路巡检技术相比，目前基于卫星遥感的输电通道巡视研究较少，这是因为卫星遥感的空间和时间分辨率不足以满足定期输电通道巡视需求。近年来卫星遥感发展迅速，光学卫星空间分辨率达到黑白 2m，彩色优于 8m，重访周期在 1 周左右；合成孔径雷达（SAR）卫星空间分辨率达到 1m，可全天候获取微波波段地物目标信息。因此，卫星遥感与电力运检的交叉应用研究日益丰富。

从业务应用层面，国家电网有限公司开发了输电通道卫星遥感巡视系统，2017 年，在浙江嘉湖密集通道湖州区段、新疆哈密天中线区段开展了多时相卫星遥感巡视技术应用，同时在汛期对湖南江城线等区段开展了洪涝灾害监测预警研究。

输电通道卫星遥感巡视关键技术路线如图 2-10-2-5 所示，主要包括遥感影像预处理、环境信息智能提取和多时相环境变化监测 3 个核心环节。

卫星遥感原始数据缺少必要的地理、光谱信息，无法直接用于输电通道环境巡视。因此，卫星遥感影像预处理是开展实际巡视应用的第一步，旨在将卫星遥感原始数据处理成具备经纬度信息、去除几何与大气畸变的可用基础影像，用于后续的环境隐患识别。

卫星遥感数据分为光学和合成孔径雷达（SAR）两大类，二者预处理技术有所不同。对于光学卫星遥感数据，预处理流程主要包括几何校正（地理定位、几何精校正、正射校正等）、辐射校正（传感器校正、大气校正及太阳地形校正等）、图像融合、图像镶嵌、图像裁剪和去云及阴影处理 6 个方面。对于 SAR 数据，预处理流程主要包括几何校正、辐射校正、多视、斑点噪声滤波和相对配准步骤。

输电通道环境信息智能提取技术是输电通道卫星遥感巡视技术体系的核心，其本质是高分辨率卫星遥感智能图像识别技术。在预处理后的卫星遥感影像基础上，如何提取合适的特征，构建有效的分类识别算法，是输电通道环境信息智能提取的关键。

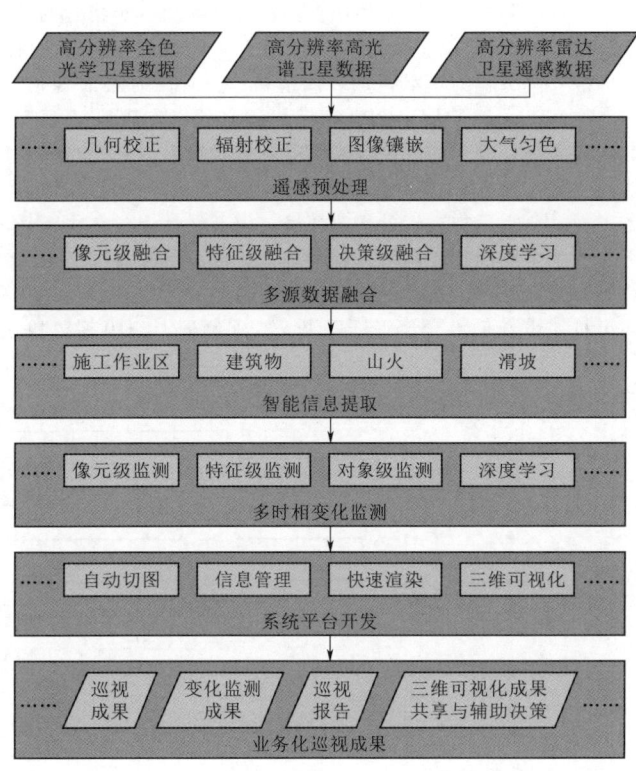

图 2-10-2-5　输电通道卫星遥感巡视关键技术路线

第三节　移动作业技术和实物 ID 技术

一、移动作业技术

（一）概述

随着智能运检技术的全面推广和应用，传统的"PC 端+服务器"模式已经不能满足日益增长的电网运检业务需求。更加小型化、智能化的移动终端以及智能可穿戴设备被越来越多地应用在巡检、抢修以及日常办公业务当中。移动端及相关设备与移动应用作为电力企业内部作业与外部服务的延伸,极大地拓展了各级管理人员的工作范围,也为基层班组开展现场作业提供极强的辅助支撑。

目前智能化移动终端设备主要包括智能可穿戴设备,手持式终端,移动监控设备等。

(二) 智能可穿戴设备

可穿戴技术是一种可以穿在身上的微型计算机系统,具有简单易用、解放双手、随身佩戴、长时间连续作业和无线数据传输等特点。可穿戴技术可以延伸人体的肢体和记忆功能,它的智能化在物理空间上表现为以用户访问为中心。可穿戴设备在变电站带电作业中具有广泛的应用空间,一方面可穿戴设备可以提供大量现场数据,为电网的管理、分析和决策提供实时、准确的海量数据支撑;另一方面为生产作业一线人员提供基于行为告警的智能化作业工具,保障变电站带电作业安全、标准、高效、智能,可以预见可穿戴设备将对电网的安全生产带来前所未有的深刻影响力。

1. 智能头盔

典型的可穿戴计算系统大多使用微型的头戴显示器(Head Mounted Display,HMD)作为显示设备,具备良好的可穿戴性和便携性,可为用户提供与桌面显示器相近的显示效果,适合信息浏览。在电力行业,智能头盔以电力系统的标准安全头盔为基础,加装高清摄像头,同时集成通信、芯片加密、本地存储、GPS等模块的方式,实现高清视频的现场采集存储、内外网音视频交互以及设备位置定位的功能。主要应用在站内检修、高处作业等不方便携带其他设备,而又急需远方支援的作业环境。内部设计上,在头盔后部布置了主要的控制运算和处理单元。部分传感器和通信天线等布置在外壳上可见的适当位置。头盔式音视频单兵设备还可扩展声音采集、含氧量采集、红外测温、测距等模块,以实现更加复杂的监视功能。同时,还支持以Wi-Fi无线网络为基础的定位功能(室内定位)。可穿戴头盔软件支持多线程工作模式,可以实现多种监视、采集和传输任务的协同。巡检作业集中监视和控制软件是巡检作业管理系统的核心,完成巡检作业任务管理、作业过程集中监视、数据采集和存储等功能,服务器端提供数据、图像和声音的显示存储、管理、查询和统计功能。智能安全帽的体系架构如图2-10-3-1所示。

智能安全帽在电网业务中的应用如下:

(1) 到货验收。利用智能安全帽的测距和拍摄功能,对物资材料的图像和相关参数进行记录。同时,与相关信息系统中数据进行比对,实现物资到货的辅助验收和记录。测量和图像数据也会及时发回数据中心,实现物资资料的实时采集。

(2) 智能巡检。智能安全帽可以配合手机App实现巡检工作的智能化。使用运检智能安全帽的红外成像功能采集变压器运行状态下红外图谱,红外图谱经服务器端分析判断后,再通过手机App反馈设备的当前状态,实现巡检工作的自动化、智能化。同时还可以通过安全帽上的可见光摄像头拍摄实物照片,形成设备的实物照片图库,为图像识别分析等高级功能应用搭建基础平台。

(3) 与智能手表、手环等配合。配合智能手环上的血压、脉搏监测传感器,智能头盔可以有效监测工作人员的体征状态,对于体征状态出现异常的工作人员,智能头盔可以提供闪烁、报警等提示信息,避免人员疲劳作业。同时,智能手表、手环还可以充当智能头盔的第二块显示屏,方便工作人员开展设备参数、运行规程等与现场图像联动的资料查阅工作。

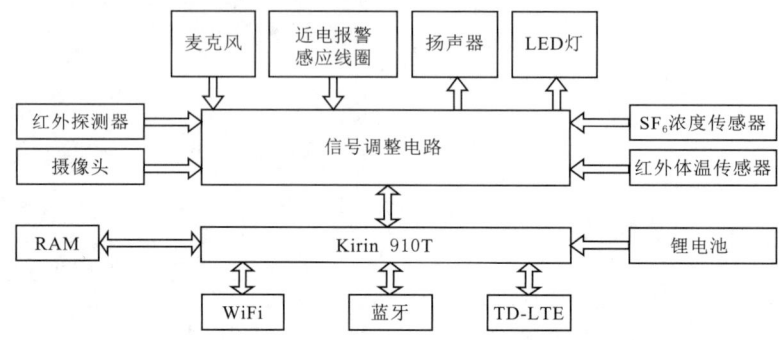

图2-10-3-1 智能安全帽体系架构框图

2. 智能眼镜

智能眼镜具有使用方便、体积轻巧、功能强大的特点受到公众的普遍关注,智能眼镜的出现也为电网运维的新工具开发提供了新的思路。智能眼镜在电网业务中的应用如下:

(1) 现场运检人员佩戴智能眼镜,在辨识出设备后,后台能及时将设备参数、历史检修记录、运行状态等信息推送给现场运检人员,并通过智能眼镜有效地展现给现场运检人员。

(2) 当佩戴智能眼镜的运检人员碰到无法独立解决的现场技术问题时,可以通过智能眼镜向监控中心寻求技术指导。监控中心工作人员通过回传的现场视频以及现场工作人员的音频判断技术难题的解决办法,并通过语音的方式进行技术指导。

3. 智能服装

智能服装与传统作业工装相比,虽然在外观造型及色彩应用方面没有很大区别,其明显优势在于服装功能的开发。设计师通过引入现代信息化技术,赋予了服装更人性化、智能化及科技化的功能。现代设计师所设计的智能服装都具备一定的科技性,给人带来新的体验,但从功能角度来看,其实用性较弱,仅适用于特殊行业的人群。如宇航员所穿戴的服装就属于典型的智能服装,具备强大、多样的功能,如控制压力、输送氧气等;智能防火服,除能降低外界火源对消防人员的身体危害外,也能帮助消防人员与外界指挥人员沟通,有效提升消防人员的工作效率。

在电力系统中,智能服装应用目前还未大量推广,但在基层一线现场已经有班组在应用相关产品——降温服,通过把小型压缩机、水泵整合起来制成一套冷凝循环系统,降温服的水温、水量都可调节,温度可控制为16~28℃。在闷热、高温的环境下穿上以后,体感气温能降低10℃以上。

作业人员的工作时间可以延长一倍,对预防中暑还有一定效果。

(三) 手持式移动终端

手持式移动终端作为移动互联网在电网企业和电力工程中的具体应用,极大地促进了电网企业的发展与技术革新。在实际应用中,移动终端作为办公室工作的延伸,极大拓展了一线工作人员的工作范围,并利用手持式终端的摄像头、4G通信、GPS等模块,进一步提高业务开展质效。

1. 手持式移动终端的主要类型

(1) 普通移动终端。普通移动终端即为市面上的各类手机、平板等移动终端。普通移动终端更加普适化,在软硬件设计上具有较强的通用性和广泛性。硬件上通常采用金属/玻璃/塑料机身,搭配双摄像头、蓝牙、type-c/micro-usb数据/充电接口、4G/Wi-Fi、GPS/北斗定位等标准设备,软件上采用厂商定制的Android系统,系统定制化程度相对定制移动终端较低,用户对于系统的控制权限也较低。总体设计上也以轻薄、高性能为主,对于工业上的常用的RFID、USB接口等往往需要购买额外的连接和转换设备。普通移动终端造价费用低、普适性强,往往应用于舒适环境下的普通移动办公以及变电站内的巡检工作。但普通移动终端电池普遍偏小,耐摔耐污防水程度也较低,在线路巡线、超长时间使用方面存在短板。

(2) 定制移动终端。定制移动终端指的是系统和硬件均采用高度定制化方式生产的移动终端。定制移动终端一般是为某个项目或者某个企业专门设计生产的,系统功能及安全防护可根据用户需求高度定制,比如对充电接口的数据传输功能进行限制,蓝牙、Wi-Fi接入点限制,开机自动启动验证及安全服务,双系统,专用设备驱动加载,主服务器远程控制、操作监视等,此类功能和安全策略必须通过系统层高度定制化才能实现。

定制移动终端相当于普通移动终端的"加固"版本,采用了更加严苛的外观设计和性能设计,对于设备的耐高温高压、防高处跌落、防磁防干扰、防水防尘、续航存储等也提出了更高要求。在功能上则与普通的移动终端没有太大区别,都能实现音视频交互和数据文本传输。手持式便携音视频单兵设备主要应用在酷暑、高寒、高海拔等气候恶劣,普通移动终端难以长时间稳定运行的环境中。定制移动终端与普通移动终端存在较大的软硬件区别,通常更厚更重,系统也更加复杂。

2. 手持式移动终端的主要业务

(1) 电力生产运维管理。运维检修人员可以利用移动终端,从主站业务系统下载离线巡视、检修作业内容,便捷并且准确地开展巡视和检修工作。在作业过程中,记录作业相关信息如作业地点、作业时间、操作设备信息等,同时对操作的具体步骤和巡检发现的异常情况及潜在隐患进行记录。巡检、检修操作结束后,将现场操作人员记录的信息回传到主站业务系统,同时闭环整个巡检流程,从而对巡检作业实现全过程管控。输电巡视以移动GIS为支撑,结合GPS、RFID等定位技术,在智能移动终端上可进行电网设备查询、定位、路径规划、导航、轨迹记录、标准化作业、远程专家等作业,巡视过程中可结合大数据,进行设备运行监控和故障预判分析。

(2) 电力营销应用。传统的电力营销以纸质材料为媒介,需要客户经理和电力用户携带相应材料进行接洽,烦琐且材料容易丢失。移动电力营销终端可实现业扩增容、抄表缴费、用电检查、移动售电、客户服务等功能,同时对关键指标和主要业务进程进行管控,具有可视化、信息化、直观化等优点。

(3) 电力抢修服务。居民用户和一般工商业用户在出现停电等故障时,可通过智能手机端的抢修软件与电力公司取得联系,填写具体的故障类型、位置住址、联系方式等信息,生成抢修工单;电力公司抢修人员可以根据手持终端接到的工单,初步判断故障原因,并根据用户位置信息调配抢修车辆,从而缩短抢修服务时间,简化抢修服务流程。

(4) 物资管理。电网企业存在备品备件等物资统一管理的特点,不同厂家、不同型号、不同规格采用PDA结合条码、二维码、RFID等采集手段,自动识别和采集数据。

(5) 机房运维管理。信息通信机房工作频繁,对机房运维管理是信息通信运维工作的重要内容,可以利用条形码或二维码等方式,对机房内的设备、线路进行识别,对机房内工作人员操作进行记录。通过智能移动终端对条形码和二维码进行扫描识别,与后台信息维护单元无线连接,从而将设备或线路的详细信息显示在移动终端上,也便于信息更新,可以将标签打印设备与移动终端连接,直接打印最新信息的标签,移动终端普及后,甚至可以不必打印,简化标签管理的复杂性。

(四) 移动监控设备

1. 移动视频监控设备

移动视频监控设备是一类特殊的移动终端,主要用于视频监控。由于视频传输流量大、传输效率要求高、对硬件负载压力大,因此需要专用的终端来实现需求。移动监控设备的硬件依赖专业定制的箱体、高清摄像头、芯片、通信传输模块等实现。通过在风险作业现场架设专用的移动云台,实现指挥中心对作业现场的远程管控。通过PC端操作现场的摄像头,全方位观察作业现场的可能存在的危险点和风险因素,同时也可以监控现场作业过程中是否有违章现象,可以随时通过远程呼叫及时提醒。

2. GIS局部放电重症监护系统

(1) GIS局部放电重症监测系统硬件由两部分组成:一是用于局部放电信号接收的特高频电流传感器、超声波传感器、高频电流传感器;二是用于采集、存储、通信和数据初步分析的数据采集前端主机。传感器常规监测传感器包括3个特高频、4个超声波传感器,也可根据监测设备实际情况自由组合传感器的数量,以满足现场局部放电在线监测的具体应用要求。特高频检测带宽为300~1500MHz;超声波检测带宽为20~300kHz。数据采集前端主机主要功能是数据处理及向服务器上传数据,其中FPGA经AD转换完毕后进行数据采集,核心板对数据实现数据处理、存储及通信。

(2) 重症监测系统软件安装在数据处理云服务器上,数据采集前端主机通过3G/Wi-Fi将监测数据传输至系统软件,系统软件对上传的监测数据进行采集与解析,并通过前端网页对解析后的数据进行查询、展示和分析,为判断GIS绝缘状态提供依据。系统软件主要包含信息管理、数据查询、用户中心和系统管理4个部分。

1) 信息管理主要包括网站信息管理、数据采集前端主机信息管理、被测GIS设备信息管理、监测测点信息管理和信道信息管理。

2) 数据查询主要包括报警数据、历史数据和发展趋势查看，通过对各个监测点历史数据信息的查询以及多个监测点不同时间的图谱对比，为用户判断局放类型、信号发展趋势提供参考。

3) 用户中心主要实现不同用户的权限管理及密码管理功能。

4) 系统管理主要实现密码修改以及日志查询等。

(3) GIS局部放电重症监测系统（简称重症监测系统）综合应用特高频（UHF）、超声波（AE）和高频电流（HF-CT）检测原理对运行中的GIS进行短期实时局部放电在线监测，并且可对发生的局放信号诊断分析，能够及早发现电力设备内部存在的绝缘缺陷。该系统具备以下功能：

1) 能够同时开展局部放电的多技术综合监测。

2) 可显示局部放电的特征图谱，如PRPD、PRPS图谱等，且具有数据远传功能，可将检测图谱上传至云监控平台，通过PC/移动终端可实时远程查看。

3) 具有局部放电神经网络深度学习诊断功能，可准确诊断放电类型以及判断严重程度，为状态检修提供科学依据。

二、电力设备实物ID技术

(一) 电网实物资产统一身份编码的作用

电网实物资产统一身份编码（Identity，ID）建设是国家电网有限公司一项重大基础工程，通过实物ID固化物料、设备、资产间的分类对应关系，贯通电网资产各阶段管理中存在的项目编码、WBS（Work Breakdown Structure）编码、物料编码、设备编码、资产编码等各类专业编码，实现实物资产在规划计划、采购建设、运维检修和退役报废全寿命周期内信息共享与追溯，提升公司资产精益化管理水平。

(二) 电网实物ID标签

1. 二维码标签

二维码又称二维条码，常见的二维码为QR Code，QR全称Quick Response，是一个近几年来移动设备上超流行的一种编码方式，它比传统的条形码（Bar Code）能存更多的信息，也能表示更多的数据类型。二维条码/二维码（2-dimensional bar code）是用某种特定的几何图形按一定规律在平面（二维方向上）分布的黑白相间的图形记录数据符号信息的；在代码编制上巧妙地利用构成计算机内部逻辑基础的"0""1"比特流的概念，使用若干个与二进制相对应的几何形体来表示文字数值信息，通过图像输入设备或光电扫描设备自动识读以实现信息自动处理；它具有条码技术的一些共性，每种码制有其特定的字符集；每个字符占有一定的宽度；具有一定的校验功能等，同时还具有对不同行的信息自动识别功能及处理图形旋转变化点。

2. RFID标签

RFID是一种非接触式的自动识别技术，它通过射频信号自动识别目标对象并获取相关数据，识别工作无须人工干预，可工作于各种恶劣环境。RFID技术可识别高速运动物体并可同时识别多个电子标签，操作快捷方便，在超市中频繁使用。RFID电子标签分有源标签、无源标签、半有源半无源标签三类，其工作原理为标签进入磁场后，接收解读器发出的射频信号，凭借感应电流所获得的能量发送出存储在芯片中的产品信息（Passive Tag，无源标签或被动标签），或者主动发送某一频率的信号（Active Tag，有源标签或主

动标签）；解读器读取信息并解码后，送至中央信息系统进行有关数据处理。

3. 电网资产实物ID编码构成

目前国家电网有限公司二维码码制采用QR码，纠错等级采用H（30%）级别。电网实物ID由国家电网有限公司统一管理，其配套使用二维码实物ID和RFID标签，由使用单位自行组织安装和维护。实物ID标签分为二维码标签和RFID标签两种类型，同一设备的两种标签实物ID编码相同。

电网实物资产实物ID是电网资产的终身唯一编号，由24位十进制数据组成，代码结构由公司代码段、识别码、流水号和校验码四部分构成，编码构成如图2-10-3-2所示，标注二维码标签的产品铭牌如图2-10-3-3所示。

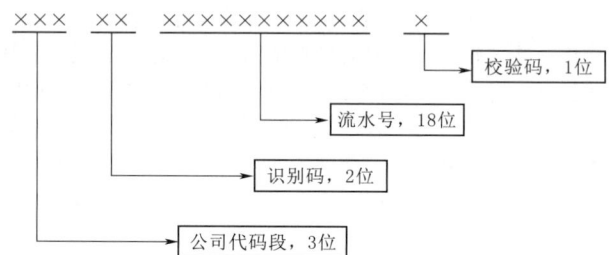

图2-10-3-2 电网资产实物ID编码构成规定

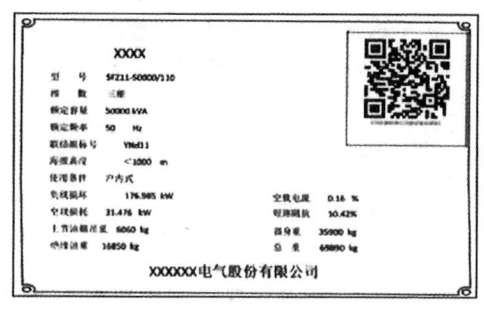

图2-10-3-3 标注二维码标签的产品铭牌

4. 电网资产实物ID编码管理

实物ID由国家电网有限公司统一管理，其配套使用RFID和二维码实物ID标签，如图2-10-3-4(a)和(b)所示，二维码标签中部为二维码本体，下侧为实物ID编码；RFID标签表面应印制二维码及实物ID编码信息。

实物ID标签由使用单位自行组织安装和维护。实物ID标签和电网资产一一对应，安装在资产实物本体上，采取物资采购申请源头赋码、供应商设备名牌和实物ID标签一体化安装，已投运资产设备由资产实物管理部门赋码安装。对于用于线路杆塔、高空设备等特殊情况下可采用主、副标签形式，主标签安装于电网资产本体，副标签安装于电网资产附近易于运维检修且不影响使用的位置，且主副标签应保持信息一致。

(三) 电网实物ID技术框架

基础架构遵循国家电网有限公司"一平台、一系统、多场景、微应用"的整体技术规划，新增的功能采用微应用的开发技术要求，技术开发架构应基于国家电网有限公司应用系统统一开发平台（SG-UAP）进行开发，基于国网云平台进行部署。

（a）二维码标签

（b）RFID标签

图 2-10-3-4　配套使用的 RFID 和二维码实物 ID 标签

基于全业务统一数据中心架构要求，结合各单位现有系统与支撑资产实物 ID 的信息化微应用建设要求，在处理域访问技术方面，基于服务总线、消息中间件以及统一数据访问服务等技术实现实物 ID 建设相关业务数据库访问。

对于实物 ID 建设分析应用，遵照全业务统一数据中心分析技术框架整体要求，数据源采用定时抽取、同步复制、实时接入、文件采集等方式进行数据获取，并通过统一分析服务实现基于实物 ID 的资产全寿命周期专题分析。

（四）电网实物 ID 技术应用

电网设备以实物 ID 为索引，贯通电网实物资产信息在规划设计、物资采购、工程建设、运行维护、退役处置等各业务环节的信息，提高基于数据的电网资产精益化管理水平，服务和支撑资产全寿命周期管理深化建设。

1. 设备质量信息分析

将设备在监造、出厂试验、抽检、建设安装、运维检修等各环节发现的质量问题，相关专业人员通过扫描实物 ID 提报到质量信息平台，实现各环节的质量信息填报入口统一化，实现设备全寿命周期质量问题的综合分析，为招标环节供应商质量评价提供基础数据。

2. 电子签章单体收发货

通过扫描实物 ID 自动进入电子签章签收模块，线上实时完成实物 ID 信息核查、货物交接单、到货验收单、投运单、质保单、结算单据的签署，将线下纸质单据转化为线上电子单据管理，简化和规范业务流程，有效提高了内外部人员的业务协作效率，保障了实物 ID 源头管控质量。

3. 交接试验报告结构化录入

调试单位人员利用微应用扫描实物 ID 编码标签，获取设备相关信息，实现对工程设备的调试报告、试验报告等信息维护功能，并对调试报告、试验报告数据进行结构化存储。

4. 移动巡检功能应用

（1）巡视签到确认。巡视人员通过扫码，确认已经巡视过的设备，同时确保值守或者保电时，运行人员到岗到位。

（2）现场查看维护设备信息。保证运行人员快速调阅监测数据、设备参数、缺陷/隐患记录、故障记录、运行记录等信息。

5. 设备生命大事记分析

基于实物 ID 追溯设备投运前端环节信息，将规划、采购、生产、验收、运维等重要节点信息引用至 PMS2.0 生命大事记模块，以实物 ID 为主线，开展基于生命周期的综合统计分析，初步实现以物资采购批次为维度，统计分析同批次设备在运行过程中发生的缺陷、故障，对出现问题较多的供应商进行评价，对同批次其他设备状态评价提供参考意见，彻底打通了设备制造、建设及运检环节的信息壁垒，真正实现信息可追溯，为智能运检大数据分析提供有力支撑。

6. 电网设备智能盘点

以单条输电线路、单个变电站、单条 10kV 线路、单个小区为单元，根据管理要求定期推送盘点任务，根据巡视运维周期灵活安排盘点时间，将资产盘点工作化整为零，进一步探索智能盘点结果的财务决策作用，结合大数据技术与电网资产管理的融合，降低资产管理风险，提升资产基础管理的质量和效率。

7. 资产健康指数测算

通过实物 ID 建设获取资产设备的运行信息、故障信息、缺陷信息以及外部环境信息（地理位置、其他导致设备停运的因素），通过电网资产健康评估模型预测设备未来停运的概率，为电网设备检修计划提供决策依据。未来可使用物联网监控获得更多的实时数据，利用深度学习算法提高预测的准确度。

第四节　运检数据处理技术

一、运检大数据处理流程和国网大数据平台

（一）运检大数据处理流程

运检大数据处理基本流程如图 2-10-4-1 所示。

运检大数据处理流程一般包括数据采集、数据整合、数据清洗、数据存储等步骤。其中数据采集基于大数据的设备特征量和缺陷或故障模式之间的相关关系，实现设备关键特征量优选，确定需抓取的数据类别，制订数据抓取策略，从 PMS、主站系统、调度系统等信息平台获取数据；数据整合通过对多元数据集成技术，实现多元离线数据、实时数据和视频信息数据的集成整合，形成设备状态分析数据档案，为充分利用这些数据资源实现设备集中监控、设备状态评价、故障诊断等应用奠定基础；数据清洗首先检测出异常数据，再对检测出的异常数据进行处理，通过基于统计与趋势分析、相关因素分析等技术，实现数据清洗；最终形成可信赖数据，实现在运检大数据平台的有效存储，为下一步高级应用及分析提供基础。

（二）国网大数据平台

（1）随着智能电网的建设与发展，电力设备状态监测、生产管理、运行调度、环境气象等数据逐步推动电力设备状

态评价、诊断和预测向基于全景状态的综合分析方向发展。然而，影响电力设备运行状态的因素众多，爆发式增长的状态监测数据加上与设备的状态密切相关的电网运行，电网运检数据具备数据来源多、数据体量大、类型异构多样、数据关联复杂等特征，属于典型大数据，传统的数据处理和分析技术无法满足要求，亟须借助大数据技术开展数据的处理、分析、融合，支持设备状态评估、风险预警、决策指挥等。

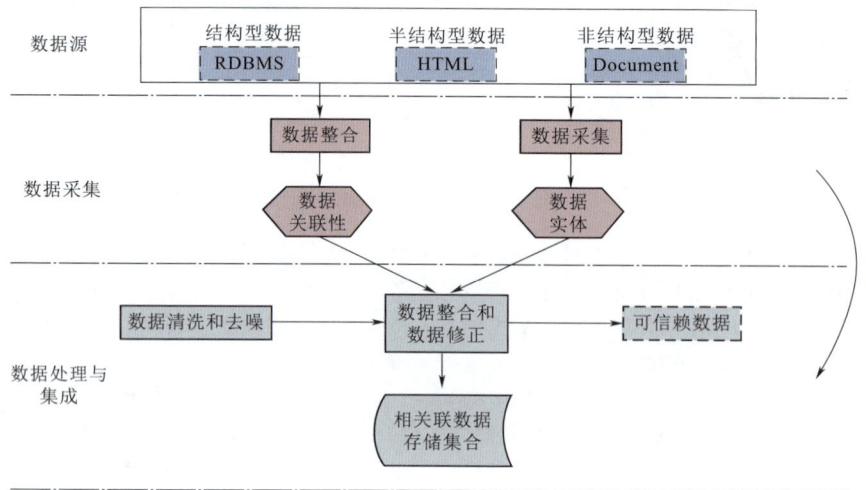

图 2-10-4-1　运检大数据处理基本流程

（2）智能运检的大数据分析主要是指获取大量设备状态、电网运行和环境气象等电力设备状态相关数据，基于统计分析、关联分析、机器学习等大数据挖掘方法进行融合分析和深度挖掘，从数据内在规律分析的角度挖掘出对电力设备状态评估、诊断和预测有价值的知识，建立多源数据驱动的电力设备状态评估模型，实现电力设备个性化的状态评价、异常状态的快速检测、状态变化的准确预测以及故障的智能诊断，全面、及时、准确地掌握电力设备健康状态，为设备智能运检和电网优化运行提供辅助决策依据。

（3）国网大数据平台于 2015 年在国网山东、上海、江苏、浙江、安徽、福建、湖北、四川、辽宁电力及国网客服中心 10 家试点单位实施，取得了集技术、平台、应用于一体的系统成果与技术创新，在多源数据统一存储、计算资源动态分配与隔离、统一数据对外访问等方面实现了技术创新，首次设计出电网企业一体化全业务模型，模型运行效率与精度同传统方式相比有较大提升，为公司各专业基于平台开展大数据分析与应用提供便捷手段。

（4）国家电网公司大数据平台架构如图 2-10-4-2 所示。

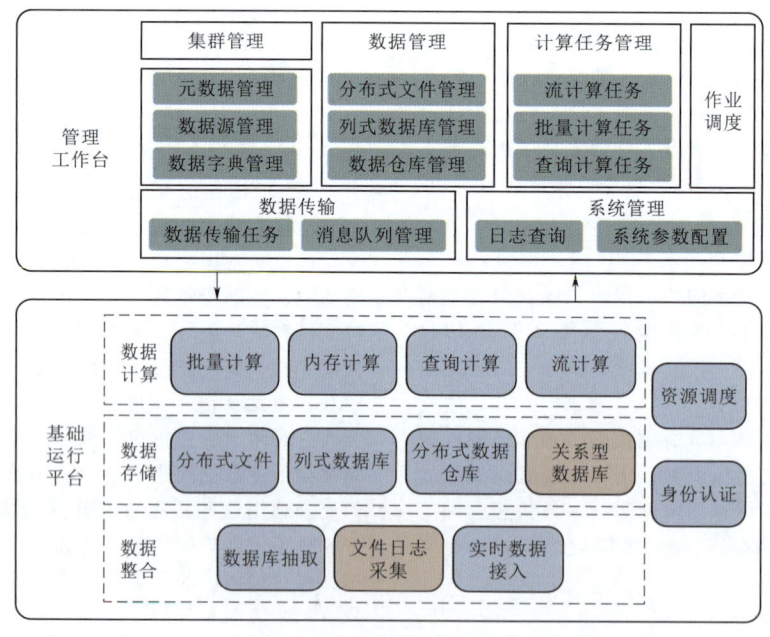

图 2-10-4-2　国家电网公司大数据平台架构框图

国网大数据平台分为基础运行平台和管理工作平台，基础运行平台提供数据存储、计算、整合能力；管理工作平台提供基础运行平台的配置和运行管理功能。国网大数据平台对外提供的能力如下：

1）应用安全管理。提供平台各业务应用的定义、身份标识、资源配额等管理能力。

2）数据存储。提供分布式文件、列式数据库、分布式数据仓库、关系型数据库等数据存储能力。

3）数据计算。提供批量计算、内存计算、查询计算、流计算等计算能力和资源共享、隔离能力。

4）数据管理。提供元数据管理和分布式数据管理能力。

5）数据整合。提供离线数据抽取、实时数据接入等数据整合能力。

6）作业任务调度。定时调度平台数据传输任务、各类计算任务执行。

（5）大数据平台存储计算组件实现全业务的量测数据、非结构数据的统一存储和分析计算，逐步实现一次存储，多处使用。采用 HBASE 存储用采、调度、输变电、计量、供电电压等采集量测数据，采用 HDFS 存储文档、音视频等非结构化数据，如图 2-10-4-3 所示。

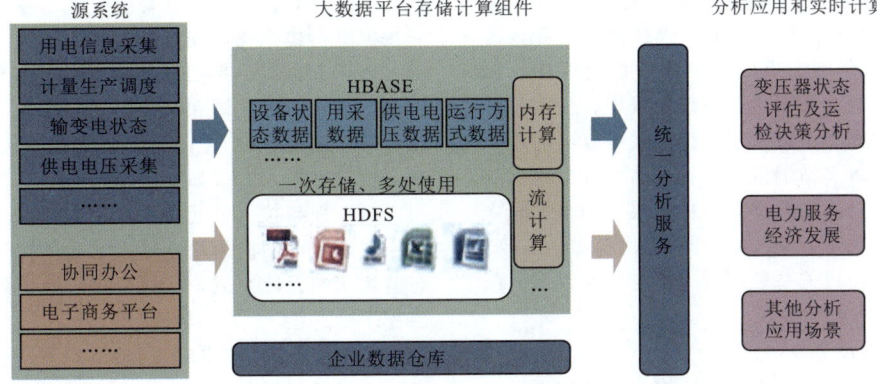

图 2-10-4-3　国家电网公司大数据平台数据采集、存储计算和分析应用

二、运检数据采集技术

运检数据采集主要根据需抓取的数据类别，制订数据抓取策略，从 PMS 系统、主站系统、调度系统等信息平台获取数据，主要包括了跨时区数据集成、跨系统数据集成以及视频信息数据融合。

（一）数据抓取方式

基于大数据分析的设备状态评估所需要的数据包括基础技术参数、巡检和试验数据、带电检测和在线监测数据、电网运行数据、故障和缺陷数据、气象信息等，完全涵盖能够直接反映与间接反映设备状态的信息。数据抓取方法主要有以下几种：

（1）XML 文件方式。

（2）远程浏览方式。

（3）数据中心＋E 文件方式。

（4）消息邮件＋E/G 文件方式。

（5）消息邮件＋WF 文件。

（6）告警直传方式。

（二）跨区实时数据集成方法

为充分利用电力设备的实时运行数据，设备状态监测平台需要进行实时数据的跨区集成。传统的方法有以下两种：

（1）采用耦合性较强的数据接口方式，即设备状态监测平台直接与各专业子系统主站进行数据交互。这种方式对各主站系统的影响较大，当有实时数据刷新时主站系统都要调用数据接口进行数据交互。当数据接口有变化时，主站系统又需要进行接口升级。特别是对于稳定性和可靠性要求很高的调度自动化系统来说，这种方式的实用性较差。

（2）采用耦合性较弱的文件传输方式，即通过制定某种数据标准规范，各专业子系统主站周期性生成符合该种标准规范的数据文件，并传输给设备状态监测平台。这种方式可以减少对各主站系统的影响，但数据的实时性较差。特别是对于部署在电网安全区的调度自动化，周期性生成数据文件并通过物理隔离器传送到电网安全Ⅲ区，整个过程耗时较长。

针对传统方法的缺点，提出了基于实时数据库的电力设备实时运行数据集成应用方法，根据调度自动化的电网运行数据和在线监测数据的特点采用了以下方法进行集成。

1. Ⅰ区电网运行数据的集成

设备状态监测平台部署在电网安全Ⅲ区，与调度自动化系统之间需要通过物理隔离器进行通信。通过在电网安全区和Ⅲ区分别部署一套实时数据库来实现集成应用。

2. Ⅲ区在线监测数据的集成

由于各个在线监测系统的后台软件系统各自独立、互不兼容，使用时需要反复在不同系统之间切换，效率低下。当设备厂家不断增多时，将会给实际使用人员带来巨大麻烦，严重影响各系统的可用性。另外，目前各在线监测系统部署分散，有的部署在各变电站，有的部署在各区县局，有的甚至部署在厂家。各单位部署部门也各不相同，造成信息分散、难以有效利用的局面。

整合站端在线监测数据有两个方案。第一个方案是设备状态检修分析系统直接与各专业在线监测系统主站通信，采用界面集成等方式接入在线监测数据。此方案若成功接入一套专业在线监测系统，则可接入其涵盖的站端在线监测设备。但此方案存在建模多头维护、台账一致性问题，数据可用性低。如果协调各厂家配合，按照标准规约、建模规范进行系统主站改造，则需要制定多系统台账变更/维护的管理规定规范各系统运维策略，后期需要投入大量的精力进行管控和协调，工作量大，项目工期长。第二个方案是在站端采用 IEC 61850 实现在线监测数据的整合。此方案的数据可用性高，可形成自动化运维过程，后期管控压力小。在站端采用已成熟应用的 IEC 61850 实时接入各在线监测装置的数据，并保存到站端实时数据库。通过周期上传、变化上送、总召等方式实现站端在线监测数据的上传，在线监测数据统一保存至主站端实时数据库。主站端实时数据库为设备数据一体化管理平台的进一步应用提供实时数据服务。整个过程的数据交互都是基于 IEC 61850 和实时数据库接口标准，在实际工程管理中可以减少针对各类在线监测系统数据接口规范的协调工作。

(三) 跨系统数据集成方法

运检大数据平台以 ECIM 模型为标准，基于适配器模式，建立多层数据仓库的模型集成框架。数据集成框架主要分为关系数据适配器、实时数据适配器、XML 适配器、协议适配器、统一模型管理器五大组件。

通过建立基于 ECIM 模型的统一模型框架，统一了调度 SCADA 系统、子站在线监测系统，生产管理系统台账，形成多维度的主模型，并存储于集成框架的数据仓库中。同时，建立的主模型又分为多个层级：系统集成层、变电站接入层、站端接入层、数据集中接入层。该方式可以灵活地集成异构系统、多变电站、多站端接入装置、站端多个数据集中装置等不同层次关系的异构数据，实现多层次的数据仓库体系。

而数据集成方式则通过关系数据视频器、实时数据适配器、协议适配器 XML 适配器实现。

(四) 视频信息融合方法

视频信息集成了变电、输电等多种图像视频的应用，在监控后台集中展示和分析，实现了多视角、多方位，全面而客观地展现电网的运行状态。传输方式上，输电杆塔上涉及多种传输方式，输电隧道视频、变电站内视频则采用从多个第三方厂家集成的方式，集成方式多样，给集成带来一定的难度。不同时期、不同厂家建设的视频系统、摄像头等，传回的码流存在一定的私有码流，在系统集成、新摄像头接入时带来一定问题。

1. 视频信息流压缩技术

RTSP（Real Time Streaming Protocol）是用来控制声音或影像的多媒体串流协议，并允许同时多个串流需求控制，传输时所用的网络通信协定并不在其定义的范围内，服务器端可以自行选择使用 TCP 或 UDP 来传送串流内容，它的语法和运作跟 HTTP1.1 类似，但并不特别强调时间同步，所以比较能容忍网络延迟。

H.264 视频压缩技术有低码率、图像质量高、容错能力强、网络适应性强的特点。与其他现有的视频编码标准相比，在相同的带宽下 H.264 视频压缩技术提供更加优秀的图像质量。通过该标准，在同等图像质量下的压缩效率比以前的标准（MPEG2）提高了 2 倍左右。

另外，H.264 编解码技术的另一优势就是具有很高的数据压缩比率，在同等图像质量的条件下，H.264 的压缩比是 MPEG-2 的 2 倍以上，是 MPEG-4 的 1.5～2 倍。压缩技术将大大节省网络数据流量和视频稳定性，具备占用带宽少，清晰度高的特点。

2. 私有码流融合技术

由于电网视频监控系统在不同的建设时期选用了不同的技术和不同厂家的产品，导致了标准不统一、技术路线不一致等问题。以输电视频监控所使用的摄像产品来说，每个厂家都针对 RTSP 流的压缩进行了特殊的优化，往往需要使用厂家的解码器才能对视频数据进行解码，给视频集成带来一定难度。在研究 H.264 视频压缩技术细节后，提出厂家提供的码流必须支持 H.264 Baseline Profile，不得包含私有数据格式，音频编解码统一采用 ITU-TG711，解决 RTSP 私有码流集成的问题。编解码的具体要求为：

(1) 编码模式：应支持双码流编码模式，即实时流（主码流）和辅码流；辅码流支持 3GPP 流封装。

(2) 分辨率：实时流的视频分辨率应至少达到 4CIF，辅码流的视频分辨率应支持 CIF、QCIF 或 QVGA。

(3) 码流带宽：实时流带宽至少为 128kbit/s～4Mbit/s，辅码流带宽至少为 64kbit/s～1Mbit/s。

(4) 封装格式：实时流和辅码流支持 PS 流封装。

3. 跨系统的视频信息集成技术

输电视频监控通过整合各厂家、各类接入方式的视频监测数据进行集中化展现和控制。

采用 RTMP（Real Time Messaging Protocol）实时消息传送协议作为播放器和服务器之间音频、视频和数据传输协议，采用统一 SDK 进行云台控制视频信息和控制信息数据流向。三种接入方式如下：

(1) 视频接入单元接入，通过 Wi-Fi 传输的视频数据接入就近变电站内的输电接入单元，视频接入单元接入与状态监测子站无缝集成，将数据接入综合数据网将传输回视频监控平台。

(2) 3G4G 方式的专网接入，视频信号使用专网手机卡，通过 APN 通道接入内网，传输到输电监控平台。

(3) 独立视频服务器接入，将已完成建立单独的视频服务器通过综合数据网将视频信息传输到视频监测平台。

正由于上述集成方式复杂，接口往往难以统一，系统在充分调研需求的基础上，和集成厂家开展了多次技术交流，统一了 3G、Wi-Fi 接入摄像头的接口，功能上实现了电源控制、云台控制、告警、获取播放地址等应用功能。统一 SDK 后视频前端装置具有两个 IP 地址，一个 IP 地址归球机电源控制单元所有，视频服务软件可通过规约解析软件向视频前端装置发送电源控制指令，规约解析软件与视频前端装置之间通信采用 UDP 协议并遵循国网输电线路状态监测系统通信规约。另一个 IP 地址归球机所有，视频监控系统只有通过球机电源控制单元给球机上电后，才可以通过这个 IP 地址按照 ONVIF 协议控制球机浏览实时视频。

三、运检数据整合技术

运检数据整合首先需要对采集到的半结构化、非结构化运检数据进行处理，并对运检数据规范化处理，为电网设备状态评价、故障诊断、风险预警等高级应用提供基础，在此基础上根据高级应用对需要用到的基础数据开展相关关系分析，优选关键特征量，最终形成每个高级分析应用数据集合。

四、运检数据清洗技术

运检数据分别来自不同的信息系统，其获取方式也不尽相同，由于大量台账、缺陷、巡检、试验等数据通过人工录入的方式进入系统，以及停电试验、在线监测、带电检测等数据因为检测仪器的稳定性和可靠性不满足要求，不可避免存在部分异常数据，该部分数据影响了大数据分析的准确性，大大降低运检数据的实用性。为了提高运检数据应用效果，保证分析结果可靠，必须通过数据校验和无效数据剔除即数据清洗技术提升数据质量。

数据校验和无效数据剔除的前提是异常检测，首先检测出数据中的异常点，再进一步对异常点进行校验和剔除。目前异常检测的主要目的是找出数据中没有统计意义的或无法进行数据质量提升的数据。这些异常数据的情况主要包括：

①某段时间内无数据上传，导致存在大量无记录空白区域；②某段时间内上传数据始终不变，与被监测设备状态明显不符的值，或存在明显错误区域；③存在不合理数据（负值和超量程数据）；④由于干扰、测量设备故障等情况下出现的奇异值；⑤数据中存在一定比例随机噪声，导致数据的直观趋势不明显；⑥与其他数据相比存在矛盾的数据。

对典型区域、同类同型输变电设备、同厂家监测装置的状态数据等进行统计分析，得出数据的分布特征，再根据发布特征，重新对数据进行校验。校验方法包括基于MCD稳健统计分析的数据校验模型、基于动态阈值的数据校验模型、基于知识发现的在线监测的注意值计算方法、基于相关因素分析的数据校准模型和置信度分析模型等。

第五节　电网故障诊断和风险预警技术

一、电网故障定位技术

（一）智能化的电网故障定位技术

故障准确诊断和风险及时预警是保障电网安全运行的重要环节之一，传统的故障诊断和风险预警主要基于运检人员现场查勘和经验判断，工作效率低，及时性不高，不利于快速恢复供电和电网抗灾应急决策。随着信息新技术、新装备的发展，使得电网故障快速诊断、风险综合智能评估成为现实。

故障定位技术根据其采用的定位信号分为稳态量定位法和暂态量定位法。稳态量定位法的原理是以测量到的线路故障电流及电压信号为基础，根据线路及系统负荷等参数，利用长线传输方程、欧姆定律、基尔霍夫定律列出电压及电流方程，求解故障位置。暂态量定位方法以暂态故障行波分量为基础，当系统内某条线路出现故障时，故障点产生的电压或电流行波以接近光速在整个输电网传输，在传输过程中，经过阻抗不连续的位置如变压器、母线和其他使线路阻抗发生变化的节点时发生反射和折射，安装在线路或变电站内的暂态信号检测装置检测到行波信号后，根据电压或电流行波传输时间和线路拓扑等数据进行计算，确定故障发生的位置。

（二）输电线路网络行波技术

电力系统发生故障、雷击或倒闸等操作时会产生暂态行波信号，变电站内母线或输电线路等位置安装的行波采集装置可检测到行波信号，其中包含有丰富的故障信息（包括故障发生时间、故障位置、故障类型等）。网络行波测距系统包括线路检测装置、变电站系统分站前置机、地市子站、省主站等，各地市的线路故障行波信息和结果只存在其本地数据库中，对于跨区域线路无法实现双端定位，地市线路故障行波信息传送至省主站后，由主站进行统一分析、统一管理，可实现跨区线路双端定位等功能。

统一平台作为系统数据存储、分析的中心点；分站安装于各地市公司，作为系统运维管理支撑点及行波数据中转站，分站非必需，可以不建。子站安装于各变电站或线路铁塔，主要起到行波型号采集的作用。

国家电网有限公司对输电线路故障跳闸十分重视，在各种规程中均提出，无论跳闸是否重合成功，必须找到故障点，并分析故障原因。对于地形复杂的中西部地区，由于输电线路通道资源十分紧张，存在大量经过崇山峻岭及无人区的输电线路，在故障定位不准确的情况下，故障查找十分困难。因此网络行波测距系统由于其相较传统定位技术在定位精度上的优势，被视为破解线路运维难题的重要技术手段。

（三）输电线路分布式行波技术

分布式行波技术采用的是分布式故障测距方法，对于故障电流行波的检测采用多点分布式检测方法，由安装在输电线路上的监测装置检测导线故障电流行波传输时间实现。通过沿输电线路安装若干个检测装置进行电流行波波头检测，利用故障电流行波到达时间进行故障定位。监测节点可以沿线分布部署，利用故障电流行波及其折、反射波的波头到达时间获得波速信息，提高测距精度，减少洞穴和盲区，消除系统运行方式的变化、线路参数的变化、过渡电阻造成的测量精度不准确，简化分析计算。

二、电网故障诊断技术

电网的故障诊断主要是对于电网设备的故障诊断。目前常用的电网设备故障诊断方法是通过例行试验、在线监测、带电检测、诊断性试验进行综合分析判断，主要的思路是融合设备的化学试验、电气试验、巡检、运行工况、台账等各种数据信息，建立故障原因和征兆间的数学关系，从而通过计算推导主要设备的潜伏性故障。具体诊断方法有基于设备故障树诊断方法、基于多算法融合的设备故障诊断模型、基于案例规则推理的设备故障诊断模型。

故障树分析（Fault Tree Analysis，FTA）又称事故树分析，是安全系统工程中最重要的分析方法。事故树分析是指从一个可能的事故开始，自上而下、一层层地寻找事件的直接原因和间接原因，直到基本原因，并用逻辑图把这些事件之间的逻辑关系表达出来。

三、电网灾害风险评估及预警技术

（一）冬季寒潮和输电线路覆冰风险预警技术

冬季输电线路覆冰灾害严重影响电网安全。针对电网的大面积覆冰灾害，利用现有的气象数值预报工作模式开展覆冰风险预警，同时结合输电线路覆冰在线监测数据开展覆冰气象预报与导线覆冰厚度预测，结合实际线路的设计参数开展覆冰风险评估。整个预警流程可分为寒潮预报、导线覆冰监测、覆冰增长特性分析、基于高度变化的覆冰模型修正、覆冰风险评估及预警5个环节。

（二）雷雨季节输电线路雷击风险评估技术

在高压和超、特高压输电线路运行的总跳闸次数中，由于雷击引起的跳闸次数占40%～70%，尤其是在多雷、土壤电阻率高、地形复杂的山区，雷击输电线路而引起的事故率更高，雷电已成为影响输电线安全稳定运行的主要影响因素。因此，输电线路防雷评估一直是输电线路运行管理的重要内容。

输电线路雷电定位系统经过多年发展和建设，已具备开展塔位级雷击风险智能评估的基础条件，可以提供精确的塔位级落雷密度和雷电波形参数。通过电网生产管理系统PMS、电网三维GIS信息系统等多个系统的信息融合和数据提取，可以在准确获知线路与杆塔设备参数的基础上，结合所处地理环境落雷特征，实现线路雷击风险的评估。基于电网信息化水平的大幅提升，实现线路各基杆塔雷击风险的差异化评估，为制订线路防雷差异化改造方案提基础。

（三）台风灾害监测预警技术

根据台风中心距离线路的直线垂直距离进行预警。假设设定预警距离值为 L，当台风中心位置离线路直线垂直距离大于 L 时，为台风灾害远距离告警区；当小于 L 时，为台风灾害短距离临近告警区；当台风灾害处于短临告警区域时，结合输电线路杆塔抗风特性数据库及 1km×1km 台风气象预报结果，发出台风灾害越限告警。当预警台风路径接近输电线路通道时，系统开始对台风中心附近的输电杆塔塔材应力开展计算，根据计算结果按照危险等级划分标准，给出不同的预警等级。

由于输电杆塔构件应力设计值与杆塔材质、荷载分布有关，需要提前收集重要输电通道线路杆塔全部塔型的设计文件资料，包含计算所需的必要参数，再进行应力分布计算，并提前将不同风速作用下的应力分布结果存入数据库。

根据线路通道的重要等级，不同等级线路的阈值设定方法不同。对于重要通道线路，按照杆塔受力分析，针对杆塔塔材受力情况分级预警。对于非重要通道线路，当线路区段风速超过设计风速80%时，发出蓝色级风偏风险预警；当线路区段风速超过设计风速90%时，发出黄色级风偏风险预警；当线路区段风速超过设计风速100%时，发出橙色级风偏风险预警；当线路区段风速超过设计风速110%时，发出红色级风偏风险预警。对于重要通道线路，当线路区段风速超过设计风速100%时，发出蓝色倒塔风险预警；当线路区段风速超过设计风速105%时，发出黄色倒塔风险预警；当线路区段风速超过设计风速110%时，发出橙色倒塔风险预警；当线路区段风速超过设计风速115%时，发出红色倒塔风险预警。

（四）地质灾害监测预警技术

由于地质灾害成灾机理非常复杂、影响因素众多且影响权重不一，无论从监测或预警的角度都不能依托某一类型的监测数据进行决策。目前输电走廊地质灾害监测、预警、评估和治理主要依赖于地质灾害相关监测数据，获取这些数据的方法包括卫星遥感、无人机遥感、地质雷达、地表传感等各类技术手段。因此，输电通道地质灾害监测的总体思路是：利用多波段、多空间的各类传统及先进监测技术手段，对目标区域和点位进行持续监测，并通过对多类监测数据的分析和验证，获得经济性、准确性兼具的输电走廊地质灾害监测，构成"天、空、地"地质灾害监测体系。

（1）"天"。卫星遥感，指 D-InSAR 监测。

（2）"空"。航空遥感，指机载 LiDAR 监测。

（3）"地"。地面监测，指光纤传感技术。

（五）输电线路舞动预警技术

1. 主要影响因素

（1）舞动经常发生在每年的冬季至翌年初春，多伴随冻雨或雨夹雪的天气。

（2）发生舞动的气温大多在 −6~0℃ 范围内，导线上覆冰多为雨凇形式。

（3）发生舞动的导线覆冰厚度一般在 2~25mm 范围内，且为偏心覆冰。导线偏心覆冰厚度约 15mm，覆冰断面形状为新月形（或 D 形），是非常典型的易于舞动的覆冰类型。

（4）风激励是导线舞动的另一必要条件。通常线路舞动时的风速一般在 4~25m/s 内，风向与线路夹角大于 45°。

（5）线路结构参数，如张力、弧垂、挡距长度、导线分裂数等均会对线路舞动产生影响。相同环境条件下，分裂导线比单导线更易发生舞动，分裂导线大挡距更易于舞动。

（6）在易于形成平稳层流大风，且当线路走向与风向夹角大于45°的开阔地带线路更容易起舞，其他具有风场加速效应的峡谷、迎风山坡、坪口等微地形区域也是容易发生舞动的地区。

（7）线路舞动是一种低频、大幅值振荡的形式，持续时间由数小时到数天不等，可能造成的危害有线路停电跳闸、断线、杆塔结构受损甚至倒塔等，停电时间长、抢修恢复困难。

2. 输电线路舞动预测预警及风险评估的目标

针对上述特点，可以确定输电线路舞动预测预警及风险评估的目标如下：

（1）输电线路是否发生舞动，即舞动发生的概率。

（2）线路舞动的受损风险，即线路舞动的危害。

3. 架空输电线路舞动预警系统的建设

在大量历史舞动事件的数据分析以及多因子关联特征建模的基础上，结合气象数值预报技术与电网 GIS 信息系统，利用舞动数值仿真计算和智能算法实现线路舞动的预测预警。

（六）输电线路通道山火预警技术

输电通道的山火预警可以分为山火天气预报、山火发生预报和山火行为预报等三种形式。山火天气预报不考虑火源因素，只是预报天气条件引起火灾可能性的大小；山火发生预报是综合考虑天气条件、可燃物的干燥程度和火源出现规律等因子来预测预报火灾发生的可能性；山火行为预报是指当火灾发生后，预测预报山火的蔓延速度和方向、释放的能量、火的强度以及灭火工作的难易程度等。输电线路走廊山火风险评估属于山火发生预报的范畴。

（七）输电线路通道树障风险评估及预警技术

清理树障已成为保障电力设施安全运行的一项重要工作。近年来，随着输电线路在线监测技术的发展，无人机巡检、倾斜摄影和激光雷达扫描逐步应用于架空输电线路走廊树障监测，提高了线路运维单位树障隐患及时感知和预知能力，支撑、指导运维单位及时开展树障消除措施。

（八）绝缘子污秽变化和风险评估技术

绝缘子的污闪是一个复杂的过程，通常可分为积污、受潮、干区形成、局部电弧的出现和发展四个阶段。为了防止发生绝缘子大面积污闪事故，通的做法是开展绝缘子盐密变化的长期监测，通过绝缘子盐密测量和数据分的方法，研究积污发展规律和特征，制订合理的清洗策略。目前广泛采用的污秽评估方法是基于污秽在线监测装置及人工盐密、灰密测试结果，按照阈值法进行污秽等级判断；或者采用喷水法，通过观察水滴在被测设备表面的形态实现污秽等级的划分。但该方法耗时耗力，不能满足大规模快速评价的要求。国网四川省电力公司基于聚类分析的污秽风险评估方法，按照污秽变化规律、分级策略、风险评估，通过对污秽在线监测装置监测数据进行分类结果实现了不同污秽等级的快速评价。

四、电网气象环境预测预报技术

（一）电网气象环境预测预报技术特点

不同于国家气象部门的数值预测预报主要是针对人口密

集地区和大众气象需求，电网气象环境的预报系统需根据预报区域的地理、天气、气候特征，结合电网特殊需求，对模式的动力、物理过程和气象观测资料同化等方面进行局地化调试和完善，以期获得针对电网需求的关键气象要素的预报结果。随着数值天气预报技术的快速发展和计算机速度的不断提升，数值天气预报的精度不断提升，且越来越多地应用于电网气象环境领域。

（二）电网气象预报方法

电网气象预报使用的数值天气预报技术的原理是将描写天气运动过程的大气动力学和热力学的偏微分方程组进行数值离散化，然后获取反映大气当前动力和热力状况的初始场和边值场，并输入离散化偏微分方程组进行数值求解，在计算的同时添加各种微尺度物理过程的参数化方案，然后利用观测数据对计算进行同化和订正，最终得到随时间演化的未来预报场。

（三）电网气象预报模型

数值天气预报的技术流程目前已形成了成熟的、可移植的集成模型，即数值天气预报模式。数值天气预报模式分为两种：一种是大尺度的全球模式，另一种是中尺度的区域模式。全球模式的目标是求解全球的天气状况。区域模式的目标在于求解局地几百几千千米范围的局地天气状况。区域模式一般采用格点差分计算方法，并从全球模式的预报场中提取背景场进行动力降尺度，其预报精度依赖于全球模式的预报精度，但由于区域模式的分辨率较全球模式更为精细化，且能吸收更多的包括雷达等观测数据，因此预报结果较全球模式更为精确，目前较为著名的区域模式包括美国的WRF、MM5、MPAS等。随着大规模集群计算能力的提升，观测站点的增加、数值计算方法和气象理论的深入研究，数值天气预报的准确度不断攀升。电网气象环境属于局地区域预报，需要的主要是区域模式。数值天气预报技术主要包含数据输入及预处理、主模式、后处理三个部分，如图2-10-5-1所示。

（四）气象环境预测预报应用

使用数值天气预报技术可以对电网气象环境要素，如降水量、风速、风向、气温等要素进行定点、定时、定量预报，提升气象信息的实用性和可靠性。

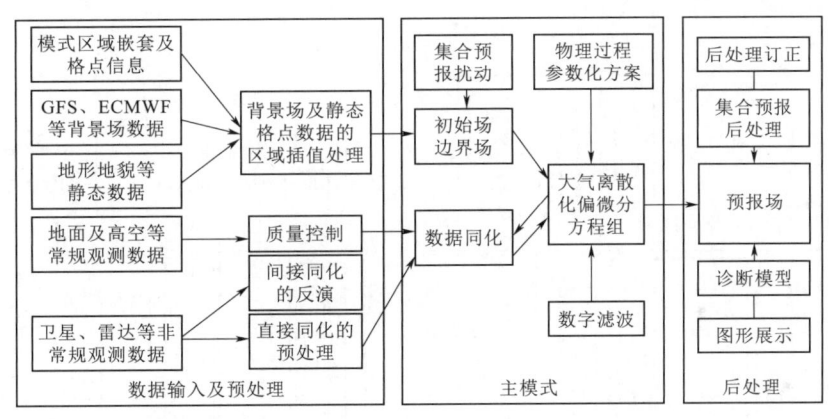

图2-10-5-1 区域数值天气预报技术集成体系

第六节 变电设备智能化技术

智能化高压设备在组成上通常包括三个部分：①高压设备；②传感器或/和执行器，内置或外置于高压设备或设备部件；③智能组件，通过传感器或/和执行器，与高压设备形成有机整体，实现与主设备相关的测量、控制、计量、监测、保护等全部或部分功能。随着新材料、新技术的发展，利用光、电等多种物理效应，具有高灵敏度、高稳定性、高可靠性的新型传感器技术以及新型结构原理的一次设备应用在电网设备中，实现电网设备的智能控制、运行与控制状态的智能评估等智能化功能。通过电网设备的感知功能、判断功能及行之有效且可靠的执行功能，使电网设备达到最佳运行工况。本节主要介绍常见的几类智能化设备。

一、快速开关型变阻抗节能变压器

短路故障是造成电力变压器损坏、威胁电网安全的重要因素。目前广泛采用高阻抗变压器和限流电抗器来抑制短路电流的危害，但同时也带来了损耗增加、母线电压波动大的问题。为解决该问题，国家电网有限公司成功研制了世界首台10kV快速开关型变阻抗节能变压器和变压器快速变阻抗改造装置，通过了国家变压器质量监督检验中心的型式试验、特殊试验以及现场人工三相短路试验考核，并挂网运行。

（一）原理和结构

快速开关型变阻抗节能变压器将限流电抗器与变压器进行一体化设计，通过开关控制电抗器投切。变阻抗变压器的单相原理如图2-10-6-1所示，结构如图2-10-6-2所示，改造变压器限流的空心电抗器和快速开关置于变压器高压套管中，串接于变压器高压侧绕组。新研制变阻抗变压器的限流空心电抗器置于变压器箱体内，快速开关置于油箱外侧，串联于变压器高压绕组与中性点之间。当变阻抗变压器正常工作的时候，并联模块中的快速开关闭合，限流电抗器和电容器被短路，变阻抗变压器此时就相当于一个普通变压器，并不会产生很大的损耗。当系统发生短路故障时，通过检测系统发现故障，则并联模块中快速开关断开，限流电抗器正常串联于变压器中，此时变阻抗变压器就相当于一个高阻抗变压器，从而起到故障时减小短路电流的作用。因此，变阻抗变压器可以实现变压器的短路阻抗的自主调节。该方案起到了高阻抗变压器的限制短路电流的效果，当系统正常运行的时候，可以通过快速开关闭合短路限流电抗器，减小变压器的阻抗，从而减小电力系统的无功损耗，改善电能质量。该项产品不仅可用于新生产变压器，也可用于在运变压器抗短路能力提升改造。

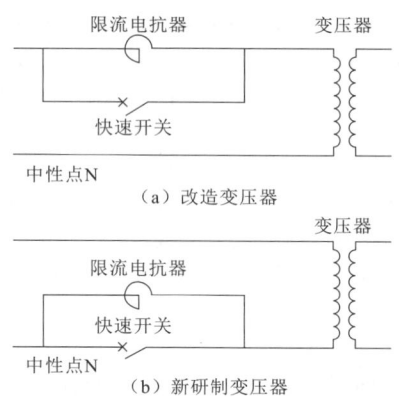

图 2-10-6-1 变阻抗变压器的单相原理图

(二) 快速开关开断技术

传统断路器大多数存在开断时间长的缺点,断路器固有分合闸时间为 40~80ms,对于 50Hz 交流系统而言,短路后 5~10ms 内电流达到冲击电流最大值。为了保护电力变压器等其他设备,需要控制限流电抗器的投切开关在较短时间内将电抗器投入,降低通过变压器的短路电流。

采用基于电磁斥力机构的改造型快速开关作为限流电抗器投切的快速开关,要求在故障发生后迅速动作,实现快速分闸并达到额定开距。电磁斥力机构是一种利用涡流原理制作的快速操动机构,结构原理如图 2-10-6-3 所示,主要包括真空灭弧室、电磁力斥力机构和永磁保持机构。真空灭弧室动触头经过传动杆与金属斥力盘、保持动铁芯连接。在合闸位置时,永磁体产生的永磁力将运动铁芯可靠地保持在合闸位置,进而通过传动杆将斥力盘和动触头保持在合闸位置。对永磁斥力机构的真空快速开关动作特性的研究主要包括金属盘尺寸质量、外接电路参数等因素对分闸运动的影响,并根据计算结果制作了样机。实验结果证明该快速开关能在 5ms 之内可靠分闸,动作分散度小于 0.2ms,且满足准确快速投切限流电抗器的要求。

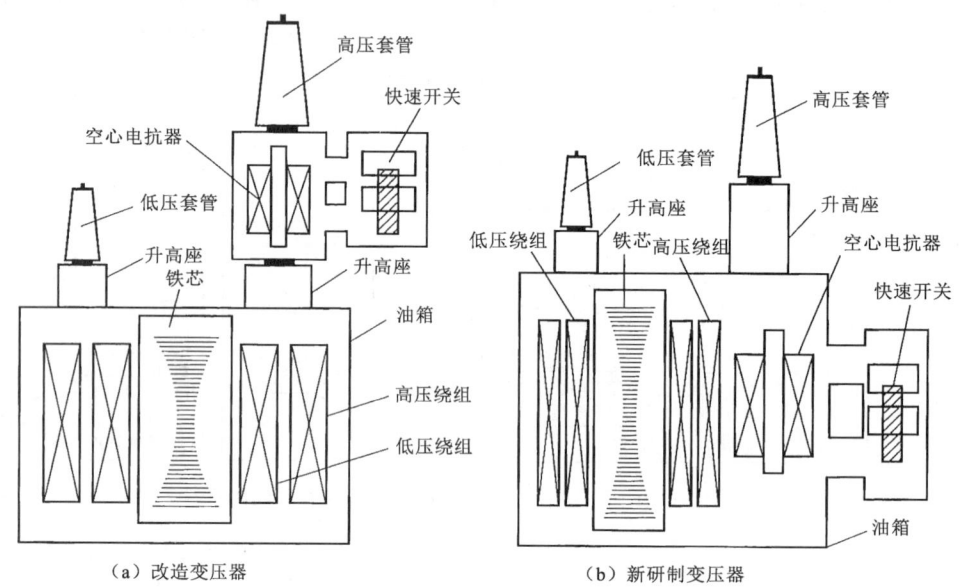

图 2-10-6-2 变阻抗变压器结构示意图

(三) 变阻抗变压器保护技术

继电保护主要分为主保护和后备保护两种。主保护是在故障发生的第一时间内进行的保护动作,而后备保护则是在主保护失效或者不动作的时候发生的保护行为。变压器一般采用纵差保护作为其主保护,其工作原理是比较被保护设备各侧电流的相位和幅值大小。以发生三相短路故障为例,当发生区外故障时,纵差保护不会发生动作;当发生区内故障时,纵差保护会正确动作。故障发生前后变阻抗变压器的阻抗并不相同,这种阻抗变化会直接影响到继电保护的灵敏性。因此,普通变压器适用的过电流保护并不适用于变阻抗变压器,其灵敏度无法满足要求。为此提出了自适应后备保护方法,其基本原理为设计一个自适应元件,该元件能在线实时监测系统的运行方式和发生短路故障的故障类型,进而改变电流保护的电流整定值。自适应元件可在线检测系统的运行方式,自适应后备保护可自动适应系统运行方式的变化,使得断路器不会发生拒动或者误动,并使后备保护灵敏度不变,增大保护范围。变阻抗变压器正常工作时,不会因为投切的电抗器值太大而导致过电流保护的保护范围减小。三相短路和相间短路时后备保护灵敏度不发生变化,且发生不同类型故障时的保护范围基本相同。此外,该方法可在线整定保护的定值,便于运行人员进行整定。

该变压器抗短路能力强,短路电流限制深度超过 40%,短路电动力下降 64%,极大提高了变压器耐受短路电流的能力。减少了对下级母线短路的电流供给,提供了下级电网设备的可靠性。正常工作时,不增加系统阻抗,损耗低;减少了对无功补偿装置容量的要求;改善母线电压质量。可自动抑制空载变压器投切过程中的励磁涌流。该技术和产品既可用于新造变压器,也可用于老旧变压器改造。

二、多参量全光纤传感 110kV 变压器

状态监测是智能变压器的重要组成部分,通过传感技术,实现变压器运行状态的实时在线监控、故障诊断,实现状态检修,减少人力维护成本,提高设备可靠率。随着技术的发展,具有一体化监测技术的新型变压器成为研究热点。

(一) 原理和结构

光纤传感器能够测量的量非常广泛,包括温度、压力、应变、振动、超声等物理量,具有极高的泛用性。光纤传感器在变压器的状态在线监测方面具有很高的应用价值。

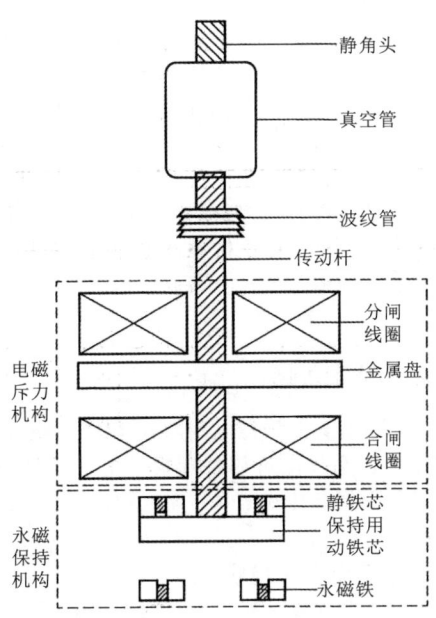

图 2-01-6-3 基于永磁斥力机构的快速
开关结构原理图

国家电网有限公司研制了基于光纤的各类传感器，以及光纤、光纤传感器及其附属组件在变压器内部的稳定性和可靠性，研究光纤温度、振动、压力、超声波局部放电传感器在变压器内部布置和安装方式，最终，研制了 110kV 全光纤传感变压器样机，并通过了型式试验和特殊试验考核，于 2018 年挂网运行。

（二）光纤传感器选用

基于法布里泊（F-P）滤波器的光纤局部放电超声波检测传感器及其对应的解调装置，可实现变压器内部绝缘故障的有效监测。

基于光纤光栅的光纤压力传感器及其对应的解调装置，可实现变压器压靴动态压紧力的在线监测。

基于光纤光栅传感技术的准分布式光纤光栅串温度传感器应用于变压器绕组撑条，可实现变压器绕组温度场的准分布式测量；基于悬臂梁的光纤振动传感器，可实现变压器内部振动的有效测量。

（三）研制关键技术

研制关键技术主要包括如何保证光纤、光纤传感器及其附属组件在变压器内部的稳定性和可靠性，光纤温度、振动、压力、超声波局部放电传感器在变压器内部布置和安装方式，全光纤传感功能的 110kV 变压器的研制。

（1）光纤温度传感器。分别在高压侧和低压侧线圈的绕组垫块中安装温度传感器用于监测变压器绕组热点温度，在绕组撑条中安装光纤光栅串温度传感器用于测量变压器纵向温度场分布。

（2）光纤振动传感器。光纤振动传感器被固定在铁芯上夹件的特制基座上，该基座与铁芯夹件垂直且紧密连接（刚性连接），铁芯上的振动能够不受阻挡地直接传递到传感器上。传感器与底座结构不脱落，传感器底座与上夹件刚性连接。

（3）光纤压力传感器。通过光纤绕组动态压力传感器可实现变压器绕组变形的实时监测。实际应用过程中，在变压器三个绕组分别对称安装两个压力传感器。安装时先选择合适的绝缘垫片，并在上面开槽，用于放置绕组动态压力传感器，再将带有传感器的垫片放置到上压板与绕组之间或下托板与绕组之间，预紧后完成安装。

（4）光纤局部放电超声传感器。通过封装结构保证局部放电传感器能方便安装在支架上，并在三个方向上限位，防止传感器被油流冲动，在支架上面不同方向开槽能实现传感器对各个方向上局部放电信号的监测。在高压侧引线支架上面安装三个局部放电探头对准 A、B、C 三个套管引线接头处，可以监测套管及引线部位局部放电。将传感器安装在引线支架上或者安装在绕组垫块中可以测量绕组局部放电。

三、750kV 磁控式可控并联电抗器

在现有的电力网络中，用于无功功率补偿的并联电抗器容量多是不可调节的，不能完全满足超高压和特高压电网稳定、安全和经济运行的需求。磁控式可控并联电抗器具有控制灵活、响应速度快和平滑调节系统无功功率的优点，可实现真正的柔性输电；还可抑制工频过电压和操作过电压，降低线路损耗，大大提高系统的稳定性和安全性。

（一）原理和结构

磁控式可控电抗器的基本原理是利用铁磁材料磁化曲线的非线性关系，通过改变铁磁材料的饱和度调节电抗器的电感值和容量，具体是利用交直流混合励磁的特性来改变铁芯的饱和程度。根据两个铁芯柱的工作特性可分为空载状态、半饱和状态和极限饱和状态三个工作状态。根据电网中监测到参数的变化，系统自动控制晶闸管的触发角，改变电抗器铁芯中的直流励磁电流大小，通过控制铁芯的饱和度来改变铁芯中的磁导率，进而调节电抗器的输出容量。

磁控式可控电抗器整个系统中三个部分构成：①可控电抗器本体部分；②带有晶闸管整流器的整流及滤波装置；③测量控制及二次保护装置。图 2-10-6-4 为磁控式可控电抗器主电路结构图。

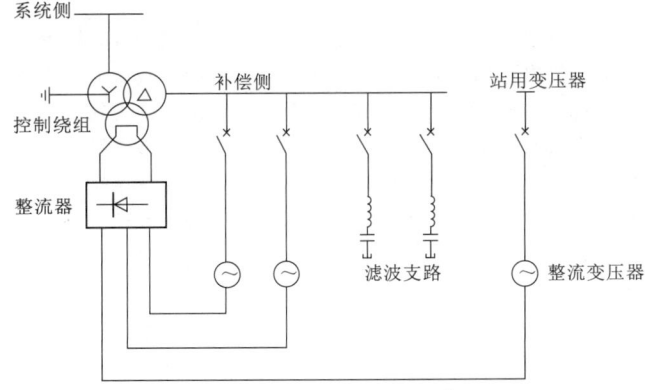

图 2-10-6-4 磁控式可控电抗器主电路结构图

（二）电抗器本体设计

（1）电抗器铁芯。铁芯采用单相四柱式结构，进口高导磁、低损耗优质晶粒取向冷轧硅钢片叠积，采用五级全斜接缝，充分应用自动理料技术，保证铁芯的剪切和叠积质量。

（2）电抗器绕组。绕组排列由内向外一次为：控制绕组、补偿绕组和网侧绕组。网侧绕组是与系统母线直接相连的绕组，三相绕组的连接方式为中性点直接接地的星形接

线；三相控制绕组采用两串三并的结构，连接后引出两个端子，一个端子与励磁系统的直流输出侧的正极相连，另一个端子与励磁系统的直流输出侧的负极相连，调节直流电源电压和绕组中的直流电流以改变铁芯的饱和度；补偿绕组是本体的第三绕组，为励磁系统提供交流电源。

(3) 防漏磁结构。采用传统的器身磁屏蔽结构，无法满足有效地控制磁漏的需求。采用在主铁芯两侧分别置框型副轭的磁分路结构，能有效地控制产品漏磁，降低附加损耗及局部过热的可能。

（三）励磁系统设计

图 2-10-6-5 为 750kV 磁控式可控电抗器系统平面图，采用自励磁和外励磁结合的励磁方式。外励磁方式是由外接电源给励磁系统供电，可靠性受外接电源的影响较大，与自励磁方式相比可靠性较低。自励磁方式是由本体的补偿绕组取能给励磁系统供电，不依赖站用电系统，运行可靠性高。

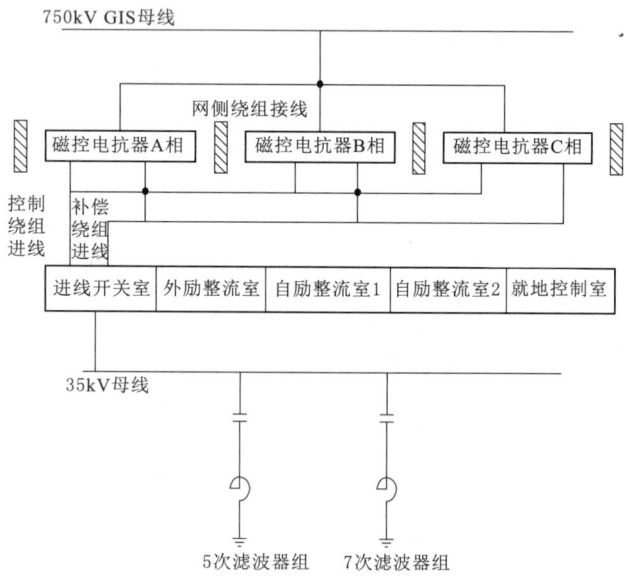

图 2-10-6-5 750kV 磁控式可控电抗器系统平面图

自励磁系统由整流变压器和晶闸管整流器构成，励磁系统的交流电源取自可控高抗本体的补偿绕组，整流器的直流输出端与本体控制绕组相连。为提高装置运行的可靠性，可设置多套自励磁整流单元在线冗余。开关站自励磁系统包括两套励磁单元，每套励磁单元均有独立的整流变压器和整流器，任一套励磁单元中设备的故障不影响另一套系统的正常运行，两套系统可采用一主一备的运行方式，也可两套并联运行。

外励磁系统作为装置启动时的预励磁和备用励磁，结构和自励磁系统相同，由整流变压器和整流器构成，励磁系统的交流电源取自站用电系统，整流器的直流输出端与高抗控制绕组相连。外励磁系统与自励磁系统无须通过断路器或者接触器进行切换，而是通过触发或封锁脉冲来切换。

补偿绕组除提供自励磁电源外，还可以连接滤波器或并联电容器组，一方面给系统提供无功功率，增大可控高抗的调节范围；另一方面可为本体运行中产生的主要次谐波提供流通路径，减少流入系统的谐波分量，减少可控电抗器对系统的谐波污染，提高系统的电能质量。

（四）谐波处理

磁控式可控电抗器基于磁放大原理，交流电流经整流后供给控制绕组进行直流励磁，铁芯中含有直流分量的磁通，因此在整个系统中由于整流和直流励磁，会使电流中含有谐波分量。谐波主要以 3 次、5 次、7 次为主体，谐波分量的大小随饱和程度的不同而变化。可控高抗本体的补偿绕组为角接结构，不仅为控制绕组提供电源，也为 3 次谐波电流提供流通通道，消除网侧绕组 3 次谐波电流。5 次和 7 次滤波器投入运行后，滤波效果较好，谐波电流总畸变率满足 3% 的要求。

四、智能配变台区

智能配变台区建设是智能电网的重要建设内容之一，是减少用户停电、提高供电可靠性和提升电能质量的重要手段，是社会各界感知和体验坚强智能电网建设成果的最直接途径。

（一）智能配变台区现状

配变台区一般是指涵盖配电变压器高压桩头到用户的供电区域，通常由配电变压器、智能配电单元、低压线路及用户侧设备组成。按照应用场合主要有柱变台区、箱式变电站台区和配电室台区类型，农村以柱变台区居多，城市以配电室、箱式变压器类型台区居多。

作为配网的"最后一公里"，受制于低压电网的复杂性以及电网建设两头薄弱的现状，主要带来如下影响，存在以下诸多困难，主要原因：

(1) 台区设备类型和数量多，分散于小区不同位置，户变关系调整后资产管理容易偏差和遗漏，需要人工普查，需要耗费大量的人力物力。

(2) 因低压网络结构复杂，且缺乏实时的全面监测，发生用电故障后，抢修人员获取故障时间滞后且现场定位故障点时间长，导致总的抢修时间长，严重制约服务质量提升。

(3) 供电半径和负荷容量分配不合理导致用户侧低电压问题；台区运行监控不到位导致停电原因不明、抢修不及时问题；现场运行的部分变压器存在三相负载不均衡和过载问题，已经严重影响了供电服务质量。

(4) 部分台区因前期规划或用电负荷变更，存在三相不平衡、低电压、重载等异常情况，但缺乏有力的监测及调节手段。

(5) 电能替代及智能充电桩、分布式电源、配电室环境监测等系统均独立部署，缺乏统一监测，不利于精益化管理。

目前，仅实现配电变压器及 0.4kV 配电柜的就地监测和保护，监测范围窄，并且无法通过系统查看和管理。配电变压器及用户数据通过电能表采集上传至用电信息采集系统，但采样周期大于 1h，不满足主动式、实时性的抢修要求。图 2-10-6-6 为台区监控现状架构。

（二）智能配变台区系统

在配电自动化主站系统上增加智能配用电综合管控功能模块，在居民小区内部署新型台区终端，对配电变压器、用户表箱进行实时监测和故障分析，每个配电台区由台区智能终端进行数据集中，并统一经无线或光纤通道接入配用电管控模块。图 2-10-6-7 为总体建设思路。

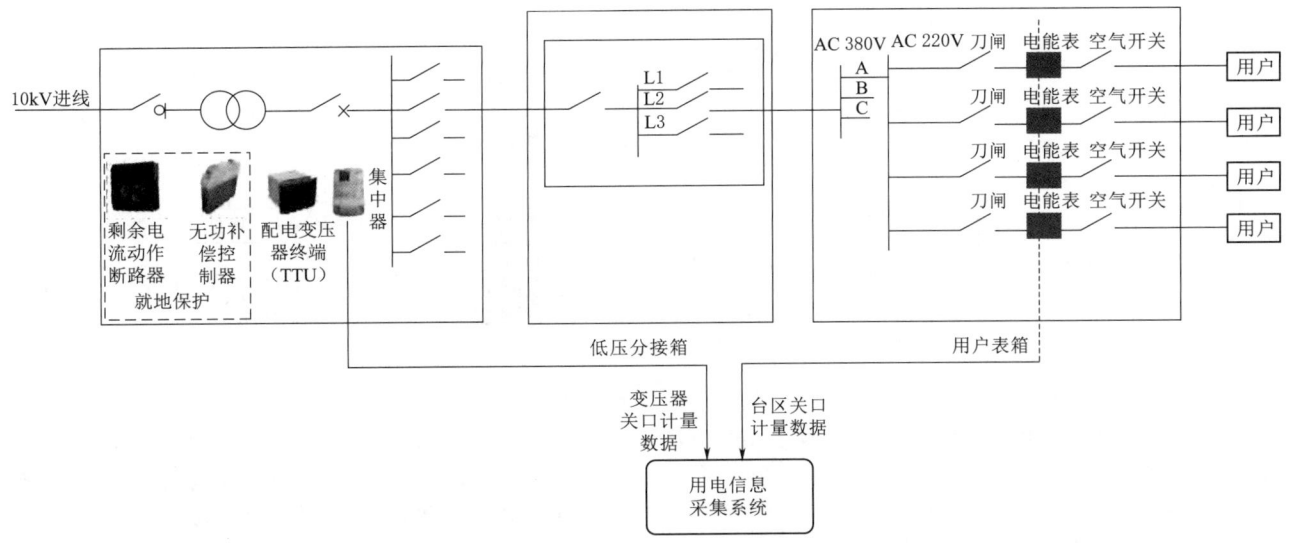

图 2-10-6-6 台区监控现状架构图

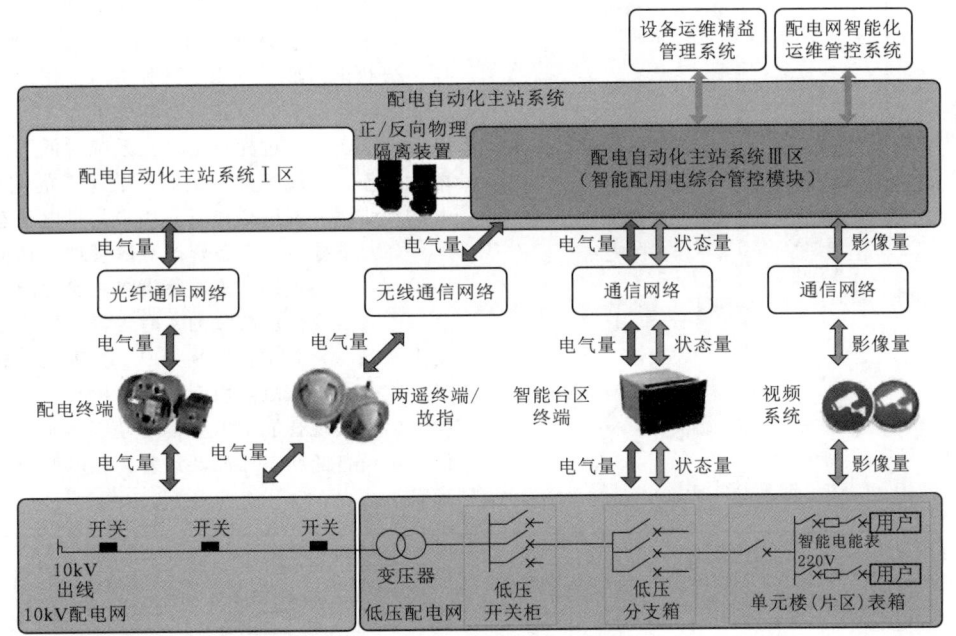

图 2-10-6-7 总体建设思路

1. 配电室监测技术方案

(1) 按配电变压器数量配置台区智能终端。

(2) 进线柜监测，对进线断路器三相电压直接采集，三相电流通过加装 TA 进行采集并接入智能台区终端。

(3) 出线柜监测，配置多功能三相表计，采集电压、电流及断路器开关位置信号，并通过 RS485 总线接入智能台区终端。

(4) 配电室内配置环境传感装置，包括温湿度传感器、电缆沟水位传感器，通过 485 通信电缆接入台区智能终端。

(5) 变压器本体温度监测，通过 RS485 总线接线方式将温度传感器接入台区智能终端。

(6) 无功补偿装置具备自动补偿功能，记录无功功率状况，通过 RS485 总线接入台区智能终端。

2. 低压表箱技术方案

在每一层楼用户电能表箱集中区进线塑壳断路器处配置 1 台分布式台区终端，实现表箱总进线三相电压、三相电流及用户出线侧电压量的采集，主要实现电表箱的负荷用户停电告警，电压过高、过低告警，路径信号注入。图 2-10-6-8 为低压表箱技术方案。

3. 通信技术方案

图 2-10-6-9 为通信技术方案，台区内终端的通信根据小区无线覆盖情况、分支箱和表箱位置，灵活选用微功率无线、低压电力载波、RS485 总线、光纤通信方式，当环境复杂时，如存在地面阻隔时，可采用多种通信方式相结合。

（三）智能配变台区的应用

智能配电台区的建设针对关键点开展，分为配电变压器和表箱两级，配电变压器侧按配电室、箱式变电站和柱上台变类型建设。当小区为重要供电用户时，可选择增加低压分支箱的监测接入。每个台区配置智能台区终端，实现对台区的监测，数量与变压器一致，安装于配电变压器旁边。用电范围内有多台变压器时，由每台台区终端独立对其所属区内信息集中监测并上送主站系统。在每台用户电能表箱旁配置

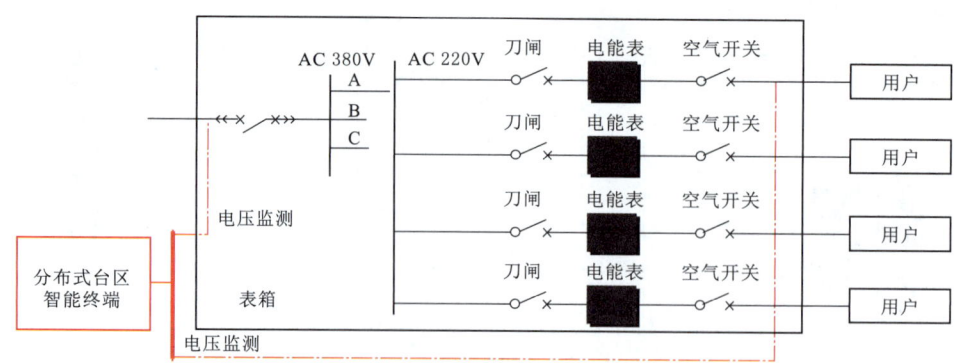

图 2-10-6-8　低压表箱技术方案

1 台分布式台区终端，实现对表箱总进线及用户线路的电气量监测及故障判定，如图 2-10-6-10 所示。

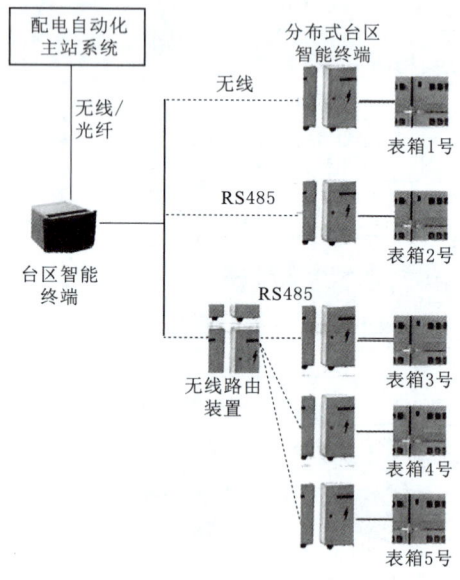

图 2-10-6-9　通信技术方案

结合智能配变终端的应用，基于分布式感知、边缘计算、云决策和多模协同组网等新技术，综合运用新一代配电自动化主站系统/智能配用电综合管控平台、智能配变终端、分布式感知终端、手持式移动运维终端等核心产品，构建基于物联网的中低压一体化监测管控系统，具备低压配网数据监测及状态感知、故障研判、风险预警、拓扑识别与分析、电动汽车充电管理等功能，支撑主动式低压配电网设备管控、精益化运维、电能质量分析与优化、新能源接入与消纳服务。智能配变台区建设目标如下：

（1）实现通过配电自动化系统对低压供电半径监测和管理的覆盖，实现配网"最后一公里"的实时监测，10kV 变电站—线路—配电变压器—用户的供电状态的全景式监测。

（2）支撑台区设备资产有序管理，具备台区户表拓扑关系识别，相位识别，表箱终端自注册功能。

（3）实现低压故障的实时告警、快速定位、停电事件主动推送问题，并结合抢修派单，实现低压故障主动式故障抢修，减少因低压故障引起的用户拨打 95598。

（4）实现智能配电室的环境及安防状态的监测及预警，低压主设备的状态监测及预警，配电变压器运行状态监测及预警。

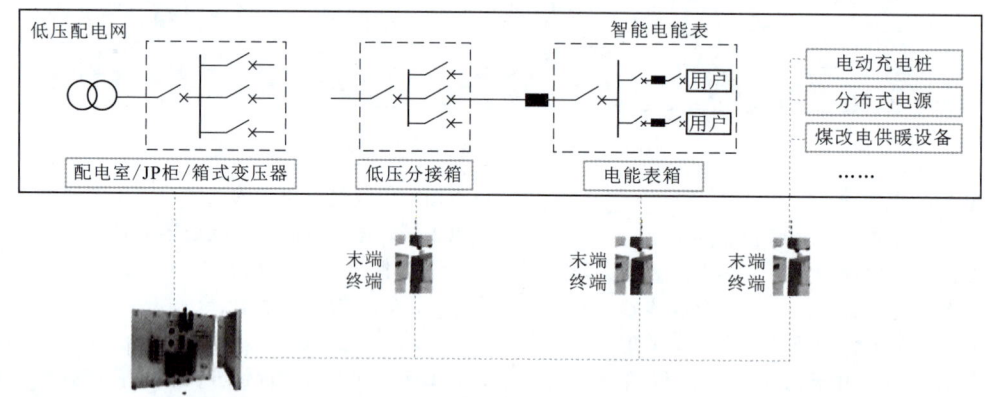

图 2-10-6-10　智能配变台区总体技术方案

参 考 文 献

[1] 刘振亚. 智能电网技术 [M]. 北京：中国电力出版社，2010.
[2] 李超英，王瑞琪，宋海涛，等. 智能配电网运维管理 [M]. 北京：中国电力出版社，2016.
[3] 郑波，郭艳红，杨少鲜. 我国无人机产业发展现状及趋势特点 [J]. 军民两用技术产品，2014（8）：12-14.
[4] 陈黎. 战争新宠儿——军用无人机现状及发展 [J]. 国防科技工业，2013（6）：58-59.
[5] 郑波，汤文仙. 全球无人机产业发展现状与趋势 [J]. 军民两用技术产品，2014（8）：8-11.
[6] 刘国高，贾继强. 无人机在电力系统中的应用及发展方向 [J]. 东北电力大学学报，2012，32（1）：53-56.
[7] 李磊. 无人机技术现状与发展趋势 [J]. 硅谷，2011（1）：46.
[8] 常于敏. 无人机技术研究现状及发展趋势 [J]. 电子技术与软件工程，2014（1）：242-243.
[9] 李力. 无人机输电线路巡线技术及其应用研究 [D]. 长沙：长沙理工大学，2012.
[10] 厉秉强，王骞，王滨海，等. 利用无人直升机巡检输电线路 [J]. 山东电力技术，2010，172（1）：1-4.
[11] 汤明文，戴礼豪，林朝辉，等. 无人机在电力线路巡视中的应用 [J]. 中国电力，2013，46（3）：35-38.
[12] 王柯，彭向阳，陈锐民，等. 无人机电力线路巡视平台选型 [J]. 电力科学与工程，2014，30（6）：46-53.
[13] 李春锦，文泾. 无人机系统的运行管理 [M]. 北京：北京航空航天大学出版社，2011.
[14] 孙毅. 无人机驾驶员航空知识手册 [M]. 北京：中国民航出版社，2014.
[15] 张祥全，苏建军. 架空输电线路无人机巡检技术 [M]. 北京：中国电力出版社，2016.
[16] 周安春. 电网智能运检 [M]. 北京：中国电力出版社，2020.
[17] 邵瑰玮. 超特高压输电线路运行维护及检修技术 [M]. 北京：中国电力出版社，2016.
[18] 华北电力科学研究院有限责任公司，北京电机工程学会，国家电网公司华北分部. 紧凑型输电技术与应用 [M]. 北京：中国电力出版社，2017.
[19] 中国电力建设企业协会. 电力建设科技成果选编（2014年度）[M]. 北京：中国电力出版社，2015.
[20] 徐建中，赵成勇. 架空线路柔性直流电网故障分析与处理 [M]. 北京：中国电力出版社，2019.
[21] 本书编委会. 架空输电线路无人机巡检应用技术 [M]. 北京：中国电力出版社，2020.
[22] 国家电网有限公司. 输电电缆运检 [M]. 北京：中国电力出版社，2020.
[23] 葛雄，金哲，刘志刚，等. 超、特高压输电线路无人机巡检典型案例分析 [J]. 电工技术，2017（9）：100-103.
[24] 国家电网公司运维检修部. 架空输电线路无人机巡检影像拍摄指导手册 [M]. 北京：中国电力出版社，2018.
[25] 国家电网公司运维检修部. 架空输电线路无人机巡检作业安全工作规程 [M]. 北京：中国电力出版社，2015.
[26] 苏奕辉，梁伟放. 架空输电线路隐患、缺陷及故障表象辨识图册 [M]. 北京：中国电力出版社，2017.
[27] 李春锦，文泾. 无人机系统的运行管理 [M]. 北京：北京航空航天大学出版社，2011.
[28] 辛愿，刘鹏. 论我国民用无人机领域的立法规制 [J]. 职工法律天地，2018（8）：105.
[29] 刘季伟. 论民用无人机"黑飞"的法律规制 [D]. 青岛：山东科技大学，2017.
[30] 程建登. 特高压直流运维技术体系研究及应用 [M]. 北京：中国电力出版社，2017.
[31] 中国南方电网有限责任公司. 架空输电线路机巡技术 [M]. 北京：中国电力出版社，2019.
[32] 国网天津市电力公司. 输变电工程建设管理工作手册 [M]. 北京：中国电力出版社，2015.
[33] 国网新疆电力公司. 脉动天山 新疆750kV电网建设与发展 [M]. 北京：中国电力出版社，2016.
[34] 全国输配电技术协作网. 2017带电作业技术与创新 [M]. 北京：中国水利水电出版社，2017.
[35] 《架空输电线路施工与巡检新技术》编委会. 架空输电线路施工与巡检新技术 [M]. 北京：中国水利水电出版社，2021.
[36] 郝旭东，王昆林. 《带电作业人员培训考核规范》（T/CEC 529—2021）辅导教材 变电分册 [M]. 北京：中国电力出版社，2022.
[37] 刘振亚. 国家电网公司输变电工程标准工艺（四）典型施工方法（第三辑）特高压专辑 [M]. 北京：中国电力出版社，2014.
[38] 国家电网公司基建部. 国家电网公司输变电工程标准工艺（四）典型施工方法（第四辑）[M]. 北京：中国电力出版社，2015.
[39] 郭红兵，杨玥，孟建英. 电力变压器典型故障案例分析 [M]. 北京：中国水利水电出版社，2019.
[40] （苏）C.B.瓦修京斯基. 变压器的理论与计算 [M]. 崔立君，杜恩田，等，译. 北京：机械工业出版社，1983.
[41] 崔立君. 特种变压器理论与设计 [M]. 北京：科学技术文献出版社，1996.
[42] （俄）Г.Н.比德洛夫. 变压器（基础理论）[M]. 李文海，译. 沈阳：辽宁科学技术出版社，2015.
[43] （印度）S.V.库卡尼，S.A.科哈帕得. 变压器工程：设计、技术与诊断 [M]. 2版. 陈玉国，译. 北京：机械工业

出版社，2016.
[44] 刘传彝. 电力变压器设计计算方法与实践 [M]. 沈阳：辽宁科学技术出版社，2002.
[45] 何仰赞，温增银. 电力系统分析（上册）[M]. 3版. 武汉：华中科技大学出版社，2001.
[46] 路长柏. 电力变压器绝缘技术 [M]. 哈尔滨：哈尔滨工业大学出版社，1997.
[47] 王宝珊. 变压器设计手册 [M]. 沈阳：沈阳出版社，2009.
[48] 朱英浩，沈大中. 有载分接开关电气机理 [M]. 北京：中国电力出版社，2012.
[49] 操敦奎. 变压器油中溶解气体分析诊断与故障检查 [M]. 北京：中国电力出版社，2005.
[50] 胡启凡. 变压器试验技术 [M]. 北京：中国电力出版社，2009.
[51] 孟建英，郭红兵，刘世欣，等. 大型电力变压器绕组故障综合试验方法分析 [J]. 内蒙古电力技术，2010（3）：46-49.
[52] 孟建英，郭红兵. 一起220kV变压器故障分析 [J]. 变压器，2012（2）：66-67.
[53] 郭红兵，孟建英，夏洪刚. 220kV电力变压器损坏原因分析及对策 [J]. 内蒙古电力技术，2011（6）：21-23.
[54] 郭红兵，孟建英，姚树华，等. 220kV电力变压器局部受潮问题的现场处理 [J]. 内蒙古电力技术，2013（3）：29-32.
[55] 杨玥，汪鹏，顾宇宏，等. 利用绕组电容量及短路阻抗试验综合判定变压器绕组变形方法分析 [J]. 内蒙古电力技术，2016（6）：23-27.
[56] 仇明，裴玉龙. 大型油浸变压器绝缘相关技术问题的探讨 [J]. 变压器，2016（5）：60-63.
[57] 郭红兵，孟建英，杨玥，等. 110kV电力变压器绕组辐向变形状况与测试电容量关系分析与应用 [J]. 变压器，2020（4）：57-61.
[58] 孟建英，郭红兵，荀华. 110kV电力变压器绕组辐向变形状况与短路电抗关系分析与应用 [J]. 变压器，2020（6）：9-13.
[59] 杨玥. 基于故障风险的电力变压器高级评价系统应用研究 [J]. 内蒙古电力技术，2018（1）：21-26.
[60] 杨玥，郭红兵，康琪，等. 一种全新的群组变压器健康状况通用评估方法 [J]. 内蒙古电力技术，2018（4）：24-28.
[61] 胡耀东，郭红兵，谢明佐. 基于电容量-短路阻抗试验及工业内窥镜探视的变压器短路故障分析 [J]. 内蒙古电力技术，2018（6）：21-25.
[62] 国家电力调度通信中心. 国家电网公司继电保护培训教材（上册）[M]. 北京：中国电力出版社，2009.
[63] 中华人民共和国国家发展和改革委员会. 现场绝缘试验实施导则 介质损耗因素 $\tan\delta$ 试验：DL/T 474.3—2006 [S]. 北京：中国电力出版社，2006.
[64] 国家能源局. 电力变压器绕组变形的电抗法检测判断导则：DL/T 1093—2018 [S]. 北京：中国电力出版社，2018.
[65] 中华人民共和国国家质量监督检验检疫总局. 电力变压器 第5部分：承受短路的能力：GB 1094.5 [S]. 北京：中国标准出版社，2008.
[66] 中华人民共和国住房和城乡建设部，中华人民共和国国家质量监督检验检疫总局. 电气装置安装工程 电气设备交接试验标准：GB 50150—2016 [S]. 北京：中国计划出版社，2016.
[67] 王晓莺，等. 变压器故障与监测 [M]. 北京：机械工业出版社，2004.
[68] 董其国. 电力变压器故障与诊断 [M]. 北京：中国电力出版社，2001.
[69] 王宝珊. 变压器设计手册结构设计及工艺 [M]. 沈阳：沈阳出版社，1997.
[70] 中华人民共和国质量监督检验检疫总局，中国国家标准化管理委员会. 变压器油维护管理导则：GB/T 14542—2017 [S]. 北京：中国标准出版社，2017.
[71] 沈春林. 地下工程防水设计与施工 [M]. 2版. 北京：化学工业出版社，2016.
[72] 孙加保. 新编建筑施工工程师手册 [M]. 哈尔滨：黑龙江科学技术出版社，2000.
[73] 王朝熙. 简明防水工程手册 [M]. 北京：中国建筑工业出版社，1999.
[74] 中国建筑防水材料工业协会. 建筑防水手册 [M]. 北京：中国建筑工业出版社，2001.
[75] 叶琳昌. 防水工手册 [M]. 2版. 北京：中国建筑工业出版社，2001.
[76]《建筑工程防水设计与施工手册》编写组. 建筑工程防水设计与施工手册 [M]. 北京：中国建筑工业出版社，1999.
[77] 刘庆普. 建筑防水与堵漏 [M]. 北京：化学工业出版社，2002.
[78] 鞠建英. 实用地下工程防水手册 [M]. 北京：中国计划出版社，2000.
[79] 北京斌建集团一公司. 建筑防水施工工艺与技术 [M]. 北京：中国计划出版社，2002.
[80] 刘民强. 防水工考核应知 [M]. 北京：北京工业大学出版社，1992.
[81] 建设部人事教育司. 土木建筑职业技能岗位培训教材 防水工 [M]. 北京：中国建筑工业出版社，2002.
[82] 薛绍祖. 地下防水工程质量验收规范培训讲座 [M]. 北京：中国建筑工业出版社，2002.
[83] 雍传德，雍世海. 防水工操作技巧 [M]. 北京：中国建筑工业出版社，2003.
[84] 张行锐，王凌辉. 防水施工技术 [M]. 2版. 北京：中国建筑工业出版社，1983.

[85] 康宁，王友亭，夏吉安．建筑工程的防排水［M］．北京：科学出版社，1998．
[86] 彭振斌．注浆工程设计计算与施工［M］．武汉：中国地质大学出版社，1997．
[87] 薛绍祖．地下建筑工程防水技术［M］．北京：中国建筑工业出版社，2003．
[88] 张文华，项桦太．建筑防水工程施工质量问答［M］．北京：中国建筑工业出版社，2004．
[89] 《防水工程施工与质量验收实用手册》编委会．防水工程施工与质量验收实用手册［M］．北京：中国建材工业出版社，2004．
[90] 殷伟斌．电力系统金属材料防腐与在线修复技术［M］．北京：机械工业出版社，2018．
[91] 中国建筑标准设计研究所，总参谋部工程兵科研三所．国家建筑标准设计图集 10J301 地下建筑防水构造［M］．北京：中国计划出版社，2010．
[92] 图集编绘组．工程建设分项设计施工系列图集 防水工程［M］．北京：中国建材工业出版社，2004．
[93] 李日升．防潮除湿技术在西宁某110kV变电站10kV高压室开关柜中的应用［J］．区域治理，2018（27）：250．
[94] 闫宏伟．高压开关柜防潮除湿治理［J］．建筑工程技术与设计，2017（27）：2385-2385．
[95] 陆昕．变电站开关柜室除湿防潮的有效方法与治理对策［J］．电子世界，2016（5）：84-85．
[96] 黄强．变电站高压开关柜室防潮除湿方法及治理措施［J］．安徽电力，2012（3）：37-39．
[97] 杨志忠．高压开关柜防潮除湿治理［J］．科技资讯，2015，13（32）：31-31．
[98] 杨天培．变电站端子箱和机构箱防潮密封的运维策略［J］．现代国企研究，2015（24）：117．
[99] 张伟骏，蔡新蕾，高伟，等．变电站端子箱防潮控温系统的研制［J］．电测与仪表，2014（21）：102-109．
[100] 张晓东．变电站机构箱端子箱防潮防凝露改进措施探讨［J］．延安职业技术学院学报，2014（5）：155-156．
[101] 姜毅，周成华，郭俊峰，等．智能端子箱防凝露控制器的研制与试验研究［J］．高压电器，2010（8）：59-62．
[102] 吴雪冰，刘欣，李帅．室外密封箱体内部凝露现象分析［J］．电子质量，2013（7）：24-27．
[103] 冯旭．变电站端子箱凝露现象探究及改进［J］．大众用电，2011（12）：27-28．
[104] 刘明．深圳地区室外端子箱凝露现象与解决方案［J］．技术与市场，2012（10）：46-47．
[105] 周兴福，徐卫，王传洪，等．变电站室外端子箱凝露原因分析及改进措施［J］．山东电力技术，2015，42（5）：49-52．
[106] 周强强，李津．变电站智能端子箱防凝露控制系统的研究与应用［J］．广东电力，2013（8）：73-77．
[107] 《建筑施工手册》（第四版）编写组．建筑施工手册［M］．4版．北京：中国建筑工业出版社，2003．
[108] 《建筑施工手册》（第五版）编委会．建筑施工手册［M］．5版．北京：中国建筑工业出版社，2012．
[109] 本书编委会．防水工程施工与质量验收实用手册［M］．北京：中国建材工业出版社，2004．
[110] 项桦太．防水工程概论［M］．北京：中国建筑工业出版社，2010．
[111] 李钰．建筑工程概论［M］．2版．北京：中国建筑工业出版社，2014．
[112] 高峰，朱洪波．建筑材料科学基础［M］．上海：同济大学出版社，2016．
[113] 孙凌．土木工程材料［M］．北京：人民交通出版社，2014．
[114] 杨帆．建筑材料［M］．北京：北京理工大学出版社，2017．
[115] 刘祥顺．建筑材料［M］．4版．北京：中国建筑工业出版社，2015．
[116] 万小梅，全洪珠．建筑功能材料［M］．北京：化学工业出版社，2017．
[117] 沈春林．建筑防水设计与施工手册［M］．北京：中国电力出版社，2011．
[118] 中国建筑学会．建筑设计资料集 第1分册 建筑总论［M］．3版．北京：中国建筑工业出版社，2017．
[119] 孙亚芬．高压电路设备防凝露控制的研究［J］．自动化技术与应用，2009，28（4）：100-102．
[120] 罗宣国，夏丽建．电气设备的防凝露技术研究［J］．可再生能源，2014，32（4）：489-492．
[121] 钟家喜，金李鸣，徐彬，等．国产12kV铠装式金属封闭开关设备技术隐患分析与对策［J］．高压电器，2007，43（3）：233-234．
[122] 陈瑶，陈廉曹，束剑文，等．浅谈开关设备的防凝露措施［J］．福建建设科技，2013（2）：91-92．
[123] 凌玲，徐政．基于数学形态学的动态电能质量扰动的检测与分类方法［J］．电网技术，2006，30（5）：63-66．
[124] 吕艳萍，刘亚东．应用数学形态学方法分析识别特高压线路雷击干扰［J］．高电压技术，2010，36（12）：2948-2953．
[125] Chen L L, Bi D Y. Application of mathematical morphology in image processing [J]. Modem Electronical Technology, 2002, 12 (8): 18-20.
[126] 耿江海，郭沁，许自强，等．基于改进形态学的户外设备凝露发展过程研究及防凝露措施优化［J］．科学技术与工程，2016，16（22）：213-218．
[127] 张宇，刘英建，李弈，基于网络数据交换控制技术的电气设备的凝露智能控制装置［J］．电气时代，2012（9）：76-78．
[128] 马仪成，郭胜军，朱云霄．变电站户外产品防止凝露措施［J］．河南科技，2013（7）：69-70．
[129] 熊治平．江河防洪概论［M］．2版．武汉：武汉大学出版社，2009．
[130] 张呼生．给水排水工程设计原理与方法［M］．北京：中国电力出版社，2012．

[131] 李玉华，苏德俭. 建筑给水排水工程设计计算［M］. 北京：中国建筑工业出版社，2006.
[132] 张健. 建筑给水排水工程［M］. 重庆：重庆大学出版社，2002.
[133] 戴慎志，陈践. 城市给水排水工程规划［M］. 合肥：安徽科学技术出版社，1999.
[134] 丁一汇，张建云. 暴雨洪涝［M］. 北京：气象出版社，2009.
[135] 张玉珩，王永滋，谭魁悌. 变电所所址选择与总布置［M］. 北京：水利电力出版社，1986.
[136] 高洪利. 现代防洪抢险技术［M］. 郑州：黄河水利出版社，2010.
[137] 王运辉. 防汛抢险技术［M］. 武汉：武汉水利电力大学出版社，1999.
[138] 王全金. 给水排水管道工程［M］. 北京：中国铁道出版社，2001.
[139] 邵林广. 给水排水管道工程施工［M］. 北京：中国建筑工业出版社，1999.
[140] 刘延恺. 城市防洪与排水［M］. 北京：中国水利水电出版社，2008.
[141] 高宗峰. 给水排水工程［M］. 北京：中国电力出版社，2014.
[142] 罗全胜，梅孝威. 治河防洪［M］. 郑州：黄河水利出版社，2004.
[143] 黄振喜，龚俊，周秋鹏，等. 变电站预制混凝土电缆沟排水及防渗的技术处理方案［J］. 湖北电力，2016，40（2）：68-70.
[144] 冯舜凯，聂小莉，张尚华，等. 220kV变电站防洪竖向布置优化设计［J］. 河北电力技术，2013（2）：46-48，51.
[145] 韩旭. 变电站总平面与竖向布置设计研究［J］. 科技资讯，2011（1）：112-114.
[146] 刘伟. 浅谈变电站的总平面及竖向布置设计［J］. 城市建筑，2013（10）：139.
[147] 邹宇，李宾皑，胡鹏飞. 城市变电站防洪涝设计及改造施工研究［J］. 建筑施工，2016，38（10）：1419-1422.
[148] 熊云千. 变电站集水池的典型设计研究［J］. 工程技术研究，2018（2）：130-131.
[149] 严鹏飞. 500kV变电站工程总平面布置、地基处理及边坡设计方案优化［J］. 江西建材，2013，24（1）：31-33.
[150] 冯舜凯，魏利民，李占岭，等. 220kV安新变电站防洪设计［J］. 电力建设，2012，33（7）：38-42.
[151] 聂建春，刘杰. 浅谈变电站总平面布置及竖向布置设计［J］. 内蒙古石油化工，2008（17）：61-62.
[152] 李红勃. 35kV变电站自排水系统的改造［J］. 电工文摘，2016（5）：37-38.
[153] 袁晓明，朱亚平. 地下变电站给排水设计优化措施［J］. 华东电力，2014（3）：577-580.
[154] 赖洪亮. 基于海绵城市理念的变电站设计［J］. 建设设计，2018（7）：38-39.
[155] 林辉新. 沿海低洼地区变电站防洪改造措施［J］. 农村电气化，2017（3）：24-25.
[156] 康存锁. 水利施工中混凝土裂缝的防治技术［J］. 黑龙江水利科技，2017（12）：183-185.
[157] 朱勋，童斐斐. 老旧变电站的防洪改造措施探讨［J］. 浙江电力，2016（35）：35-37.
[158] 王力，乔小琴，沈捷，等. 防渗灌浆在水利水电工程中的应用［J］. 珠江水运，2018（9）：89-90.
[159] 瞿培华. 建筑外墙防水与渗漏治理技术［M］. 北京：中国建筑工业出版社，2017.
[160] 沈春林. 屋面工程防水设计与施工［M］. 北京：化学工业出版社，2016.
[161] 深圳市建设工程质量监督总站，深圳市防水专业（专家）委员会. 建设工程防水质量通病防治指南［M］. 北京：中国建筑工业出版社，2014.
[162] 国网江苏省电力有限公司. 变电站防汛［M］. 北京：中国电力出版社，2019.
[163] 罗斯，夏可夫. 建筑工程防水设计与施工维护［M］. 北京：中国建筑工业出版社，2020.
[164] 沈春林. 建筑防水工程常用材料［M］. 北京：中国建筑工业出版社，2019.
[165] 沈春林. 建筑防水工程施工技术［M］. 北京：中国建筑工业出版社，2019.
[166] 刘若溪. 配电设备防潮防凝露综合治理技术［M］. 北京：中国电力出版社，2019.
[167] 左亚芳. 无人值守变电站运行维护［M］. 北京：中国电力出版社，2016.
[168] 本书编委会. 电力电缆线路全寿命周期管理实训应用实例［M］. 北京：中国电力出版社，2016.
[169] 张华，杨成，朱涛，等. 电力变压器现场运行与维护［M］. 北京：中国电力出版社，2015.
[170] 张福华. 变电设备运行异常及事故处理［M］. 北京：化学工业出版社，2015.
[171]《架空输电线路施工与巡检新技术》编委会. 架空输电线路施工与巡检新技术［M］. 北京：中国水利水电出版社，2021.
[172] 国家电网公司运维检修部. 输电线路六防工作手册　防风害［M］. 北京：中国电力出版社，2015.
[173] 国家电网公司运维检修部. 输电线路六防工作手册　防冰害［M］. 北京：中国电力出版社，2015.
[174] 国家电网公司运维检修部. 输电线路六防工作手册　防雷害［M］. 北京：中国电力出版社，2015.
[175] 国家电网公司运维检修部. 输电线路六防工作手册　防污闪［M］. 北京：中国电力出版社，2015.
[176] 国家电网公司运维检修部. 输电线路六防工作手册　防鸟害［M］. 北京：中国电力出版社，2015.
[177] 国家电网公司运维检修部. 输电线路六防工作手册　防外力破坏［M］. 北京：中国电力出版社，2015.
[178] 黄新波，等. 输电线路在线监测与故障诊断［M］. 2版. 北京：中国电力出版社，2014.
[179] 国网安徽省电力有限公司. 电网企业安全生产巡查工作手册（2022年版）［M］. 北京：中国电力出版社，2015.
[180] 国网吉林省电力有限公司. 图解电网安全生产严重违章及典型案例［M］. 北京：中国电力出版社，2023.

[181] 国家电网有限公司安全监察部. 2020年生产安全事故事件分析报告 [M]. 北京：中国电力出版社，2021.
[182] 国家电网有限公司安全监察部. 典型违章图册合订本 [M]. 北京：中国电力出版社，2022.
[183] 国网浙江省电力有限公司培训中心. 电网企业员工安全等级培训系列教材输电线路 [M]. 2版. 北京：中国电力出版社，2023.
[184] 国网浙江省电力有限公司培训中心. 电网企业员工安全等级培训系列教材变电运维 [M]. 2版. 北京：中国电力出版社，2023.
[185] 黄国义. 电力消防安全与火灾案例分析 [M]. 北京：中国电力出版社，2016.
[186] 国家电网有限公司. 国家电网有限公司作业安全风险管控工作规定 [M]. 北京：中国电力出版社，2021.
[187] 国家电网有限公司. 国家电网有限公司安全生产风险管控管理办法 [M]. 北京：中国电力出版社，2022.
[188] 国家电网有限公司. 国家电网有限公司安全隐患排查治理管理办法 [M]. 北京：中国电力出版社，2022.
[189] 国家电网有限公司. 国家电网有限公司电力建设起重机械安全监督管理办法 [M]. 北京：中国电力出版社，2021.
[190] 国网新疆电力有限公司培训中心. 电网企业员工自救互救应急手册 [M]. 北京：中国电力出版社，2019.
[191] 国网江西省电力有限公司安全监察部. 图说电网企业人身风险典型违章 [M]. 北京：中国电力出版社，2022.
[192] 崔景春，等. 电气设备运行及维护保养丛书 气体绝缘金属封闭开关设备 [M]. 北京：中国电力出版社，2016.
[193] 王洪明. 变配电设备典型事故或异常100例 [M]. 北京：中国电力出版社，2017.
[194] 陈蕾. 变电运行与管理技术 [M]. 2版. 北京：中国电力出版社，2017.
[195] 陈化钢. 电力设备异常运行及事故处理手册 [M]. 北京：中国水利水电出版社，2015.
[196] 付文光，寇正，郭红兵. 电力电缆带电检测技术及应用 [M]. 北京：中国水利水电出版社，2021.
[197] 郭红兵，杨玥，郑璐. 电力变压器故障诊断技术 [M]. 北京：中国水利水电出版社，2022.
[198] 宁岐. 架空配电线路及设备典型故障（诊断·处理·预防）[M]. 北京：中国水利水电出版社，2011.
[199] 金绥曾. 新编电机故障快速诊断修理手册 [M]. 北京：中国水利水电出版社，2013.